AutoCAD 全套图纸绘制系列丛书

AutoCAD 2014 全套园林施工图纸绘制

张日晶　主编

中国建筑工业出版社

图书在版编目（CIP）数据

AutoCAD 2014 全套园林施工图纸绘制/张日晶主编. —北京：中国建筑工业出版社，2014.10
（AutoCAD 全套图纸绘制系列丛书）
ISBN 978-7-112-16891-0

Ⅰ. ①A… Ⅱ. ①张… Ⅲ. ①园林设计-计算机辅助设计-AutoCAD 软件 Ⅳ. ①TU986.2-39

中国版本图书馆 CIP 数据核字（2014）第 104850 号

本书主要讲解利用 AutoCAD 2014 中文版绘制各种园林设计施工图的方法与技巧。

全书分为 3 篇 15 章，第一篇为基础知识篇，分别介绍园林设计基本概念、AutoCAD 2014 入门、二维绘图命令、编辑命令、辅助绘图工具、文字和标注与表格等知识。第二篇为园林景观篇，分别讲述了地形、园林建筑、园林小品、园林水景图和植物的绘制。第三篇为生态园施工篇，围绕某生态采摘园施工图纸进行讲解。各章之间紧密联系，前后呼应。

本书面向初、中级用户以及对景观与园林设计比较了解的技术人员而编写，旨在帮助读者用较短的时间快速熟练地掌握使用 AutoCAD 2014 中文版绘制各种景观与园林设计实例的应用技巧，并提高建筑景观与园林设计的质量。

为了方便广大读者更加形象直观地学习本书，随书配赠多媒体光盘，包含全书实例操作的过程作者配音录屏 AVI 文件和实例源文件以及一些有助于读者学习的具有很高价值的电子书。

责任编辑：郭 栋 辛海丽
责任设计：董建平
责任校对：刘 钰 关 健

AutoCAD 全套图纸绘制系列丛书
AutoCAD 2014 全套园林施工图纸绘制
张日晶 主编
*
中国建筑工业出版社出版、发行（北京西郊百万庄）
各地新华书店、建筑书店经销
霸州市顺浩图文科技发展有限公司制版
北京富生印刷厂印刷
*
开本：787×1092 毫米 1/16 印张：37½ 字数：936 千字
2014 年 12 月第一版 2014 年 12 月第一次印刷
定价：**88.00** 元（含光盘）
ISBN 978-7-112-16891-0
（25682）

前　言

AutoCAD 是美国 Autodesk 公司开发的著名计算机辅助设计软件，是当今世界上获得众多用户首肯的优秀计算机辅助设计软件。它具有体系结构开放、操作方便、易于掌握、应用广泛等特点，深受各行各业尤其是建筑和工业设计技术人员的欢迎。

伴随着人们对生活居住环境和空间舒适与美观的需求的增长，我国将掀起公共与私人景观与园林的建设高潮，景观与园林工程领域都急需掌握 AutoCAD 的各种人才。作为一名园林工程师或技术人员，熟练掌握和运用 AutoCAD 进行景观与园林设计是非常必要的。本书以最新简体中文版 AutoCAD 2014 作为设计软件，结合各种景观与园林设计工程的特点，精心挑选了一些常见的和具有代表性的景观与园林设计案例，论述了在现代景观与园林设计中，如何使用 AutoCAD 绘制各种景观与园林设计图样的方法与技巧。

一、本书特色

市场上的 AutoCAD 园林设计学习书籍比较多，但读者要挑选一本自己中意的书却很困难，真是“乱花渐欲迷人眼”。那么，本书为什么能够让您优先考虑呢？那是因为本书有以下五大特色。

• 实例典型

本书围绕一些常见的和具有代表性的园林设计实例的绘制过程，讲解在园林设计工程实践中利用 AutoCAD 2014 中文版绘制从园林水景、园林绿化、园林建筑到园林小品全流程的思路与技巧。不仅保证了读者能够学好知识点，更重要的是能帮助读者掌握具有工程实践意义的实际操作技能。

• 内容全面

本书在有限的篇幅内，包罗了 AutoCAD 常用的功能以及常见的园林设计类型，涵盖了 AutoCAD 绘图基础知识、园林水景、园林绿化、园林建筑到园林小品等全方位的知识。“秀才不出门，尽知天下事”。读者只要有本书在手，AutoCAD 园林设计知识全精通。通过本书实例的演练，能够帮助读者找到一条学习 AutoCAD 园林设计的终南捷径。

• 提升技能

本书从全面提升园林设计与 AutoCAD 应用能力的角度出发，结合具体的案例来讲解如何使用 AutoCAD 2014 进行园林设计，真正让读者学会使用计算机辅助景观与园林设计，从而能独立地完成各种园林设计任务。

• 作者权威

本书作者有多年的计算机辅助园林设计领域工作经验和教学经验。本书是作者总结多年的设计经验以及教学的心得体会，历时多年精心编著，力求全面、细致地展现出 AutoCAD 2014 在各个应用领域的各种功能和使用方法。

二、本书组织结构和主要内容

本书是以最新的 AutoCAD 2014 版本为演示平台，全面介绍 AutoCAD 建筑设计从基础到实例的全部知识，帮助读者从入门走向精通。全书分为 3 篇共 15 章。

1. 基础知识篇——介绍必要的基本操作方法和技巧

第 1 章主要介绍园林设计基本概念。

第 2 章主要介绍 AutoCAD 2014 入门。

第 3 章主要介绍二维绘图命令。

第 4 章主要介绍编辑命令。

第 5 章主要介绍辅助绘图工具。

第 6 章主要介绍文字、标注与表格。

2. 园林景观篇——详细讲解园林设计中各种图形的设计方法

第 7 章主要介绍地形。

第 8 章主要介绍园林建筑。

第 9 章主要介绍园林小品。

第 10 章主要介绍园林水景图。

第 11 章主要介绍植物的绘制。

3. 生态园施工篇——围绕某生态采摘园园林施工图纸讲解园林设计方法

第 12 章主要介绍某生态采摘园施工图。

第 13 章主要介绍某生态采摘园植物配置图。

第 14 章主要介绍某生态采摘园基础详图。

第 15 章主要介绍某生态采摘园分区详图。

三、本书源文件

本书所有实例操作需要的原始文件和结果文件，以及上机实验实例的原始文件和结果文件，都在随书光盘的“源文件”目录下，读者可以复制到计算机硬盘下参考和使用。

四、光盘使用说明

本书除利用传统的纸面讲解外，随书配送了多媒体学习光盘。光盘中包含所有实例的素材源文件，并制作了全程实例动画 AVI 文件。为了增强教学的效果，更进一步方便读者的学习，作者亲自对实例动画进行了配音讲解。利用作者精心设计的多媒体界面，读者可以随心所欲地像看电影一样轻松愉悦地学习本书。

光盘中有两个重要的目录希望读者关注，“源文件”目录下是本书所有实例操作需要的原始文件和结果文件，以及上机实验实例的原始文件和结果文件。“动画演示”目录下是本书所有实例的操作过程视频 AVI 文件，总共时长 20 小时左右。

如果读者对本书提供的多媒体界面不习惯，也可以打开该文件夹，选用自己喜欢的播放器进行播放。

提示：由于本书多媒体光盘插入光驱后自动播放，有些读者不知道怎样查看文件光盘目录。具体的方法是退出本光盘自动播放模式，然后再单击计算机桌面上的“我的电脑”图标，打开文件根目录，在光盘所在盘符上单击鼠标右键，在打开的快捷菜单中选择【打开】命令，就可以查看光盘文件目录。

五、致谢

本书由张日晶主编。王玉秋、张俊生、王佩楷、袁涛、陈树勇、史青录、李鹏、周广芬、王宏、周冰、李瑞、董伟、王敏、康士廷、王渊峰、路纯红、王兵学、熊慧、王艳池、陈丽芹、王培合、胡仁喜、刘昌丽、董荣荣、王义发、阳平华、李世强、郑长松、孟清华、王文平、李广荣、夏德伟、左昉、甘勤涛、杨雪静、许洪、谷德桥等参与了部分章节的编写，在此一并表示感谢。本书的编写和出版得到了很多朋友的大力支持，值此图书出版发行之际，向他们表示衷心的感谢。

由于时间仓促，加上编者水平有限，书中不足之处在所难免，望广大读者发送邮件到win760520@126.com 批评指正，编者将不胜感激。

目　录

第一篇　基础知识篇

第二篇 园林景观篇

第三篇 生态园施工篇

1

AutoCAD是由美国 Autodesk 公司开发的通用计算机辅助设计（Computer Aided Design，CAD）软件，具有易于掌握、使用方便、体系结构开放等优点，能够绘制二维图形与三维图形、标注尺寸、渲染图形以及打印输出图纸，目前已广泛应用于机械、建筑、电子、航天、造船、石油化工、土木工程、冶金、地质、气象、纺织、轻工、商业等领域。

第一篇　基础知识篇

本篇主要介绍 AutoCAD 2014 基础知识，包括基本绘图界面和参数设置、基本绘图命令和编辑命令的使用方法、基本辅助绘图工具以及文本和尺寸的标注方法。通过本篇的学习，读者可以打下 AutoCAD 绘图的基础，为后面的具体专业设计技能学习进行必要的知识准备。

第1章 园林设计基本概念

园林是指在一定地域内，运用工程技术和艺术手段，通过因地制宜地改造地形、整治水系、栽种植物、营造建筑和布置园路等方法创作而成的优美的游想境域。

学习要点

- 概述
- 园林布局
- 园林设计的程序
- 园林设计图的绘制

1.1 概　　述

园林设计是为了给人类提供美好的生活环境。

1.1.1 园林设计的意义

从中国汉书《淮南子》、《山海经》记载的“悬圃”、“归墟”到西方圣经中的伊甸园，从建章太液池到拙政园、颐和园再到近日的各种城市公园和绿地，人类历史实现了从理想自然到现实自然的转化。有人说我们园林工作者从事的是上帝的工作，按照中国的说法，可以说我们从事的是老祖宗盘古的工作，我们要“开天辟地”，为大家提供美好的生活环境。

1.1.2 当前我国园林设计状况

近年来，随着人们生活水平的不断提高，园林行业受到了更多的关注，园林行业的发展也极为迅速，在科技队伍建设、设计水平、行业发展等各方面都取得了巨大的成就。

在科研进展上，原建设部早在 20 世纪 80 年代初，就制定了“园林绿化”科研课题，进行系统研究，并逐步落实；风景名胜和大地景观的科研项目也有所进展。另外，经过多年不懈的努力，园林行业的发展也取得了很大的成绩，原建设部在 1992 年颁布的《城市园林绿化产业政策实施办法》中，明确了风景园林在社会经济建设中的作用，是国家重点扶持的产业。园林科技队伍建设步伐加快，在各省市都有相关的科研单位和大专院校。

但是，在园林设计中也存在一些不足，比如盲目模仿，一味追求经济效益和迎合领导的意图，还有一些不负责任的现象。

面对我国园林行业存在的一些现象，我们应该有一些具体的措施：尽快制定符合我国园林行业发展形势的法律、法规及各种规章制度；积极拓宽我国园林行业的研究范围，开发出高质量系列产品，用于园林建设；积极贯彻“以人为本”的思想，尽早实行公众参与式的设计，设计出符合人们要求的园林作品；最后，在园林作品设计上，严格制止盲目模仿、抄袭的现象，使园林作品符合自身特点，突出自身特色。

1.1.3 我国园林发展方向

1. 生态园林的建设

随着环境的恶化和人们环境保护意识的提高，以生态学原理与实践为依据建设生态园林将是园林行业发展的趋势，其理念是“创造多样性的自然生态环境，追求人与自然共生的乐趣，提高人们的自然志向，使人们在观察自然、学习自然的过程中，认识到对生态环境保护的重要性”。

2. 园林城市的建设

现在城市园林化已逐步提高到人类生存的角度，园林城市的建设已成为我国城市发展的阶段性目标。

1.2 园林布局

园林的布局，就是在选定园址（相地）的基础上，根据园林的性质、规模、地形条件等因素进行全园的总布局，通常称之为总体设计。总体设计是一个园林艺术的构思过程，也是园林的内容与形式统一的创作过程。

1.2.1 立意

立意是指园林设计的总意图，即设计思想。要做到“神仪在心，意在笔先”、“情因景生，景为情造”。在园林创作过程中，选择园址，或依据现状确定园林主题思想，创造园景的几个方面不可分割的有机整体。而造园的立意最终要通过具体的园林艺术创造出一定的园林形式，通过精心的布局得以实现。

1.2.2 布局

园林布局是指在园林选址、构思的基础上，设计者在孕育园林作品过程中所进行的思维活动。主要包括选取、提炼题材；酝酿、确定主景、配景；功能分区；景点、游赏线分布；探索采用的园林形式。

园林的形式需要根据园林的性质、当地的文化传统、意识形态等来决定。构成园林的五大要素分别为地形、植物、建筑、广场与道路以及园林小品。这在以后的相关章节会详细讲述。园林的布置形式可以分为三类：规则式园林、自然式园林和混合式园林。

1. 规则式园林

又称整形式、建筑式、图案式或几何式园林。西方园林，在18世纪英国风景式园林产生以前，基本上以规则式园林为主，其中以文艺复兴时期意大利台地建筑式园林和17世纪法国勒诺特平面图案式园林为代表。这一类园林，以建筑和建筑式空间布局作为园林风景表现的主要题材。规则式园林的特点：

（1）中轴线：全园在平面规划上有明显的中轴线，基本上依中轴线进行对称式布置，园地的划分大都成为几何形体。

（2）地形：在平原地区，由不同标高的水平面及缓倾斜的平面组成；在山地及丘陵地，由阶梯式的大小不同的水平台地、倾斜平面及石级组成。

（3）水体设计：外形轮廓均为几何形；多采用整齐式驳岸，园林水景的类型以及整形水池、壁泉、整形瀑布及运河等为主，其中常以喷泉作为水景的主题。

（4）建筑布局：园林不仅个体建筑采用中轴对称均衡的设计，以至建筑群和大规模建筑组群的布局，也采取中轴对称均衡的手法，以主要建筑群和次要建筑群形式的主轴和副轴控制全园。

（5）道路广场：园林中的空旷地和广场外形轮廓均为几何形。封闭性的草坪、广场空间，以对称建筑群或规则式林带、树墙包围。道路均为直线、折线或几何曲线组成，构成方格形或环状放射形，中轴对称或不对称的几何布局。

（6）种植设计：园内花卉布置用以图案为主题的模纹花坛和花境为主，有时布置成大规模的花坛群，树木配置以行列式和对称式为主，并运用大量的绿篱、绿墙以区划和组织空间。树木整形修剪以模拟建筑体形和动物形态为主，如绿柱、绿塔、绿门、绿亭和用常绿树修剪而成的鸟兽等。

（7）园林小品：常采用盆树、盆花、瓶饰、雕像为主要景物。雕像的基座为规则式，雕像位置多配置于轴线的起点、终点或交点上。

2. 自然式园林

又称为风景式、不规则式、山水派园林等。我国园林，从周秦时代开始，无论大型的帝皇苑囿和小型的私家园林，多以自然式山水园林为主，古典园林中以北京颐和园和三海园林、承德避暑山庄、苏州拙政园和留园为代表。我国自然式山水园林，从唐代开始影响日本的园林，从 18 世纪后半期传入英国，从而引起了欧洲园林对古典形式主义的革新运动。自然式园林的特点：

（1）地形。平原地带，地形为自然起伏的和缓地形与人工堆置的若干自然起伏的土丘相结合，其断面为和缓的曲线。在山地和丘陵地，则利用自然地形地貌，除建筑和广场基地以外不做人工阶梯形的地形改造工作，原有破碎割切的地形地貌也加以人工整理，使其自然。

（2）水体。其轮廓为自然的曲线，岸为各种自然曲线的倾斜坡度，如有驳岸也是自然山石驳岸，园林水景的类型以溪涧、河流、自然式瀑布、池沼、湖泊等为主。常以瀑布为水景主题。

（3）建筑。园林内个体建筑为对称或不对称均衡的布局，其建筑群和大规模建筑组群，多采取不对称均衡的布局。全园不以轴线控制，而以主要导游线构成的连续构图控制。

（4）道路广场。园林中的空旷地和广场的轮廓为自然形的封闭性的空旷草地和广场，以不对称的建筑群、土山、自然式的树丛和林带包围。道路平面和剖面为自然起伏曲折的平面线和竖曲线组成。

（5）种植设计。园林内种植不成行列式，以反映自然界植物群落自然之美，花卉布置以花丛、花群为主，不用模纹花坛。树木配植以孤立树、树丛、树林为主，不用规则修剪的绿篱，以自然的树丛、树群、树带来区划和组织园林空间。树木整形不做建筑鸟兽等体形模拟，而以模拟自然界苍老的大树为主。

（6）园林其他景物。除建筑、自然山水、植物群落为主景以外其余尚采用山石、假石、桩景、盆景、雕刻为主要景物，其中雕像的基座为自然式，雕像位置多配置于透视线集中的焦点。

自然式园林在中国的历史悠长，绝大多数古典园林都是自然式园林。体现在游人如置身于大自然之中，足不出户而游遍名山名水。

3. 混合式园林

所谓混合式园林，主要是指规则式、自然式交错组合，全园没有或形不成控制全园的轴线，只有局部景区、建筑、以中轴对称布局，或全园没有明显的自然山水骨架，形不成自然格局。

在园林规则中，原有地形平坦的可规划成规则式；原有地形起伏不平，丘陵、水面多的可规划成自然式。大面积园林，以自然式为宜，小面积以规则式较经济。四周环境为规则式宜规划成规则式，四周环境为自然式则宜规划成自然式。

相应的，园林的设计方法也就有三种：轴线法、山水法、综合法。

1.2.3 园林布局基本原则

1. 构园有法，法无定式

园林设计所牵涉的范围广泛、内容丰富，所以我们在设计的时候要根据园林内容和园林的特点，采用一定的表现形式。形式和内容确定后还要根据园址的原状，通过设计手段创造出具有个性的园林。

（1）主景与配景

各种艺术创作中，首先确定主题、副题，重点、一般，主角、配角，主景、配景等关系。所以，园林布局，首先确定主题思想前提下，考虑主要的艺术形象，也就是考虑园林主景。主要景物能通过次要景物的配景、陪衬、烘托，得到加强。

为了表现主题，在园林和建筑艺术中主景突出通常采用下列手法：

1）中轴对称。在布局中，确定某方向一轴线，轴线上方通常安排主要景物，在主景前方两侧，常常配置一对或若干对的次要景物，以陪衬主景。如天安门广场、凡尔赛宫殿、广州起义烈士陵园等。

2）主景升高。主景升高犹如“鹤立鸡群”，这是普通、常用的艺术手段。主景升高往往与中轴对称方法同步使用。如美国华盛顿纪念性园林及北京人民英雄纪念碑等。

3）环拱水平视觉四合空间的交汇点：园林中，环拱四合空间主要出现在宽阔的水平面景观或四周由群山环绕盆地类型园林空间，如杭州西湖中的三潭印月等。自然式园林中四周由土山和树林环抱的林中草地，也是环拱的四合空间。四周配杆林带，在视觉交汇点上布置主景，即可起到主景突出作用。

4）构图重心位能。三角形、圆形图案等重心为几何构图中心，往往是处理主景突出的最佳位置，起到最好的位能效应。自然山水园的视觉重心忌居正中。

5）渐变法。渐变法即园林景物布局，采用渐变的方法，从低到高，逐步升级，由次要景物到主景，级级引入，通过园林景观的序列布置，引人入胜，引出主景。

（2）对比与调和

对比与调和是布局中运用统一与变化的基本规律，物形象的具体表现。采用骤变的景象，以产生唤起兴致的效果。调和的手法，主要通过布局形式、造园材料等方面的统一、协调来表现。

园林设计中，对比手法主要应用于空间对比，疏密对比、虚实对比 、藏露对比、高低对比、曲直对比等。主景与配景本身就是“主次对比”的一种对比表现形式。

（3）节奏与韵律

在园林布局中，常使同样的景物重复出现，这种同样的景物重复出现和布局，就是节奏与韵律在园林中的应用。韵律可分为连续韵律、渐变韵律、交错韵律、起伏韵律等处理方法。

(4) 均衡与稳定

在园林布局中分为静态均衡和依靠动势求得均衡，或称之为拟对称的均衡。对称的均衡为静态均衡，一般在主轴两边景物以相等的距离、体量、形态组成均衡即气态均衡。拟对称均衡，是主轴不在中线上，两边的景物在形体、大小、与主轴的距离都不相等，但两景物又处于动态的均衡之中。

(5) 尺度与比例

任何物体，不论任何形状，必有 3 个方向，即长、宽、高的度量。比例就是研究三者之间的关系。任何园林景观，都要研究双重的 3 个关系，一是景物本身的三维空间；二是整体与局部。园林中的尺度，指园林空间中各个组成部分与具有一定自然尺度的物体的比较。功能、审美和环境特点决定园林设计的尺度。尺度可分为可变尺度和不可变尺度两种。不可变尺度是按一般人体的常规尺寸确定的尺度。可变尺度如建筑形体、雕像的大小、桥景的幅度等都要依具体情况而定。园林中常应用的是夸张尺度，夸张尺度往往是将景物放大或缩小，以达到造园造景效果的需要。

以上五点便是构园有法的“法”，但是法无定式，我们要因地制宜地创造出个性化的园林。

2. 功能明确，组景有方

园林布局是园林综合艺术的最终体现，所以园林必须要有合理的功能分区。以颐和园为例，有宫廷区、生活区、苑林区三个分区，苑林区又可分为前湖区、后湖区。现代园林的功能分区更为明确，如花港观鱼公园，共有六个景区。

在合理的功能分区基础上，组织游赏路线，创造构图空间，安排景区、景点，创造意境、情景，是园林布局的核心内容。游赏路线就是园路，园路的职能之一便是组织交通、引导游览路线。

3. 因地制宜，景以境出

因地制宜的原则是造园最重要的原则之一，我们应在园址现状基础上进行布景设点，最大限度地发挥现有地形地貌的特点，以达到虽由人作、宛自天开的境界。要注意根据不同的基地条件进行布局安排，高方欲就亭台，低凹可开池沼，稍高的地形堆土使其成假山，而在低洼地上再挖深使其变成池湖。颐和园即在原来的“翁山”、“翁山泊”上建成，圆明园则在“丹棱沜”上设计建造，避暑山庄则是在原来的山水基础上建造出来的风景式自然山水园。

4. 掇山理水，理及精微

人们常用“挖湖堆山”来概括中国园林创作的特征。

理水，首先要沟通水系，即“疏水之去由，察源之来历”，忌水出无源或死水一潭。

掇山，挖湖后的土方即可用来堆山。在堆山的过程中可根据工程的技术要求，设计成土山、石山、土石混合山等不同类型。

5. 建筑经营，时景为精

园林建筑既有使用价值，又能与环境组成景致，供人们游览和休憩。其设计方法概括起来主要有六个方面：立意、选址、布局、借景、尺度与比例、色彩与质感。中国园林的布局手法有以下几点：

山水为主，建筑配合：建筑有机地与周围结合，创造出别具特色的建筑形象。在五大要素中，山水是骨架，建筑是眉目。

统一中求变化，对成中有异象：对于建筑的布局来讲，就是除了主从关系外，还要在统一中求变化，在对称中求灵活。如佛香阁东西两侧的湖山碑和铜亭，位置对称，但碑体和铜亭的高度、造型、性质、功能等却决然不同，然而正是这样决然不同的景物却在园中得到了完美的统一。

对景顾盼，借景有方：在园林中，观景点和在具有透景线的条件下所面对的两景物之间形成对景。一般透景线穿过水面、草坪，或仰视、俯视空间，两景物之间互为对景。如拙政园内的远香堂对雪香云蔚亭，留园的涵碧山房对可亭，退思园的退思草堂对闹红一舸等。借景是《园冶》的最后一句话，可见借景的重要性，它是丰富园景的重要手法之一。如从颐和园借景园外的玉泉塔，拙政园从绣绮亭和梧竹幽居一带西望北寺塔。

6. 道路系统，顺势通畅

园林中，道路系统的设计是十分重要的内容，道路的设计形式决定了园林的形式，表现了不同的园林内涵。道路既是园林划分不同区域的界线，又是连接园林各不同区域活动内容的纽带。园林设计过程中，除考虑上述内容外，还要使道路与山体、水系、建筑、花木之间构成有机的整体。

7. 植物造景，四时烂漫

植物造景是园林设计全过程中十分重要的组成部分之一。在后面的相关章节我们会对种植设计进行简单介绍。植物造景是一门学问，详细的种植设计可以参照苏雪痕老师编写的《植物造景》。

1.3 园林设计的程序

园林设计的程序主要包括以下几个步骤：

1.3.1 园林设计的前提工作

1. 掌握自然条件、环境状况及历史沿革
2. 图纸资料，如地形图、局部放大图、现状图、地下管线图等
3. 现场踏查
4. 编制总体设计任务文件

1.3.2 总体设计方案阶段

主要设计图纸内容：位置图，现状图，分区图，总体设计方案图，地形图，道路总体设计图，种植设计图，管线总体设计图，电气规划图，园林建筑布局图。

鸟瞰图：直接表达公园设计的意图，通过钢笔画、水彩、水粉等均可。

总体设计说明书：总体设计方案除了图纸外，还要求一份文字说明，全面地介绍设计者的构思、设计要点等内容。

1.4 园林设计图的绘制

1.4.1 园林设计总平面图

1. 园林设计总平面图的内容

园林设计总平面图是设计范围内所有造园要素的水平投影图，它能表明在设计范围内的所有内容。园林设计总平面图是园林设计的最基本图纸，能够反映园林设计的总体思想和设计意图，是绘制其他设计图纸及施工、管理的主要依据，主要包括以下内容：

（1）规划用地区域现状及规划的范围；

（2）对原有地形地貌等自然状况的改造和新的规划设计意图；

（3）竖向设计情况；

（4）景区景点的设置、景区出入口的位置，各种造园素材的种类和位置；

（5）比例尺，指北针，风玫瑰。

2. 园林设计总平面图的绘制

（1）首先要选择合适的比例，常用的比例有 1∶200，1∶500，1∶1000 等。

（2）绘制图中设计的各种造园要素的水平投影。其中地形用等高线表示，并在等高线的断开处标注设计的高程。设计地形的等高线用实线绘制，原地形的等高线用虚线绘制；道路和广场的轮廓线用中实线绘制；建筑外轮廓线用粗实线绘制，园林植物用图例表示；水体驳岸用粗线绘制，并用细实线绘制水底的坡度等高线；山石用粗线绘制其外轮廓。

（3）标注定位尺寸和坐标网进行定位，尺寸标注是指以图中某一原有景物为参照物，标注新设计的主要景物和该参照物之间的相对距离；坐标网是以直角坐标的形式进行定位，有建筑坐标网和测量坐标网两种形式，园林上常用建筑坐标网，即以某一点为“零点”并以水平方向为 B 轴，垂直方向为 A 轴，按一定距离绘制出方格网。坐标网用细实线绘制。

（4）编制图例图，图中应用的图例，都应在图上的位置编制图例表说明其含义。

（5）绘制指北针，风玫瑰；注写图名、标题栏、比例尺等。

（6）编写设计说明，设计说明是用文字的形式进一步表达设计思想，或作为图纸内容的补充等。

1.4.2 园林建筑初步设计图

1. 园林建筑初步设计图的内容

园林建筑是指在园林中与园林造景有直接关系的建筑，园林建筑初步设计图须绘制出平、立、剖面图，并标注出主要控制尺寸，图纸要能反映建筑的形状、大小和周围环境等内容，一般包括建筑总平面图、建筑平面图、建筑立面图、建筑剖面图等图纸。

2. 园林建筑初步设计图的绘制

(1) 建筑总平面图：要反映新建建筑的形状、所在位置、朝向及室外道路、地形、绿化等情况以及该建筑与周围环境的关系和相对位置。绘制时首先要选择合适的比例，其次要绘制图例，建筑总平面图是用建筑总平面图例表达其内容的，其中的新建建筑、保留建筑、拆除建筑等都有对应的图例。接着要标注标高，即新建建筑首层平面的绝对标高、室外地面及周围道路的绝对标高及地形等高线的高程数字。最后要绘制比例尺、指北针、风玫瑰、图名、标题栏等。

(2) 建筑平面图：用来表示建筑的平面形状、大小、内部的分隔和使用功能、墙、柱、门窗、楼梯等的位置。绘制时一样首先要确定比例，然后绘制定位轴线，接着绘制墙、柱的轮廓线、门窗细部，然后进行尺寸标注、注写标高，最后绘制指北针、剖切符号、图名、比例等。

(3) 建筑立面图：主要用于表示建筑的外部造型和各部分的形状及相互关系等，如门窗的位置和形状，阳台、雨篷、台阶、花坛、栏杆等的位置和形状。绘制顺序依次为选择比例、绘制外轮廓线、主要部位的轮廓线、细部投影线、尺寸和标高标注、绘制配景、注写比例、图名等。

(4) 建筑剖视图：表示房屋的内部结构及各部位标高，剖切位置应选择在建筑的主要部位或构造较特殊的部位。绘制顺序依次为选择比例、主要控制线、主要结构的轮廓线、细部结构、尺寸和标高标注、注写比例、图名等。

1.4.3 园林施工图绘制的具体要求

园林制图是表达园林设计意图最直接的方法，是每个园林设计师必须掌握的技能。园林 AutoCAD 制图是风景园林景观设计的基本语言，AutoCAD 园林制图可参照《房屋建筑制图统一标准》GB/T 50001—2010 作为制图的依据。在园林图纸中，对制图的基本内容都有规定。这些内容包括图纸幅面、标题栏及会签栏、线宽及线型、汉字、字符、数字、符号和标注等。具体可以参考第 1 章制图知识。

一套完整的园林施工图一般包括封面、目录、设计说明、总平面图、施工放线图、竖向设计施工图、植物配置图、照明电气图、喷灌施工图、给水排水施工图、园林小品施工详图、铺装剖切断面图等等。

1. 文字部分应包括封面、目录、总说明、材料表等

(1) 封面的内容包括工程名称、建设单位、施工单位、时间、工程项目编号等。

（2）目录的内容包括图纸的名称、图别、图号、图幅、基本内容、张数等。图纸编号以专业为单位，各专业各自编排各专业的图号；对于大、中型项目，应按照以下专业进行图纸编号：园林、建筑、结构、给水排水、电气、材料附图等；对于小型项目，可以按照以下专业进行图纸编号：园林、建筑及结构、给水排水、电气等。每一专业图纸应该对图号加以统一标示，以方便查找，如：建筑结构施工可以缩写为“建施（JS）”，给水排水施工可以缩写为“水施（SS）”，种植施工图可以缩写为“绿施（LS）”。

（3）设计说明主要针对整个工程需要说明的问题。如：设计依据、施工工艺等、材料数量、规格及其他要求。其具体内容主要包括：

1）设计依据及设计要求：应注明采用的标准图集及依据的法律规范。

2）设计范围。

3）标高及标注单位：应说明图纸文件中采用的标注单位，采用的是相对坐标还是绝对坐标，如为相对坐标，须说明采用的依据以及与绝对坐标的关系。

4）材料选择及要求：对各部分材料的材质要求及建议；一般应说明的材料包括：饰面材料、木材、钢材、防水疏水材料、种植土及铺装材料等。

5）施工要求：强调需注意工种配合及对气候有要求的施工部分。

6）经济技术指标：施工区域总的占地面积，绿地、水体、道路、铺地等的面积及占地百分比、绿化率及工程总造价等。

除了总的说明之外，在各个专业图纸前面还应该配备专门的说明，有时施工图纸中还应该配有适当的文字说明。

2. 施工放线应包括施工总平面图，各分区施工放线图，局部放线详图等

（1）施工总平面图

1）施工总平面图的主要内容

• 指北针（或风玫瑰图），绘图比例（比例尺），文字说明，景点、建筑物或者构筑物的名称标注，图例表。

• 道路、铺装的位置、尺度、主要点的坐标、标高以及定位尺寸。

• 小品主要控制点坐标及小品的定位、定形尺寸。

• 地形、水体的主要控制点坐标、标高及控制尺寸。

• 植物种植区域轮廓。

• 对无法用标注尺寸准确定位的自由曲线园路、广场、水体等，应给出该部分局部放线详图，用放线网表示，并标注控制点坐标。

2）施工总平面图绘制的要求

• 布局与比例

图纸应按上北下南方向绘制，根据场地形状或布局，可向左或右偏转，但不宜超过45°。施工总平面图一般采用1：500、1：1000、1：2000的比例进行绘制。

• 图例

《总图制图标准》GB/T 50103—2010 中列出了建筑物、构筑物、道路、铁路以及植物等的图例，具体内容按相应的制图标准。如果由于某些原因必须另行设定图例时，应该在总图上绘制专门的图例表进行说明。

• 图线

在绘制总图时应该根据具体内容采用不同的图线，具体内容参照《总图制图标准》GB/T 50103—2010。

• 单位

施工总平面图中的坐标、标高、距离宜以米为单位，并应至少取至小数点后两位，不足时以0补齐。详图宜以毫米为单位，如不以毫米为单位，应另加说明。

建筑物、构筑物、铁路、道路方位角（或方向角）和铁路、道路转向角的度数，宜注写到秒，特殊情况，应另加说明。

道路纵坡度、场地平整坡度、排水沟沟底纵坡度宜以百分计，并应取至小数点后一位，不足时以0补齐。

• 坐标网格

坐标分为测量坐标和施工坐标。测量坐标为绝对坐标，测量坐标网应画成交叉十字线，坐标代号宜用“X、Y”表示。施工坐标为相对坐标，相对零点宜通常选用已有建筑物的交叉点或道路的交叉点，为区别于绝对坐标，施工坐标用大写英文字母A、B表示。

施工坐标网格应以细实线绘制，一般画成100m×100m或者50m×50m的方格网，当然也可以根据需要调整，比如采用的就是30m×30m的网格，对于面积较小的场地可以采用5m×5m或者10m×10m的施工坐标网。

• 坐标标注

坐标宜直接标注在图上，如图面无足够位置，也可列表标注，如坐标数字的位数太多时，可将前面相同的位数省略，其省略位数应在附注中加以说明。

建筑物、构筑物、铁路、道路等应标注下列部位的坐标：建筑物、构筑物的定位轴线（或外墙线）或其交点；圆形建筑物、构筑物的中心；挡土墙墙顶外边缘线或转折点。表示建筑物、构筑物位置的坐标，宜注其三个角的坐标，如果建筑物、构筑物与坐标轴线平行，可注对角坐标。

平面图上有测量和施工两种坐标系统时，应在附注中注明两种坐标系统的换算公式。

• 标高标注

施工图中标注的标高应为绝对标高，如标注相对标高，则应注明相对标高与绝对标高的关系。

建筑物、构筑物、铁路、道路等应按以下规定标注标高：建筑物室内地坪，标注图中±0.00处的标高，对不同高度的地坪，分别标注其标高；建筑物室外散水，标注建筑物四周转角或两对角的散水坡脚处的标高；构筑物标注其有代表性的标高，并用文字注明标高所指的位置；道路标注路面中心交点及变坡点的标高；挡土墙标注墙顶和墙脚标高，路堤、边坡标注坡顶和坡脚标高，排水沟标注沟顶和沟底标高；场地平整标注其控制位置标高；铺砌场地标注其铺砌面标高。

3）施工总平面图绘制步骤

• 绘制设计平面图。

• 根据需要确定坐标原点及坐标网格的精度，绘制测量和施工坐标网。

• 标注尺寸、标高。

• 绘制图框、比例尺、指北针，填写标题、标题栏、会签栏，编写说明及图例表。

4）施工放线图

施工放线图内容主要包括道路、广场铺装、园林建筑小品、放线网格（间距 1m 或 5m 或 10m 不等）、坐标原点、坐标轴、主要点的相对坐标、标高（等高线、铺装等）。如图 1-1 所示。

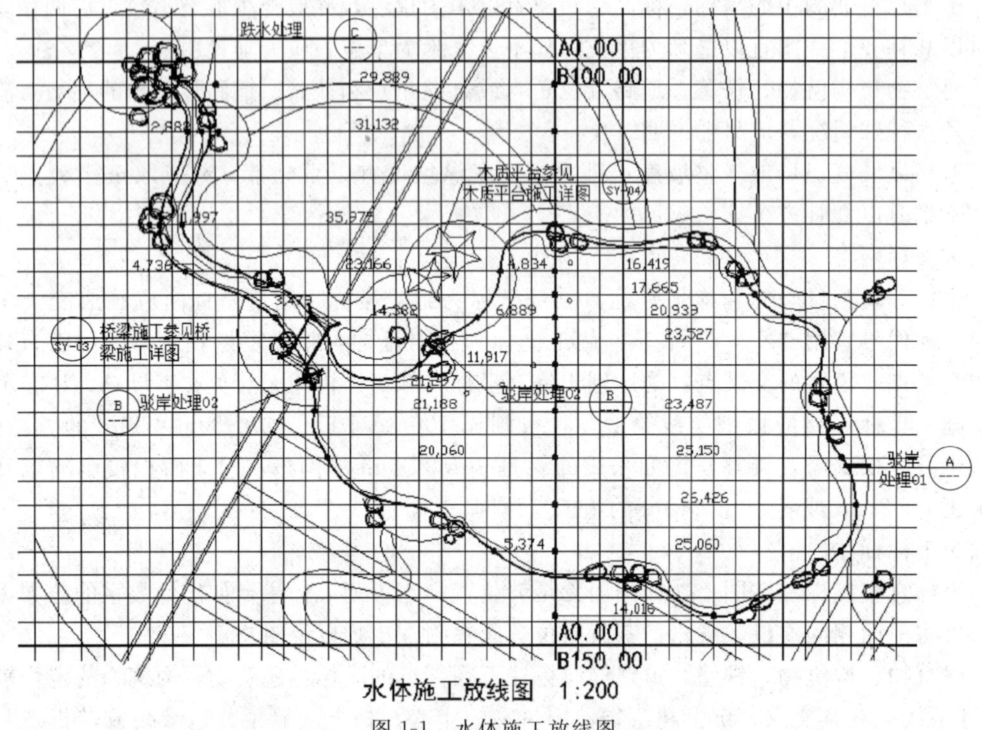

图 1-1 水体施工放线图

（2）各分区施工放线图

1）建筑工程应该包括建筑设计说明，建筑构造做法一览表，建筑平面图、立面图、剖面图，建筑施工详图等。

2）结构工程应该包括结构设计说明，基础图、基础详图，梁、柱详图，结构构件详图等。

3）电气工程应该包括电气设计说明，主要设备材料表，电气施工平面图、施工详图、系统图、控制线路图等。大型工程应按强电、弱电、火灾报警及其智能系统分别设置目录。

照明电气施工图的内容主要包括灯具形式、类型、规格、布置位置、配电图（电缆电线型号规格，连接方式；配电箱数量、形式规格等）等。

电位走线只需标明开关与灯位的控制关系，线型宜用细圆弧线（也可适当用中圆弧线），各种强弱电的插座走线不需标明。

要有详细的开关（一联、二联、多联）、电源插座、电话插座、电视插座、空调插座、宽带网插座、配电箱等图标及位置（插座高度未注明的一律距地面 300mm，有特殊要求的要在插座旁注明标高）。

4）给排水工程应该包括给水排水设计说明，给水排水系统总平面图、详图，给水、消防、排水、雨水系统图，喷灌系统施工图。

5）喷灌、给水排水施工图内容主要包括给水、排水管的布设、管径、材料等、喷头、检查井、阀门井、排水井、泵房等。

6）园林绿化工程应该包括植物种植设计说明，植物材料表，种植施工图，局部施工放线图，剖面图等。如果采用乔、灌、草多层组合，分层种植设计较为复杂，应该绘制分层种植施工图。

植物配置图的主要内容包括植物种类、规格、配置形式以及其他特殊要求，其主要目的是为苗木购买、苗木栽植提高准确的工程量。如图 1-2 所示。

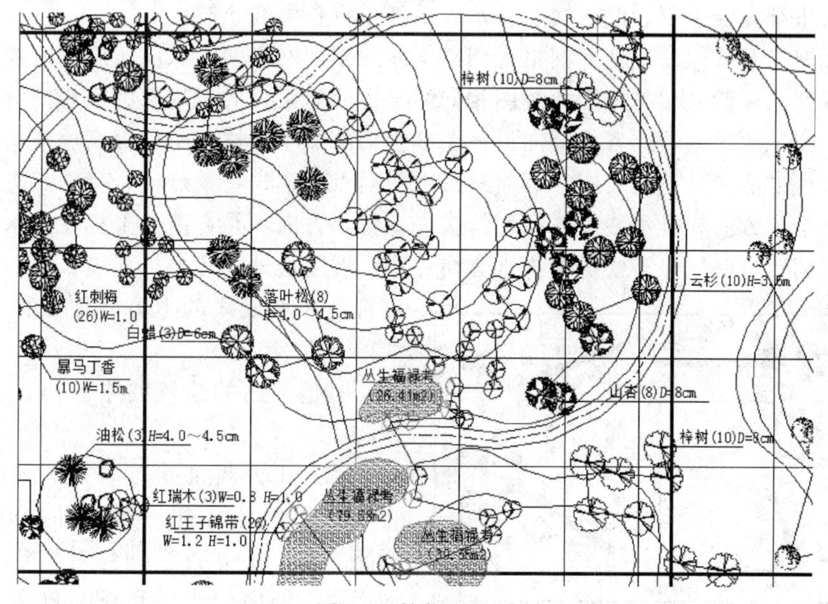

图 1-2　植物配置图

3. 土方工程应包括竖向施工图，土方调配图

（1）竖向设计施工图

竖向设计指的是在一块场地中进行垂直于水平方向的布置和处理，也就是地形高程设计。

1）竖向施工图的内容

• 指北针、图例、比例、文字说明、图名。文字说明中应该包括标注单位、绘图比例、高程系统的名称、补充图例等。

• 现状与原地形标高，地形等高线，设计等高线的等高距一般取 0.25～0.5m，当地形较为复杂时，需要绘制地形等高线放样网格。

• 最高点或者某些特殊点的坐标及该点的标高。如：道路的起点、变坡点、转折点和终点等的设计标高（道路在路面中、阴沟在沟顶和沟底）、纵坡度、纵坡距、纵坡向、平曲线要素、竖曲线半径、关键点坐标；建筑物、构筑物室内外设计标高；挡土墙、护坡或土坡等构筑物的坡顶和坡脚的设计标高；水体驳岸、岸顶、岸底标高，池底标高，水面最低、最高及常水位。

• 地形的汇水线和分水线，或用坡向箭头标明设计地面坡向，指明地表排水的方向、排水的坡度等。

• 绘制重点地区、坡度变化复杂的地段的地形断面图，并标注标高、比例尺等。

• 当工程比较简单时，竖向设计施工平面图可与施工放线图合并。

2）竖向施工图的具体要求

• 计量单位。通常标高的标注单位为米，如果有特殊要求的话应该在设计说明中注明。

• 线型。竖向设计图中比较重要的就是地形等高线，设计等高线用细实线绘制，原有地形等高线用细虚线绘制，汇水线和分水线用细单点长画线绘制。

• 坐标网格及其标注。坐标网格采用细实线绘制，网格间距取决于施工的需要以及图形的复杂程度，一般采用与施工放线图相同的坐标网体系。对于局部的不规则等高线，或者单独做出施工放线图，或者在竖向设计图纸中局部缩小网格间距，提高放线精度。竖向设计图的标注方法同施工放线图，针对地形中最高点、建筑物角点或者特殊点进行标注。

• 地表排水方向和排水坡度。利用箭头表示排水方向，并在箭头上标注排水坡度，对于道路或者铺装等区域除了要标注排水方向和排水坡度之外，还要标注坡长，一般排水坡度标注在坡度线的上方，坡长标注在坡度线的下方。

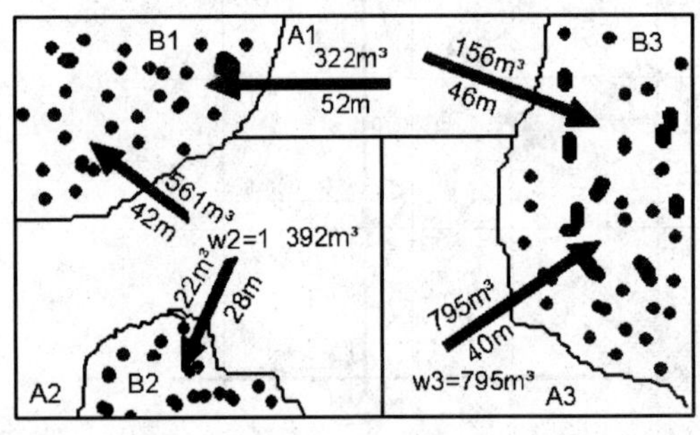

图 1-3　土方调配图

其他方面的绘制要求与施工总平面图相同。

（2）土方调配图

在土方调配图上要注明挖填调配区、调配方向、土方数量和每对挖填之间的平均运距。图中的土方调配，仅考虑场内挖方、填方平衡。如图 1-3 所示（A 为挖方，B 为填方）。

4. 植物栽植的表示

（1）行列式栽植

对于行列式的种植形式（如行道树，树阵等）可用尺寸标注出株行距，始末树种植点与参照物的距离。

（2）自然式栽植

对于自然式的种植形式（如孤植树），可用坐标标注种植点的位置或采用三角形标注法进行标注。孤植树往往对植物的造型、规格的要求较严格，应在施工图中表达清楚，除利用立面图、剖面图示以外，可与苗木表相结合，用文字来加以标注。

5. 图例及尺寸标注

（1）片植、丛植

施工图应绘出清晰的种植范围边界线，标明植物名称、规格、密度等。对于边缘线呈规则的几何形状的片状种植，可用尺寸标注方法标注，为施工放线提供依据，而对边缘线呈不规则的自由线的片状种植，应绘坐标网格，并结合文字标注。

（2）草皮种植

草皮是用打点的方法表示，标注应标明其草坪名、规格及种植面积。

（3）常见图例

园林设计中，经常使用各种标准化的图例来表示特定的建筑景点或常见的园林植物，如图 1-4 所示。

图例	名称	图例	名称
	溶洞		垂丝海棠
	温泉		紫薇
	瀑布跌水		含笑
	山峰		龙爪槐
	森林		茶梅+茶花
	古树名木		桂花
	墓园		红枫
	文化遗址		四季竹
	民风民俗		白(紫玉兰)
	桥		广玉兰
	景点		香樟
	规划建筑物		原有建筑物

图例	名称	图例	名称
	龙柏		水杉
	银杏		金叶女贞
	鹅掌秋		鸡爪槭
	珊瑚树		芭蕉
	雪松		杜英
	小花月季球		杜鹃
	小花月季		花石榴
	杜鹃		腊梅
	红花继木		牡丹
	龟甲冬青		鸢尾
	长绿草		苏铁
	剑麻		葱兰

图 1-4　常见图例

第 2 章

AutoCAD 2014 入门

本章将循序渐进地介绍 AutoCAD 2014 绘图的有关基本知识。帮助读者了解操作界面基本布局，掌握如何设置图形的系统参数，熟悉文件管理方法，学会各种基本输入操作方式，熟练进行图层设置、应用各种绘图辅助工具等。为后面进入系统学习准备必要的前提知识。

- 操作界面
- 配置绘图系统
- 图层设置
- 图形显示工具
- 基本输入操作

2.1 操作界面

AutoCAD 的操作界面是 AutoCAD 显示、编辑图形的区域。启动 AutoCAD 2014 后的默认界面，这个界面是 AutoCAD 2009 以后出现的新界面风格，为了便于学习和使用过 AutoCAD 2014 及以前版本用户学习本书，我们采用 AutoCAD 经典风格的界面介绍，如图 2-1 所示。

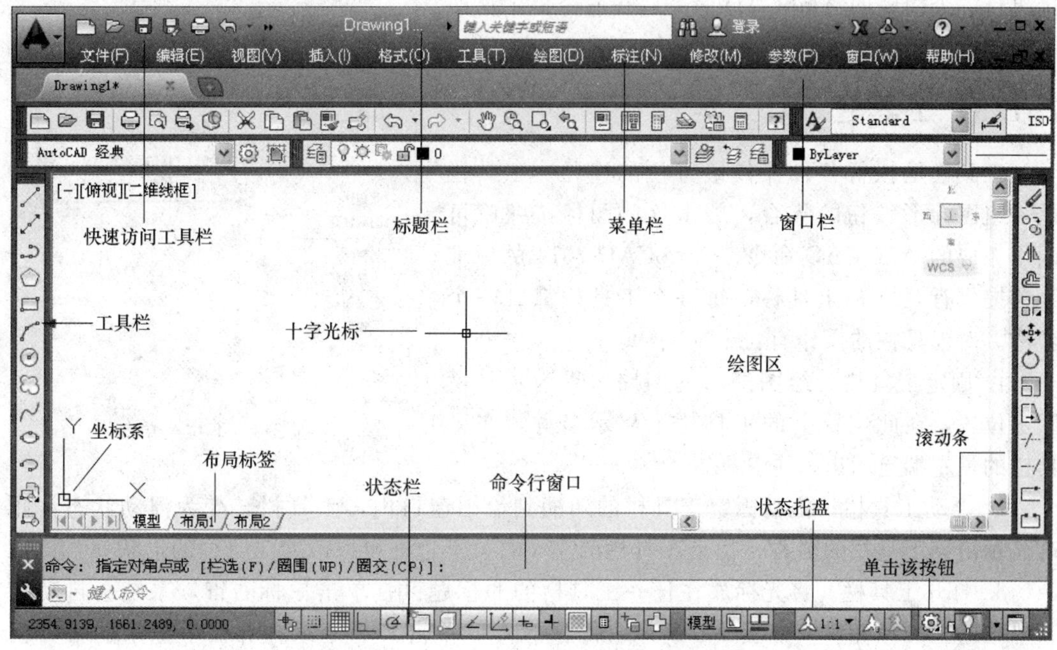

图 2-1　AutoCAD 2014 中文版操作界面

具体的转换方法是：单击界面右下角的“切换工作空间”按钮，在弹出的菜单中选择“AutoCAD 经典”选项，如图 2-2 所示，系统转换到 AutoCAD 经典界面。

一个完整的 AutoCAD 经典操作界面包括标题栏、绘图区、十字光标、菜单栏、工具栏、坐标系、命令行、状态栏、布局标签和滚动条等。

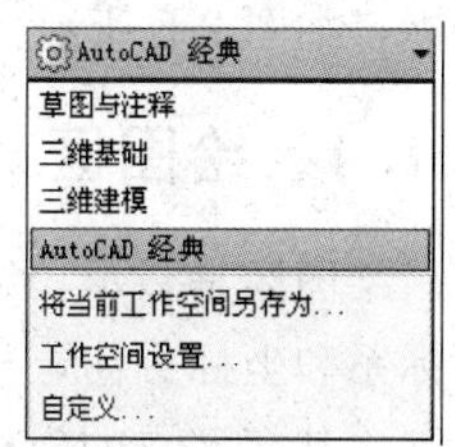

图 2-2　工作空间转换

2.1.1　标题栏

在 AutoCAD 2014 操作界面的最上端是标题栏，显示了当前软件的名称和用户正在使用的图形文件，“DrawingN. dwg”（N 是数字）是 AutoCAD 的默认图形文件名；最右边的 3 个按钮控制 AutoCAD 2014 当前的状态：最小化、正常化和关闭。

2.1.2　菜单栏

AutoCAD 2014 的菜单栏位于标题栏的下方，同 Windows 程序一样，AutoCAD 的菜单也是下拉形式的，并在菜单中包含子菜单，如图 2-3 所示。是执行各种操作的途径之一。

一般来讲，AutoCAD 2014 下拉菜单有以下 3 种类型：

1. 右边带有小三角形的菜单项，表示该菜单后面带有子菜单，将光标放在上面会弹出它的子菜单。

2. 右边带有省略号的菜单项，表示单击该项后会弹出一个对话框。

3. 右边没有任何内容的菜单项，选择它可以直接执行一个相应的 AutoCAD 命令，在命令提示窗口中显示出相应的提示。

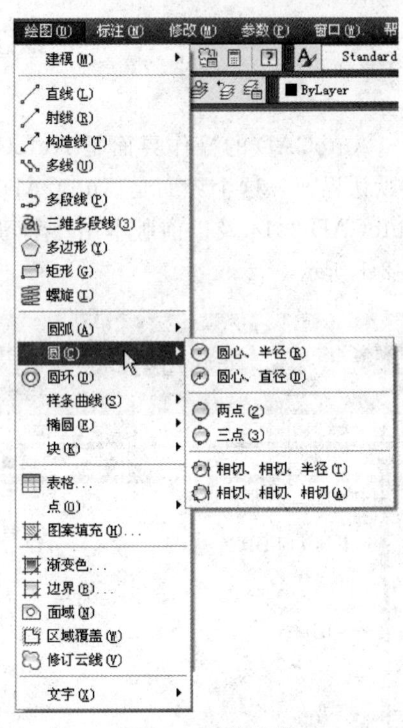

图 2-3　下拉菜单

2.1.3　工具栏

工具栏是执行各种操作最方便的途径。工具栏是一组图标形按钮的集合，单击这些图标按钮就可调用相应的 AutoCAD 命令。AutoCAD 2014 的标准菜单提供有几十种工具栏，每一个工具栏都有一个名称。对工具栏的操作有：

1. 固定工具栏。绘图窗口的四周边界为工具栏固定位置，在此位置上的工具栏不显示名称，在工具栏的最左端显示出一个句柄。

2. 浮动工具栏。拖动固定工具栏的句柄到绘图窗口内，工具栏转变为浮动状态，此时显示出该工具栏的名称，拖动工具栏的左、右、下边框可以改变工具栏的形状。

3. 打开工具栏。将光标放在任一工具栏的非标题区，单击鼠标右键，系统会自动打开单独的工具栏标签，如图 2-4 所示。用鼠标左键单击某一个未在界面中显示的工具栏名，系统将自动在界面中打开该工具栏。

4. 弹出工具栏。有些图标按钮的右下角带有“◢”，表示该工具项具有弹出工具栏，打开工具下拉列表，按住鼠标左键，将光标移到某一图标上然后松手，该图标就成为当前图标，如图 2-5 所示。

2.1.4　绘图区

绘图区是显示、绘制和编辑图形的矩形区域。左下角是坐标系图标，表示当前使用的坐标系和坐标方向，根据工作需要，用户可以打开或关闭该图标的显示。十字光标由鼠标控制，其交叉点的坐标值显示在状态栏中。

1. 改变绘图窗口的颜色

（1）选择菜单栏中的“工具”→“选项”命令，弹出“选项”对话框。

（2）单击“显示”选项卡，如图 2-6 所示。

（3）单击“窗口元素”中的“颜色”按钮，打开如图 2-7 所示的“图形窗口颜色”对话框。

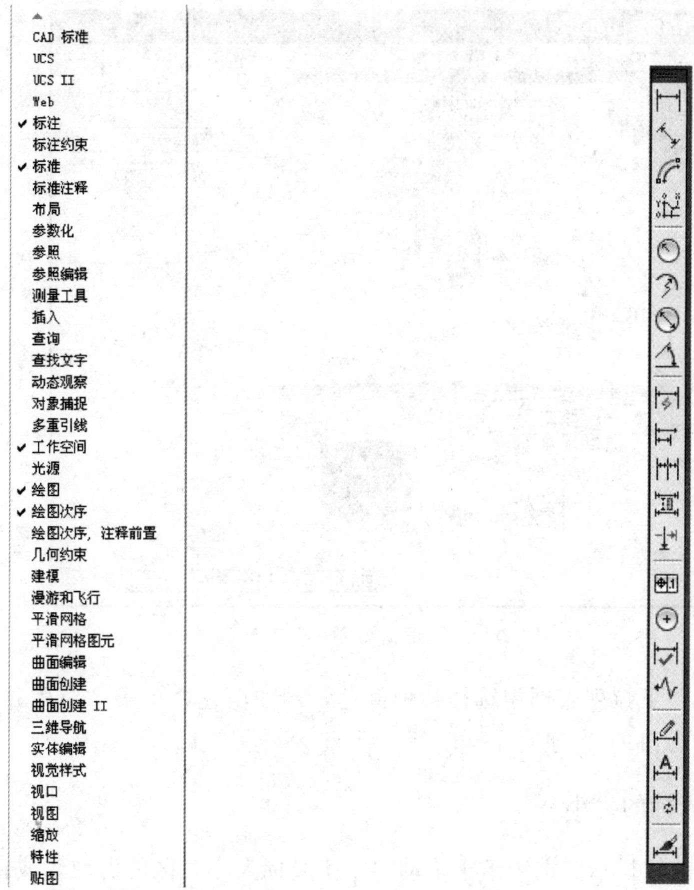

图 2-4　打开工具栏

图 2-5　弹出工具栏

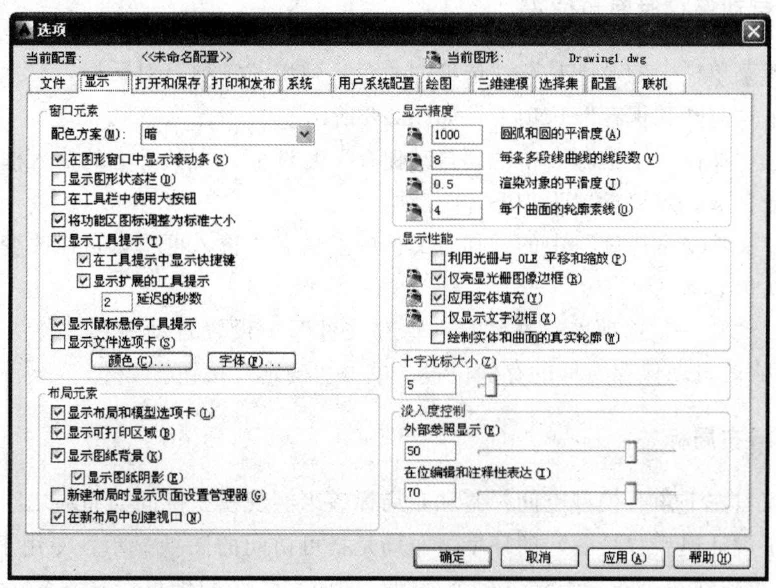

图 2-6　“选项”对话框中的“显示”选项卡

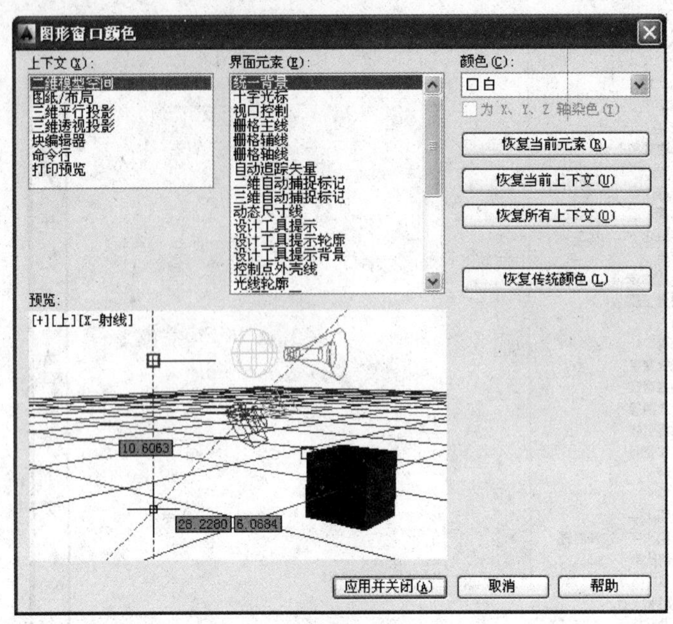

图 2-7 “图形窗口颜色”对话框

（4）从“颜色”下拉列表框中选择某种颜色，例如白色，单击“应用并关闭”按钮，即可将绘图窗口改为白色。

2. 改变十字光标的大小

在图 2-6 所示的“显示”选项卡中拖动“十字光标大小”区的滑块，或在文本框中直接输入数值，即可对十字光标的大小进行调整。

3. 设置自动保存时间和位置

（1）选择菜单栏中的“工具”→“选项”命令，弹出“选项”对话框。

（2）单击“打开和保存”选项卡，如图 2-8 所示。

（3）勾选“文件安全措施”中的“自动保存”复选框，在其下方的输入框中输入自动保存的间隔分钟数。建议设置为 10～30 分钟。

（4）在“文件安全措施”中的“临时文件的扩展名”输入框中，可以改变临时文件的扩展名。默认为 ac$。

（5）打开“文件”选项卡，在“自动保存文件”中设置自动保存文件的路径，单击“浏览”按钮修改自动保存文件的存储位置。单击“确定”按钮。

4. 模型与布局标签

在绘图窗口左下角有模型空间标签和布局标签来实现模型空间与布局之间的转换。模型空间提供了设计模型（绘图）的环境。布局是指可访问的图纸显示，专用于打印。AutoCAD 2014 可以在一个布局上建立多个视图，同时，一张图纸可以建立多个布局且每一个布局都有相对独立的打印设置。

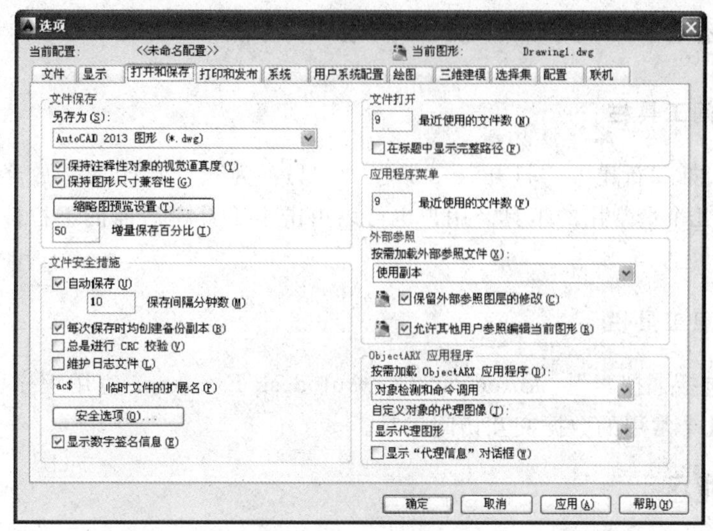

图 2-8 “选项”对话框中的“打开和保存”选项卡

2.1.5 命令行

命令行位于操作界面的底部，是用户与 AutoCAD 进行交互对话的窗口。在“命令”提示下，AutoCAD 接受用户使用各种方式输入的命令，然后显示出相应的提示，如命令选项、提示信息和错误信息等。

命令行中显示文本的行数可以改变，将光标移至命令行上边框处，光标变为双箭头后，按住左键拖动即可。命令行的位置可以在操作界面的上方或下方，也可以浮动在绘图窗口内。将光标移至该窗口左边框处，光标变为箭头，单击并拖动即可。使用 F2 功能键，能放大显示命令行。

2.1.6 状态栏和滚动条

1. 状态栏

状态栏在操作界面的最上部，能够显示有关的信息，例如，当光标在绘图区时，显示十字光标的三维坐标；当光标在工具栏的图标按钮上时，显示该按钮的提示信息。

状态栏上包括若干个功能按钮，它们是 AutoCAD 的绘图辅助工具，有多种方法控制这些功能按钮的开关：

(1) 单击即可打开 / 关闭。

(2) 使用相应的功能键。如按＜F8＞键，可以循环打开 / 关闭正交模式。

(3) 使用快捷菜单。在一个功能按钮上单击右键，可弹出相关快捷菜单。

2. 滚动条

滚动条包括水平和垂直滚动条，用于上下或左右移动绘图窗口内的图形。用鼠标拖动滚动条中的滑块或单击滚动条两侧的三角按钮，即可移动图形。

2.1.7 快速访问工具栏和交互信息工具栏

1. 快速访问工具栏

该工具栏包括“新建”、“打开”、“保存”、“另存为”、“打印”、“放弃”、“重做”和“工作空间”等几个最常用的工具。用户也可以单击本工具栏后面的下拉按钮设置需要的常用工具。

2. 交互信息工具栏

该工具栏包括“搜索”、Autodesk360、Autodesk Exchange 应用程序、“保持连接”和“帮助”等几个常用的数据交互访问工具。

2.1.8 功能区

包括“默认”、“插入”、“注释”、“参数化”、“视图”、“管理”、“输出”、“插件”和 Autodesk 360 等几个功能区，每个功能区集成了相关的操作工具，方便了用户的使用。用户可以单击功能区选项后面的按钮控制功能的展开与收缩。

打开或关闭功能区的操作方式如下：

命令行：RIBBON（或 RIBBONCLOSE）。

菜单：“工具”→“选项板”→“功能区”。

2.1.9 状态托盘

状态托盘包括一些常见的显示工具和注释工具，包括模型空间与布局空间转换工具，如图 2-9 所示，通过这些按钮可以控制图形或绘图区的状态。

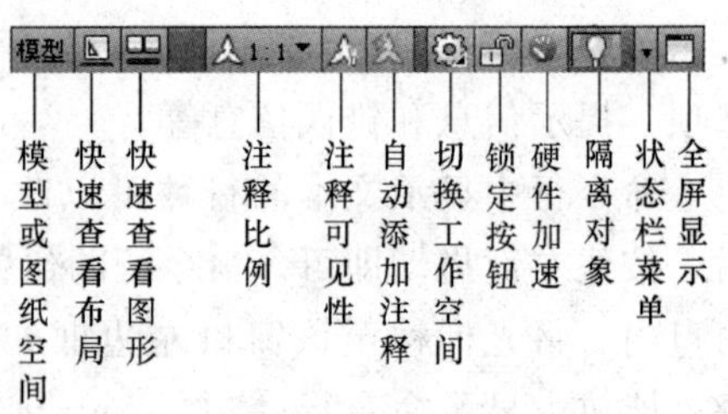

图 2-9 状态托盘工具

2.2 配置绘图系统

由于每台计算机所使用的显示器、输入设备和输出设备的类型不同，用户喜好的风格及计算机的目录设置也是不同的，所以每台计算机都是独特的。一般来讲，使用 AutoCAD 2014 的默认配置就可以绘图，但为了使用用户的定点设备或打印机，以及为提高绘图的效率，AutoCAD 推荐用户在开始作图前先进行必要的配置。

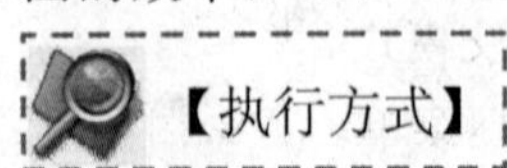

命令行：preferences。

菜单：“工具”→“选项”。

快捷菜单：在绘图区右击，系统打开快捷菜单，如图 2-10 所示，选择“选项”命令。

执行上述命令后，系统自动打开“选项”对话框。用户可以在该对话框中选择有关选项，对系统进行配置。下面只就其中主要的几个选项卡作一下说明，其他配置选项，在后面用到时再作具体说明。

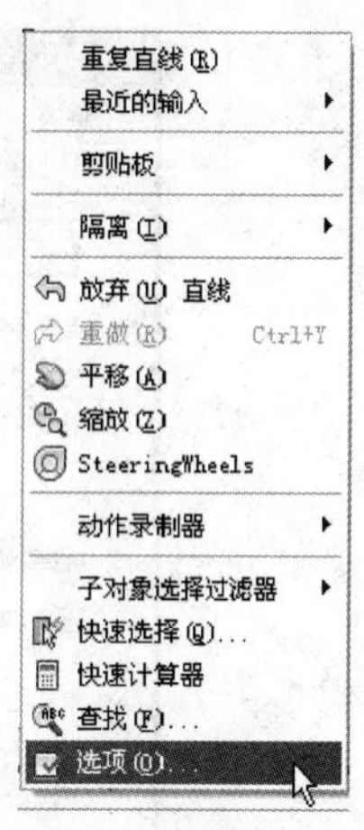

图 2-10 快捷菜单

2.2.1 显示配置

在“选项”对话框中的第 2 个选项卡为“显示”，该选项卡控制 AutoCAD 窗口的外观，如图 2-6 所示。该选项卡设定屏幕菜单、滚动条显示与否、固定命令行窗口中文字行数、AutoCAD 的版面布局设置、各实体的显示分辨率以及 AutoCAD 运行时的其他各项性能参数的设定等。前面已经讲述了屏幕菜单设定、屏幕颜色、光标大小等知识，其余有关选项的设置读者可参照“帮助”文件学习。

在设置实体显示分辨率时，请务必记住，显示质量越高，即分辨率越高，计算机计算的时间越长，千万不要将其设置太高。显示质量设定在一个合理的程度上是很重要的。

2.2.2 系统配置

在“选项”对话框中的第 5 个选项卡为“系统”，如图 2-11 所示。该选项卡用来设置 AutoCAD 系统的有关特性。

1. “三维性能”选项组

设定当前 3D 图形的显示特性，可以选择系统提供的 3D 图形显示特性配置，也可以单击“特性”按钮自行设置该特性。

2. “当前定点设备”选项组

安装及配置定点设备，如数字化仪和鼠标。具体如何配置和安装，请参照定点设备的用户手册。

3. “常规选项”选项组

确定是否选择系统配置的有关基本选项。

4. “布局重生成选项”选项组

确定切换布局时是否重生成或缓存模型选项卡和布局。

5. “数据库连接选项”选项组

确定数据库连接的方式。

6. “live Enabler 选项”选项组

确定在 Web 上检查 Live Enabler 失败的次数。

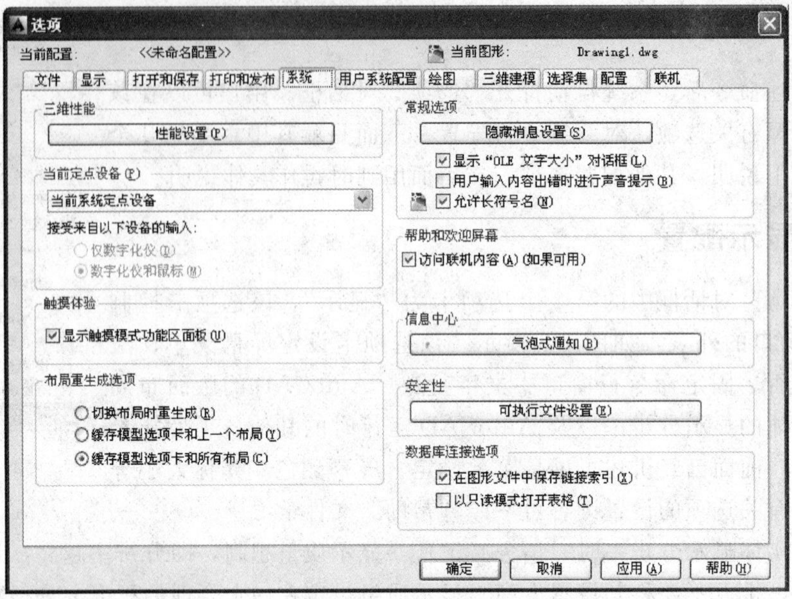

图 2-11 “系统”选项卡

2.3 图层设置

AutoCAD 中的图层就如同在手工绘图中使用的重叠透明图纸，如图 2-12 所示，可以使用图层来组织不同类型的信息。在 AutoCAD 中，图形的每个对象都位于一个图层上，所有图形对象都具有图层、颜色、线型和线宽 4 个基本属性。

在绘图的时候，图形对象将创建在当前的图层上。每个 CAD 文档中图层的数量是不受限制的，每个图层都有自己的名称。

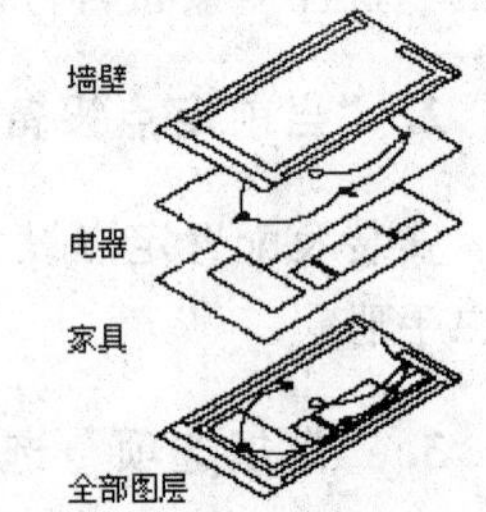

图 2-12 图层示意图

2.3.1 建立新图层

新建的 CAD 文档中只能自动创建一个名为“0”的特殊图层。默认情况下，图层 0 将被指定使用 7 号颜色、CONTINUOUS 线型、默认线宽以及 NORMAL 打印样式，并且不能被删除或重命名。通过创建新的图层，可以将类型相似的对象指定给同一个图层使其相关联。例如，可以将构造线、文字、标注和标题栏置于不同的图层上，并为这些图层指定通用特性。通过将对象分类放到各自的图层中，可以快速有效地控制对象的显示以及对其进行更改。

【执行方式】

命令行：LAYER。

菜单：“格式”→“图层”。

工具栏：“图层”→“图层特性管理器” ，如图 2-13 所示。

图 2-13 “图层”工具栏

执行上述操作之一后，系统弹出“图层特性管理器”对话框，如图 2-14 所示。单击“图层特性管理器”对话框中的“新建图层”按钮，建立新图层，默认的图层名为“图层 1”。可以根据绘图需要，更改图层名。在一个图形中可以创建的图层数以及在每个图层中可以创建的对象数实际上是无限的，图层最长可使用 255 个字符的字母数字命名。图层特性管理器按名称的字母顺序排列图层。

技巧荟萃

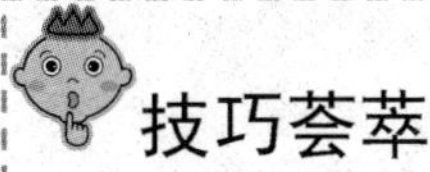

如果要建立不止一个图层，无需重复单击“新建”按钮。更有效的方法是：在建立一个新的图层“图层 1”后，改变图层名，在其后输入逗号“,”，这样系统会自动建立一个新图层“图层 1”，改变图层名，再输入一个逗号，又一个新的图层建立了，这样可以依次建立各个图层。也可以按两次<Enter>键，建立另一个新的图层。

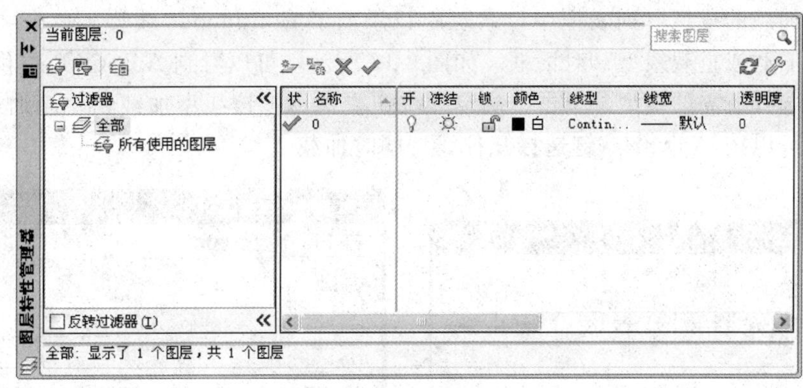

图 2-14 “图层特性管理器”对话框

在每个图层属性设置中，包括图层状态、图层名称、关闭/打开图层、冻结/解冻图层、锁定/解锁图层、图层线条颜色、图层线条线型、图层线条宽度、打印样式、打印、冻结新视口、透明度以及说明一共 13 个参数。下面将分别讲述如何设置这些图层参数。

1. 设置图层线条颜色

在工程图中，整个图形包含多种不同功能的图形对象，如实体、剖面线与尺寸标注等，为了便于直观地区分它们，就有必要针对不同的图形对象使用不同的颜色，例如实体层使用白色、剖面线层使用青色等。

要改变图层的颜色时，单击图层所对应的颜色图标，弹出“选择颜色”对话框，如图 2-15 所示。它是一个标准的颜色设置对话框，可以使用“索引颜色”、“真彩色”和“配色系统”3 个选项卡中的参数来设置颜色。

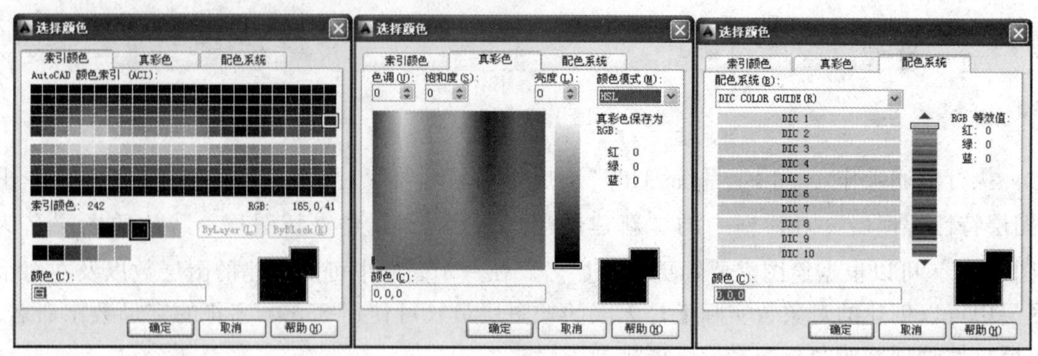

图 2-15 “选择颜色”对话框

2. 设置图层线型

线型是指作为图形基本元素的线条的组成和显示方式，如实线、点画线等。在许多绘图工作中，常常以线型划分图层，为某一个图层设置适合的线型。在绘图时，只需将该图层设为当前工作层，即可绘制出符合线型要求的图形对象，极大地提高了绘图效率。

单击图层所对应的线型图标，弹出“选择线型”对话框，如图 2-16 所示。默认情况下，在“已加载的线型”列表框中，系统中只添加了 Continuous 线型。单击“加载”按钮，弹出“加载或重载线型”对话框，如图 2-17 所示，可以看到 AutoCAD 提供了许多线型，用鼠标选择所需的线型，单击“确定”按钮，即可把该线型加载到“已加载的线型”列表框中，可以按住<Ctrl>键选择几种线型同时加载。

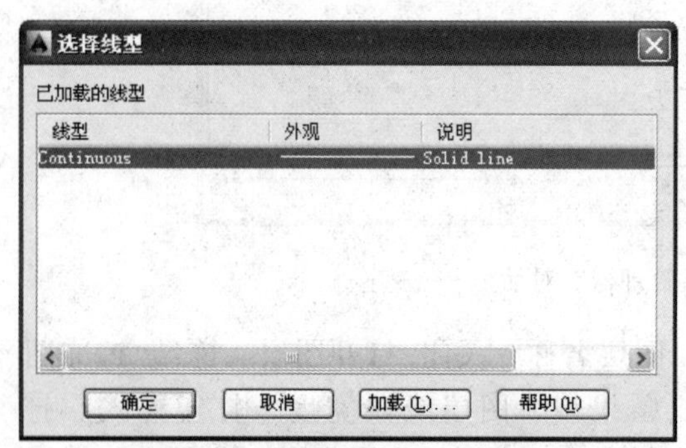

图 2-16 “选择线型”对话框

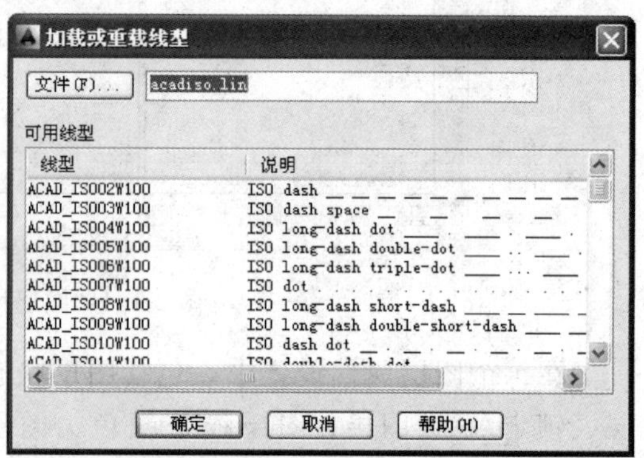

图 2-17 “加载或重载线型”对话框

3. 设置图层线宽

线宽设置顾名思义就是改变线条的宽度。用不同宽度的线条表现图形对象的类型，可以提高图形的表达能力和可读性，例如绘制外螺纹时大径使用粗实线，小径使用细实线。

单击“图层特性管理器”对话框中图层所对应的线宽图标，弹出“线宽”对话框，如图 2-18 所示。选择一个线宽，单击“确定”按钮完成对图层线宽的设置。

图层线宽的默认值为 0.25mm。在状态栏为“模型”状态时，显示的线宽同计算机的像素有关。线宽为零时，显示为一个像素的线宽。单击状态栏中的“显示/隐藏线宽”按钮 + ，显示的图形线宽与实际线宽成比例，如图 2-19 所示，但线宽不随着图形的放大和缩小而变化。线宽功能关闭时，不显示图形的线宽，图形的线宽均为默认宽度值显示。可以在“线宽”对话框选择所需的线宽。

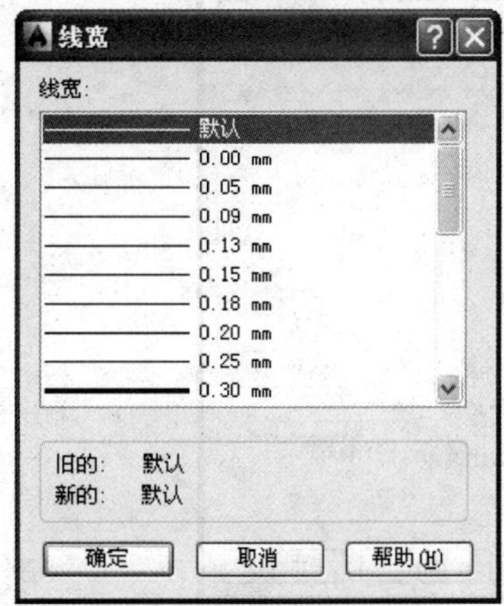

图 2-18 “线宽”对话框

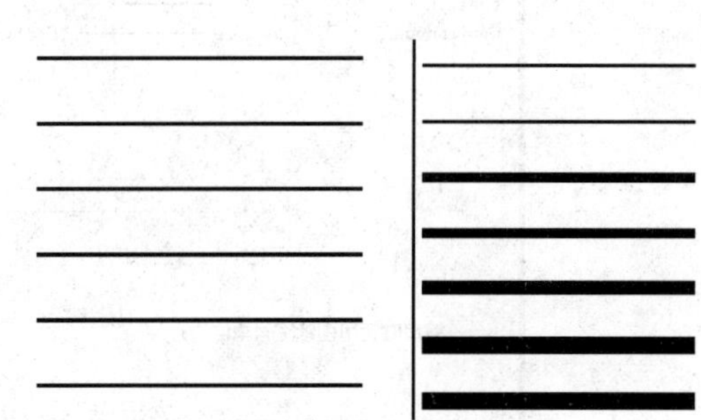

图 2-19 线宽显示效果图

2.3.2 设置图层

除了前面讲述的通过图层管理器设置图层的方法外，还有其他几种简便方法可以设置图层的颜色、线宽、线型等参数。

1. 直接设置图层

可以直接通过命令行或菜单设置图层的颜色、线宽、线型等参数。

（1）设置颜色

【执行方式】

命令行：COLOR。

菜单：“格式”→“颜色”。

执行上述操作之一后，系统弹出“选择颜色”对话框，如图 2-15 所示。

（2）设置线型

【执行方式】

命令行：LINETYPE。

菜单：“格式”→“线型”。

执行上述操作之一后，系统弹出“线型管理器”对话框，如图 2-20 所示。该对话框的使用方法与图 2-16 所示的“选择线型”对话框类似。

（3）设置线宽

【执行方式】

命令行：LINEWEIGHT 或 LWEIGHT。

菜单：“格式”→“线宽”。

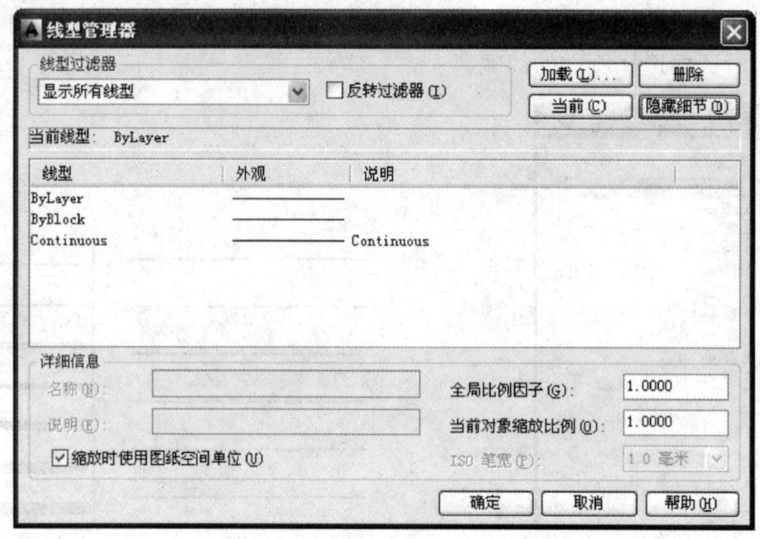

图 2-20 “线型管理器”对话框

执行上述操作之一后，系统弹出“线宽设置”对话框，如图 2-21 所示。该对话框的使用方法与图 2-18 所示的“线宽”对话框类似。

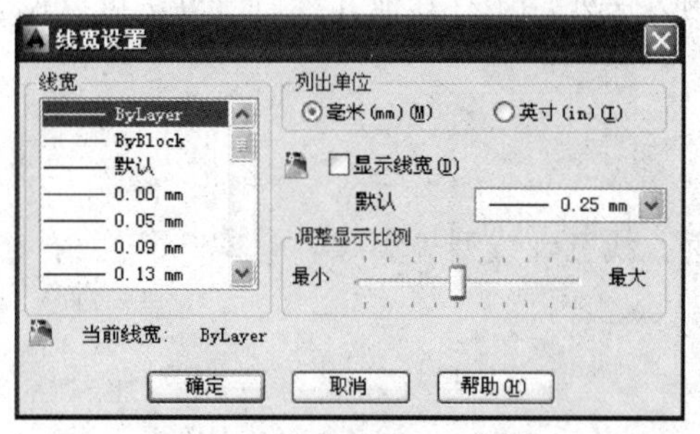

图 2-21 “线宽设置”对话框

2. 利用“特性”工具栏设置图层

AutoCAD 提供了一个“特性”工具栏，如图 2-22 所示。用户能够控制和使用工具栏中的对象特性工具快速地察看和改变所选对象的颜色、线型、线宽等特性。“特性”工具栏增强了查看和编辑对象属性的功能，在绘图区选择任意对象都将在该工具栏中自动显示它所在的图层、颜色、线型等属性。

图 2-22 “特性”工具栏

也可以在“特性”工具栏的“颜色”、“线型”、“线宽”和“打印样式”下拉列表中选择需要的参数值。如果在“颜色”下拉列表中选择“选择颜色”选项，如图 2-23 所示，系统就会弹出“选择颜色”对话框。同样，如果在“线型”下拉列表中选择“其他”选项，如图 2-24 所示，系统就会弹出“线型管理器”对话框。

3. 用“特性”对话框设置图层

【执行方式】

命令行：DDMODIFY 或 PROPERTIES。

菜单：“修改”→“特性”。

工具栏：“标准”→“特性” 。

执行上述操作之一后，系统弹出“特性”对话框，如图 2-25 所示。在其中，可以方便地设置或修改图层、颜色、线型、线宽等属性。

图 2-23 “选择颜色”选项

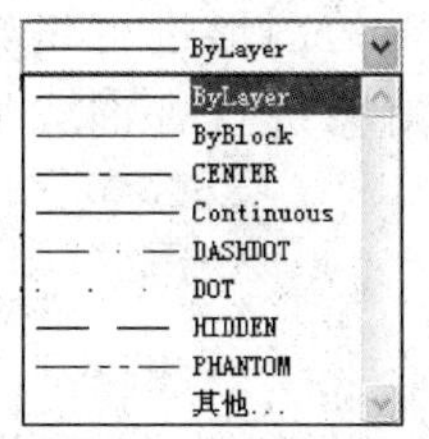

图 2-24 “其他”选项

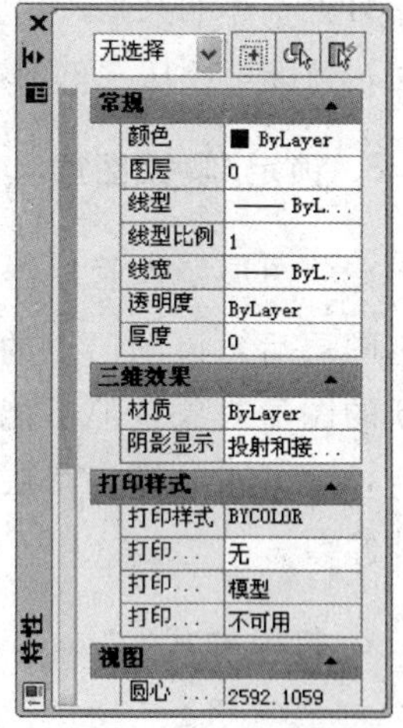

图 2-25 “特性”对话框

2.3.3 控制图层

1. 切换当前图层

不同的图形对象需要绘制在不同的图层中。在绘制前，需要将工作图层切换到所需的图层上来。单击“图层”工具栏中的“图层特性管理器”按钮，弹出“图层特性管理器”对话框，选择图层，单击“置为当前”按钮即可完成设置。

2. 删除图层

在“图层特性管理器”对话框的图层列表框中选择要删除的图层，单击“删除”按钮即可删除该图层。从图形文件定义中删除选定的图层时，只能删除未参照的图层。参照图层包括图层 0 及 DEFPOINTS、包含对象（包括块定义中的对象）的图层、当前图层和依赖外部参照的图层。不包含对象（包括块定义中的对象）的图层、非当前图层和不依赖外部参照的图层都可以删除。

3. 关闭/打开图层

在“图层特性管理器”对话框中，单击图标，可以控制图层的可见性。图层打开时，图标小灯泡呈鲜艳的颜色时，该图层上的图形可以显示在屏幕或绘制在绘图仪上。单击该属性图标后，图标小灯泡呈灰暗色时，该图层上的图形不显示在屏幕上，而且不能被打印输出，但仍然作为图形的一部分保留在文件中。

4. 冻结/解冻图层

在“图层特性管理器”对话框中，单击图标，可以冻结图层或将图层解冻。图标呈雪花灰暗色时，该图层处于冻结状态；图标呈太阳鲜艳色时，该图层处于解冻状态。冻结图层上的对象不能显示，也不能打印，同时也不能编辑修改。在冻结了图层后，该图层上的对象不影响其他图层上对象的显示和打印。例如，在使用“HIDE”命令消隐对象的时候，被冻结图层上的对象不隐藏。

5. 锁定/解锁图层

在“图层特性管理器”对话框中，单击🔓或🔒图标，可以锁定图层或将图层解锁。锁定图层后，该图层上的图形依然显示在屏幕上并可打印输出，也可以在该图层上绘制新的图形对象，但不能对该图层上的图形进行编辑修改操作。可以对当前图层进行锁定，也可在对锁定图层上的图形对象进行查询或捕捉。锁定图层可以防止对图形的意外修改。

6. 打印样式

在 AutoCAD 2014 中，可以使用一个名为“打印样式”对象特性。打印样式控制对象的打印特性，包括颜色、抖动、灰度、笔号、虚拟笔、淡显、线型、线宽、线条端点样式、线条连接样式和填充样式。打印样式功能给用户提供了很大的灵活性，用户可以设置打印样式来替代其他对象特性，也可以根据需要关闭这些替代设置。

7. 打印/不打印

在“图层特性管理器”对话框中，单击🖨或🖨图标，可以设定该图层是否打印，以保证在图形可见性不变的条件下，控制图形的打印特征。打印功能只对可见的图层起作用，对于已经被冻结或被关闭的图层不起作用。

8. 新视口冻结

新视口冻结功能用于控制在当前视口中图层的冻结和解冻，不解冻图形中设置为“关”或“冻结”的图层，对于模型空间视口不可用。

9. 透明度

控制所有对象在选定图层上的可见性。对单个对象应用透明度时，对象的透明度特性将替代图层的透明度设置。

10. 说明

（可选）描述图层或图层过滤器。

2.4 图形显示工具

对于一个较为复杂的图形来说，在观察整幅图形时往往无法对其局部细节进行查看和操作，而当在屏幕上显示一个细部时又看不到其他部分，为解决这类问题，AutoCAD提供了缩放、平移、视图、鸟瞰视图和视口命令等一系列图形显示控制命令，可以用来任意地放大、缩小或移动屏幕上的图形显示，或者同时从不同的角度、不同的部位来显示图形。AutoCAD还提供了重画和重新生成命令来刷新屏幕、重新生成图形。

2.4.1 图形缩放

图形缩放命令类似于照相机的镜头，可以放大或缩小屏幕所显示的范围，只改变视图的比例，但是对象的实际尺寸并不发生变化。当放大图形一部分的显示尺寸时，可以更清楚地查看这个区域的细节；相反，如果缩小图形的显示尺寸，则可以查看更大的区域，如整体浏览。

图形缩放功能在绘制大幅面机械图，尤其是装配图时非常有用，是使用频率最高的命令之一。这个命令可以透明地使用，也就是说，该命令可以在其他命令执行时运行。用户完成涉及透明命令的过程时，AutoCAD会自动地返回到在用户调用透明命令前正在运行的命令。执行图形缩放的方法如下：

【执行方式】

命令行：ZOOM。

菜单："视图"→"缩放"。

工具栏："标准"→"实时缩放"，如图2-26所示。

【操作步骤】

图2-26 "缩放"工具栏

执行上述命令后，系统提示：

指定窗口的角点，输入比例因子（nX或nXP），或者
［全部(A)/中心(C)/动态(D)/范围(E)/上一个(P)/比例(S)/窗口(W)/对象(O)］
<实时>：

【选项说明】

1. 实时

这是"缩放"命令的默认操作，即在输入"ZOOM"命令后，直接按Enter键，将自动执行实时缩放操作。实时缩放就是可以通过上下移动鼠标交替进行放大和缩小。在使用实时缩放时，系统会显示一个"+"号或"—"号。当缩放比例接近极限时，AutoCAD将不再与光标一起显示"+"号或"—"号。需要从实时缩放操作中退出时，可按Enter键、"Esc"键或是从菜单中选择"Exit"退出。

2. 全部（A）

执行"ZOOM"命令后，在提示文字后键入"A"，即可执行"全部（A）"缩放操

作。不论图形有多大，该操作都将显示图形的边界或范围，即使对象不包括在边界以内，它们也将被显示。因此，使用“全部（A）”缩放选项，可查看当前视口中的整个图形。

3. 中心（C）

通过确定一个中心点，该选项可以定义一个新的显示窗口。操作过程中需要指定中心点以及输入比例或高度。默认新的中心点就是视图的中心点，默认的输入高度就是当前视图的高度，直接按 Enter 键后，图形将不会被放大。输入比例，则数值越大，图形放大倍数也将越大。也可以在数值后面紧跟一个 X，如 3X，表示在放大时不是按照绝对值变化，而是按相对于当前视图的相对值缩放。

4. 动态（D）

通过操作一个表示视口的视图框，可以确定所需显示的区域。选择该选项，在绘图窗口中出现一个小的视图框，按住鼠标左键左右移动可以改变该视图框的大小，定形后放开左键，再按下鼠标左键移动视图框，确定图形中的放大位置，系统将清除当前视口并显示一个特定的视图选择屏幕。这个特定屏幕，由有关当前视图及有效视图的信息所构成。

5. 范围（E）

可以使图形缩放至整个显示范围。图形的范围由图形所在的区域构成，剩余的空白区域将被忽略。应用这个选项，图形中所有的对象都尽可能地被放大。

6. 上一个（P）

在绘制一幅复杂的图形时，有时需要放大图形的一部分以进行细节的编辑。当编辑完成后，有时希望回到前一个视图。这种操作可以使用“上一个（P）”选项来实现。当前视口由“缩放”命令的各种选项或“移动”视图、视图恢复、平行投影或透视命令引起的任何变化，系统都将做保存。每一个视口最多可以保存 10 个视图。连续使用“上一个（P）”选项可以恢复前 10 个视图。

7. 比例（S）

提供了 3 种使用方法。在提示信息下，直接输入比例系数，AutoCAD 将按照此比例因子放大或缩小图形的尺寸。如果在比例系数后面加一“X”，则表示相对于当前视图计算的比例因子。使用比例因子的第三种方法就是相对于图形空间，例如，可以在图纸空间阵列布排或打印出模型的不同视图。为了使每一张视图都与图纸空间单位成比例，可以使用“比例（S）”选项，每一个视图可以有单独的比例。

8. 窗口（W）

是最常使用的选项。通过确定一个矩形窗口的两个对角来指定所需缩放的区域，对角点可以由鼠标指定，也可以输入坐标确定。指定窗口的中心点将成为新的显示屏幕的中心点。窗口中的区域将被放大或者缩小。调用“ZOOM”命令时，可以在没有选择任何选项的情况下，利用鼠标在绘图窗口中直接指定缩放窗口的两个对角点。

9. 对象（O）

缩放以便尽可能大地显示一个或多个选定的对象并使其位于视图的中心。可以在启动 ZOOM 命令前后选择对象。

技巧荟萃

这里所提到诸如放大、缩小或移动的操作，仅仅是对图形在屏幕上的显示进行控制，图形本身并没有任何改变。

2.4.2 图形平移

当图形幅面大于当前视口时，例如使用图形缩放命令将图形放大，如果需要在当前视口之外观察或绘制一个特定区域时，可以使用图形平移命令来实现。平移命令能将在当前视口以外的图形的一部分移动进来查看或编辑，但不会改变图形的缩放比例。执行图形缩放的方法如下：

【执行方式】

命令行：PAN。

菜单：“视图”→“平移”。

工具栏：“标准”→“实时平移”。

快捷菜单：绘图窗口中单击右键→平移。

激活平移命令之后，光标将变成一只“小手”，可以在绘图窗口中任意移动，以示当前正处于平移模式。单击并按住鼠标左键将光标锁定在当前位置，即“小手”已经抓住图形，然后，拖动图形使其移动到所需位置上。松开鼠标左键将停止平移图形。可以反复按下鼠标左键，拖动，松开，将图形平移到其他位置上。

平移命令预先定义了一些不同的菜单选项与按钮，它们可用于在特定方向上平移图形，在激活平移命令后，这些选项可以从菜单“视图”→“平移”→“*”中调用。

1. 实时：是平移命令中最常用的选项，也是默认选项，前面提到的平移操作都是指实时平移，通过鼠标的拖动来实现任意方向上的平移。

2. 点：这个选项要求确定位移量，这就需要确定图形移动的方向和距离。可以通过输入点的坐标或用鼠标指定点的坐标来确定位移。

3. 左：该选项移动图形使屏幕左部的图形进入显示窗口。

4. 右：该选项移动图形使屏幕右部的图形进入显示窗口。

5. 上：该选项向底部平移图形后，使屏幕顶部的图形进入显示窗口。

6. 下：该选项向顶部平移图形后，使屏幕底部的图形进入显示窗口。

2.5　基本输入操作

在 AutoCAD 中有一些基本的输入操作方法，这些基本方法是进行 AutoCAD 绘图的必备知识基础，也是深入学习 AutoCAD 功能的前提。

2.5.1　命令输入方式

AutoCAD 交互绘图必须输入必要的指令和参数。有多种 AutoCAD 命令输入方式（以画直线为例）：

1. 在命令窗口输入命令名

命令字符可不区分大小写。例如：命令：LINE↙。执行命令时，在命令行提示中经常会出现命令选项。如：输入绘制直线命令“LINE”后，命令行中的提示如下。

命令：LINE↙

指定第一点：（在屏幕上指定一点或输入一个点的坐标）

指定下一点或［放弃（U）］：

命令中不带括号的提示为默认选项，因此可以直接输入直线段的起点坐标或在屏幕上指定一点，如果要选择其他选项，则应该首先输入该选项的标识字符，如“放弃”选项的标识字符“U”，然后按系统提示输入数据即可。在命令选项的后面有时候还带有尖括号，尖括号内的数值为默认数值。

2. 在命令窗口输入命令缩写字

如 L（Line）、C（Circle）、A（Arc）、Z（Zoom）、R（Redraw）、M（More）、CO（Copy）、PL（Pline）、E（Erase）等。

3. 选择“绘图”菜单直线选项

选取该选项后，在状态栏中可以看到对应的命令说明及命令名。

4. 选取工具栏中的对应图标

选取该图标后在状态栏中也可以看到对应的命令说明及命令名。

5. 在命令行打开右键快捷菜单

如果在前面刚使用过要输入的命令，可以在命令行打开右键快捷菜单，在“最近使用的命令”子菜单中选择需要的命令，如图 2-27 所示。“最近使用的命令”子菜单中储存最近使用的 6 个命令，如果经常重复使用某个 6 次操作以内的命令，这种方法就比较快速简洁。

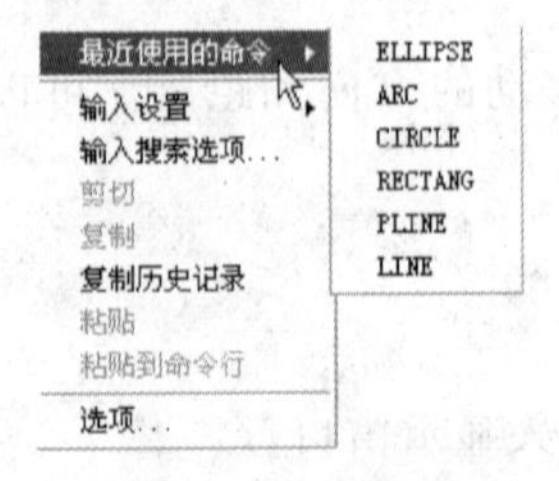

图 2-27　命令行右键快捷菜单

6. 在绘图区右击鼠标

如果用户要重复使用上次使用的命令，可以直接在绘图区右击鼠标，系统立即重复执行上次使用的命令，这种方法适用于重复执行某个命令。

2.5.2 命令的重复、撤销、重做

1. 命令的重复

在命令窗口中按＜Enter＞键可重复调用上一个命令，不管上一个命令是完成了还是被取消了。

2. 命令的撤销

在命令执行的任何时刻都可以取消和终止命令的执行。

【执行方式】

命令行：UNDO。
菜单："编辑"→"放弃"。
快捷键：按＜Esc＞键。

3. 命令的重做

已被撤销的命令还可以恢复重做。要恢复撤销的最后的一个命令。

【执行方式】

命令行：REDO。
菜单："编辑"→"重做"。

该命令可以一次执行多重放弃和重做操作。单击"标准"工具栏中的"放弃"按钮或"重做"按钮后面的小三角，可以选择要放弃或重做的操作，如图 2-28 所示。

2.5.3 透明命令

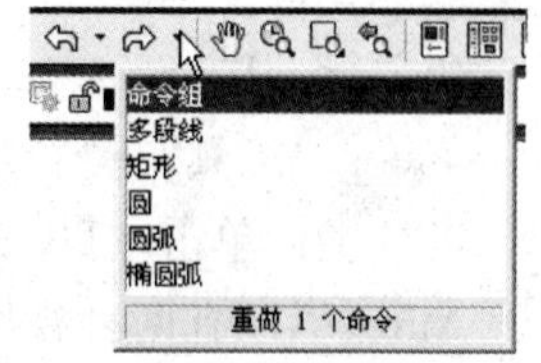

图 2-28 多重放弃或重做

在 AutoCAD 2014 中，有些命令不仅可以直接在命令行中使用，而且还可以在其他命令的执行过程中，插入并执行，待该命令执行完毕后，系统继续执行原命令，这种命令称为透明命令。透明命令一般多为修改图形设置或打开辅助绘图工具的命令。

2.5.2 节中 3 种命令的执行方式同样适用于透明命令的执行。例如在命令行中进行如下操作。

命令：ARC↙
指定圆弧的起点或［圆心(C)］：ZOOM↙（透明使用显示缩放命令 ZOOM）

＞＞(执行 ZOOM 命令)

正在恢复执行 ARC 命令。

指定圆弧的起点或［圆心(C)］:(继续执行原命令)

2.5.4 按键定义

在 AutoCAD 2014 中，除了可以通过在命令窗口输入命令、点取工具栏图标或点取菜单项来完成外，还可以使用键盘上的一组功能键或快捷键，通过这些功能键或快捷键，可以快速实现指定功能，如单击 F1 键，系统调用 AutoCAD 帮助对话框。

系统使用 AutoCAD 传统标准（Windows 之前）或 Microsoft Windows 标准解释快捷键。有些功能键或快捷键在 AutoCAD 的菜单中已经指出，如“粘贴”的快捷键为＜Ctrl＞+＜V＞，这些只要用户在使用的过程中多加留意，就会熟练掌握。快捷键的定义见菜单命令后面的说明，如“剪切＜Ctrl＞+＜X＞”。

2.5.5 命令执行方式

有的命令有两种执行方式，通过对话框或通过命令行输入命令。如指定使用命令窗口方式，可以在命令名前加短画来表示，如“LAYER”表示用命令行方式执行“图层”命令。而如果在命令行输入“LAYER”，系统则会自动打开“图层特性管理器”对话框。

另外，有些命令同时存在命令行、菜单和工具栏三种执行方式，这时如果选择菜单或工具栏方式，命令行会显示该命令，并在前面加一下画线，如通过菜单或工具栏方式执行“直线”命令时，命令行会显示“ _ line”，命令的执行过程与结果与命令行方式相同。

2.5.6 坐标系统与数据的输入方法

1. 坐标系

AutoCAD 采用两种坐标系：世界坐标系（WCS）与用户坐标系。用户刚进入 AutoCAD 时的坐标系统就是世界坐标系，是固定的坐标系统。世界坐标系也是坐标系统中的基准，绘制图形时多数情况下都是在这个坐标系统下进行的。

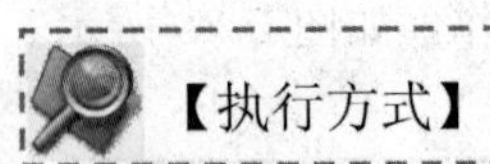

【执行方式】

命令行：UCS。

菜单：“工具”→“新建 UCS”子菜单中相应的命令。

工具栏：单击“UCS”工具栏中的相应按钮。

AutoCAD 有两种视图显示方式：模型空间和图纸空间。模型空间是指单一视图显示法，我们通常使用的都是这种显示方式；图纸空间是指在绘图区域创建图形的多视图。用户可以对其中每一个视图进行单独操作。在默认情况下，当前 UCS 与 WCS 重合。图 2-29（*a*）为模型空间下的 UCS 坐标系图标，通常放在绘图区左下角处；如当前 UCS 和 WCS 重合，则出现一个 W 字，如图 2-29（*b*）所示；也可以指定它放在当前 UCS 的实际坐标原点位置，此时出现一个十字，如图 2-18（*c*）所示。图 2-29（*d*）为图纸空间下的坐标系图标。

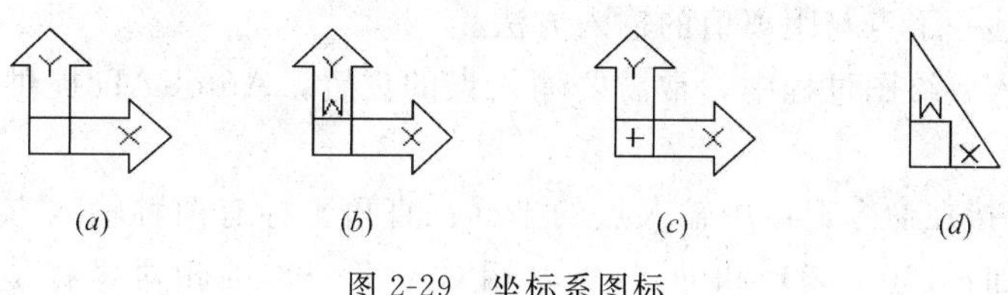

图 2-29 坐标系图标

2. 数据输入方法

在 AutoCAD 2014 中，点的坐标可以用直角坐标、极坐标、球面坐标和柱面坐标表示，每一种坐标又分别具有两种坐标输入方式：绝对坐标和相对坐标。其中，直角坐标和极坐标最为常用，下面主要介绍一下它们的输入。

（1）直角坐标法。用点的 X、Y 坐标值表示的坐标。

例如：在命令行中输入点的坐标提示下，输入“15，18”，则表示输入了一个 X、Y 的坐标值分别为 15、18 的点，此为绝对坐标输入方式，表示该点的坐标是相对于当前坐标原点的坐标值，如图 2-30（*a*）所示。如果输入“@10，20”，则为相对坐标输入方式，表示该点的坐标是相对于前一点的坐标值，如图 2-30（*c*）所示。

（2）极坐标法。用长度和角度表示的坐标，只能用来表示二维点的坐标。

在绝对坐标输入方式下，表示为：“长度＜角度”，如“25＜50”，其中长度表为该点到坐标原点的距离，角度为该点至原点的连线与 X 轴正向的夹角，如图 2-30（*b*）所示。

在相对坐标输入方式下，表示为：“@长度＜角度”，如“@25＜45”，其中长度为该点到前一点的距离，角度为该点至前一点的连线与 X 轴正向的夹角，如图 2-30（*d*）所示。

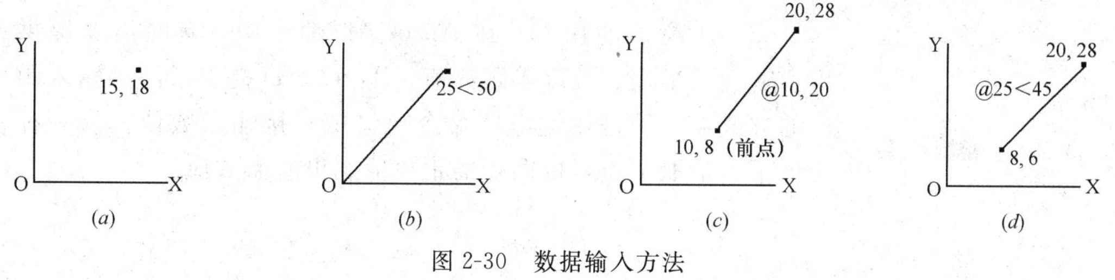

图 2-30 数据输入方法

3. 动态数据输入

按下状态栏中的“动态输入”按钮，系统打开动态输入功能，可以在屏幕上动态地输入某些参数数据，例如，绘制直线时，在光标附近，会动态地显示“指定第一点”，以及后面的坐标框，当前显示的是光标所在位置，可以输入数据，两个数据之间以逗号隔开，如图 2-31 所示。指定第一点后，系统动态显示直线的角度，同时要求输入线段长度值，如图 2-32 所示，其输入效果与“@长度＜角度”方式相同。

图 2-31 动态输入坐标值

图 2-32 动态输入长度值

下面分别讲述一下点与距离值的输入方法。

（1）点的输入。绘图过程中，常需要输入点的位置，AutoCAD 提供了如下几种输入点的方式：

1）用键盘直接在命令窗口中输入点的坐标：直角坐标有两种输入方式：x，y（点的绝对坐标值，例如：100，50）和@ x，y（相对于上一点的相对坐标值，例如：@ 50，－30）。坐标值均相对于当前的用户坐标系。

极坐标的输入方式为：长度 < 角度（其中，长度为点到坐标原点的距离，角度为原点至该点连线与 X 轴的正向夹角，例如：20<45）或@长度 < 角度（相对于上一点的相对极坐标，例如 @ 50<－30）。

2）用鼠标等定标设备移动光标单击左键在屏幕上直接取点。

3）用目标捕捉方式捕捉屏幕上已有图形的特殊点（如端点、中点、中心点、插入点、交点、切点、垂足点等。）

4）直接距离输入：先用光标拖拉出橡筋线确定方向，然后用键盘输入距离。这样有利于准确控制对象的长度等参数，如要绘制一条 10mm 长的线段，命令行提示与操作方法如下。

命令：line↙

指定第一点：(在绘图区指定一点)

指定下一点或［放弃(U)］：

这时在屏幕上移动鼠标指明线段的方向，但不要单击鼠标左键确认，如图 2-33 所示，然后在命令行输入 10，这样就在指定方向上准确地绘制了长度为 10mm 的线段。

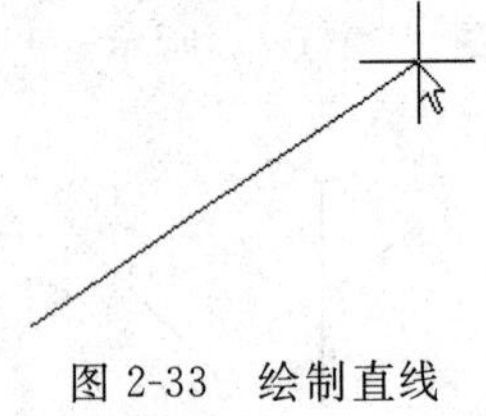

图 2-33　绘制直线

（2）距离值的输入。在 AutoCAD 命令中，有时需要提供高度、宽度、半径、长度等距离值。AutoCAD 提供了两种输入距离值的方式：一种是用键盘在命令窗口中直接输入数值；另一种是在屏幕上拾取两点，以两点的距离值定出所需数值。

二维绘图命令

二维图形是指在二维平面空间绘制的图形，主要由一些图形元素组成，如点、直线、圆弧、圆、椭圆、矩形、多边形、多段线、样条曲线、多线等几何元素。AutoCAD 提供了大量的绘图工具，可以帮助用户完成二维图形的绘制。本章主要内容包括：直线，圆和圆弧，椭圆和椭圆弧，平面图形，点，轨迹线与区域填充，徒手线和修订云线，多段线，样条曲线，多线和图案填充等。

- 直线与点命令
- 圆类图形
- 平面图形
- 多段线
- 样条曲线
- 多线
- 图案填充

3.1 直线与点命令

直线类命令主要包括直线和构造线命令。直线命令和点命令是 AutoCAD 中最简单的绘图命令。

3.1.1 绘制点

【执行方式】

命令行：POINT。

菜单："绘图"→"点"→"单点或多点"。

工具栏："绘图"→"点"。

【操作步骤】

命令：POINT

当前点模式： PDMODE＝0 PDSIZE＝0.0000

指定点：(指定点所在的位置)

【选项说明】

1. 通过菜单方法进行操作时（如图 3-1 所示），"单点"命令表示只输入一个点，"多点"命令表示可输入多个点。

2. 可以单击状态栏中的"对象捕捉"开关按钮，设置点的捕捉模式，帮助用户拾取点。

3. 点在图形中的表示样式，共有 20 种。可通过命令 DDPTYPE 或拾取菜单：格式→点样式，打开"点样式"对话框来设置点样式，如图 3-2 所示。

3.1.2 绘制直线段

【执行方式】

命令行：LINE。

菜单："绘图"→"直线"。

工具栏："绘图"→"直线"。

【操作步骤】

命令：LINE

指定第一点：(输入直线段的起点，用鼠标指定点或者给定点的坐标)

指定下一点或［放弃(U)］：(输入直线段的端点，也可以用鼠标指定一定角度后，直接

输入直线段的长度)

指定下一点或[放弃(U)]:(输入下一直线段的端点。输入选项U表示放弃前面的输入;右击或按Enter键,结束命令)

指定下一点或[闭合(C)/放弃(U)]:(输入下一直线段的端点,或输入选项C使图形闭合,结束命令)

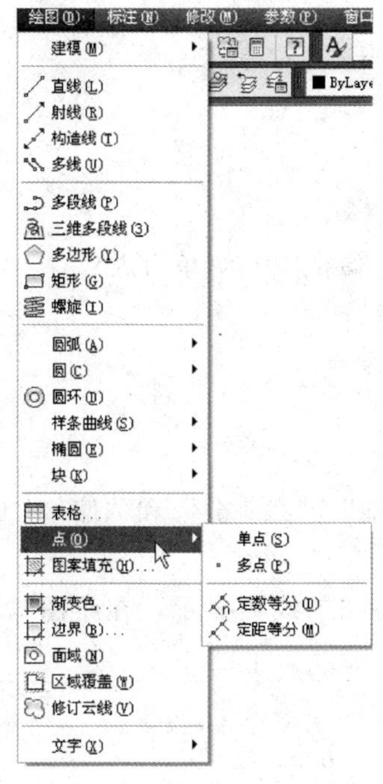

图 3-1 “点”子菜单

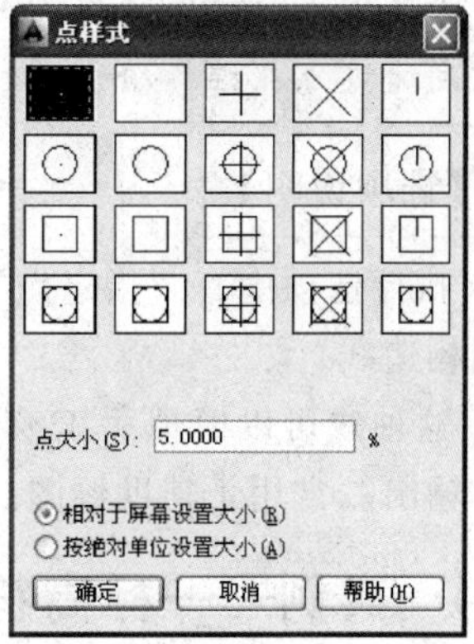

图 3-2 “点样式”对话框

【选项说明】

1. 若按 Enter 键响应“指定第一点”的提示,则系统会把上次绘线(或弧)的终点作为本次操作的起始点。特别地,若上次操作为绘制圆弧,按 Enter 键响应后,绘出通过圆弧终点的与该圆弧相切的直线段,该线段的长度由鼠标在屏幕上指定的一点与切点之间线段的长度确定。

2. 在“指定下一点”的提示下,用户可以指定多个端点,从而绘出多条直线段。但是,每一条直线段都是一个独立的对象,可以进行单独地编辑操作。

3. 绘制两条以上的直线段后,若用选项“C”响应“指定下一点”的提示,系统会自动链接起始点和最后一个端点,从而绘出封闭的图形。

4. 若用选项“U”响应提示,则会擦除最近一次绘制的直线段。

5. 若设置正交方式(单击状态栏上的“正交”按钮),则只能绘制水平直线段或垂直直线段。

6. 若设置动态数据输入方式(单击状态栏上的 DYN 按钮),则可以动态输入坐标或长度值。下面的命令同样可以设置动态数据输入方式,效果与非动态数据输入方式类似。除了特别需要(以后不再强调),否则只按非动态数据输入方式输入相关数据。

3.1.3 绘制构造线

【执行方式】

命令行：XLINE。

菜单："绘图"→"构造线"。

工具栏："绘图"→"构造线" 。

【操作步骤】

命令：XLINE

指定点或［水平(H)/垂直(V)/角度(A)/二等分(B)/偏移(O)］：(给出点)

指定通过点：(给定通过点 2，画一条双向的无限长直线)

指定通过点：(继续给点，继续画线，按 Enter 键，结束命令)

【选项说明】

1. 执行选项中有"指定点"、"水平"、"垂直"、"角度"、"二等分"和"偏移"6 种方式绘制构造线。

2. 这种线可以模拟手工绘图中的辅助绘图线。用特殊的线型显示，在绘图输出时，可不作输出。常用于辅助绘图。

3.1.4 实例——标高符号

绘制如图 3-3 所示标高符号。

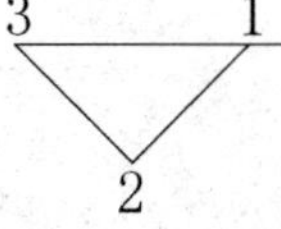

图 3-3 标高符号

光盘\动画演示\第 3 章\标高符号.avi

【操作步骤】

命令：_line 指定第一点：100,100↙(1 点)

指定下一点或［放弃(U)］：@40，−135↙

指定下一点或［放弃(U)］：u↙(输入错误，取消上次操作)

指定下一点或［放弃(U)］：@40＜−135↙(2 点，也可以按下状态栏上"DYN"按钮，在鼠标位置为 135 °时，动态输入 40，如图 3-4 所示，下同)

指定下一点或［放弃(U)］：@40＜135↙(3 点，相对极坐标数值输入方法，此方法便于控制线段长度)

指定下一点或［闭合(C)/放弃(U)］：@180,0↙(4 点，相对直角坐标数值输入方法，此方法便于控制坐标点之间正交距离)

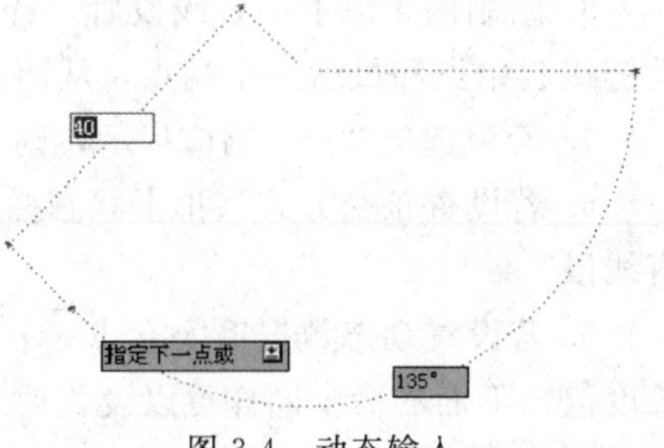

图 3-4 动态输入

指定下一点或[闭合(C)/放弃(U)]：↙(回车结束直线命令)

技巧荟萃

一般每个命令有3种执行方式，这里只给出了命令行执行方式，其他两种执行方式的操作方法与命令行执行方式相同。

3.2 圆类图形

圆类命令主要包括“圆”、“圆弧”、“椭圆”、“椭圆弧”以及“圆环”等命令，这几个命令是AutoCAD中最简单的圆类命令。

3.2.1 绘制圆

【执行方式】

命令行：CIRCLE。

菜单：“绘图”→“圆”。

工具栏：“绘图”→“圆”。

【操作步骤】

命令：CIRCLE

指定圆的圆心或[三点(3P)/两点(2P)/切点、切点、半径(T)]：(指定圆心)

指定圆的半径或[直径(D)]：(直接输入半径数值或用鼠标指定半径长度)

指定圆的直径 <默认值>：(输入直径数值或用鼠标指定直径长度)

【选项说明】

1. 三点（3P）

用指定圆周上三点的方法画圆。

2. 两点（2P）

按指定直径的两端点的方法画圆。

3. 切点、切点、半径（T）

按先指定两个相切对象，后给出半径的方法画圆。

“绘图”→“圆”菜单中多了一种“相切、相切、相切”的方法，当选择此方式时，系统提示：

指定圆上的第一个点：_tan 到：(指定相切的第一个圆弧)

指定圆上的第二个点：_tan 到：(指定相切的第二个圆弧)
指定圆上的第三个点：_tan 到：(指定相切的第三个圆弧)

3.2.2 绘制圆弧

【执行方式】

命令行：ARC（缩写名：A）。
菜单："绘图"→"圆弧"。
工具栏："绘图"→"圆弧"。

【操作步骤】

命令：ARC
指定圆弧的起点或［圆心(C)］：(指定起点)
指定圆弧的第二点或［圆心(C)/端点(E)］：(指定第二点)
指定圆弧的端点：(指定端点)

【选项说明】

1. 用命令行方式画圆弧时，可以根据系统提示选择不同的选项，具体功能和用"绘制"菜单中的"圆弧"子菜单提供的 11 种方式的功能相似。

2. 需要强调的是"继续"方式，绘制的圆弧与上一线段或圆弧相切，继续画圆弧段，因此提供端点即可。

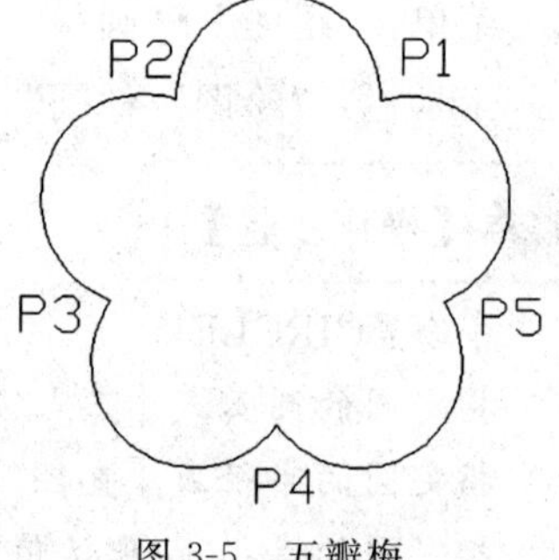

图 3-5　五瓣梅

3.2.3 实例——五瓣梅

绘制如图 3-5 所示的五瓣梅。

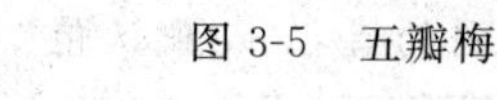

光盘\动画演示\第 3 章\五瓣梅.avi

【操作步骤】

1. 在命令行输入"NEW"，或选择菜单栏中"文件"→"新建"命令，或单击"标准"工具栏中的"新建"按钮，系统创建一个新图形。

2. 单击"绘图"工具栏中的"圆弧"按钮，绘制第一段圆弧，命令行提示与操作如下。

命令：_arc 指定圆弧的起点或［圆心(C)］：140,110↙
指定圆弧的第二点或［圆心(C)/端点(E)］：E↙
指定圆弧的端点：@40<180↙
指定圆弧的圆心或［角度(A)/方向(D)/半径(R)］：R↙
指定圆弧半径：20↙

3. 单击“绘图”工具栏中的“圆弧”按钮，绘制第二段圆弧，命令行提示与操作如下。

命令：_arc 指定圆弧的起点或［圆心(C)］：选择刚才绘制的圆弧端点 P2

指定圆弧的第二点或［圆心(C)/端点(E)］：E↙

指定圆弧的端点：@40<252↙

指定圆弧的圆心或［角度(A)/方向(D)/半径(R)］：A↙

指定包含角：180↙

4. 单击“绘图”工具栏中的“圆弧”按钮，绘制第三段圆弧，命令行提示与操作如下。

命令：_arc

指定圆弧的起点或［圆心(C)］：选择步骤(3)中绘制的圆弧端点 P3

指定圆弧的第二点或［圆心(C)/端点(E)］：C↙

指定圆弧的圆心：@20<324↙

指定圆弧的端点或［角度(A)/弦长(L)］：A↙

指定包含角：180↙

5. 单击“绘图”工具栏中的“圆弧”按钮，绘制第四段圆弧，命令行提示与操作如下。

命令：_arc 指定圆弧的起点或［圆心(C)］：选择步骤(4)中绘制圆弧的端点 P4

指定圆弧的第二点或［圆心(C)/端点(E)］：C↙

指定圆弧的圆心：@20<36↙

指定圆弧的起点：

指定圆弧的端点或［角度(A)/弦长(L)］：L↙

指定弦长：40↙

6. 单击“绘图”工具栏中的“圆弧”按钮，绘制第五段圆弧，命令行提示与操作如下。

命令：_arc 指定圆弧的起点或［圆心(C)］：选择步骤(5)中绘制的圆弧端点 P5

指定圆弧的第二点或［圆心(C)/端点(E)］：E↙

指定圆弧的端点：选择圆弧起点 P1

指定圆弧的圆心或［角度(A)/方向(D)/半径(R)］：D↙

指定圆弧的起点切向：@20<20↙

完成五瓣梅的绘制，最终绘制结果如图 3-5 所示。

7. 在命令行输入“QSAVE”，或选择菜单栏中的“文件”→“保存”命令，或单击“标准”工具栏中的“保存”按钮，在打开的“图形另存为”对话框中输入文件名保存即可。

技巧荟萃

绘制圆弧时，注意圆弧的曲率是遵循逆时针方向的，所以在选择指定圆弧两个端点和半径模式时，需要注意端点的指定顺序，否则有可能导致圆弧的凹凸形状与预期的相反。

3.2.4 绘制圆环

【执行方式】

命令行：DONUT。

菜单："绘图"→"圆环"。

【操作步骤】

命令：DONUT

指定圆环的内径 <默认值>:(指定圆环内径)

指定圆环的外径 <默认值>:(指定圆环外径)

指定圆环的中心点或 <退出>:(指定圆环的中心点)

指定圆环的中心点或 <退出>:(继续指定圆环的中心点,则继续绘制具有相同内外径的圆环。按 Enter 键空格键或右击,结束命令)

【选项说明】

1. 若指定内径为零，则画出实心填充圆。

2. 用命令 FILL 可以控制圆环是否填充。

命令：FILL

输入模式 [开(ON)/关(OFF)] <开>:(选择 ON 表示填充,选择 OFF 表示不填充)

3.2.5 绘制椭圆与椭圆弧

【执行方式】

命令行：ELLIPSE。

菜单："绘图"→"椭圆"→"圆弧"。

工具栏："绘图"→"椭圆" 或 "绘图"→"椭圆弧" 。

【操作步骤】

命令：ELLIPSE

指定椭圆的轴端点或 [圆弧(A)/中心点(C)]:

指定轴的另一个端点:

指定另一条半轴长度或 [旋转(R)]:

【选项说明】

1. 指定椭圆的轴端点

根据两个端点，定义椭圆的第一条轴。第一条轴的角度确定了整个椭圆的角度。第一条轴既可定义为椭圆的长轴，也可定义为椭圆的短轴。

2. 旋转（R）

通过绕第一条轴旋转圆来创建椭圆。相当于将一个圆绕椭圆轴翻转一个角度后的投影视图。

3. 中心点（C）

通过指定的中心点创建椭圆。

4. 椭圆弧（A）

该选项用于创建一段椭圆弧。与“工具栏：绘制→椭圆弧”功能相同。其中第一条轴的角度确定了椭圆弧的角度。第一条轴既可定义为椭圆弧长轴也可定义为椭圆弧短轴。选择该项，系统继续提示：

指定椭圆弧的轴端点或［中心点(C)］:(指定端点或输入 C)

指定轴的另一个端点:(指定另一端点)

指定另一条半轴长度或［旋转(R)］:(指定另一条半轴长度或输入 R)

指定起始角度或［参数(P)］:(指定起始角度或输入 P)

指定终止角度或［参数(P)/包含角度(I)］:

其中各选项含义如下：

(1) 角度：指定椭圆弧端点的两种方式之一，光标与椭圆中心点连线的夹角为椭圆弧端点位置的角度。

(2) 参数（P）：指定椭圆弧端点的另一种方式，该方式同样是指定椭圆弧端点的角度，通过以下矢量参数方程式创建椭圆弧：

$$p(u)=c+a\times\cos(u)+b\times\sin(u)$$

其中，c 是椭圆的中心点，a 和 b 分别是椭圆的长轴和短轴，u 为光标与椭圆中心点连线的夹角。

(3) 包含角度（I)：定义从起始角度开始的包含角度。

3.2.6 实例——马桶

本实例主要介绍椭圆弧绘制方法的具体应用。首先，利用椭圆弧命令绘制马桶外沿；然后，利用直线命令绘制马桶后沿和水箱，如图 3-6 所示。

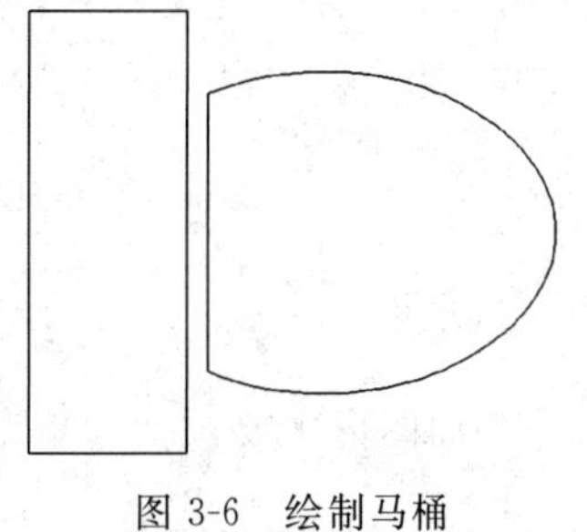

图 3-6 绘制马桶

参见光盘 光盘\动画演示\第 3 章\马桶.avi

【操作步骤】

1. 单击“绘图”工具栏中的“椭圆弧”按钮，绘制马桶外沿，命令行提示如下。

命令：_ellipse↙
指定椭圆的轴端点或［圆弧(A)/中心点(C)］：_a↙
指定椭圆弧的轴端点或［中心点(C)］：c↙
指定椭圆弧的中心点：↙(指定一点)
指定轴的端点：↙(适当指定一点)
指定另一条半轴长度或［旋转(R)］：↙(适当指定一点)
指定起点角度或［参数(P)］：↙(指定下面适当位置一点)
指定端点角度或［参数(P)/包含角度(I)］：↙(指定正上方适当位置一点)

绘制结果如图 3-7 所示。

2. 单击“绘图”工具栏中的“直线”按钮，连接椭圆弧两个端点，绘制马桶后沿。结果如图 3-8 所示。

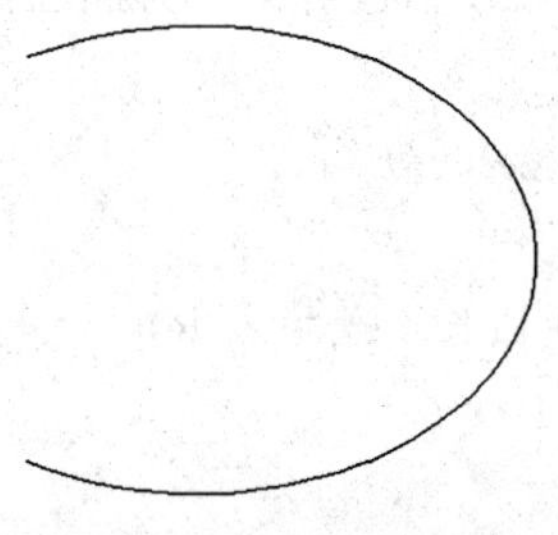
图 3-7 绘制马桶外沿

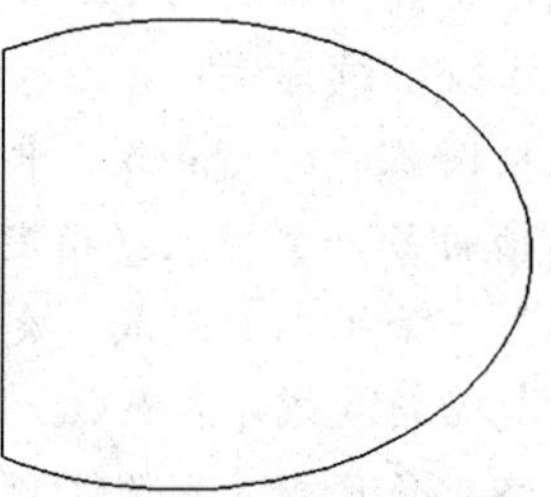
图 3-8 绘制马桶后沿

3. 单击“绘图”工具栏中的“直线”按钮，取适当的尺寸，在左边绘制一个矩形框作为水箱。最终结果如图 3-6 所示。

技巧荟萃

本例中指定起点角度和端点角度的点时，不要将两个点的顺序指定反了，因为系统默认的旋转方向是逆时针，如果指定反了，得出的结果可能和预期的刚好相反。

3.3 平面图形

平面图形主要包括“矩形”和“正多边形”等命令。

3.3.1 绘制矩形

【执行方式】

命令行：RECTANG（缩写名：REC）。

菜单：“绘图”→“矩形”。

工具栏：“绘图”→“矩形”。

【操作步骤】

命令：RECTANG↙

指定第一个角点或［倒角(C)/标高(E)/圆角(F)/厚度(T)/宽度(W)］：

指定另一个角点或［面积(A)/尺寸(D)/旋转(R)］：

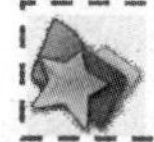【选项说明】

1. 第一个角点

通过指定两个角点来确定矩形，如图 3-9（*a*）所示。

2. 倒角（C）

指定倒角距离，绘制带倒角的矩形（如图 3-9*b* 所示），每一个角点的逆时针和顺时针方向的倒角可以相同，也可以不同，其中第一个倒角距离是指角点逆时针方向的倒角距离，第二个倒角距离是指角点顺时针方向的倒角距离。

3. 标高（E）

指定矩形标高（Z 坐标），即把矩形画在标高为 Z，和 XOY 坐标面平行的平面上，并作为后续矩形的标高值。

4. 圆角（F）

指定圆角半径，绘制带圆角的矩形，如图 3-9（*c*）所示。

5. 厚度（T）

指定矩形的厚度，如图 3-9（*d*）所示。

6. 宽度（W）

指定线宽，如图 3-9（*e*）所示。

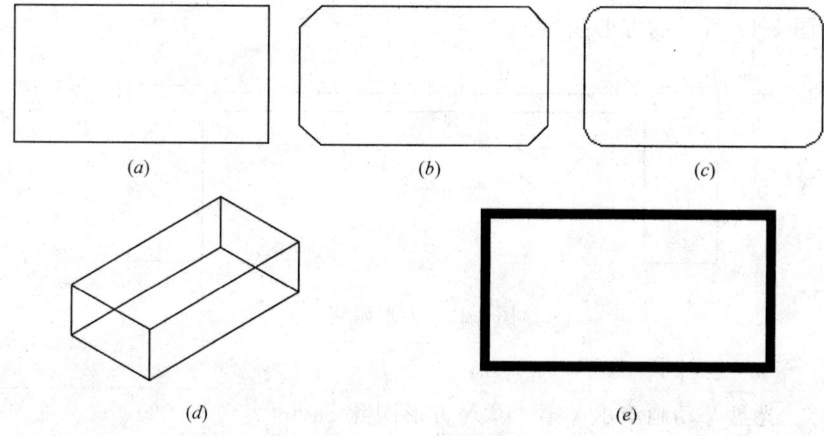

图 3-9 绘制矩形

7. 尺寸（D）

使用长和宽创建矩形。第二个指定点将矩形定位在与第一角点相关的四个位置之一内。

8. 面积（A）

通过指定面积和长或宽来创建矩形。选择该项，系统提示：

输入以当前单位计算的矩形面积 <20.0000>：（输入面积值）

计算矩形标注时依据［长度(L)/宽度(W)］<长度>：(按 Enter 键或输入 W)

输入矩形长度 <4.0000>：(指定长度或宽度)

指定长度或宽度后，系统自动计算出另一个维度后绘制出矩形。如果矩形被倒角或圆角，则在长度或宽度计算中，会考虑此设置。如图 3-10 所示。

9. 旋转（R）

旋转所绘制矩形的角度。选择该项，系统提示：

指定旋转角度或［拾取点(P)］<135>：（指定角度）

指定另一个角点或［面积(A)/尺寸(D)/旋转(R)］：(指定另一个角点或选择其他选项)

指定旋转角度后，系统按指定旋转角度创建矩形，如图 3-11 所示。

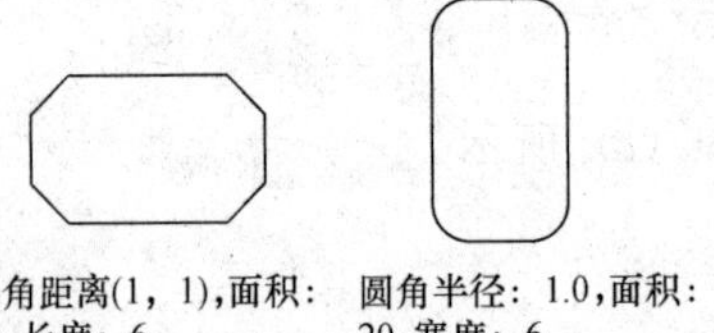

图 3-10　按面积绘制矩形

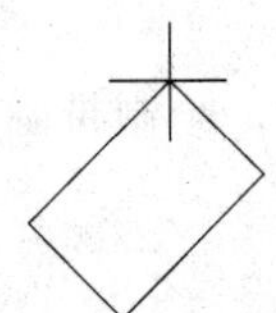

图 3-11　按指定旋转角度创建矩形

3.3.2　实例——方形园凳

绘制如图 3-12 所示的方形园凳。

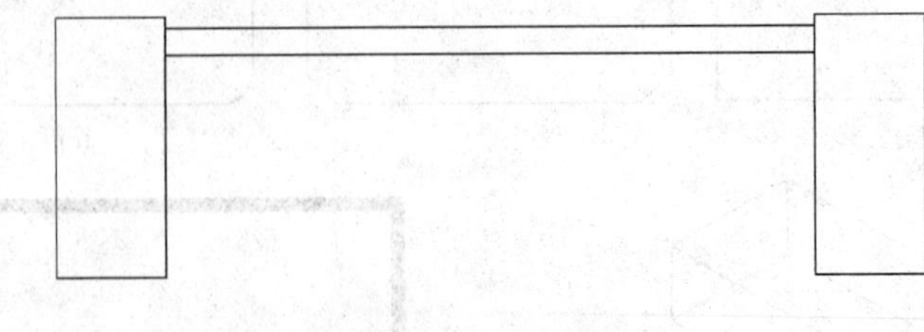

图 3-12　方形园凳

光盘\动画演示\第 3 章\方形园凳.avi

【操作步骤】

1. 单击“绘图”工具栏中的“矩形”按钮▭，绘制矩形。命令行提示与操作如下：

命令：_rectang↙

指定第一个角点或［倒角(C)/标高(E)/圆角(F)/厚度(T)/宽度(W)］：100,100↙↙

指定另一个角点或［面积(A)/尺寸(D)/旋转(R)］：300,570↙↙(结果如图 3-13 所示)

命令：↙(回车表示直接执行上次命令)

命令：_rectang↙

指定第一个角点或［倒角(C)/标高(E)/圆角(F)/厚度(T)/宽度(W)］：1500,100↙↙

指定另一个角点或［面积(A)/尺寸(D)/旋转(R)］：d↙↙

指定矩形的长度 <10.0000>：200↙↙

指定矩形的宽度 <10.0000>：470↙↙

结果如图 3-14 所示。

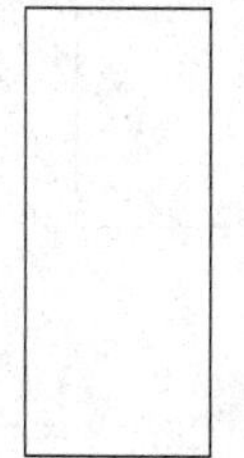

图 3-13 绘制矩形

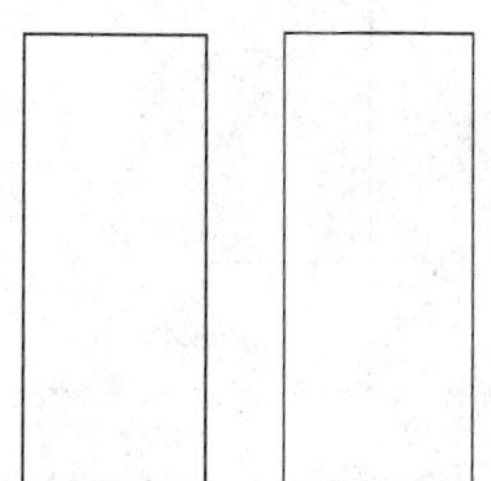

图 3-14 绘制另一个矩形

2. 打开状态栏上的“对象捕捉”按钮▢，并在此按钮上单击鼠标右键，打开快捷菜单，如图 3-15 所示。选择其中的“设置”命令，打开“草图设置”对话框，如图 3-16 所示。单击“全部选择”按钮，选择所有的对象捕捉模式，再单击“确定”按钮关闭该对话框。

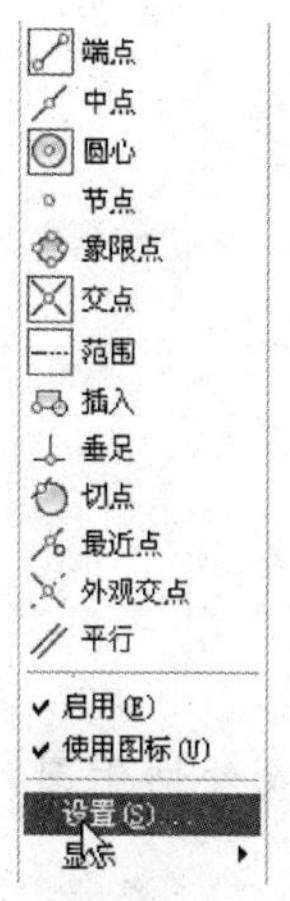

图 3-15 右键菜单

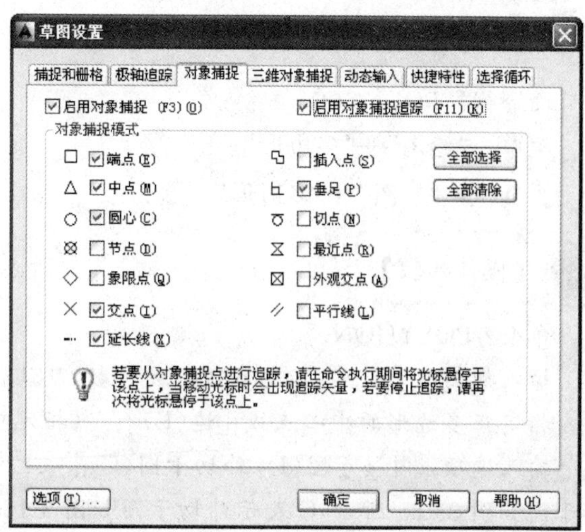

图 3-16 “草图设置”对话框

3. 单击“绘图”工具栏中的“直线”按钮，命令行提示与操作如下。

命令：_line↙

指定第一个点：300,500↙

指定下一点或［放弃(U)］：↙(水平向右捕捉另一个矩形上的垂足,如图 3-17 所示)

指定下一点或［放弃(U)］：↙↙

命令:L↙(LINE 命令的快捷方式)

指定第一个点：from↙(基点捕捉方式)

基点：(捕捉刚绘制直线的起点)

＜偏移＞：@0,50↙↙

指定下一点或［放弃(U)］：↙(水平向右捕捉另一个矩形上的垂足)

指定下一点或［放弃(U)］：↙↙

最终结果如图 3-12 所示。

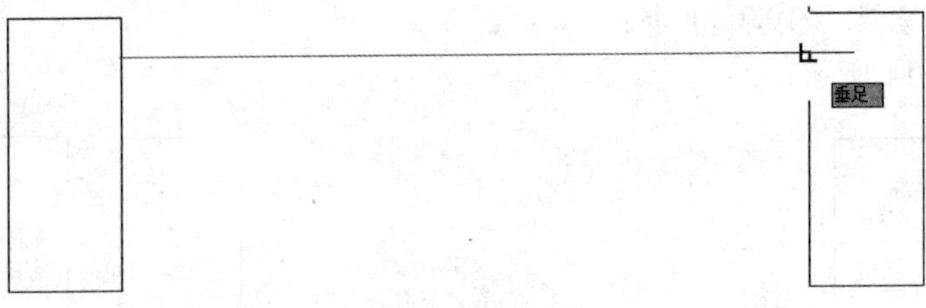

图 3-17　捕捉垂足

技巧荟萃

从本例可以看出，为了提高绘图速度，可以采取两种方式：

(1) 当重复执行命令时，可以直接回车；(2) 可以采用命令的快捷命令方式。

3.3.3 绘制正多边形

【执行方式】

命令行：POLYGON。

菜单：“绘图”→“多边形”。

工具栏：“绘图”→“多边形”。

【操作步骤】

命令：POLYGON

输入侧面数＜4＞:(指定多边形的边数,默认值为 4)

指定正多边形的中心点或［边(E)］：(指定中心点)

输入选项［内接于圆(I)/外切于圆(C)］＜I＞:(指定是内接于圆或外切于圆,I 表示内接于圆如图 3-18*a* 所示,C 表示外切于圆如图 3-18*b* 所示)

指定圆的半径:(指定外接圆或内切圆的半径)

【选项说明】

如果选择“边”选项，则只要指定多边形的一条边，系统就会按逆时针方向创建该正多边形，如图 3-18（c）所示。

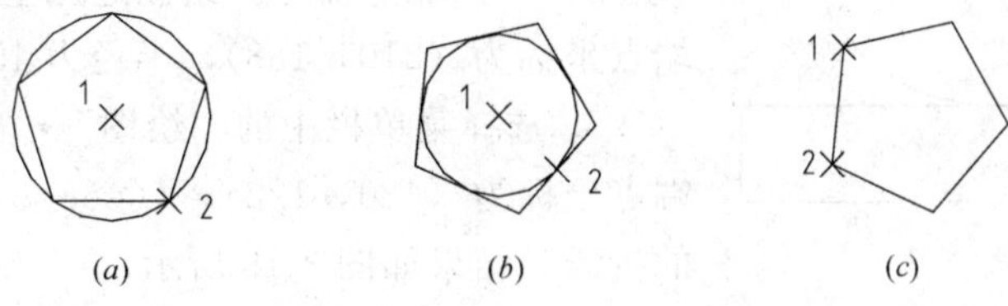

图 3-18 画正多边形

3.3.4 实例——卡通造型

绘制如图 3-19 所示的卡通造型。

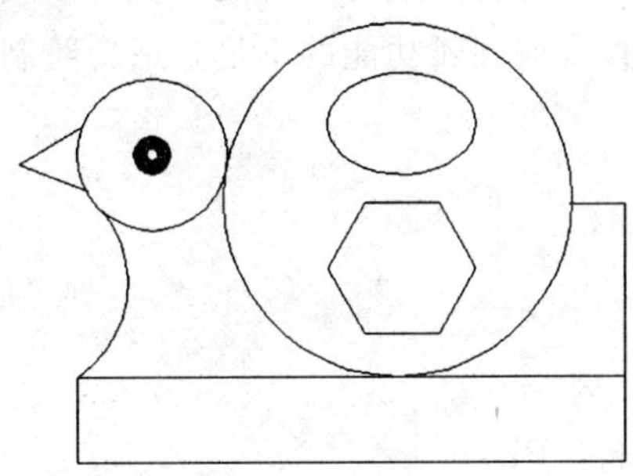

图 3-19 卡通造型

光盘\动画演示\第 3 章\卡通造型.avi

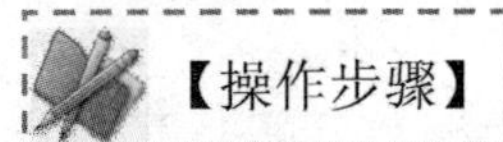【操作步骤】

1. 选择菜单栏中的“绘图”→“圆”命令，在左边绘制圆心坐标为（230，210），圆半径为 30 的小圆；选择菜单栏中的“绘图”→“圆环”命令，绘制内径为 5，外径为 15，中心点坐标为（230，210）的圆环。

2. 选择菜单栏中的“绘图”→“矩形”命令，绘制矩形。命令行提示与操作如下：

命令：RECTANG↙

指定第一个角点或[倒角(C)/标高(E)/圆角(F)/厚度(T)/宽度(W)]：200,122↙（矩形左上角点坐标值）

指定另一个角点：420,88↙（矩形右上角点的坐标值）

3. 选择菜单栏中的“绘图”→“圆”命令，采用“相切，相切，半径”方式，绘制与图 3-20 中点 1，点 2 相切，半径为 70 大圆；选择菜单栏中的“绘图”→“椭圆”命令，绘制中心点坐标为（330，222），长轴的右端点坐标为（360，222），短轴的长度为 20 的小椭圆；选择菜单栏中的“绘图”→“六边形”命令，绘制中心点坐标为（330，165），内接

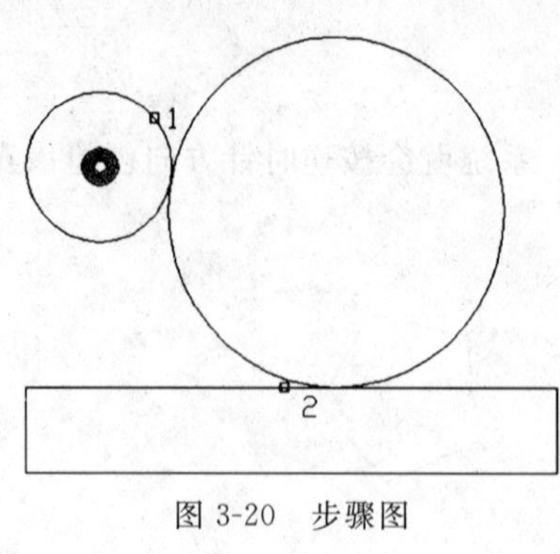

图 3-20 步骤图

圆半径为 30 的正六边形。

4. 选择菜单栏中的“绘图”→“直线”命令，绘制端点坐标分别为（202，221），（@30＜－150）；（@30＜－150），（@30＜－20）的折线；选择菜单栏中的“绘图”→“圆弧”命令，绘制起点坐标为（200，122），端点坐标为（210，188），半径为 45 的圆弧。

5. 选择菜单栏中的“绘图”→“直线”命令，绘制端点坐标为（420，122），（@68＜90），（@23＜180）的折线。结果如图 3-19 所示。

3.4 多 段 线

多段线是一种由线段和圆弧组合而成的，不同线宽的多线，这种线由于其组合形式的多样和线宽的不同，弥补了直线或圆弧功能的不足，适合绘制各种复杂的图形轮廓，因而得到了广泛的应用。

3.4.1 绘制多段线

【执行方式】

命令行：PLINE（缩写名：PL）。

菜单：“绘图”→“多段线”。

工具栏：“绘图”→“多段线” 。

【操作步骤】

命令：PLINE

指定起点：（指定多段线的起点）

当前线宽为 0.0000

指定下一个点或[圆弧(A)/半宽(H)/长度(L)/放弃(U)/宽度(W)]：（指定多段线的下一点）

指定下一点或[圆弧(A)/闭合(C)/半宽(H)/长度(L)/放弃(U)/宽度(W)]：

【选项说明】

多段线主要由不同长度的连续的线段或圆弧组成，如果在上述提示中选“圆弧”命令，则命令行提示：

指定圆弧的端点或[角度(A)/圆心(CE)/闭合(CL)/方向(D)/半宽(H)/直线(L)/半径(R)/第二个点(S)/放弃(U)/宽度(W)]：

绘制圆弧的方法与“圆弧”命令相似。

3.4.2 编辑多段线

【执行方式】

命令行：PEDIT（缩写名：PE）。

菜单："修改"→"对象"→"多段线"。

工具栏："修改 II"→"编辑多段线"。

快捷菜单：选择要编辑的多线段，在绘图区右击，从打开的右键快捷菜单上选择"多段线编辑"。

【操作步骤】

命令:PEDIT

选择多段线或[多条(M)]:(选择一条要编辑的多段线)

输入选项[闭合(C)/合并(J)/宽度(W)/编辑顶点(E)/拟合(F)/样条曲线(S)/非曲线化(D)/线型生成(L)/反转(R)/放弃(U)]:

【选项说明】

1. 合并（J）

以选中的多段线为主体，合并其他直线段、圆弧或多段线，使其成为一条多段线。能合并的条件是各段线的端点首尾相连。如图 3-21 所示。

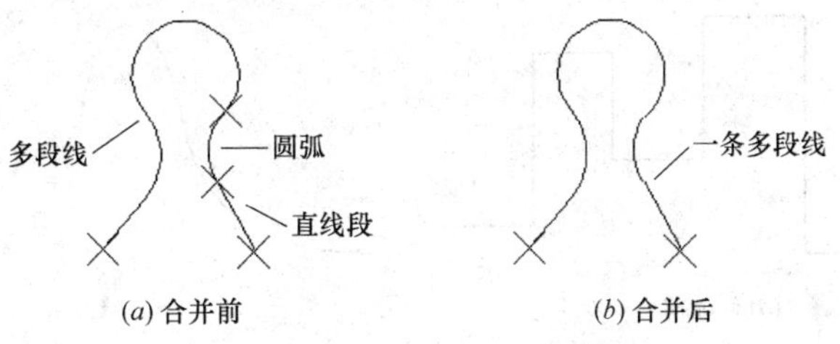

(*a*) 合并前　　(*b*) 合并后

图 3-21　合并多段线

2. 宽度（W）

修改整条多段线的线宽，使其具有同一线宽。如图 3-22 所示。

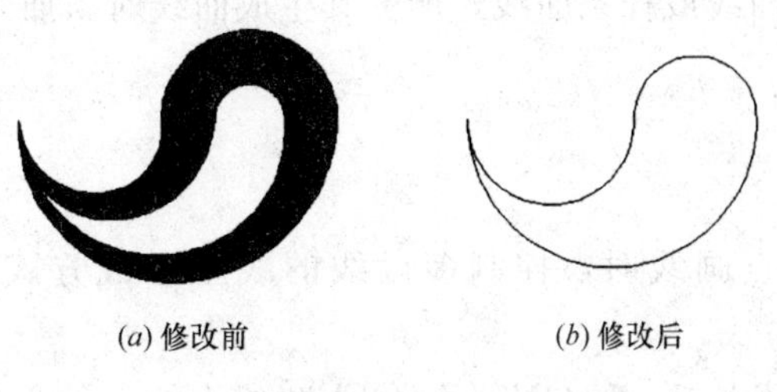

(*a*) 修改前　　(*b*) 修改后

图 3-22　修改整条多段线的线宽

3. 编辑顶点（E）

选择该项后，在多段线起点处出现一个斜的十字叉“×”，它为当前顶点的标记，并在命令行出现进行后续操作的提示：

[下一个(N)/上一个(P)/打断(B)/插入(I)/移动(M)/重生成(R)/拉直(S)/切向(T)/宽度(W)/退出(X)]<N>：

这些选项允许用户进行移动、插入顶点和修改任意两点间的线的线宽等操作。

4. 拟合（F）

从指定的多段线生成由光滑圆弧连接而成的圆弧拟合曲线，该曲线经过多段线的各顶点。如图 3-23 所示。

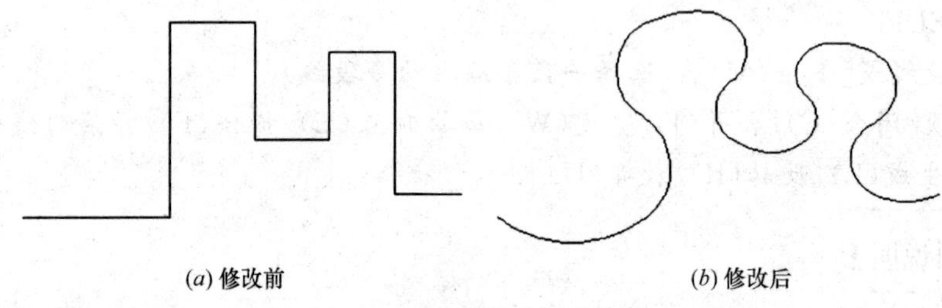

(*a*) 修改前　　(*b*) 修改后

图 3-23　生成圆弧拟合曲线

5. 样条曲线（S）

以指定的多段线的各顶点作为控制点生成 B 样条曲线。如图 3-24 所示。

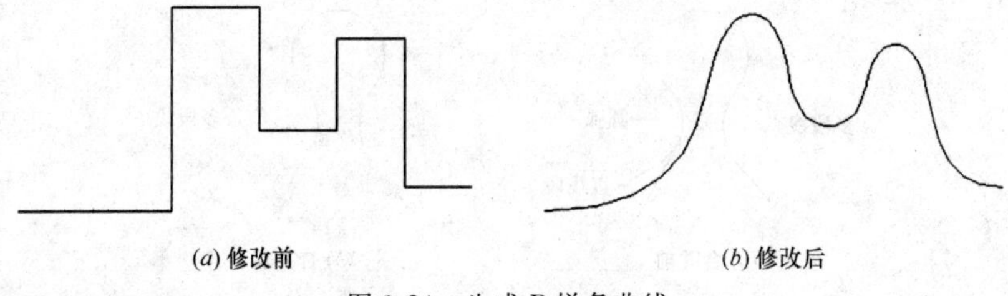

(*a*) 修改前　　(*b*) 修改后

图 3-24　生成 B 样条曲线

6. 非曲线化（D）

用直线代替指定的多段线中的圆弧。对于选择“拟合（F）”选项或“样条曲线（S）”选项后生成的圆弧拟合曲线或样条曲线，删去其生成曲线时新插入的顶点，则恢复成由直线段组成的多段线。

7. 线型生成（L）

当多段线的线型为点画线时，控制多段线的线型生成方式开关。选择此项，系统提示：

输入多段线线型生成选项[开(ON)/关(OFF)]<关>：

选择 ON 时，将在每个顶点处允许以短画开始或结束生成线型，选择 OFF 时，将在每个顶点处允许以长画开始或结束生成线型。“线型生成”不能用于包含带变宽的线段的多段线。如图 3-25 所示。

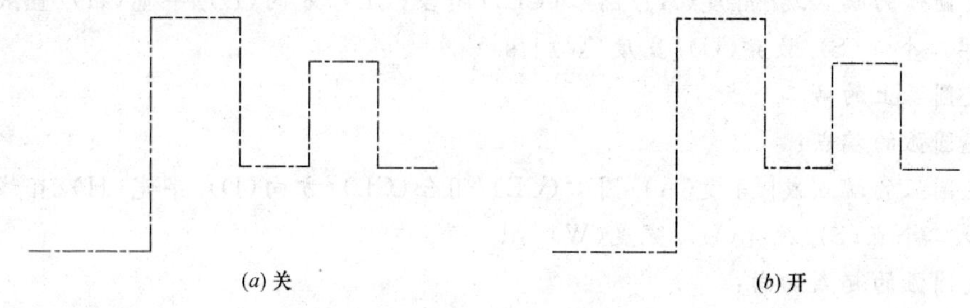

图 3-25 控制多段线的线型（线型为点画线时）

8. 反转（R）

反转多段线顶点的顺序。使用此选项可反转使用包含文字线型的对象的方向。

3.4.3 实例——紫荆花瓣

利用多段线命令绘制紫荆花瓣，如图 3-26 所示。

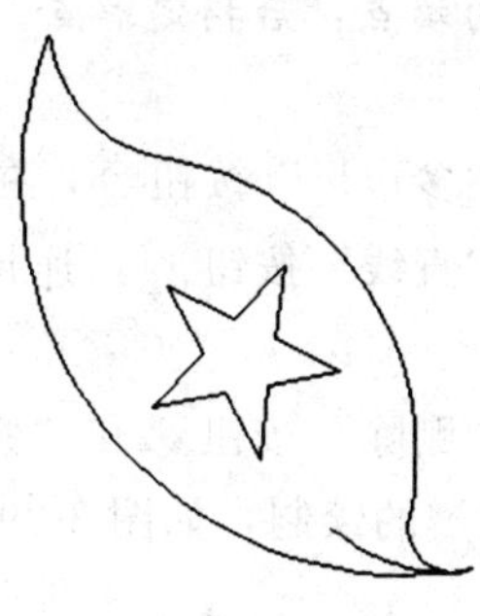

图 3-26 紫荆花

光盘\动画演示\第 3 章\紫荆花.avi

【操作步骤】

1. 单击“绘图”工具栏中的“多段线”按钮，绘制花瓣外框。命令行提示与操作如下：

命令：_pline

指定起点：(指定一点)

当前线宽为 0

指定下一个点或[圆弧(A)/半宽(H)/长度(L)/放弃(U)/宽度(W)]：a

指定圆弧的端点或[角度(A)/圆心(CE)/方向(D)/半宽(H)/直线(L)/半径(R)/第二

个点(S)/放弃(U)/宽度(W)]:s

指定圆弧上的第二个点:

指定圆弧的端点:

指定圆弧的端点或[角度(A)/圆心(CE)/闭合(CL)/方向(D)/半宽(H)/直线(L)/半径(R)/第二个点(S)/放弃(U)/宽度(W)]:s

指定圆弧上的第二个点:

指定圆弧的端点:

指定圆弧的端点或[角度(A)/圆心(CE)/闭合(CL)/方向(D)/半宽(H)/直线(L)/半径(R)/第二个点(S)/放弃(U)/宽度(W)]:d

指定圆弧的起点切向:

指定圆弧的端点:

指定圆弧的端点或[角度(A)/圆心(CE)/闭合(CL)/方向(D)/半宽(H)/直线(L)/半径(R)/第二个点(S)/放弃(U)/宽度(W)]:

指定圆弧的端点或[角度(A)/圆心(CE)/闭合(CL)/方向(D)/半宽(H)/直线(L)/半径(R)/第二个点(S)/放弃(U)/宽度(W)]:

2. 单击“绘图”工具栏中的“圆弧”按钮，绘制一段圆弧。

(1) 在命令行提示“指定圆弧的起点或[圆心(C)]:”后指定刚绘制的多段线下端点。

(2) 在命令行提示“指定圆弧的第二个点或[圆心(C)/端点(E)]:”后指定第二点。

(3) 在命令行提示“指定圆弧的端点:”后指定端点。

绘制结果如图 3-27 所示。

3. 单击“绘图”工具栏中的“多边形”按钮，在花瓣外框内绘制一个五边形。

4. 单击“绘图”工具栏中的“直线”按钮，连接五边形内的端点，形成一个五角星，如图 3-28 所示。

5. 单击“修改”工具栏中的“删除”按钮和“修剪”按钮，将五边形删除并修剪掉多余的直线，最终完成紫荆花瓣的绘制，如图 3-29 所示。

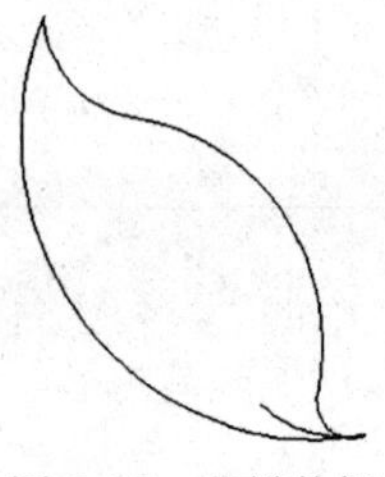

图 3-27 花瓣外框

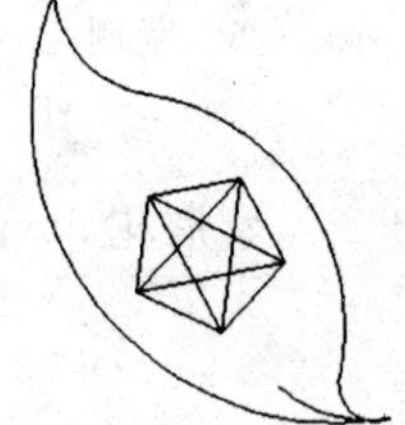

图 3-28 绘制五角星

图 3-29 修剪五角星

3.5 样条曲线

AutoCAD 使用一种称为非一致有理 B 样条（NURBS）曲线的特殊样条曲线类型。NURBS 曲线在控制点之间产生一条光滑的样条曲线，如图 3-30 所示。样条曲线可用于创建形状不规则的曲线，例如，为地理信息系统（GIS）应用或汽车设计绘制轮廓线。

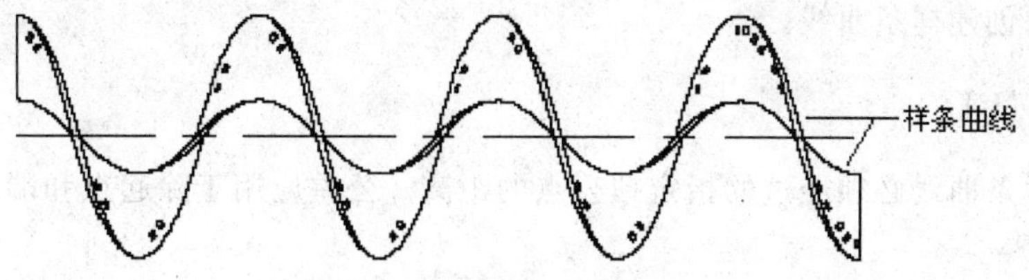

图 3-30 样条曲线

3.5.1 绘制样条曲线

【执行方式】

命令行：SPLINE。

菜单："绘图"→"样条曲线"。

工具栏："绘图"→"样条曲线"。

【操作步骤】

命令：SPLINE↙

当前设置：方式＝拟合　节点＝弦

指定第一个点或[方式(M)/节点(K)/对象(O)]：(指定一点或选择"对象(O)"选项)

输入下一个点或[起点切向(T)/公差(L)]：(指定一点)

输入下一个点或[端点相切(T)/公差(L)/放弃(U)]：(输入下一个点)

输入下一个点或[端点相切(T)/公差(L)/放弃(U)/闭合(C)]：C

【选项说明】

1. 方式（M）

控制是使用拟合点还是使用控制点来创建样条曲线。选项会因您选择的是使用拟合点创建样条曲线的选项还是使用控制点创建样条曲线的选项而异。

2. 节点（K）

指定节点参数化，它会影响曲线在通过拟合点时的形状（SPLKNOTS 系统变量）。

3. 对象（O）

将二维或三维的二次或三次样条曲线拟合多段线转换为等价的样条曲线，然后（根据 DELOBJ 系统变量的设置）删除该多段线。

4. 起点相切（T）

基于切向创建样条曲线。

5. 公差（L）

指定距样条曲线必须经过的指定拟合点的距离。公差应用于除起点和端点外的所有拟合点。

6. 端点相切（T）

停止基于切向创建曲线。可通过指定拟合点继续创建样条曲线。

选择“端点相切”后，将提示您指定最后一个输入拟合点的最后一个切点。

7. 闭合（C）

将最后一点定义为与第一点一致，并使它在连接处相切，这样可以闭合样条曲线。选择该项，系统继续提示：

指定切向：(指定点或按 Enter 键)

用户可以指定一点来定义切向矢量，或者使用“切点”和“垂足”对象捕捉模式使样条曲线与现有对象相切或垂直。

3.5.2 编辑样条曲线

【执行方式】。

命令行：SPLINEDIT。

菜单：“修改”→“对象”→“样条曲线”。

快捷菜单：选择要编辑的样条曲线，在绘图区右击，从打开的右键快捷菜单上选择“编辑样条曲线”。

工具栏：“修改 II”→“编辑样条曲线” 。

【操作步骤】

命令:SPLINEDIT

选择样条曲线:(选择要编辑的样条曲线。若选择的样条曲线是用 SPLINE 命令创建的,其近似点以夹点的颜色显示出来;若选择的样条曲线是用 PLINE 命令创建的,其控制点以夹点的颜色显示出来。)

输入选项[闭合(C)/ 合并(J)/拟合数据(F)/编辑顶点(E)/转换为多段线(P)/反转(R)/放弃(U)/退出(X)]:

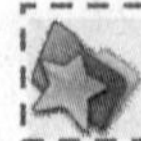【选项说明】

1. 拟合数据（F）

编辑近似数据。选择该项后，创建该样条曲线时指定的各点将以小方格的形式显示出来。

2. 编辑顶点（E）

精密调整样条曲线定义。

3. 转换为多段线（P）

将样条曲线转换为多段线。精度值决定结果多段线与原样条曲线拟合的精确程度。有效值为介于 0～99 的任意整数。

4. 反转（R）

反转样条曲线的方向。此选项主要适用于第三方应用程序。

3.5.3 实例——壁灯

绘制如图 3-31 所示壁灯。

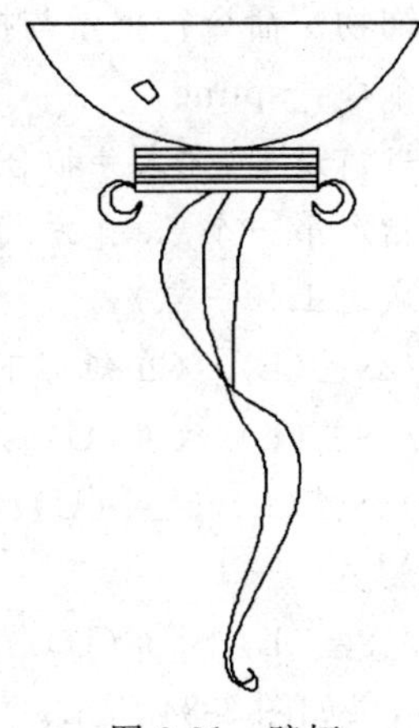

图 3-31 壁灯

光盘\动画演示\第 3 章\壁灯 .avi

【操作步骤】

1. 单击“绘图”工具栏中的“矩形”按钮，在适当位置绘制一个 220mm×50mm 的矩形。

2. 单击“绘图”工具栏中的“直线”按钮，在矩形中绘制 5 条水平直线。结果如图 3-32 所示。

3. 单击“绘图”工具栏中的“多段线”按钮，绘制灯罩。命令行提示与操作如下：

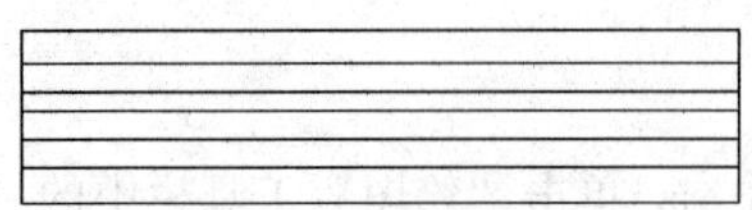

图 3-32 绘制底座

命令：_pline

指定起点：(在矩形上方适当位置)

当前线宽为 0.0000

指定下一个点或[圆弧(A)/半宽(H)/长度(L)/放弃(U)/宽度(W)]:a

指定圆弧的端点或

[角度(A)/圆心(CE)/方向(D)/半宽(H)/直线(L)/半径(R)/第二个点(S)/放弃(U)/宽度(W)]:s

指定圆弧上的第二个点:(捕捉矩形上边线中点)

指定圆弧的端点:

指定圆弧的端点或

[角度(A)/圆心(CE)/闭合(CL)/方向(D)/半宽(H)/直线(L)/半径(R)/第二个点(S)/放弃(U)/宽度(W)]:I

指定下一点或[圆弧(A)/闭合(C)/半宽(H)/长度(L)/放弃(U)/宽度(W)]:(捕捉圆弧起点)

重复"多段线"命令，在灯罩上绘制一个不等四边形，如图 3-33 所示。

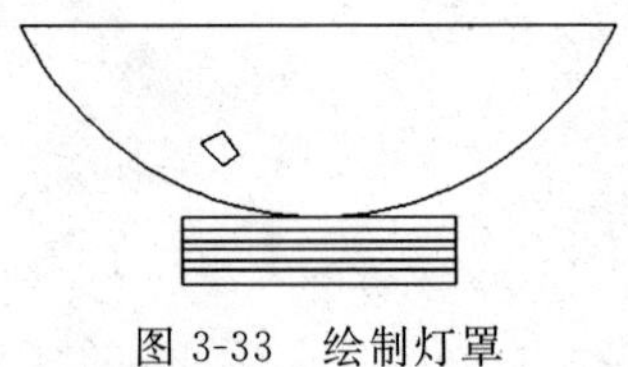

图 3-33　绘制灯罩

4. 单击"绘图"工具栏中的"样条曲线"按钮，绘制装饰物。命令行提示与操作如下：

命令:_spline

当前设置:方式=拟合　节点=弦

指定第一个点或[方式(M)/节点(K)/对象(O)]:(捕捉矩形底边上任一点)

输入下一个点或[起点切向(T)/公差(L)]:(在矩形下方合适的位置处指定一点)

输入下一个点或[端点相切(T)/公差(L)/放弃(U)]:(指定样条曲线的下一个点)

输入下一个点或[端点相切(T)/公差(L)/放弃(U)/闭合(C)]:(指定样条曲线的下一个点)

输入下一个点或[端点相切(T)/公差(L)/放弃(U)/闭合(C)]:

同理，绘制其他的样条曲线，结果如图 3-34 所示。

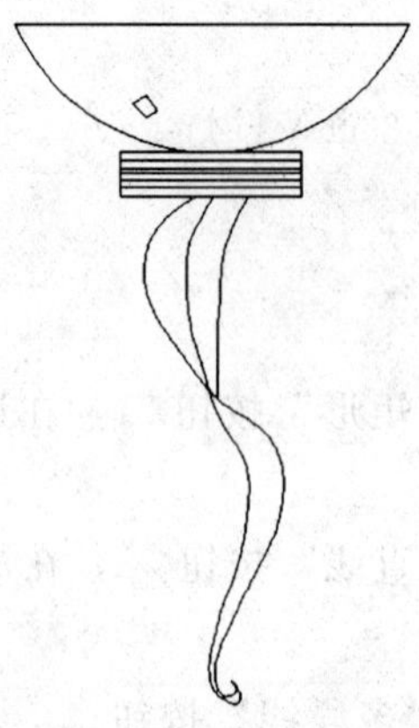

图 3-34　绘制装饰物

5. 单击"绘图"工具栏中的"多段线"按钮，在矩形的两侧绘制月亮装饰，如图 3-31 所示。

3.6 多　　线

多线是一种复合线，由一连续的直线段复合组成。多线的一个突出优点是能够提高绘图效率，保证图线之间的统一性。

3.6.1 绘制多线

【执行方式】

命令行：MLINE。

菜单：“绘图”→“多线”。

【操作步骤】

命令:MLINE

当前设置:对正=上,比例=20.00,样式=STANDARD

指定起点或[对正(J)/比例(S)/样式(ST)]:(指定起点)

指定下一点:(给定下一点)

指定下一点或[放弃(U)]:(继续给定下一点,绘制线段。输入“U”,则放弃前一段的绘制;右击或按 Enter 键,结束命令)

指定下一点或[闭合(C)/放弃(U)]:(继续给定下一点,绘制线段。输入“C”,则闭合线段,结束命令)

【选项说明】

1. 对正（J）

该项用于给定绘制多线的基准。共有 3 种对正类型“上”、“无”和“下”。其中，“上(T)”表示以多线上侧的线为基准，以此类推。

2. 比例（S）

选择该项，要求用户设置平行线的间距。输入值为零时，平行线重合；值为负时，多线的排列倒置。

3. 样式（ST）

该项用于设置当前使用的多线样式。

3.6.2 定义多线样式

【执行方式】

命令行：MLSTYLE

【操作步骤】

系统自动执行该命令后，弹出如图 3-35 所示的“多线样式”对话框。在该对话框中，用户可以对多线样式进行定义、保存和加载等操作。

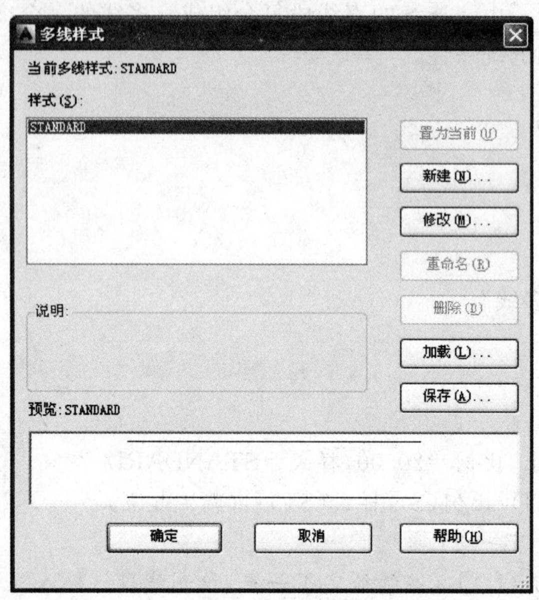

图 3-35 “多线样式”对话框

3.6.3 编辑多线

【执行方式】

命令行：MLEDIT。

菜单：“修改”→“对象”→“多线”。

【操作步骤】

利用该命令后，弹出“多线编辑工具”对话框，如图 3-36 所示。

利用该对话框，可以创建或修改多线的模式。对话框中分 4 列显示了示例图形。其中，第一列管理十字交叉形式的多线，第二列管理 T 形多线，第三列管理拐角接合点和节点形式的多线，第四列管理多线被剪切或连接的形式。

单击选择某个示例图形，然后单击“关闭”按钮，就可以调用该项编辑功能。

3.6.4 实例——墙体

绘制如图 3-37 所示墙体。

光盘\动画演示\第 3 章\墙体.avi

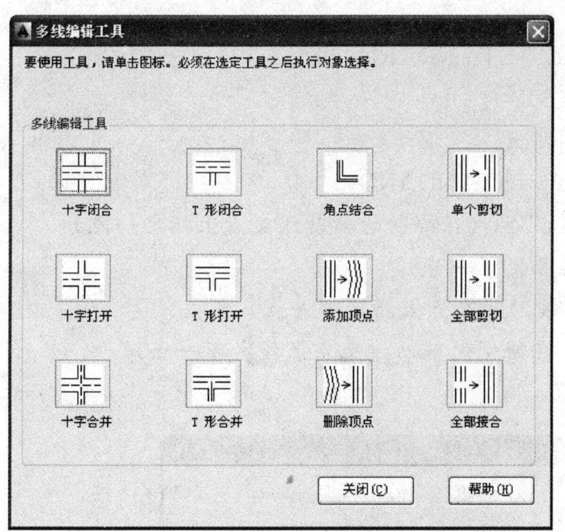

图 3-36 “多线编辑工具”对话框

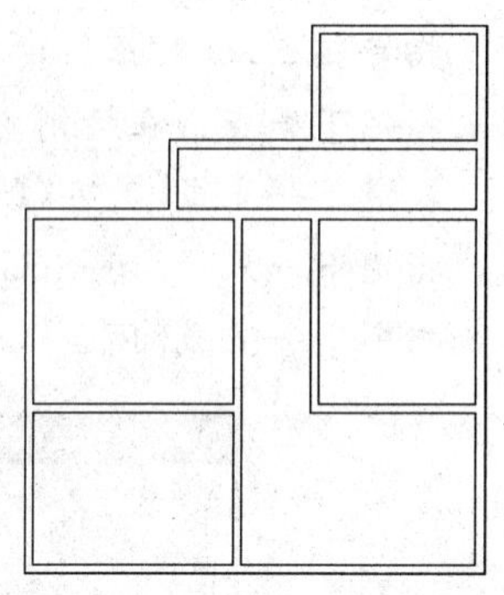

图 3-37 墙体

【操作步骤】

1. 单击“绘图”工具栏中的“构造线”按钮，绘制出一条水平构造线和一条竖直构造线，组成“十”字形辅助线，如图 3-38 所示。

2. 单击“修改”工具栏中的“偏移”按钮，将水平构造线依次向上偏移 4500、5100、1800 和 3000，偏移得到的水平构造线如图 3-39 所示。重复“偏移”命令，将垂直构造线依次向右偏移 3900、1800、2100 和 4500，结果如图 3-40 所示。

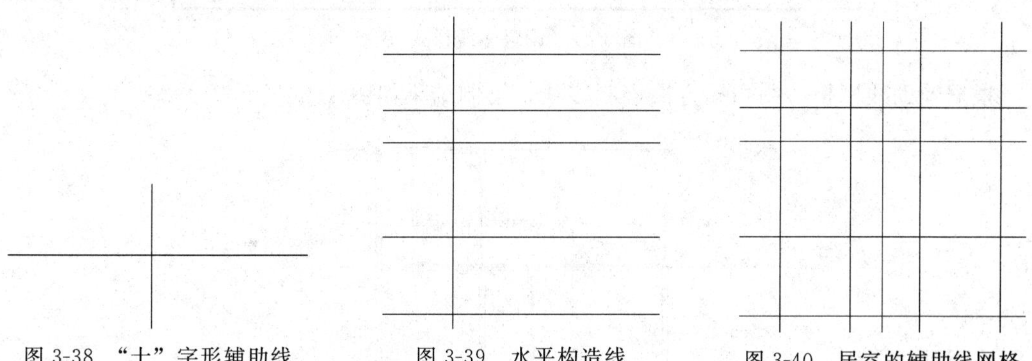

图 3-38 “十”字形辅助线　　图 3-39 水平构造线　　图 3-40 居室的辅助线网格

3. 选取菜单栏中的“格式”→“多线样式”命令，系统打开“多线样式”对话框，在该对话框中单击“新建”按钮，系统打开“创建新的多线样式”对话框，在该对话框的“新样式名”文本框中键入“墙体线”，单击“继续”按钮。

4. 系统弹出“新建多线样式：墙体线”对话框，进行图 3-41 所示的设置。

5. 选择菜单栏中的“绘图”→“多线”命令，绘制多线墙体。命令行提示与操作如下：

命令：MLINE

当前设置：对正＝上，比例＝20.00，样式＝STANDARD

指定起点或[对正(J)/比例(S)/样式(ST)]： S

输入多线比例＜20.00＞： 1

当前设置：对正＝上，比例＝1.00，样式＝STANDARD

指定起点或[对正(J)/比例(S)/样式(ST)]： J

输入对正类型[上(T)/无(Z)/下(B)]＜上＞： Z

当前设置：对正＝无，比例＝1.00，样式＝STANDARD

指定起点或[对正(J)/比例(S)/样式(ST)]：(在绘制的辅助线交点上指定一点)

指定下一点：(在绘制的辅助线交点上指定下一点)

指定下一点或[放弃(U)]：(在绘制的辅助线交点上指定下一点)

指定下一点或[闭合(C)/放弃(U)]：(在绘制的辅助线交点上指定下一点)

指定下一点或[闭合(C)/放弃(U)]：C

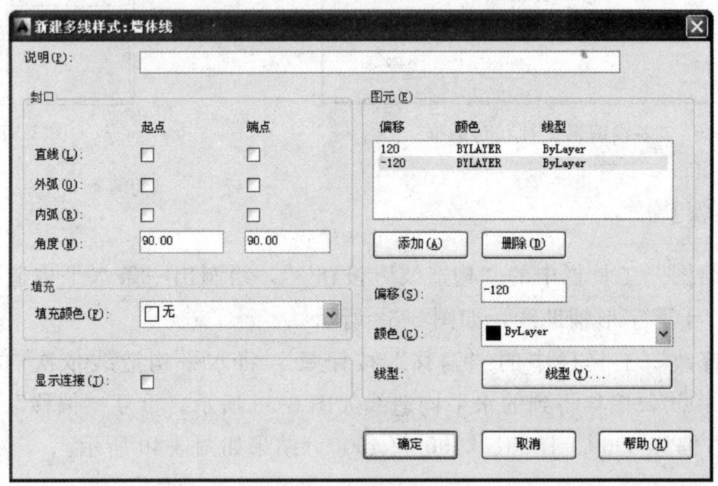

图 3-41 设置多线样式

根据辅助线网格，用相同方法绘制多线，绘制结果如图 3-42 所示。

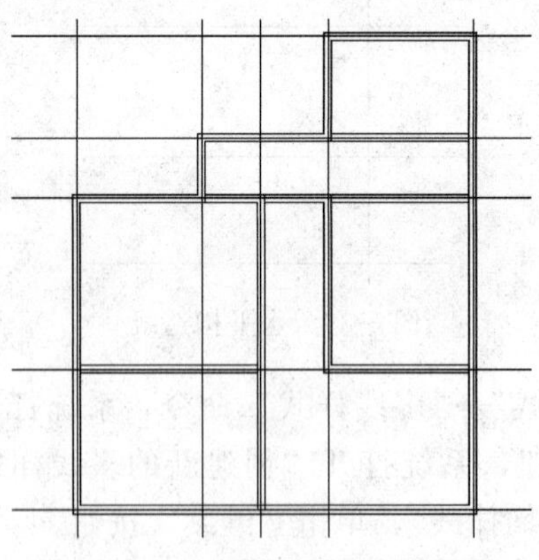

图 3-42 全部多线绘制结果

6. 编辑多线。选择菜单栏中的“修改”→“对象”→“多线”命令，系统弹出“多线编辑工具”对话框，如图 3-43 所示。单击其中的“T 形合并”选项，单击“关闭”按钮后，命令行提示如下：

命令:MLEDIT
选择第一条多线:(选择多线)
选择第二条多线:(选择多线)
选择第一条多线或[放弃(U)]:

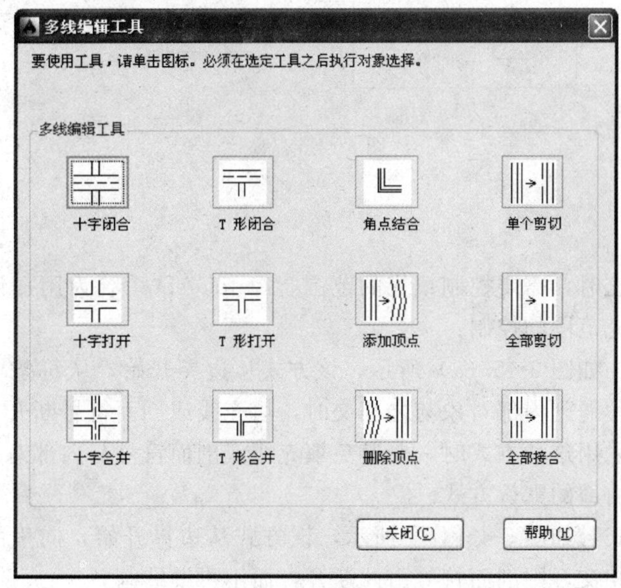

图 3-43 “多线编辑工具”对话框

7. 重复“编辑多线”命令 继续进行多线编辑，编辑的最终结果如图 3-37 所示。

3.7 图案填充

当用户需要用一个重复的图案（pattern）填充某个区域时，可以使用 BHATCH 命令建立一个相关联的填充阴影对象，即所谓的图案填充。

3.7.1 基本概念

1. 图案边界

当进行图案填充时，首先要确定图案填充的边界。定义边界的对象只能是直线、双向射线、单向射线、多段线、样条曲线、圆弧、圆、椭圆、椭圆弧、面域等对象或用这些对象定义的块，而且作为边界的对象，在当前屏幕上必须全部可见。

2. 孤岛

在进行图案填充时，我们把位于总填充域内的封闭区域称为孤岛，如图 3-44 所示。在用 BHATCH 命令进行图案填充时，AutoCAD 允许用户以拾取点的方式确定填充边界，即在希望填充的区域内任意拾取一点，AutoCAD 会自动确定出填充边界，同时也确定该边界内的孤岛。如果用户是以点取对象的方式确定填充边界的，则必须确切地点取这些孤岛，有关知识将在下一节中介绍。

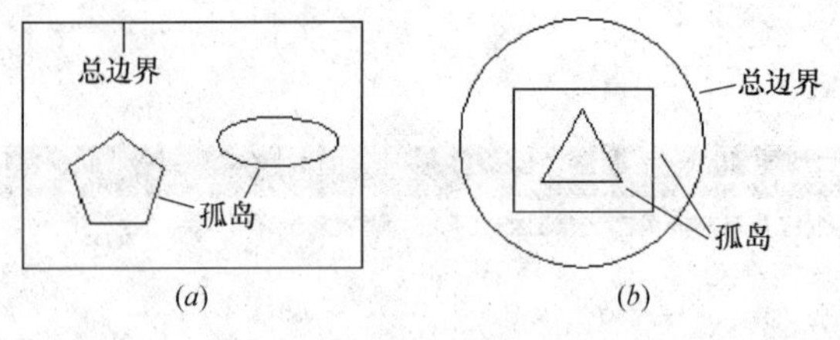

图 3-44　孤岛

3. 填充方式

在进行图案填充时，需要控制填充的范围，AutoCAD 系统为用户设置了以下 3 种填充方式，实现对填充范围的控制：

（1）普通方式：如图 3-45（*a*）所示，该方式从边界开始，从每条填充线或每个剖面符号的两端向里画，遇到内部对象与之相交时，填充线或剖面符号断开，直到遇到下一次相交时再继续画。采用这种方式时，要避免填充线或剖面符号与内部对象的相交次数为奇数。该方式为系统内部的默认方式。

（2）最外层方式：如图 3-45（*b*）所示，该方式从边界开始，向里画剖面符号，只要在边界内部与对象相交，则剖面符号由此断开，而不再继续画。

（3）忽略方式：如图 3-45（*c*）所示，该方式忽略边界内部的对象，所有内部结构都被剖面符号覆盖。

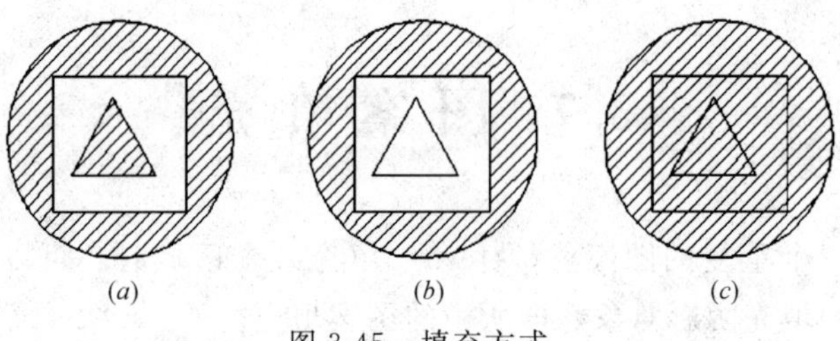

图 3-45　填充方式

3.7.2　图案填充的操作

命令行：BHATCH。

菜单："绘图"→"图案填充"。

工具栏："绘图"→"图案填充" 或 "绘图"→"渐变色" 。

执行上述命令后，系统弹出如图 3-46 所示的"图案填充和渐变色"对话框，各选项组和按钮含义如下：

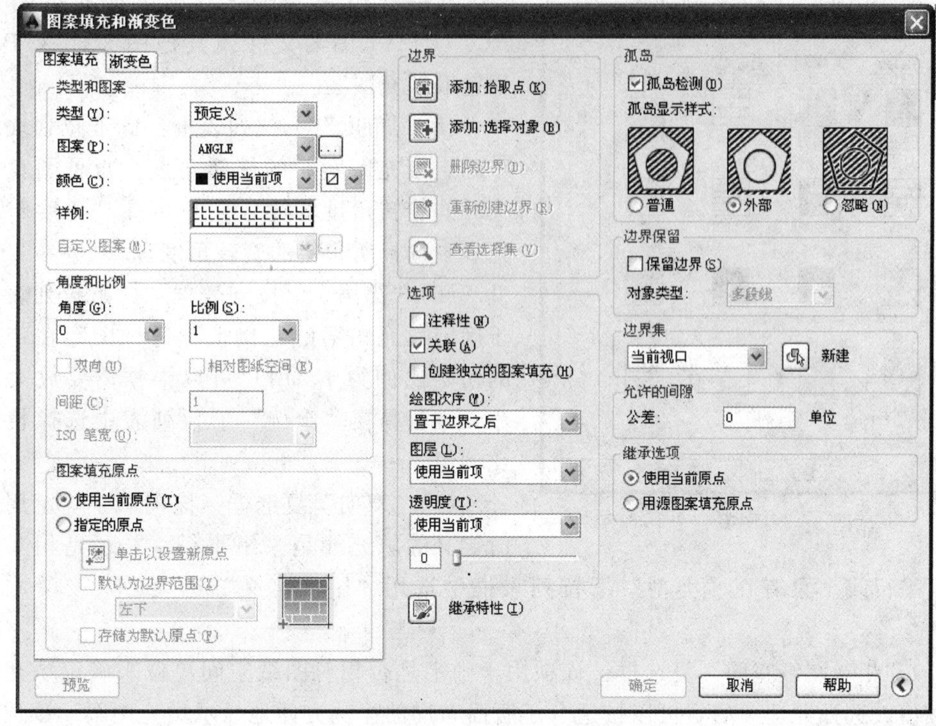

图 3-46 “图案填充和渐变色”对话框

1. “图案填充”标签

此标签中的各选项用来确定填充图案及其参数。单击此标签后，弹出如图 3-46 所示的左边选项组。其中各选项含义如下：

(1)“类型”下拉列表框：此选项用于确定填充图案的类型。在“类型”下拉列表框中，“用户定义”选项表示用户要临时定义填充图案，与命令行方式中的“U”选项作用一样；“自定义”选项表示选用 ACAD. PAT 图案文件或其他图案文件（. PAT 文件）中的填充图案；“预定义”选项表示选用 AutoCAD 标准图案文件（ACAD. PAT 文件）中的填充图案。

(2)“图案”下拉列表框：此选项组用于确定 AutoCAD 标准图案文件中的填充图案。在“图案”下拉列表中，用户可从中选取填充图案。选取所需要的填充图案后，在“样例”中的图像框内会显示出该图案。只有用户在“类型”下拉列表中选择了“预定义”选项后，此项才以正常亮度显示，即允许用户从 AutoCAD 标准图案文件中选取填充图案。

如果选择的图案类型是“预定义”，单击“图案”下拉列表框右边的…按钮，会弹出如图 3-47 所示的图案列表，该对话框中显示出所选图案类型所具有的图案，用户可从中确定所需要的图案。

(3)“样例”图像框：此选项用来给出样本图案。在其右面有一矩形图像框，显示出当前用户所选用的填充图案。可以单击该图像框迅速查看或选取已有的填充图案。

(4)“自定义图案”下拉列表框：此下拉列表框用于确定 ACAD. PAT 图案文件或其他图案文件（. PAT）中的填充图案。只有在“类型”下拉列表中选择了“自定义”项后，该项才以正常亮度显示，即允许用户从 ACAD. PAT 图案文件或其他图案件（. PAT）中选取填充图案。

（5）“角度”下拉列表框：此下拉列表框用于确定填充图案时的旋转角度。每种图案在定义时的旋转角度为零，用户可在“角度”下拉列表中选择所希望的旋转角度。

（6）“比例”下拉列表框：此下拉列表框用于确定填充图案的比例值。每种图案在定义时的初始比例为 1，用户可以根据需要放大或缩小，方法是在“比例”下拉列表中选择相应的比例值。

（7）“双向”复选框：该项用于确定用户临时定义的填充线是一组平行线，还是相互垂直的两组平行线。只有在“类型”下拉列表框中选用“用户定义”选项后，该项才可以使用。

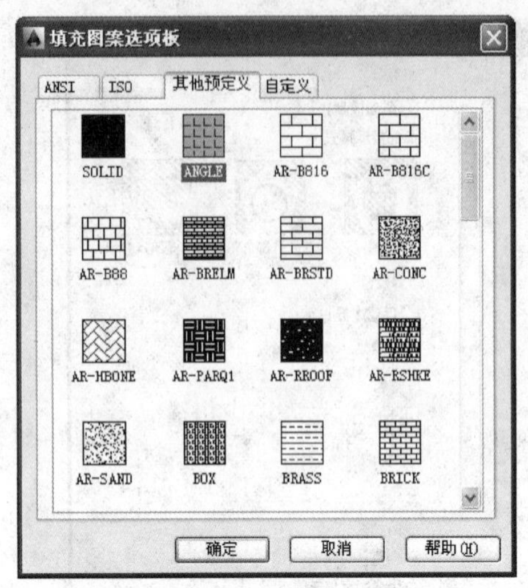

图 3-47　图案列表

（8）“相对图纸空间”复选框：该项用于确定是否相对图纸空间单位来确定填充图案的比例值。选择此选项后，可以按适合于版面布局的比例方便地显示填充图案。该选项仅仅适用于图形版面编排。

（9）“间距”文本框：指定平行线之间的间距，在“间距”文本框内输入值即可。只有在“类型”下拉列表框中选用“用户定义”选项后，该项才可以使用。

（10）“ISO 笔宽”下拉列表框：此下拉列表框告诉用户根据所选择的笔宽确定与 ISO 有关的图案比例。只有在选择了已定义的 ISO 填充图案后，才可确定它的内容。图案填充的原点：控制填充图案生成的起始位置。填充这些图案（例如砖块图案）时需要与图案填充边界上的一点对齐。在默认情况下，所有填充图案原点都对应于当前的 UCS 原点。也可以选择“指定的原点”，通过其下一级的选项重新指定原点。

2. “渐变色”标签

渐变色是指从一种颜色到另一种颜色的平滑过渡。渐变色能产生光的效果，可为图形添加视觉效果。单击该标签，AutoCAD 弹出如图 3-48 所示的“渐变色”标签，其中各选项含义如下：

（1）“单色”单选钮：应用单色对所选择的对象进行渐变填充。在“图案填充与渐变色”对话框的右上边的显示框中显示用户所选择的真彩色，单击[...]按钮，系统打开“选择颜色”对话框，如图 3-49 所示。该对话框将在第 5 章中详细介绍，这里不再赘述。

（2）“双色”单选钮：应用双色对所选择的对象进行渐变填充。填充颜色将从颜色 1 渐变到颜色 2。颜色 1 和颜色 2 的选取与单色选取类似。

（3）“渐变方式”样板：在“渐变色”标签的下方有 9 个“渐变方式”样板，分别表示不同的渐变方式，包括线形、球形和抛物线形等方式。

（4）“居中”复选框：该复选框决定渐变填充是否居中。

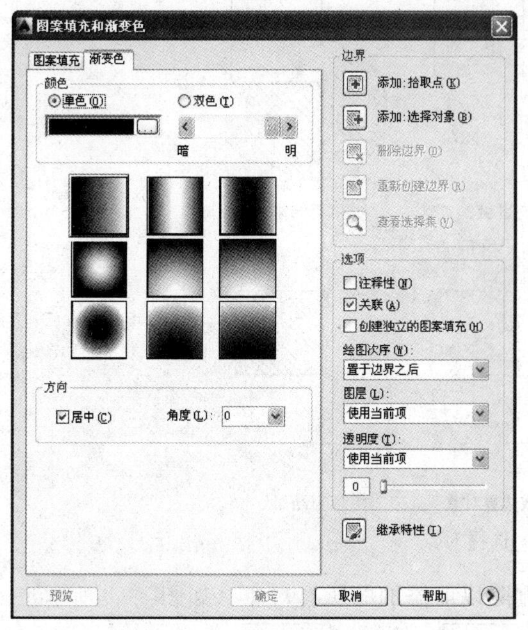

图 3-48 “渐变色”标签

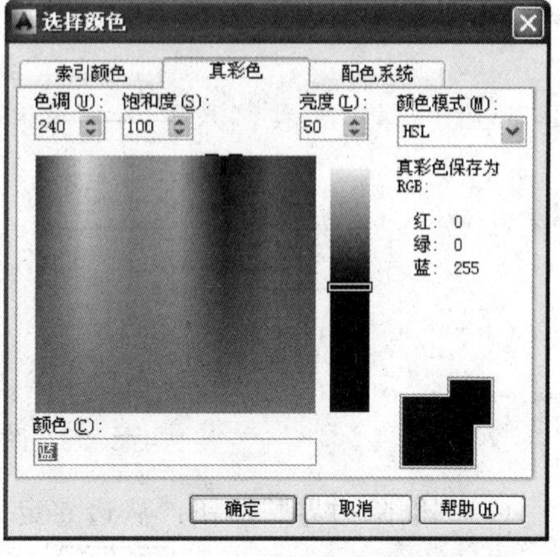

图 3-49 “选择颜色”对话框

(5)“角度”下拉列表框：在该下拉列表框中选择角度，此角度为渐变色倾斜的角度。不同的渐变色填充如图 3-50 所示。

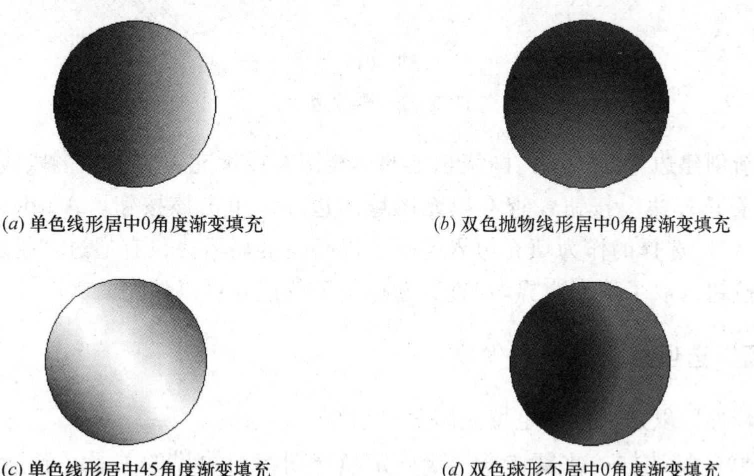

(*a*) 单色线形居中0角度渐变填充　(*b*) 双色抛物线形居中0角度渐变填充

(*c*) 单色线形居中45角度渐变填充　(*d*) 双色球形不居中0角度渐变填充

图 3-50 不同的渐变色填充

3. “边界”选项组

(1)“添加：拾取点”按钮：以拾取点的形式自动确定填充区域的边界。在填充的区域内任意拾取一点，系统会自动确定出包围该点的封闭填充边界，并且以高亮度显示（如图 3-51 所示）。

(2)“添加：选择对象”按钮：以选择对象的方式确定填充区域的边界。用户可以根据需要选取构成填充区域的边界。同样，被选择的边界也会以高亮度显示（如图 3-52 所示）。

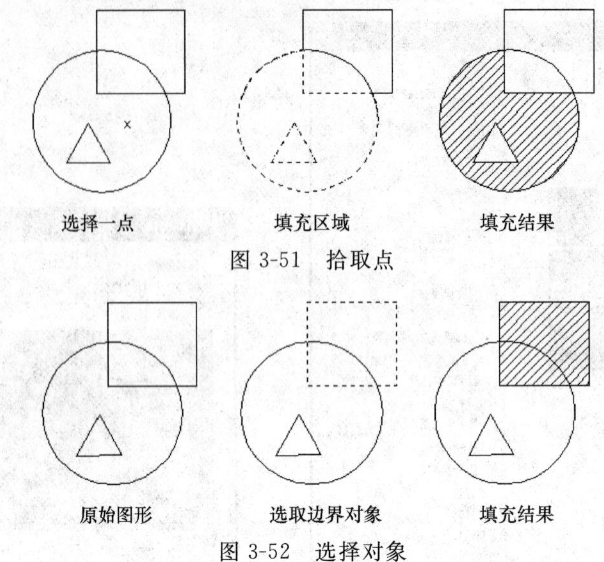

图 3-51　拾取点

图 3-52　选择对象

（3）“删除边界”按钮：从边界定义中删除以前添加的所有对象（如图 3-53 所示）。

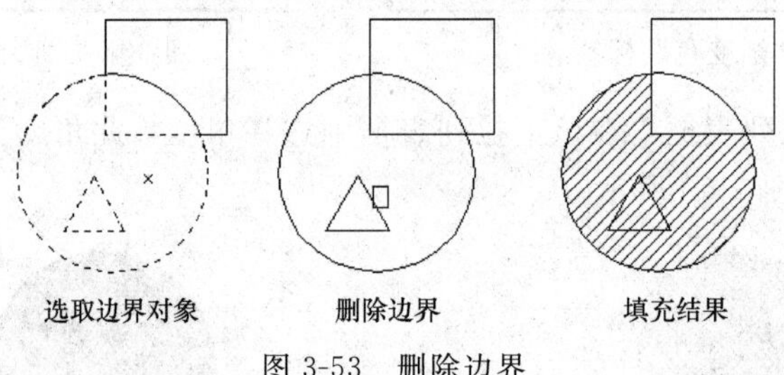

图 3-53　删除边界

（4）“重新创建边界”按钮：围绕选定的填充图案或填充对象创建多段线或面域。

（5）“查看选择集”按钮：查看填充区域的边界。单击该按钮，AutoCAD 临时切换到绘图屏幕，将所选择的作为填充边界的对象以高亮度显示。只有通过“拾取点”按钮或“选择对象”按钮选取了填充边界，“查看选择集”按钮才可以使用。

4. “选项”选项组

（1）“注释性”复选框：指定填充图案为注释性。

（2）“关联”复选框：此复选框用于确定填充图案与边界的关系。若选择此复选框，那么填充图案与填充边界保持着关联关系，即图案填充后，当用钳夹（Grips）功能对边界进行拉伸等编辑操作时，AutoCAD 会根据边界的新位置重新生成填充图案。

（3）“创建独立的图案填充”复选框：当指定了几个独立的闭合边界时，用来控制是创建单个图案填充对象，还是创建多个图案填充对象。如图 3-54 所示。

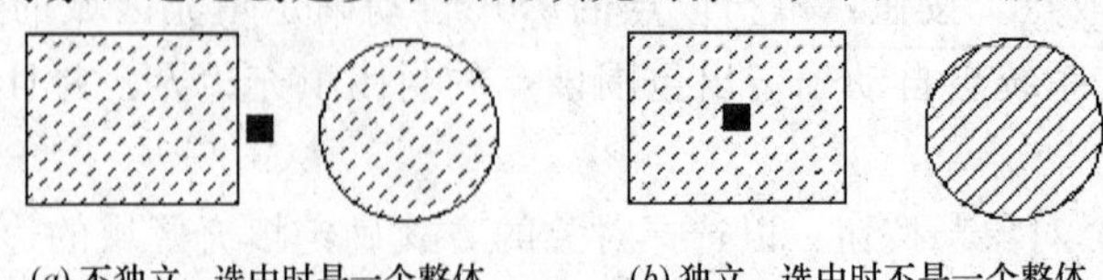

(*a*) 不独立，选中时是一个整体　(*b*) 独立，选中时不是一个整体

图 3-54　独立与不独立

(4)“绘图次序”下拉列表框：指定图案填充的顺序。图案填充可以放在所有其他对象之后、所有其他对象之前、图案填充边界之后或图案填充边界之前。

5. “继承特性”按钮

此按钮的作用是图案填充的继承特性，即选用图中已有的填充图案作为当前的填充图案。

6. “孤岛”选项组

(1)“孤岛显示样式”列表：该选项组用于确定图案的填充方式。用户可以从中选取所需要的填充方式。默认的填充方式为“普通”。用户也可以在右键快捷菜单中选择填充方式。

(2)“孤岛检测”复选框：确定是否检测孤岛。

7. “边界保留”选项组

指定是否将边界保留为对象，并确定应用于这些对象的对象类型是多段线还是面域。

8. “边界集”选项组

此选项组用于定义边界集。当单击“添加：拾取点”按钮以根据拾取点的方式确定填充区域时，有两种定义边界集的方式：一种方式是以包围所指定点的最近的有效对象作为填充边界，即“当前视口”选项，该项是系统的默认方式；另一种方式是用户自己选定一组对象来构造边界，即“现有集合”选项，选定对象通过其上面的“新建”按钮来实现，单击该按钮后，AutoCAD 临时切换到绘图屏幕，并提示用户选取作为构造边界集的对象。此时若选取“现有集合”选项，AutoCAD 会根据用户指定的边界集中的对象来构造一个封闭边界。

9. “允许的间隙”文本框

设置将对象用作填充图案边界时可以忽略的最大间隙。默认值为 0，此值指定对象必须封闭区域而没有间隙。

10. “继承选项”选项组

使用“继承特性”创建填充图案时，控制图案填充原点的位置。

3.7.3 编辑填充的图案

利用 HATCHEDIT 命令，编辑已经填充的图案。

命令行：HATCHEDIT。

菜单：“修改”→“对象”→“图案填充”。

工具栏：“修改 II”→“编辑图案填充”。

执行上述命令后，AutoCAD 会给出下面提示：

选择关联填充对象：

选取关联填充物体后，系统弹出如图 3-55 所示的“图案填充编辑”对话框。

在图 3-55 中，只有正常显示的选项，才可以对其进行操作。该对话框中各项的含义与图 3-48 所示的“图案填充和渐变色”对话框中各项的含义相同。利用该对话框，可以对已填充的图案进行一系列的编辑修改。

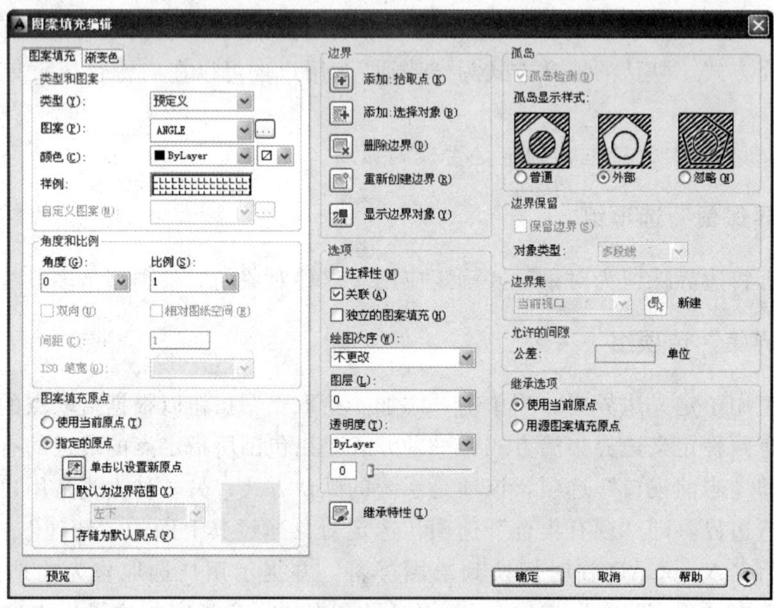

图 3-55 “图案填充编辑”对话框

3.7.4 实例——公园一角

绘制如图 3-56 所示公园一角。

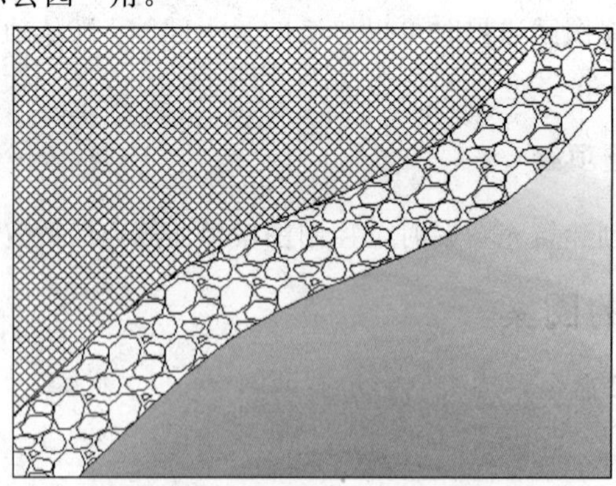

图 3-56 公园一角

光盘\动画演示\第 3 章\公园一角 .avi

1. 单击“绘图”工具栏中的“矩形”按钮和“样条曲线”按钮，绘制花园外形，如图 3-57 所示。

2. 单击“绘图”工具栏中的“图案填充”按钮，系统弹出“图案填充和渐变色”对话框，如图 3-59 所示。选择图案“类型”为“预定义”，单击图案“样例”右侧的按钮，打开“填充图案选项板”对话框，选择“其他预定义”选项卡中的“GRAVEL”图案，如图 3-58 所示。

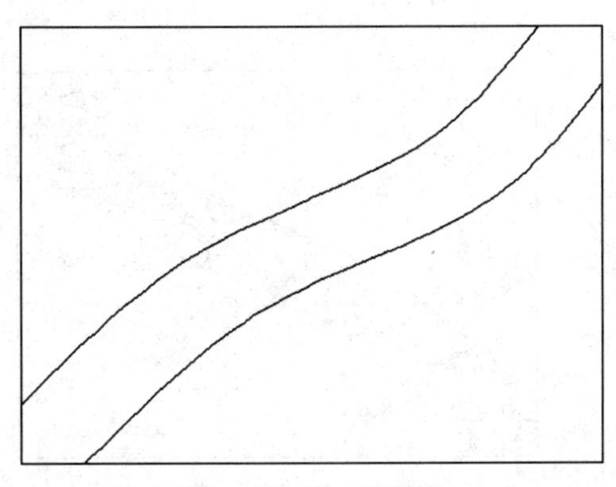

图 3-57 花园外形图

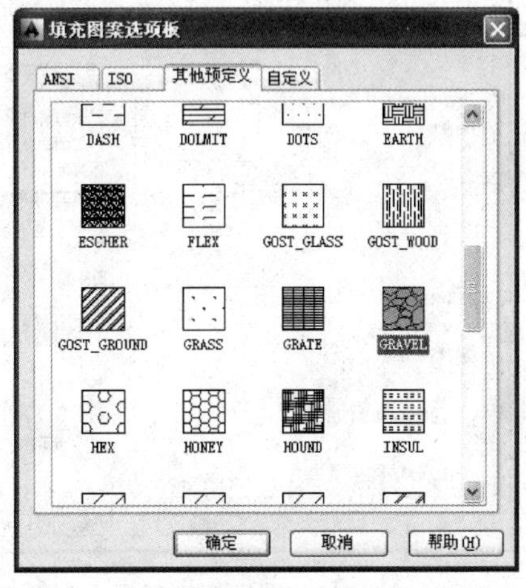

图 3-58 “填充图案选项板”对话框

3. 单击“确定”按钮，返回“图案填充和渐变色”对话框，如图 3-59 所示。单击“添加：拾取点”按钮，在绘图区两条样条曲线组成的小路中拾取一点，按<Enter>键，返回“图案填充和渐变色”对话框，单击“确定”按钮，完成鹅卵石小路绘制，如图 3-60 所示。

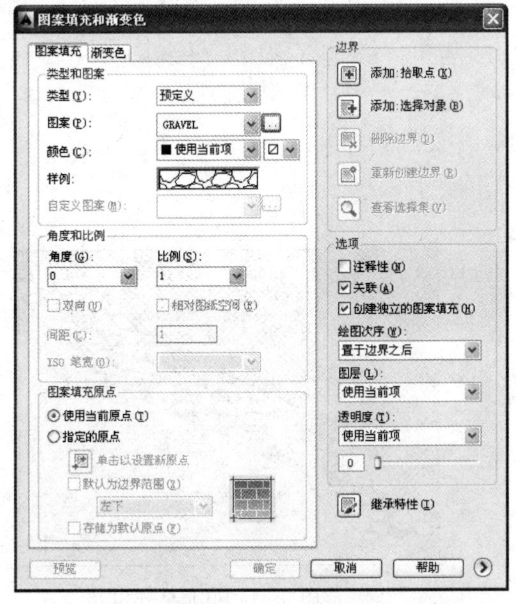

图 3-59 “图案填充和渐变色”对话框 1

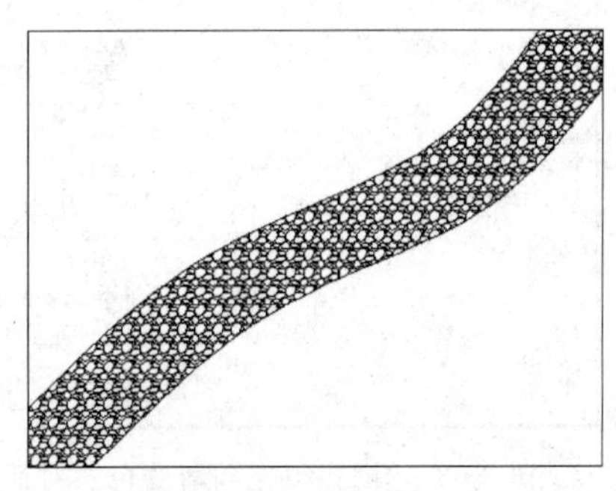

图 3-60 填充小路

4. 从图 3-60 中可以看出，填充图案过于细密，可以对其进行编辑修改。选中图案填充右击，在出现的快捷菜单中选择“图案填充编辑”，系统打开“图案填充编辑”对话框，将图案填充“比例”改为“3”，如图 3-61 所示，单击“确定”按钮，修改后的填充图案如图 3-62 所示。

图 3-61 “图案填充编辑”对话框

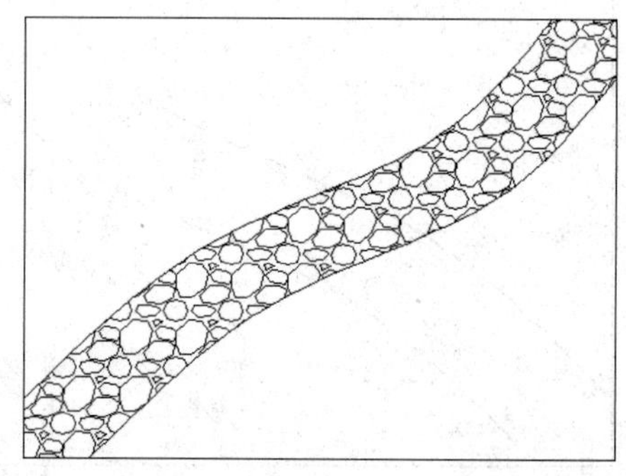

图 3-62 修改后的填充图案

5. 单击“绘图”工具栏中的“图案填充”按钮，系统弹出“图案填充和渐变色”对话框。选择图案“类型”为“用户定义”，填充“角度”为 45°、“间距”为 10，勾选

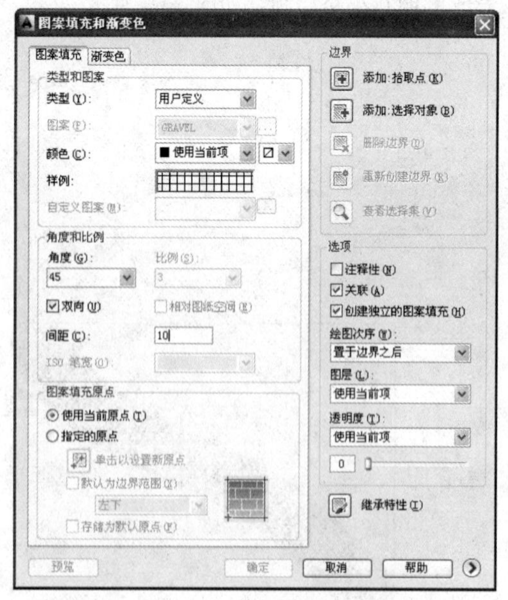

图 3-63 “图案填充和渐变色”对话框 2

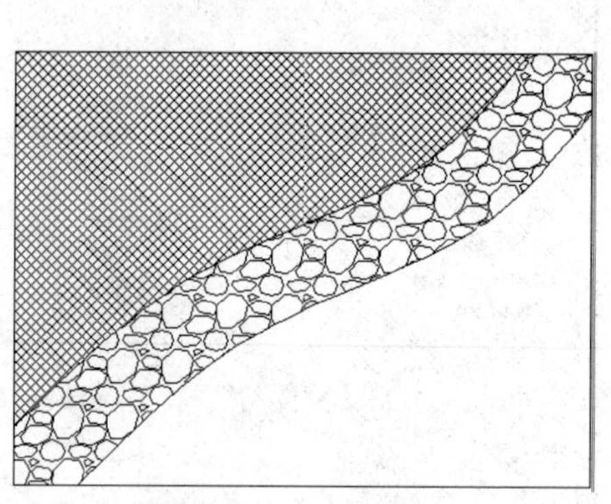

图 3-64 填充草坪

“双向”复选框，如图 3-63 所示。单击“添加：拾取点”按钮，在绘制的图形左上方拾取一点，按<Enter>键，返回“图案填充和渐变色”对话框，单击“确定”按钮，完成草坪的绘制，如图 3-64 所示。

6. 单击“绘图”工具栏中的“图案填充”按钮，系统弹出“图案填充和渐变色”对话框，单击“渐变色”选项卡，点选“单色”单选钮，如图 3-65 所示。单击“单色”显示框右侧的按钮，打开“选择颜色”对话框，选择如图 3-66 所示的绿色，单击“确定”按钮，返回“图案填充和渐变色”对话框，选择了如图 3-67 所示的颜色变化方式，单击“添加：拾取点”按钮，在绘制的图形右下方拾取一点，按<Enter>键，返回“图案填充和渐变色”对话框，单击“确定”按钮，完成池塘的绘制，最终绘制结果如图 3-56 所示。

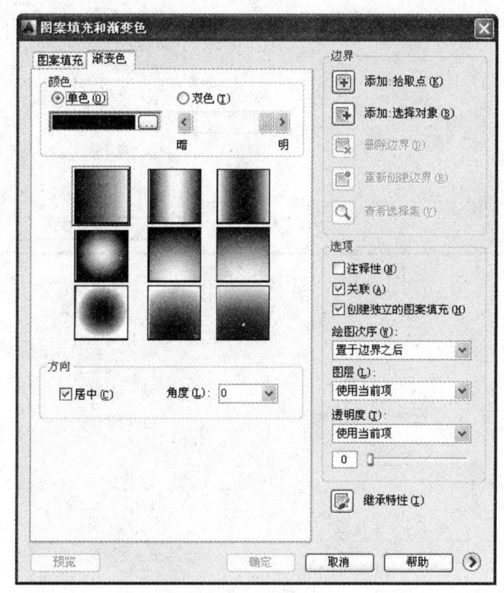

图 3-65 “渐变色”选项卡

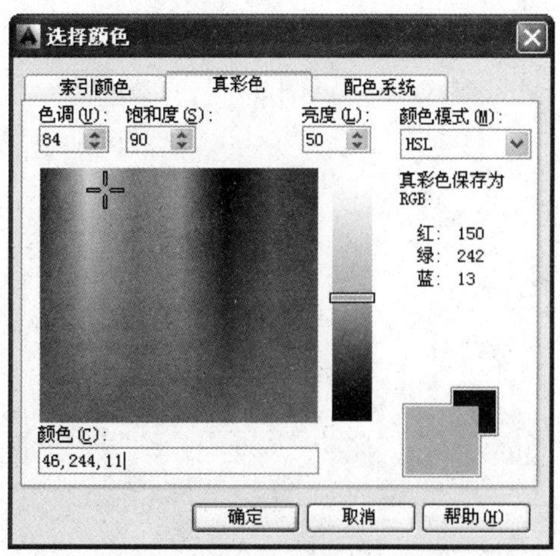

图 3-66 “选择颜色”对话框

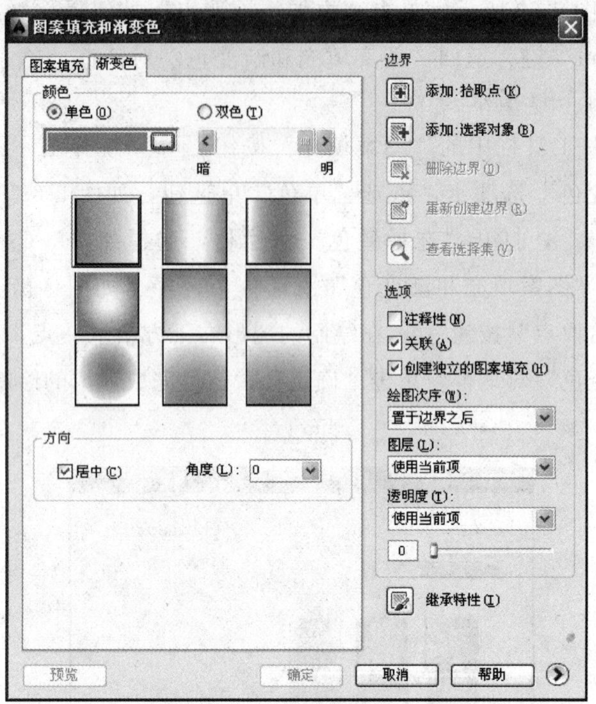

图 3-67　选择颜色变化方式

编辑命令

二维图形编辑操作配合绘图命令的使用可以进一步完成复杂图形对象的绘制工作，并可使用户合理安排和组织图形，保证作图准确，减少重复，因此，对编辑命令的熟练掌握和使用有助于提高设计和绘图的效率。本章主要介绍以下内容：复制类命令，改变位置类命令，删除、恢复类命令、改变几何特性类编辑命令和对象编辑命令等。

- 选择对象
- 删除及恢复类命令
- 复制类命令
- 改变位置类命令
- 改变几何特性类命令
- 对象编辑
- 综合实例——自然式种植设计平面图

4.1 选择对象

AutoCAD 2014 提供两种编辑图形的途径：

1. 先执行编辑命令，然后选择要编辑的对象。

2. 先选择要编辑的对象，然后执行编辑命令。

这两种途径的执行效果是相同的，但选择对象是进行编辑的前提。AutoCAD 2014 提供了多种对象选择方法，如点取方法、用选择窗口选择对象、用选择线选择对象、用对话框选择对象等。AutoCAD 可以把选择的多个对象组成整体，如选择集和对象组，进行整体编辑与修改。

下面结合 SELECT 命令说明选择对象的方法。

SELECT 命令可以单独使用，也可以在执行其他编辑命令时被自动调用。此时屏幕提示：

选择对象：

等待用户以某种方式选择对象作为回答。AutoCAD 2014 提供多种选择方式，可以键入"?"查看这些选择方式。选择选项后，出现如下提示：

需要点或窗口(W)/上一个(L)/窗交(C)/框(BOX)/全部(ALL)/栏选(F)/圈围(WP)/圈交(CP)/编组(G)/添加(A)/删除(R)/多个(M)/前一个(P)/放弃(U)/自动(AU)/单个(SI)/子对象(SU)/对象(O)

上面各选项的含义如下：

1. 点

该选项表示直接通过点取的方式选择对象。用鼠标或键盘移动拾取框，使其框住要选取的对象，然后，单击，就会选中该对象并以高亮度显示。

2. 窗口（W）

用由两个对角顶点确定的矩形窗口选取位于其范围内部的所有图形，与边界相交的对象不会被选中。在指定对角顶点时，应该按照从左向右的顺序。如图 4-1 所示。

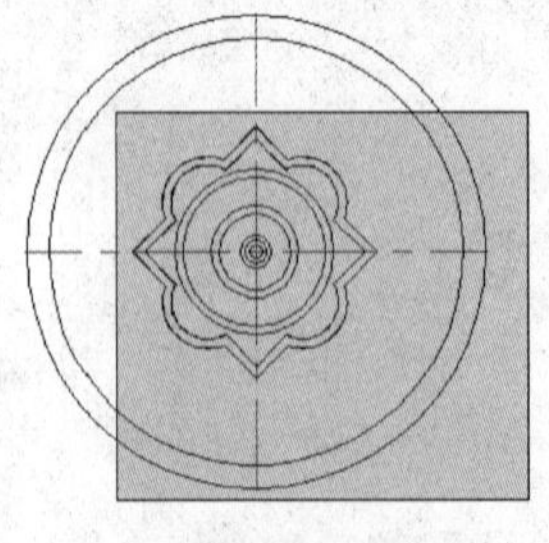

(a) 图中深色覆盖部分为选择窗口

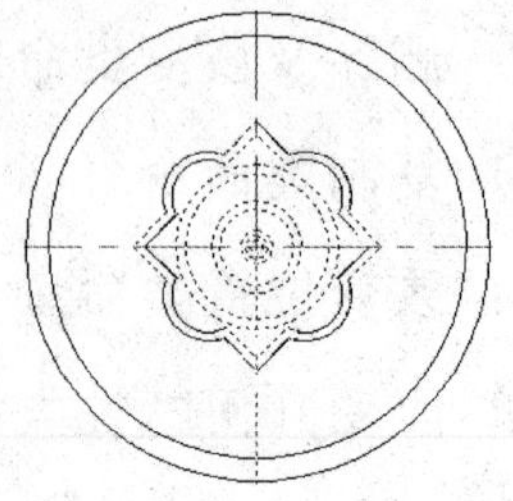

(b) 选择后的图形

图 4-1 "窗口"对象选择方式

3. 上一个（L）

在“选择对象:”提示下键入 L 后，按 Enter 键，系统会自动选取最后绘出的一个对象。

4. 窗交（C）

该方式与上述“窗口”方式类似，区别在于：它不但选中矩形窗口内部的对象，也选中与矩形窗口边界相交的对象。选择的对象如图 4-2 所示。

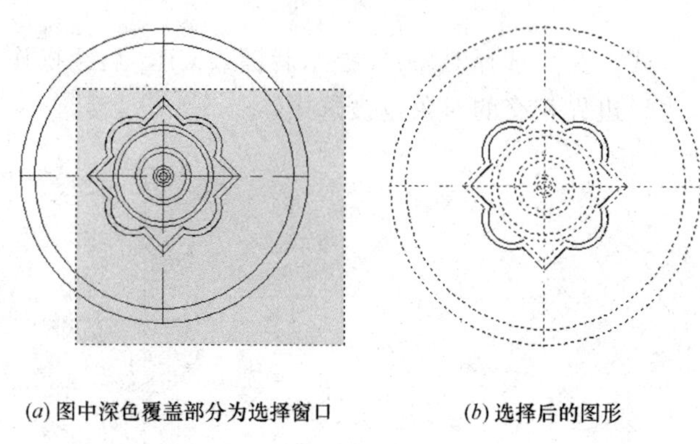

(*a*) 图中深色覆盖部分为选择窗口　　(*b*) 选择后的图形

图 4-2 “窗交”对象选择方式

5. 框（BOX）

使用时，系统根据用户在屏幕上给出的两个对角点的位置而自动引用“窗口”或“窗交”方式。若从左向右指定对角点，则为“窗口”方式；反之，则为“窗交”方式。

6. 全部（ALL）

选取图面上的所有对象。

7. 栏选（F）

用户临时绘制一些直线，这些直线不必构成封闭图形，凡是与这些直线相交的对象均被选中。绘制结果如图 4-3 所示。

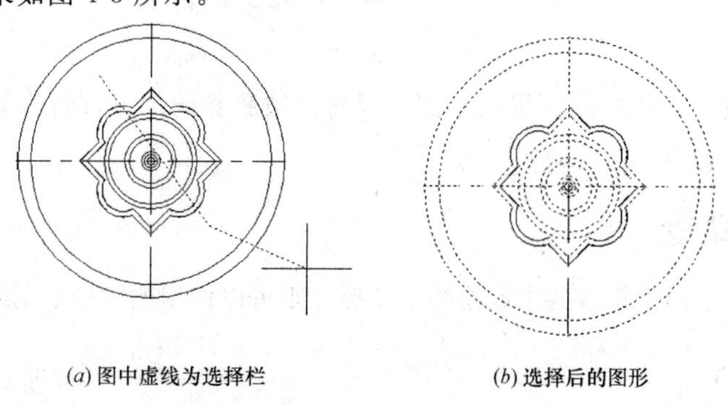

(*a*) 图中虚线为选择栏　　(*b*) 选择后的图形

图 4-3 “栏选”对象选择方式

8. 圈围（WP）

使用一个不规则的多边形来选择对象。根据提示，用户顺次输入构成多边形的所有顶点的坐标，最后，按 Enter 键，结束操作，系统将自动连接第一个顶点到最后一个顶点的各个顶点，形成封闭的多边形。凡是被多边形围住的对象均被选中（不包括边界）。执行结果如图 4-4 所示。

9. 圈交（CP）

类似于“圈围”方式，在“选择对象：”提示后键入 CP，后续操作与“圈围”方式相同。区别在于：与多边形边界相交的对象也被选中。

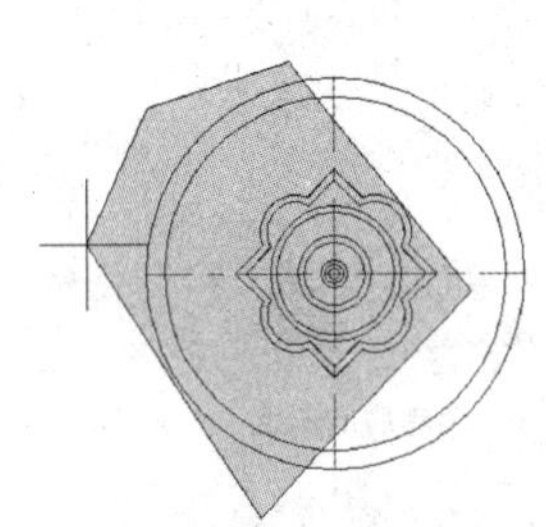

(*a*) 图中十字线所拉出深色多边形为选择窗口

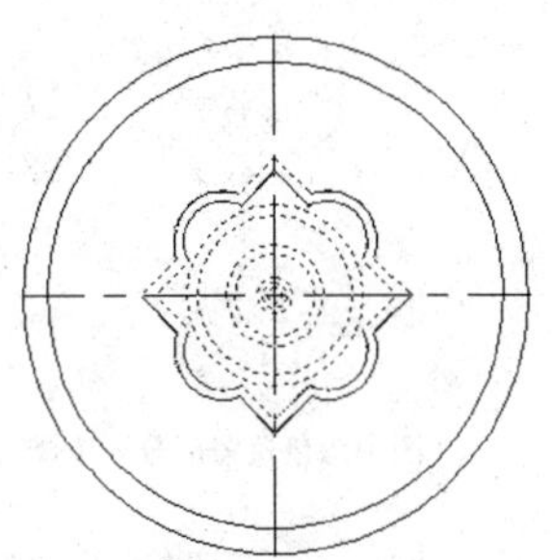

(*b*) 选择后的图形

图 4-4 “圈围”对象选择方式

技巧荟萃

若矩形框从左向右定义，即第一个选择的对角点为左侧的对角点，矩形框内部的对象被选中，框外部的及与矩形框边界相交的对象不会被选中。若矩形框从右向左定义，矩形框内部及与矩形框边界相交的对象都会被选中。

4.2 删除及恢复类命令

这一类命令主要用于删除图形的某部分或对已被删除的部分进行恢复。包括删除、回退、重做、清除等命令。

4.2.1 删除命令

如果所绘制的图形不符合要求或错绘了图形，则可以使用删除命令 ERASE 把它删除。

【执行方式】

命令行：ERASE。

菜单："修改"→"删除"。

快捷菜单：选择要删除的对象，在绘图区右击，从打开的右键快捷菜单上选择"删除"命令。

工具栏："修改"→"删除"。

可以先选择对象，然后调用删除命令；也可以先调用删除命令，然后再选择对象。选择对象时，可以使用前面介绍的各种对象选择的方法。

当选择多个对象时，多个对象都被删除；若选择的对象属于某个对象组，则该对象组的所有对象都被删除。

4.2.2 恢复命令

若误删除了图形，则可以使用恢复命令 OOPS 恢复误删除的对象。

命令行：OOPS 或 U。

工具栏："标准工具栏"→"放弃"。

快捷键：Ctrl+Z。

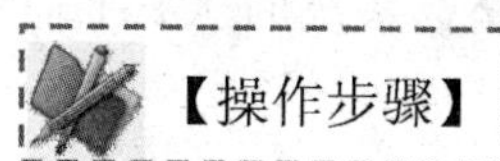

在命令行窗口的提示行上输入 OOPS，按 Enter 键。

4.2.3 清除命令

此命令与删除命令的功能完全相同。

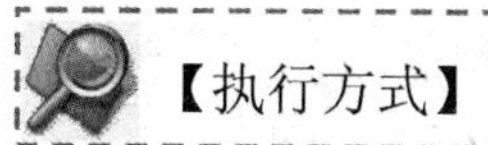

菜单：编辑→删除。

快捷键：Del。

用菜单或快捷键输入上述命令后，系统提示：

选择对象：(选择要清除的对象，按 Enter 键执行清除命令)

4.3 复制类命令

本节详细介绍 AutoCAD 2014 的复制类命令。利用这些复制类命令，可以方便地编辑绘制图形。

4.3.1 镜像命令

镜像对象是指把选择的对象以一条镜像线为对称轴进行镜像后的对象。镜像操作完成后，可以保留原对象也可以将其删除。

【执行方式】

命令行：MIRROR。

菜单："修改"→"镜像"。

工具栏："修改"→"镜像" 。

【操作步骤】

命令：MIRROR

选择对象：(选择要镜像的对象)

指定镜像线的第一点：(指定镜像线的第一个点)

指定镜像线的第二点：(指定镜像线的第二个点)

要删除源对象？[是(Y)/否(N)]<N>：(确定是否删除原对象)

这两点确定一条镜像线，被选择的对象以该线为对称轴进行镜像。包含该线的镜像平面与用户坐标系统的XY平面垂直，即镜像操作工作在与用户坐标系统的XY平面平行的平面上。

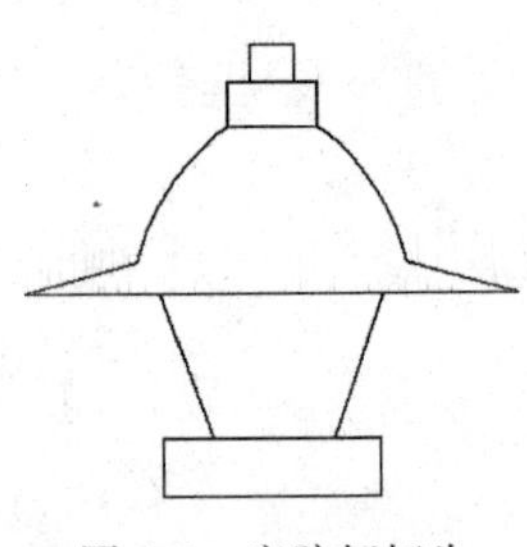

图 4-5　庭院灯灯头

4.3.2 实例——庭院灯灯头

本例绘制庭院灯灯头，首先绘制左侧曲线，然后通过镜像命令将左侧的图形进行镜像，如图 4-5 所示。

参见光盘　光盘\动画演示\第 4 章\庭院灯灯头.avi

【操作步骤】

1. 单击"绘图"工具栏中的"直线"按钮，绘制一系列直线，尺寸适当选取，如图 4-6 所示。

2. 单击"绘图"工具栏中的"圆弧"按钮和"直线"按钮补全图形，如图 4-7 所示。

3. 单击"修改"工具栏中的"镜像"按钮，命令行操作如下：

命令：MIRROR↙

选择对象：↙(选取除最右边直线外的所有图形)

选择对象：↙

指定镜像线的第一点：↙(捕捉最右边直线上的点)

指定镜像线的第二点：↙(捕捉最右边直线上另一点)

要删除源对象吗？[是(Y)/否(N)]<N>：↙↙

绘制结果如图4-8所示。

4. 把中间竖直直线删除，最终结果如图4-5所示。

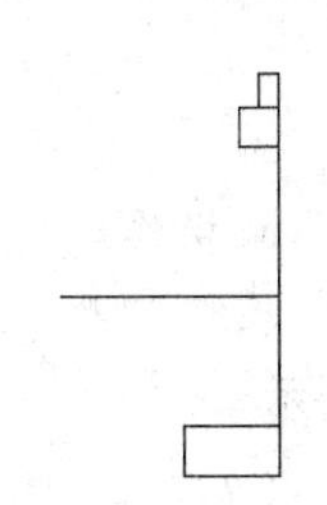

图4-6 绘制直线

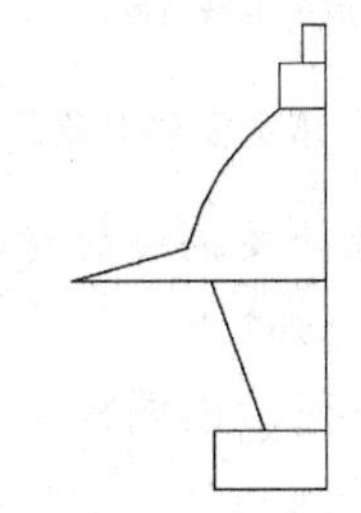

图4-7 绘制圆弧和直线

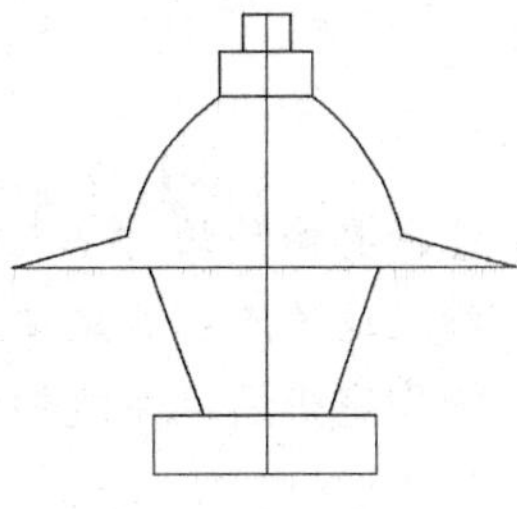

图4-8 镜像

4.3.3 偏移命令

偏移对象是指保持选择的对象的形状、在不同的位置以不同的尺寸大小新建的一个对象。

【执行方式】

命令行：OFFSET。

菜单："修改"→"偏移"。

工具栏："修改"→"偏移" 。

【操作步骤】

命令：OFFSET

当前设置：删除源＝否 图层＝源 OFFSETGAPTYPE＝0

指定偏移距离或[通过(T)/删除(E)/图层(L)]<通过>：(指定距离值)

选择要偏移的对象，或[退出(E)/放弃(U)]<退出>：(选择要偏移的对象。按Enter键，会结束操作)

指定要偏移的那一侧上的点，或[退出(E)/多个(M)/放弃(U)]<退出>：(指定偏移方向)

选择要偏移的对象，或[退出(E)/放弃(U)]<退出>：

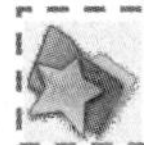【选项说明】

1. 指定偏移距离

输入一个距离值，或按Enter键，使用当前的距离值，系统把该距离值作为偏移距离。如图4-9所示。

2. 通过(T)

指定偏移对象的通过点。选择该选项后出现如下提示：

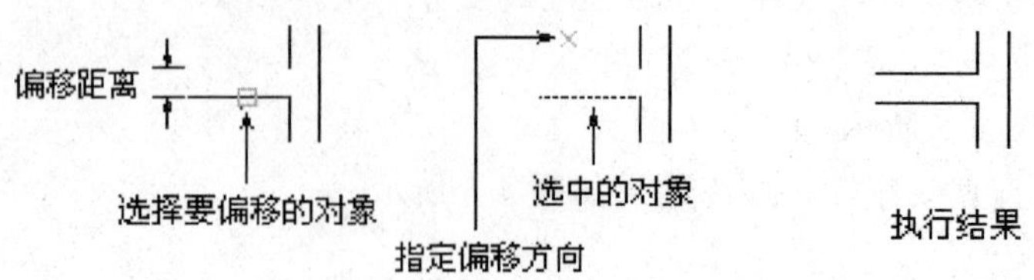

图 4-9　指定偏移对象的距离

选择要偏移的对象或<退出>:(选择要偏移的对象,按 Enter 键,结束操作)

指定通过点:(指定偏移对象的一个通过点)

操作完毕后，系统根据指定的通过点绘出偏移对象。如图 4-10 所示。

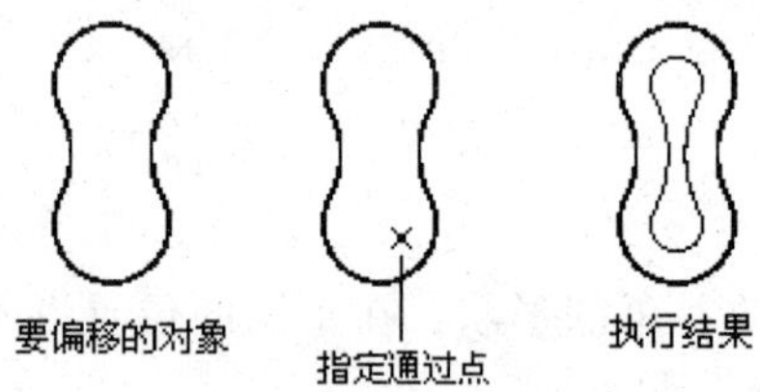

图 4-10　指定偏移对象的通过点

3. 删除（E）

偏移后，将源对象删除。选择该选项后出现如下提示：

要在偏移后删除源对象吗?[是(Y)/否(N)]<当前>:

4. 图层（L）

确定将偏移对象创建在当前图层上还是源对象所在的图层上。选择该选项后出现如下提示：

输入偏移对象的图层选项[当前(C)/源(S)]<当前>:

4.3.4　实例——庭院灯灯杆

绘制如图 4-11 所示的庭院灯灯杆。

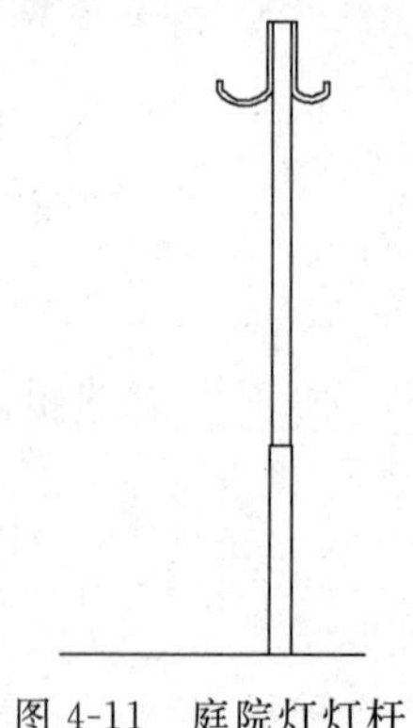

图 4-11　庭院灯灯杆

光盘\动画演示\第4章\庭院灯灯杆.avi

【操作步骤】

1. 单击“绘图”工具栏中的“圆弧”按钮和“直线”按钮，绘制初步图形，最上面水平线段长度为50，其他尺寸大体参照选取，如图4-12所示。

2. 执行菜单命令：修改→对象→多段线，命令行提示与操作如下。

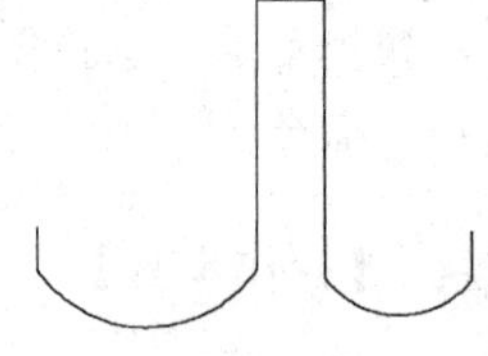

图4-12　绘制圆弧和线段

命令:PEDIT↙↙

选择多段线或[多条(M)]:m↙↙

选择对象:↙(依次选择左边两条竖线和圆弧)

选择对象:↙

是否将直线、圆弧和样条曲线转换为多段线?[是(Y)/否(N)]?＜Y＞↙↙

输入选项[闭合(C)/打开(O)/合并(J)/宽度(W)/拟合(F)/样条曲线(S)/非曲线化(D)/线型生成(L)/反转(R)/放弃(U)]:j↙

合并类型＝延伸

输入模糊距离或[合并类型(J)]＜0.0000＞:↙↙

多段线已增加2条线段

输入选项[闭合(C)/打开(O)/合并(J)/宽度(W)/拟合(F)/样条曲线(S)/非曲线化(D)/线型生成(L)/反转(R)/放弃(U)]:↙↙

同样方法，将右边两条竖线和圆弧合并成多段线。

3. 单击“修改”工具栏中的“偏移”按钮，将上步合成的多段线进行偏移操作。命令行提示与操作如下：

命令:_offset↙

当前设置:删除源＝否　图层＝源　OFFSETGAPTYPE＝0

指定偏移距离或[通过(T)/删除(E)/图层(L)]＜通过＞:15↙↙

选择要偏移的对象,或[退出(E)/放弃(U)]＜退出＞:↙(指定刚合并的多段线)

指定要偏移的那一侧上的点,或[退出(E)/多个(M)/放弃(U)]＜退出＞:↙(向外侧任意指定一点)

选择要偏移的对象,或[退出(E)/放弃(U)]＜退出＞:↙(指定刚合并的另一多段线)

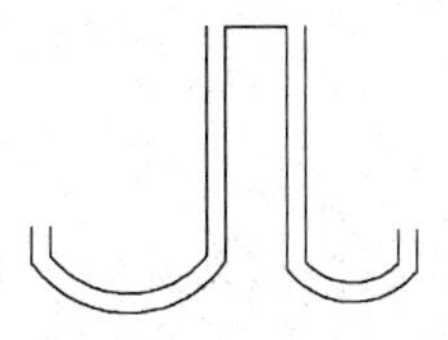

图4-13　偏移处理

指定要偏移的那一侧上的点,或[退出(E)/多个(M)/放弃(U)]＜退出＞:↙(向外侧任意指定一点)

选择要偏移的对象,或[退出(E)/放弃(U)]＜退出＞:↙↙

结果如图4-13所示。

4. 单击“绘图”工具栏中的“直线”按钮，将图线补充完整，尺寸适当选取，最终结果如图4-11所示。

4.3.5 复制命令

【执行方式】

命令行：COPY。

菜单："修改"→"复制"。

工具栏："修改"→"复制"。

快捷菜单：选择要复制的对象，在绘图区右击，从打开的右键快捷菜单上选择"复制选择"命令。

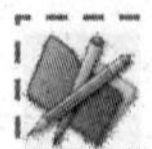【操作步骤】

命令:COPY

选择对象:(选择要复制的对象)

用前面介绍的对象选择方法选择一个或多个对象，按 Enter 键，结束选择操作。系统继续提示：

当前设置： 复制模式＝多个

指定基点或[位移(D)/模式(O)]<位移>:

指定第二个点或[阵列(A)]<使用第一个点作为位移>:

指定第二个点或[阵列(A)/退出(E)/放弃(U)]<退出>:

【选项说明】

1. 指定基点

指定一个坐标点后，AutoCAD 2014 把该点作为复制对象的基点，并提示：

指定第二个点或[阵列(A)]<使用第一个点作为位移>:

指定第二个点后，系统将根据这两点确定的位移矢量把选择的对象复制到第二点处。如果此时直接按 Enter 键，即选择默认的"用第一点作位移"，则第一个点被当作相对于 X、Y、Z 的位移。例如，如果指定基点为（2，3）并在下一个提示下按 Enter 键，则该对象从它当前的位置开始，在 X 方向上移动 2 个单位，在 Y 方向上移动 3 个单位。复制完成后，系统会继续提示：

指定位移的第二点:

这时，可以不断指定新的第二点，从而实现多重复制。

2. 位移

直接输入位移值，表示以选择对象时的拾取点为基准，以拾取点坐标为移动方向，沿纵横比移动指定位移后所确定的点为基点。例如，选择对象时的拾取点坐标为（2，3），输入位移为 5，则表示以（2，3）点为基准，沿纵横比为 3∶2 的方向移动 5 个单位所确定的点为基点。

3. 模式

控制是否自动重复该命令。确定复制模式是单个还是多个。

4.3.6 实例——两火喇叭形庭院灯

本例绘制两火喇叭形庭院灯，如图 4-14 所示。

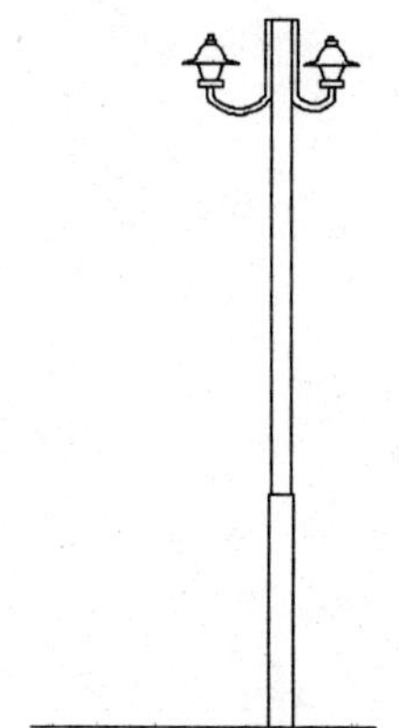

图 4-14 绘制两火喇叭形庭院灯

光盘\动画演示\第 4 章\两火喇叭形庭院灯.avi

【操作步骤】

1. 打开 AutoCAD 2014 应用程序，建立新文件，将新文件命名为“两火喇叭形庭院灯.dwg”并保存。

2. 打开前面绘制的庭院灯灯头和灯杆，将其复制到“两火喇叭形庭院灯”实例中，如图 4-15 所示。

3. 单击“修改”工具栏中的“移动”按钮，将庭院灯灯头移动到庭院灯灯杆处，如图 4-16 所示。

4. 单击“修改”工具栏中的“复制”按钮，将庭院灯灯头复制到庭院灯灯杆的另一侧，命令行提示与操作如下：

命令：_copy↙

选择对象：↙(选择两火喇叭形庭院灯)

选择对象：↙

当前设置： 复制模式＝多个

指定基点或[位移(D)/模式(O)]<位移>：(捕捉灯头下边矩形的底边中点)

指定第二个点或[阵列(A)]<使用第一个点作为位移>：(水平向右捕捉灯杆右侧水平线的中点)

指定第二个点或[阵列(A)/退出(E)/放弃(U)]<退出>：↙

结果如图 4-14 所示。

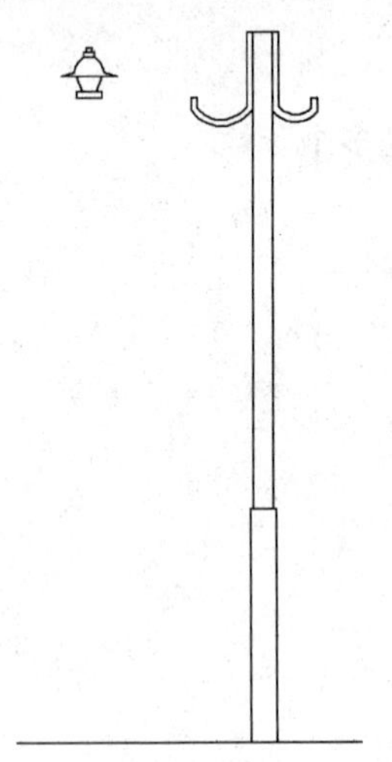

图 4-15　打开庭院灯灯头和灯杆

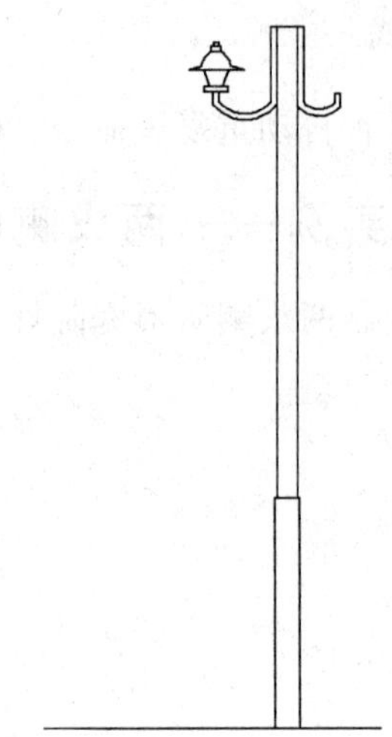

图 4-16　移动庭院灯灯头

4.3.7　阵列命令

阵列是指多重复制选择对象并把这些副本按矩形或环形排列。把副本按矩形排列称为建立矩形阵列，把副本按环形排列称为建立极阵列。建立极阵列时，应该控制复制对象的次数和对象是否被旋转；建立矩形阵列时，应该控制行和列的数量以及对象副本之间的距离。

用该命令可以建立矩形阵列、极阵列（环形）和旋转的矩形阵列。

【执行方式】

命令行：ARRAY。

菜单："修改"→"阵列"→"矩形阵列"或"环形阵列"或"路径阵列"。

工具栏："修改"→"矩形阵列"或"路径阵列"或"环形阵列"。

【操作步骤】

命令：ARRAY↙

选择对象：(使用对象选择方法)

输入阵列类型[矩形(R)/路径(PA)/极轴(PO)]<矩形>：

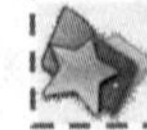【选项说明】

1. 矩形（R）

将选定对象的副本分布到行数、列数和层数的任意组合。选择该选项后出现如下提示：

选择夹点以编辑阵列或[关联(AS)/基点(B)/计数(COU)/间距(S)/列数(COL)/行数(R)/层数(L)/退出(X)]<退出>：(通过夹点，调整阵列间距，列数，行数和层数；也可以分别选择各选项输入数值)

2. 路径（PA）

沿路径或部分路径均匀分布选定对象的副本。选择该选项后出现如下提示：

选择路径曲线：(选择一条曲线作为阵列路径)

选择夹点以编辑阵列或[关联(AS)/方法(M)/基点(B)/切向(T)/项目(I)/行(R)/层(L)/对齐项目(A)/Z 方向(Z)/退出(X)]＜退出＞：(通过夹点，调整阵行数和层数；也可以分别选择各选项输入数值)

3. 极轴（PO）

在绕中心点或旋转轴的环形阵列中均匀分布对象副本。选择该选项后出现如下提示：

指定阵列的中心点或[基点(B)/旋转轴(A)]：(选择中心点、基点或旋转轴)

选择夹点以编辑阵列或[关联(AS)/基点(B)/项目(I)/项目间角度(A)/填充角度(F)/行(ROW)/层(L)/旋转项目(ROT)/退出(X)]＜退出＞：(通过夹点，调整角度，填充角度；也可以分别选择各选项输入数值)

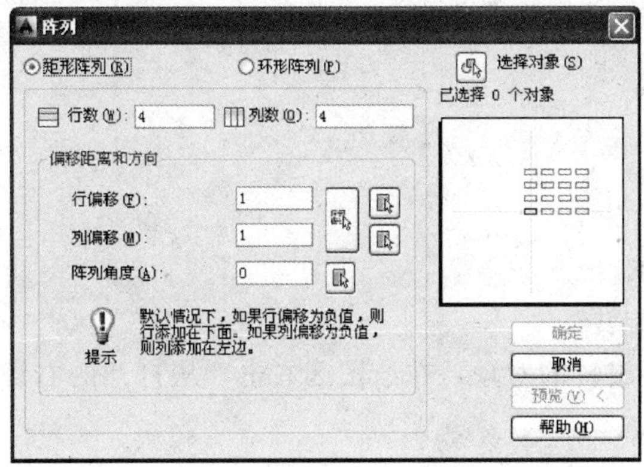

图 4-17 “阵列”对话框

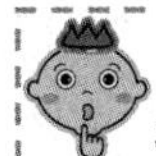

技巧荟萃

在命令行中输入：ARRAYCLASSIC，弹出如图 4-17 所示的“阵列”对话框。

4.4 改变位置类命令

这一类编辑命令的功能是按照指定要求改变当前图形或图形的某部分的位置，主要包括移动、旋转和缩放等命令。

4.4.1 移动命令

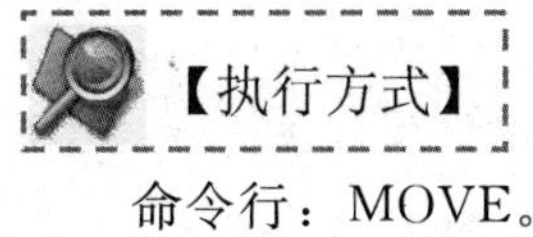

【执行方式】

命令行：MOVE。

菜单："修改"→"移动"。

快捷菜单：选择要移动的对象，在绘图区右击，从打开的右键快捷菜单上选择"移动"命令。

工具栏："修改"→"移动"。

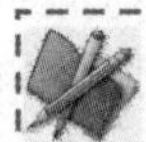【操作步骤】

命令:MOVE

选择对象:(选择对象)

用前面介绍的对象选择方法选择要移动的对象，按 Enter 键，结束选择。系统继续提示:

指定基点或位移:(指定基点或移至点)

指定基点或[位移(D)]＜位移＞:(指定基点或位移)

指定第二个点或＜使用第一个点作为位移＞:

命令的选项功能与"复制"命令类似。

4.4.2 旋转命令

【执行方式】

命令行：ROTATE。

菜单："修改"→"旋转"。

快捷菜单：选择要旋转的对象，在绘图区右击，从打开的右键快捷菜单上选择"旋转"命令。

工具栏："修改"→"旋转"。

【操作步骤】

命令:ROTATE

UCS 当前的正角方向： ANGDIR=逆时针 ANGBASE=0

选择对象:(选择要旋转的对象)

指定基点:(指定旋转的基点。在对象内部指定一个坐标点)

指定旋转角度,或[复制(C)/参照(R)]＜0＞:(指定旋转角度或其他选项)

【选项说明】

1. 复制（C）

选择该项，旋转对象的同时，保留原对象。如图 4-18 所示。

2. 参照（R）

采用参照方式旋转对象时，系统提示：

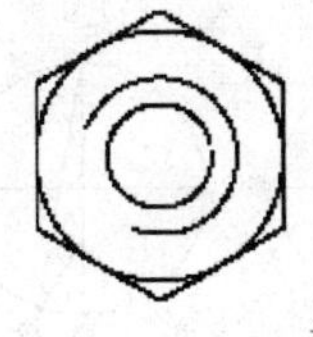

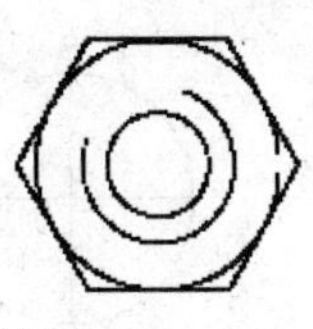

图 4-18 复制旋转

指定参照角<0>:(指定要参考的角度,默认值为 0)

指定新角度:(输入旋转后的角度值)

操作完毕后，对象被旋转至指定的角度位置。

技巧荟萃

可以用拖动鼠标的方法旋转对象。选择对象并指定基点后，从基点到当前光标位置会出现一条连线，鼠标选择的对象会动态地随着该连线与水平方向的夹角的变化而旋转，按 Enter 键，确认旋转操作。如图 4-19 所示。

4.4.3 实例——指北针

本例绘制指北针，如图 4-20 所示。

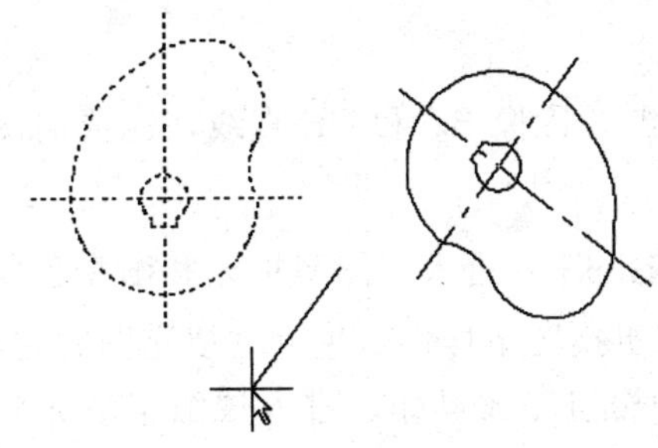

图 4-19 拖动鼠标旋转对象

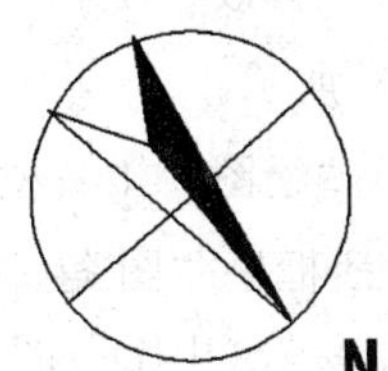

图 4-20 指北针

光盘\动画演示\第 4 章\指北针.avi

【操作步骤】

1. 单击“绘图”工具栏中的“直线”按钮，任意选择一点，沿水平方向的距离为 30。

2. 单击“绘图”工具栏中的“直线”按钮，选择刚刚绘制好的直线的中点，沿垂直方向向下距离为 15，然后沿垂直方向向上距离为 30。完成的图形如图 4-21（*a*）所示。

3. 单击“绘图”工具栏中的“圆”按钮，以 A 点作为圆心，绘制半径为 15 的圆。完成的图形如图 4-21（*b*）所示。

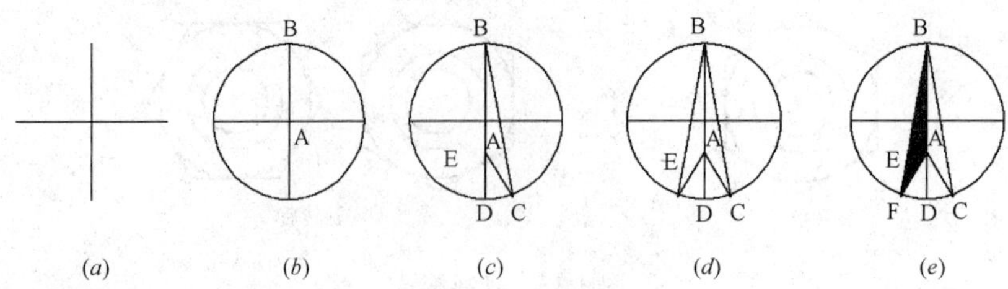

图 4-21 指北针绘制流程

4. 单击“修改”工具栏中的“旋转”按钮，将竖直直线旋转复制，命令行提示与操作如下：

命令：_rotate

UCS 当前的正角方向： ANGDIR＝逆时针 ANGBASE＝0

选择对象：指定对角点：找到 1 个(选取线段 AB)

选择对象：

指定基点：(捕捉 B 点为基点)

指定旋转角度，或［复制(C)/参照(R)］＜0＞：c

旋转一组选定对象。

指定旋转角度，或［复制(C)/参照(R)］＜0＞：10

5. 单击“绘图”工具栏中的“直线”按钮，指定 C 点为第一点，AD 直线的中点 E 点为第二点来绘制直线。如图 4-21（*c*）所示。

6. 单击“修改”工具栏中的“镜像”按钮，镜像 BC 和 CE 直线，完成的图形如图 4-21（*d*）所示。

7. 单击“绘图”工具栏中的“图案填充”按钮，进入“图案填充和渐变色”对话框。单击对话框里“图案（P）”右边的按钮进行更换图案样例，进入“填充图案选项板”对话框，选择“SOLID”图例，然后按“确定”按钮完成操作。进入“图案填充和渐变色”对话框，选择“边界”下的“添加：拾取点”。拾取四边 AFEB 内一点，如图 4-21（*e*）所示。

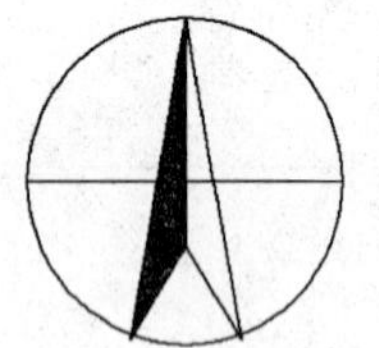

图 4-22 删除辅助线

8. 单击“修改”工具栏中的“删除”按钮，删除多余的直线。如图 4-22 所示。

9. 单击“修改”工具栏中的“旋转”按钮，旋转指北针图。圆心作为基点，旋转的角度为 220°。

10. 单击“绘图”工具栏中的“多行文字”按钮，标注上指北针方向，完成的图形如图 4-20 所示。

4.4.4 缩放命令

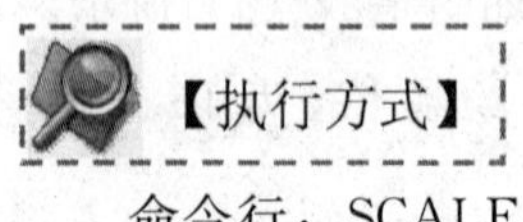

命令行：SCALE。

菜单："修改"→"缩放"。

快捷菜单：选择要缩放的对象，在绘图区右击，从打开的右键快捷菜单上选择"缩放"命令。

工具栏："修改"→"缩放"。

【操作步骤】

命令：SCALE

选择对象：(选择要缩放的对象)

选择对象：(可以按 Enter 键或空格键结束选择，也可以继续)

指定基点：(指定缩放操作的基点)

指定比例因子或[复制(C)/参照(R)]<1.0000>：

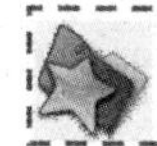【选项说明】

1. 参照 (R)

采用参考方向缩放对象时，系统提示：

指定参照长度<1>：(指定参考长度值)

指定新的长度或[点(P)]<1.0000>：(指定新长度值)

若新长度值大于参考长度值，则放大对象；否则，缩小对象。操作完毕后，系统以指定的基点按指定的比例因子缩放对象。如果选择"点 (P)"选项，则指定两点来定义新长度。

2. 指定比例因子

选择对象并指定基点后，从基点到当前光标位置会出现一条线段，线段的长度即为比例大小。鼠标选择的对象会动态地随着该连线长度的变化而缩放，按 Enter 键，确认缩放操作。

3. 复制 (C)

选择"复制 (C)"选项时，可以复制缩放对象，即缩放对象时，保留原对象。如图 4-23 所示。

4.4.5 实例——枸杞

绘制园林种植图形符号枸杞，如图 4-24 所示。

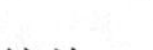

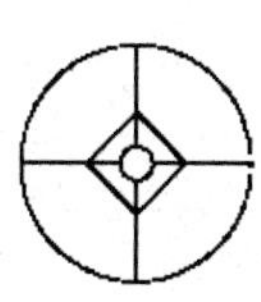

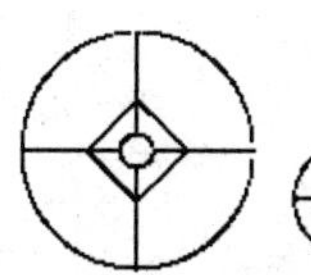

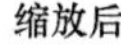

图 4-23　复制缩放

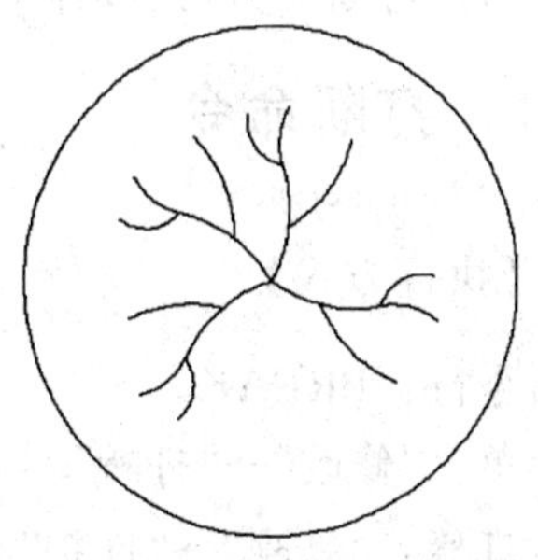
图 4-24　枸杞

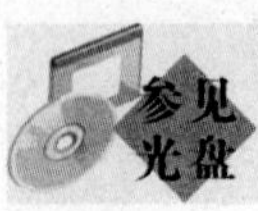

光盘\动画演示\第 4 章\枸杞.avi

【操作步骤】

1. 单击“绘图”工具栏中的“圆”按钮和“样条曲线”按钮，绘制初步图形，其中表示树枝的样条曲线最下面的起点捕捉为圆心，如图 4-25 所示。

2. 单击“修改”工具栏中的“旋转”按钮，命令行操作如下：

命令：_rotate↙

UCS 当前的正角方向： ANGDIR=逆时针 ANGBASE=0

选择对象：↙(选取圆内图形对象)

选择对象：↙

指定基点：↙(捕捉圆心为基点)

指定旋转角度，或[复制(C)/参照(R)]<0>： c↙

旋转一组选定对象。

指定旋转角度或[复制(C)/参照(R)]<0>：-90↙

3. 利用同样方法继续进行复制旋转，如图 4-26 所示。最终结果如图 4-22 所示。

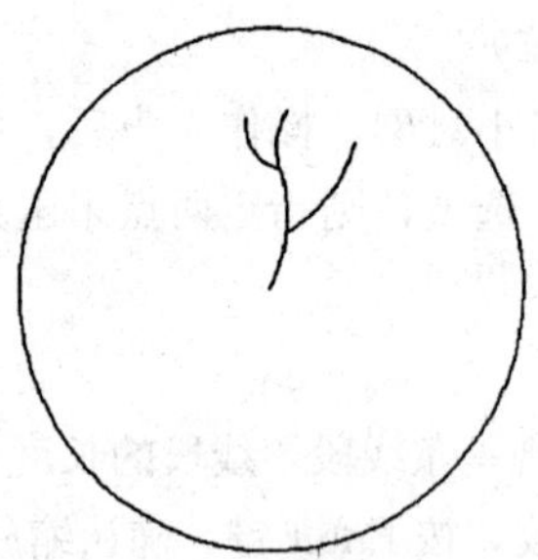

图 4-25 初步图形

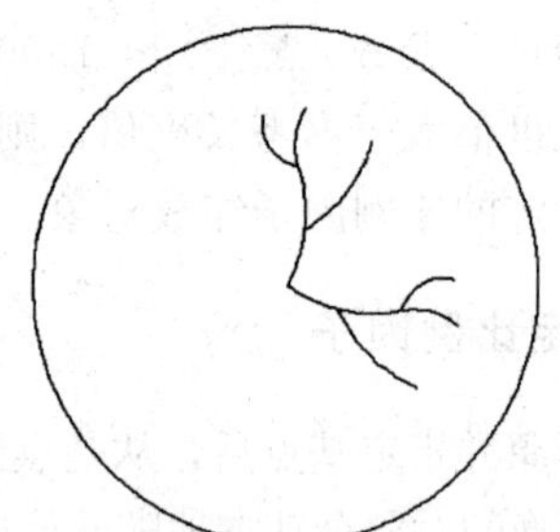

图 4-26 复制旋转

4.5 改变几何特性类命令

这一类编辑命令在对指定对象进行编辑后，使编辑对象的几何特性发生改变。包括倒角、圆角、打断、剪切、延伸、拉长、拉伸等命令。

4.5.1 打断命令

【执行方式】

命令行：BREAK。

菜单：“修改”→“打断”。

工具栏：“修改”→“打断”。

【操作步骤】

命令:BREAK

选择对象:(选择要打断的对象)

指定第二个打断点或[第一点(F)]:(指定第二个断开点或键入 F)

【选项说明】

如果选择“第一点 (F)”选项，系统将丢弃前面的第一个选择点，重新提示用户指定两个打断点。

4.5.2 实例——天目琼花

本例利用圆命令绘制初步轮廓，再利用打断命令进行修剪，再接着利用阵列命令完善图形，如图 4-27 所示。

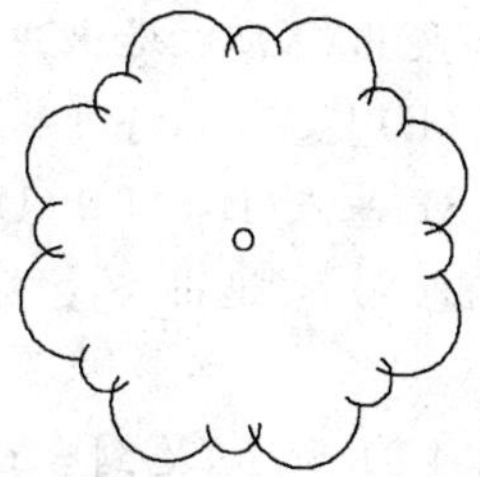

图 4-27 天目琼花

参见光盘 光盘\动画演示\第 4 章\天目琼花.avi

【操作步骤】

1. 单击“绘图”工具栏中的“圆”按钮，绘制三个适当大小的圆，相对位置大致如图 4-28 所示。

2. 单击“修改”工具栏中的“打断”按钮，命令行提示与操作如下：

命令:_break↙

选择对象:↙(选择上面大圆上适当一点)

指定第二个打断点或[第一点(F)]:↙(选择此圆上适当另一点)

相同方法修剪上面的小圆，结果如图 4-29 所示。

技巧荟萃

系统默认的打断的方向是沿逆时针的方向，所以在选择打断点的先后顺序时，要注意不要把顺序弄反了。

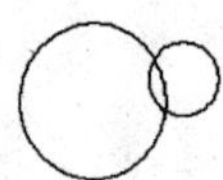

图 4-28　绘制圆

图 4-29　打断圆

3. 单击“修改”工具栏中的“环形阵列”按钮，命令行操作如下：

命令：_arraypolar↙

选择对象：↙（选择刚打断形成的两段圆弧）

选择对象：

类型＝极轴　关联＝否

指定阵列的中心点或[基点(B)/旋转轴(A)]：↙（捕捉下面圆的圆心）

选择夹点以编辑阵列或[关联(AS)/基点(B)/项目(I)/项目间角度(A)/填充角度(F)/行(ROW)/层(L)/旋转项目(ROT)/退出(X)]<退出>：i↙↙

输入阵列中的项目数或[表达式(E)]<6>：8↙（结果如图 4-30 所示）

选择夹点以编辑阵列或[关联(AS)/基点(B)/项目(I)/项目间角度(A)/填充角度(F)/行(ROW)/层(L)/旋转项目(ROT)/退出(X)]<退出>：↙（选择图形上面蓝色方形编辑夹点）

** 拉伸半径 **

指定半径（往下拖动夹点，如图 4-31 所示，拖到合适的位置，按下鼠标左键，结果如图 4-32 所示）

选择夹点以编辑阵列或[关联(AS)/基点(B)/项目(I)/项目间角度(A)/填充角度(F)/行(ROW)/层(L)/旋转项目(ROT)/退出(X)]<退出>：↙↙

最终结果如图 4-27 所示。

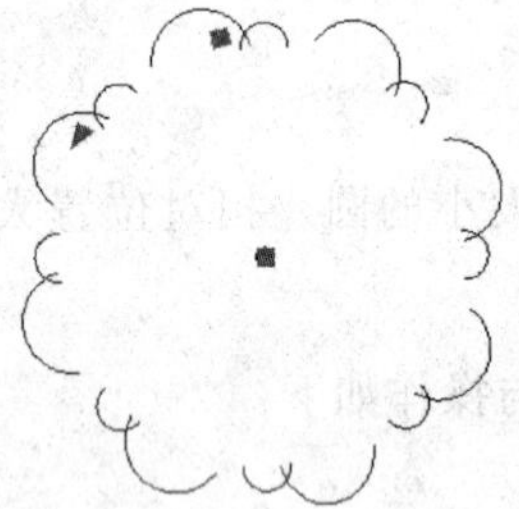

图 4-30　环形阵列

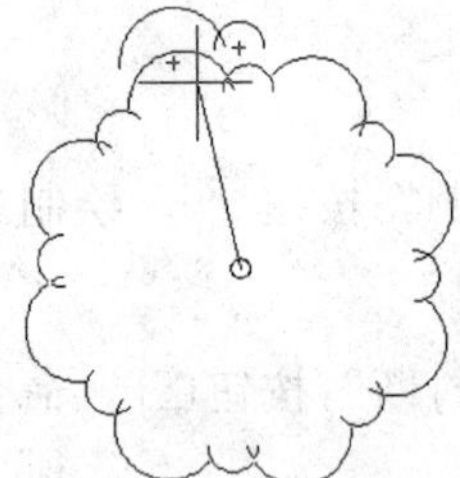

图 4-31　夹点编辑

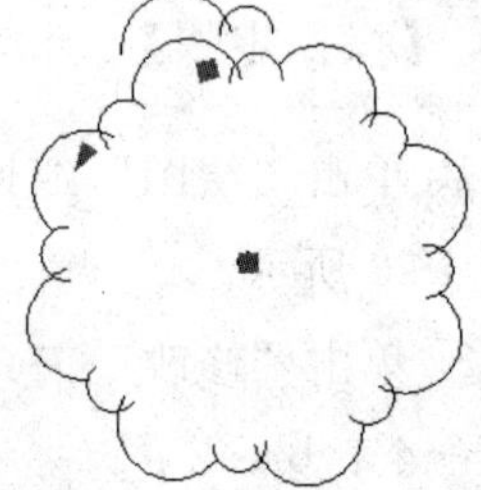

图 4-32　编辑结果

4.5.3　打断于点

打断于点是指在对象上指定一点，从而把对象在此点拆分成两部分。此命令与打断命令类似。

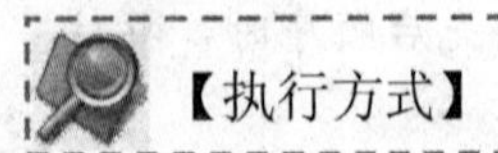

【执行方式】

工具栏：“修改”→“打断于点”。

【操作步骤】

输入此命令后，命令行提示如下：

选择对象：(选择要打断的对象)

指定第二个打断点或[第一点(F)]：_f(系统自动执行"第一点(F)"选项)

指定第一个打断点：(选择打断点)

指定第二个打断点：@(系统自动忽略此提示)

4.5.4 分解命令

【执行方式】

命令行：EXPLODE。

菜单："修改"→"分解"。

工具栏："修改"→"分解" 。

【操作步骤】

命令：EXPLODE

选择对象：(选择要分解的对象)

选择一个对象后，该对象会被分解。系统继续提示该行信息，允许分解多个对象。

4.5.5 合并命令

可以将直线、圆弧、椭圆弧和样条曲线等独立的对象合并为一个对象。如图 4-33 所示。

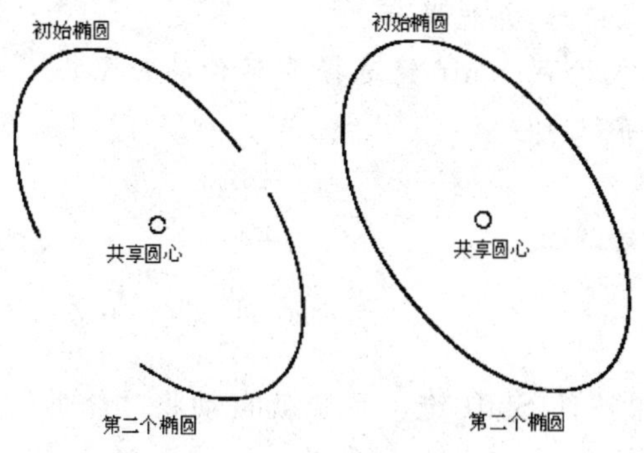

图 4-33 合并对象

【执行方式】

命令行：JOIN。

菜单："修改"→"合并"。

工具栏："修改"→"合并" 。

【操作步骤】

命令:JOIN

选择源对象或要一次合并的多个对象:(选择一个对象)

找到 1 个

选择要合并的对象:(选择另一个对象)

找到 1 个,总计 2 个

选择要合并的对象:↙

2 条直线已合并为 1 条直线

4.5.6 剪切命令

【执行方式】

命令行：TRIM。

菜单："修改"→"修剪"。

工具栏："修改"→"修剪" 。

【操作步骤】

命令:TRIM

当前设置:投影=UCS,边=无

选择剪切边...

选择对象或<全部选择>:(选择用作修剪边界的对象)

按 Enter 键,结束对象选择,系统提示:

选择要修剪的对象,或按住 Shift 键选择要延伸的对象,或[栏选(F)/窗交(C)/投影(P)/边(E)/删除(R)/放弃(U)]:

【选项说明】

1. 按 Shift 键

在选择对象时，如果按住 Shift 键，系统就自动将"修剪"命令转换成"延伸"命令，"延伸"命令将在下节介绍。

2. 边 (E)

选择此选项时，可以选择对象的修剪方式：延伸和不延伸。

延伸（E）：延伸边界进行修剪。在此方式下，如果剪切边没有与要修剪的对象相交，系统会延伸剪切边直至与要修剪的对象相交，然后再修剪，如图 4-34 所示。

延伸（N）：不延伸边界修剪对象。只修剪与剪切边相交的对象。

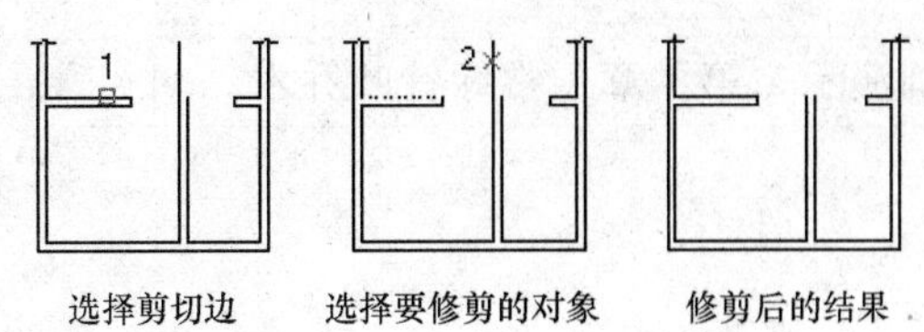

图 4-34　延伸方式修剪对象

3. 栏选（F）

选择此选项时，系统以栏选的方式选择被修剪对象，如图 4-35 所示。

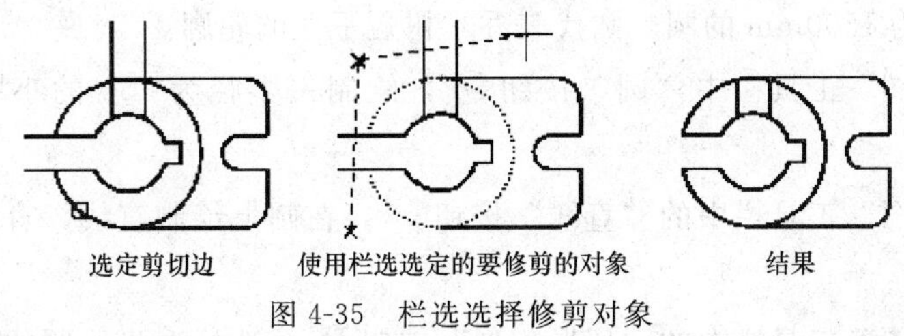

图 4-35　栏选选择修剪对象

4. 窗交（C）

选择此选项时，系统以窗交的方式选择被修剪对象，如图 4-36 所示。

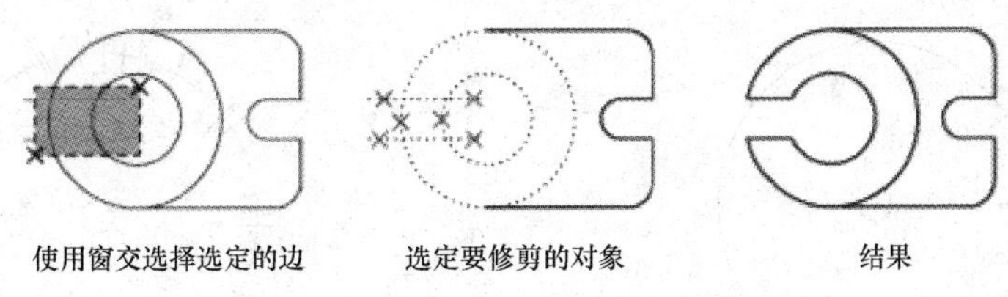

图 4-36　窗交选择修剪对象

被选择的对象可以互为边界和被修剪对象，此时系统会在选择的对象中自动判断边界，如图 4-36 所示。

4.5.7　实例——常绿针叶乔木

绘制如图 4-37 所示的常绿针叶乔木。

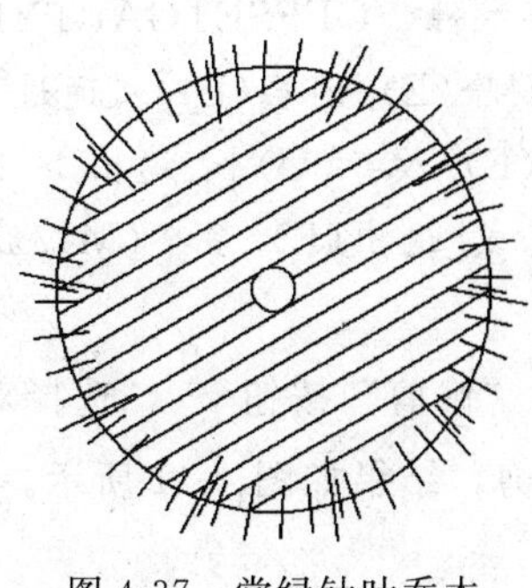

图 4-37　常绿针叶乔木

光盘\动画演示\第 4 章\常绿针叶乔木 . avi

【操作步骤】

1. 单击“绘图”工具栏中“圆”按钮，在命令行输入 1500，命令行提示与操作如下：

命令：_circle

指定圆的圆心或[三点(3P)/两点(2P)/相切、相切、半径(T)]：

指定圆的半径或[直径(D)]<4. 1463>：1500

绘制一半径为 1500mm 的圆，圆代表乔木树冠平面的轮廓。

2. 单击“绘图”工具栏中“圆”按钮，绘制一半径为 150 的小圆，代表乔木的树干。

3. 单击“绘图”工具栏中的“直线”按钮，在圆上绘制直线，直线代表枝条，如图 4-38 所示。

4. 单击“绘图”工具栏中的“环形阵列”按钮，选择上步绘制的直线，选择圆的圆心为中心点，项目数为 10，填充角度为 360°。结果如图 4-39 所示。

5. 单击“绘图”工具栏中的“直线”按钮，在圆内画一条 30°斜线（打开状态行中“极轴”，右键单击设置极轴角度为 30）。

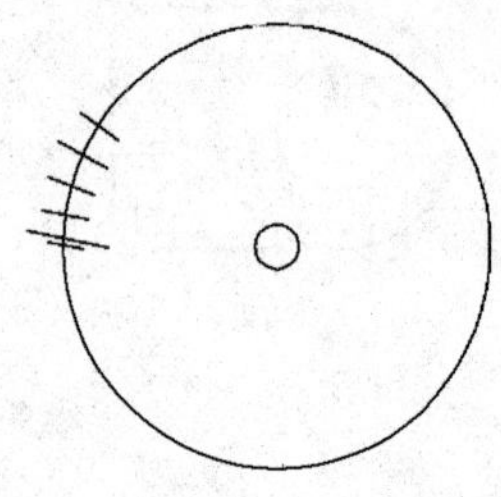

图 4-38 绘制直线

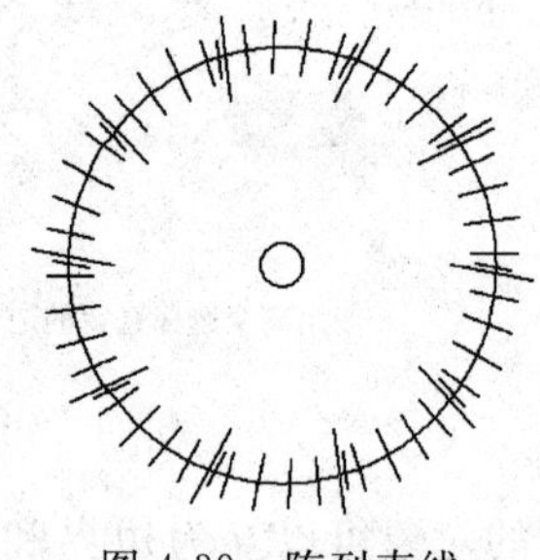

图 4-39 阵列直线

6. 单击“修改”工具栏中的“偏移”按钮，偏移距离 150，命令行提示与操作如下：

命令： OFFSET

当前设置：删除源＝否 图层＝源 OFFSETGAPTYPE＝0

指定偏移距离或[通过(T)/删除(E)/图层(L)]<通过>： 150

选择要偏移的对象，或[退出(E)/放弃(U)]<退出>：

指定要偏移的那一侧上的点，或[退出(E)/多个(M)/放弃(U)]<退出>：

结果如图 4-40 所示。

7. 单击“修改”工具栏中的“修剪”按钮，选择对象为圆轮廓线，按回车或空格确定，对圆外的斜线进行单击修剪，结果如图 4-41 所示。

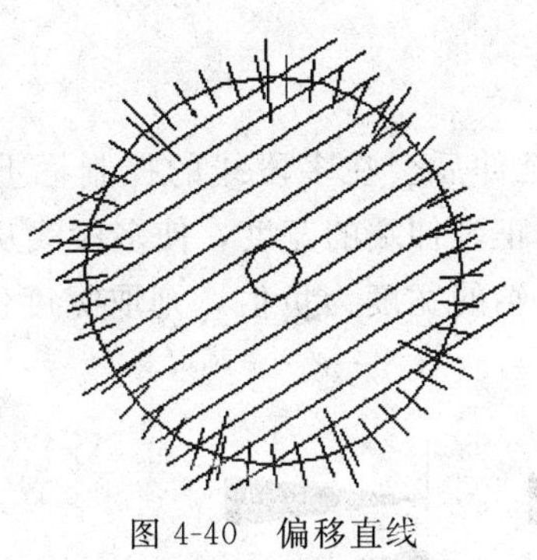

图 4-40 偏移直线

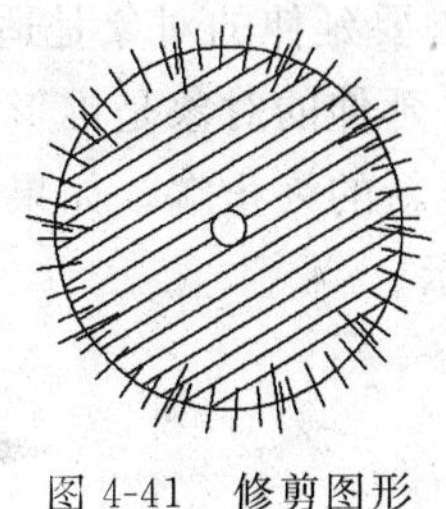

图 4-41 修剪图形

4.5.8 延伸命令

延伸对象是指延伸要延伸的对象直至另一个对象的边界线。如图 4-42 所示。

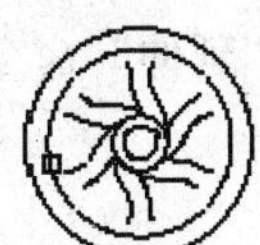

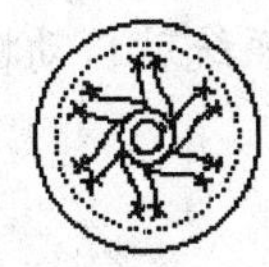

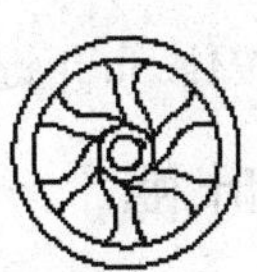

选择边界 选择要延伸的对象 执行结果

图 4-42 延伸对象

【执行方式】

命令行：EXTEND。

菜单："修改"→"延伸"。

工具栏："修改"→"延伸" 。

【操作步骤】

命令：EXTEND

当前设置：投影＝UCS，边＝无

选择边界的边...

选择对象或＜全部选择＞：(选择边界对象)

此时可以通过选择对象来定义边界。若直接按 Enter 键，则选择所有对象作为可能的边界对象。

系统规定可以用作边界对象的对象有：直线段，射线，双向无限长线，圆弧，圆，椭圆，二维和三维多段线，样条曲线，文本，浮动的视口，区域。如果选择二维多段线作为边界对象，系统会忽略其宽度而把对象延伸至多段线的中心线上。

选择边界对象后，系统继续提示：

选择要延伸的对象，或按住 Shift 键选择要修剪的对象，或[栏选(F)/窗交(C)/投影(P)/边(E)/放弃(U)]：

【选项说明】

1. 如果要延伸的对象是适配样条多段线，则延伸后会在多段线的控制框上增加新节点。如果要延伸的对象是锥形的多段线，系统会修正延伸端的宽度，使多段线从起始端平滑地延伸至新的终止端。如果延伸操作导致新终止端的宽度为负值，则取宽度值为 0。如图 4-43 所示。

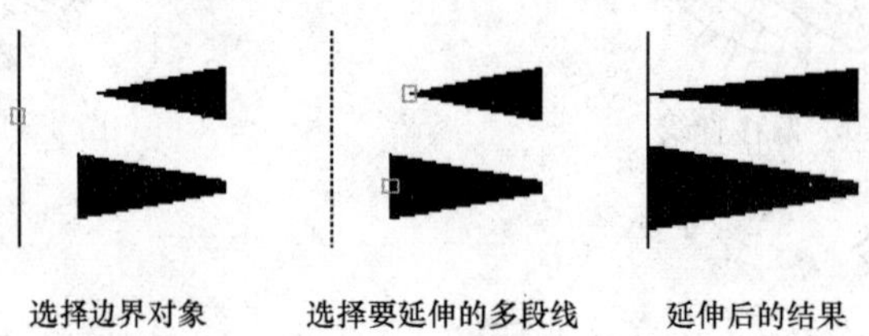

图 4-43　延伸对象

2. 选择对象时，如果按住 Shift 键，系统就自动将“延伸”命令转换成“修剪”命令。

4.5.9　实例——榆叶梅

绘制如图 4-44 所示的榆叶梅。

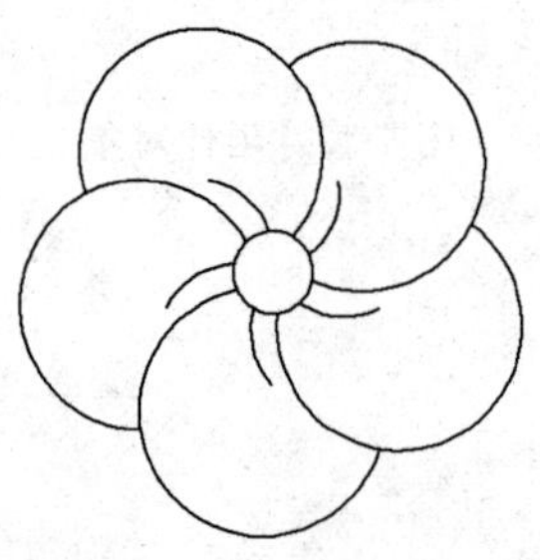

图 4-44　榆叶梅

光盘＼动画演示＼第 4 章＼榆叶梅 .avi

【操作步骤】

1. 单击“绘图”工具栏中的“圆”按钮和“圆弧”按钮，尺寸适当选取，如图 4-45 所示。

2. 单击“修改”工具栏中的“修剪”按钮，修剪大圆，命令行提示与操作如下：

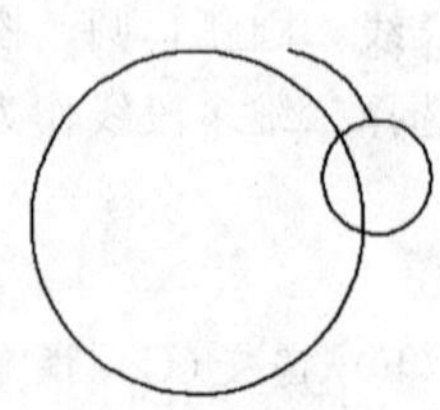

图 4-45　初步图形

命令：_trim↙

当前设置：投影＝UCS，边＝无

选择剪切边...

选择对象或<全部选择>：↙（选取小圆）

选择对象：↙

选择要修剪的对象，或按住 Shift 键选择要延伸的对象，或[栏选

(F)/窗交(C)/投影(P)/边(E)/删除(R)/放弃(U)]:↙(选择大圆在小圆里面部分)

选择要修剪的对象,或按住 Shift 键选择要延伸的对象,或[栏选(F)/窗交(C)/投影(P)/边(E)/删除(R)/放弃(U)]:↙↙

结果如图 4-46 所示。

3. 单击“修改”工具栏中的“环形阵列”按钮,命令行操作如下:

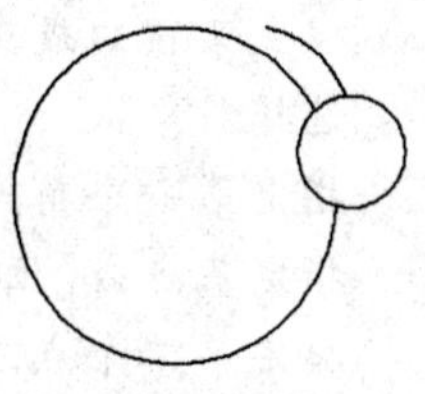

图 4-46 修剪大圆

命令:_arraypolar↙

选择对象:↙(选择两段圆弧)

选择对象:↙

类型=极轴 关联=是

指定阵列的中心点或[基点(B)/旋转轴(A)]:↙(捕捉小圆圆心,结果如图 4-47 所示)

选择夹点以编辑阵列或[关联(AS)/基点(B)/项目(I)/项目间角度(A)/填充角度(F)/行(ROW)/层(L)/旋转项目(ROT)/退出(X)]<退出>:i↙↙

输入阵列中的项目数或[表达式(E)]<6>:5↙↙

选择夹点以编辑阵列或[关联(AS)/基点(B)/项目(I)/项目间角度(A)/填充角度(F)/行(ROW)/层(L)/旋转项目(ROT)/退出(X)]<退出>:as↙↙

创建关联阵列[是(Y)/否(N)]<是>:n↙↙

选择夹点以编辑阵列或[关联(AS)/基点(B)/项目(I)/项目间角度(A)/填充角度(F)/行(ROW)/层(L)/旋转项目(ROT)/退出(X)]<退出>:↙↙

结果如图 4-48 所示。

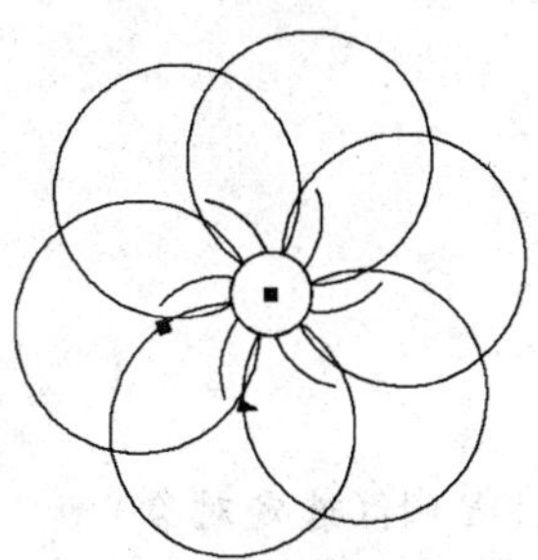

图 4-47 阵列中间过程

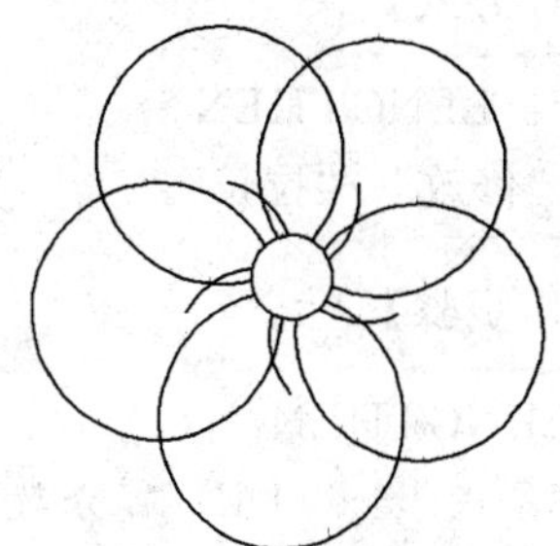

图 4-48 阵列结果

4. 单击“修改”工具栏中的“修剪”按钮,将多余的圆弧修剪掉,最终结果如图 4-44 所示。

4.5.10 拉伸命令

拉伸对象是指拖拉选择的对象,且形状发生改变后的对象。拉伸对象时,应指定拉伸的基点和移置点。利用一些辅助工具如捕捉、钳夹功能及相对坐标等可以提高拉伸的精度。

【执行方式】

命令行:STRETCH。

菜单:“修改”→“拉伸”。

工具栏：“修改”→“拉伸”。

【操作步骤】

命令:STRETCH

以交叉窗口或交叉多边形选择要拉伸的对象...

选择对象:C

指定第一个角点:指定对角点:找到 2 个(采用交叉窗口的方式选择要拉伸的对象)

指定基点或[位移(D)]＜位移＞:(指定拉伸的基点)

指定第二个点或＜使用第一个点作为位移＞:(指定拉伸的移至点)

此时，若指定第二个点，系统将根据这两点决定的矢量拉伸对象。若直接按 Enter 键，系统会把第一个点作为 X 轴和 Y 轴的分量值。

STRETCH 仅移动位于交叉选择内的顶点和端点，不更改那些位于交叉选择外的顶点和端点。部分包含在交叉选择窗口内的对象将被拉伸。

技巧荟萃

用交叉窗口选择拉伸对象时，落在交叉窗口内的端点被拉伸，落在外部的端点保持不动。

4.5.11 拉长命令

【执行方式】

命令行：LENGTHEN。

菜单：“修改”→“拉长”。

【操作步骤】

命令:LENGTHEN

选择对象或[增量(DE)/百分数(P)/全部(T)/动态(DY)]:(选定对象)

当前长度:30.5001(给出选定对象的长度,如果选择圆弧则还将给出圆弧的包含角)

选择对象或[增量(DE)/百分数(P)/全部(T)/动态(DY)]:DE(选择拉长或缩短的方式。如选择“增量(DE)”方式)

输入长度增量或[角度(A)]＜0.0000＞:10(输入长度增量数值。如果选择圆弧段,则可输入选项“A”给定角度增量)

选择要修改的对象或[放弃(U)]:(选定要修改的对象,进行拉长操作)

选择要修改的对象或[放弃(U)]:(继续选择,按 Enter 键,结束命令)

【选项说明】

1. 增量 (DE)

用指定增加量的方法来改变对象的长度或角度。

2. 百分数（P）

用指定要修改对象的长度占总长度的百分比的方法来改变圆弧或直线段的长度。

3. 全部（T）

用指定新的总长度或总角度值的方法来改变对象的长度或角度。

4. 动态（DY）

在这种模式下，可以使用拖拉鼠标的方法来动态地改变对象的长度或角度。

4.5.12 倒角命令

倒角是指用斜线连接两个不平行的线型对象。可以用斜线连接直线段、双向无限长线、射线和多段线。

【执行方式】

命令行：CHAMFER。

菜单："修改"→"倒角"。

工具栏："修改"→"倒角" 。

【操作步骤】

命令:CHAMFER

("不修剪"模式)当前倒角距离 1=0.0000,距离 2=0.0000

选择第一条直线或[放弃(U)/多段线(P)/距离(D)/角度(A)/修剪(T)/方式(E)/多个(M)]:(选择第一条直线或别的选项)

选择第二条直线,或按住 Shift 键选择直线以应用角点或[距离(D)/角度(A)/方法(M)]:(选择第二条直线)

【选项说明】

1. 距离（D）

选择倒角的两个斜线距离。斜线距离是指从被连接的对象与斜线的交点到被连接的两对象的可能的交点之间的距离。如图 4-49 所示。这两个斜线距离可以相同也可以不相同，若二者均为 0，则系统不绘制连接的斜线，而是把两个对象延伸至相交，并修剪超出的部分。

2. 角度（A）

选择第一条直线的斜线距离和角度。采用这种方法斜线连接对象时，需要输入两个参数：斜线与一个对象的斜线距离和斜线与该对象的夹角。如图 4-50 所示。

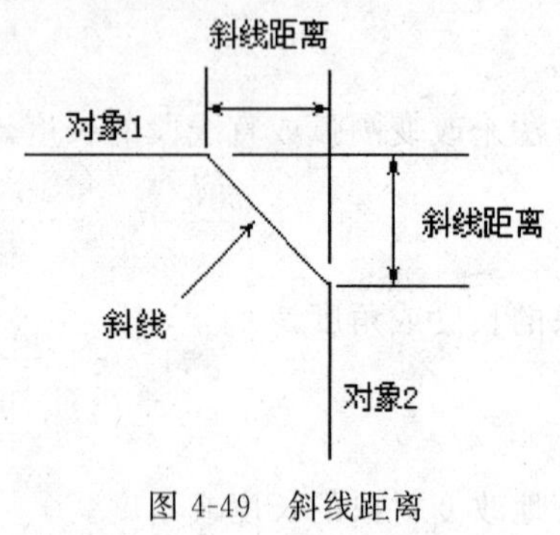

图 4-49　斜线距离

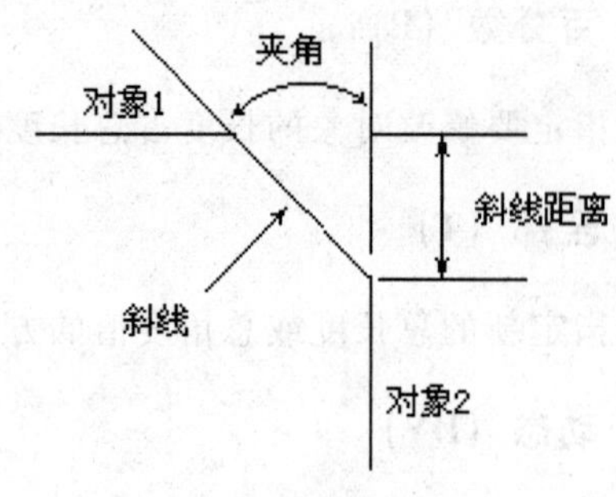

图 4-50　斜线距离与夹角

3. 多段线（P）

对多段线的各个交叉点进行倒角编辑。为了得到最好的连接效果，一般设置斜线是相等的值。系统根据指定的斜线距离把多段线的每个交叉点都作斜线连接，连接的斜线成为多段线新添加的构成部分。如图 4-51 所示。

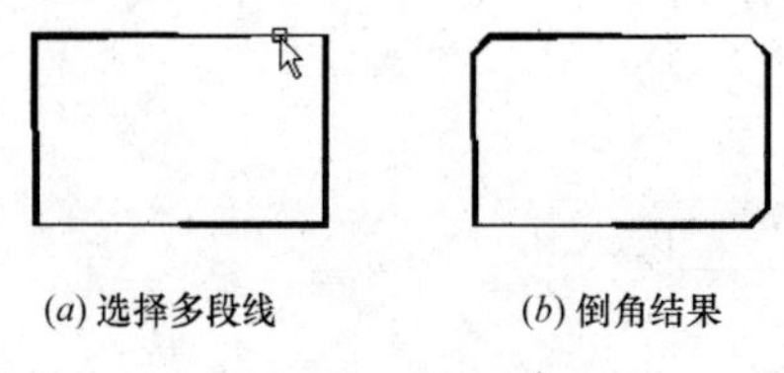

图 4-51　斜线连接多段线

4. 修剪（T）

与圆角连接命令 FILLET 相同，该选项决定连接对象后，是否剪切原对象。

5. 方式（M）

决定采用“距离”方式还是“角度”方式来倒角。

6. 多个（U）

同时对多个对象进行倒角编辑。

技巧荟萃

有时用户在执行圆角和倒角命令时，发现命令不执行或执行后没什么变化，那是因为系统默认圆角半径和斜线距离均为 0，如果不事先设定圆角半径或斜线距离，系统就以默认值执行命令，所以看起来好像没有执行命令。

4.5.13　实例——檐柱细部大样图

绘制如图 4-52 所示的檐柱细部大样图。

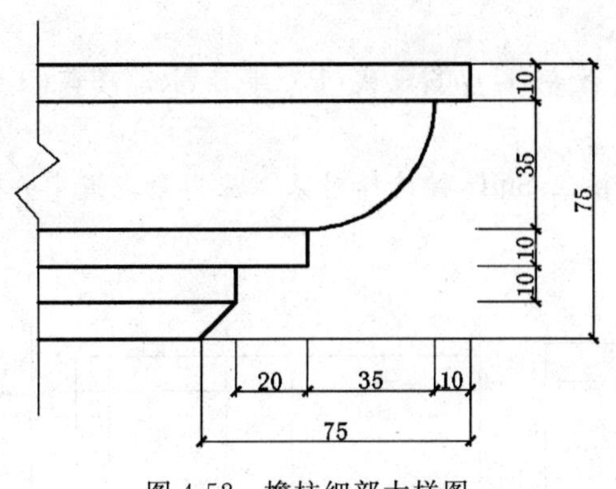

图 4-52　檐柱细部大样图

光盘\动画演示\第 4 章\檐柱细部大样图.avi

【操作步骤】

1. 单击“绘图”工具栏中的“直线”按钮，绘制长度大约为 120 的一条竖直和一条水平线段，相对位置大约如图 4-53 所示。

2. 单击“修改”工具栏中的“偏移”按钮，将水平线段分别向下依次偏移 10、35、10、10、10，如图 4-54 所示。

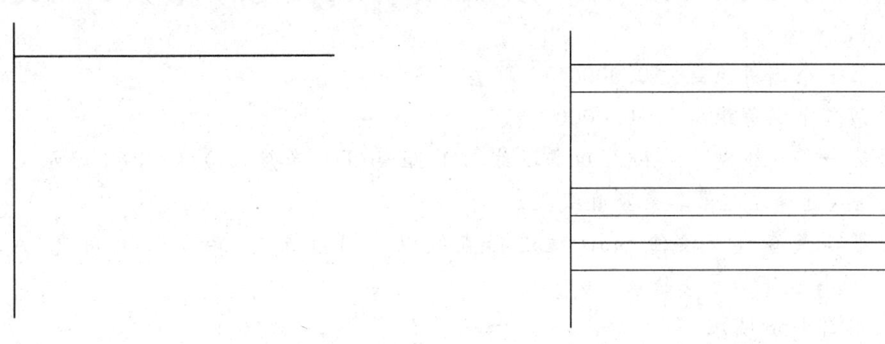

图 4-53　绘制线段　　　　图 4-54　偏移水平线段

3. 单击“绘图”工具栏中的“直线”按钮，连接偏移线段右端点，如图 4-55 所示。

4. 单击“修改”工具栏中的“偏移”按钮，将右边竖直线段分别向左依次偏移 10、35、20，如图 4-56 所示。

5. 单击“修改”工具栏中的“修剪”按钮，将线段进行修剪，如图 4-57 所示。

6. 单击“修改”工具栏中的“圆角”按钮，命令行提示与操作如下：

命令：_fillet↙

当前设置：模式＝修剪，半径＝0.0000

选择第一个对象或［放弃(U)/多段线(P)/半径(R)/修剪(T)/多个(M)］：r↙指定圆

角半径 <0.0000>：35↙

选择第一个对象或［放弃(U)/多段线(P)/半径(R)/修剪(T)/多个(M)］：↙(选择右起第二条竖直线段)

选择第二个对象，或按住 Shift 键选择对象以应用角点或［半径(R)］：↙(选择上起第三条水平线段)

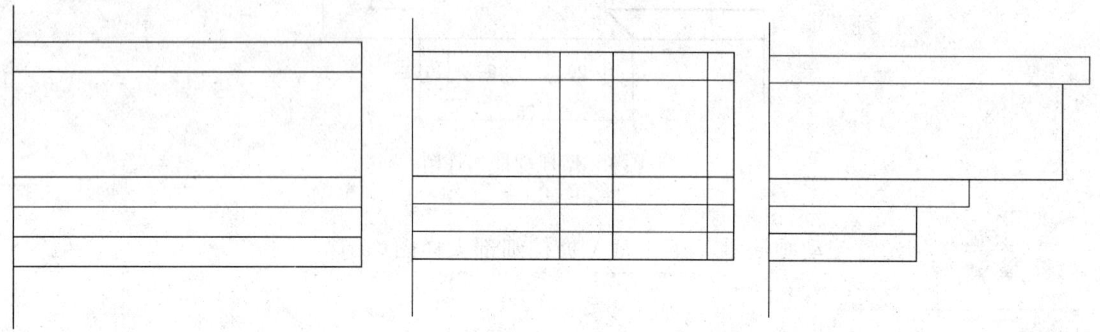

图 4-55　连接右端点　　图 4-56　偏移竖直线段　　图 4-57　修剪线段

7. 单击“修改”工具栏中的“倒角”按钮，命令行提示与操作如下：

命令：_chamfer↙

(“修剪”模式)当前倒角距离 1=0.0000，距离 2=0.0000

选择第一条直线或［放弃(U)/多段线(P)/距离(D)/角度(A)/修剪(T)/方式(E)/多个(M)］：d↙

指定第一个倒角距离 <0.0000>：10↙

指定第二个倒角距离 <10.0000>：↙

选择第一条直线或［放弃(U)/多段线(P)/距离(D)/角度(A)/修剪(T)/方式(E)/多个(M)］：↙(选择左起第二条竖直线段)

选择第二条直线或按住 Shift 键选择直线以应用角点或［距离(D)/角度(A)/方法(M)］：↙(选择最下边水平线段)

结果如图 4-58 所示。

8. 单击“绘图”工具栏中的“直线”按钮，在最左边竖直直线上绘制三条折线，如图 4-59 所示。

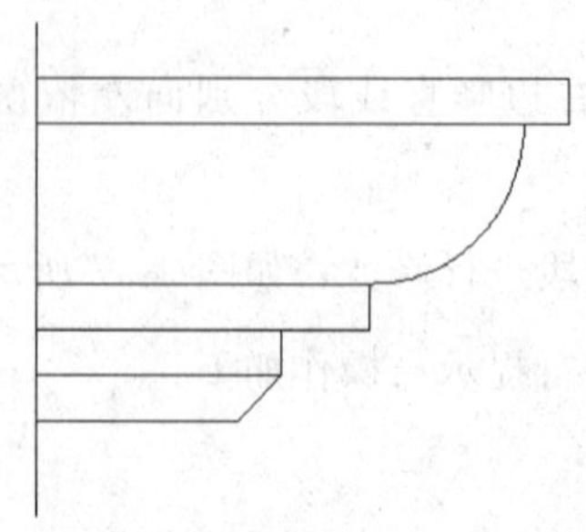

图 4-58　圆角和倒角处理

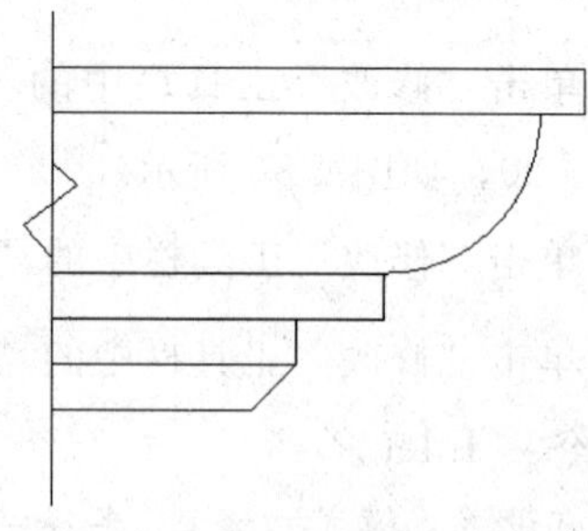

图 4-59　绘制折线

9. 单击“修改”工具栏中的“修剪”按钮，将最左边线段进行修剪，最终结果如图 4-52 所示。

4.5.14 圆角命令

圆角是指用指定的半径决定的一段平滑的圆弧连接两个对象。系统规定可以圆角连接一对直线段、非圆弧的多段线段、样条曲线、双向无限长线、射线、圆、圆弧和椭圆。可以在任何时刻圆角连接非圆弧多段线的每个节点。

【执行方式】

命令行：FILLET。

菜单：“修改”→“圆角”。

工具栏：“修改”→“圆角”。

【操作步骤】

命令:FILLET

当前设置：模式＝修剪,半径＝0.0000

选择第一个对象或［放弃(U)/多段线(P)/半径(R)/修剪(T)/多个(M)］:(选择第一个对象或别的选项)

选择第二个对象,或按住 Shift 键选择对象以应用角点或［半径(R)］:(选择第二个对象)

【选项说明】

1. 多段线（P）

在一条二维多段线的两段直线段的节点处插入圆滑的弧。选择多段线后，系统会根据指定的圆弧的半径把多段线各顶点用圆滑的弧连接起来。

2. 修剪（T）

决定在圆角连接两条边时，是否修剪这两条边。如图 4-60 所示。

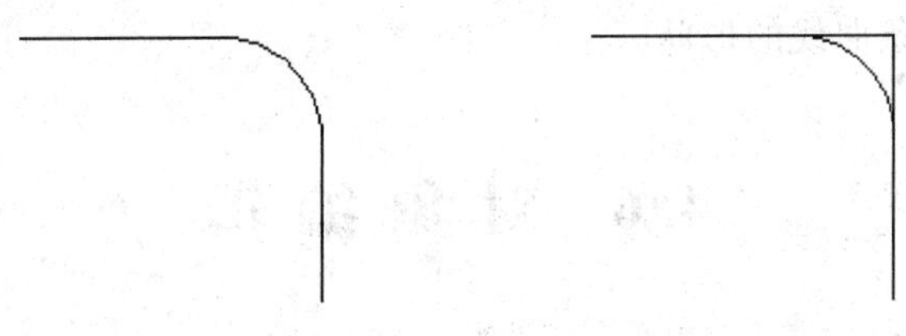

(a) 修剪方式　　(b) 不修剪方式

图 4-60　圆角连接

3. 多个（M）

可以同时对多个对象进行圆角编辑。而不必重新起用命令。

4. 按住 Shift 键并选择两条直线，可以快速创建零距离倒角或零半径圆角。

4.5.15 光顺曲线

在两条选定直线或曲线之间的间隙中创建样条曲线。

【执行方式】

命令行：BLEND。

菜单："修改"→"光顺曲线"。

工具栏："修改"→"光顺曲线"。

【操作步骤】

命令：BLEND↙

连续性=相切

选择第一个对象或[连续性(CON)]:CON

输入连续性[相切(T)/平滑(S)]<切线>：

选择第一个对象或[连续性(CON)]：

选择第二个点：

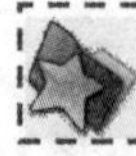【选项说明】

1. 连续性（CON）

在两种过渡类型中指定一种。

2. 相切（T）

创建一条 3 阶样条曲线，在选定对象的端点处具有相切（G1）连续性。

3. 平滑（S）

创建一条 5 阶样条曲线，在选定对象的端点处具有曲率（G2）连续性。

如果使用"平滑"选项，请勿将显示从控制点切换为拟合点。此操作将样条曲线更改为 3 阶，这会改变样条曲线的形状。

4.6 对象编辑

在对图形进行编辑时，还可以对图形对象本身的某些特性进行编辑，从而方便地进行图形绘制。

4.6.1 钳夹功能

利用钳夹功能可以快速方便地编辑对象。AutoCAD 在图形对象上定义了一些特殊点，称为夹点，利用夹点可以灵活地控制对象，如图 4-61 所示。

要使用钳夹功能编辑对象，必须先打开钳夹功能，打开方法是：单击“工具”→“选项”→“选择集”命令。

在“选项”对话框的“选择集”选项卡中，打开“启用夹点”复选框。在该选项卡中，还可以设置代表夹点的小方格的尺寸和颜色。

也可以通过 GRIPS 系统变量来控制是否打开钳夹功能，1 代表打开，0 代表关闭。

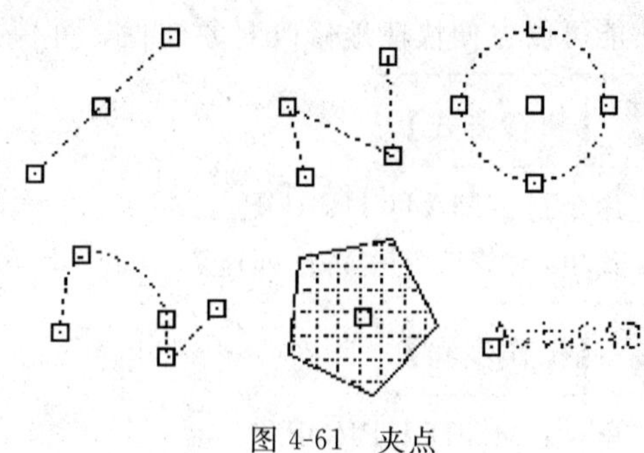

图 4-61　夹点

打开了钳夹功能后，应该在编辑对象之前先选择对象。夹点表示了对象的控制位置。

使用夹点编辑对象，要选择一个夹点作为基点，称为基准夹点。然后，选择一种编辑操作：镜像、移动、旋转、拉伸和缩放。可以用空格键、Enter 键或键盘上的快捷键循环选择这些功能。

下面仅就其中的拉伸对象操作为例进行讲述，其他操作类似。

在图形上拾取一个夹点，该夹点改变颜色，此点为夹点编辑的基准夹点。这时系统提示：

* * 拉伸 * *

指定拉伸点或［基点(B)/复制(C)/放弃(U)/退出(X)］:

在上述拉伸编辑提示下输入镜像命令或右击，选择快捷菜单中的“镜像”命令，系统就会转换为“镜像”操作，其他操作类似。

系统就会转换为“镜像”操作，其他操作类似。

4.6.2　修改对象属性

【执行方式】

命令行:DDMODIFY 或 PROPERTIES。

菜单:“修改”→“特性或工具”→“选项板”→“特性”。

工具栏:“标准”→“特性”。

【操作步骤】

AutoCAD 打开“特性”工具板，如图 4-62 所示。利用它可以方便地设置或修改对象的各种属性。

不同的对象属性种类和值不同，修改属性值，对象改变为新的属性。

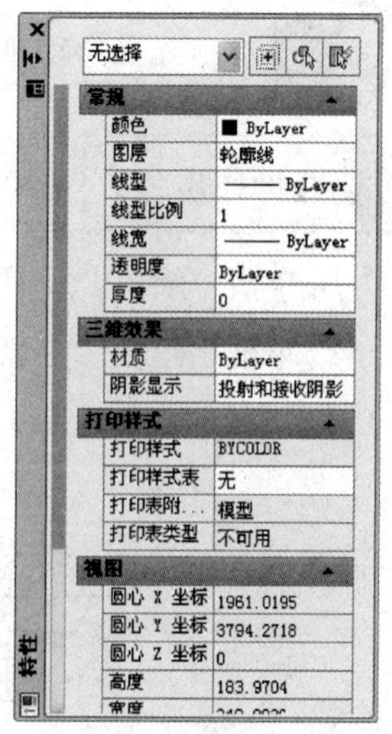

图 4-62　“特性”工具板

4.6.3　特性匹配

利用特性匹配功能可以将目标对象的属性与源对象的属性进行匹配，使目标对象的属性与源对象属性相同。利用特性匹配功能可以方便快捷地修改对象属性，并保持不同对象的属性相同。

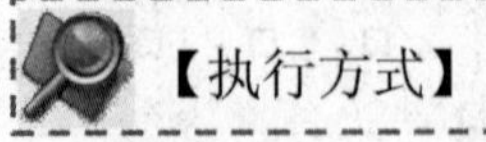
【执行方式】

命令行：MATCHPROP。

菜单：“修改”→“特性匹配”。

【操作步骤】

命令：MATCHPROP

选择源对象：(选择源对象)

选择目标对象或[设置(S)]：(选择目标对象)

图 4-63（*a*）所示为两个属性不同的对象，以左边的圆为源对象，对右边的矩形进行特性匹配，结果如图 4-63（*b*）所示。

4.6.4 实例——花朵

绘制如图 4-64 所示的花朵。

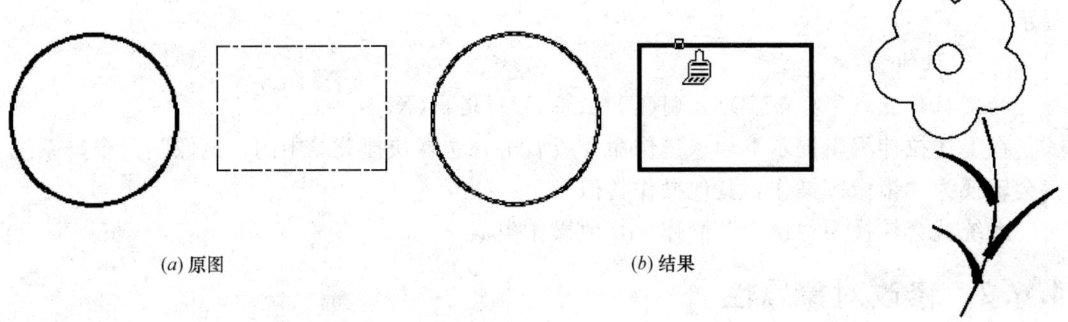
(*a*) 原图　(*b*) 结果

图 4-63　特性匹配

图 4-64　绘制花朵

光盘\动画演示\第 4 章\花朵.avi

【操作步骤】

1. 单击“绘图”工具栏中的“圆”按钮，绘制花蕊。

2. 单击“绘图”工具栏中的“多边形”按钮，绘制图 4-65 中的圆心为正多边形的中心点内接于圆的正五边形，结果如图 4-66 所示。

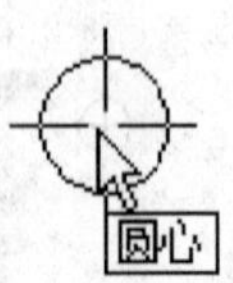

图 4-65　捕捉圆心

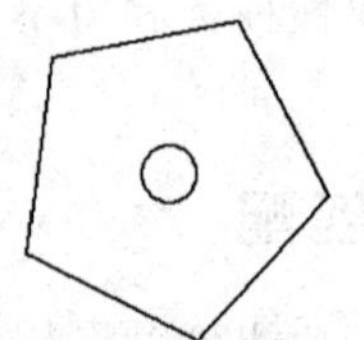
图 4-66　绘制正五边形

技巧荟萃

一定要先绘制中心的圆，因为正五边形的外接圆与此圆同心，必须通过捕捉获得正五边形的外接圆圆心位置。如果反过来，先画正五边形，再画圆，会发现无法捕捉正五边形外接圆圆心。

3. 单击“绘图”工具栏中的“圆弧”按钮，以最上斜边的中点为圆弧起点，左上斜边中点为圆弧端点，绘制花朵。绘制结果如图 4-67 所示。重复“圆弧”命令，绘制另外 4 段圆弧，结果如图 4-68 所示。最后删除正五边形，结果如图 4-69 所示。

4. 单击“绘图”工具栏中的“多段线”按钮，绘制枝叶。花枝的宽度为 4；叶子的起点半宽为 12，端点半宽为 3。同样方法绘制另两片叶子，结果如图 4-70 所示。

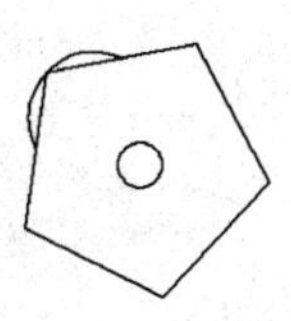

图 4-67 绘制一段圆弧

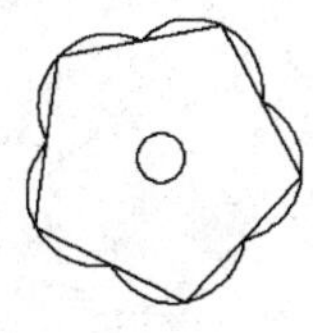

图 4-68 绘制所有圆弧

图 4-69 绘制花朵

图 4-70 绘制出花朵图案

5. 选择枝叶，枝叶上显示夹点标志，在一个夹点上单击鼠标右键，打开右键快捷菜单，选择其中的“特性”命令，如图 4-71 所示。系统打开特性选项板，在“颜色”下拉列表框中选择“绿色”，如图 4-72 所示。

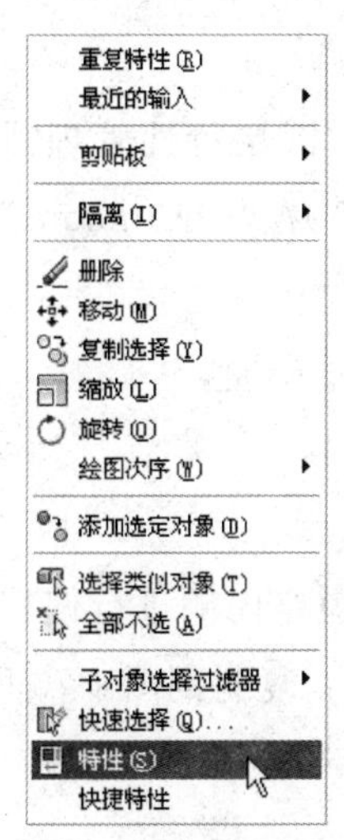

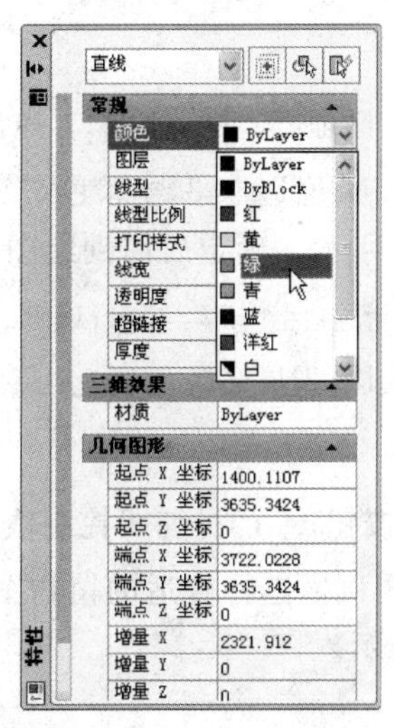

图 4-71 右键快捷菜单

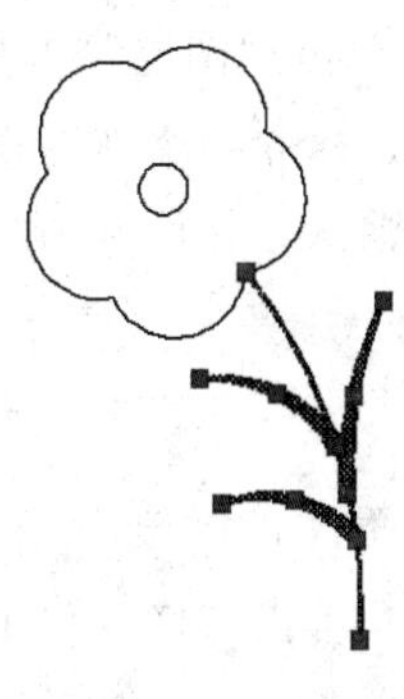

图 4-72 修改枝叶颜色

6. 按照步骤 5 的方法修改花朵颜色为红色，花蕊颜色为洋红色，最终结果如图 4-64 所示。

4.7 综合实例——自然式种植设计平面图

此道路宽 10m，红线控制两侧绿地分别宽 6m，如图 4-73 所示为道路绿地规划区域的一个标准段。

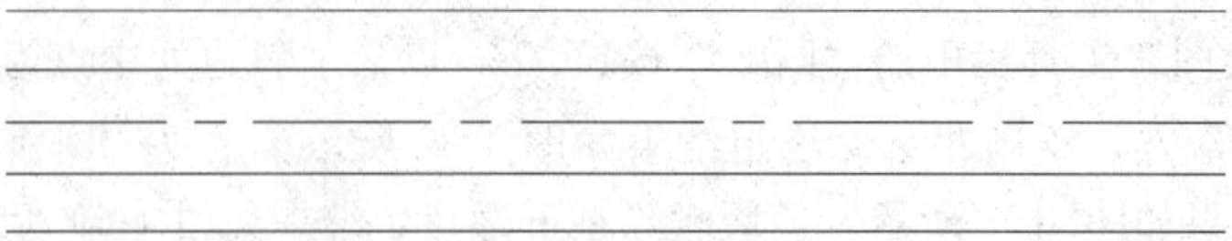

图 4-73 自然式道路某段

4.7.1 必要的设置

【操作步骤】

1. 单位设置

将系统单位设为米（m），以 1∶1 的比例绘制。

2. 图形界限设置

我们以 1∶1 的比例绘图，将图形界限设为 420×297。

4.7.2 道路绿地中乔木的绘制

【操作步骤】

1. 单击“图层”工具栏中的“图层特性管理器”按钮，弹出“图层特性管理器”对话框，建立一个新图层，命名为“乔木”，颜色选取 3 号绿色，线型为“Continuous”，线宽为默认，并设置为当前图层，如图 4-74 所示。确定后回到绘图状态。

乔木 绿 Contin... —— 默认 Color_3

图 4-74 “乔木”图层设置

2. 乔木的配植

(1) 单击“修改”工具栏中的“偏移”按钮，将红线控制线向道路内侧进行偏移，偏移距离为 1.0，然后打开光盘附带的植物图例，选择合适的植物图例，复制到图 4-73 所示的地方，调解大小比例后结果如图 4-75 所示。

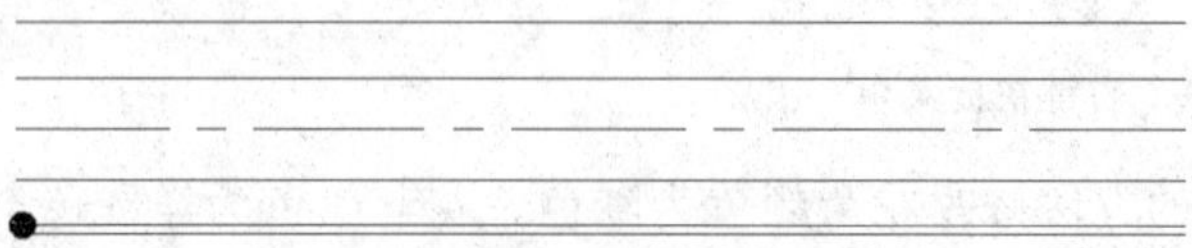

图 4-75 乔木种植

（2）乔木 A 之间的距离为 3.5m。将上一步绘制的乔木 A 选中，单击“修改”工具栏中的“矩形阵列”按钮，设置行数为 1，列数为 3，列偏移为 3.5。结果如图 4-76 所示。

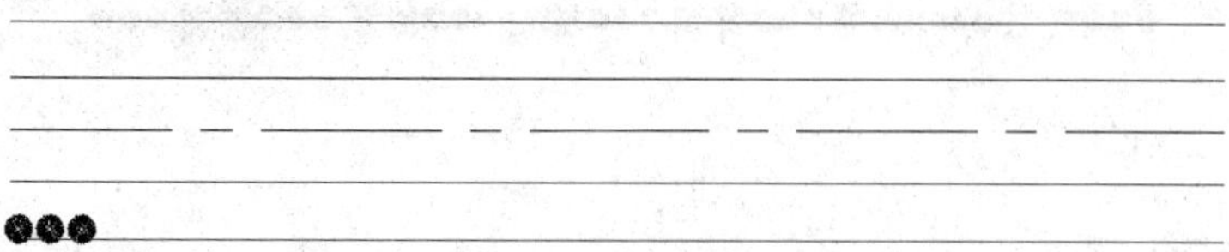

图 4-76　阵列后效果

（3）将上一步绘制的乔木 A 全部选中，单击“修改”工具栏中的“矩形阵列”按钮，设置行数为 1，列数为 7，列偏移为 20。阵列结果如图 4-77 所示。

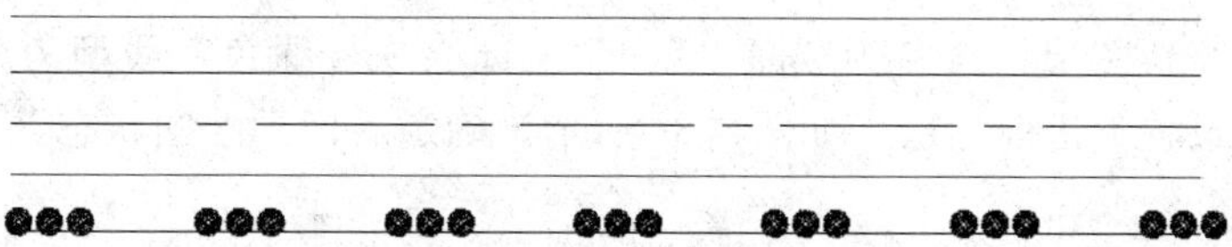

图 4-77　第二次阵列后效果

3. 乔木 B 的绘制

乔木 B 与乔木 A 之间的距离为 4.0，乔木 B 的间距为 5.0。

（1）单击“绘图”工具栏中的“直线”按钮，以最左端右数第三个乔木 A 的图例的中心点为第一点，水平向右绘制长度为 4.0 米的直线段，然后竖直向下绘制 0.3，以该直线的端点为乔木 B 的中心位置。打开光盘附带的植物图例，选择合适的植物图例，复制到图 4-78 所示的地方，调解大小比例后结果如图 4-78 所示。

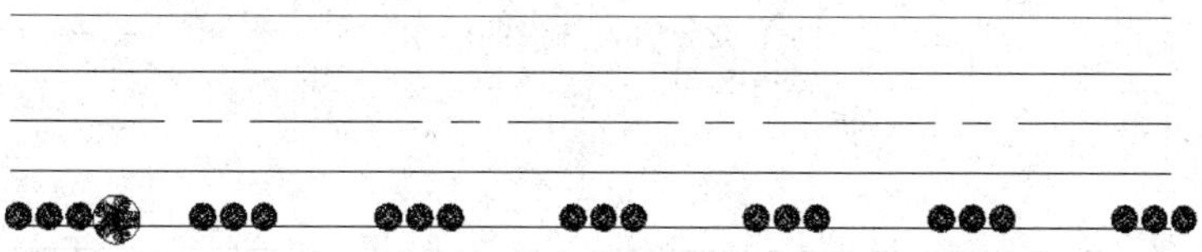

图 4-78　插入乔木 B

（2）单击“修改”工具栏中的“复制”按钮，打开“极轴”、“对象捕捉”命令，将上一步绘制的乔木 B 选中，方向沿水平向右，在命令行输入位移 5，结果如图 4-79 所示。

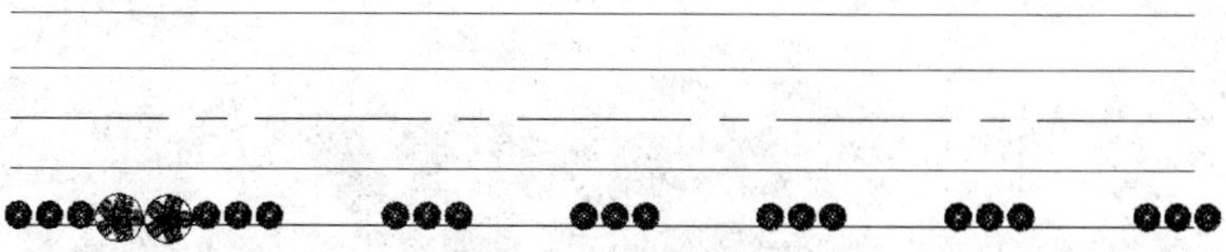

图 4-79　复制乔木 B

（3）将乔木 B 全部选中，单击“修改”工具栏中的“矩形阵列”按钮，行数为 1，列数为 6，列偏移为 20。阵列后结果如图 4-80 所示。

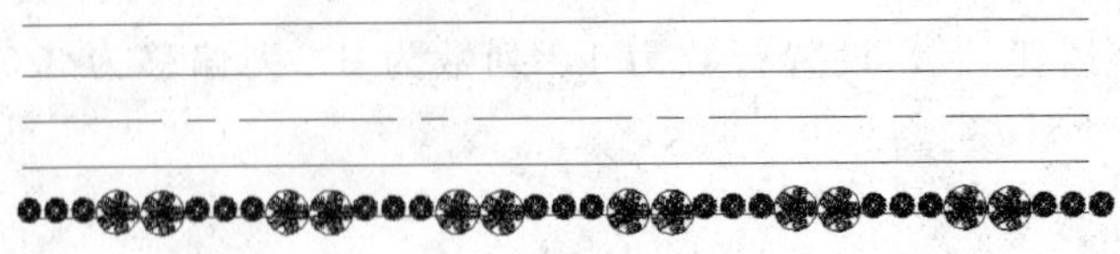

图 4-80　阵列后效果

4.7.3　灌木的绘制

1. 单击“图层”工具栏中的“图层特性管理器”按钮，弹出“图层特性管理器”对话框，建立一个新图层，命名为“灌木”，颜色选取 3 号绿色，线型为“Continuous”，线宽为默认，并设置为当前图层，如图 4-81 所示。确定后回到绘图状态。

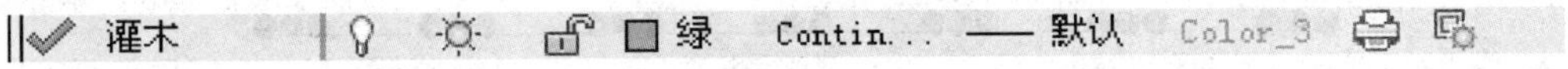

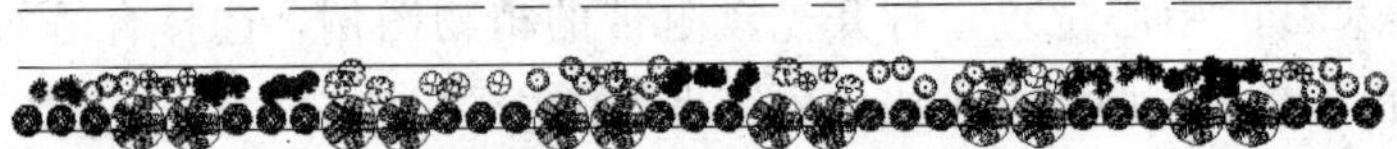

图 4-81　“灌木”图层设置

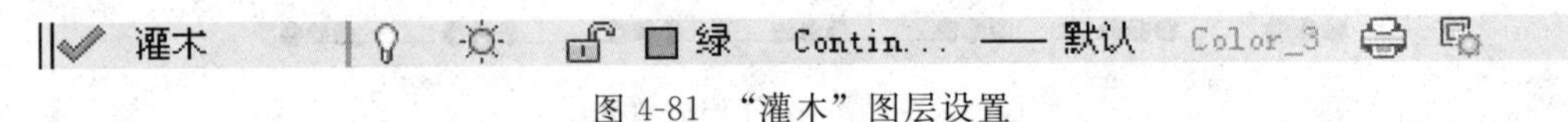

2. 将光盘植物图例打开，复制（带基点复制，基点选择树干的中心位置）合适的灌木平面图例，置于合适的位置，结果如图 4-82 所示。

图 4-82　插入合适的灌木

3. 详图如图 4-83～图 4-86 所示。

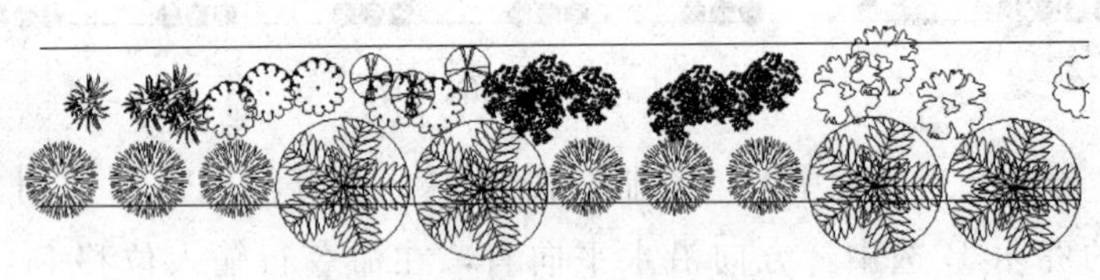

图 4-83　灌木配植详图 1

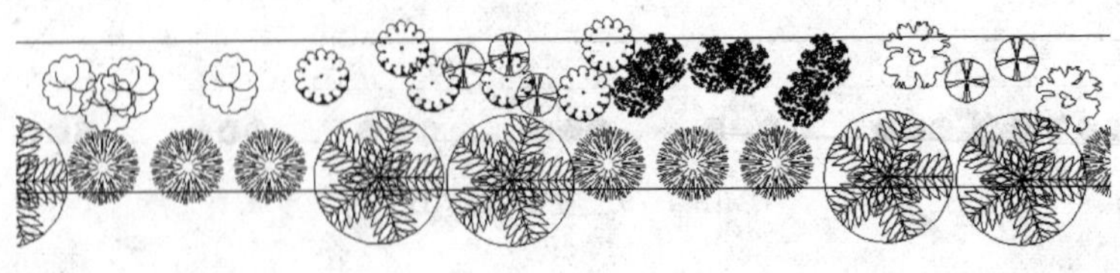

图 4-84　灌木配植详图 2

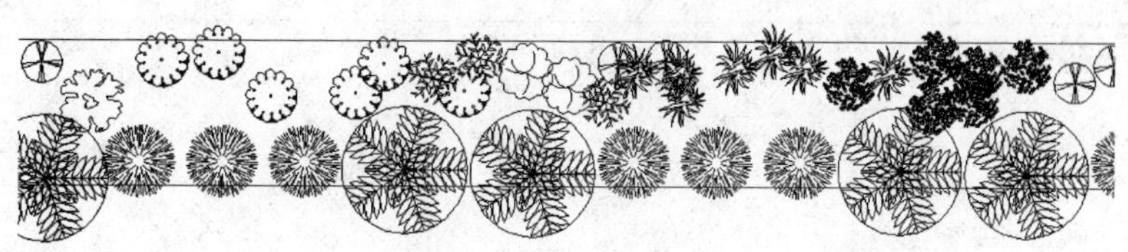

图 4-85　灌木配植详图 3

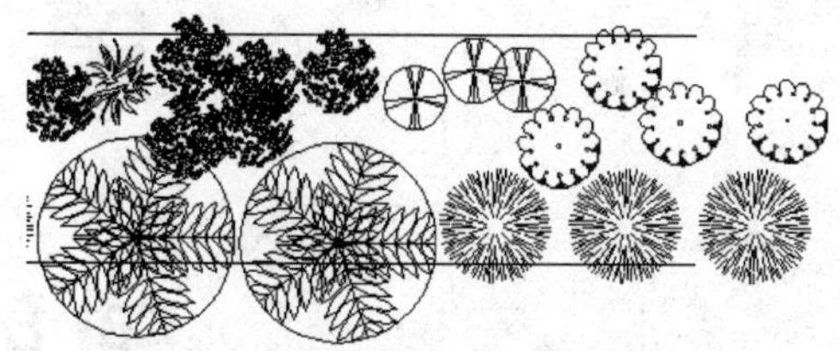

图 4-86　灌木配植详图 4

4. 单击“修改”工具栏中的“镜像”按钮，将道路绿地一侧的种植设计镜像到另一侧，镜像轴选择道路的中轴线，结果如图 4-87 所示。

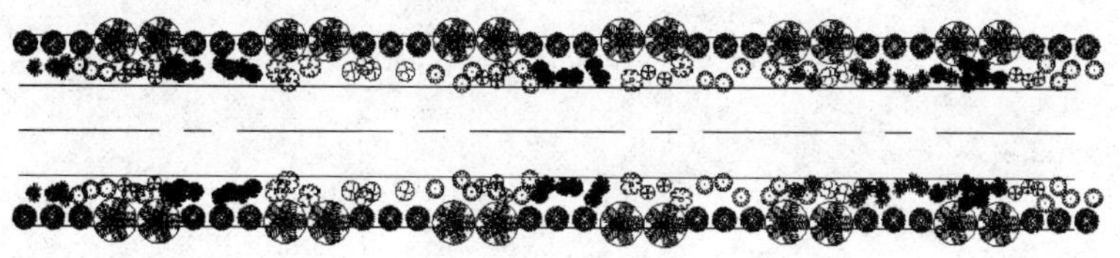

图 4-87　种植完毕

第5章 辅助绘图工具

在绘图设计过程中，经常会遇到一些重复出现的图形，如果每次都新绘制这些图形，不仅会造成大量的重复工作，而且存储这些图形及其信息也会占据相当大的磁盘空间。

学习要点

- 绘图辅助工具
- 查询工具
- 图块及其属性
- 设计中心与工具选项板

5.1 绘图辅助工具

要快速顺利地完成图形绘制工作，有时要借助一些辅助工具，比如用于准确确定绘制位置的精确定位工具和调整图形显示范围与显示方式的图形显示工具等。下面简要介绍一下这两种非常重要的辅助绘图工具。

5.1.1 精确定位工具

在绘制图形时，可以使用直角坐标和极坐标精确定位点，但是有些点（如端点、中心点等）的坐标我们是不知道的，如果想精确地指定这些点是很困难的，有时甚至是不可能的。AutoCAD 中提供了精确定位工具，使用这类工具，可以很容易地在屏幕中捕捉到这些点，进行精确绘图。

1. 推断约束

可以在创建和编辑几何对象时自动应用几何约束。

启用“推断约束”模式会自动在正在创建或编辑的对象与对象捕捉的关联对象或点之间应用约束。

与 AUTOCONSTRAIN 命令相似，约束也只在对象符合约束条件时才会应用。推断约束后不会重新定位对象。

打开“推断约束”时，用户在创建几何图形时指定的对象捕捉将用于推断几何约束。但是，不支持下列对象捕捉：交点、外观交点、延长线和象限点。

无法推断下列约束：固定，平滑、对称、同心、等于、共线。

2. 捕捉模式

捕捉是指 AutoCAD 可以生成一个隐含分布于屏幕上的栅格，这种栅格能够捕捉光标，使光标只能落到其中的某一个栅格点上。捕捉可分为矩形捕捉和等轴测捕捉两种类型，默认设置为矩形捕捉，即捕捉点的阵列类似于栅格，如图 5-1 所示。用户可以指定捕捉模式在 X 轴方向和 Y 轴方向上的间距，也可改变捕捉模式与图形界限的相对位置。与栅格不同之处在于，捕捉间距的值必须为正实数，且捕捉模式不受图形界限的约束。等轴测捕捉表示捕捉模式为等轴测模式，此模式是绘制正等轴测图时的工作环境，如图 5-2 所示。在等轴测捕捉模式下，栅格和光标十字线成绘制等轴测图时的特定角度。

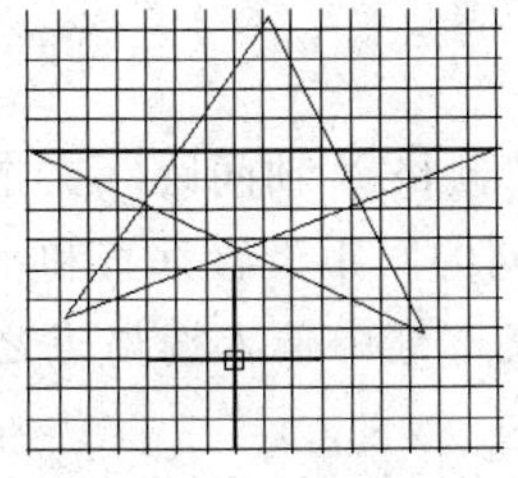

图 5-1 矩形捕捉

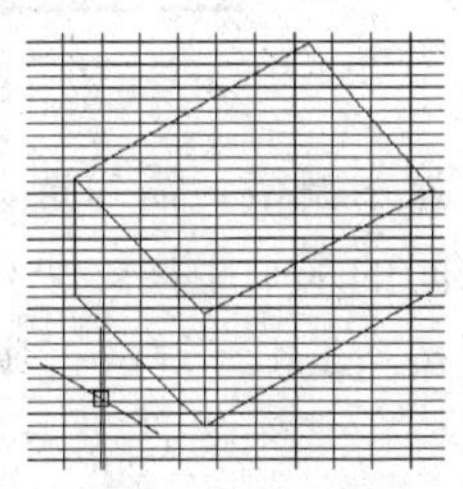

图 5-2 等轴测捕捉

在绘制图 5-2 和图 5-3 所示的图形时，输入参数点时光标只能落在栅格点上。选择菜单栏中的“工具”→“草图设置”命令，弹出“草图设置”对话框，在“捕捉和栅格”选项卡的“捕捉类型”选项组中，通过点选“矩阵捕捉”或“等轴测捕捉”单选钮，即可切换两种模式。

3. 栅格显示

AutoCAD 中的栅格由有规则的点的矩阵组成，延伸到指定为图形界限的整个区域。使用栅格绘图与在坐标纸上绘图是十分相似的，利用栅格可以对齐对象并直观显示对象之间的距离。如果放大或缩小图形，可能需要调整栅格间距，使其适合新的比例。虽然栅格在屏幕上是可见的，但它并不是图形对象，因此不会被打印成图形中的一部分，也不会影响在何处绘图。

可以单击状态栏中的“栅格显示”按钮或按＜F7＞键打开或关闭栅格。启用栅格并设置栅格在 X 轴方向和 Y 轴方向上的间距的方法如下。

【执行方式】

命令行：DSETTINGS（快捷命令为 DS、SE 或 DDRMODES）。

菜单：“工具”→“绘图设置”。

快捷菜单：在“栅格显示”按钮处右击，在弹出的快捷菜单中选择“设置”命令。

执行上述操作之一后，系统弹出“草图设置”对话框，如图 5-3 所示。

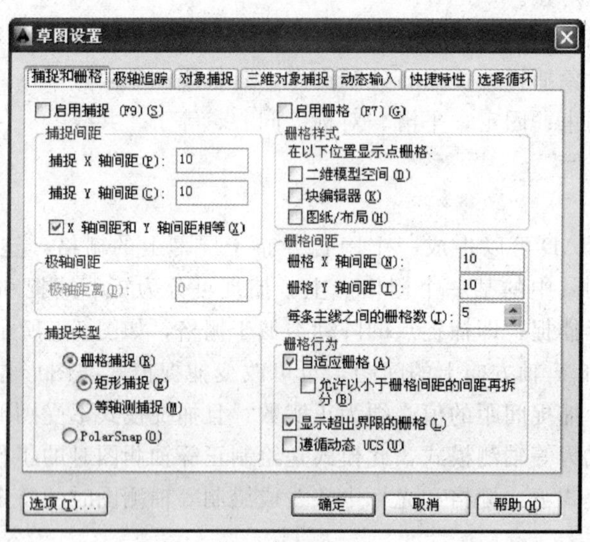

图 5-3 “草图设置”对话框

如果要显示栅格，需勾选“启用栅格”复选框。在“栅格 X 轴间距”文本框中，输入栅格点之间的水平距离，单位为“毫米”。如果使用相同的间距设置垂直和水平分布的栅格点，则按＜Tab＞键。否则，在“栅格 Y 轴间距”文本框中输入栅格点之间的垂直距离。

用户可改变栅格与图形界限的相对位置。默认情况下，栅格以图形界限的左下角为起点，沿着与坐标轴平行的方向填充整个由图形界限所确定的区域。

技巧荟萃

如果栅格的间距设置得太小，当进行打开栅格操作时，AutoCAD 将在命令行中显示“栅格太密，无法显示”提示信息，而不在屏幕上显示栅格点。使用缩放功能时，将图形缩放得很小，也会出现同样的提示，不显示栅格。

使用捕捉功能可以使用户直接使用鼠标快速地定位目标点。捕捉模式有几种不同的形式：栅格捕捉、对象捕捉、极轴捕捉和自动捕捉，在下文中将详细讲解。

另外，还可以使用“GRID”命令通过命令行方式设置栅格，功能与“草图设置”对话框类似，不再赘述。

4. 正交绘图

正交绘图模式，即在命令的执行过程中，光标只能沿 X 轴或者 Y 轴移动。所有绘制的线段和构造线都将平行于 X 轴或 Y 轴，因此它们相互垂直成 90°相交，即正交。使用正交绘图模式，对于绘制水平线和垂直线非常有用，特别是绘制构造线时经常使用。而且当捕捉模式为等轴测模式时，它还迫使直线平行于 3 个坐标轴中的一个。

设置正交绘图模式，可以直接单击状态栏中“正交模式”按钮，或按<F8>键，相应的会在文本窗口中显示开/关提示信息。也可以在命令行中输入“ORTHO”命令，执行开启或关闭正交绘图模式的操作。

5. 极轴捕捉

极轴捕捉是在创建或修改对象时，按事先给定的角度增量和距离增量来追踪特征点，即捕捉相对于初始点且满足指定极轴距离和极轴角的目标点。

极轴追踪设置主要是设置追踪的距离增量和角度增量，以及与之相关联的捕捉模式。这些设置可以通过“草图设置”对话框中的“捕捉和栅格”选项卡与“极轴追踪”选项卡来实现。

（1）设置极轴距离

如图 5-3 所示，在“草图设置”对话框的“捕捉和栅格”选项卡中，可以设置极轴距离增量，单位毫米。绘图时，光标将按指定的极轴距离增量进行移动。

（2）设置极轴角度

在“草图设置”对话框的“极轴追踪”选项卡中，可以设置极轴角增量角度，如图 5-4 所示。设置时，可以使用向“增量角”下拉选择中的预设的角度，也可以直接输入其他任意角度。光标移动时，如果接近极轴角，将显示对齐路径和工具栏提示。例如，图 5-5 所示为当极轴角增量设置为 30°，光标移动时显示的对齐路径。

“附加角”用于设置极轴追踪时是否采用附加角度追踪。选中“附加角”复选框，通过“增加”按钮或者“删除”按钮来增加、删除附加角度值。

（3）对象捕捉追踪设置

用于设置对象捕捉追踪的模式。如果在“极轴追踪”选项卡的“对象捕捉追踪设置”

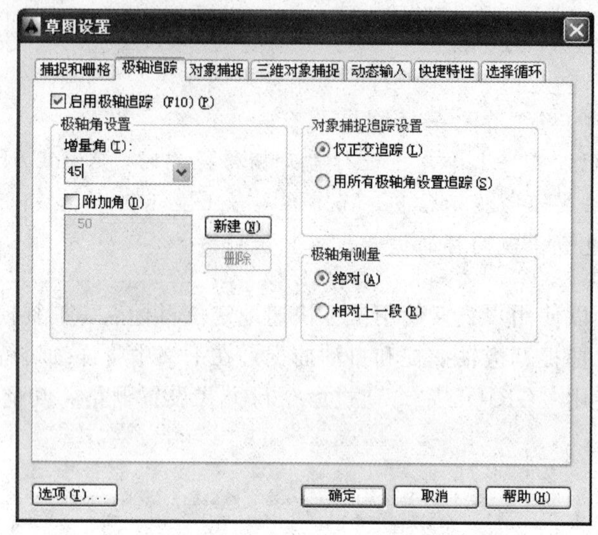

图 5-4 “极轴追踪”选项卡

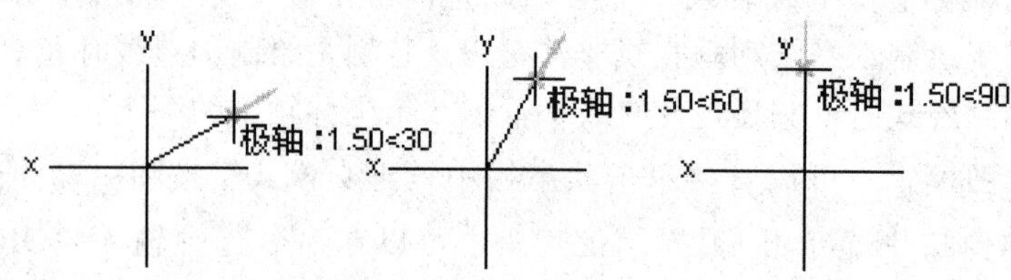

图 5-5 极轴捕捉

选项组中点选“仅正交追踪”单选钮，则当采用追踪功能时，系统仅在水平和垂直方向上显示追踪数据；如果点选“用所有极轴角设置追踪”单选钮，则当采用追踪功能时，系统不仅可以在水平和垂直方向显示追踪数据，还可以在设置的极轴追踪角度与附加角度所确定的一系列方向上显示追踪数据。

（4）极轴角测量

用于设置极轴角的角度测量采用的参考基准。“绝对”则是相对水平方向逆时针测量，“相对上一段”则是以上一段对象为基准进行测量。

6. 允许/禁止动态 UCS

使用动态 UCS 功能，可以在创建对象时使 UCS 的 XY 平面自动与实体模型上的平面临时对齐。

使用绘图命令时，可以通过在面的一条边上移动指针对齐 UCS，而无须使用 UCS 命令。结束该命令后，UCS 将恢复到其上一个位置和方向。

7. 动态输入

“动态输入”在光标附近提供了一个命令界面，以帮助用户专注于绘图区域。

打开动态输入时，工具提示将在光标旁边显示信息，该信息会随光标移动动态更新。当某命令处于活动状态时，工具提示将为用户提供输入的位置。

8. 显示/隐藏线宽

可以在图形中打开和关闭线宽，并在模型空间中以不同于在图纸空间布局中的方式显示。

9. 快捷特性

对于选定的对象，可以使用“快捷特性”选项板访问可通过特性选项板访问的特性的子集。

可以自定义显示在“快捷特性”选项板上的特性。选定对象后所显示的特性是所有对象类型的共通特性，也是选定对象的专用特性。可用特性与特性选项板上的特性以及用于鼠标悬停工具提示的特性相同。

5.1.2 对象捕捉工具

1. 对象捕捉

AutoCAD给所有的图形对象都定义了特征点，对象捕捉则是指在绘图过程中，通过捕捉这些特征点，迅速准确地将新的图形对象定位在现有对象的确切位置上，如圆的圆心、线段中点或两个对象的交点等。在AutoCAD 2014中，可以通过单击状态栏中“对象捕捉追踪”按钮，或在“草图设置”对话框的“对象捕捉”选项卡中勾选“启用对象捕捉”复选框，来启用对象捕捉功能。在绘图过程中，对象捕捉功能的调用可以通过以下方式完成。

（1）使用“对象捕捉”工具栏

在绘图过程中，当系统提示需要指定点的位置时，可以单击“对象捕捉”工具栏中相应的特征点按钮，如图5-6所示，再把光标移动到要捕捉对象的特征点附近，AutoCAD会自动提示并捕捉到这些特征点。例如，如果需要用直线连接一系列圆的圆心，可以将圆心设置为捕捉对象。如果有多个可能的捕捉点落在选择区域内，AutoCAD将捕捉离光标中心最近的符合条件的点。在指定位置有多个符合捕捉条件的对象时，需要检查哪一个对象捕捉有效，在捕捉点之前，按<Tab>键可以遍历所有可能的点。

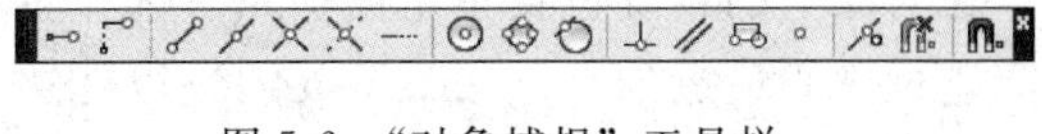

图5-6 “对象捕捉”工具栏

（2）使用“对象捕捉”快捷菜单

在需要指定点的位置时，还可以按住<Ctrl>键或<Shift>键并右击，弹出“对象捕捉”快捷菜单，如图5-7所示。在该菜单上同样可以选择某一种特征点执行对象捕捉，把光标移动到要捕捉对象的特征点附近，即可捕捉到这些特征点。

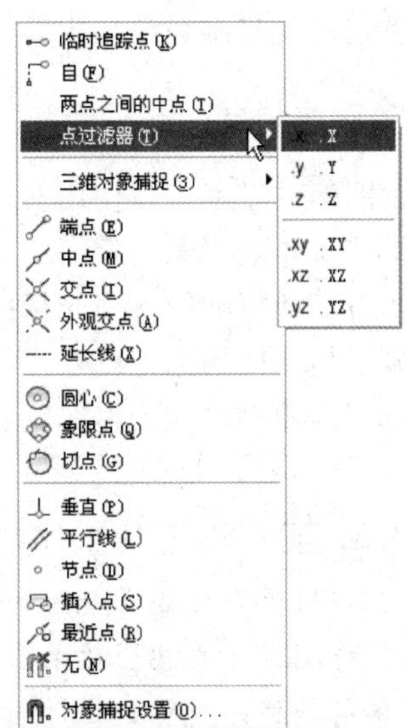

图5-7 “对象捕捉”快捷菜单

(3) 使用命令行

当需要指定点的位置时，在命令行中输入相应特征点的关键字，然后把光标移动到要捕捉对象的特征点附近，即可捕捉到这些特征点。对象捕捉特征点的关键字如表 5-1 所示。

对象捕捉特征点的关键字　　表 5-1

模式	关键字	模式	关键字	模式	关键字
临时追踪点	TT	捕捉自	FROM	端点	END
中点	MID	交点	INT	外观交点	APP
延长线	EXT	圆心	CEN	象限点	QUA
切点	TAN	垂足	PER	平行线	PAR
节点	NOD	最近点	NEA	无捕捉	NON

技巧荟萃

1. 对象捕捉不可单独使用，必须配合其他绘图命令一起使用。仅当 AutoCAD 提示输入点时，对象捕捉才生效。如果试图在命令提示下使用对象捕捉，AutoCAD 将显示错误信息。

2. 对象捕捉只影响屏幕上可见的对象，包括锁定图层上的对象、布局视口边界和多段线上的对象，不能捕捉不可见的对象，如未显示的对象、关闭或冻结图层上的对象或虚线的空白部分。

2. 三维对象捕捉

控制三维对象的执行对象捕捉设置。使用执行对象捕捉设置（也称为对象捕捉），可以在对象上的精确位置指定捕捉点。选择多个选项后，将应用选定的捕捉模式，以返回距离靶框中心最近的点。按<Tab> 键以在这些选项之间循环。

打开三维对象捕捉：打开和关闭三维对象捕捉。当对象捕捉打开时，在“三维对象捕捉模式”下选定的三维对象捕捉处于活动状态。

3. 对象捕捉追踪

在绘制图形的过程中，使用对象捕捉的频率非常高，如果每次在捕捉时都要先选择捕捉模式，将使工作效率大大降低。出于此种考虑，AutoCAD 提供了自动对象捕捉模式。如果启用了自动捕捉功能，当光标距指定的捕捉点较近时，系统会自动精确地捕捉这些特征点，并显示出相应的标记以及该捕捉的提示。在“草图设置”对话框的“对象捕捉”选项卡中勾选“启用对象捕捉追踪”复选框，可以调用自动捕捉功能，如图 5-8 所示。

技巧荟萃

用户可以设置自己经常要用的捕捉方式。一旦设置了捕捉方式后，在每次运行时，所设定的目标捕捉方式就会被激活，而不是仅对一次选择有效，当同时使用多种捕捉方式时，系统将捕捉距光标最近、同时又满足多种目标捕捉方式之一的点。当光标距要获取的点非常近时，按<Shift>键将暂时不获取对象。

5.1.3 实例——路灯杆

绘制如图 5-9 所示的路灯杆。

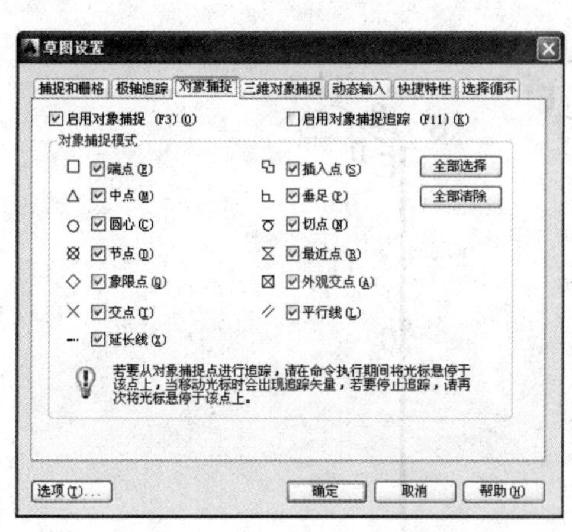

图 5-8 “对象捕捉”选项卡

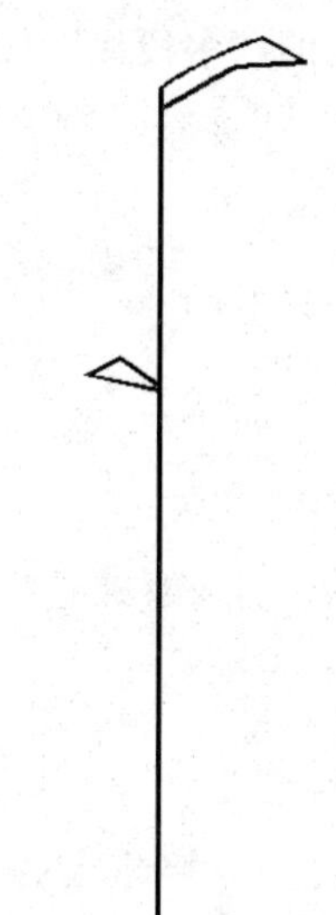

图 5-9 路灯杆

光盘\动画演示\第 5 章\路灯杆.avi

【操作步骤】

1. 单击“绘图”工具栏中的“多段线”按钮，绘制电灯杆。指定 A 点为起点，输入 w 设置多段线的宽为 0.0500，然后垂直向上 1.4，然后接着垂直向上 2.6，然后垂直向上 1，接着垂直向上 4，最后垂直向上 2。完成的图形如图 5-10（*a*）所示。

2. 单击“绘图”工具栏中的“直线”按钮，指定 B 点为起点，水平向右绘制一条长为 1 的直线，然后绘制一条垂直向上长为 0.3 的直线。

3. 单击“绘图”工具栏中的“直线”按钮，以刚刚绘制好的水平直线的端点为起点，水平向右绘制一条长为 0.5 的直线，然后绘制一条垂直向上长为 0.6 的直线。

4. 单击“绘图”工具栏中的“直线”按钮，以刚刚绘制好的 0.5 长的水平直线的右端点为起点，水平向右绘制一条长为 0.5 的直线，然后绘制一条垂直向上长为 0.35 的直线。

5. 单击“绘图”工具栏中的“多段线”按钮，绘制灯罩。指定 F 点为起点，输入 w 设置多段线的宽为 0.05，指定 D 点为第二点，指定 E 点为第三点。完成的图形如图 5-10（*b*）所示。

6. 单击“绘图”工具栏中的“多段线”按钮，绘制灯罩。指定 B 点为起点，输入 w 设置多段线的宽为 0.03，输入 a 来绘制圆弧，在状态栏，单击“对象捕捉”按钮，打开“对象捕捉”，指定 G 点为圆弧第二点，指定 H 点为圆弧第三点，指定 I 点为圆弧第四点，指定 E 点为圆弧第五点，完成的图形如图 5-10（*c*）所示。

7. 单击“修改”工具栏中的“删除”按钮，删除多余的直线，然后单击“绘图”工具栏中的“多段线”按钮，绘制剩余图形，结果如图 5-9 所示。

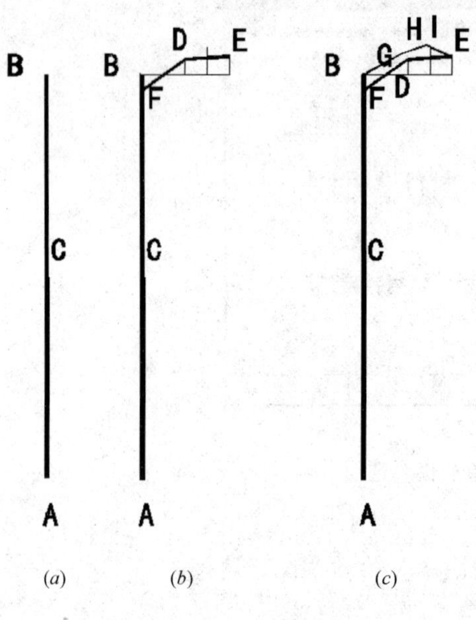

(*a*)　(*b*)　(*c*)

图 5-10　电杆绘制流程

5.2 查询工具

为方便用户及时了解图形信息，AutoCAD 提供了很多查询工具，这里简要进行说明。

5.2.1 距离查询

命令行：MEASUREGEOM。

菜单：“工具”→“查询”→“距离”。

工具栏：“查询”→“距离”。

命令：MEASUREGEOM

输入选项［距离(D)/半径(R)/角度(A)/面积(AR)/体积(V)］＜距离＞：距离

指定第一点：指定点

指定第二点或［多点］：指定第二点或输入 m 表示多个点

输入选项［距离(D)/半径(R)/角度(A)/面积(AR)/体积(V)/退出(X)］＜距离＞：退出

【选项说明】

多点：如果使用此选项，将基于现有直线段和当前橡皮线即时计算总距离。

5.2.2 面积查询

【执行方式】

命令行：MEASUREGEOM。

菜单："工具"→"查询"→"面积"。

工具栏："查询"→"面积"。

【操作步骤】

命令：MEASUREGEOM

输入选项［距离(D)/半径(R)/角度(A)/面积(AR)/体积(V)］＜距离＞：面积

指定第一个角点或［对象(O)/增加面积(A)/减少面积(S)/退出(X)］＜对象＞：选择选项

【选项说明】

在工具选项板中，系统设置了一些常用图形的选项卡，这些选项卡可以方便用户绘图。

1. 指定角点

计算由指定点所定义的面积和周长。

2. 增加面积

打开"加"模式，并在定义区域时即时保持总面积。

3. 减少面积

从总面积中减去指定的面积。

5.3 图块及其属性

把一组图形对象组合成图块加以保存，需要的时候可以把图块作为一个整体以任意比例和旋转角度插入到图中任意位置，这样不仅避免了大量的重复工作，提高绘图速度和工作效率，而且可大大节省磁盘空间。

5.3.1 图块操作

1. 图块定义

【执行方式】

命令行：BLOCK。

菜单："绘图"→"块"→"创建"。

工具栏："绘图"→"创建块"。

【操作步骤】

执行上述命令，系统弹出图 5-11 所示的"块定义"对话框，利用该对话框指定定义对象和基点以及其他参数，可定义图块并命名。

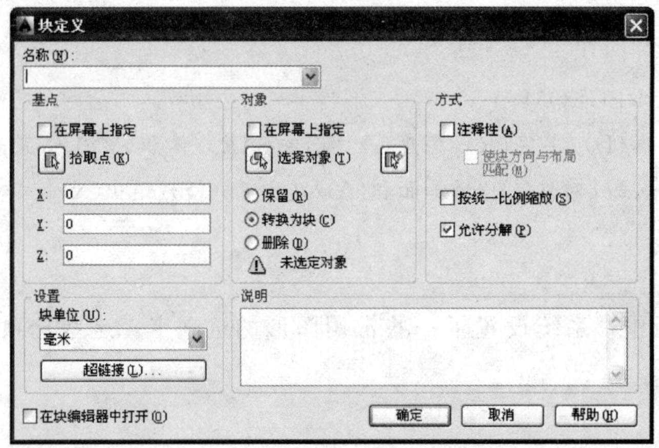

图 5-11 "块定义"对话框

2. 图块保存

【执行方式】

命令行：WBLOCK。

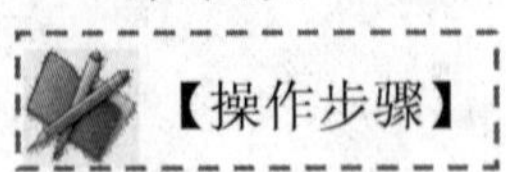

【操作步骤】

执行上述命令，系统弹出如图 5-12 所示的"写块"对话框。利用此对话框可把图形对象保存为图块或把图块转换成图形文件。

3. 图块插入

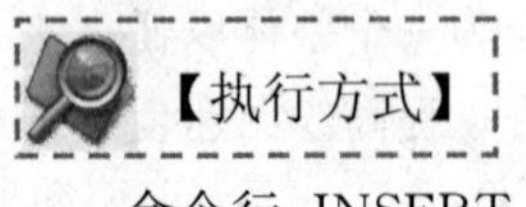

【执行方式】

命令行：INSERT。

菜单:“插入”→“块”。

工具栏:“插入”→“插入块”或“绘图”→“插入块”。

【操作步骤】

执行上述命令，系统弹出“插入”对话框，如图 5-13 所示。利用此对话框设置插入点位置、插入比例以及旋转角度可以指定要插入的图块及插入位置。

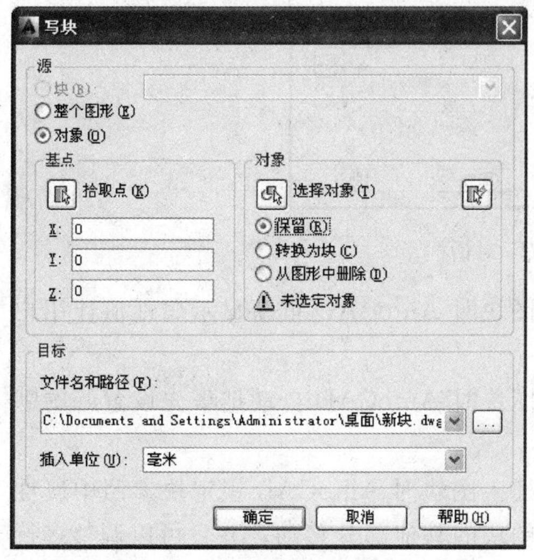

图 5-12 “写块”对话框

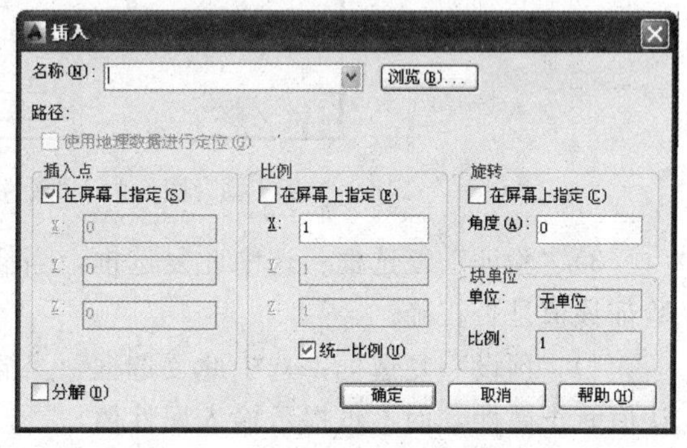

图 5-13 “插入”对话框

5.3.2 图块的属性

1. 属性定义

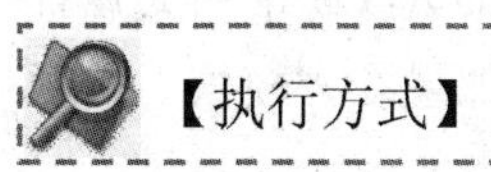
【执行方式】

命令行:ATTDEF。

菜单:“绘图”→“块”→“定义属性”。

【操作步骤】

执行上述命令，系统弹出“属性定义”对话框，如图 5-14 所示。

【选项说明】

(1)“模式”选项组

1)“不可见”复选框：选中此复选框，属性为不可见显示方式，即插入图块并输入属性值后，属性值在图中并不显示出来。

2)“固定”复选框：选中此复选框，属性值为常量，即属性值在属性定义时给定，在插入图块时 AutoCAD 不再提示输入属性值。

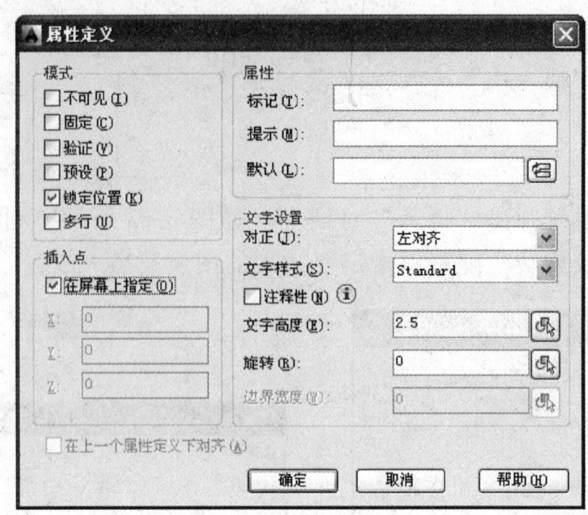

图 5-14 “属性定义”对话框

3）“验证”复选框：选中此复选框，当插入图块时 AutoCAD 重新显示属性值让用户验证该值是否正确。

4）“预设”复选框：选中此复选框，当插入图块时 AutoCAD 自动把事先设置好的默认值赋予属性，而不再提示输入属性值。

5）“锁定位置”复选框：选中此复选框，当插入图块时 AutoCAD 锁定块参照中属性的位置。解锁后，属性可以相对于使用夹点编辑的块的其他部分移动，并且可以调整多行属性的大小。

6）“多行”复选框：指定属性值可以包含多行文字。

（2）“属性”选项组

1）“标记”文本框：输入属性标签。属性标签可由除空格和感叹号以外的所有字符组成。AutoCAD 自动把小写字母改为大写字母。

2）“提示”文本框：输入属性提示。属性提示是插入图块时 AutoCAD 要求输入属性值的提示。如果不在此文本框内输入文本，则以属性标签作为提示。如果在“模式”选项组选中“固定”复选框，即设置属性为常量，则不需设置属性提示。

3）“值”文本框：设置默认的属性值。可把使用次数较多的属性值作为默认值，也可不设默认值。

其他各选项组比较简单，不再赘述。

2. 修改属性定义

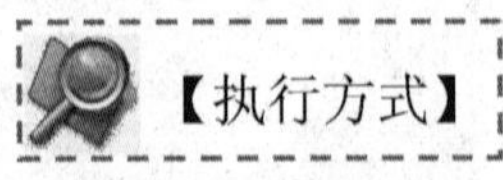

命令行:DDEDIT。

菜单：“修改”→“对象”→“文字”→“编辑”。

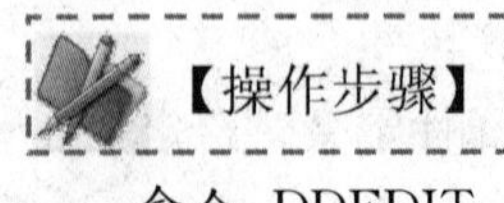

命令:DDEDIT

选择注释对象或[放弃(U)]:

在此提示下选择要修改的属性定义，AutoCAD 打开“编辑属性定义”对话框，如图5-15 所示。可以在该对话框中修改属性定义。

3. 图块属性编辑

【执行方式】

命令行:EATTEDIT。

菜单:“修改”→“对象”→“属性”→“单个”。

工具栏:“修改 II”→“编辑属性”。

【操作步骤】

命令:EATTEDIT

选择块:

选择块后，系统弹出“增强属性编辑器”对话框，如图 5-16 所示。该对话框不仅可以编辑属性值，还可以编辑属性的文字选项和图层、线型、颜色等特性值。

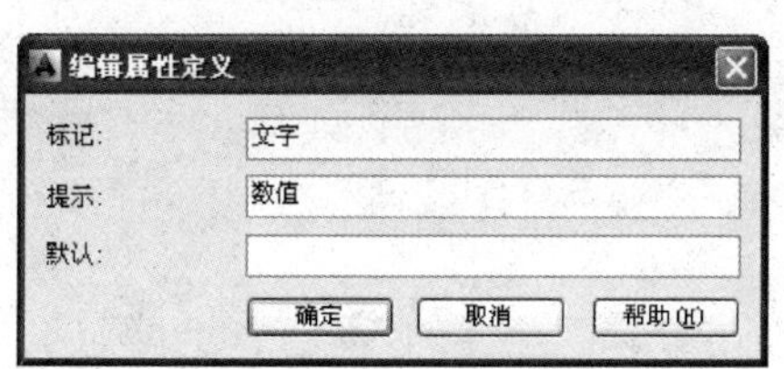

图 5-15 “编辑属性定义”对话框

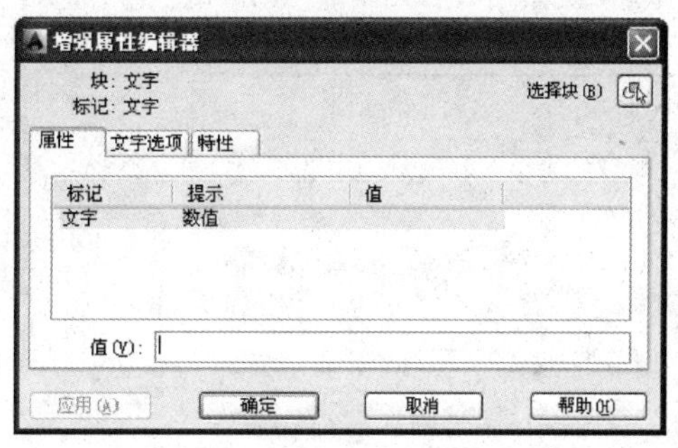

图 5-16 “增强属性编辑器”对话框

5.3.3 实例——标注标高符号

标注如图 5-17 所示的标高符号。

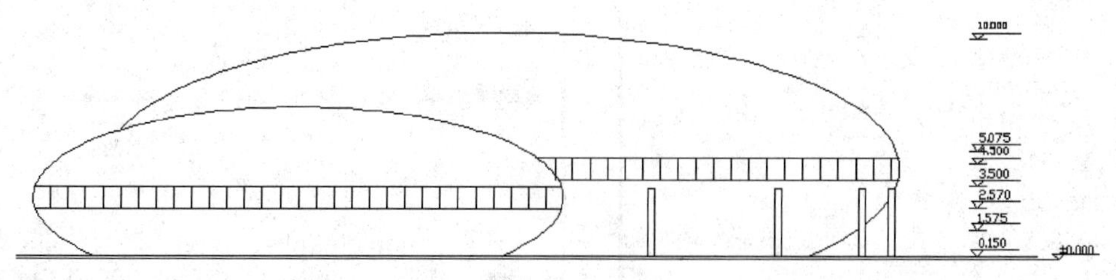

图 5-17 标注标高符号

参见光盘

光盘\动画演示\第 5 章\标注标高符号.avi

【操作步骤】

1. 选择菜单栏中的“绘图”→“直线”命令，绘制如图 5-18 所示的标高符号图形。

2. 选择菜单栏中的“绘图”→“块”→“定义属性”命令，系统打开“属性定义”对话框，进行如图 5-19 所示的设置，其中模式为“验证”，插入点为粗糙度符号水平线中点，确认退出。

3. 在命令行输入 WBLOCK 命令打开“写块”对话框，如图 5-20 所示。拾取图 5-18 图形下尖点为基点，以此图形为对象，输入图块名称并指定路径，确认退出。

4. 选择菜单栏中的“绘图”→“插入块”命令，打开“插入”对话框，如图 5-21 所示。单击“浏览”按钮找到刚才保存的图块，在屏幕上指定插入点和旋转角度，将该图块插入到如图 5-17 所示的图形中，这时，命令行会提示输入属性，并要求验证属性值，此

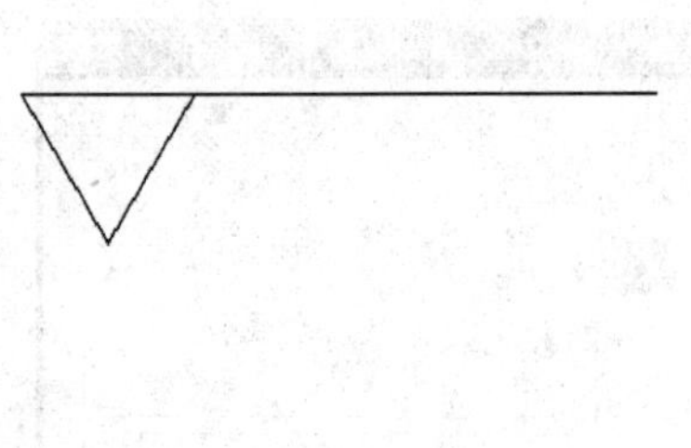

图 5-18　绘制标高符号

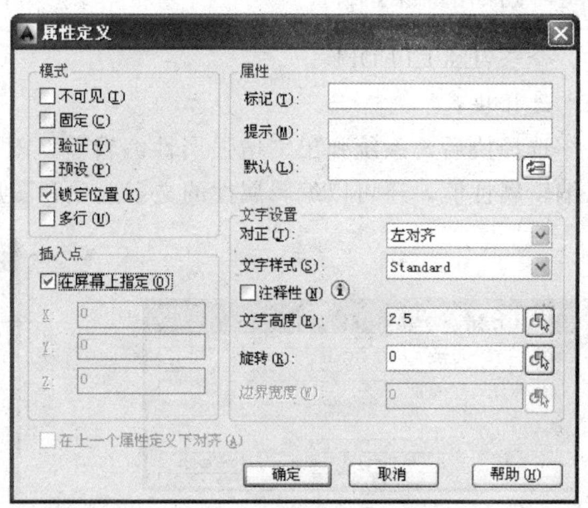

图 5-19　“属性定义”对话框

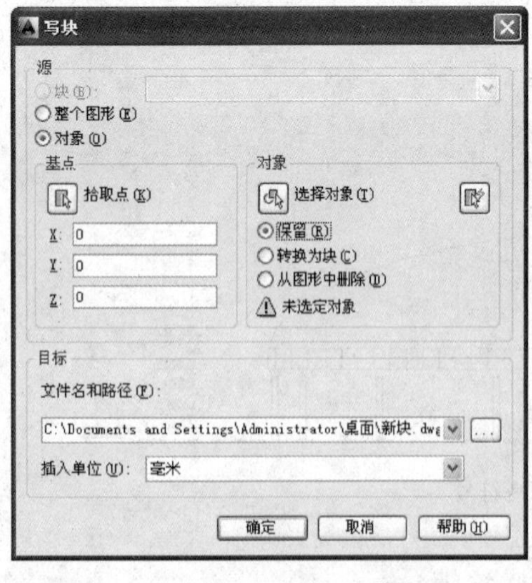

图 5-20　“写块”对话框

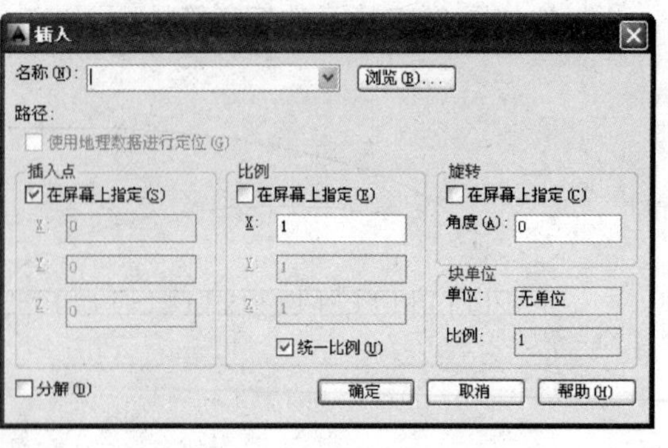

图 5-21　“插入”对话框

时输入标高数值 0.150，就完成了一个标高的标注。

5. 继续插入标高符号图块，并输入不同的属性值作为标高数值，直到完成所有标高符号标注。

5.4 设计中心与工具选项板

使用 AutoCAD 2014 设计中心可以很容易地组织设计内容，并把它们拖动到当前图形中。工具选项板是“工具选项板”窗口中选项卡形式的区域，提供组织、共享和放置块及填充图案的有效方法。工具选项板还可以包含由第三方开发人员提供的自定义工具。也可以利用设置中组织内容，并将其创建为工具选项板。设计中心与工具选项板的使用大大方便了绘图，加快绘图的效率。

5.4.1 设计中心

1. 启动设计中心

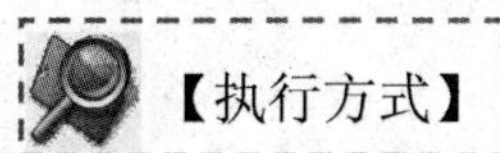

【执行方式】

命令行：ADCENTER。

菜单：“工具”→选项板→“设计中心”。

工具栏：“标准”→“设计中心”。

快捷键：按＜Ctrl＞＋＜2＞键。

执行上述命令，系统打开设计中心。第一次启动设计中心时，它的默认打开的选项卡为“文件夹”。内容显示区采用大图标显示，左边的资源管理器采用 tree view 显示方式显示系统的树形结构，浏览资源的同时，在内容显示区显示所浏览资源的有关细目或内容，如图 5-22 所示。也可以搜索资源，方法与 windows 资源管理器类似。

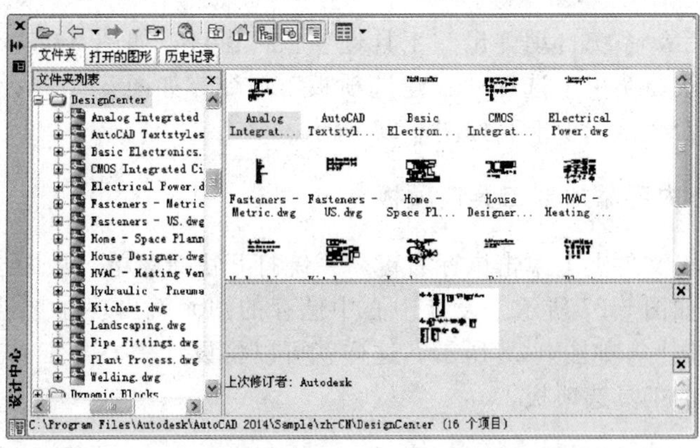

图 5-22 AutoCAD 2014 设计中心的资源管理器和内容显示区

2. 利用设计中心插入图形

设计中心一个最大的优点是可以将系统文件夹中的 DWG 图形当成图块插入到当前图

形中去。

(1) 从查找结果列表框选择要插入的对象，双击对象。

(2) 弹出“插入”对话框，如图 5-23 所示。

(3) 在对话框中插入点、比例和旋转角度等数值。

被选择的对象根据指定的参数插入到图形当中。

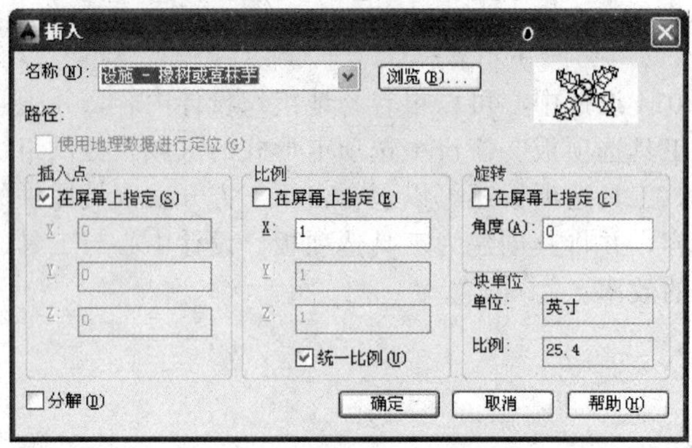

图 5-23 “插入”对话框

5.4.2 工具选项板

1. 打开工具选项板

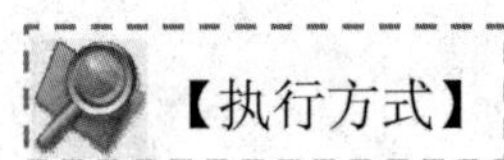

命令行：TOOLPALETTES。

菜单：工具→选项板→工具选项板。

工具栏：标准→工具选项板窗口。

快捷键：按<Ctrl>+<3>键。

执行上述操作后，系统自动弹出“工具选项板”窗口，如图 5-24 所示。单击鼠标右键，在系统弹出的快捷菜单中选择“新建选项板”命令，如图 5-25 所示。系统新建一个空白选项卡，可以命名该选项卡，如图 5-26 所示。

2. 将设计中心内容添加到工具选项板

在 Designcenter 文件夹上单击鼠标右键，系统打开快捷菜单，从中选择“创建块的工具选项板”命令，如图 5-27 所示。设计中心中储存的图元就出现在工具选项板中新建的 Designcenter 选项卡上，如图 5-28 所示。这样就可以将设计中心与工具选项板结合起来，建立一个快捷方便的工具选项板。

3. 利用工具选项板绘图

只需要将工具选项板中的图形单元拖动到当前图形，该图形单元就以图块的形式插入到当前图形中。如图 5-29 所示的是将工具选项板中“建筑”选项卡中的“床-双人床”图形单元拖到当前图形。

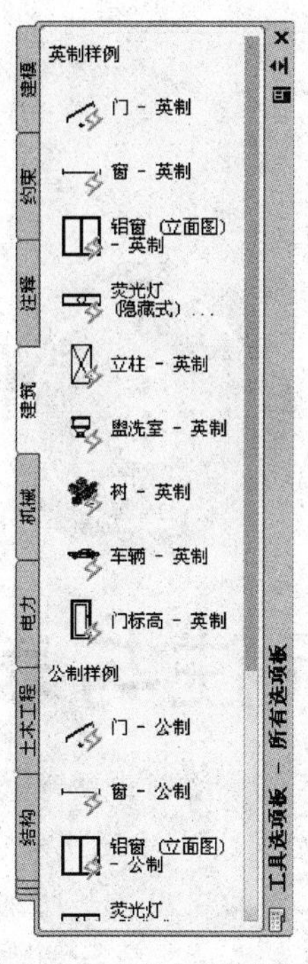

图 5-24　工具选项板窗口

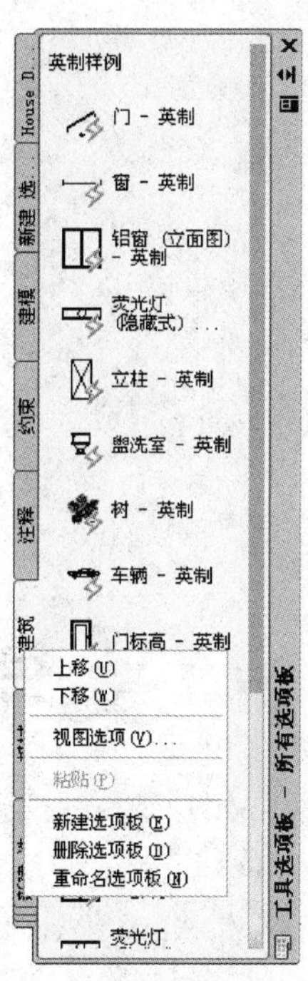

图 5-25　快捷菜单

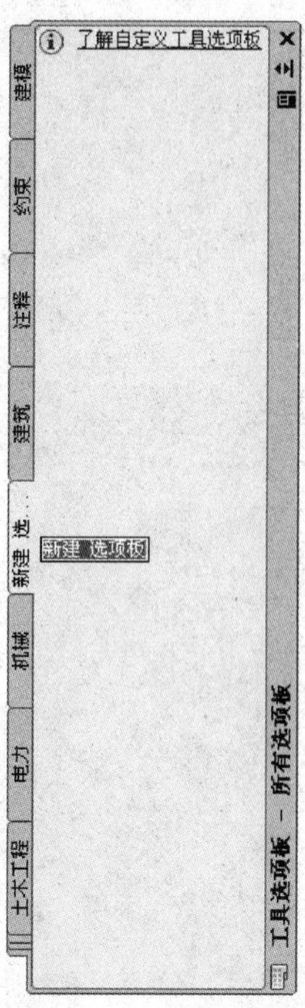

图 5-26　新建选项板

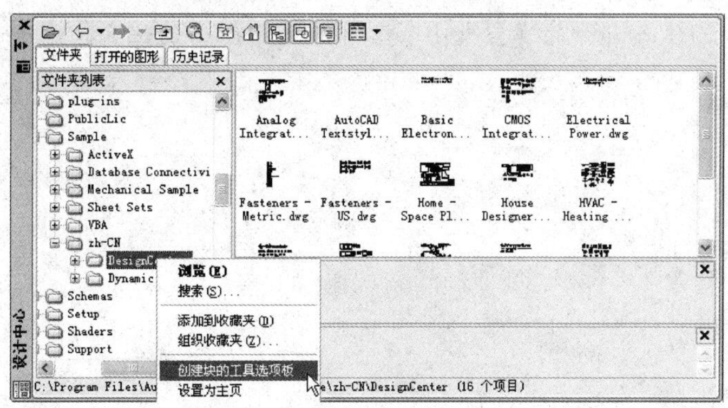

图 5-27　快捷菜单

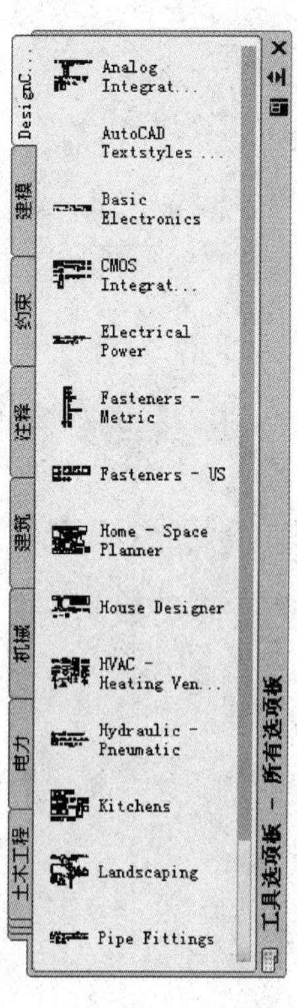

图 5-28　创建工具选项板

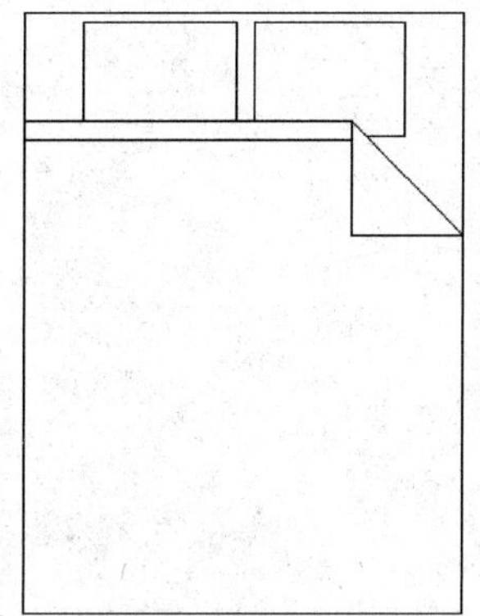

图 5-29　双人床

文字、标注与表格

在进行各种设计时，通常不仅要绘制出图形，还要在图形中标注一些文字，如技术要求、注释说明等。另外，表格在 Auto CAD 图形中也有大量的应用，如明细表、参数表和标题栏等。Auto CAD 的表格功能使绘制表格变得方便快捷。由于图形的主要作用是表达物体的形状，而物体各部分的真空大小和各部分之间的确切位置只能通过尺寸标注来表达。

- 文字
- 表格
- 尺寸标注

6.1 文　字

在工程制图中，文字标注往往是必不可少的环节。AutoCAD 2014 提供了文字相关命令来进行文字的输入与标注。

6.1.1 文字样式

AutoCAD 2014 提供“文字样式”对话框，通过这个对话框可方便直观地设置需要的文字样式，或对已有的样式进行修改。

【执行方式】

命令行：STYLE。

菜单：“格式”→“文字样式”。

工具栏：“文字”→“文字样式”。

执行上述操作之一后，系统弹出“文字样式”对话框，如图 6-1 所示。

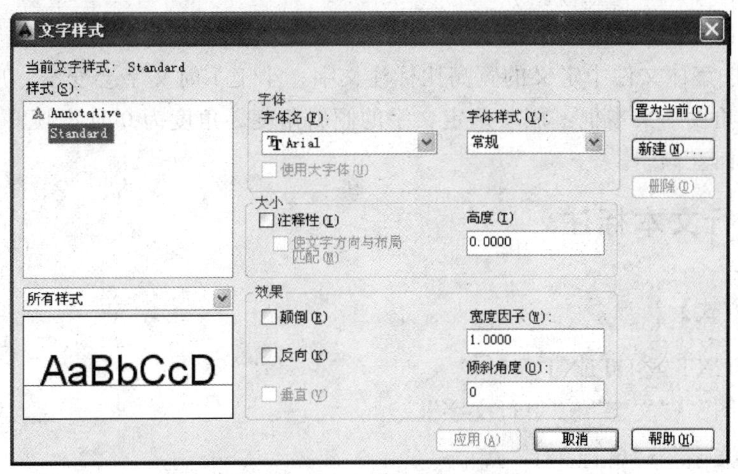

图 6-1 “文字样式”对话框

【选项说明】

1. “字体”选项组：确定字体式样。在 AutoCAD 中，除了它固有的 SHX 字体外，还可以使用 TrueType 字体（如宋体、楷体、italic 等）。一种字体可以设置不同的效果从而被多种文字样式使用。

2. “大小”选项组：用来确定文字样式使用的字体文件、字体风格及字高等。

（1）“注释性”复选框：指定文字为注释性文字。

（2）“使文字方向与布局匹配”复选框：指定图纸空间视口中的文字方向与布局方向匹配。如果取消勾选“注释性”复选框，则该选项不可用。

（3）“高度”复选框：如果在“高度”文本框中输入一个数值，则它将作为添加文字时的固定字高，在用“TEXT”命令输入文字时，AutoCAD 将不再提示输入字高参数。如果在该文本框中设置字高为 0，文字默认值为 0.2 高度，AutoCAD 则会在每一次创建文字时提示输入字高。

3.“效果”选项组：用于设置字体的特殊效果。

(1)“颠倒”复选框：勾选该复选框，表示将文本文字倒置标注，如图 6-2（*a*）所示。

(2)“反向”复选框：确定是否将文本文字反向标注。如图 6-2（*b*）所示给出了这种标注效果。

(3)“垂直”复选框：确定文本是水平标注还是垂直标注。勾选该复选框为垂直标注，否则为水平标注，如图 6-3 所示。

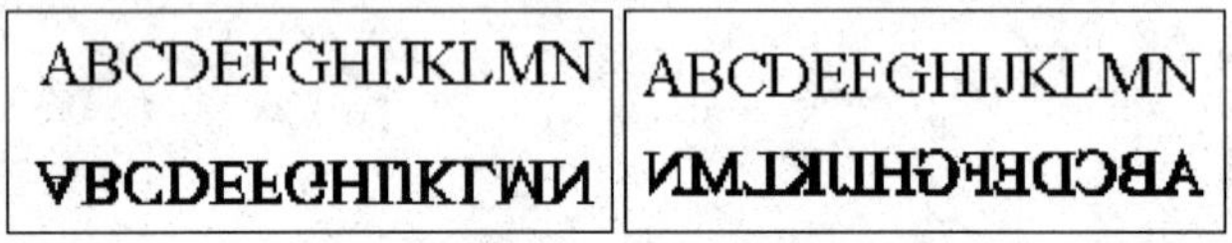

(*a*)　(*b*)

图 6-2　文字倒置标注与反向标注

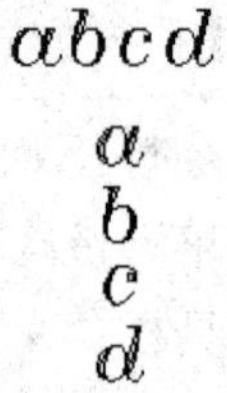

图 6-3　垂直标注文字

4.“宽度因子”文本框：用于设置宽度系数，确定文本字符的宽高比。当宽度因子为 1 时，表示将按字体文件中定义的宽高比标注文字；小于 1 时文字会变窄，反之变宽。

5.“倾斜角度”文本框：用于确定文字的倾斜角度。角度为 0 时不倾斜，为正时向右倾斜，为负时向左倾斜。

6.1.2　单行文本标注

【执行方式】

命令行：TEXT 或 DTEXT。

菜单：“绘图”→“文字”→“单行文字”。

工具栏：“文字”→“单行文字”A。

执行上述操作之一后，选择相应的菜单项或在命令行中输入“TEXT”命令，命令行中的提示如下。

当前文字样式：Standard　当前文字高度：　0.2000 注释性：　否　对正：　左

指定文字的起点或[对正(J)/样式(S)]：

【选项说明】

1. 指定文字的起点：在此提示下直接在绘图区拾取一点作为文本的起始点。利用“TEXT”命令也可创建多行文本，只是这种多行文本每一行都是一个对象，因此不能对多行文本同时进行操作，但可以单独修改每一单行的文字样式、字高、旋转角度和对齐方式等。

2. 对正（J）：在命令行中输入“J”，用来确定文本的对齐方式。对齐方式决定文本的哪一部分与所选的插入点对齐。

3. 样式（S）：指定文字样式，文字样式决定文字字符的外观。创建的文字使用当前文字样式。

实际绘图时，有时需要标注一些特殊字符，例如直径符号、上画线或下画线、温度符号等，由于这些符号不能直接从键盘上输入，AutoCAD 提供了一些控制码，用来实现这些要求。控制码用两个百分号（%%）加一个字符构成，常用的控制码如表 6-1 所示。

AutoCAD 常用控制码 **表 6-1**

符号	功能	符号	功能
%%O	上画线	\u+0278	电相位
%%U	下画线	\u+E101	流线
%%D	“度”符号	\u+2261	标识
%%P	正负符号	\u+E102	界碑线
%%C	直径符号	\u+2260	不相等
%%%	百分号(%)	\u+2126	欧姆
\u+2248	几乎相等	\u+03A9	欧米加
\u+2220	角度	\u+214A	低界线
\u+E100	边界线	\u+2082	下标 2
\u+2104	中心线	\u+00B2	上标 2
\u+0394	差值		

其中，%%O 和%%U 分别是上画线和下画线的开关，第一次出现此符号时开始画上画线和下画线，第二次出现此符号上画线和下画线终止。例如，在“输入文字：”提示后输入“I want to %%U go to Beijing%%U”，则得到如图 6-4（*a*）所示的文本行，输入“50%%D+%%C75%%P12”，则得到如图 6-4（*b*）所示的文本行。

用“TEXT”命令可以创建一个或若干个单行文本，也就是说用此命令可以用于标注多行文本。在“输入文字：”提示下输入一行文本后按<Enter>键，用户可输入第二行文本，依次类推，直到文本全部输完，再在此提示下按<Enter>键，结束文本输入命令。每按一次<Enter>键就结束一个单行文本的输入。

I want to go to Beijing.   50°+Ø75±12

(*a*)   (*b*)

图 6-4 文本行

用“TEXT”命令创建文本时，在命令行中输入的文字同时显示在屏幕上，而且在创建过程中可以随时改变文本的位置，只要将光标移到新的位置单击，则当前行结束，随后输入的文本出现在新的位置上。用这种方法可以把多行文本标注到屏幕的任何地方。

6.1.3 多行文本标注

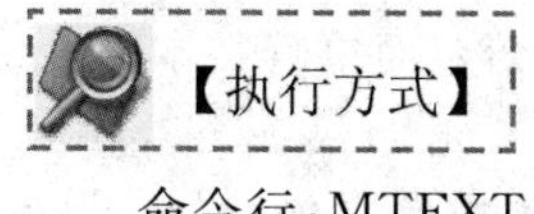

命令行：MTEXT。

菜单："绘图"→"文字"→"多行文字"。

工具栏："绘图"→"多行文字" A 或"文字"→"多行文字" A。

执行上述操作之一后，命令行中提示如下：

当前文字样式："Standard" 当前文字高度：1.9122 注释性：否

指定第一角点：(指定矩形框的第一个角点)

指定对角点或[高度(H)/对正(J)/行距(L)/旋转(R)/样式(S)/宽度(W)/栏(C)]：

【选项说明】

1. 指定对角点：直接在屏幕上拾取一个点作为矩形框的第二个角点，AutoCAD以这两个点为对角点形成一个矩形区域，其宽度作为将来要标注的多行文本的宽度，而且第一个点作为第一行文本顶线的起点。响应后系统弹出如图6-5所示的多行文字编辑器，可利用此编辑器输入多行文本并对其格式进行设置。关于对话框中各选项的含义与编辑器功能，稍后再详细介绍。

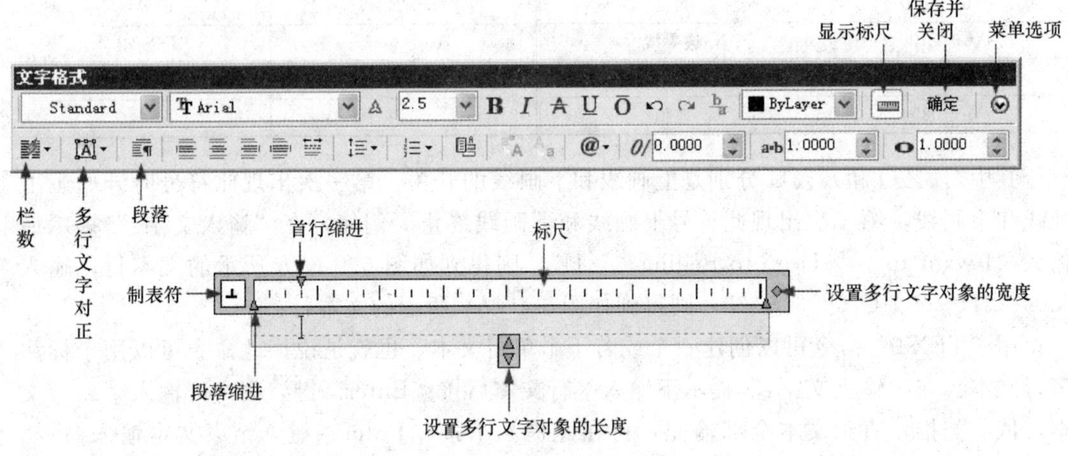

图6-5 多行文字编辑器

2. 对正(J)：确定所标注文本的对齐方式。

这些对齐方式与"TEXT"命令中的各对齐方式相同，在此不再重复。选择一种对齐方式后按<Enter>键，AutoCAD回到上一级提示。

3. 行距(L)：确定多行文本的行间距，这里所说的行间距是指相邻两文本行的基线之间的垂直距离。选择此选项，命令行中提示如下：

输入行距类型[至少(A)/精确(E)]<至少(A)>：

在此提示下有两种方式确定行间距："至少"方式和"精确"方式。"至少"方式下AutoCAD根据每行文本中最大的字符自动调整行间距。"精确"方式下AutoCAD给多行文本赋予一个固定的行间距。可以直接输入一个确切的间距值，也可以输入"nx"的形式，其中"n"是一个具体数，表示行间距设置为单行文本高度的n倍，而单行文本高度是本行文本字符高度的1.66倍。

4. 旋转(R)：确定文本行的倾斜角度。选择此选项，命令行中提示如下：

指定旋转角度<0>:(输入倾斜角度)

输入角度值后按<Enter>键,返回到"指定对角点或[高度(H)/对正(J)/行距(L)/旋转(R)/样式(S)/宽度(W)]:"提示。

5. 样式(S):确定当前的文字样式。

6. 宽度(W):指定多行文本的宽度。可在屏幕上拾取一点,将其与前面确定的第一个角点组成的矩形框的宽度作为多行文本的宽度,也可以输入一个数值,精确设置多行文本的宽度。

在创建多行文本时,只要给定了文本行的起始点和宽度后,AutoCAD 就会打开如图 4-16 所示的多行文字编辑器,该编辑器包括一个"文字格式"工具栏和一个右键快捷菜单。用户可以在编辑器中输入和编辑多行文本,包括设置字高、文字样式以及倾斜角度等。

该编辑器与 Microsoft 的 Word 编辑器界面类似,事实上该编辑器与 Word 编辑器在某些功能上趋于一致。

7. 栏(C):可以将多行文字对象的格式设置为多栏。可以指定栏和栏之间的宽度、高度及栏数,以及使用夹点编辑栏宽和栏高。其中提供了 3 个栏选项:"不分栏"、"静态栏"和"动态栏"。

8. "文字格式"工具栏:"文字格式"工具栏用来控制文本的显示特性。可以在输入文本之前设置文本的特性,也可以改变已输入文本的特性。要改变已有文本的显示特性,首先应选中要修改的文本,选择文本有以下 3 种方法:

(1) 将光标定位到文本开始处,按住鼠标左键,将光标拖到文本末尾;

(2) 双击某一个字,则该字被选中;

(3) 三击鼠标,则选中全部内容。

下面介绍"文字格式"工具栏中部分选项的功能。

1)"文字高度"下拉列表:用于确定文本的字符高度,可在其中直接输入新的字符高度,也可在下拉列表中选择已设定的高度。

2)"粗体"按钮 **B** 和"斜体"按钮 *I*:用于设置粗体和斜体效果。这两个按钮只对 TrueType 字体有效。

3)"下画线"按钮 U 和"上画线"按钮 Ō:用于设置或取消上(下)画线。

4)"堆叠"按钮 $\frac{b}{a}$:该按钮为层叠/非层叠文本按钮,用于层叠所选的文本,也就是创建分数形式。当文本中某处出现"/"、"^"或"#"这 3 种层叠符号之一时可层叠文本,方法是选中需层叠的文字,然后单击此按钮,则符号左边的文字作为分子,右边文字的作为分母进行层叠。

5)"倾斜角度"文本框 *0/*:用于设置文本的倾斜角度。

6)"符号"按钮 @:用于输入各种符号。单击该按钮,系统弹出符号列表,如图 6-6 所示。用户可以从中选择符号输入到文本中。

7)"插入字段"按钮:用于插入一些常用或预设字段。单击该按钮,系统弹出"字段"对话框,如图 6-7 所示,用户可以从中选择字段插入到标注文本中。

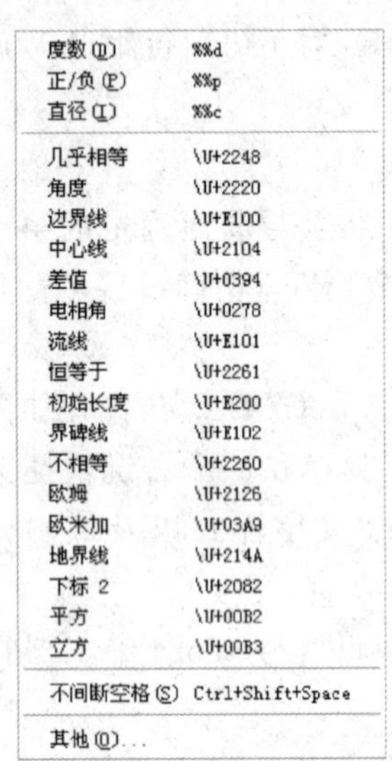

图 6-6　符号列表

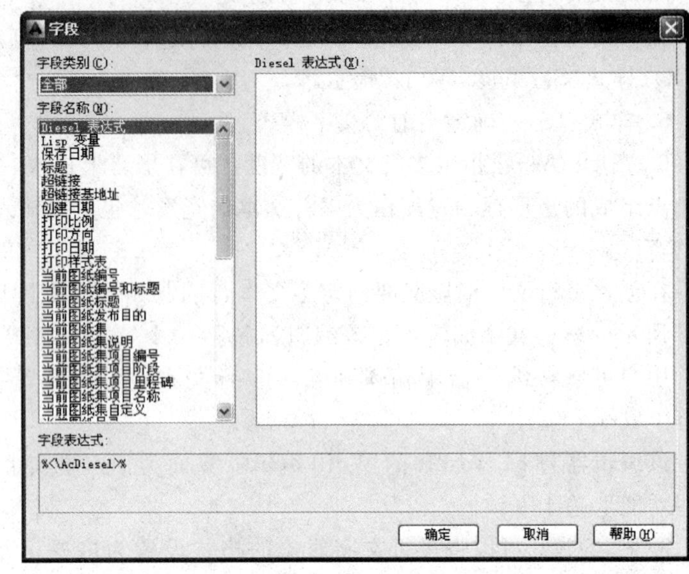

图 6-7　“字段”对话框

8）“追踪”文本框：用于增大或减小选定字符之间的距离。1.0 是常规间距，设置为大于 1.0 可增大间距，设置为小于 1.0 可减小间距。

9）“宽度比例”文本框：用于扩展或收缩选定字符。1.0 设置代表此字体中字母的常规宽度。可以增大该宽度或减小该宽度。

10）“栏”下拉列表：显示栏菜单，该菜单中提供三个栏选项：“不分栏”、“静态栏”和“动态栏”、“插入分栏符”分栏设置。

11）“多行文字对齐”下拉列表：显示“多行文字对正”菜单，并且有九个对齐选项可用。“左上”为默认。

9.“选项”菜单

单击“文字格式”工具栏中的“选项”按钮，系统弹出“选项”菜单，如图 6-8 所示。其中许多选项与 Word 中的相关选项类似，这里只对其中比较特殊的选项进行简单介绍。

（1）符号：在光标位置插入列出的符号或不间断空格。也可以手动插入符号。

（2）输入文字：选择该选项，弹出“选择文件”对话框，如图 6-9 所示。选择任意 ASCII 或 RTF 格式的文件，输入的文字保留原始字符格式和样式特性，但可以在多行文字编辑器中编辑或格式化输入的文字。选择要输入的文本文件后，可以在文本编辑框中替换选定的文字或全部文字，或在文字边界内将插入的文字附加到选定的文字中。输入文字的文件必须小于 32K。

（3）删除格式：清除选定文字的粗体、斜体或下画线格式。

（4）背景遮罩：用设定的背景对标注的文字进行遮罩。选择该命令，系统打开“背景遮罩”对话框，如图 6-10 所示。

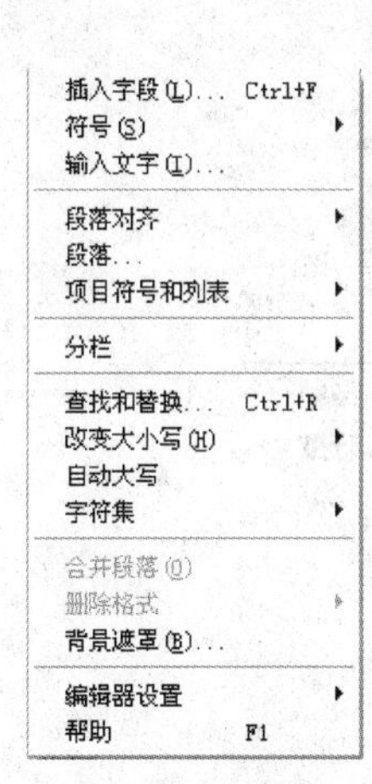

图 6-8 “选项”菜单

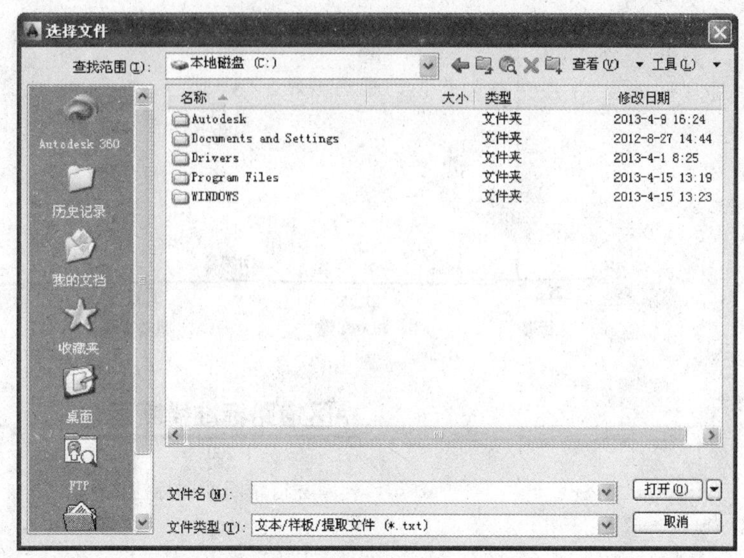

图 6-9 “选择文件”对话框

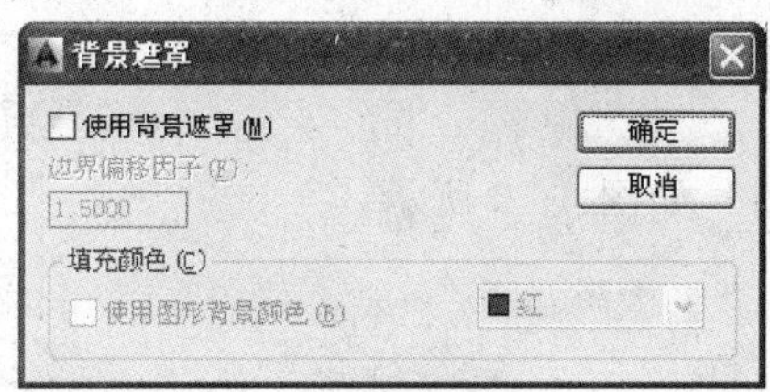

图 6-10 “背景遮罩”对话框

6.1.4 文本编辑

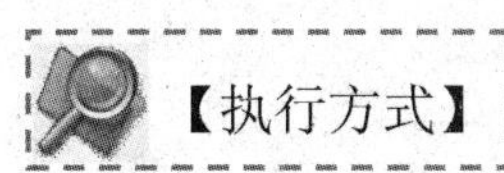

命令行：DDEDIT。

菜单：“修改”→“对象”→“文字”→“编辑”。

工具栏：“文字”→“编辑” 。

执行上述操作之一后，命令行中的提示如下：

命令：DDEDIT↙

选择注释对象或［放弃（U）］：

要求选择想要修改的文本，同时光标变为拾取框。单击选择对象，如果选择的文本是用“TEXT”命令创建的单行文本，则亮显该文本，此时可对其进行修改；如果选择的文本是用“MTEXT”命令创建的多行文本，选择后则打开多行文字编辑器，可根据前面的介绍对各项设置或内容进行修改。

6.1.5 实例——标注园林道路断面图说明文字

给如图 6-11 所示的园林道路断面图标注说明文字。

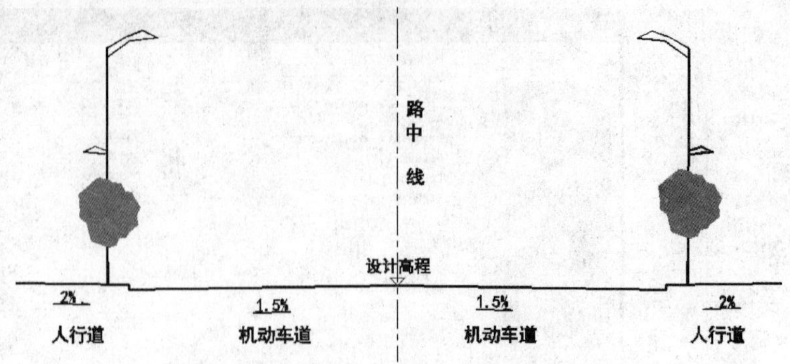

图 6-11　园林道路断面图标注说明文字

光盘\动画演示\第 6 章\标注园林道路断面图说明文字.avi

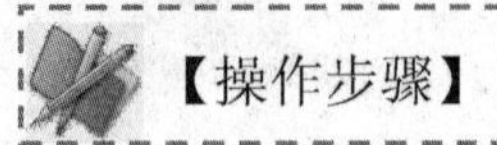

1. 打开园林道路断面图，如图 6-12 所示。

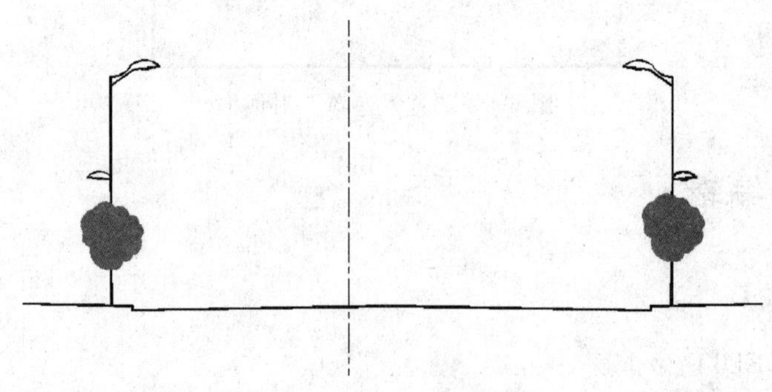

图 6-12　园林道路断面图

2. 设置图层

打开源文件/图库/道路断面图，新建一个文字图层，其设置如图 6-13 所示。

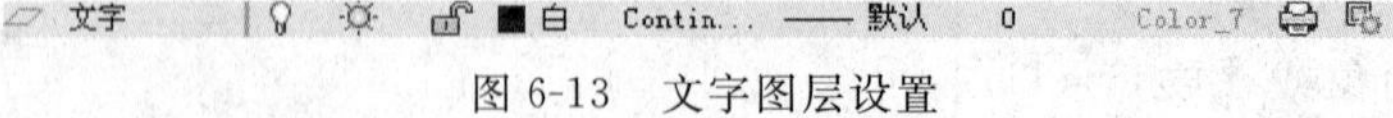

图 6-13　文字图层设置

3. 文字样式的设置

单击“文字”工具栏中的“文字样式”按钮，进入“文字样式”对话框，选择仿宋字体，宽度因子设置为 0.8。文字样式的设置如图 6-14 所示。

4. 绘制高程符号

（1）把尺寸线图层设置为当前图层。单击“绘图”工具栏中的“正多边形”按钮，在平面上绘制一个封闭的倒立正三角形 ABC。

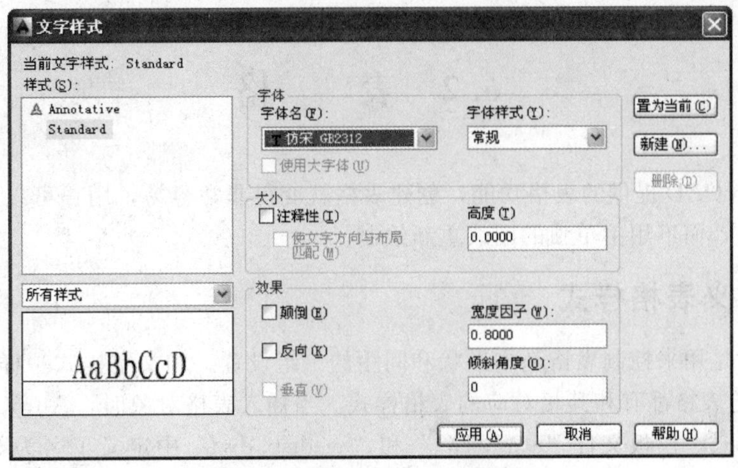

图 6-14 “文字样式”对话框

(2) 把文字图层设置为当前图层。单击“绘图”工具栏中的“多行文字”按钮A，标注标高文字“设计高程”，指定的高度为 0.7，旋转角度为 0。操作流程如图 6-15 所示。

5. 绘制箭头以及标注文字

(1) 单击“绘图”工具栏中的“多段线”按钮，绘制箭头。指定 A 点为起点，输入 w 设置多段线的宽为 0.0500，指定 B 点为第二点，输入 w 指定起点宽度为 0.1500，指定端点宽度 0，指定 C 点为第三点。

(2) 单击“绘图”工具栏中的“多行文字”按钮A，标注标高“1.5%”，指定的高度为 0.5，旋转角度为 0。注意文字标注时需要把文字图层设置为当前图层。

操作步骤如图 6-16 所示。

图 6-15 高程符号绘制流程　　图 6-16 道路横断面图坡度绘制流程

(3) 同上标注其他文字，完成的图形如图 6-17 所示。

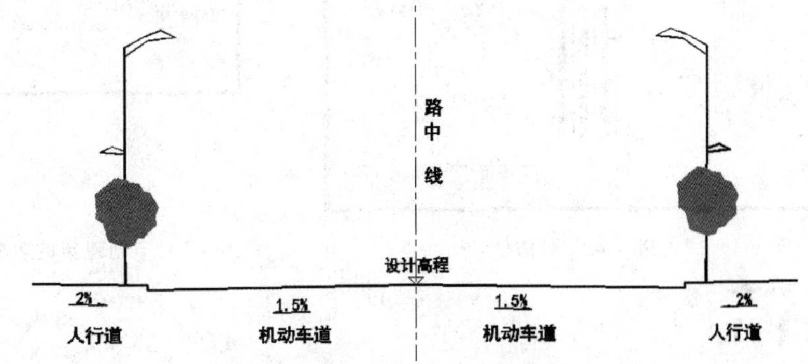

图 6-17 道路横断面图文字标注

6.2 表　格

使用 AutoCAD 提供的表格功能，创建表格就变得非常容易，用户可以直接插入设置好样式的表格，而不用由单独的图线重新绘制。

6.2.1 定义表格样式

表格样式是用来控制表格基本形状和间距的一组设置。和文字样式一样，所有 AutoCAD 图形中的表格都有和其相对应的表格样式。当插入表格对象时，AutoCAD 使用当前设置的表格样式。模板文件“acad. dwt”和“acadiso. dwt”中定义了名为 Standard 的默认表格样式。

【执行方式】

命令行：TABLESTYLE。

菜单：“格式”→“表格样式”。

工具栏：“样式”→“表格样式管理器”。

执行上述操作之一后，弹出“表格样式”对话框，如图 6-18 所示。单击“新建”按钮，弹出“创建新的表格样式”对话框，如图 6-19 所示。输入新的表格样式名后，单击“继续”按钮，弹出“新建表格样式”对话框，如图 6-20 所示，从中可以定义新的表格样式。

“新建表格样式”对话框中有三个选项卡：“常规”、“文字”和“边框”，分别用于控制表格中数据、表头和标题的有关参数，如图 6-21 所示。

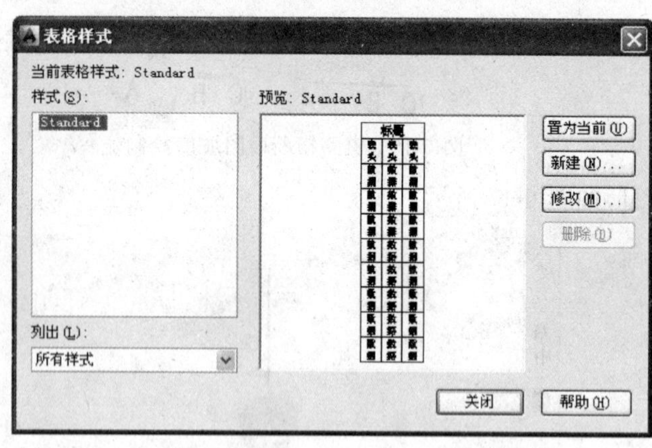

图 6-18 “表格样式”对话框

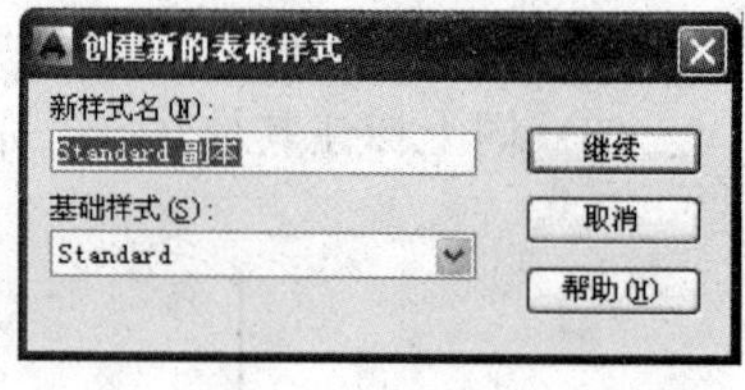

图 6-19 “创建新的表格样式”对话框

【选项说明】

1. “常规”选项卡

(1)“特性”选项组

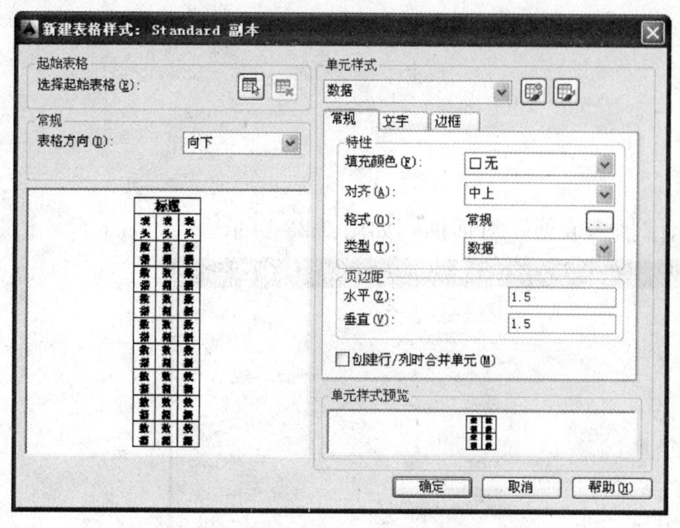

图 6-20 “新建表格样式”对话框

标题		
表头	表头	表头
数据	数据	数据
数据	数据	数据
数据	数据	数据
数据	数据	数据

图 6-21 表格样式

1）“填充颜色”下拉列表：用于指定填充颜色。

2）“对齐”下拉列表：用于为单元内容指定一种对齐方式。

3）“格式”选项框：用于设置表格中各行的数据类型和格式。

4）“类型”下拉列表：将单元样式指定为标签或数据，在包含起始表格的表格样式中插入默认文字时使用。也用于在工具选项板上创建表格工具的情况。

（2）“页边距”选项组

1）“水平”文本框：设置单元中的文字或块与左右单元边界之间的距离。

2）“垂直”文本框：设置单元中的文字或块与上下单元边界之间的距离。创建行/列时合并单元：将使用当前单元样式创建的所有新行或列合并到一个单元中。

2. “文字”选项卡

（1）“文字样式”下拉列表：用于指定文字样式。

（2）“文字高度”文本框：用于指定文字高度。

（3）“文字颜色”下拉列表：用于指定文字颜色。

（4）“文字角度”文本框：用于设置文字角度。

3. “边框”选项卡

（1）“线宽”下拉列表：用于设置要用于显示边界的线宽。

（2）“线型”下拉列表：通过单击边框按钮，设置线型以应用于指定的边框。

（3）“颜色”下拉列表：用于指定颜色以应用于显示的边界。

（4）“双线”复选框：勾选该复选框，指定选定的边框为双线。

6.2.2 创建表格

设置好表格样式后，用户可以利用“TABLE”命令创建表格。

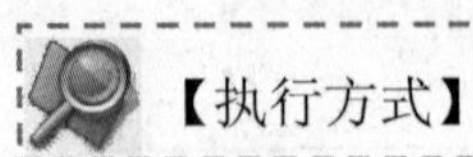

【执行方式】

命令行：TABLE。

菜单："绘图"→"表格"。

工具栏："绘图"→"表格"。

执行上述操作之一后，弹出“插入表格”对话框，如图 6-22 所示。

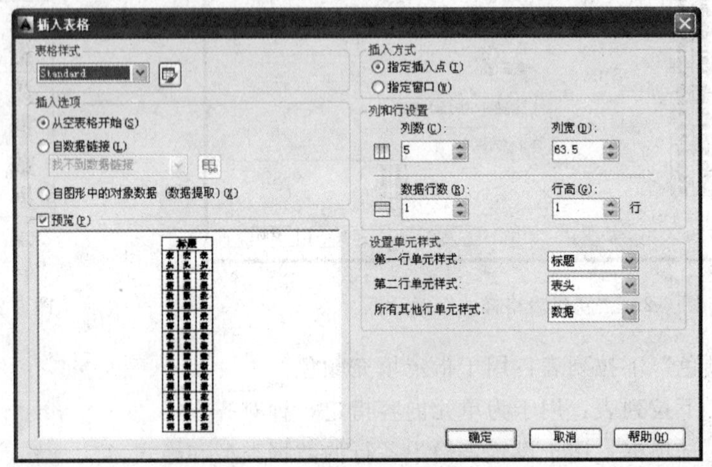

图 6-22 “插入表格”对话框

【选项说明】

1. “表格样式”选项组：可以在下拉列表中选择一种表格样式，也可以单击右侧的“启动‘表格样式’对话框”按钮，新建或修改表格样式。

2. “插入方式”选项组

(1) “指定插入点”单选钮：用于指定表格左上角的位置。可以使用定点设备，也可以在命令行中输入坐标值。如果表样式将表的方向设置为由下而上读取，则插入点位于表的左下角。

(2) “指定窗口”单选钮：用于指定表格的大小和位置。可以使用定点设备，也可以在命令行中输入坐标值。点选该单选钮时，行数、列数、列宽和行高取决于窗口的大小以及列和行的设置。

3. “列和行设置”选项组：指定列和行的数目以及列宽与行高。

在“插入表格”对话框中进行相应的设置后，单击“确定”按钮，系统在指定的插入点处自动插入一个空表格，并显示多行文字编辑器，用户可以逐行逐列输入相应的文字或数据，如图 6-23 所示。

6.2.3 表格文字编辑

【执行方式】

命令行：TABLEDIT。

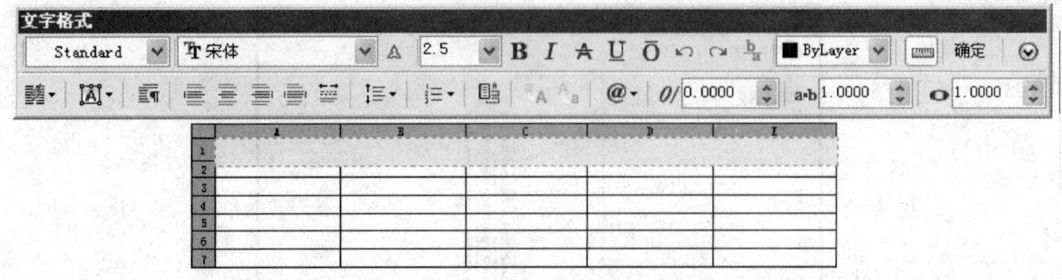

图 6-23　空表格和多行文字编辑器

快捷菜单：选定表的一个或多个单元后右击，在弹出的快捷菜单中选择“编辑文字”命令。

定点设备：在表单元内双击。

执行上述操作之一后，弹出多行文字编辑器，用户可以对指定单元格中的文字进行编辑。

在 AutoCAD 2014 中，可以在表格中插入简单的公式，用于求和、计数和计算平均值，以及定义简单的算术表达式。要在选定的单元格中插入公式，需在单元格中右击，在弹出的快捷菜单中选择“插入点→公式”命令。也可以使用多行文字编辑器输入公式。选择一个公式项后，命令行中的提示如下：

选择表单元范围的第一个角点：(在表格内指定一点)

选择表单元范围的第二个角点：(在表格内指定另一点)

6.2.4　实例——公园设计植物明细表

绘制如图 6-24 所示的公园设计植物明细表。

苗木名称	数量	规格	苗木名称	数量	规格	苗木名称	数量	规格
落叶松	32	10cm	红叶	3	15cm	金叶女贞		20棵/m² 丛植H=500
银杏	44	15cm	法国梧桐	10	20cm	紫叶小檗		20棵/m² 丛植H=500
元宝枫	5	6m(冠径)	油松	4	8cm	草坪		2～3个品种混播
樱花	3	10cm	三角枫	26	10cm			
合欢	8	12cm	睡莲	20				
玉兰	27	15cm						
龙爪槐	30	8cm						

图 6-24　公园设计植物明细表

光盘\动画演示\第 6 章\公园设计植物明细表.avi

【操作步骤】

1. 选择菜单栏中的“格式”→“表格样式”命令。系统打开“表格样式”对话框，如图 6-25 所示。

2. 单击“新建”按钮，系统打开“创建新的表格样式”对话框，如图 6-26 所示。输入新的表格名称后，单击“继续”按钮，系统打开“新建表格样式对话框”，在“单元样式”对应的下拉列表中选择“数据”，其对应的“常规”选项卡设置如图 6-27 所示，“文

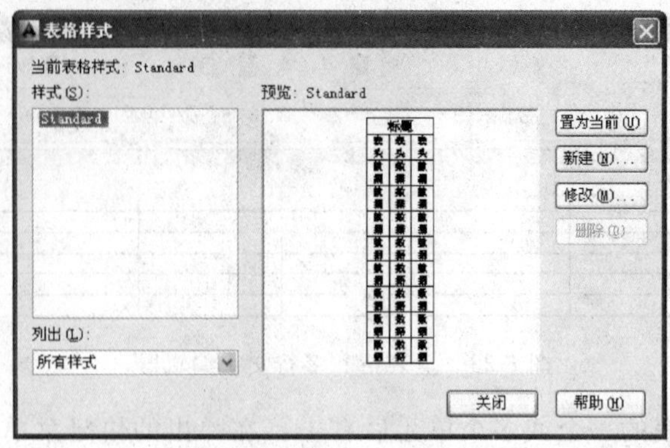

图 6-25 “表格样式”对话框

字”选项卡设置如图 6-28 所示。同理，在“单元样式”对应的下拉列表中分别选择“标题”和“表头”，分别设置对齐为正中，文字高度为 8。创建好表格样式后，确定并关闭退出“表格样式”对话框。

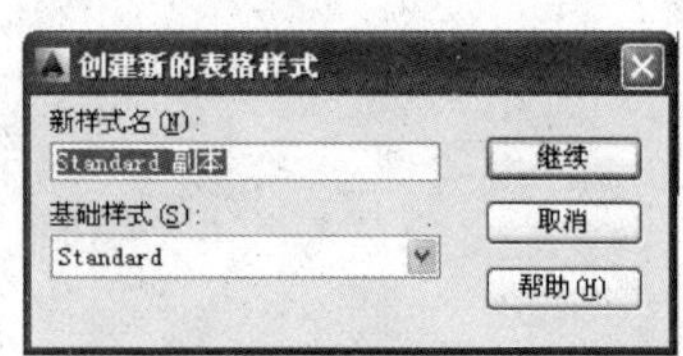

图 6-26 “创建新的表格样式”对话框

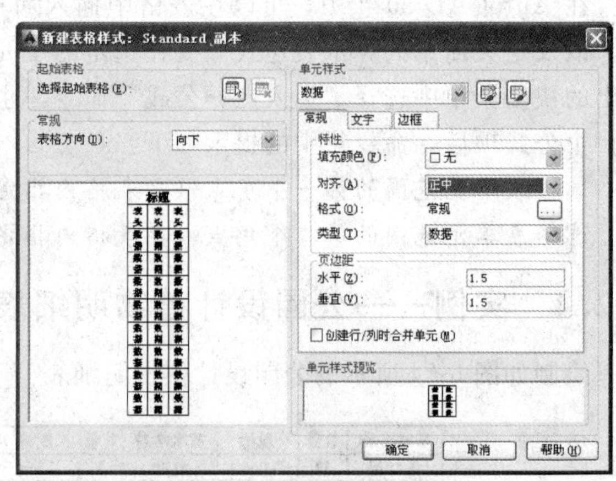

图 6-27 “常规”选项卡设置

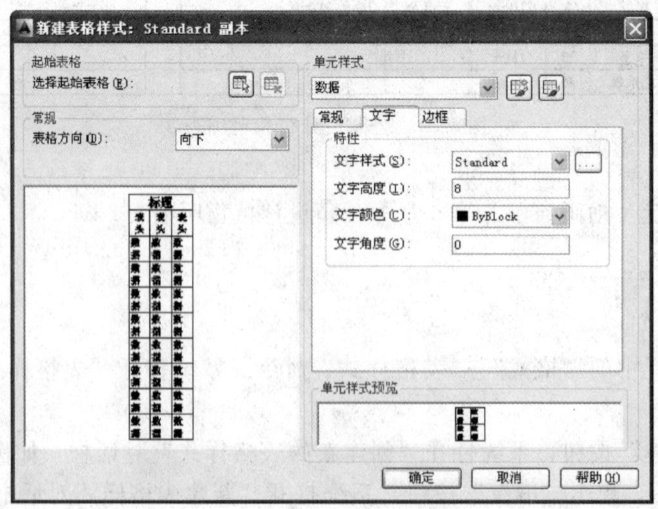

图 6-28 “文字”选项卡设置

3. 创建表格。在设置好表格样式后，选择菜单栏中的“绘图”→“表格”命令创建表格。

4. 选择菜单栏中的“绘图”→“表格”命令，系统打开“插入表格”的对话框，设置如图 6-29 所示。

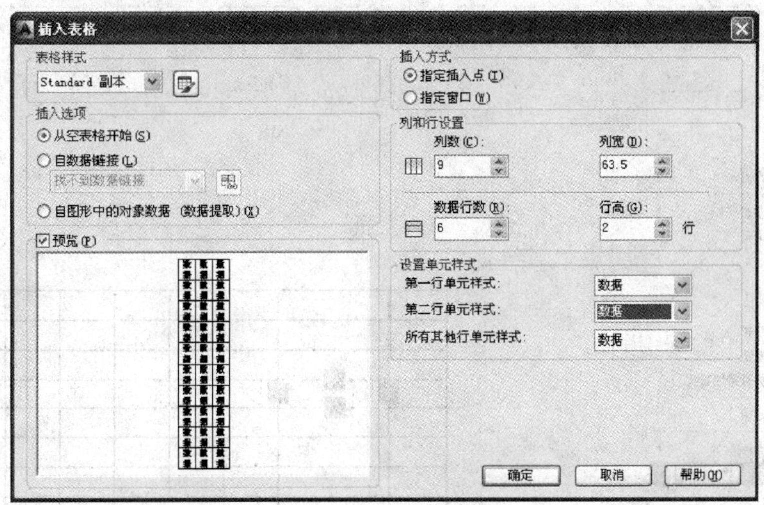

图 6-29 “插入表格”对话框

5. 单击“确定”按钮，系统在指定的插入点或窗口自动插入一个空表格，并显示多行文字编辑器，用户可以逐行逐列输入相应的文字或数据，如图 6-30 所示。

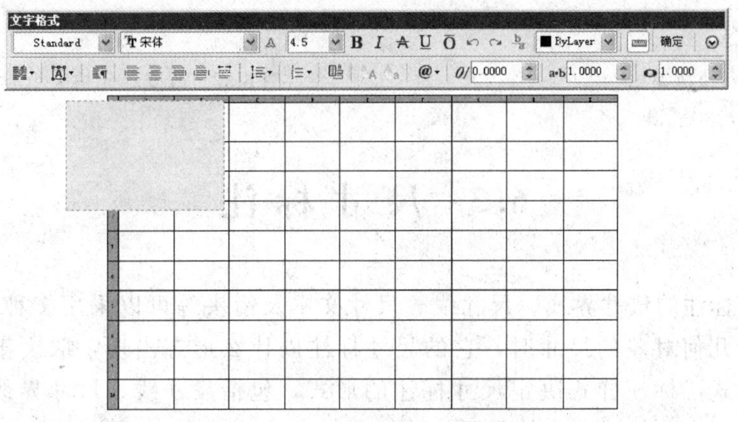

图 6-30 多行文字编辑器

6. 当编辑完成的表格由需要修改的地方时可用 TABLEDIT 命令来完成（也可在要修改的表格上单击右键，出现快捷菜单中单击“编辑文字”，如图 6-31 所示，同样可以达到修改文本的目的）。命令行提示如下：

命令：tabledit

拾取表格单元：(鼠标点取需要修改文本的表格单元)

多行文字编辑器会再次出现，用户可以进行修改。

技巧荟萃

在插入后的表格中选择某一个单位格，单击后出现钳夹点，通过移动钳夹点可以改变单元格的大小。如图 6-32 所示。

最后完成的植物明细表如图 6-24 所示。

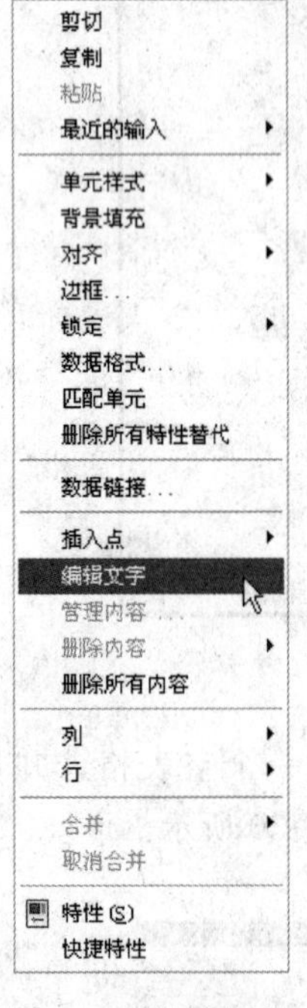

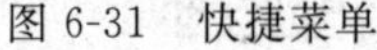
图 6-31　快捷菜单

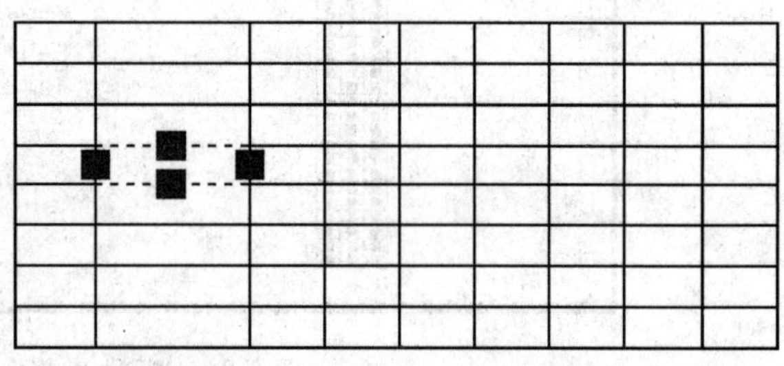
图 6-32　改变单元格大小

6.3　尺寸标注

组成尺寸标注的尺寸界线、尺寸线、尺寸文本及箭头等可以采用多种多样的形式，实际标注一个几何对象的尺寸时，它的尺寸标注以什么形态出现，取决于当前所采用的尺寸标注样式。标注样式决定尺寸标注的形式，包括尺寸线、尺寸界线、箭头和中心标记的形式，以及尺寸文本的位置、特性等。在 AutoCAD 2014 中用户可以利用“标注样式管理器”对话框方便地设置自己需要的尺寸标注样式。下面介绍如何定制尺寸标注样式。

6.3.1　尺寸样式

在进行尺寸标注之前，要建立尺寸标注的样式。如果用户不建立尺寸样式而直接进行标注，系统使用默认的名称为“Standard”的样式。用户如果认为使用的标注样式有某些设置不合适，也可以修改标注样式。

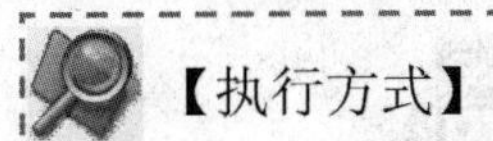

命令行：DIMSTYLE。

菜单："格式"→"标注样式"或"标注"→"标注样式"。

工具栏："标注"→"标注样式"。

执行上述操作之一后，弹出"标注样式管理器"对话框，如图6-33所示。利用此对话框可方便直观地设置和浏览尺寸标注样式，包括建立新的标注样式、修改已存在的样式、设置当前尺寸标注样式、重命名样式以及删除一个已存在的样式等。

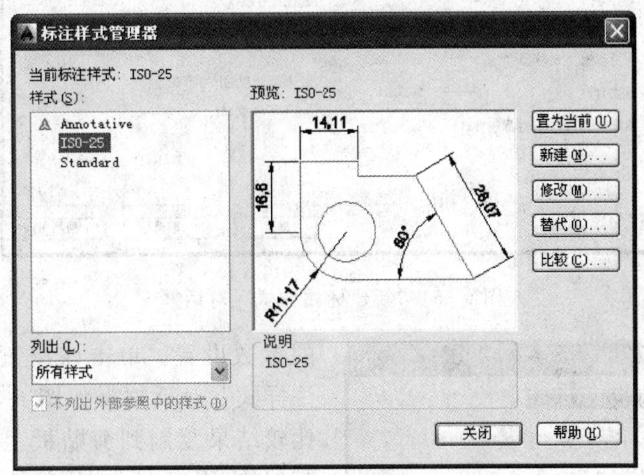

图6-33 "标注样式管理器"对话框

【选项说明】

1. "置为当前"按钮：单击该按钮，把在"样式"列表框中选中的样式设置为当前样式。

2. "新建"按钮：定义一个新的尺寸标注样式。单击该按钮，弹出"创建新标注样式"对话框，如图6-34所示，利用此对话框可创建一个新的尺寸标注样式。设置好各项后，单击"继续"按钮，打开"新建标注样式"对话框，如图6-35所示。

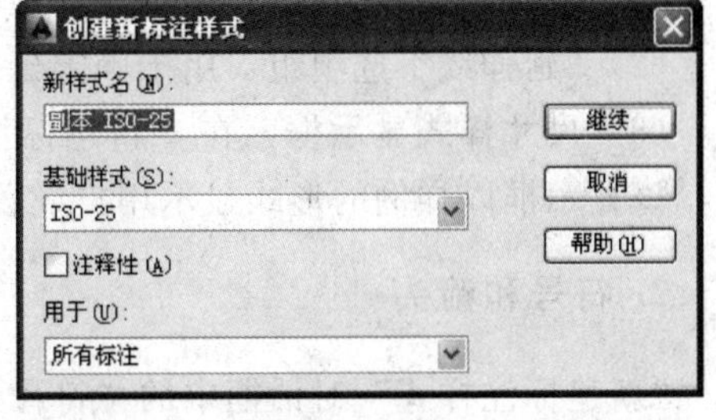

图6-34 "创建新标注样式"对话框

3. "修改"按钮：修改一个已存在的尺寸标注样式。单击该按钮，弹出"修改标注样式"对话框，该对话框中的各选项与"创建新标注样式"对话框中完全相同，用户可以对已有标注样式进行修改。

4. "替代"按钮：设置临时覆盖尺寸标注样式。单击该按钮，弹出"替代当前样式"对话框，该对话框中的各项与图6-35中的各选项完全相同。用户可改变选项的设置覆盖原来的设置，但这种修改只对指定的尺寸标注起作用，而不影响当前尺寸变量的设置。

5. "比较"按钮：比较两个尺寸标注样式在参数上的区别，或浏览一个尺寸标注样式

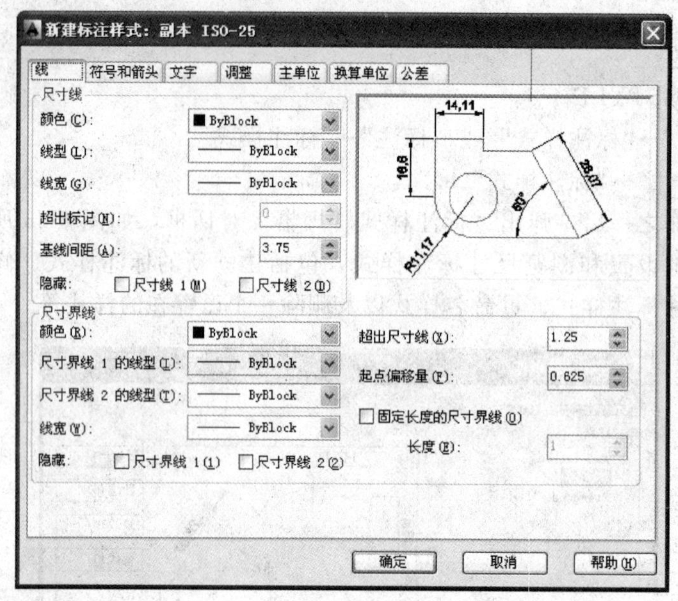

图 6-35 “新建标注样式”对话框

的参数设置。单击该按钮，弹出“比较标注样式”对话框，如图 6-36 所示。可以把比较结果复制到剪贴板上，然后再粘贴到其他的 Windows 应用软件上。

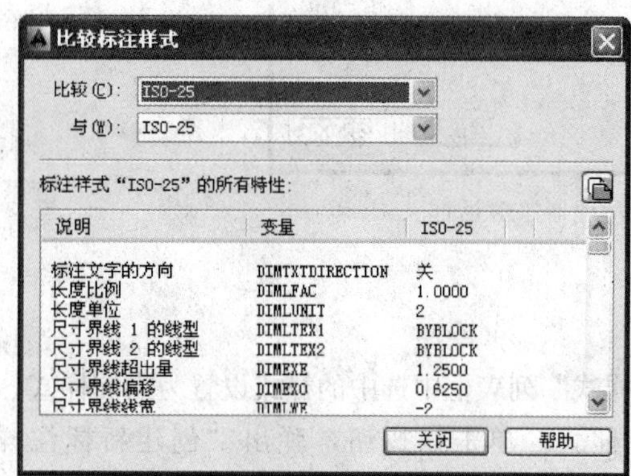

图 6-36 “比较标注样式”对话框

下面对图 6-34 所示的“新建标注样式”中的主要选项卡进行简要说明。

1. 线

“新建标注样式”对话框中的“线”选项卡用于设置尺寸线、尺寸界线的形式和特性。现分别进行说明。

(1)“尺寸线”选项组：用于设置尺寸线的特性。

(2)“延伸线”选项组：用于确定延伸线的形式。

(3) 尺寸样式显示框：在“新建标注样式”对话框的右上方，是一个尺寸样式显示框，该显示框以样例的形式显示用户设置的尺寸样式。

2. 符号和箭头

“新建标注样式”对话框中的“符号和箭头”选项卡如图 6-37 所示。该选项卡用于设置箭头、圆心标记、弧长符号和半径标注折弯的形式和特性。

(1)“箭头”选项组：用于设置尺寸箭头的形式。系统提供了多种箭头形状，列在“第一个”和“第二个”下拉列表中。另外，还允许采用用户自定义的箭头形状。两个尺寸箭头可以采用相同的形式，也可以采用不同的形式。一般建筑制图中的箭头采用建筑标记样式。

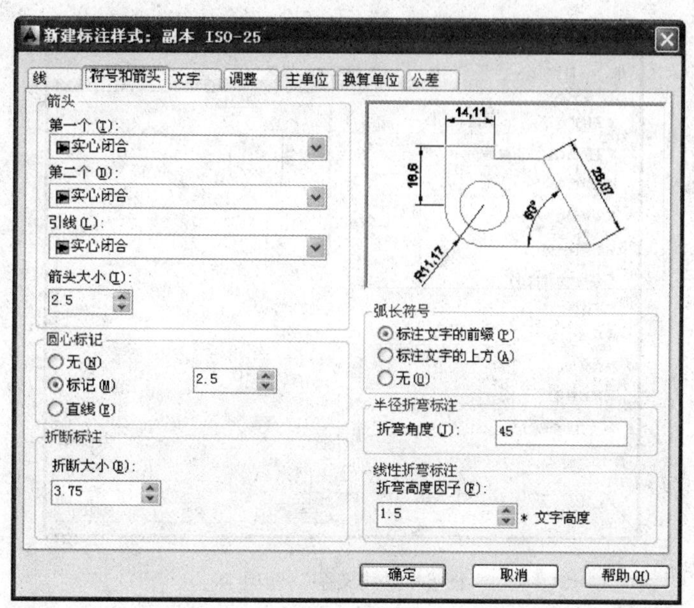

图 6-37 “符号和箭头”选项卡

(2)“圆心标记”选项组：用于设置半径标注、直径标注和中心标注中的中心标记和中心线的形式。相应的尺寸变量是 DIMCEN。

(3)“弧长符号”选项组：用于控制弧长标注中圆弧符号的显示。

(4)“折断标注”选项组：控制折断标注的间隙宽度。

(5)“半径折弯标注”选项组：控制折弯（Z 字形）半径标注的显示。

(6)“线性折弯标注”选项组：控制线性标注折弯的显示。

3. 文本

“新建标注样式”对话框中的“文字”选项卡如图 6-38 所示，该选项卡用于设置尺寸文本的形式、位置和对齐方式等。

(1)“文字外观”选项组：用于设置文字的样式、颜色、填充颜色、高度、分数高度比例以及文字是否带边框。

(2)“文字位置”选项组：用于设置文字的位置是垂直还是水平，以及从尺寸线偏移的距离。

(3)“文字对齐”选项组：用于控制尺寸文本排列的方向。当尺寸文本在尺寸界线之内时，与其对应的尺寸变量是 DIMTIH；当尺寸文本在尺寸界线之外时，与其对应的尺寸变量是 DIMTOH。

6.3.2 尺寸标注

正确地进行尺寸标注是设计绘图工作中非常重要的一个环节，AutoCAD 2014 提供了方便快捷的尺寸标注方法，可通过执行命令实现，也可利用菜单或工具按钮来实现。本节将重点介绍如何对各种类型的尺寸进行标注。

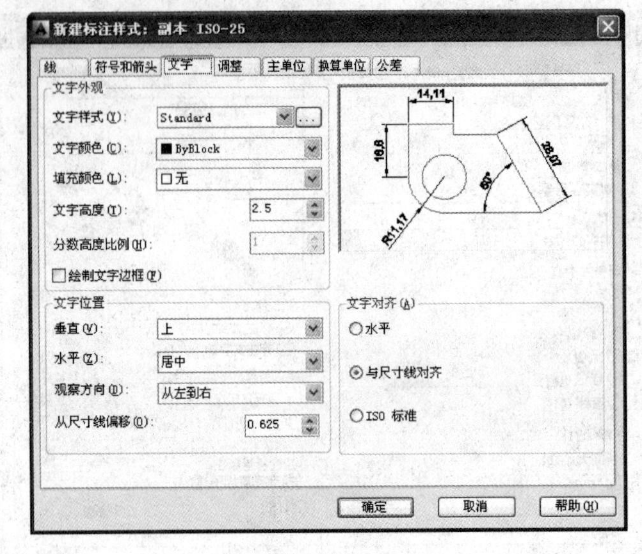

图 6-38 “文字”选项卡

1. 线性标注

【执行方式】

命令行:DIMLINEAR(快捷命令为 DIMLIN)。

菜单:“标注”→“线性”。

工具栏:“标注”→“线性”。

执行上述操作之一后，命令行中的提示如下：

指定第一个尺寸界线原点或 ＜选择对象＞:

【选项说明】

在此提示下有两种选择，直接按＜Enter＞键选择要标注的对象或确定尺寸界线的起始点。

(1) 直接按＜Enter＞键：光标变为拾取框，命令行中的提示如下：

选择标注对象:

用拾取框拾取要标注尺寸的线段，命令行中的提示如下：

指定尺寸线位置或[多行文字(M)/文字(T)/角度(A)/水平(H)/垂直(V)/旋转(R)]:

(2) 指定第一条尺寸界线原点：指定第一条与第二条尺寸界线的起始点。

2. 对齐标注

【执行方式】

命令行:DIMALIGNED。

菜单："标注"→"对齐"。

工具栏："标注"→"对齐"。

执行上述操作之一后，命令行中的提示如下：

指定第一个延伸线原点或＜选择对象＞：

使用"对齐标注"命令标注的尺寸线与所标注的轮廓线平行，标注的是起始点到终点之间的距离尺寸。

3. 基线标注

基线标注用于产生一系列基于同一条尺寸界线的尺寸标注，适用于长度尺寸标注、角度标注和坐标标注等。在使用基线标注方式之前，应该先标注出一个相关的尺寸。

【执行方式】

命令行：DIMBASELINE。

菜单："标注"→"基线"。

工具栏："标注"→"基线"。

执行上述操作之一后，命令行中的提示如下：

指定第二条尺寸界线原点或[放弃(U)/选择(S)]＜选择＞：

【选项说明】

(1) 指定第二条尺寸界线原点：直接确定另一个尺寸的第二条尺寸界线的起点，以上次标注的尺寸为基准标注出相应的尺寸。

(2) 选择(S)：在上述提示下直接按＜Enter＞键，命令行中的提示与操作如下：

选择基准标注：(选择作为基准的尺寸标注)

4. 连续标注

连续标注又叫尺寸链标注，用于产生一系列连续的尺寸标注，后一个尺寸标注均把前一个标注的第二条尺寸界线作为它的第一条尺寸界线。适用于长度尺寸标注、角度标注和坐标标注等。在使用连续标注方式之前，应该先标注出一个相关的尺寸。

【执行方式】

命令行：DIMCONTINUE。

菜单："标注"→"连续"。

工具栏："标注"→"连续"。

执行上述操作之一后，命令行中的提示如下：

指定第二条尺寸界线原点或[放弃(U)/选择(S)]＜选择＞：

此提示下的各选项与基线标注中的选项完全相同，在此不再赘述。

5. 引线标注

AutoCAD提供了引线标注功能，利用该功能不仅可以标注特定的尺寸，如圆角、倒角等，还可以在图中添加多行旁注、说明。在引线标注中，指引线可以是折线，也可以是曲线；指引线端部可以有箭头，也可以没有箭头。

利用“QLEADER”命令可快速生成指引线及注释，而且可以通过命令行优化对话框进行用户自定义，由此可以消除不必要的命令行提示，取得最高的工作效率。

命令行：QLEADER。

执行上述操作后，命令行中的提示如下：

指定第一个引线点或[设置(S)]<设置>：

【选项说明】

(1) 指定第一个引线点

根据命令行中的提示确定一点作为指引线的第一点，命令行中的提示如下：

指定下一点：(输入指引线的第二点)

指定下一点：(输入指引线的第三点)

AutoCAD 提示用户输入的点的数目由“引线设置”对话框确定，如图 6-39 所示。输入完指引线的点后，命令行中的提示如下：

指定文字宽度<0.0000>：(输入多行文本的宽度)

输入注释文字的第一行<多行文字(M)>：

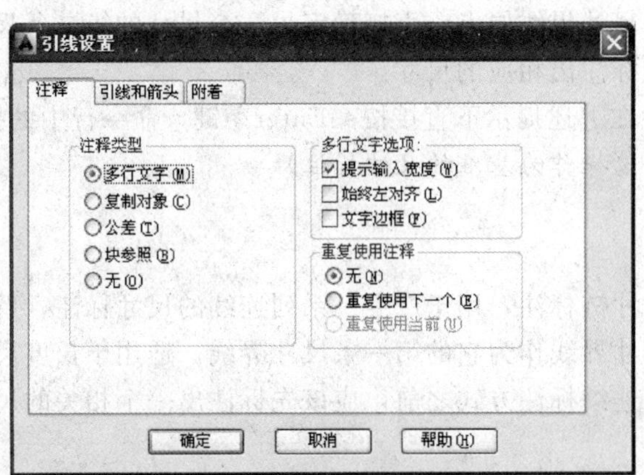

图 6-39 “引线设置”对话框

此时，有以下两种方式进行输入选择：

1) 输入注释文字的第一行：在命令行中输入第一行文本。此时，命令行中的提示如下：

输入注释文字的下一行：(输入另一行文本)

输入注释文字的下一行：(输入另一行文本或按<Enter>键)

2) 多行文字 (M)：打开多行文字编辑器，输入、编辑多行文字。输入全部注释文本后直接按<Enter>键，系统结束“QLEADER”命令，并把多行文本标注在指引线的末端附近。

(2) 设置 (S)

在上面的命令行提示下直接按＜Enter＞键或输入“S”，弹出“引线设置”对话框，允许对引线标注进行设置。该对话框中包含“注释”、“引线和箭头”和“附着”3个选项卡，下面分别进行介绍。

1）“注释”选项卡：用于设置引线标注中注释文本的类型、多行文本的格式并确定注释文本是否多次使用。

2）“引线和箭头”选项卡：用于设置引线标注中引线和箭头的形式，如图6-40所示。其中，“点数”选项组用于设置执行“QLEADER”命令时提示用户输入的点的数目。例如，设置点数为3，执行“QLEADER”命令时当用户在提示下指定3个点后，AutoCAD自动提示用户输入注释文本。

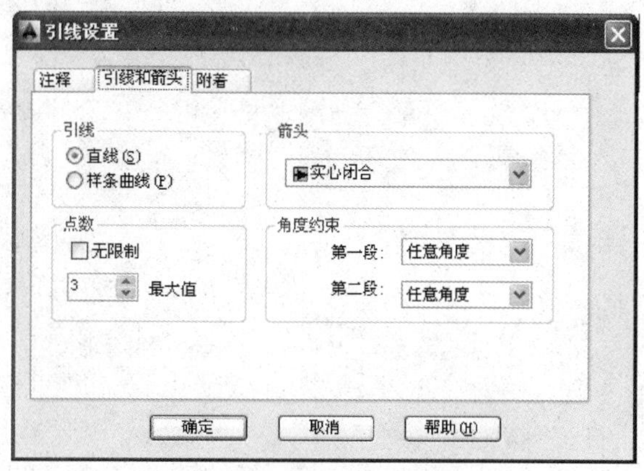

图6-40 “引线和箭头”选项卡

需要注意的是，设置的点数要比用户希望的指引线段数多1。如果勾选“无限制”复选框，AutoCAD会一直提示用户输入点直到连续按＜Enter＞键两次为止。“角度约束”选项组用于设置第一段和第二段指引线的角度约束。

3）“附着”选项卡：用于设置注释文本和指引线的相对位置，如图6-41所示。如果最后一段指引线指向右边，系统自动把注释文本放在右侧；如果最后一段指引线指向左边，系统自动把注释文本放在左侧。利用该选项卡中左侧和右侧的单选钮，可以分别设置位于左侧和右侧的注释文本与最后一段指引线的相对位置，二者可相同也可不同。

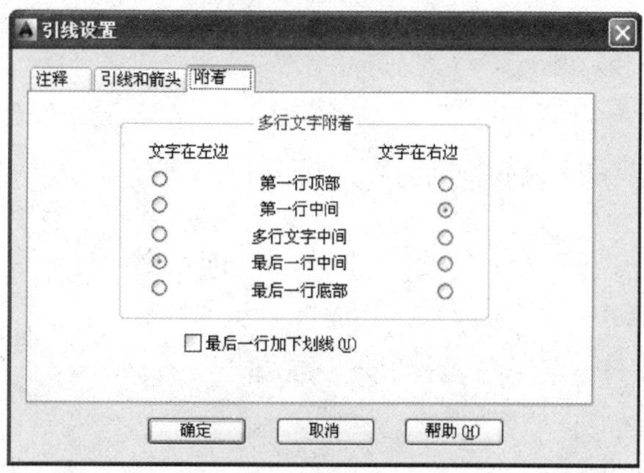

图6-41 “附着”选项

园林制图是表达园林设计意图最直接的方法，是每个园林设计师必须掌握的技能。园林 AutoCAD 制图是风景园林景观设计的基本语言，AutoCAD 园林制图可参照《房屋建筑制图统一标准》GB/T 50001—2010 作为制图的依据。

第二篇　园林景观篇

本篇主要介绍各种园林景观的设计方法和思路，目的是为下一步园林设计具体案例的讲解进行必要的知识准备。包括园林设计的相关理论和具体设计实例。

地形

地形设计是构成园林的骨架，是园林设计平面图绘制中最基本的一步。掌握地形设计是进行园林设计的一个必备环节，它涉及园林空间的围合，竖向设计的丰富性。

地形主要包括平地、土丘、丘陵、山峦、山峰、凹地、谷地、坞、河流、湖泊、瀑布等类型，它们之间的相对位置、高低、大小、比例、尺度、外观形态、坡度的控制和高程关系等都要通过地形设计来解决。地形要素的利用与改造，将影响到园林的形式、建筑的布局、植物配植、景观效果、给水排水工程、小气候等诸多因素。

在制图中，要将其单独作为一个图层，便于修改、管理，统一设置图线的颜色、线型、线宽等参数，使得图纸规范、统一、美观。

学习要点

- 概述
- 地形图的处理及应用
- 地形的绘制

7.1 概　述

地形是构成园林的骨架，包括陆地和水体两部分。人们经常用“挖湖堆山”来概括中国园林创作的特征。

挖湖即理水，理水首先要沟通水系，忌水出无源或死水一潭。水体设计讲究“知白守黑”，虚实相间，景致万变，可以利用岛、桥、堤来巧妙地增加层次，组织空间。水体的岸边，溪流的设计要达到曲折有致。最后，要注意山水之间的整体关系，山的走势、水的脉络相互穿插、渗透、融汇。

挖湖后的土方即可用来堆山。在堆山的过程中可根据工程的技术要求，设计成土山、石山、土石混合山等不同类型。设计时注意主山、次山要分明，和谐搭配；山形追求“左急右缓”，避免呆板、对称；在较大规模的园林中，要考虑达到山体的“三远效果”；山体设计要变化多段，四面而异，游览时步移景变；最后同样要注意山水之间的整体关系。另外，微地形的利用与处理在园林中的应用也越来越受到重视。

地形要素的利用与改造，将影响到园林的形式、建筑的布局、植物配植、景观效果、给水排水工程、小气候等诸因素。因此，地形的设计改造是园林设计中十分重要的基础工作。地形可分为陆地和水体两部分。

7.1.1　陆地

陆地主要包括平地、土丘、丘陵、山峦、山峰、凹地、谷地、坞、坪等类型。大体可以分为以下六类：

1. 平地。按地面的材料可分为绿地种植地面、硬质铺装地面、土草地面、砂石地面。为了有利排水，坡度一般要保持0.55%～40%。

2. 坡地。即倾斜的地面，按倾斜角度不同可分为缓坡（8%～10%），中坡（10%～20%），陡坡（20%～40%）

3. 山地。坡度一般在50%以上，包括自然山地和假山置石等。按功能可以分为观赏山和登临山，山又有主山、次山、客山之分。山可在园中做主景、前景、障景等。而按山的主要构成则可分为土山、石山、土石混合山。

4. 土山。可以利用园内挖湖的土方堆置，其上栽植植物。

5. 石山。有天然山石（北方为主）、人工塑石（南方为主）两种。天然山石有南北太湖石、黄石、灵璧石、卵石、石笋等。可以堆置出各种各样不同的景观。

6. 土石混合山。一般有石包山和山包石两种做法。

7.1.2　水体

水体是地形组成中不可缺少的部分。水是园林的灵魂，被称为“园林的生命”，是园林中的重要组成因素。

1. 按水流的状态可以分成静水和动水两种类型：静水包括湖泊、池塘、潭、沼等形态，给人以明洁、安静、开朗或幽深的感受；动水常见的形态有河流、溪水、喷泉、瀑布等，给人以欢快、活泼的感受。

2. 按水体的形式可分为三类：自然式、规则式和混合式。自然式水体多见于自然式园林区域，水体形状保持或模仿天然形状的河流、湖泊、山涧、泉水、瀑布等；规则式水体多见于规则式园林区域，形状有几何形状的喷泉、水池、瀑布及运河、水渠等。混合式水体多见于自然式园林区域和混合式园林区域相交界的地方，形状为两种形式交替穿插或协调使用。

3. 按水体的使用功能可分为观赏水体和开展水上运动的水体。观赏水体面积可以较小，水体可以设岛、堤、桥等，并且可以种植水生植物，注意植物不要太过拥挤，留出足够的空间以形成倒影。驳岸可以做各种形式如土基草坪驳岸、自然山石驳岸等、砂砾卵石护坡、条石驳岸、钢筋混凝土驳岸等；开展水上运动的水体面积一般比较大，有适当的水深，水质好，运动与观赏相结合。

7.2 地形图的处理及应用

建筑设计的展开与建筑基地状况息息相关。建筑师一般通过两个方面来了解基地状况，一方面是地形图（或称地段图）及相关文献资料，二是实地考察。地形图是总平面图设计的主要依据之一，是总图绘制的基础。科学、合理、熟练地应用地形图是建筑师必备的技能。在本节中，我们首先介绍地形图识图的常识，然后介绍在 AutoCAD2014 中应用和处理地形图的方法和技巧。

7.2.1 地形图识读

建筑师需要能够熟练地识读反映基地状况的地形图，并在脑海里建立起基地状况的空间形象。地形图识读内容大致分为三个方面：一是图廓处的各种注记，二是地物和地貌，三是用地范围。下面简要介绍。

1. 各种注记

这些注记包括测绘单位、测绘时间、坐标系、高程系、等高距、比例、图名、图号等信息，如图 7-1、图 7-2 所示。

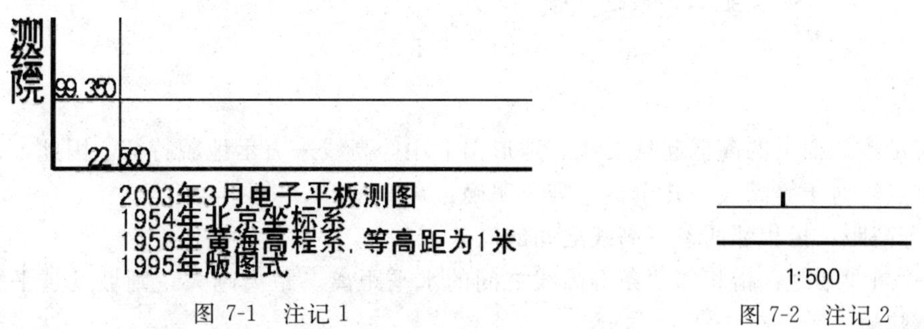

图 7-1 注记 1

图 7-2 注记 2

一般情况，地形图的纵坐标为 x 轴，指向正北方向，横坐标为 y 轴，指向正东方向。

地形图上的坐标称为测量坐标，常以 50m×50m 或 100m×100m 的方格网表示。地形图中标有测量控制点，如图 7-3 所示。施工图中需要借助测量控制点来定位房屋的坐标及高程。

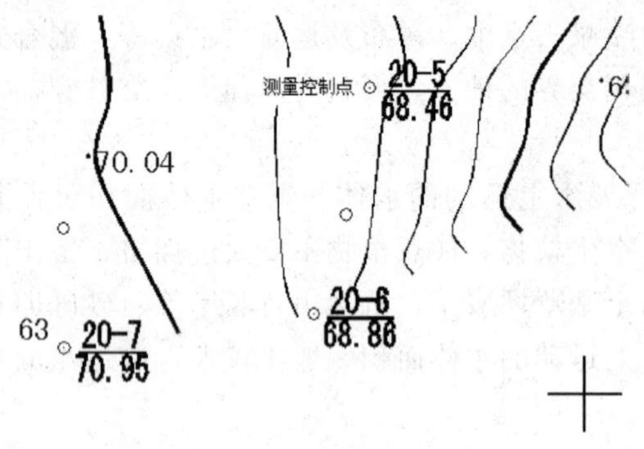

图 7-3　测量控制点

2. 地物和地貌

（1）地物

地物是指地面上人工建造或自然形成的固定性物体，例如房屋、道路、水库、水塔、湖泊、河流、林木、文物古迹等。在地形图上，地物通过各种符号来表示。这些符号有比例符号、半比例符号和非比例符号之别。比例符号是将地物轮廓按地形图比例缩小绘制而成，比如房屋、湖泊轮廓等。半比例符号是指对于电线、管线、围墙等线状地物，忽略其横向尺寸，而纵向按比例绘制。非比例符号是指较小地物，无法按比例绘制，而用符号在相应位置标注，比如单棵树木，烟囱、水塔等。参见图 7-4。认识这些地物情况，便于在进行总图设计时，综合考虑这些因素，合理处理好新建房屋与地物之间的关系。

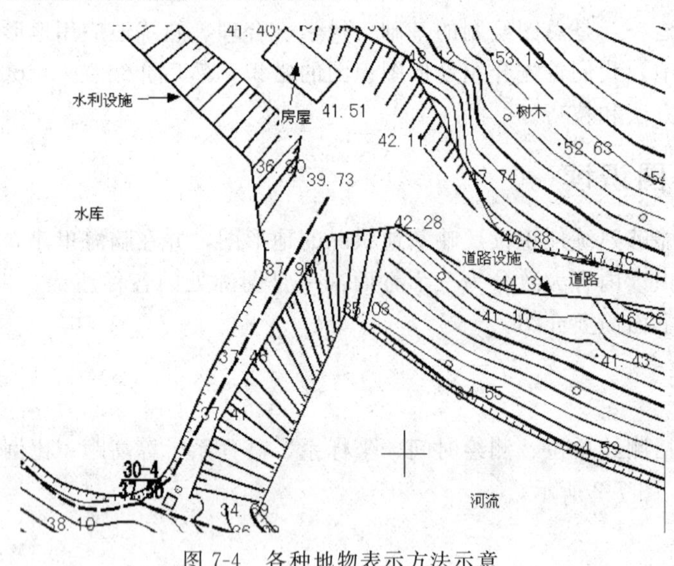

图 7-4　各种地物表示方法示意

（2）地貌

地貌是指地面上的高低起伏变化。地形图上用等高线来表示地貌特征。因此，识读等高线是重点。对于等高线，几个概念需要明确：

1）等高距：指相邻两条等高线之间的高差。

2）等高线平距：指相邻两条等高线之间的水平距离。距离越大，则坡度越平缓；反之，则越陡峭。

3）等高线种类：等高线在地形图中一般可细分为四种类型：首曲线、计曲线、间曲线和助曲线。首曲线为基本等高线，每两条首曲线之间相差一个等高距，细线表示。计曲线是指每隔 4 条首曲线加粗的一条首曲线。间曲线是指两条首曲线之间的半距等高线。助曲线是指四分之一等高距的等高线。参见图 7-5。

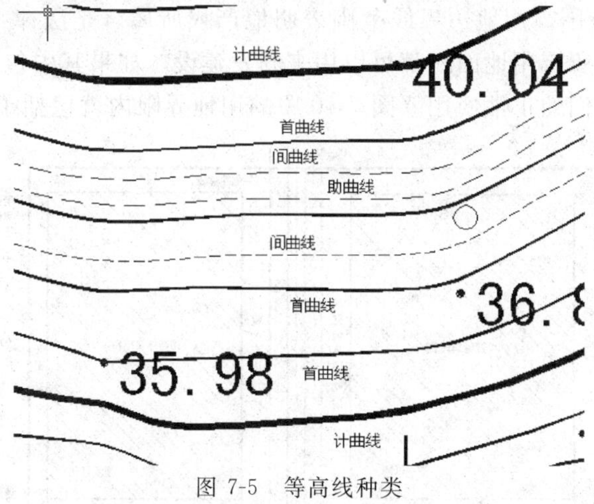

图 7-5 等高线种类

常见地貌类型有山谷、山脊、山丘、盆地、台地、边坡、悬崖、峭壁等。山谷与山脊的区别是：山脊处等高线向低处凸出，山谷处等高线向高处凸出。山丘与盆地的区别是：山丘逐渐缩小的闭合等高线海拔越来越高，而盆地逐渐缩小的闭合等高线海拔越来越低。参见图 7-6～图 7-9。

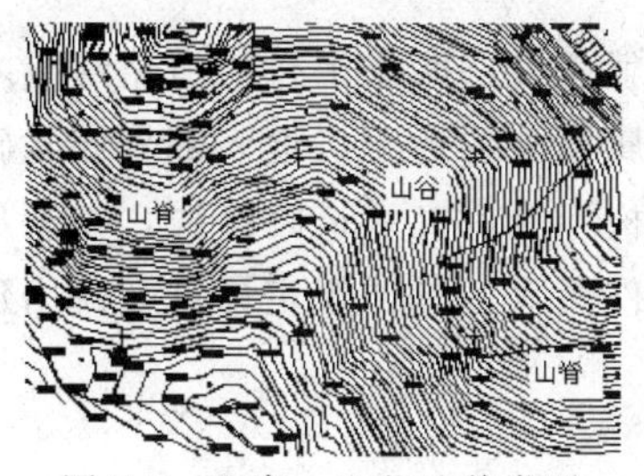

图 7-6 山脊、山谷地貌类型

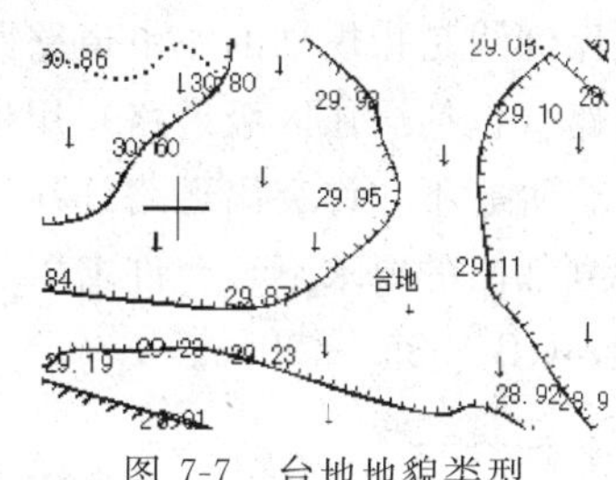

图 7-7 台地地貌类型

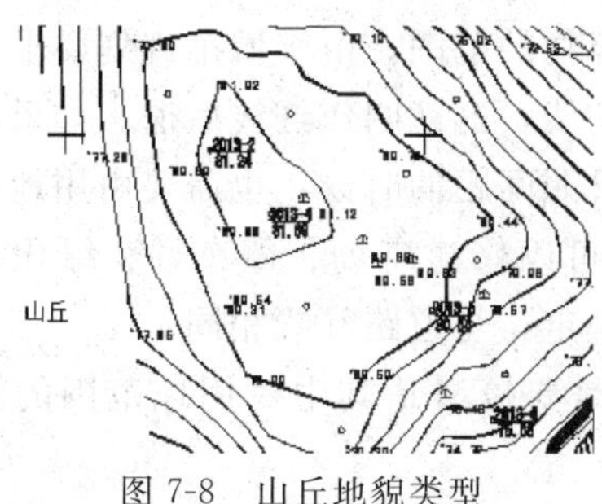

图 7-8 山丘地貌类型

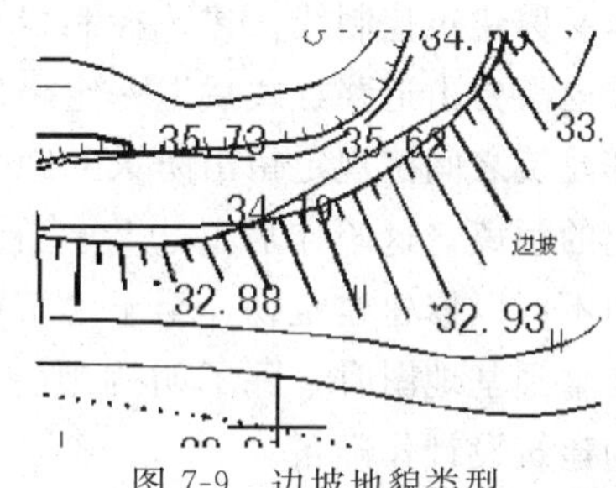

图 7-9 边坡地貌类型

3. 用地范围

建筑师手中得到的地形图（或基地图）中一般都标明了本建设项目的用地范围。实际上，并不是所有用地范围内都可以布置建筑物。在这里，关于场地界限的几个概念及其关系需要明确，也就是常说的红线及退红线问题。

（1）建设用地边界线

建设用地边界线指业主获得土地使用权的土地边界线，也称为地产线、征地线，如图7-10 所示的 ABCD 范围。用地边界线范围表明地产权所属，是法律上权利和义务关系界定的范围。但并不是所有用地面积都可以用来开发建设。如果其中包括城市道路或其他公共设施，则要保证它们的正常使用（图 7-10 中的用地界限内就包括了城市道路）。

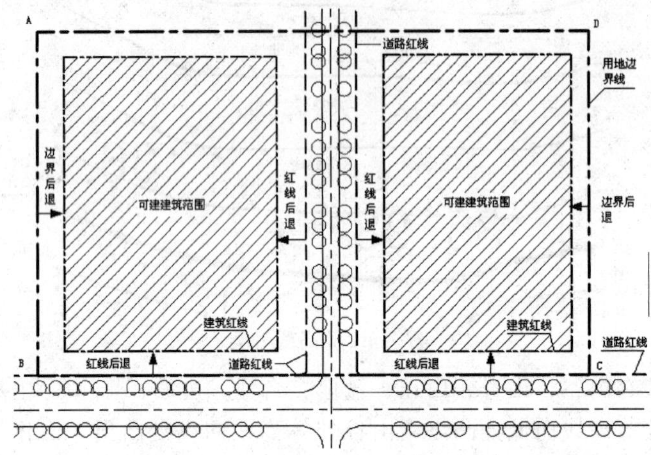

图 7-10　各用地控制线之间的关系

（2）道路红线

道路红线是指规划的城市道路路幅的边界线。也就是说，两条平行的道路红线之间为城市道路（包括居住区级道路）用地。建筑物及其附属设施的地下、地表部分如基础、地下室、台阶等不允许突出道路红线。地上部分主体结构不允许突入道路红线，在满足当地城市规划部门的要求下，允许窗罩、遮阳、雨篷等构件突入，具体规定详见《民用建筑设计通则》GB 50352—2005。

（3）建筑红线

建筑红线是指城市道路两侧控制沿街建筑物或构筑物（如外墙、台阶等）靠临街面的界线，又称建筑控制线。建筑控制线划定可建造建筑物的范围。由于城市规划要求，在用地界线内需要由道路红线后退一定距离确定建筑控制线，这就叫作红线后退。如果考虑到在相邻建筑之间按规定留出防火间距、消防通道和日照间距的时候，也需要由用地边界后退一定的距离，这叫作后退边界。在后退的范围内可以修建广场、停车场、绿化、道路等，但不可以修建建筑物。至于建筑突出物的相关规定，与道路红线相同。

在拿到基地图时，除了明确地物、地貌外，就是要搞清楚其中对用地范围的具体限定，为建筑设计作准备。

7.2.2　地形图的插入及处理

1. 地形图的格式简介

建筑师得到的地形图有可能是纸质地形图、光栅图像或 AutoCAD 的矢量图形电子文件。对于不同来源的地形图，计算机操作有所不同。

（1）纸质地形图

纸质地形图是指测绘形成的图纸，首先需要将它扫描到计算机里形成图像文件（tif、jpg、bmp 等光栅图像）。扫描时注意分辨率的设置，如果分辨率太小，那么在图纸放大打印时不能满足精度要求，出现马赛克现象。一般地，如果仅在电脑屏幕上显示，图像分辨率在 72 像素/厘米以上就能清晰显示，但如果用于打印，分辨率则需要 100 像素/厘米以上，才能保证打印清晰度要求。在满足这个最低要求的基础上，则根据具体情况选择分辨率的设置。如果分辨率设置太高，图像文件太大，也不便于操作。扫描前后图像分辨率和图纸尺寸之间存在如下计算关系：

"扫描分辨率（像素/厘米或英寸）×扫描区域图纸尺寸（厘米或英寸）＝图像分辨率（像素/厘米或英寸）×图像尺寸（厘米或英寸）"

事先搞清楚扫描到电脑里的图像尺寸需要多大，相应的分辨率多高，反过来就可以求出扫描分辨率。

备注：操作中须注意分辨率单位"像素/厘米"与"像素/英寸"的区别，其本质是"1 厘米＝0.3937 英寸"的换算关系。如在慌乱中搞错，则会带来不必要的麻烦。

（2）电子文件地形图

如果得到的地形图是电子文件，不论是光栅图像还是 DWG 文件，在 AutoCAD 中使用起来都比较方便。因特网上有一些小程序可以将光栅图像转为 DWG 文件，在有的情况下的确更方便一点，但也要看具体情况，如没有必要，也不必费工夫。

图 7-11 插入"光栅图像"菜单

2. 插入地形图

如前所述，AutoCAD 中使用的地形图文件有光栅图像和 DWG 文件两种，下面分别介绍操作要点：

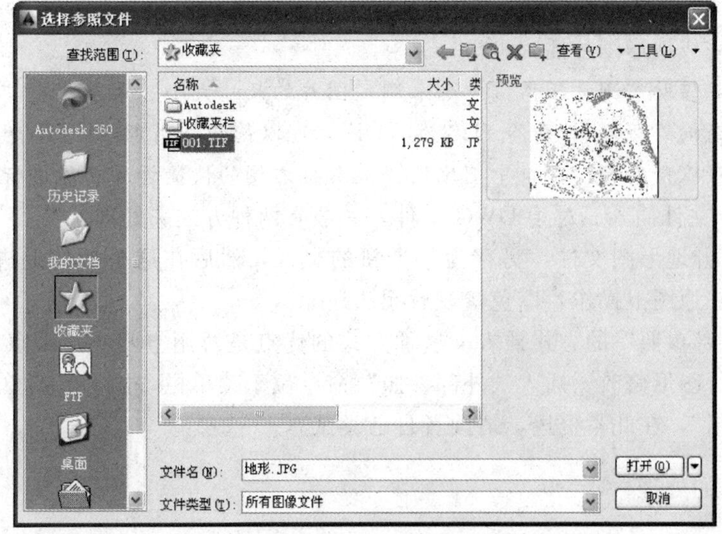

图 7-12 选择地形图文件

(1) 建立一个新图层来专门放置地形图。

(2) 光栅图像插入：通过“插入”菜单中的插入“光栅图像”来实现（如图 7-11 所示）。

1）选择菜单栏中的“插入”→“光栅图像参照”命令，弹出“选择参照文件”对话框，找到需要插入的图形，单击打开。注意顺便留心可以插入的文件类型。如图 7-12 所示。

2）接着，弹出“附着图像”对话框，给出相应的插入点、缩放比例和旋转角度等参数，确定后插入图像，如图 7-13 所示。

3）选择在屏幕上指定插入点；如果缩放比例暂无法确定，可以先以原有大小插入，最后再调整比例。结果如图 7-14 所示。

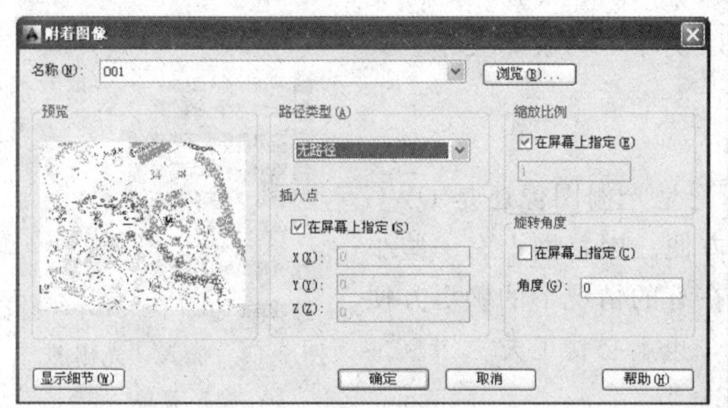

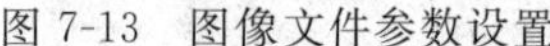
图 7-13　图像文件参数设置

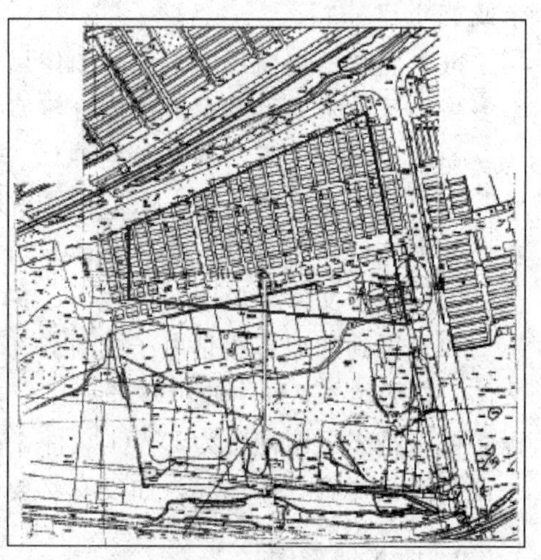
图 7-14　插入后的地形图

4）比例调整：首先测定图片中的尺寸比例与 AutoCAD 中长度单位比例相差多少，然后将它进行比例缩放，使得比例协调一致。建议将图片的比例调为 1∶1 比例，也就是地形图上表示的长度为多少毫米，在 AutoCAD 中测量出的长度也就是多少毫米。

这样，就完成地形图片插入。

备注：可以借助“测量距离”命令来测定图片的尺寸大小。菜单栏中“测量距离”命令为“工具＞查询＞距离"，命令别名为“DI”。可以选中图片按“CTRL＋1”在特性中修改比例，还可以借助特性窗口中“比例”文本框右侧的快捷计算功能进行辅助计算。

(3) DWG 文件插入。对于 DWG 文件，一般有两种方式来处理：

1）直接打开地形图文件，另存为一个新的文件，然后在这个文件上进行后续操作。注意不要直接在原图上操作，以免修改后无法还原。

2）以“外部参照”的方式插入。这种方式的优点是暂用空间小，缺点是不能对插入的“参照”进行图形修改。插入“外部参照”命令位于菜单栏“插入”菜单下，操作类似插入“光栅图像”，在此不赘述，请读者自己尝试。

3. 地形图的处理

插入地形图后，在正式进行总平面图布置之前，往往需要对地形图做适当的处理，以适应下一步工作。根据地形图的文件格式和工程地段的复杂程度的不同，具体的处理操作存在一些差异。下面介绍一般的处理方法，供读者参考。

(1) 地形图为光栅图像。综合使用“直线”、“样条曲线”或“多段线”等绘图命令，以地形图为底图，将以下内容准确描绘出来：

1) 地段周边主要的地貌、地物（如道路、房屋、河流、等高线等），与工程相关性较小的部分可以略去；

2) 用地红线范围，以及有关规划控制要求；

3) 场地内需要保留的文物、古建、房屋、古树等地物，以及需保留的一些地貌特征。

接下来，可以将地形图所在图层关闭，留下简洁明了的地段图（如图 7-15 所示），需要参看时再打开。如果地形图片用途不大，也可以将它删除。

(2) 地形图为 DWG 文件。可以直接将不必要地物、地貌图形综合应用“删除”、“修剪”等命令删除掉，留下简洁明了的地段图。如果地形特征比较复杂，修改工作量较大，也可以将红线和必要的地物、地貌特征提取出来，如同前面光栅图像描绘结果一样，完成总图布置后再考虑重合到原来位置上去。

备注：插入光栅图像后，不能将原来的图片文件删除或移动位置，否则下次打开图形文件时，将无法加载图片，如图 7-16 显示。这一点，特别是在拷贝文件到其他地方时注意，需要将图片一同拷走。

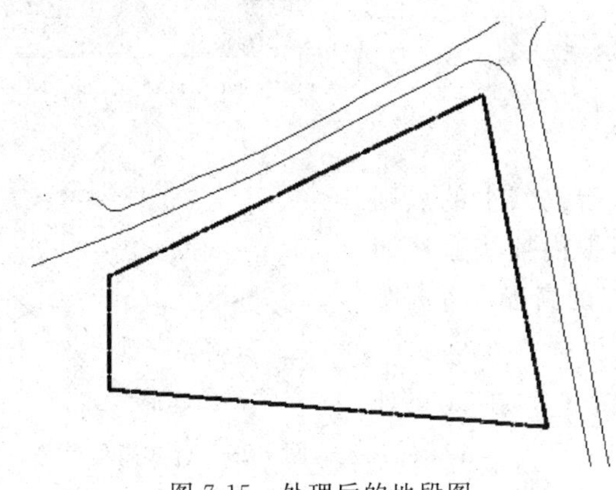

图 7-15 处理后的地段图

图 7-16 无法加载图片

7.2.3 地形图应用操作

在总图设计时，有可能碰到利用地形图求出某点的坐标、高程、两点距离、用地面积、坡度、绘制地形断面图和选择路线等操作。这些操作在图纸上操作较为麻烦，但在 AutoCAD 里面，却变得比较简单了。

1. 求坐标和高程

(1) 坐标。为了便于坐标查询，事先在插入地形图后，将地形图中的坐标原点或者地段附近具有确定坐标值的控制点移动到原点位置。这样，将图上任意点在 AutoCAD 图形中的坐标加上地形图原点或控制点的测量坐标，就是该点在地形图上的测量坐标。具体操作如下：

1）移动地形图：单击“修改”工具栏中的“移动”按钮，选中整个地形图，以地形图坐标原点或控制点作为移动的“基点”，在命令行输入“0，0”坐标，回车完成，如图 7-17 所示。

2）查询坐标：首先单击“绘图”工具栏中的“点”按钮，在打算求取坐标的点上绘一个点；然后，选中该点，按“CTRL＋1”调出特性窗口，从中查到点的坐标（如图 7-18 所示）；最后，将该坐标值加上原点的初始坐标便是待求点的测量坐标。

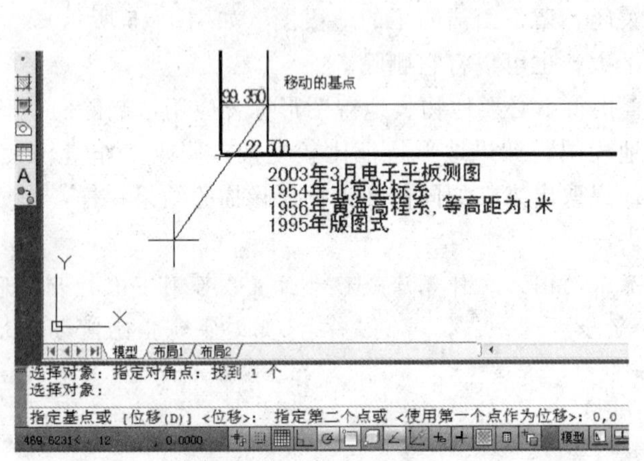

图 7-17　移动地形图

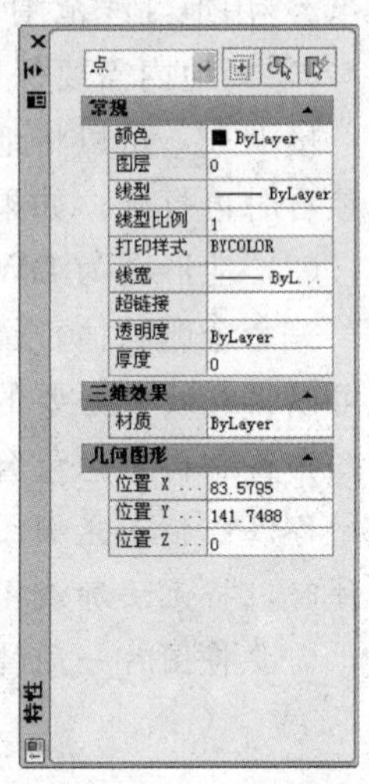

图 7-18　点的坐标

（2）高程

等高线上的高程可以直接读出，而不在等高线上的点则需通过内插法求得。在 AutoCAD 中可以根据内插法原理通过作图方法求高程。例如，求图 7-19 中 A 点的高程（等高距为 1m），操作如下：

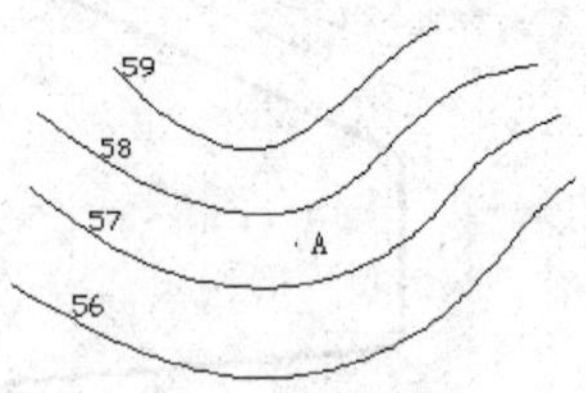

图 7-19　待求高程点 A

1）单击“绘图”工具栏中的“点”按钮，在 A 点处绘一个点。

单击“绘图”工具栏中的“构造线”按钮，捕捉 A 点为第一点，然后拖动鼠标捕捉相邻等高线上的“垂足”点 B 为通过点，绘出一条过 A 点并垂直于相邻等高线的构造线 1，交另一侧等高线于 C。如图 7-20 所示。

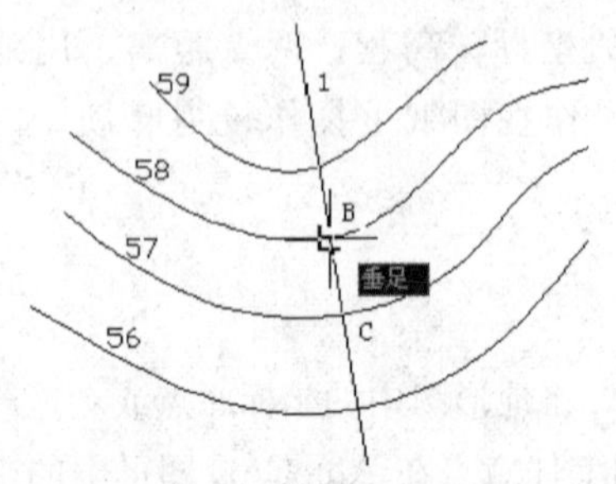

图 7-20　绘制构造线 1

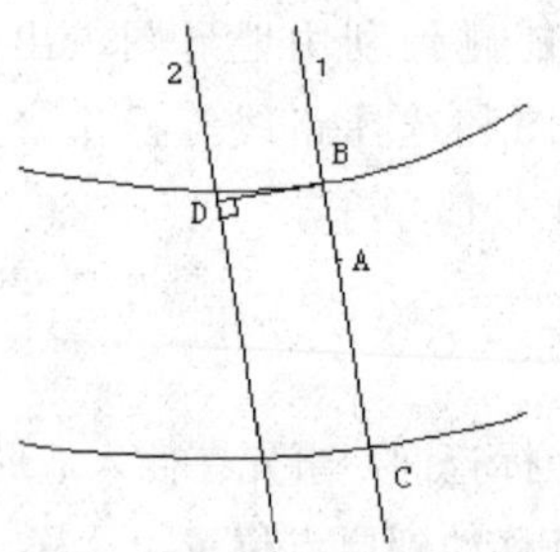

图 7-21　构造线 2 及线段 BD

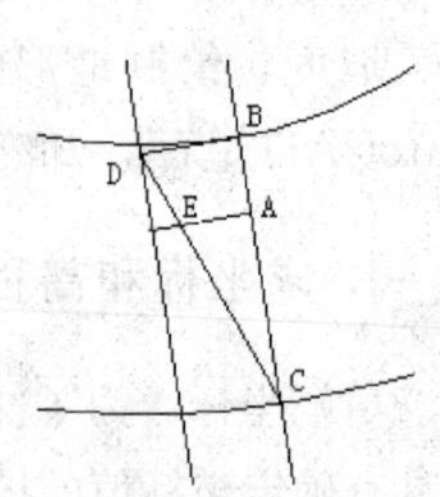

图 7-22　做出线段 AE

2）由构造线1偏移1复制出另一条构造线2；过点B作线段BD垂直于该构造线2。如图7-21所示。

3）连接CD；以B点为基点复制BD到A点，交CD于E，如图7-22所示。

用“距离查询”命令查出AE长度为0.71，则A点高程为57＋0.71＝57.71m。

2. 求距离和面积

（1）求距离

用“距离查询”命令“DIST”（DI）查询。

（2）求面积

用“面积查询”命令“AREA”（AA）查询。

3. 绘制地形断面图

地形断面图可用于建筑剖面设计及分析。在AutoCAD中借助等高线来绘制地形断面图的方法如下：如图7-23所示，确定剖切线AB。

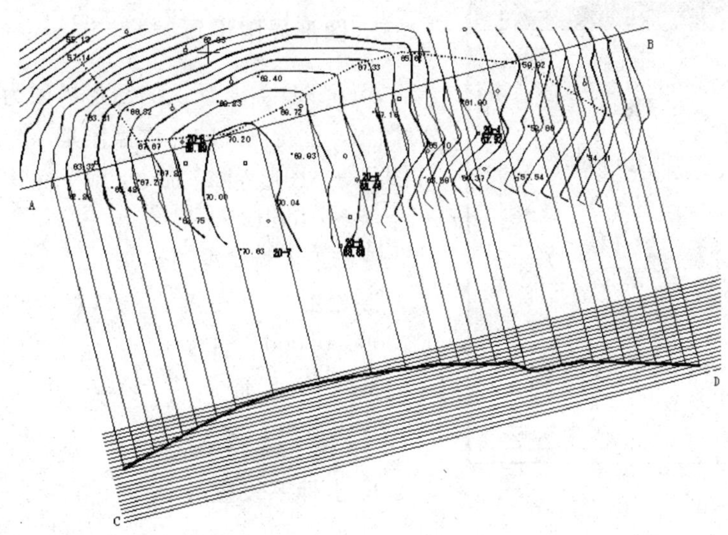

图7-23　地形断面绘制示意

1）由AB复制出CD。

2）由CD依次偏移1个等高距，复制出一系列平行线。

3）依次由剖切线AB与等高线的交点向平行线上作垂线。

4）用样条曲线依次连接每个垂足，形成一条光滑曲线，即为所求断面。

总之，只要明白等高线的原理和AutoCAD的相关功能，就可以活学活用，不拘一格。其他方面的应用不再赘述，读者可自行尝试。

7.3 地形的绘制

7.3.1 系统设置

【操作步骤】

1. 单位设置

在 AutoCAD 2014 中，一般都是以 1∶1 的比例绘制，到出图时候，再根据需要按合适的比例输出。比如说，实际尺寸为 3m，在绘图时输入的距离值为 3000。因此，将系统单位设为毫米。也可把单位设为米，在绘图时直接输入距离值 3。以 1∶1 的比例绘制，输入尺寸时不需换算，比较方便。

具体操作是，选择菜单栏中的“格式”→“单位”命令，弹出“图形单位”对话框，如图 7-24 所示进行设置，然后单击“确定”完成。

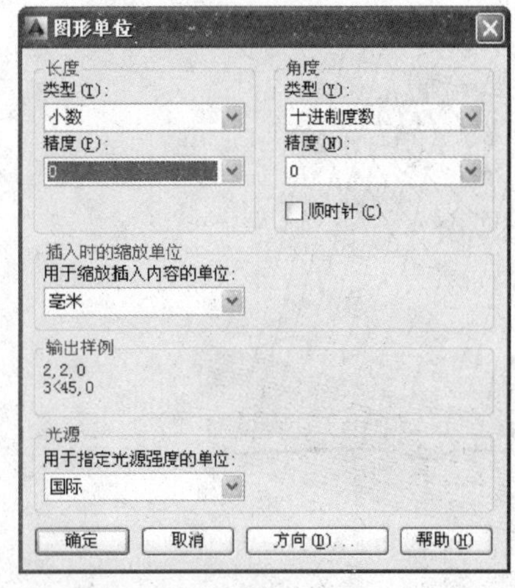

图 7-24 单位设置

2. 图形界限设置

AutoCAD 2014 默认的图形界限为 420×297，是 A3 图幅。重新设置的具体操作是，选择菜单栏中的“格式”→“图形界限”命令，命令行提示与操作如下：

命令：limits

重新设置模型空间界限：

指定左下角点或［开(ON)/关(OFF)］＜0.0000，0.0000＞：↙

指定右上角点 ＜420.0000，297.0000＞：42000，29700↙

3. 坐标系设置

选择菜单栏中的“工具”→“命名 UCS”命令，弹出“UCS”对话框，将世界坐标系设为当前（如图 7-25 所示），然后单击对话框上的“设置”按钮，按如图 7-26 所示设置，单击“确定”完成。这样，UCS 标志总位于左下角。

7.3.2 地形的绘制

【操作步骤】

1. 建立地形图层

在制图中，要将地形单独作为一个图层，便于修改、管理，统一设置图线的颜色、线型、线宽等参数，便于图纸规范、统一、美观。

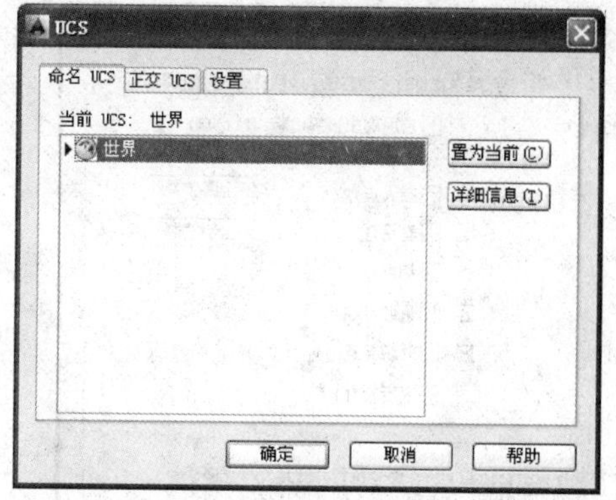

图 7-25 坐标系设置 1

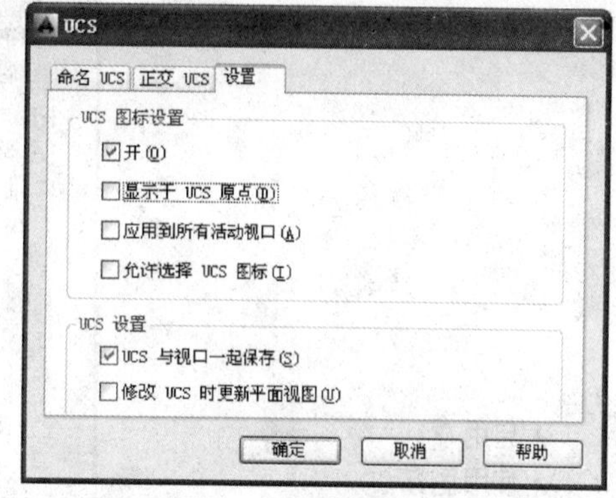

图 7-26 坐标系设置 2

单击“图层”工具栏中的“图层特性管理器”按钮，弹出“图层特性管理器”对话框，建立一个新图层，命名为“山体”，颜色选取 9 号灰，线型为“Continous”，线宽为 0.15，如图 7-27 所示。再建立一个新图层，命名为“水体”，颜色选取青色，线型为“Continous”，线宽为 0.7，如图 7-27 所示。确定后回到绘图状态。

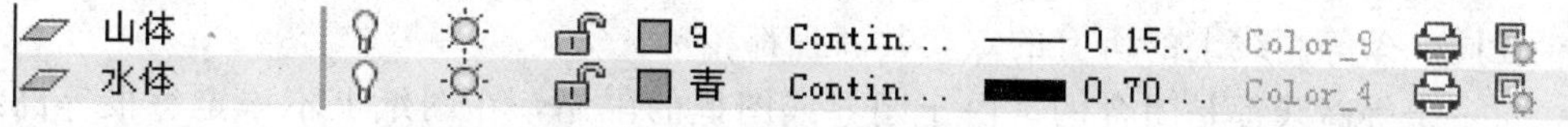

图 7-27 地形图层参数

如果线型采用点画线时，选择菜单栏中的“格式”→“线型”命令，弹出“线型管理器”对话框，单击右上角“显示细节”按钮，线型管理器下部呈现详细信息，将“全局比例因子”设为 30，如图 7-28 所示。这样，点画线、虚线的式样就能在屏幕上以适当的比例显示，如果仍不能正常显示，可以上下调整这个值。

2. 对象捕捉设置

将鼠标箭头移到状态栏“对象捕捉”按钮上，按右键打开一个快捷菜单，如图 7-29 所示，单击“设置”命令，打开“对象捕捉”选项卡，将捕捉模式如图 7-30 所示进行设置，然后单击“确定”；或按快捷键 F3。

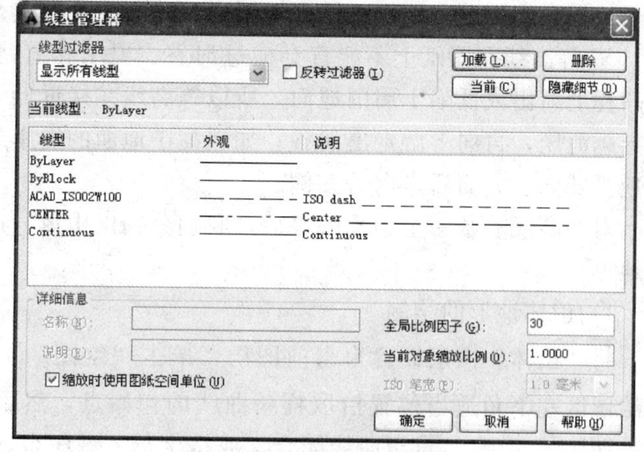

图 7-28 线型显示比例设置

3. 绘制地形

地形是用等高线来表示的，在绘制地形之前，首先要明白什么是等高线，等高线的性质和特点。

(1) 等高线的概念

等高线是一组垂直间距相等、平行于水平面的假象面，与自然地貌相交切所得到·的交线在平面上的投影。给这组投影线标注上数值，便可用它在图纸上表示地形的高低陡缓、峰峦位置、坡谷走向及溪池的深度等内容。

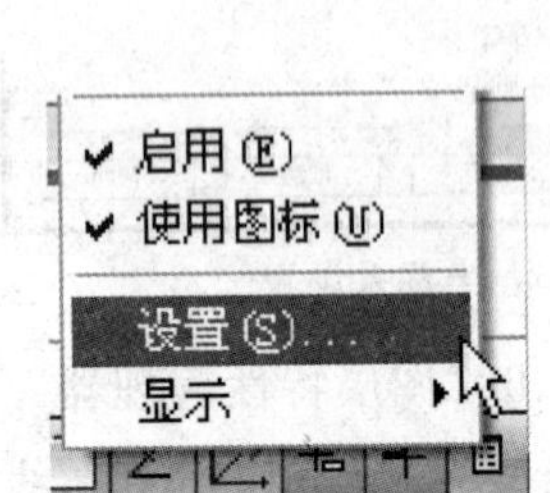

图 7-29　打开对象捕捉设置

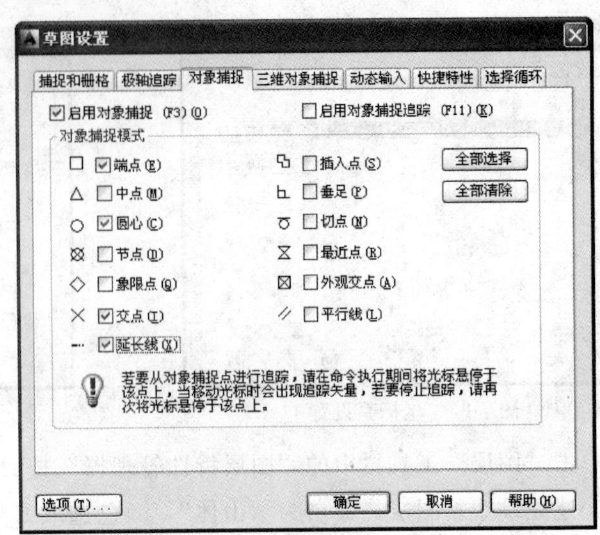

图 7-30　对象捕捉设置

（2）等高线的性质

• 在同一条等高线上的所有的点，其高程都相等。

• 每一条等高线都是闭合的。由于园界或图框的限制，在图纸上不一定每根等高线都能闭合，但实际上它们还是闭合的。

• 等高线的水平间距的大小，表示地形的缓或陡。疏则缓，密则陡。等高线的间距相等，表示该坡面的角度相同，如果该组等高线平直，则表示该地形是一处平整过的同一坡度的斜坡。

• 等高线一般不相交或重叠，只有在悬崖处等高线才可能出现相交情况。在某些垂直于地平面的峭壁、地坎或挡土墙驳岸处等高线才会重合在一起。

• 等高线在图纸上不能直穿横过河谷、堤岸和道路等；由于以上地形单元或构筑物在高程上高出或低陷于周围地面，所以等高线在接近低于地面的河谷时转向上游延伸，而后穿越河床，再向下游走出河谷；如遇高于地面的堤岸或路堤时等高线则转向下方，横过堤顶再转向上方而后走向另一侧。

对等高线有了一定的了解之后，我们分别以山体、山涧、山道、湖泊为例说明怎样绘制地形。

1）山体地形的绘制

将“山体”图层设置为当前图层，单击“绘图”工具栏中的“样条曲线”按钮，在绘图区左下角适当位置拾取样条曲线的初始点，然后指向需要的第二点，依次画出第三、四…… 点，直至曲线闭合，或按字母 c 键闭合，这样就画出第一条等高线。进行“范围缩放”，处理后如图 7-31 所示。向内依次画出其他几条等高线，等高线水平间距按照设计需要设定，最终如图 7-32 所示。

2）山涧地形的绘制

绘制方法同山体地形，注意等高线在图纸上不能直穿横过河谷、堤岸和道路等。如图 7-33 所示。

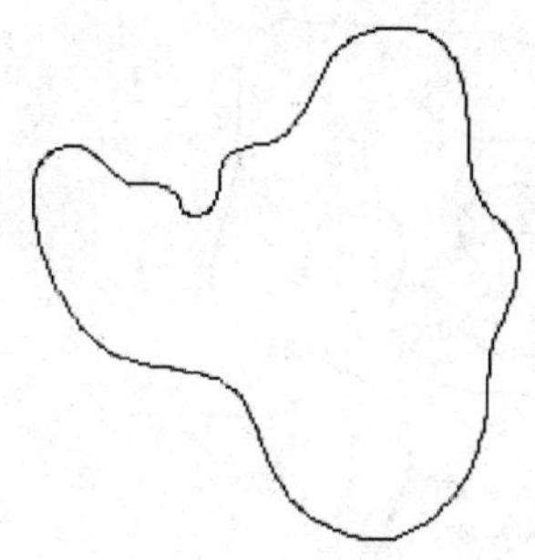
图 7-31　第一条等高线

图 7-32　全部等高线

3）山道地形的绘制

采用山体地形的绘制方法，绘制如图 7-34 所示的山道地形。

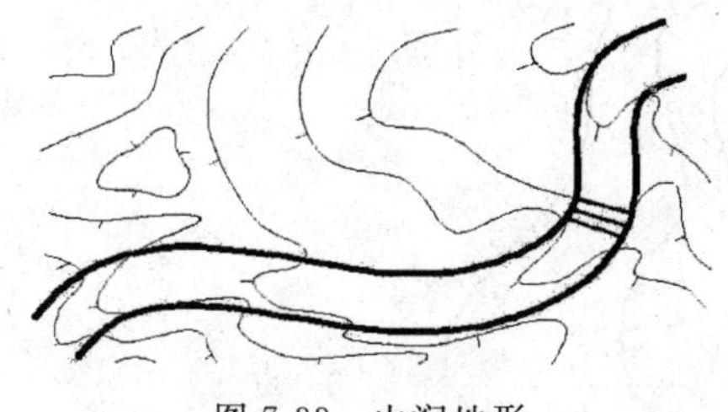
图 7-33　山涧地形

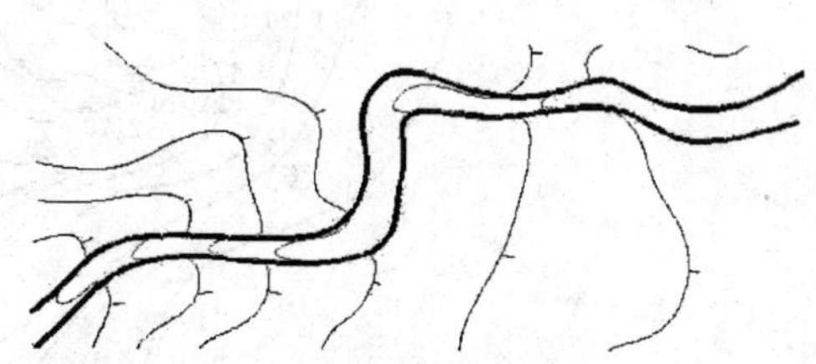
图 7-34　山道地形

4）湖泊地形的绘制

将“水体”图层设为当前图层，单击“绘图”工具栏中的“样条曲线”按钮，在绘图区左下角适当位置拾取样条曲线的初始点，然后指向需要的第二点，依次画出第三、四...... 点，直至曲线闭合，这样就画出水体驳岸轮廓线。向内偏移一条等深线，颜色调整为蓝色，线型为“Continous”，线宽为 0.15，结果如图 7-35 所示；整个地形绘制完成后结果如图 7-36 所示。

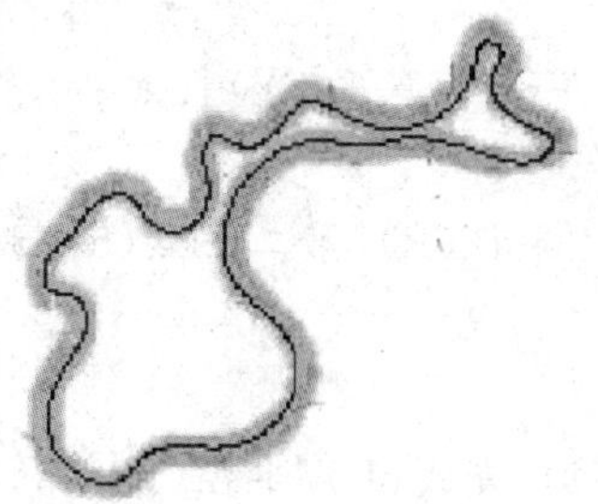
图 7-35　水体

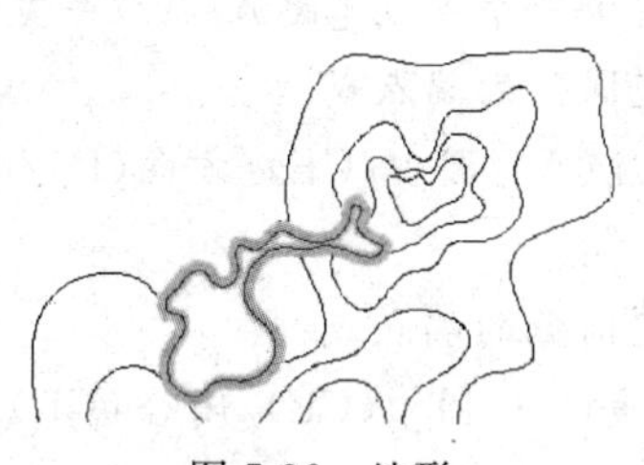
图 7-36　地形

7.3.3 高程的标注

建立一个新图层，命名为“标高”，颜色选取白色，线型为“Continous”，线宽为 0.15，并将其设置为当前图层。在标注时要注意等高线的间距多采用 0.25、0.50、0.75、1.00 等，一张图纸上只能出现一种间距；水体高程的标注方法如图 7-37 所示，表示常水位的高程。

备注：绘制等高线时也可用“多段线”命令，这种命令画出的曲线有一定的弧度，图

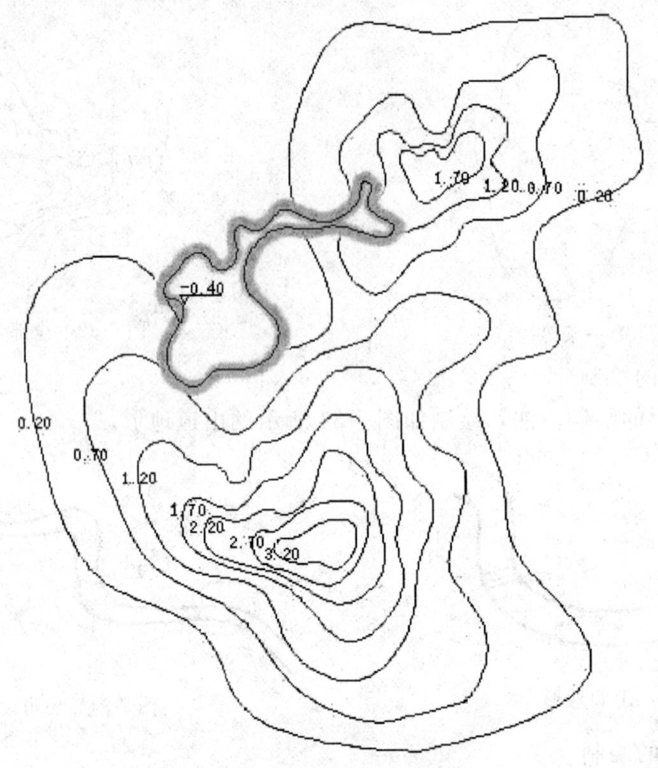

图 7-37 高程的标注

面表现比较美观；具体操作为，在命令提示行输入“pl”，确定后输入“a”（代表圆弧），然后按命令提示依次指向下一点，命令行提示与操作如下：

命令：pl

指定起点：

当前线宽为 0.0000

指定下一个点或［圆弧(A)/半宽(H)/长度(L)/放弃(U)/宽度(W)］：a

指定圆弧的端点或

［角度(A)/圆心(CE)/方向(D)/半宽(H)/直线(L)/半径(R)/第二个点(S)/放弃(U)/宽度(W)］：

指定圆弧的端点或

［角度(A)/圆心(CE)/闭合(CL)/方向(D)/半宽(H)/直线(L)/半径(R)/第二点(S)/放弃(U)/宽度(W)］：

第 8 章 园林建筑

建筑是园林的五大要素之一，且形式多样，既有使用价值，又能与环境组成景致，供人们与浏览和休憩。本章首先对各种类型的建筑作简单的介绍，然后结合实例进行讲解。

学习要点

- 概述
- 亭
- 榭
- 廊
- 大门
- 围墙

8.1 概　　述

园林建筑是指在园林中与园林造景有直接关系的建筑，它既有使用价值，又能与环境组成景致，供人们与游览和休憩，因此园林建筑的设计构造等一定要照顾两个方面的因素，使之达到可居、可游、可观。其设计方法概括起来主要有六个方面：立意、选址、布局、借景、尺度与比例、色彩与质感。另外根据园林设计的立意、功能要求、造景等需要，必须考虑适当的建筑和建筑组合。同时要考虑建筑的体量、造型、色彩以及与其配合的假山艺术、雕塑艺术、园林植物、水景等诸要素的安排，并要求精心构思，使园林中的建筑起到画龙点睛的作用。

园林建筑常见的有亭、榭、廊、花架、大门、园墙、桥等，下面分别加以说明。

8.1.1　园林建筑基本特点

园林建筑作为造园四要素之一，是一种独具特色的建筑，既要满足建筑的使用功能要求，又要满足园林景观的造景要求，并与园林环境密切结合，与自然融为一体的建筑类型。

1. 功能

（1）满足功能要求

园林是改善、美化人们生活环境的设施，也是工人们休息、游览、文化娱乐的场所，随着园林活动的日益增多，园林建筑类型也日益丰富起来，主要由茶室、餐厅、展览馆、体育场所等等，以满足人们的需要。

（2）满足园林景观要求

1）点景：点景要与自然风景融会结合，园林建筑常成为园林景观的构图中心主体，或易于近观的局部小景或成为主景，控制全园布局，园林建筑在园林景观构图中常有画龙点睛的作用。

2）赏景：赏景作为观赏园内外景物的场所，一栋建筑常成为画面的管点，而一组建筑物与游廊相连成为动观全景的观赏线。因此，建筑朝向、门窗位置大小要考虑赏景的要求。

3）引导游览路线：园林建筑常常具有起乘转合的作用，当人们的视线触及某处优美的园林建筑时，游览路线就会自然而然的延伸，建筑常成为视线引导的主要目标。人们常说的步移景异就是这个意思。

4）组织园林空间：园林设计空间组合和布局是重要内容，园林常以一系列的空间的变化巧妙安排给人以艺术享受，以建筑构成的各种形式的庭院及游廊、花墙、圆洞门等恰是组织空间、划分空间的最好手段。

2. 特点

（1）布局

园林建筑布局上要因地制宜，巧于因借，建筑规划选址除考虑功能要求外，要善于利用地形，结合自然环境，与自然融为一体。

（2）情景交融

园林建筑应结合情景，抒发情趣，尤其在古典园林建筑中，常与诗画结合，加强感染力，达到情景交融的境界。

（3）空间处理

在园林建筑空间处理上，尽量避免轴线对称，整形布局，力求曲折变化，参差错落，空间布置要灵活通过空间划分，形成大小空间对比，增加层次感，扩大空间感。

（4）造型

园林建筑在造型上更重视美观的要求，建筑体型、轮廓要有表现力，增加园林画面美，建筑体量、体态都应与园林景观协调统一，造型要表现园林特色，环境特色、地方特色。一般而言，在造型上，体量宜轻盈，形式宜活泼，力求简洁明快，通透有度，达到功能与景观的有机统一。

（5）装修

在细节装饰上，应有精巧的装饰，增加本身的美观，又以之用来组织空间画面。如常用的挂落、栏杆、漏窗、花格等。

3. 园林建筑的分类

按使用功能划分：

（1）游憩性建筑。有休息、游赏使用功能，具有优美造型，如亭、廊、花架、榭、舫、园桥等。

（2）园林建筑小品。以装饰园林环境为主，注重外观形象的艺术效果，兼有一定使用功能，如园灯、园椅、展览牌、景墙、栏杆等。

（3）服务性建筑。为游人在旅途中提供生活上服务的设施，如小卖部、茶室、小吃部、餐厅、小型旅馆、厕所等。

（4）文化娱乐设施开展活动用的设施。如游船码头、游艺室、俱乐部、演出厅、露天剧场、展览厅等。

（5）办公管理用设施。主要由公园大门、办公室、实验室、栽培温室，动物园还应有动物兽室。

8.1.2 园林建筑图绘制

园林建筑的设计程序一般分为初步设计和施工图设计两个阶段，较复杂的工程项目还要进行技术设计。

初步设计主要是提出方案，说明建筑的平面布置、立面造型、结构选型等内容，绘制出建筑初步设计图，送有关部门审批。

技术设计主要是确定建筑的各项具体尺寸和构造做法；进行结构计算，确定承重构件的截面尺寸和配筋情况。

施工图设计主要是根据已批准的初步设计图，绘制出符合施工要求的图纸。园林建筑景观施工图一般包括平面图、施工图、剖面图以及建筑详图等内容。与建筑施工图的绘制基本类似。

1. 初步设计图的绘制

(1) 初步设计图的内容

包括基本图样：总平面图、建筑平立剖面图、有关技术和构造说明、主要技术经济指标等。通常要作一幅透视图，表示园林建筑竣工后外貌。

(2) 初步设计图的表达方法

初步设计图尽量画在同一张图纸上，图面布置可以灵活些，表达方法可以多样，例如可以画上阴影和配景，或用色彩渲染，以加强图面效果。

(3) 初步设计图的尺寸

初步设计图上要画出比例尺并标注主要设计尺寸，例如总体尺寸、主要建筑的外形尺寸、轴线定位尺寸和功能尺寸等。

2. 施工图的绘制

设计图审批后，再按施工要求绘制出完整的建施、结施图样及有关技术资料。绘图步骤如下：

(1) 确定绘制图样的数量。根据建筑的外形、平面布置、构造和结构的复杂程度决定绘制那儿种图样。在保证能顺利完成施工的前提下，图样的数量应尽量少。

(2) 在保证图样能清晰地表达其内容的情况下，根据各类图样的不同要求，选用合适的比例，平立剖面图尽量采用同一比例。

(3) 进行合理的图面布置。尽量保持各图样的投影关系，或将同类型的，内容关系密切的图样集中绘制。

(4) 通常先画建筑施工图，一般按总平面→平面图→立面图→剖面图→建筑详图的顺序进行绘制。再画结构施工图，一般先画基础图、结构平面图，然后分别画出各构件的结构详图。

1) 视图包括平、立、剖面图，表达座椅的外形和各部分的装配关系。

2) 尺寸在标有建施的图样中，主要标注与装配有关的尺寸、功能尺寸、总体尺寸。

3) 透视图，园林建筑施工图常附一个单体建筑物的透视图，特别是没有设计图的情况下更是如此。透视图应按比例用绘图工具画。

4) 编写施工总说明。施工总说明包括的内容有：放样和设计标高、基础防潮层、楼面、楼地面、屋面、楼梯和墙身的材料和做法，室内外粉刷、装修的要求、材料和做法等。

8.2 亭

亭子在我国园林中是运用最多的一种建筑形式，《园冶》中说“亭者，停也。所以停憩游行也”。亭的形式很多，从平面上可以分为三角亭、四角亭、六角亭、八角亭、圆形亭、扇形亭等。从屋顶形式上单檐、重檐、三重檐、攒尖顶、平顶、悬山顶、硬山顶、歇山顶、单坡顶、卷棚顶、褶板顶等。从材质上可分为木亭、石亭、钢筋混凝土亭、金属亭等。从风格上可以分为中式、日式、欧式等。它们或伫立于山冈之上，或依附在建筑之旁，或漂浮在水池之畔。作为园中"点睛"之物，多设在视线交接处，亭子位置的选择，一方面是为了观景，即供游人驻足休息，眺望景色；另一方面是为了点景，即点缀风景。山上建亭可以丰富山形轮廓，临水建亭可以通过动静对比增加园林景物的层次和变幻效果，平地建亭可以休息、纳凉。总之，亭子的造型千姿百态，亭子的基址类型丰富，二者的搭配要协调，可以造就出丰富多彩的园林景观。

8.2.1 亭的基本特点

亭在我国园林中是运用最多的一种建筑形式。无论是在传统的古典园林中，或是在新中国成立后新建的公园及风景游览区，都可以看到有各种各样的亭子，以玲珑美丽、丰富多样的形象与园林中的其他建筑、山水、绿化等相结合，构成一幅幅生动的画图。在造型上，要结合具体地形，自然景观和传统设计并以其特有的娇美轻巧，玲珑剔透形象与周围的建筑，绿化，水景等结合而构成园林一景。

亭的构造大致可分为亭顶，亭身，亭基三部分。体量宁小勿大，形制也较细巧，竹、木、石、砖瓦等地方性传统材料均可修建。现在更多的是用钢筋混凝土或兼以轻钢，铝合金，玻璃钢，镜面玻璃，充气塑料等新型材料组建而成。

亭四面多开放，空间流动，内外交融，榭廊亦如此。解析了亭也就能举一反三于其他楼阁殿堂。亭榭等体量不大，但在园林造景中作用不小，是室内的室外；而在庭院中则是室外的室内。选择要有分寸，大小要得体，即要有恰到好处的比例与尺度，只顾重某一方面都是不允许的。任何作品只有在一定的环境下，它才是艺术，科学。生搬硬套学流行，会失去神韵和灵性，就谈不上艺术性与科学性。

园亭，是指园林绿地中精致细巧的小型建筑物。可分为两类，一是供人休憩观赏的亭，另是具有实用功能的票亭、售货亭等。

1. 园亭的位置选择

建亭地位，要从两方面考虑，一是由内向外好看，二是由外向内也好看。园亭要建在风景好的地方，使入内歇足休息的人有景可赏留得住人，同时更要考虑建亭后成为一处园林美景，园亭在这里往往可以起到画龙点睛的作用。

2. 园亭的设计构思

园亭虽小巧却必须深思才能出类拔萃。具体要求如下：

(1) 选择所设计的园亭，是传统或是现代？是中式或是西洋？是自然野趣或是奢华富贵，这些款式的不同是不难理解的。

(2) 同种款式中，平面、立面、装修的大小、形状、繁简也有很大的不同，需要斟酌。例如同样是植物园内的中国古典园亭，牡丹园和槭树园不同。牡丹亭必须重檐起翘，大红柱子；槭树亭白墙灰瓦足矣。这是因他们所在的环境气质不同而异。同样是欧式古典圆顶亭，高尔夫球场和私宅庭园的大小有很大不同，这是因他们所在环境的开阔郁闭不同而异。同是自然野趣，水际竹筏嬉鱼和树上杈窝观鸟不同，这是因环境的功能要求不同而异。

(3) 所有的形式、功能、建材是在演变进步之中的，常常是相互交叉的，必须着重于创造。例如，在中国古典园亭的梁架上，以卡普隆阳光板作顶代替传统的瓦，古中有今，洋为我用，可以取得很好的效果。以四片实墙，边框采用中国古典园亭的外轮廓，组成虚拟的亭，也是一种创造。用悬索、布幕、玻璃、阳光板等，层出不穷。

只有深入考虑这些关节，才能标新立异，不落俗套。

3. 园亭的平立面

园亭体量小，平面严谨。自点状伞亭起，三角、正方、长方、六角、八角以至圆形、海棠形、扇形，由简单而复杂，基本上都是规则几何形体，或再加以组合变形。根据这个道理，可构思其他形状，也可以和其他园林建筑如花架、长廊、水榭组合成一组建筑。

园亭的平面组成比较单纯，除柱子、坐凳（椅）、栏杆，有时也有一段墙体、桌、碑、井、镜、匾等。

园亭的平面布置，一种是一个出入口，终点式的；还有一种是两个出入口，穿过式的。视亭大小而采用。

4. 园亭的立面

因款式的不同有很大的差异。但有一点是共同的，就是内外空间相互渗透，立面显得开畅通透。园亭的立面，可以分成几种类型。这是决定园亭风格款式的主要因素。如：中国古典、西洋古典传统式样。这种类型都有程式可依，困难的是施工十分繁复。中国传统园亭柱子有木和石两种，用真材或混凝土仿制；但屋盖变化多，如以混凝土代木，则所费工、料均不合算，效果也不甚理想。西洋传统形式，现在市面有各种规格的玻璃钢、GRC 柱式、檐口，可在结构外套用。

平顶、斜坡、曲线各种新式样。要注意园亭平面和组成均甚简洁，观赏功能又强，因此屋面变化不妨要多一些。如做成折板、弧形、波浪形，或者用新型建材、瓦、板材；或者强调某一部分构件和装修，来丰富园亭外立面。

仿自然、野趣的式样。目前用得多的是竹、松木、棕榈等植物外形或木结构，真实石材或仿石结构，用茅草做顶也特别有表现力。

5. 设计要点

有关亭的设计归纳起来应掌握下面几个要点：

(1) 必须选择好位置，按照总的规划意图选点。

(2) 亭的体量与造型的选择，主要应看它所处的周围环境的大小、性质等，因地制宜而定。

(3) 亭子的材料及色彩，应力求就地选用地方材料，不独加工便利，又易于配合自然。

绘制如图 8-1 所示的亭平面图。

光盘\动画演示\第 8 章\亭.avi

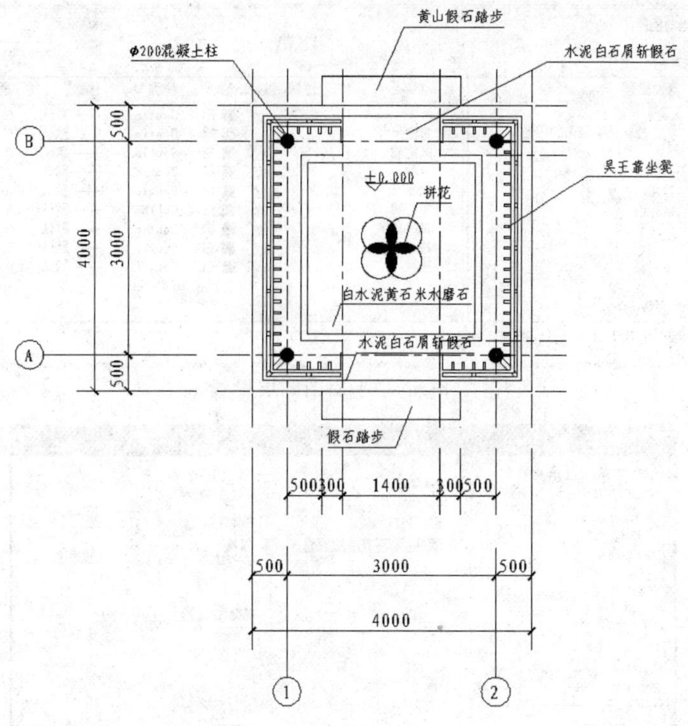

图 8-1　四角亭平面图

8.2.2　亭平面图绘制

【操作步骤】

1. 绘图前准备以及设置

（1）要根据绘制图形决定绘图的比例，建议采用 1∶1 的比例绘制。

（2）建立新文件。打开 AutoCAD 2014 应用程序，以“无样板打开-公制”建立一个新的文件，将新文件命名为“亭平面图 . dwg”并保存。

（3）设置绘图工具栏。在任意工具栏处单击鼠标右键，从打开的快捷菜单中选择“标准”、“图层”、“特性”、“绘图”、“修改”、“文字”和“标注”这七个选项，调出这些工具栏，并将它们移动到绘图窗口中的适当位置。

（4）设置图层。根据需要设置以下八个图层：“标注尺寸”、“文字”、“其他线”、“台阶”、“中心线”、“坐凳”、“轴线文字”和“柱”，把“中心线”设置为当前图层，设置好的各图层的属性如图 8-2 所示。

（5）新建了 AXIS50 样式。单击“标注”工具栏中的“文字样式”按钮，进入“文字样式”对话框，单击“新建”按钮，进入“新建文字样式”对话框，输入样式名为：DIM _ FONT，然后按“确定”按钮，重返“文字样式”对话框，对字体进行设置，然后按“确定”按钮完成操作，操作如图 8-3 所示。

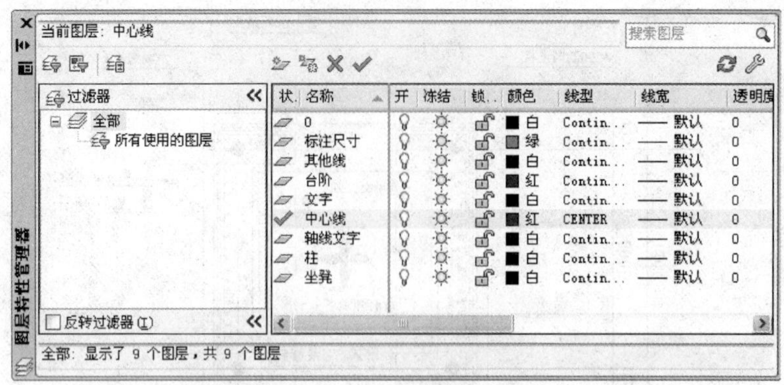

图 8-2 亭平面图图层设置

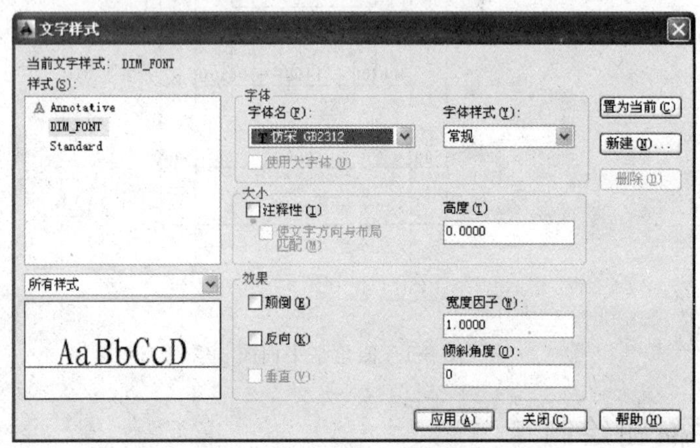

图 8-3 文字样式建立

（6）新建标注样式。单击“标注”工具栏中的“标注样式”按钮，进入“标注样式管理器”对话框，在标注样式管理器对话框中单击“新建”按钮，然后进入了创建新标注样式对话框，输入新建样式名，然后按“继续”按钮，来进行标注样式的设置。

设置新标注样式时，根据绘图比例，对线、符号和箭头、文字、主单位选项卡进行设置，具体如下：

1）线。超出尺寸线为 250，起点偏移量为 300。

2）符号和箭头。第一个为用户箭头，选择建筑标记，箭头大小为 100。

3）文字。文字高度为 200，文字位置为垂直上，从尺寸线偏移为 50，文字对齐为 ISO 标准。

4）调整。文字始终保持在延伸线之间，文字位置为尺寸线上方不带引线，标注特征比例为使用全局比例。

5）主单位。精度为 0，比例因子为 1。

2. 绘制平面定位轴线

（1）在状态栏，单击“正交模式”按钮，打开正交模式，在状态栏，单击“对象捕捉”按钮，打开对象捕捉模式，在状态栏，单击“对象捕捉追踪”按钮，打开对象捕捉追踪。

（2）单击“绘图”工具栏中的“直线”按钮，绘制一条长为5000的水平直线。重复“直线”命令，取水平直线中点绘制一条长为5000的垂直直线，选中两条直线右击，在快捷菜单中单击“特性”，打开“特性”对话框，设置线型比例为15，结果如图8-4所示。

（3）单击“修改”工具栏中的“复制”按钮，复制刚刚绘制好的水平直线，分别向上复制的位移分别为1200、1300、1500、1850、2000、2400、分别向下复制的位移分别为1200、1300、1500、1850、2000、2400。

（4）单击“修改”工具栏中的“复制”按钮，复制刚刚绘制好的垂直直线，向右复制的位移分别为700、1000、1300、1500、1850、2000。向左复制的位移分别为700、1000、1300、1500、1850、2000。

图8-4 四角亭平面定位轴线

（5）把标注尺寸图层设置为当前图层，单击“标注”工具栏中的“线性”按钮和“连续”按钮，标注尺寸，如图8-5所示。

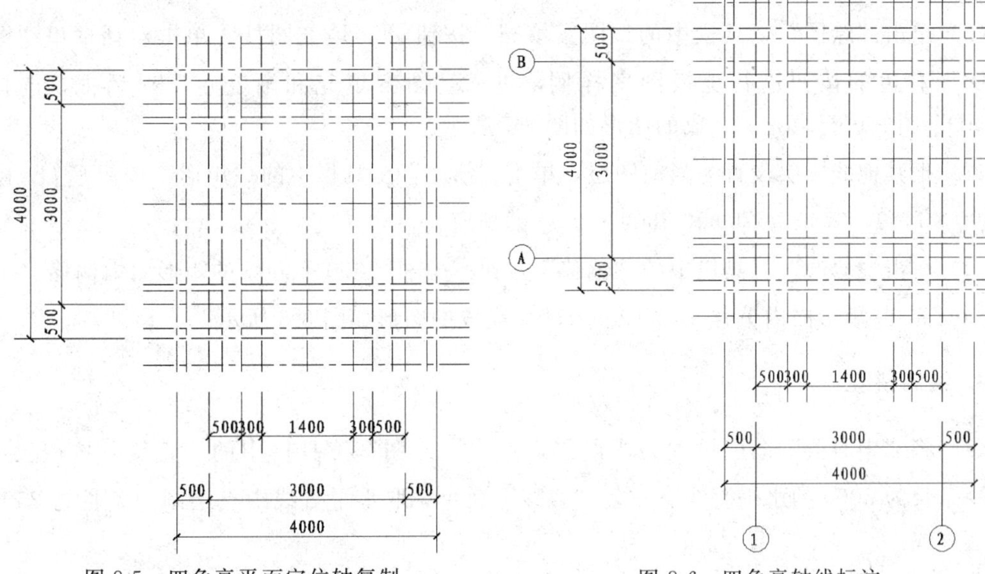

图8-5 四角亭平面定位轴复制

图8-6 四角亭轴线标注

（6）把其他线图层设置为当前图层，单击“绘图”工具栏中的“直线”按钮和“圆”按钮，在尺寸线上绘制长为950的直线，然后在绘制的直线端点处绘制半径为200的圆。

（7）把轴线文字图层设置为当前图层，单击“绘图”工具栏中的“多行文字”按钮，输入定位轴线的编号，完成的图形如图8-6所示。

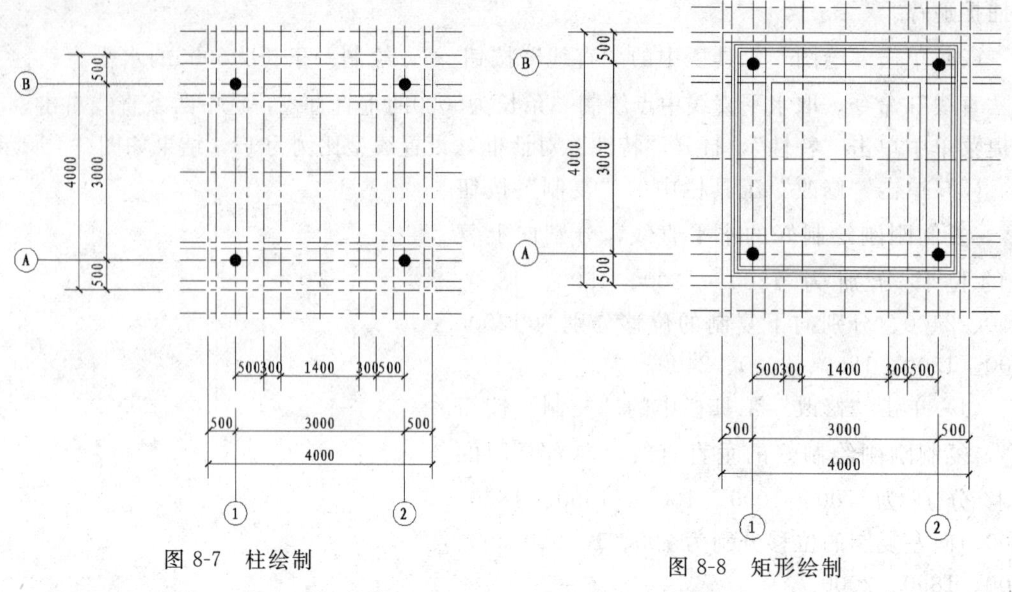

图 8-7　柱绘制

图 8-8　矩形绘制

3. 柱和矩形的绘制

（1）把柱图层设置为当前图层，单击“绘图”工具栏中的“圆”按钮，绘制直径为 200 的圆柱。

（2）单击“绘图”工具栏中的“图案填充”按钮，填充圆柱。单击对话框里“图案（P）”右边的按钮进行更换图案样例，进入“图案填充和渐变色”对话框，选择“SOLID”图例进行填充。完成的图形如图 8-7 所示。

（3）把其他线图层设置为当前图层，单击“绘图”工具栏中的“矩形”按钮，绘制 4000×4000，3700×3700 和 2600×2600 的矩形。

（4）单击“修改”工具栏中的“偏移”按钮，把 2600×2600 的矩形向内偏移 100，把 3700×3700 矩形向内偏移 50、100、150。完成的图形如图 8-8 所示。

4. 绘制拼花

（1）将“中心线”图层设置为当前层，单击“绘图”工具栏中的“直线”按钮，绘制一条长为 3000 的水平直线。重复“直线”命令，取水平直线中点绘制一条长为 2500 的垂直直线。

（2）把其他线图层设置为当前图层，单击“绘图”工具栏中的“圆”按钮，绘制一个半径为 250 的圆。

（3）单击“修改”工具栏中的“旋转”按钮，把水平线以圆心作为基点，旋转的角度为 45°。

（4）单击“绘图”工具栏中的“圆”按钮，以 45°直线与圆的交点为圆心绘制半径为 250 的圆。完成的图形如图 8-9 所示。

(5) 单击“修改”工具栏中的“环形阵列”按钮，设置最初的圆的圆心为中心点，项目数为4，填充角度为360，复制刚刚绘制好的圆，完成的图形如图8-10所示。

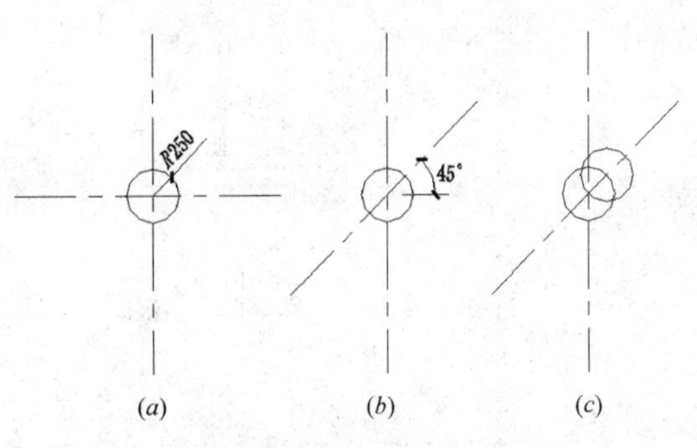

图8-9 拼花绘制流程

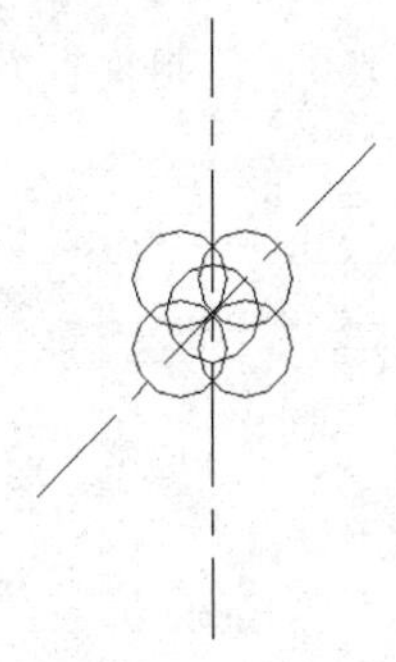

图8-10 拼花阵列图

(6) 单击“修改”工具栏中的“删除”按钮，删除多余圆和轴线。

(7) 单击“绘图”工具栏中的“图案填充”按钮，填充交集部分，单击对话框里“图案(P)”右边的按钮进行更换图案样例，进入“图案填充和渐变色”对话框，选择“石料-12”图例进行填充。填充的比例设置如图8-11所示。完成的图形如图8-12所示。

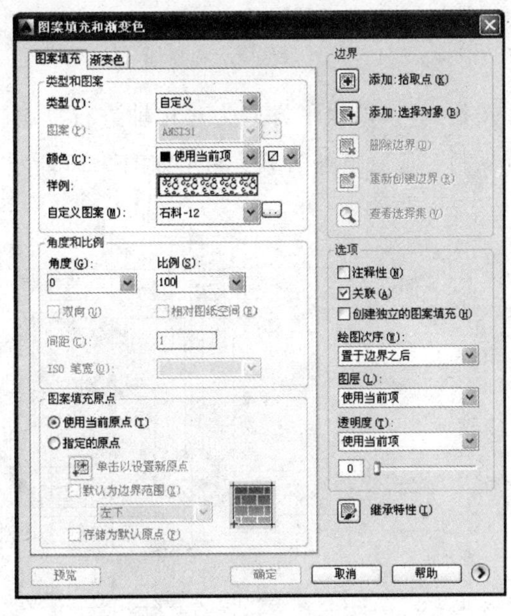

图8-11 拼花填充设置

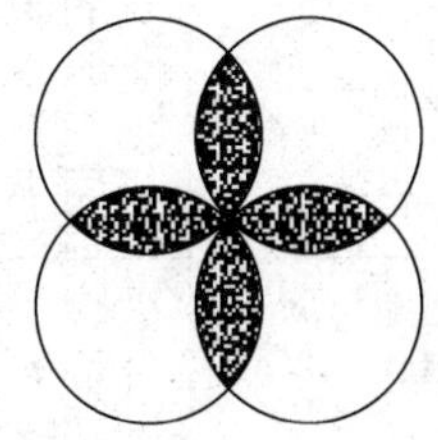

图8-12 拼花

5. 绘制踏步和坐凳

(1) 单击“绘图”工具栏中的“直线”按钮，绘制长2000，宽为400的踏步。然后单击“绘图”工具栏中的“矩形”按钮，绘制100×30的凳面，同理，再次绘制一个较大的矩形，如图8-13所示。

（2）单击“修改”工具栏中的“复制”按钮，复制水平方向直线的距离分别为150、300、450。

（3）单击“修改”工具栏中的“矩形阵列”按钮，设置行数为21，列数为1，行偏移为150，复制垂直方向的凳面，完成的图形如图8-14所示。

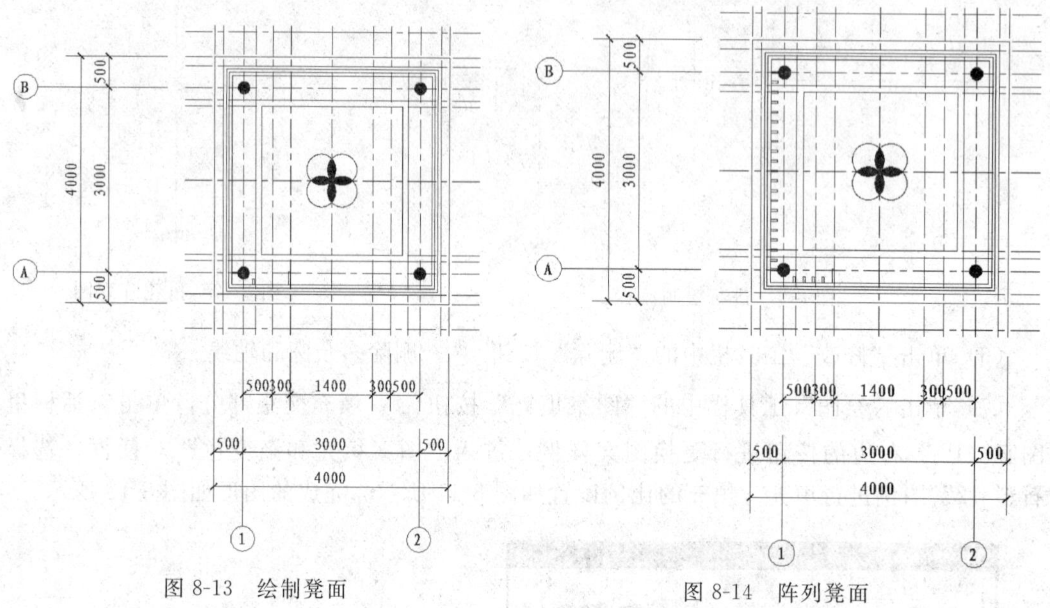

图 8-13　绘制凳面　　　图 8-14　阵列凳面

（4）单击“修改”工具栏中的“镜像”按钮，以水平方向为对称轴进行复制。重复“镜像”命令，以垂直方向为对称轴进行复制。最后整理图形，结果如图8-15所示。

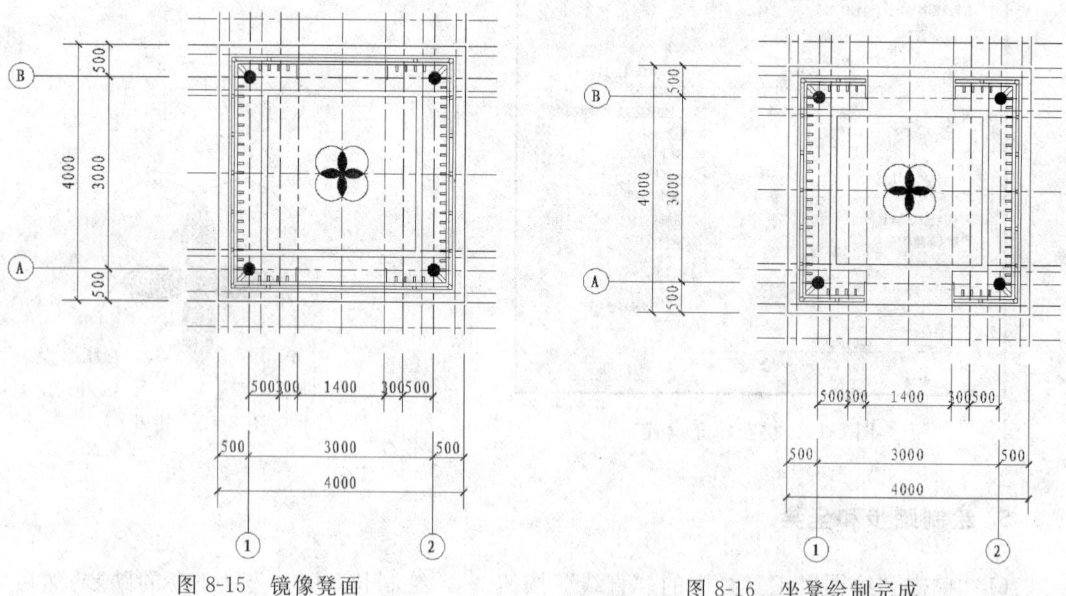

图 8-15　镜像凳面　　　图 8-16　坐凳绘制完成

（5）单击“修改”工具栏中的“修剪”按钮框选剪切多余的实体，完成的图形如图8-16所示。

6. 标注文字

(1) 将文字图层设置为当前层，在命令行中输入“qleader”命令，标注文字。

(2) 单击“绘图”工具栏中的“直线”按钮、“多段线”按钮和“多行文字”按钮，标注图名。

(3) 单击“修改”工具栏中的“删除”按钮，删除多余的对称轴线。如图 8-1 所示。

8.2.3 亭其他视图绘制

1. 亭立面图绘制

使用直线命令绘制立面定位轴线；使用直线、矩形、圆、填充等命令绘制立面轮廓线；使用多行文字标注文字，完成保存亭立面图，如图 8-17 所示。

2. 亭屋顶仰视图绘制

调用亭平面图中的定位轴线；使用直线、矩形、圆、填充等命令绘制立面轮廓线；使用多行文字标注文字，完成保存亭屋顶仰视图，如图 8-18 所示。

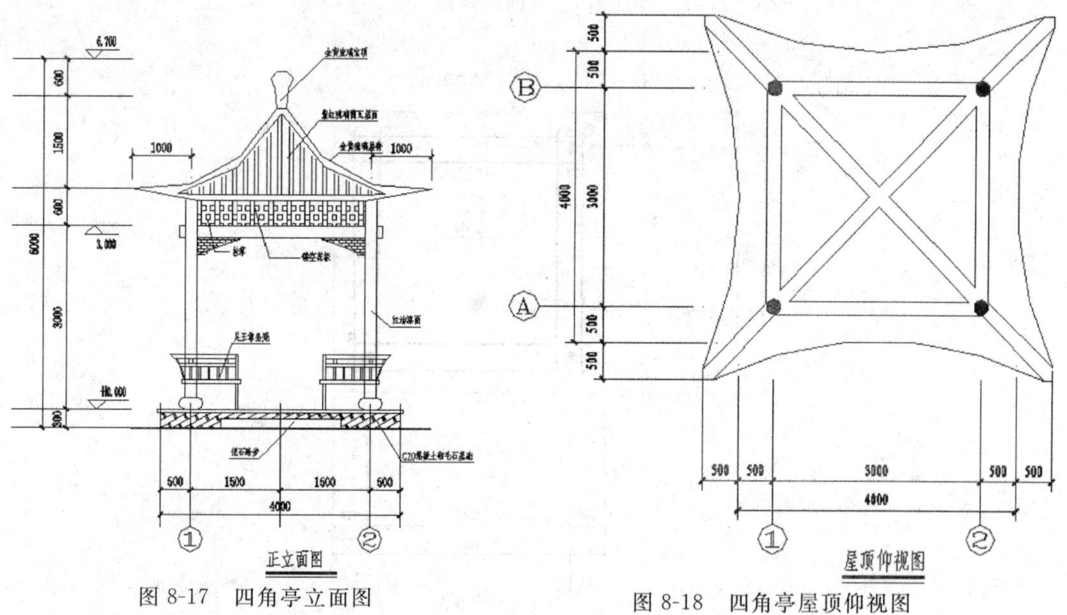

图 8-17 四角亭立面图

图 8-18 四角亭屋顶仰视图

3. 亭屋面结构图绘制

直接调用屋顶仰视图；使用多段线绘制钢筋以及多行文字标注钢筋型号，如图 8-19 所示。

4. 亭基础平面图绘制

直接调用亭平面图相关的实体；使用多段线绘制钢筋以及多行文字标注钢筋型号，如图 8-20 所示。

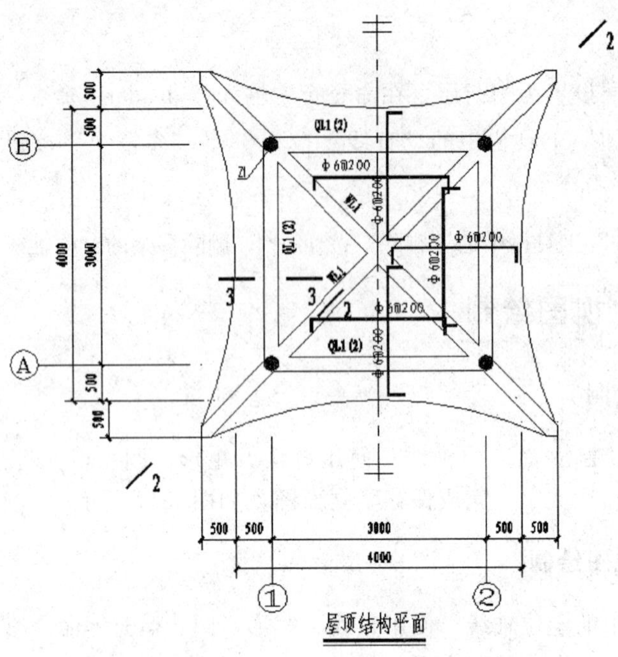

图 8-19 屋面结构图

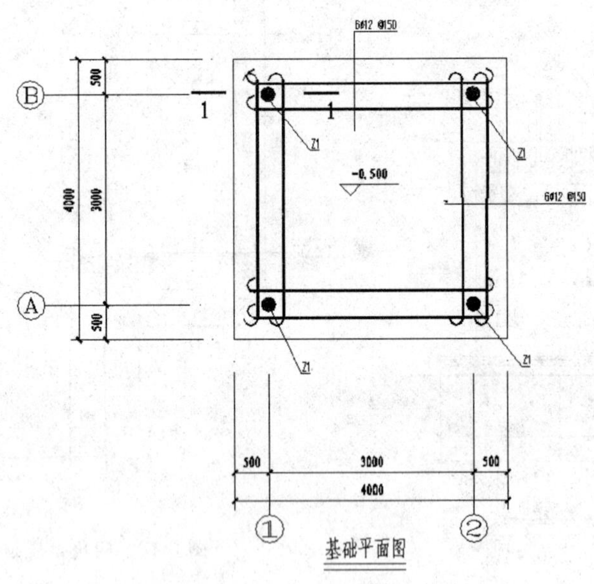

图 8-20 基础平面图

5. 亭详图绘制

钢筋的绘制和标注可以详细参照第二章桥面板钢筋图的绘制。1-1 剖面图的绘制方法参照第二章桥梁纵断面图绘制，如图 8-21 所示。

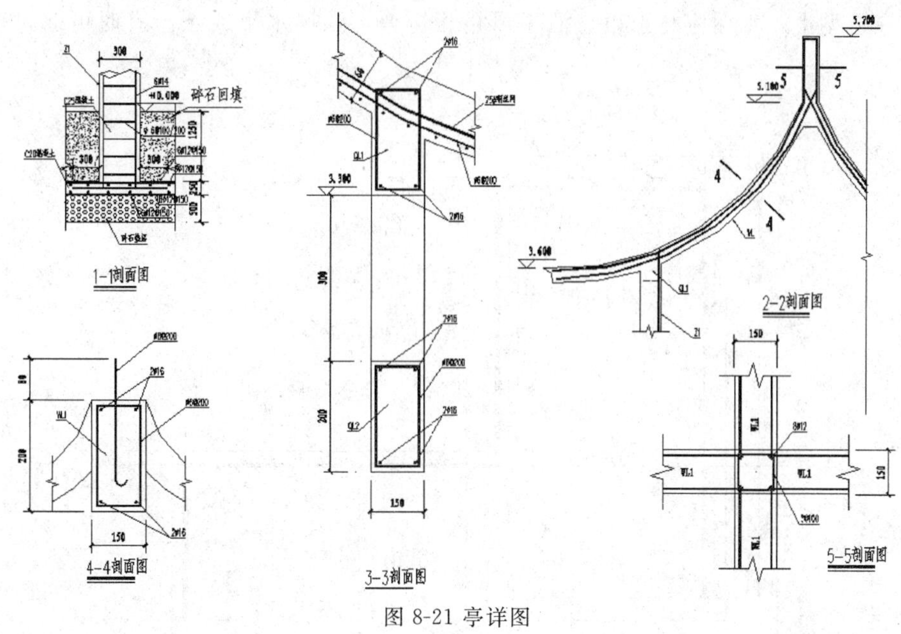

图 8-21 亭详图

8.3 榭

一般指有平台挑出水面观赏风景的园林建筑。《园冶》中说“榭者，藉也。藉景而成景也。或水边，或花畔，制亦随态”。现在的榭，以水榭居多，近水有平台伸出，设休息椅凳，以便近水赏景。较大的水榭还可以结合茶室或兼做水上舞台。

8.3.1 榭的基本特点

水榭作为一种临水园林建筑在设计上除了应满足功能需要外，还要与水面、池岸自然融合，并在体量、风格、装饰等方面与所处园林环境相协调。其设计要点如下：

1. 在可能范围内，水榭应三面或四面临水。如果不宜突出于池岸（湖）岸，也应以平台作为建筑物与水面的过渡，以便使用者置身水面之上更好的欣赏景物。

2. 水榭应尽可能贴近水面。当池岸地平距离水面较远时，水榭地平应根据实际情况降低高度。此外，不能将水榭地平与池岸地平取齐，这样会将支撑水榭下部的混凝土骨架暴露出来，影响整体景观效果。

3. 全面考虑水榭与水面的高差关系。水榭与水面的高差关系，在水位无显著变化的情况下容易掌握；如果水位涨落变化较大，设计师应在设计前详细了解水位涨落的原因与规律，特别是最高水位的标高。应以稍高于最高水位的标高作为水榭的设计地平，以免水淹。

4. 巧妙遮挡支撑水榭下部的骨架。当水榭与水面之间高差较大，支撑体又暴露得过于明显时，不要将水榭的驳岸设计成整齐的石砌岸边，而应将支撑的柱墩尽量向后设置，在浅色平台下部形成一条深色的阴影，在光影的对比中增加平台外挑的轻快感。

5. 在造型上，水榭应与水景、池岸风格相协调，强调水平线条。有时可通过设置水

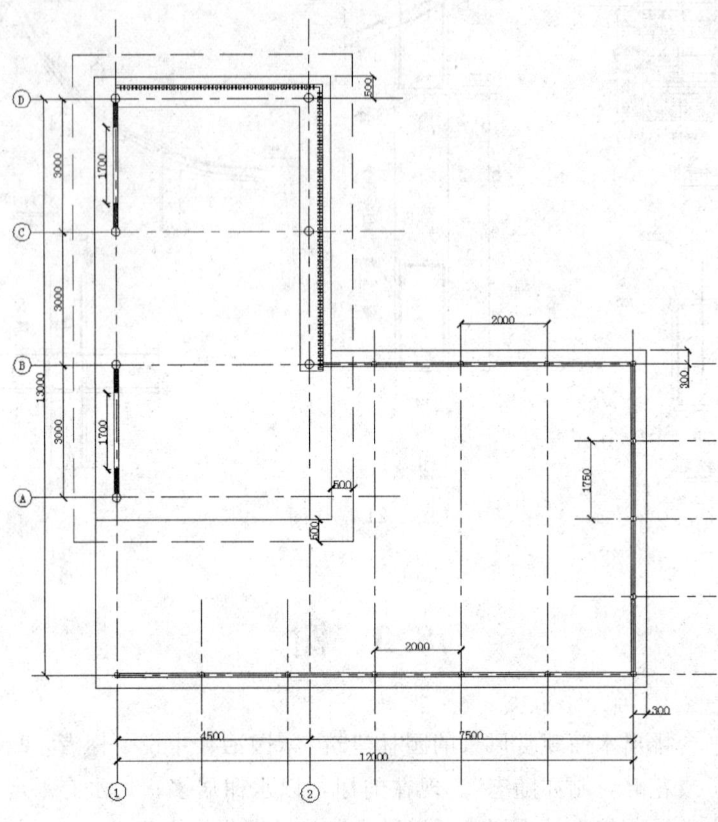

图 8-22　绘制榭平面图

廊、白墙、漏窗，形成平缓而舒朗的景观效果。若在水榭四周栽种一些树木或翠竹等植物，效果会更好。

绘制如图 8-22 所示的榭平面图。

光盘 \ 动画演示 \ 第 8 章 \ 榭 . avi

8.3.2　轴线绘制

【操作步骤】

1. 建立轴线图层

建立轴线图层，参数如图 8-23、图 8-24 所示。

轴线　红　CENTER　—— 默认　Color_1

图 8-23　轴线图层参数

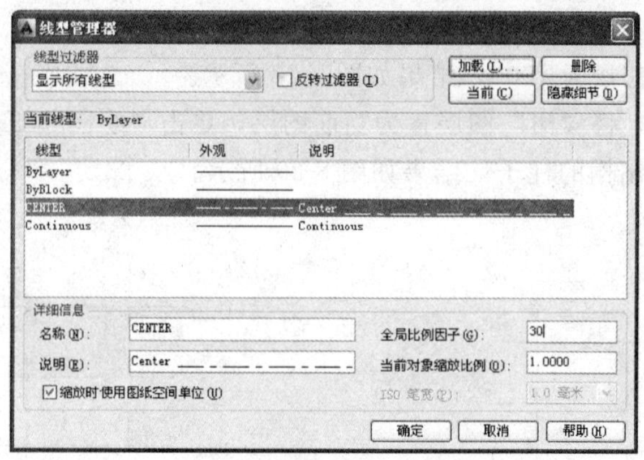

图 8-24　线型显示比例设置

2. 正交设置

将鼠标箭头移到状态栏“正交”按钮上，按左键打开正交设置，如图 8-25 所示。

3. 轴线绘制

单击“绘图”工具栏中的“直线”按钮，绘制如图 8-26 所示的轴线。

图 8-25　打开正交设置

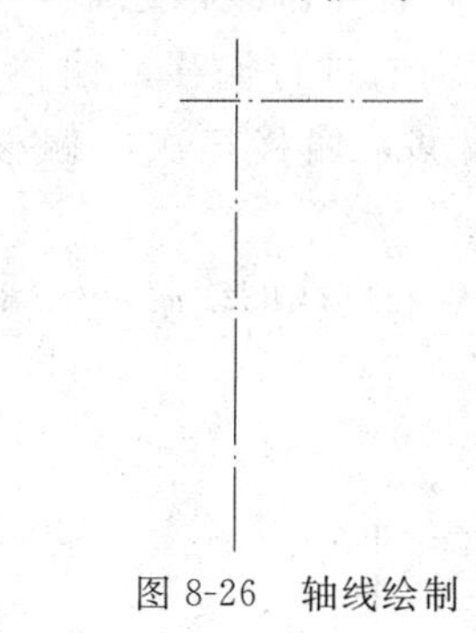

图 8-26　轴线绘制

8.3.3　树的绘制

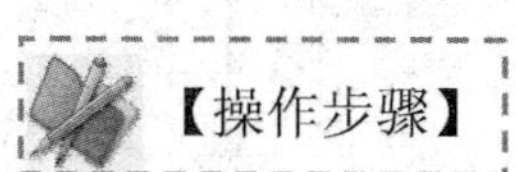

【操作步骤】

1. 建立树图层

参数如图 8-27 所示。

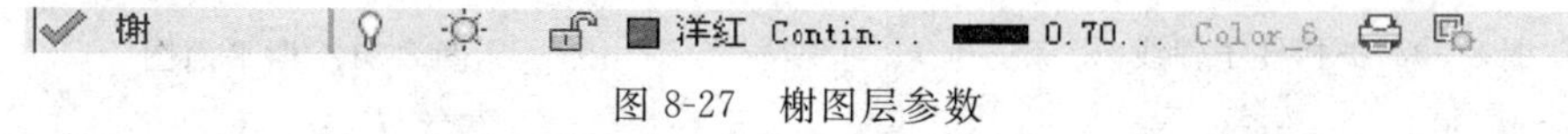

图 8-27　树图层参数

2. 树平面图的绘制

（1）将“轴线”图层设置为当前图层，将绘制的轴线进行偏移，单击“修改”工具栏中的“偏移”按钮，向下偏移横向轴线，偏移距离为3000、3000、3000和4000，向右偏移两竖向轴线，偏移量为4500，结果如图8-28所示。

（2）榭柱的绘制，将“榭”图层置为当前图层，单击“绘图”工具栏中的“圆”按钮，以100为半径绘制榭的柱子，结果如图8-29所示。

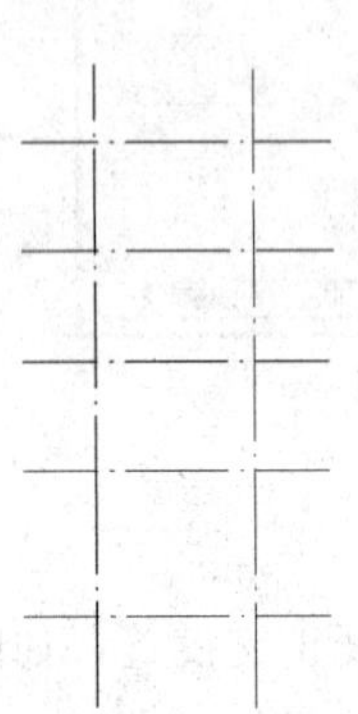

图 8-28　轴线绘制

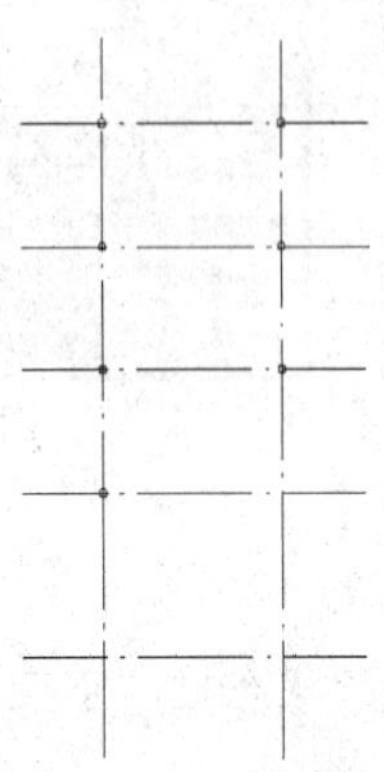

图 8-29　榭柱的绘制

（3）护栏柱子轴线的绘制，单击“修改”工具栏中的“偏移”按钮，将最左边轴线依次向右进行偏移，偏移六次，偏移量均为2000，然后将最下边的轴线依次向上进行偏移，偏移三次，偏移量均为1750，最后调整轴线长度，结果如图8-30所示。

（4）基础轮廓线的绘制，根据如图8-31所示的设计尺寸，绘出榭的基础轮廓线。

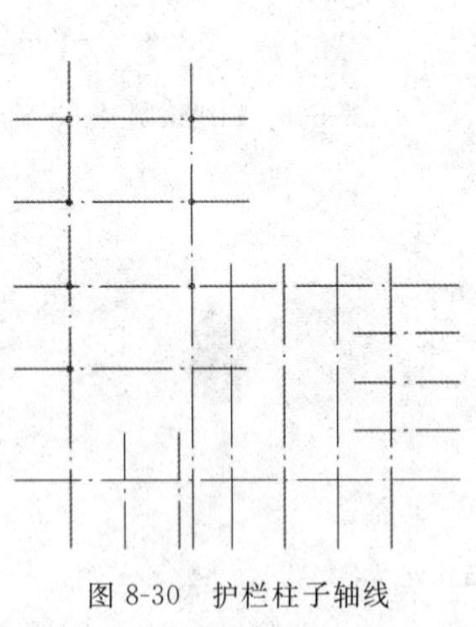

图 8-30　护栏柱子轴线

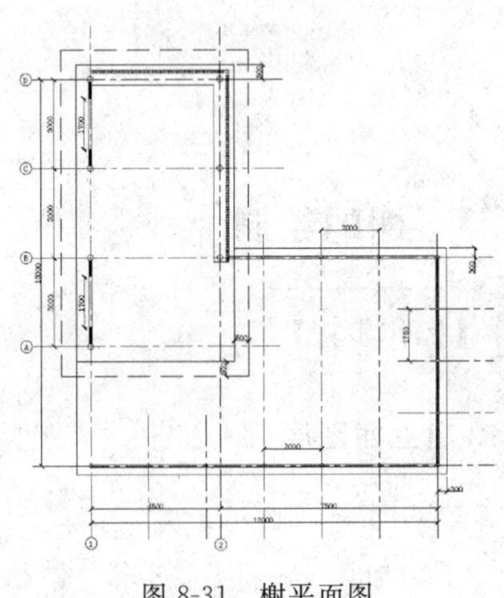

图 8-31　榭平面图

（5）单击“修改”工具栏中的“偏移”按钮，以边轴线为基准线，按设计尺寸向外偏移，偏移后将轮廓线置于“榭”图层中，将其“线型”改为“continuous”，如图8-32所示实线即为偏移后的轮廓线，单击“修改”工具栏中的“修剪”按钮，修剪后结果如图8-33所示。

(6) 窗栏的绘制，根据设计尺寸，以柱心为起点和终点，在命令行输入“多线”命令 MLINE，命令行提示与操作如下：

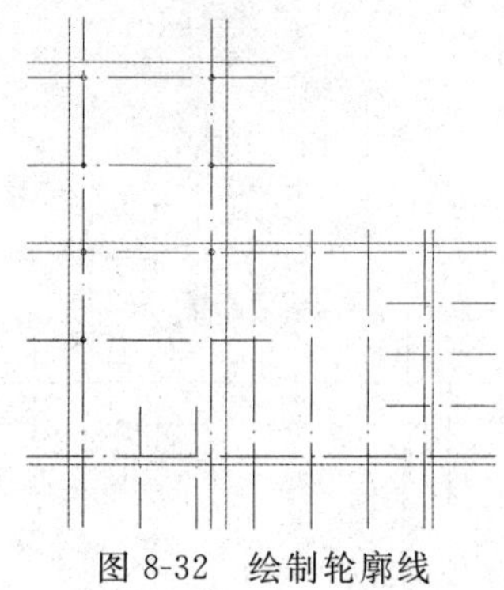

图 8-32 绘制轮廓线

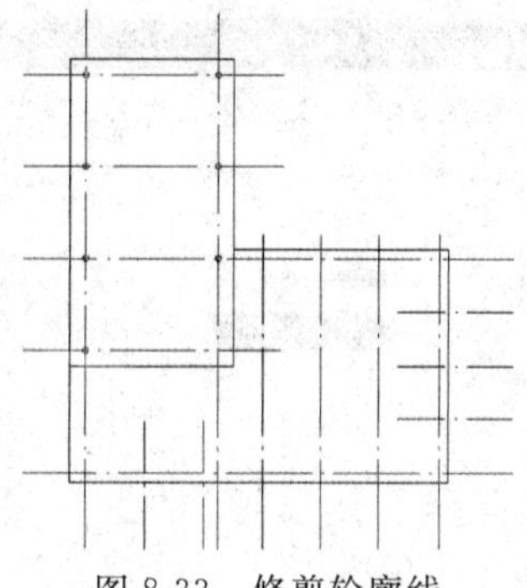

图 8-33 修剪轮廓线

命令：MLINE↙

当前设置：对正 = 无，比例 = 100.00，样式 = STANDARD

指定起点或[对正(J)/比例(S)/样式(ST)]： j

输入对正类型[上(T)/无(Z)/下(B)]<无>： z

当前设置：对正 = 无,比例 = 100.00,样式 = STANDARD

指定起点或[对正(J)/比例(S)/样式(ST)]： s

输入多线比例 <100.00>： 100

当前设置：对正 = 无,比例 = 100.00,样式 = STANDARD

指定起点或[对正(J)/比例(S)/样式(ST)]：

指定下一点：

指定下一点或[放弃(U)]：

结果如图 8-34、图 8-35 所示。

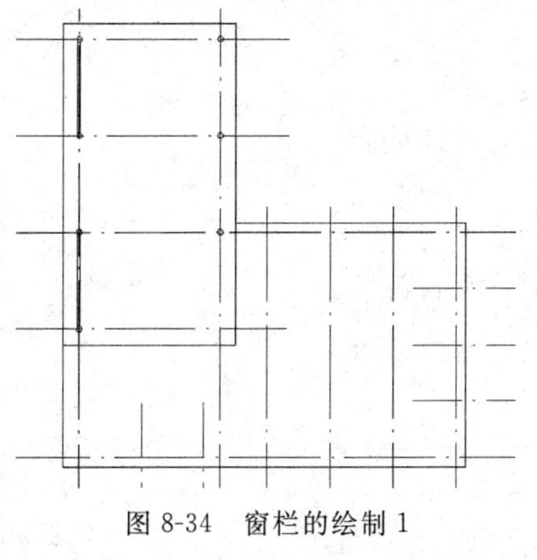

图 8-34 窗栏的绘制 1

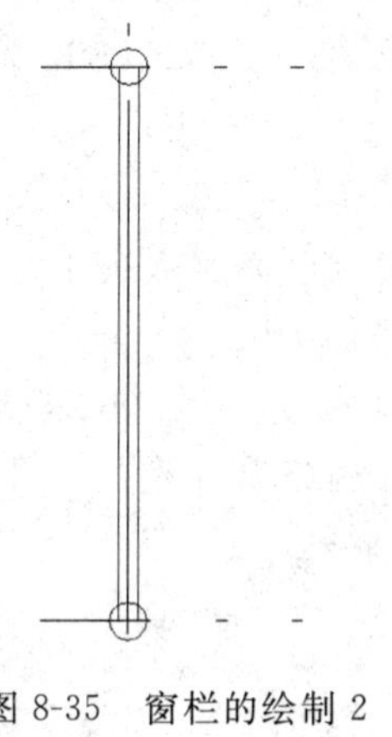

图 8-35 窗栏的绘制 2

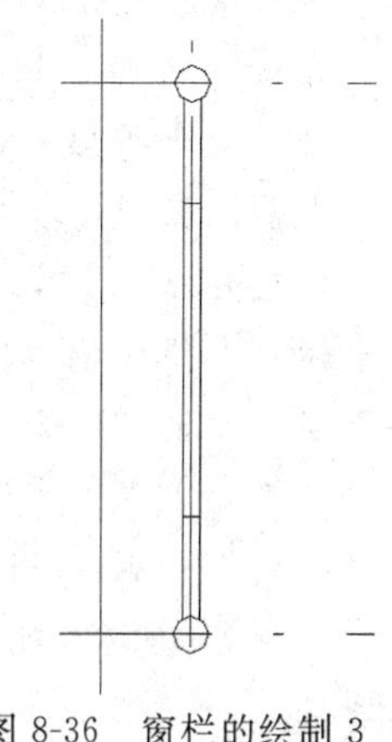

图 8-36 窗栏的绘制 3

(7) 单击“绘图”工具栏中的“直线”按钮，以柱心为起点，沿轴线向下绘制长度为650的直线，为窗栏的位置，重复“直线”命令，将窗栏位置示出，整理后如图 8-36 所示。

(8) 新建“填充”图层，并将其设置为当前图层，单击“绘图”工具栏中的“图案填充”按钮，选中需填充的区域进行填充，填充参数如对话框 8-37 所示，填充后结果如图 8-38 所示。

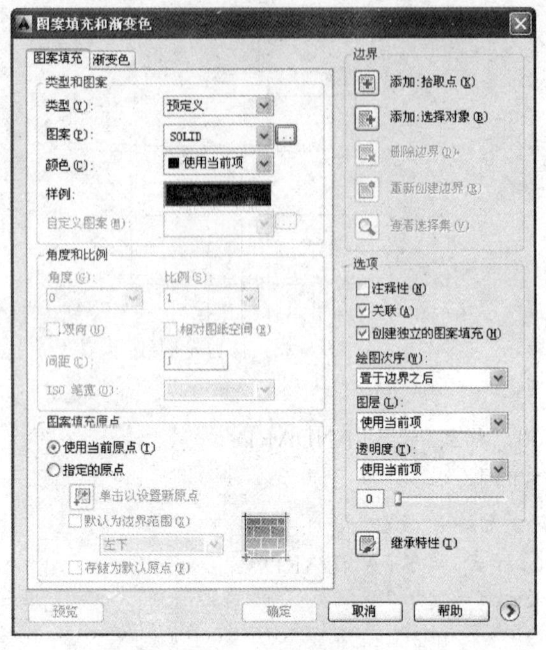

图 8-37 填充设置

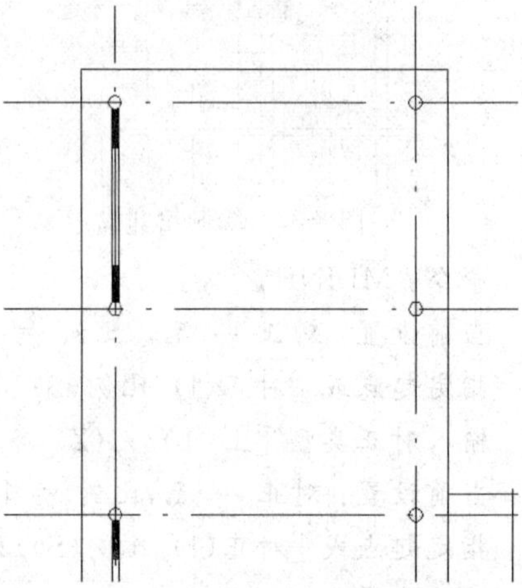

图 8-38 填充结果

3. 座椅的绘制

(1) 椅面绘制，在命令行输入“多线”命令 MLINE，命令行提示与操作如下：

命令：MLINE↙

当前设置：对正 = 上，比例 = 20.00，样式 = STANDARD

指定起点或［对正(J)/比例(S)/样式(ST)］： j

输入对正类型［上(T)/无(Z)/下(B)］<上>： z

当前设置：对正 = 无，比例 = 20.00，样式 = STANDARD

指定起点或［对正(J)/比例(S)/样式(ST)］： s

输入多线比例 <20.00>： 400↙

当前设置：对正 = 无，比例 = 400.00，样式 = STANDARD

指定起点或［对正(J)/比例(S)/样式(ST)］：(用鼠标拾取柱心)

指定下一点：(用鼠标拾取柱心)

结果如图 8-39 所示。

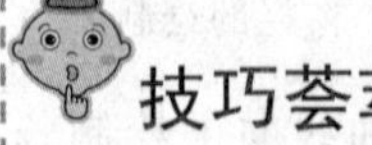

技巧荟萃

靠背画法也可以单击“多段线”命令，将椅面外侧轮廓线再画一遍，然后再向外侧偏移 50、100。由于是多段线，偏移后就不用修剪和延伸了，一次成型。

(2) 靠背的绘制

1）单击“修改”工具栏中的“分解”按钮，将上一步绘制的多线进行分解；单击“修改”工具栏中的“偏移”按钮，以外侧直线为基准线，进行两次偏移，偏移距离分别为50、100、结果如图8-40所示。

2）将横向直线拉伸，具体方法为打开“状态工具栏”“正交”命令，将要拉伸直线选中，如图8-41所示，单击直线的端点向右拉伸。

3）单击“修改”工具栏中的“延伸”按钮，对竖向直线进行延伸，命令行提示与操作如下：

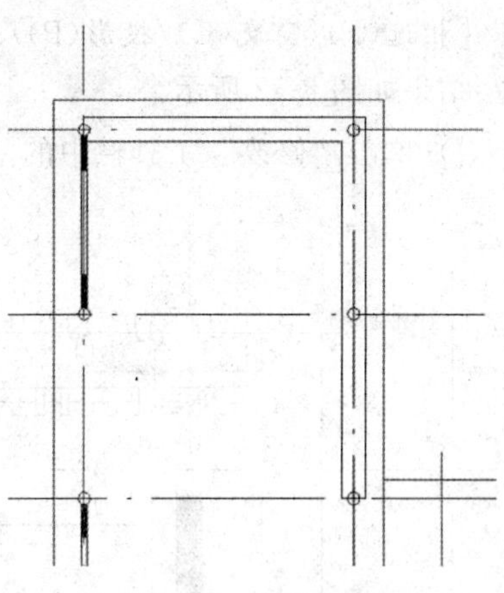

图8-39 椅面的绘制

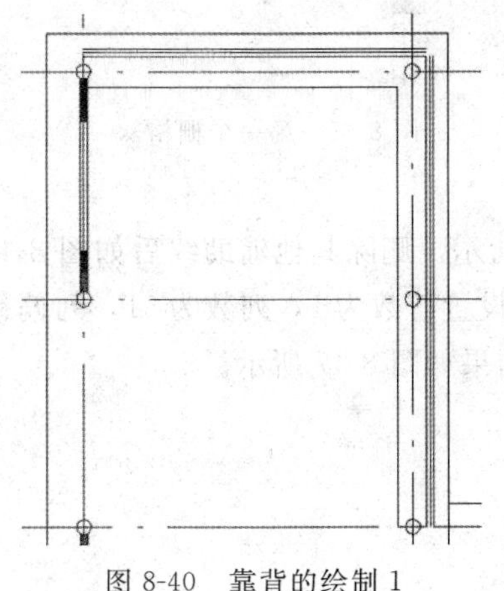

图8-40 靠背的绘制1

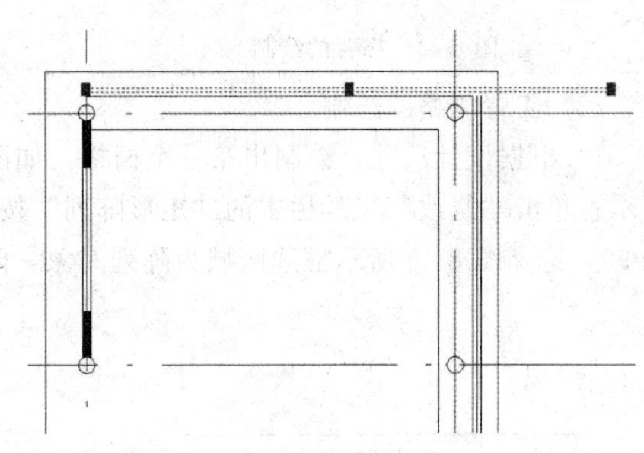

图8-41 靠背的绘制2

命令：_extend
当前设置：投影=UCS，边=无
选择边界的边...（选择横向拉伸后的直线）
选择对象或<全部选择>：找到1个
选择对象：↙
选择要延伸的对象，或按住Shift键选择要修剪的对象，或

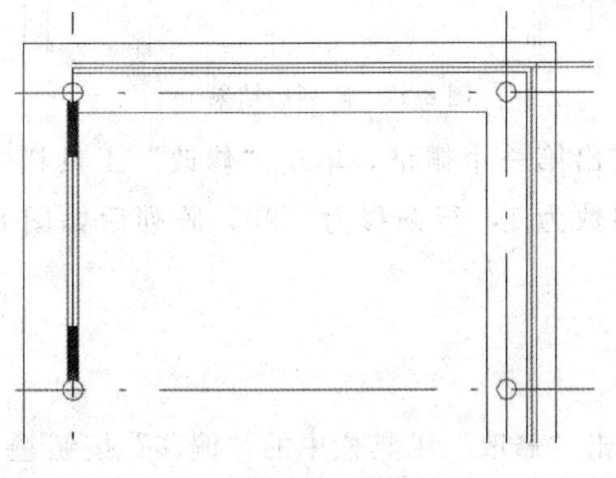

图8-42 靠背的绘制3

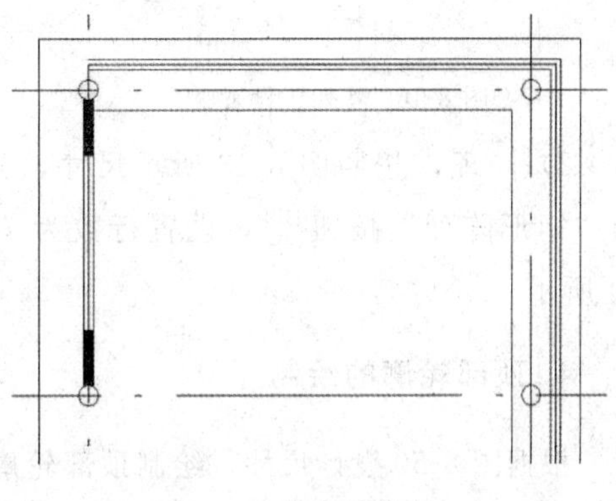

图8-43 靠背的绘制4

[栏选(F)/窗交(C)/投影(P)/边(E)/放弃(U)]:(选择要延伸的竖向直线)

结果如图 8-42 所示。

4) 单击“修改”工具栏中的“修剪”按钮，修剪图形，结果如图 8-43 所示。

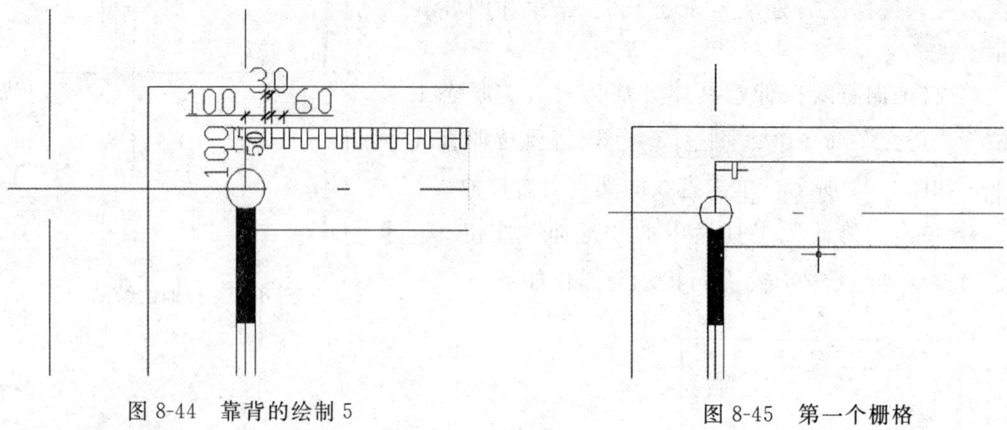

图 8-44 靠背的绘制 5　　　　图 8-45 第一个栅格

(3) 靠背栅格的绘制

1) 根据设计尺寸，绘制出第一个栅格，如图 8-44 所示。删除其他辅助线后如图 8-45 所示；单击“修改”工具栏中的“矩形阵列”按钮，设置行数为 1，列数为 51，列偏移为 90，选择图 8-46 所示框选区域为阵列对象，阵列后结果如图 8-47 所示。

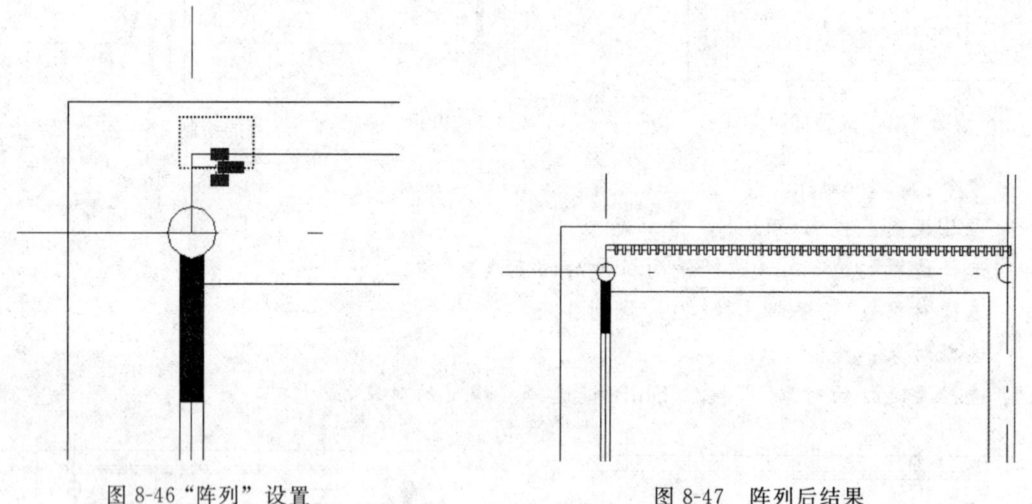

图 8-46“阵列”设置　　　　图 8-47 阵列后结果

2) 同理，按照图 8-48 所示尺寸，先绘制出第一个栅格，单击“修改”工具栏中的“矩形阵列”按钮，设置行数为 70，列数为 1，行偏移为－90，阵列后如图 8-49 所示。

4. 顶部轮廓的绘制

根据图 8-50 设计尺寸，绘制顶部轮廓。单击“修改”工具栏中的“偏移”按钮，偏移建筑基座的轮廓线，偏移距离为 500，偏移后对顶部轮廓“线型”进行修改，选择

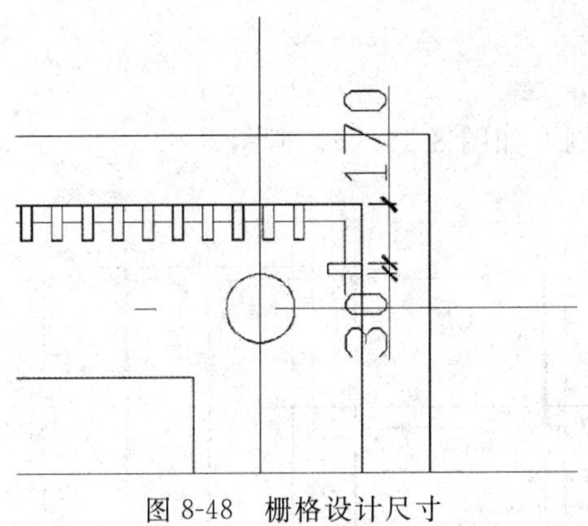

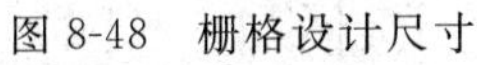
图 8-48　栅格设计尺寸

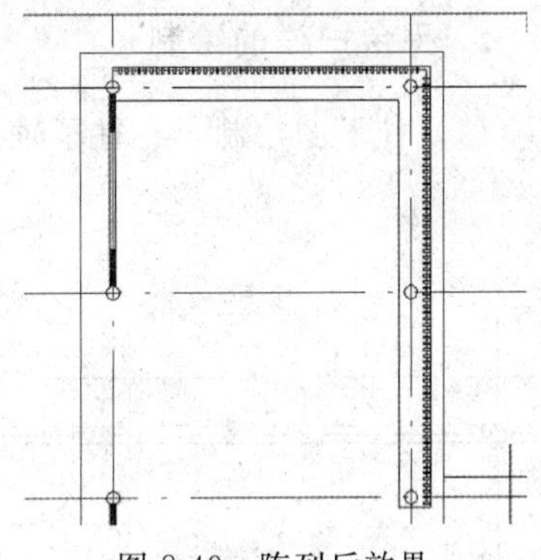
图 8-49　阵列后效果

"ACAD_ISO02W100"线型，如图 8-51 所示，修改后如图 8-52 所示。

技巧荟萃

如果下拉框中没有所需线型，单击"其他"，弹出对话框，单击"加载"按钮，选择所需的线型，单击"确定"如图 8-53 所示。这样，所需线型的式样就能在下拉框内显示。

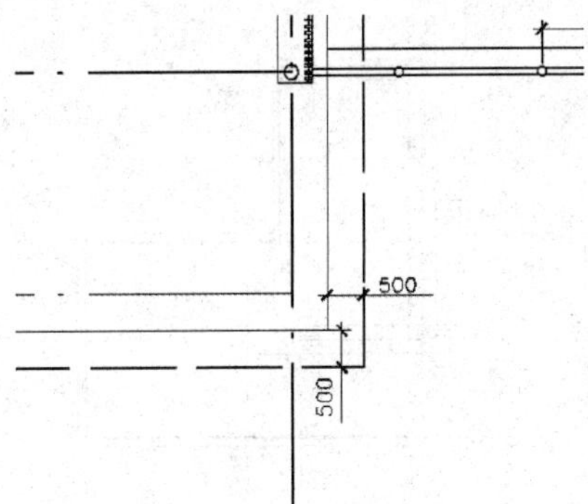

图 8-50　顶部轮廓的设计尺寸

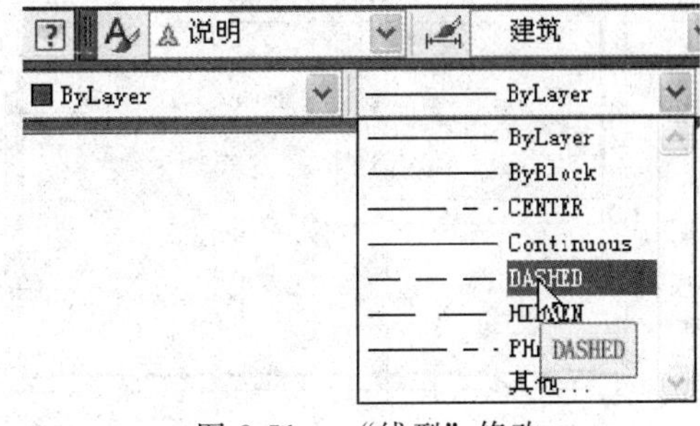

图 8-51　"线型"修改

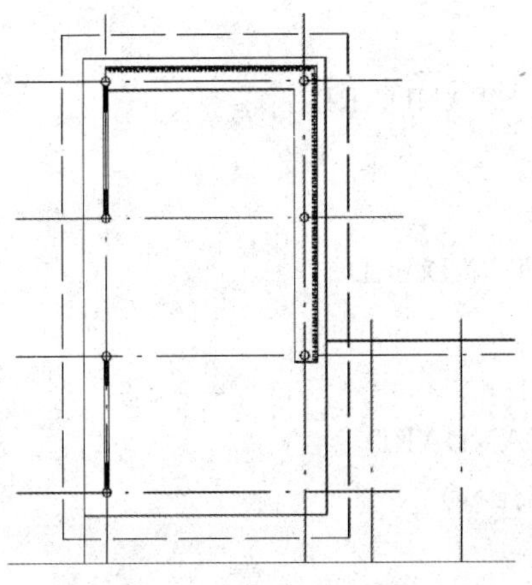
图 8-52　修改后线型

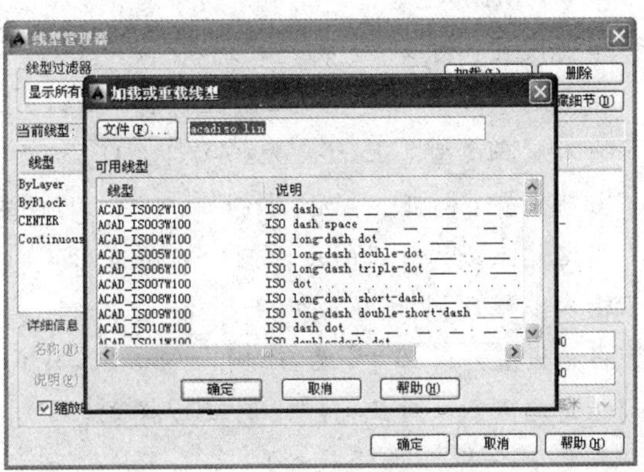

图 8-53　选择线型

5. 平台护栏的绘制

（1）柱子的绘制，在柱子轴线的交汇点处绘制，如图 8-54（*a*）所示。

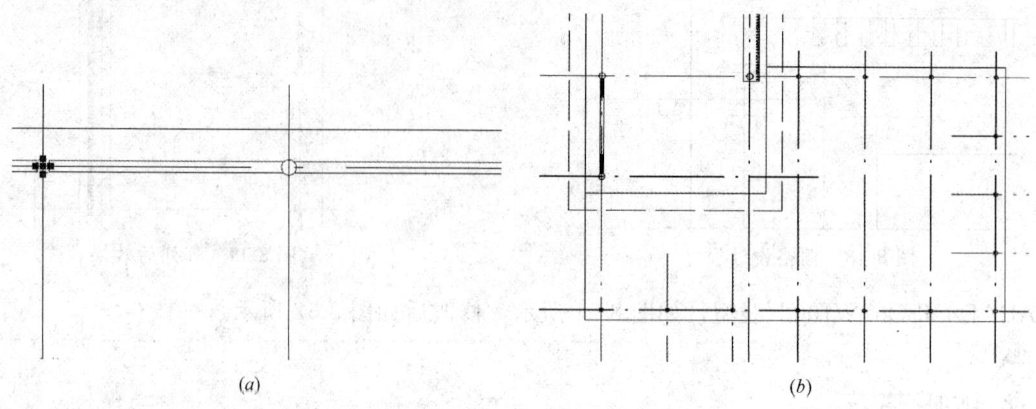

(*a*)　　(*b*)

图 8-54　柱子的绘制

（2）护栏的绘制，在命令行输入“多线”命令 MLINE，命令行提示与操作如下。绘制后结果如图 8-54（*b*）所示，修剪后如图 8-55 所示。

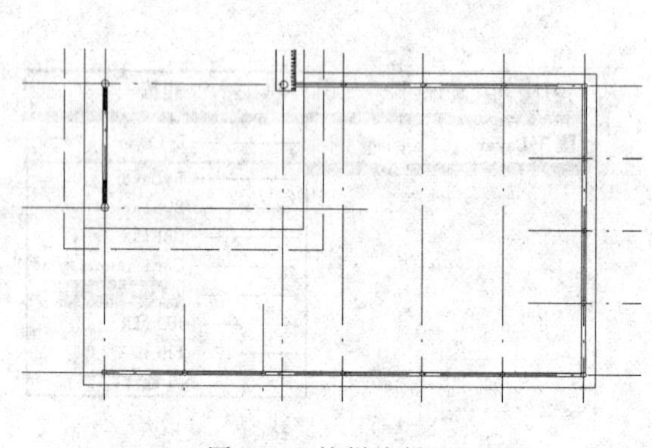

图 8-55　护栏绘制 1

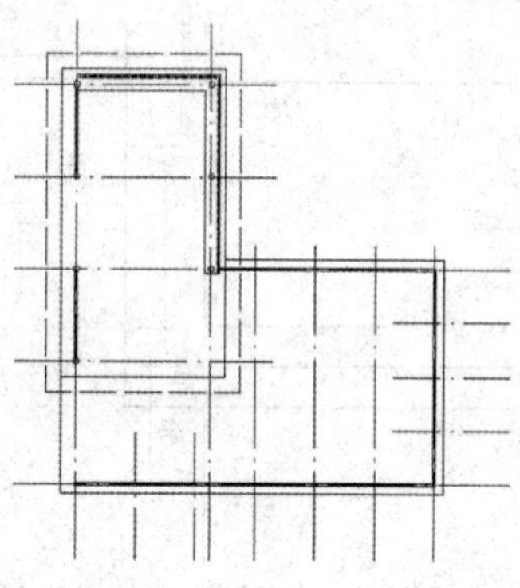

图 8-56　护栏绘制 2

命令：MLINE↙

当前设置：对正 = 无，比例 = 400.00，样式 = STANDARD

指定起点或［对正(J)/比例(S)/样式(ST)］：j

输入对正类型［上(T)/无(Z)/下(B)］<无>：z

当前设置：对正 = 无，比例 = 400.00，样式 = STANDARD

指定起点或［对正(J)/比例(S)/样式(ST)］：s

输入多线比例 <400.00>：80↙

当前设置：对正 = 无，比例 = 80.00，样式 = STANDARD

指定起点或［对正(J)/比例(S)/样式(ST)］：(选择柱心)

指定下一点：(选择柱心)

最终结果如图 8-56 所示。

8.3.4 尺寸标注及轴号标注

【操作步骤】

1. 建立“尺寸”图层

建立“尺寸”图层，参数如图 8-57 所示，并将其设置为当前图层。

尺寸 绿 Contin... —— 默认 Color_3

图 8-57 尺寸图层参数

2. 标注样式设置

标注样式的设置应该跟绘图比例相匹配。

（1）选择菜单栏中的“格式”→“标注样式”命令，打开“标注样式管理器”，新建一个标注样式，命名为“建筑”，单击“继续”，如图 8-58 所示。

（2）将“建筑”样式中的参数按如图 8-59～图 8-63 所示逐项进行设置。单击“确定”后回到“标注样式管理器”，将“建筑”样式设为当前，如图 8-64 所示。

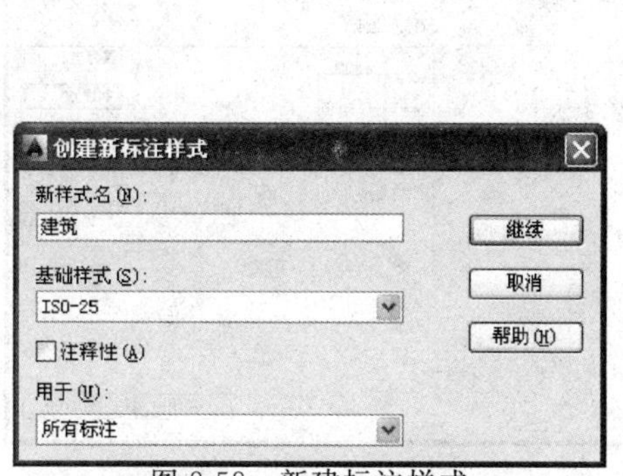

图 8-58 新建标注样式

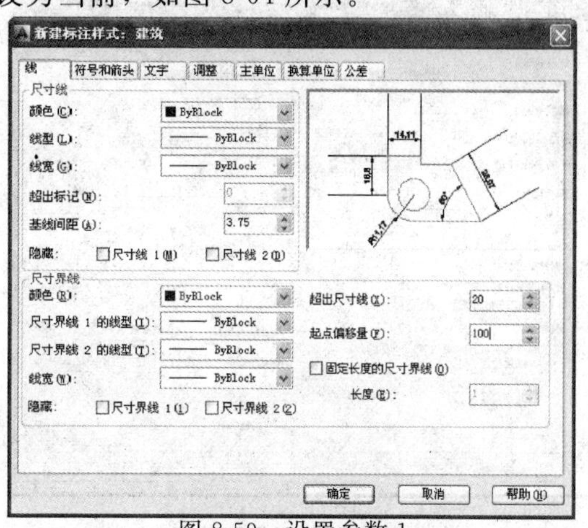

图 8-59 设置参数 1

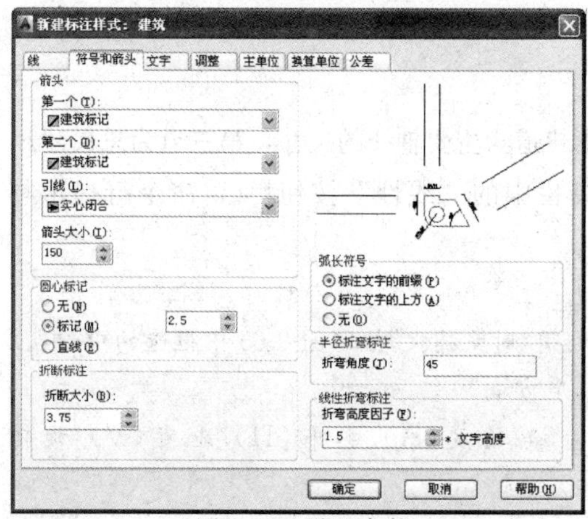

图 8-60 设置参数 2

新建标注样式：建筑
文字外观
文字样式(Y): Standard
文字颜色(C): ByBlock
填充颜色(L): 无
文字高度(T): 200
分数高度比例(H): 1
绘制文字边框(F)
文字位置
垂直(V): 上
水平(Z): 居中
观察方向(D): 从左到右
从尺寸线偏移(O): 0.625
文字对齐(A)
水平
与尺寸线对齐
ISO 标准

图 8-61 设置参数 3

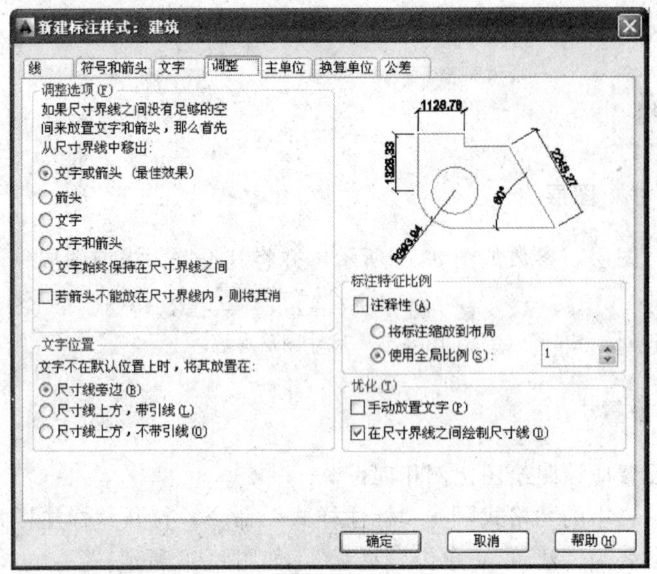

图 8-62　设置参数 4

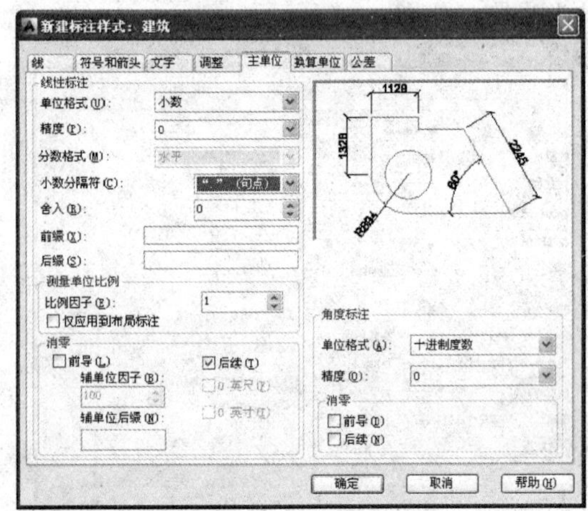

图 8-63　设置参数 5

图 8-64　将“建筑”样式置为当前

3. 尺寸标注

尺寸分为三道，第一道为局部尺寸的标注，第二道为主要轴线的尺寸，第三道为总尺寸。

（1）第一道尺寸线绘制。单击“标注”工具栏中的“线性”按钮⊢⊣，命令行提示与操作如下：

命令：_dimlinear

指定第一条尺寸界线原点或 <选择对象>：(利用“对象捕捉”拾取图 8-65 中框选的中心点)

指定第二条尺寸界线原点：(捕捉第二点(水平方向))

指定尺寸线位置或[多行文字(M)/文字(T)/角度(A)/水平(H)/垂直(V)/旋转(R)]：↙

结果如图 8-65 所示。

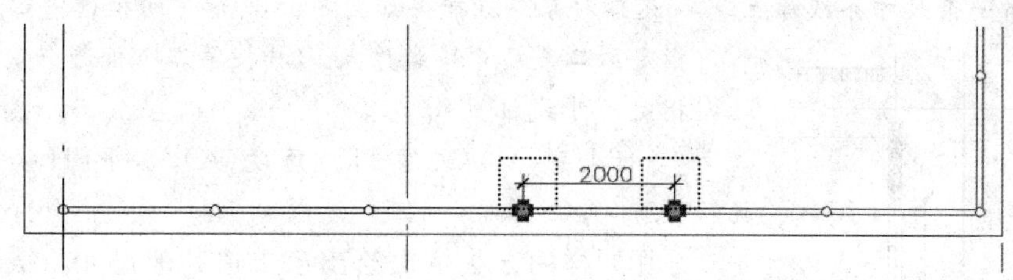

图 8-65　尺寸 1

重复“线性”标注命令，命令行提示与操作如下：

命令：_dimlinear

指定第一条尺寸界线原点或 <选择对象>：(利用“对象捕捉”拾取图 8-66 中的第一点)

指定第二条尺寸界线原点：(捕捉第二点(右侧))

指定尺寸线位置或

[多行文字(M)/文字(T)/角度(A)/水平(H)/垂直(V)/旋转(R)]：↙

结果如图 8-66 所示。

采用同样的方法依次绘出第一道其他尺寸，结果如图 8-67 所示。

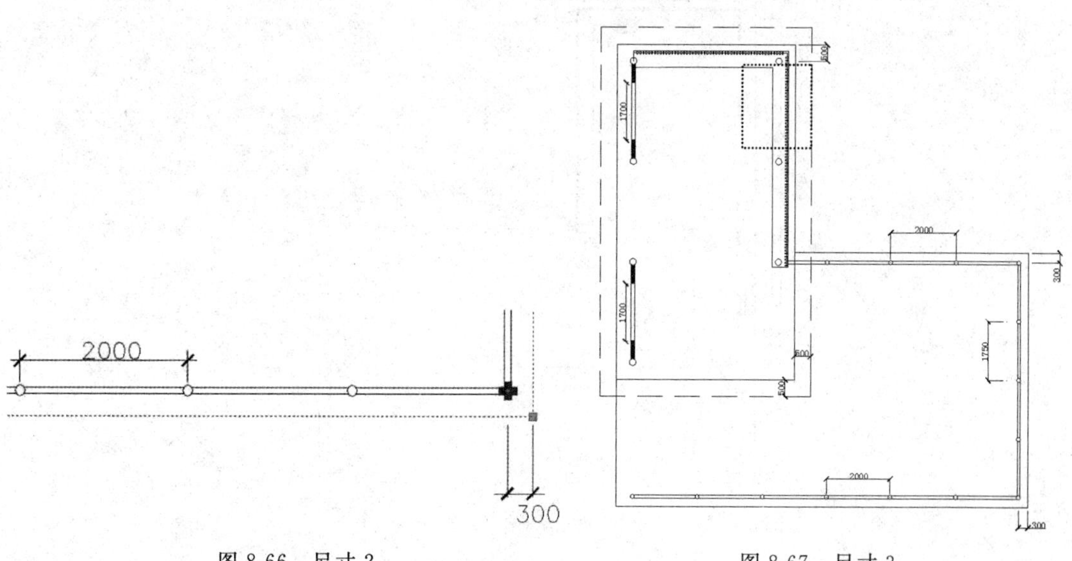

图 8-66　尺寸 2　　　　图 8-67　尺寸 3

技巧荟萃

对于尺寸字样出现重叠的情况，应将它移开。用鼠标单击尺寸数字，再用鼠标点中中间的蓝色方块标记，将字样移至外侧适当位置后单击“确定”。

(2) 第二道尺寸绘制。单击“标注”工具栏中的“线性”按钮，命令行提示与操作如下：

命令：_dimlinear

指定第一条尺寸界线原点或 <选择对象>:(捕捉如图 8-68 所示中的框选中心点(上))

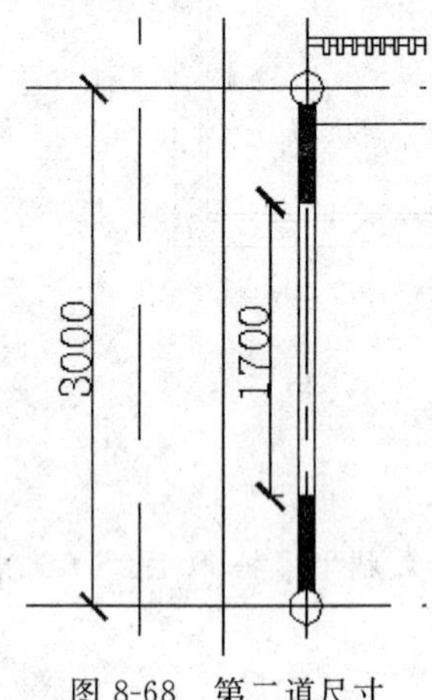

图 8-68　第二道尺寸

指定第二条尺寸界线原点:(捕捉第二个框选中心点(下))

指定尺寸线位置或

[多行文字(M)/文字(T)/角度(A)/水平(H)/垂直(V)/旋转(R)]:↙

采用同样的方法依次绘出第二道其他尺寸，结果如图 8-69 所示。

(3) 第三道尺寸线的绘制：单击“标注”工具栏中的“线性”按钮，命令行提示与操作如下：

命令:_dimlinear

指定第一条尺寸界线原点或 <选择对象>:(捕捉如图 8-70 所示中的框选点(左))

指定第二条尺寸界线原点:(捕捉第二个框选点(右))

指定尺寸线位置或

[多行文字(M)/文字(T)/角度(A)/水平(H)/垂直(V)/旋转(R)]:↙

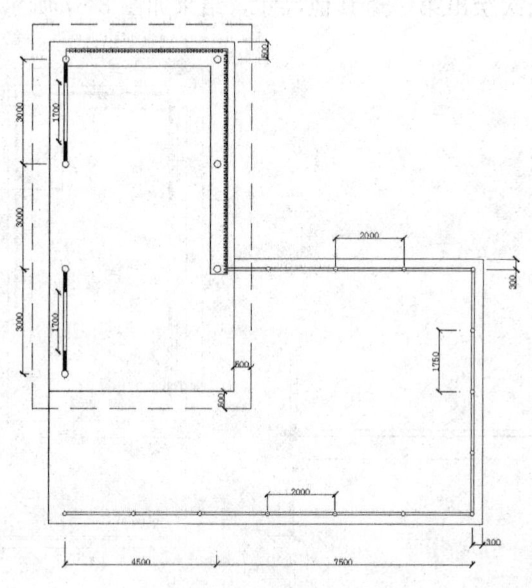
图 8-69　第二道其他尺寸

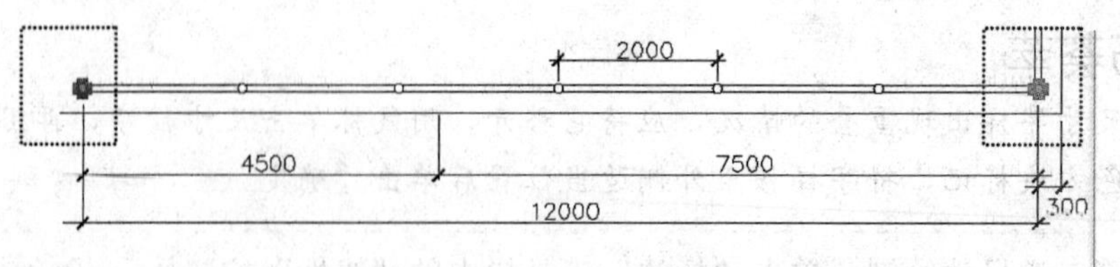

图 8-70　标注第三道尺寸

采用同样的方法依次绘出第三道其他尺寸，结果如图 8-71 所示。

4. 轴号标注

根据规范要求，横向轴号一般用阿拉伯数字1、2、3…标注，纵向轴号用字母A、B、C…标注。

在轴线端绘制一个直径为400的圆，在的中央标注一个数字“1”，字高200，如图8-72所示。将该轴号图例复制到其他轴线端头，并修改圈内的数字。

双击数字，打开“文字编辑器”对话框，如图8-73所示，输入修改的数字，点击“确定”。

轴号标注结束后如图8-74所示。

采用上述轴号标注方法，将其他方向的轴号标注完成，结果如图8-22所示。

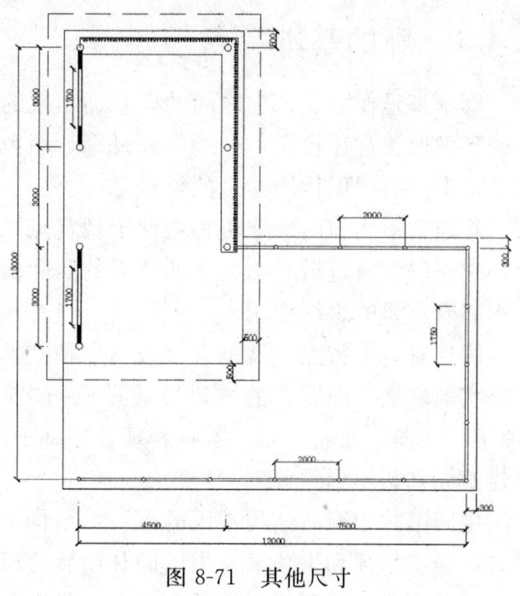

图8-71 其他尺寸

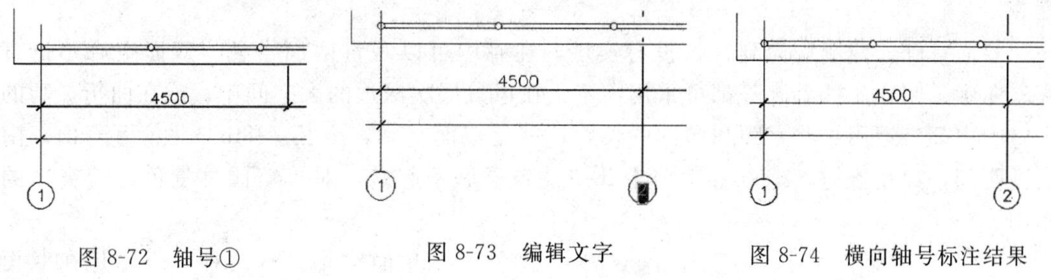

图8-72 轴号①　　图8-73 编辑文字　　图8-74 横向轴号标注结果

技巧荟萃

园林平面设计中主要表现建筑的平面，因此，榭的正立面和侧立面的绘法不再详述，细部详见光盘。

8.4 廊

《园冶》中说“廊者，庑出一步也，宜曲宜长，则胜”。廊可以作为导游参观和组织空间作隔景、透景、框景等，使空间产生变化，另外可以遮阳挡雨供作休憩。依结构可以分为单面柱廊、两面柱廊、半廊、复廊等；依平面可以分为直廊、曲廊、回廊等；依空间可分为沿墙走廊、爬山廊、水廊等。廊的布局可参照《园冶》所述“今予所构曲廊，之字曲者，随形而弯，依势而曲。或蟠山腰，或穷水际，通花渡壑，蜿蜒无尽……”

廊作为园林中的“线”，把分散的“点”——亭、榭、轩、馆联系成有机的整体。廊往往被用来作为划分空间或景区的手段，有其特殊的作用。

8.4.1 廊的基本特点

廊本来是作为建筑物之间的联系而出现的，中国属木构架体系的建筑物，一般液体建筑的平面形状都比较简单，经常通过廊、墙等把一幢幢的单体建筑组织起来，形成空间层次丰富多变的中国传统建筑的特色之一。

廊通常不止在两个建筑物或两个观赏点之间，成为空间联系和空间分化的一种重要手段。它不仅具有遮风避雨、交通联系的实际功能，而且对园林中风景的展开和观赏程序的层次起着重要的组织作用。

廊还有一个特点，就是它一般是一种“虚”的建筑元素，两排细细的列柱顶着一个不太厚实的廊顶。在廊子的一边可透过柱子之间的空间观赏廊子的另一边的景色，像一层“帘子”一样，似隔非隔、若隐若现，把廊子两边的空间有分又有合地联系起来，起到一般建筑元素达不到的效果。

中国园林中廊的结构常用的有：木结构、砖石结构、钢及混凝土结构、竹结构等。廊顶有坡顶、平顶和拱顶等。中国园林中廊的形式和设计手法丰富多样。其基本类型，按结构形式可分为：双面空廊、单面空廊、复廊、双层廊和单支柱廊五种。按廊的总体造型及其与地形、环境的关系可分为：直廊、曲廊、回廊、抄手廊、爬山廊、叠落廊、水廊、桥廊等。

双面空廊。两侧均为列柱，没有实墙，在廊中可以观赏两面景色。双面空廊不论直廊、曲廊、回廊、抄手廊等都可采用，不论在风景层次深远的大空间中，或在曲折灵巧的小空间中都可运用。北京颐和园内的长廊，就是双面空廊，全长 728m，北依万寿山，南临昆明湖，穿花透树，把万寿山前十几组建筑群联系起来，对丰富园林景色起着突出的作用。

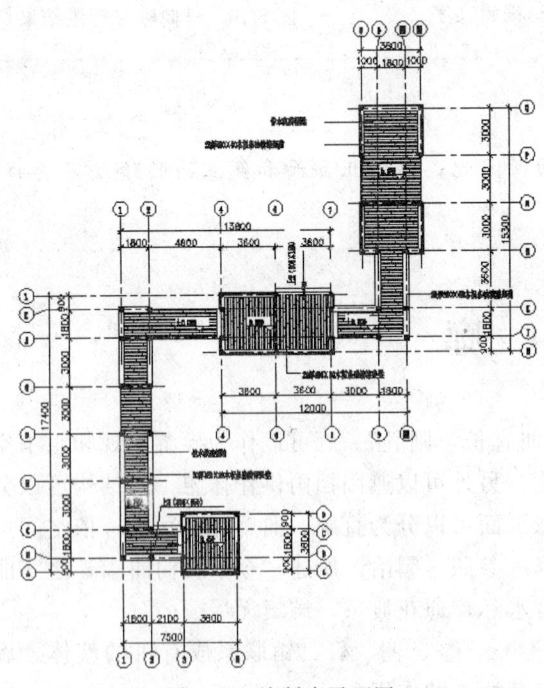

图 8-75　绘制廊平面图

单面空廊。有两种：一种是在双面空廊的一侧列柱间砌上实墙或半实墙而成的；一种是一侧完全贴在墙或建筑物边沿上。单面空廊的廊顶有时作成单坡形，以利排水。

复廊。在双面空廊的中间夹一道墙，就成了复廊，又称“里外廊”。因为廊内分成两条走道，所以廊的跨度大些。中间墙上开有各种式样的漏窗，从廊的一边透过漏窗可以看到廊的另一边景色，一般设置两边景物各不相同的园林空间。如苏州沧浪亭的复廊就是一例，它妙在借景，把园内的山和园外的水通过复廊互相引借，使山、水、建筑构成整体。

双层廊。上下两层的廊，又称“楼廊”。它为游人提供了在上下两层不同高程的廊中观赏景色的条件，也便于联系不同标高的建筑物或风景点以组织人流，可以丰富园林建筑的空间构图。

绘制如图 8-75 所示的廊平面图。

光盘 \ 动画演示 \ 第 8 章 \ 廊 .avi

8.4.2 轴线绘制

【操作步骤】

1. 建立“轴线”图层，进行相应设置，然后开始绘制轴线。

2. 根据如图 8-75 所示的设计尺寸，单击“绘图”工具栏中的“直线”按钮，在绘图区适当位置选取直线的初始点，输入第二点的相对坐标（@0，12000），回车后绘出竖向轴线。然后重复“直线”命令，在绘图区适当位置选取直线的初始点，输入第二点的相对坐标(@20000，0)。

3. 单击“修改”工具栏中的“偏移”按钮，分别将竖直轴线向右偏移为 1800、2100、2700、900、2700、3600、2000、1000、1800 和 1000，水平轴线向上偏移 900、1800、900、2100、3000、3000、2100、900、1800、900、2700、3000、3000、3000，最后对轴线的长度进行调整，结果如图 8-76 所示。

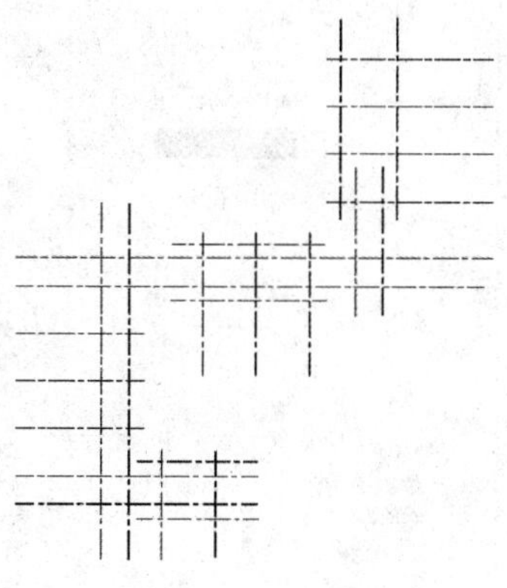

图 8-76　轴线的绘制

8.4.3 廊的绘制

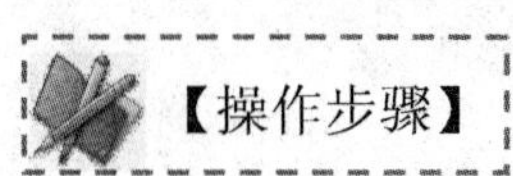

【操作步骤】

1. 建立“廊”图层

首先建立“廊”图层，如图 8-77 所示。

廊　洋红 Contin...　0.70 ...　Color_6

图 8-77　廊图层参数

2. 廊平面图的绘制

(1) 柱的绘制，将“廊”图层设置为当前图层，单击“绘图”工具栏中的“圆”按钮，以 150 为半径绘出廊的柱子；单击“绘图”工具栏中的“图案填充”按钮，弹出对话框，设置参数如图 8-78 所示。结果如图 8-79 所示。

(2) 坐凳的绘制，在命令行输入“多线”命令 MLINE，命令行提示与操作如下：

命令：MLINE ↙

当前设置：对正 = 上，比例 = 20.00，样式 = STANDARD

指定起点或[对正(J)/比例(S)/样式(ST)]： j

输入对正类型[上(T)/无(Z)/下(B)]<上>： z

当前设置：对正 = 无，比例 = 20.00，样式 = STANDARD

指定起点或[对正(J)/比例(S)/样式(ST)]： s

输入多线比例 <20.00>： 360↙

当前设置：对正 = 无，比例 = 360.00，样式 = STANDARD

指定起点或[对正(J)/比例(S)/样式(ST)]：(选择柱心)

指定下一点：(选择柱心)

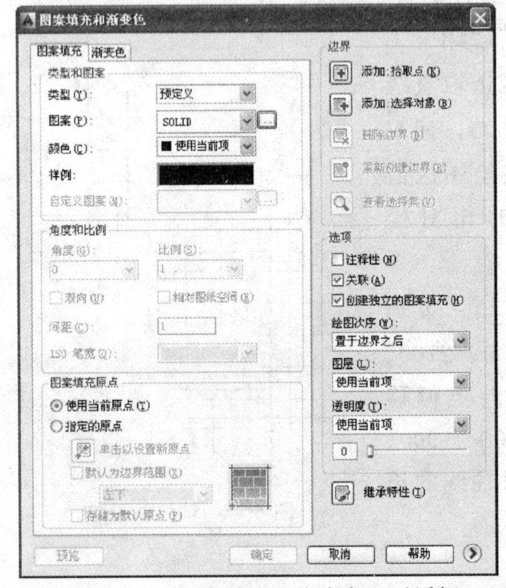

图 8-78 “图案填充和渐变色”对话框

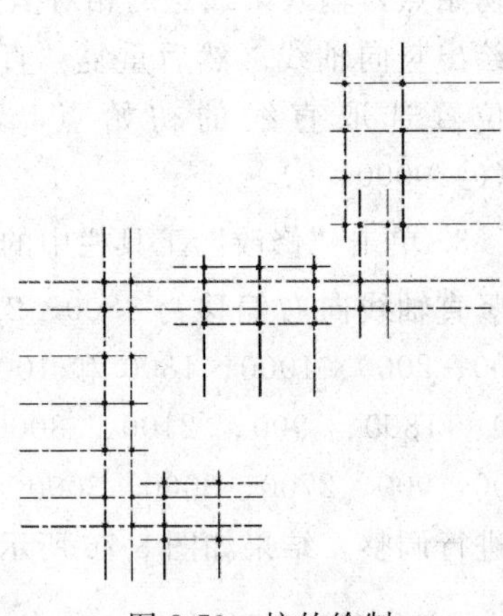

图 8-79 柱的绘制

技巧荟萃

靠背画法也可以单击“多段线”命令，将椅面的外侧轮廓线再画一遍，然后再向外侧偏移 30，90。由于是多段线，偏移后就不用修剪和延伸了，一次成型。

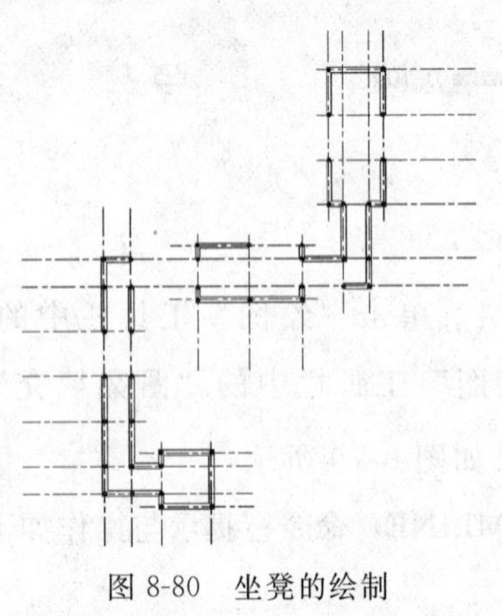

图 8-80 坐凳的绘制

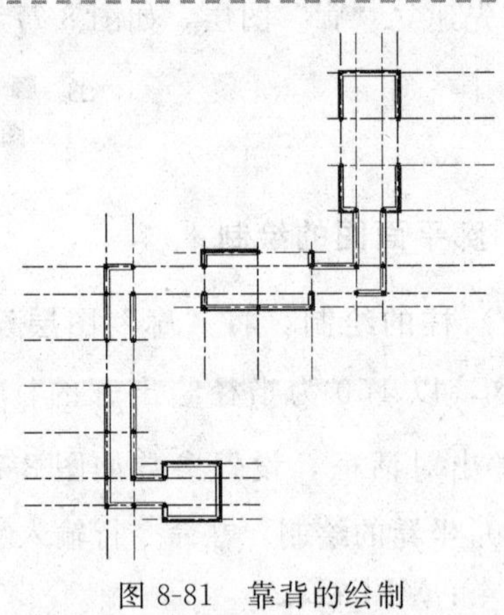

图 8-81 靠背的绘制

结果如图 8-80 所示。

（3）主要建筑靠背的绘制，单击“修改”工具栏中的“分解”按钮，将上一步绘制的多线进行分解；然后单击“修改”工具栏中的“偏移”按钮，以外侧直线为基准线，进行两次偏移，偏移距离分别为 30 和 90，结果如图 8-81、图 8-82 所示。

（4）基础轮廓线及台阶的绘制，根据设计尺寸，绘出廊的基础轮廓线和台阶，结果如图 8-83～图 8-85 所示。

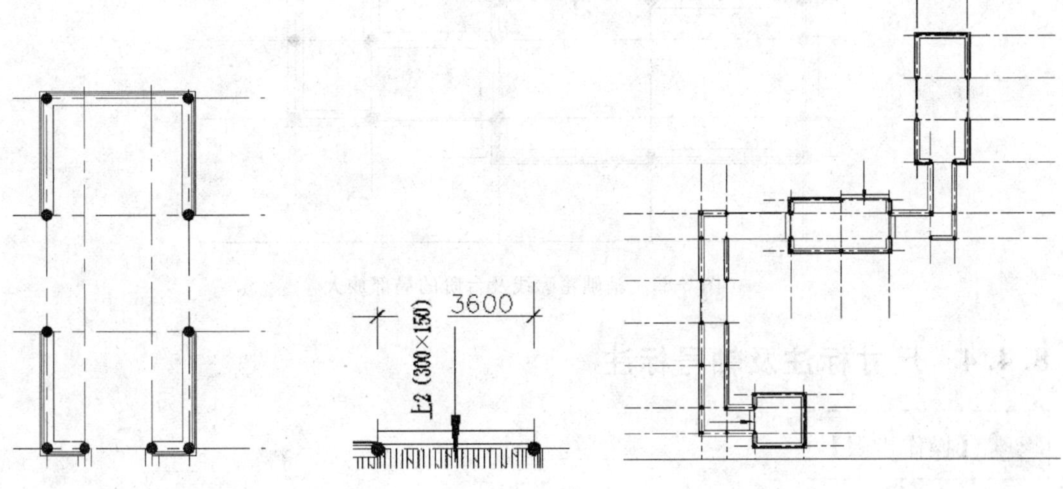

图 8-82 靠背绘制的局部放大　　图 8-83 台阶绘制说明　　图 8-84 基础轮廓线及台阶的绘制

技巧荟萃

如图 8-83 所示的台阶绘制说明，“上 2（300×150）”表示两步台阶，台阶宽度为 300mm，高度为 150mm，其中箭头的方向表示上台阶的方向。其绘法如下：

单击“绘图”工具栏中的“直线”按钮，打开“状态工具栏”中“正交”命令，向下绘制直线，输入长度 2000。然后单击“绘图”工具栏中的“多段线”按钮，命令行提示与操作如下：

命令：_ pline

指定起点：

当前线宽为 0.0000

指定下一个点或［圆弧(A)/半宽(H)/长度(L)/放弃(U)/宽度(W)］：h↙

指定起点半宽 ＜0.0000＞：100↙

指定端点半宽 ＜100.0000＞：0↙

指定下一个点或［圆弧(A)/半宽(H)/长度(L)/放弃(U)/宽度(W)］:1000(向下输入长度 1000)

指定下一点或［圆弧(A)/闭合(C)/半宽(H)/长度(L)/放弃(U)/宽度(W)］:↙

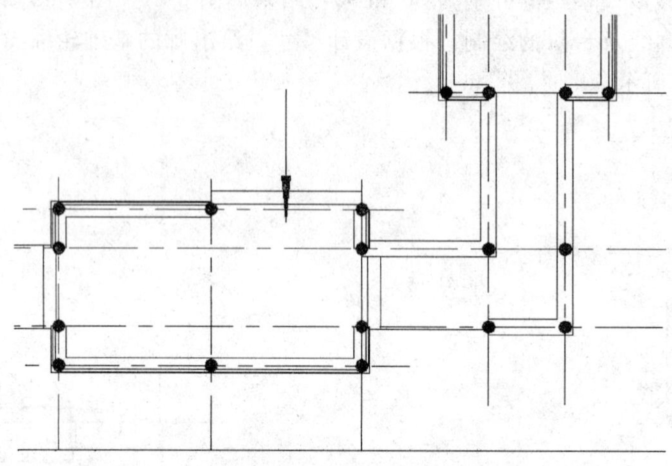

图 8-85　基础轮廓线及台阶的局部放大

8.4.4　尺寸标注及轴号标注

【操作步骤】

1. 建立“尺寸”图层

建立“尺寸”图层，参数如图 8-86 所示，并将其设置为当前图层。

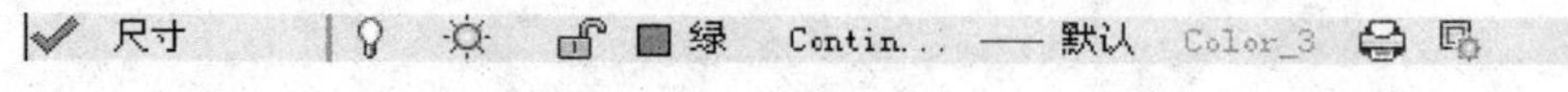

图 8-86　尺寸图层参数

2. 标注样式设置

标注样式的设置应该跟绘图比例相匹配。

(1) 选择菜单栏中的“格式”→“标注样式”命令，弹出“标注样式管理器”对话框，新建一个标注样式，命名为“建筑”，单击“继续”，如图 8-87 所示。

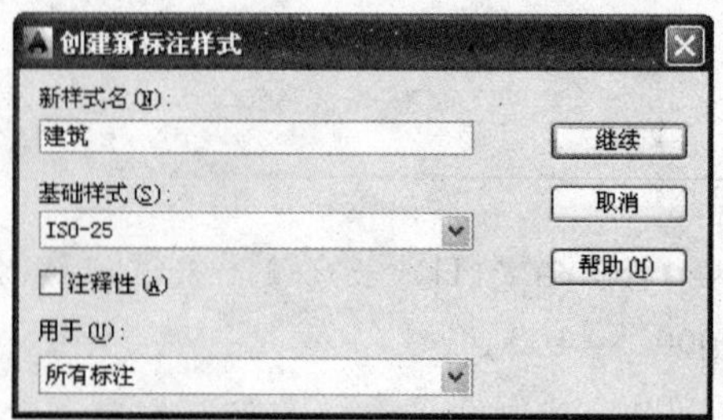

图 8-87　新建标注样式

（2）将“建筑”样式中的参数按如图 8-88～图 8-92 所示逐项进行设置。单击“确定”后回到“标注样式管理器”，将“建筑”样式设为当前，如图 8-93 所示。

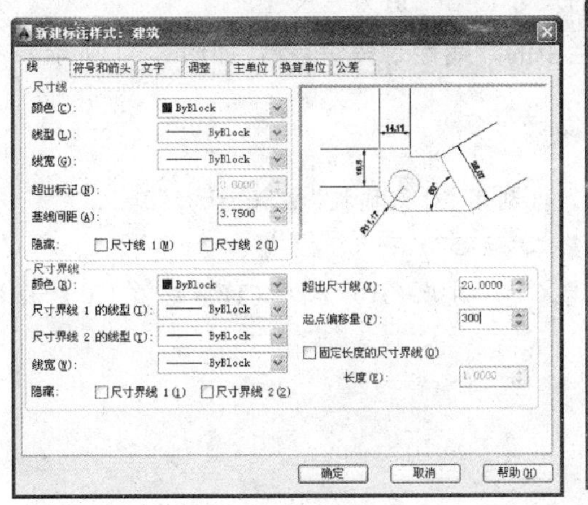

图 8-88　设置参数 1

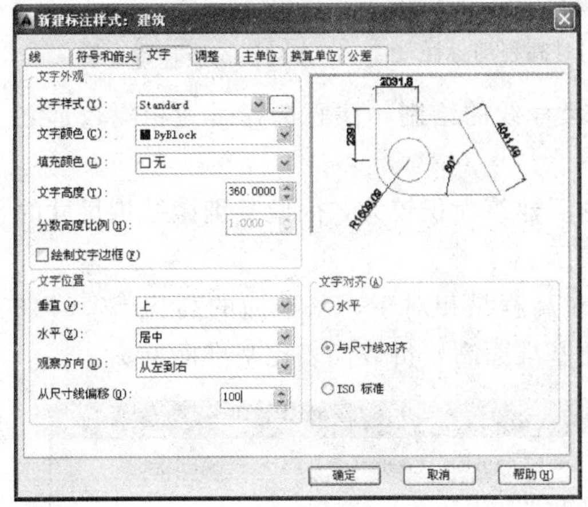

图 8-90　设置参数 3

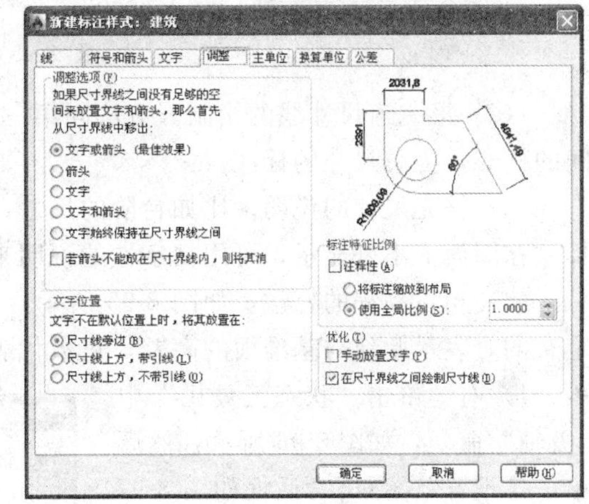

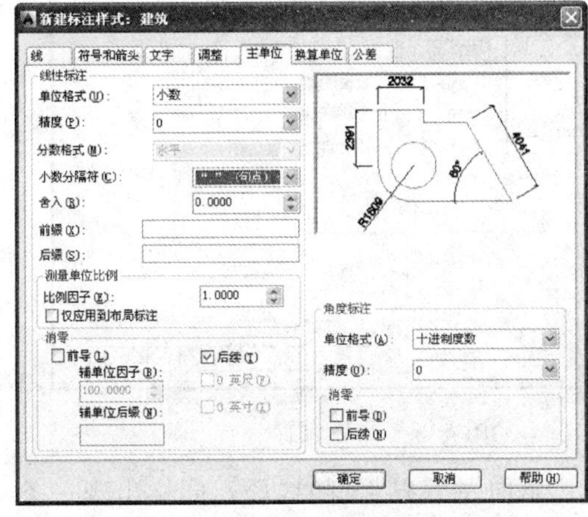

图 8-91　设置参数 4

图 8-92　设置参数 5

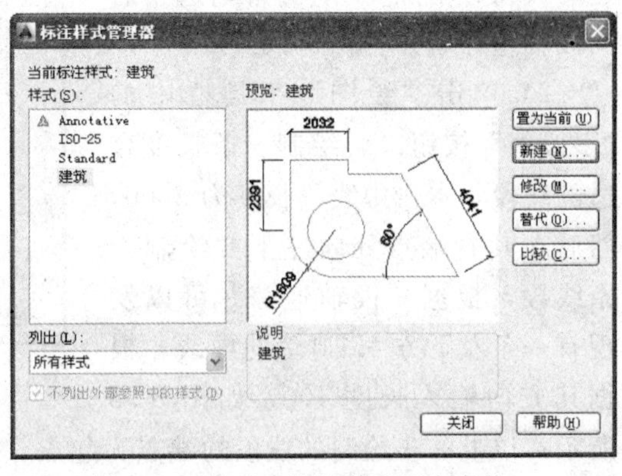

图 8-93　将“建筑”样式置为当前

3. 尺寸标注

(1) 尺寸分为两道，第一道为主要轴线的尺寸，第二道为总尺寸。

第一道尺寸线绘制。单击“标注”工具栏中的“线性”按钮，如图 8-94 所示，命令行提示与操作如下：

命令：_dimlinear

指定第一条尺寸界线原点或 <选择对象>:(利用“对象捕捉”拾取“柱心”)

指定第二条尺寸界线原点：(捕捉相邻的第二“柱心”)

指定尺寸线位置或[多行文字(M)/文字(T)/角度(A)/水平(H)/垂直(V)/旋转(R)]：↙

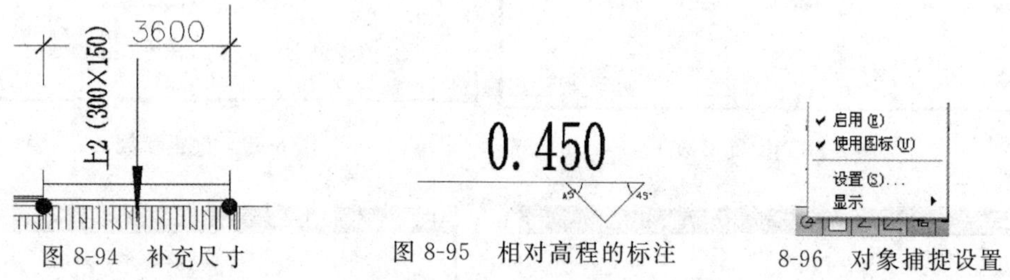

图 8-94 补充尺寸　　图 8-95 相对高程的标注　　8-96 对象捕捉设置

(2) 第二道尺寸线的绘制。方法同第一道尺寸线的绘制，柱心选择时为相隔较远之间的柱心，为总尺寸的标注。

(3) 补充尺寸的说明。比如台阶的尺寸，由于建筑面积较大，因此其细微结构尺寸的标注在图面上不好显示，可用文字性的说明来表示。

(4) 相对高程的标注。如图 8-95 所示，相对高程是相对于一基准面的高程±0.00来定义的，表示此地与基准面的高差，正数代表比基准面高，负数代表比基准面低。

1) 右键单击“状态工具栏”中“极轴”命令，如图 8-96 所示，然后单击“设置”，弹出对话框如图 8-97 所示，在增量角的下拉框中选择 45 (如果增量角中没有 45，则单击“新建”按钮，增加 45)，另外勾选“启用极轴追踪”，单击“确定”。

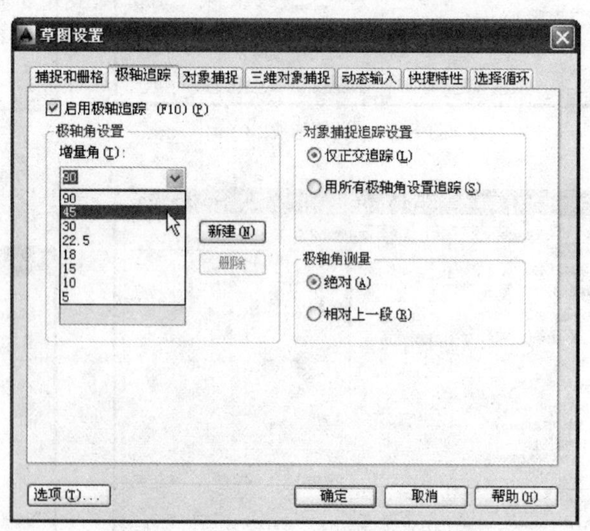

图 8-97 角度设置

2) 单击“绘图”工具栏中的“多段线”按钮，绘制一条长度合适的线段，本例中线段长度为 2000，然后在其右端点处向左下方绘制一条线段，根据“极轴追踪”可以发现有一条左下方 45°追踪的虚线，根据其方向输入长度 400，如图 8-98 所示；以上一步绘制的线段的端点为起点，绘制一条向左上方 45°的线段，同样出现一条追踪的虚线，在交点处单击即可，如图 8-99 所示。绘制后结果如图 8-100 所示，然后在其上方写上文字“0.450”，文字高度设为 350，结果如图 8-101 所示。

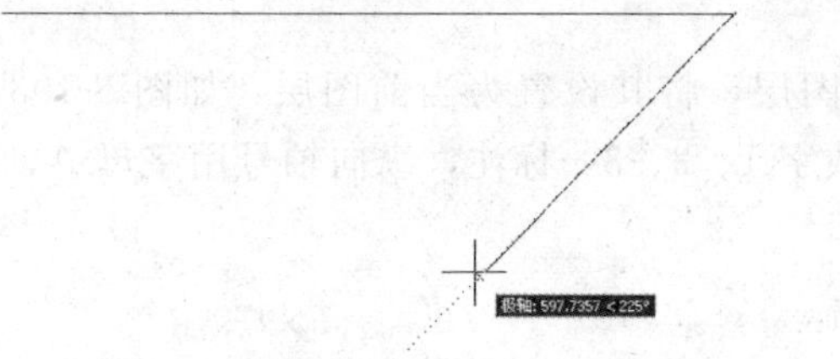

图 8-98 相对高程标注符号的绘制 1

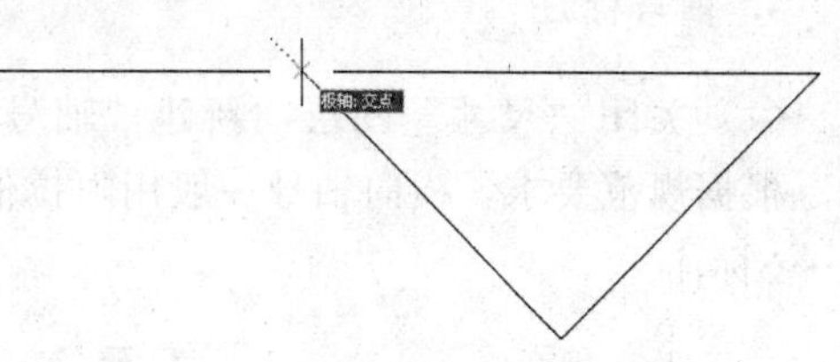

图 8-99 相对高程标注符号的绘制 2

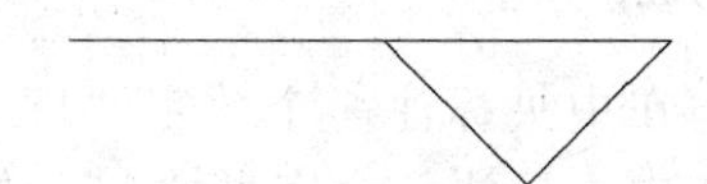

图 8-100 相对高程标注符号的绘制 3

图 8-101 相对高程标注符号的绘制 4

尺寸标注结果如图 8-102 所示。

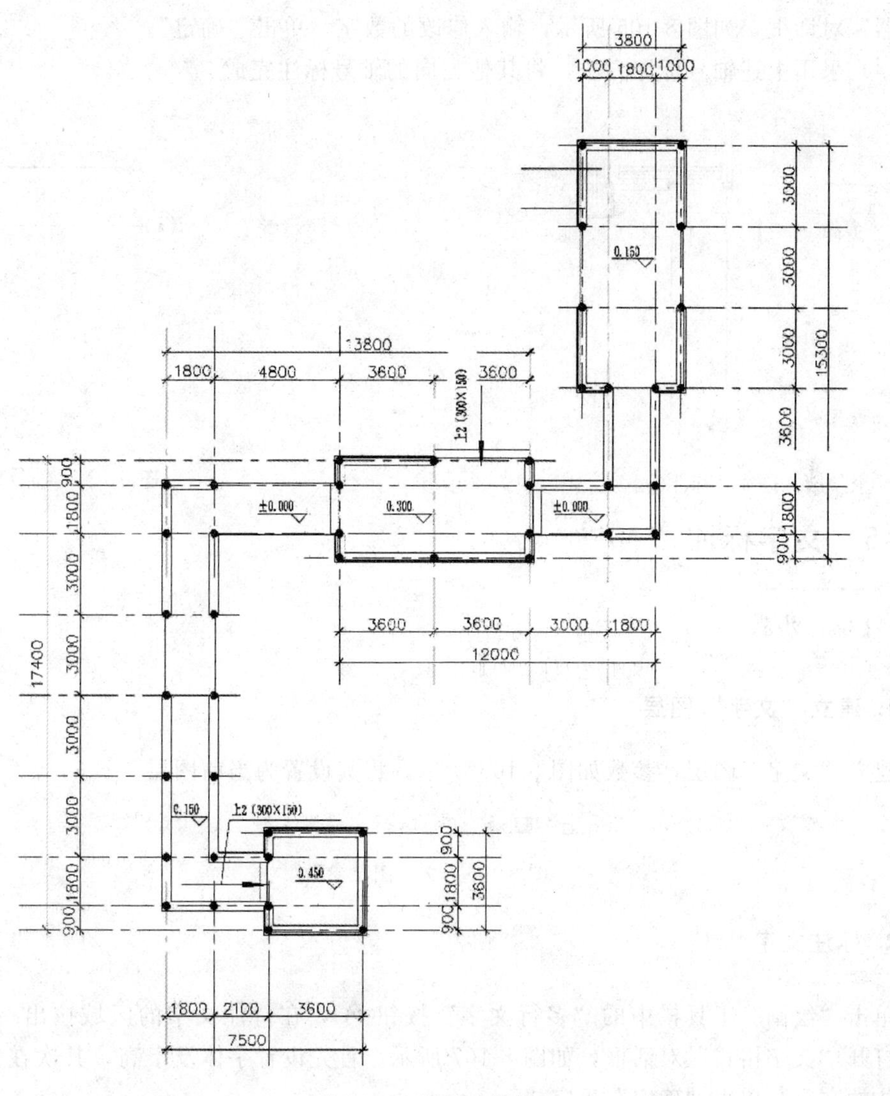

图 8-102 尺寸的标注

4. 轴号标注

（1）关闭“尺寸”图层，新建“轴号”图层，将其设置为当前图层，如图 8-103 所示。根据规范要求，横向轴号一般用阿拉伯数字 1、2、3…标注，纵向轴号用字母 A、B、C……标注。

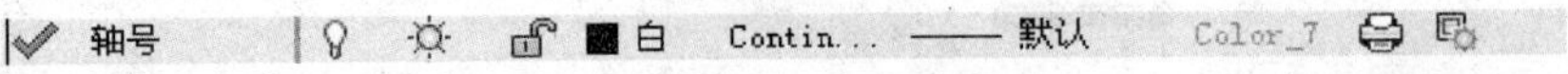

轴号 | 白 Contin... —— 默认 Color_7

图 8-103　设置“轴号”图层

（2）在竖向轴线端绘制一个直径为 450 的圆，在中央标注一个数字“1”，字高 300；横向轴线端同样绘制一个直径为 450 的圆，在中央标注一个字母“A”，如图 8-104 所示。

（3）将该轴号图例复制到其他轴线端头，并修改圈内的数字。双击数字，打开“文字编辑器”对话框，如图 8-105 所示，输入修改的数字，单击“确定”。

（4）采用上述轴号标注方法，将其他方向的轴号标注完成。

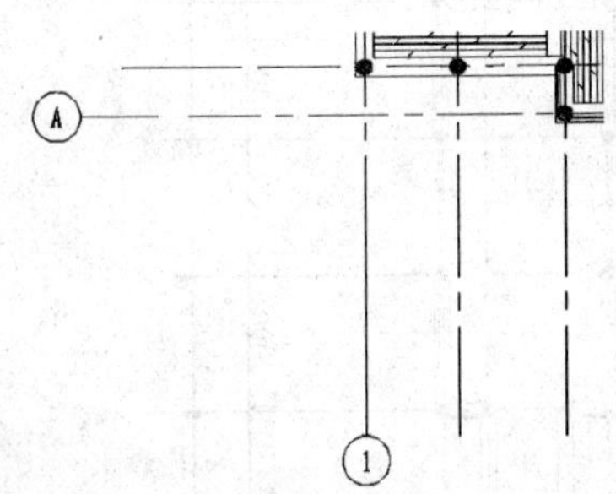

图 8-104　轴号标注①

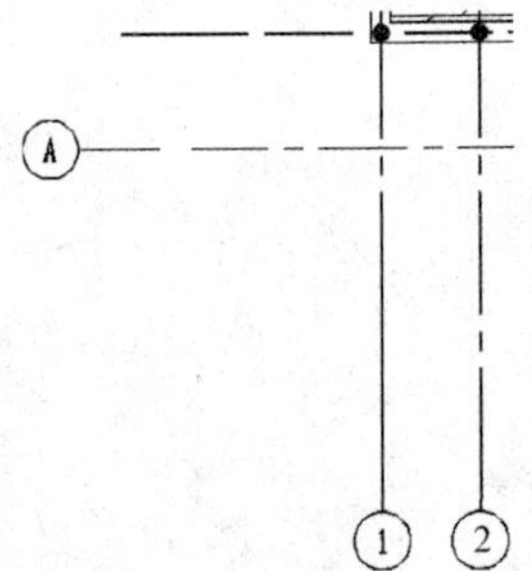

图 8-105　轴号标注②

8.4.5　文字标注

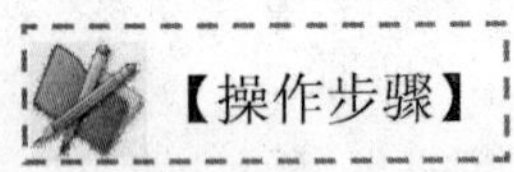

1. 建立“文字”图层

建立“文字”图层，参数如图 8-106 所示，将其设置为当前图层。

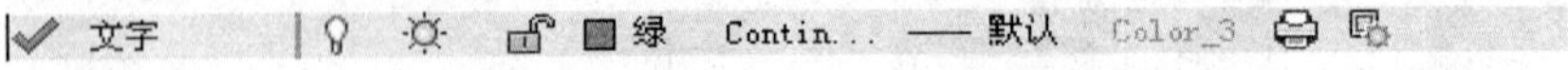

文字 | 绿 Contin... —— 默认 Color_3

图 8-106　文字图层参数

2. 标注文字

单击“绘图”工具栏中的“多行文字”按钮 A，在待注文字的区域拉出一个矩形，即可打开“文字格式”对话框，如图 8-107 所示。首先设置字体及字高，其次在文本区输入要注的文字，单击“确定”后完成。

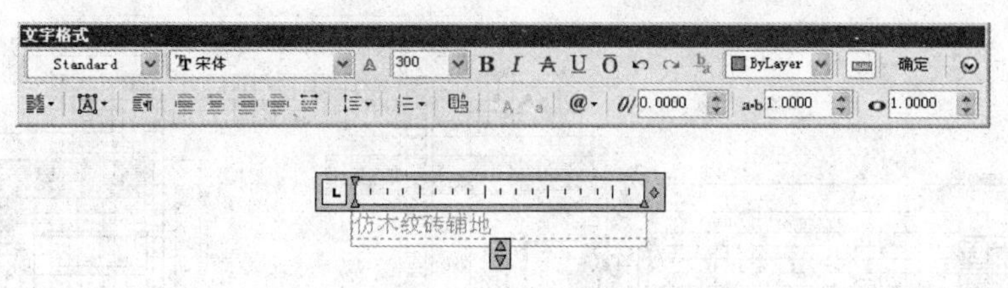

图 8-107 标注文字

采用相同的方法，依次标注出廊平面图构件名称。至此，廊的平面表示方法就完成了，如图 8-108 所示。

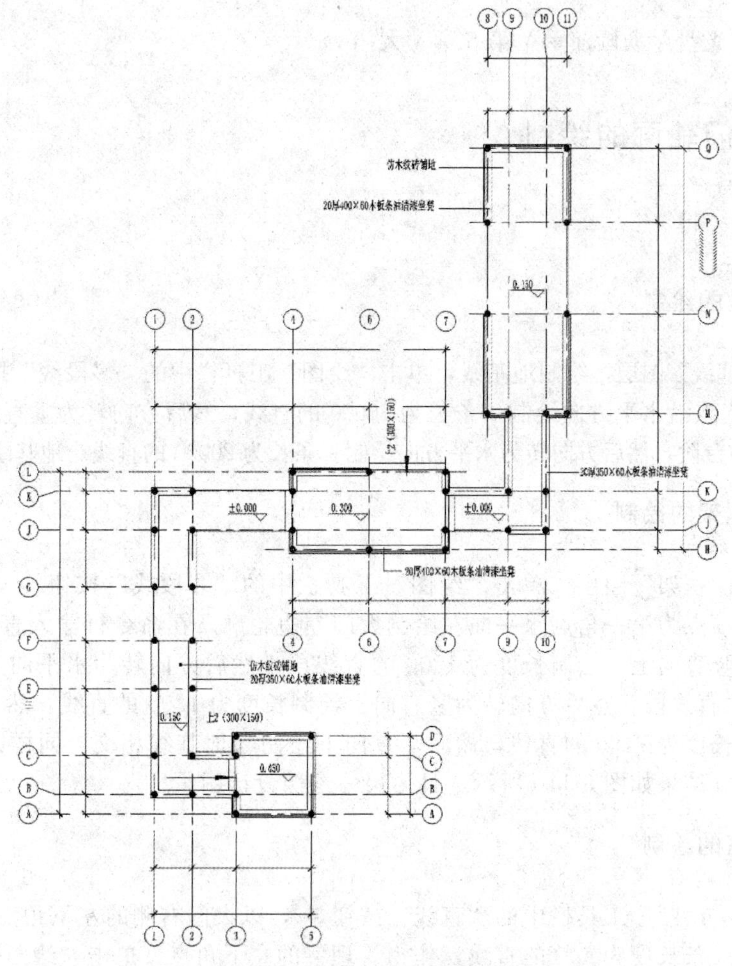

图 8-108 廊的平面图

打开“尺寸”图层，最终结果如图 8-75 所示。

8.5 大 门

绘制如图 8-109 所示的大门。

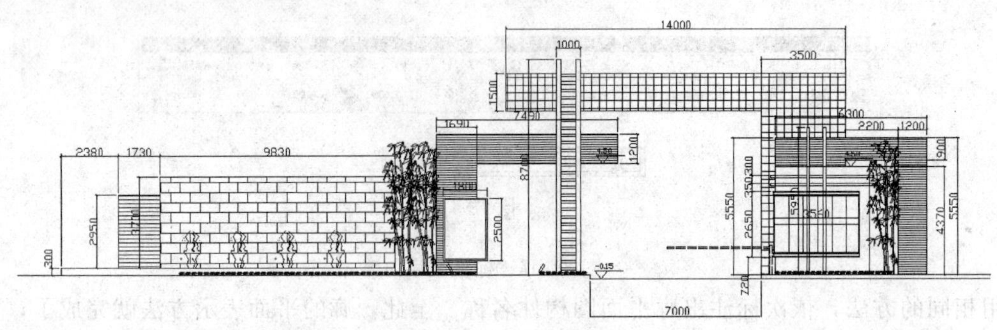

图 8-109　绘制大门

光盘\动画演示\第 8 章\大门.avi

8.5.1　大门轮廓的绘制

1. 地基线的绘制

建立“地基线”图层，绘制地基线，单击“绘图”工具栏中的“多段线”按钮，以图中任意一点为起点沿水平方向绘制一条长为 30000 的直线，然后方向转为垂直向下绘制长为 150 的直线作为台阶，然后方向转为水平方向绘制一条长为 20000 的直线。地基绘制完成。

2. 大门框架的绘制

建立“大门框架”图层，单击“绘图”工具栏中的“多段线”按钮，以上一步绘制的台阶的上顶点为第一角点水平向左绘制大门左边轮廓，在命令行输入直线长度 4700，然后方向转为竖直向上，绘制长度为 4500 的直线段，然后方向转为水平向右，绘制一条长度为 5800 的直线段，然后方向转为竖直向上绘制长度为 1200 的直线，然后方向转为水平向左，绘制长度为 7490 的直线，然后竖直向下绘制与地基线相交。同样方法绘制出右侧大门的轮廓。结果如图 8-110 所示，具体尺寸参照设计图。

3. 管理室的绘制

（1）单击“绘图”工具栏中的“直线”按钮，以大门右侧的左下角点为第一角点，水平向右绘制一条长度为 600 的直线，作为管理室的左下角点。单击“绘图”工具栏中的“矩形”按钮，以上一步绘制的直线段的末端点为第一角点绘制矩形，另一角点坐标为（@6300，5700），然后对多余的线条进行修剪，结果如图 8-111 所示。

（2）管理室墙洞的设计：单击“绘图”工具栏中的“直线”按钮，以上一步绘制的矩形管理室的左下角点为第一角点，水平向右绘制一条长度为 2900 的直线。单击“绘图”工具栏中的“矩形”按钮，以上一步绘制的直线段的末端点为第一角点绘制矩形，另一角点坐标为（@2200，4800），结果如图 8-112 所示。

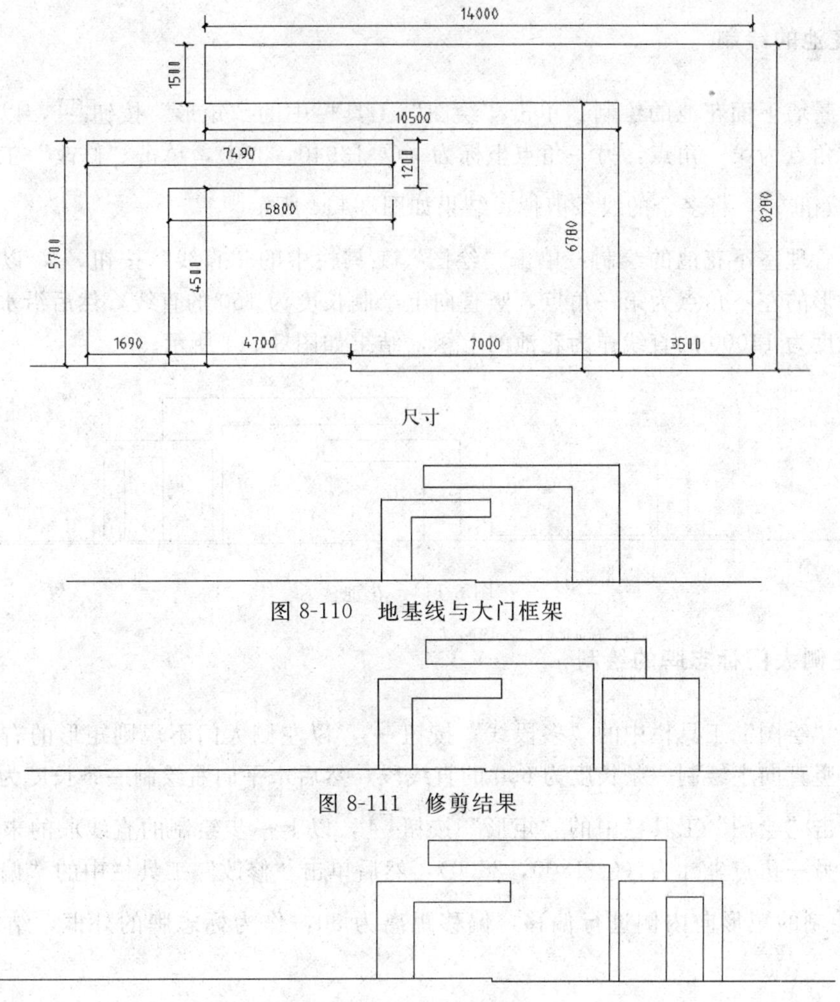

尺寸

图 8-110 地基线与大门框架

图 8-111 修剪结果

图 8-112 管理室墙洞

这样大门和管理室的外轮廓就绘制完成了。

4. 大门左侧景墙的绘制

单击“绘图”工具栏中的“直线”按钮，以大门左侧的不规则矩形的左下角点为第一角点，水平向左绘制一条长度为 1750 的直线（景墙与大门之间的距离）。单击“绘图”工具栏中的“矩形”按钮，以上一步绘制的直线段的末端点为第一角点，另一角点坐标为（@-9830，4000），回车确定；然后重复“矩形”命令，以上步绘制的矩形的左下角点为第一角点，另一角点坐标为（@-1730，3250），结果如图 8-113 所示。

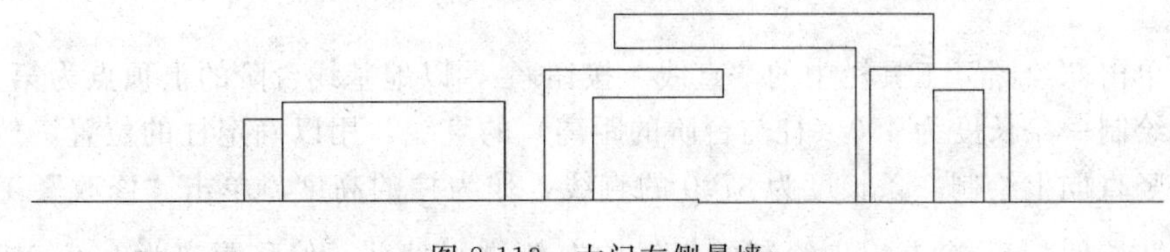

图 8-113 大门左侧景墙

5. 花池的绘制

（1）景墙下面花池的绘制：单击“绘图”工具栏中的“矩形”按钮，以较高的景墙的右下角点为第一角点，另一角点坐标为（@-13940，300），单击“修改”工具栏中的“修剪”按钮，将多余的线条剪掉，结果如图 8-114 所示。

（2）管理室下花池的绘制：单击“绘图”工具栏中的“直线”按钮，以大门右侧不规则矩形的左下角点为第一角点，竖直向上绘制长度为 150 的直线，然后沿水平方向绘制一条长度为 14000 的直线作为花池的上缘，结果如图 8-114 所示。

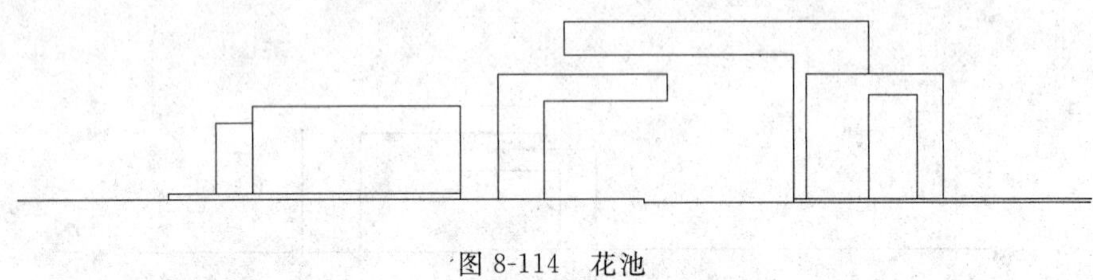

图 8-114　花池

6. 左侧大门标志牌的绘制

单击“绘图”工具栏中的“多段线”按钮，以左侧大门不规则矩形的右下角点为第一角点竖直向上绘制一条长度为 600 的直线段，然后水平向右绘制一条长度为 400 的直线段，单击“绘图”工具栏中的“矩形”按钮，以上一步绘制的直线段的末端点为第一角点，另一角点坐标为（@-1800，2500），然后单击“修改”工具栏中的“偏移”按钮，将绘制的矩形向内侧进行偏移，偏移距离为 50，作为标志牌的外框，结果如图 8-115 所示。

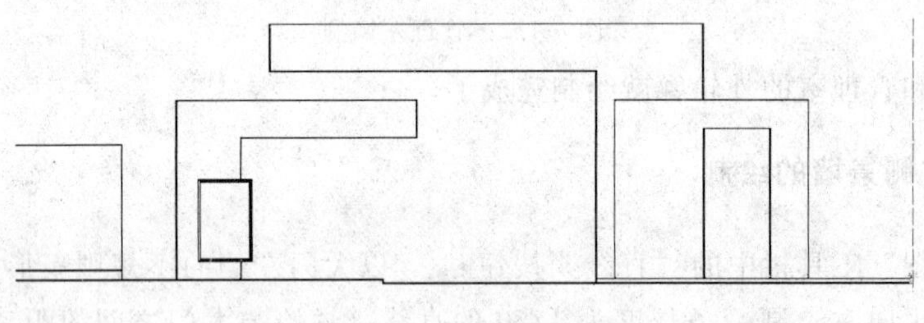

图 8-115　左侧大门标志牌

7. 中间柱的绘制

中间设一个立柱，一方面作为大门两侧的连接，另一方面作为人车分行的一个分隔物。

（1）单击“绘图”工具栏中的“直线”按钮，以地基线台阶的上顶点为第一角点，水平向左绘制一条长度为 400（柱与台阶的距离）的直线，用以确定柱的位置，然后直线方向转为竖直向上绘制一条长度为 8700 的直线，作为柱的高度。单击“修改”工具栏中的“偏移”按钮，将上一步绘制的直线向左侧进行偏移，偏移距离为 200，然后以偏移后的直线为要偏移的对象，水平向左偏移600，然后再以偏移后的直线为要偏移的对象，水平向左偏移200，然后单击“绘图”工具栏中的“直线”按钮，将偏移后的两侧直线连接起来，如图8-116所示。

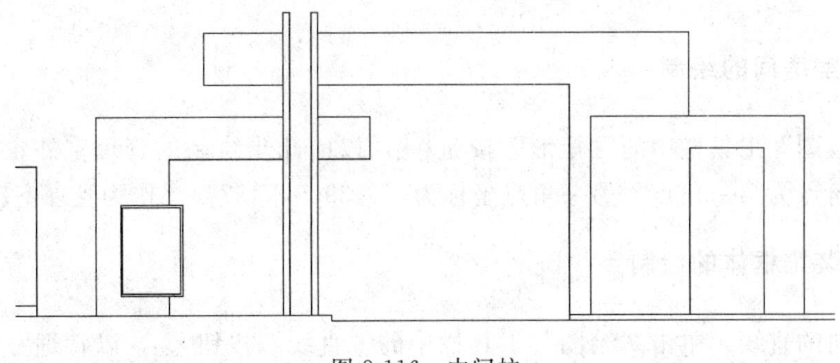

图8-116　中间柱

（2）在绘制的柱内侧绘制横向分隔线，单击“绘图”工具栏中的“直线”按钮，将柱的内侧底线用直线连接起来，如图8-117所示。

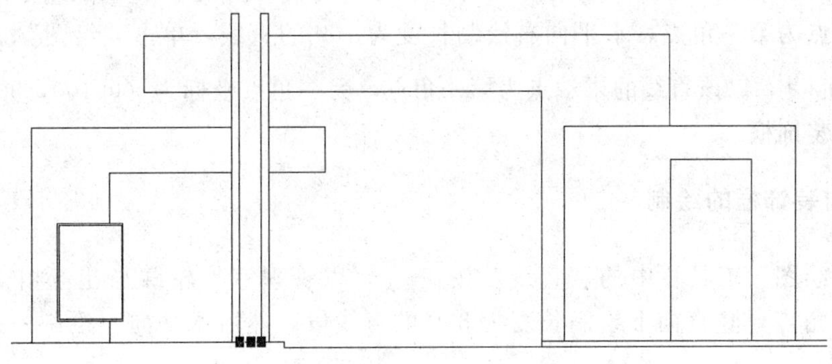

图8-117　横向分隔线的绘制1

（3）单击“修改”工具栏中的“偏移”按钮，将绘制好的直线段向上进行偏移，偏移距离为200，然后以偏移后的直线为要偏移的对象，竖直向上进行偏移，偏移距离为100，依次重复以上两步步骤，偏移后结果如图8-118所示。

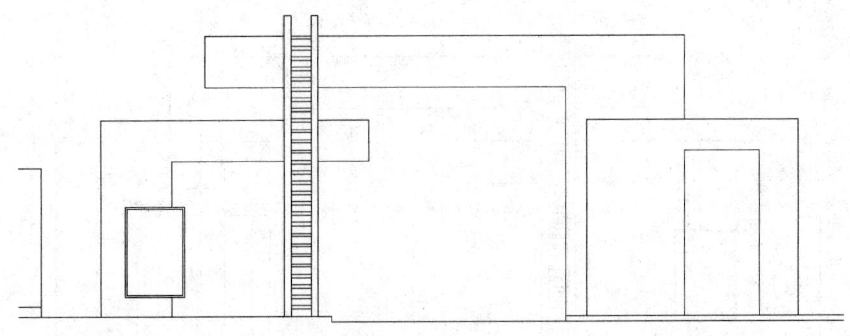

图8-118　横向分隔线的绘制2

8.5.2 管理室详细设计

【操作步骤】

1. 管理室房间的绘制

单击“绘图”工具栏中的“矩形”按钮，以前几步绘制的管理室外轮廓与花池相交处的左下角点为第一角点，另一角点坐标为（@3900，4370），作为管理室房间的外框。

2. 房间装饰框体的绘制

绘制竖向的直线，单击“绘图”工具栏中的“直线”按钮，以管理室的左下角点为第一角点，水平向右绘制一条长为1300的直线，单击“绘图”工具栏中的“矩形”按钮，以上一步绘制的直线的末端点为第一角点，另一角点坐标为（@100，5950），作为左侧竖向的装饰框。单击“绘图”工具栏中的“直线”按钮，以上一步绘制的装饰框的左下角点为第一角点，水平向右绘制长度为700的直线，单击“绘图”工具栏中的“矩形”按钮，以该直线的末端点为第一角点，另一角点坐标为（@100，5950），作为右侧竖向的装饰框。

3. 横向装饰框的绘制

单击“绘图”工具栏中的“直线”按钮，以管理室外轮廓与花池相交处的左上角点为第一角点，竖直向下绘制长度为350的直线段，然后水平向左绘制一条长为200的直线段，单击“绘图”工具栏中的“矩形”按钮，以上一步绘制的直线的末端点为第一角点，另一角点坐标为（@4300，－100），作为上侧横向的装饰框。单击“绘图”工具栏中的“直线”按钮，以上一步绘制的装饰框的左下角点为第一角点，竖直向下绘制长度为200的直线，单击“绘图”工具栏中的“矩形”按钮，以该直线的末端点为第一角点，另一角点坐标为（@4300，－100），作为下侧横向的装饰框。结果如图8-119所示。

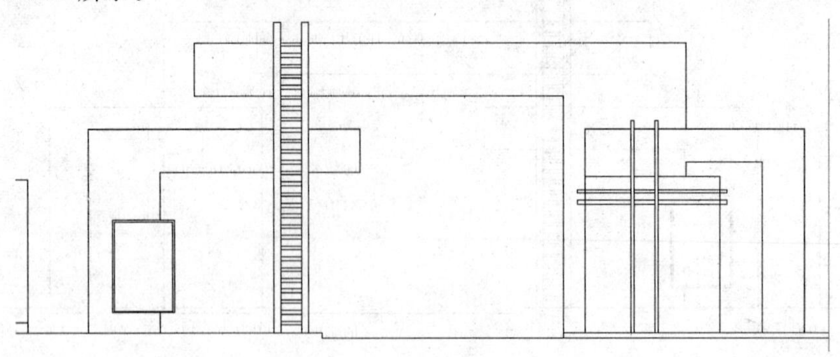

图8-119　管理室详细设计1

4. 房间窗户的绘制

单击“绘图”工具栏中的“直线”按钮，以管理室房间外框轮廓的左下角点为第一角点，竖直向上绘制一条长度为720的直线段，然后水平向左绘制长为82的直线段，单击“绘图”工具栏中的“矩形”按钮，以上一步绘制的直线的末端点为第一角点，另一角点坐标为（@3570，2650），作为窗户的外轮廓，如图8-120所示。

5. 窗框和窗台的绘制

（1）单击“修改”工具栏中的“分解”按钮，将上一步绘制的矩形窗户的外轮廓分解，然后单击“修改”工具栏中的“偏移”按钮，将矩形窗户外轮廓的下边向上进行偏移，偏移距离为20、110、20，每次偏移均以偏移后的直线作为要偏移的对象，作为下部窗台的横边，如图8-121所示。

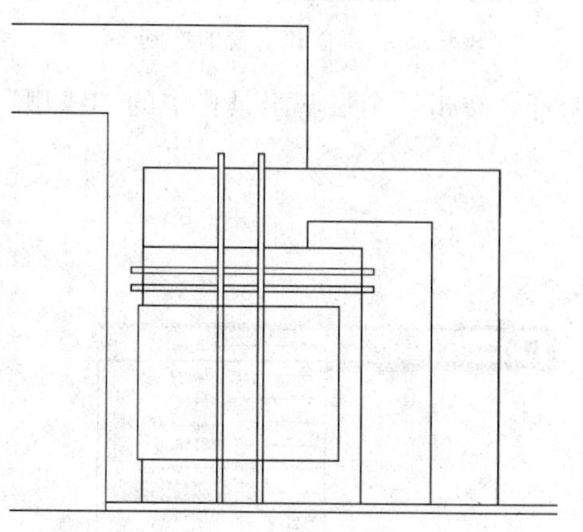

图8-120 管理室详细设计2

（2）继续向上偏移，偏移距离为40、1135、1135、40，作为竖向窗格。然后继续向上偏移，偏移距离为20、110，作为上部窗台的横边。然后单击“修改”工具栏中的“偏移”按钮，将矩形窗户的左边向右侧偏移，偏移距离依次为40、600、600、600、600、600、490，作为横向的窗格。然后将最后一次偏移的竖向直线向右侧偏移30，作为窗台向外侧突出的右边界，重复“偏移”命令，将矩形窗户外轮廓的左边向左侧偏移30，作为窗台向外侧突出的左边界，结果如图8-122所示。

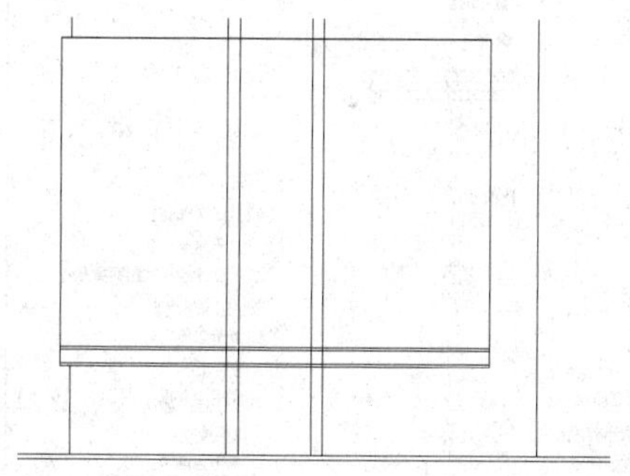

图8-121 窗框和窗台的绘制1

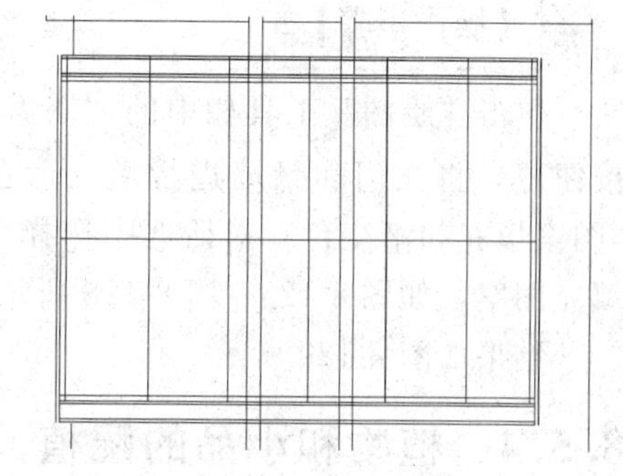

图8-122 窗框和窗台的绘制2

（3）单击“修改”工具栏中的“修剪”按钮，将以上绘制的多余的线条进行修剪，单击“修改”工具栏中的“延伸”按钮，将上下窗台的横边向左右进行延伸，结果如图8-123所示。

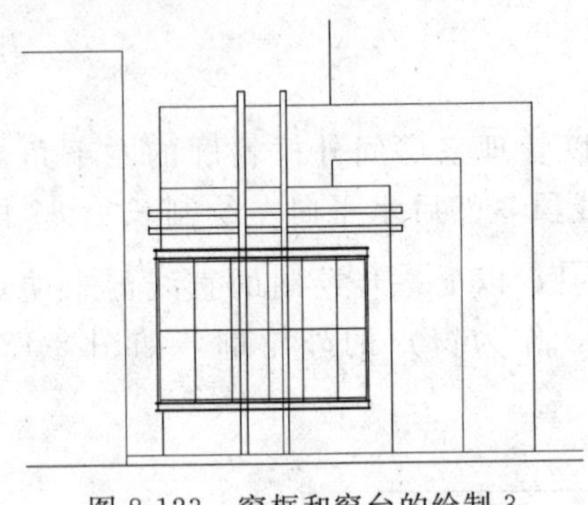

图 8-123 窗框和窗台的绘制 3

6. 拦车阀的绘制

(1) 单击“绘图”工具栏中的“直线”按钮，以右侧花池的左下角点为第一角点，水平向右绘制一长为 380 的直线，作为拦车阀与花池边缘的距离，然后单击“绘图”工具栏中的“矩形”按钮，以上一步绘制的直线的末端点为第一角点，另一角点坐标为（@84，1190）。然后在距地面高 1150 的位置绘制一 70×4250 的矩形作为拦车的杆，单击“图层”工具栏中的“线型”将其线型改为“DASHED”，如图 8-124 所示。

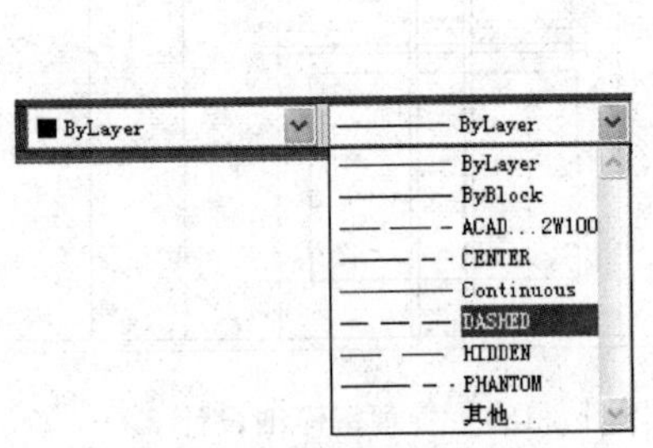

图 8-124 线型修改

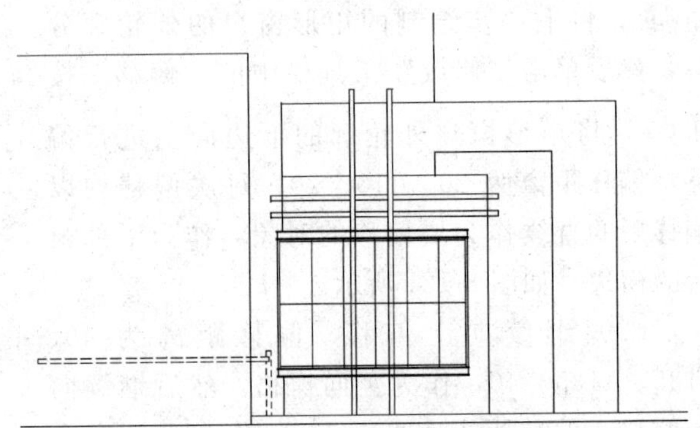

图 8-125 将拦车阀移动到合适的位置

(2) 单击“其他”，弹出对话框设置全局比例因子为 30，移动到合适的位置，如图 8-125 所示。

8.5.3 图案填充

【操作步骤】

单击“绘图”工具栏中的“图案填充”按钮，将大门和景墙进行填充，在弹出“图案填充和渐变色”对话框中选择合适的填充图案，如图 8-126～图 8-128 所示。

结果如图 8-129 所示。

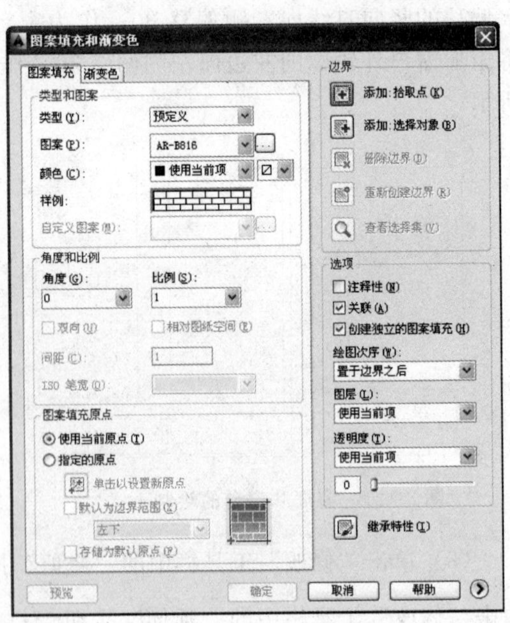

图 8-126 景墙的图案填充

8.5.4 植物和小品的配植

1. 喷泉的绘制

(1) 单击“绘图”工具栏中的“多段线”按钮，绘制如图 8-130 所示的喷泉，绘制好一个后，将其全部选中，单击“修改”工具栏中的“矩形阵列”按钮，设置行数为1，列数为4，列偏移为2000。

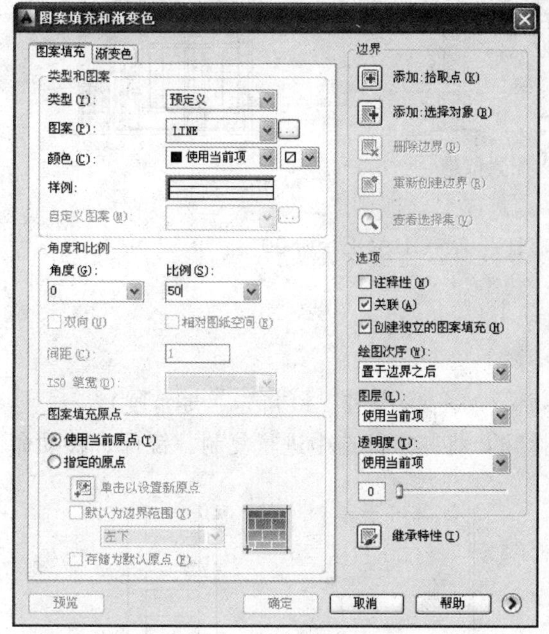

图8-127　大门1的图案填充

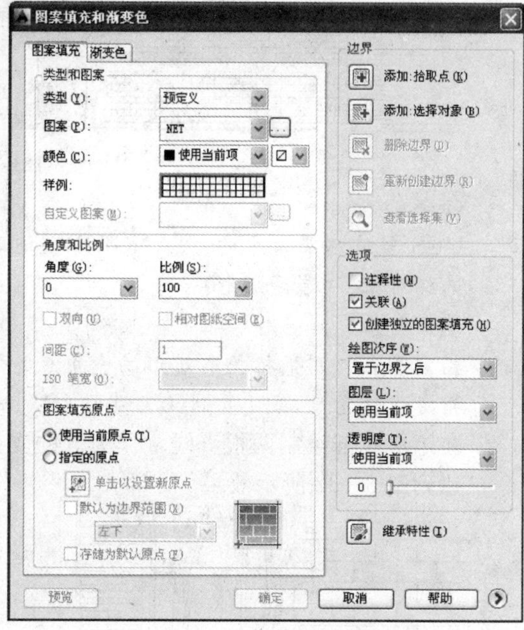

图8-128　大门2的图案填充

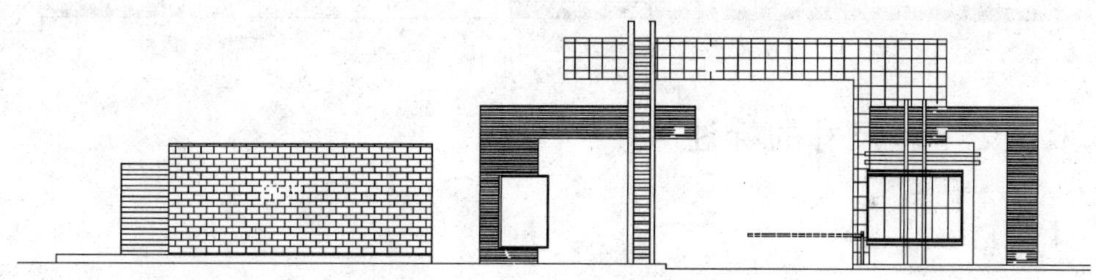

图8-129　大门立面主体绘制完毕

（2）将所有喷泉移到大门的相应位置。

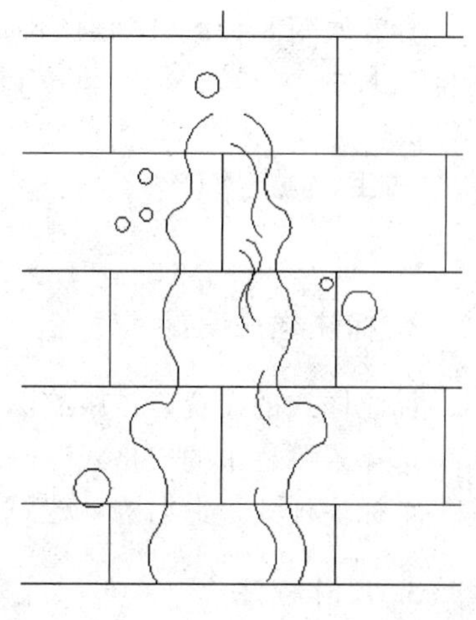

图8-130　喷泉

2. 植物的配植

打开光盘中附带的植物图库，将植物图例选中，单击右键“复制”或“Ctrl＋c”复制图例，然后转到绘图窗口，单击右键“粘贴”或“Ctrl＋v”粘贴图例，或者单击“绘图”工具栏中的“插入块”按钮，将植物插入到图中，结果如图8-131所示。

8.5.5　射灯的设计

单击“绘图”工具栏中的“矩形”按钮，绘制100×350的矩形，然后单击“修改”工具栏中的“旋转”按钮，命令行提示与操作如下：

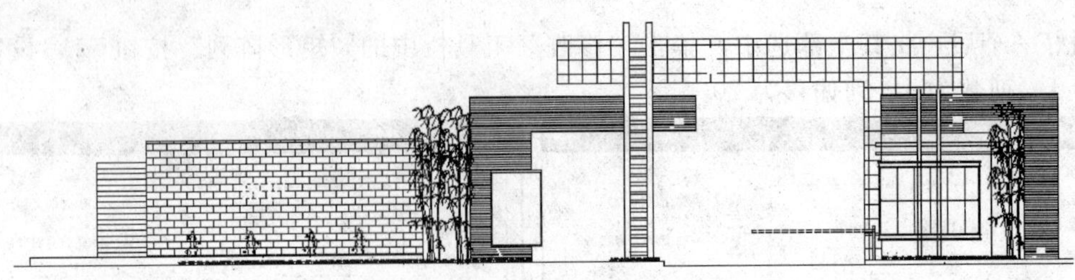

图 8-131　配置植物

命令：_rotate

UCS 当前的正角方向：　ANGDIR＝逆时针　ANGBASE＝0.00

选择对象：(选择矩形)

选择对象：↙

指定基点：(用鼠标拾取矩形的一角点)

指定旋转角度，或［复制(C)/参照(R)］＜0.00＞：(如图 7-230 所示一定角度)

在矩形底部绘制两根直线，作为灯的支撑物，将其全部选中进行复制、镜像、移动命令，达到图 8-132 所示效果。

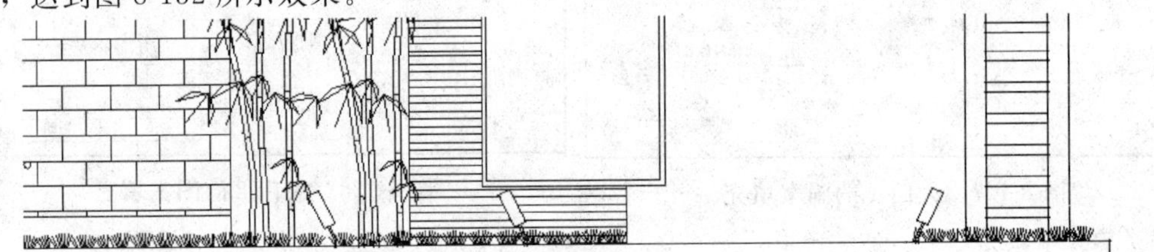

图 8-132　射灯

8.5.6　文字、尺寸的标注

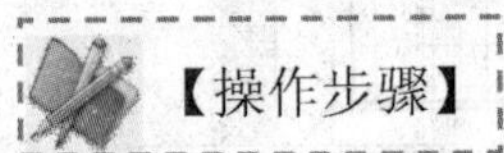

1. 建立“尺寸”、“文字”图层

参数如图 8-133、图 8-134 所示，并将其设置为当前图层。

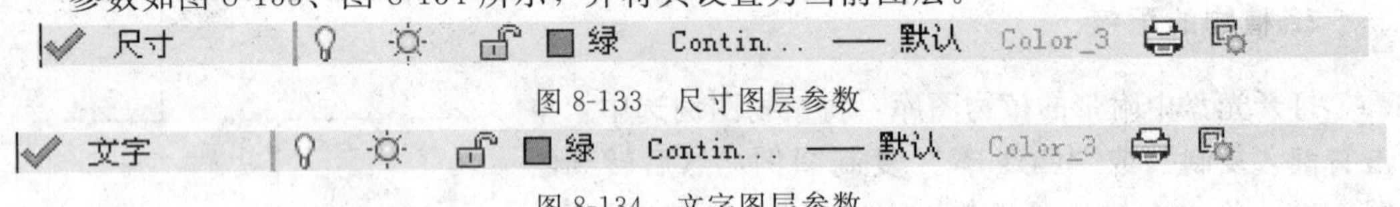

图 8-133　尺寸图层参数

图 8-134　文字图层参数

2. 标注样式设置

标注样式的设置应该跟绘图比例相匹配。

选择菜单栏中的“格式”→“标注样式”命令，弹出“标注样式管理器”对话框，新建一个标注样式，命名为“建筑”，单击“继续”按钮。然后逐步进行设置。

3. 尺寸标注

该部分尺寸分为二道，第一道为局部尺寸的标注，第二道为总尺寸。在此不再作详细介绍。结果如图 8-135 所示。

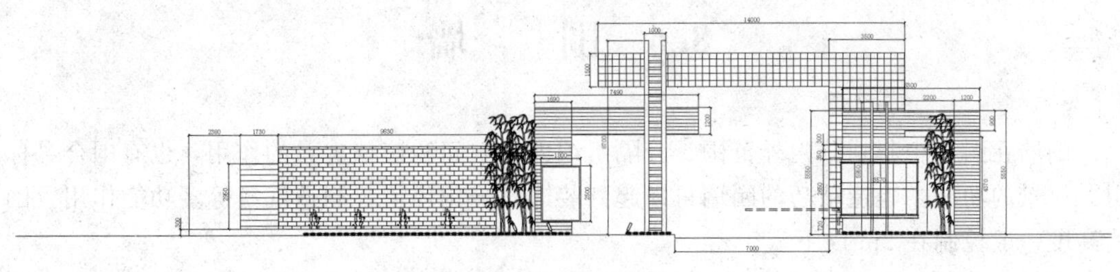

图 8-135 尺寸标注

4. 文字标注

单击“绘图”工具栏中的“多段线”按钮，在“柱”的位置引出一条多段线，作为文字标注的指示位置。单击“绘图”工具栏中的“多行文字”按钮，在待注文字的区域拉出一个矩形，弹出“文字格式”对话框。首先设置字体及字高，其次在文本区输入要注的文字，单击“确定”后完成。结果如图 8-136 所示。

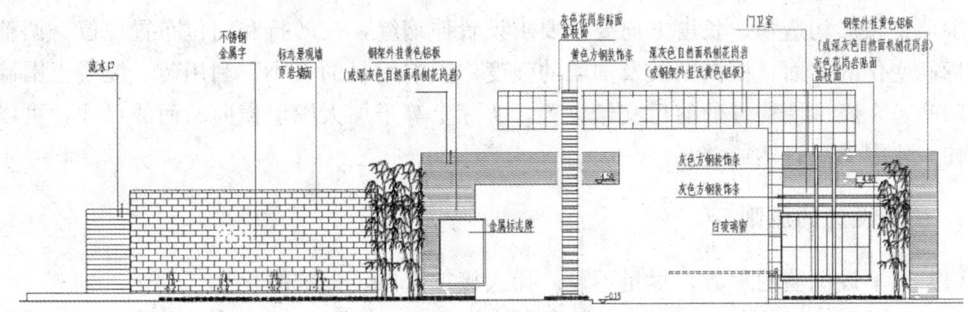

图 8-136 文字标注

按照同样的方法绘制大门平面图，如图 8-137 所示。

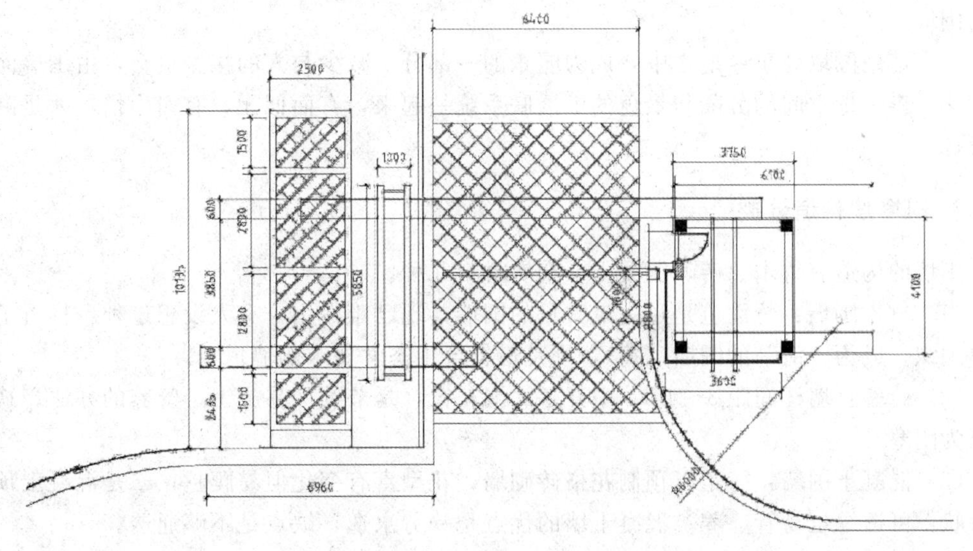

图 8-137 大门平面图

8.6 围　　墙

围墙在园林中起划分内外范围、分隔组织内部空间和遮挡劣景的作用，也有围合、标识、衬景的功能。建造精巧的园墙可以起到装饰、美化环境，制造气氛等多功能作用。围墙高度一般控制在 2m 以下。

园林中的墙，根据其材料和剖面的不同有土、砖、瓦、轻钢等。从外观又有高矮、曲直、虚实、光洁与粗糙、有檐与无檐之分。围墙区分的重要标准就是压顶。

围墙的设置多与地形结合，平坦的地形多建成平墙，坡地或山地则就势建成阶梯形，为了避免单调，有的建成波浪形的云墙。划分内外范围的围墙内侧常用土山、花台、山石、树丛、游廊等把墙隐蔽起来，使有限空间产生无限景观的效果。而专供观赏的景墙则设置在比较重要和突出的位置，供人们细细品味和观赏。

8.6.1 围墙的基本特点

围墙是长形构造物。长度方向要按要求设置伸缩缝，按转折和门位布置柱位，调整因地面标高变化的立面；横向则关及围墙的强度，影响用料的大小。利用砖、混凝土围墙的平面凹凸、金属围墙构件的前后交错位置，实际上等于加大围墙横向断面的尺寸，可以免去墙柱，使围墙更自然通透。

1. 围墙设计的原则

(1) 能不设围墙的地方，尽量不设，让人接近自然，爱护绿化。

(2) 能利用空间的办法，自然的材料达到隔离的目的，尽量利用。高差的地面、水体的两侧、绿篱树丛，都可以达到隔而不分的目的。

(3) 要设置围墙的地方，能低尽量低，能透尽量透，只有少量须掩饰隐私处，才用封闭的围墙。

(4) 使用围墙处于绿地之中，成为园景的一部分，减少与人的接触机会，由围墙向景墙转化。善于把空间的分隔与景色的渗透联系统一起来，有而似无，有而生情，才是高超的设计。

2. 围墙按构造分类

围墙的构造有竹木、砖、混凝土、金属材料几种。

(1) 竹木围墙：竹篱笆是过去最常见的围墙，现已难得用。有人设想过种一排竹子而加以编织，成为“活”的围墙（篱），则是最符合生态学要求的墙垣了。

(2) 砖墙：墙柱间距 3～4m，中开各式漏花窗，是节约又易施工、管养的办法。缺点是较为闭塞。

(3) 混凝土围墙：一是以预制花格砖砌墙，花型富有变化但易爬越；二是混凝土预制成片状，可透绿也易管、养。混凝土墙的优点是一劳永逸，缺点是不够通透。

(4) 金属围墙

• 以型钢为材，断面有 几种，表面光洁，性韧易弯不易折断，缺点是每 2～3 年要油漆一次。

• 以铸铁为材，可做各种花型，优点是不易锈蚀又价不高，缺点是性脆又光滑度不够。订货要注意所含成分不同。

• 锻铁、铸铝材料。质优而价高，局部花饰中或室内使用。

• 各种金属网材，如镀锌、镀塑铅丝网、铝板网、不锈钢网等。

现在往往把几种材料结合起来，取其长而补其短。混凝土往往用作墙柱、勒脚墙。取型钢为透空部分框架，用铸铁为花饰构件。局部、细微处用锻铁、铸铝。

下面以如图 8-138 所示的石屏造型为例说明景墙的绘制。

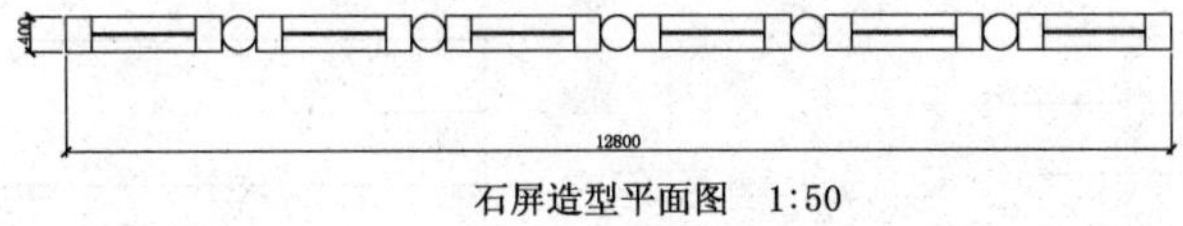

石屏造型平面图　1:50

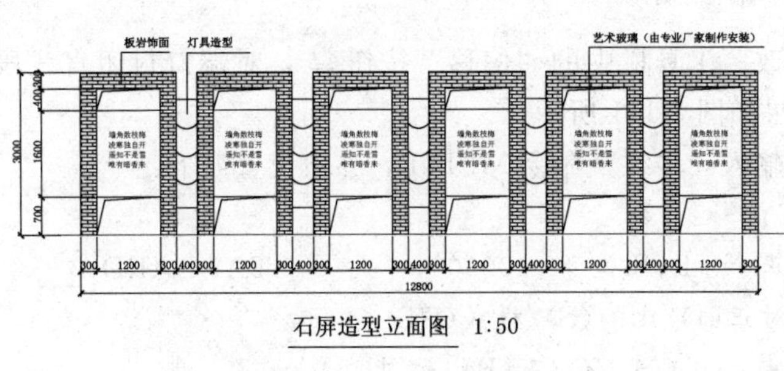

石屏造型立面图　1:50

图 8-138　石屏造型

光盘 \ 动画演示 \ 第 8 章 \ 围墙 . avi

8.6.2　景墙平面图的绘制

【操作步骤】

1. 轴线设置

建立“轴线”图层，进行相应设置，然后开始绘制轴线。

单击“绘图”工具栏中的“直线”按钮，在绘图区适当位置选取直线的初始点，输入第二点的相对坐标（@2400，0），回车后绘出横向轴线。

2. 墙体绘制

（1）在命令行输入“多线”命令 MLINE，命令行提示与操作如下：

命令：MLINE↙

当前设置：对正 = 上，比例 = 20.00，样式 = STANDARD

指定起点或［对正(J)/比例(S)/样式(ST)］：j↙

输入对正类型［上(T)/无(Z)/下(B)］＜上＞： z↙

当前设置：对正 = 无，比例 = 20.00，样式 = STANDARD

指定起点或［对正(J)/比例(S)/样式(ST)］： s↙

输入多线比例＜20.00＞： 400↙

当前设置：对正 = 无，比例 = 400.00，样式 = STANDARD

指定起点或［对正(J)/比例(S)/样式(ST)］：(用鼠标拾取轴线的左端点)

指定下一点：1800↙(方向为水平向右)

结果如图 8-139 所示。

(2) 单击“绘图”工具栏中的“直线”按钮，将其端口封闭，结果如图 8-140 所示。

图 8-139 墙体绘制 1

图 8-140 墙体绘制 2

(3) 单击“修改”工具栏中的“偏移”按钮，对端口封闭直线段向内侧偏移，偏移距离为 300，结果如图 8-141 所示。

(4) 在命令行输入“多线”命令 MLINE，参数设置如下：

命令：MLINE↙

当前设置：对正 = 上，比例 = 400.00，样式 = STANDARD

指定起点或［对正(J)/比例(S)/样式(ST)］： j↙

输入对正类型［上(T)/无(Z)/下(B)］＜上＞： z↙

当前设置：对正 = 无，比例 = 400.00，样式 = STANDARD

指定起点或［对正(J)/比例(S)/样式(ST)］： s↙

输入多线比例＜400.00＞： 16↙

当前设置：对正 = 无，比例 = 16.00，样式 = STANDARD

指定起点或［对正(J)/比例(S)/样式(ST)］：(轴线与内侧偏移线的交点)

指定下一点：(方向为水平向右，终点为轴线与内侧偏移线的交点)

内置玻璃的平面绘制结果如图 8-142 所示。

图 8-141 墙体绘制 3

图 8-142 内置玻璃

(5) 单击“修改”工具栏中的“偏移”按钮，将左端封闭直线段向左偏移，偏移距离为 200，作为“景墙”中绘制“柱”的辅助线，如图 8-143 所示。然后单击“绘图”工具栏中的“圆”按钮，以偏移后的线与轴线的交点为圆心，绘制半径为 200 的圆，作为灯柱，结果如图 8-144 所示。

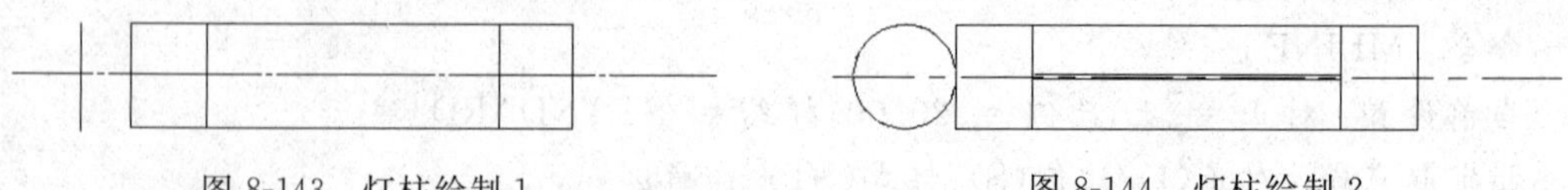

图 8-143 灯柱绘制 1

图 8-144 灯柱绘制 2

(6) 单击“修改”工具栏中的“复制”按钮，命令行提示与操作如下：

命令：_copy

选择对象：(选择图 8-145 所有对象)↙

选择对象：↙

当前设置： 复制模式 = 多个

指定基点或［位移(D)/模式(O)］＜位移＞：(如图 8-145 所示交点)

指定第二个点或［阵列(A)］＜使用第一个点作为位移＞：(如图 8-146 所示交点)

指定第二个点或［阵列(A)/退出(E)/放弃(U)］＜退出＞：↙

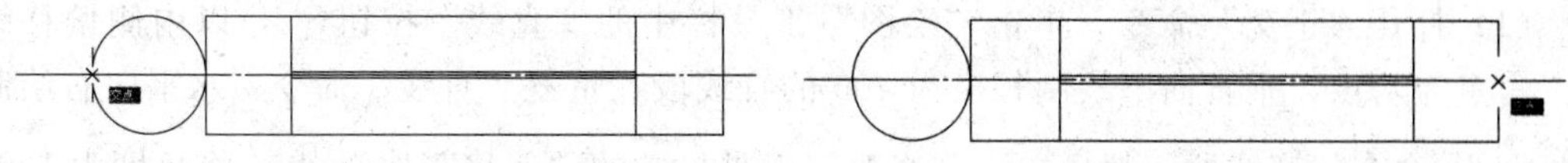

图 8-145 基点 1　　　　图 8-146 基点 2

结果如图 8-147 所示。

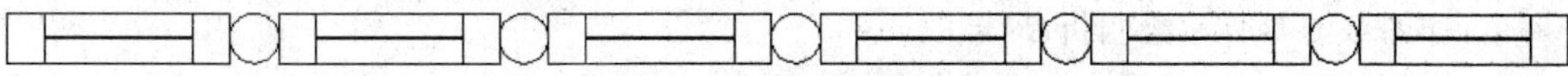

图 8-147 墙体绘制完毕

8.6.3 景墙立面图的绘制

1. 建立新图层

建立一个新图层，命名为“景墙立面图”，如图 8-148 所示。确定后回到绘图状态。

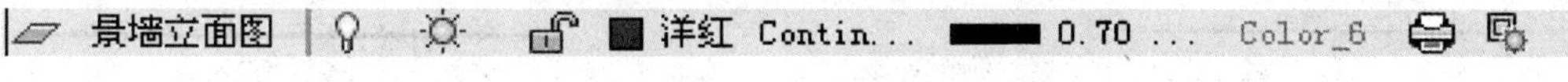

图 8-148 景墙图层参数

2. 绘制基线

单击“绘图”工具栏中的“多段线”按钮，绘制一条地基线，线条宽度设为 1.0。

3. 绘制景墙外轮廓线

(1) 打开“状态”工具栏中“正交”命令。单击“绘图”工具栏中的“多段线”按钮，命令行提示与操作如下：

命令：_pline

指定起点：(用鼠标拾取地基线上一点)↙

当前线宽为 0.0000

指定下一个点或［圆弧(A)/半宽(H)/长度(L)/放弃(U)/宽度(W)］：3000↙(方向垂直向上)

指定下一点或［圆弧(A)/闭合(C)/半宽(H)/长度(L)/放弃(U)/宽度(W)］：1800↙（方向水平向右）

指定下一点或［圆弧(A)/闭合(C)/半宽(H)/长度(L)/放弃(U)/宽度(W)］：3000↙（方向垂直向下）

(2) 单击“修改”工具栏中的“偏移”按钮，向内侧偏移，偏移距离为300，结果如图8-149所示。

4. 内置玻璃的绘制

(1) 打开“正交”命令，单击“绘图”工具栏中的“直线”按钮，以内侧偏移线左上角点为基点，垂直向下绘制长度为400的直线段，重复“直线”命令，水平向右绘制一长度为1200的直线段。然后单击“修改”工具栏中的“偏移”按钮，将长度为1200的直线段向下偏移，偏移距离为1600。

(2) 玻璃上下方为镂空处理，用折断线表示。单击“绘图”工具栏中的“多段线”按钮，如图8-150所示绘制折断线。

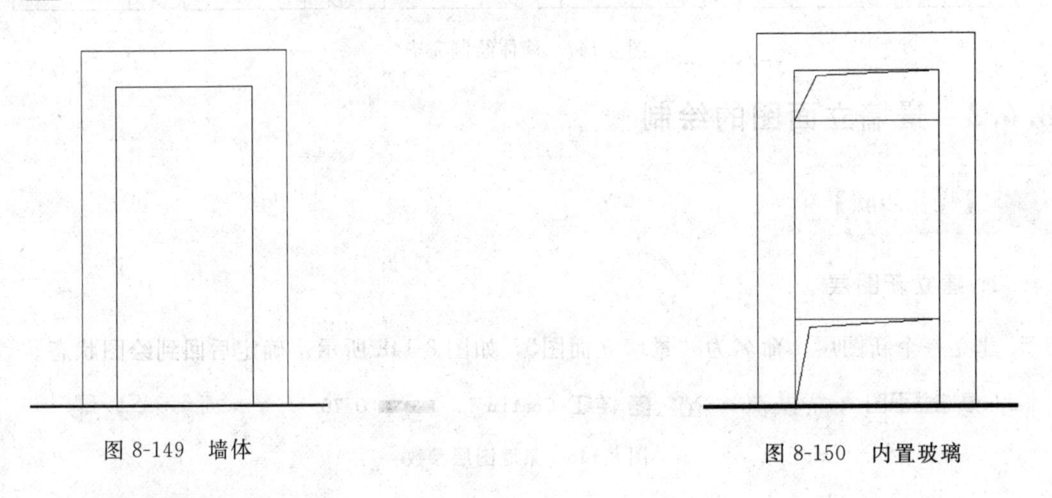

图8-149 墙体　　图8-150 内置玻璃

5. 景墙材质的填充处理

单击“绘图”工具栏中的“图案填充”按钮，弹出对话框如图8-151所示。其中拾取点选择要填充的区域，其他设置按照对话框中的设置。结果如图8-152所示。

6. 灯柱的绘制

(1) 单击“绘图”工具栏中的“矩形”按钮，在屏幕中的适当位置绘制尺寸为400×2000的矩形。

(2) 单击“绘图”工具栏中的“圆弧”按钮，按照图8-153所示绘制灯柱上的装饰纹理。

(3) 单击“绘图”工具栏中的“直线”按钮，在景墙左上角垂直向下绘制500的直线，然后水平向左绘制一条直线，作为灯柱的插入位置。然后单击“修改”工具栏中的

“移动”按钮，命令行提示与操作如下：

图 8-151 填充设置

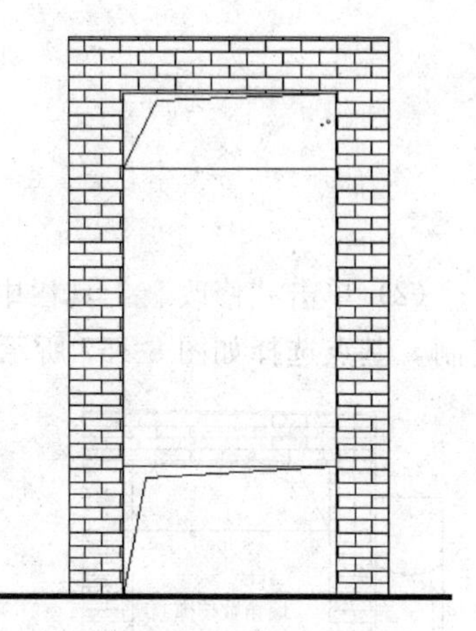

图 8-152 填充后的效果

命令：_move

选择对象：(用鼠标框选灯柱)

选择对象：↙

指定基点或［位移(D)］<位移>：(用鼠标拾取灯柱的左上角点)

指定第二个点或 <使用第一个点作为位移>：(用鼠标拾取 1 点)

结果如图 8-154 所示。

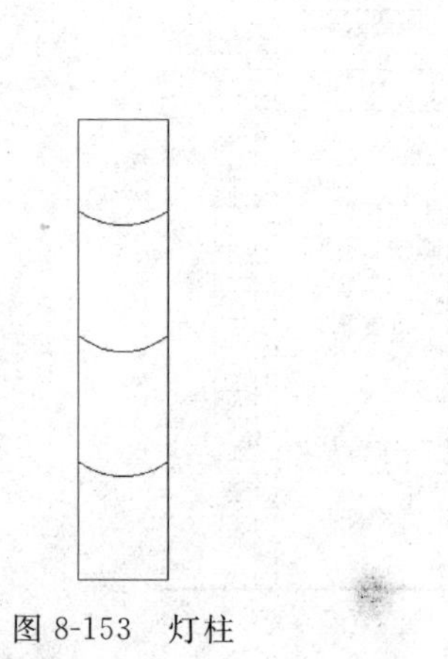

图 8-153 灯柱

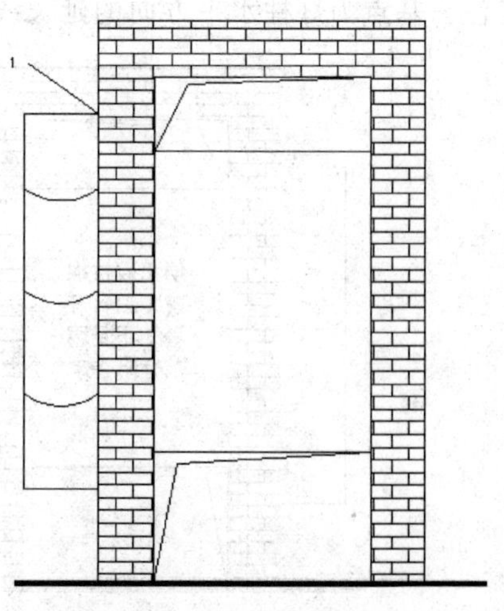

图 8-154 将灯柱移到相应位置

7. 文字的装饰

（1）单击“绘图”工具栏中的“多行文字”按钮A，输入图 8-155 所示文字。

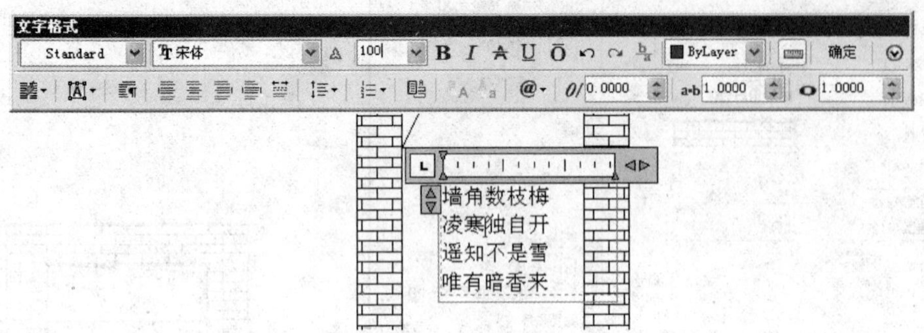

图 8-155　输入文字

（2）单击“修改”工具栏中的“复制”按钮，将图 8-156 全部选中，带基点进行复制，基点选择如图 8-157 所示。

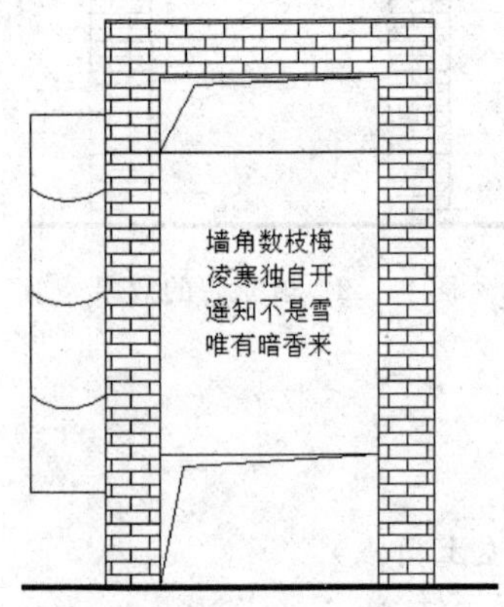

图 8-156　文字的装饰

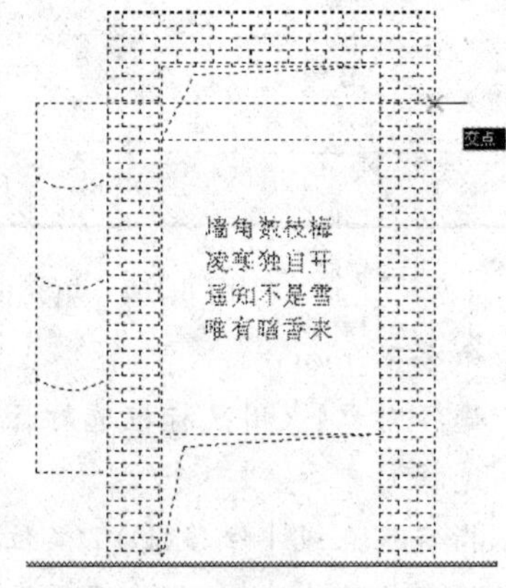

图 8-157　选中进行复制

备注：基点为灯柱水平方向的延长线与景墙外轮廓线的交点，如图 8-158 所示。

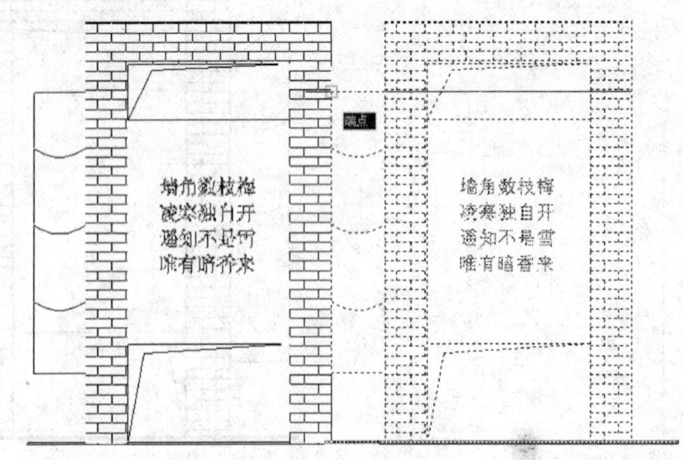

图 8-158　复制

双击其他玻璃框中文字，进行编辑，结果如图 8-159 所示。

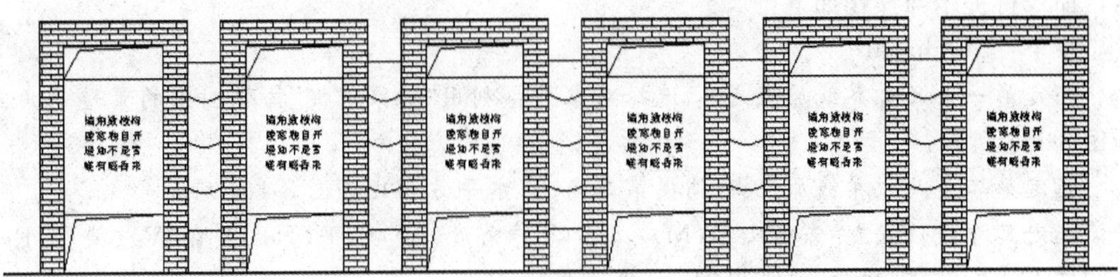

图 8-159 最终效果

8.6.4 尺寸标注及轴号标注

【操作步骤】

1. 建立“尺寸”图层

建立“尺寸”图层，参数如图 8-160 所示，并将其设置为当前图层。

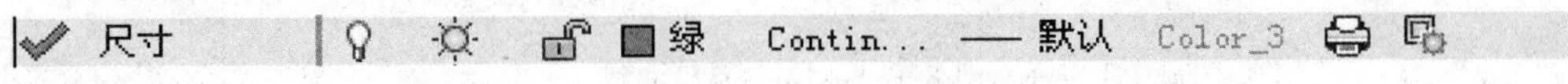

图 8-160 尺寸图层参数

2. 标注样式设置

标注样式的设置应该跟绘图比例相匹配。

(1) 选择菜单栏中的“格式”→“标注样式”命令，弹出“标注样式管理器”，新建一个标注样式，命名为“建筑”，单击“继续”，如图 8-161 所示。

(2) 将“建筑”样式中的参数按前几节所示逐项进行设置。单击“确定”后回到“标注样式管理器”，将“建筑”样式设为当前，如图 8-162 所示。

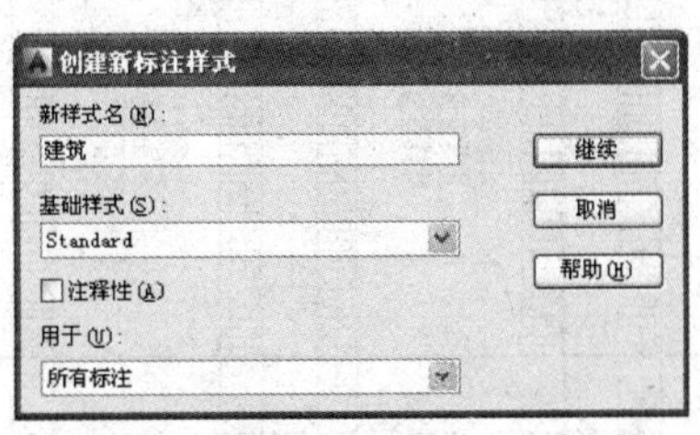

图 8-161 新建标注样式

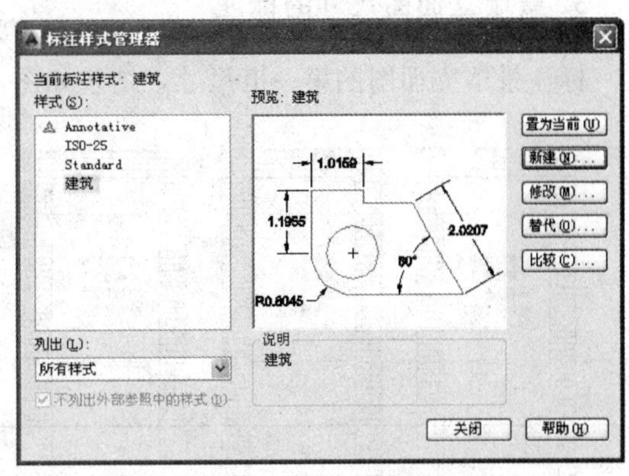

图 8-162 将“建筑”样式置为当前

尺寸分为三道，第一道为局部尺寸的标注，第二道为主要轴线的尺寸，第三道为总尺寸。

(3) 第一道尺寸线绘制。单击“标注”工具栏中的“线性”按钮，如图 8-164 所示，命令行提示与操作如下：

命令：_dimlinear

指定第一条尺寸界线原点或 <选择对象>:(利用“对象捕捉”拾取图中的景墙的角点)如图 8-163 所示。

指定第二条尺寸界线原点:(捕捉第二角点(水平方向))如图 8-164 所示

指定尺寸线位置或[多行文字(M)/文字(T)/角度(A)/水平(H)/垂直(V)/旋转(R)]:↙同样方法标注竖向尺寸，结果如图 8-165 所示。

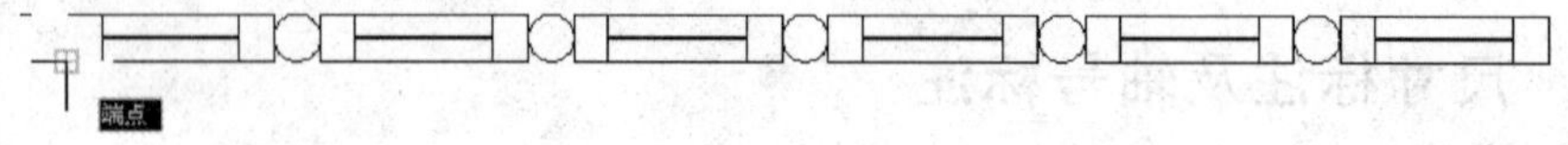

图 8-163　捕捉端点

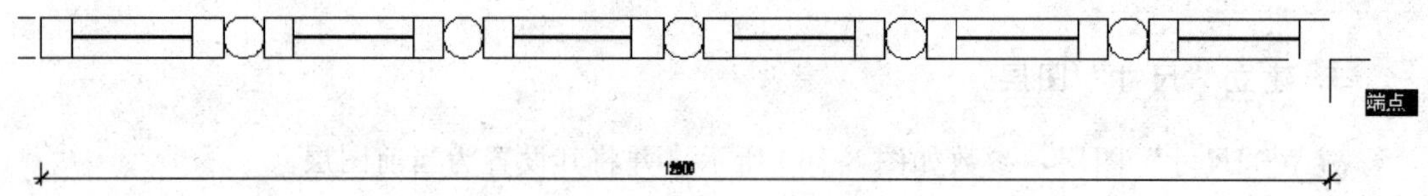

图 8-164　第一道尺寸线

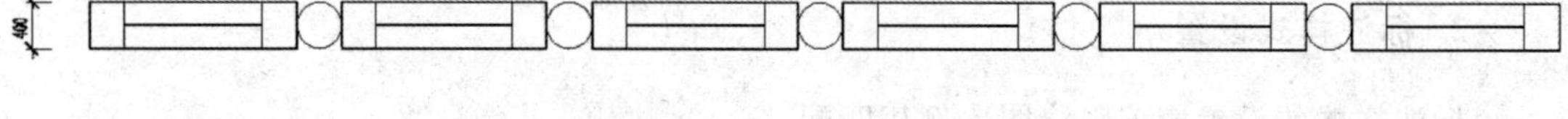

图 8-165　竖向尺寸

3. 景墙立面图尺寸的标注

标注景墙立面图的第一道尺寸，结果如图 8-166 所示。

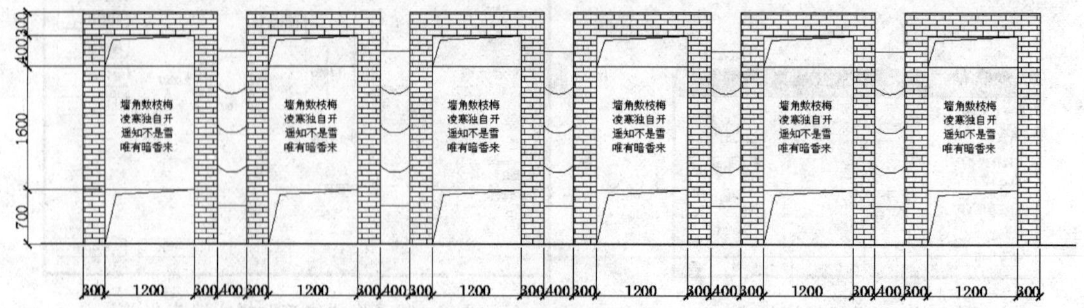

图 8-166　立面图的第一道尺寸

同样方法标注第二道尺寸，结果如图 8-167 所示。

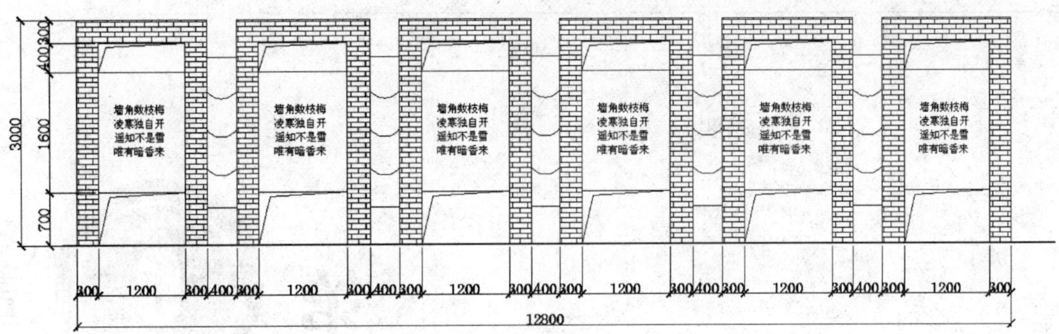

图 8-167 立面图的第二道尺寸

8.6.5 文字标注

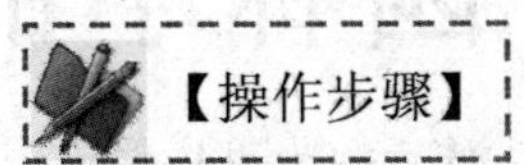

1. 建立“文字”图层

建立“文字”图层，参数如图 8-168 所示，将其设置为当前图层。

图 8-168 文字图层参数

2. 标注文字

单击“绘图”工具栏中的“多行文字”按钮A，在标注文字的区域拉出一个矩形，弹出“文字格式”对话框，如图 8-169 所示。首先设置字体及字高，其次在文本区输入要注的文字，单击“确定”后完成。

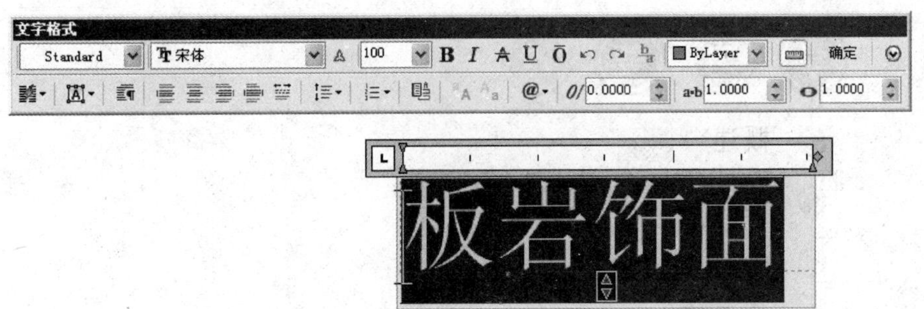

图 8-169 多行文字标注

采用相同的方法，依次标注出景墙其他部位名称。至此，景墙的表示方法就完成了，结果如图 8-138 所示。

第9章 园林小品

园林中供休息、装饰、照明、展示和为园林管理及方便游人之用的小型建筑设施称为园林建筑小品。一般没有内部空间，体量小巧，造型别致，富有特色，并讲究适得其所。这种建筑小品设置在城市街头、广场、绿场等室外环境中便称为城市建筑小品。园林建筑小品在园林中既能美化环境，丰富园趣，为游人提供文化休息和公共活动的方便，又能使游人从中获得美的感受和良好的教益。

- 概述
- 花池
- 坐凳
- 垃圾箱
- 铺装大样
- 茶室

9.1 概　　述

园林小品是园林环境中不可缺少的因素之一，它虽不像园林建筑那样处于举足轻重的地位，但它却像园林中的奇葩，闪烁着异样的光彩。它体量小巧，造型新颖，既有简单的使用功能，又有装饰品的造型艺术特点。因此它既有园林建筑技术的要求，又含有造型艺术和空间组合上的美感要求。常见的园林小品有花池、园桌、园凳、标志牌、栏杆、花格、果皮箱等。小品的设计首先要巧于立意、要表达出一定的意境和乐趣才能成为耐人寻味的作品，其次要独具特色，切忌生搬硬套，另外要追求自然，使得“虽有人作、宛自天开”。小品作为园林的陪衬，体量要合宜，不可喧宾夺主。最后，由于园林小品绝大多数均有实用意义，因此除了造型上的美观外，还要符合实用功能及技术上的要求。本章主要介绍了花池、园桌、园凳、标志牌的绘制方法。

9.1.1　园林小品基本特点

1. 园林小品的分类

园林建筑小品按其功能分为五类。

(1) 供休息的小品

包括各种造型的靠背园椅、凳、桌和遮阳的伞、罩等。常结合环境，用自然块石或用混凝土做成仿石、仿树墩的凳、桌；或利用花坛、花台边缘的矮墙和地下通气孔道来作椅、凳等；围绕大树基部设椅凳，既可休息，又能纳荫。

(2) 装饰性小品

各种固定的和可移动的花钵、饰瓶，可以经常更换花卉。装饰性的日晷、香炉、水缸，各种景墙（如九龙壁）、景窗等，在园林中起点缀作用。

(3) 照明的小品

园灯的基座、灯柱、灯头、灯具都有很强的装饰作用。

(4) 展示性小品

各种布告板、导游图板、指路标牌以及动物园、植物园和文物古建筑的说明牌、阅报栏、图片画廊等，都对游人有宣传、教育的作用。

(5) 服务性小品

如为游人服务的饮水泉、洗手池、公用电话亭、时钟塔等；为保护园林设施的栏杆、格子垣、花坛绿地的边缘装饰等；为保持环境卫生的废物箱等。

2. 园林小品主要构成要素

(1) 园门洞与窗洞（空窗，漏窗，景窗）

园景规划设计应该包括园墙，门洞（又称墙洞），空窗（又称月洞），漏窗（又称漏墙或花墙窗洞），室外家具，出入口标志等小品设施的设计。同时园林意境的空间构思与创造，往往又具有通过它们作为空间的分隔，穿插，渗透，陪衬来增加景深变化，扩大空间，使方寸之地能小中见大，并在园林艺术上又巧妙的作为取景的话框，随步移景，遮移视线又成为情趣横溢的造园障景。

（2）墙

园林景墙有分隔空间、组织导游、衬托景物、装饰美化或遮蔽视线的作用，是园林空间构图的一个重要因素。其作用在于加强了建筑线条、质地、阴阳、繁简及色彩上的对比。其式样可分为博古式、栅栏式、组合式和主题式等几类。

（3）装饰隔断

其作用在于加强了建筑线条、质地、阴阳、繁简及色彩上的对比。其式样可分为博古式、栅栏式、组合式和主题式等几类。

（4）门窗洞口

门洞的形式有曲线型、直线型、混合式现代园林建筑中还出现一些新的不对称的门洞式样，可以称之为自由型。门洞、门框游人进出繁忙，易受碰挤磨损，需要配置坚硬耐磨的材料，特别位于门碱楗部位的材料，更应如此；若有车辆出入，其宽度应该考虑车辆的净空要求。

（5）园凳、椅

椅、园凳的首要功能是供游人就座休息，欣赏周围景物。园椅不仅作为休息、赏景的设施，而又作为园林装饰小品。以其优美精巧的造型，点缀园林环境，成为园林景色之一。

（6）引水台、烧烤场及路标等

为了满足游人日常之需和野营等特殊需要，在风景区应该设置引水台和烧烤场，以及野餐桌、路标、厕所、废物箱、垃圾筒等。

（7）铺地

园中铺地，其实是一种地面装饰。铺地形式多样，有乱石铺地、冰裂纹，以及各式各样的砖花地等。砖花地形式多样，若做得巧妙，则价廉形美。

也有铺地是用砖、瓦等与卵石混用拼出美丽的图案，这种形式是用立砖为界，中间填卵石；也有的用瓦片，以瓦的曲线做出“双钱”及其他带有曲线的图形。这种地面是园林中的庭院常用的铺地形式。另外，还有利用卵石的不同大小或色泽，拼搭出各种图案。例如，以深色（或较大的）卵石为界线，以浅色（或较小的）卵石填入其间，拼填出鹿、鹤、麒麟等，或拼填出“平升三级”等吉祥如意的图形，当然还有“暗八仙”或其他形象。总之，可以用这种材料铺成各种形象的地面。

用碎的大小不等的青板石，还可以铺出冰裂纹地面。冰裂纹图案除了形式美之外，还有文化上的内涵。文人们喜欢这种形式，它具有“寒窗苦读”或“玉洁冰清”之意，隐喻出坚毅、高尚、纯朴之意。这又是一种文化了。

（8）花色景梯

园林规划中结合造景和功能之需，采用不同一般花色景梯小品，有的依楼倚山，有的凌空展翅，或悬挑睡眠等造型，既满足交通功能之需，又以本身姿丽，丰富建筑空间的艺术景观效果。花色楼梯造型新颖多姿，与宾馆庭院环境相融相宜。

（9）栏杆边饰等装饰细部

园林中的栏杆除起防护作用外，还可用于分隔不同活动内容的空间。划分活动范围以及组织人流。以栏杆点缀装饰园林环境。

（10）园灯

常见的园灯包括汞灯、金属卤化物灯、高压钠灯、荧光灯、白炽灯、水下照明彩灯等。园林中使用的照明器样式包括投光器、杆头式照明器、低照明器等。

树木照明可用自下而上照射的方法，以消除叶里的黑暗阴影。尤当其具有的照度为周围倍数时，被照射的树木就可以得到购景中心感。在一般的绿化环境中，需要的照度为50～100lx。对于低矮植物多半使用仅产生向下配光的照明器。

(11) 雕塑小品

园林建筑的雕塑小品主要是指带观赏性的小品雕塑，园林雕塑的取材应与园林建筑环境相协调，要有统一的构思。园林雕塑小品的题材确定后，在建筑环境中应如何配置是一个值得探讨的问题。

(12) 游戏设施

游戏设施较为多见的有秋千、滑梯、沙场、爬杆、爬梯、绳具、转盘等等。

9.1.2 园林小品设计原则

园林装饰小品在园林中不仅是实用设施，且可作为点缀风景的景观小品。因此它即有园林建筑技术的要求，又有造型艺术和空间组合上的美感要求。一般在设计和应用时应遵循以下原则。

1. 巧于立意

园林建筑装饰小品作为园林中局部主体景物，具有相对独立的意境，应具有一定的思想内涵，才能产生感染力。如我国园林中常在庭院的白粉墙前置玲珑山石、几竿修竹，粉墙花影恰似一幅花鸟国画，很有感染力。

2. 突出特色

园林建筑装饰小品应突出地方特色、园林特色及单体的工艺特色，使其有独特的格调，切忌生搬硬套，产生雷同。如广州某园草地一侧，花竹之畔，设一水罐形灯具，造型简洁，色彩鲜明，灯具紧靠地面与花卉绿草融成一体，独具环境特色。

3. 融于自然

园林建筑小品要将人工与自然浑然一体，追求自然又精于人工。“虽由人作，宛如天开”则是设计者们的匠心之处。如在老榕树下，塑以树根造型的园凳，似在一片林木中自然形成的断根树桩，可达到以假乱真的程度。

4. 注重体量

园林装饰小品作为园林景观的陪衬，一般在体量上力求与环境相适宜。如在大广场中，设巨型灯具，有明灯高照的效果，而在小林阴曲径旁，只宜设小型园灯，不但体量小，造型更应精致；又如喷泉、花池的体量等，都应根据所处的空间大小确定其相应的体量。

5. 因需设计

园林装饰小品，绝大多数有实用意义，因此除满足美观效果外，还应符合实用功能及技术上的要求。如园林栏杆具有各种使用目的，对于各种园林栏杆的高度也就有不同的要求；又如围墙则需要应从围护要求来确实其高度及其他技术上的要求。

6. 功能技术要相符

园林小品绝大多数具有实用功能，因此除满足艺术造型美观的要求外，还应符合实用功能及技术的要求。例如园林栏杆的高度，应根据使用目的不同有所变化。又如园林坐凳，应符合游人休息的尺度要求；又如园墙，应从围护要求来确定其高度及其他技术要求。

7. 地域民族风格浓郁

园林小品应充分考虑地域特征和社会文化特征。园林小品的形式，应与当地自然景观和人文景观相协调，尤其在旅游城市，建设新的园林景观时，更应充分注意到这一点。

园林小品设计需考虑的问题是多方面的，不能局限于几条原则，应学会举一反三，融会贯通。园林小品作为园林之点缀，一般在体量上力求精巧，不可喧宾夺主，失去分寸。如园林灯具，在大型集散广场中，可设置巨型灯具，以起到明灯高照的效果；而在小庭院、林荫曲径旁边，则只适合放置小型园灯，不但体量要小，而且造型要更加精致。其他如喷泉、花台的大小，均应根据其所处的空间大小确定其体量。

9.2 花　　池

花池，是公园里最灵动的地方，最吸引人的地方，因为最美丽鲜艳的植物就种植在这里。因此花池的设计一定要新颖、别致、美观。本节以最普通的花池为例说明其绘制。如图 9-1 所示。

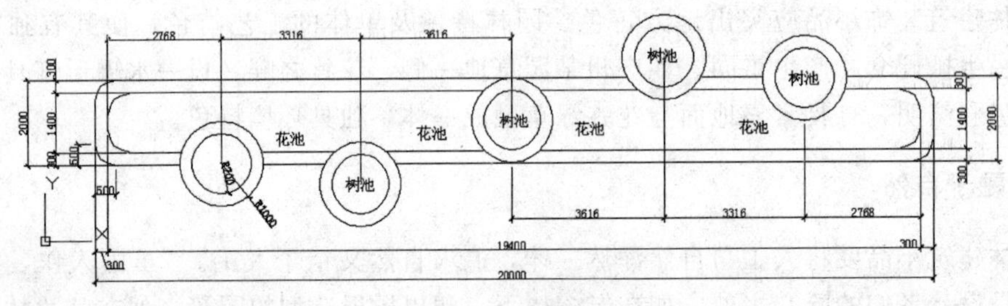

图 9-1　绘制花池

光盘 \ 动画演示 \ 第 9 章 \ 花池 . avi

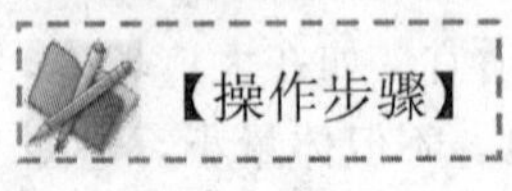

1. 建立花池图层

单击“图层”工具栏中的“图层特性管理器”按钮，弹出“图层特性管理器”对话框，建立一个新图层，命名为“花池”，颜色为洋红，线型为“Continous”，线宽为 0.70，并将其设置为当前图层，如图 9-2 所示。确定后回到绘图状态。

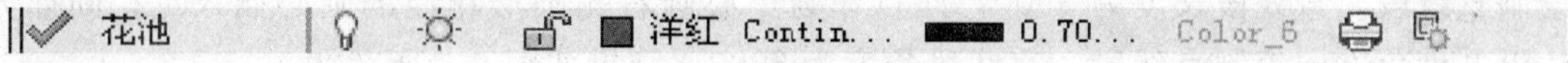

花池 洋红 Contin... 0.70... Color_6

图 9-2 花池图层参数

2. 花池外轮廓的绘制

(1) 单击“绘图”工具栏中的“矩形”按钮，在绘图区取适当一点为矩形的第一角点，另一角点坐标为（@20000，2000）。然后单击“修改”工具栏中的“偏移”按钮，将矩形向内侧进行偏移，偏移距离为300。结果如图9-3所示。

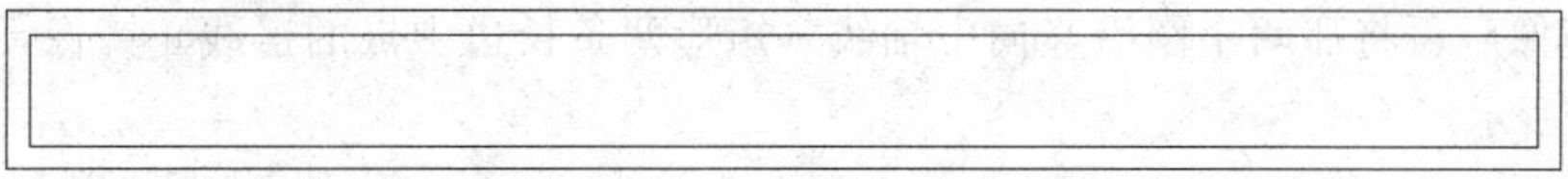

图 9-3 花池外轮廓

(2) 单击“修改”工具栏中的“分解”按钮，将绘制好的矩形分解。然后单击“修改”工具栏中的“圆角”按钮，命令行提示与操作如下：

命令：_fillet

当前设置：模式 = 修剪，半径 = 0.0000

选择第一个对象或［放弃(U)/多段线(P)/半径(R)/修剪(T)/多个(M)］：r↙

指定圆角半径 <0.0000>：500↙

选择第一个对象或［放弃(U)/多段线(P)/半径(R)/修剪(T)/多个(M)］：(选择直线1)

选择第二个对象，或按住 Shift 键选择要应用角点的对象：(选择直线2)

(3) 重复“圆角”命令，对内外矩形的其他边角进行圆角化，圆角半径为500，结果如图9-4所示。

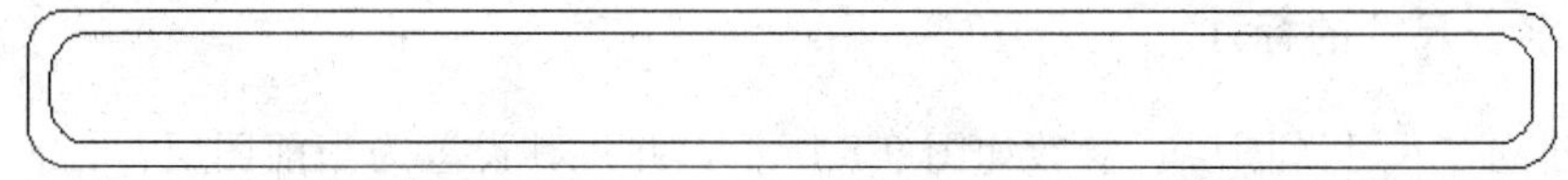

图 9-4 圆角后效果

(4) 单击“绘图”工具栏中的“圆”按钮，绘制一半径为1000的圆，然后单击“修改”工具栏中的“偏移”按钮，将圆向内侧进行偏移，偏移距离为300。单击“绘图”工具栏中的“创建块”按钮，将其创建成块，命名为“花池”。

3. 添加圆形花池

(1) 单击“绘图”工具栏中的“直线”按钮，绘制直线确定圆形花池的位置，分别连接矩形四边的中点，交点即为中心圆形花池的插入点；左边圆形花池位置的确定：打开“极轴”命令，右键单击选择设置，附加22度角，重复“直线”命令，延22度角方向绘制直线段，直线段长度为 3900，此点作为中心圆右侧圆形花池的圆心插入点；同样方法沿 8 度角方向绘制直线段，直线段长度为 7000，结果如图 9-5 所示。

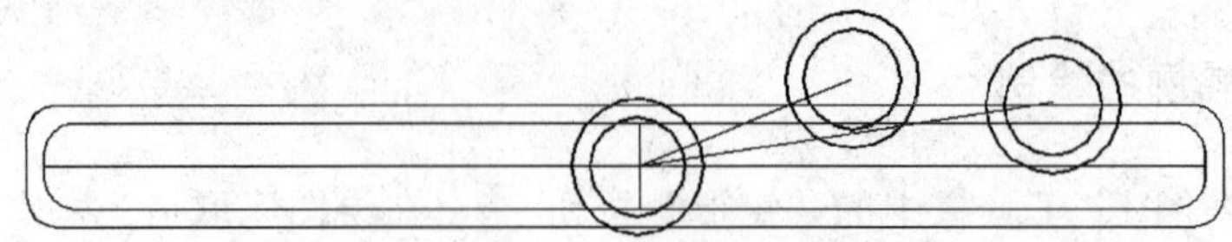

图 9-5　添加圆形花池

（2）删除多余的辅助线，并对多余的线条进行修剪。然后单击“修改”工具栏中的“镜像”按钮，将上一步绘制好的圆形花池沿横向中轴线（矩形两条短边中点的连线）镜像，镜像后再将那两个圆沿竖向中轴线（矩形两条长边中点的连线）镜像，镜像后结果如图 9-6 所示。

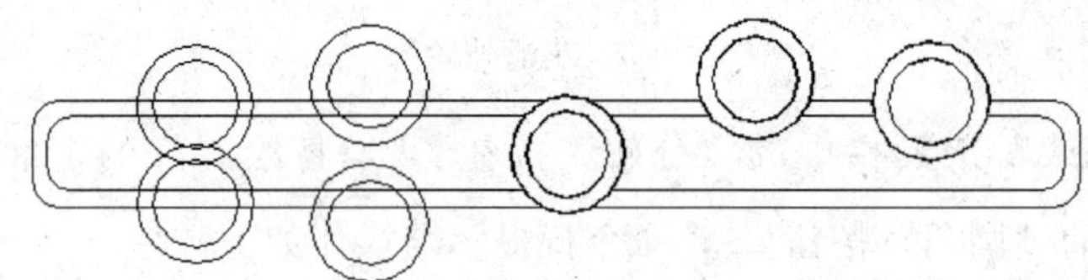

图 9-6　镜像

（3）删除多余的圆，然后对其进行修剪，修剪掉多余的直线，结果如图 9-7 所示。

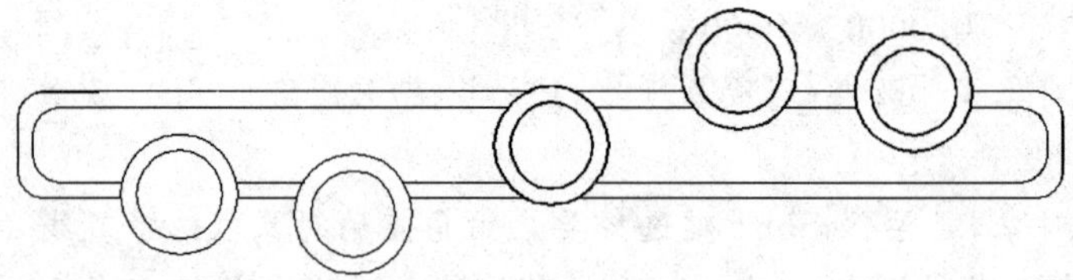

图 9-7　删除多余圆

4. 文字、尺寸的标注

（1）建立“尺寸”图层，参数如图 9-8 所示，并将其设置为当前图层。

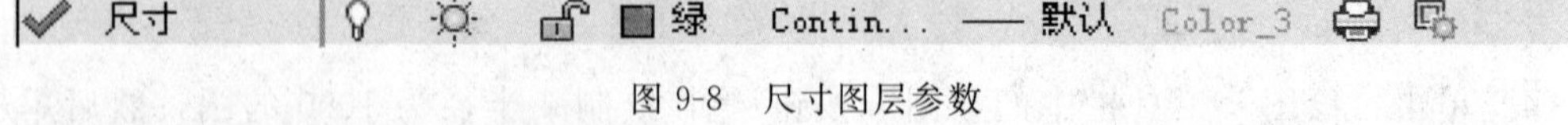

图 9-8　尺寸图层参数

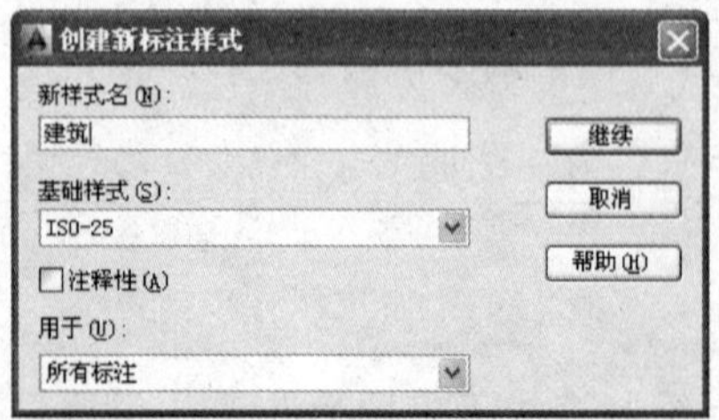

图 9-9　新建标注样式

（2）进行相关设置，选择菜单栏中的“格式”→“标注样式”命令，弹出“标注样式管理器”对话框，新建一个标注样式，命名为“建筑”，单击“继续”按钮，如图 9-9 所示。

其他设置按照上章设置方法设置，这里不再详述。

（3）在“绘图”工具栏上单击右键，在弹出快捷菜单上选择“标注”项，将“标注”工具栏显示在屏幕上，以便使用。

(4) 第一道尺寸线绘制。单击“标注”工具栏中的“线性”按钮，按命令行提示进行操作。

(5) 半径的标注：单击“标注”工具栏中的“半径”按钮，命令行提示与操作如下：

命令：_dimradius

选择圆弧或圆：(选择半径为 1120 的圆)

标注文字 = 1120.00

指定尺寸线位置或[多行文字(M)/文字(T)/角度(A)]：

(6) 重复“半径”标注命令，标注其他半径尺寸。

(7) 第二道尺寸线绘制。单击“标注”工具栏中的“线性”按钮，按命令行提示进行操作，结果如图 9-10 所示。

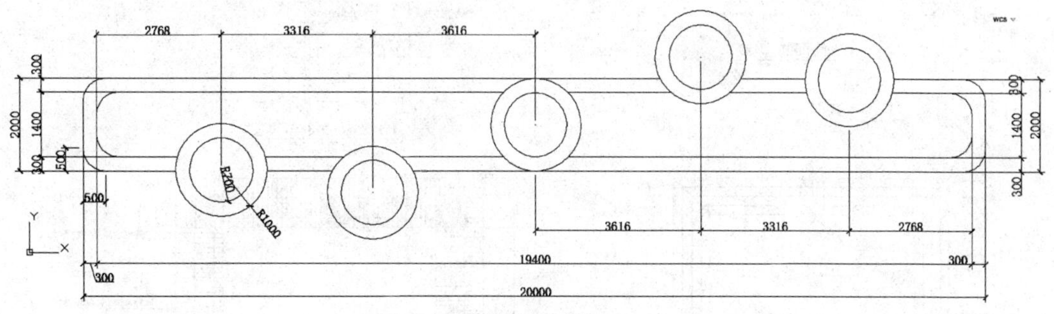

图 9-10 尺寸线标注

5. 文字的标注

(1) 建立“文字”图层，参数如图 9-11 所示，将其设置为当前图层。

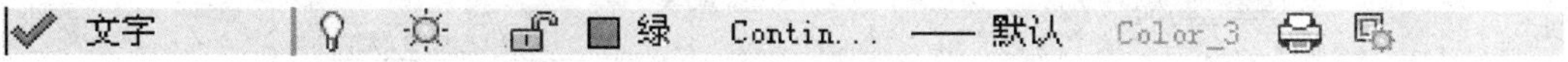

文字 绿 Contin... —— 默认 Color_3

图 9-11 文字图层参数

(2) 单击“绘图”工具栏中的“多行文字”按钮，在标注文字的区域拉出一个矩形，弹出“文字格式”对话框，首先设置字体及字高，其次在文本区输入要注的文字，单击“确定”后完成。

(3) 采用相同的方法，依次标注出花池其他部位名称。至此，花池的表示方法就完成了，如图 9-1 所示。

9.3 坐 凳

园椅、园凳、园桌是各种园林绿地及城市广场中必备的设施。湖边池畔、花间林下、广场周边、园路两侧、山腰台地处均可设置，供游人就座休息、促膝长谈和观赏风景。如果在一片天然的树林中设置一组蘑菇形的休息园凳，宛如林间树下长出的蘑菇，可把树林环境衬托得野趣盎然。而在草坪边、园路旁、竹丛下适当地布置园椅，也会给人以亲切感，并使大自然富有生机。园椅、园凳、园桌的设置常选择在人们需要就座休息、环境优美、有景可赏之处。园桌、园凳既可以单独设置，也可成组布置；既可自由分散布置，又可有规则的连续布置。园椅、园凳也可与花坛等其他小品组合，形成一个整体。园椅、园凳的造型要轻巧美观，形式要活泼多样，构造要简单，制作要方便，要结合园林环境，做出具有特色的设计。小小坐凳、座椅不仅能为人提供休息、赏景的处所，若与环境结合得很好，本身也能成为一景。在风景游览胜地及大型公园中，园椅、园凳主要供人们在游览路程中小憩，数量可相应少些；而在城镇的街头绿地、城市休闲广场以及各种类型的小游园内，游人的主要活动是休息、弈棋、读书、看报，或者进行各种健身活动，停留的时间较长，因此，园椅、园凳、园桌的设置要相应多一些，密度大一些。绘制的坐凳施工图如图 9-12 所示。

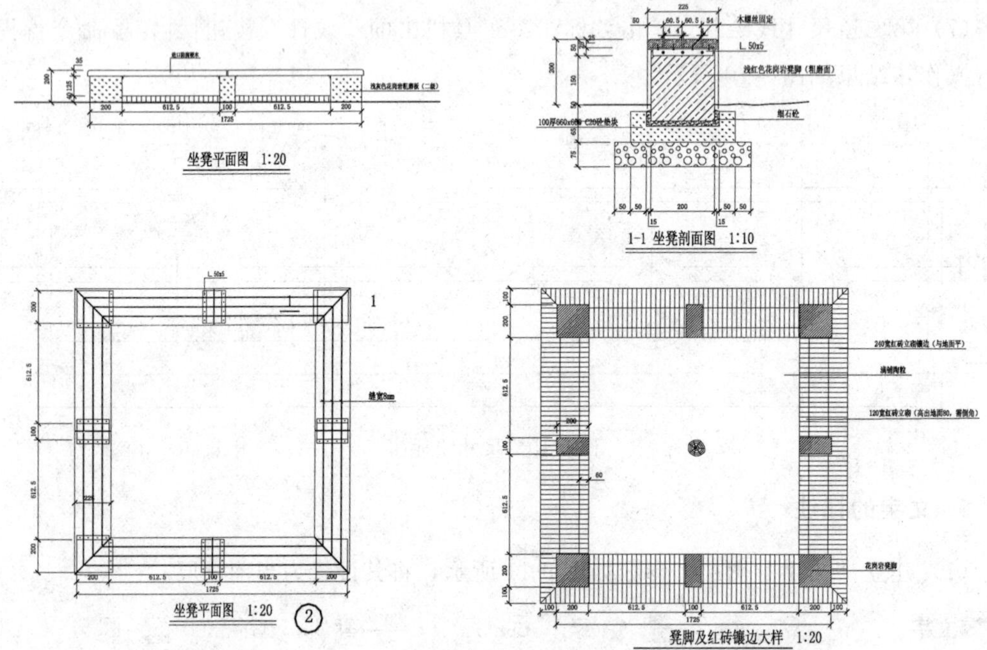

图 9-12　坐凳施工图

光盘 \ 动画演示 \ 第 9 章 \ 坐凳 . avi

9. 3. 1　绘图前准备以及绘图设置

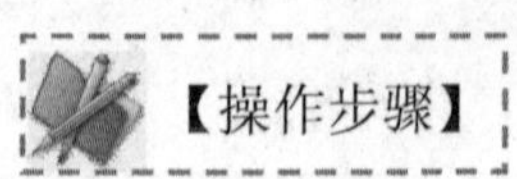
【操作步骤】

1. 要根据绘制图形决定绘图的比例，建议采用 1∶1 的比例绘制。

2. 建立新文件

打开 AutoCAD 2014 应用程序，以“A4. dwt”样板文件为模板，建立新文件，将新文件命名为“坐凳 . dwg”并保存。

3. 设置绘图工具栏

在任意工具栏处单击鼠标右键，从打开的快捷菜单中选择“标准”、“图层”、“对象特性”、“绘图”、“修改”、“修改Ⅱ”、“文字”和“标注”这八个选项，调出这些工具栏，并将它们移动到绘图窗口中的适当位置。

4. 设置图层

设置以下四个图层：“标注尺寸”、“中心线”、“轮廓线”、“文字”，把这些图层设置成不同的颜色，使图纸上表示更加清晰，将“中心线”设置为当前图层。设置好的图层如图 9-13 所示。

5. 标注样式的设置

根据绘图比例设置标注样式，选择菜单栏中的“格式”→“标注样式”命令，对标注样式“线”、“符号和箭头”、“文字”、“主单位”进行设置，具体如下：

(1) 线：超出尺寸线为 25，起点偏移量为 30；

(2) 符号和箭头：第一个为建筑标记，箭头大小为 30，圆心标记为标记 15；

(3) 文字：文字高度为 30，文字位置为垂直上，从尺寸线偏移为 15，文字对齐为 ISO 标准；

(4) 主单位：精度为 0.0，比例因子为 1。

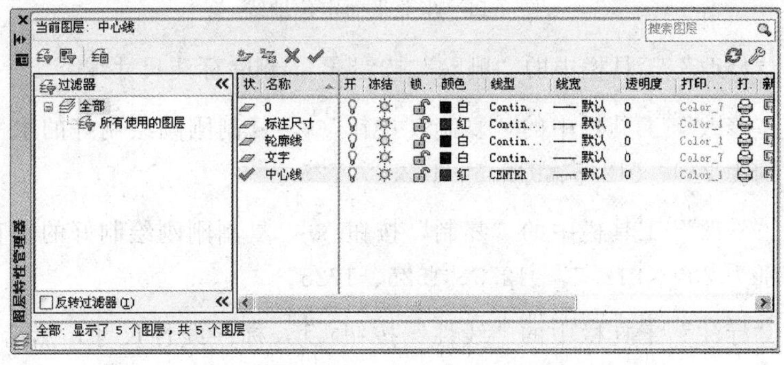

图 9-13 坐凳图层设置

6. 文字样式的设置

选择菜单栏中的“格式”→“文字样式”命令，弹出“文字样式”对话框，选择仿宋字体，宽度因子设置为 0.8。

9.3.2 绘制坐凳平面图

1. 绘制坐凳平面图定位线

(1) 在状态栏，单击“正交模式”按钮，打开正交模式，在状态栏，单击“对象捕捉”按钮，打开对象捕捉模式，在状态栏，单击“对象捕捉追踪”按钮，打开对象捕捉追踪。

（2）单击“绘图”工具栏中的“直线”按钮，绘制一条长为1725的水平直线。重复“直线”命令，取其端点绘制一条长为1725的垂直直线。

（3）将“标注尺寸”图层设置为当前图层，单击“标注”工具栏中的“线性”按钮，标注外形尺寸。完成的图形和尺寸如9-14（*a*）所示。

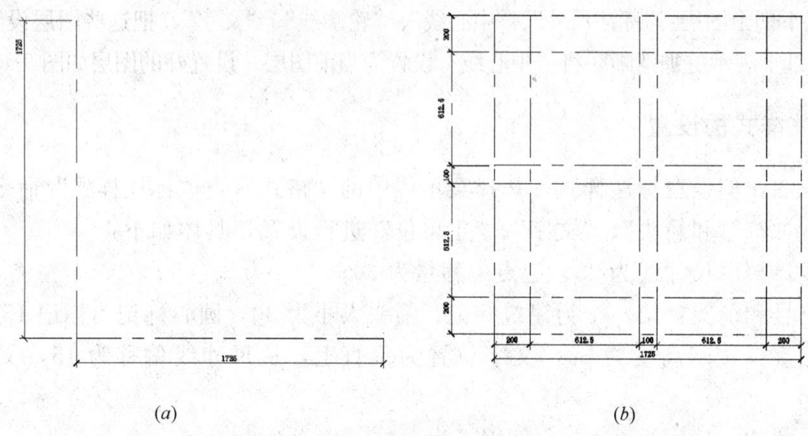

(*a*)　　(*b*)

图 9-14　坐凳平面定位轴线

（4）单击“修改”工具栏中的“删除”按钮，删除标注尺寸线。

（5）单击“修改”工具栏中的“复制”按钮，复制刚刚绘制好的水平直线，向上复制的距离分别为200、812.5、912.5、1525、1725。

（6）单击“修改”工具栏中的“复制”按钮，复制刚刚绘制好的垂直直线，向右复制的距离分别为200、812.5、912.5、1525、1725。

（7）单击“标注”工具栏中的“线性”按钮，标注线性尺寸，然后单击“标注”工具栏中的“连续”按钮，进行连续标注，命令行提示与操作如下：

命令：_dimcontinue

指定第二条尺寸界线原点或［放弃(U)/选择(S)］＜选择＞：(选择轴线的端点)

标注文字 ＝612.5

指定第二条尺寸界线原点或［放弃(U)/选择(S)］＜选择＞：

完成的图形和尺寸如图9-14（*b*）所示。

2. 绘制坐凳平面图轮廓

（1）将“轮廓线”图层设置为当前图层，单击“绘图”工具栏中的“矩形”按钮，绘制200×200、200×100和100×200的矩形。作为坐凳基础支撑，完成的图形如图9-15（*a*）所示。

（2）单击“绘图”工具栏中的“矩形”按钮，绘制角钢固定连接。

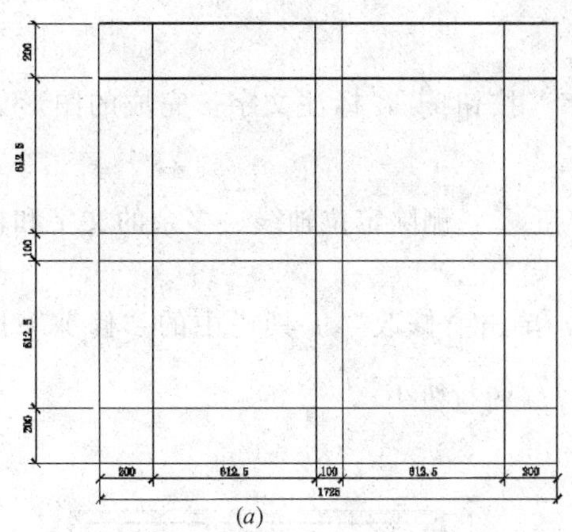

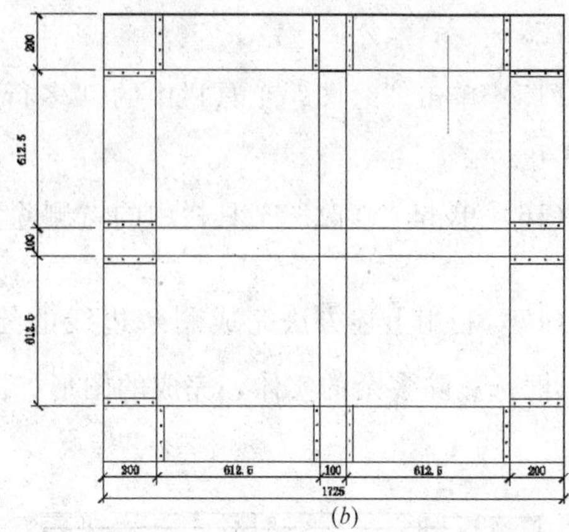

图 9-15 坐凳平面绘制 1

（3）单击“绘图”工具栏中的“圆”按钮，绘制直径为 5 的圆，作为连接螺栓。

（4）单击“修改”工具栏中的“复制”按钮，复制刚刚绘制好的图形到指定位置，完成的图形如图 9-15（*b*）所示。

（5）单击“修改”工具栏中的“复制”按钮，把外围定位轴线向外平行复制，距离为 12.5。

（6）单击“绘图”工具栏中的“矩形”按钮，绘制 1750×1750 的矩形 1。

（7）单击“修改”工具栏中的“偏移”按钮，向矩形内偏移 50，得到矩形 2。然后选择刚刚偏移后的矩形，向矩形内偏移 50，得到矩形 3。然后选择刚刚偏移后的矩形，向矩形内偏移 50，得到矩形 4。

（8）单击“修改”工具栏中的“偏移”按钮，选择刚刚偏移后的矩形 4，向矩形内偏移 75。

（9）单击“修改”工具栏中的“偏移”按钮，选择偏移后的矩形 2，向矩形内偏移 8。然后选择偏移后的矩形 3，向矩形内偏移 8。选择偏移后的矩形 4，向矩形内偏移 8。

（10）单击“绘图”工具栏中的“直线”按钮，连接最外面和里面的对角连线。

（11）单击“修改”工具栏中的“偏移”按钮，偏移对角线。向对角线左侧偏移 4，向对角线右侧偏移 4。

（12）将“标注尺寸”图层设置为当前图层，单击“标注”工具栏中的“线性”按钮，标注线性尺寸。

（13）单击“标注”工具栏中的“连续”按钮，进行连续标注。

（14）单击“标注”工具栏中的“对齐标注”按钮，进行斜

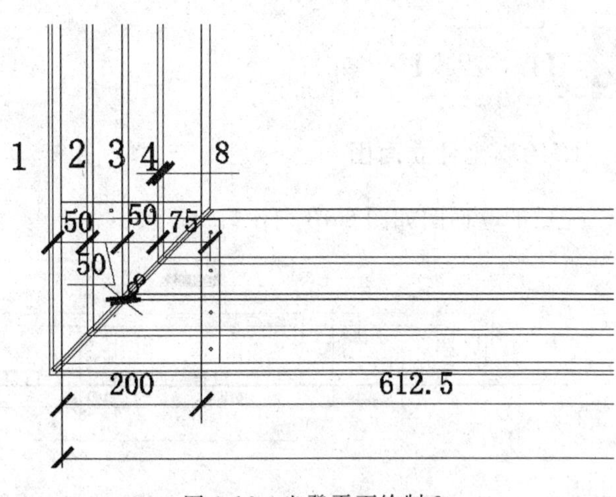

图 9-16 坐凳平面绘制 2

线标注。

(15) 单击“绘图”工具栏中的“多行文字”按钮 A，标注文字。完成的图形如 9-16 所示。

(16) 单击“修改”工具栏中的“删除”按钮，删除定位轴线、多余的文字和标注尺寸。

(17) 利用上述方法完成剩余边线的绘制，单击“修改”工具栏中的“修剪”按钮，框选删除多余的实体，完成的图形如图 9-17 (*a*) 所示。

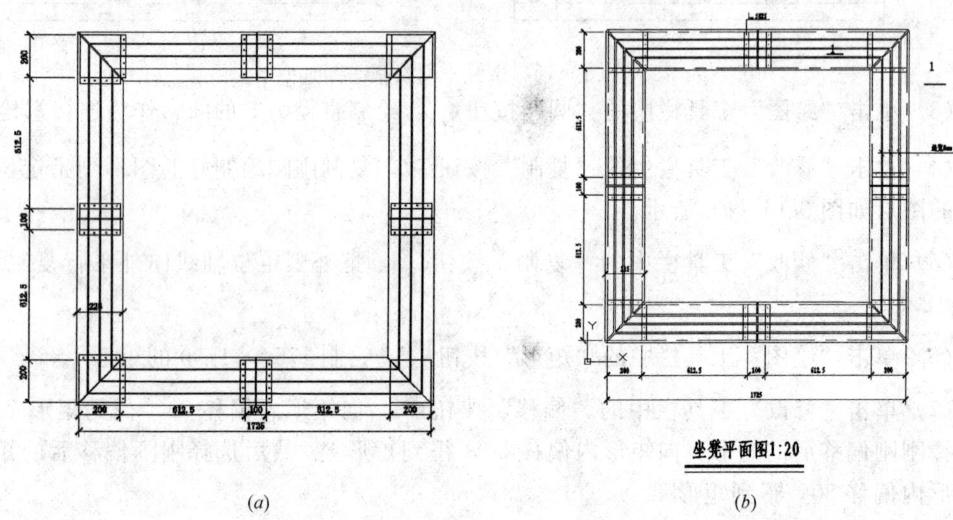

图 9-17　坐凳平面绘制 3

(18) 单击“绘图”工具栏中的“多行文字”按钮 A，标注文字和图名，完成的图形如图 9-17 (*b*) 所示。

9.3.3　绘制坐凳其他视图

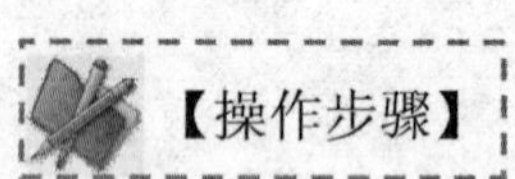

【操作步骤】

1. 绘制坐凳立面图

完成的立面图如图 9-18 所示。

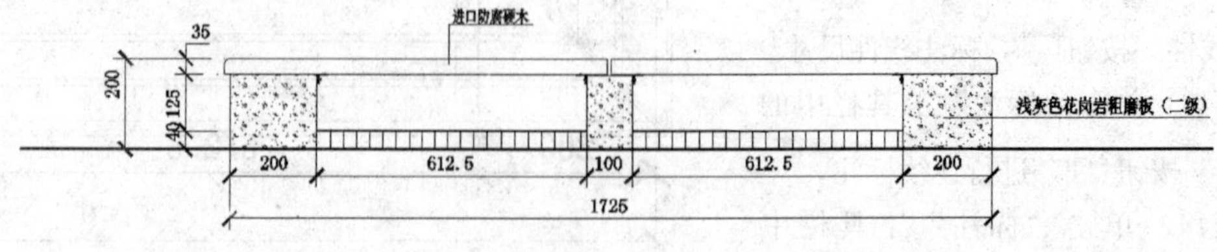

图 9-18　坐凳立面图

2. 绘制坐凳剖面图

完成的剖面图如图 9-19 所示。

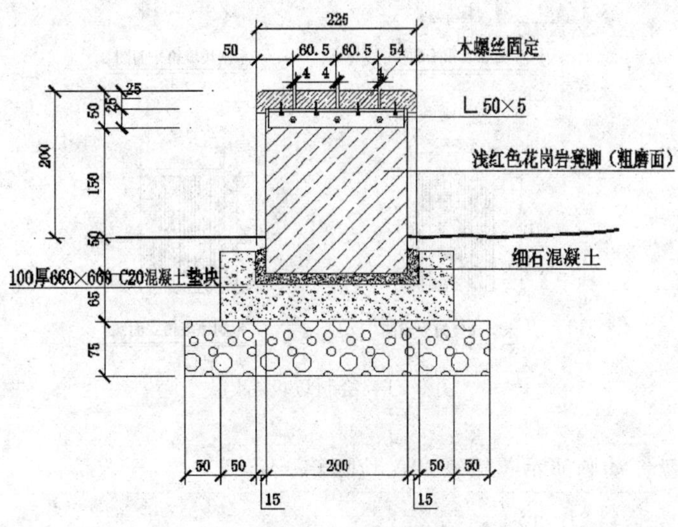

图 9-19　坐凳剖面图

3. 绘制凳脚及红砖镶边大样

完成的图形如图 9-20（*b*）所示。

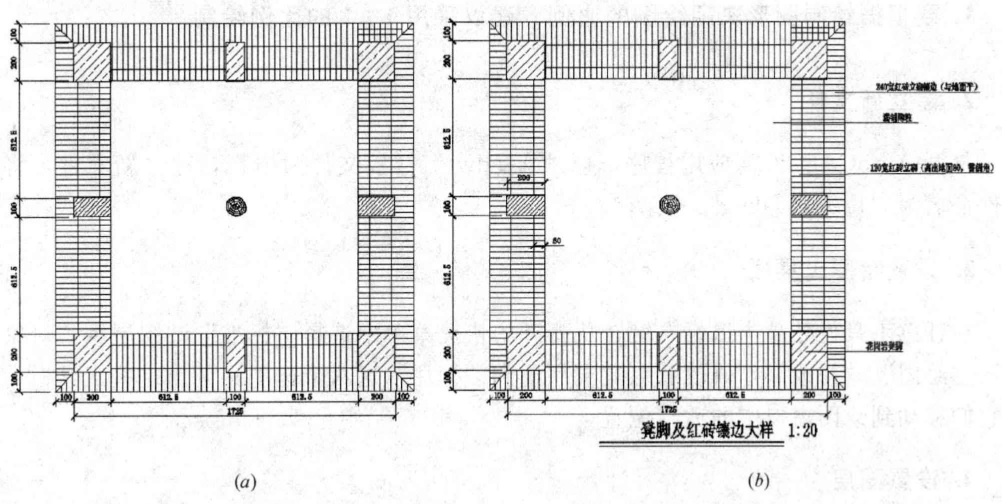

(*a*)　(*b*)

图 9-20　凳脚及红砖镶边大样绘制流程

9.4　垃　圾　箱

下面以垃圾箱为例讲解服务性小品的绘制方法。垃圾箱的绘制如图 9-21 所示。

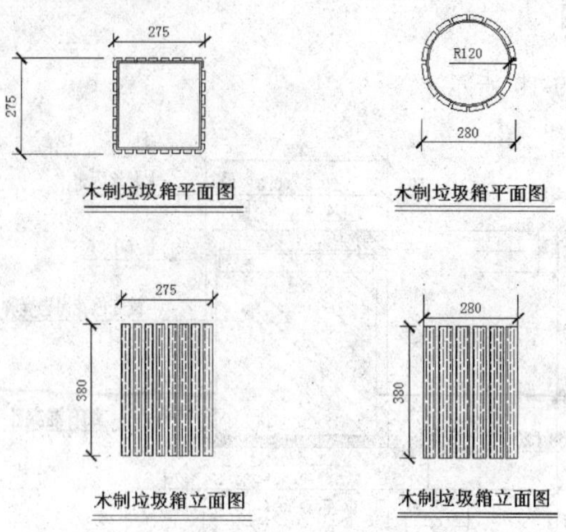

图 9-21　绘制垃圾箱

参见光盘　光盘\动画演示\第 9 章\垃圾箱 .avi

9.4.1　绘图前准备以及绘图设置

【操作步骤】

1. 要根据绘制图形决定绘图的比例，建议采用 1∶1 的比例绘制。

2. 建立新文件

打开 AutoCAD 2014 应用程序，以“A4.dwt”样板文件为模板，建立新文件，将新文件命名为“垃圾箱 .dwg”并保存。

3. 设置绘图工具栏

在任意工具栏处单击鼠标右键，从打开的快捷菜单中选择“标准”、“图层”、“对象特性”、“绘图”、“修改”、“修改Ⅱ”、“文字”和“标注”这八个选项，调出这些工具栏，并将它们移动到绘图窗口中的适当位置。

4. 设置图层

设置以下四个图层：“标注尺寸”、“中心线”、“轮廓线”、“文字”，把这些图层设置成不同的颜色，使图纸上表示更加清晰，将“轮廓线”设置为当前图层。设置好的图层如图 9-22 所示。

5. 标注样式的设置

根据绘图比例设置标注样式，选择菜单栏中的“格式”→“标注样式”命令，对标注

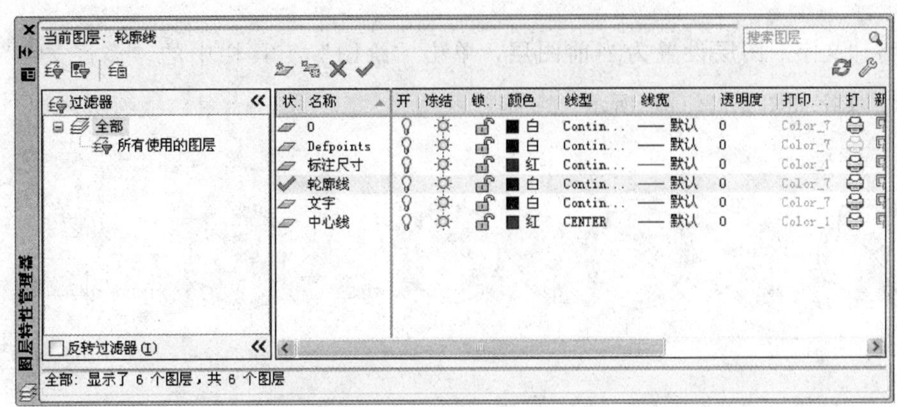

图 9-22 图层设置

样式“线”、“符号和箭头”、“文字”、“主单位”进行设置，具体如下：

(1) 线：超出尺寸线为 25，起点偏移量为 30；

(2) 符号和箭头：第一个为建筑标记，箭头大小为 30，圆心标记为标记 15；

(3) 文字：文字高度为 30，文字位置为垂直上，从尺寸线偏移为 15，文字对齐为 ISO 标准；

(4) 主单位：精度为 0.0，比例因子为 1。

6. 文字样式的设置

选择菜单栏中的“格式”→“文字样式”命令，弹出“文字样式”对话框，选择仿宋字体，宽度因子设置为 0.8。

9.4.2 绘制垃圾箱平面图

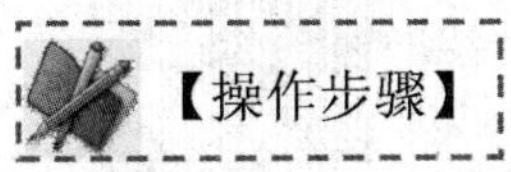

1. 在状态栏，单击“正交模式”按钮，打开正交模式，在状态栏，单击“对象捕捉”按钮，打开对象捕捉模式。

2. 单击“绘图”工具栏中的“圆”按钮，绘制同心圆，圆的半径分别为：140、125、120。

3. 将“标注尺寸”图层设置为当前图层，单击“标注”工具栏中的“半径”按钮，标注外形尺寸。完成的图形如图 9-23 (*a*) 所示。

4. 单击“绘图”工具栏中的“直线”按钮，在半径为 140，125 之间使用直线绘制两条直线，完成的图形如图 9-23 (*b*) 所示。

5. 单击“修改”工具栏中的“修剪”按钮，删除最外部圆多余部分，完成的图形如图 9-23 (*c*) 所示。

6. 单击“修改”工具栏中的“环形阵列”按钮，设置中心点为同心圆的圆心，项目总数为 16，填充角度为 360，选择外围装饰部分为阵列对象。完成的图形如图 9-23

(*d*) 所示。

7. 将“文字”图层设置为当前图层，单击“绘图”工具栏中的“多行文字”按钮 A，标注文字如图 9-23 (*e*) 所示。

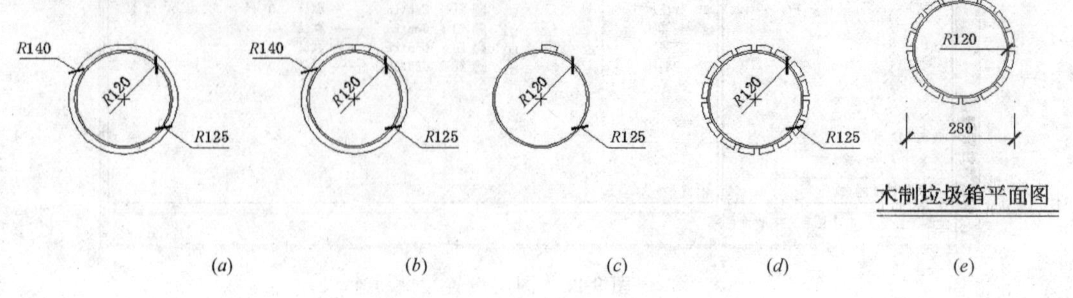

图 9-23　垃圾箱平面绘制流程

9.4.3　绘制垃圾箱立面图

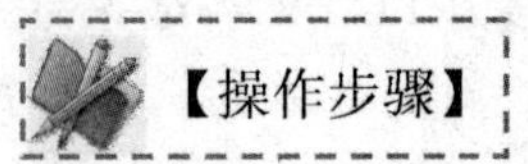

采用 8.5.2 的方法，绘制垃圾箱立面图。绘制过程如图 9-24 所示。

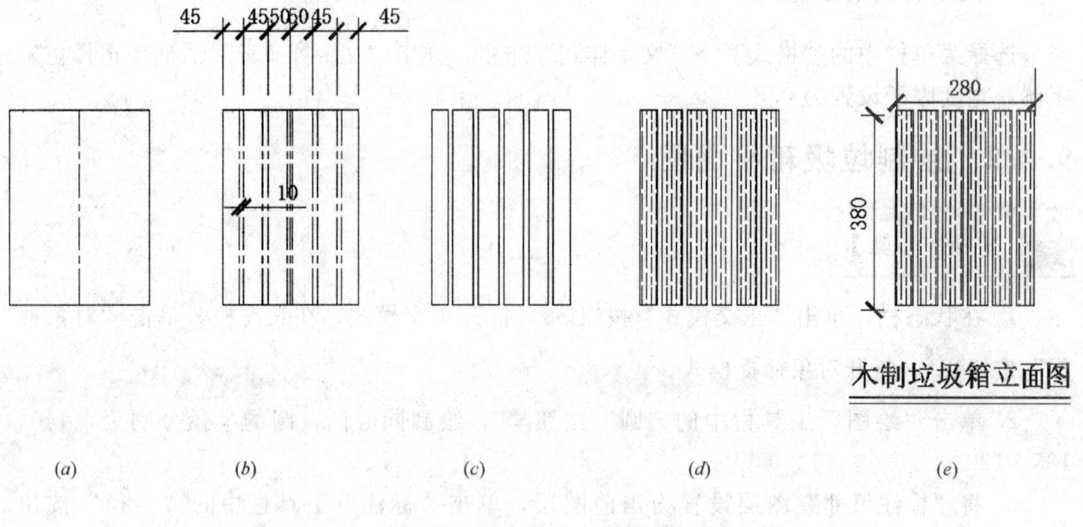

图 9-24　垃圾箱立面绘制流程

9.5　铺装大样

首先绘制人行道方格网，然后填充材料，再铺装分隔区域。绘制如图 9-25 所示的铺装大样。

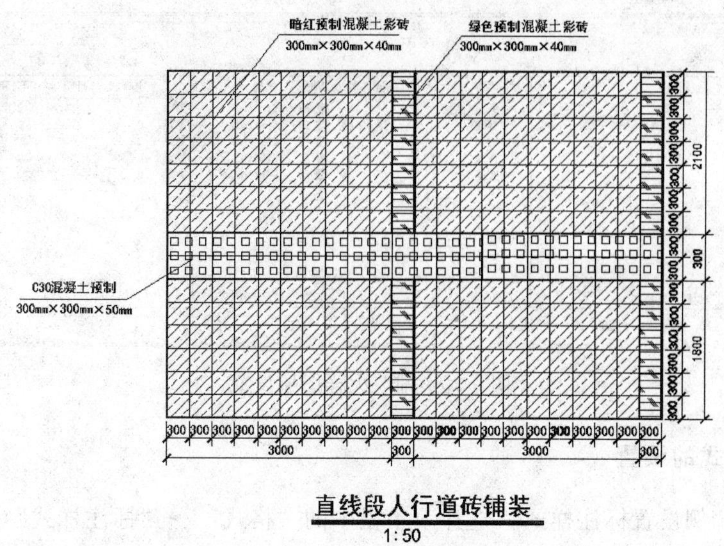

图 9-25 铺装大样

光盘\动画演示\第 9 章\铺装大样 .avi

9.5.1 绘图前准备以及设置

【操作步骤】

1. 要根据绘制图形决定绘图的比例，建议采用 1∶1 的比例绘制，1∶50 的出图比例。

2. 建立新文件

打开 AutoCAD 2014 应用程序，以“A3. dwt”样板文件为模板，建立新文件，将新文件命名为“铺装大样 . dwg”并保存。

3. 设置绘图工具栏

在任意工具栏处单击鼠标右键，从打开的快捷菜单中选择“标准”、“图层”、“对象特性”、“绘图”、“修改”、“修改Ⅱ”、“文字”和“标注”这八个选项，调出这些工具栏，并将它们移动到绘图窗口中的适当位置。

4. 设置图层

设置以下四个图层：“标注尺寸”、“材料”、“文字”和“铺装”，将“铺装”设置为当前图层。设置好的图层参数如图 9-26 所示。

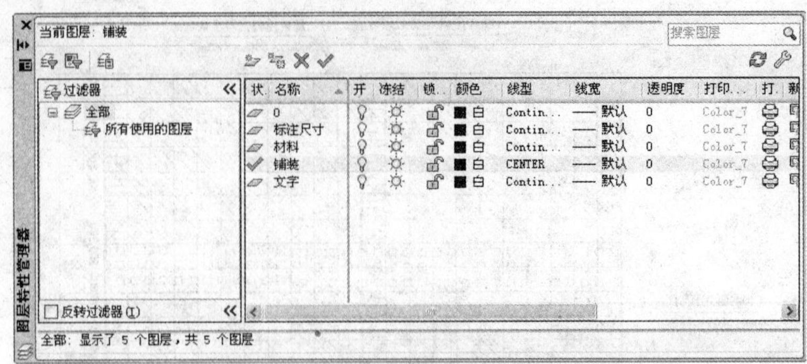

图 9-26　铺装大样图层设置

5. 标注样式的设置

根据绘图比例设置标注样式，选择菜单栏中的“格式”→“标注样式”命令，对标注样式“线”、“符号和箭头”、“文字”、“主单位”进行设置，具体如下：

(1) 线：超出尺寸线为 125，起点偏移量为 150；

(2) 符号和箭头：第一个为建筑标记，箭头大小为 150，圆心标记为标记 75；

(3) 文字：文字高度为 150，文字位置为垂直上，从尺寸线偏移为 75，文字对齐为 ISO 标准；

(4) 主单位：精度为 0，比例因子为 1。

6. 文字样式的设置

选择菜单栏中的“格式”→“文字样式”命令，弹出“文字样式”对话框，选择仿宋字体，宽度因子设置为 0.8。

9.5.2　绘制直线段人行道

【操作步骤】

1. 在状态栏，单击“正交模式”按钮，打开正交模式，在状态栏，单击“对象捕捉”按钮，打开对象捕捉模式，在状态栏，单击“对象捕捉追踪”按钮，打开对象捕捉追踪。

2. 单击“绘图”工具栏中的“直线”按钮，绘制一条长为 6600 的水平直线。重复“直线”命令，绘制一条长为 4500 的垂直直线。使用直线命令绘制正交的直线，水平的为 6600，垂直的为 4500。

3. 阵列垂直直线，单击“修改”工具栏中的“矩形阵列”按钮，选择垂直直线为阵列对象，设置行数为 1，列数为 23，列间距为 300。

4. 将“标注尺寸”图层设置为当前图层，单击“标注”工具栏中的“线性”按钮，标注外形尺寸。完成的图形如图 9-27 所示。

5. 单击“修改”工具栏中的“矩形阵列”按钮，阵列垂直直线。设置行数为16，列数为1，行偏移为300，完成的图形如图9-28所示。

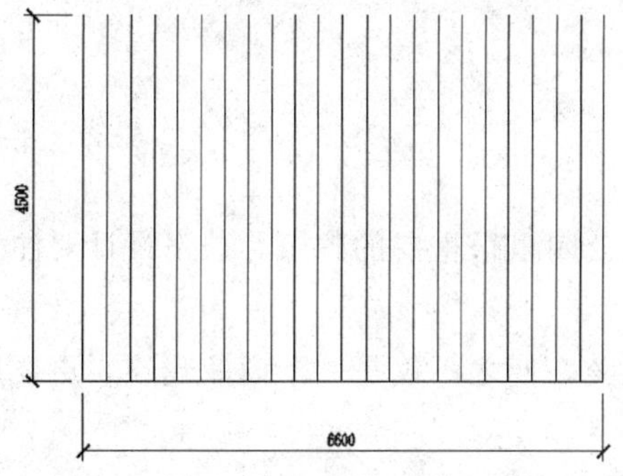

图9-27 直线段人行道方格网绘制图

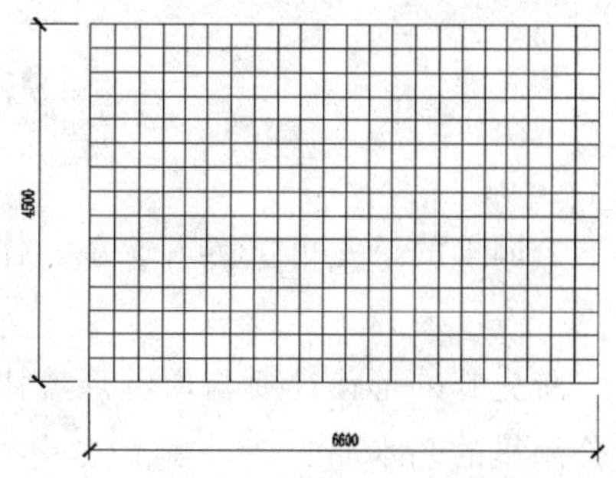

图9-28 直线段人行道方格网绘制

6. 将“材料”图层设置为当前图层，多次单击“绘图”工具栏中的“图案填充”按钮，填充铺装。单击对话框里“图案（P）”右边的按钮进行更换图案样例，进入“填充图案选项板”对话框，各次选择如下：

预定义“ANSI33”图例，填充比例和角度分别为15和－45；

预定义“CORK”图例，填充比例和角度分别为15和0；

预定义“SQUARE”图例，填充比例和角度分别为750和0。

填充完的图形如图9-29（*a*）所示。

7. 将“铺装”图层设置为当前图层，单击“绘图”工具栏中的“多段线”按钮，设置起始点宽度为15，端点宽度为15，加粗铺装分隔区域。

8. 将“标注尺寸”图层设置为当前图层，单击“标注”工具栏中的“线性”按钮，标注外形尺寸。

9. 单击“标注”工具栏中的“连续”按钮，进行连续标注。然后重复“线性”以及“连续”标注命令，标注尺寸，完成的图形如图9-29（*b*）所示。

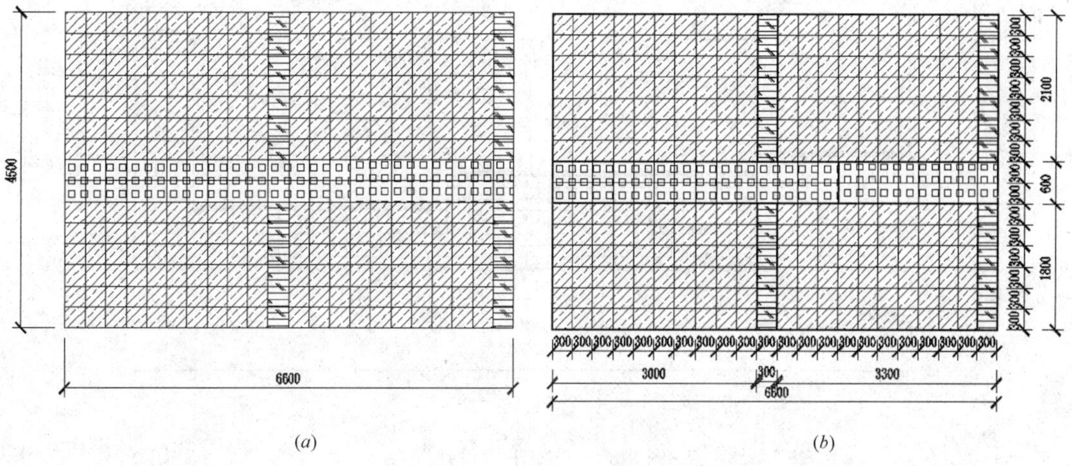

图9-29 铺装大样绘制

10. 将“文字”图层设置为当前图层，单击“绘图”工具栏中的“多行文字”按钮 A，标注文字和图名。完成的图形如图 9-25 所示。

9.6 茶　　室

公园里的茶室可供游人饮茶、休憩、观景，使公园里很重要的建筑。茶室设计要注意两点。

首先其外形设计要与周围环境协调，并且要优美，使之不仅是一个商业建筑，更要成为公园里的艺术品。

其次茶室本身的空间要考虑到客流量，空间太大，会加大成本且显得空荡、冷落、寂寞；空间过小则不能达到其相应的服务功能。空间内部的布局基本要求是：敞亮、整洁、美观、和谐、舒适，满足人的生理和心理需求，有利于身心健康，同时要灵活多样地区划空间，造就好的观景点，形成优美的休闲空间。

下面以某公园茶室为例说明其绘制方法，如图 9-30 所示。

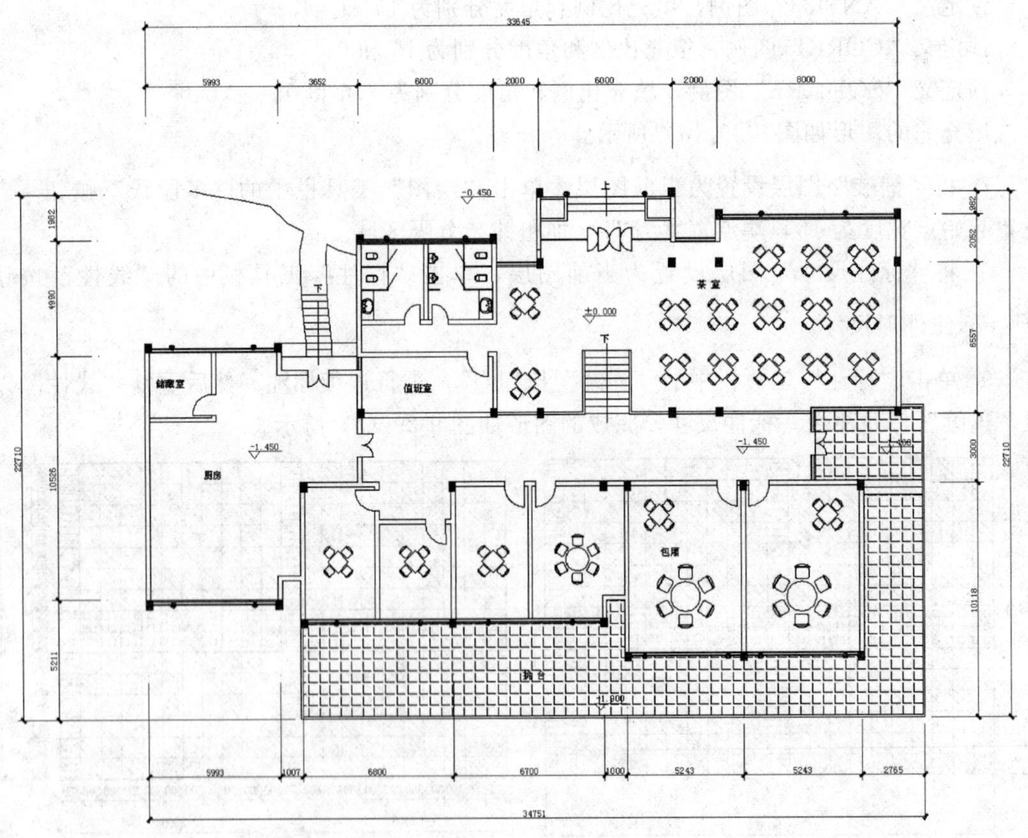

图 9-30　茶室平面设计图

光盘\动画演示\第9章\茶室.avi

9.6.1 茶室平面图的绘制

1. 轴线绘制

(1) 建立一个新图层，命名为“轴线”，颜色为红色，线型为“CENTER”，线宽为默认，并将其设置为当前图层，如图9-31所示。确定后回到绘图状态。

轴线 红 CENTER —— 默认 Color_1

图9-31 轴线图层参数

(2) 根据设计尺寸，单击“绘图”工具栏“直线”按钮，在绘图区适当位置选取直线的初始点，绘制长为37128的水平直线，重复直线命令，绘制长为23268的竖直直线，如图9-32所示。

(3) 单击“修改”工具栏中的“偏移”按钮，将竖直轴线依次向右进行偏移3000、2993、1007、2645、755、2245、1155、1845、1555、445、2855、1000、2145、2000、1098、5243和1659，水平轴线依次向上进行偏移892、2412、1603、2850、150、1850、769、1400、2538、1052、1000和982，并设置线型为40，然后单击“修改”工具栏中的“移动”按钮，将各个轴线上下浮动进行调整并保持偏移的距离不变，结果如图9-33所示。

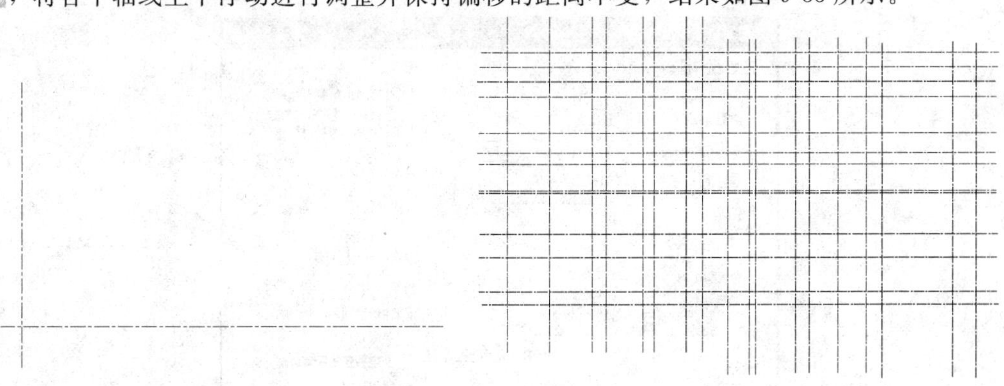

图9-32 绘制轴线

图9-33 轴线设置

2. 建立茶室图层

单击“图层”工具栏中的“图层特性管理器”按钮，弹出“图层特性管理器”对话框，建立一个新图层，命名为“茶室”，颜色为洋红，线型为“Continous”，线宽为0.70，并将其设置为当前图层，如图9-34所示。确定后回到绘图状态。

茶室 洋红 Contin... 0.70 ... Color_6

图9-34 茶室图层参数

3. 绘制茶室平面图

（1）柱的绘制

单击“绘图”工具栏中的“矩形”按钮，绘制 300×400 的矩形；单击“绘图”工具栏中的“图案填充”按钮，弹出“图案填充和渐变色”对话框，设置如图 9-35 所示；单击“绘图”工具栏中的“直线”按钮，确定出柱的准确位置，然后单击“修改”工具栏中的“移动”按钮，将柱移到指定位置，结果如图 9-36 所示。

（2）墙体的绘制

选择菜单栏中的“绘图”→“多线”命令，绘制墙体，命令行提示与操作如下：

命令：MLINE↙

当前设置：对正 ＝ 下，比例 ＝ 1.00，样式 ＝ STANDARD

指定起点或［对正(J)/比例(S)/样式(ST)］： j↙

输入对正类型［上(T)/无(Z)/下(B)］<下>： b↙

当前设置：对正 ＝ 下，比例 ＝ 1.00，样式 ＝ STANDARD

指定起点或［对正(J)/比例(S)/样式(ST)］： s↙

输入多线比例 <1.00>： 200↙

当前设置：对正 ＝ 下，比例 ＝ 200.00，样式 ＝ STANDARD

指定起点或［对正(J)/比例(S)/样式(ST)］：(选择柱的左侧边缘)

指定下一点：(选择柱的左侧边缘)

结果如图 9-37 所示。

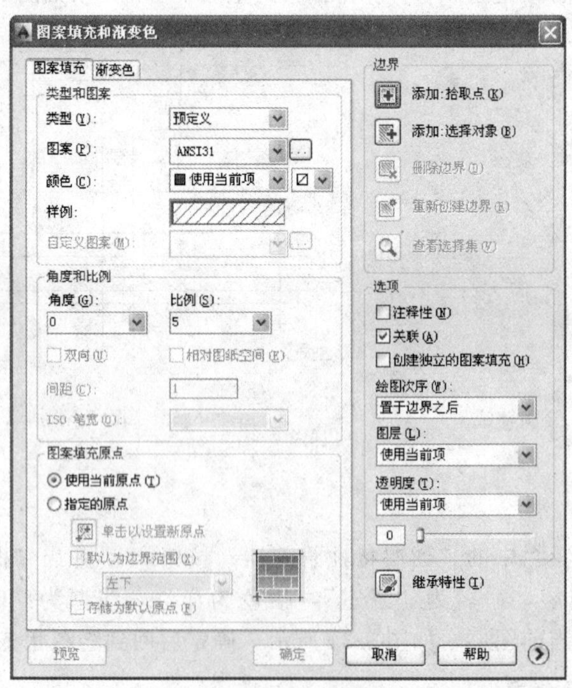

图 9-35 “图案填充和渐变色”对话框

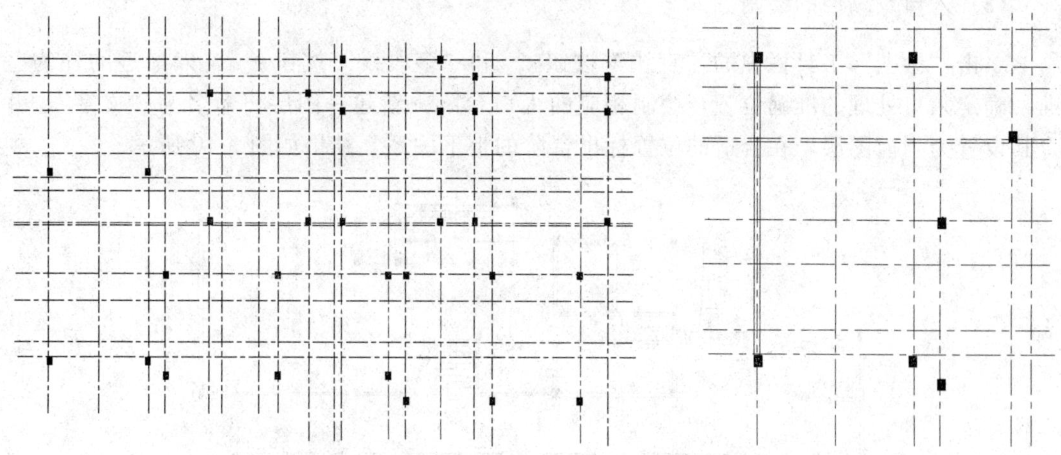

图 9-36 柱的绘制　　　　图 9-37 绘制墙体

依照上述方法绘制剩余墙体，修剪多余的线条，将墙的端口用直线连接上。绘制洞口时，常以临近的墙线或轴线作为距离参照来帮助确定墙洞位置，如图 9-38 所示。然后将轴线关闭，结果如图 9-39 所示。

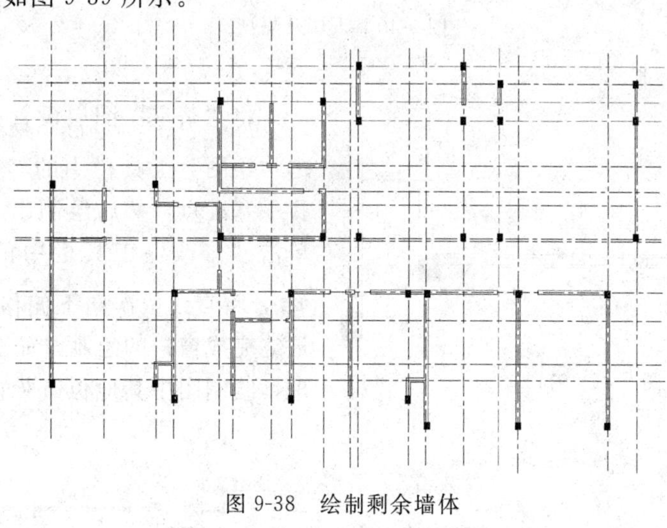

图 9-38 绘制剩余墙体

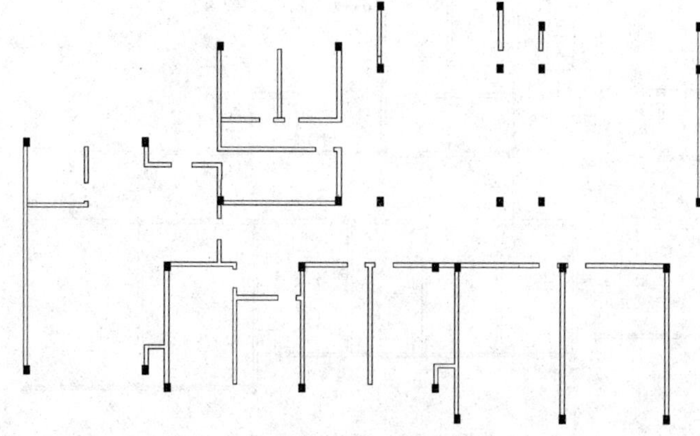

图 9-39 隐藏轴线图层后的平面

（3）入口及隔挡的绘制

单击“绘图”工具栏中的“直线”按钮和“多段线”按钮，以最近的柱为基准，确定入口处理的准确位置，绘制相应的入口台阶。新建一图层，命名为“文字”，并将其设置为当前图层，在合适的位置标出台阶的上下关系，结果如图 9-40 所示。

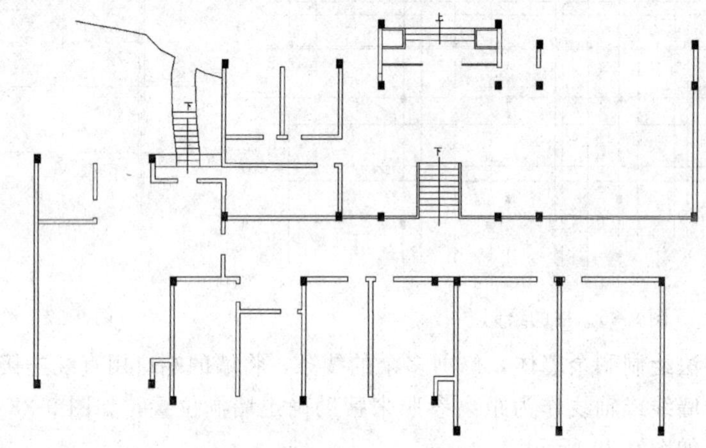

图 9-40　入口及隔挡

（4）窗户的绘制

图 9-41　窗户

将“茶室”图层设置为当前图层。单击“绘图”工具栏中的“直线”按钮，找一基准点，然后绘制出一条直线，然后单击“修改”工具栏中的“偏移”按钮，将直线依次向下偏移 50、100 和 50，最终完成窗户的绘制，如图 9-41 所示。同理，绘制图中其他位置处的窗户，结果如图 9-42 所示。

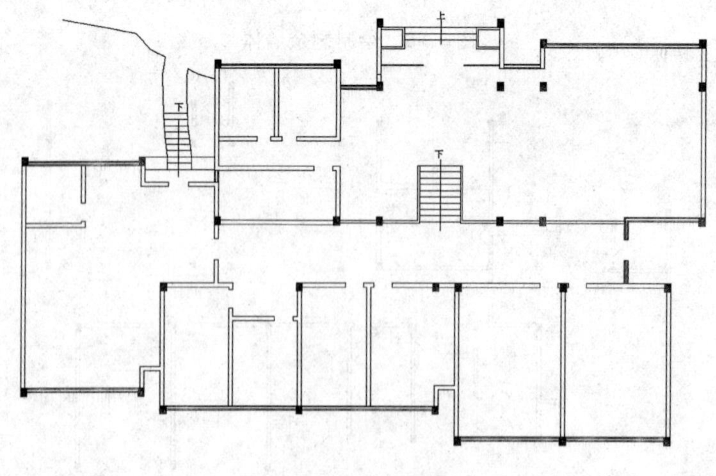

图 9-42　茶室平面图

（5）窗柱的绘制

单击“绘图”工具栏中的“圆”按钮，绘制一半径为110的圆，对其进行填充，填充方法同方柱的填充方法。绘制好后，复制到准确位置，结果如图9-43所示。

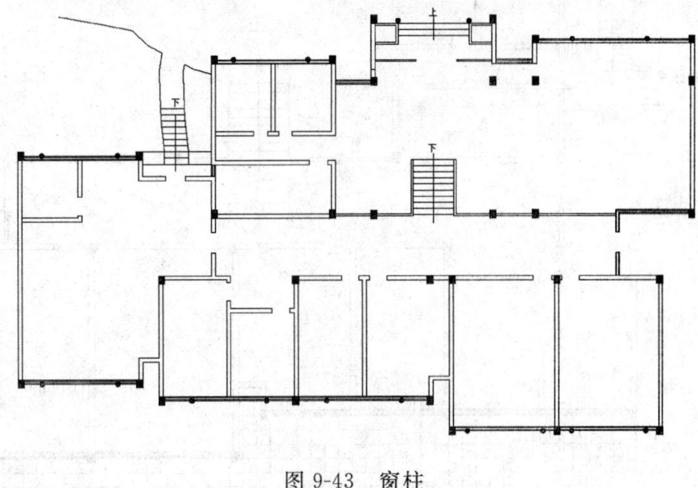

图9-43 窗柱

（6）阳台的绘制

单击“绘图”工具栏中的“多段线”按钮，绘制阳台的轮廓，然后单击“绘图”工具栏中的“图案填充”按钮，对其进行填充，弹出的对话框设置如图9-44所示。

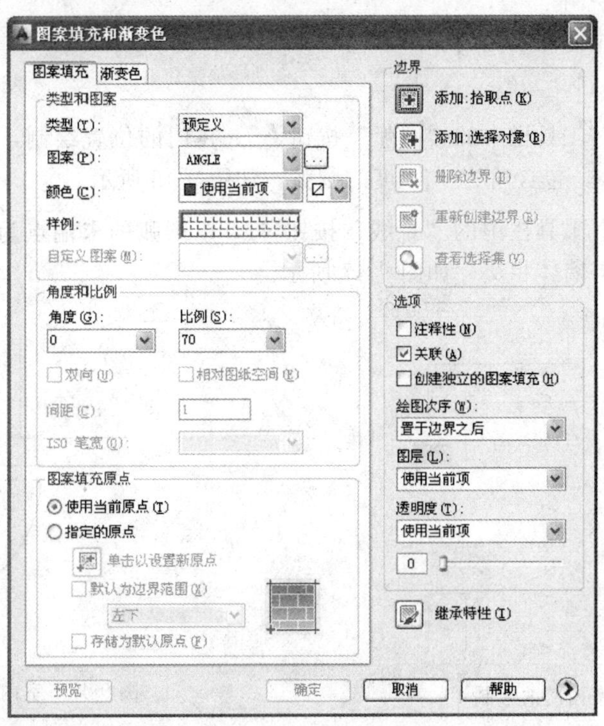

图9-44 填充设置

结果如图9-45所示。

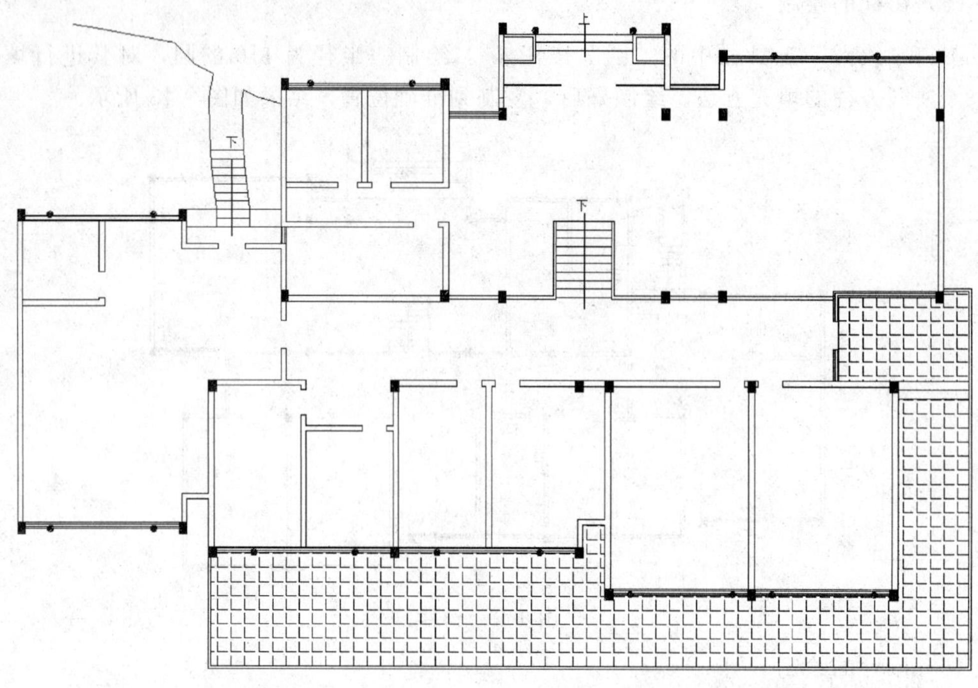

图 9-45　填充后效果

（7）室内门的绘制

室内门分为单拉门和双拉门。

1）单拉门的绘制

•单击“绘图”工具栏中的“圆弧”按钮，在门的位置绘制，以墙的内侧的一点为起点，半径为 900，包含角为－90 度的圆弧，如图 9-46 所示。

•单击“绘图”工具栏中的“直线”按钮，以圆弧的末端点为第一角点，水平向右绘制一直线段，与墙体相交，如图 9-47 所示。

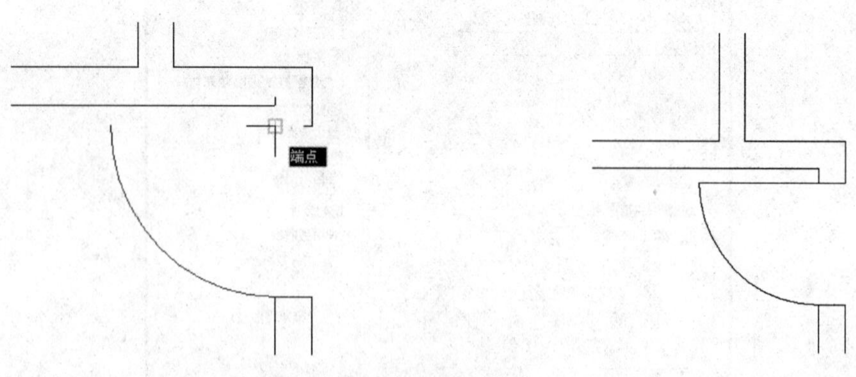

图 9-46　室内门的绘制 1

图 9-47　室内门的绘制 2

2）双拉门的绘制

•单击“绘图”工具栏中的“直线”按钮，以墙体右端点为起点水平向右绘制长为500的水平直线，然后单击“绘图”工具栏中的“圆弧”按钮，绘制半径为500的圆弧。

• 最后单击“修改”工具栏中的“镜像”按钮，将绘制好的门的一侧进行镜像，结果如图9-48所示。

3）多扇门的绘制

• 单击“绘图”工具栏中的“圆弧”按钮，以图示直线的端点为圆心，绘制半径500，包含角为-180的圆弧。如图9-49所示。

图9-48 双拉门的绘制

图9-49 多扇门的绘制1

• 然后单击“绘图”工具栏中的“直线”按钮，将上一步绘制的半圆的直径用直线封闭起来，这样门的一扇就绘制好了。单击“修改”工具栏中的“复制”按钮，将绘制的一扇门全部选中，以圆心为指定基点，以圆弧的顶点为指定的第二点进行复制，然后单击“修改”工具栏中的“镜像”按钮，将绘制好的两扇门进行镜像操作，结果如图9-50所示。

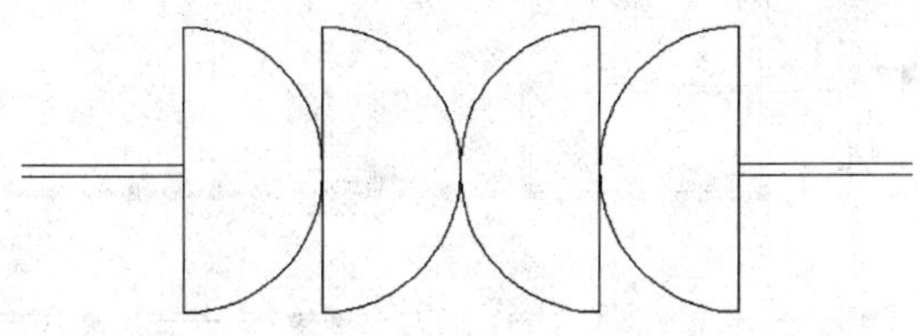

图9-50 多扇门的绘制2

• 同理，绘制茶室其他位置处的门，对于相同的门我们可以利用复制和旋转命令进行绘制，结果如图9-51所示。

（8）室内设备的添加

建立一个“家具”图层，参数如图9-52所示设置，将其设置为当前图层。

下面的操作需要利用附带光盘中的素材，请将光盘插入光驱。

1）室内设备包括卫生间的设备、大厅的桌椅等，单击“绘图”工具栏中的“直线”按钮，绘制卫生间墙体，然后单击“绘图”工具栏中的“插入块”按钮，将源文件/图库中的马桶、小便池和洗脸盆插入到图中，结果如图9-53所示。

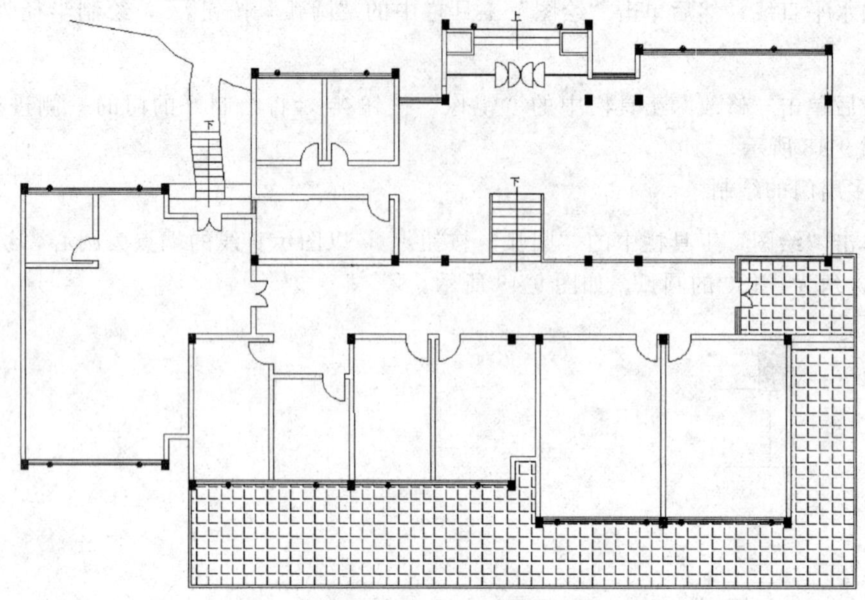

图 9-51　将绘制好的门复制到茶室的相应位置

图 9-52　家具图层参数

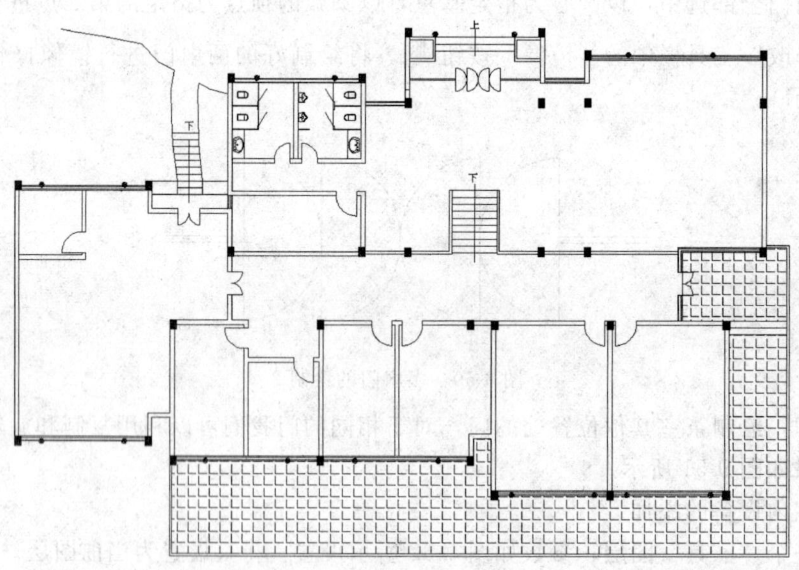

图 9-53　添加室内设备 1

2）桌椅的添加：单击"绘图"工具栏中的"插入块"按钮，将源文件/图库中的方形桌椅和圆形桌椅插入到图中，结果如图 9-54 所示。

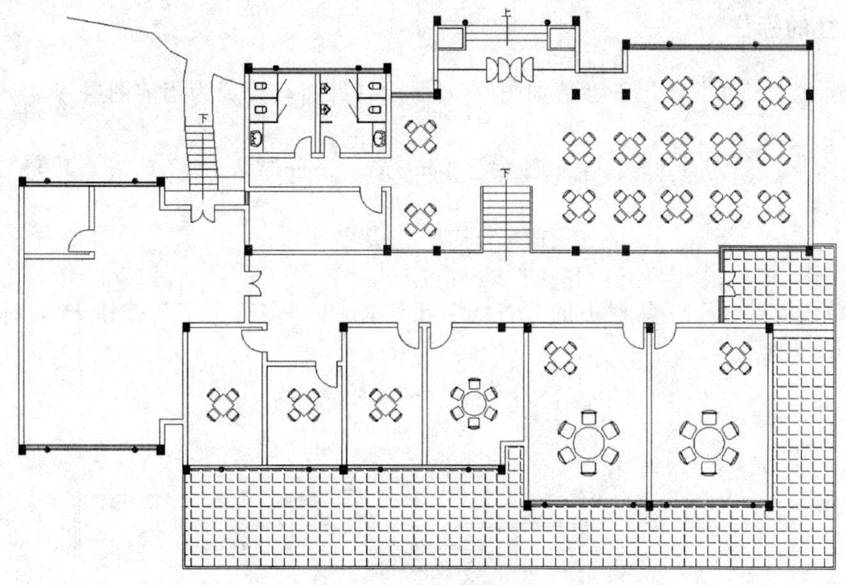

图 9-54 添加室内设备 2

9.6.2 文字、尺寸的标注

【操作步骤】

1. 文字的标注

将文字图层设置为当前层，单击“绘图”工具栏中的“多行文字”按钮 A，在待注文字的区域拉出一个矩形，弹出“文字格式”对话框。首先设置字体及字高，其次在文本区输入要注的文字，单击“确定”后完成。结果如图 9-55 所示。

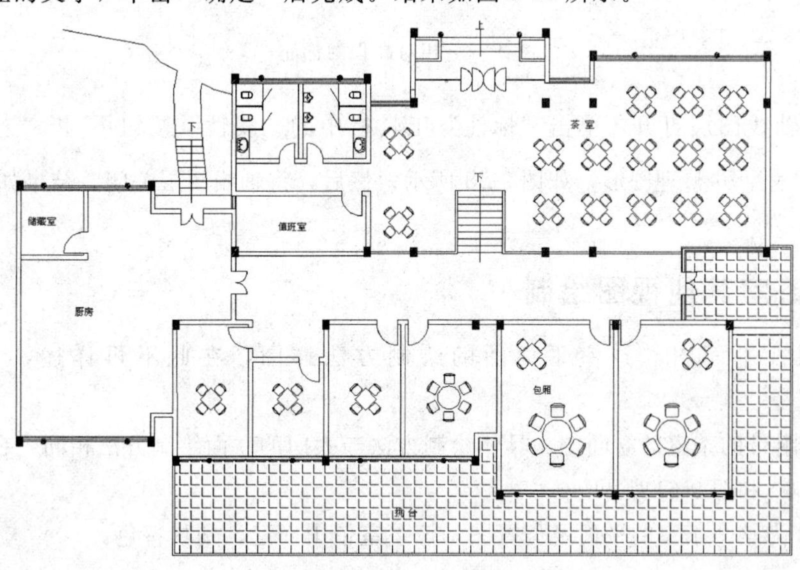

图 9-55 文字标注

2. 尺寸的标注

（1）建立“尺寸”图层，参数如图 9-56 所示，并将其设置为当前图层。

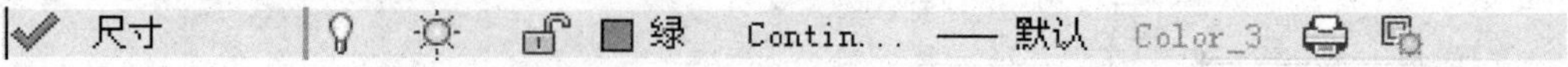

尺寸 | 绿 Contin... —— 默认 Color_3

图 9-56　尺寸图层参数

（2）单击“绘图”工具栏中的“直线”按钮和“多行文字”按钮 A，标注标高，结果如图 9-57 所示。

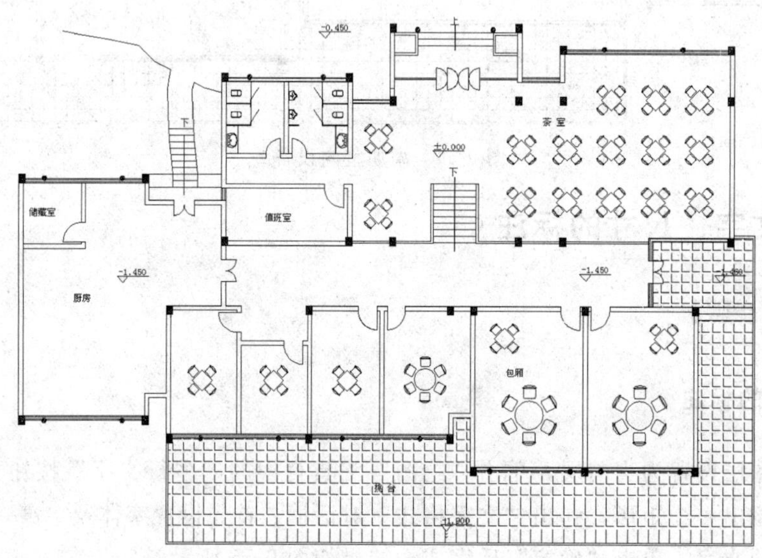

图 9-57　相对高程的标注

（3）将轴线图层打开，单击“标注”工具栏中的“线性”按钮和“连续”按钮，标注尺寸，并整理图形，如图 9-58 所示；然后，将轴线图层关闭，结果如图 9-58 所示。

9.6.3　茶室其他视图绘制

茶室顶视平面图与茶室平面图的绘制方法详图，在此不再详述，如图 9-59 所示。

以下为附带的茶室的立面图，具体绘制方法与大门的立面绘制方法相同，在此不再详述。如图 9-60 和图 9-61 所示。

图 9-62 为整个茶室的平面及位置图，该茶室依山而建，别具特色。

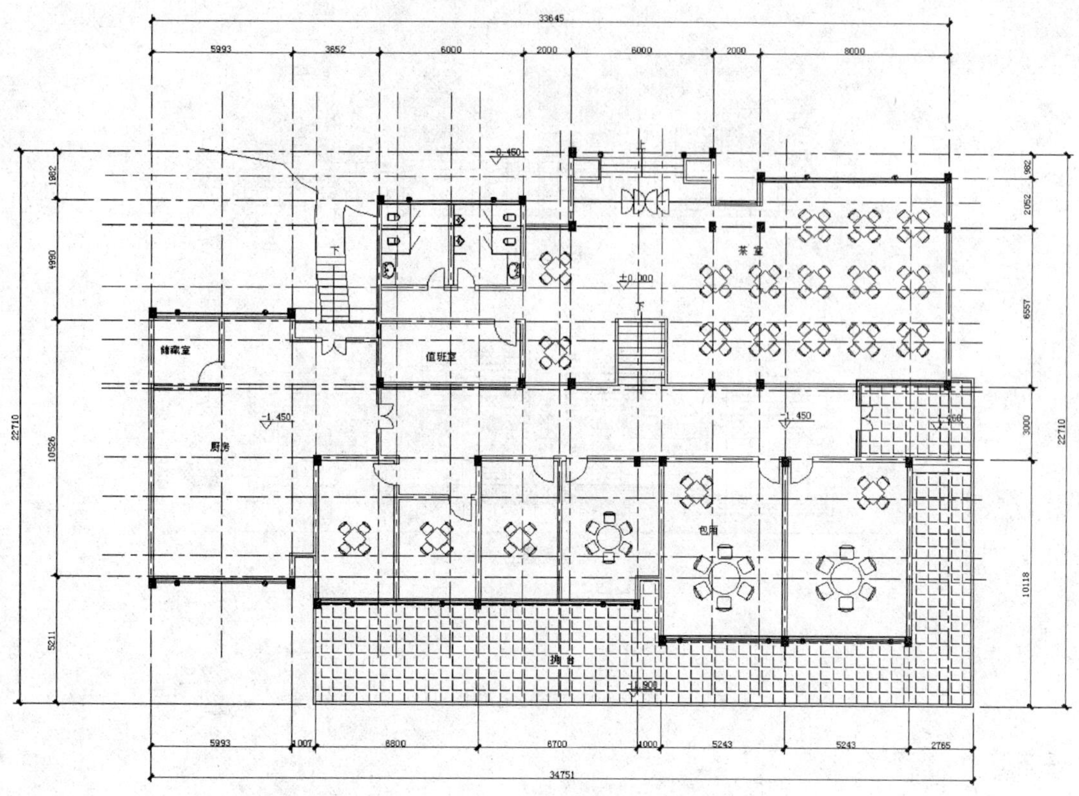

图 9-58 尺寸的标注

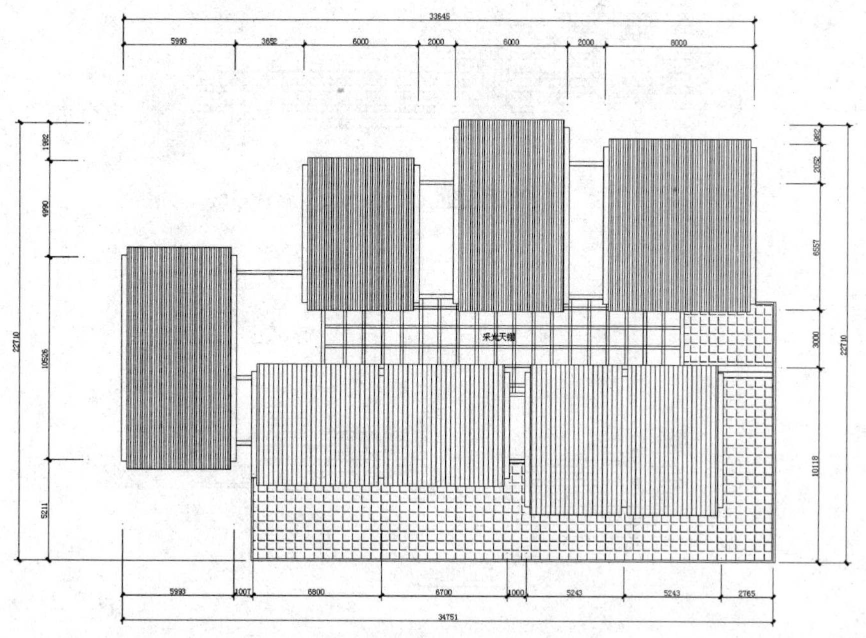

图 9-59 茶室顶视平面设计图

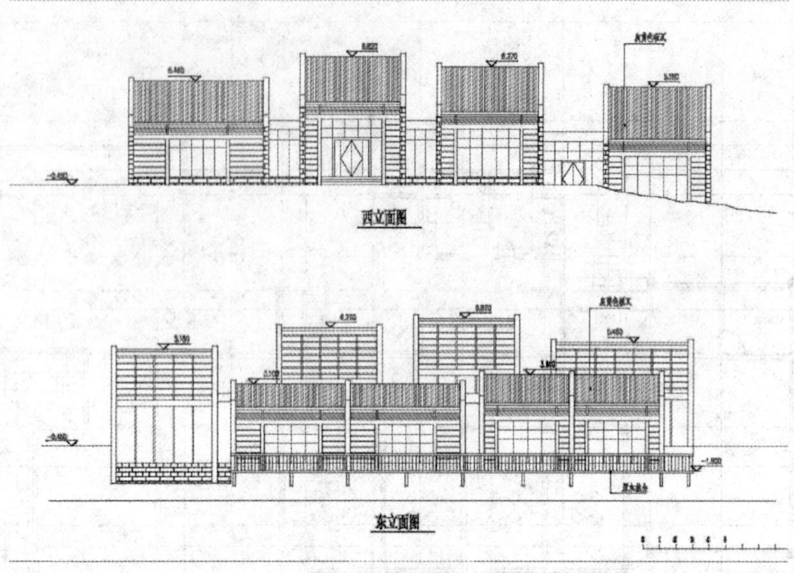

图 9-60　茶室立面图 1

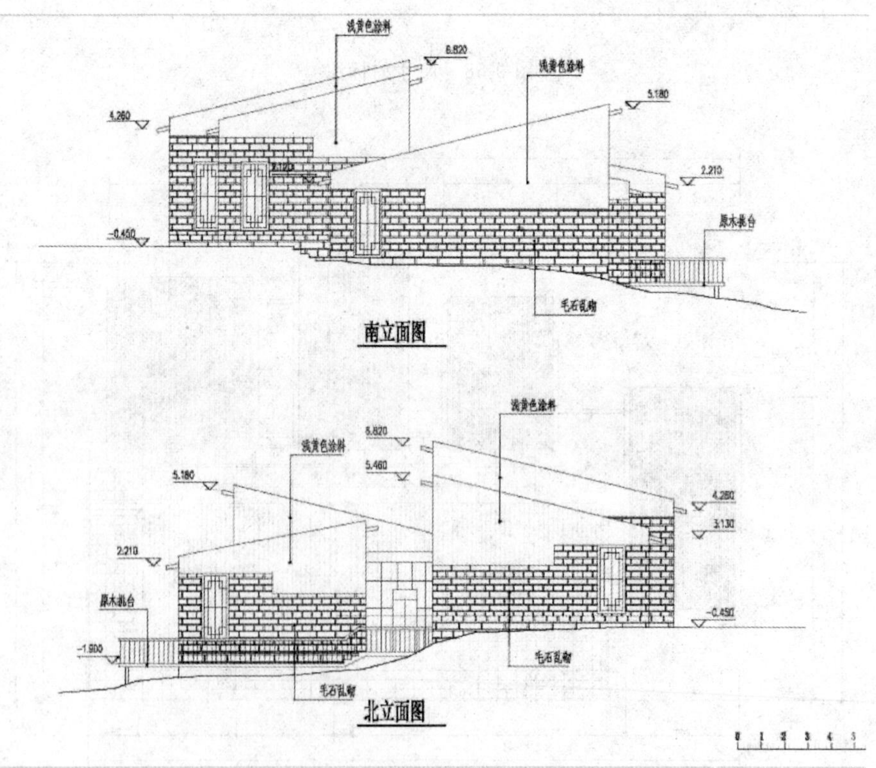

图 9-61　茶室立面图 2

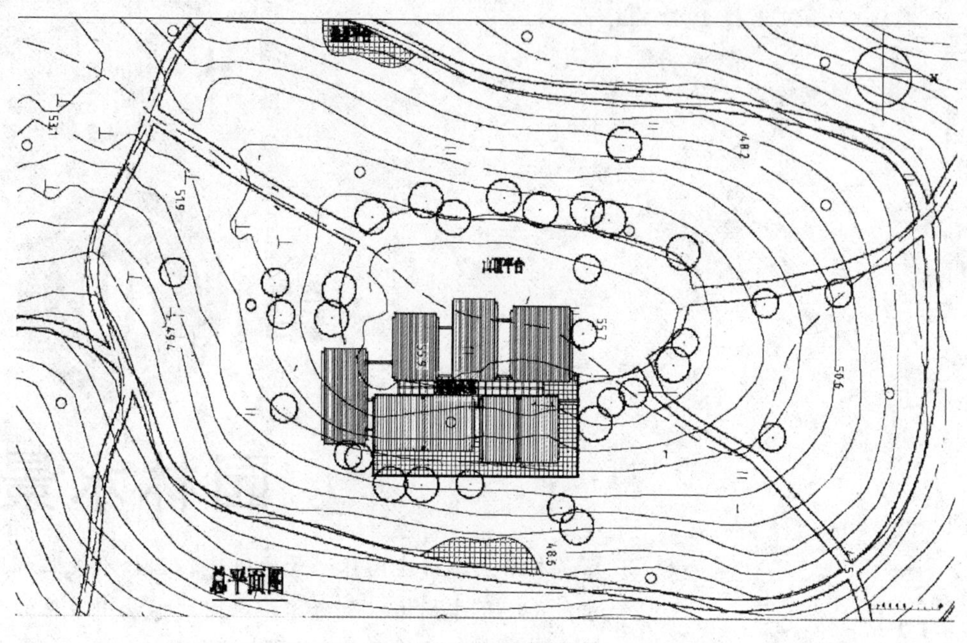

图 9-62 茶室平面位置

第10章 园林水景图

本章主要讲述园林水景的概述，园林水景工程图的表达方式、尺寸标注以及内容；以园林水景中常见的喷泉和水池为例介绍园林水景工程图的绘制方法。

学习要点

- 园林水景概述
- 园林水景工程图的绘制
- 水池的绘制

10.1 园林水景概述

水景，作为园林中一道别样的风景点缀，以它特有的气息与神韵感染着每一个人。它是园林景观和给水排水的有机结合。

随着房地产等相关行业的发展，人们对居住环境有了更高的要求。水景逐渐成为居住区环境设计的一大亮点，水景的应用技术也得到很快发展，许多技术已大量应用于实践中。

10.1.1 园林水景的作用

园林水景的用途非常广泛，主要归纳为以下十个方面：

1. 园林水体景观。如喷泉、瀑布、池塘等等，都以水体为题材，水成了园林的重要构成要素，也引发无穷尽的诗情画意。冰灯、冰雕也是水在非常温状况下的一种观赏形式。

2. 改善环境，调节气候，控制噪声。矿泉水具有医疗作用，负离子具有清洁作用，都不可忽视。

3. 提供体育娱乐活动场所。如游泳、划船、溜冰、船模等。如现在休闲的热点，如冲浪、漂流、水上乐园等。

4. 汇集、排泄天然雨水。此项功能，在认真设计的园林中，会节省不少地下管线的投资，为植物生长创造良好的立地条件。相反，污水倒灌、淹苗，又会造成意想不到的损失。

5. 防护、隔离、防灾用水。如护城河、隔离河，以水面作为空间隔离，是最自然、最节约的办法。引申来说，水面创造了园林迂回曲折的线路。隔岸相视，可望而不可即也。救火、抗旱都离不开水。城市园林水体，可作为救火备用水，郊区园林水体、沟渠，是抗旱天然管网。

10.1.2 园林景观的分类

园林水体的景观形式是丰富多彩的。明袁中郎谓："水突然而趋，忽然而折，天回云昏，顷刻不知其千里，细则为罗谷，旋则为虎眼，注则为天坤，立则为岳玉；矫而为龙，喷而为雾，吸而为风，怒而为霆，疾徐舒蹙，奔跃万状。"

下面以水体存在的四种形态来划分水体的景观。

1. 水体因压力而向上喷，形成各种各样的喷泉、涌泉、喷雾……总称"喷水"。

2. 水体因重力而下跌，高程突变，形成各种各样的瀑布、水帘……总称"跌水"。

3. 水体因重力而流动，形成各种各样溪流、旋涡……总称"流水"。

4. 水面自然，不受重力及压力影响，称"池水"。

自然界不流动的水体，并不是静止的。它因风吹而漪涟、波涛，因降雨而得到补充，因蒸发、渗透而减少、枯干，因各种动植物、微生物的参与而污染、净化，无时不在进行生态的循环。

10.1.3 喷水的类型

人工造就的喷水，有七种景观类型。

1. 水池喷水：这是最常见的形式。设计水池，安装喷头、灯光、设备。停喷时，是一个静水池。

2. 旱池喷水：喷头等隐于地下，适用于让人参与的地方，如广场、游乐场。停喷时是场中一块微凹地坪，缺点是水质易污染。

3. 浅池喷水：喷头于山石、盆栽之间，可以把喷水的全范围做成一个浅水盆，也可以仅在射流落点之处设几个水钵。美国迪士尼乐园有座间歇喷泉，由 A 定时喷一串水珠至 B，再由 B 喷一串水珠至 C，如此不断循环跳跃下去周而复始。何尝不是喷泉的一种形式。

4. 舞台喷水：影剧院、跳舞厅、游乐场等场所，有时作为舞台前景、背景，有时作为表演场所和活动内容。这里小型的设施，水池往往是活动的。

5. 盆景喷水：家庭、公共场所的摆设，大小不一，往往成套出售。此种以水为主要景观的设施，不限于“喷”的水姿，而易于吸取高科技成果，做出让人意想不到的景观，很有启发意义。

6. 自然喷水：喷头置于自然水体之中。

7. 水幕影像：上海城隍庙的水幕电影，由喷水组成 10 余米宽、20 余米长的扇形水幕，与夜晚天际连成一片，电影放映时，人物驰骋万里，来去无影。

当然，除了这七种类型景观，还有不少奇闻趣观。

10.1.4 水景的类型

水景是园林景观构成的重要组成部分，水的形态不同，则构成的景观也不同。水景一般可分为以下几种类型。

1. 水池

园林中常以天然湖泊作水池，尤其在皇家园林中，此水景有一望千顷、海阔天空之气派，构成了大型园林的宏旷水景。而私家园林或小型园林的水池面积较小，其形状可方、可圆、可直、可曲，常以近观为主，不可过分分隔，故给人的感觉是古朴野趣。

2. 瀑布

瀑布在园林中虽用得不多，但它特点鲜明，即充分利用了高差变化，使水产生动态之势。如把石山叠高，下挖成潭，水自高往下倾泻，击石四溅，飞珠若帘，俨如千尺飞流，震撼人心，令人流连忘返。

3. 溪涧

溪涧的特点是水面狭窄而细长，水因势而流，不受拘束。水口的处理应使水声悦耳动听，使人犹如置身于真山真水之间。

4. 泉源

泉源之水通常是溢满的，一直不停地往外流出。古有天泉、地泉、甘泉之分。泉的地势一般比较低下，常结合山石，光线幽暗，别有一番情趣。

5. 濠濮

濠濮是山水相依的一种景象，其水位较低，水面狭长，往往能产生两山夹岸之感。而护坡置石，植物探水，可造成幽深濠涧的气氛。

6. 渊潭

潭景一般与峭壁相连。水面不大，深浅不一。大自然之潭周围峭壁嶙峋，俯瞰气势险峻，有若万丈深渊。庭园中潭之创作，岸边宜叠石，不宜披土；光线处理宜荫蔽浓郁，不宜阳光灿烂；水位标高宜低下，不宜涨满。水面集中而空间狭隘是渊潭的创作要点。

7. 滩

滩的特点是水浅而与岸高差很小。滩景结合洲、矶、岸等，潇洒自如，极富自然。

8. 水景缸

水景缸是用容器盛水作景。其位置不定，可随意摆放，内可养鱼、种花以用作庭园点景之用。

除上述类型外，随着现代园林艺术的发展，水景的表现手法越来越多，如喷泉造景、叠水造景等，均活跃了园林空间，丰富了园林内涵，美化了园林的景致。

10.1.5 喷水池的设计原则

1. 要尽量考虑向生态方向发展，如空调冷却水的利用、水帘幕降温、鱼塘增氧、兼作消防水池、喷雾增加空气湿度和负离子，以及作为水系循环水源等。科学研究证明，水滴分裂有带电现象，水滴由加有高压电的喷嘴中以雾状喷出，可吸附微小烟尘乃至有害气体，会大大提高除尘效率。带电水雾硝烟的技术及装置、向雷云喷射高速水流消除雷害的技术，正在积极研究中。真是“喷流飞电来，奇观有奇用”。

2. 要与其他景观设施结合，这里有两层意思。一是喷水等水景工程，是一项综合性工程，要园林、建筑、结构、雕塑、自控、电气、给水排水、机械等方面专业参加，才能做到臻善臻美。

3. 水景是园林绿化景观中的一部分内容，要有雕塑、花坛、亭廊、花架、座椅、地坪铺装、儿童游戏场、露天舞池等内容的参加配合，才能成景，并做到规模不至过大，而效果淋漓尽致，喷射时好看，停止时也好看。

4. 要有新意，不落旧巢。日本的喷水，有由声音、风向、光线来控制开启的，还有座“激流勇进”，一股股激浪冲向艘艘木舟，激起千堆雪。不详细看，还以为是老渔翁在奋勇前进呢。美国有座喷泉，上喷的水正对着下泻的瀑，水花在空中爆炸，蔚为壮观。

5. 要因地制宜选择合理的喷泉。例如，适于参与、有管理条件的地方采用旱地喷水；

而只适于观赏的要采用水池喷泉；园林环境下可考虑采用自然式浅池喷水。

10.1.6 各种喷水款式的选择

现在的喷泉设计，多从造型考虑，喜欢那个样子就选那种喷头。此大谬。实际上现有各种喷头的使用条件是有很多不同的：

1. 声音。有的喷头的水噪声很大，如充气喷头；而有的是有造型而无声，很安静的，如喇叭喷头。

2. 风力的干扰。有的喷头受外界风力影响很大，如半圆形喷头，此类喷头形成的水膜很薄，强风下几乎不能成型；有的则没什么影响，如树水状喷头。

3. 水质的影响。有的喷头受水质的影响很大，水质不佳，动辄堵塞，如蒲公英喷头，堵塞局部，破坏整体造型。但有的影响很小，如涌泉。

4. 高度和压力。各种喷头都有其合理、高效的喷射高度。例如，要喷得高，可用中空喷头，比用直流喷头好，因为环形水流的中部空气稀薄，四周空气裹紧水柱使之不易分散。而儿童游戏场为安全起见，要选用低压喷头。

5. 水姿的动态。多数喷头是安装后或调整后按固定方向喷射的，如直流喷头。还有一些喷头是动态的，如摇摆和旋转喷头，在机械和水力的作用下，喷射时喷头是移动的经过特殊设计，有的喷头还按预定的轨迹前进。同一种喷头，由于设计的不同，可喷射出各种高度此起彼伏。无级边速可使喷射轨迹呈曲线形状，甚至时断时续，射流呈现出点、滴、串的水姿，如间歇喷头。多数喷头是安装在水面之上的，但是鼓泡（泡沫）喷头是安装在水面之下的，因水面的波动，喷射的水姿会呈现起伏动荡的变化。使用此类喷头，还要注意水池会有较大的波浪出现。

6. 射流和水色。多数喷头喷射时水色是透明无色的。鼓泡（泡沫）喷头、充气喷头由于空气和水混合，射流是不透明白色的。而雾状喷头要在阳光照射下才会产生瑰丽的彩虹。水盆景、摆设一类水景，往往把水染色，使之在灯光下，更显烂漫辉煌。

10.2 园林水景工程图的绘制

山石水体是园林的骨架，表达水景工程构筑物（如驳岸、码头、喷水池等）的图样称为水景工程图。在水景工程图中，除表达工程设施的土建部分外，一般还有机电、管道、水文地质等专业内容。此处主要介绍水景工程图的表达方法、一般分类和喷水池工程图。

10.2.1 水景工程图的表达方法

1. 视图的配置

水景工程图的基本图样仍然是平面图、立面图和剖面图。水景工程构筑物，如基础、驳岸、水闸、水池等许多部分被土层覆盖，所以剖面图和断面图应用较多。人站在上游

（下游），面向建筑物作投射，所得的视图称为上游（下游）立面图。如图10-1所示。

为看图方便，每个视图都应在图形下方标出名称，各视图应尽量按投影关系配置。布置图形时，习惯使水流方向由左向右或自上而下。

2. 其他表示方法

（1）局部放大图

物体的局部结构用较大比例画出的图样称为局部放大图或详图。放大的详图必须标注索引标志和详图标志。

（2）展开剖面图

当构筑物的轴线是曲线或折线时，可沿轴线剖开物体并向剖切面投影，然后将所得剖面图展开在一个平面上，这种剖面图称为展开剖面图，在图名后应标注“展开”二字。

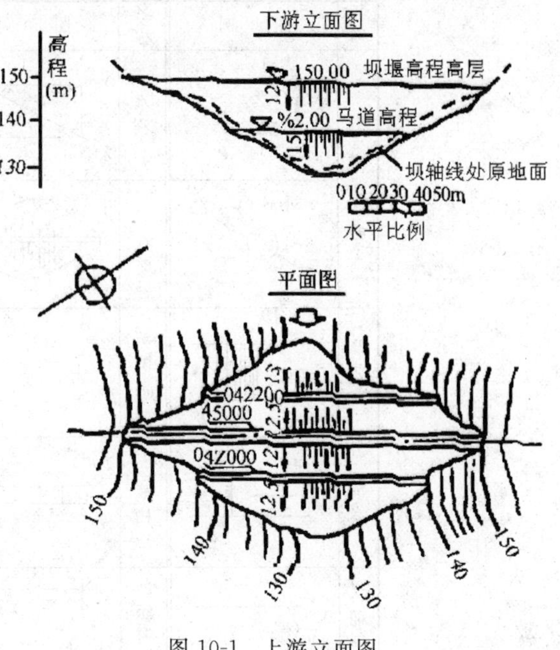

图10-1 上游立面图

（3）分层表示法

当构筑物有几层结构时，在同一视图内可按其结构层次分层绘制。相邻层次用波浪线分界，并用文字在图形下方标注各层名称。

（4）掀土表示法

被土层覆盖的结构，在平面图中不可见。为表示这部分结构，可假想将土层掀开后再画出视图。

（5）规定画法

除可采用规定画法和简化画法外，还有以下规定：

1）构筑物中的各种缝线，如沉陷缝、伸缩缝和材料分界线，两边的表面虽然在同一平面内，但画图时一般按轮廓线处理，用一条粗实线表示。

2）水景构筑物配筋图的规定画法与园林建筑图相同。如钢筋网片的布置对称可以只画一半，另一半表达构件外形。对于规格、直径、长度和间距相同的钢筋，可用粗实线画出其中一根来表示。同时用一横穿的细实线表示其余的钢筋。

如图形的比例较小，或者某些设备，另有专门的图纸来表达，可以在图中相应的部位用图例来表达工程构筑物的位置。常用图例如图10-2所示。

10.2.2 水景工程图的尺寸注法

投影制图有关尺寸标注的要求，在注写水景工程图的尺寸时也必须遵守。但水景工程图也有它自己的特点，主要如下：

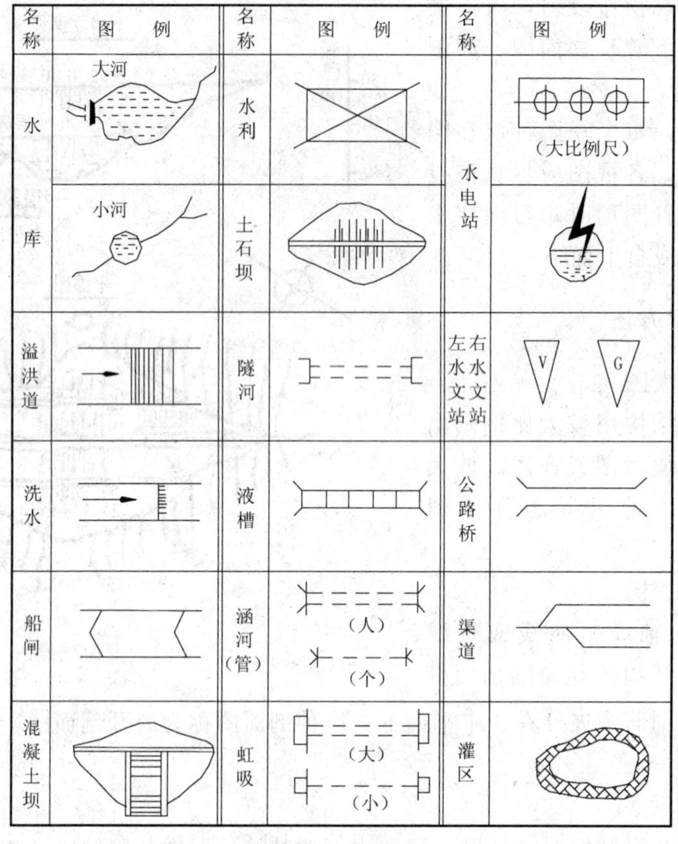

图 10-2　常见图例

1. 基准点和基准线

要确定水景工程构筑物在地面的位置，必须先定好基准点和基准线在地面的位置，各构筑物的位置均以基准点进行放样定位。基准点的平面位置是根据测量坐标确定的，两个基准点的连线可以定出基准线的平面位置。基准点的位置用交叉十字线表示，引出标注测量坐标。

2. 常水位、最高水位和最低水位

设计和建造驳岸、码头、水池等构筑物时，应根据当地的水情和一年四季的水位变化来确定驳岸和水池的形式和高度。使得常水位时景观最佳。最高水位不至于溢出，最低水位时岸壁的景观也可入画。因此在水景工程图上，应标注常水位、最高水位和最低水位的标高，并常将水位作为相对标高的零点。如图 10-3 所示。为便于施工测量，图中除注写各部分的高度尺寸外，尚需注出必要的高程。

3. 里程桩

对于堤坝、渠道、驳岸、隧洞等较长的水景工程构筑物，沿轴线的长度尺寸通常采用里程桩的标注方法。标注形式为 k＋m，k 为公里数，m 为米数。如起点桩号标注成 0＋

000，起点桩号之后，k、m 为正值，起点桩号之前，k、m 为负值。桩号数字一般沿垂直于轴线的方向注写，且标注在同一侧，如图 10-4 所示。当同一图中几种建筑物均采用“桩号”标注时，可在桩号数字之前加注文字以示区别，如坝 0＋021.00，洞 0＋018.30 等。

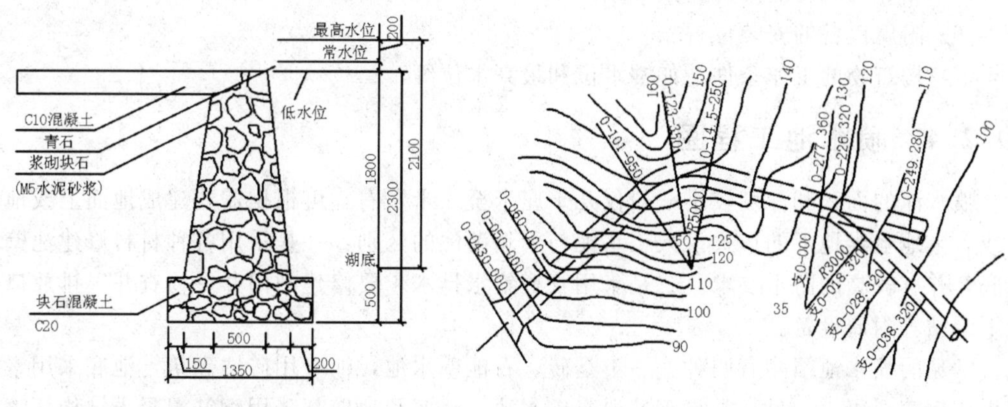

图 10-3　驳岸剖面图尺寸标注　　　图 10-4　里程桩尺寸标注

10.2.3　水景工程图的内容

开池理水是园林设计的重要内容。园林中的水景工程，一类是利用天然水源（河流、湖泊）和现状地形修建的较大型水面工程，如驳岸、码头、桥梁、引水渠道和水闸等；更多的是在街头、游园内修建的小型水面工程，如喷水池、种植池、盆景池、观鱼池等人工水池。水景工程设计一般也要经过规划、初步设计、技术设计和施工设计几个阶段。每个阶段都要绘制相应的图样。水景工程图主要有：总体布置图和构筑物结构图。

1. 总体布置图

总体布置图主要表示整个水景工程各构筑物在平面和立面的布置情况。总体布置图以平面布置图为主，必要时配置立面图：平面布置图一般画在地形图上；为了使图形主次分明，结构土的次要轮廓线和细部构造均省略不画，或用图例或示意图示这些构造的位置和作用。图中一般只注写构筑物的外形轮廓尺寸和主要定位尺寸，主要部位的高程和填挖方坡度。总体布置图的绘图比例一般为 1∶200～1∶500。总体布置图的内容：

（1）工程设施所在地区的地形现状、河流及流向、水面、地理方位（指北针）等。

（2）各工程构筑物的相互位置、主要外形尺寸、主要高程。

（3）工程构筑物与地面交线、填挖方的边坡线。

2. 构筑物结构图

结构图是以水景工程中某一构筑物为对象的工程图。包括结构布置图、分部和细部构造图以及钢筋混凝土结构图。构筑物结构图必须把构筑物的结构形状、尺寸大小、材料、内部配筋及相邻结构的连接方式等都表达清楚。结构图包括平、立、剖面图、详图和配筋图，绘图比例一般为 1∶5～1∶100。构筑物结构图的内容：

(1) 表明工程构筑物的结构布置、形状、尺寸和材料。

(2) 表明构筑物各分部和细部构造、尺寸和材料。

(3) 表明钢筋混凝土结构的配筋情况。

(4) 工程地质情况及构筑物与地基的连接方式。

(5) 相邻构筑物之间的连接方式。

(6) 附属设备的安装位置。

(7) 构筑物的工作条件，如常水位和最高水位等。

10.2.4 喷水池工程图

喷水池的面积和深度较小一般仅几十厘米至一米左右，可根据需要建成地面上或地面下或者半地上半地下的形式。人工水池与天然湖池的区别：一是采用各种材料修建池壁和池底，并有较高的防水要求。二是采用管道给水排水，要修建闸门井、检查井、排放口和地下泵站等附属设备。

常见的喷水池结构有两种：一类是砖、石池壁水池，池壁用砖墙砌筑，池底采用素混凝土或钢筋混凝土。另一类是钢筋混凝土水池，池底和池壁都采用钢筋混凝土结构。喷水池的防水做法多是在池底上表面和池壁内外墙面抹 20mm 厚防水砂浆。北方水池还有防冻要求，可以在池壁外侧回填时采用排水性能较好的轻骨料如矿渣、焦渣或级配砂石等。喷水池土建部分用喷水池结构图达，以下主要说明喷水池管道的画法。

喷水的基本形式有直射形、集射形、放射形、散剔形、混合形等。喷水又可与山石、雕塑、灯光等相互依赖，共同组合形成景观。不同的喷水外形主要取决于喷头的形式，可根据不同的喷水造型设计喷头。

1. 管道的连接方法

喷水池采用管道给排水，管道是工业产品有一定的规格和尺寸。在安装时加以连接组成管路，其连接方式将因管道的材料和系统而不同。常用的管道连接方式有四种。

(1) 法兰接

在管道两端各焊一个圆形的先到趾在法兰盘中间垫以橡皮，四周钻有成组的小圆孔，在圆孔中用螺栓连接。

(2) 承插接

管道的一端做成钟形承口，另一端是直管，直管插入承口内，在空隙处填以石棉水泥。

(3) 螺纹接

管端加工有处螺纹，用有内螺纹的套管将两根管道连接起来。

(4) 焊接略

将两管道对接焊成整体，在园林给水排水管路中应用不多。

喷水池给水排水管路中，给水管一般采用螺纹连接，排水管大多采用承插接。

2. 管道平面图

管道平面图主要是用以显示区域内管道的布置。一般游园的管道综合平面图常用比例为1∶200～1∶2000。喷水池管道平面图主要能显示清楚该小区范围内的管道即可，通常选用1∶50～1∶300的比例。管道均用单线绘制，称为单线管道图。但用不同的宽度和不同的线型加以区别。新建的各种给水排水管用粗线，原有的给水排水管用中粗线。给水管用实线，排水管用虚线等。

管道平面图中的房屋、道路、广场、围墙、草地花坛等原有建筑公和构筑物按建筑总平面图的图例用细实线绘制，水池等新建建筑物和构筑物用中粗线绘制。

铸铁管以公称直径“*DN*”表示，公称直径指管道内径，通常以英寸为单位（1″＝29.4mm），也可标注毫米，例如*DN*50。混凝土管以内径“*d*”表示，例如*d*150。管道应标注起讫点、转角点、连接点、变坡点的标高。给水管宜注管中心线标高，排水管宜注管内底标高。一般标注绝对标高，如无绝对标高资料，也可注相对标高。给水管是压力管，通常水平敷设，可在说明中注明中心线标高。排水管为简便起见，可在检查井处引出标注，水平线上面注写管道种类及编号，例如W-5，水平线下面注写井底标高。也可在说明中注写管口内底标高和坡度。管道平面图中还应标注闸门井的外形尺寸和定位尺寸，指北针或风向玫瑰图。为便于对照阅读，应附注给水排水专业图例和施工说明。施工说明一般包括：设计标高、管径及标高、管道材料和连接方式、检查井和闸门井尺寸、质量要求和验收标准等。

3. 安装详图

安装详图主要用以表达管道及附属设备安装情况的图样，或称工艺图。安装详图以平面图作为基本视图，然后根据管道布置情况选择合适的剖面图，剖切位置通过管道中心，但管道按不剖绘制。局部构造，如闸门井、泄水口、喷泉等用管道节点图达。在一般情况下管道安装详图与水池结构图应分别绘制。

一般安装详图的画图比例都比较大，各种管道的位置、直径、长度及连接情况必须表达清楚。在安装详图中，管径大小按比例用双粗实线绘制，称为双线管道图。

为便于阅读和施工备料，应在每个管件旁边，以指引线引出6mm小圆圈并加以编号，相同的管配件可编同一号码。在每种管道旁边注明其名称，并画箭头以示其流向。

池体等土建部分另有构筑物结构图详细表达其构造、厚度、钢筋配置等内容。在管道安装工艺图中，一般只画水池的主要轮廓，细部结构可省略不画。池体等土建构筑物的外形轮廓线（非剖切）用细实线绘制，闸门并、池壁等剖面轮廓线用中粗线绘制，并画出材料图例。管道安装详图的尺寸包括：构筑尺寸、管径及定位尺寸、主要部位标高。构筑尺寸指水池、闸门井、地下泵站等内部长、宽和深度尺寸，沉淀池、泄水口、出水槽的尺寸等。在每段管道旁边注写管径和代号“*DN*”等，管道通常以池壁或池角定位。构筑物的主要部位（池顶、池底、泄水口等）及水面、管道中心、地坪应标注标高。

喷头是经机械加工的零部件，与管道用螺纹连接或法兰连接。自行设计的喷头应按机械制图标准画出部件装配图和零件图。

为便于施工备料、预算，应将各种主要设备和管配件汇总列出材料表。表列内容：件号、名称、规格、材料、数量等。

4. 喷水池结构图

喷水池池体等土建构筑物的布置、结构，形状大小和细部构造用喷水池结构图来表示。喷水池结构图通常包括：表达喷水池各组成部分的位置、形状和周围环境的平面布置图，表达喷泉造型的外观立面图，表达结构布置的剖面图和池壁、池底结构详图或配筋图。如图 10-5 所示，是钢筋混凝土地上水池的池壁和池底详图。其钢筋混凝土结构的表达方法应符合建筑结构制图标准的规定。

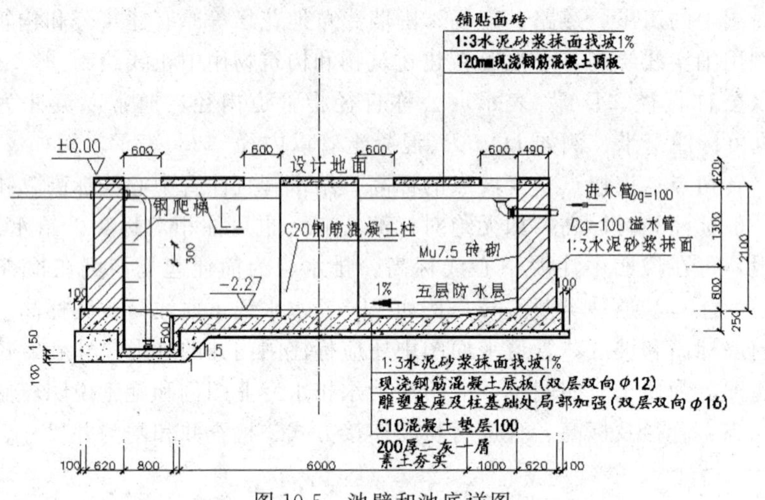

图 10-5　池壁和池底详图

10.3　水池的绘制

10.3.1　水池平面图绘制

使用直线命令绘制定位轴线；使用圆、多边形、延伸命令绘制水池平面图；用半径标注、线性标注和连续标注命令标注尺寸；用引线标注和文字命令标注文字，完成保存水池平面图，如图 10-6 所示。

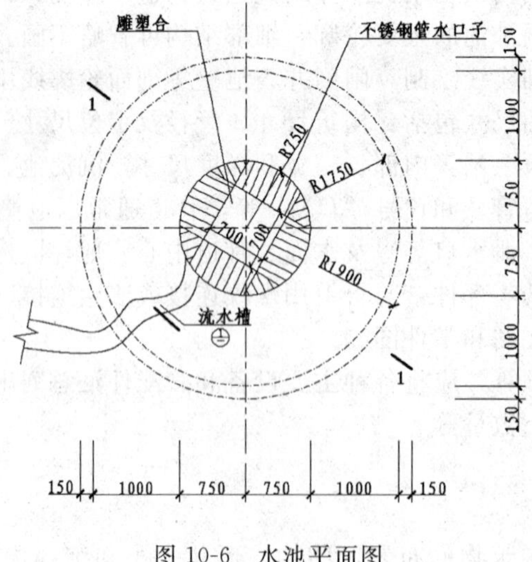

图 10-6　水池平面图

光盘\动画演示\第10章\水池平面图.avi

1. 绘图前准备与设置

(1) 要根据绘制图形决定绘图的比例，建议采用1∶1的比例绘制。

(2) 建立新文件

打开AutoCAD 2014应用程序，建立新文件，将新文件命名为“水池平面图.dwg”并保存。

(3) 设置图层

设置以下五个图层：“标注尺寸”、“中心线”、“轮廓线”、“文字”、“溪水”把这些图层设置成不同的颜色，使图纸上表示更加清晰。设置好的图层如图10-7所示。

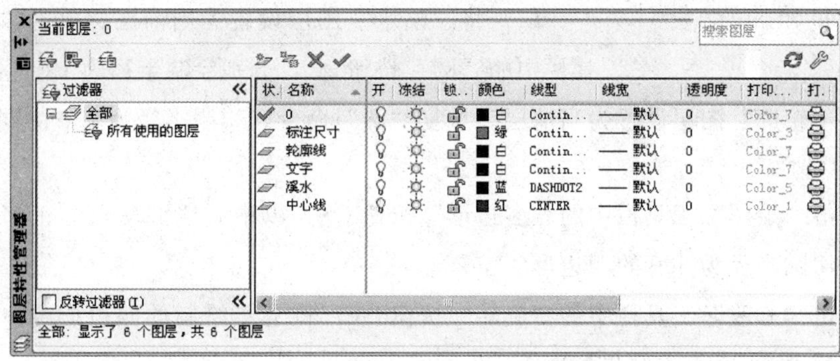

图10-7 水池平面图图层设置

(4) 标注样式的设置

根据绘图比例设置标注样式，对“线”、“符号和箭头”、“文字”、“主单位”进行设置，具体如下：

1) 线。超出尺寸线为80，起点偏移量为120。

2) 符号和箭头。第一个为建筑标记，箭头大小为80。

3) 文字。文字高度为150，文字位置为垂直上，文字对齐为与尺寸线对齐。

4) 主单位。精度为0，比例因子为1。

(5) 文字样式的设置

选择菜单栏中的“格式”→“文字样式”命令，弹出“文字样式”对话框，选择仿宋字体，如图10-8所示。

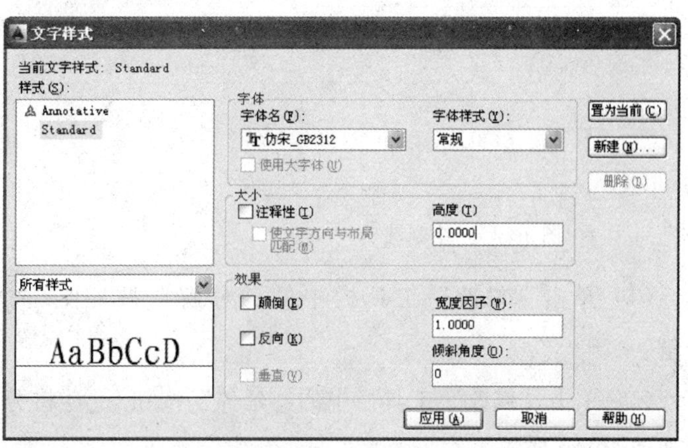

图10-8 水池平面图文字样式设置

2. 绘制定位轴线

（1）在状态栏，单击“正交模式”按钮，打开正交模式，在状态栏，单击“对象捕捉”按钮，打开对象捕捉模式。

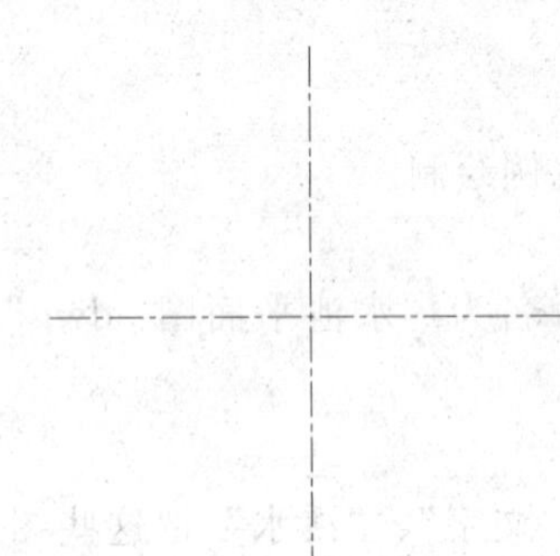

图 10-9　绘制定位线

（2）将“中心线”图层设置为当前层。单击“绘图”工具栏中的“直线”按钮，绘制一条长为 5000 的竖直中心线和水平中心线。

（3）选中两条相交的直线，右击在弹出的快捷菜单中选择“特性”按钮，打开“特性”对话框，设置线型比例为 10，结果如图 10-9 所示。

3. 绘制水池平面图

（1）将“溪水”图层设置为当前层。单击“绘图”工具栏中的“圆”按钮，分别绘制半径为 1900 和 1750 的同心圆。将“轮廓”图层设置为当前层。重复“圆”命令，绘制半径为 750 的同心圆，结果如图 10-10 所示。

（2）单击“绘图”工具栏中的“多边形”按钮，以中心线的交点为正多边形的交点，绘制外切圆半径为 350 的四边形。

（3）单击“修改”工具栏中的“旋转”按钮，将上步绘制的四边形绕中心线角度旋转，旋转角度为-30 度，结果如图 10-11 所示。

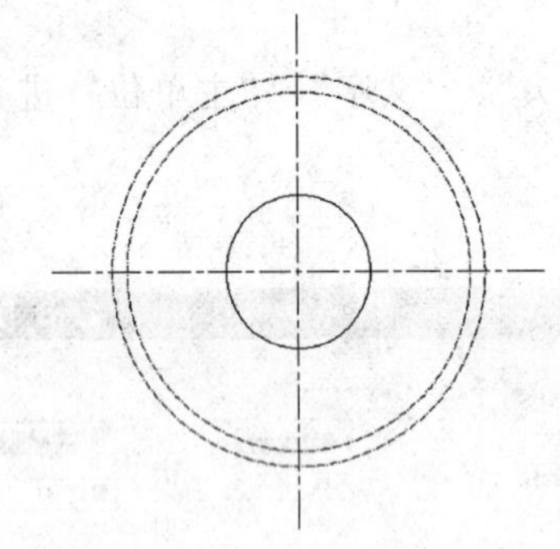

图 10-10　绘制圆

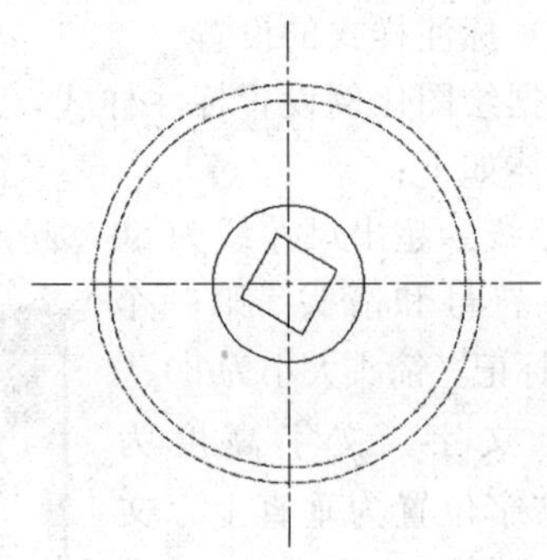

图 10-11　绘制正多边形

（4）单击“修改”工具栏中的“分解”按钮，将上步绘制的正多边形进行分解。

（5）单击“修改”工具栏中的“延伸”按钮，将分解后的四条边延伸至小圆，结果如图 10-12 所示。

（6）单击“绘图”工具栏中的“图案填充”按钮，弹出“图案填充和渐变色”对话框。分别设置图填充参数。

- 区域 1 的参数：图案为“ANSI31”，角度为“20”，比例为“30”；
- 区域 2 的参数：图案为“ANSI31”，角度为“74”，比例为“30”；
- 区域 3 的参数：图案为“ANSI31”，角度为“334”，比例为“30”；
- 区域 4 的参数：图案为“ANSI31”，角度为“110”，比例为“30”；

结果如图 10-13 所示。

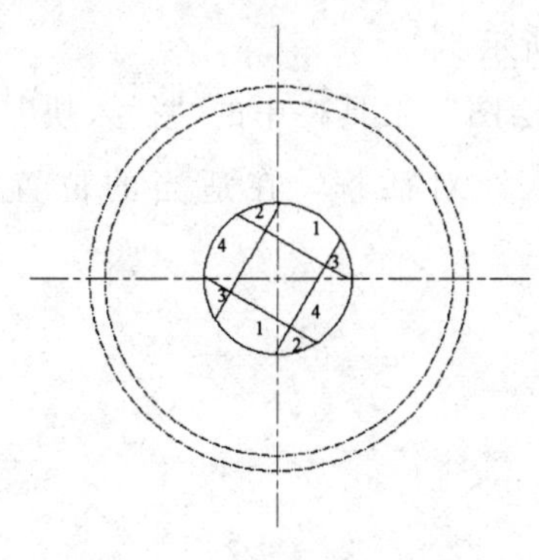

图 10-12　延伸直线

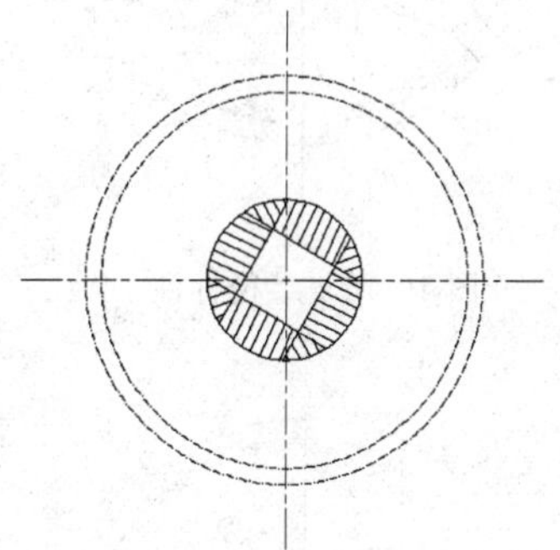

图 10-13　填充图案

（7）将“溪水”图层设置为当前图层。单击“绘图”工具栏中的“样条曲线”按钮，在适当位置绘制流水槽，如图 10-14 所示。

（8）将“轮廓线”图层设置为当前图层。单击“绘图”工具栏中的“多段线”按钮，绘制折线，如图 10-15 所示。

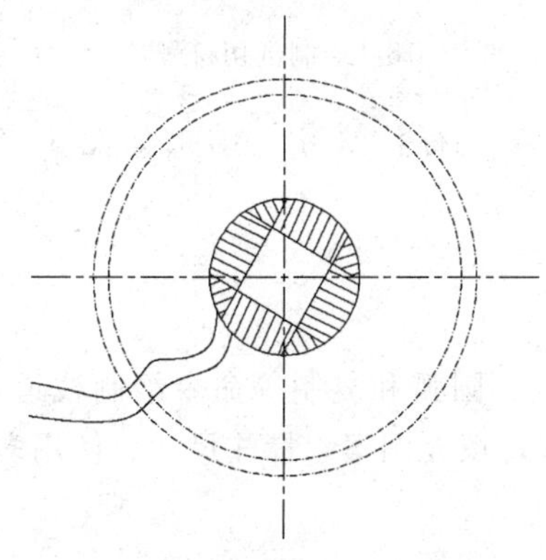

图 10-14　绘制流水槽

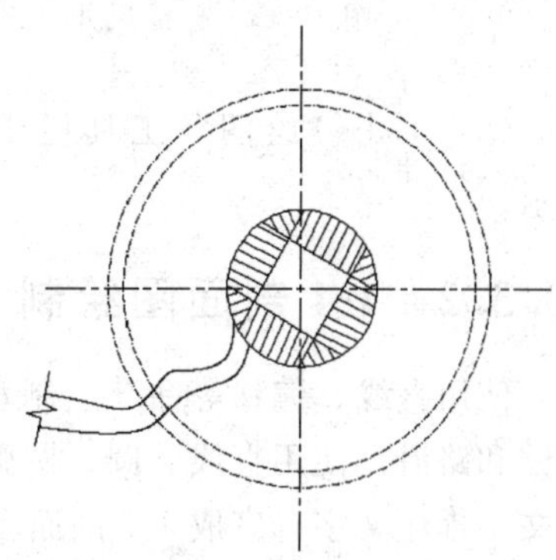

图 10-15　绘制折线

4. 标注尺寸和文字

（1）单击“标注”工具栏中的“半径”按钮，标注半径尺寸。如图 10-16 所示。

（2）单击“标注”工具栏中的“线性”按钮、“对齐”按钮和“连续”按钮，标注线性尺寸，如图 10-17 所示。

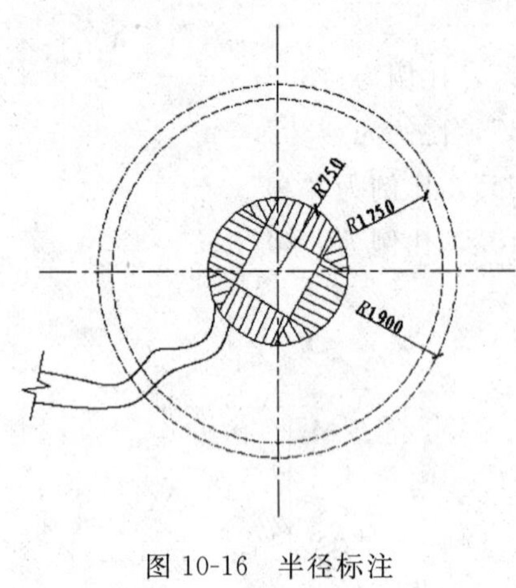

图 10-16　半径标注

（3）单击“绘图”工具栏中的“直线”按钮，绘制剖切线符号，并修改线宽为 0.4。如图 10-18 所示。

（4）将文字图层设置为当前层，在命令行中输入“QLEADER”命令，然后输入 S，打开“引线设置”对话框，如图 10-19 所示，然后标注文字，结果如图 10-20 所示。

（5）单击“绘图”工具栏中的“插入块”按钮，弹出“插入”对话框，在适当的位置插入标号。

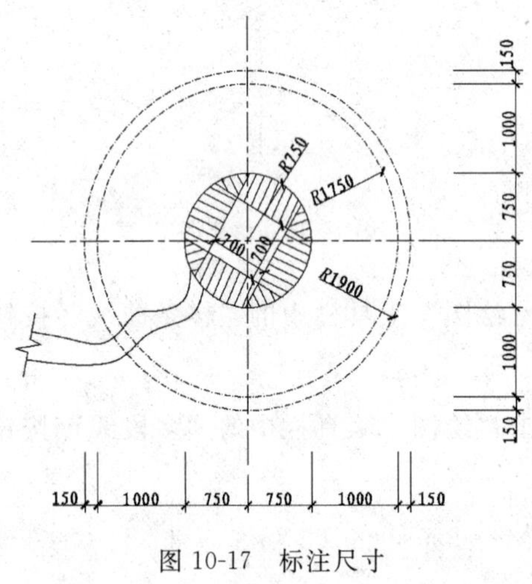

图 10-17　标注尺寸

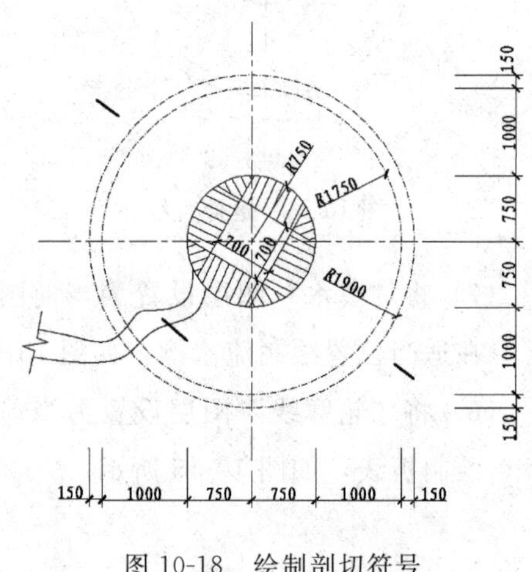

图 10-18　绘制剖切符号

（6）单击“绘图”工具栏中的“多行文字”按钮，标注文字。结果如图 10-6 所示。

10.3.2　1-1 剖面图绘制

使用直线、偏移等命令绘制水池剖面轮廓；使用直线、圆弧和复制等命令绘制栈道，角铁和路沿；使用直线、圆、圆弧和偏移等命令绘制水管；填充图案；标注尺寸、使用多行文字标注文字，完成 1-1 剖面图，如图 10-21 所示。

光盘 \ 动画演示 \ 第 10 章 \ 1-1 剖面图 . avi

【操作步骤】

1. 前期准备以及绘图设置

（1）要根据绘制图形决定绘图的比例，在此我们建议采用 1∶1 的比例绘制。

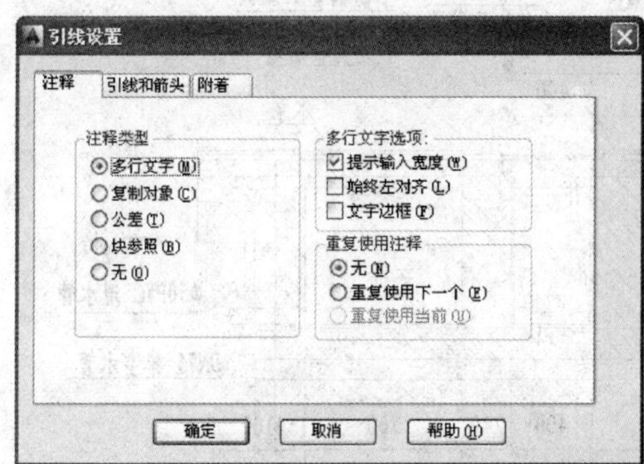

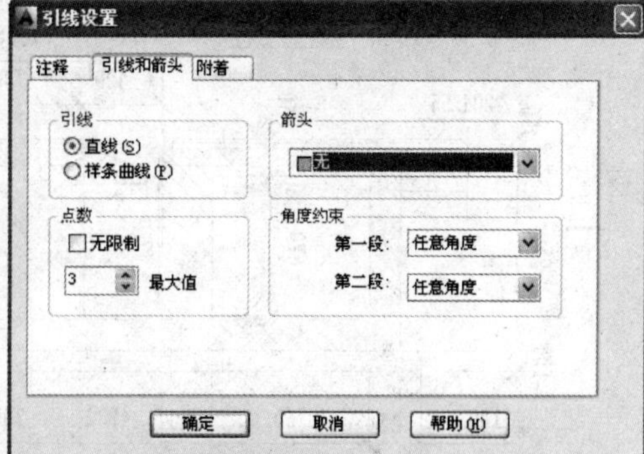

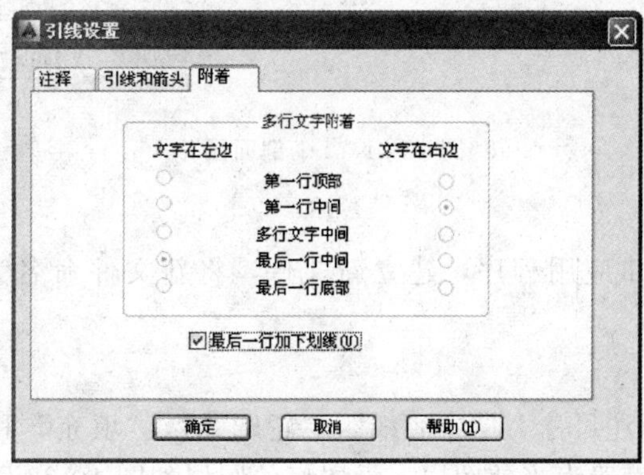

图 10-19 “引线设置”对话框

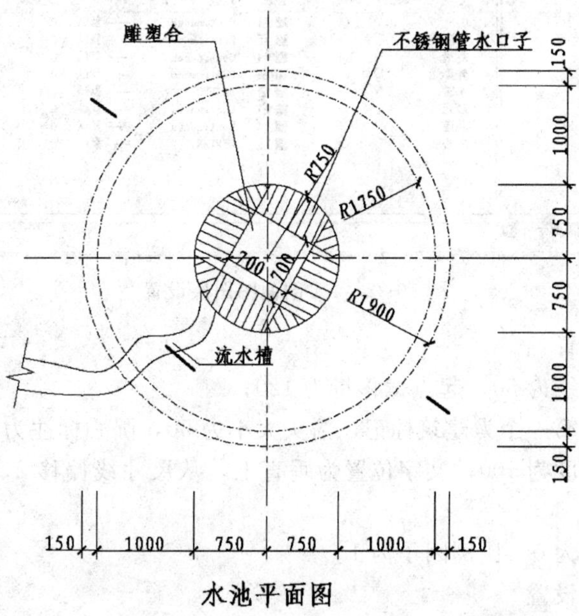

图 10-20 引线标注

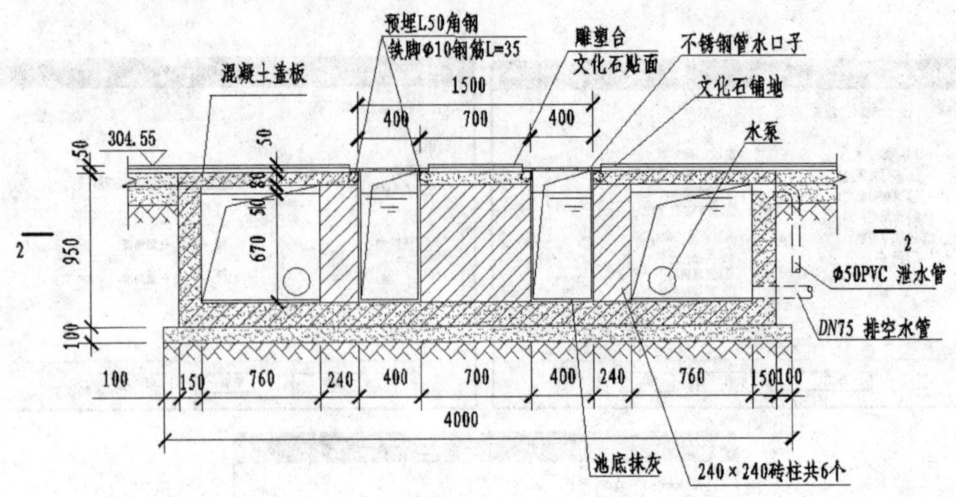

图 10-21　1-1 剖面图

（2）建立新文件

打开 AutoCAD 2014 应用程序，建立新文件，将新文件命名为“1-1 剖面图 .dwg”并保存。

（3）设置图层

设置以下图层：“标注尺寸”，“中心线”，“轮廓线”，“填充”和“水管”，“栈道”和“路沿”，将“轮廓线”设置为当前图层。设置好的图层如图 10-22 所示。

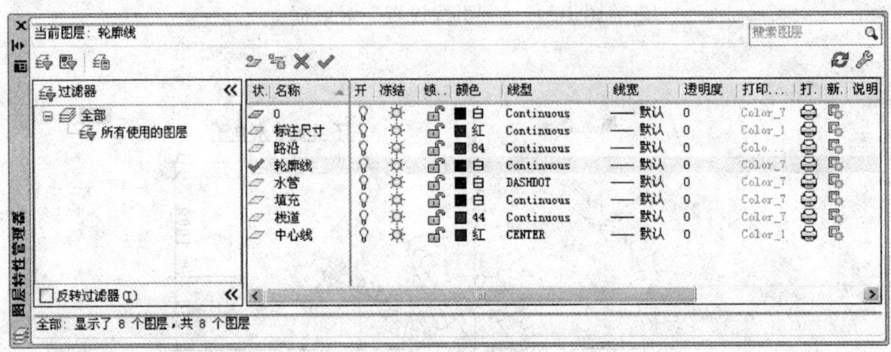

图 10-22　1-1 剖面图图层设置

（4）标注样式设置

• 线：超出尺寸线为 50，起点偏移量为 120；

• 符号和箭头：第一个为建筑标记，箭头大小为 50，圆心标注为标记 60；

• 文字：文字高度为 100，文字位置为垂直上，从尺寸线偏移 2，文字对齐为与尺寸线对齐；

• 主单位：精度为 0，比例因子为 1。

（5）文字样式的设置

选择菜单栏中的“格式”→“文字样式”命令，弹出“文字样式”对话框，选择仿宋字体，宽度因子设置为 0.8。

2. 绘制剖面轮廓

(1) 在状态栏，单击“正交模式”按钮，打开正交模式，在状态栏，单击“对象捕捉”按钮，打开对象捕捉模式。

(2) 单击“绘图”工具栏中的“直线”按钮，绘制一条长度为4000的水平直线。重复“直线”命令，以水平直线的端点为起点，绘制一条长度为1100的竖直线，结果如图10-23所示。

图10-23 绘制直线

(3) 单击“修改”工具栏中的“偏移”按钮，把水平直线向上偏移，偏移距离分别为100、250、920、970和1050。重复“偏移”命令，将竖直直线向右偏移，偏移距离分别为100、250、1010、1250、1650、2350、2750、2990、3750、3900和4000。结果如图10-24所示。

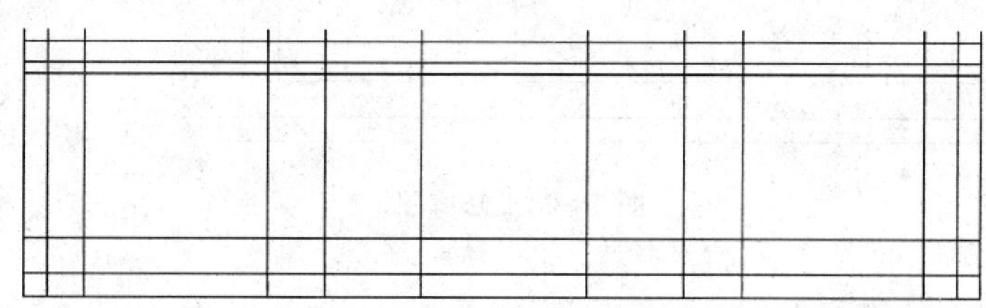

图10-24 偏移直线

(4) 单击“修改”工具栏中的“修剪”按钮，修剪多余的线段，如图10-25所示。

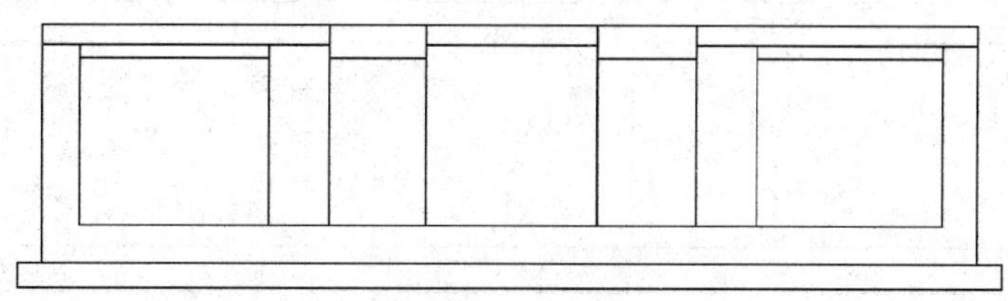

图10-25 修剪图形

(5) 选择菜单栏中的“修改”→“拉长”命令，拉伸最上端的水平直线。

(6) 单击“修改”工具栏中的“偏移”按钮，将上步拉伸的直线，向上偏移，偏移距离分别为5、25、30、50。结果如图10-26所示。

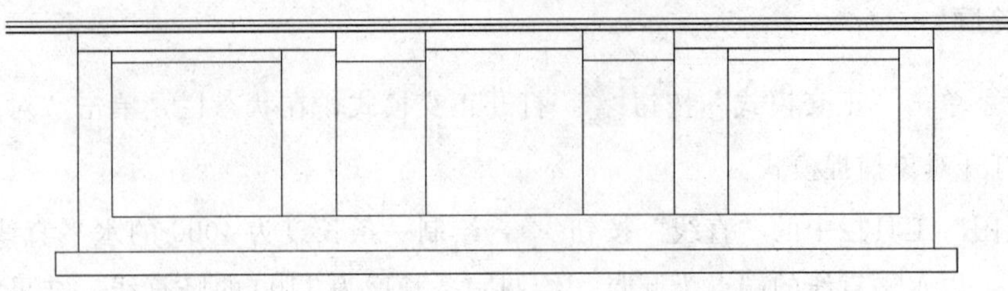

图 10-26　偏移直线

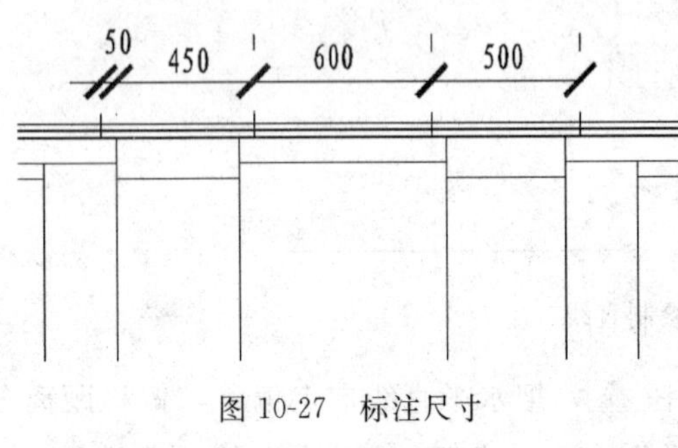

图 10-27　标注尺寸

（7）单击“绘图”工具栏中的“直线”按钮，绘制竖直线。

（8）单击“标注”工具栏中的“线性”按钮，进行线性标注。复制的尺寸和完成的图形如图 10-27 所示。

（9）单击“修改”工具栏中的“修剪”按钮，修剪多余的线段，如图 10-28 所示。

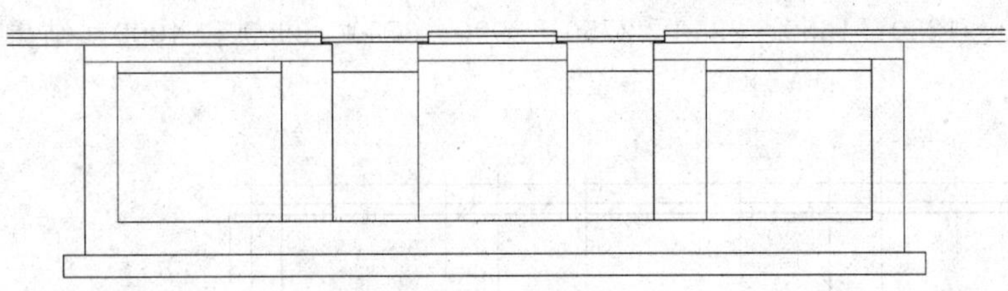

图 10-28　修剪图形

3. 绘制栈道、角铁和路沿

（1）将“栈道”图层设置为当前图层，单击“绘图”工具栏中的“直线”按钮，绘制竖直线，完成栈道的绘制，如图 10-29 所示。

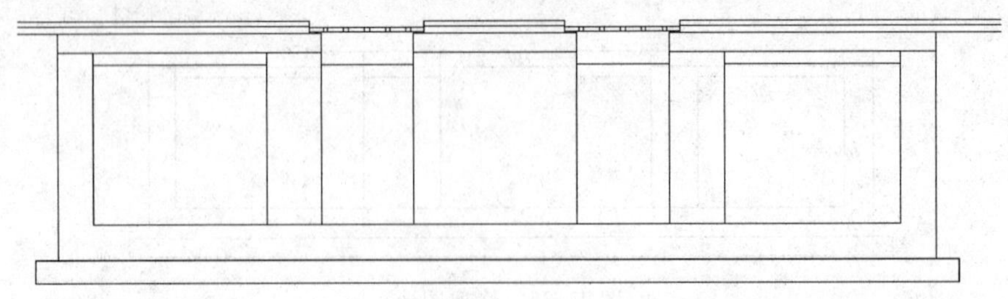

图 10-29　绘制栈道

（2）将“路沿”图层设置为当前图层，单击“绘图”工具栏中的“直线”按钮，在适当位置绘制三条水平直线，完成路沿的绘制，结果如图 10-30 所示。

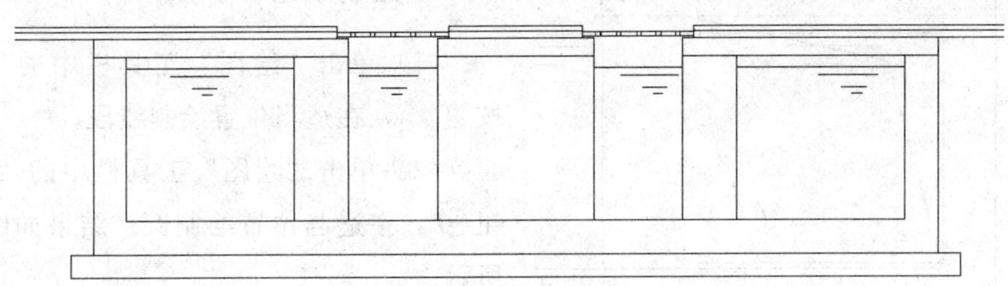

图 10-30　绘制路沿

(3) 单击“绘图”工具栏中的“直线”按钮，绘制一条长度为 50 的竖直线和长度为 50 的水平直线。

(4) 单击“修改”工具栏中的“偏移”按钮，将上步绘制的直线向内偏移，偏移距离为 5。

(5) 单击“绘图”工具栏中的“圆弧”按钮，在偏移后的直线两端绘制圆弧。

(6) 单击“修改”工具栏中的“修剪”按钮，修剪多余的线段，如图 10-31 所示。

(7) 单击“绘图”工具栏中的“直线”按钮，在适当位置绘制直线，结果如图 10-32 所示。

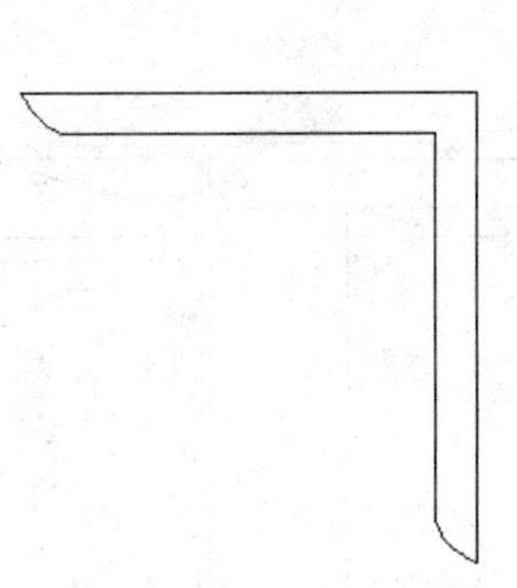

图 10-31　绘制角铁轮廓

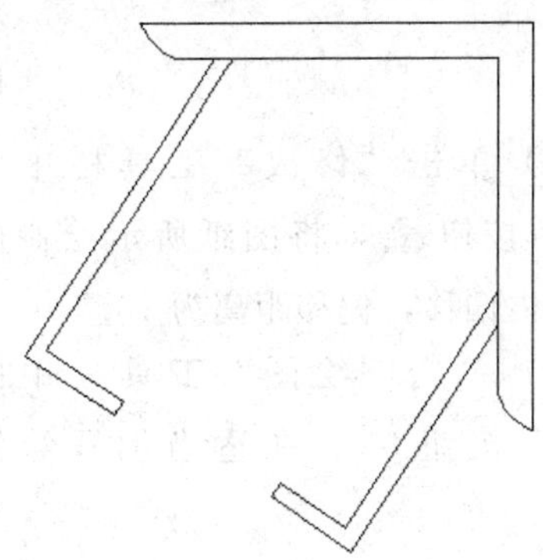

图 10-32　完成角铁绘制

(8) 单击“修改”工具栏中的“复制”按钮，将绘制的角铁复制到适当位置。

(9) 单击“修改”工具栏中的“旋转”按钮，将角度不对的角铁旋转，旋转角度为 90 度，结果如图 10-33 所示。

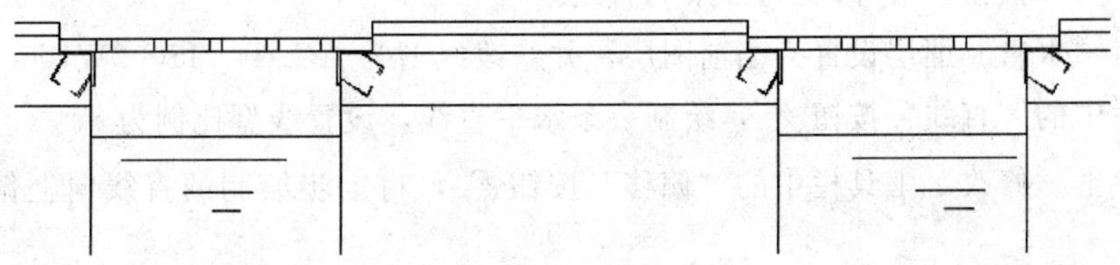

图 10-33　布置角铁

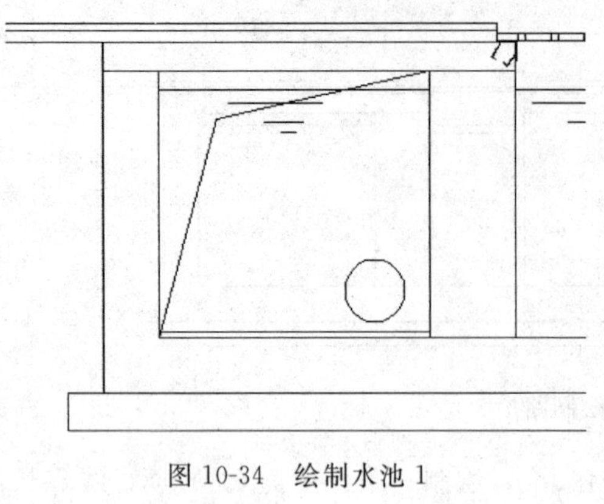

图 10-34 绘制水池 1

4. 绘制水池和水管

(1) 单击“绘图”工具栏中的“直线”按钮，在适当位置绘制线段。

(2) 单击“绘图”工具栏中的“圆”按钮，在适当位置绘制圆。结果如图 10-34 所示。

(3) 单击“修改”工具栏中的“复制”按钮，将前两步绘制的直线和圆复制到适当位置，结果如图 10-35 所示。

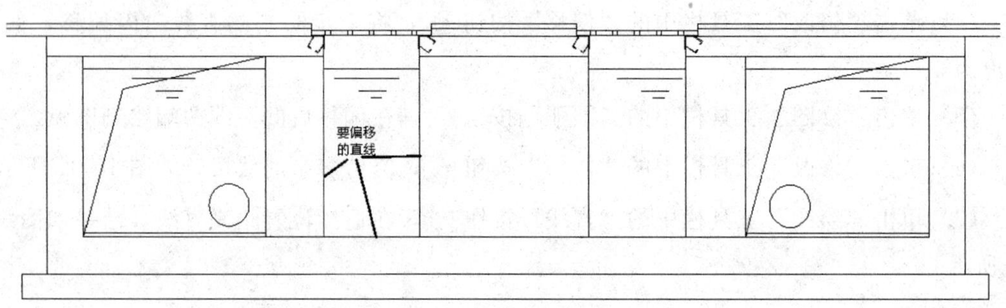

图 10-35 复制图形

(4) 单击“修改”工具栏中的“偏移”按钮，将图纸所示绘制的直线向内偏移，偏移距离为 13。

(5) 单击“绘图”工具栏中的“直线”按钮，在适当位置绘制直线。

(6) 单击“修改”工具栏中的“修剪”按钮，修剪多余的线段，结果如图 10-36 所示。

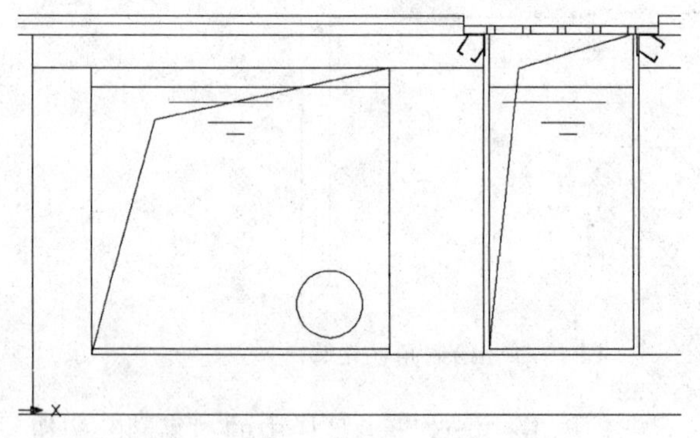

图 10-36 绘制水池 2

(7) 单击“修改”工具栏中的“复制”按钮，将直线复制到适当位置，结果如图 10-37 所示。然后单击“修改”工具栏中的“修剪”按钮，修剪到多余的直线。

(8) 将“水管”图层设置为当前图层，并修改线型为 ACAD _ IS002W100。单击“绘图”工具栏中的“直线”按钮，绘制一条水平直线，设置线型比例为 8。

(9) 单击“修改”工具栏中的“偏移”按钮，将上步绘制的直线向上偏移，偏移距离为 75。

(10) 单击“绘图”工具栏中的“圆弧”按钮，在直线端绘制三段圆弧，结果如图

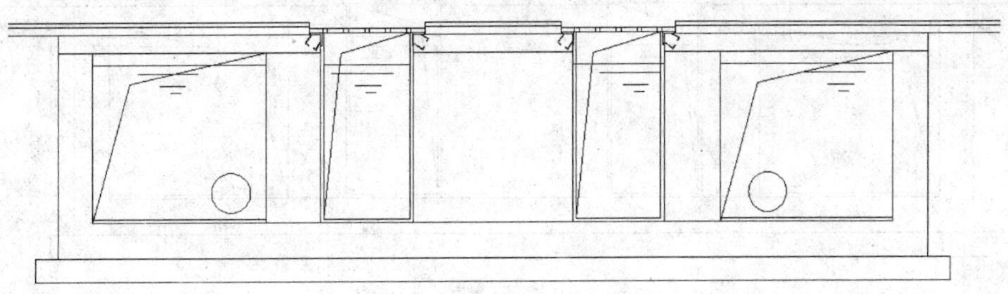

图 10-37 完成水池绘制

10-38 所示。

（11）单击“绘图”工具栏中的“直线”按钮，绘制一条水平直线和一条竖直线。

（12）单击“修改”工具栏中的“偏移”按钮，将上步绘制的直线向外偏移，偏移距离为 50。

（13）单击“修改”工具栏中的“圆角”按钮，将上步绘制的直线进行倒圆角，圆角半径分别为 50 和 100。

（14）单击“绘图”工具栏中的“圆弧”按钮，在直线端绘制三段圆弧，结果如图 10-39 所示。

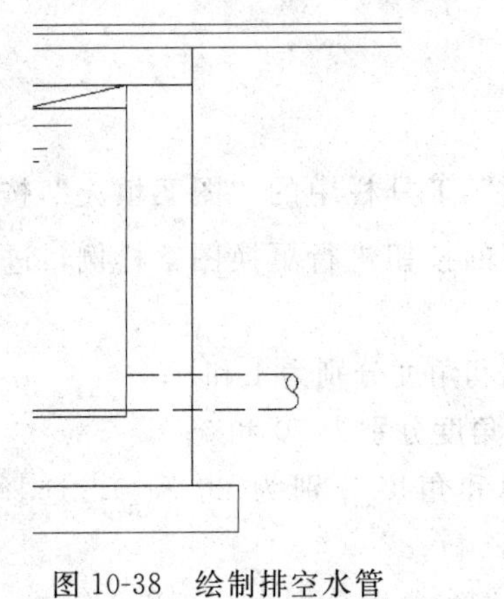

图 10-38 绘制排空水管

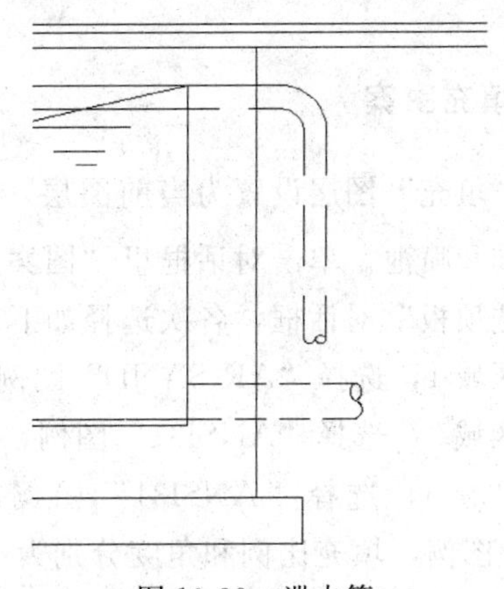

图 10-39 泄水管

（15）单击“绘图”工具栏中的“多段线”按钮，剖面图的一端适当位置绘制折断线。

（16）单击“修改”工具栏中的“复制”按钮，将上步绘制的折断线复制到剖面图的另一端，如图 10-40 所示。

（17）单击“绘图”工具栏中的“直线”按钮，以图所示的端点 1 和 2 为起点，绘制直线至折断线。

（18）单击“修改”工具栏中的“偏移”按钮，将上步绘制的两条直线向下偏移，偏移距离为 120。

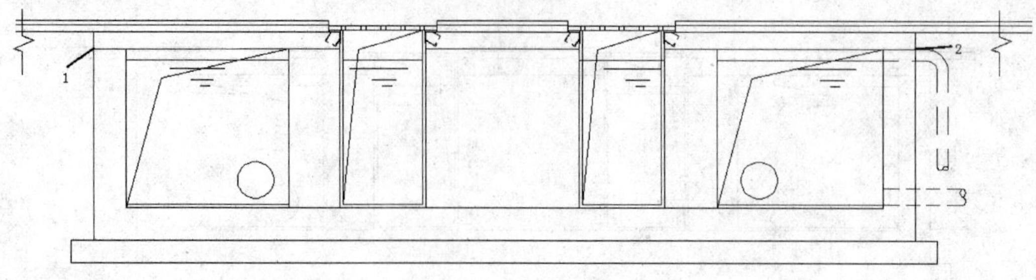

图 10-40　绘制折断线

（19）单击“修改”工具栏中的“修剪”按钮 ，修剪多余的线段，结果如图 10-41 所示。

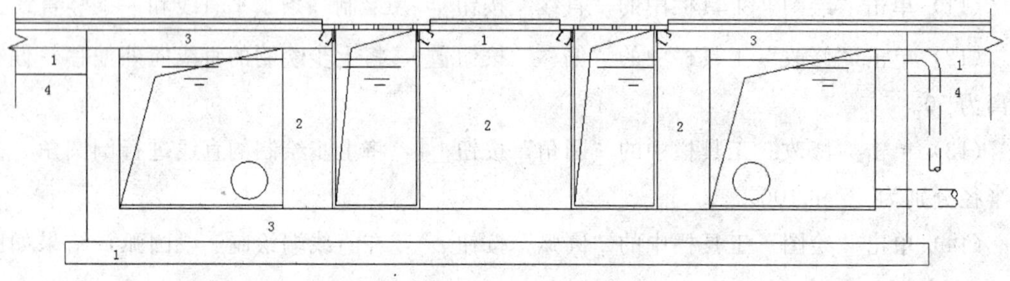

图 10-41　整理图形

5. 填充图案

将“填充”图层设置为当前图层，单击“绘图”工具栏中的“图案填充”按钮 ，填充基础和喷池。单击对话框里“图案（P）”右边的按钮进行更换图案样例，进入“填充图案选项板”对话框，各次选择如下：

- 区域 1，选择“AR-SAND”图例，填充比例和角度分别为 1 和 0；
- 区域 2，选择“ANSI31”图例，填充比例和角度分别为 20 和 0；
- 区域 3，选择“ANSI31”图例，填充比例和角度分别为 20 和 0；选择“AR-SAND”图例，填充比例和角度分别为 1 和 0；
- 区域 4，选择“AR-HBONE”图例，填充比例和角度分别为 0.6 和 0；

完成的图形如图 10-42 所示。

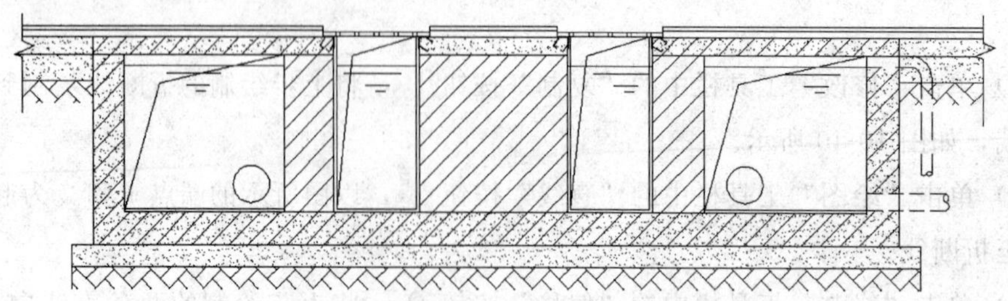

图 10-42　1-1 剖面的填充

6. 标注尺寸和文字

（1）将“标注尺寸”图层设置为当前图层，单击“绘图”工具栏中的“直线”按钮和“多行文字”按钮，绘制标高符号。

（2）单击“标注”工具栏中的“线性”按钮和“连续”按钮，标注线性尺寸，如图 10-43 所示。

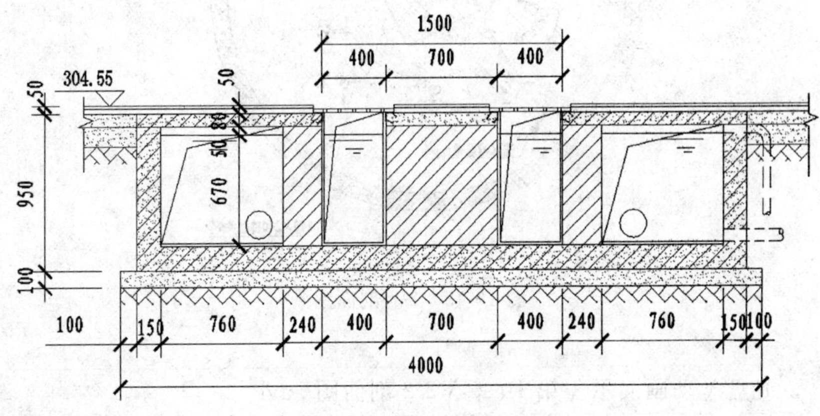

图 10-43　标注尺寸

（3）新建“文字”图层并将其设置为当前图层，单击“绘图”工具栏中的“直线”按钮，绘制剖切线符号，并修改线宽为 0.4。如图 10-44 所示。

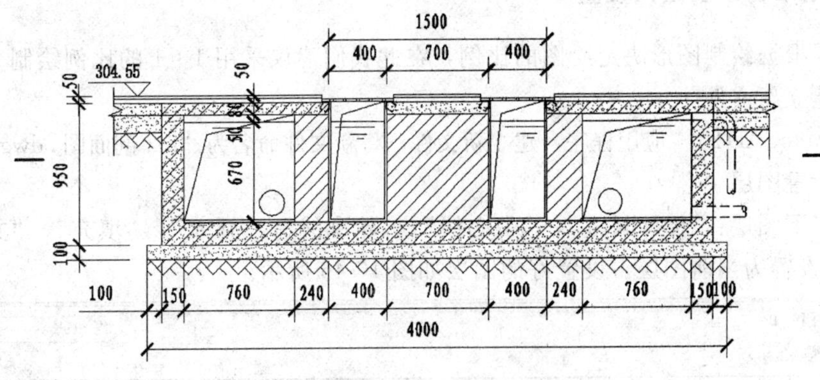

图 10-44　绘制剖切符号

（4）单击“绘图”工具栏中的“直线”按钮和“多行文字”按钮，标注文字。结果如图 10-21 所示。

10.3.3　2-2 剖面图绘制

使用直线命令绘制定位轴线；使用圆、正多边形、延伸命令绘制水池平面图；用半径标注、对齐标注命令标注尺寸；用文字命令标注文字，完成保存水池平面图，如图 10-45 所示。

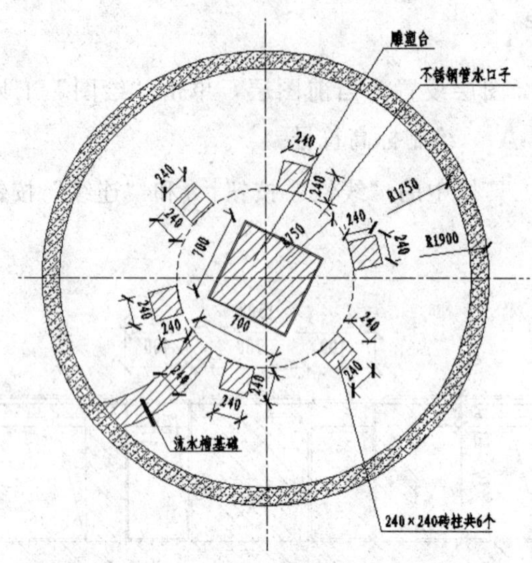

图 10-45　2-2 剖面图

光盘 \ 动画演示 \ 第 10 章 \ 2-2 剖面图 . avi

1. 前期准备以及绘图设置

（1）要根据绘制图形决定绘图的比例，在此我们建议采用 1：1 的比例绘制。

（2）建立新文件

打开 AutoCAD 2014 应用程序，建立新文件，将新文件命名为“2-2 剖面图 . dwg”并保存。

（3）设置图层

设置以下图层：“标注尺寸”，“中心线”，“轮廓线”，“溪水”，“填充”，“文字”，将“轮廓线”设置为当前图层。设置好的图层如图 10-46 所示。

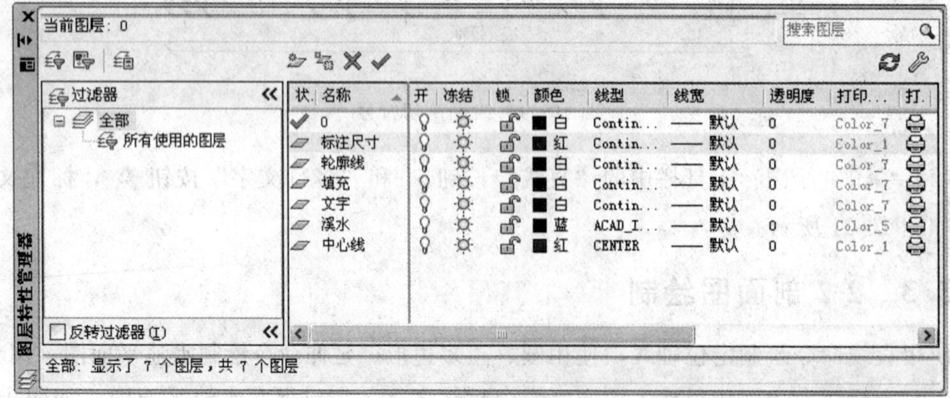

图 10-46　2-2 剖面图图层设置

(4) 标注样式设置

• 线：超出尺寸线为 50，起点偏移量为 120；

• 符号和箭头：第一个为建筑标记，箭头大小为 50，圆心标注为标记 60；

• 文字：文字高度为 100，文字位置为垂直上，从尺寸线偏移 2，文字对齐为与尺寸线对齐；

• 主单位：精度为 0，比例因子为 1。

(5) 文字样式的设置

选择菜单栏中的"格式"→"文字样式"命令，弹出"文字样式"对话框，选择仿宋字体，宽度因子设置为 0.8。

2. 绘制剖面图

(1) 在状态栏，单击"正交模式"按钮，打开正交模式，在状态栏，单击"对象捕捉"按钮，打开对象捕捉模式。

(2) 将"中心线"图层设置为当前层。单击"绘图"工具栏中的"直线"按钮，绘制一条竖直中心线和水平中心线，并设置线型比例为 10，如图 10-47 所示。

(3) 将"轮廓线"图层设置为当前图层。单击"绘图"工具栏中的"圆"按钮，分别绘制半径为 1900 和 1750 的同心圆。将"溪水"图层设置为当前图层。重复"圆"命令，绘制半径为 750 的同心圆，如图 10-48 所示。

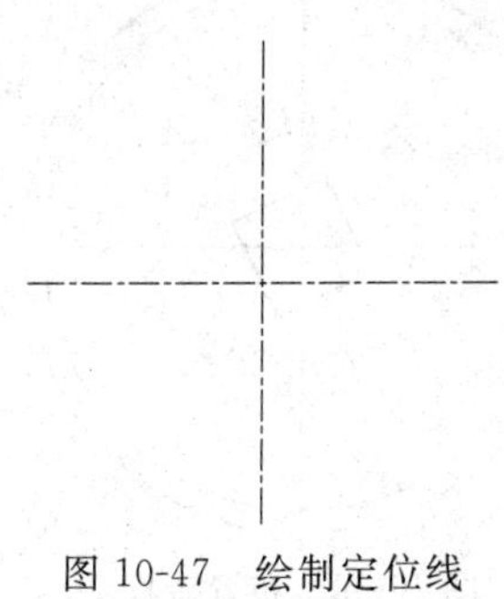

图 10-47　绘制定位线

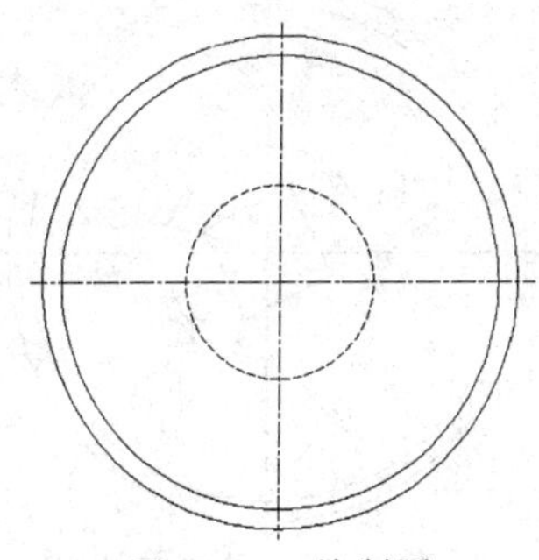

图 10-48　绘制圆

(4) 单击"绘图"工具栏中的"多边形"按钮，以中心线的交点为正多边形的交点，绘制外切圆半径为 350 的四边形。

(5) 单击"修改"工具栏中的"旋转"按钮，将上步绘制的四边形绕中心线角度旋转，旋转角度为－30 度，结果如图 10-49 所示。

(6) 单击"修改"工具栏中的"偏移"按钮，将正四边形向外偏移，偏移距离为 10，结果如图 10-50 所示。

(7) 单击"绘图"工具栏中的"多边形"按钮，绘制边长为 240 的正方形。

(8) 单击"修改"工具栏中的"旋转"按钮，将上步绘制的四边形绕中心线旋转，旋转角度为 14°。

(9) 单击“绘图”工具栏中的“直线”按钮，以圆心为起点绘制一条与 X 轴成 15°的直线。

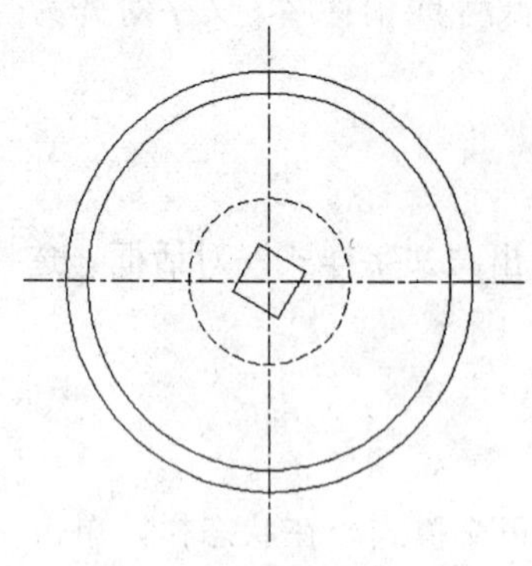

图 10-49　绘制正方形

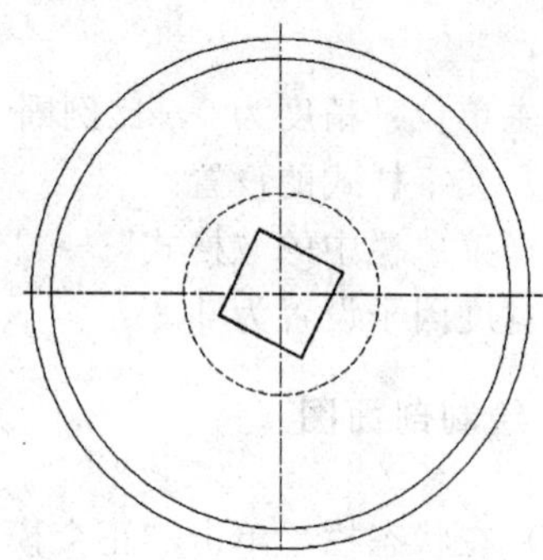

图 10-50　偏移正方形

(10) 单击“修改”工具栏中的“移动”按钮，将旋转后的正方形移动到斜直线与小圆的交点。结果如图 10-51 所示。

(11) 单击“修改”工具栏中的“环形阵列”按钮，将旋转后的正方形沿圆心进行阵列，阵列个数为 6。

(12) 单击“修改”工具栏中的“删除”按钮，删除斜线，结果如图 10-52 所示。

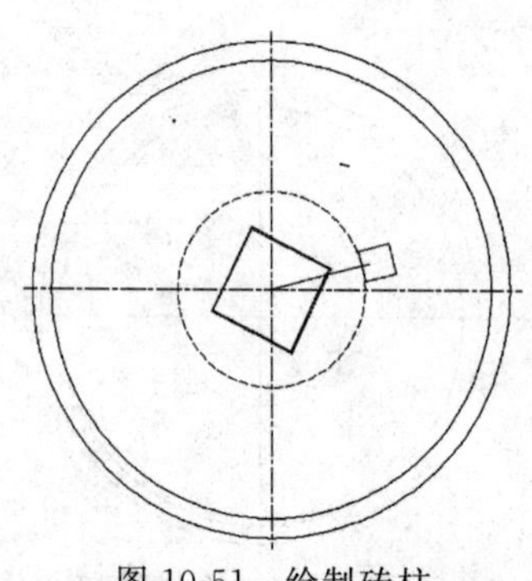

图 10-51　绘制砖柱

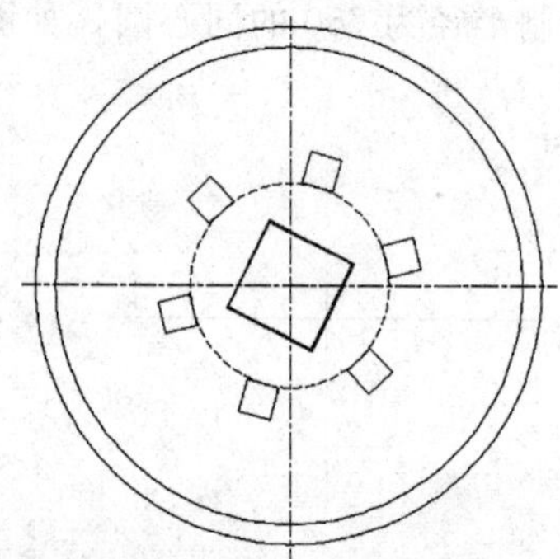

图 10-52　布置砖柱

(13) 单击“绘图”工具栏中的“圆弧”按钮，在适当的位置绘制圆弧。

(14) 单击“修改”工具栏中的“偏移”按钮，将上步绘制的圆弧向下偏移，偏移距离为 240。

(15) 单击“修改”工具栏中的“修剪”按钮，修剪多余的线段，结果如图 10-53 所示。

(16) 单击“绘图”工具栏中的“图案填充”按钮，弹出“图案填充和渐变色”对话框。分别设置填充参数：图案为“ANSI31”，角度为“0”，比例为“20”；图案为“AR-SAND”，角度为“0”，比例为“1”结果如图 10-54 所示。

3. 标注尺寸和文字

(1) 单击“标注”工具栏中的“半径”按钮，标注半径尺寸。如图 10-55 所示。

（2）单击“标注”工具栏中的“对齐”按钮，标注线性尺寸，如图 10-56 所示。

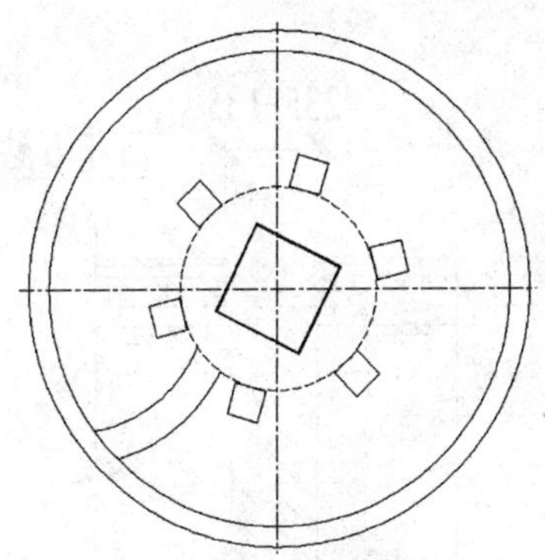

图 10-53　绘制流水槽

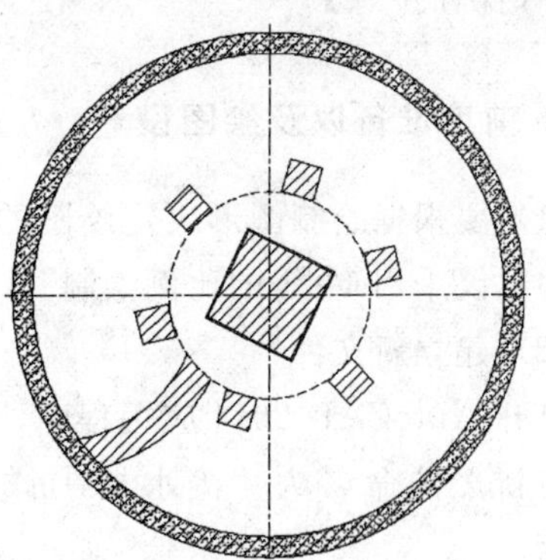

图 10-54　填充图案

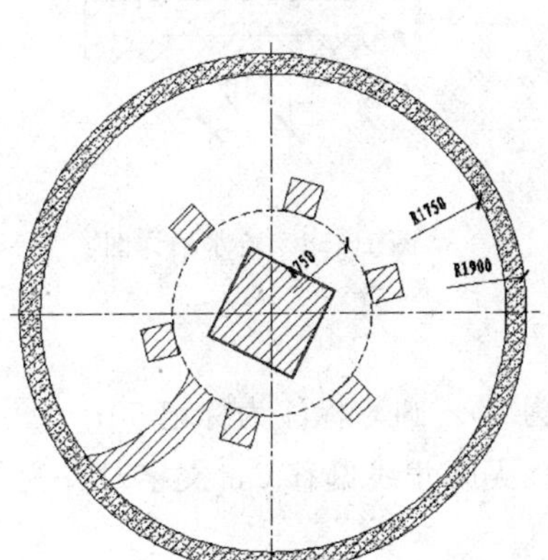

图 10-55　半径标注

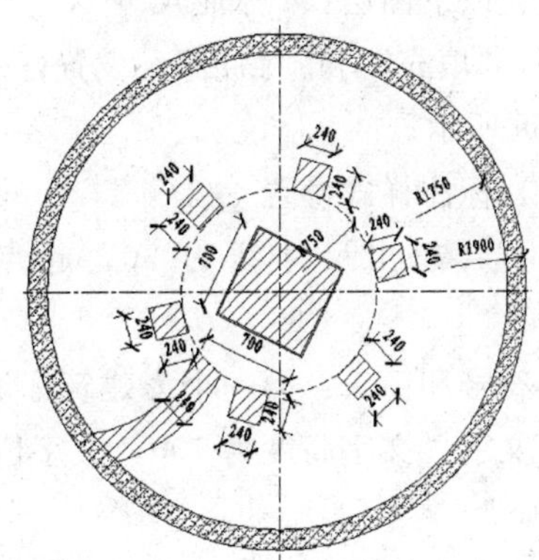

图 10-56　对齐标注

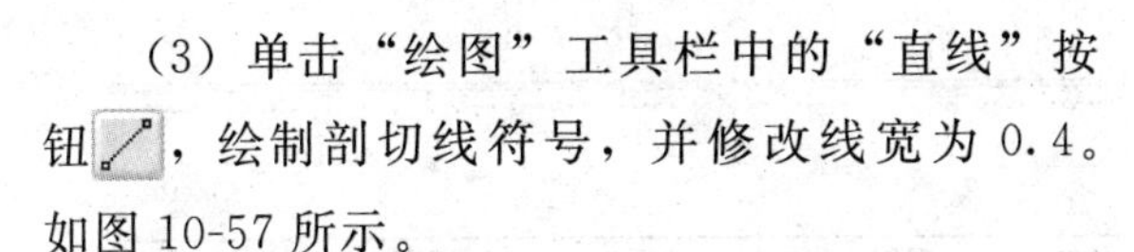

（3）单击“绘图”工具栏中的“直线”按钮，绘制剖切线符号，并修改线宽为 0.4。如图 10-57 所示。

（4）将文字图层设置为当前层，单击“绘图”工具栏中的“直线”按钮和“多行文字”按钮，标注文字。结果如图 10-45 所示。

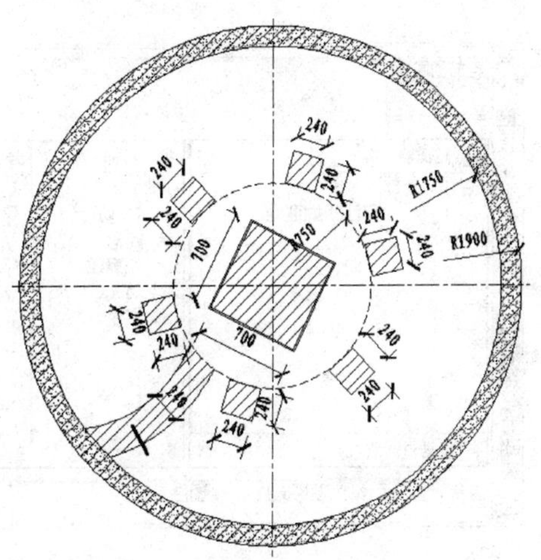

图 10-57　绘制剖切符号

10.3.4　绘制流水槽①详图

使用直线、圆弧、偏移、修剪命令绘制流水槽轮廓；用半线性标注和连续标注命令标注尺寸；用文字命令标注文字，完成保存流水槽详图，如图 10-58 所示。

光盘\动画演示\第 10 章\流水槽详图 .avi

【操作步骤】

1. 前期准备以及绘图设置

（1）要根据绘制图形决定绘图的比例，在此我们建议采用1∶1的比例绘制。

（2）建立新文件

打开 AutoCAD 2014 应用程序，建立新文件，将新文件命名为“流水槽①详图 .dwg”并保存。

（3）设置图层

设置以下图层：“标注尺寸”，“轮廓线”，“文字”，“填充”和“路沿”，设置好的图层如图 10-59 所示。

（4）标注样式设置

• 线：超出尺寸线为 50，起点偏移量为 120；

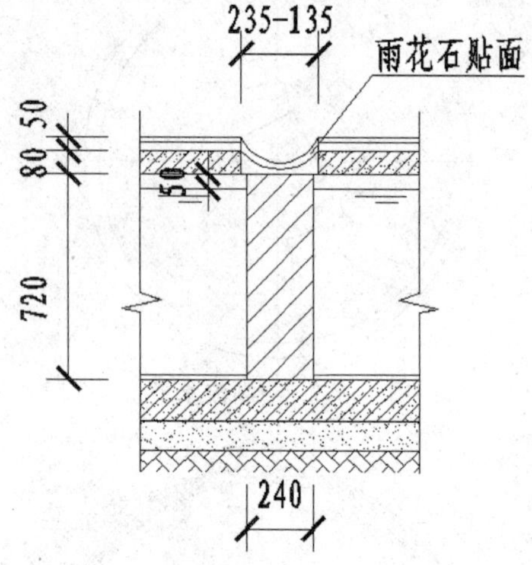

图 10-58　流水槽详图

• 符号和箭头：第一个为建筑标记，箭头大小为 50，圆心标注为标记 60；

• 文字：文字高度为 100，文字位置为垂直上，从尺寸线偏移 2，文字对齐为与尺寸线对齐；

• 主单位：精度为 0，比例因子为 1。

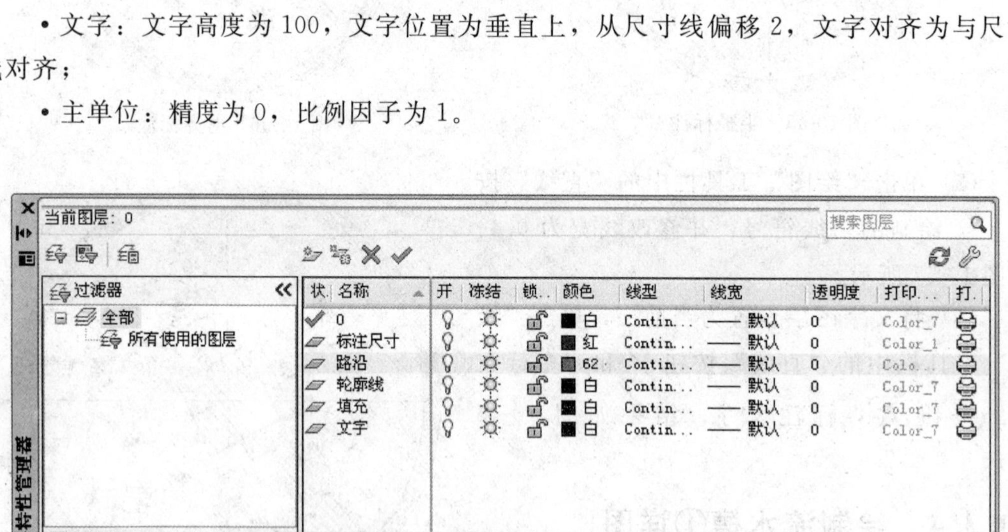

图 10-59　流水槽详图图层设置

（5）文字样式的设置

选择菜单栏中的“格式”→“文字样式”命令，弹出“文字样式”对话框，选择仿宋字体，宽度因子设置为 0.8。

2. 绘制详图轮廓

(1) 在状态栏，单击“正交模式”按钮，打开正交模式，在状态栏，单击“对象捕捉”按钮，打开对象捕捉模式。

(2) 将“轮廓线”图层设置为当前图层。单击“绘图”工具栏中的“直线”按钮，绘制一条长度为1000的水平直线和一条长度为1200的竖直直线，结果如图10-60所示。

(3) 单击“修改”工具栏中的“偏移”按钮，把水平直线向上偏移，偏移距离分别为100、250、920、970、1050、1080和1100。重复“偏移”命令，将竖直直线向两边偏移，偏移距离分别为120和140。结果如图10-61所示。

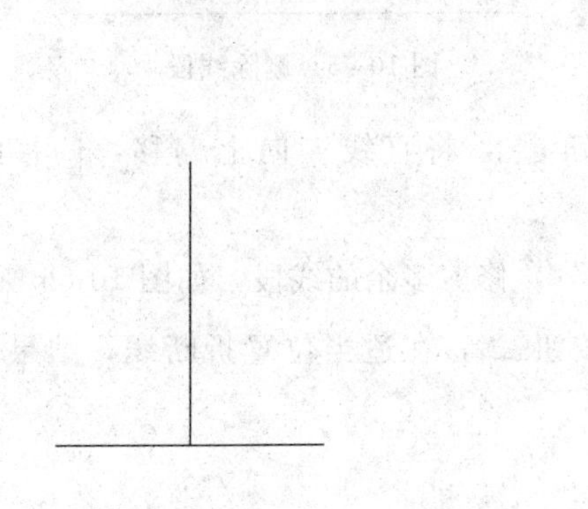

图10-60 绘制直线

图10-61 偏移直线

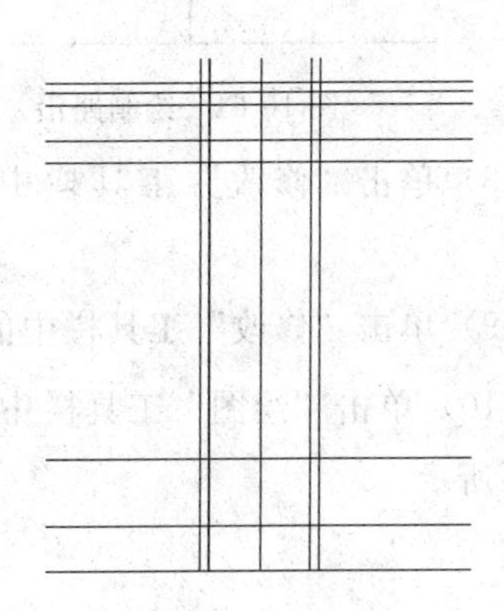

(4) 单击“修改”工具栏中的“修剪”按钮，修剪多余的线段，如图10-62所示。

(5) 单击“绘图”工具栏中的“圆弧”按钮，绘制两条圆弧。结果如图10-63所示。

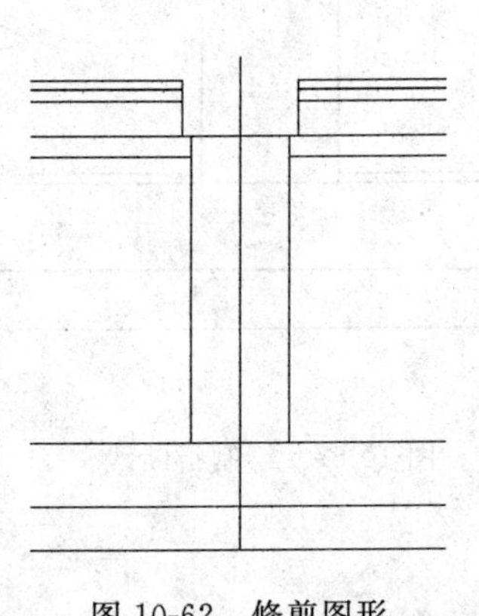

图10-62 修剪图形

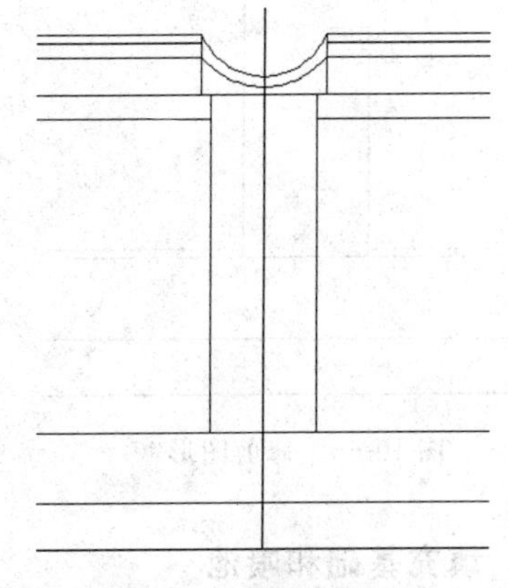

图10-63 绘制圆弧

(6) 将“路沿”图层设置为当前图层，单击“绘图”工具栏中的“直线”按钮，在适当的位置绘制四条水平直线，结果如图10-64所示。

（7）单击“修改”工具栏中的“删除”按钮，删除中间的竖直线，如图 10-65 所示。

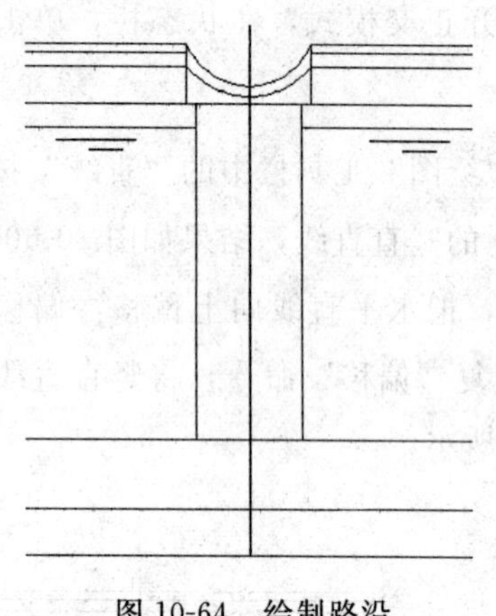
图 10-64　绘制路沿

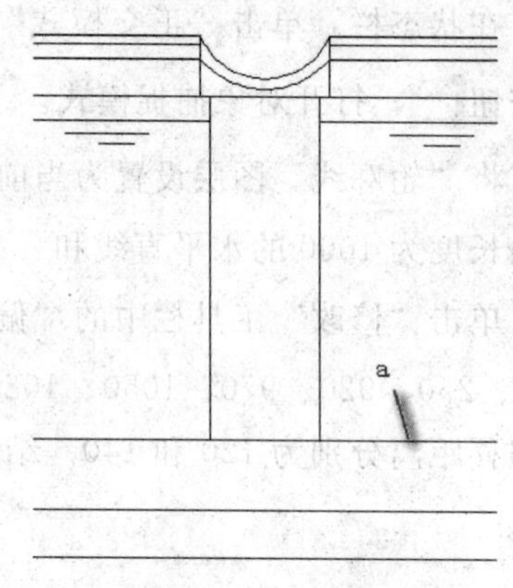

图 10-65　删除线段

（8）单击“修改”工具栏中的“偏移”按钮，将直线 a 向上偏移，偏移距离为 15。

（9）单击“修改”工具栏中的“修剪”按钮，修剪多余的线段，如图 10-66 所示。

（10）单击“绘图”工具栏中的“多段线”按钮，在适当位置折断线，结果如图 10-67 所示。

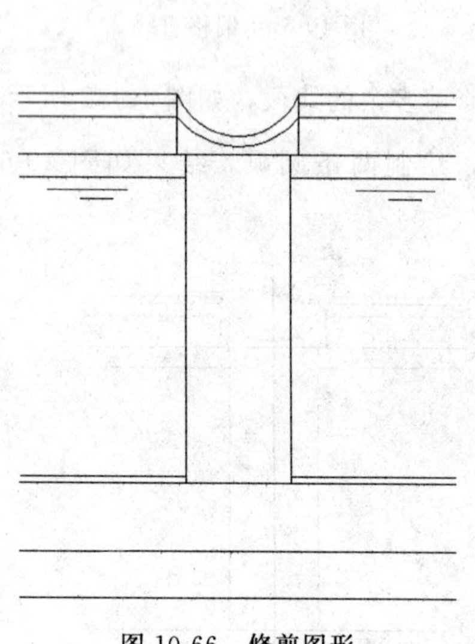
图 10-66　修剪图形

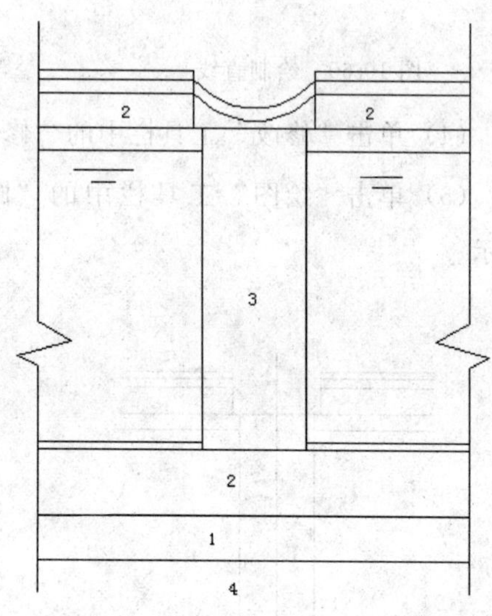

图 10-67　绘制折断线

3. 填充基础和喷池

将“填充”图层设置为当前图层，单击“绘图”工具栏中的“图案填充”按钮，填充基础和喷池。单击对话框里“图案（P）”右边的按钮进行更换图案样例，弹出“填充图案选项板”对话框，各次选择如下：

• 区域 1，选择“AR-SAND”图例，填充比例和角度分别为 1 和 0；

• 区域 2，选择“ANSI31”图例，填充比例和角度分别为 10 和 0；选择“AR-SAND”图例，填充比例和角度分别为 1 和 0；

• 区域 3，选择“ANSI31”图例，填充比例和角度分别为 10 和 0；

• 区域 4，选择“AR-HBONE”图例，填充比例和角度分别为 0.6 和 0；

完成的图形如图 10-68 所示。

4. 标注尺寸和文字

(1) 将“标注尺寸”图层设置为当前图层。单击“标注”工具栏中的“线性”按钮和“连续”按钮，标注线性尺寸，如图 10-69 所示。

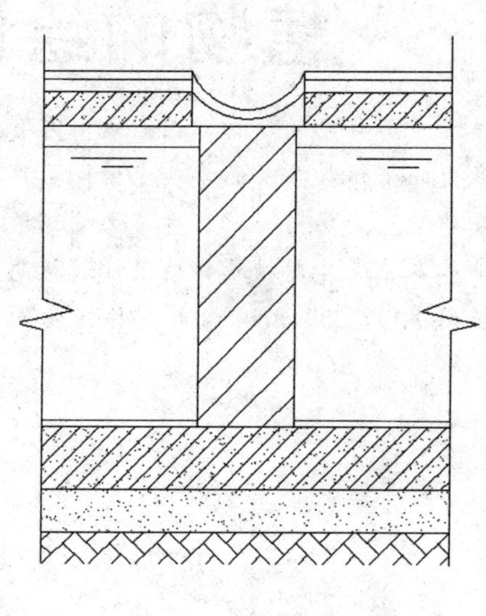

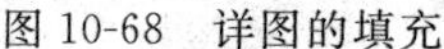

图 10-68 详图的填充

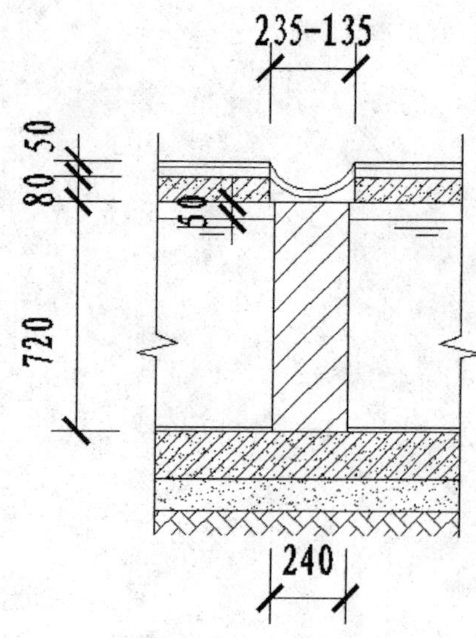

图 10-69 标注尺寸

(2) 将文字图层设置为当前层，单击“绘图”工具栏中的“直线”按钮和“多行文字”按钮，标注文字。结果如图 10-58 所示。

第11章 植物的绘制

植物是园林设计中有生命的题材，在园林中占有十分重要的地位，其多变的形体和丰富的季相变化使园林风貌充满丰采。植物景观配置成功与否，将直接影响环境景观的质量及艺术水平。本章首先对植物种植设计进行简单的介绍，然后讲解应用 AutoCAD2014 绘制园林植物图例和进行植物的配植

- 概述
- 绘制校园种植图

11.1 概　　述

植物是园林设计中有生命的题材。园林植物作为园林空间构成的要素之一，其重要性和不可替代性在现代园林中正在日益明显地表现出来。园林生态效益的体现主要依靠以植物群落景观为主体的自然生态系统和人工植物群落；园林植物有着多变的形体和丰富的季相变化，其他的构景要素无不需要借助园林植物来丰富和完善，园林植物与地形、水体、建筑、山石、雕塑等有机配植，将形成优美、雅静的环境和艺术效果。

植物要素包括乔木、灌木、攀缘植物、花卉、草坪地被、水生植物等。各种植物在各自适宜的位置上发挥着共同的效益和功能。植物的四季景观，本身的形态、色彩、芳香、习性等都是园林造景的题材。植物景观配置成功与否，将直接影响环境景观的质量及艺术水平。

11.1.1 园林植物配置原则

1. 整体优先原则

城市园林植物配置要遵循自然规律，利用城市所处的环境、地形地貌特征，自然景观，城市性质等进行科学建设或改建。要高度重视保护自然景观、历史文化景观，以及物种的多样性，把握好它们与城市园林的关系，使城市建设与自然和谐，在城市建设中可以回味历史，保障历史文脉的延续。充分研究和借鉴城市所处地带的自然植被类型、景观格局和特征特色，在科学合理的基础上，适当增加植物配置的艺术性、趣味性，使之具有人性化和亲近感。

2. 生态优先的原则

在植物材料的选择、树种的搭配、草本花卉的点缀，草坪的衬托以及新品种的选择等必须最大限度地以改善生态环境、提高生态质量为出发点，也应该尽量多地选择和使用乡土树种，创造出稳定地植物群落；充分应用生态位原理和植物他感作用，合理配置植物，只有最适合的才是最好的，才能发挥出最大的生态效益。

3. 可持续发展原则

以自然环境为出发点，按照生态学原理，在充分了解各植物种类的生物学、生态学特性的基础上，合理布局、科学搭配，使各植物种和谐共存，群落稳定发展，达到调节自然环境与城市环境关系，在城市中实现社会、经济和环境效益的协调发展。

4. 文化原则

在植物配置中坚持文化原则，可以使城市园林向充满人文内涵的高品位方向发展，使不断演变起伏的城市历史文化脉络在城市园林中得到体现。在城市园林中把反应某种人文内涵、象征某种精神品格、代表着某个历史时期的植物科学合理地进行配置，形成具有特色的城市园林景观。

11.1.2 配置方法

1. 近自然式配置

所谓近自然式配置，一方面是指植物材料本身为近自然状态，尽量避免人工重度修剪和造型，另一方面是指在配置中要避免植物种类的单一、株行距的整齐划一以及苗木的规格的一致。在配置中，尽可能自然，通过不同物种、密度、不同规格的适应、竞争实现群落的共生与稳定。目前，城市森林在我国还处于起步阶段，森林绿地的近自然配置应该大力提倡。首先要以地带性植被为样板进行模拟，选择合适的建群种；同时要减少对树木个体、群落的过渡人工干扰。上海在城市森林建设改造中采用宫胁造林法来模拟地带性森林植被，也是一种有益的尝试。

2. 融合传统园林中植物配置方法

充分吸收传统园林植物配置中模拟自然的方法，师法自然，经过艺术加工来提升植物景观的观赏价值，在充分发挥群落生态功能的同时尽可能创造社会效益。

11.1.3 树种选择配置

树木是构成森林最基本的组成要素，科学的选择城市森林树种是保证城市森林发挥多种功能的基础，也直接影响城市森林的经营和管理成本。

1. 发展各种高大的乔木树种

在我国城市绿化用地十分有限的情况下，要达到以较少的城市绿化建设用地获得较高生态效益的目的，必须发挥乔木树种占有空间大、寿命长、生态效益高的优势。比如德国城市森林树木达到 12 修剪 6 以下的侧枝，林冠下种植栎类、山毛榉等阔叶树种。我国的高大树木物种资源丰富，30～40 的高大乔木树种很多，应该广泛加以利用。在高大乔木树种选择的过程中除了重视一些长寿命的基调树种以外，还要重视一些速生树种的使用，特别是在我国城市森林还比较落后的现实情况下，通过发展速生树种可以尽快形成森林环境。

2. 按照我国城市的气候特点和具体城市绿地的环境选择常绿与阔叶树种

乔木树种的主要作用之一是为城市居民提供遮阴环境。在我国，大部分地区都有酷热漫长的夏季，冬季虽然比较冷，但阳光比较充足。因此，我国的城市森林建设在夏季能够遮阴降温，在冬季要透光增温。而现在许多城市的城市森林建设并没有这种考虑，偏爱使用常绿树种。有些常绿树种引种进来了，许多都处在濒死的边缘，几乎没有生态效益。一些具有鲜明地方特色的落叶阔叶树种，不仅能够在夏季旺盛生长而发挥降温增湿、净化空气等生态效益，而且在冬季落叶增加光照，起到增温作用。因此，要根据城市所处地区的气候特点和具体城市绿地的环境需求选择常绿与落叶树种。

3. 选择本地带野生或栽培的建群种

追求城市绿化的个性与特色是城市园林建设的重要目标。地区之间因气候条件、土壤条件的差异造成植物种类上的不同，乡土树种是表现城市园林特色的主要载体之一。使用乡土树种更为可靠、廉价、安全，它能够适应本地区的自然环境条件，抵抗病虫害，环境污染等干扰的能力强，尽快形成相对稳定的森林结构和发挥多种生态功能，有利于减少养护成本。因此，乡土树种和地带性植被应该成为城市园林的主体。建群种是森林植物群落中在群落外貌、土地利用、空间占用、数量等方面占主导地位的树木种类。建群种可以是乡土树种，也可以是在引入地经过长期栽培，已适应引入地自然条件地的外来种。建群种无论是在对当地气候条件的适应性，增建群落的稳定性，还是展现当地森林植物群落外貌特征等方面都有不可替代的作用。

11.2 绘制校园种植图

本例将要绘制的是某大学校园局部的绿化设计图。

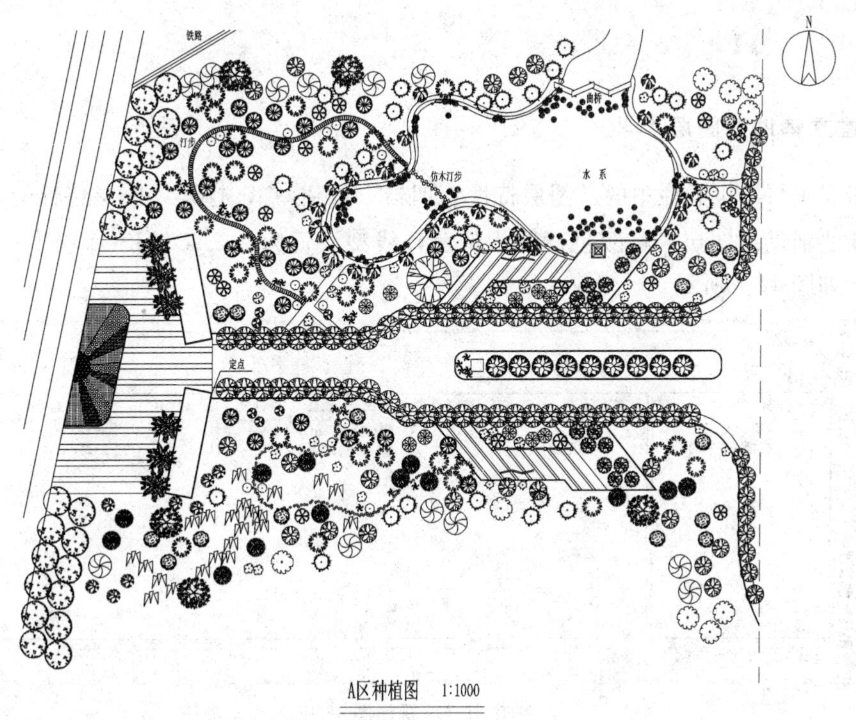

图 11-1 校园种植图

光盘\动画演示\第11章\校园种植图.avi

11.2.1 必要的设置

【操作步骤】

1. 单位设置

将系统单位设为毫米（mm）。以 1∶1 的比例绘制。具体操作是，单击菜单栏“格式”→“单位”命令，打开“图形单位”对话框，按图 11-2 所示进行设置。

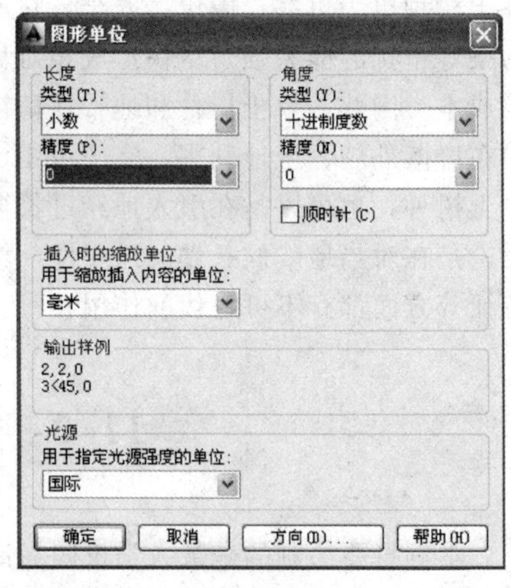

图 11-2 单位设置

2. 图形界限设置

AutoCAD 2014 默认的图形界限为 420×297，是 A3 图幅，但是我们以 1∶1 的比例绘图，将图形界限设为 420000×297000。

11.2.2 辅助线的设置

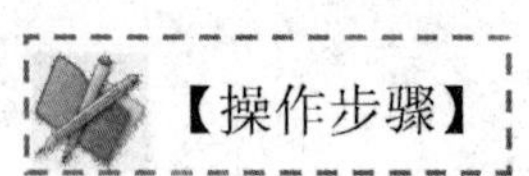

【操作步骤】

1. 建立辅助线图层

单击“图层”工具栏中的“图层特性管理器”按钮，打开“图层特性管理器”对话框，新建辅助线图层，将颜色设置为红色，线型设置为 ACAD _ ISO10W100，其他属性默认，如图 11-3 所示。

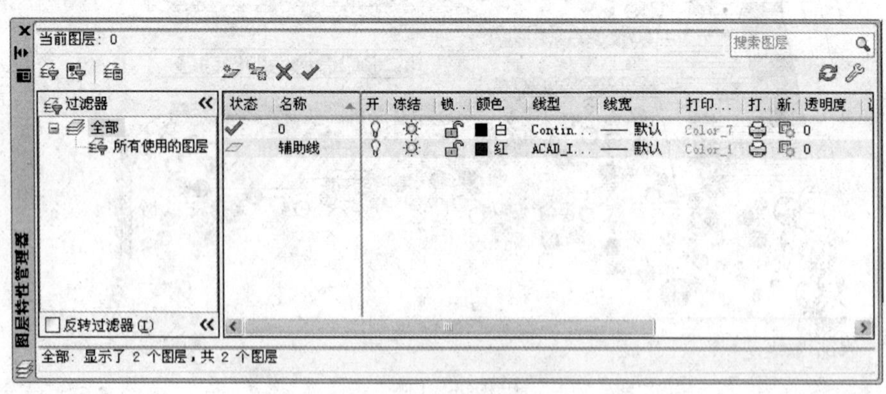

图 11-3 新建图层

2. 对象捕捉设置

将鼠标箭头移到状态栏“对象捕捉”按钮上，按右键打开一个菜单，单击“设置”命令，打开“对象捕捉”选项卡，将捕捉模式按图 11-4 所示进行设置。

3. 辅助线的绘制

辅助线的设置用来控制全园景观的秩序，为场地基址的特性。将“辅助线”图层置为当前层，单击“绘图”工具栏中的“直线”按钮，绘制轴线，如图 11-5 所示。

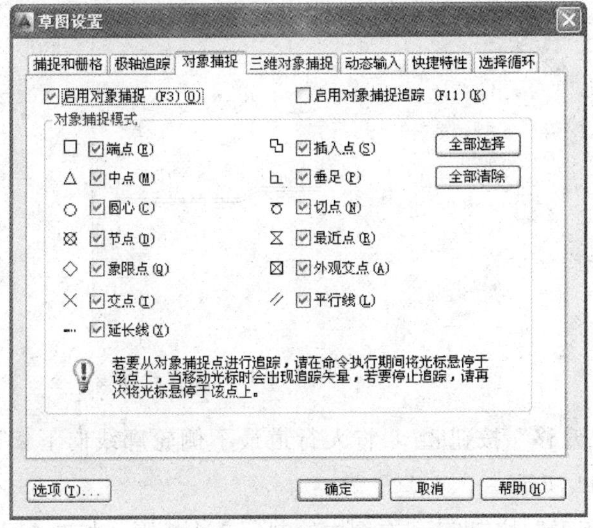

图 11-4　对象捕捉设置

图 11-5　绘制辅助线

11.2.3　绘制道路

1. 绘制人行道

（1）新建道路图层，并将其设置为当前层，单击“绘图”工具栏中的“直线”按钮，绘制长为 44200 的水平直线，如图 11-6 所示。

（2）单击“绘图”工具栏中的“圆弧”按钮，绘制一段圆弧，该圆弧的水平长为 13600，如图 11-7 所示。

图 11-6　绘制水平直线

（3）单击“绘图”工具栏中的“直线”按钮，以上步绘制的圆弧右端点为起点，水平向右绘制长为 77500 的水平直线，如图 11-8 所示。

（4）单击“绘图”工具栏中的“直线”按钮和“圆弧”按钮，以上步绘制的直线端点为起点继续绘制图形，最终完成人行道轮廓线的绘制，如图 11-9 所示。

（5）单击“修改”工具栏中的“偏移”按钮，将人行道轮廓线向下偏移 3000，并整理图形，完成人行道的绘制，如图 11-10 所示。

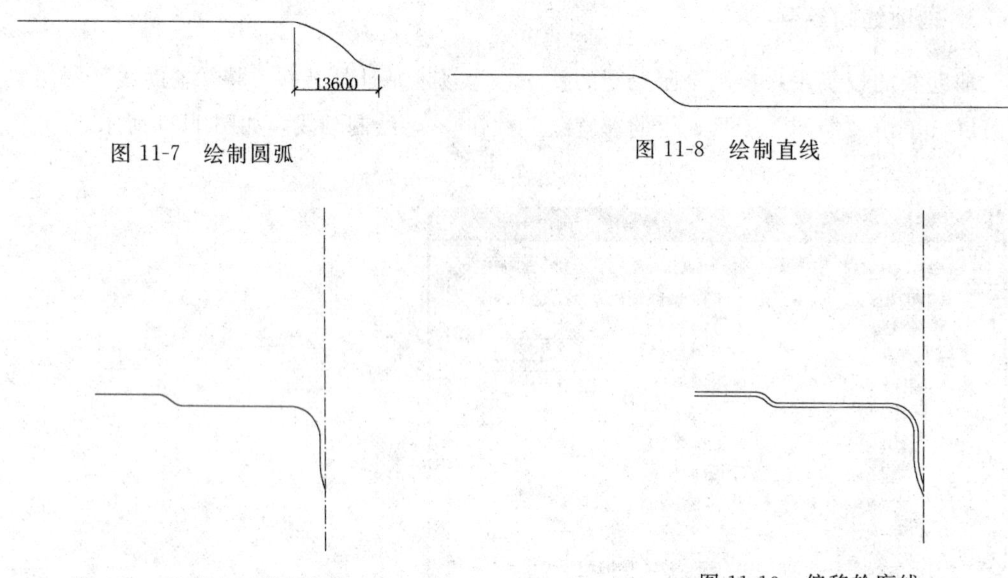

图 11-7　绘制圆弧

图 11-8　绘制直线

图 11-9　绘制人行道轮廓线

图 11-10　偏移轮廓线

(6) 单击“修改”工具栏中的“偏移”按钮，将人行道最下侧轮廓线向下偏移 160，完成标准花池的绘制，如图 11-11 所示。

(7) 单击“绘图”工具栏中的“矩形”按钮，在图中绘制一个小矩形，如图 11-12 所示。

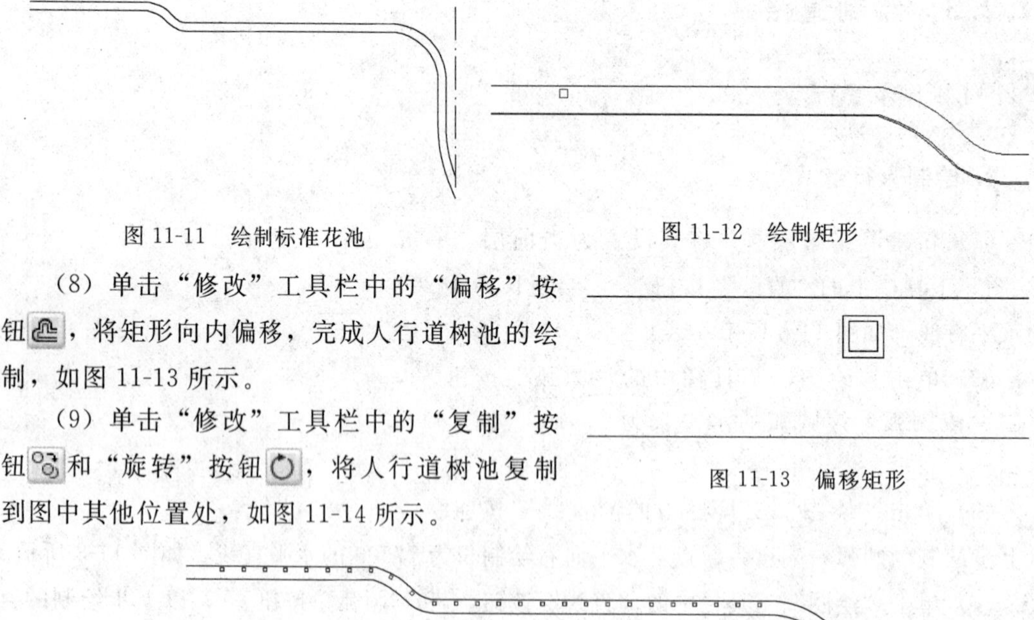

图 11-11　绘制标准花池

图 11-12　绘制矩形

(8) 单击“修改”工具栏中的“偏移”按钮，将矩形向内偏移，完成人行道树池的绘制，如图 11-13 所示。

图 11-13　偏移矩形

(9) 单击“修改”工具栏中的“复制”按钮和“旋转”按钮，将人行道树池复制到图中其他位置处，如图 11-14 所示。

图 11-14　复制人行道树池

(10) 单击“绘图”工具栏中的“直线”按钮，在图中绘制一条长为26000的竖直直线，如图11-15所示。

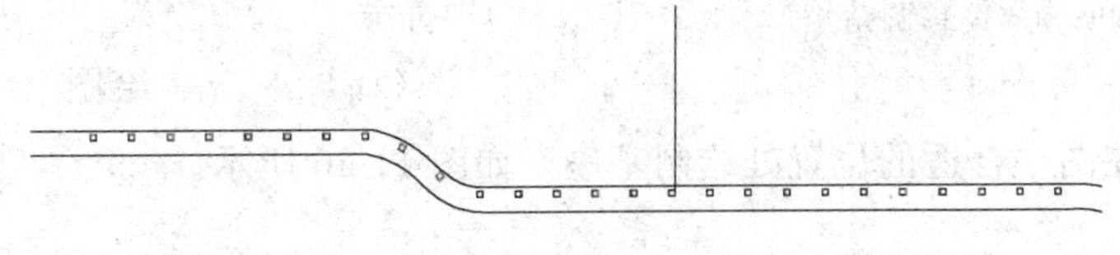

图11-15　绘制竖直直线

(11) 单击“修改”工具栏中的“镜像”按钮，以上步绘制的竖直直线的中点为镜像点，将人行道镜像到另外一侧，使其间距为26000，然后单击“修改”工具栏中的“删除”按钮，将竖直直线删除，结果如图11-16所示。

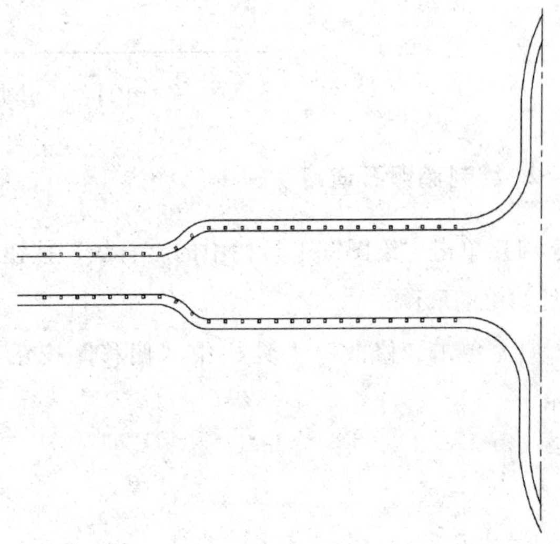

图11-16　镜像人行道

(12) 单击“绘图”工具栏中的“矩形”按钮，在人行道之间绘制一个矩形，将矩形的两条长边距离人行道内侧轮廓线的间距设为9000，如图11-17所示。

(13) 单击“修改”工具栏中的“分解”按钮，将矩形分解。

(14) 单击“修改”工具栏中的“圆角”按钮，对矩形进行圆角操作，如图11-18所示。

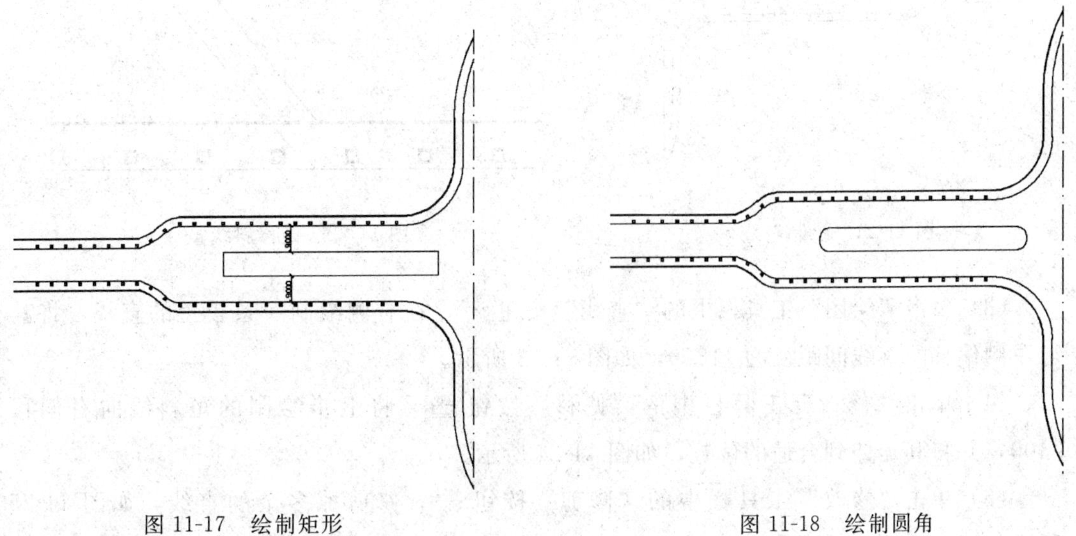

图11-17　绘制矩形　　图11-18　绘制圆角

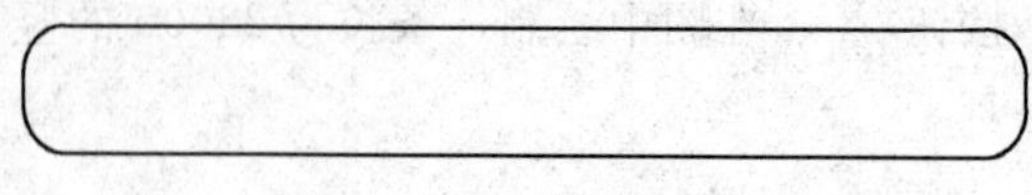
图 11-19　偏移圆角矩形

(15) 单击“修改”工具栏中“偏移”按钮，将圆角矩形向内偏移，如图 11-19 所示。

(16) 单击“绘图”工具栏中的“矩形”按钮，在图中合适的位置处绘制基座，如图 11-20 所示。

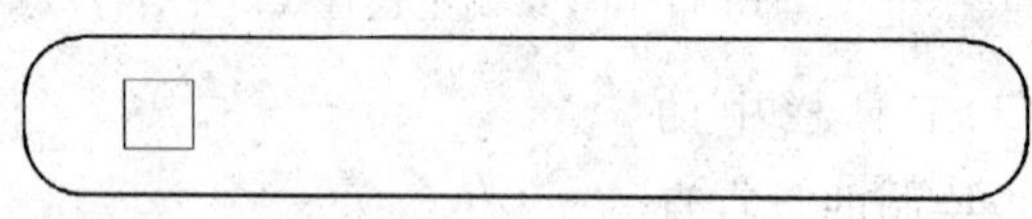
图 11-20　绘制基座

2. 绘制鹅卵石道路

(1) 单击“绘图”工具栏中的“直线”按钮，在图中合适的位置处绘制一条斜线，如图 11-21 所示。

(2) 单击“修改”工具栏中“偏移”按钮，将斜线向右偏移 2500，如图 11-22 所示。

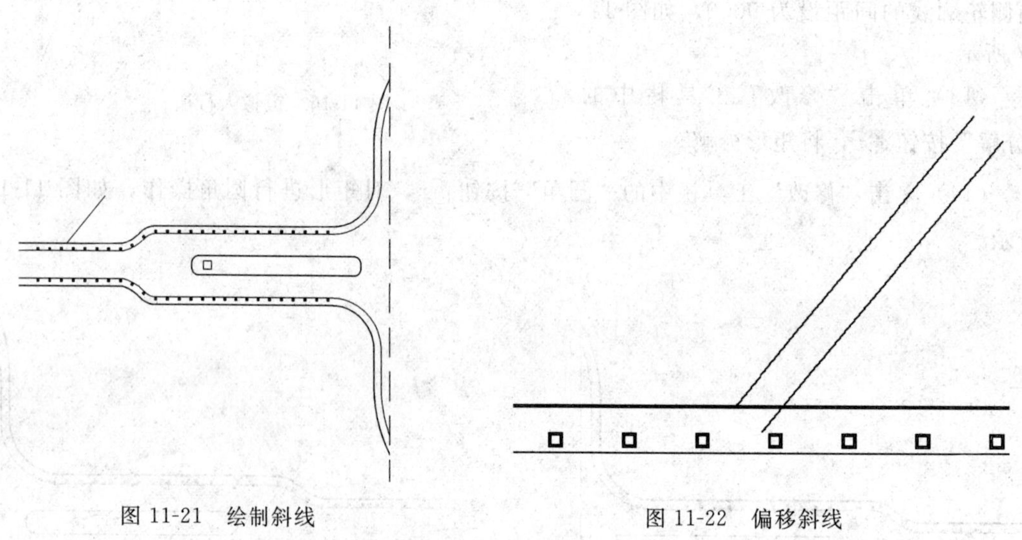
图 11-21　绘制斜线　　图 11-22　偏移斜线

(3) 单击“绘图”工具栏中的“直线”按钮，在右侧绘制一条较短的直线，将其与左侧偏移的直线间距设为 11800，如图 11-23 所示。

(4) 单击“修改”工具栏中的“偏移”按钮，将上步绘制的短斜线向右偏移 2400，并将其延伸到合适的位置，如图 11-24 所示。

(5) 单击“修改”工具栏中的“修剪”按钮，修剪掉多余的直线，如图 11-25 所示。

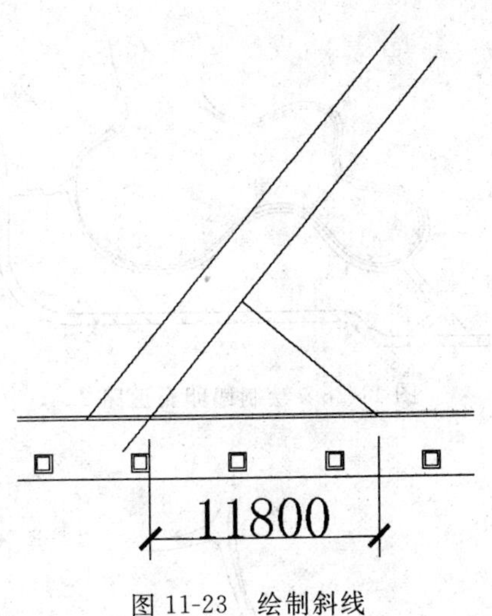

图 11-23 绘制斜线

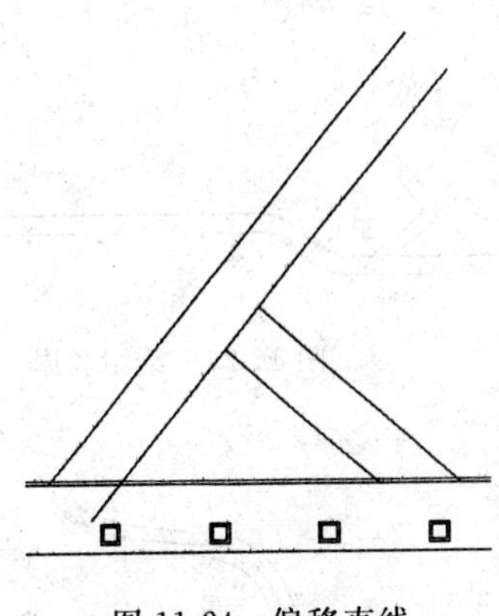

图 11-24 偏移直线

(6) 单击“绘图”工具栏中的“圆弧”按钮和“样条曲线”按钮，绘制鹅卵石道路，如图 11-26 所示。

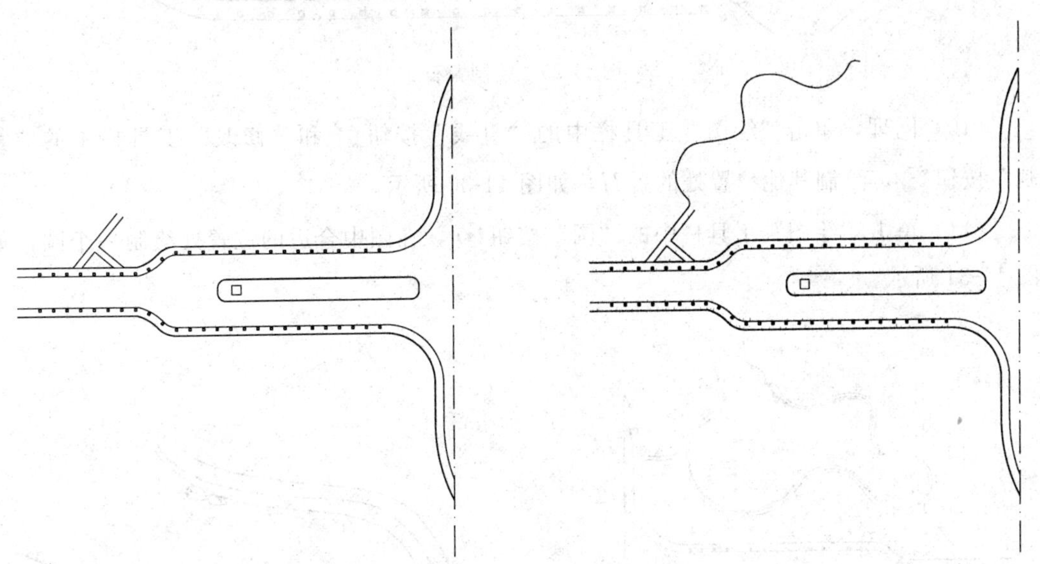

图 11-25 修剪掉多余的直线

图 11-26 绘制鹅卵石道路 1

(7) 单击“绘图”工具栏中的“样条曲线”按钮，绘制驳岸，如图 11-27 所示。

(8) 同理，绘制其他位置处的鹅卵石道路，结果如图 11-28 所示。

(9) 单击“绘图”工具栏中的“直线”按钮，在图中绘制置石，如图 11-29 所示。

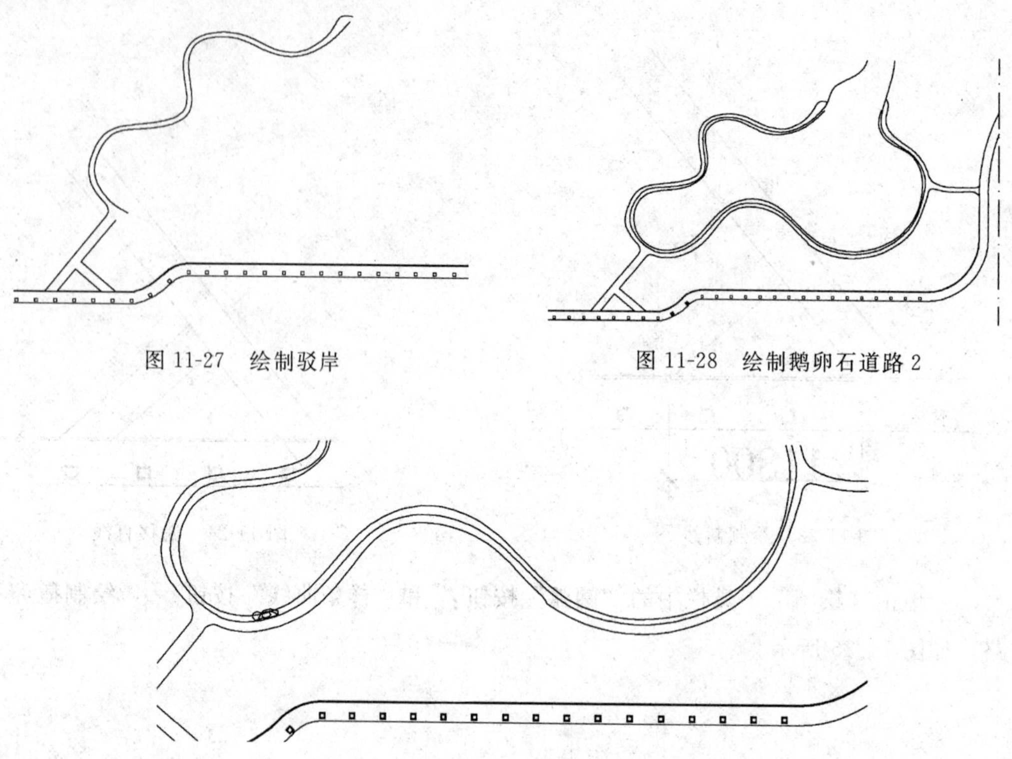

图 11-27　绘制驳岸　　　图 11-28　绘制鹅卵石道路 2

图 11-29　绘制置石 1

(10) 同理，单击“绘图”工具栏中的“直线”按钮和“修改”工具栏中的“复制”按钮，绘制其他位置处的置石，如图 11-30 所示。

(11) 单击“绘图”工具栏中的“圆”按钮，在图中合适的位置处绘制一个圆，如图 11-31 所示。

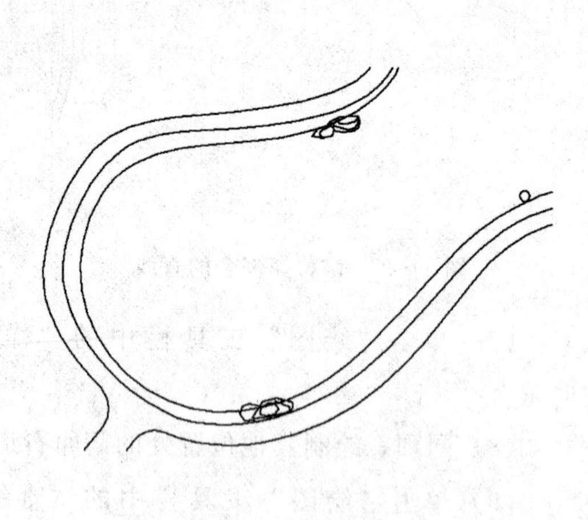

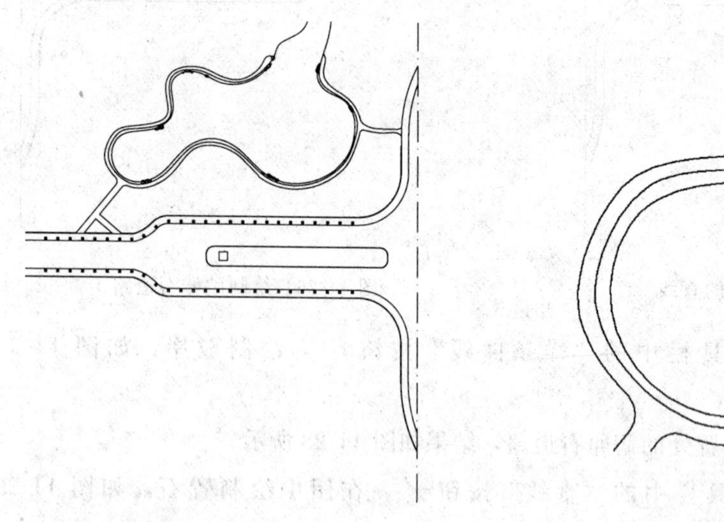

图 11-30　绘制置石 2　　　图 11-31　绘制圆

（12）单击“修改”工具栏中的“复制”按钮，复制圆，完成仿木汀步的绘制，如图 11-32 所示。

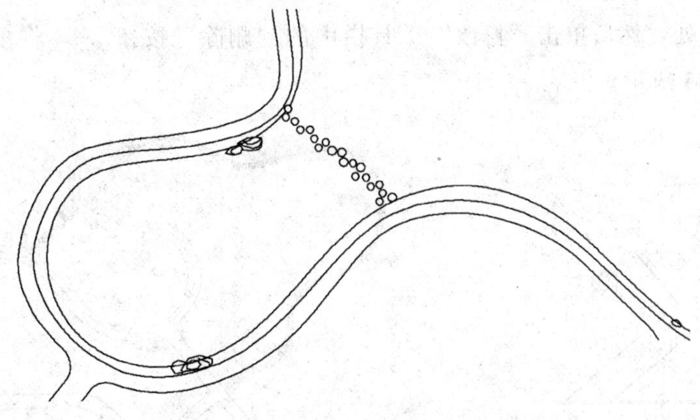

图 11-32　绘制仿木汀步

（13）单击“绘图”工具栏中的“样条曲线”按钮，在图中合适的位置处，绘制一条样条曲线，如图 11-33 所示。

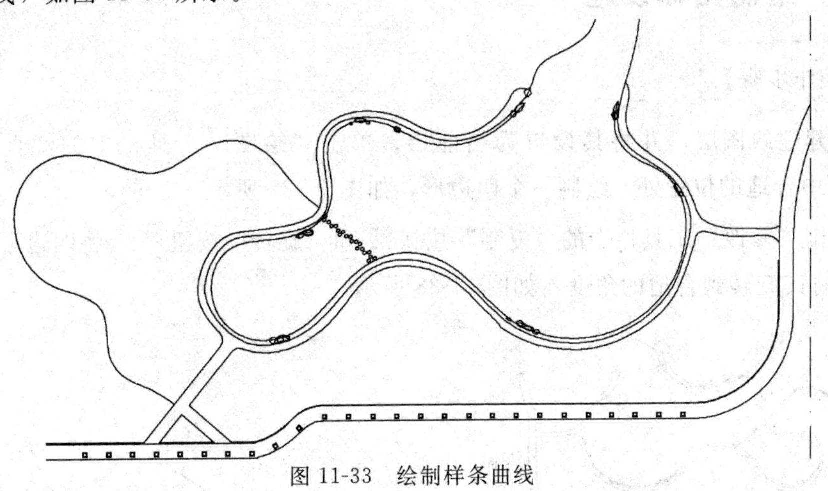

图 11-33　绘制样条曲线

（14）单击“修改”工具栏中的“偏移”按钮，将样条曲线向内偏移 1200，如图 11-34 所示。

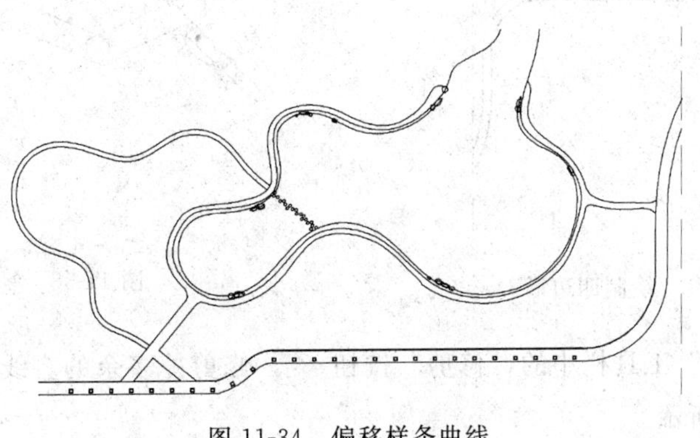

图 11-34　偏移样条曲线

(15) 单击“绘图”工具栏中的“直线”按钮，绘制汀步，如图 11-35 所示。

(16) 单击“修改”工具栏中的“复制”按钮，根据绘制的样条曲线，将汀步复制到图中其他位置处，然后单击“修改”工具栏中的“删除”按钮，将多余的样条曲线删除，如图 11-36 所示。

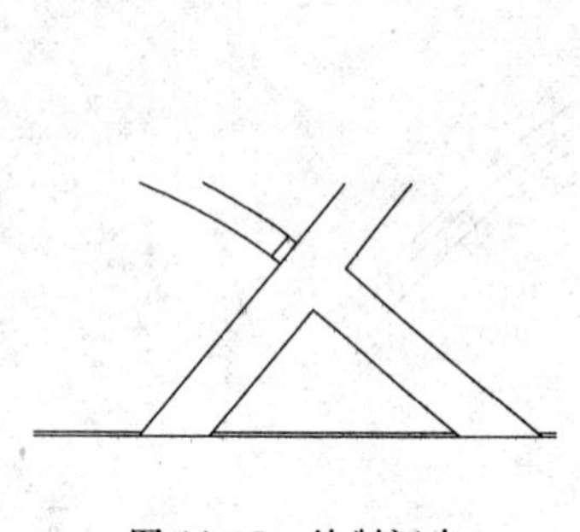

图 11-35 绘制汀步

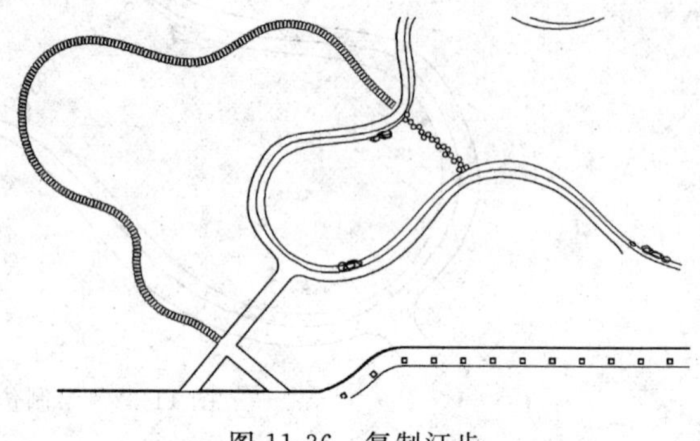

图 11-36 复制汀步

11.2.4 绘制园林设施

【操作步骤】

1. 新建建筑图层，并将其设置为当前层，单击“绘图”工具栏中的“直线”按钮，在图中合适的位置处，绘制一个四边形，如图 11-37 所示。

2. 单击“修改”工具栏中的“复制”按钮和“旋转”按钮，将四边形向右复制三个，并将其旋转到合适的角度，如图 11-38 所示。

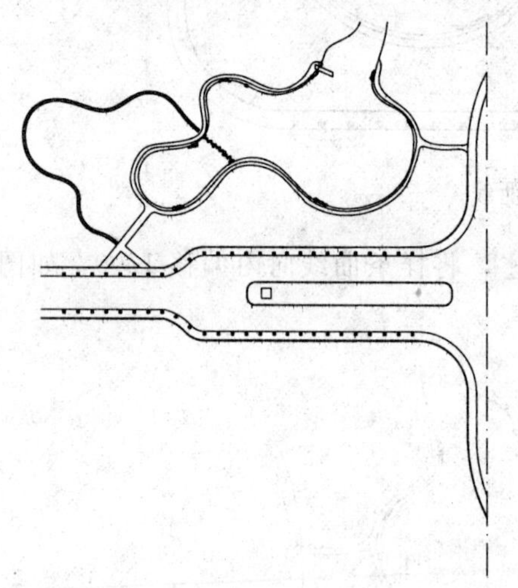

图 11-37 绘制四边形

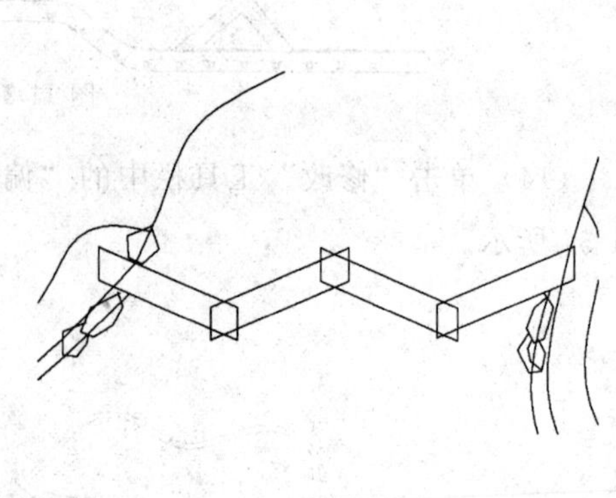

图 11-38 复制四边形

3. 单击“修改”工具栏中的“修剪”按钮，修剪掉多余的直线，最终完成曲桥的绘制，如图 11-39 所示。

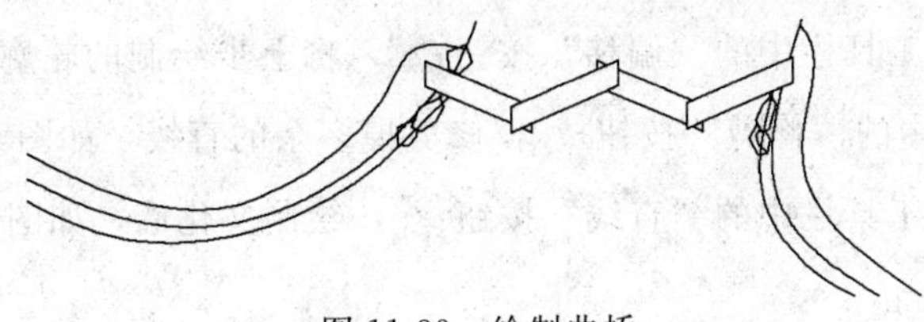

图 11-39 绘制曲桥

4. 单击“绘图”工具栏中的“直线”按钮，在人行道上侧绘制一条长为 20800 的斜线，如图 11-40 所示。

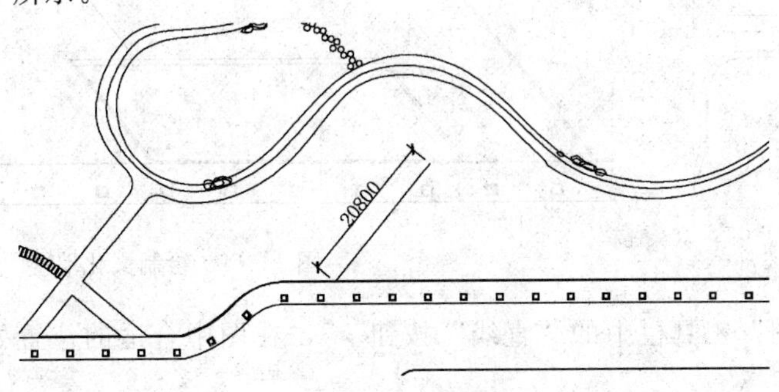

图 11-40 绘制斜线

5. 单击“修改”工具栏中的“偏移”按钮，将上步绘制的斜线依次向右偏移，水平间距分别为 9900、24100 和 14200，如图 11-41 所示。

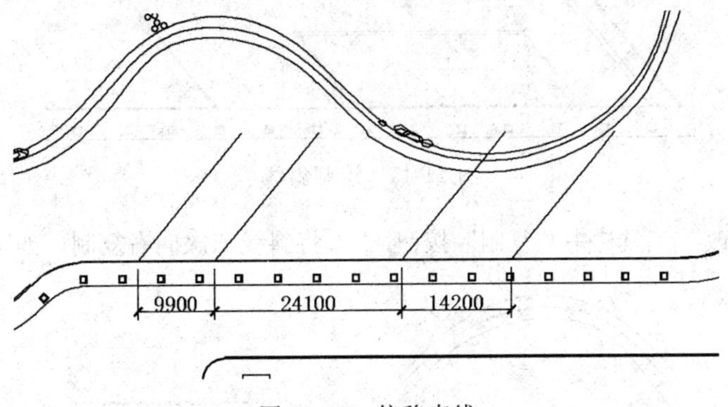

图 11-41 偏移直线

6. 单击“绘图”工具栏中的“直线”按钮和“修改”工具栏中的“修剪”按钮，补充绘制剩余图形，如图 11-42 所示。

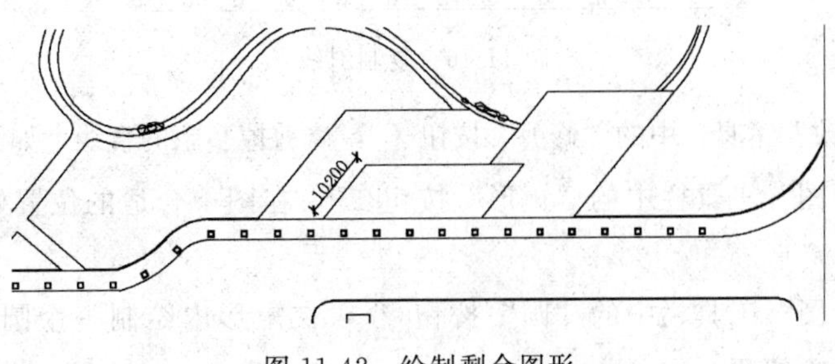

图 11-42 绘制剩余图形

7. 单击“修改”工具栏中的“偏移”按钮，将上步绘制的轮廓线进行偏移，然后单击“修改”工具栏中的“修剪”按钮，修剪掉多余的直线，如图 11-43 所示。

8. 单击“绘图”工具栏中的“直线”按钮，绘制文化墙，如图 11-44 所示。

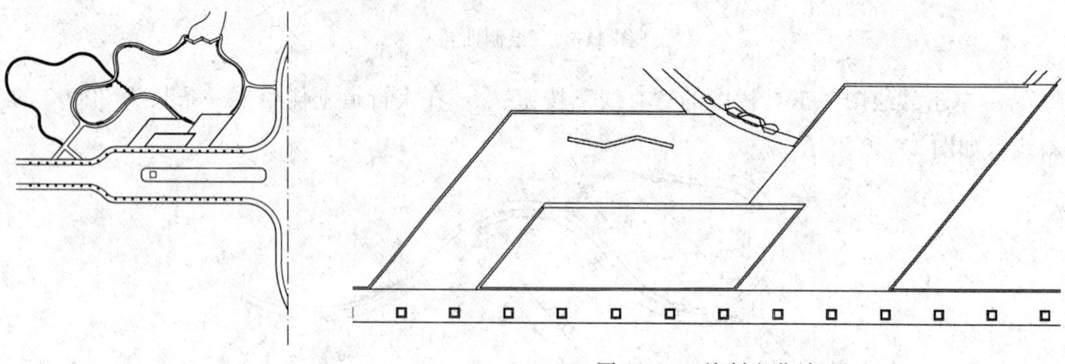

图 11-43 偏移轮廓线

图 11-44 绘制文化墙

9. 单击“绘图”工具栏中的“直线”按钮，在图中合适的位置处绘制两条斜线，如图 11-45 所示。

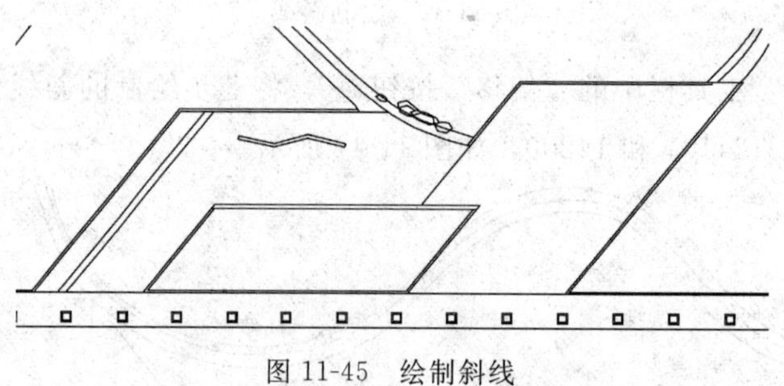

图 11-45 绘制斜线

10. 单击“修改”工具栏中“复制”按钮，将斜线依次向右复制，如图 11-46 所示。

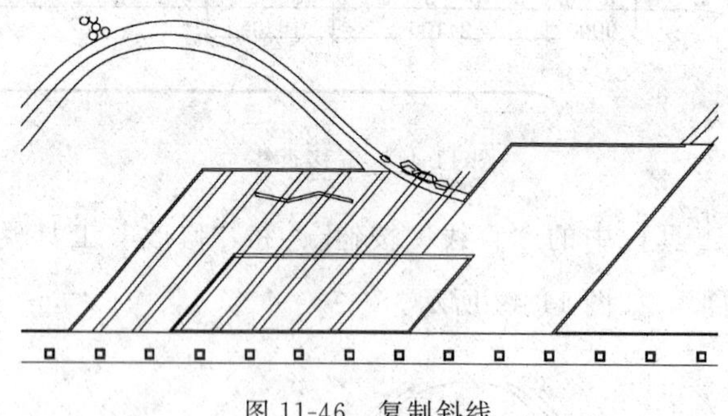

图 11-46 复制斜线

11. 单击“修改”工具栏中的“修剪”按钮，修剪掉多余的直线，如图 11-47 所示。

12. 单击“绘图”工具栏中的“矩形”按钮，在图中合适的位置处绘制一个矩形，如图 11-48 所示。

13. 单击“绘图”工具栏中的“圆”按钮，在矩形内绘制一个圆，完成坐凳花池的绘制，如图 11-49 所示。

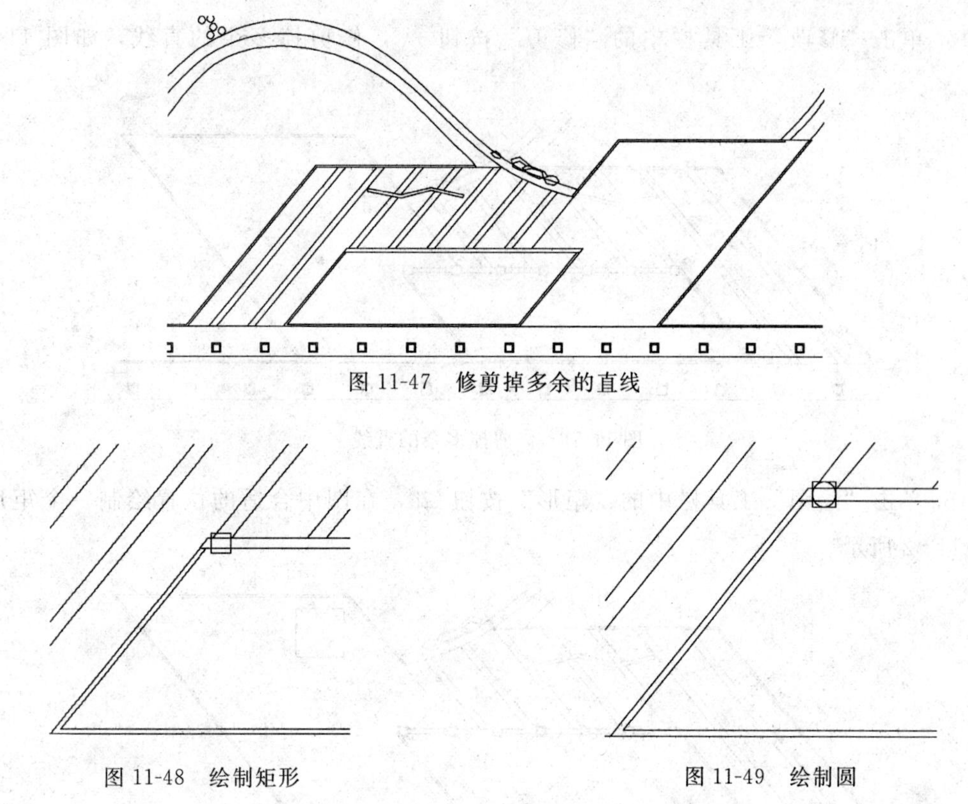

图 11-47　修剪掉多余的直线

图 11-48　绘制矩形

图 11-49　绘制圆

14. 单击“修改”工具栏中的“复制”按钮，将坐凳花池复制到图中其他位置处，如图 11-50 所示。

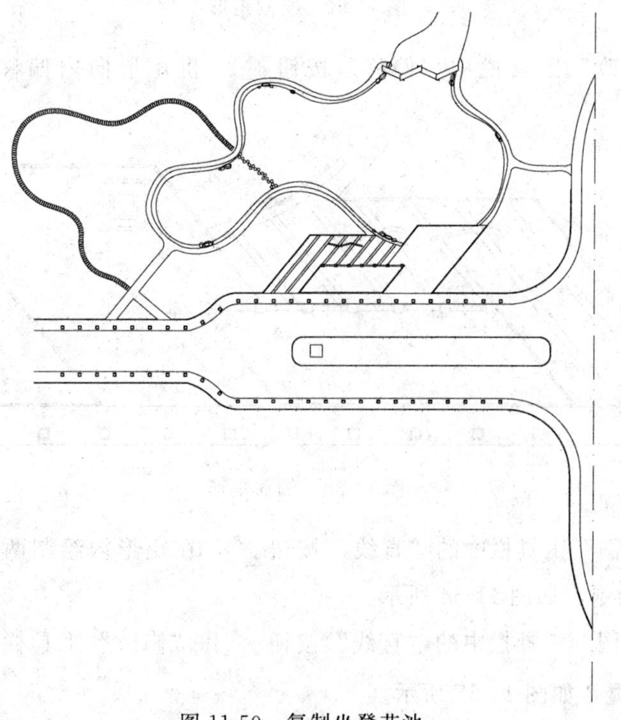

图 11-50　复制坐凳花池

15. 单击“修改”工具栏中的“修剪”按钮，修剪掉多余的直线，如图 11-51 所示。

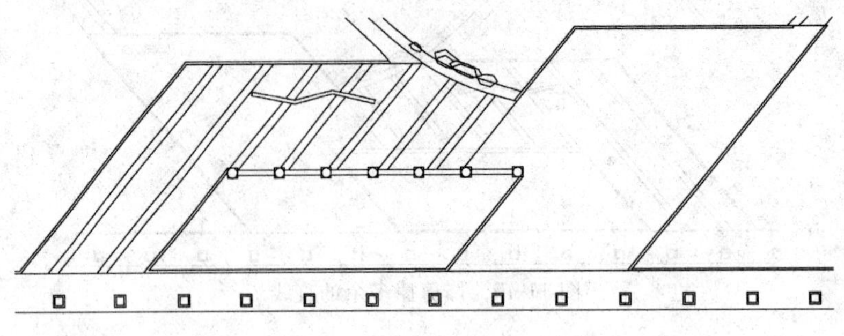

图 11-51　修剪掉多余的直线

16. 单击“绘图”工具栏中的“矩形”按钮，在图中合适的位置绘制一个矩形，如图 11-52 所示。

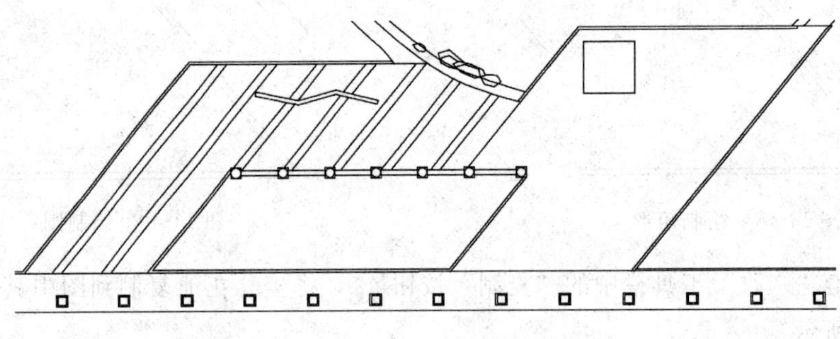

图 11-52　绘制矩形

17. 单击“修改”工具栏中“偏移”按钮，将矩形向内偏移三个，如图 11-53 所示。

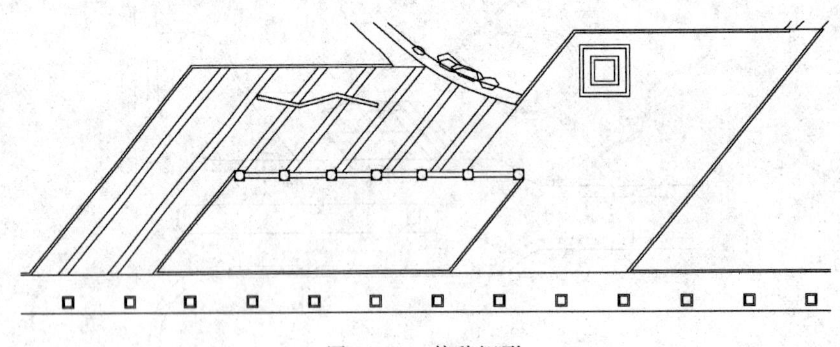

图 11-53　偏移矩形

18. 单击“绘图”工具栏中的“直线”按钮，在矩形内绘制两条相交的斜线，最终完成仿木亭的绘制，如图 11-54 所示。

19. 单击“绘图”工具栏中的“直线”按钮和“修改”工具栏中的“偏移”按钮，绘制树池坐凳，如图 11-55 所示。

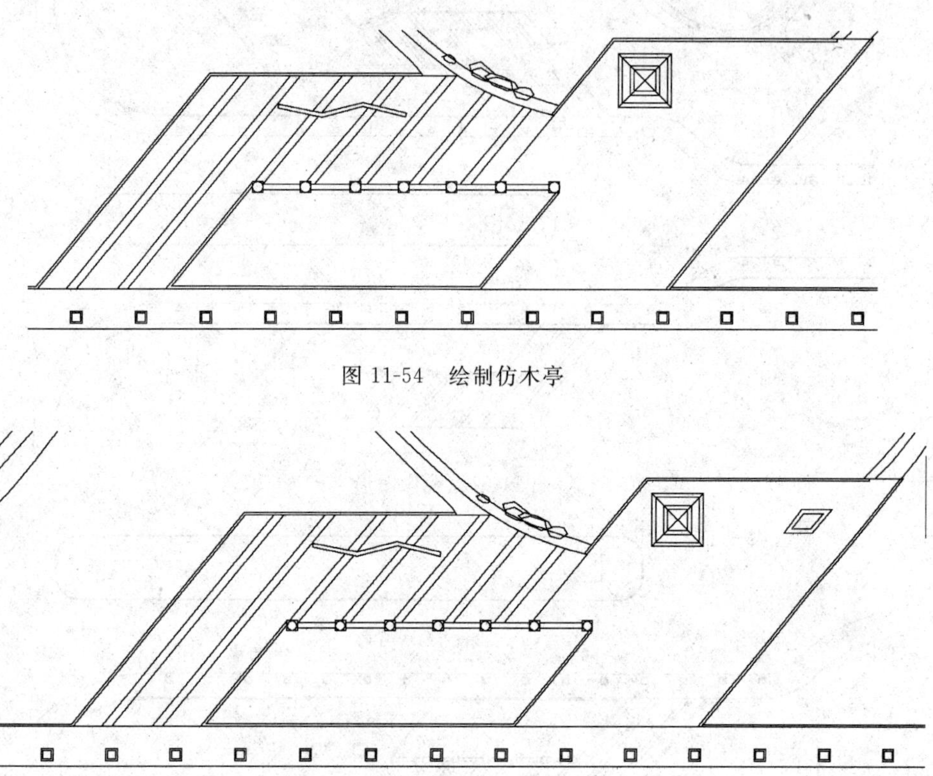

图 11-54　绘制仿木亭

图 11-55　绘制树池坐凳

20. 单击“修改”工具栏中的“复制”按钮，将树池坐凳依次向下复制，如图 11-56 所示。

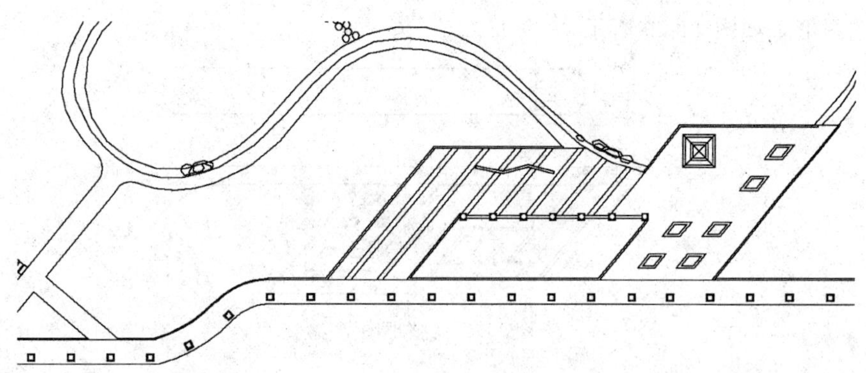

图 11-56　复制树池坐凳

21. 单击“修改”工具栏中的“镜像”按钮，镜像图形，如图 11-57 所示。

22. 单击“修改”工具栏中的“删除”按钮，将镜像后的仿木亭删除。

23. 单击“修改”工具栏中的“复制”按钮，将树池坐凳向左复制两个，如图 11-58所示。

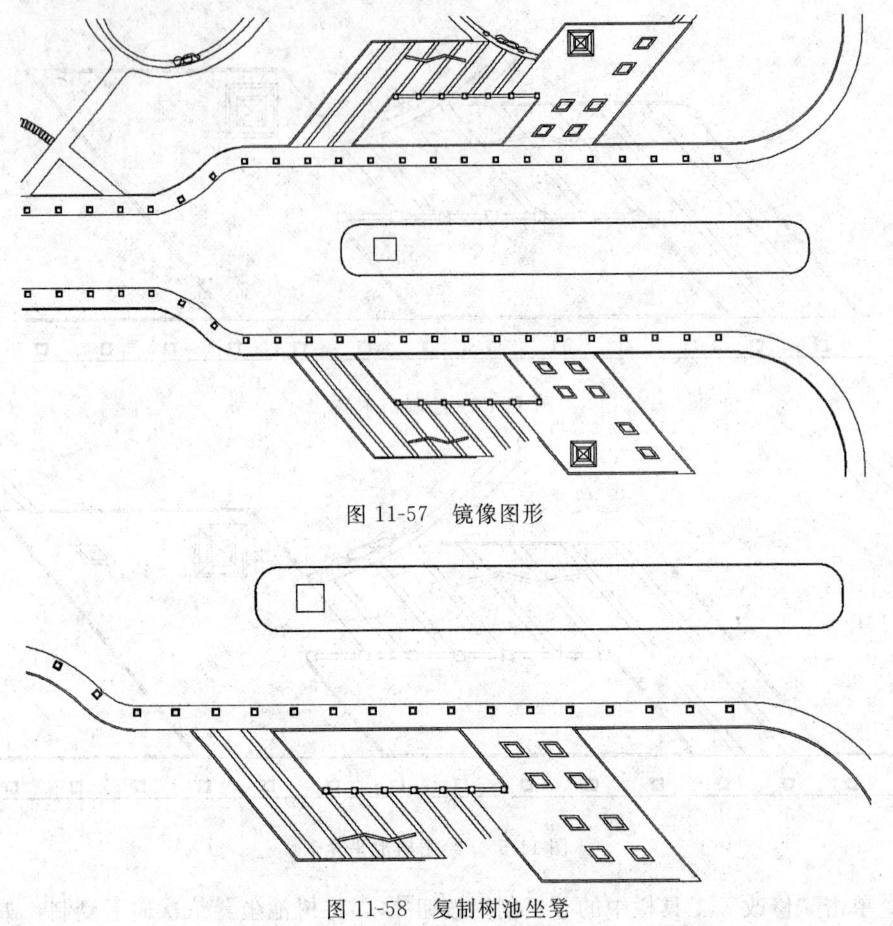

图 11-57　镜像图形

图 11-58　复制树池坐凳

24. 单击“绘图”工具栏中的“直线”按钮和“修改”工具栏中的“修剪”按钮，整理图形，如图 11-59 所示。

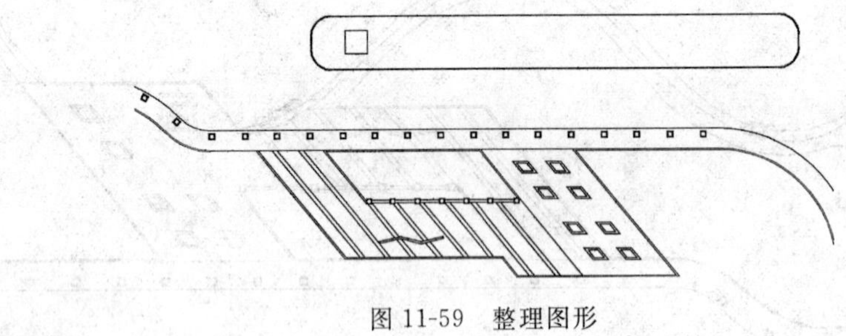

图 11-59　整理图形

11.2.5　绘制广场

1. 新建广场图层，并将其设置为当前层，单击“修改”工具栏中的“偏移”按钮，选中直线 1，如图 11-60 所示，将直线 1 向左偏移 199500，如图 11-61 所示。

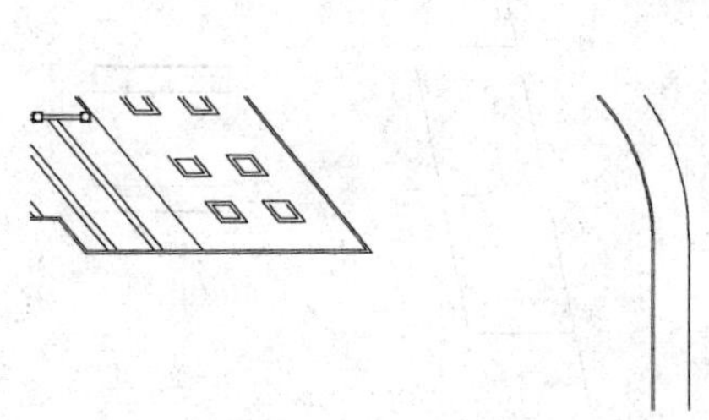
图 11-60 直线

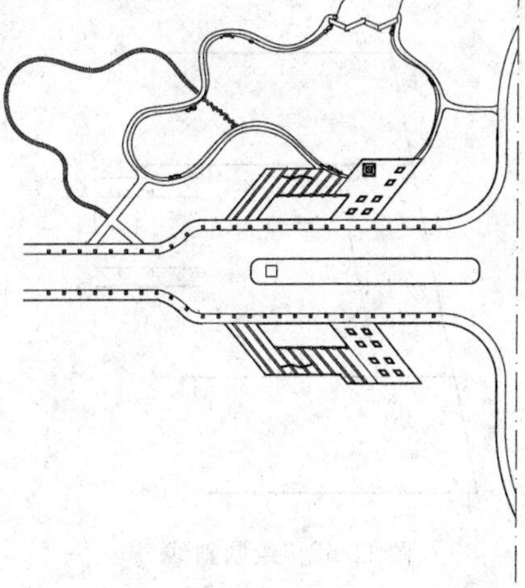

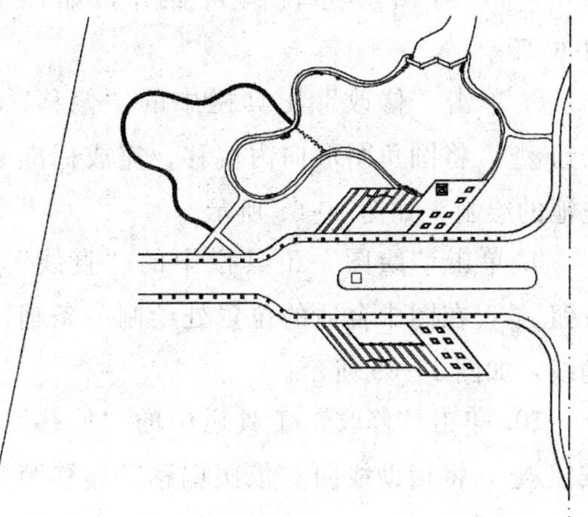
图 11-61 偏移直线

2. 单击“绘图”工具栏中的“直线”按钮，根据偏移的直线绘制一条斜线，并将直线 1 删除，如图 11-62 所示。

3. 单击“绘图”工具栏中的“直线”按钮，绘制一条长为 46400 的水平直线，如图 11-63 所示。

4. 单击“修改”工具栏中的“复制”按钮，将水平直线向上依次复制，距离为 19000、35100 和 18300，如图 11-64 所示。

5. 单击“绘图”工具栏中的“直线”按钮，在图中合适的位置处，绘制一条斜线，如图 11-65 所示。

图 11-62 绘制斜线

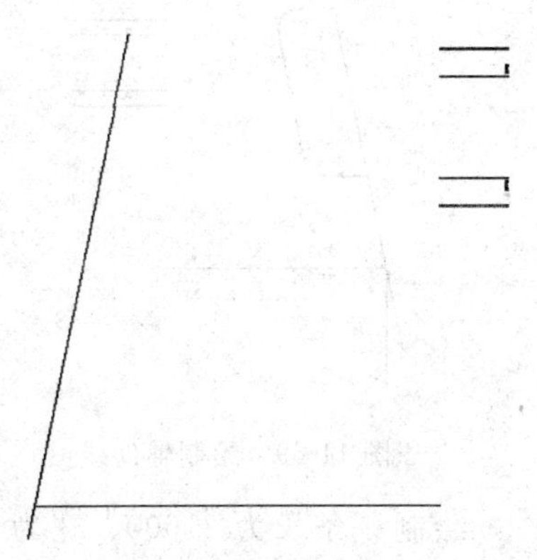
图 11-63 绘制水平直线

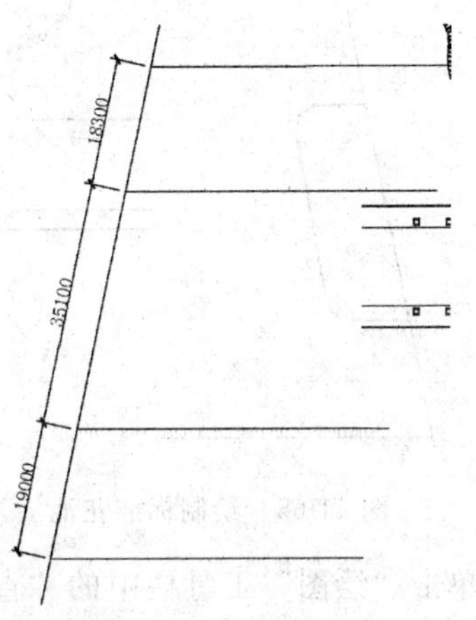

图 11-64 复制水平直线

6. 单击“修改”工具栏中“修剪”按钮，修剪掉多余的直线，如图 11-66 所示。

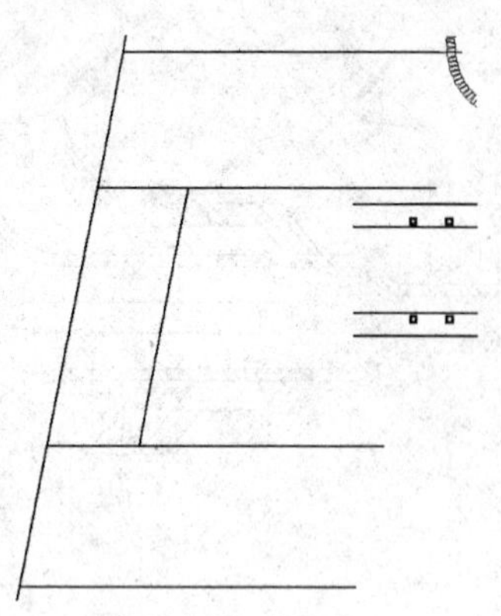

图 11-65　绘制斜线

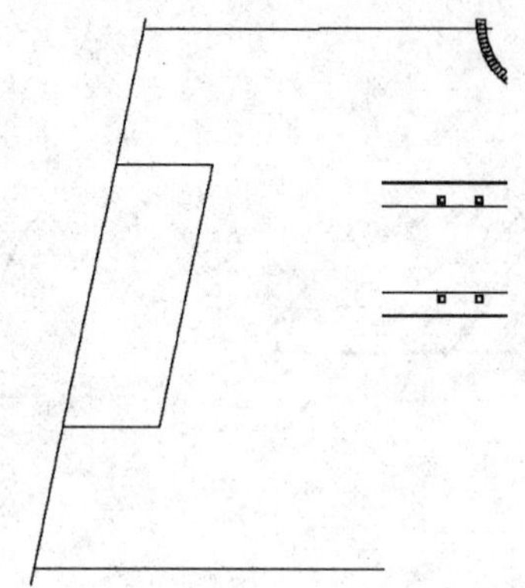

图 11-66　修剪掉多余的直线

7. 单击“修改”工具栏中的“圆角”按钮，对图形进行圆角操作，如图 11-67所示。

8. 单击“修改”工具栏中的“偏移”按钮，将圆角图形向内偏移，完成标准花池的绘制，如图 10-68 所示。

9. 单击“绘图”工具栏中的“直线”按钮，在图中合适的位置处绘制一条辅助线，如图 11-69 所示。

10. 单击“修改”工具栏中的“偏移”按钮，将辅助线向右依次偏移，偏移距离为 28400、4700、8300 和 5000，如图 11-70 所示。

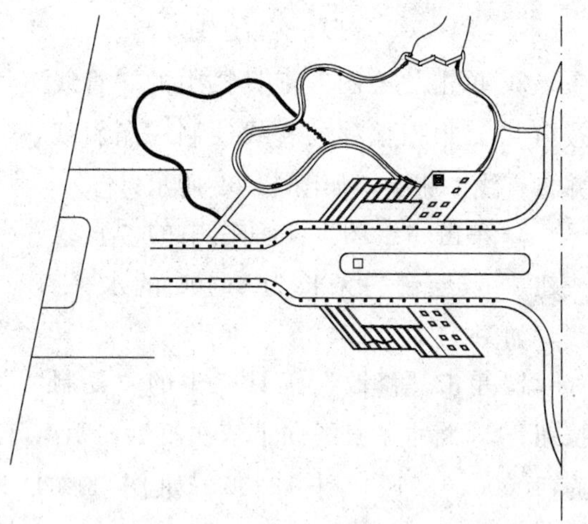

图 11-67　绘制圆角

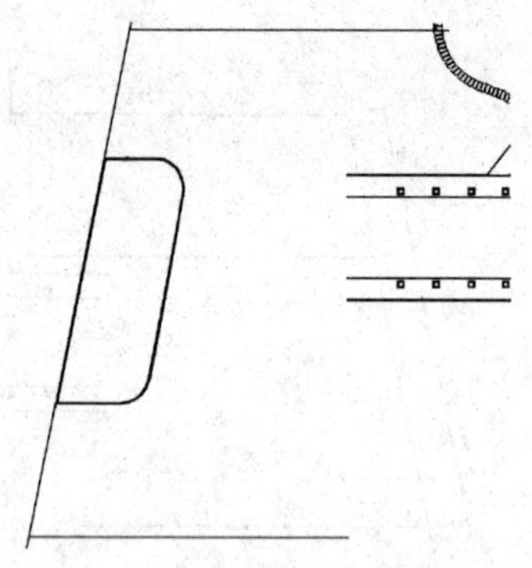

图 11-68　绘制标准花池

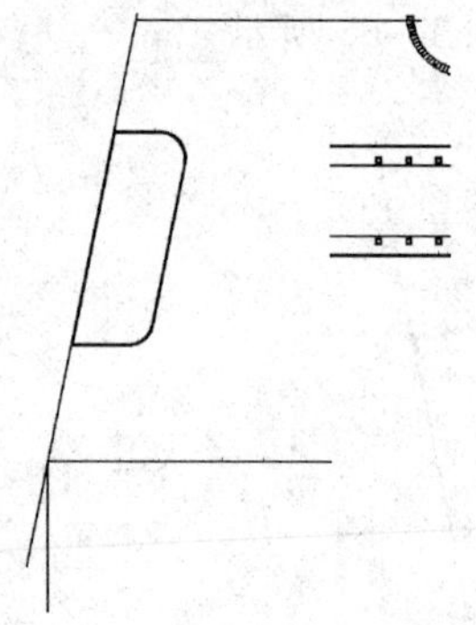

图 11-69　绘制辅助线

11. 单击“绘图”工具栏中的“直线”按钮，绘制一条长为 21600、宽为 4700 的种植池，如图 11-71 所示。

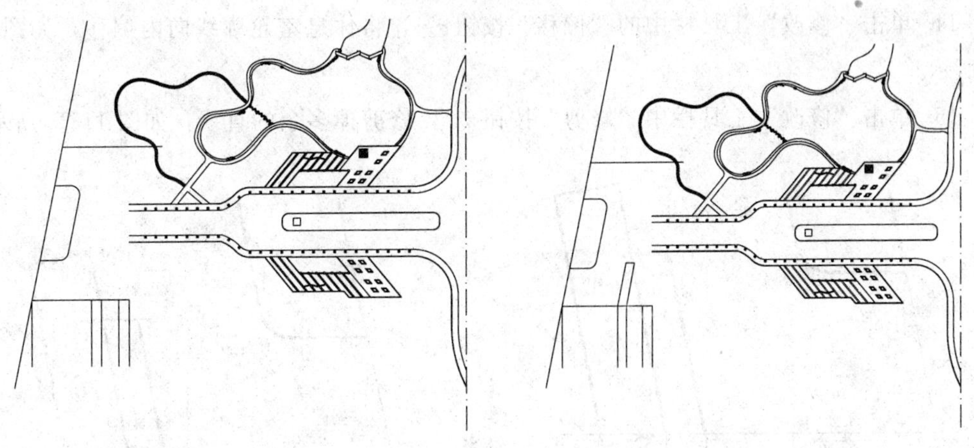

图 11-70 偏移直线　　图 11-71 绘制种植池

12. 单击“修改”工具栏中的“偏移”按钮，将种植池轮廓向内偏移，如图 11-72 所示。

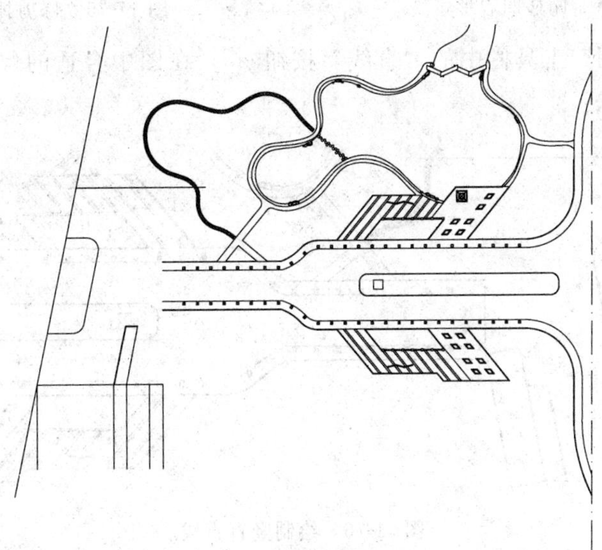

图 11-72 偏移种植池轮廓

13. 单击“绘图”工具栏中的“直线”按钮，在图中合适的位置处绘制休息室，如图 11-73 所示。

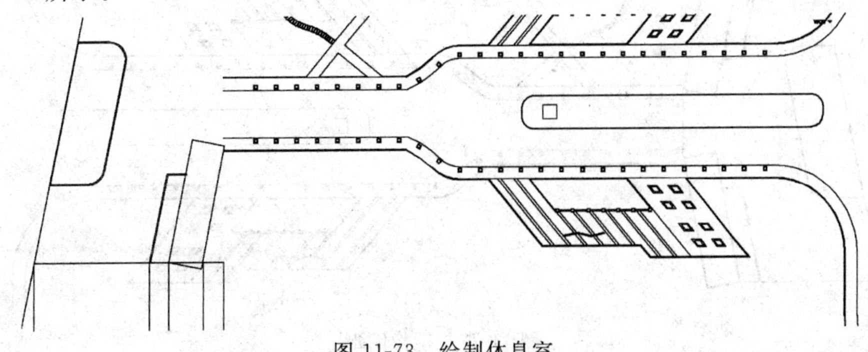

图 11-73 绘制休息室

14. 单击“修改”工具栏中的“偏移”按钮，将休息室轮廓线向内偏移，如图 11-74 所示。

15. 单击“修改”工具栏中“修剪”按钮，修剪掉多余的直线，如图 11-75 所示。

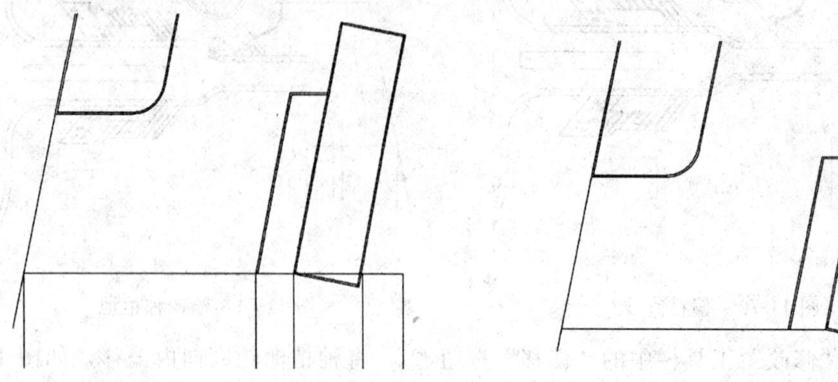

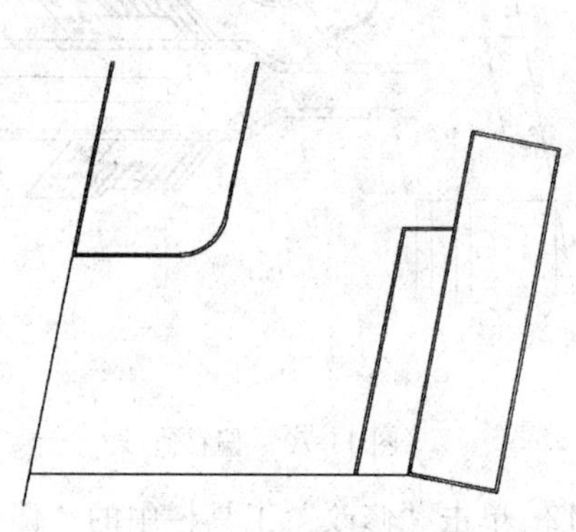

图 11-74　偏移四边形　　　　图 11-75　修剪掉多余的直线

16. 单击“绘图”工具栏中的“直线”按钮，在图中合适的位置绘制一条竖直直线，如图 11-76 所示。

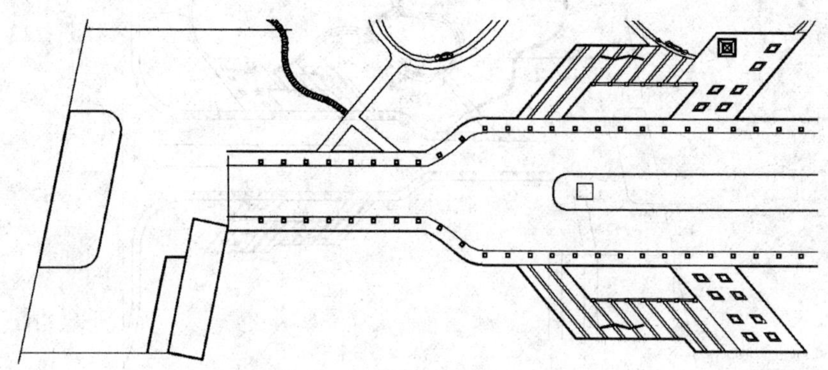

图 11-76　绘制竖直直线

17. 单击“修改”工具栏中的“镜像”按钮，镜像图形，如图 11-77 所示。

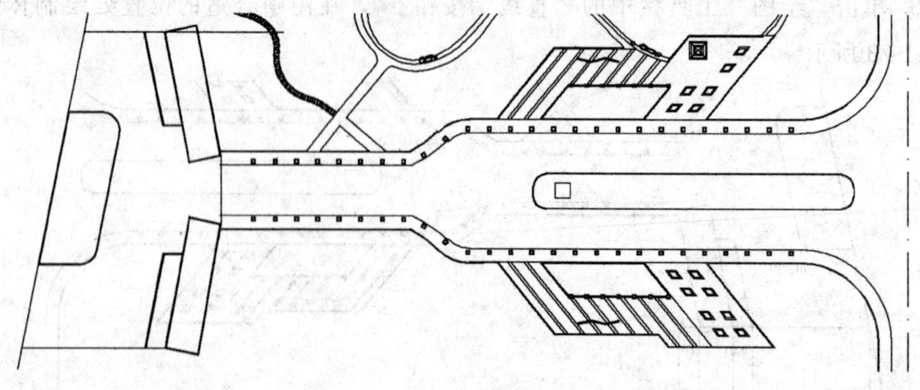

图 11-77　镜像图形

18. 单击“修改”工具栏中“修剪”按钮，修剪掉多余的直线，如图 11-78 所示。

19. 单击“绘图”工具栏中的“圆弧”按钮，在图中合适的位置处绘制一段圆弧，如图 11-79 所示。

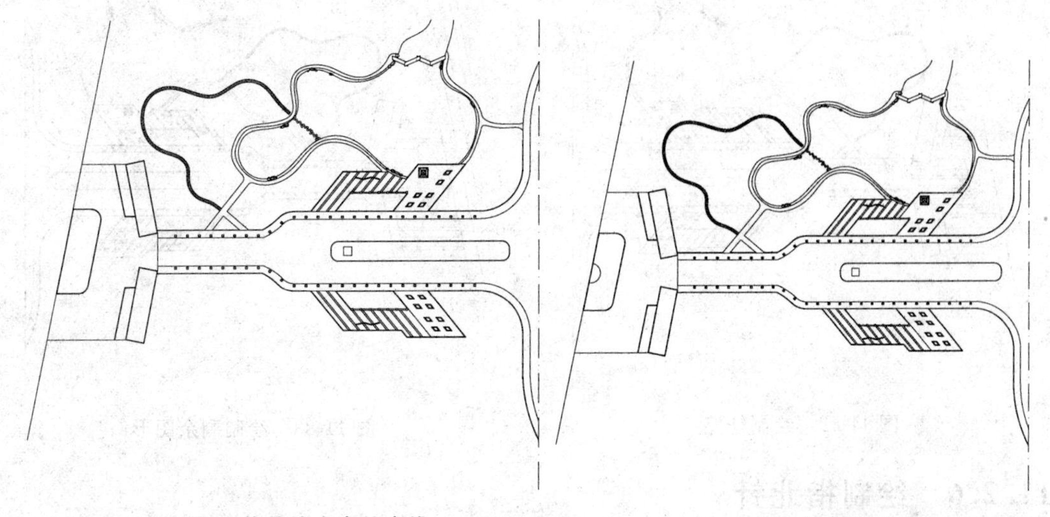

图 11-78 修剪掉多余的直线　　图 11-79 绘制圆弧

20. 单击“绘图”工具栏中的“直线”按钮，在图中绘制放射状直线，完成花坛的绘制，如图 11-80 所示。

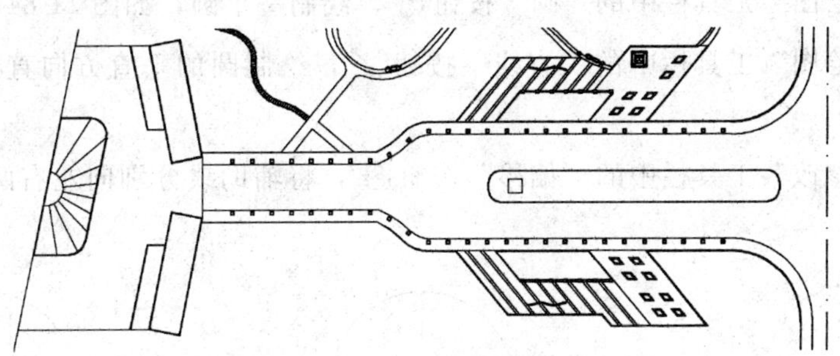

图 11-80 绘制花坛

21. 单击“绘图”工具栏中的“直线”按钮，绘制广场铺装图形，如图 11-81 所示。

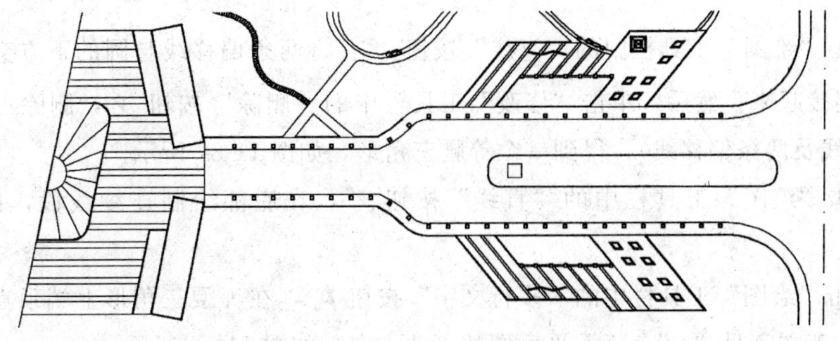

图 11-81 绘制广场铺装

22. 单击“绘图”工具栏中的“直线”按钮，绘制铁路，如图 11-82 所示。

23. 单击“绘图”工具栏中的“直线”按钮，绘制剩余图形，如图 11-83 所示。

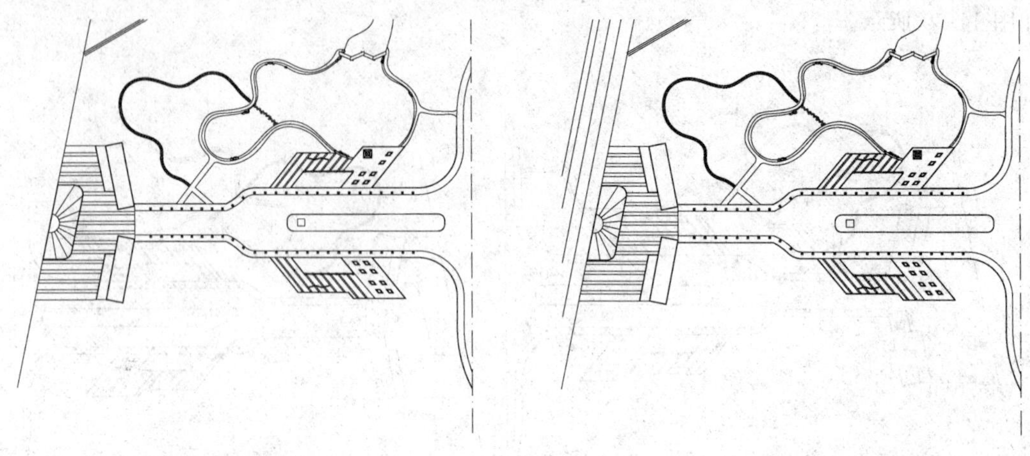

图 11-82　绘制铁路　　　　图 11-83　绘制剩余图形

11.2.6　绘制指北针

【操作步骤】

1. 单击“绘图”工具栏中的“圆”按钮，绘制一个圆，如图 11-84 所示。

2. 单击“绘图”工具栏中的“直线”按钮，绘制圆的垂直方向直径作为辅助线，如图 11-85 所示。

3. 单击“修改”工具栏中的“偏移”按钮，将辅助线分别向左右两侧偏移，如图 11-86 所示。

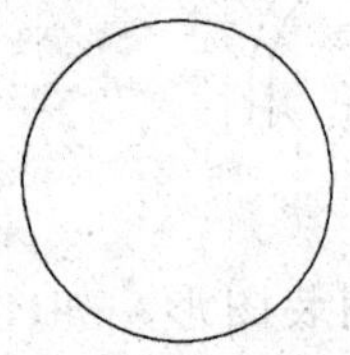

图 11-84　绘制圆

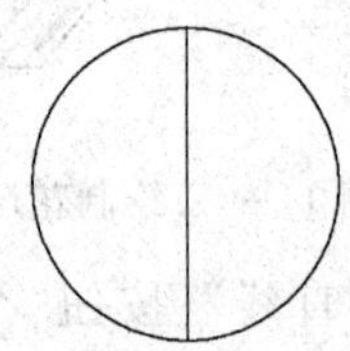

图 11-85　绘制直线

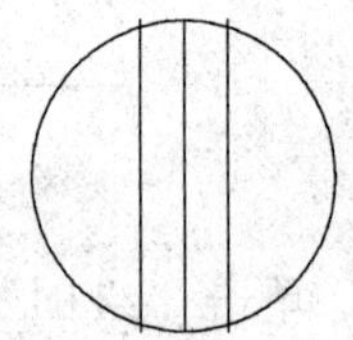

图 11-86　偏移直线

4. 单击“绘图”工具栏中的“直线”按钮，将两条偏移线与圆的下方交点同辅助线上端点连接起来；然后，单击“修改”工具栏中的“删除”按钮，删除三条辅助线（原有辅助线及两条偏移线），得到一个等腰三角形，如图 11-87 所示。

5. 单击“绘图”工具栏中的“直线”按钮，在底部绘制连续线段，如图 11-88 所示。

6. 单击“绘图”工具栏中的“多行文字”按钮，在等腰三角形上端顶点的正上方书写大写的英文字母“N”，标示平面图的正北方向，如图 11-89 所示。

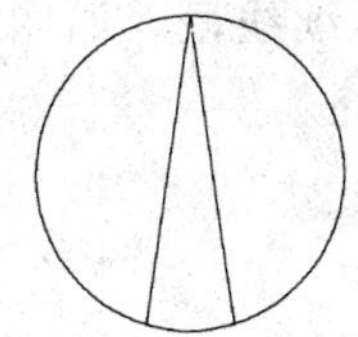

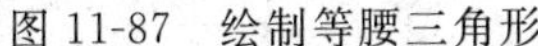
图 11-87 绘制等腰三角形

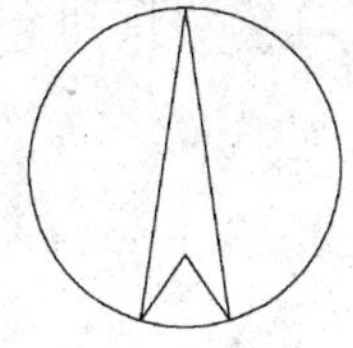
图 11-88 绘制连续线段

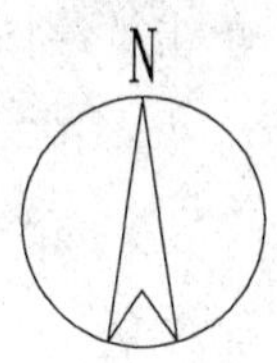

图 11-89 标示方向

7. 单击“修改”工具栏中的“移动”按钮，将指北针移动到图中合适的位置，最终完成校园平面图的绘制，如图 11-1 所示。

11.2.7 植物的绘制

植物是园林设计中有生命的题材，在园林中占有十分重要的地位，其多变的形体和丰富的季相变化使园林风貌充满丰采。植物景观配置成功与否，将直接影响环境景观的质量及艺术水平。

1. 单击“绘图”工具栏中的“圆”按钮，在图中合适的位置处绘制一个圆，如图 11-90 所示。

2. 单击“修改”工具栏中的“复制”按钮，将圆复制到图中其他位置处，如图 11-91 所示。

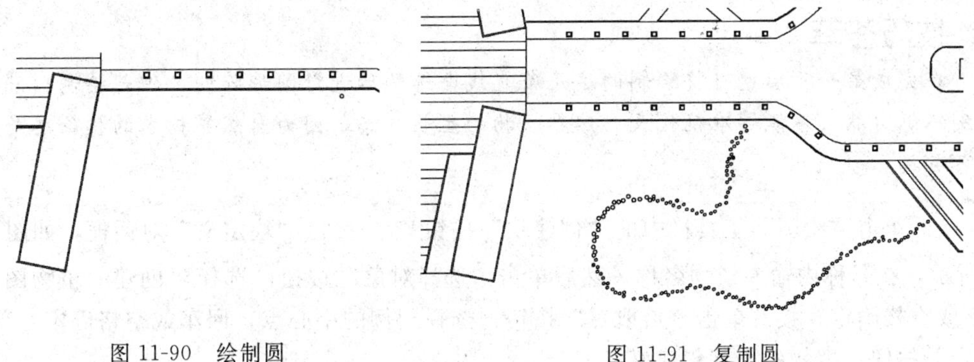
图 11-90 绘制圆　　图 11-91 复制圆

3. 建立“乔木”图层，颜色选取 3 号绿色，线型为“Continous”，线宽为默认，并设置为当前层。

4. 落叶乔木图例。

（1）单击“绘图”工具栏中的“圆”按钮，绘制一个半径为 2400 的圆，圆代表乔木树冠冠幅，树种不同，输入的树冠半径也不同，如图 11-92 所示。

（2）单击“绘图”工具栏中的“直线”按钮，在圆内绘制直线，直线代表树木的枝条，如图 11-93 所示。

（3）同理，单击“绘图”工具栏中的“直线”按钮，继续在圆内绘制直线，结果如图 11-94 所示。

（4）单击“绘图”工具栏中的“直线”按钮，沿圆绘制连续线段，如图 11-95 所示。

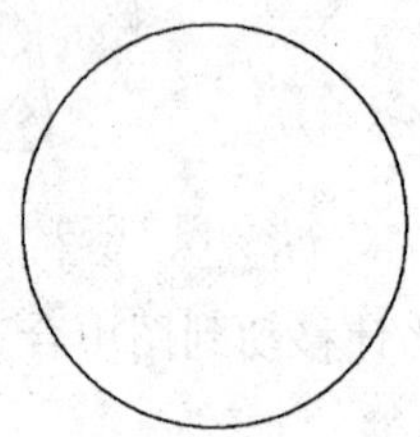

图 11-92 绘制圆

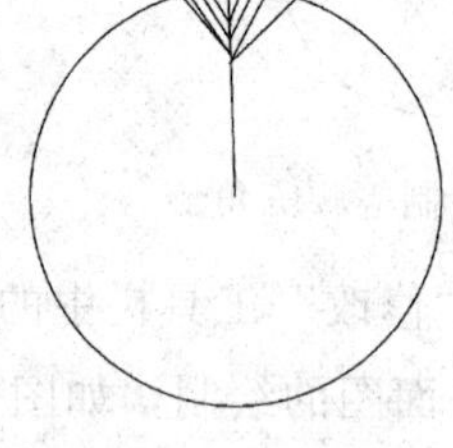

图 11-93 绘制树木枝条

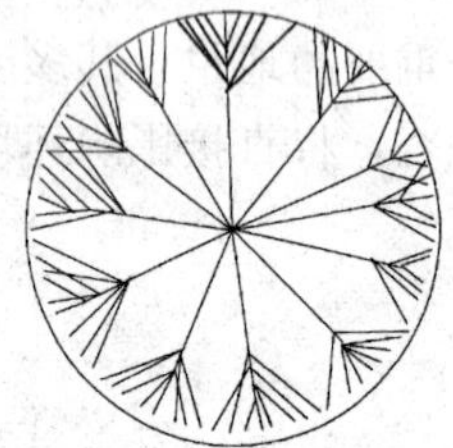

图 11-94 绘制其他树木枝条

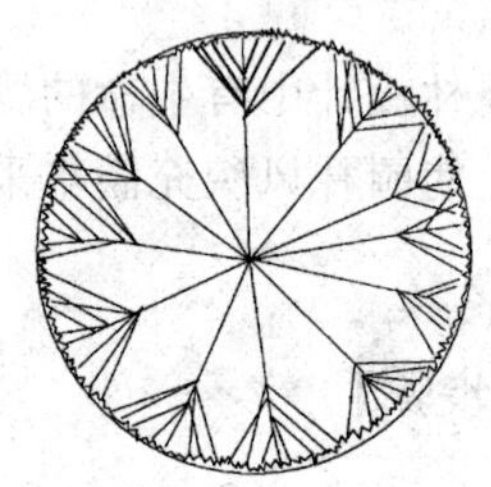

图 11-95 绘制连续线段

（5）单击“修改”工具栏中的“删除”按钮，将外轮廓线圈删除，如图 11-96 所示。

技巧荟萃

在完成第一步后也可将绘制的这几条直线全选然后进行圆形阵列，但是绘制出来的图例不够自然，不能够准确代表自然界植物的生长状态，因为自然界树木的枝条总是形态各异的。

（6）单击“绘图”工具栏中的“创建块”按钮，弹出“块定义”对话框，如图 11-97 所示，在名称内输入植物名称，然后单击“选择对象”按钮，选择要创建的植物图例，回车或空格确定；接着单击“拾取点”按钮，选择图例的中心点，回车或空格确定，单击“确定”按钮，植物的块就创建好了。

（7）单击“插入”工具栏中的“插入块”按钮，将李树图块插入到图中合适的位置处，如图 11-98 所示。

5. 针叶乔木图例。

（1）单击“绘图”工具栏中“圆”按钮，绘制一个半径为 1500 的圆，圆代表乔木树冠平面的轮廓，如图 11-99 所示。

（2）单击“绘图”工具栏中“圆”按钮，绘制一个半径为 100 的小圆，代表乔木的树干，如图 11-100 所示。

（3）单击“绘图”工具栏中的“直线”按钮，在圆内绘制直线，直线代表枝条，如图 11-101 所示。

（4）单击“修改”工具栏中的“删除”按钮，将外轮廓线圈删除，如图 11-102 所示。

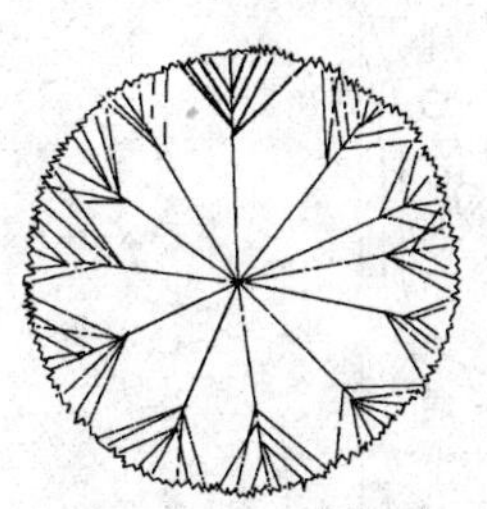

图 11-96 删除外轮廓线圈

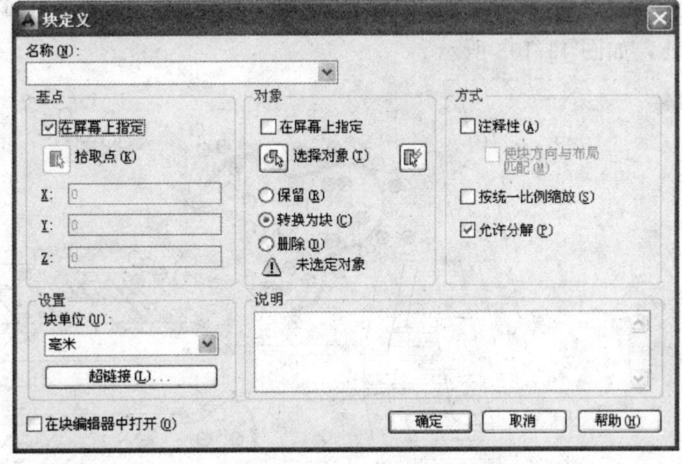

图 11-97 打开“块定义”对话框

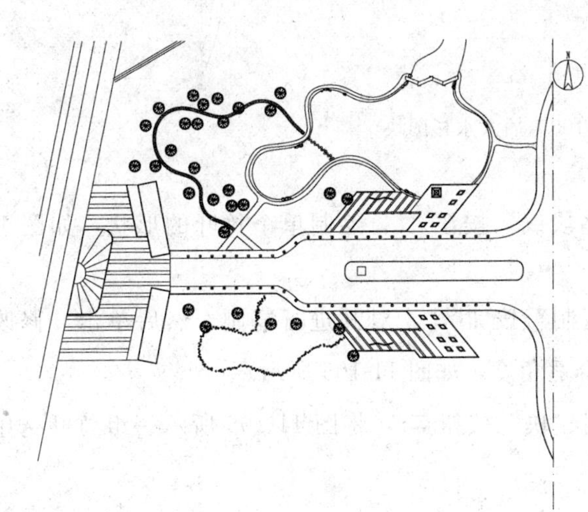

图 11-98 插入李树图块

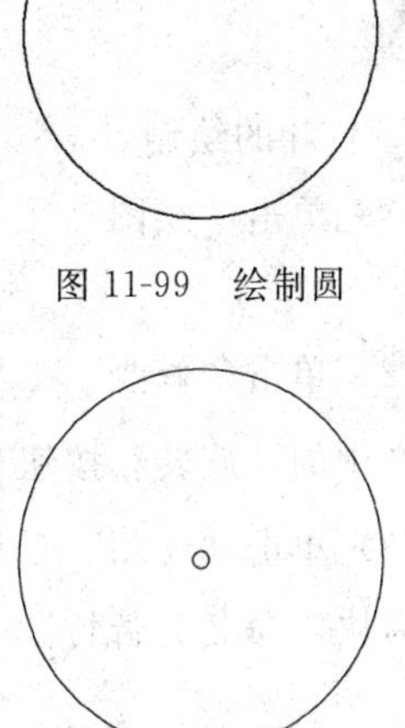

图 11-99 绘制圆

图 11-100 绘制小圆

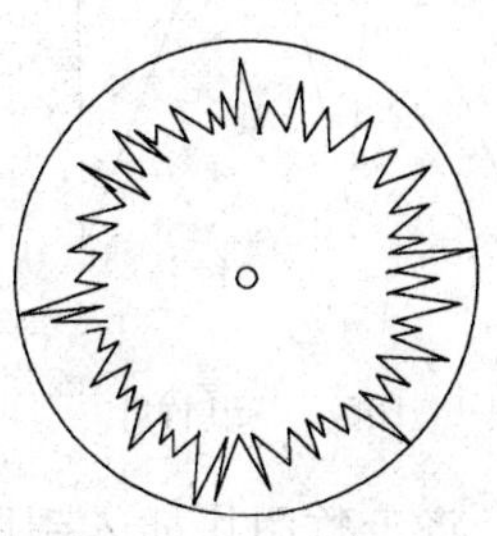

图 11-101 绘制枝条

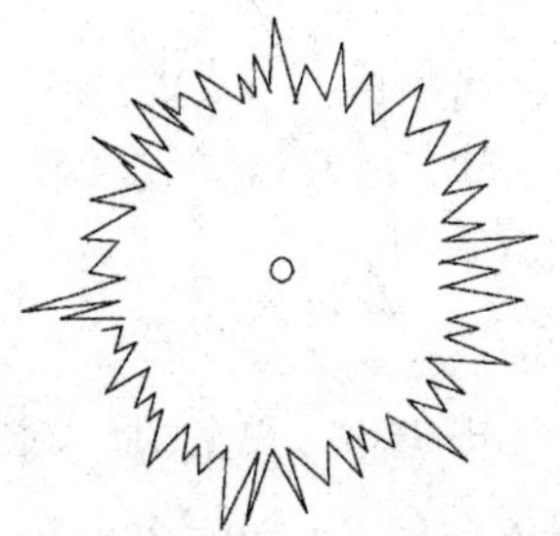

图 11-102 删除外轮廓线圈

（5）单击“绘图”工具栏中的“创建块”按钮，将针叶乔木创建为块，并命名为水杉。

（6）单击“插入”工具栏中的“插入块”按钮，将水杉图块插入到图中合适的位置处，如图 11-103 所示。

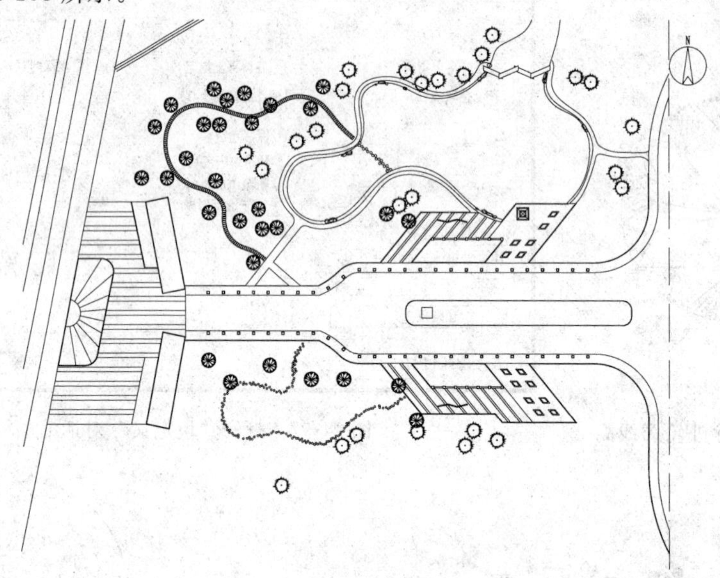

图 11-103　插入水杉图块

6. 竹叶的绘制。

（1）单击“绘图”工具栏中的“多段线”按钮，绘制单个竹叶的形状，如图 11-104 所示。

（2）单击“修改”工具栏中的“复制”按钮，对其进行复制，然后单击“修改”工具栏中的“旋转”按钮，旋转至合适角度，如图 11-105 所示。

（3）单击“绘图”工具栏中的“创建块”按钮，将图 11-105 所示一组竹叶选中，创建为块，命名为苦竹。

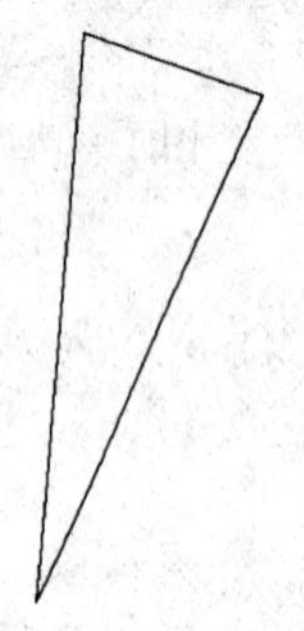

图 11-104　单个竹叶

图 11-105　一组竹叶

（4）单击“插入”工具栏中的“插入块”按钮，将苦竹图块插入到图中合适的位置处，如图 11-106 所示。

（5）同理，绘制其他植物图形，并将其创建为块。

（6）单击“插入”工具栏中的“插入块”按钮，将其他植物图块插入到图中合适的位置处，也可以打开光盘/图库中的其他植物，然后单击“修改”工具栏中的“复制”按钮，将植物复制到图中其他位置处，结果如图 11-107 所示。

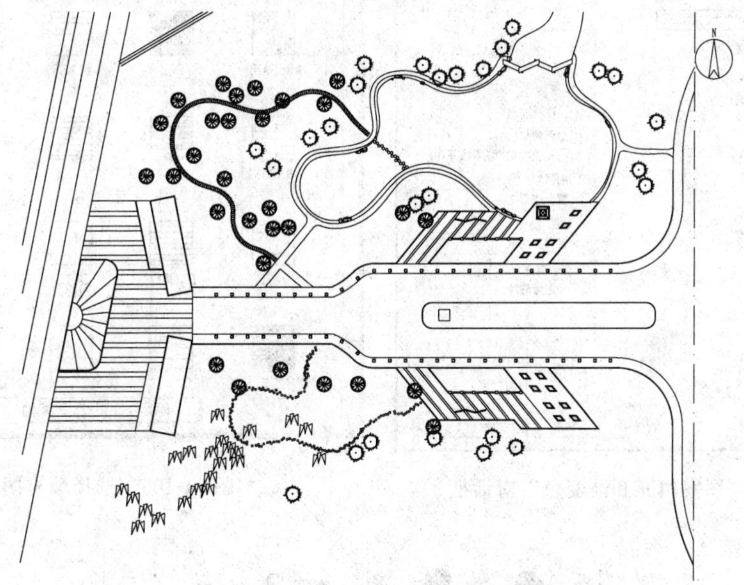

图 11-106　插入苦竹图块

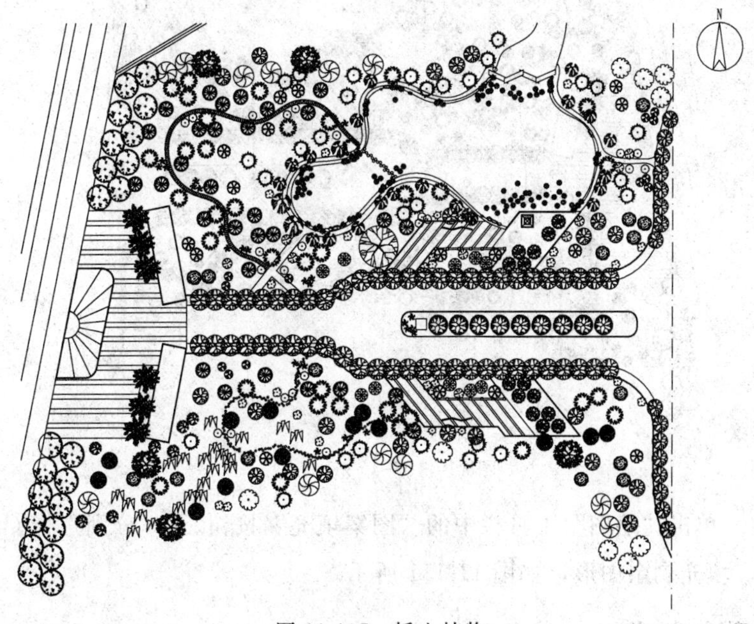

图 11-107　插入植物

(7) 单击“绘图”工具栏中的“图案填充”按钮，打开“图案填充和渐变色”对话框，如图 11-108 所示，在图案填充选项卡中单击图案（P）：后的按钮，打开“填充图案选项板”对话框，选择 CROSS 图案，如图 11-109 所示，填充的图形，如图 11-110 所示。

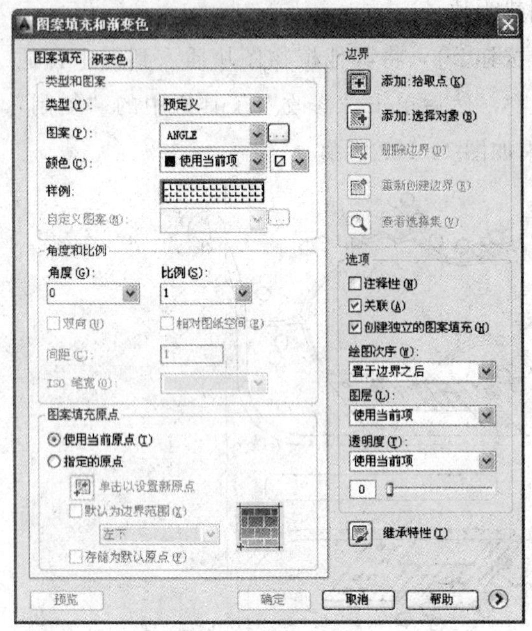

图 11-108 “图案填充和渐变色”对话框

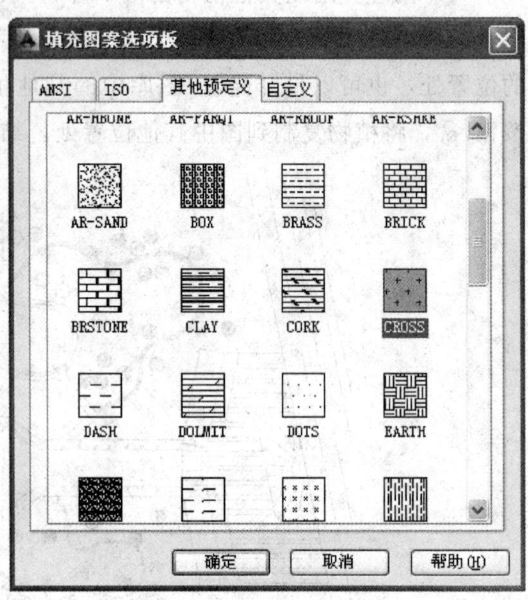

图 11-109 选择填充图案

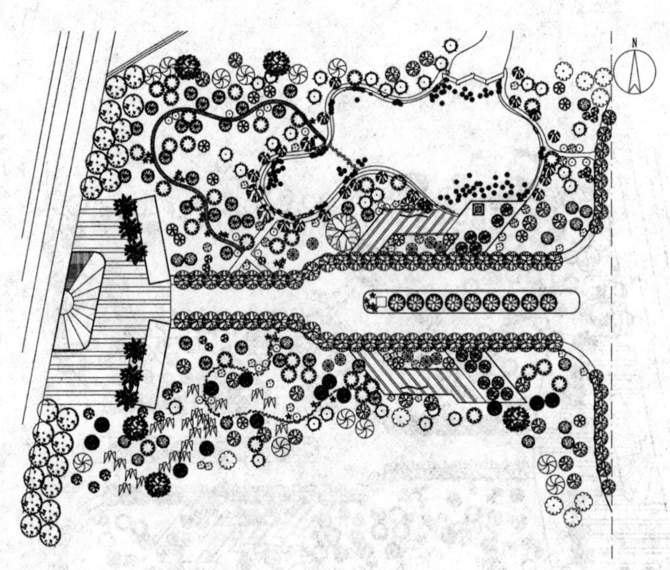

图 11-110 填充图形 1

（8）同理，单击“绘图”工具栏中的“图案填充”按钮，分别选择 CORK 图案和 STARS 图案，填充剩余图形，如图 11-111 所示。

11.2.8 标注文字

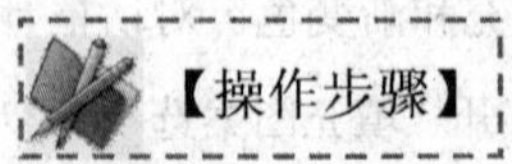

1. 选择菜单栏中的“格式”→“文字样式”命令，打开“文字样式”对话框，单击

“新建”按钮，打开“新建文字样式”对话框，创建一个新的文字样式，如图 11-112 所示，然后设置字体为宋体，高度为 2000，宽度因子为 1，如图 11-113 所示。

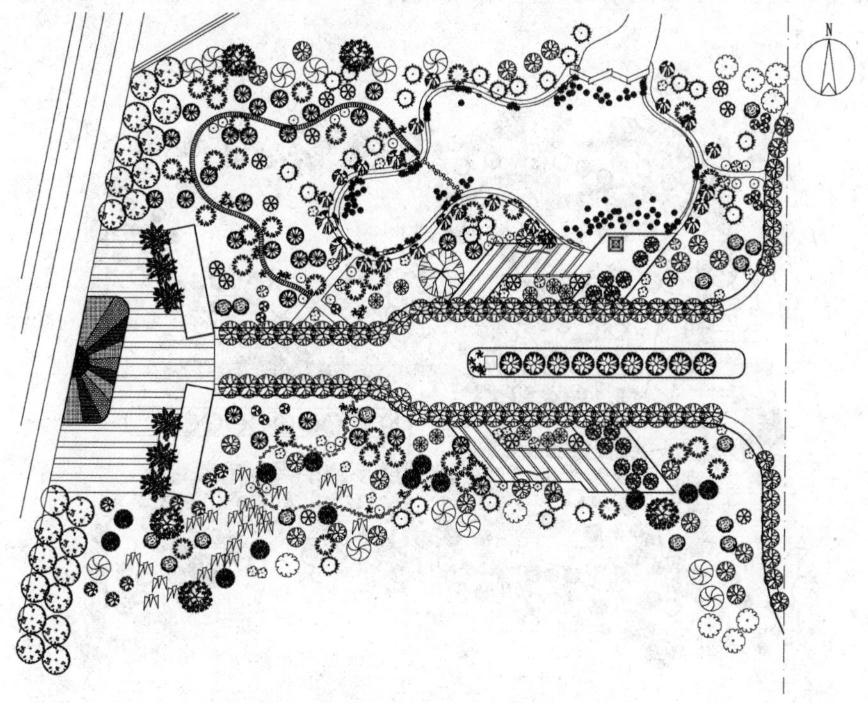

图 11-111　填充图形 2

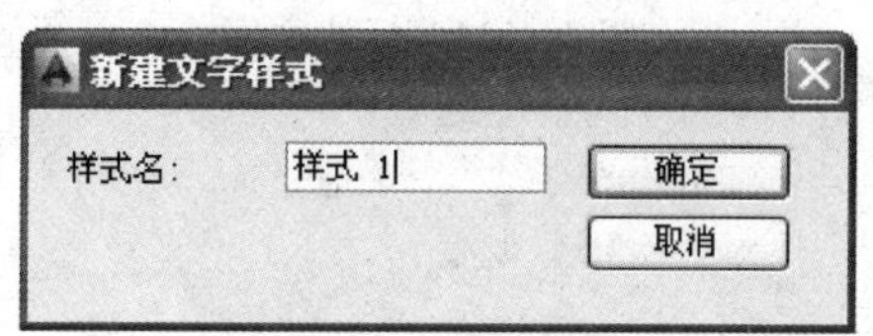

图 11-112　“新建文字样式”对话框

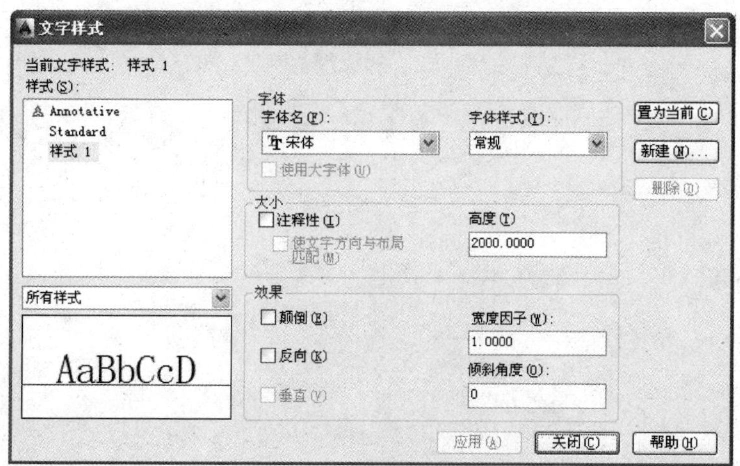

图 11-113　设置文字样式

2. 单击“绘图”工具栏中“多行文字”按钮 A，标注文字，如图 11-114 所示。

3. 单击“绘图”工具栏中的“直线”按钮 ╱ 和“多行文字”按钮 A，标注图名，如图 11-1 所示。

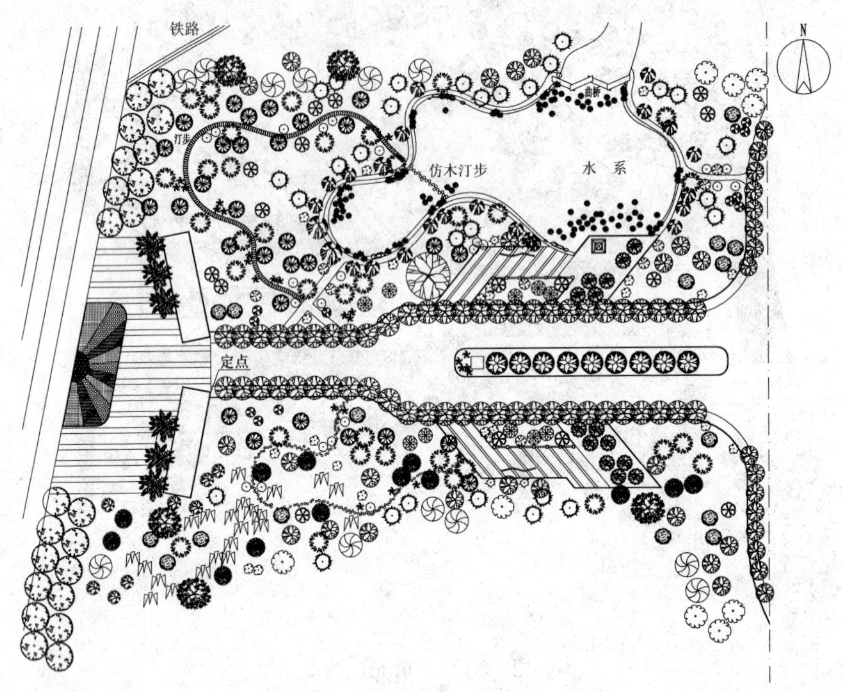

图 11-114 标注文字

生态园是指在城市可持续发展的思想指导下，针对城市化进程中导致的环境质量下降的问题，强调绿地对城市的渗透力和系统性，运用生物学、生态学规律建立绿色走廊，并以此引导城市的空间布局的集自然—人文于一体的园林地带。

第三篇　生态园施工篇

本篇主要以某生态采摘园图纸为例帮助读者掌握具体的园林设计工程实际操作过程中的一些基本思路和技巧。

某生态采摘园施工图

施工图是表示工程项目总体布局，建筑物的外部形状、内部布置、结构构造、内外装修、材料做法以及设备、施工等要求的图样。本章首先介绍了某生态采摘园施工图概述，然后详细讲述了施工详图的绘制过程。

- 某生态采摘园索引图
- 某生态采摘园施工放线图

12.1 某生态采摘园索引图

本节绘制如图 12-1 所示的生态园索引图。

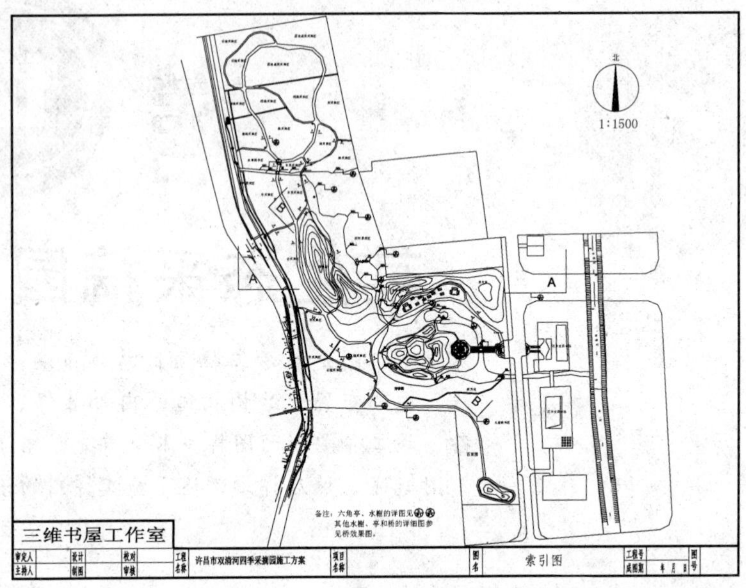

图 12-1 生态园索引图

光盘\动画演示\第 12 章\生态园索引图 .avi

12.1.1 必要设置

【操作步骤】

1. 单位设置

将系统单位设为毫米（mm）。以 1∶1 的比例绘制。具体操作是：单击菜单栏“格式”下拉菜单中的“单位”命令，打开“图形单位”对话框，如图 12-2 所示进行设置，然后单击“确定”完成。

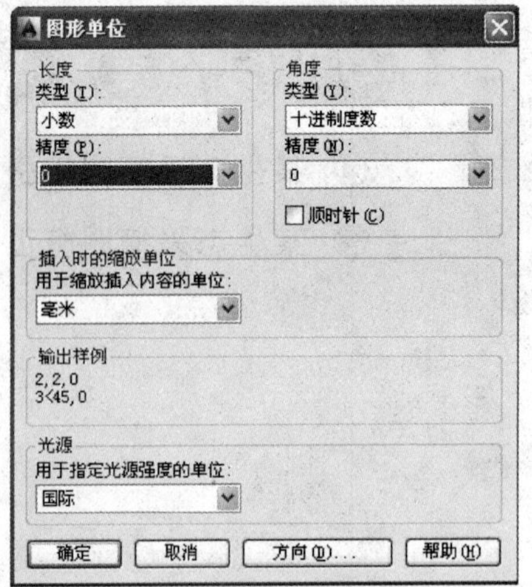

图 12-2 设置

2. 图形界限设置

AutoCAD 2014 默认的图形界限为 420×297，是 A3 图幅，但是我们以 1∶1 的比例绘图，将图形界限设为 420000×297000。命令行提示与操作如下：

命令:LIMITS
重新设置模型空间界限:
指定左下角点或 [开(ON)/关(OFF)] <0,0>:(回车)
指定右上角点 <420,297>:420000,297000(回车)

3. 设置图层

单击“图层”工具栏中的“图层特性管理器”按钮，打开“图层特性管理器”对话框，新建几个图层，如图 12-3 所示。

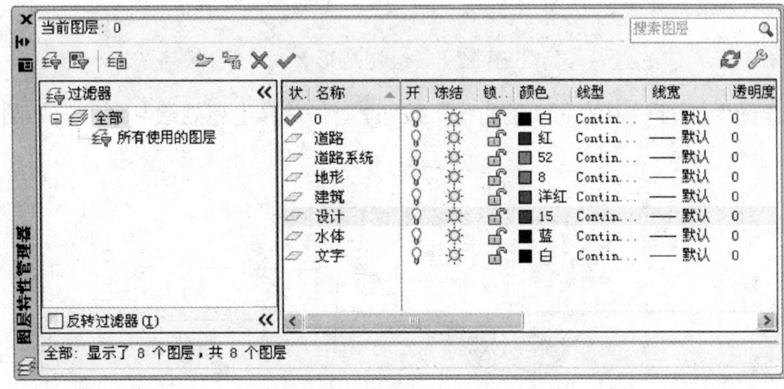

图 12-3 新建图层

12.1.2 地形的设计

【操作步骤】

1. 选择菜单栏中的“文件”→“打开”命令，打开源文件/第 12 章中的“建筑”图形，如图 12-4 所示，按 Ctrl+C 进行复制，然后返回到索引图中，按 Ctrl+V 粘贴到本图中。

2. 将地形图层设置为当前层，单击“绘图”工具栏中的“样条曲线”按钮，在森林浴处绘制地形，如图 12-5 所示。

图 12-4 打开“建筑”图形

图 12-5 绘制地形 1

3. 单击“绘图”工具栏中的“样条曲线”按钮，在生态会议中心处绘制地形，如图 12-6 所示。

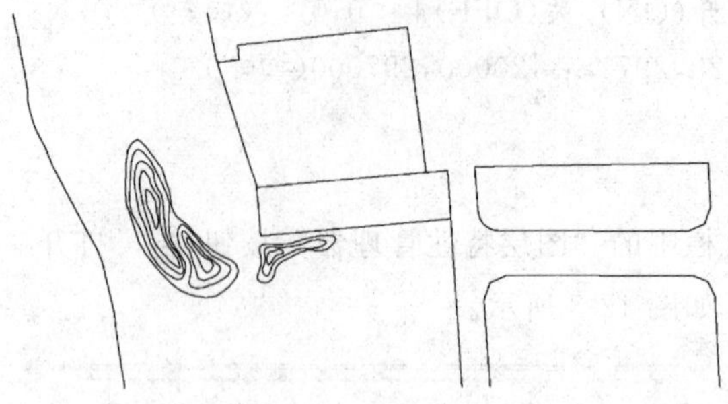

图 12-6　绘制地形 2

4. 单击“绘图”工具栏中的“样条曲线”按钮，在养生苑处绘制地形，如图 12-7 所示。

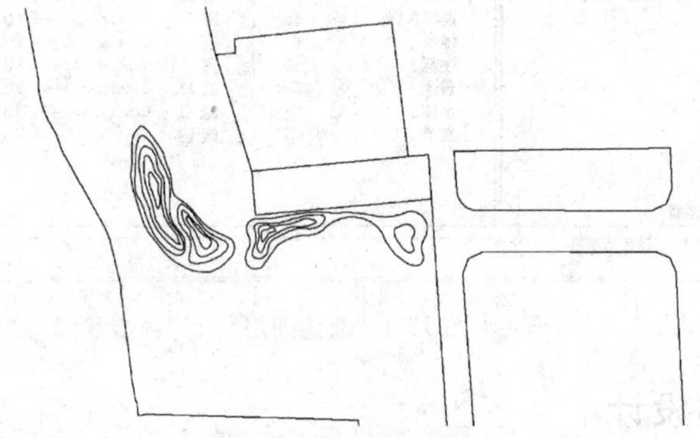

图 12-7　绘制地形 3

5. 单击“绘图”工具栏中的“样条曲线”按钮，在上步三个位置处绘制地形，结果如图 12-8 所示。

6. 单击“绘图”工具栏中的“样条曲线”按钮，在中心区处绘制地形，如图 12-9 所示。

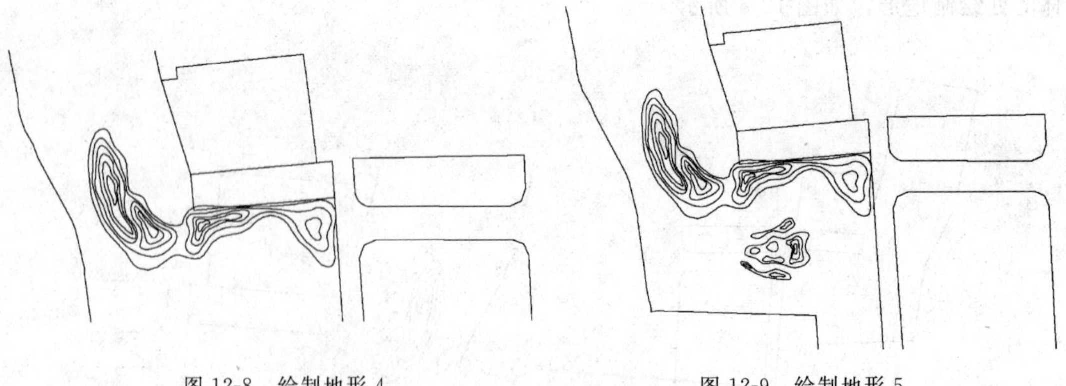

图 12-8　绘制地形 4　　　　图 12-9　绘制地形 5

7. 单击“绘图”工具栏中的“样条曲线”按钮，在百草园处绘制地形，如图 12-10 所示。

12.1.3 绘制道路

1. 将道路图层设置为当前层，单击“绘图”工具栏中的“样条曲线”按钮和“修改”工具栏中的“偏移”按钮，在设施采摘区绘制道路，如图12-11所示。

2. 单击“绘图”工具栏中的“样条曲线”按钮和“修改”工具栏中的“偏移”按钮，在露地蔬菜采摘区绘制道路，如图12-12所示。

3. 单击“绘图”工具栏中的“直线”按钮，在图中合适的位置处绘制道路，将露地采摘区与樱桃采摘区进行划分，结果如图12-13所示。

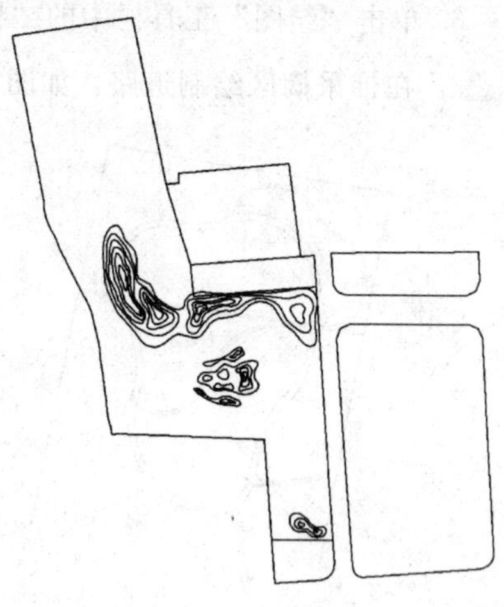

图12-10 绘制地形6

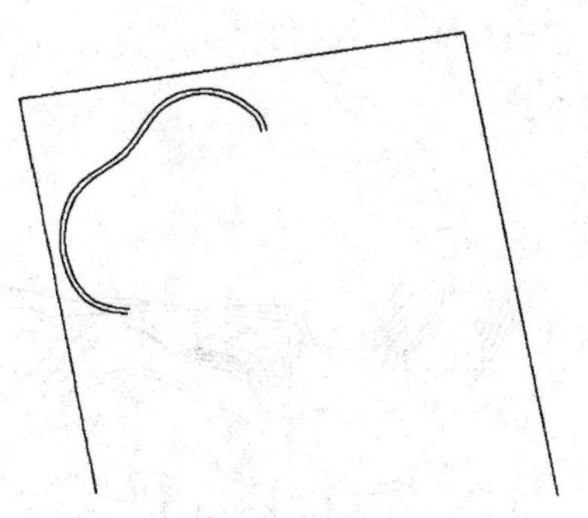

图12-11 绘制道路1

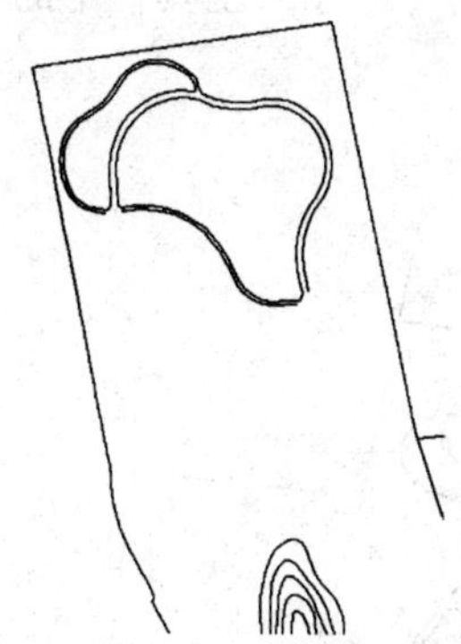

图12-12 绘制道路2

4. 单击“修改”工具栏中的“修剪”按钮，修剪掉多余的直线，如图12-14所示。

5. 单击“绘图”工具栏中的“样条曲线”按钮和“修改”工具栏中的“偏移”按钮，在樱桃、葡萄和桃采摘区绘制道路，如图12-15所示。

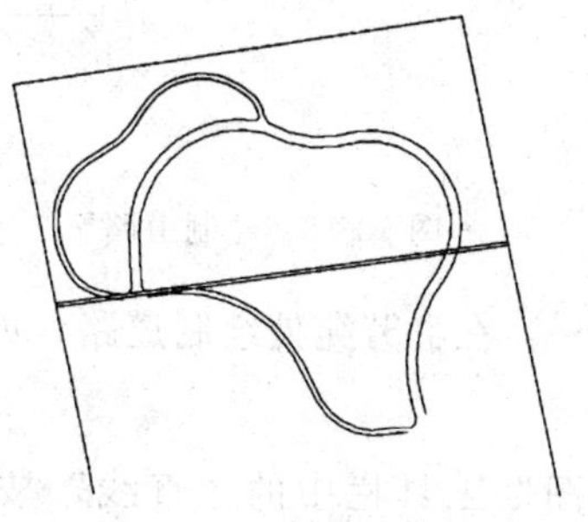

图12-13 绘制道路3

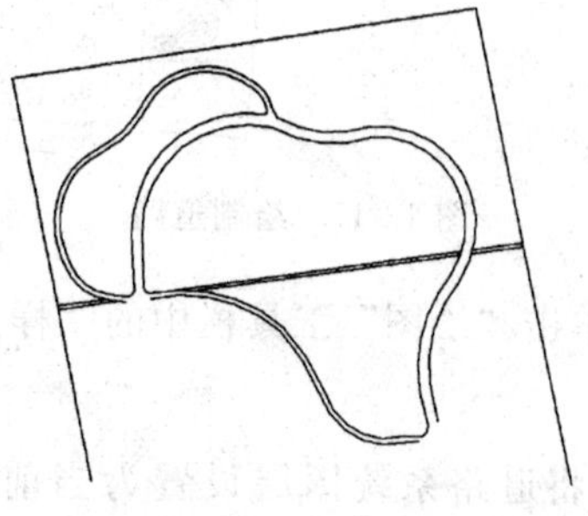

图12-14 修剪直线

6. 单击“绘图”工具栏中的“样条曲线”按钮和“修改”工具栏中的“偏移”按钮，在柿采摘区绘制道路，如图 12-16 所示。

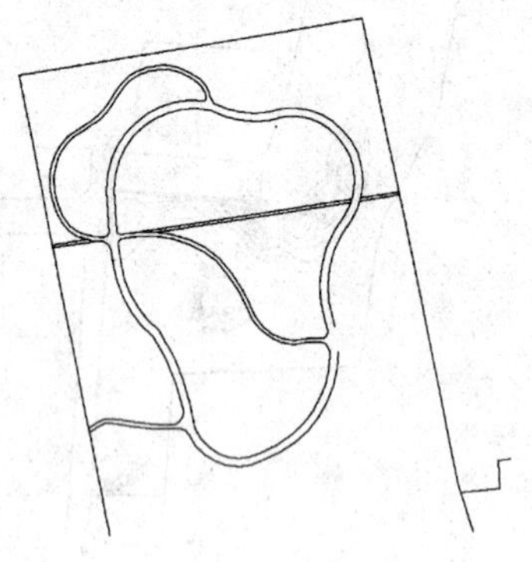

图 12-15　绘制道路 4

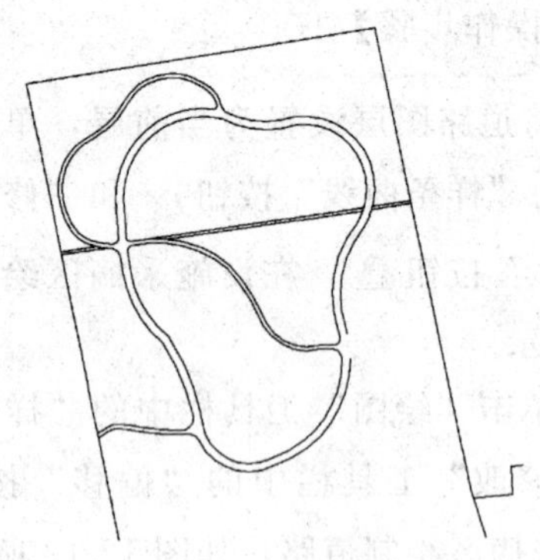

图 12-16　绘制道路 5

7. 使用同样的方法，在其他采摘区处绘制道路，如图 12-17 所示。

8. 单击“绘图”工具栏中的“样条曲线”按钮，在百草园处绘制道路，如图12-18 所示。

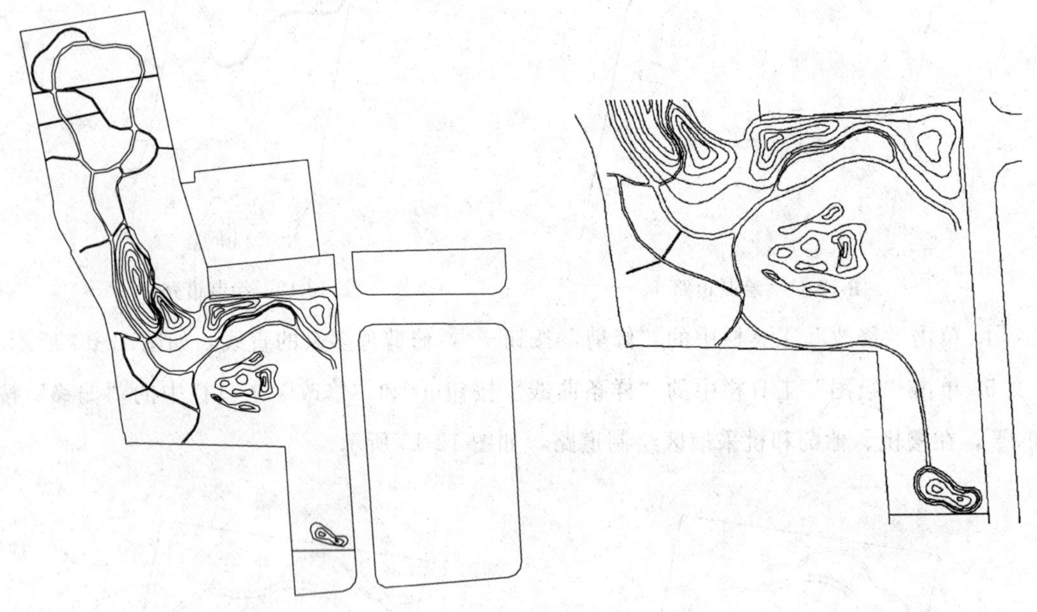

图 12-17　绘制道路 6

图 12-18　绘制道路 7

9. 单击“绘图”工具栏中的“样条曲线”按钮，在群芳苑处绘制道路，如图12-19 所示。

10. 将道路系统图层设置为当前层，单击“绘图”工具栏中的“直线”按钮和“样条曲线”按钮，绘制道路系统，如图 12-20 所示。

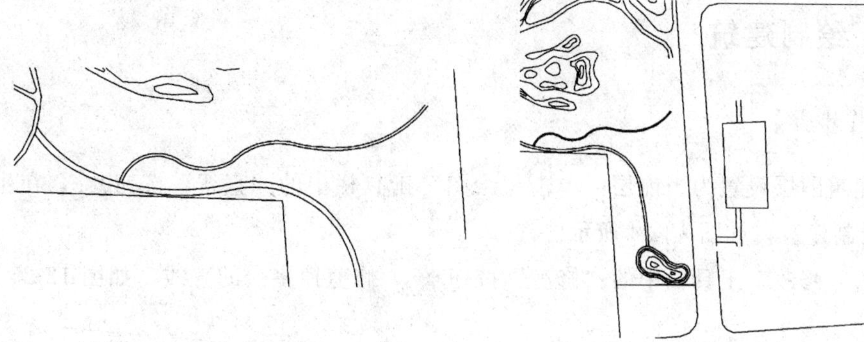

图 12-19 绘制道路 8

图 12-20 绘制道路系统

12.1.4 绘制水体

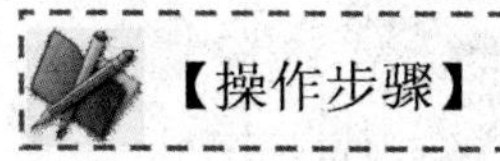

1. 将水体图层设置为当前层，单击“绘图”工具栏中的“样条曲线”按钮，绘制水体，如图 12-21 所示。

2. 单击“绘图”工具栏中的“样条曲线”按钮，在中心区绘制水体，如图 12-22 所示。

3. 单击“绘图”工具栏中的“样条曲线”按钮，在中心区处补充绘制道路，如图 12-23 所示。

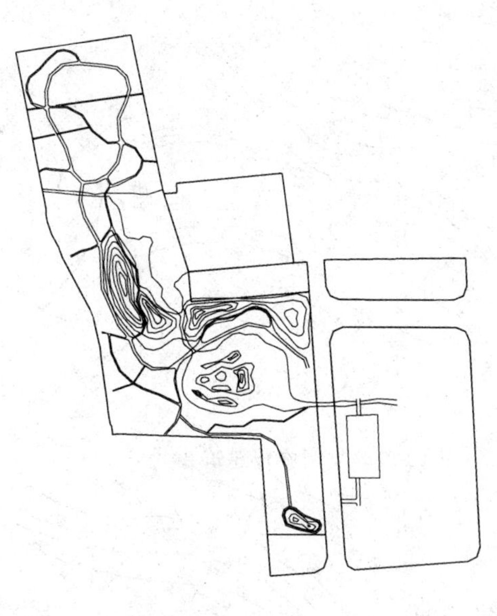

图 12-21 绘制水体 1

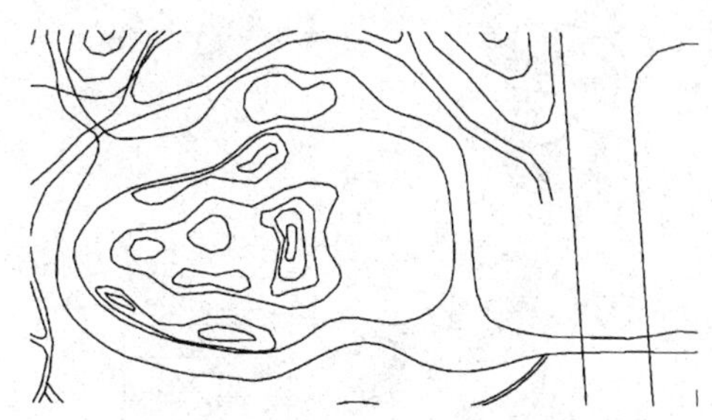

图 12-22 绘制水体 2

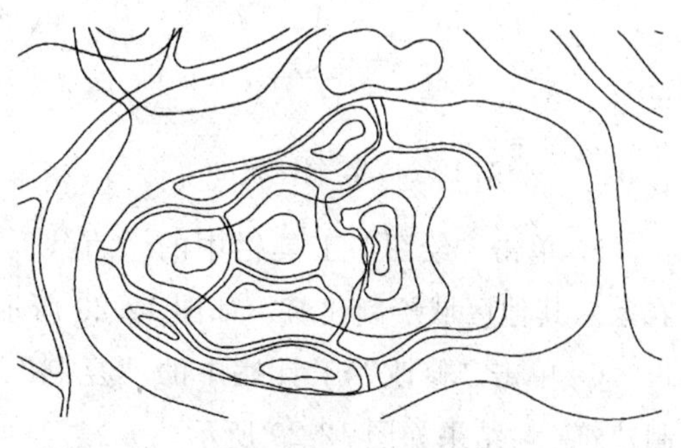

图 12-23 绘制道路 9

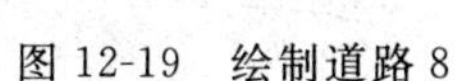

12.1.5 绘制建筑

【操作步骤】

1. 将建筑图层设置为当前层，单击“绘图”工具栏中的“直线”按钮，在生态会议中心处绘制建筑，如图 12-24 所示。

2. 单击“修改”工具栏中的“修剪”按钮，修剪掉多余的直线，如图 12-25 所示。

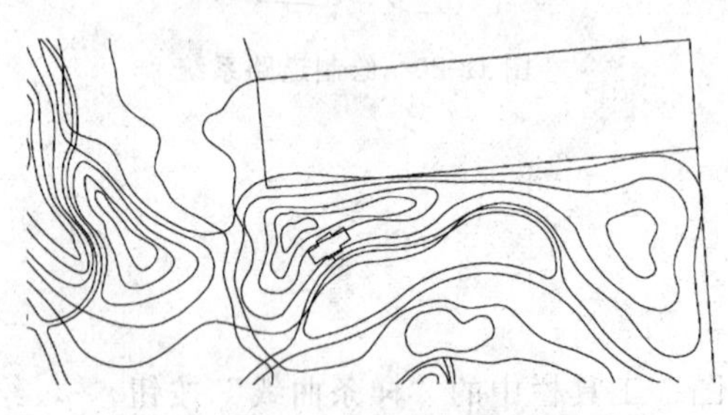

图 12-24 绘制建筑 1

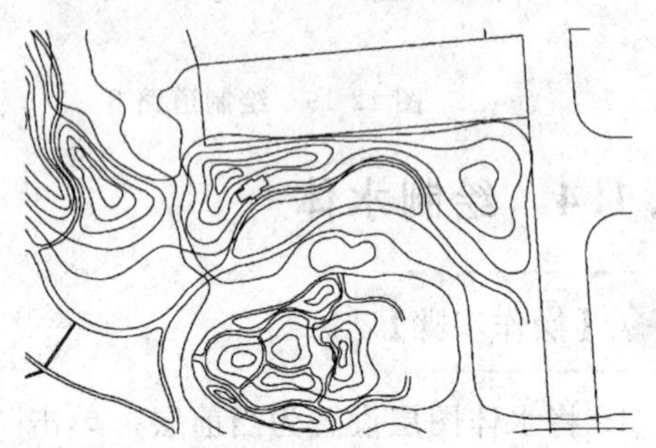

图 12-25 修剪直线

3. 单击“绘图”工具栏中的“插入块”按钮，在农家乐处插入“建筑物”图块，如图 12-26 所示。

4. 单击“修改”工具栏中的“复制”按钮和“旋转”按钮，将建筑 2 复制到另外一侧并旋转到合适的角度，如图 12-27 所示。

图 12-26 绘制建筑 2

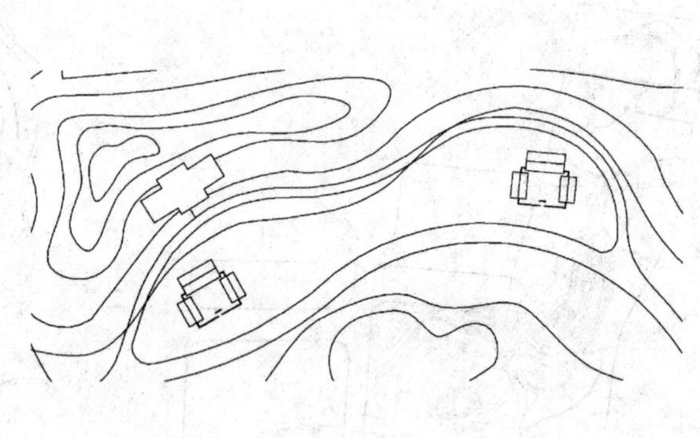

图 12-27 复制旋转建筑 2

5. 单击“绘图”工具栏中的“直线”按钮，在农家乐其他区域绘制建筑，如图 12-28 所示。

6. 单击“修改”工具栏中的“复制”按钮，复制建筑 3，结果如图 12-29 所示。

7. 单击“绘图”工具栏中的“直线”按钮，绘

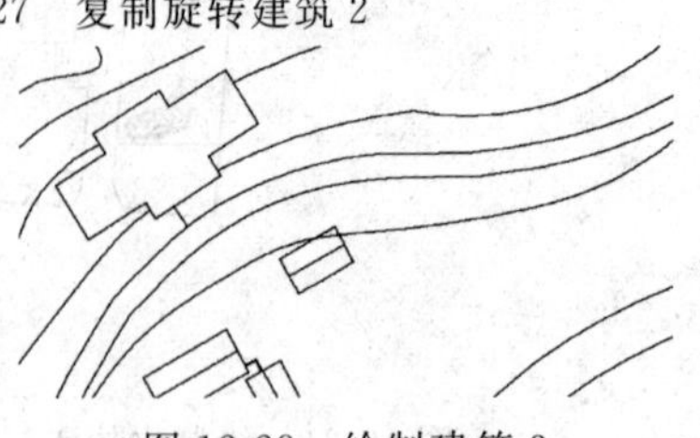

图 12-28 绘制建筑 3

制桥 1，如图 12-30 所示。

8. 单击“绘图”工具栏中的“多段线”按钮，在图中合适的位置处绘制连续线段，如图 12-31 所示。

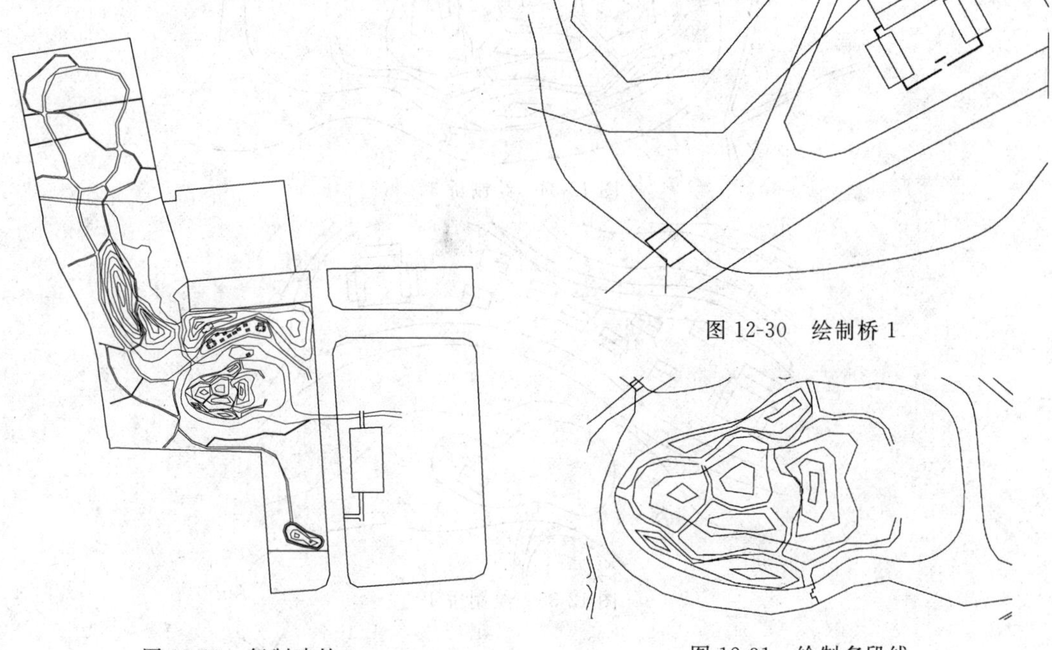

图 12-29 复制建筑 3

图 12-30 绘制桥 1

图 12-31 绘制多段线

9. 单击“修改”工具栏中的“偏移”按钮，将多段线进行偏移，如图 12-32 所示。

10. 同理，单击“绘图”工具栏中的“多段线”按钮和“修改”工具栏中的“偏移”按钮，继续绘制多段线，完成桥 2 的绘制，结果如图 12-33 所示。

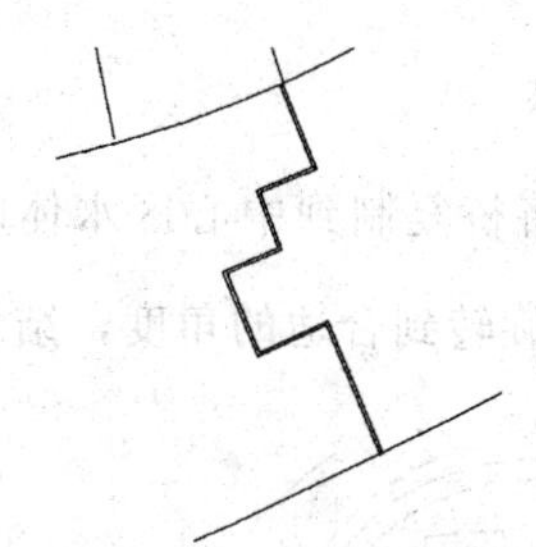

图 12-32 偏移多段线

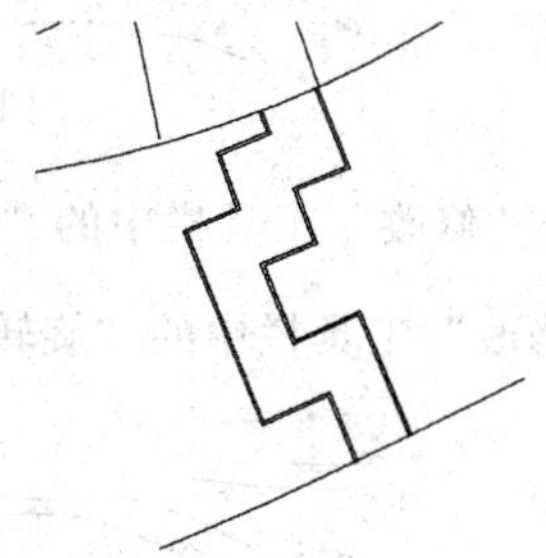

图 12-33 绘制桥 2

11. 单击“绘图”工具栏中的“直线”按钮和“修改”工具栏中的“偏移”按钮，绘制直线，然后单击“修改”工具栏中的“修剪”按钮，修剪掉多余的直线，完成桥 3 的绘制，结果如图 12-34 所示。

12. 单击“绘图”工具栏中的“直线”按钮，绘制桥 4，如图 12-35 所示。

13. 单击“修改”工具栏中的“偏移”按钮，将桥进行偏移，然后单击“修改”工具栏中的“修剪”按钮，修剪掉多余的直线，如图 12-36 所示。

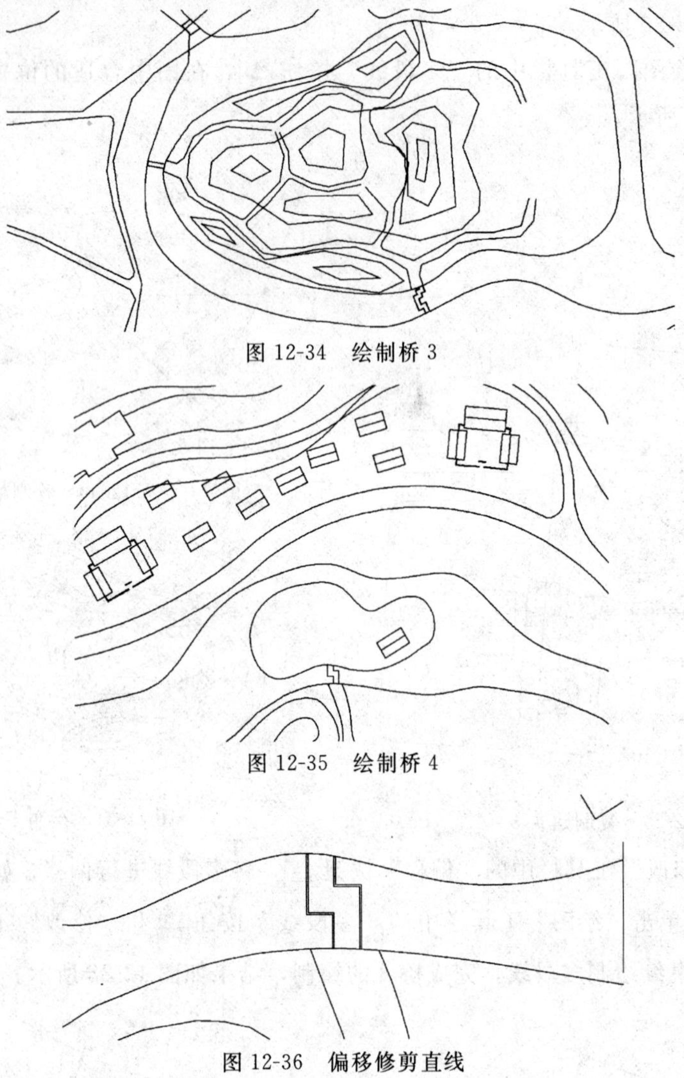

图 12-34　绘制桥 3

图 12-35　绘制桥 4

图 12-36　偏移修剪直线

14. 单击“修改”工具栏中的“复制”按钮，将桥复制到中心区水体的另外一侧，然后单击“修改”工具栏中的“旋转”按钮，将桥旋转到合适的角度，结果如图 12-37 所示。

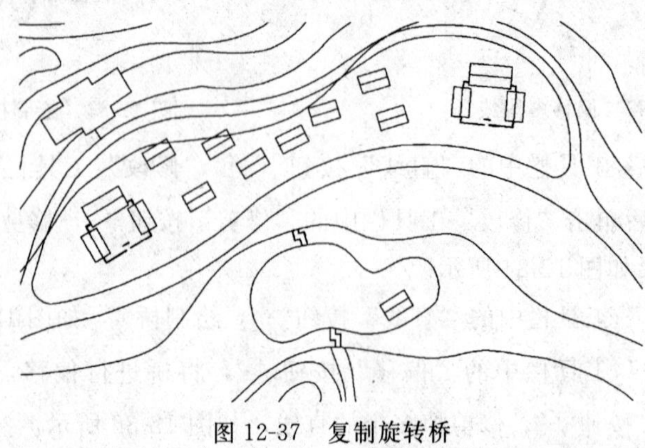

图 12-37　复制旋转桥

15. 单击“绘图”工具栏中的“多段线”按钮和“修改”工具栏中的“偏移”按钮，绘制桥5，如图12-38所示。

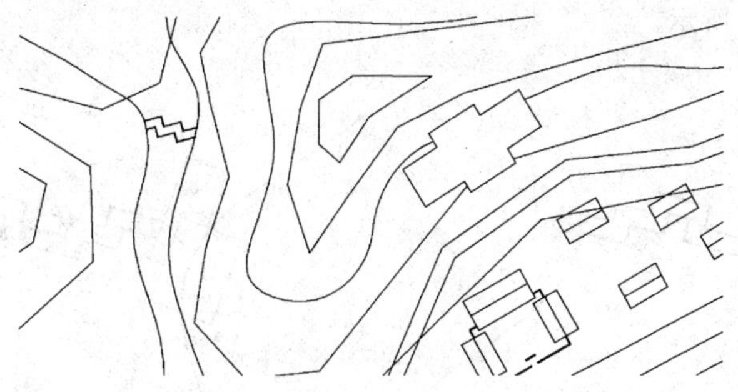

图12-38 绘制桥5

16. 单击“绘图”工具栏中的“多段线”按钮，绘制两个相交的矩形，如图12-39所示。

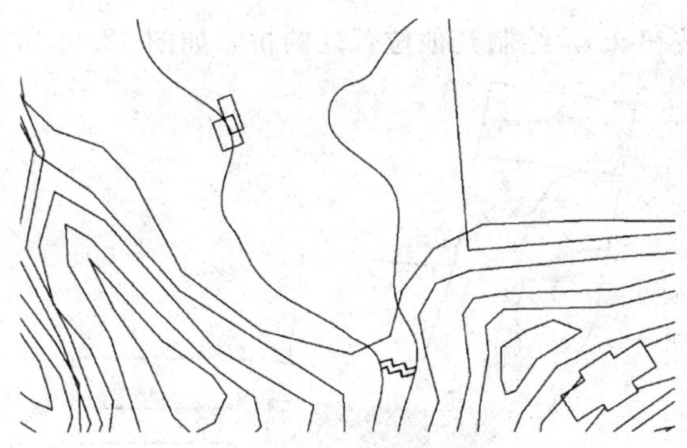

图12-39 绘制矩形

17. 单击“修改”工具栏中的“修剪”按钮，修剪掉多余的直线，如图12-40所示。

18. 单击“绘图”工具栏中的“多段线”按钮，绘制两条多段线，如图12-41所示。

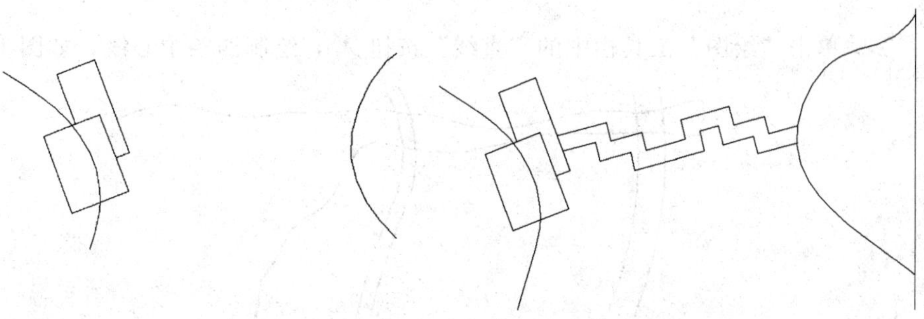

图12-40 修剪直线　　图12-41 绘制多段线

19. 单击“修改”工具栏中的“偏移”按钮，偏移多段线，完成桥6的绘制，如

图 12-42 所示。

20. 单击“绘图”工具栏中的“插入块”按钮，在图库中找到石块将其插入到图中，结果如图 12-43 所示。

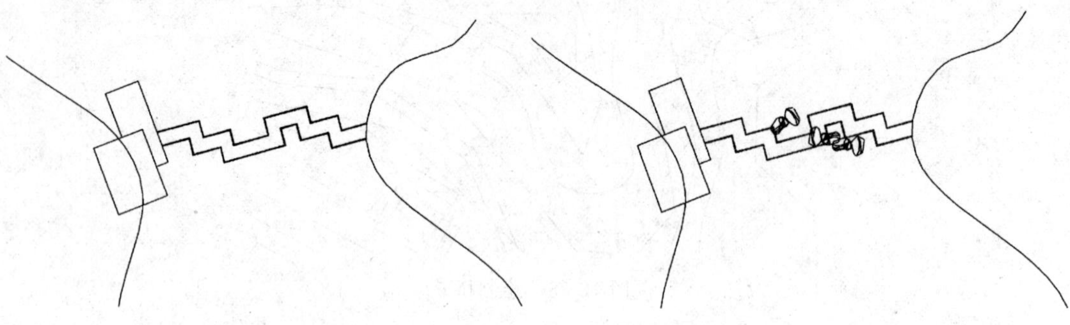

图 12-42　绘制桥 6　　　　图 12-43　插入石块

21. 同理，单击“绘图”工具栏中的“直线”按钮、“多段线”按钮和“修改”工具栏中的“修剪”按钮，绘制其他位置处的桥，如图 12-44 所示。

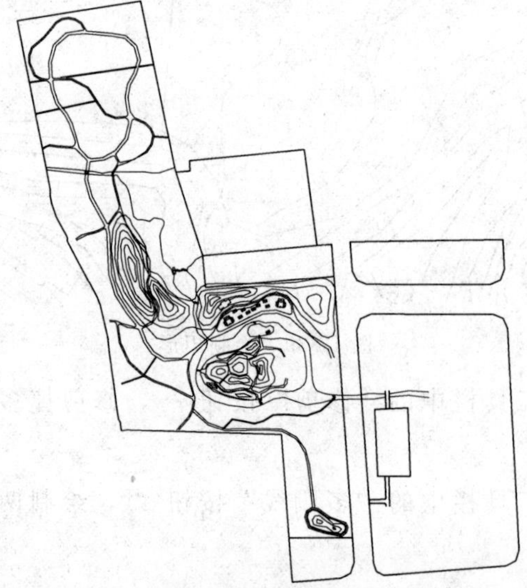

图 12-44　绘制桥 7

22. 单击“绘图”工具栏中的“直线”按钮，绘制四条中心线，如图 12-45 所示。

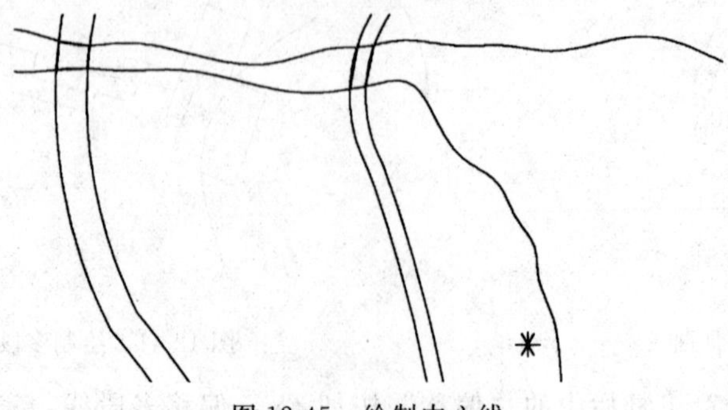

图 12-45　绘制中心线

23. 单击“绘图”工具栏中的“多边形”按钮，绘制一个六边形，如图 12-46 所示。

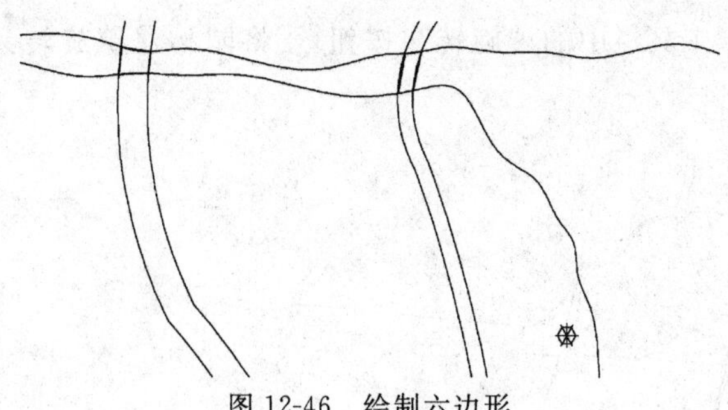

图 12-46 绘制六边形

24. 单击“修改”工具栏中的“偏移”按钮，将六边形依次向内进行偏移，偏移 4 次，如图 12-47 所示。

25. 单击“绘图”工具栏中的“直线”按钮和“修改”工具栏中的“修剪”按钮，绘制图形，如图 12-48 所示。

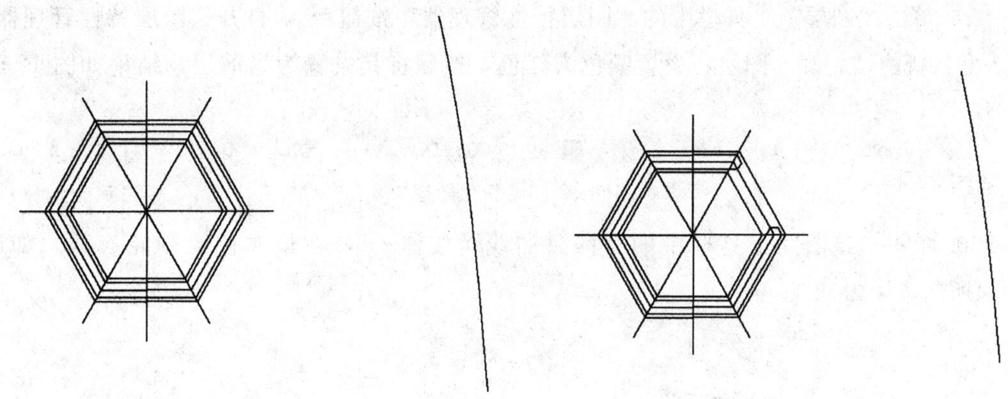

图 12-47 偏移六边形

图 12-48 绘制图形

26. 单击“绘图”工具栏中的“圆”按钮，在中心线相交处绘制六个圆，如图 12-49所示。

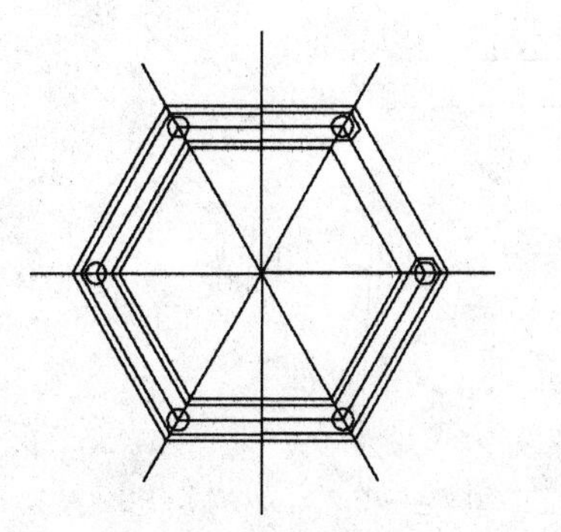

图 12-49 绘制圆

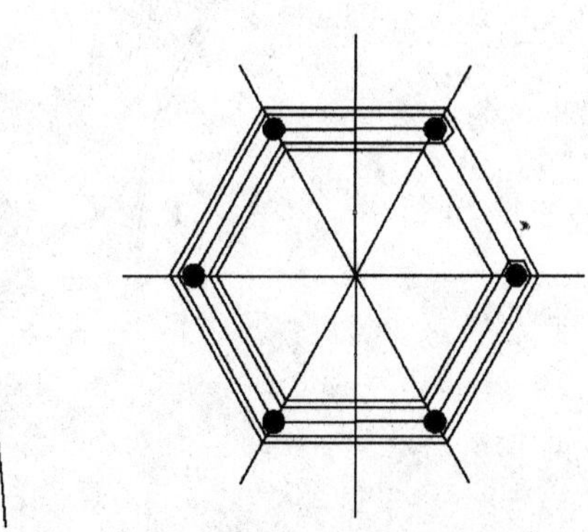

图 12-50 绘制园林建筑

27. 单击“绘图”工具栏中的“图案填充”按钮，打开“图案填充和渐变色”对话框，将六个圆填充，最终完成园林建筑的绘制，结果如图 12-50 所示。

28. 单击“修改”工具栏中的“旋转”按钮将园林建筑旋转到合适的角度，如图 12-51、图 12-52 所示。

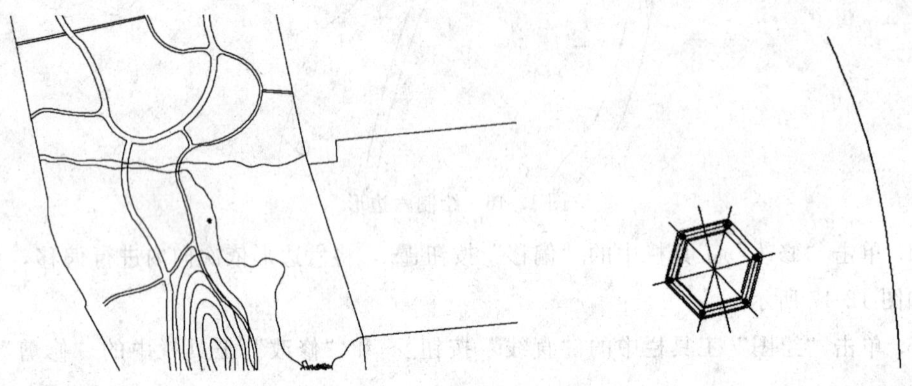

图 12-51 旋转园林建筑　　图 12-52 园林建筑放大图

29. 单击“图层”工具栏中的“图层特性管理器”按钮，打开“图层特性管理器”对话框，新建“轮廓”图层，设置颜色为红色，然后将其设置为当前层，结果如图 12-53 所示。

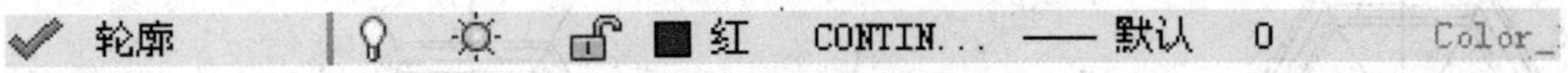

轮廓 | 红 CONTIN... —— 默认 0 Color_

图 12-53 新建图层

30. 单击“绘图”工具栏中的“样条曲线”按钮，在最左侧绘制轮廓线，如图 12-54所示。

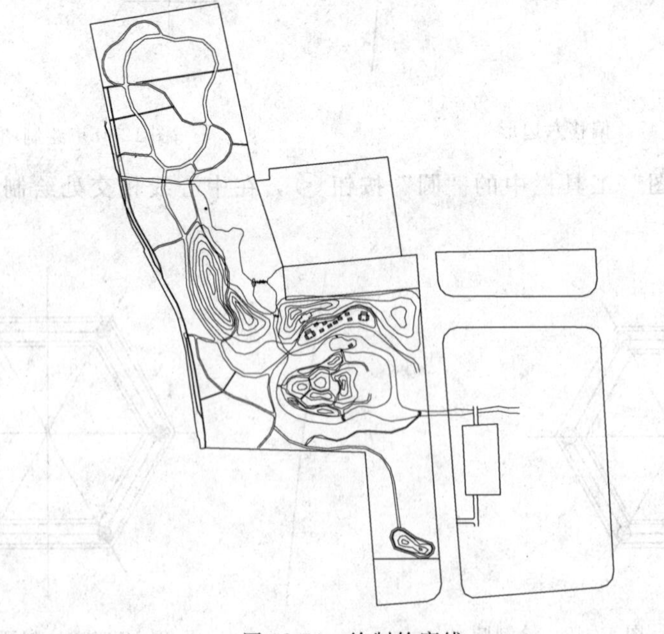

图 12-54 绘制轮廓线

31. 单击“绘图”工具栏中的“圆弧”按钮 和“圆”按钮，在图中合适的位置处绘制图形，如图 12-55 所示。

32. 单击“绘图”工具栏中的“图案填充”按钮，打开“图案填充和渐变色”对话框，如图 12-56 所示，选择 AR-HBONE 和 NET 图案，填充图形，如图 12-57 所示。

33. 单击“绘图”工具栏中的“插入块”按钮，将图库中的石桌插入到图中，如图 12-58 所示。

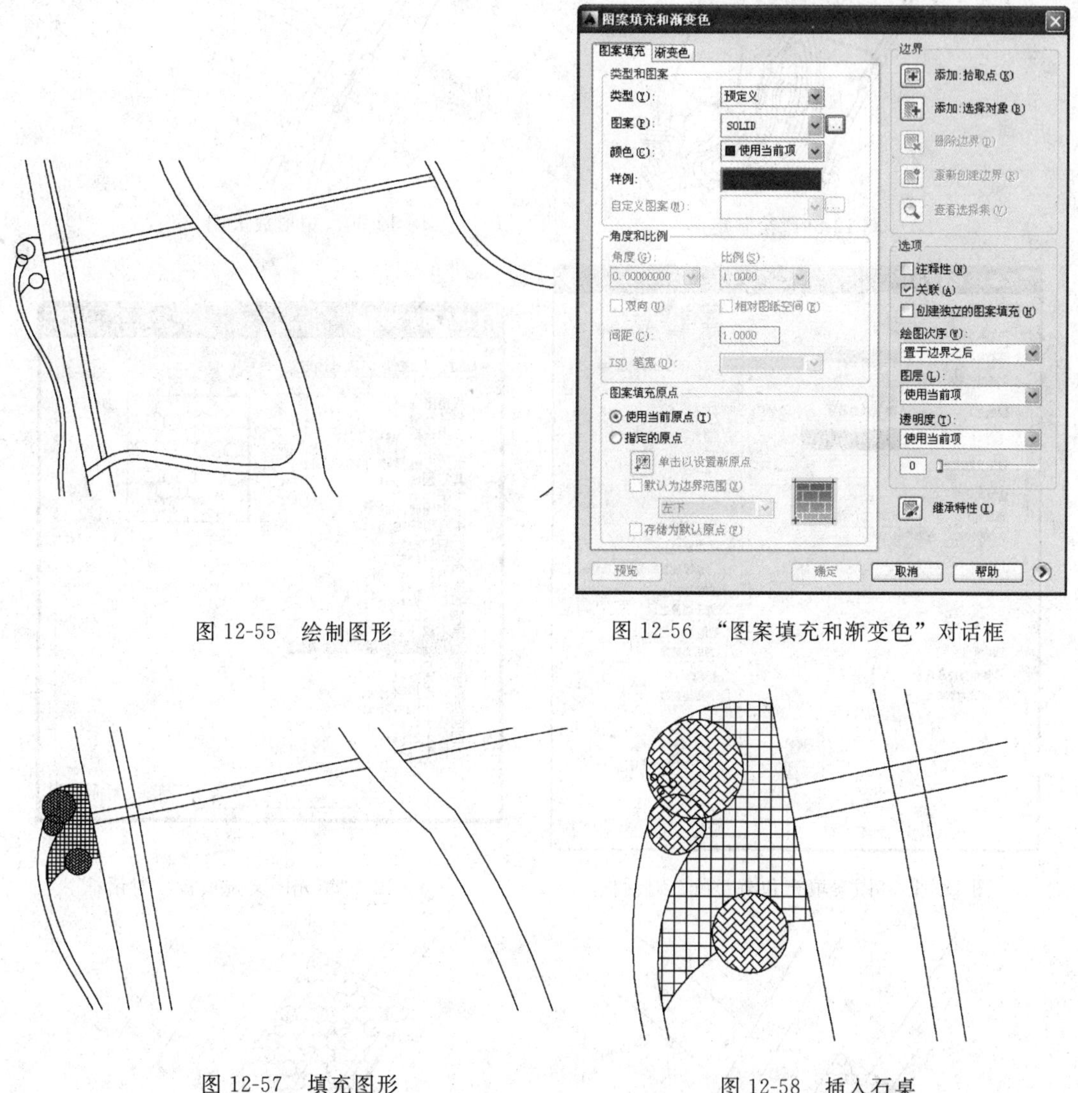

图 12-55 绘制图形

图 12-56 “图案填充和渐变色”对话框

图 12-57 填充图形

图 12-58 插入石桌

34. 单击“绘图”工具栏中的“矩形”按钮，在图中合适的位置处绘制两个相交的矩形，然后单击“修改”工具栏中的“旋转”按钮，将矩形旋转到合适的角度，如图 12-59、图 12-60 所示。

35. 单击“绘图”工具栏中的“图案填充”按钮，打开“图案填充和渐变色”对话框，在“类型”下拉列表中选择自定义，如图 12-61 所示，然后单击“自定义图案”后的按钮[...]，打开“填充图案选项板”对话框，如图 12-62 所示，选择双棱形图案，填充图形，如图 12-63 所示。

36. 单击“绘图”工具栏中的“直线”按钮，绘制长椅，如图 12-64 所示。

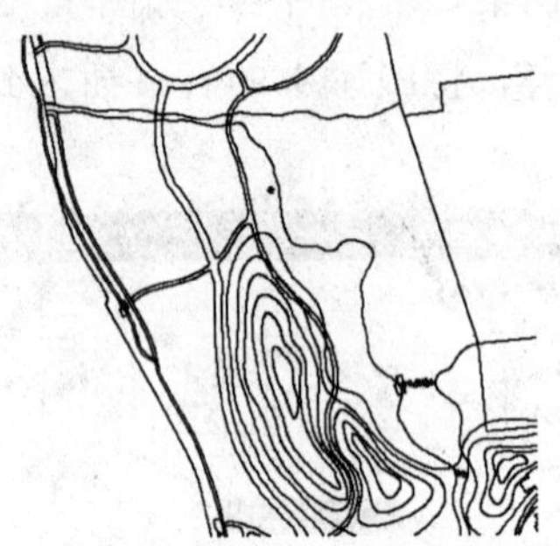

图 12-59 绘制矩形

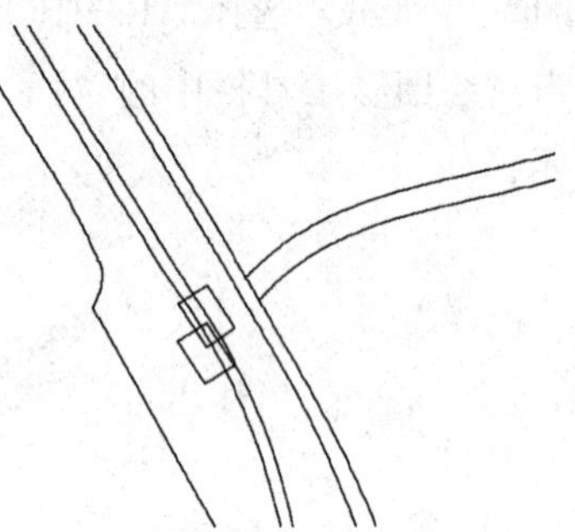

图 12-60 矩形放大图

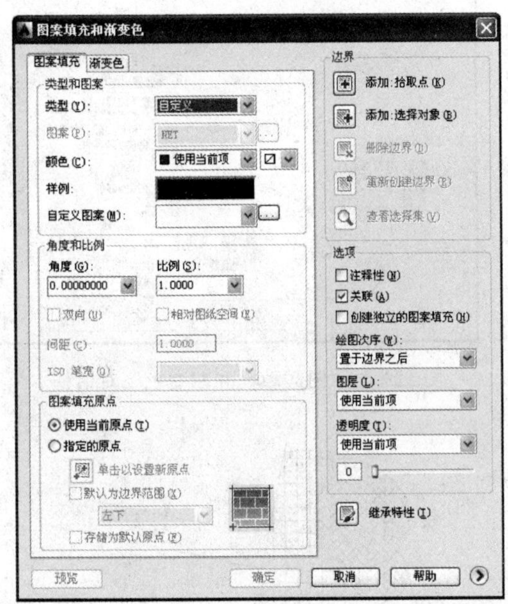

图 12-61 “图案填充和渐变色”对话框

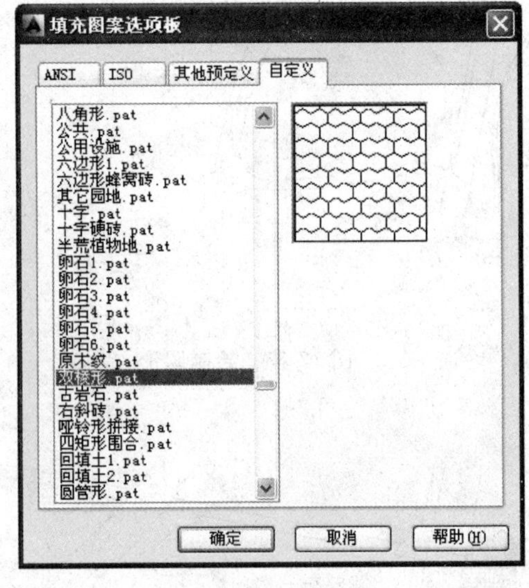

图 12-62 “填充图案选项板”对话框

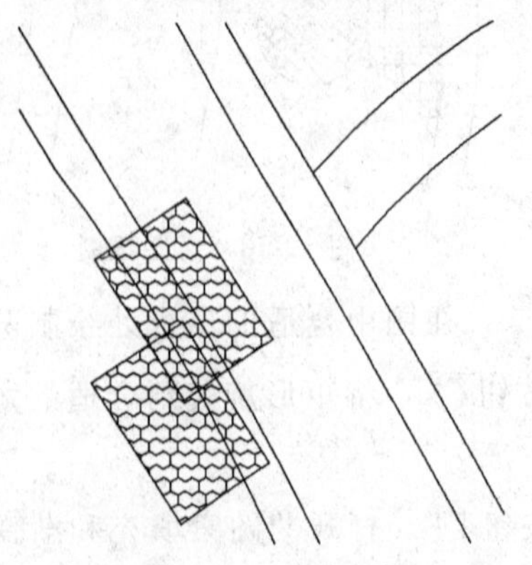

图 12-63 填充图形

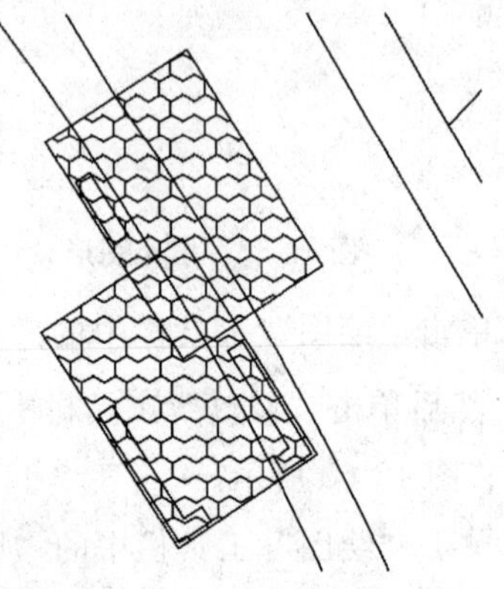

图 12-64 绘制长椅

37. 单击“修改”工具栏中的“分解”按钮，将长椅处的图案分解，然后单击“修改”工具栏中的“修剪”按钮，修剪掉多余的直线，如图 12-65 所示。

38. 单击“绘图”工具栏中的“插入块”按钮，将石桌插入到图中，并进行整理，结果如图 12-66 所示。

39. 同理，单击“绘图”工具栏中的“直线”按钮、“圆”按钮、“图案填充”按钮和“插入块”按钮，绘制左侧剩余图形，如图 12-67 所示。

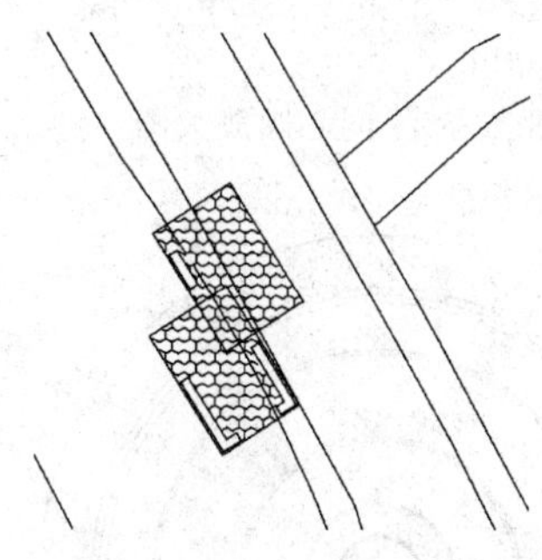

图 12-65 修剪直线

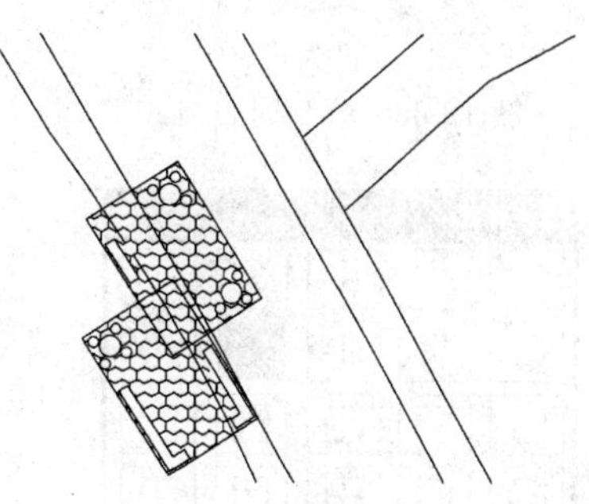

图 12-66 插入石桌

12.1.6 景区的规划设计

【操作步骤】

1. 将设计图层设置为当前层，单击“绘图”工具栏中的“圆”按钮，在中心区处绘制几个同心圆，如图 12-68、图 12-69 所示。

2. 选择菜单栏中的“格式”→“点样式”命令，打开“点样式”对话框，选择点样式并设置点大小，如图 12-70 所示。

3. 选择菜单栏中的“绘图”→“点”→“定数等分”命令，将图中的一个圆等分为 8 份，如图 12-71 所示。

4. 单击“绘图”工具栏中的“直线”按钮，绘制图形，如图 12-72 所示。

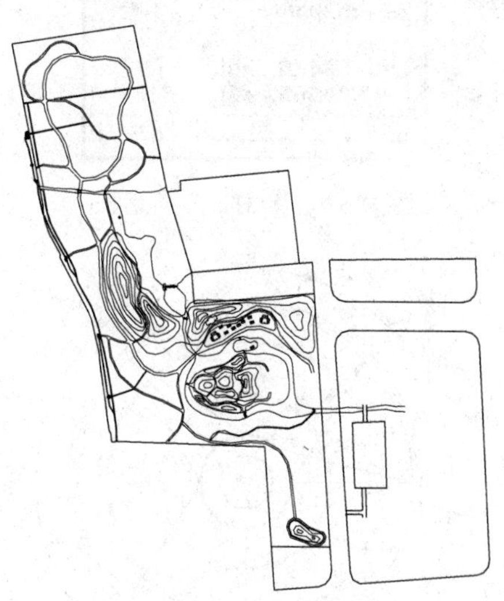

图 12-67 绘制左侧剩余图形

5. 单击“修改”工具栏中的“删除”按钮，将点样式删除，如图 12-73 所示。

6. 单击“修改”工具栏中的“修剪”按钮，修剪掉多余的直线，如图 12-74 所示。

7. 单击“绘图”工具栏中的“圆”按钮，在图中绘制三个同心圆，如图 12-75 所示。

8. 单击“修改”工具栏中的“修剪”按钮，修剪掉多余的直线，如图 12-76 所示。

9. 单击“绘图”工具栏中的“圆”按钮，绘制一个小圆，如图 12-77 所示。

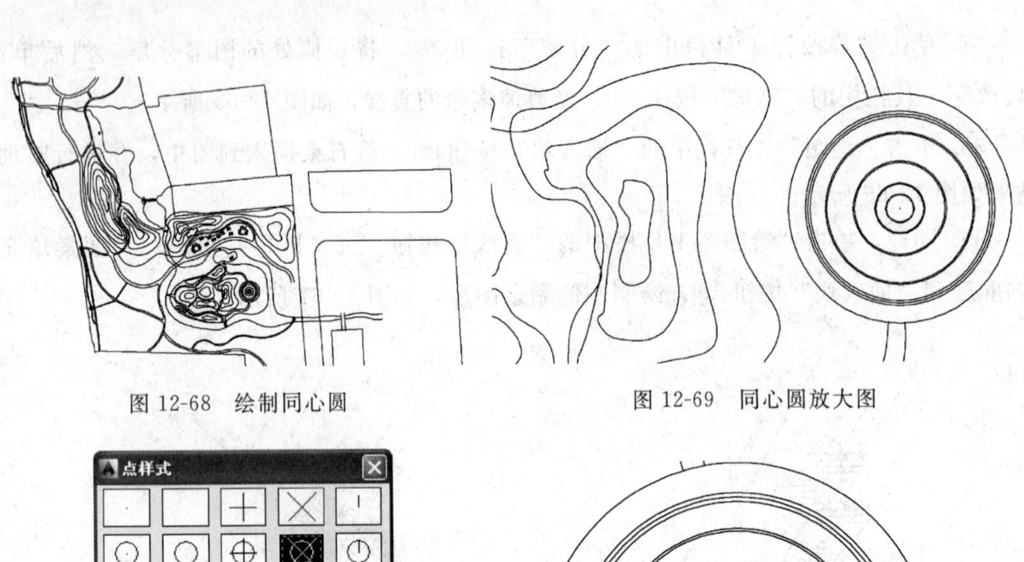

图 12-68　绘制同心圆　　　　图 12-69　同心圆放大图

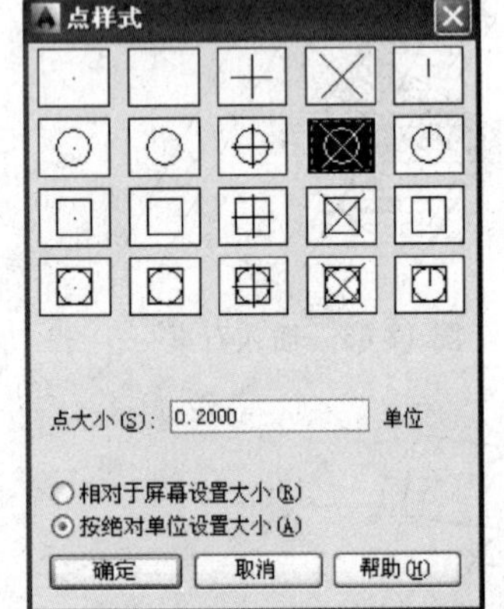

图 12-70　“点样式”对话框

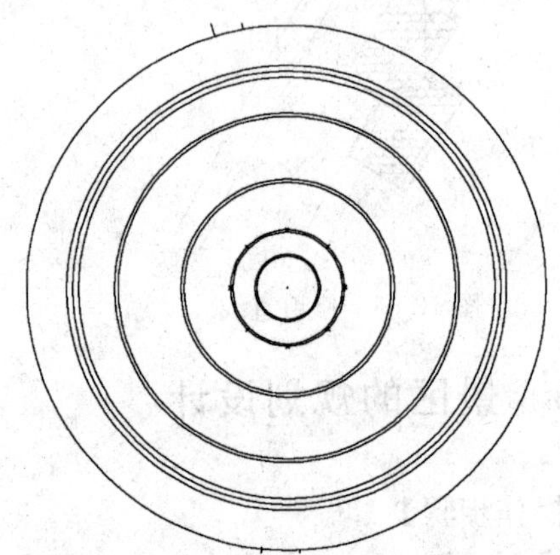

图 12-71　等分圆

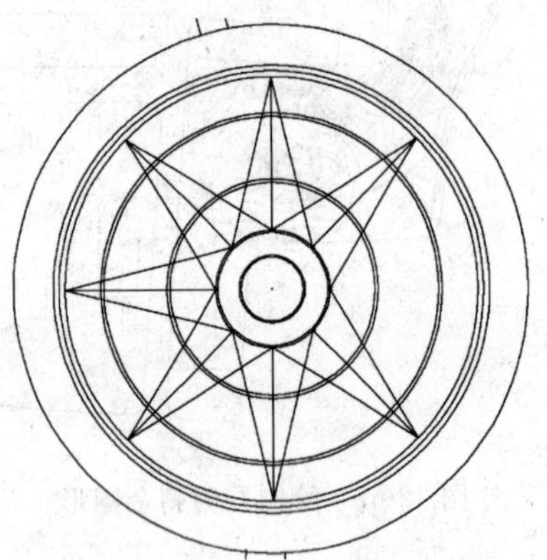

图 12-72　绘制图形

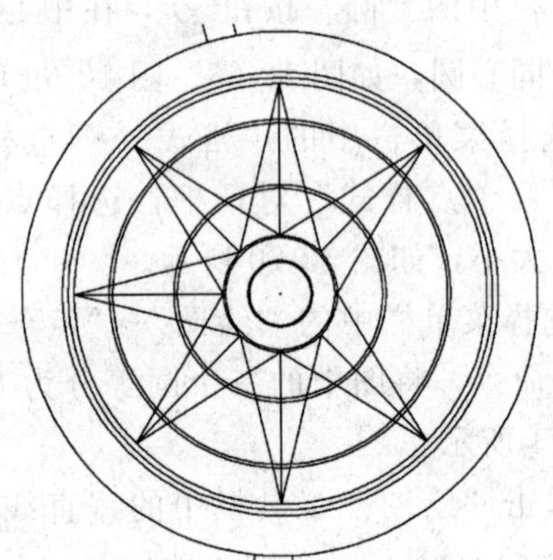

图 12-73　删除点样式

10. 单击“修改”工具栏中的“路径阵列”按钮，将小圆沿圆弧进行阵列，如图 12-78 所示。

11. 单击“修改”工具栏中的“删除”按钮，将路径圆弧删除，如图 12-79 所示。

12. 同理，绘制其他位置处的阵列圆，结果如图 12-80 所示。

13. 单击“绘图”工具栏中的“直线”按钮，在图中合适的位置处绘制短直线，如图 12-81 所示。

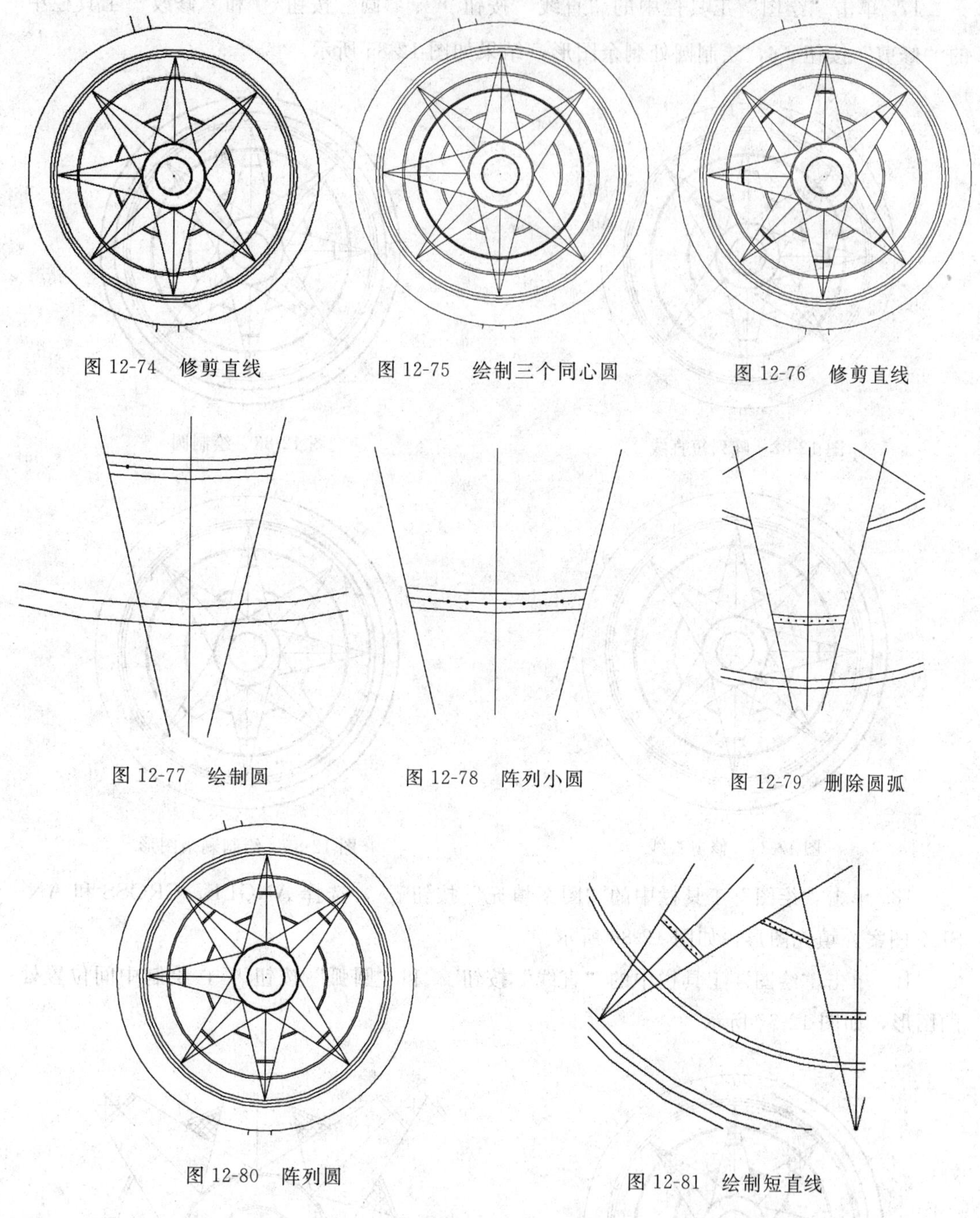

图 12-74 修剪直线　图 12-75 绘制三个同心圆　图 12-76 修剪直线

图 12-77 绘制圆　图 12-78 阵列小圆　图 12-79 删除圆弧

图 12-80 阵列圆　图 12-81 绘制短直线

14. 单击“修改”工具栏中的“环形阵列”按钮，将短直线进行阵列，如图 12-82 所示。

15. 单击“绘图”工具栏中的“圆”按钮，在外侧圆处绘制圆，如图 12-83 所示。

16. 单击“绘图”工具栏中的“直线”按钮，在绘制的圆处绘制直线，然后单击“修改”工具栏中的“修剪”按钮，修剪掉多余的直线，如图 12-84 所示。

17. 单击“绘图”工具栏中的“直线”按钮、“圆”按钮和“修改”工具栏中的“修剪”按钮，绘制圆处剩余图形，结果如图 12-85 所示。

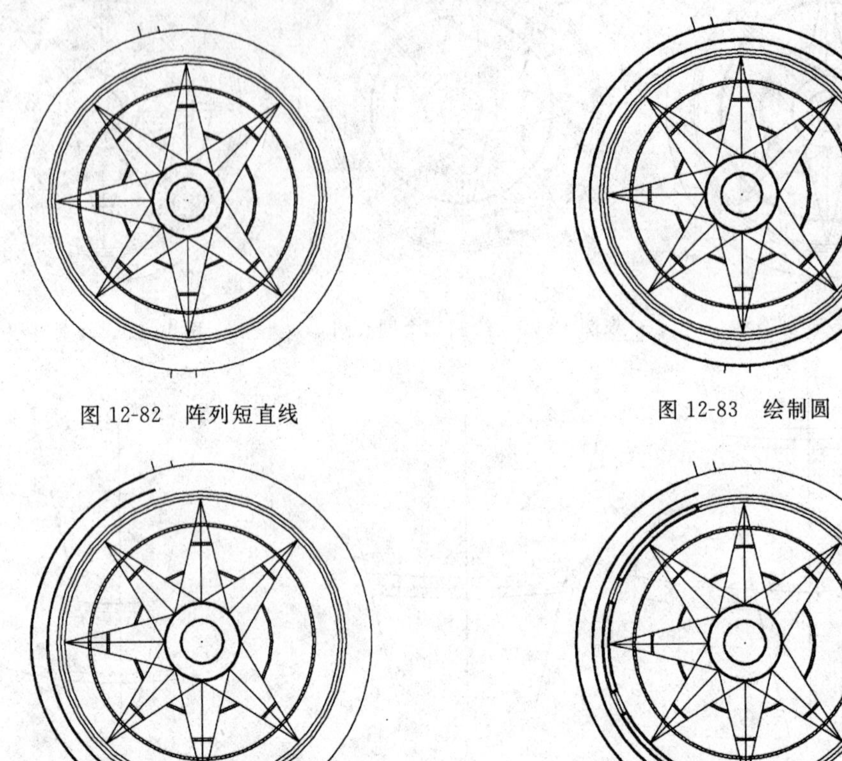

图 12-82　阵列短直线

图 12-83　绘制圆

图 12-84　修剪直线

图 12-85　绘制剩余图形

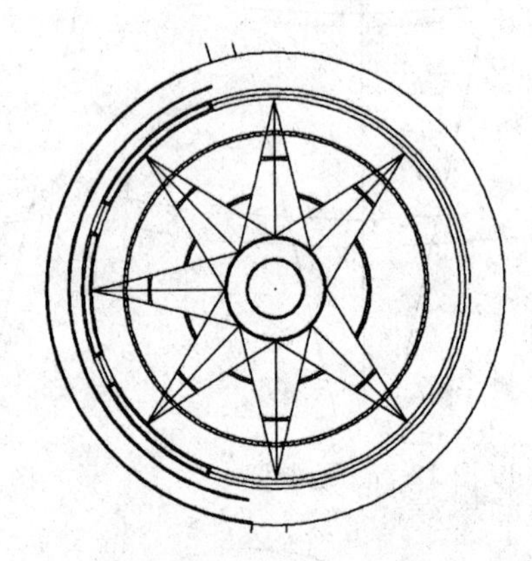

18. 单击“绘图”工具栏中的“图案填充”按钮，选择 ANGLE、CROSS 和 ANSI37 图案，填充图形，如图 12-86 所示。

19. 单击“绘图”工具栏中的“直线”按钮和“圆弧”按钮，绘制中间位置处的图形，如图 12-87 所示。

图 12-86　填充图形

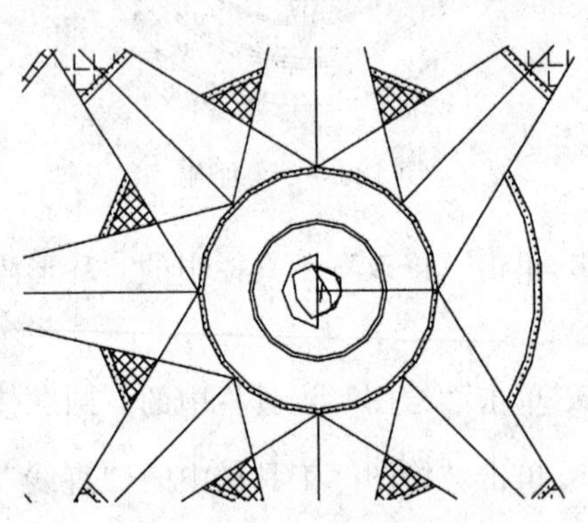

图 12-87　绘制图形

20. 单击“绘图”工具栏中的“圆弧”按钮，在大圆右侧绘制一小段圆弧，如图12-88所示。

21. 单击“绘图”工具栏中的“直线”按钮，以圆弧端点为起点绘制一条水平直线，如图12-89所示。

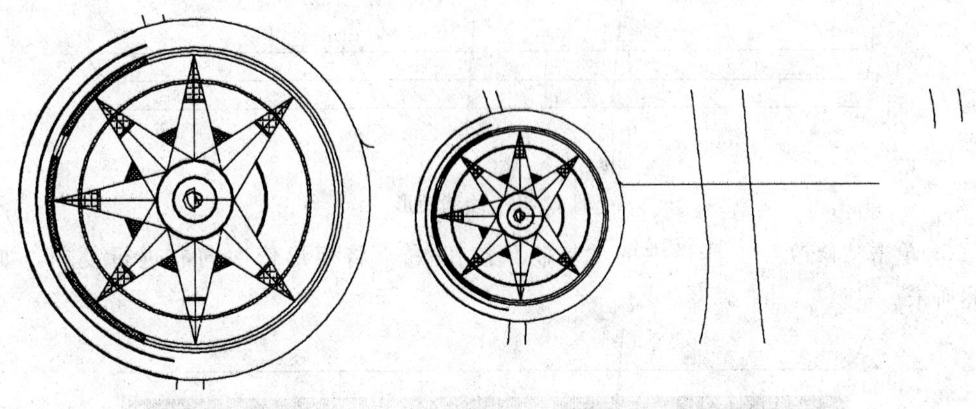

图12-88　绘制圆弧

图12-89　绘制直线

22. 单击“修改”工具栏中的“镜像”按钮，镜像图形，然后单击“修改”工具栏中的“修剪”按钮，修剪掉多余的直线，结果如图12-90所示。

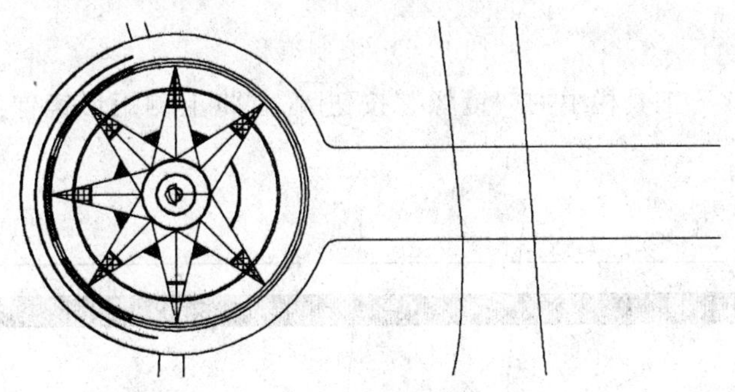

图12-90　镜像图形

23. 单击“绘图”工具栏中的“直线”按钮和“圆弧”按钮，在两条水平直线的内侧绘制图形，如图12-91所示。

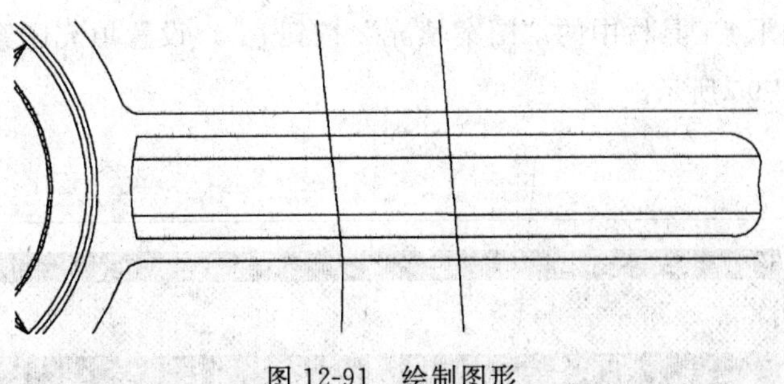

图12-91　绘制图形

24. 单击“绘图”工具栏中的“矩形”按钮，在图中合适的位置处绘制一个矩形，如图 12-92 所示。

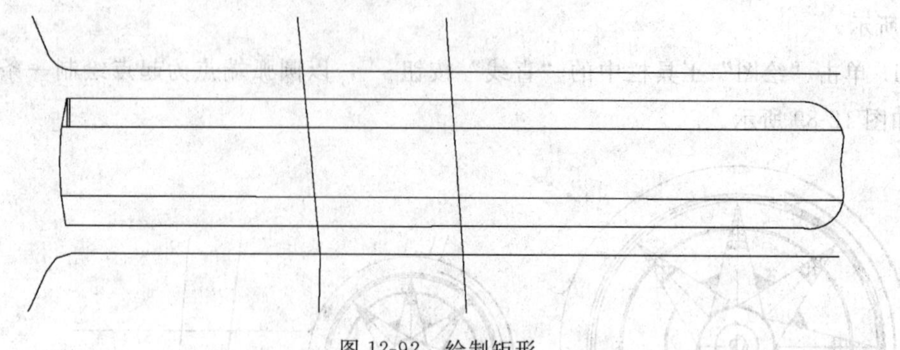

图 12-92 绘制矩形

25. 单击“修改”工具栏中的“复制”按钮，将矩形依次向右进行复制，如图 12-93所示。

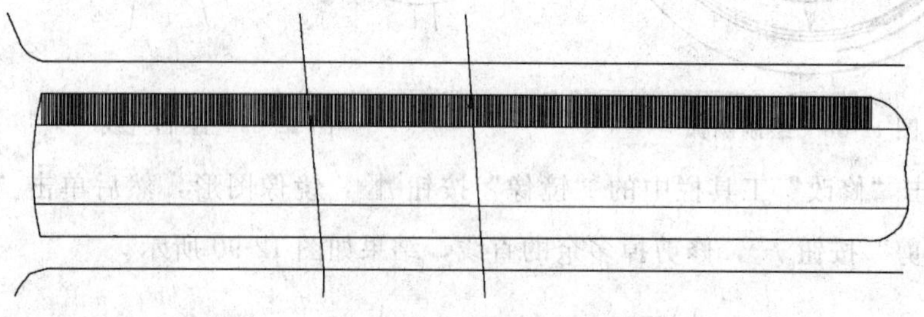

图 12-93 复制矩形

26. 单击“修改”工具栏中的“镜像”按钮，将上侧矩形镜像到另外一侧，如图 12-94 所示。

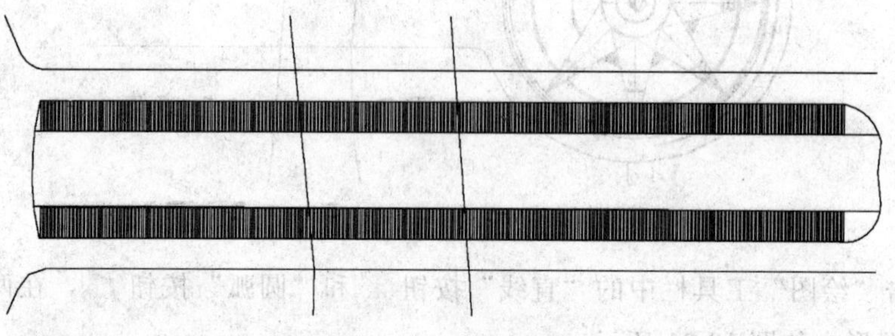

图 12-94 镜像矩形

27. 单击“绘图”工具栏中的“图案填充”按钮，设置填充图案为 CROSS，填充图形后结果如图 12-95 所示。

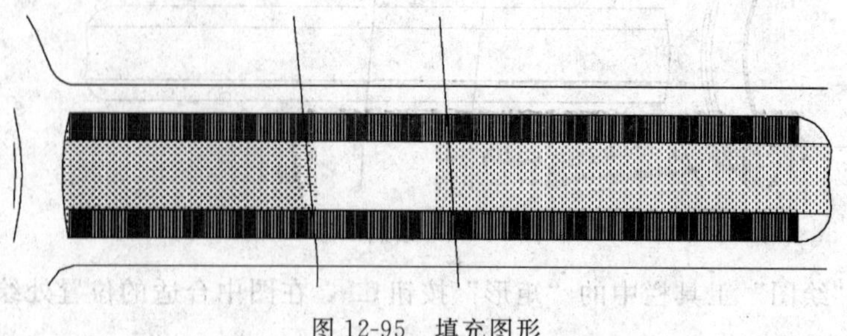

图 12-95 填充图形

28. 单击“修改”工具栏中的“修剪”按钮-/--，修剪掉多余的直线，并整理图形，结果如图 12-96 所示。

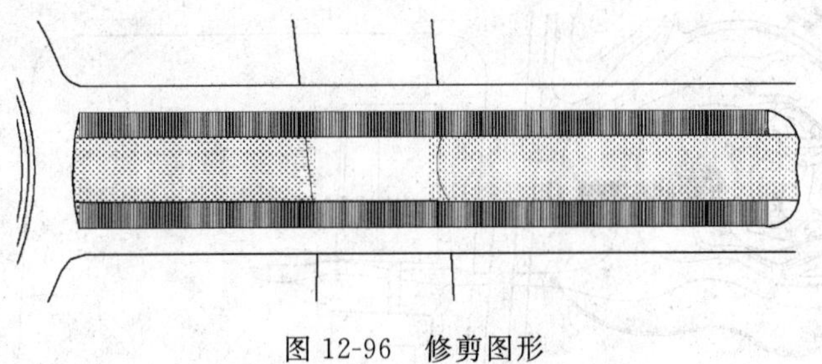

图 12-96 修剪图形

29. 单击“绘图”工具栏中的“直线”按钮和“圆弧”按钮，绘制右侧图形，如图 12-97 所示。

30. 单击“绘图”工具栏中的“直线”按钮，绘制石块，如图 12-98 所示。

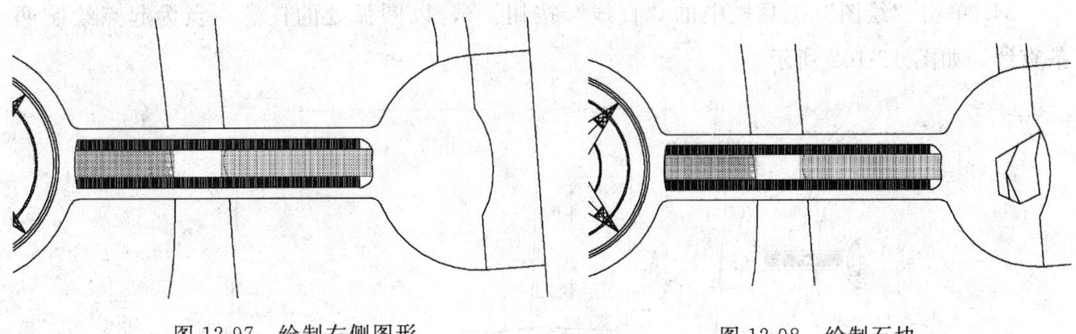

图 12-97 绘制右侧图形　　图 12-98 绘制石块

31. 单击“绘图”工具栏中的“直线”按钮和“圆弧”按钮，绘制图形，如图 12-99 所示。

32. 单击“绘图”工具栏中的“直线”按钮，在花木交易市场处绘制轮廓线，如图 12-100 所示。

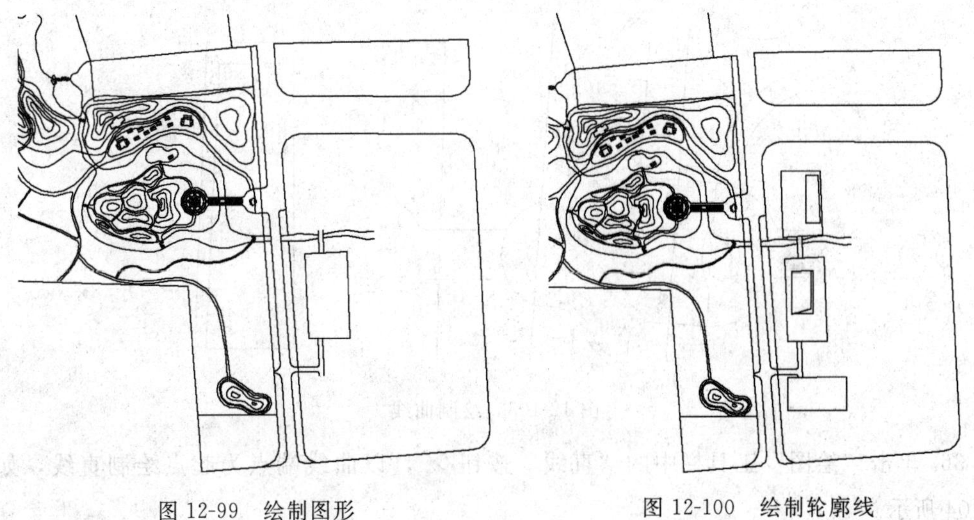

图 12-99 绘制图形　　图 12-100 绘制轮廓线

33. 单击“绘图”工具栏中的“圆弧”按钮，在图中合适的位置处绘制圆弧，如图 12-101 所示。

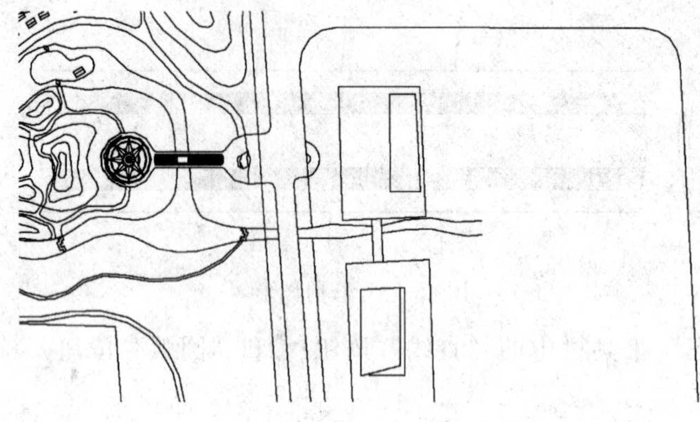

图 12-101　绘制圆弧

34. 单击“绘图”工具栏中的“直线”按钮，以圆弧处的任意一点为起点绘制两条直线，如图 12-102 所示。

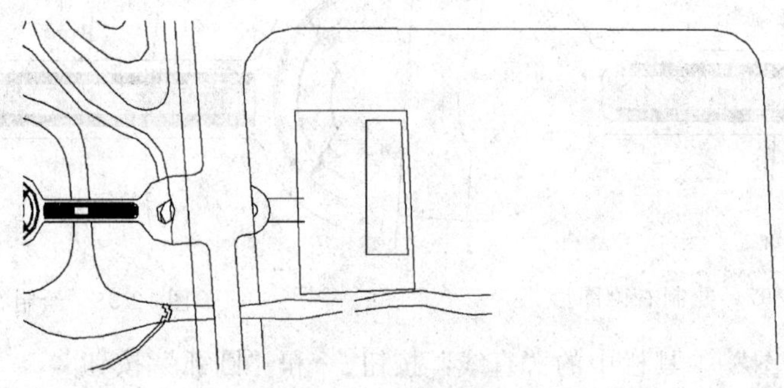

图 12-102　绘制直线

35. 单击“绘图”工具栏中的“圆弧”按钮和“样条曲线”按钮，在直线右侧绘制曲线，如图 12-103 所示。

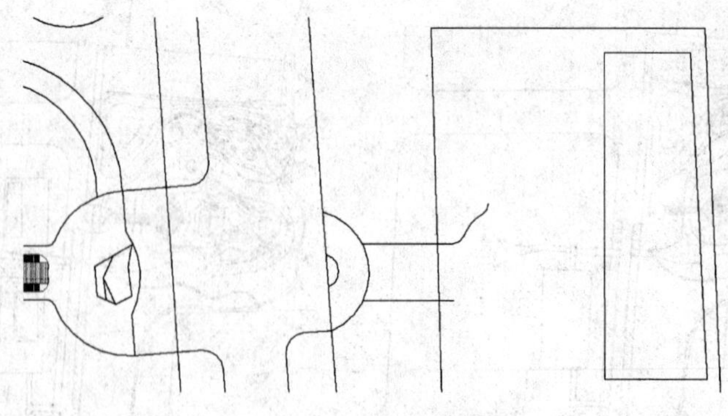

图 12-103　绘制曲线

36. 单击“绘图”工具栏中的“直线”按钮，以曲线端点为起点绘制直线，如图 12-104 所示。

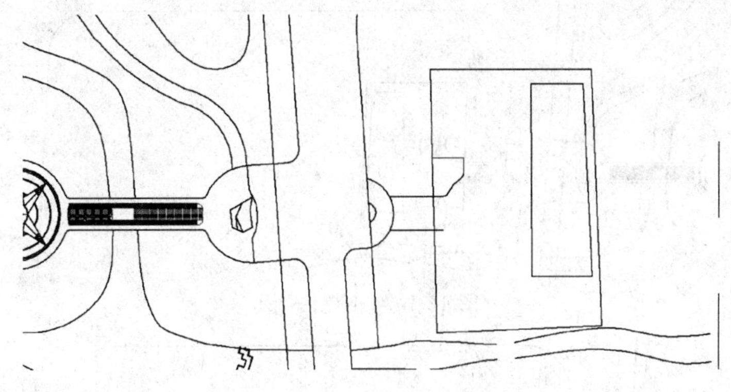

图 12-104　绘制短直线

37. 单击“修改”工具栏中的“镜像”按钮，镜像图形，然后单击“修改”工具栏中的“修剪”按钮，修剪掉多余的直线，结果如图 12-105 所示。

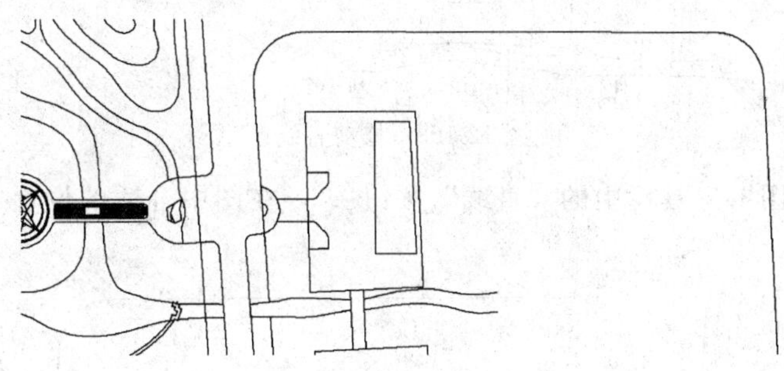

图 12-105　镜像图形

38. 单击“绘图”工具栏中的“直线”按钮、“圆弧”按钮和“样条曲线”按钮，绘制右侧图形，如图 12-106 所示。

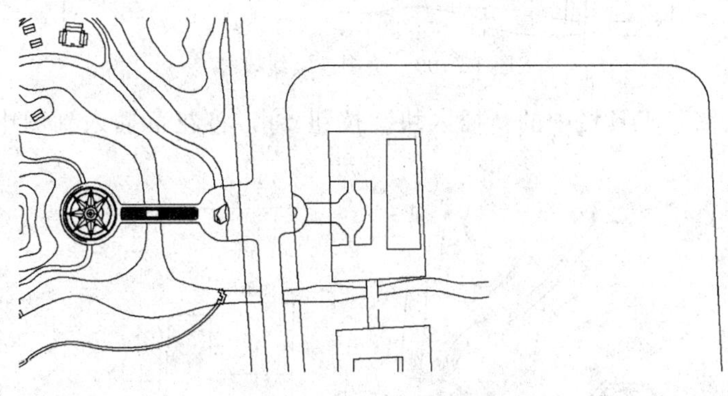

图 12-106　绘制右侧图形

39. 单击“绘图”工具栏中的“直线”按钮和“圆弧”按钮，在两条水平直线内绘制图形，如图 12-107 所示。

40. 单击“修改”工具栏中的“修剪”按钮，修剪掉多余的直线，如图 12-108 所示。

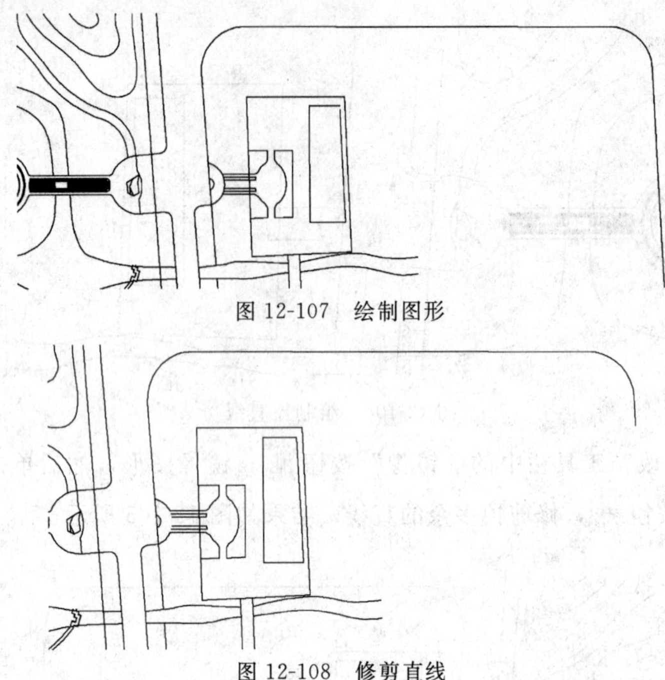

图 12-107　绘制图形

图 12-108　修剪直线

41. 单击“绘图”工具栏中的“直线”按钮，在图中合适的位置处绘制连续线段，如图 12-109 所示。

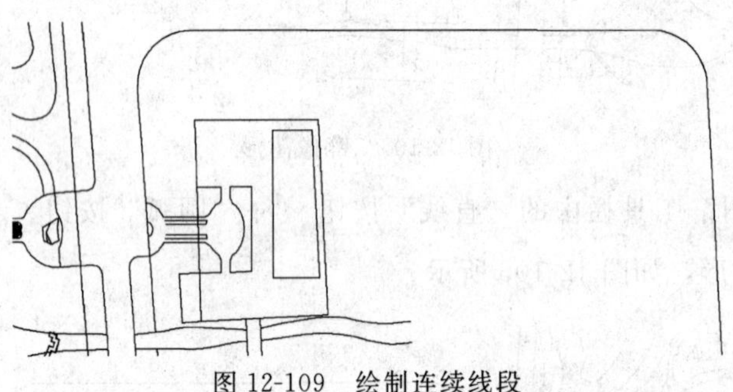

图 12-109　绘制连续线段

42. 单击“绘图”工具栏中的“插入块”按钮，将花草插入到图中，如图 12-110 所示。

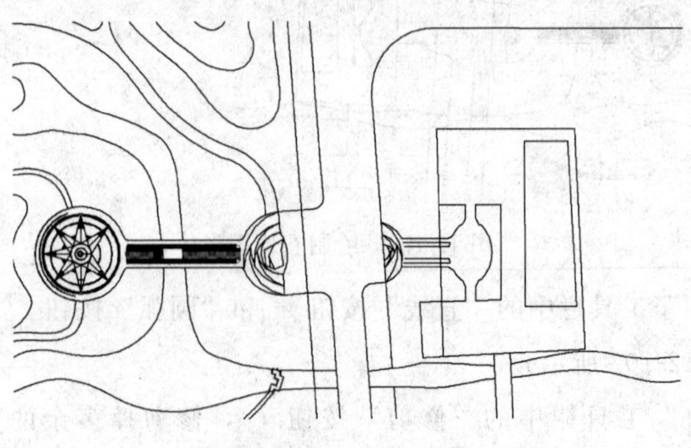

图 12-110　插入花草

43. 单击“绘图”工具栏中的“矩形”按钮，在下侧花木交易市场处绘制小正方形，如图 12-111 所示。

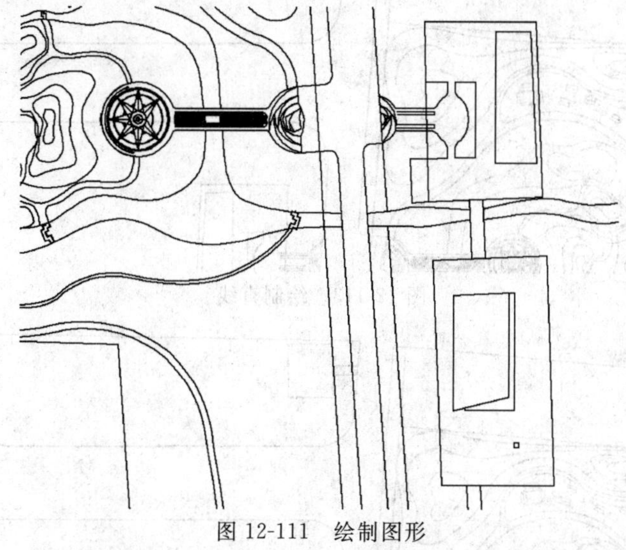

图 12-111　绘制图形

44. 单击“修改”工具栏中的“矩形阵列”按钮，将小正方形进行阵列，如图 12-112 所示。

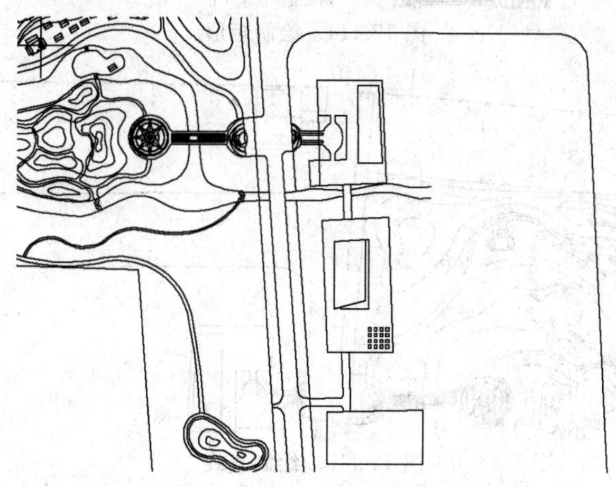

图 12-112　阵列小矩形

45. 单击“绘图”工具栏中的“直线”按钮，在顶侧绘制两条直线，如图 12-113 所示。

46. 单击“绘图”工具栏中的“矩形”按钮，在直线右侧绘制矩形，如图 12-114 所示。

47. 单击“绘图”工具栏中的“直线”按钮，在矩形内绘制一条直线，如图12-115 所示。

48. 单击“绘图”工具栏中的“矩形”按钮，在枣采摘区处绘制小矩形，如图 12-116所示。

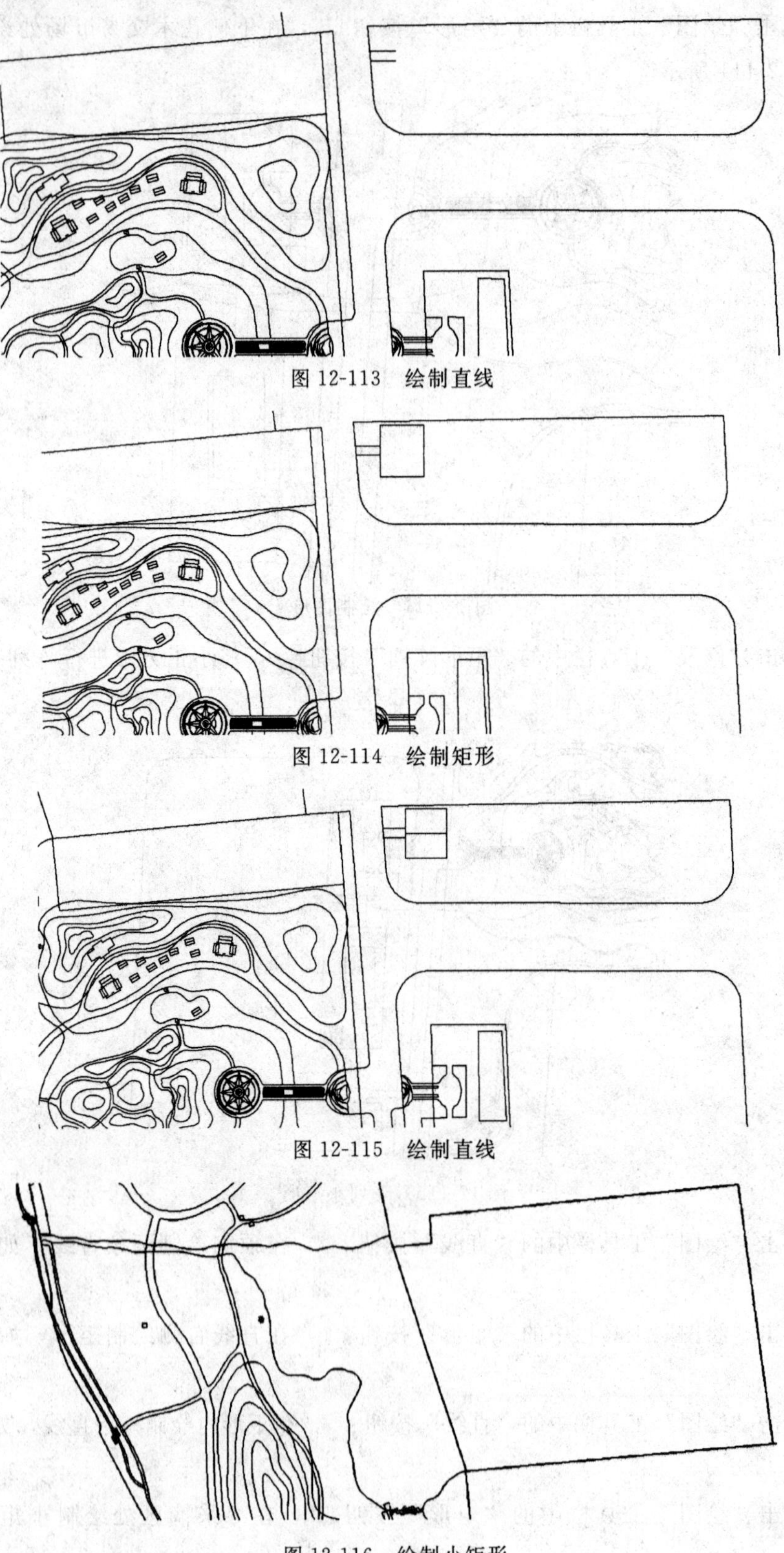

图 12-113　绘制直线

图 12-114　绘制矩形

图 12-115　绘制直线

图 12-116　绘制小矩形

49. 同理，绘制其他位置处的小矩形，完成设计类图形绘制，如图 12-117 所示。

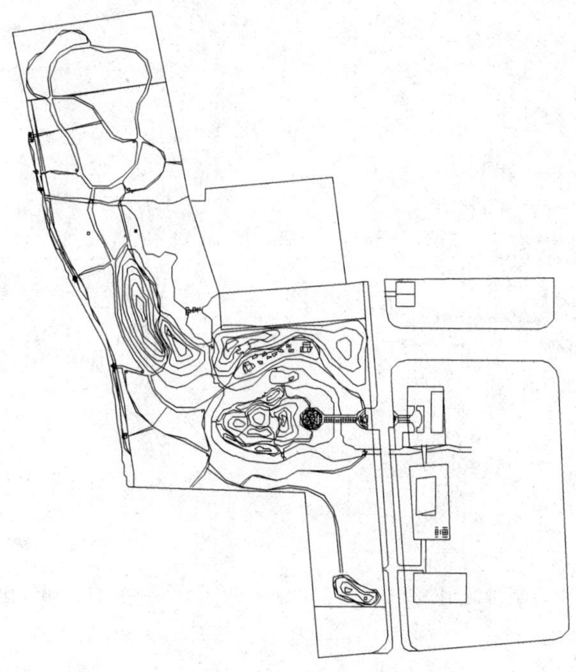

图 12-117 绘制剩余小矩形

12.1.7 绘制河道

【操作步骤】

1. 单击“绘图”工具栏中的“直线”按钮和“样条曲线”按钮，绘制清泥河，如图 12-118 所示。

2. 同理，利用二维绘图和修改命令细化清泥河，结果如图 12-119 所示。

3. 同理，在右侧绘制清渠河，这里不再赘述，如图 12-120 所示。

12.1.8 标注文字

【操作步骤】

1. 选择菜单栏中的“格式”→“文字样式”命令，打开“文字样式”对话框，如图 12-121所示，然后设置字体与高度。

2. 将文字图层设置为当前层，单击“绘图”工具栏中的“直线”按钮，在桃采摘区处引出直线，如图 12-122 所示。

3. 单击“绘图”工具栏中的“圆”按钮，在直线处绘制圆，如图 12-123 所示。

4. 单击“绘图”工具栏中的“多行文字”按钮，在圆内输入文字，如图 12-124 所示。

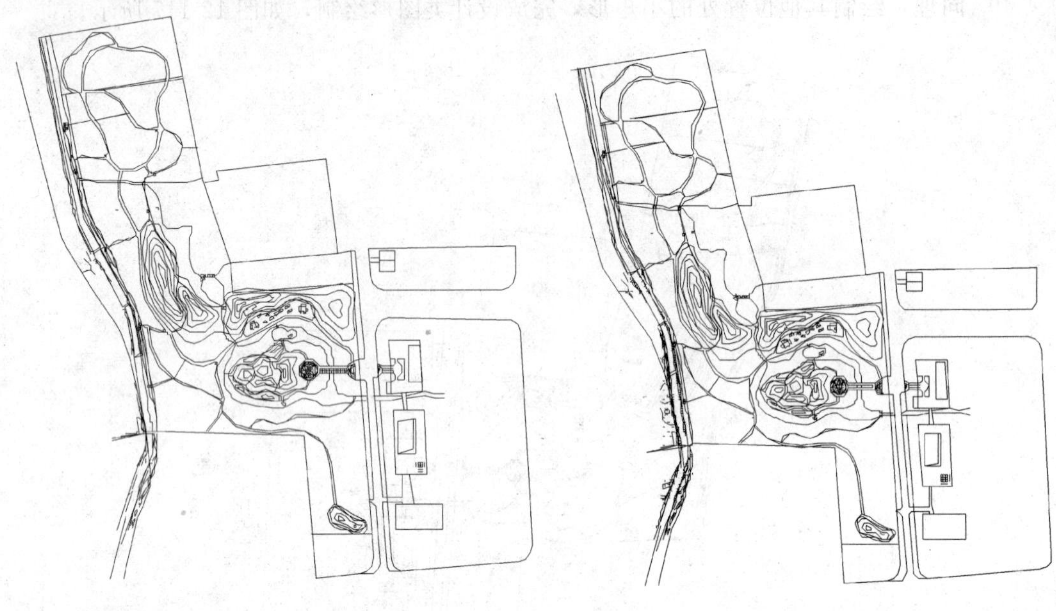

图 12-118 绘制清泥河　　图 12-119 细化清泥河

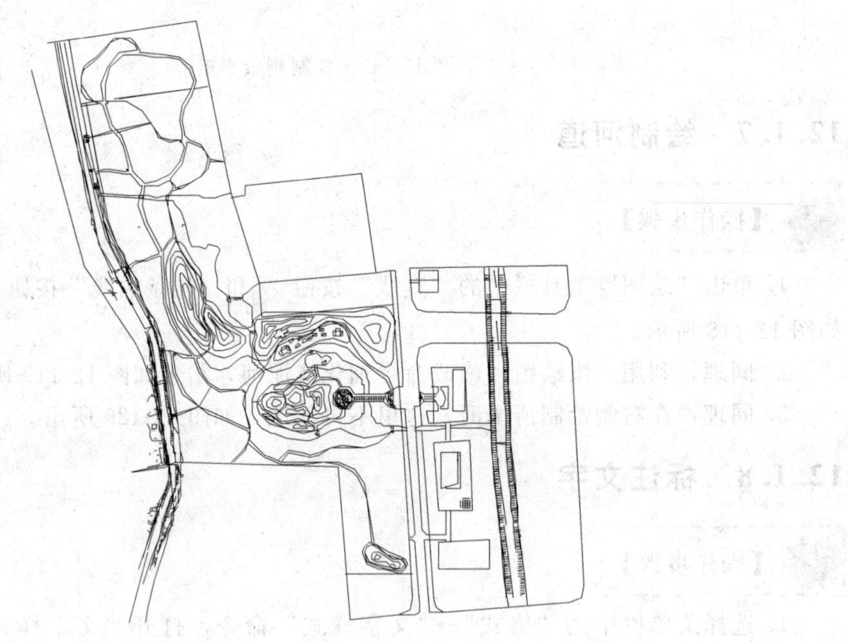

图 12-120 绘制清漠河

5. 同理，单击“绘图”工具栏中的“多行文字”按钮A，在图中其他位置处标注文字，如图 12-125 所示。

6. 单击“绘图”工具栏中的“直线”按钮和“多行文字”按钮A，绘制剖切符号，如图 12-126 所示。

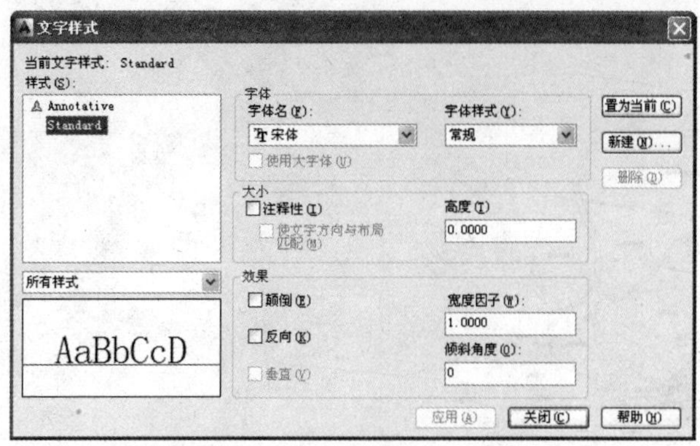

图 12-121 “文字样式”对话框

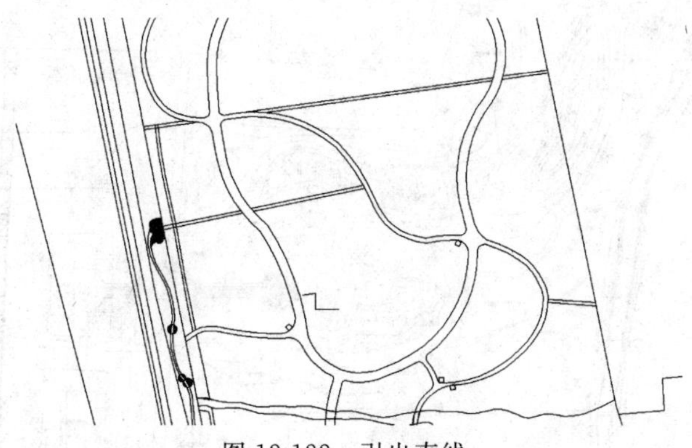

图 12-122 引出直线

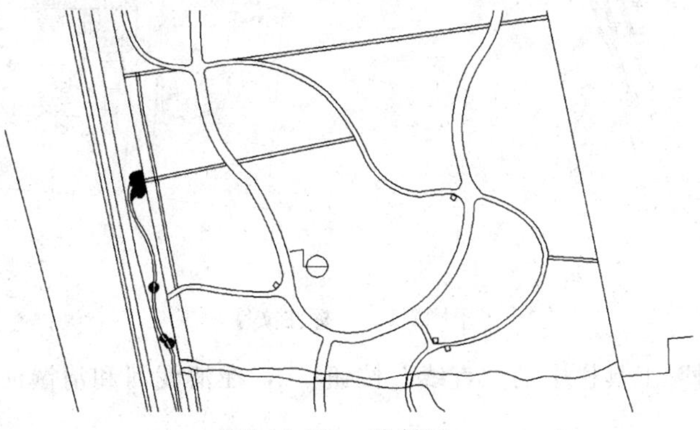

图 12-123 绘制圆

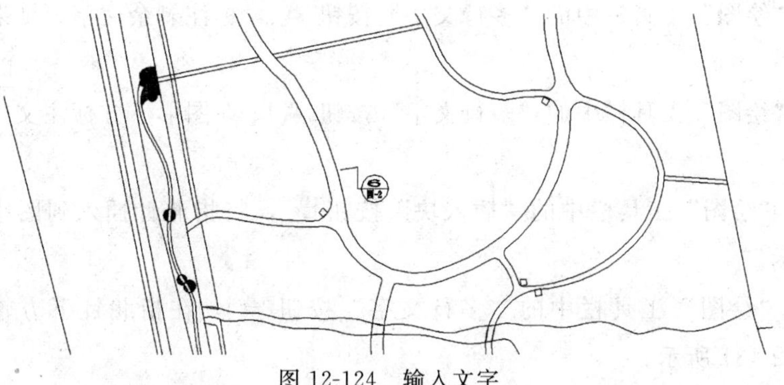

图 12-124 输入文字

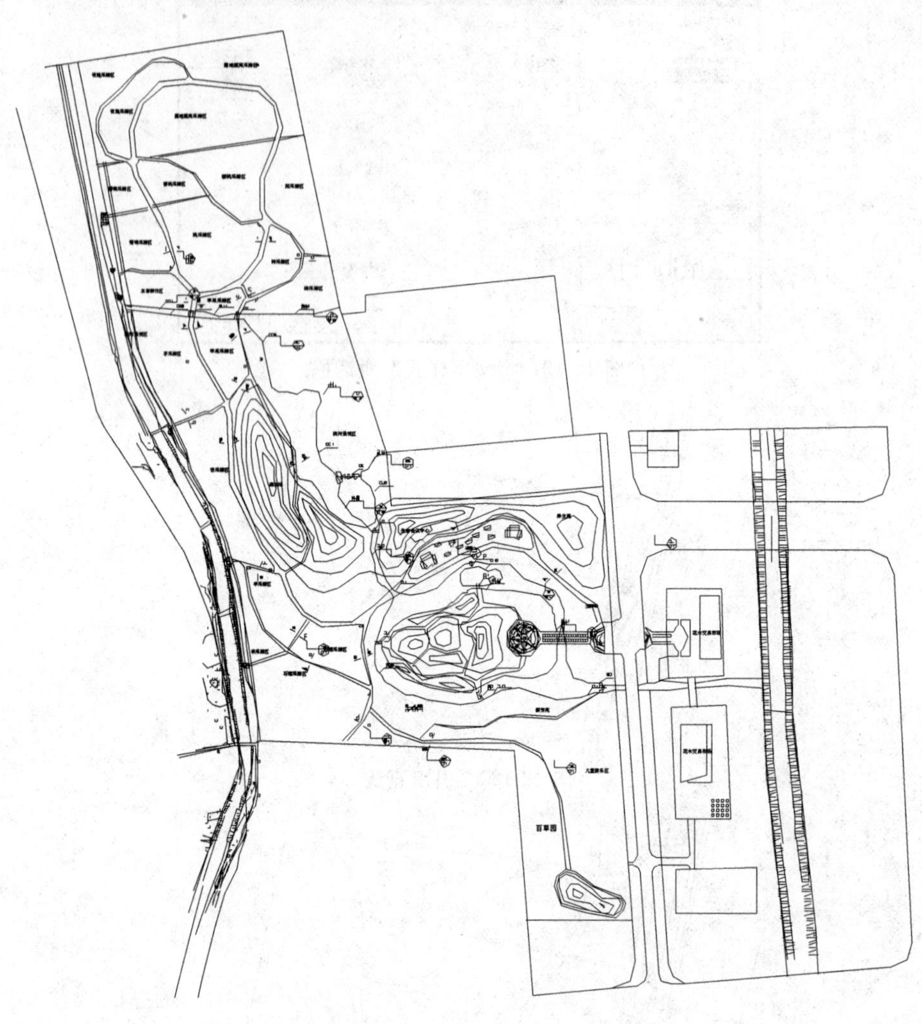

图 12-125　标注文字

7. 单击“绘图”工具栏中的“直线”按钮，在清泥河和清淇河处绘制箭头，如图 12-127 所示。

8. 单击“绘图”工具栏中的“多行文字”按钮，标注剩余文字，结果如图 12-128 所示。

9. 单击“绘图”工具栏中的“多行文字”按钮，在图形下方标注文字说明，如图 12-129 所示。

10. 单击“绘图”工具栏中的“插入块”按钮，将指北针插入到图中右上角，如图 12-130 所示。

11. 单击“绘图”工具栏中的“多行文字”按钮，在指北针下方输入比例 1：1500，如图 12-131 所示。

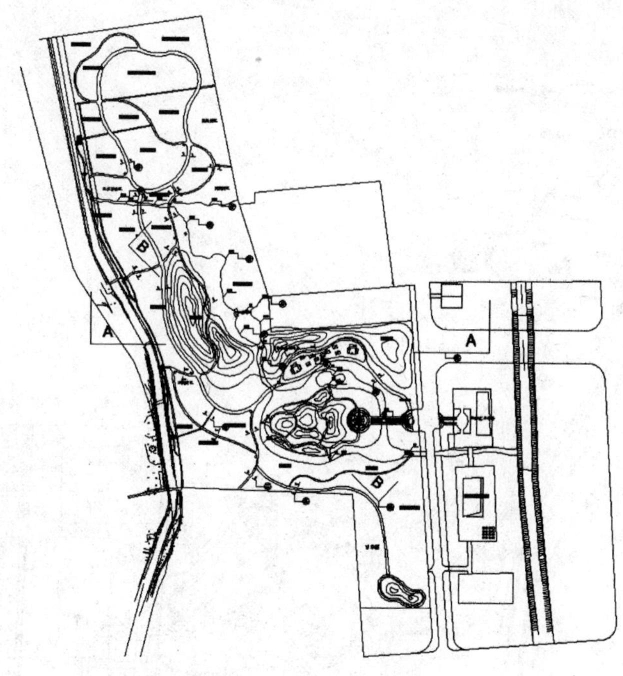

图 12-126 绘制剖切符号

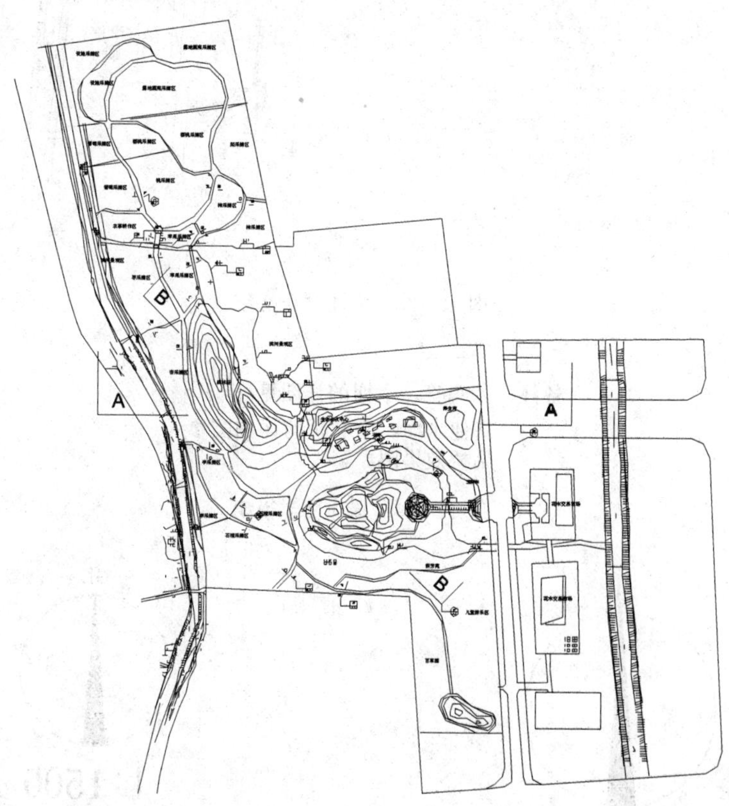

图 12-127 绘制箭头

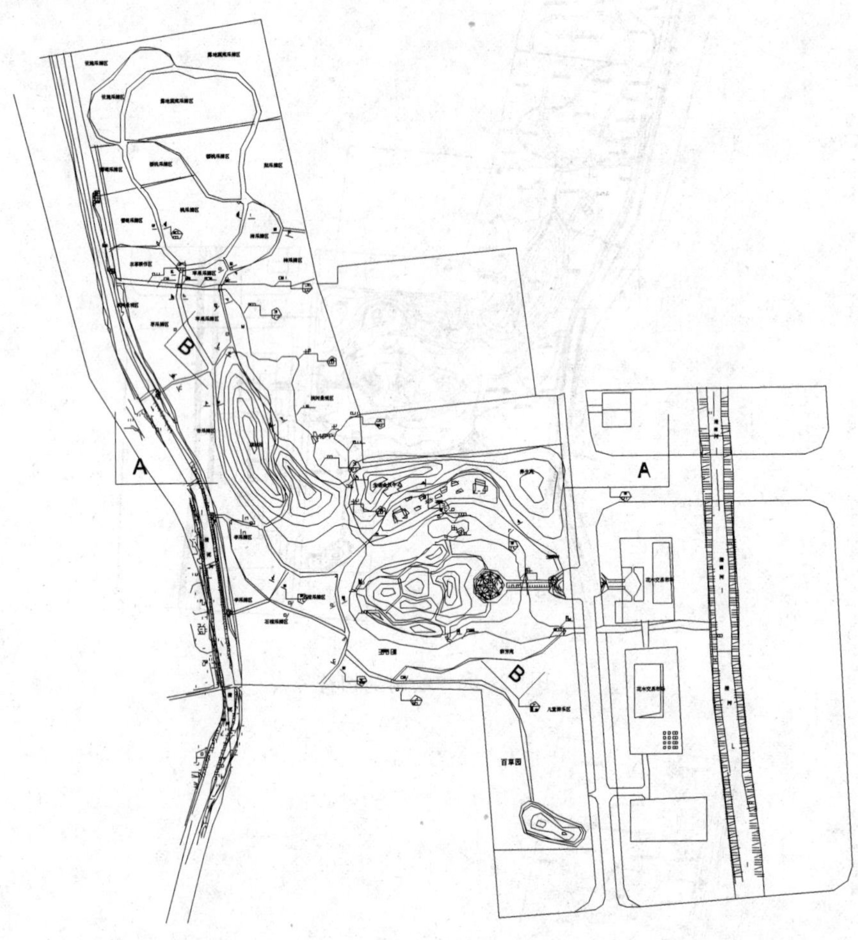

图 12-128　标注剩余文字

备注：六角亭、水榭的详图见 $\frac{1}{园-4}$ $\frac{2}{园-4}$
其他水榭、亭和桥的详细图参
见桥效果图。

图 12-129　标注文字说明

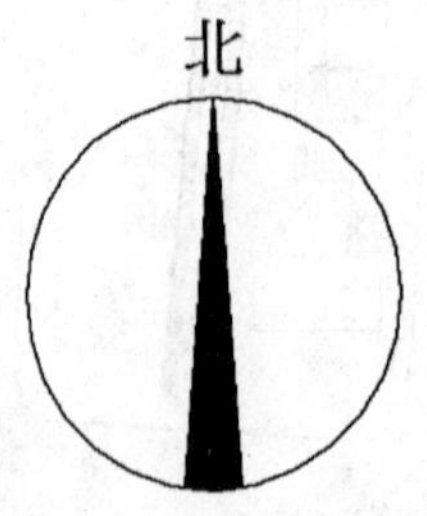

图 12-130　插入指北针

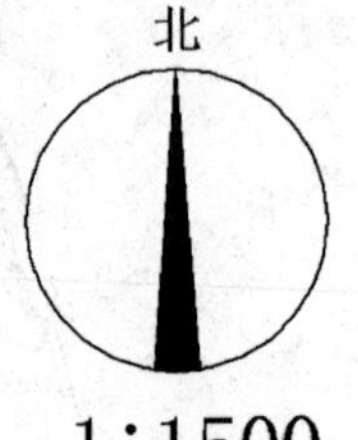

图 12-131　输入比例

12. 单击“绘图”工具栏中的“插入块”按钮，将源文件/图库/图框插入到图中，并调整布局大小，然后输入图名名称，结果如图 12-1 所示。

13. 竖向图的绘制方法与索引图类似，这里不再赘述，如图 12-132 所示。

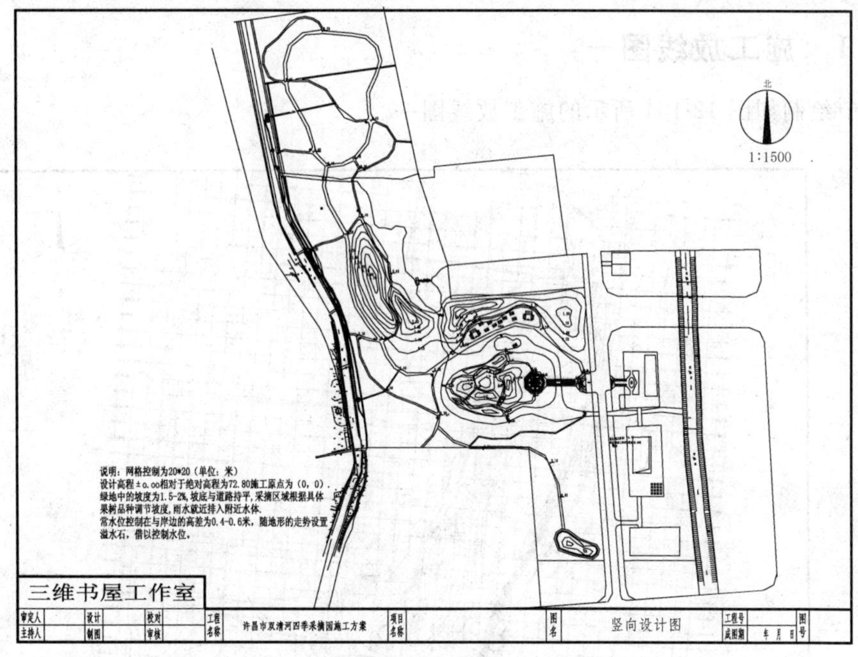

图 12-132 竖向图

14. 利用二维命令绘制竖向断面，这里不再赘述，如图 12-133 所示。

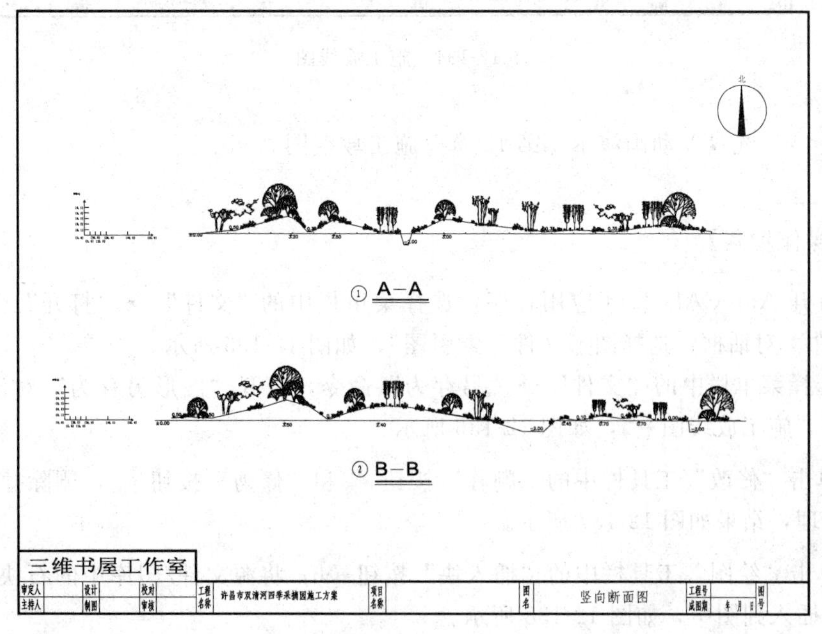

图 12-133 制竖向断面

12.2 某生态采摘园施工放线图

12.2.1 施工放线图一

本节绘制如图 12-134 所示的施工放线图一。

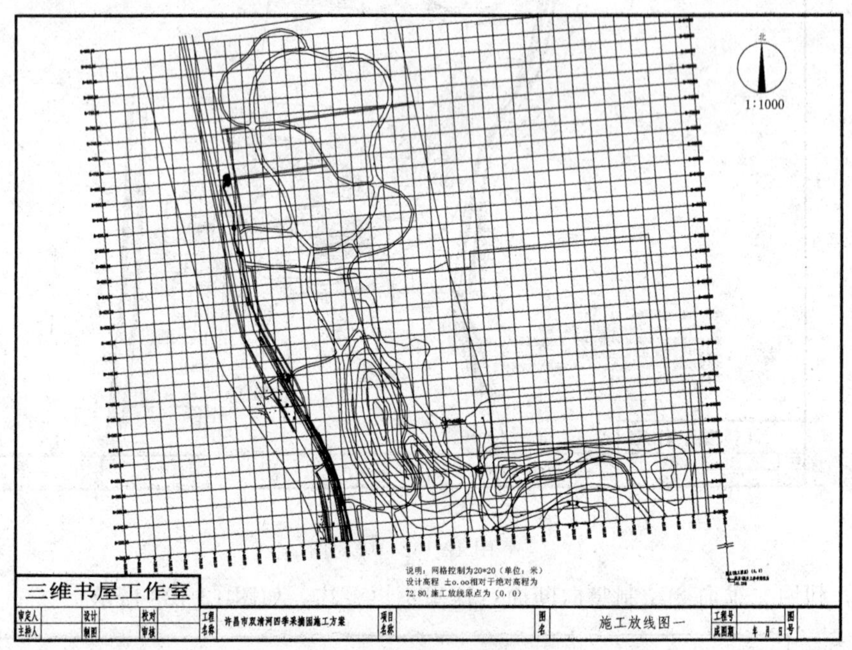

图 12-134 施工放线图一

光盘\动画演示\第 12 章\施工放线图 .avi

1. 打开 AutoCAD 2014 应用程序，选择菜单栏中的“文件”→“打开”命令，打开“选择文件”对话框，选择图形文件“索引图”，如图 12-135 所示。

2. 选择菜单栏中的“文件”→“另存为”命令，打开“图形另存为”对话框，将文件保存为“施工放线图一”，如图 12-136 所示。

3. 单击“修改”工具栏中的“删除”按钮和“修剪”按钮，删除掉部分图形，并修剪整理，结果如图 12-137 所示。

4. 单击“绘图”工具栏中的“插入块”按钮，将源文件/图库中的石块 1、石块 2 和石块 3 插入到图中，如图 12-138 所示。

5. 单击“绘图”工具栏中的“直线”按钮，绘制折断线，如图 12-139 所示。

图 12-135 “选择文件”对话框

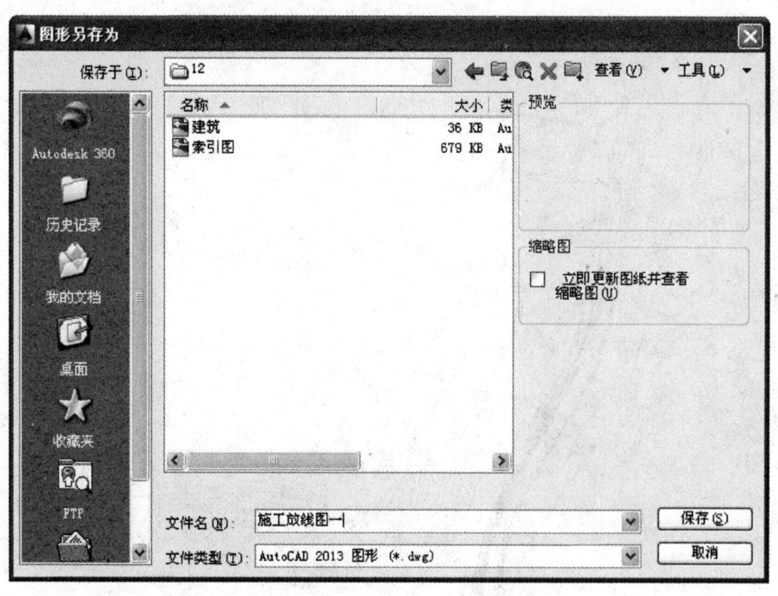

图 12-136 “图形另存为”对话框

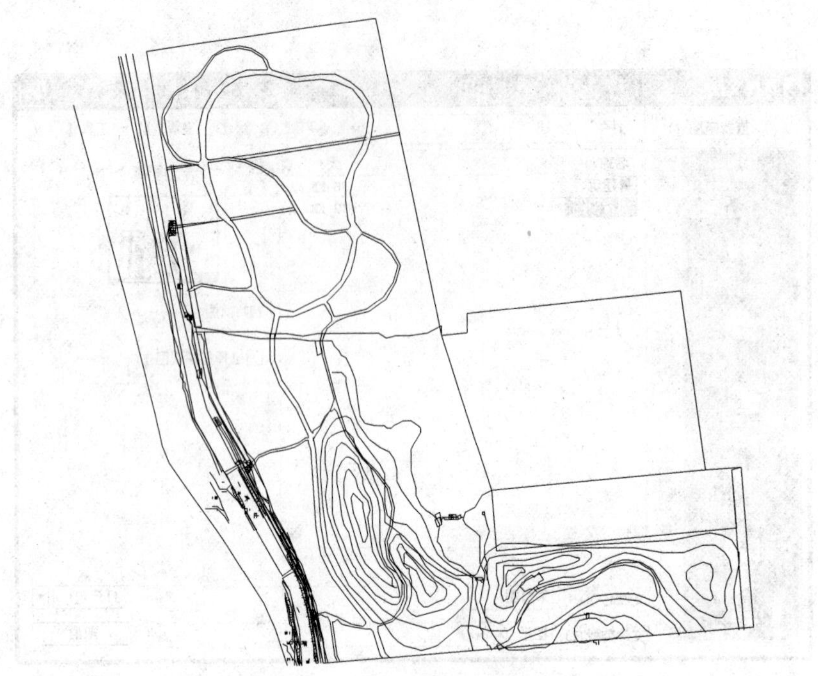

图 12-137　整理图形

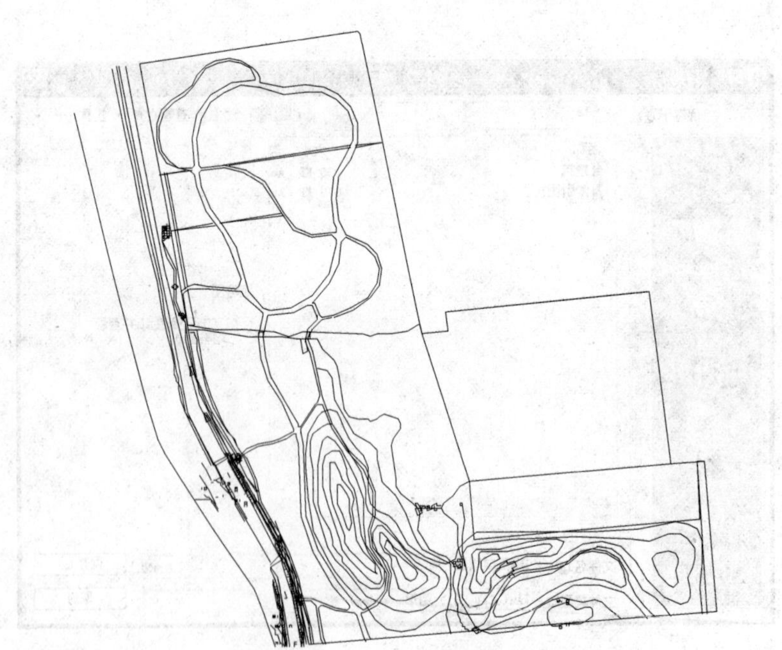

图 12-138　插入石块

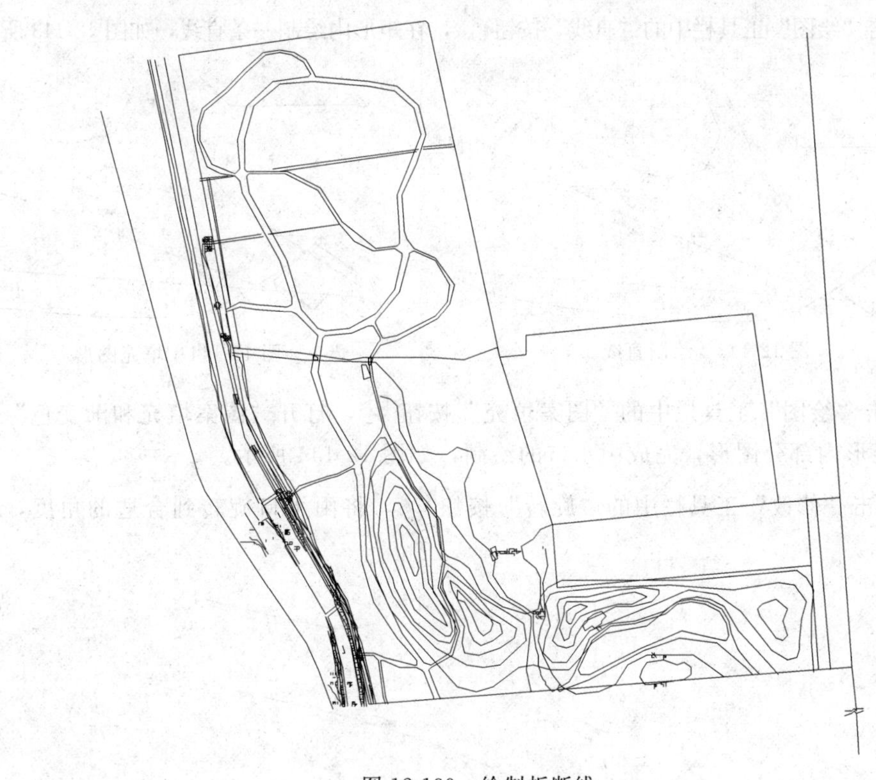

图 12-139 绘制折断线

6. 单击“图层”工具栏中的“图层特性管理器”按钮，打开“图层特性管理器”对话框，新建雨水口图层，并将其设置为当前层，如图 12-140 所示。

图 12-140 新建雨水口图层

7. 单击“绘图”工具栏中的“矩形”按钮，绘制一个矩形，如图 12-141、图 12-142 所示。

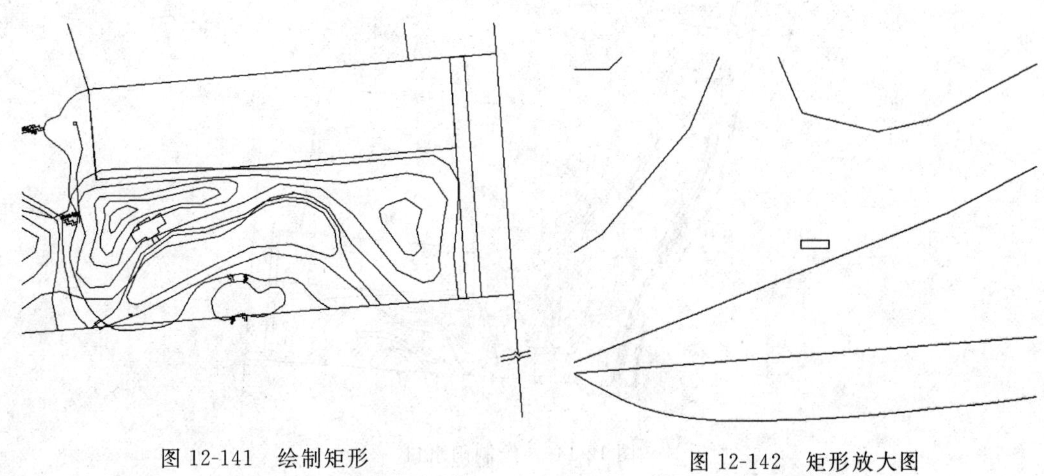

图 12-141 绘制矩形

图 12-142 矩形放大图

8. 单击“绘图”工具栏中的“直线”按钮，在矩形内绘制一条直线，如图 12-143 所示。

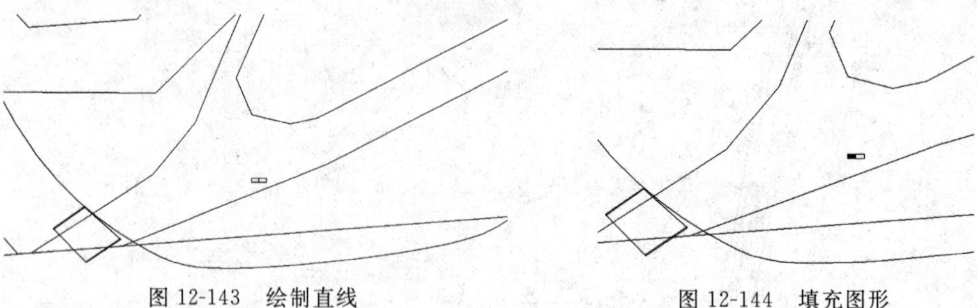

图 12-143　绘制直线　　　　图 12-144　填充图形

9. 单击“绘图”工具栏中的“图案填充”按钮，打开“图案填充和渐变色”对话框，填充矩形内部分图形，完成雨水口的绘制，如图 12-144 所示。

10. 单击“修改”工具栏中的“旋转”按钮，将雨水口旋转到合适的角度，如图 12-145 所示。

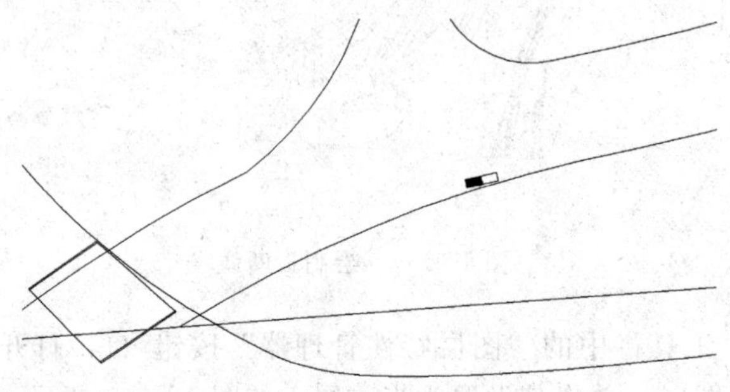

图 12-145　旋转雨水口

11. 同理，绘制其他位置处的雨水口，如图 12-146 所示。

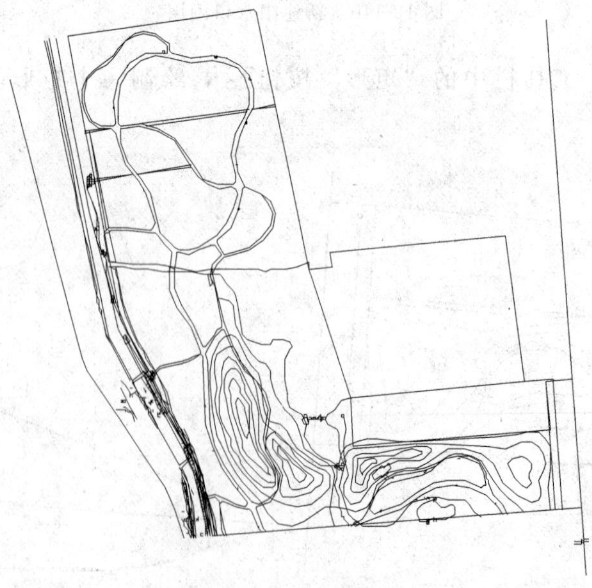

图 12-146　绘制雨水口

12. 单击“绘图”工具栏中的“直线”按钮，在图中合适的位置处绘制一条水平斜线和一条竖直斜线，如图12-147所示。

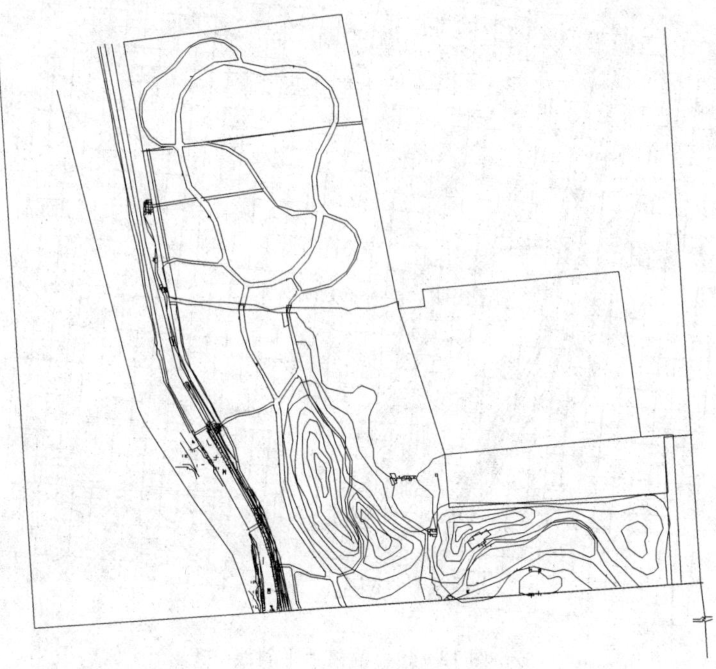

图12-147 绘制斜线

13. 单击“修改”工具栏中的“偏移”按钮，将竖直斜线依次向右进行偏移，偏移间距为20，如图12-148所示。

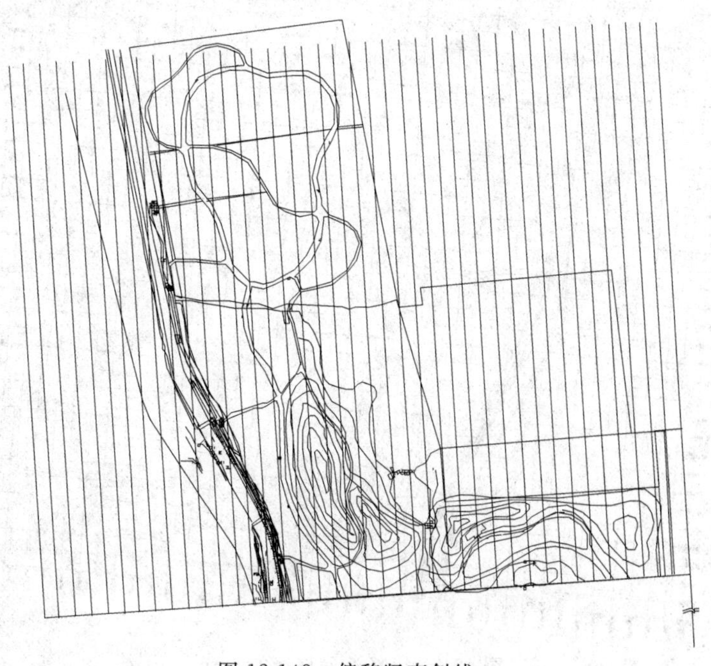

图12-148 偏移竖直斜线

14. 同理，单击“修改”工具栏中的“偏移”按钮，偏移水平斜线，偏移间距为20，如图 12-149 所示。

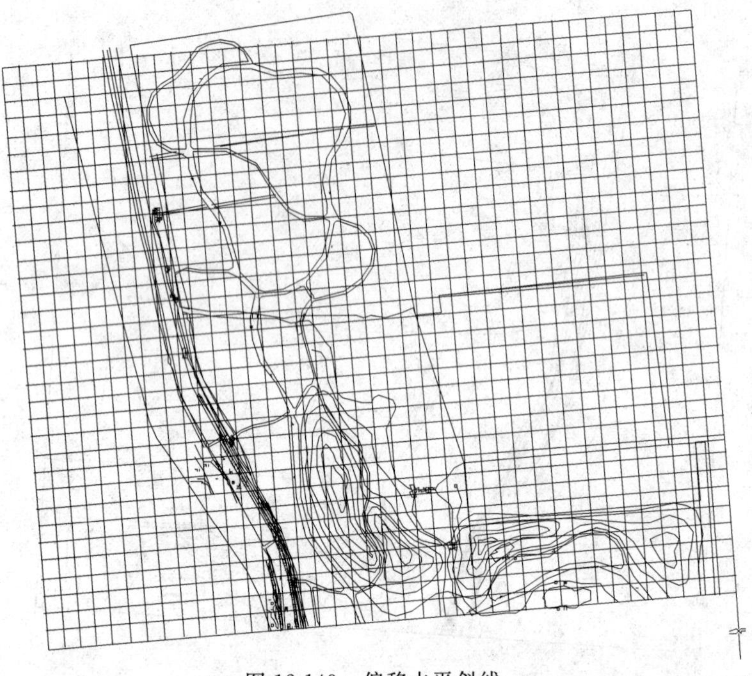

图 12-149　偏移水平斜线

15. 单击“绘图”工具栏中的“多行文字”按钮 A，在网格线上标注坐标，如图 12-150 所示。

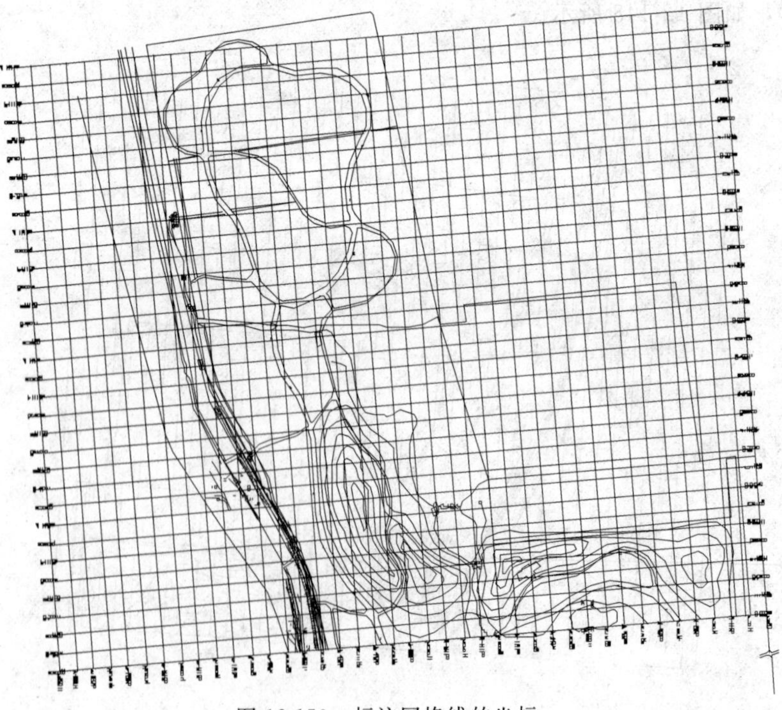

图 12-150　标注网格线的坐标

16. 单击“绘图”工具栏中的“直线”按钮和“圆”按钮，在右下角绘制图形，如图 12-151 所示。

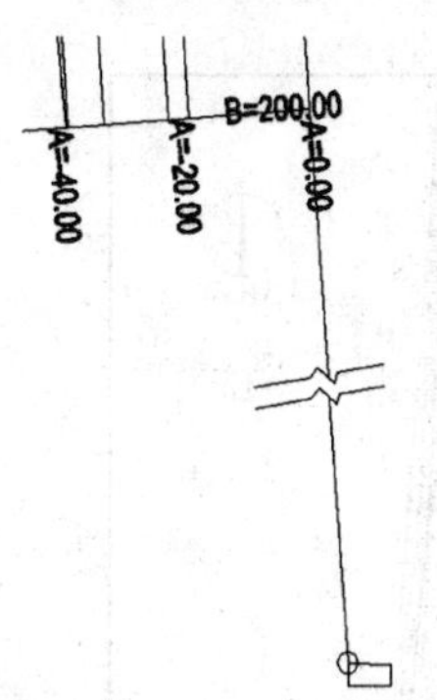

图 12-151 绘制图形

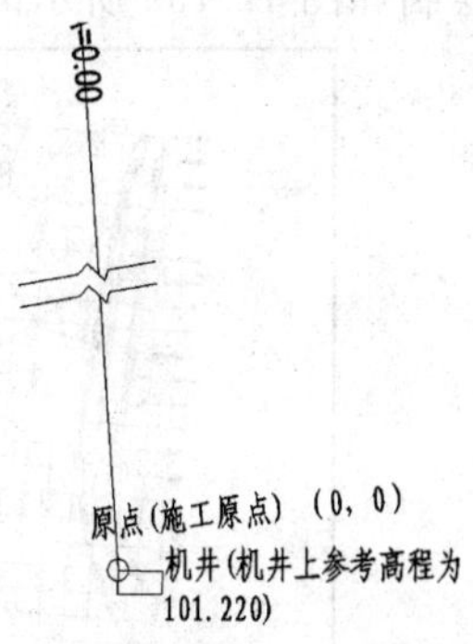

图 12-152 标注文字

17. 单击“绘图”工具栏中的“多行文字”按钮，在右下角标注文字，如图 12-152 所示。

18. 单击“绘图”工具栏中的“多行文字”按钮，在图形下方标注文字说明，如图 12-153 所示。

说明:网络控制为20×20(单位：米)
设计高程±0.00相对于绝对高程为
72.80，施工放线原点为(0,0)

图 12-153 标注文字说明

19. 单击“绘图”工具栏中的“插入块”按钮，将指北针插入到图中右上角，如图 12-154 所示。

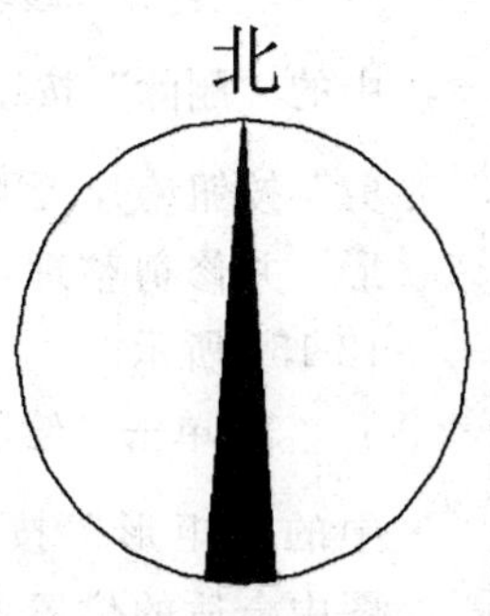

图 12-154 插入指北针

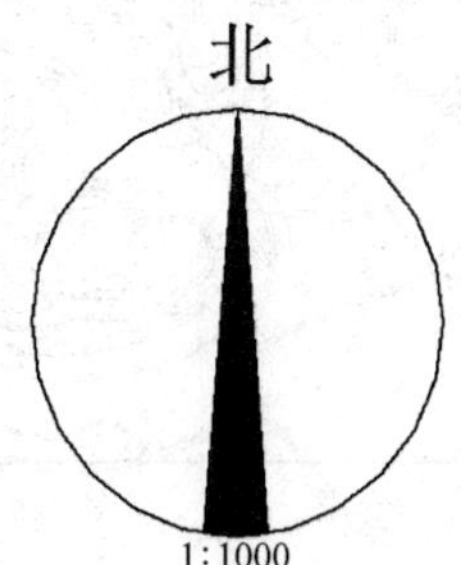

图 12-155 输入比例

20. 单击“绘图”工具栏中的“多行文字”按钮，输入比例 1∶1000，如图 12-155 所示。

21. 单击“绘图”工具栏中的“插入块”按钮，将源文件/图库/图框插入到图中，并调整布局大小，单击“修改”工具栏中的“修剪”按钮，修剪图形，最后输入图名名称，结果如图 12-134 所示。

12.2.2 施工放线图二

本节绘制如图 12-156 所示的施工放线图二。

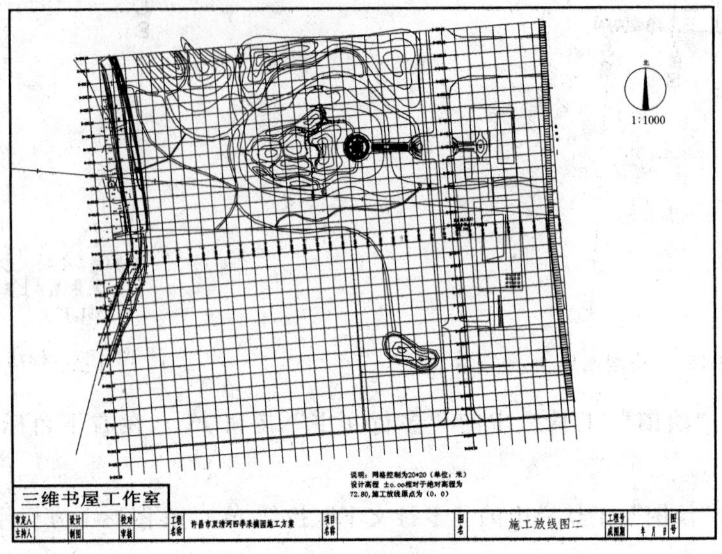

图 12-156 施工放线图二

光盘\动画演示\第 12 章\施工放线图二.avi

1. 打开 AutoCAD 2014 应用程序，选择菜单栏中的“文件”→“打开”命令，打开“选择文件”对话框，选择图形文件“索引图”，然后将其另存为“施工放线图二”。

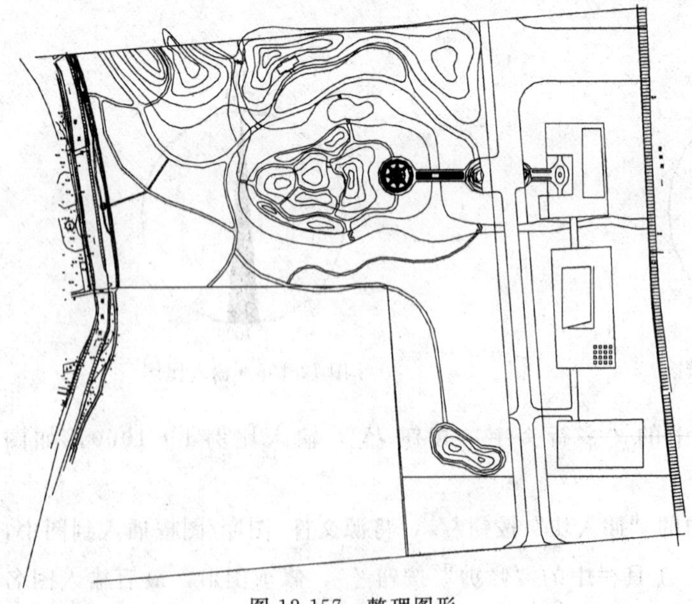

图 12-157 整理图形

2. 单击“修改”工具栏中的“删除”按钮和“修剪”按钮，删除掉部分图形，并修剪整理，结果如图 12-157 所示。

3. 单击“绘图”工具栏中的“矩形”按钮，在图中合适的位置处绘制一个矩形，如图 12-158 所示。

4. 单击“绘图”工具栏中的“直线”按钮，在矩形内绘制对角线，如图 12-159 所示。

5. 单击“绘图”工具栏

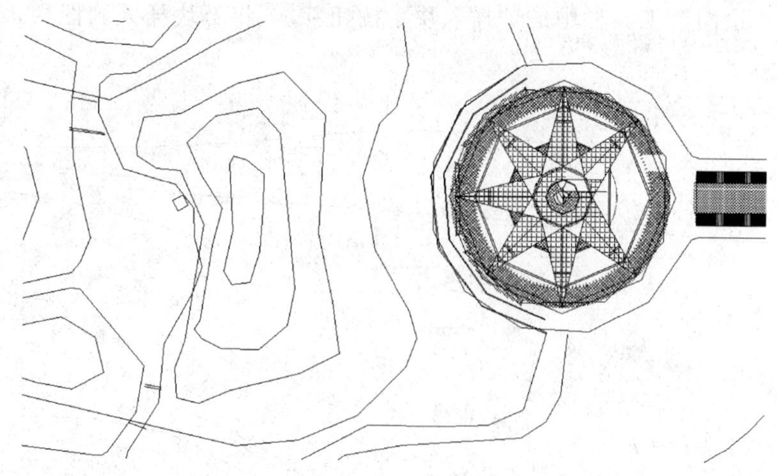

图 12-158 绘制矩形

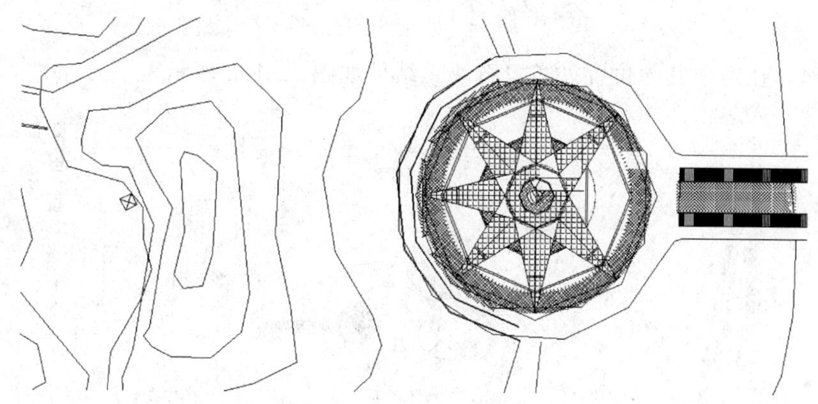

图 12-159 绘制对角线

中的“直线”按钮，在矩形四周绘制多条短直线，如图 12-160 所示。

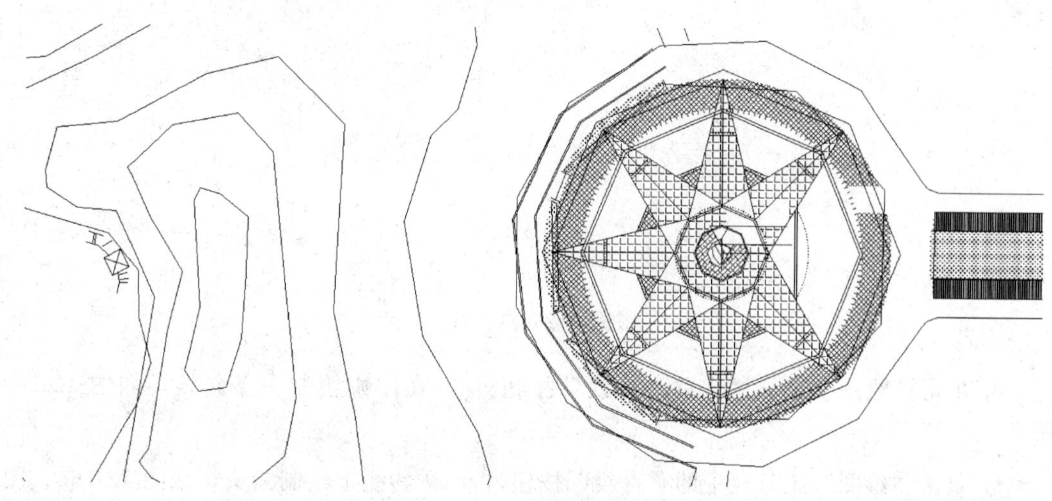

图 12-160 绘制多条短直线

6. 单击“绘图”工具栏中的“插入块”按钮，将石块插入到图中，如图 12-161 所示。

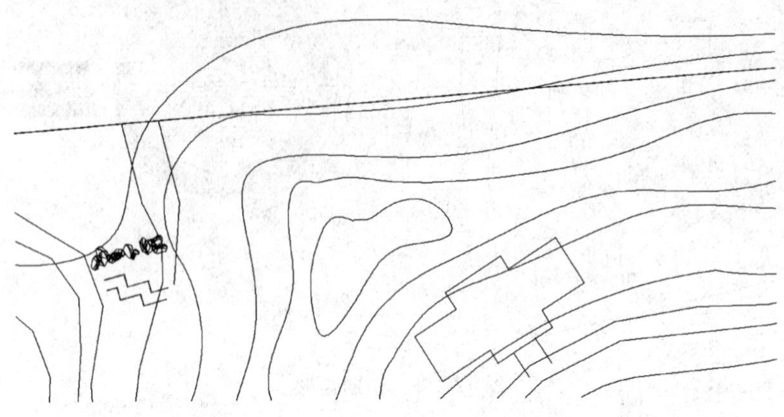

图 12-161　插入石块

7. 同理，在图中其他位置处布置石块，结果如图 12-162 所示。

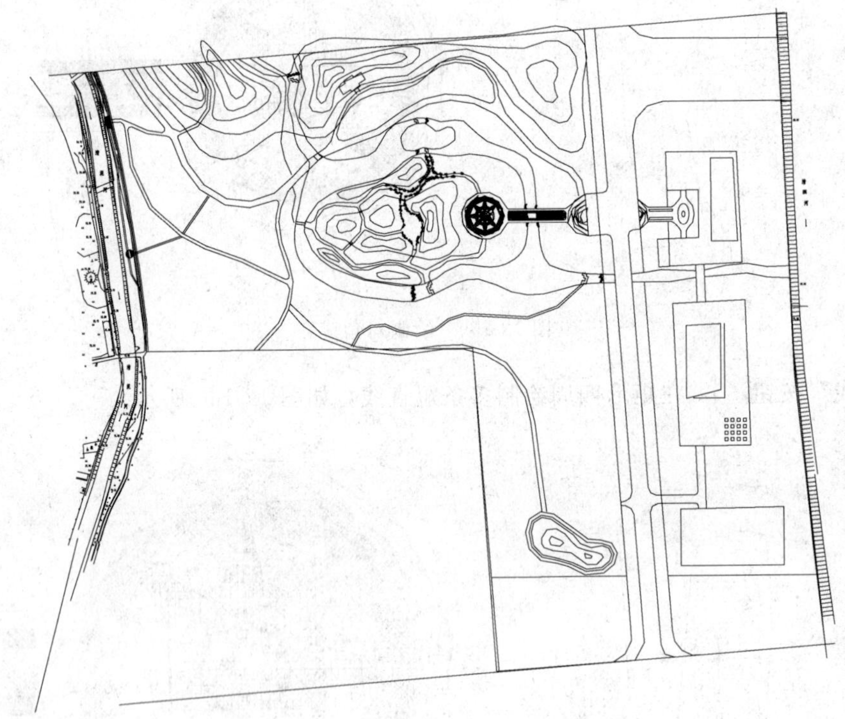

图 12-162　布置石块

8. 单击“绘图”工具栏中的“直线”按钮，在图中绘制一条斜线，如图 12-163 所示。

9. 单击“绘图”工具栏中的“直线”按钮，在斜线上绘制箭头，如图 12-164、图 12-165 所示。

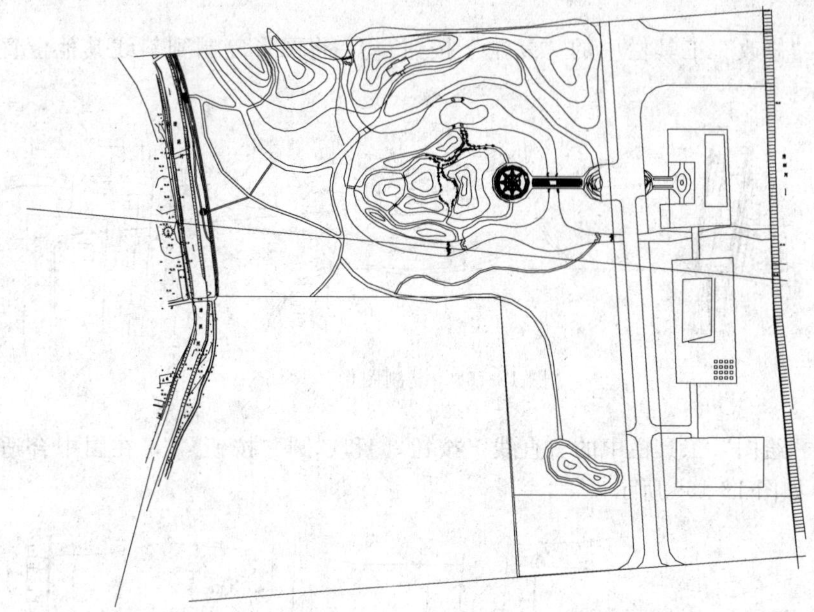

图 12-163 绘制斜线

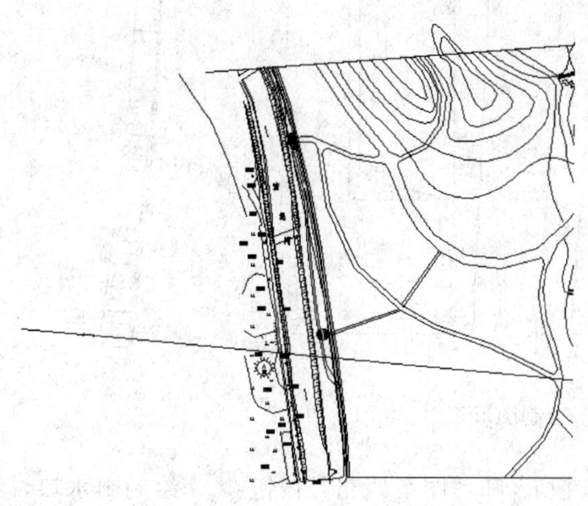

图 12-164 绘制箭头

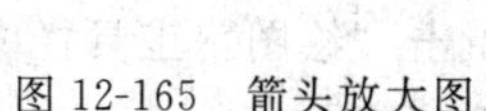

图 12-165 箭头放大图

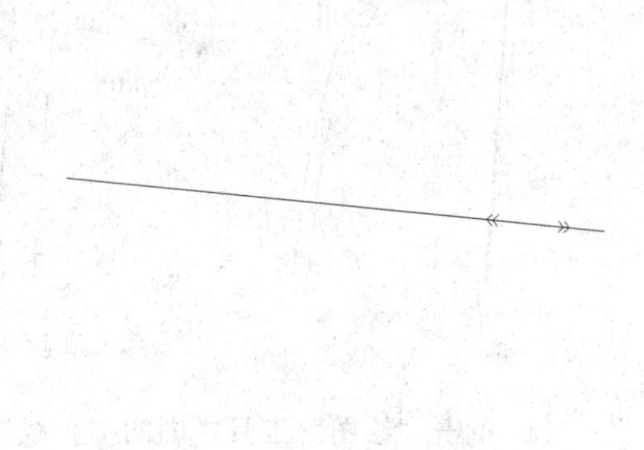

10. 单击“绘图”工具栏中的“直线”按钮，绘制斜线，如图 12-166 所示。

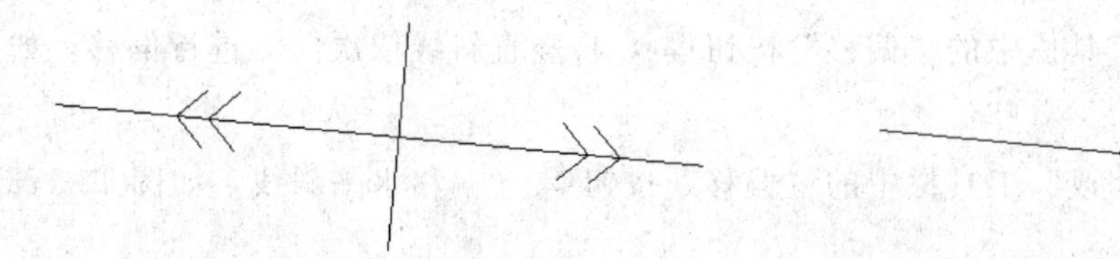

图 12-166 绘制斜线

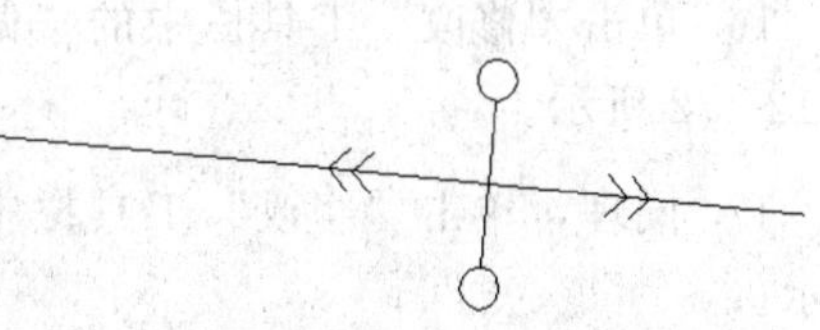

图 12-167 绘制圆

11. 单击“绘图”工具栏中的“圆”按钮，在斜线的两端绘制圆，如图 12-167

所示。

12. 单击“修改”工具栏中的“复制”按钮，将图形复制到斜线其他位置处，如图 12-168 所示。

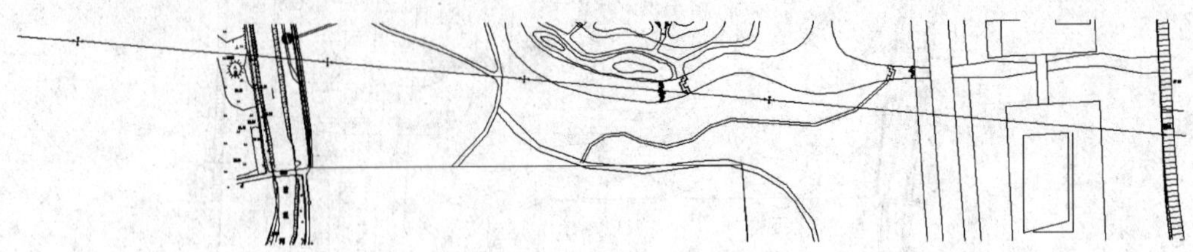

图 12-168 复制图形

13. 单击“绘图”工具栏中的“直线”按钮和“圆”按钮，在图中合适的位置处绘制图形，如图 12-169 所示。

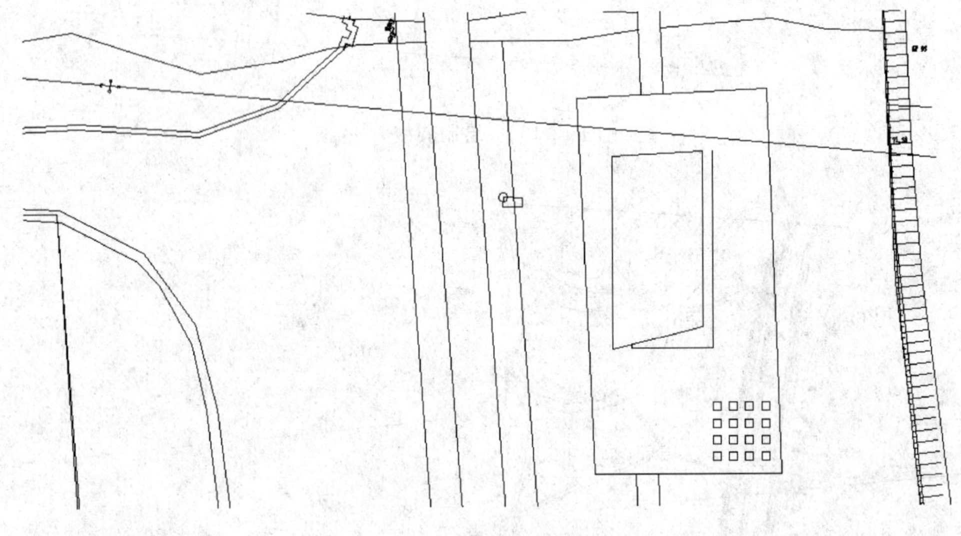

图 12-169 绘制图形

14. 单击“绘图”工具栏中的“直线”按钮和“图案填充”按钮，绘制雨水口，如图 12-170 所示。

15. 单击“绘图”工具栏中的“直线”按钮，在图中合适的位置处绘制斜线，如图 12-171 所示。

16. 单击“修改”工具栏中的“偏移”按钮，将竖直斜线依次向右进行偏移，如图 12-172 所示。

17. 同理，单击“修改”工具栏中的“偏移”按钮，偏移水平斜线，如图 12-173 所示。

18. 单击“绘图”工具栏中的“多行文字”按钮，在网格线上标注坐标，如图 12-174 所示。

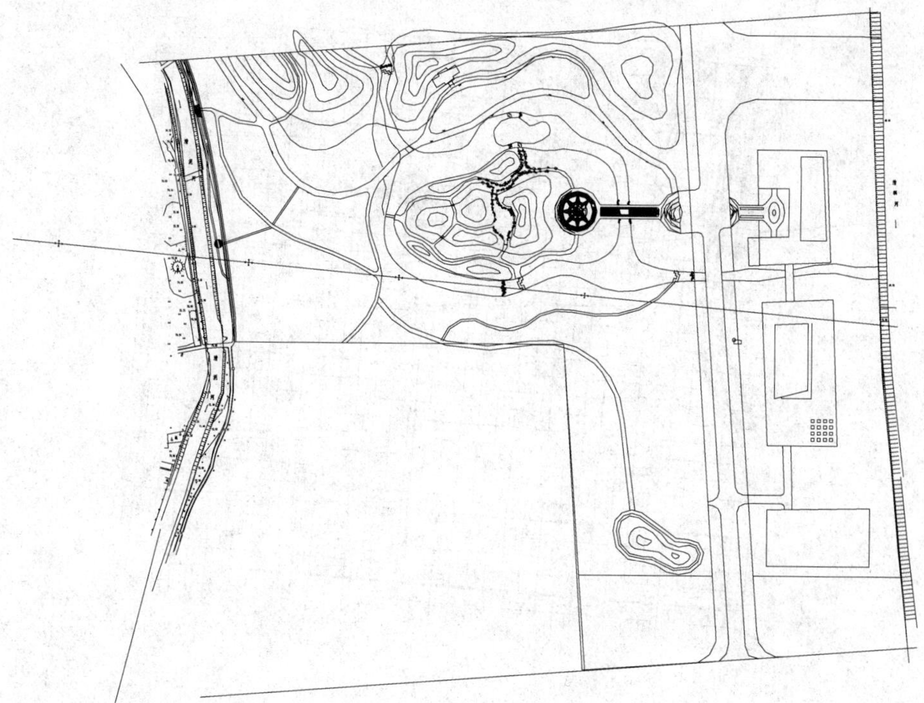

图 12-170 绘制雨水口

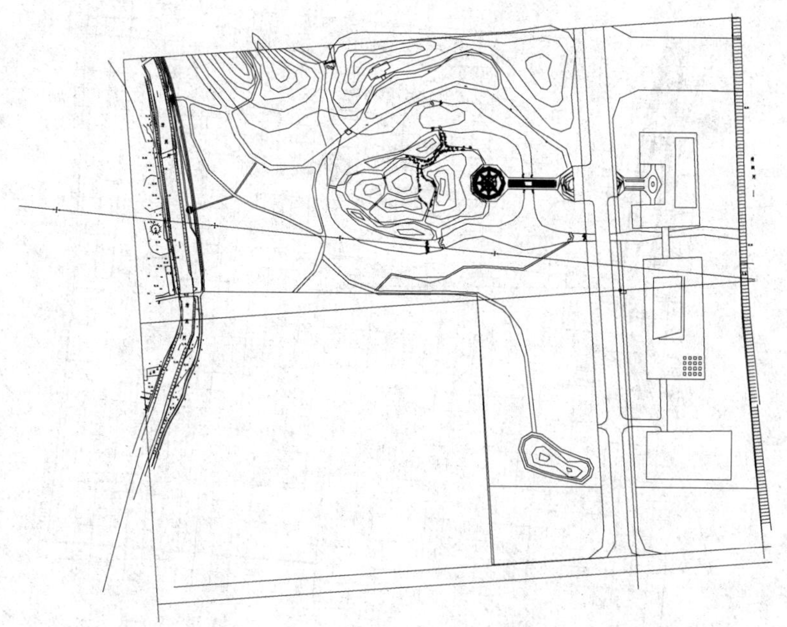

图 12-171 绘制斜线

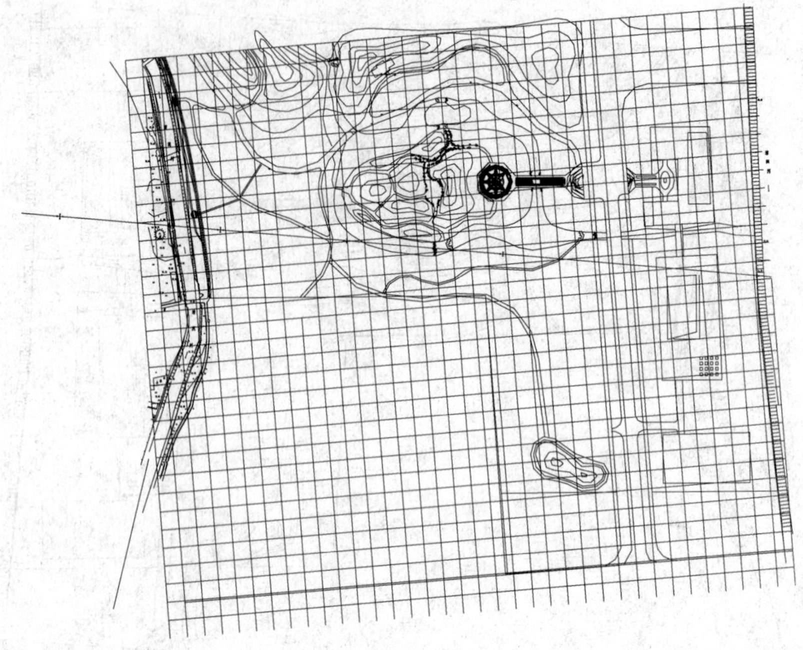

图 12-172　偏移竖直斜线

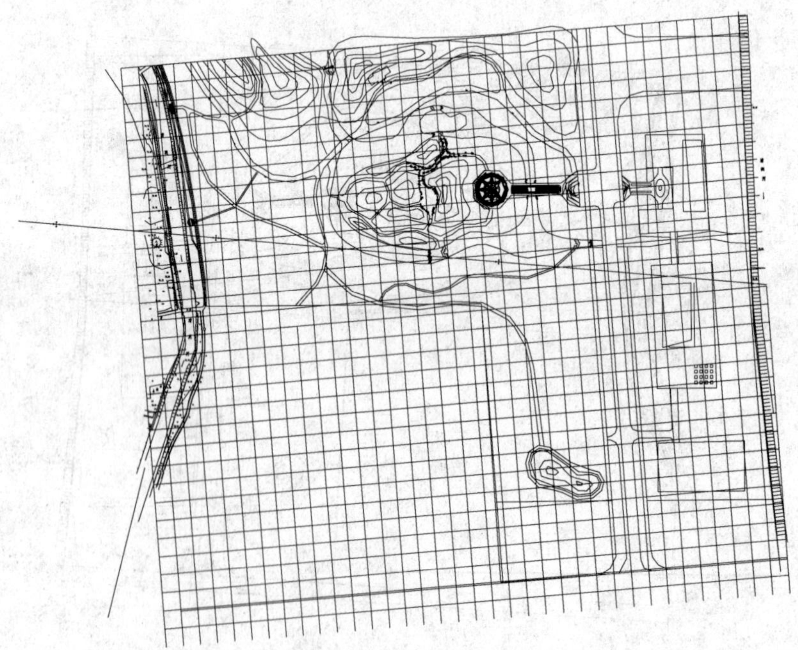

图 12-173　偏移水平斜线

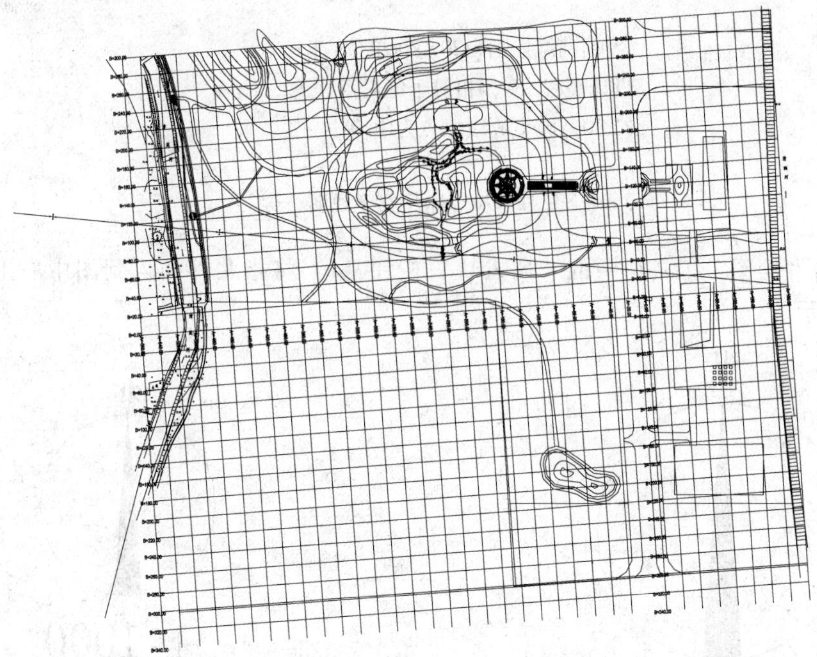

图 12-174 标注坐标

19. 单击“绘图”工具栏中的“多行文字”按钮A，在图中标注文字，如图 12-175 所示。

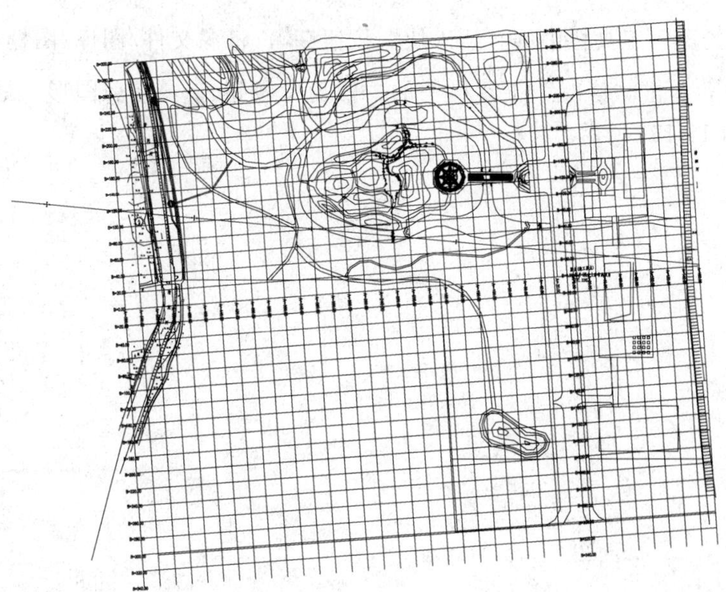

图 12-175 标注文字

20. 单击“绘图”工具栏中的“多行文字”按钮A，在图形下方标注文字说明，如图 12-176 所示。

说明:网络控制为20×20(单位:米)
设计高程±0.00相对于绝对高程为
72.80，施工放线原点为(0,0)

图 12-176　标注文字说明

21. 单击“绘图”工具栏中的“插入块”按钮，将指北针插入到图中右上角，如图 12-177 所示。

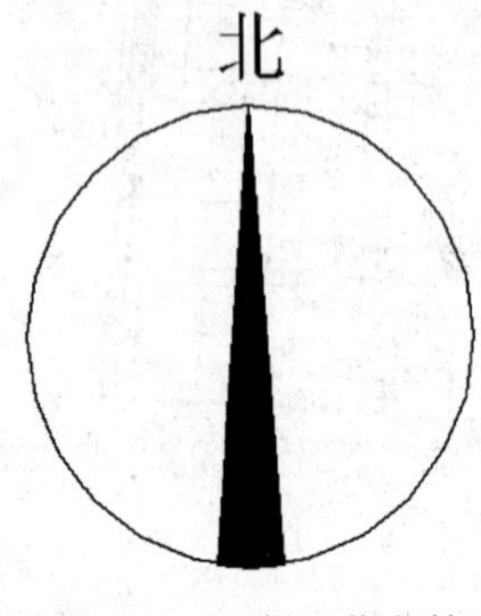

图 12-177　插入指北针

北

1:1000

图 12-178　输入比例

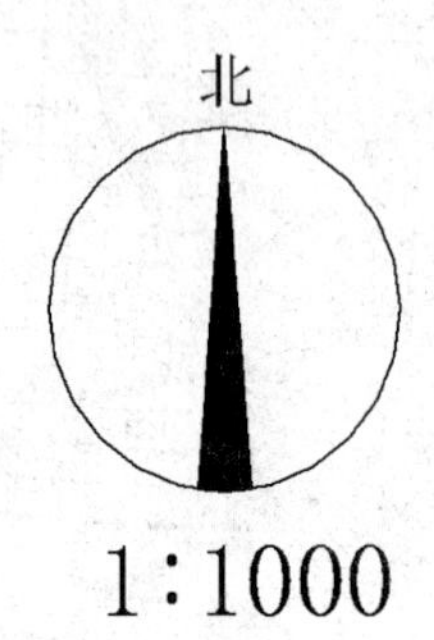

22. 单击“绘图”工具栏中的“多行文字”按钮A，输入比例 1：1000，如图 12-178 所示。

23. 单击“绘图”工具栏中的“插入块”按钮，将源文件/图库/图框插入到图中，并调整布局大小，单击“修改”工具栏中的“修剪”按钮，修剪图形，最后输入图名名称，结果如图 12-156 所示。

第13章 某生态采摘园植物配置图

本章以某生态采摘园植物配置图为例，讲解应用 AutoCAD2014 绘制园林植物图例和进行植物的配置。

- 植物种植设计
- 植物配置图一
- 植物配置图二

13.1 植物种植设计

在植物种类的选择上，要因地制宜地选择适合当地生态环境的种类，以乡土植物为主，因为乡土植物经过自然界的选择，是最适合当地立地条件的种类；植物的种类要多样，空间层次要丰富，四季景观要多样，有季相变化；园林植物应当有较高的观赏性，同时为了管理方便各种抗性要强；针对不同的种植条件和种植形式，对植物的要求略有不同。

植物的种植设计形式多样，有规则式、自然式和混合式三种基本形式；种植设计类型丰富，如孤植、对植、树丛、疏林草地、树列、树阵、花坛、花境、花带等。在规则的道路、广场等地一般用树列、树阵的形式，节日时用各种花坛来装饰；在大门入口处等地多用对植的形式；在自然式设计的地方多采用自然式种植如树丛、疏林草地、花境、花带等；在一些重点的地方，可以画龙点睛地用一些比较名贵、观赏价值较高的花木、大树孤植。在植物的组合上注意乔灌草的搭配，进行复层种植，注意将"相生"的植物搭配在一起，将"相克"的植物远离，提高植物组合的稳定性，减少后期管理的强度。

13.1.1 植物图例的栽植方法

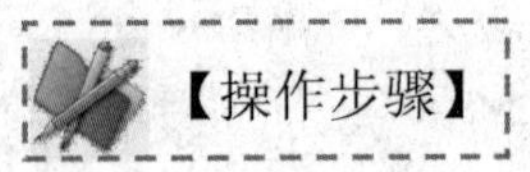

1. 沿规则直线的等距离栽植

（1）绘制如图 13-1 所示为一园林道路，在其外侧 1.5m 处栽植国槐，间距 5m。

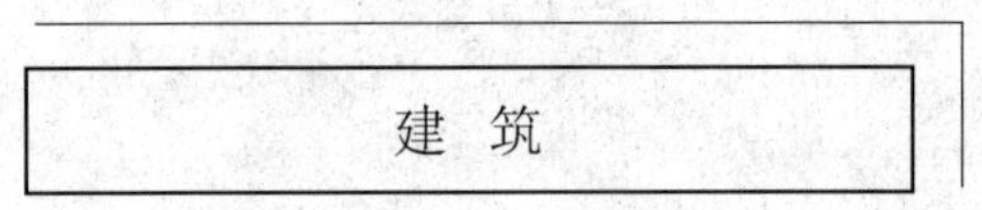

图 13-1　道路

（2）单击"修改"工具栏中的"偏移"按钮，将道路向外侧偏移 1500，绘制辅助线。在辅助线的一侧插入块"国槐"，结果如图 13-2 所示。

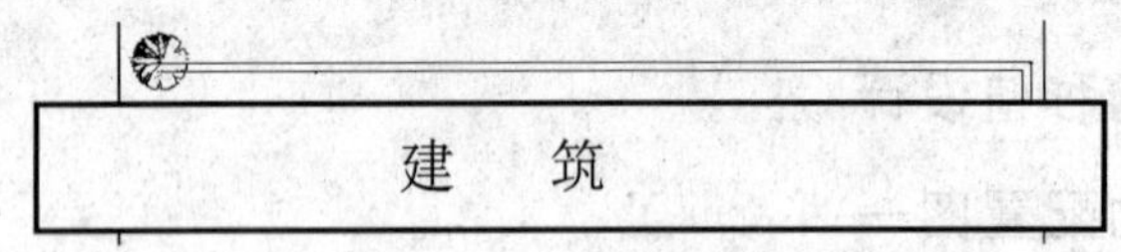

图 13-2　绘制辅助线并插入块

（3）选择菜单栏中的"绘图"→"点"→"定距等分"命令，等分距离为 5000，结果如图 13-3 所示。

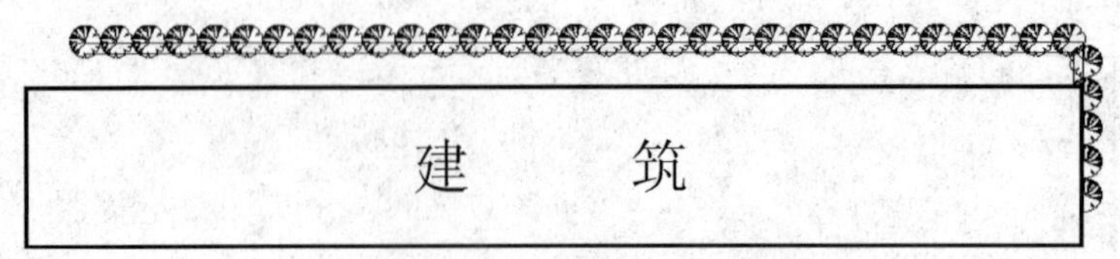

图 13-3　定距等分后的效果

(4) 删除辅助线，最终栽植行道树后如图 13-4 所示。

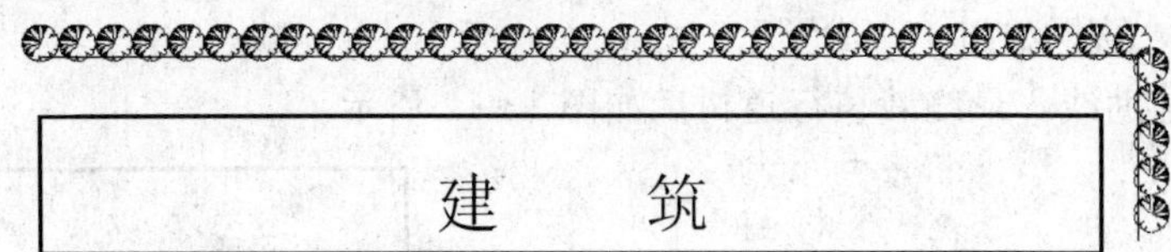

图 13-4 删除辅助线

2. 沿规则广场的等距离栽植

(1) 绘制如图 13-5 所示为一弧形广场，在其内侧 1.5m 处栽植国槐，数量为 15。

(2) 单击“修改”工具栏中的“偏移”按钮，将广场边缘向内侧偏移 1500，绘制辅助线。在辅助线的一侧插入块“国槐”，结果如图 13-6 所示。

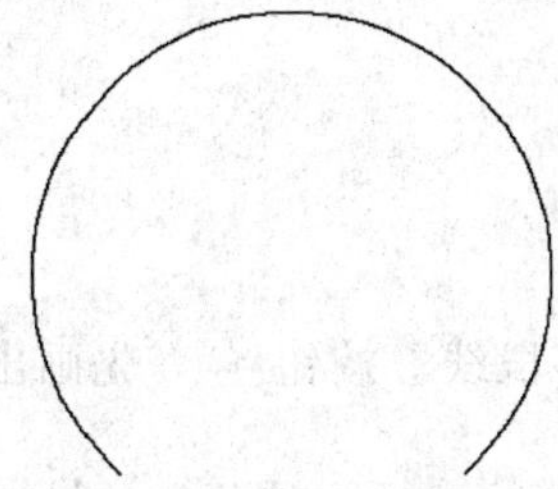

图 13-5 弧形广场轮廓

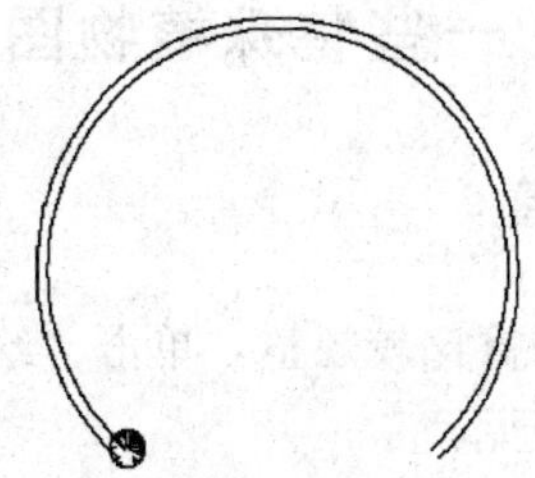

图 13-6 绘制辅助线并插入块

(3) 选择菜单栏中的“绘图”→“点”→“定数等分”命令，插入“国槐”图块，线段数目为 15。结果如图 13-7 所示。

(4) 删除辅助线，最终栽植广场树后如图 13-8 所示。

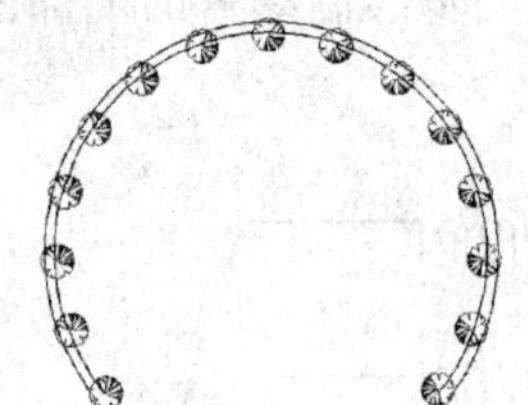

图 13-7 定距等分后的效果

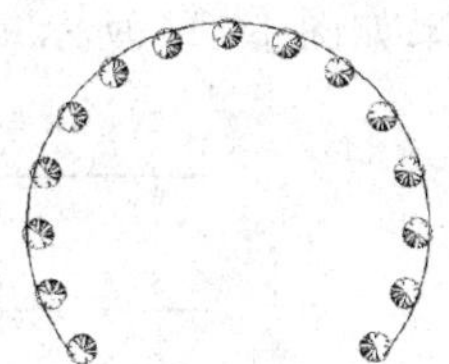

图 13-8 删除辅助线

3. 沿自然式道路的等距离栽植方法

(1) 绘制如图 13-9 所示为一自然式道路，在其外侧 1.5m 处栽植国槐，间距 5m。

(2) 单击“修改”工具栏中的“偏移”按钮，将道路向外侧偏移 1500，绘制辅助线。在辅助线的一侧插入块“国槐”，结果如图 13-10 所示。

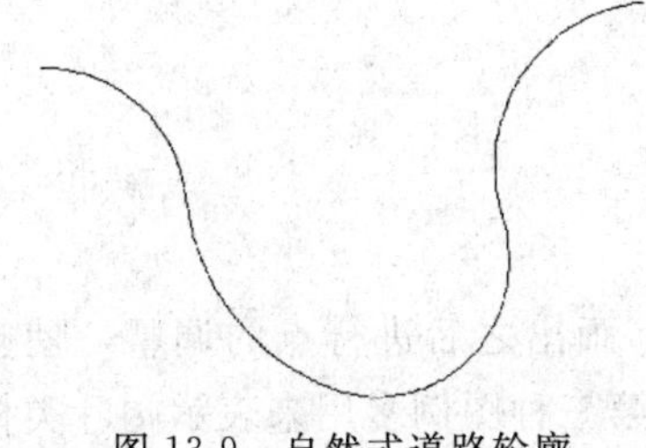

图 13-9 自然式道路轮廓

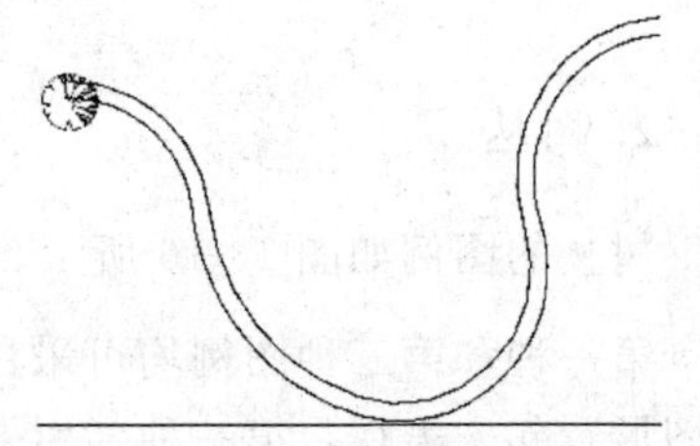

图 13-10 绘制辅助线并插入块

(3) 选择菜单栏中的“绘图”→“点”→“定距等分”命令，插入“国槐”图块，等分距离为5000，结果如图13-11所示。

(4) 删除辅助线，最终栽植行道树后如图13-12所示。

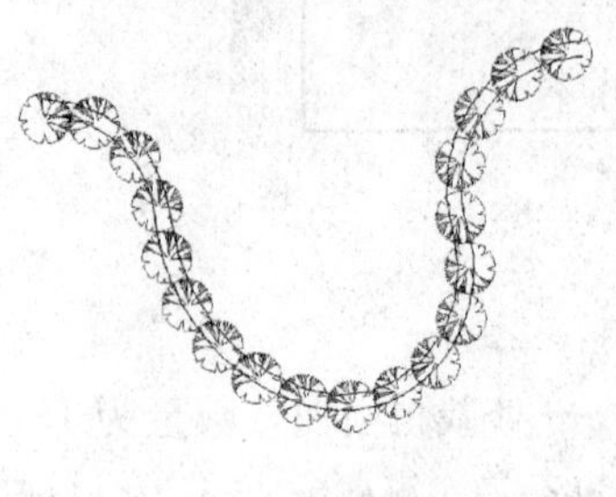

图 13-11 定距等分

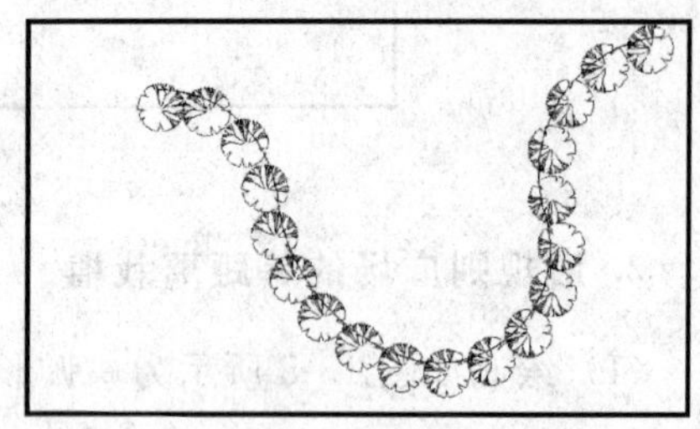

图 13-12 删除辅助线

13.1.2 一些特殊植物图例的画法

1. 绿篱

(1) 绿篱比较规整，单击“绘图”工具栏中的“多段线”按钮，先画出上部图形，如图13-13所示。

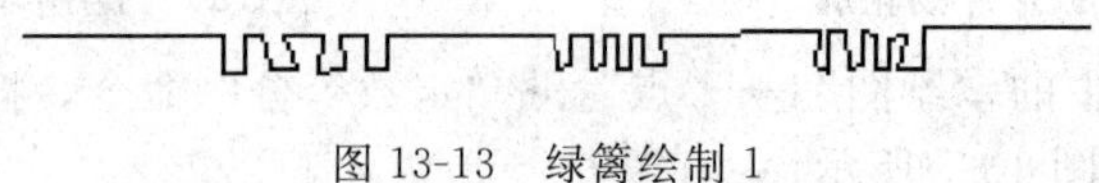

图 13-13 绿篱绘制 1

(2) 单击“修改”工具栏中的“镜像”按钮，将上步绘制绿篱的上部图形进行镜像操作，结果如图13-14所示。

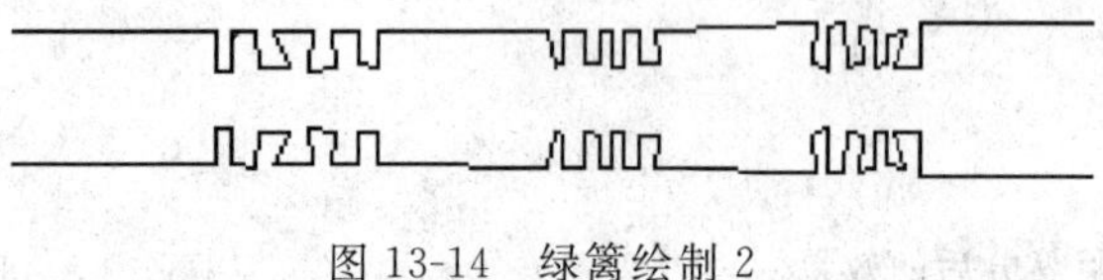

图 13-14 绿篱绘制 2

(3) 对镜像的多线段向右移动一段距离，在其左边延长一段多段线，如图13-15所示。

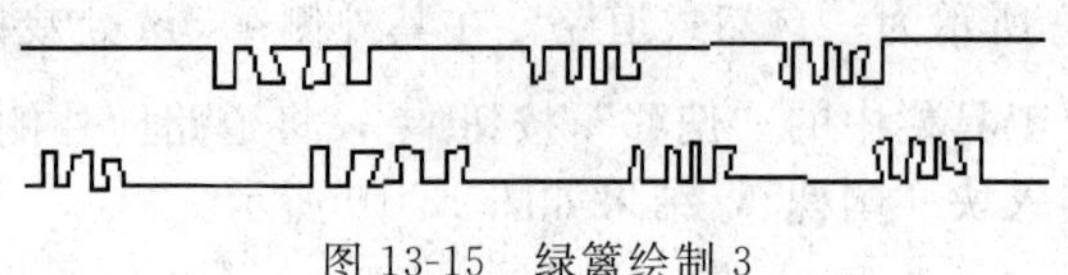

图 13-15 绿篱绘制 3

2. 树丛

树丛的图例如图13-16所示。

第一种和第三种图例均可采用“修订云线”命令，画出之后进行点的调整，使整个图形看起来美观，第一种多用来表现针叶类树丛景观，第三种图例多用来表示阔叶类树丛景观。

第二种图例采用“多段线”命令，划出不规则的两圈，多用来表示小型灌木丛。

3. 图案式植物的画法

图案式植物主要靠填充来表示其植物种类，其主要表现的是整个图案的样式。首先画出设计图案的轮廓，如图 13-17 所示。

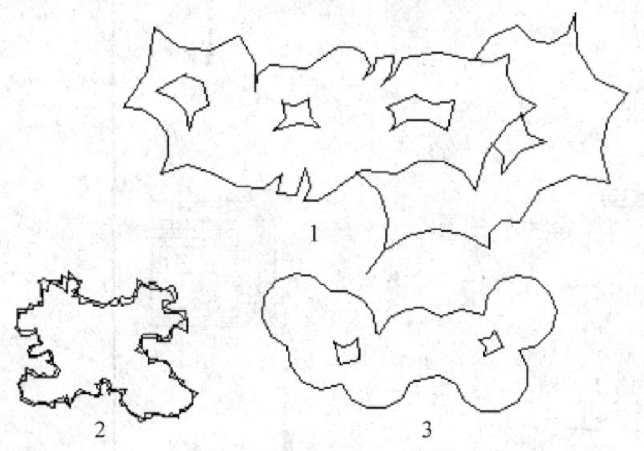

图 13-16 树丛的绘制

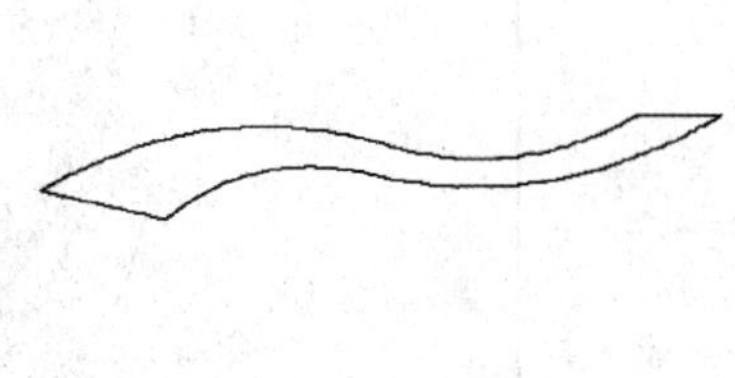

图 13-17 图案轮廓

然后单击“绘图”工具栏中的“图案填充”按钮，弹出对话框如图 13-18 所示。单击“添加：拾取点”按钮，拾取点选取图案内部，要注意所画图案轮廓线一定要闭合；在样例中选择图案的种类，本例选择“cross”样例，比例为 100，然后单击“确定”按钮，填充结果如图 13-19 所示。

图 13-18 植物填充图

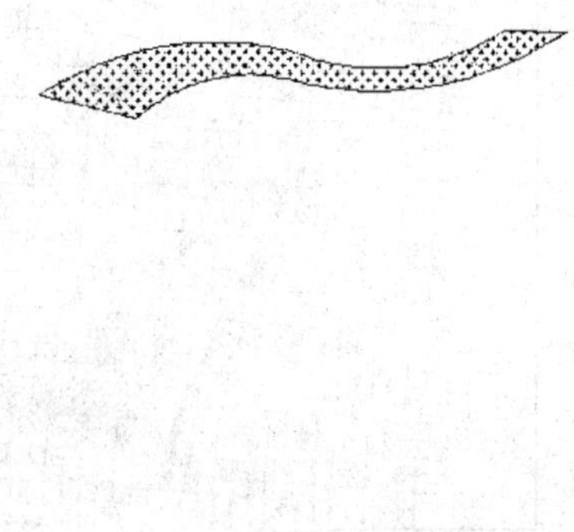

图 13-19 填充命令

13.2 植物配置图一

本节绘制如图 13-20 所示的植物配置图一。

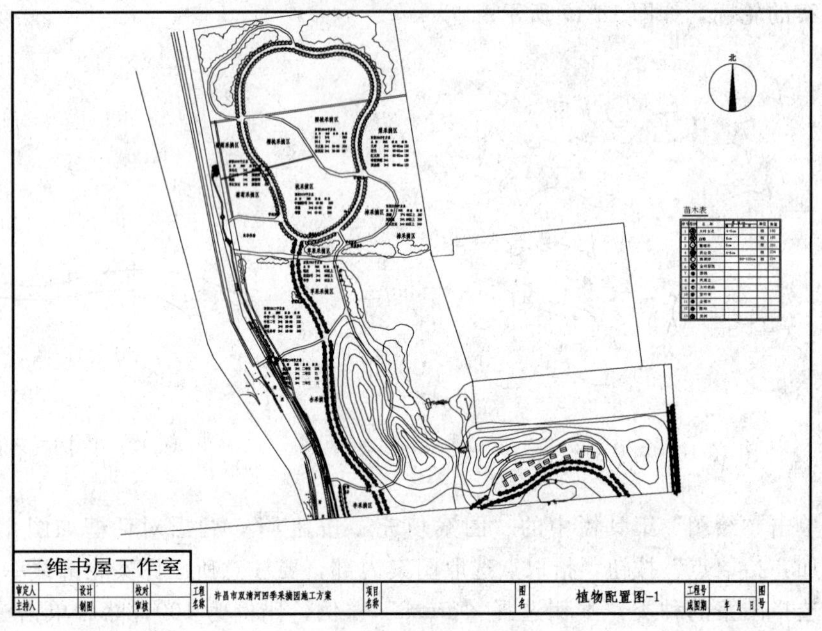

图 13-20 植物配置图一

光盘\动画演示\第 13 章\植物配置图一.avi

13.2.1 编辑旧文件

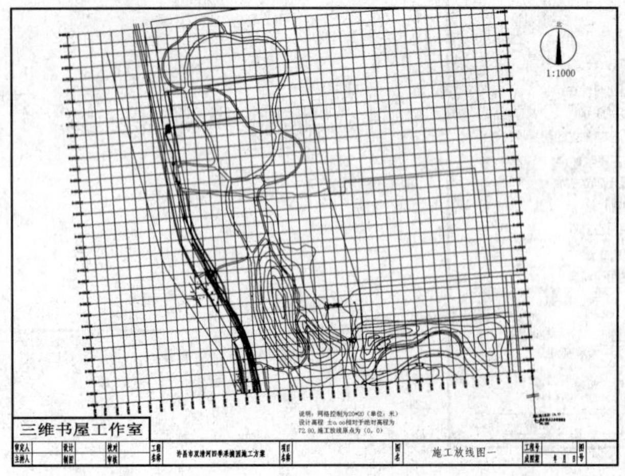

图 13-21 打开“施工放线图一”

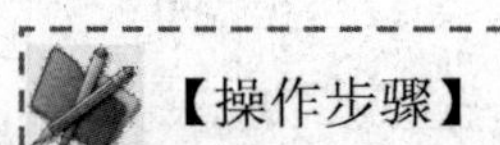

1. 打开 AutoCAD 2014 应用程序，选择菜单栏中的“文件”→“打开”命令，打开“选择文件”对话框，选择图形文件“施工放线图一”；或者在“文件”下拉菜单中最近打开的文档中选择“施工放线图一”，双击打开文件，将文件另存为“植物配置图一”，打开后的图形如图 13-21 所示。

2. 单击“修改”工具栏中的“删除”按钮，将多余的图形删除，并整理图形，如图 13-22 所示。

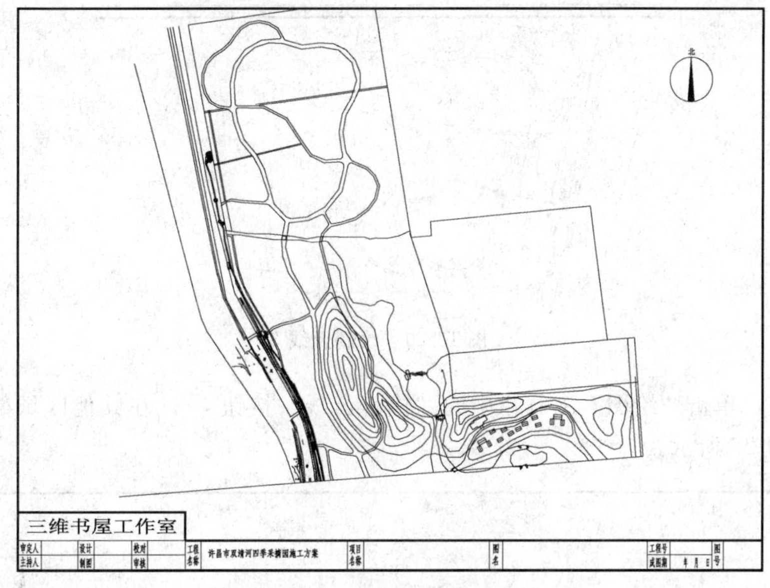

图 13-22 删除多余的图形

13.2.2 植物的绘制

植物是园林设计中有生命的题材，在园林中占有十分重要的地位，其多变的形体和丰富的季相变化使园林风貌充满风采。植物景观配置成功与否，将直接影响环境景观的质量及艺术水平。

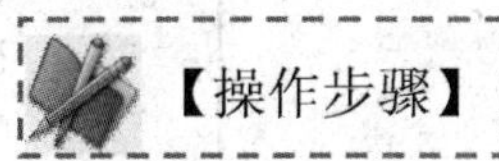

【操作步骤】

1. 单击“图层”工具栏中的“图层特性管理器”按钮，打开“图层特性管理器”对话框，新建种植设计图层，并将其设置为当前层，如图 13-23 所示。

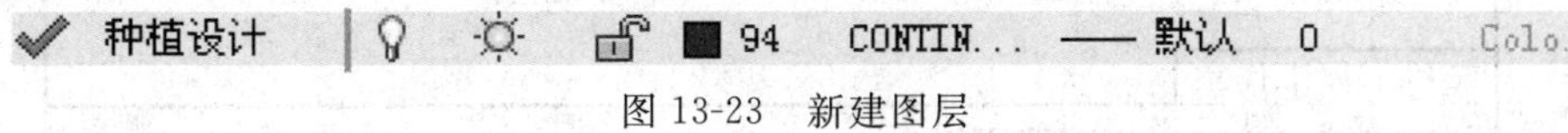

图 13-23 新建图层

2. 单击“绘图”工具栏中的“修订云线”按钮，在图形顶侧绘制云线，如图 13-24 所示。

3. 同理，单击“绘图”工具栏中的“修订云线”按钮，在顶侧绘制其他两处的云线，结果如图 13-25 所示。

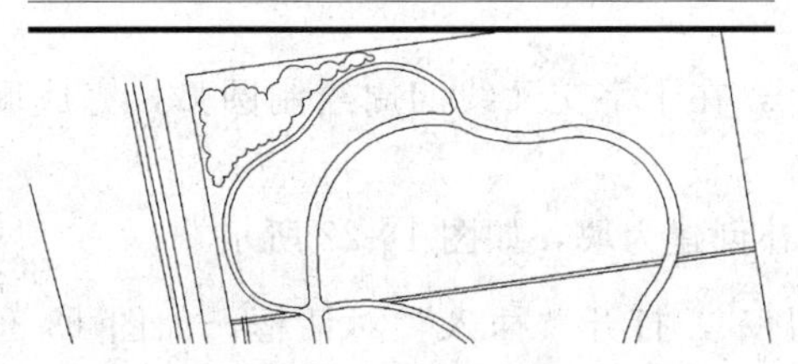

图 13-24 绘制云线 1

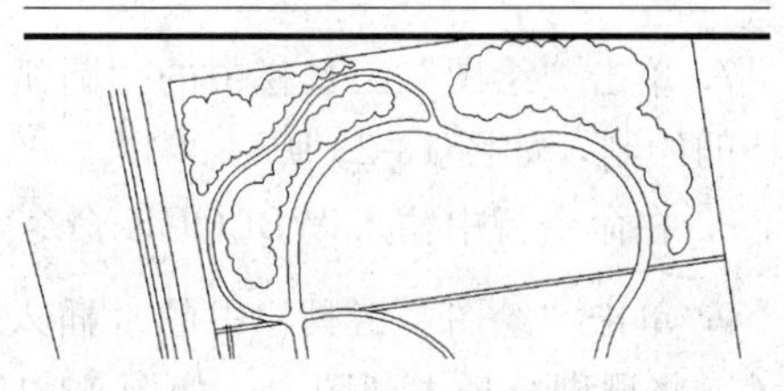

图 13-25 绘制云线 2

4. 单击“绘图”工具栏中的“修订云线”按钮，在苹果采摘区处绘制云线，如图 13-26 所示。

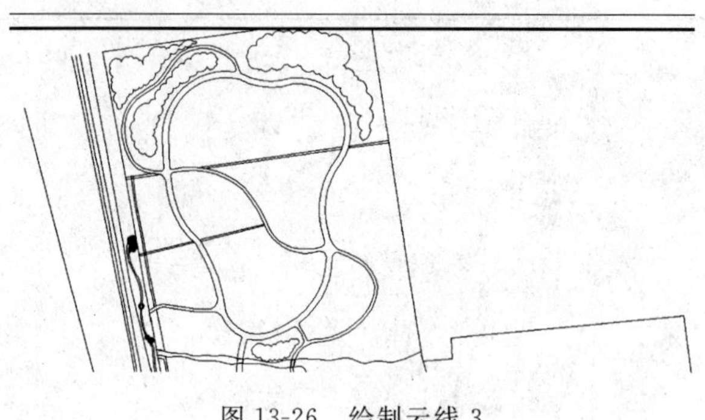

图 13-26　绘制云线 3

5. 同理，单击“绘图”工具栏中的“修订云线”按钮，在其他区域处绘制剩余云线，如图 13-27 所示。

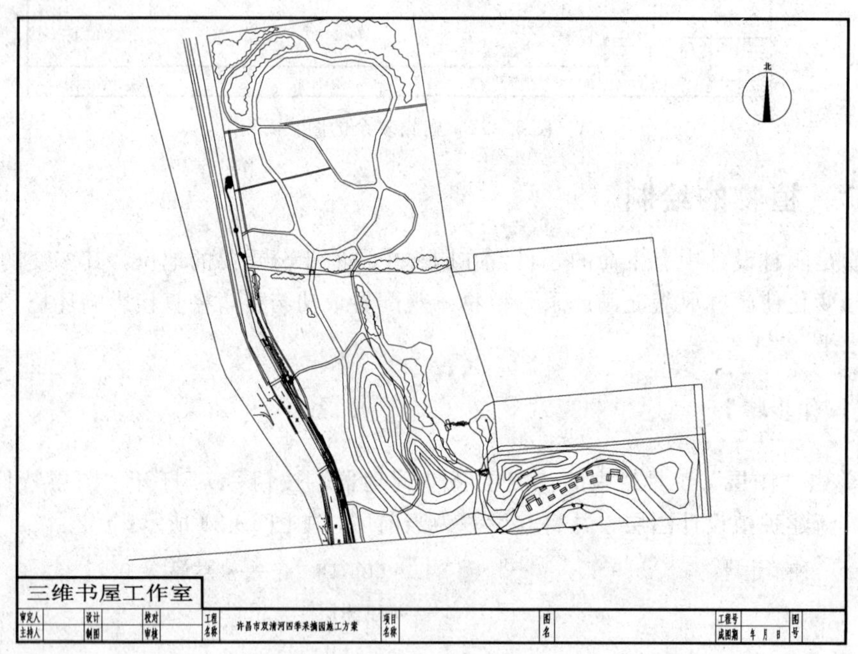

图 13-27　绘制剩余云线

6. 单击“绘图”工具栏中的“直线”按钮，绘制一个十字交叉直线，如图 13-28 所示。

7. 单击“绘图”工具栏中的“圆弧”按钮，在十字交叉线四周绘制圆弧，完成珊瑚朴的绘制，如图 13-29 所示。

8. 在命令行中输入 WBLOCK 命令，将珊瑚朴创建为块，如图 13-22 所示。

9. 单击“绘图”工具栏中的“插入块”按钮，打开“插入”对话框，如图 13-30 所示，将珊瑚朴插入到图中，如图 13-31 所示。

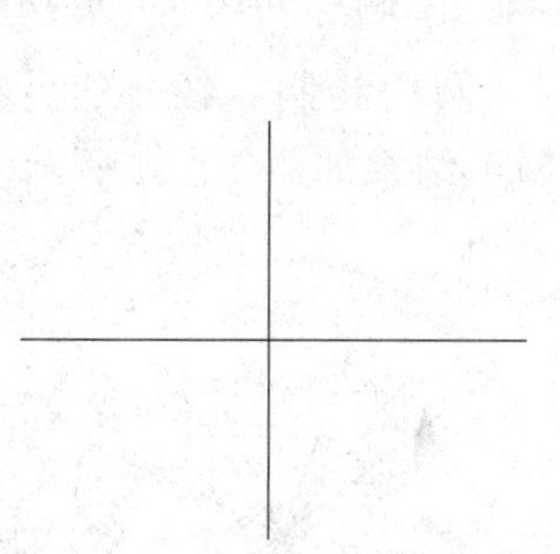

图 13-28　绘制十字交叉直线

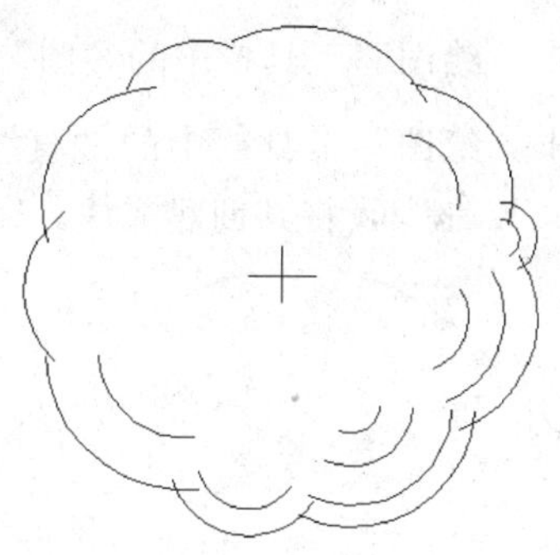

图 13-29　绘制圆弧

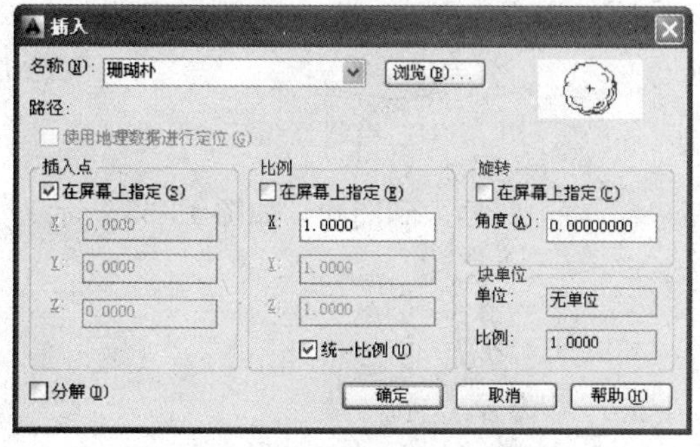

图 13-30　“插入”对话框

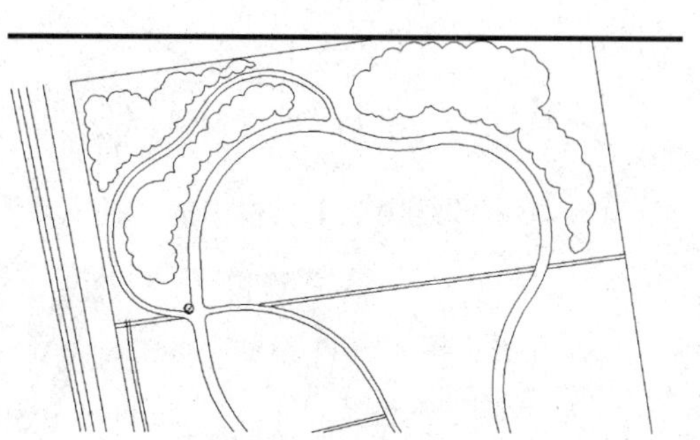

图 13-31　插入珊瑚朴

10. 单击“修改”工具栏中的“复制”按钮，将珊瑚朴复制到图中其他位置处，然后单击“修改”工具栏中的“旋转”按钮，将复制后的珊瑚朴旋转到合适的角度，如图 13-32 所示。

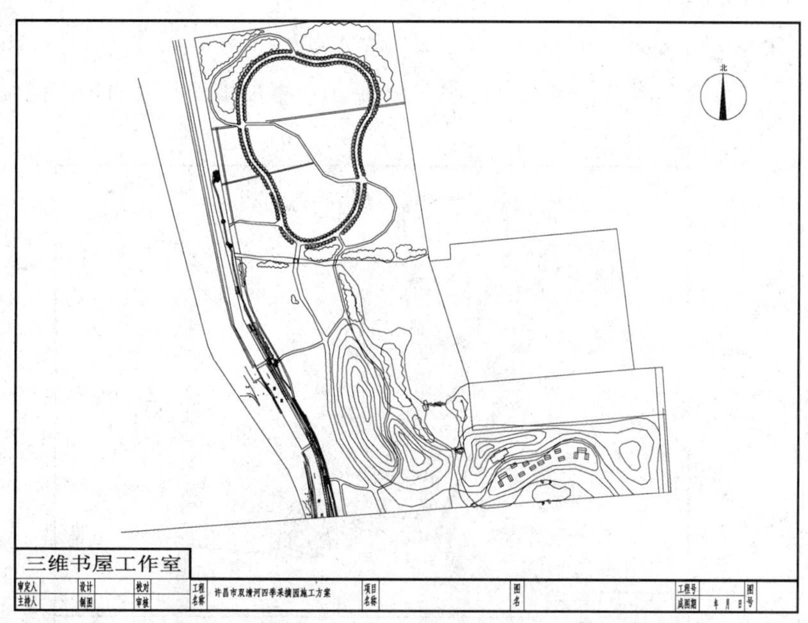

图 13-32　复制珊瑚朴

11. 单击“绘图”工具栏中的“圆”按钮，绘制一个圆，如图 13-33 所示。

12. 单击“绘图”工具栏中的“直线”按钮，在圆内绘制直线，然后在命令行中输入 WBLOCK 命令，将其创建成块，完成白蜡的绘制，结果如图 13-34 所示。

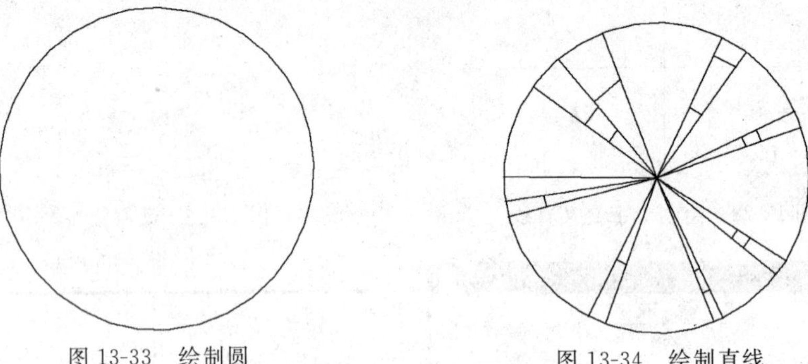

图 13-33　绘制圆　　　　图 13-34　绘制直线

13. 单击“绘图”工具栏中的“插入块”按钮，将白蜡插入到图中，如图 13-35 所示。

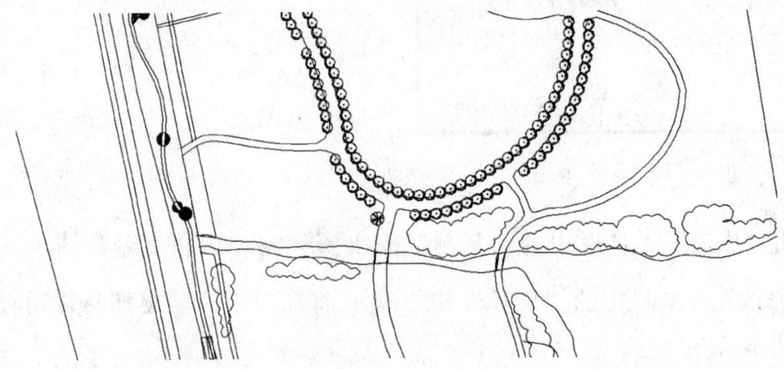

图 13-35　插入白蜡

14. 单击“修改”工具栏中的“复制”按钮，将白蜡复制到图中其他位置处，如图 13-36 所示。

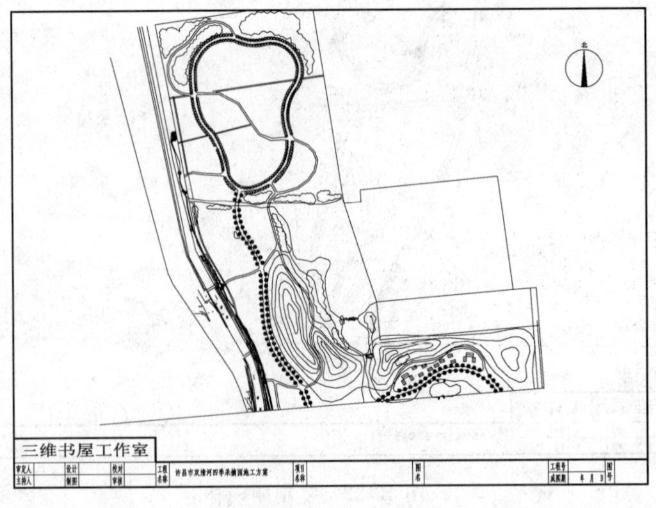

图 13-36　复制白蜡

15. 单击“绘图”工具栏中的“插入块”按钮，将大叶女贞插入到图中，如图 13-37 所示。

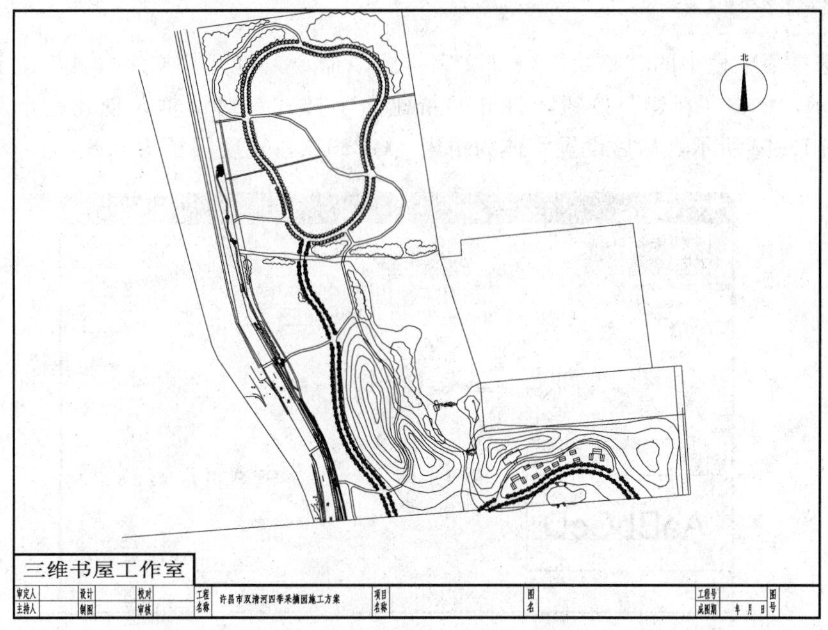

图 13-37 插入大叶女贞

16. 同理，插入图中其他种植物，结果如图 13-38 所示。

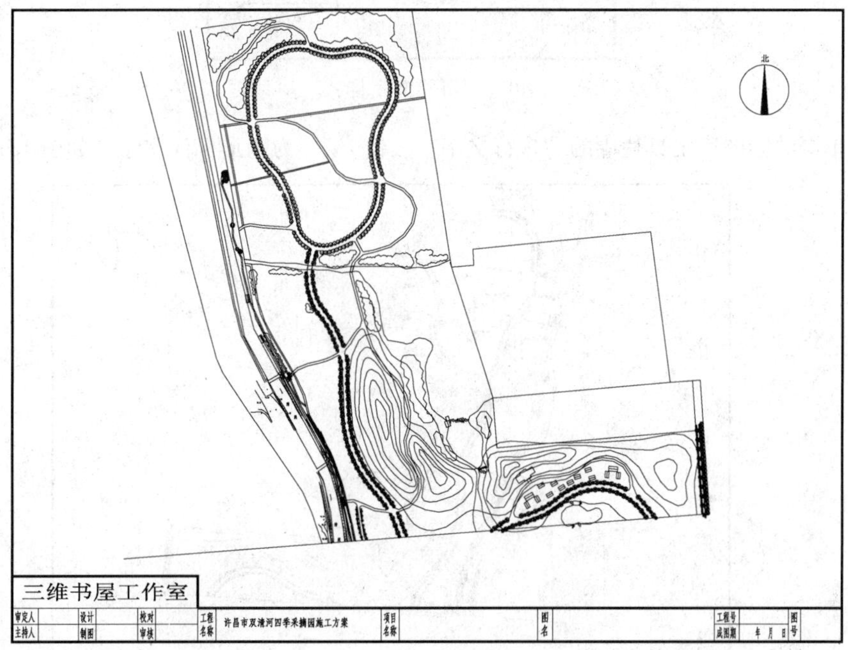

图 13-38 插入其他种植物

13.2.3　标注文字

【操作步骤】

1. 选择菜单栏中的“格式”→“文字样式”命令，打开“文字样式”对话框，如图13-39所示，单击“新建”按钮，打开“新建文字样式”对话框，创建一个新的文字样式，如图13-40所示，然后设置字体为仿宋 _ GB2312，宽度因子为0.8。

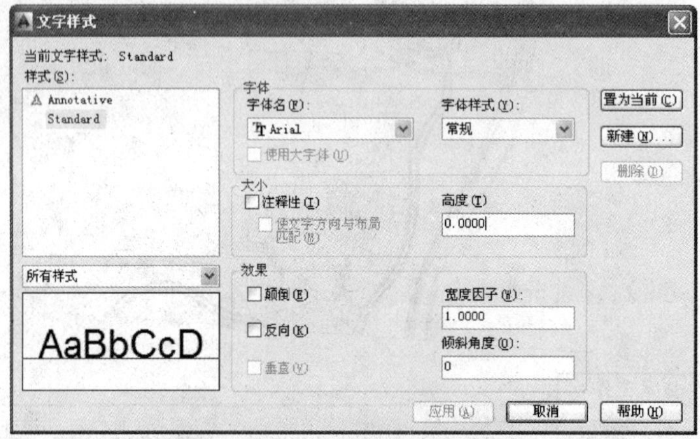

图 13-39　“文字样式”对话框

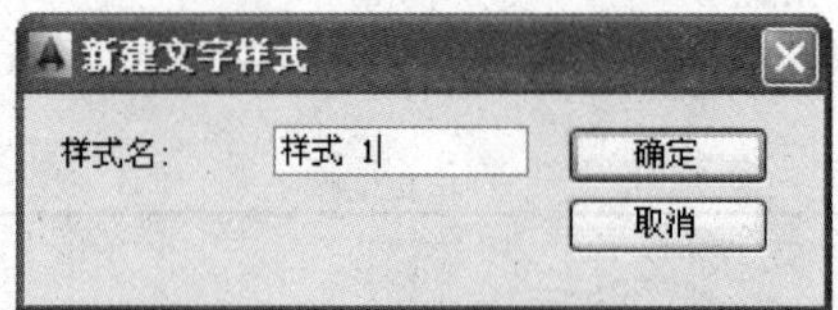

图 13-40　“新建文字样式”对话框

2. 单击“绘图”工具栏中的“多行文字”按钮 A，为图形标注文字，如图13-41所示。

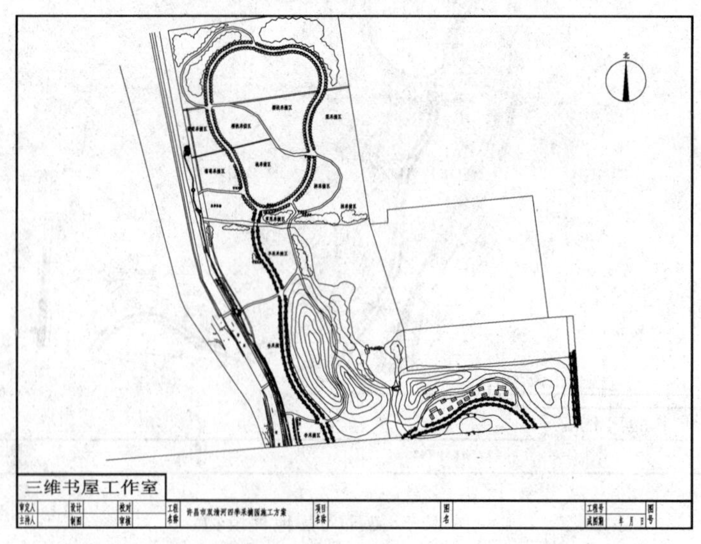

图 13-41　标注文字

3. 单击“绘图”工具栏中的“多行文字”按钮，在梨采摘区处标注文字说明，如图 13-42 所示。

4. 同理，单击“绘图”工具栏中的“多行文字”按钮，标注剩余文字，结果如图 13-43 所示。

5. 单击“绘图”工具栏中的“多段线”按钮，绘制四条多段线，设置多段线的全局宽度为 0.42，水平边长为 133，竖直边长为 135，如图 13-44 所示。

面积8660m^2

品 种	间距	规格	数量
长寿	3×4	60～80cm	120
若光	3×4	60～80cm	120
红太阳	3×4	60～80cm	120
哈密黄梨	3×4		120
黄金梨	3×4	60～80cm	120

图 13-42　标注文字说明

6. 单击“修改”工具栏中的“偏移”按钮，将四条多段线分别向外偏移 1.65，然后单击“修改”工具栏中的“分解”按钮，将偏移后的多段线进行分解，如图 13-45 所示。

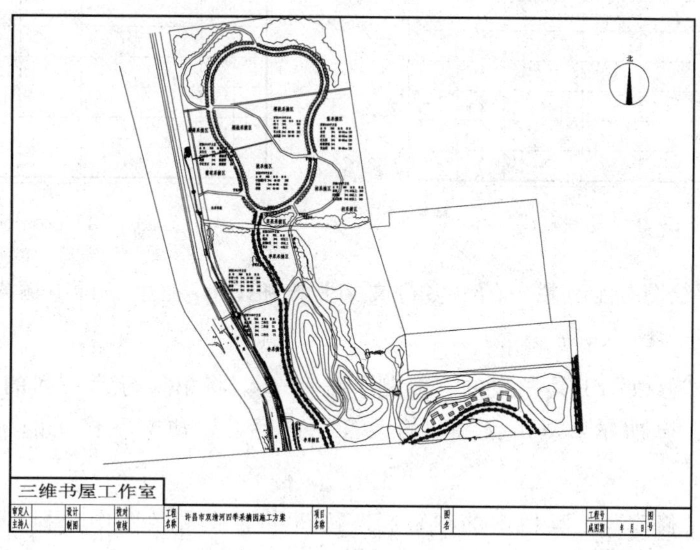

图 13-43　标注剩余文字

图 13-44　绘制四条多段线

图 13-45　偏移多段线

7. 单击“修改”工具栏中的“偏移”按钮，将上侧水平多段线依次向下进行偏移，偏移距离为 5.1，并将偏移后的多段线分解，删除多余的直线，然后将两边端点延伸到两侧多段线处，最后继续将偏移后的多段线向下进行偏移 5.1、9.6、9.6、9.6、

9.6、9.6、9.6、9.6、9.6、9.6、9.6、9.6 和 9.6。同理，将左侧竖直多段线依次向右进行偏移分解，偏移距离为 10.5、10.5、38、19、25、14 和 16，结果如图 13-46 所示。

8. 单击“修改”工具栏中的“修剪”按钮，修剪掉多余的直线，如图 13-47 所示。

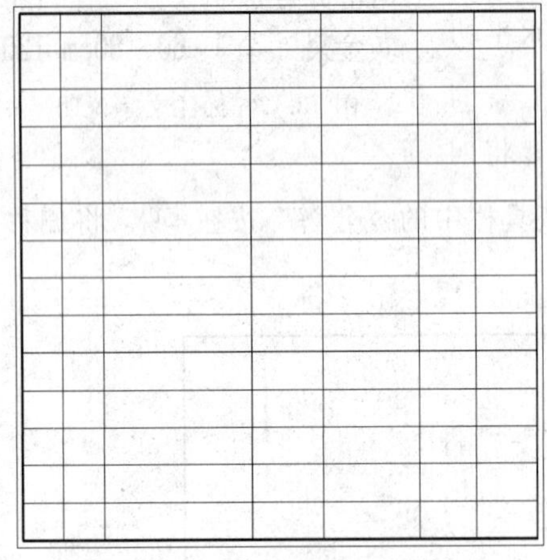

图 13-46　复制直线

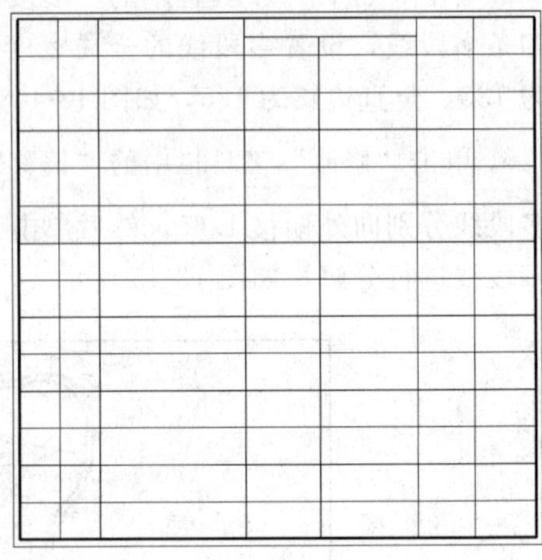

图 13-47　修剪直线

9. 单击“绘图”工具栏中的“多行文字”按钮A，在第一行中输入标题，如图 13-48 所示。

10. 单击“修改”工具栏中的“复制”按钮，将第一行第一列的文字，依次向下复制，如图 13-49 所示，双击文字，修改文字内容，以便文字格式的统一，如图 13-50 所示。

11. 单击“修改”工具栏中的“复制”按钮，在种植图中选择各个植物图例，复制到表内，如图 13-51 所示。

序号
图例
名 称
规 格 cm
胸 径
高 度
单位
数量

图 13-48　输入标题

图 13-49　复制文字

12. 同理，单击“绘图”工具栏中的“多行文字”按钮A和“修改”工具栏中的

序号	图例	名称	规格 cm		单位	数量
			胸径	高度		
1						
2						
3						
4						
5						
6						
7						
8						
9						
10						
11						
12						
13						

图 13-50　修改文字内容

序号	图例	名称	规格 cm		单位	数量
			胸径	高度		
1						
2						
3						
4						
5						
6						
7						
8						
9						
10						
11						
12						
13						

图 13-51　复制植物图例

“复制”按钮，在各个标题内输入相应的内容，并标注名称，最终完成苗木表的绘制，如图 13-52 所示。

苗木表

序号	图例	名称	规格 cm		单位	数量
			胸径	高度		
1		大叶女贞	4-6cm		株	165
2		白蜡	6cm		株	165
3		珊瑚朴	6cm		株	281
4		黄山栾	4-6cm		株	234
5		海桐球		80-120cm	株	234
6		金枝国槐				
7		碧桃				
8		凤尾兰				
9		大叶黄杨				
10		紫叶李				
11		金银木				
12		圆柏				
13		栾树				

图 13-52　绘制苗木表

13. 单击“绘图”工具栏中的“多行文字”按钮 A，在图框内输入图名，最终完成植物配置图一的绘制，如图 13-20 所示。

13.3　植物配置图二

本节绘制如图 13-53 所示的植物配置图二。

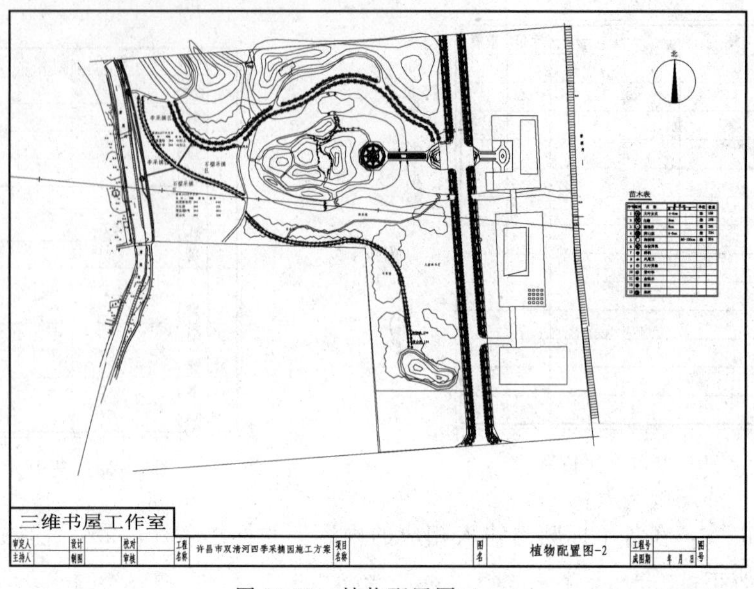

图 13-53　植物配置图二

光盘\动画演示\第 13 章\植物配置图二.avi

13.3.1　编辑旧文件

【操作步骤】

1. 打开 AutoCAD 2014 应用程序，选择菜单栏中的“文件”→“打开”命令，打开“选择文件”对话框，选择图形文件“施工放线图二”；或者在“文件”下拉菜单中最近打开的文档中选择“施工放线图二”，双击打开文件，将文件另存为“植物配置图二”，打开后的图形如图 13-54 所示。

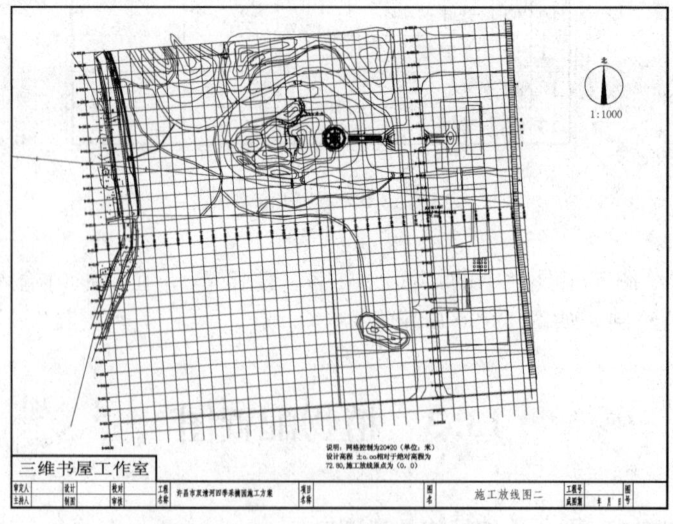

图 13-54　打开“施工放线图二”

2. 单击“修改”工具栏中的“删除”按钮，将多余的图形删除，如图 13-55 所示。

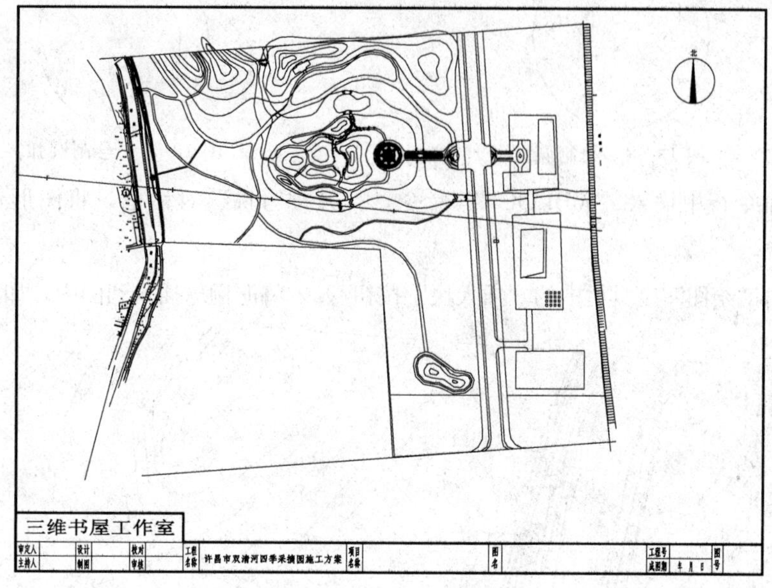

图 13-55 删除多余的图形

13.3.2 植物的绘制

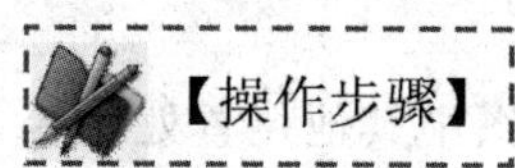

【操作步骤】

1. 单击“绘图”工具栏中的“修订云线”按钮，在图形上侧绘制云线，如图 13-56 所示。

2. 同理，单击“绘图”工具栏中的“修订云线”按钮，绘制其他位置处的云线，如图 13-57 所示。

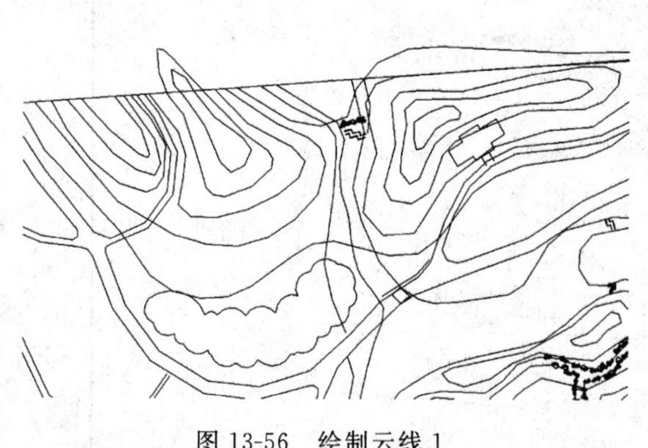

图 13-56 绘制云线 1

图 13-57 绘制云线 2

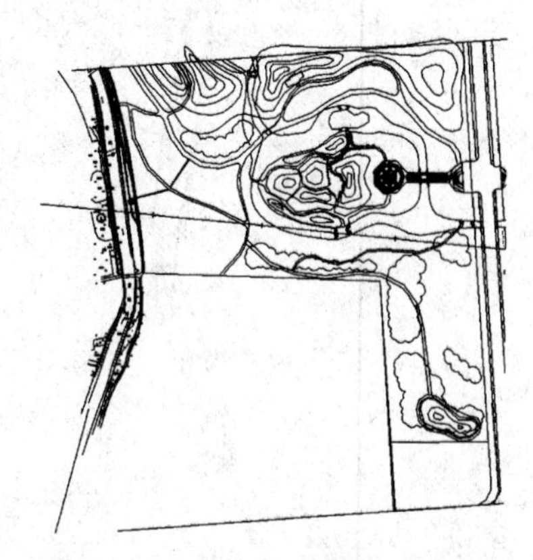

3. 单击“绘图”工具栏中的“圆”按钮，在图中绘制一个圆，如图 13-58 所示。

4. 单击“绘图”工具栏中的“圆弧”按钮，在圆内绘制一段圆弧，如图 13-59 所示。

图 13-58　绘制圆　　　　图 13-59　绘制圆弧

5. 在命令行中输入“WBLOCK”命令，打开“写块”对话框，将图形创建为块，命名为海桐球。

6. 单击“绘图”工具栏中的“插入块”按钮，将海桐球插入到图中，如图 13-60 所示。

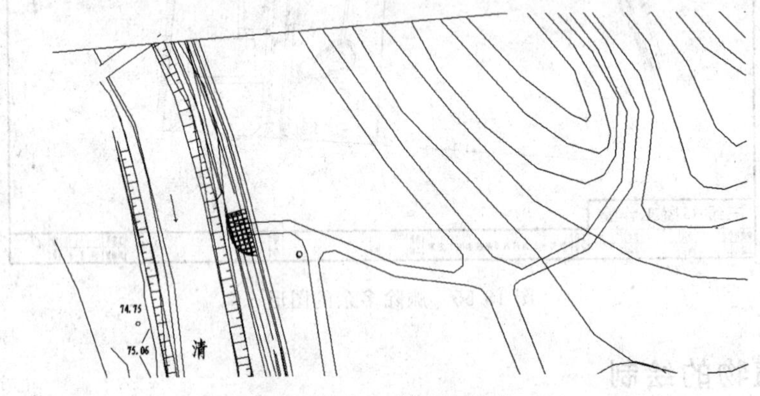

图 13-60　插入海桐球

7. 单击“修改”工具栏中的“复制”按钮，将海桐球复制到图中其他位置处，然后单击“修改”工具栏中的“旋转”按钮，将复制后的海桐球旋转到合适的角度，如图 13-61 所示。

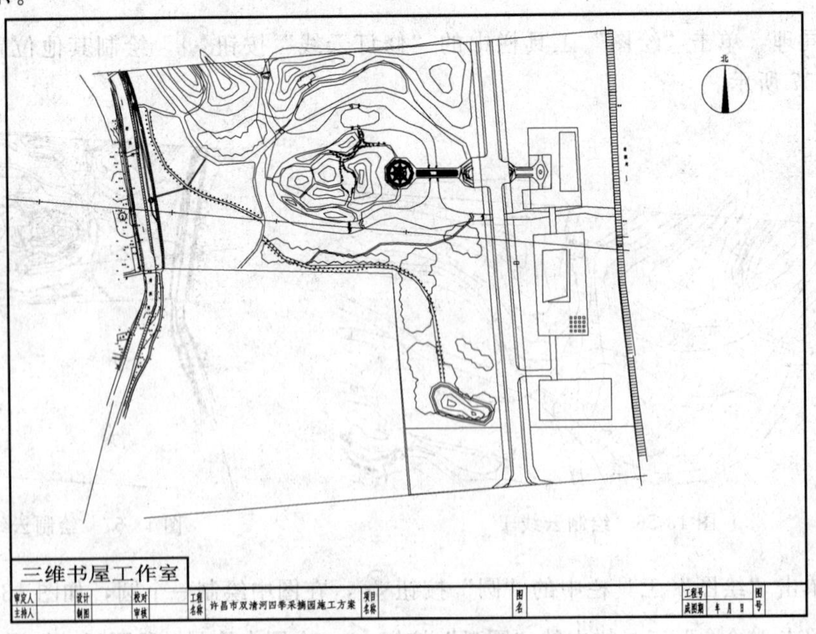

图 13-61　复制海桐球

8. 单击“绘图”工具栏中的“插入块”按钮，将黄山栾插入到图中合适的位置处，如图13-62所示。

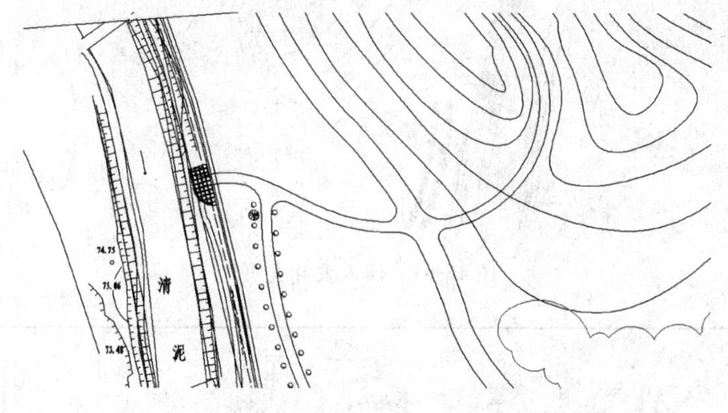

图13-62 插入黄山栾

9. 单击“修改”工具栏中的“复制”按钮，将黄山栾复制到图中其他位置处，然后单击“修改”工具栏中的“旋转”按钮，将复制后的黄山栾旋转到合适的角度，如图13-63所示。

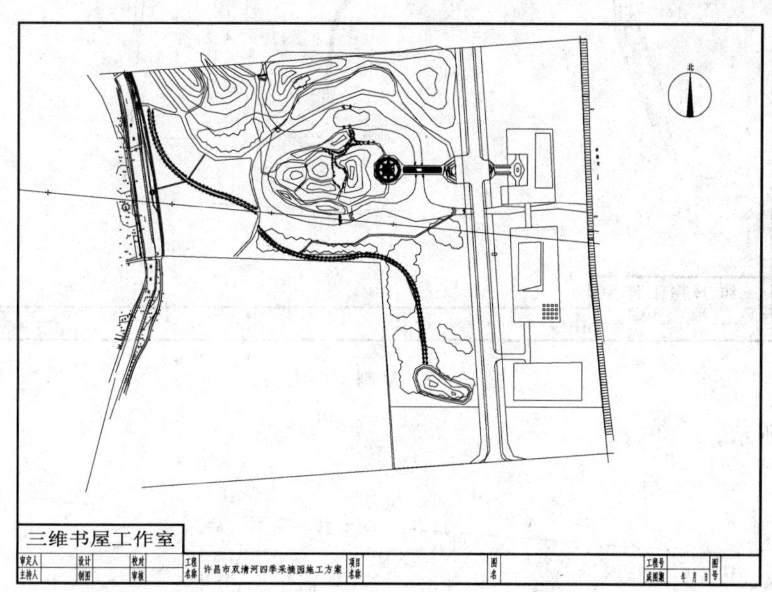

图13-63 复制黄山栾

10. 单击“绘图”工具栏中的“插入块”按钮，将大叶女贞插入到图中合适的位置处，如图13-64所示。

11. 单击“修改”工具栏中的“复制”按钮，将大叶女贞复制到图中其他位置处，然后单击“修改”工具栏中的“旋转”按钮，将复制后的大叶女贞旋转到合适的角度，如图13-65所示。

12. 单击“绘图”工具栏中的“插入块”按钮，将白蜡插入到图中合适的位置处，

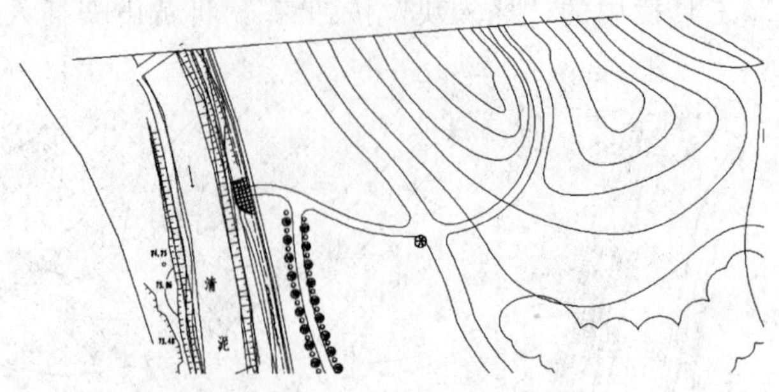

图 13-64　插入大叶女贞

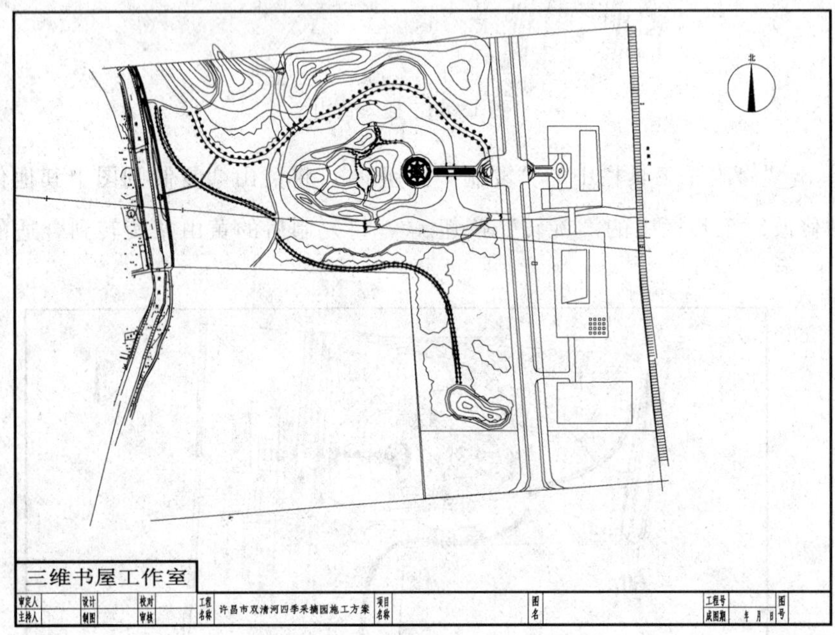

图 13-65　复制大叶女贞

如图 13-66 所示。

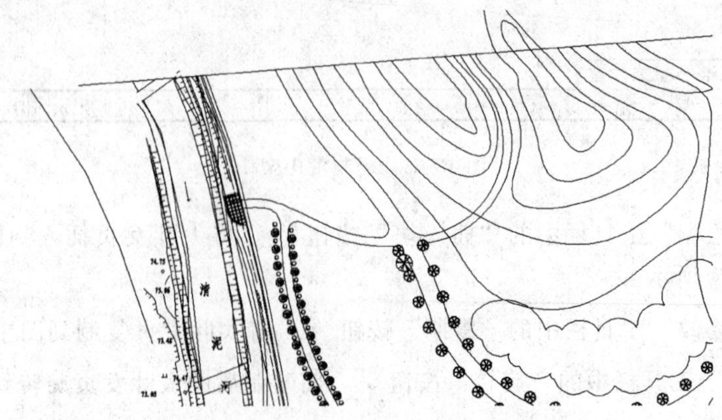

图 13-66　插入白蜡

13. 单击“修改”工具栏中的“复制”按钮，将白蜡复制到图中其他位置处，然后单击“修改”工具栏中的“旋转”按钮，将复制后的白蜡旋转到合适的角度，如图13-67所示。

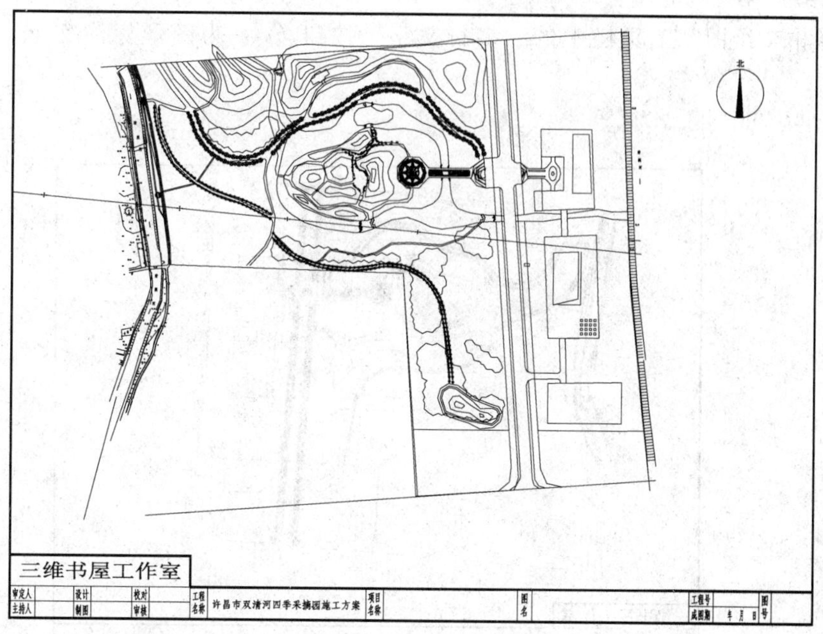

图 13-67 复制白蜡

14. 同理，插入图中其他种植物，结果如图13-68所示。

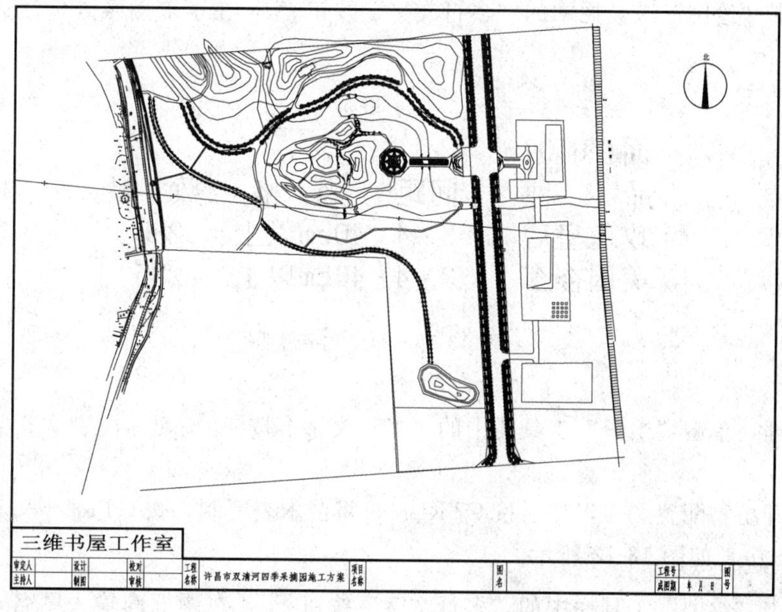

图 13-68 插入种植物

13.3.3 标注文字

【操作步骤】

1. 单击“绘图”工具栏中的“多行文字”按钮 A，为图形标注文字，如图 13-69 所示。

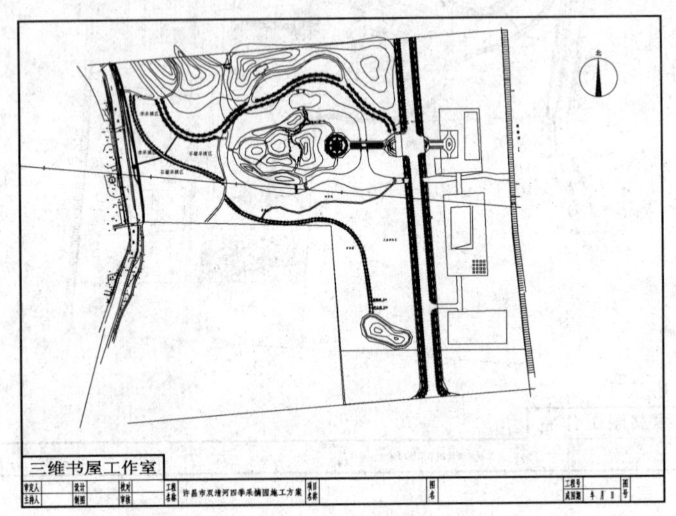

图 13-69 标注文字

2. 单击“绘图”工具栏中的“多行文字”按钮 A，在李采摘区处标注文字说明，如图 13-70 所示。

面积6107m^2

品　　种	间距	规 格	数 量
玫瑰皇后	3×4	40cm以上	285
美国杏李	3×4	40cm以上	285

图 13-70 标注文字说明

3. 同理，单击“绘图”工具栏中的“多行文字”按钮 A，标注剩余文字，结果如图 13-71 所示。

4. 打开植物配置图一，然后按 CTRL＋C 将苗木表复制，按 CTRL＋V 将其粘贴到植物配置图二中，如图 13-72 所示。

5. 单击“绘图”工具栏中的“多行文字”按钮 A，在图框内输入图名，最终完成植物配置图二的绘制，如图 13-53 所示。

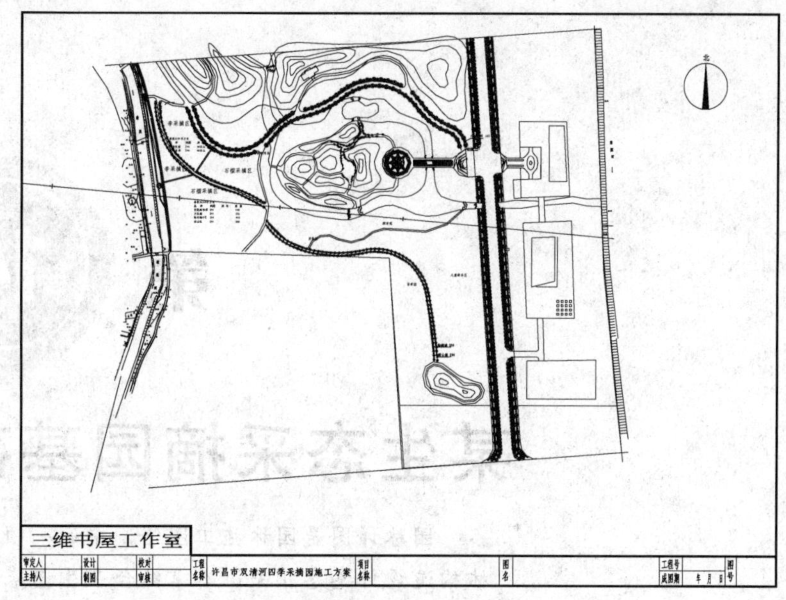

图 13-71　标注剩余文字

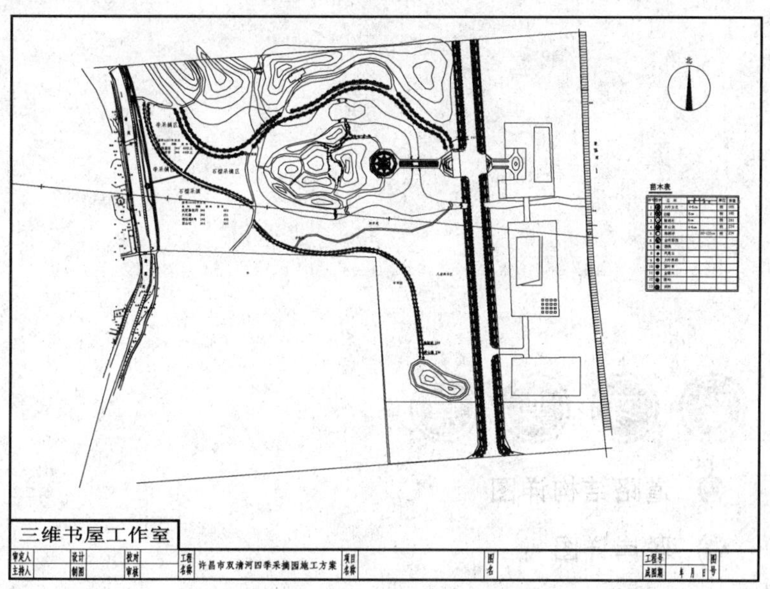

图 13-72　复制苗木表

某生态采摘园基础详图

园林详图是园林施工图绘制中的一项重要内容，与园林构造设计息息相关。本章结合某生态采摘园基础详图实例进行讲解。

点

- 道路结构详图
- 驳岸详图
- 六角亭详图
- 水榭详图

14.1 道路结构详图

道路面层是铺筑在道路基层上面的各种面层，如水泥混凝土面层、沥青混凝土面层、黑色碎石面层、碎石灌柏油面层等。道路基层指土路基丘铺筑的各种结构基层，又是道路面层下面的基层，如：二渣基层、碎石基层、水淬渣二渣基层、石灰土基层、粉煤灰基层，道路结构层。

从美学及园路的功能特征出发，对中国古典园林园路美的结构要素进行分析，建立了中国古典园林园路美的结构要素评价体系，提出了园路形式美、功能美和意境美的具体影响指标，并运用系统工程学中的层次分析法，对各要素进行排序分析，对中国古典园林园路美进行了初步定量化研究。

14.1.1 一级道路铺装平面图①

本节绘制如图14-1所示的一级道路铺装平面图。

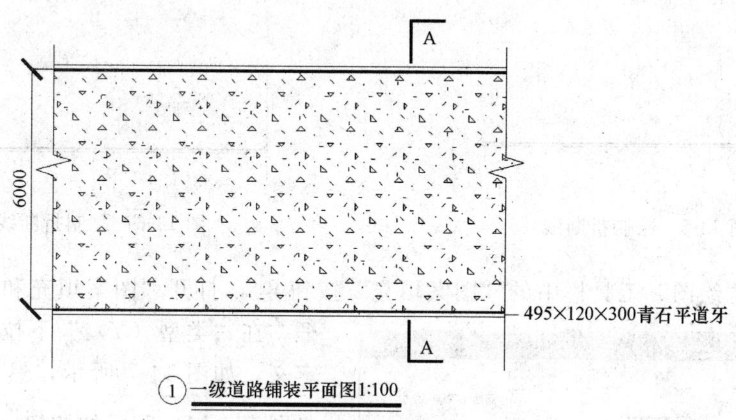

图14-1 一级道路铺装平面图

光盘\动画演示\第14章\一级道路铺装平面图.avi

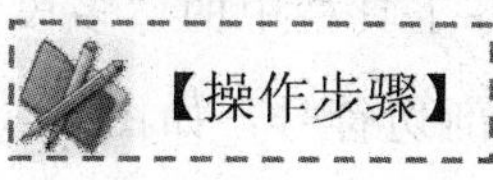

1. 打开AutoCAD 2014应用程序，单击“标准”工具栏中的“新建”按钮，以无样板打开-公制（M）建立新文件。

2. 单击“绘图”工具栏中的“直线”按钮，绘制一条水平直线，如图14-2所示。

图14-2 绘制直线

3. 单击“修改”工具栏中的“复制”按钮，将水平直线依次向下复制3条，如图

14-3 所示。

4. 单击“绘图”工具栏中的“多段线”按钮，在第二条和第三条直线处绘制两条多段线，如图 14-4 所示。

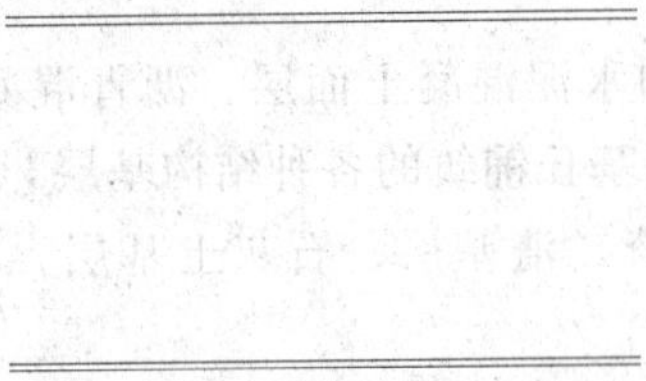

图 14-3　复制直线 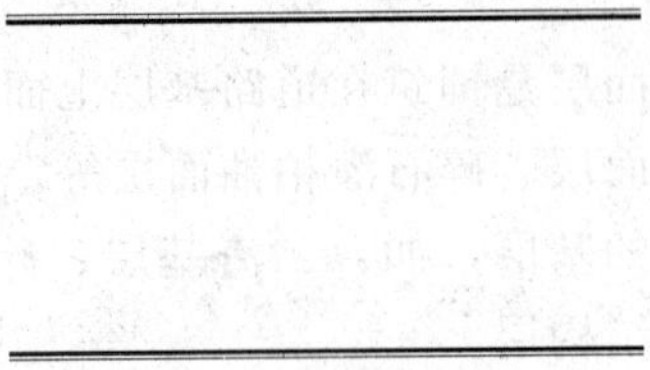　　　图 14-4　绘制多段线

5. 单击“绘图”工具栏中的“直线”按钮，在图形左侧绘制折断线，如图 14-5 所示。

6. 单击“修改”工具栏中的“复制”按钮，将折断线复制到另外一侧，如图 14-6 所示。

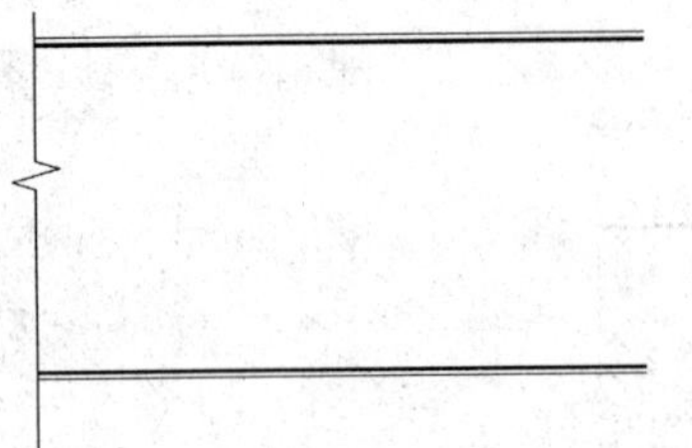

图 14-5　绘制折断线

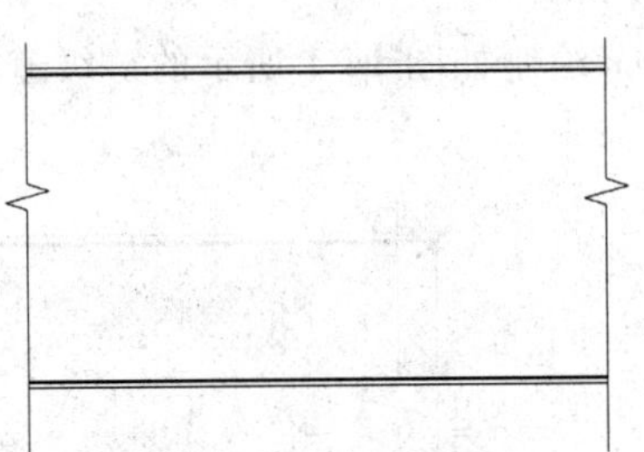

图 14-6　复制折断线

7. 单击“绘图”工具栏中的“图案填充”按钮，打开“图案填充和渐变色”对话框，在“类型（Y）:”下拉列表中选择自定义，如图 14-7 所示，然后单击“自定义图案（M）:”后的按钮，打开“填充图案选项板”对话框，选择 CONCRETE 图案，如图 14-8 所示，填充图形，结果如图 14-9 所示。

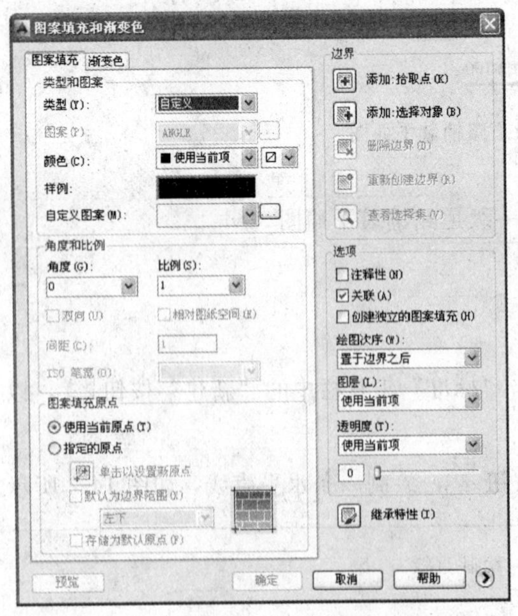

图 14-7　“图案填充和渐变色”对话框

8. 单击“绘图”工具栏中的“多段线”按钮，绘制剖切符号，如图 14-10 所示。

9. 单击“绘图”工具栏中的“多行文字”按钮 A，输入剖切数值，如图 14-11 所示。

10. 单击“修改”工具栏中的“镜像”按钮，将剖切符号和文字镜像到另外一侧，如图 14-12 所示。

图 14-8　选择填充图案

图 14-9　填充图形

图 14-10　绘制剖切符号

图 14-11　输入剖切数值

11. 单击“标注”工具栏中的“线性”按钮，为图形标注尺寸，如图 14-13 所示。

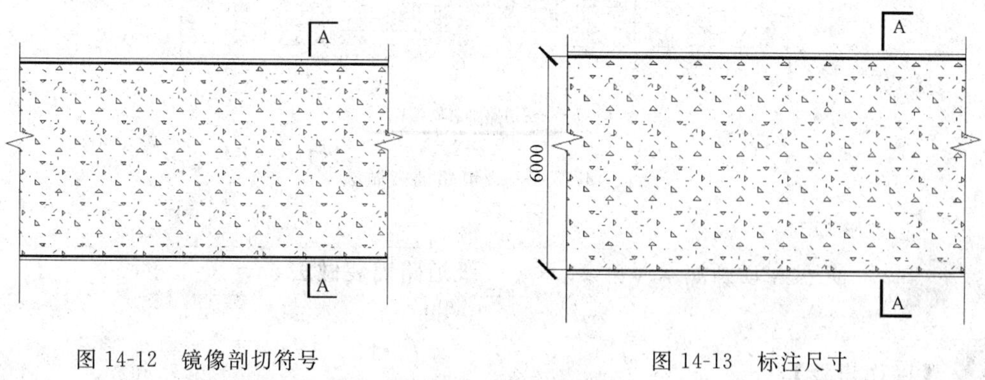

图 14-12　镜像剖切符号

图 14-13　标注尺寸

12. 单击“绘图”工具栏中的“直线”按钮，在图中引出直线，如图 14-14 所示。

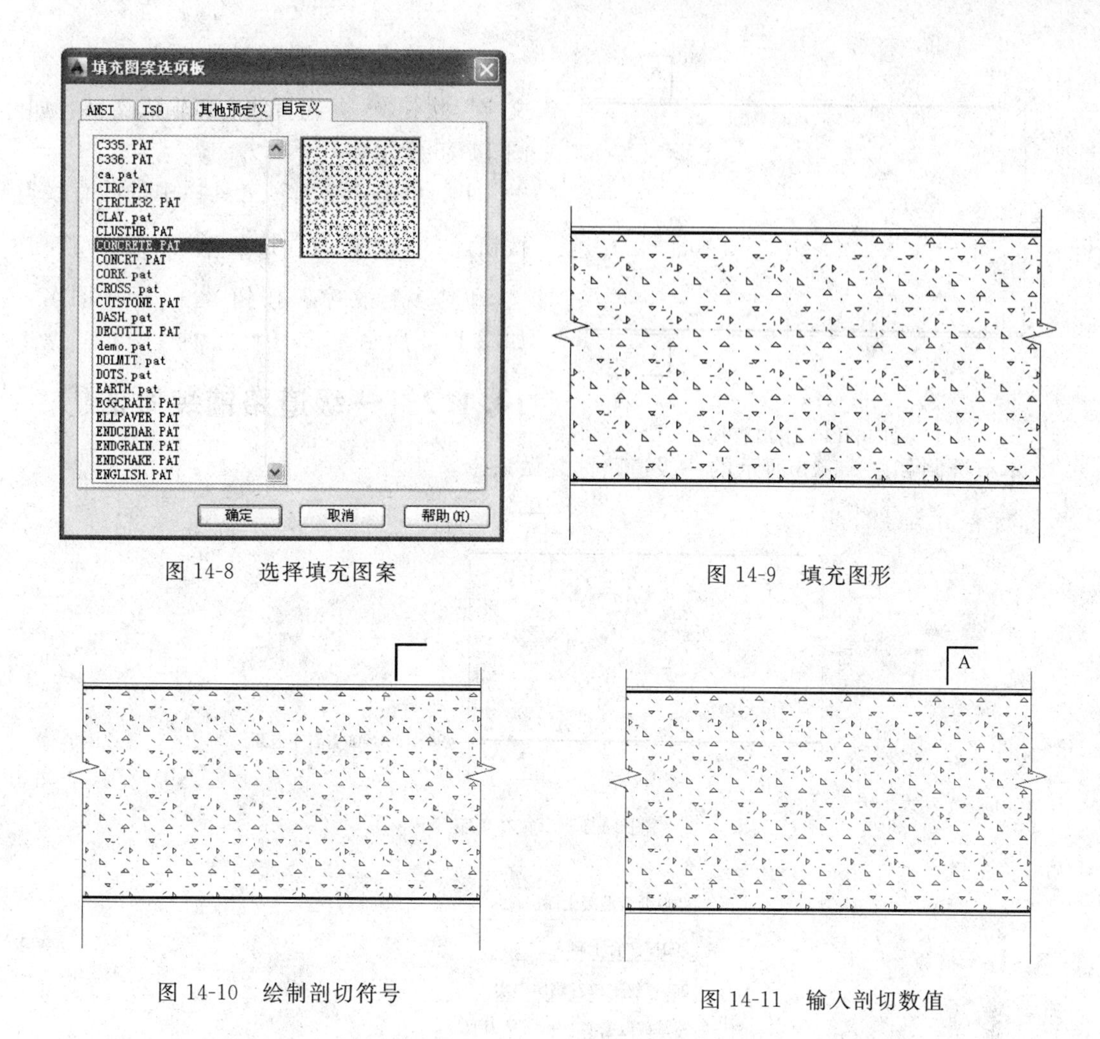

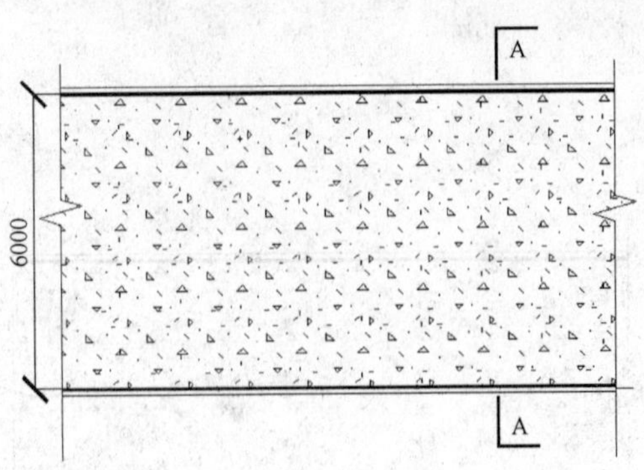

图 14-14　引出直线

13. 单击“绘图”工具栏中的“多行文字”按钮，在直线右侧输入文字，如图 14-15 所示。

14. 单击“绘图”工具栏中的“直线”按钮、“多段线”按钮、“圆”按钮和“多行文字”按钮，标注图名，如图 14-1 所示。

14.1.2　一级道路铺装做法①

本节绘制如图 14-16 所示的一级道路铺装做法。

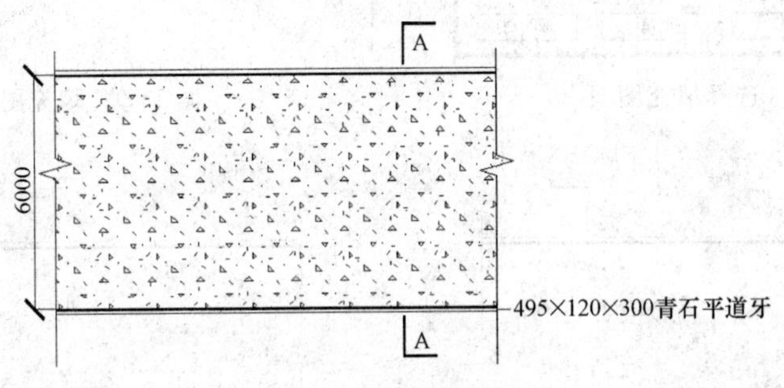

图 14-15　输入文字

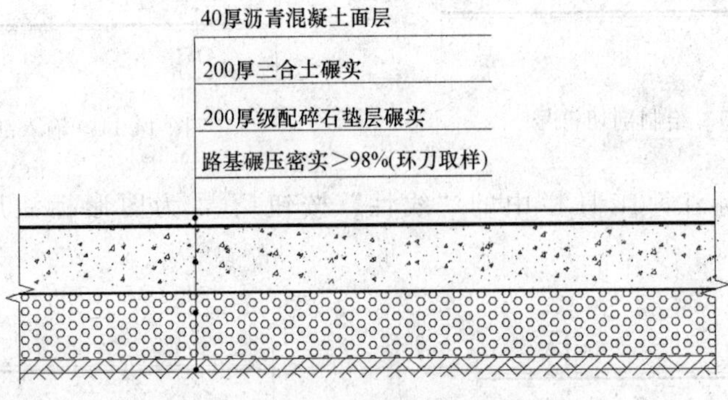

图 14-16　一级道路铺装做法

光盘＼动画演示＼第 14 章＼一级道路铺装做法 .avi

【操作步骤】

1. 单击“绘图”工具栏中的“多段线”按钮，绘制一条水平多段线，如图 14-17 所示。

图 14-17　绘制水平多段线

2. 单击“修改”工具栏中的“复制”按钮，将水平多段线依次向下进行复制，如图 14-18 所示。

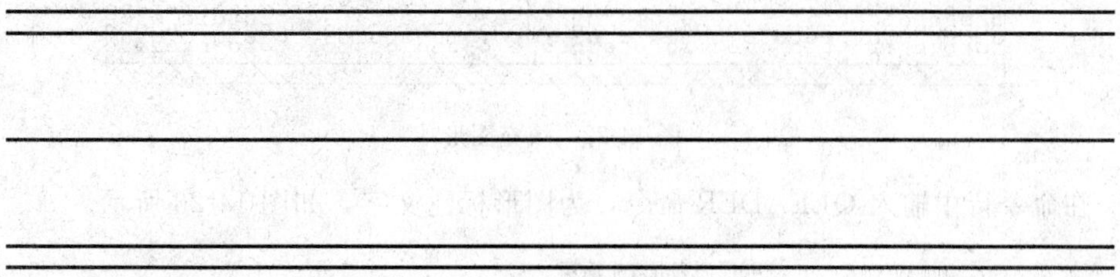

图 14-18　复制多段线

3. 单击“修改”工具栏中的“分解”按钮，将最后两条多段线分解，如图 14-19 所示。

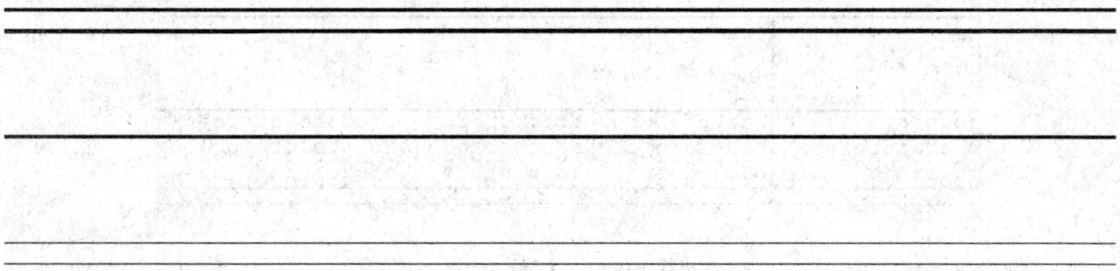

图 14-19　分解多段线

4. 单击“绘图”工具栏中的“直线”按钮，绘制折断线，如图 14-20 所示。

图 14-20　绘制折断线

5. 单击“修改”工具栏中的“复制”按钮，将折断线复制到另外一侧，如图 14-21 所示。

图 14-21　复制折断线

6. 单击“绘图”工具栏中的“图案填充”按钮，填充图形，如图 14-22 所示。

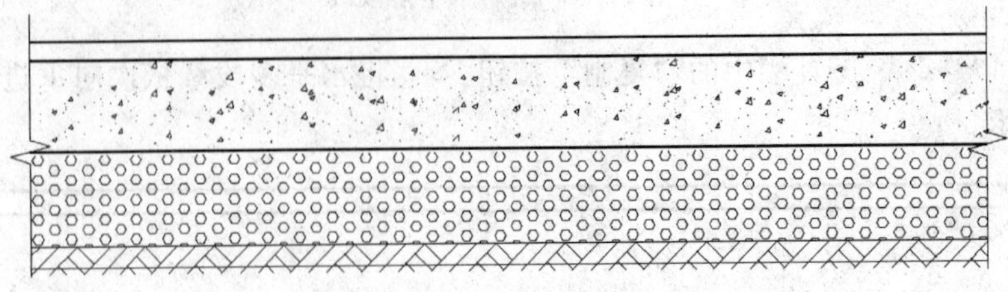

图 14-22 填充图形

7. 在命令行中输入 QLEADER 命令，为图形标注文字，如图 14-23 所示。

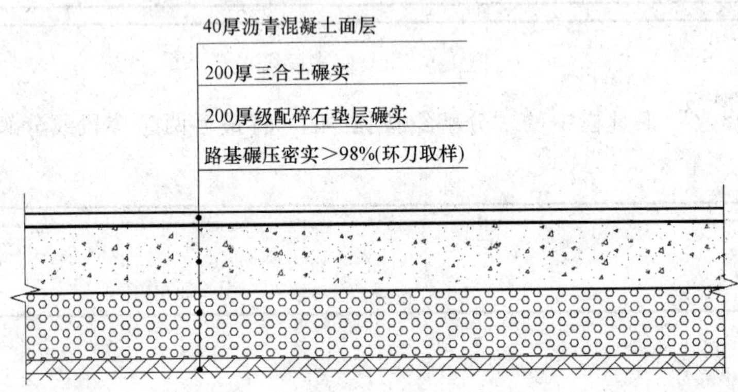

图 14-23 标注文字

8. 单击“绘图”工具栏中的“直线”按钮、“多段线”按钮和“多行文字”按钮，标注图名，如图 14-16 所示。

14.1.3 二级道路铺装平面图②

本节绘制如图 14-24 所示的二级道路铺装平面图②。

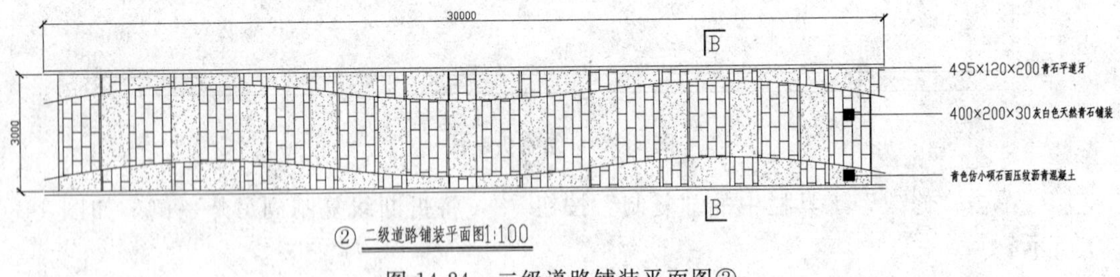

图 14-24 二级道路铺装平面图②

光盘 \ 动画演示 \ 第 14 章 \ 二级道路铺装平面图 . avi

1. 单击“绘图”工具栏中的“直线”按钮，绘制一条水平直线，如图 14-25 所示。

图 14-25 绘制水平直线

2. 单击“修改”工具栏中的“复制”按钮，将水平直线依次向下复制，如图 14-26 所示。

图 14-26 复制直线

3. 单击“绘图”工具栏中的“直线”按钮，在图中合适的位置处绘制一条竖直直线，如图 14-27 所示。

图 14-27 绘制竖直直线

4. 单击“修改”工具栏中的“偏移”按钮，将竖直直线依次向右进行偏移，如图 14-28 所示。

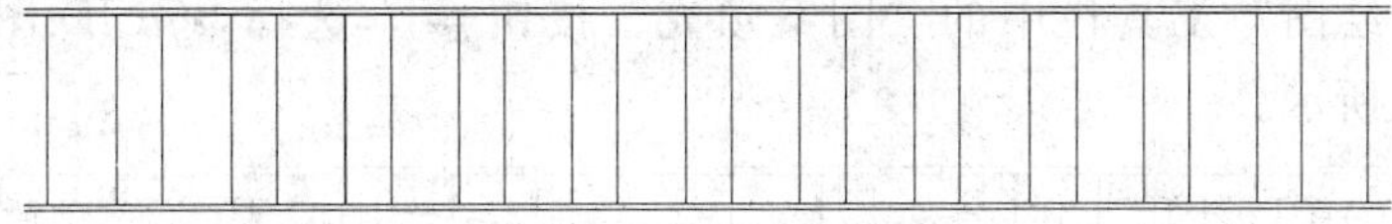

图 14-28 偏移竖直直线

5. 单击“绘图”工具栏中的“样条曲线”按钮，在中间位置处绘制一条样条曲线，如图 14-29 所示。

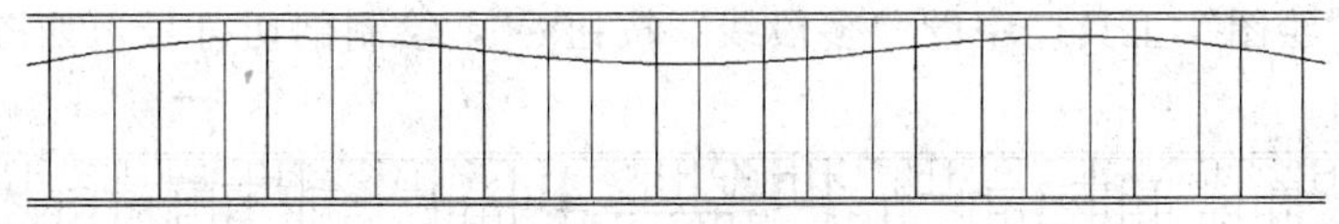

图 14-29 绘制样条曲线

6. 单击“修改”工具栏中的“复制”按钮，将样条曲线向下复制，如图 14-30 所示。

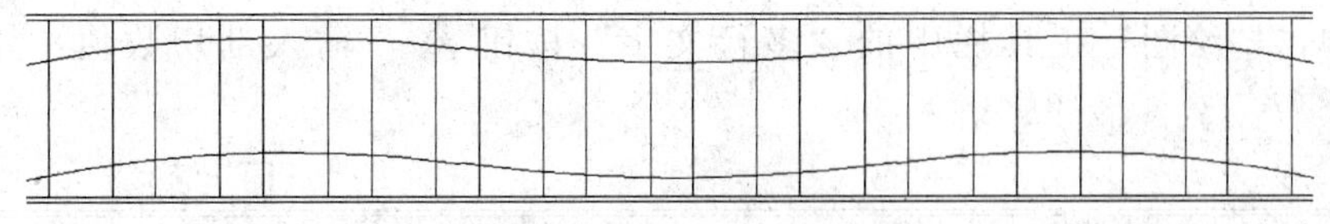

图 14-30 复制样条曲线

7. 单击“绘图”工具栏中的“图案填充”按钮，选择 AR-BRSTD 和 AR-SAND 图案，填充图形，如图 14-31 所示。

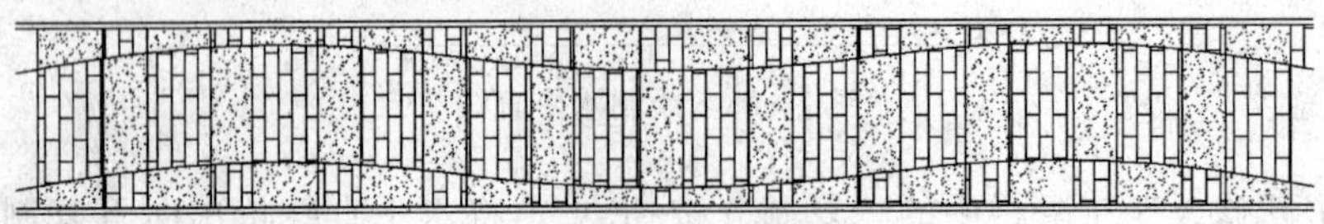

图 14-31　填充图形

8. 单击“绘图”工具栏中的“矩形”按钮，在图中合适的位置处绘制一个正方形，如图 14-32 所示。

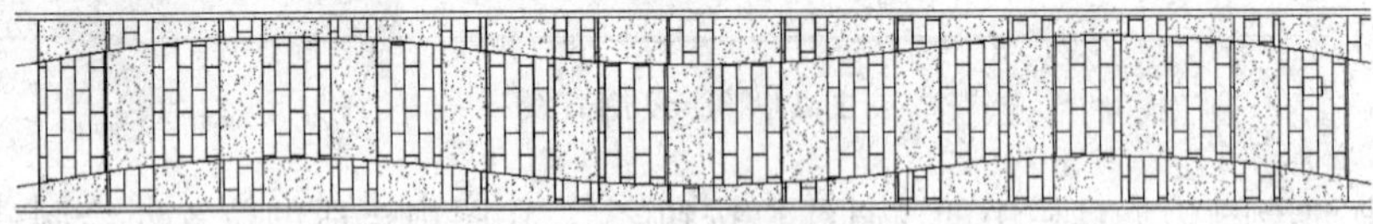

图 14-32　绘制正方形

9. 单击“修改”工具栏中的“复制”按钮，将正方形向下进行复制，如图 14-33 所示。

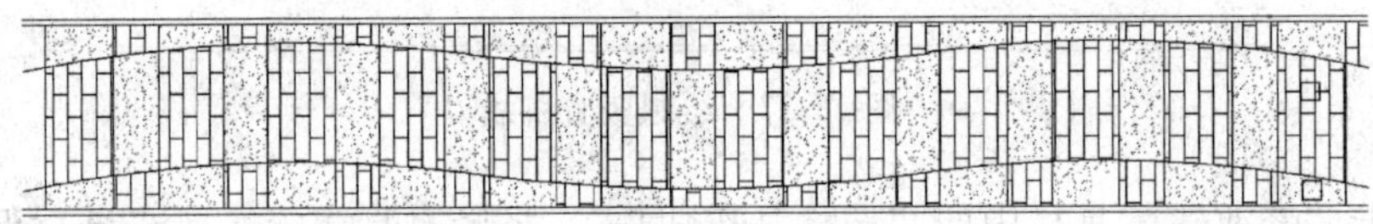

图 14-33　复制正方形

10. 单击“绘图”工具栏中的“图案填充”按钮，选择 SOLID 图案，填充正方形，如图 14-34 所示。

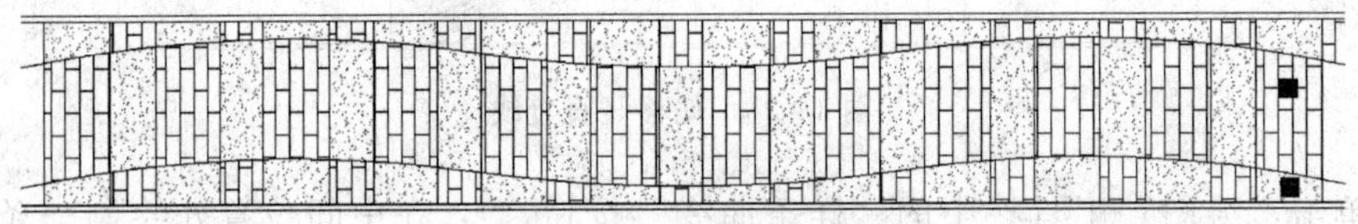

图 14-34　填充正方形

11. 单击“绘图”工具栏中的“多段线”按钮，绘制剖切符号，如图 14-35 所示。

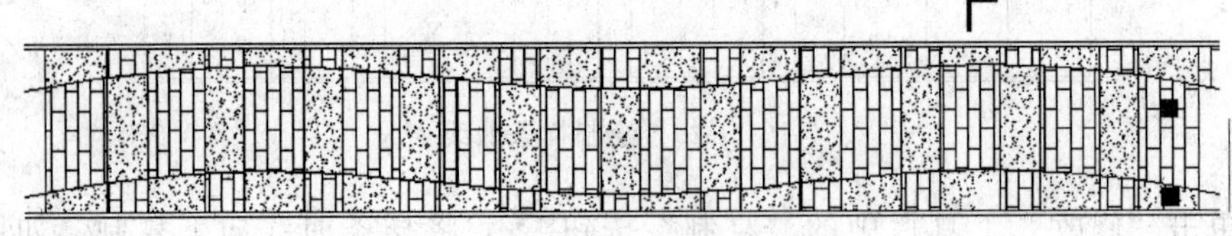

图 14-35　绘制剖切符号

12. 单击“绘图”工具栏中的“多行文字”按钮，输入剖切数值，如图 14-36 所示。

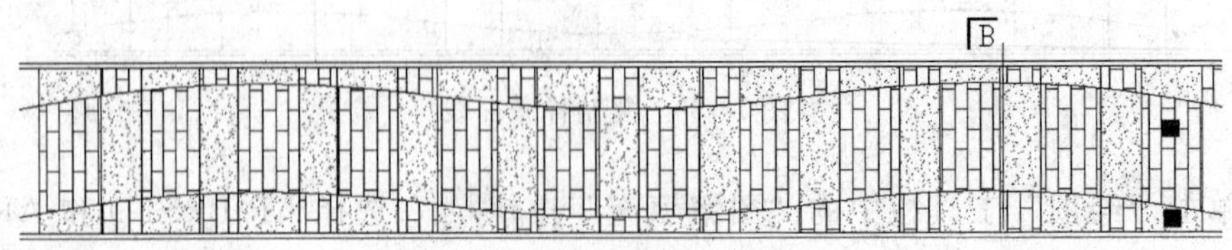

图 14-36　输入剖切数值

13. 单击“修改”工具栏中的“镜像”按钮，将剖切符号和文字镜像到另外一侧，如图 14-37 所示。

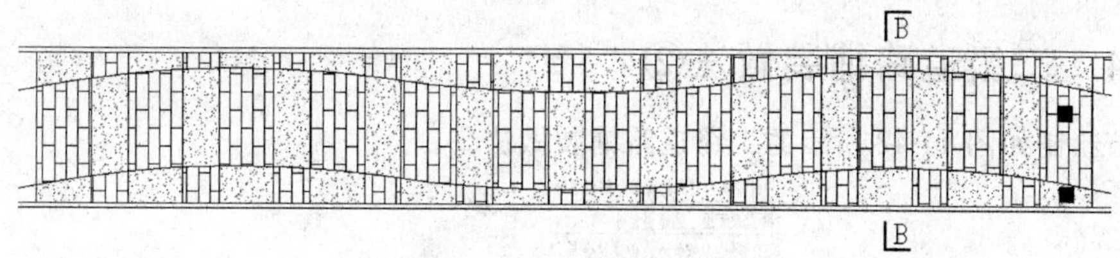

图 14-37 镜像剖切符号

14. 单击“标注”工具栏中的“线性”按钮，为图形标注尺寸，如图 14-38 所示。

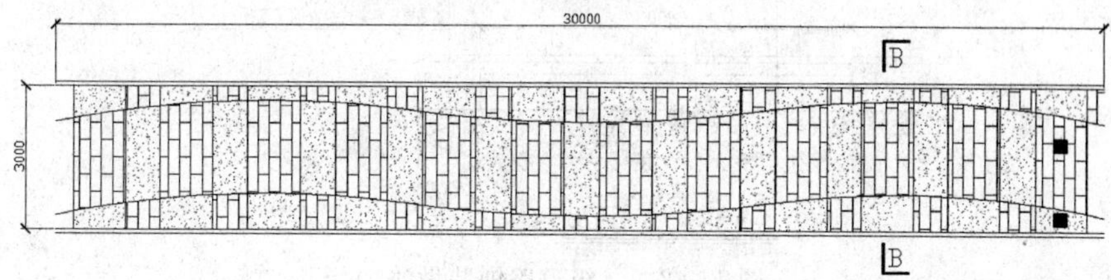

图 14-38 标注尺寸

15. 单击“绘图”工具栏中的“直线”按钮，在图中引出直线，如图 14-39 所示。

16. 单击“绘图”工具栏中的“多行文字”按钮，在直线右侧输入文字，如图 14-40 所示。

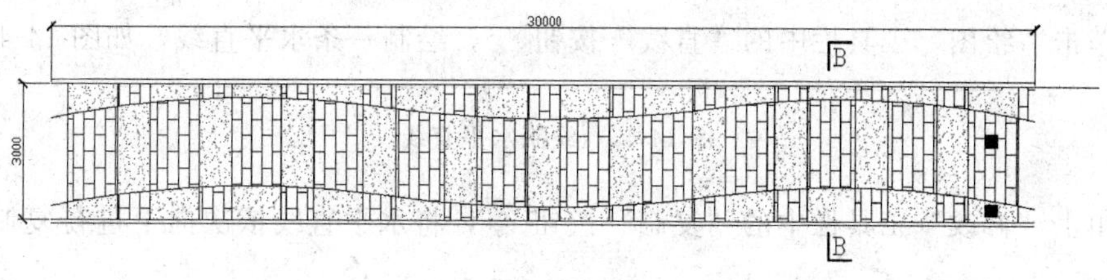

图 14-39 引出直线

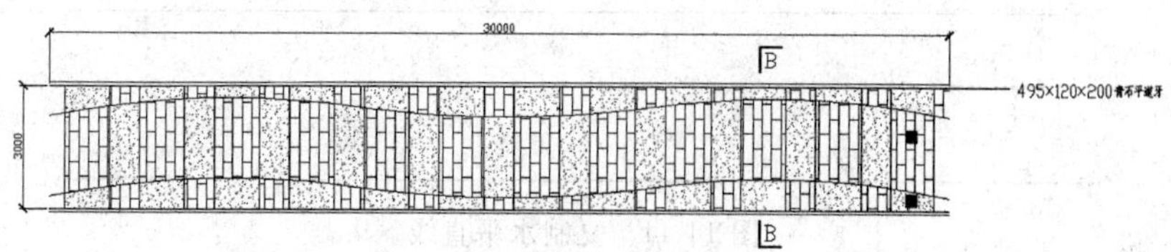

图 14-40 输入文字

17. 同理，标注其他位置处的文字，如图 14-41 所示。

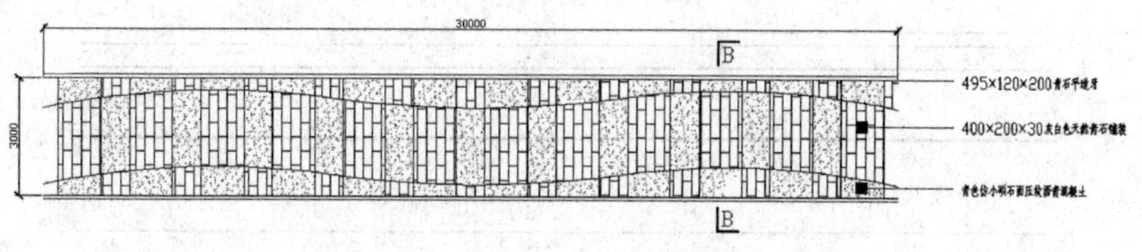

图 14-41 标注文字

18. 单击“绘图”工具栏中的“直线”按钮、“多段线”按钮、“圆”按钮和“多行文字”按钮A，标注图名，如图 14-24 所示。

14.1.4 二级道路铺装做法②

本节绘制如图 14-42 所示的二级道路铺装做法②。

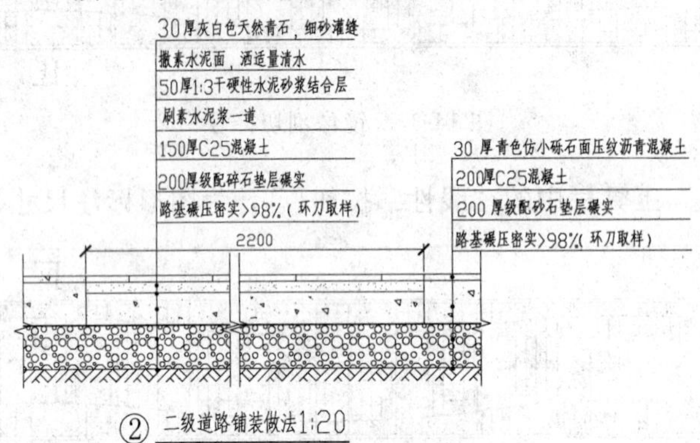

图 14-42 二级道路铺装做法②

光盘\动画演示\第 14 章\二级道路铺装做法.avi

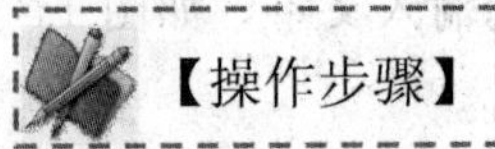
【操作步骤】

1. 单击“绘图”工具栏中的“直线”按钮，绘制一条水平直线，如图 14-43 所示。

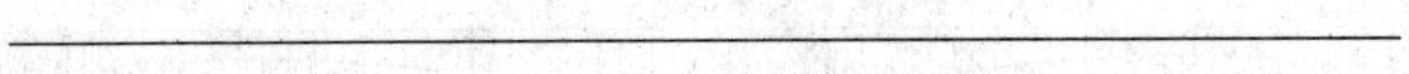

图 14-43 绘制水平直线

2. 单击“修改”工具栏中的“复制”按钮，将水平直线依次向下进行复制，如图 14-44 所示。

图 14-44 复制水平直线

3. 单击“绘图”工具栏中的“多段线”按钮，在上数第四条直线处绘制一条多段线，如图 14-45 所示。

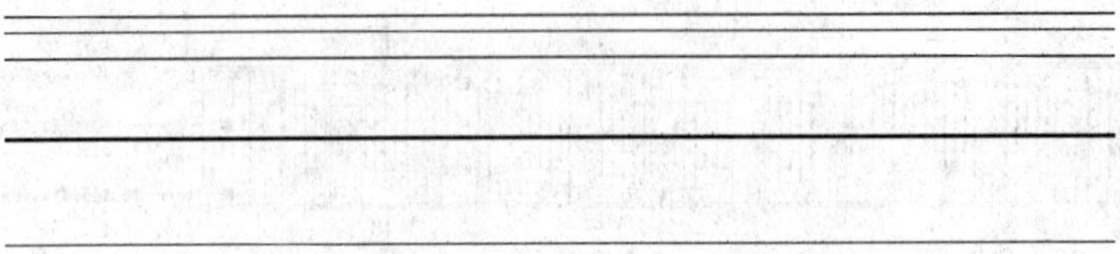

图 14-45 绘制多段线

4. 单击“绘图”工具栏中的“直线”按钮，在图中合适的位置处绘制一条竖直直线，如图 14-46 所示。

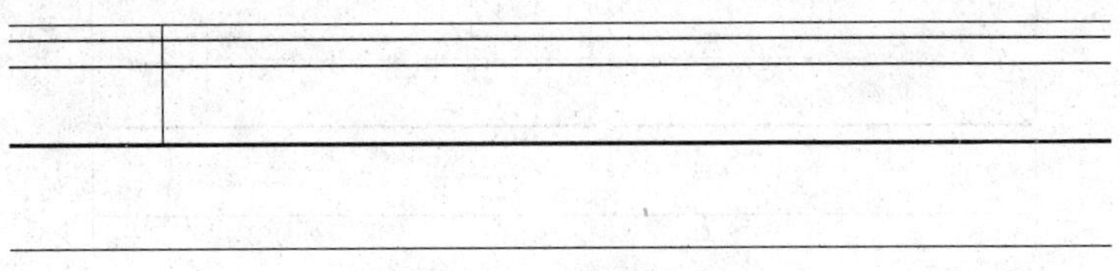

图 14-46 绘制竖直直线

5. 单击“修改”工具栏中的“偏移”按钮，将竖直直线依次向右进行偏移，如图 14-47 所示。

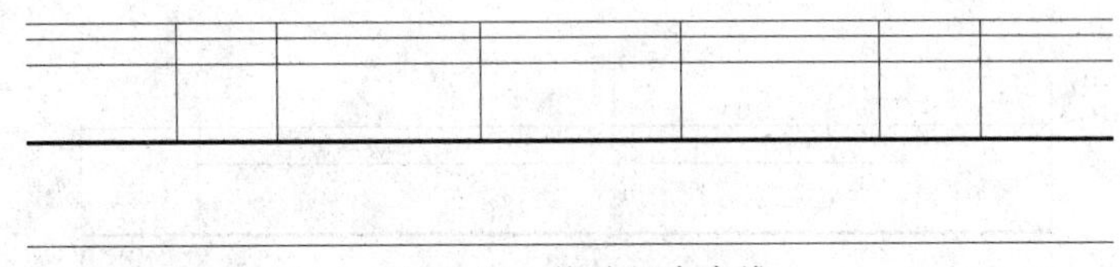

图 14-47 偏移竖直直线

6. 单击“修改”工具栏中的“修剪”按钮，修剪掉多余的直线，如图 14-48 所示。

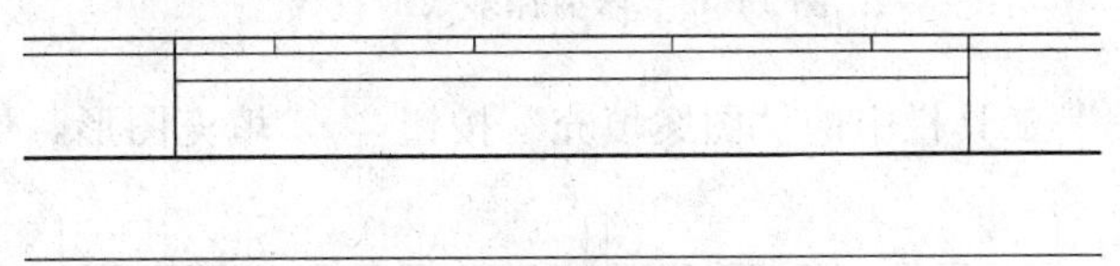

图 14-48 修剪掉多余的直线

7. 单击“绘图”工具栏中的“直线”按钮，在图中左侧绘制折断线，如图 14-49 所示。

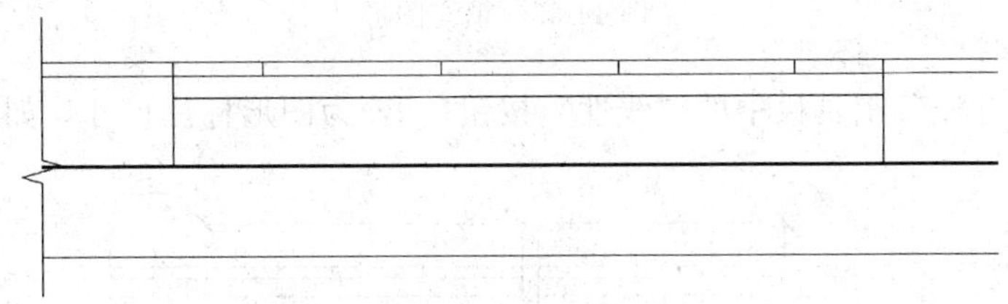

图 14-49 绘制折断线

8. 单击“修改”工具栏中的“复制”按钮，将折断线依次向右进行复制，如图 14-50 所示。

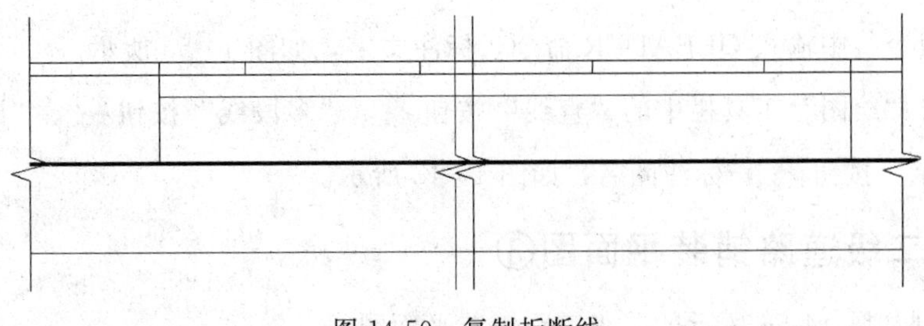

图 14-50 复制折断线

9. 单击“修改”工具栏中的“打断”按钮，将多段线打断，如图 14-51 所示。

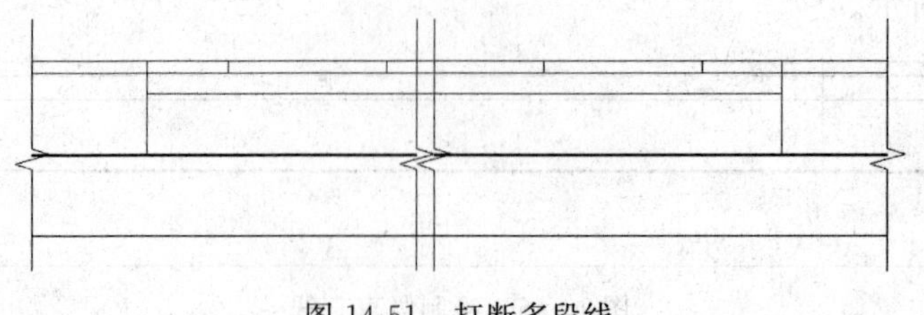

图 14-51　打断多段线

10. 单击“修改”工具栏中的“修剪”按钮，修剪掉多余的直线，如图 14-52 所示。

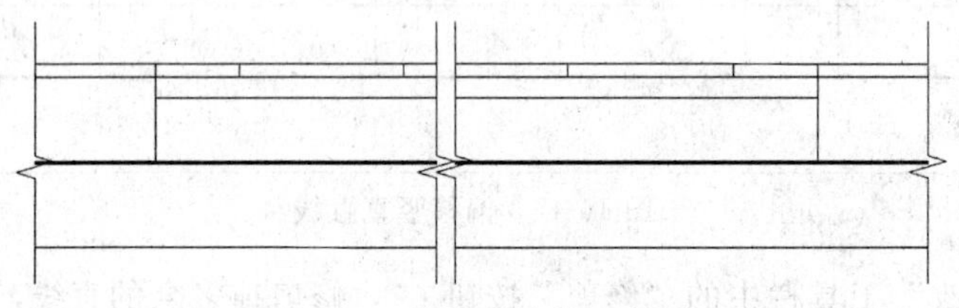

图 14-52　修剪掉多余的直线

11. 单击“绘图”工具栏中的“图案填充”按钮，填充图形，如图 14-53 所示。

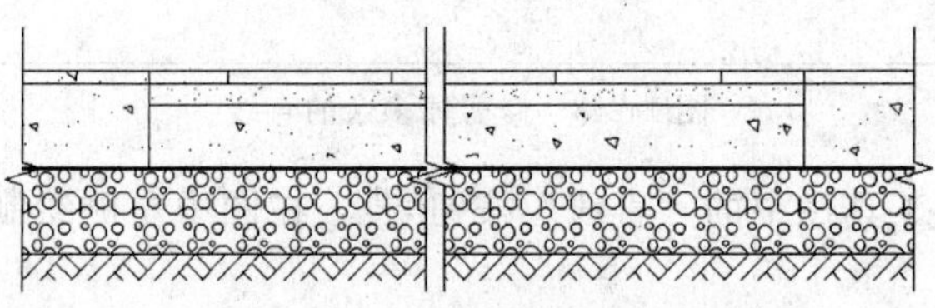

图 14-53　填充图形

12. 单击“标注”工具栏中的“线性”按钮，为图形标注尺寸，如图 14-54 所示。

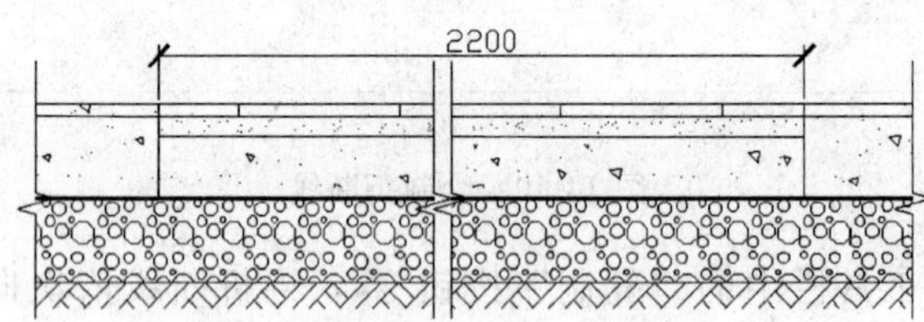

图 14-54　标注尺寸

13. 在命令行中输入 QLEADER 命令，标注文字，如图 14-55 所示。

14. 单击“绘图”工具栏中的“直线”按钮、“多段线”按钮、“圆”按钮和“多行文字”按钮，标注图名，如图 14-42 所示。

14.1.5　二级道路铺装平面图③

本节绘制如图 14-56 所示的二级道路铺装平面图③。

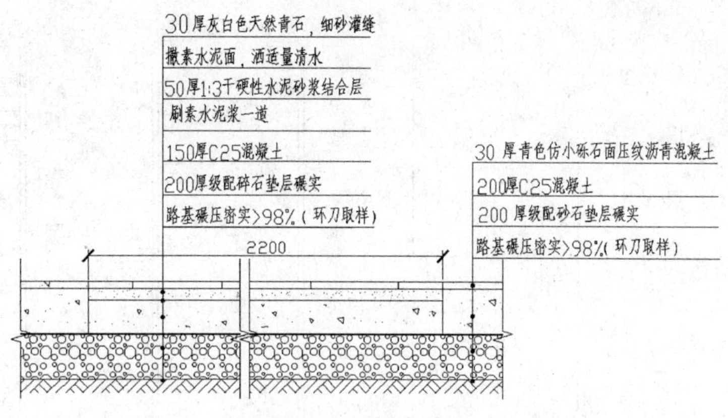

图 14-55 标注文字

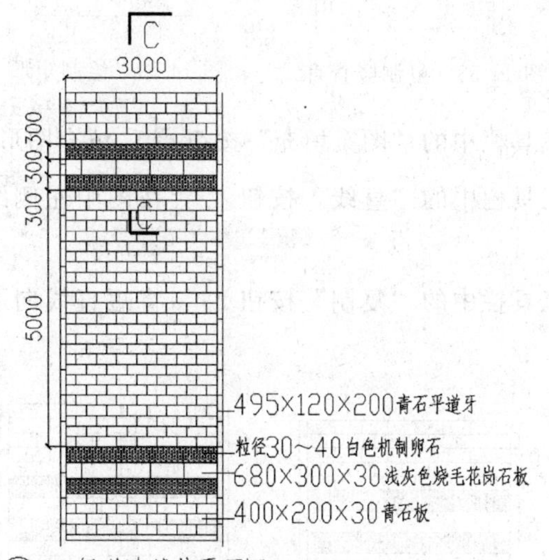

图 14-56 二级道路铺装平面图③

光盘 \ 动画演示 \ 第 14 章 \ 二级道路铺装平面图 .avi

【操作步骤】

1. 单击“绘图”工具栏中的“直线”按钮，绘制一条竖直直线，如图 14-57 所示。

2. 单击“修改”工具栏中的“复制”按钮，将竖直直线向右进行复制，如图 14-58 所示。

3. 单击“绘图”工具栏中的“矩形”按钮，在两条直线之间绘制一个矩形，如图 14-59 所示。

4. 单击“修改”工具栏中的“分解”按钮，将矩形分解。

5. 单击“修改”工具栏中的“偏移”按钮，将最上侧水平直线依次向下进行偏移，如图 14-60 所示。

图 14-57　绘制竖直直线　图 14-58　复制竖直直线　　图 14-59　绘制矩形　　　图 14-60　偏移直线

6. 单击“绘图”工具栏中的“图案填充”按钮，填充图形，如图 14-61 所示。

7. 单击“绘图”工具栏中的“直线”按钮，在图中左侧绘制短直线，如图 14-62 所示。

8. 单击“修改”工具栏中的“复制”按钮，将短直线向下进行复制，如图 14-63 所示。

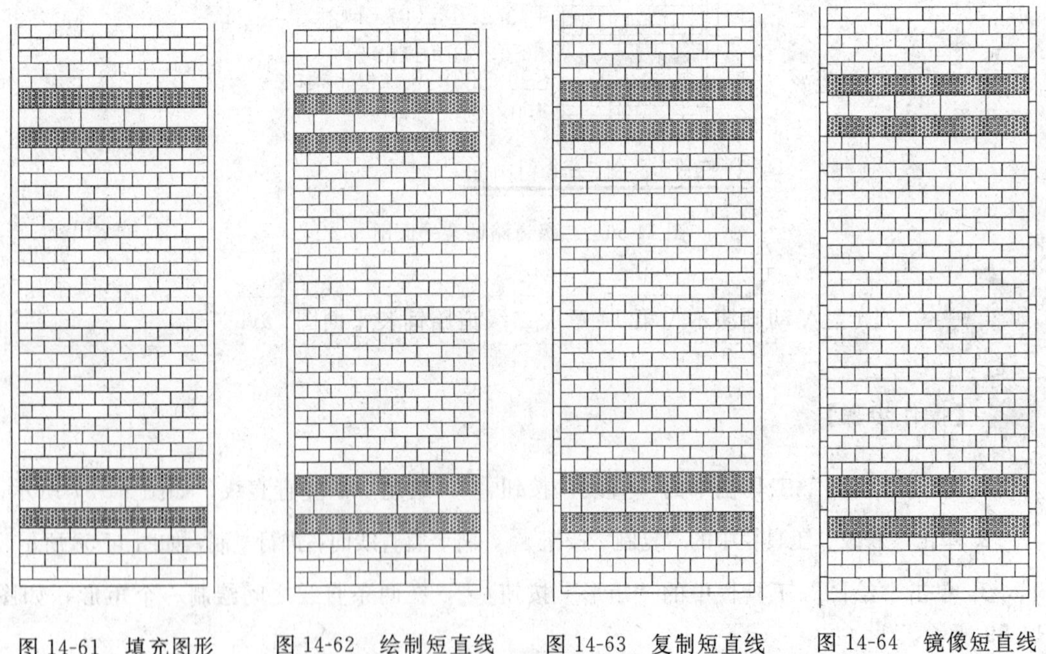

图 14-61　填充图形　　　图 14-62　绘制短直线　　图 14-63　复制短直线　　图 14-64　镜像短直线

9. 单击“修改”工具栏中的“镜像”按钮，将左侧短直线镜像到另外一侧，如图 14-64 所示。

10. 单击“绘图”工具栏中的“多段线”按钮，绘制剖切符号，如图 14-65 所示。

11. 单击“绘图”工具栏中的“多行文字”按钮A，输入剖切数值，如图 14-66 所示。

12. 单击“标注”工具栏中的“线性”按钮⊢⊣，为图形标注尺寸，如图 14-67 所示。

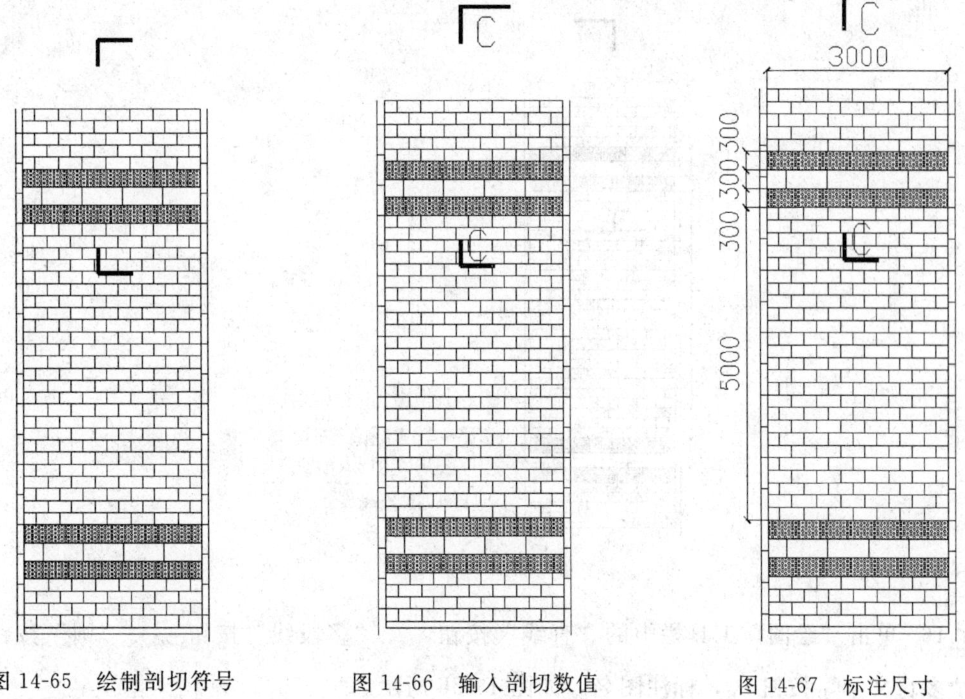

图 14-65 绘制剖切符号　　图 14-66 输入剖切数值　　图 14-67 标注尺寸

13. 单击“绘图”工具栏中的“直线”按钮，在图中引出直线，如图 14-68 所示。

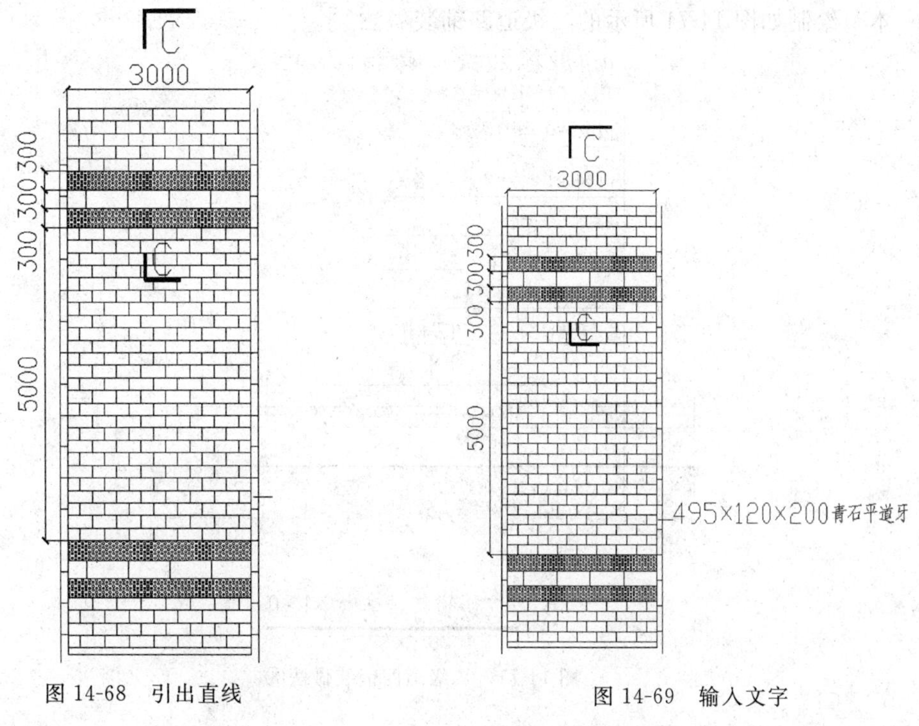

图 14-68 引出直线　　图 14-69 输入文字

14. 单击“绘图”工具栏中的“多行文字”按钮A，在直线右侧输入文字，如图 14-69 所示。

15. 同理，标注其他位置处的文字，如图 14-70 所示。

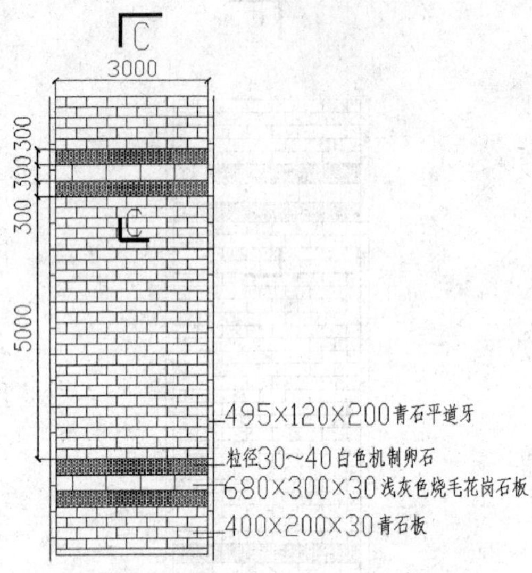

图 14-70　标注文字

16. 单击“绘图”工具栏中的“直线”按钮、“多段线”按钮、“圆”按钮和“多行文字”按钮A，标注图名，如图 14-56 所示。

14.1.6　二级道路铺装做法③

本节绘制如图 14-71 所示的二级道路铺装做法③。

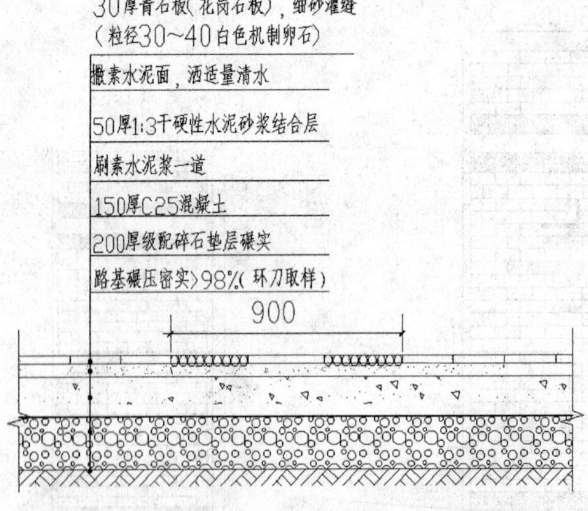

图 14-71　二级道路铺装做法③

光盘\动画演示\第 14 章\二级道路铺装做法.avi

【操作步骤】

1. 单击“绘图”工具栏中的“直线”按钮，绘制一条水平直线，如图 14-72 所示。

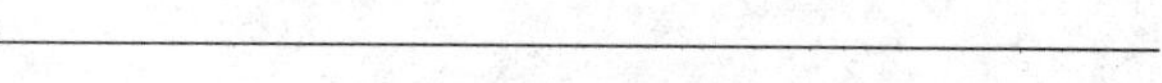

图 14-72 绘制直线

2. 单击“修改”工具栏中的“复制”按钮，将水平直线依次向下进行复制，如图 14-73 所示。

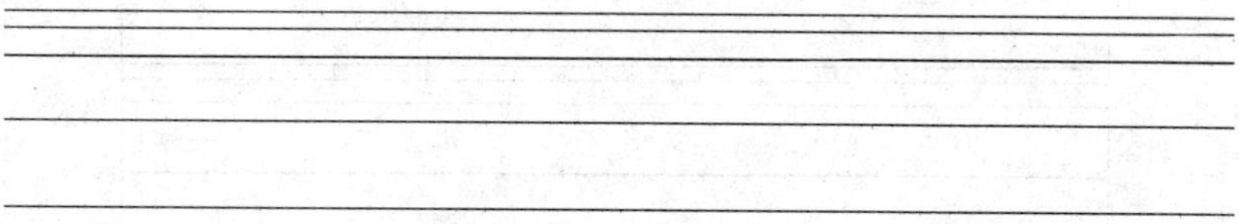

图 14-73 复制直线

3. 单击“绘图”工具栏中的“多段线”按钮，在上数第四条直线处绘制多段线，如图 14-74 所示。

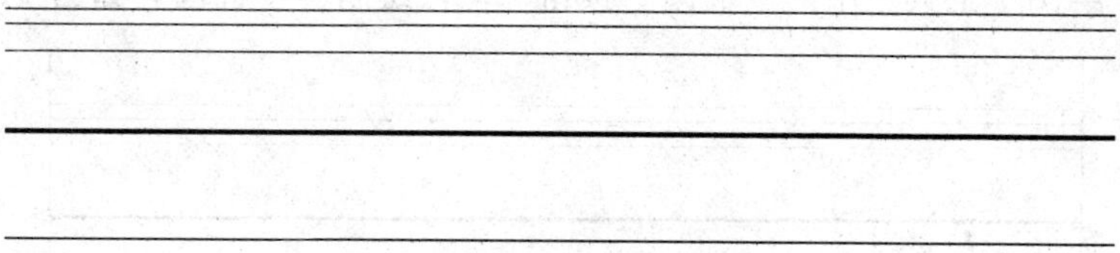

图 14-74 绘制多段线

4. 单击“绘图”工具栏中的“直线”按钮，在图形左侧绘制折断线，如图 14-75 所示。

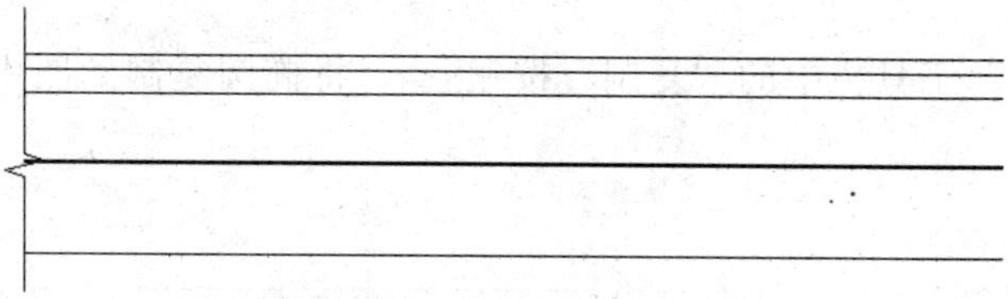

图 14-75 绘制折断线

5. 单击“修改”工具栏中的“复制”按钮，将折断线复制到另外一侧，如图 14-76 所示。

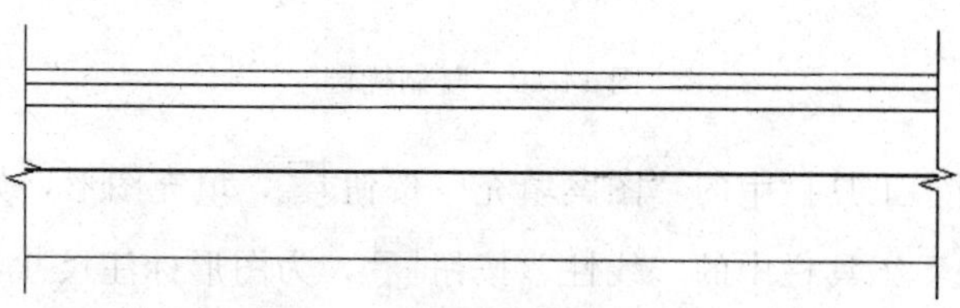

图 14-76 复制折断线

6. 单击“绘图”工具栏中的“直线”按钮，在图中绘制短直线，如图 14-77 所示。

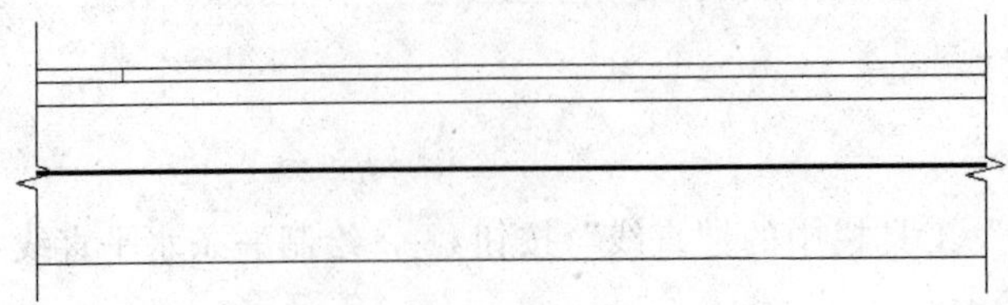

图 14-77　绘制短直线

7. 单击“修改”工具栏中的“复制”按钮，将短直线依次向右进行复制，如图 14-78 所示。

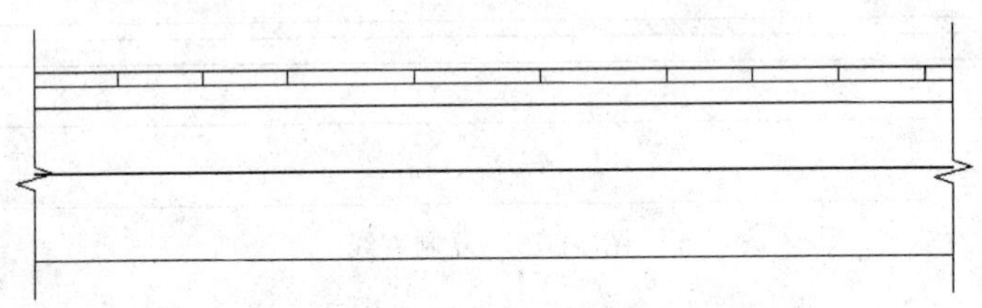

图 14-78　复制短直线

8. 单击“绘图”工具栏中的“椭圆”按钮，绘制一个椭圆，如图 14-79 所示。

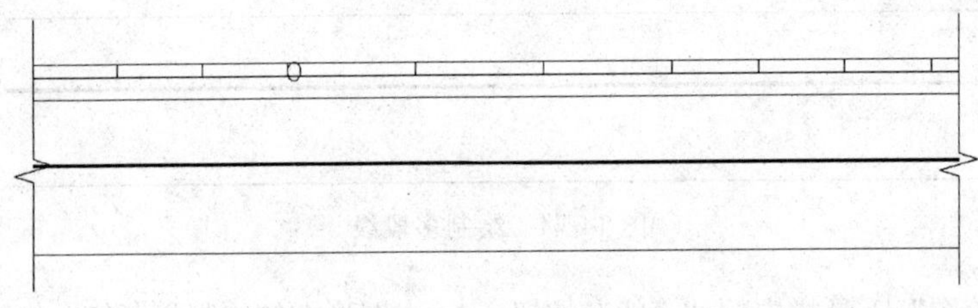

图 14-79　绘制椭圆

9. 单击“修改”工具栏中的“复制”按钮，将椭圆复制到图中其他位置处，如图 14-80 所示。

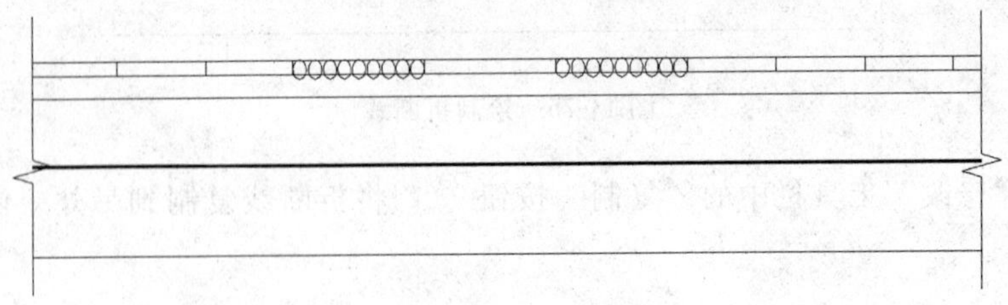

图 14-80　复制椭圆

10. 单击“绘图”工具栏中的“图案填充”按钮，填充图形，如图 14-81 所示。

11. 单击“标注”工具栏中的“线性”按钮，为图形标注尺寸，如图 14-82 所示。

12. 在命令中输入 QLEADER 命令，标注文字，如图 14-83 所示。

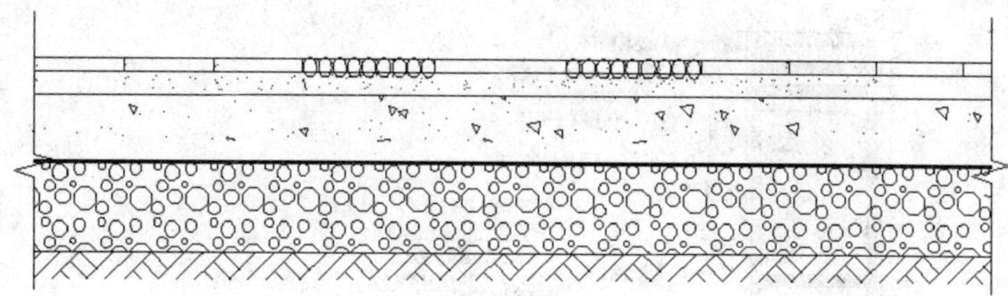

图 14-81 填充图形

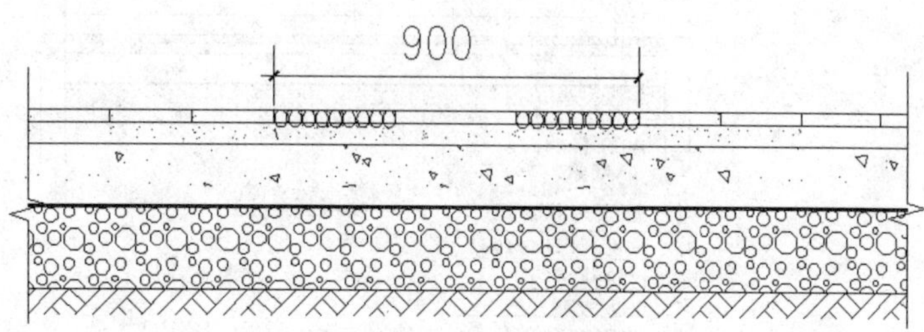

图 14-82 标注尺寸

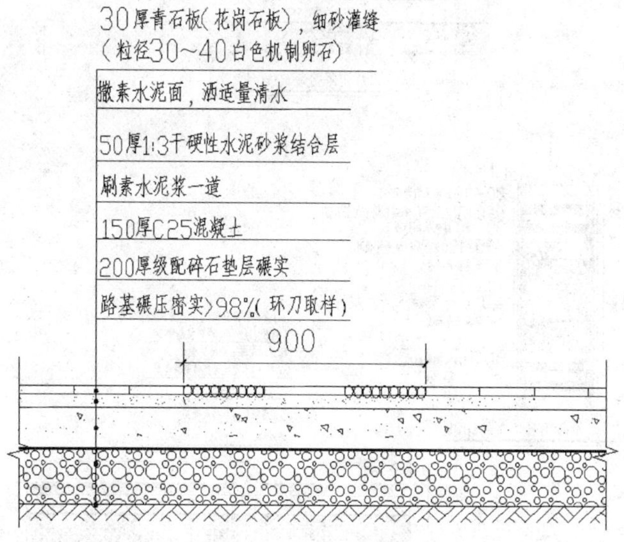

图 14-83 标注文字

13. 单击“绘图”工具栏中的“直线”按钮、“多段线”按钮、“圆”按钮和“多行文字”按钮，标注图名，如图 14-71 所示。

14. 其他道路结构详图的绘制方法与前面绘制的类似，这里不再重述，结果如图 14-84 所示。

15. 单击“绘图”工具栏中的“多行文字”按钮，在图中空白处标注文字说明，如图 14-85 所示。

16. 单击“绘图”工具栏中的“插入块”按钮，将源文件/图库/图框插入到图中，并调整布局大小，然后输入图名名称，结果如图 14-86 所示。

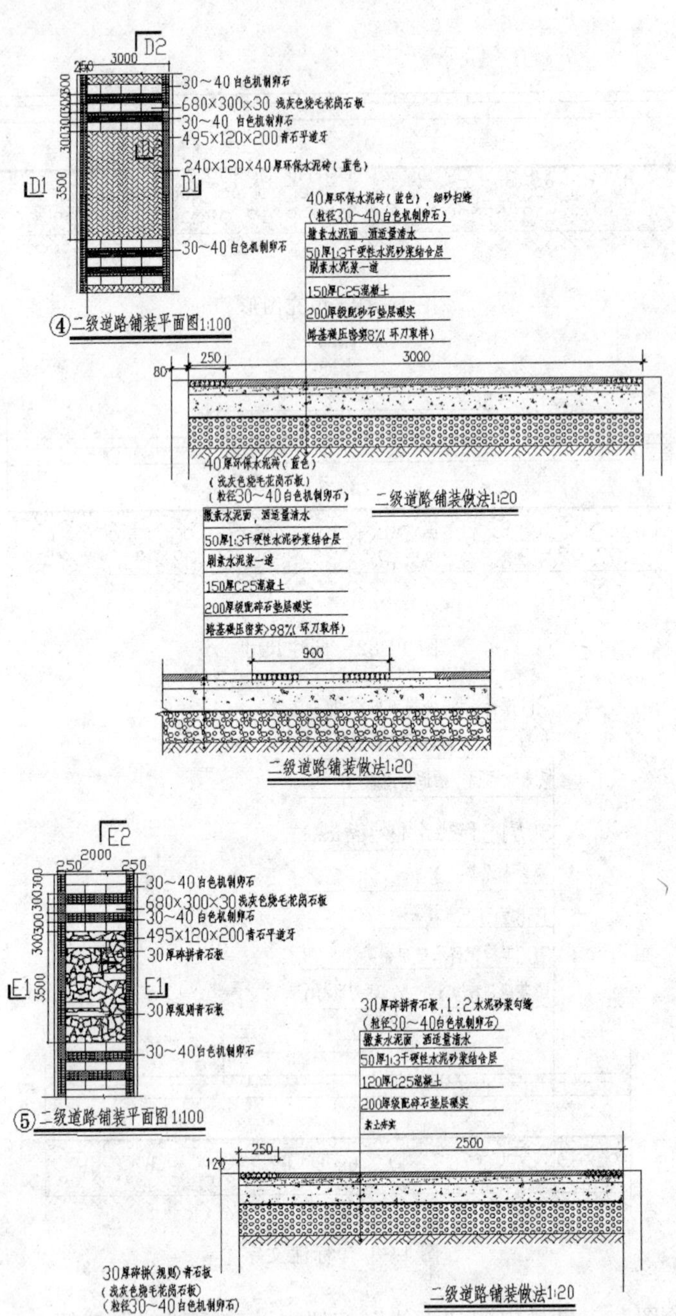

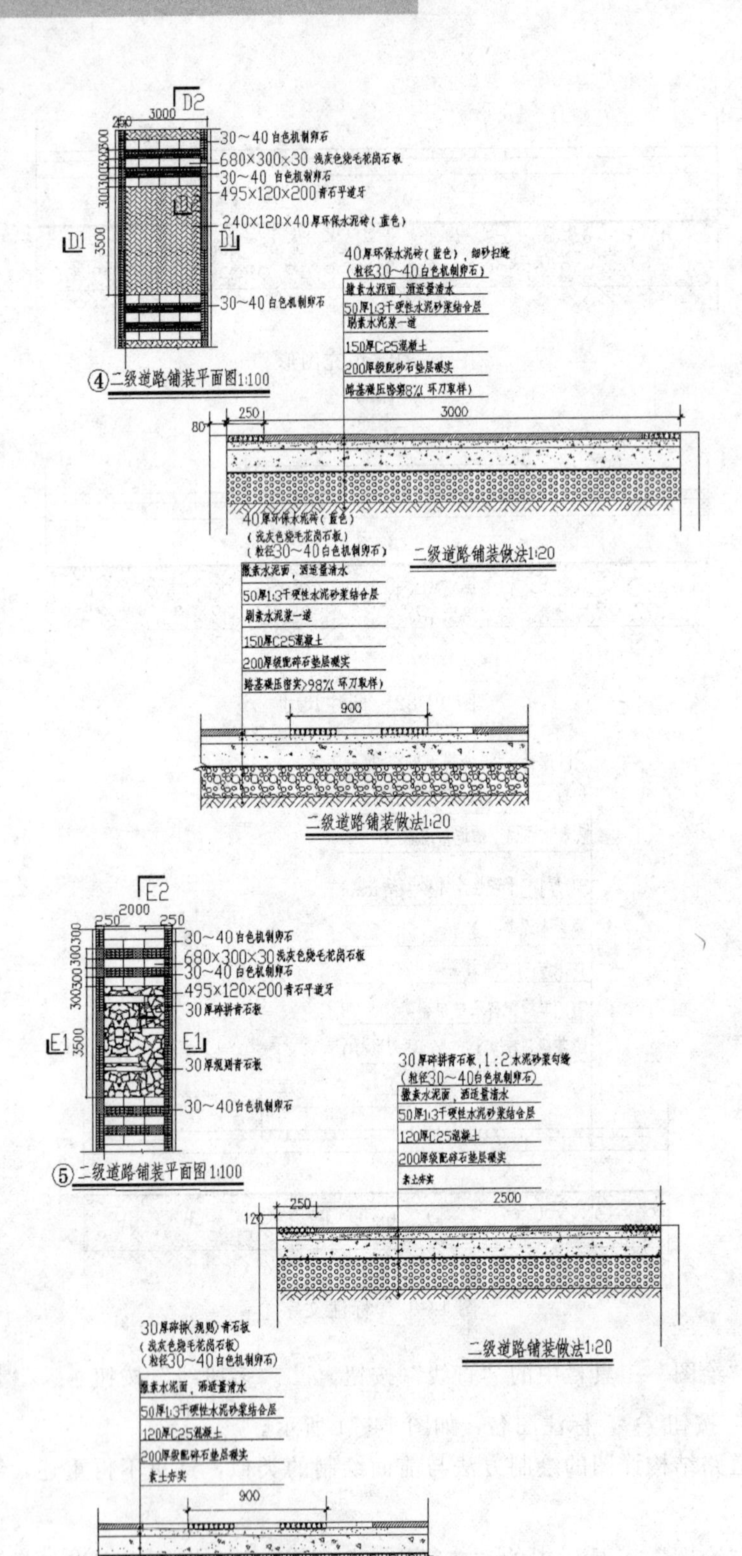

图 14-84 道路结构详图

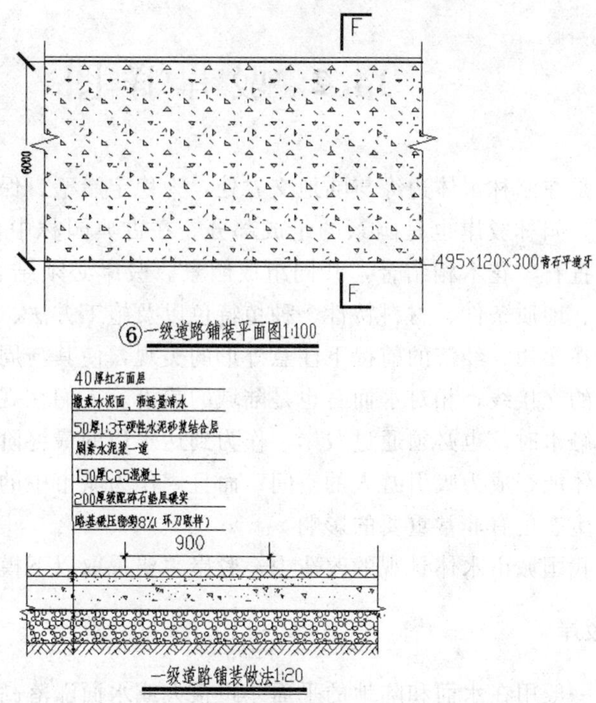

图 14-84　道路结构详图（续）

道路做法表说明　车行道(3m宽以上)路面横向坡度，沥青路面坡度为2.5%，其余路面坡度为3%；人行道(3m宽以下，不包括3m)路面横向坡度为2%。

清泥河边休息广场铺装为青石板碎拼。

图 14-85　标注文字说明

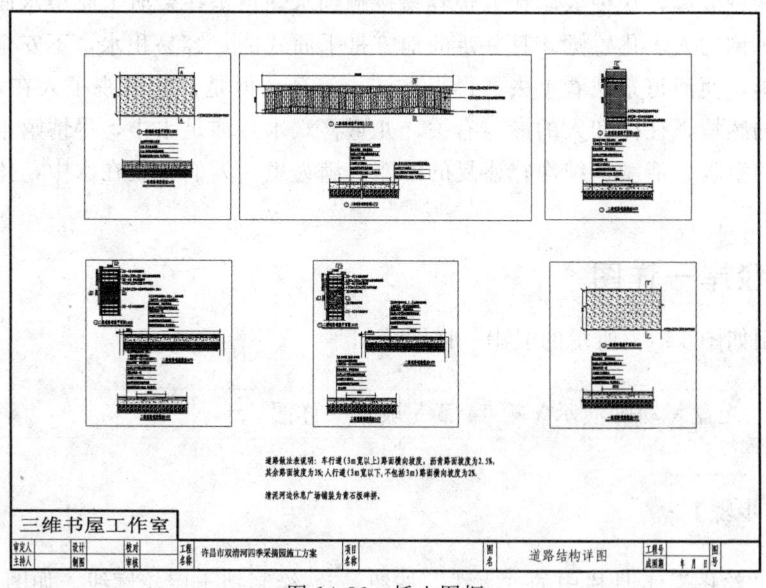

图 14-86　插入图框

14.2 驳岸详图

园林驳岸是在园林水体边缘与陆地交界处，为稳定岸壁，保护湖岸不被冲刷或水淹所设置的构筑物。园林驳岸也是园景的组成部分。在古典园林中，驳岸往往用自然山石砌筑，与假山、置石、花木相结合，共同组成园景。驳岸必须结合所在具体环境的艺术风格、地形地貌、地质条件、材料特性、种植特色以及施工方法、技术经济要求来选择其建筑结构形式，在实用、经济的前提下注意外形的美观，使其与周围景色相协调。水体驳岸是水域和陆域的交接线，相对水而言也是陆域的前沿。人们在观水时，驳岸会自然而然地进入视野；接触水时，也必须通过驳岸，作为到达水边的最终阶段。因此，驳岸设计的好坏，决定了水体能否成为吸引游人的空间；而且，作为城市中的生态敏感带，驳岸的处理对于滨水区的生态也有非常重要的影响。

目前，在我国城市水体景观的改造中，驳岸主要采取以下模式：

1. 立式驳岸

这种驳岸一般用在水面和陆地的平面差距很大或水面涨落高差较大的水域，或者因建筑面积受限、没有充分的空间而不得不建的驳岸。

2. 斜式驳岸

这种驳岸相对于直立式驳岸来说，容易使人接触到水面，从安全方面来讲也比较理想；但适于这种驳岸设计的地方必须有足够的空间。

3. 阶式驳岸

比较前两种驳岸，这种驳岸让人很容易接触到水，可坐在台阶上眺望水面；但它很容易给人一种单调的人工化感觉，且驻足的地方是平面式的，容易积水，不安全。上述做法虽能立竿见影，使河道景观看上去显得很整洁、漂亮。但是，它忽视了人在水边的感受。因为人对水的感情，往往和人的参与有关，儿童喜欢水，涉足水中，尽情嬉水、玩乐，直接感觉到水的温暖、清澈、纯净；盛夏的沙滩人满为患，人们聚集在水中，体现出对水的钟爱。

14.2.1 驳岸一详图

本节绘制如图 14-87 所示的驳岸一详图。

光盘\动画演示\第 14 章\驳岸一详图.avi

【操作步骤】

1. 单击“绘图”工具栏中的“直线”按钮，绘制挡土墙轮廓线，如图 14-88 所示。

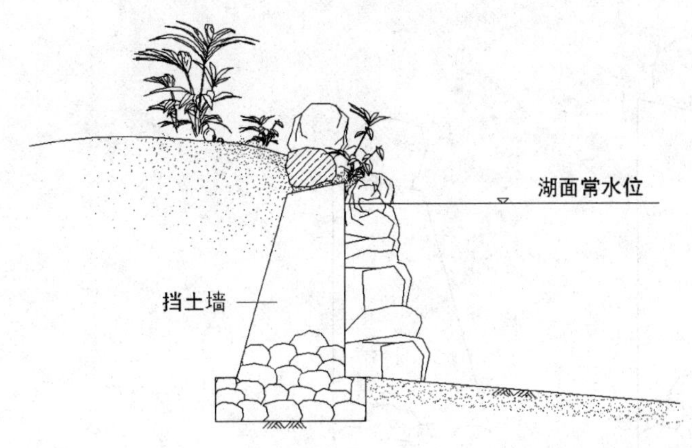

图 14-87　驳岸一详图

2. 单击“绘图”工具栏中的“多段线”按钮，在轮廓线内绘制石头，如图 14-89 所示。

3. 单击“绘图”工具栏中的“圆弧”按钮，在顶部绘制两段圆弧，如图 14-90 所示。

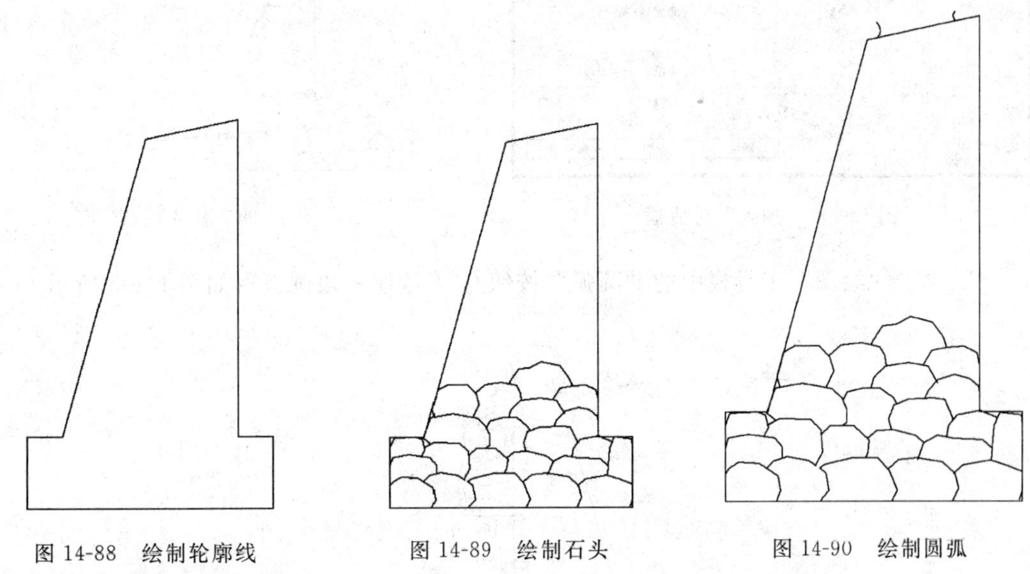

图 14-88　绘制轮廓线　　图 14-89　绘制石头　　图 14-90　绘制圆弧

4. 单击“绘图”工具栏中的“多段线”按钮，在圆弧上侧绘制不规则图形，如图 14-91 所示。

5. 单击“绘图”工具栏中的“直线”按钮，在图形右侧绘制一条斜线，如图 14-92 所示。

6. 单击“绘图”工具栏中的“插入块”按钮，打开“插入”对话框，如图 14-93 所示，将块石插入到图中合适的位置处，结果如图 14-94 所示。

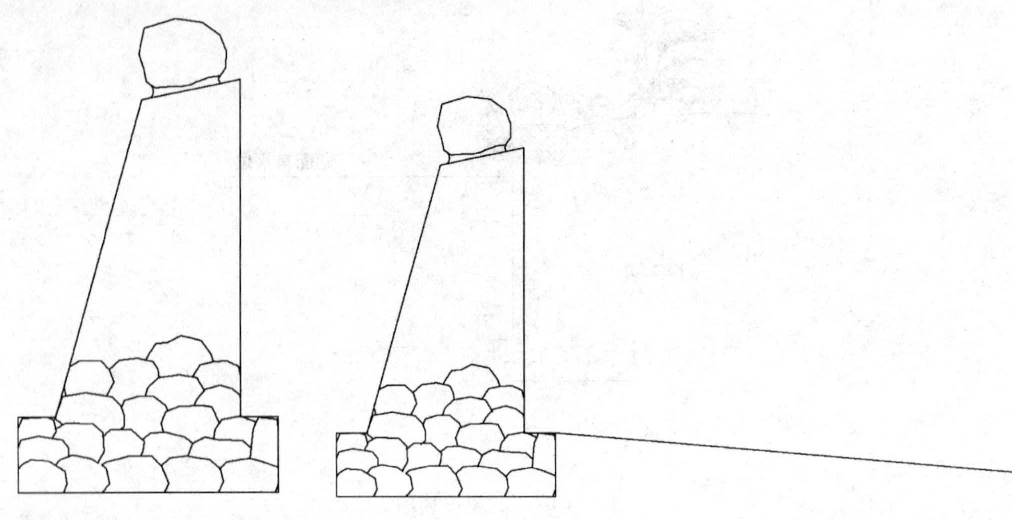

图 14-91　绘制不规则图形　　　　图 14-92　绘制一条斜线

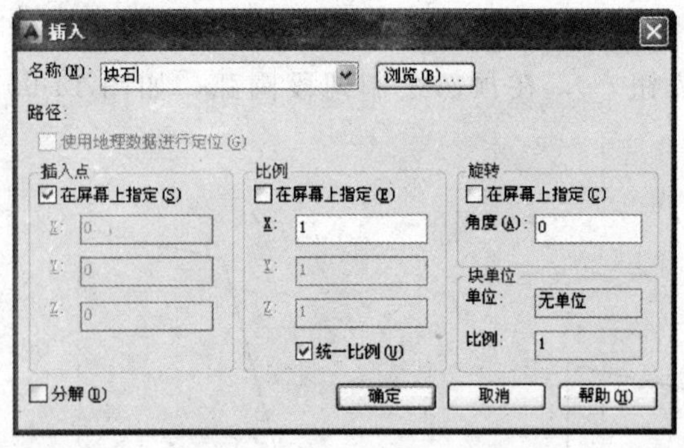

图 14-93 “插入”对话框

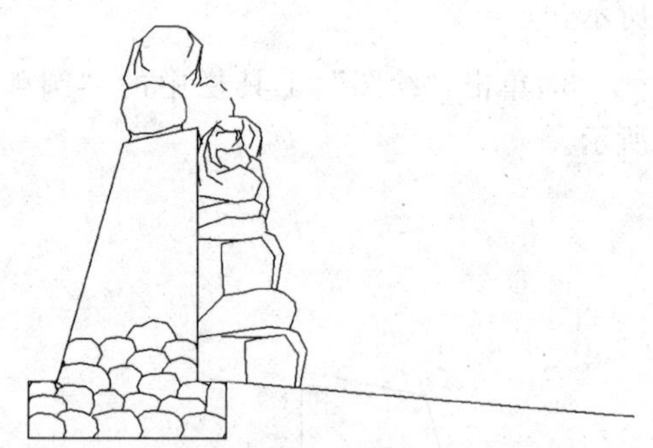

图 14-94　插入块石

7. 单击“绘图”工具栏中的“圆弧”按钮，绘制一段圆弧，如图 14-95 所示。

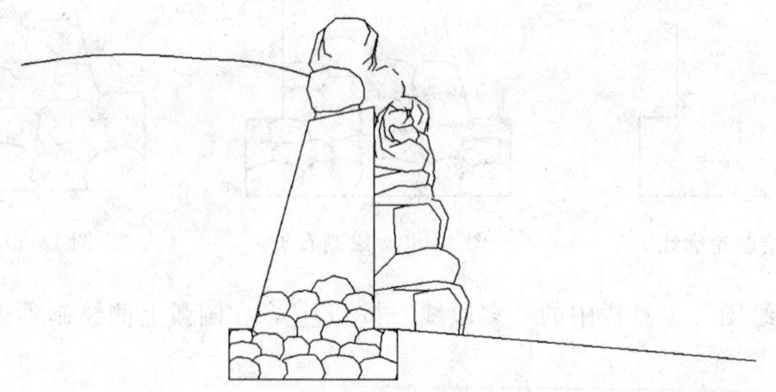

图 14-95　绘制圆弧

8. 单击“绘图”工具栏中的“插入块”按钮，将植物图块插入到图中，结果如图 14-96 所示。

图 14-96 插入植物图块

9. 单击“绘图”工具栏中的“直线”按钮，绘制湖面常水位线，如图 14-97 所示，然后在直线上方绘制一个三角形，结果如图 14-98 所示。

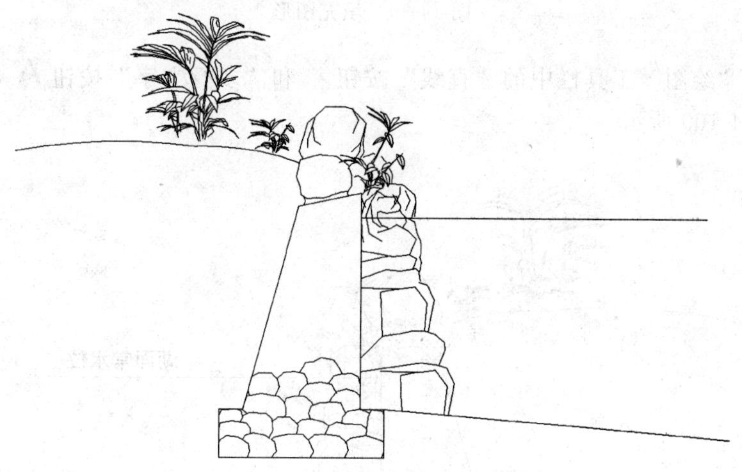

图 14-97 绘制湖面常水位线

图 14-98 绘制三角形

10. 单击“绘图”工具栏中的“直线”按钮，绘制填充界线，然后单击“绘图”工具栏中的“图案填充”按钮，填充图形，最后删除掉多余的直线，结果如图 14-99 所示。

图 14-99 填充图形

11. 单击“绘图”工具栏中的“直线”按钮和“多行文字”按钮，为图形标注文字，如图 14-100 所示。

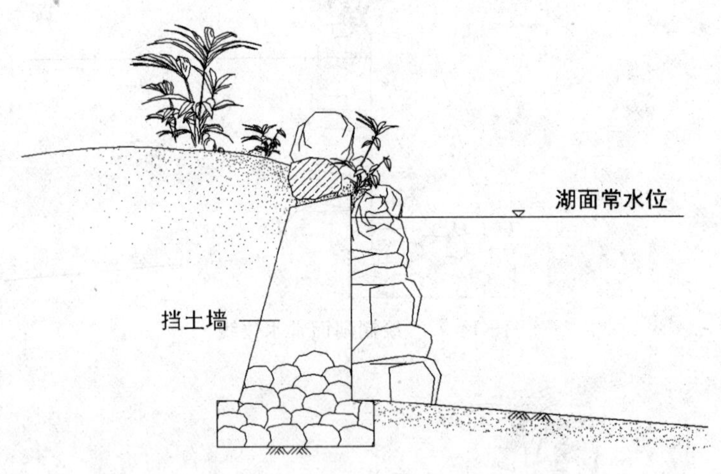

图 14-100 标注文字

12. 同理，单击“绘图”工具栏中的“直线”按钮和“多行文字”按钮，为图形标注图名，如图 14-87 所示。

13. 驳岸三详图的绘制方法与驳岸一详图类似，这里就不再赘述，结果如图 14-101 所示。

14.2.2 驳岸二详图

本节绘制如图 14-102 所示的驳岸二详图。

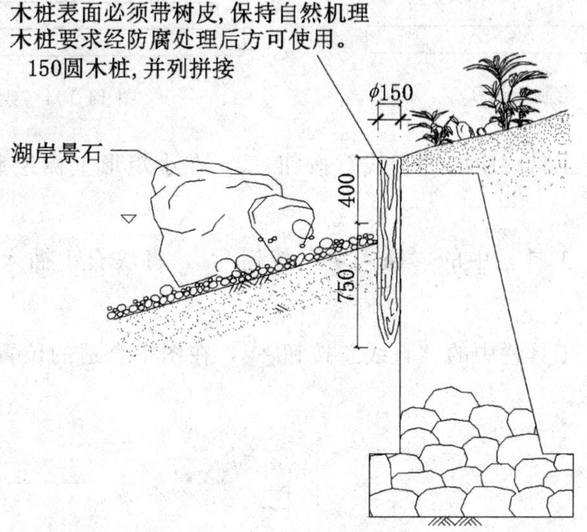

图 14-101 驳岸三详图

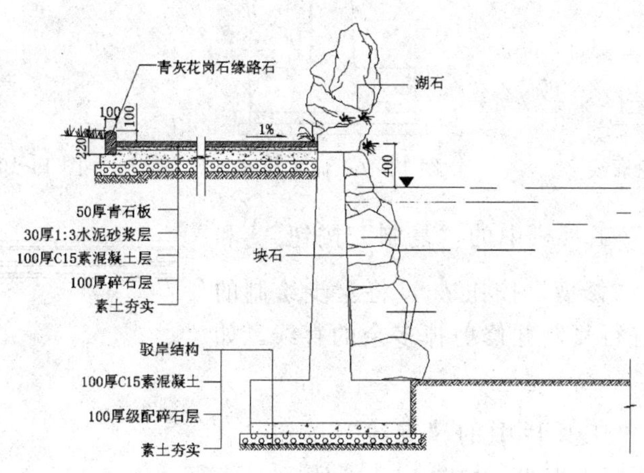

图 14-102 驳岸二详图

光盘\动画演示\第14章\驳岸二详图.avi

1. 单击“绘图”工具栏中的“矩形”按钮，在图中绘制一个矩形，如图 14-103 所示。

2. 同理，在上步绘制的矩形上侧绘制一个小的矩形，使小矩形的下边中点和大矩形的上边中点相交，如图 14-104 所示。

图 14-103　绘制矩形 1　　　　图 14-104　绘制矩形 2

3. 单击“绘图”工具栏中的“直线”按钮，在小矩形上侧绘制轮廓线，如图 14-105 所示。

4. 单击“绘图”工具栏中的“插入块”按钮，将块石 1 插入到图中合适的位置处，如图 14-106 所示。

5. 单击“绘图”工具栏中的“直线”按钮，在图中合适的位置处绘制一条水平直线，如图 14-107 所示。

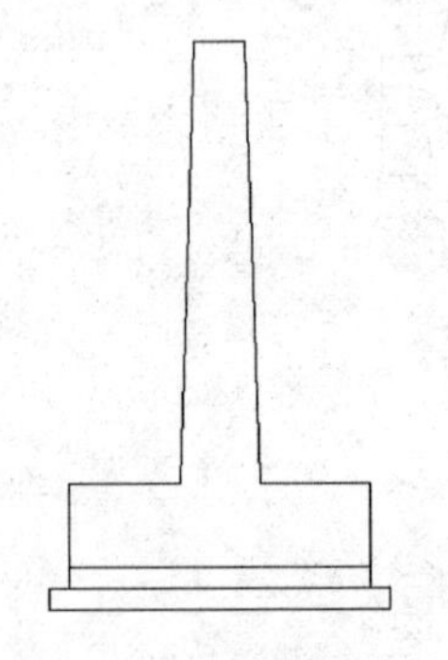

图 14-105　绘制轮廓线

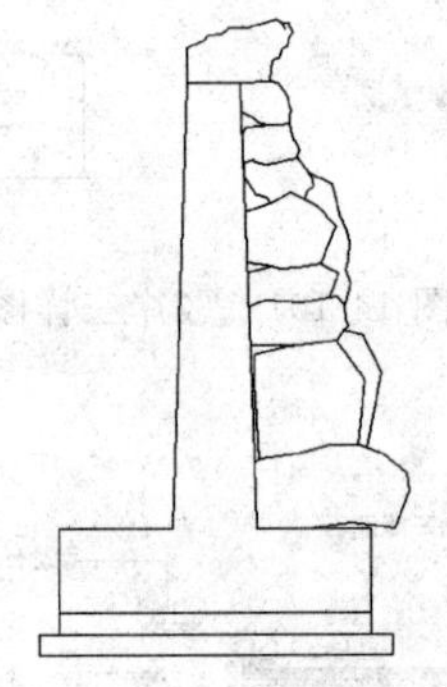

图 14-106 插入块石 1

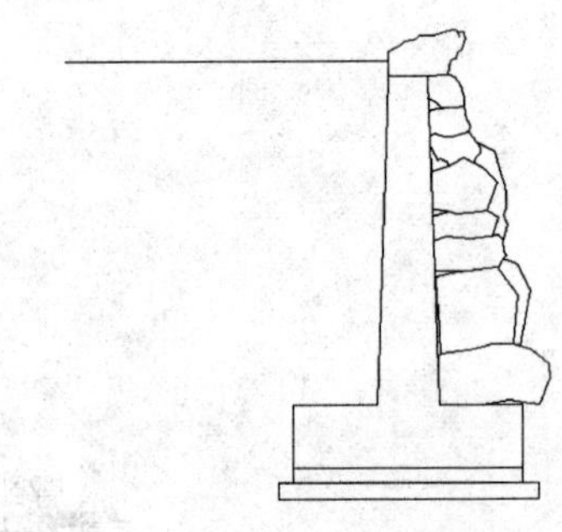

图 14-107　绘制水平直线

6. 单击“修改”工具栏中的“复制”按钮和“修改”工具栏中的“修剪”按钮，将上步绘制的水平直线依次向下进行复制并修剪掉多余的直线，如图 14-108 所示。

7. 单击“绘图”工具栏中的“直线”按钮，在图中左侧绘制一条竖直直线，如图 14-109 所示。

8. 单击“修改”工具栏中的“偏移”按钮，将竖直直线依次向右进行偏移，如图 14-110 所示。

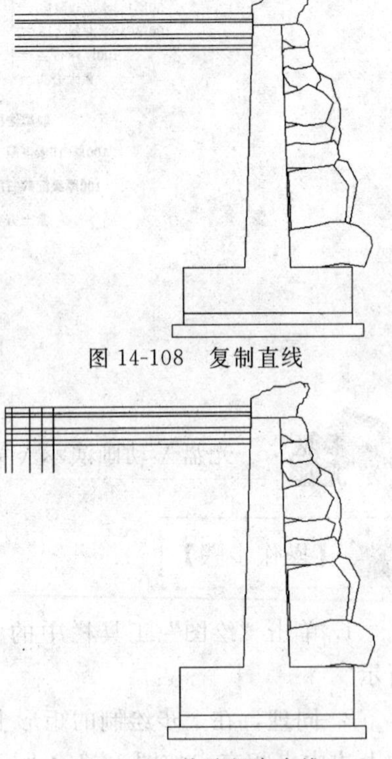

图 14-108　复制直线

图 14-110　偏移竖直直线

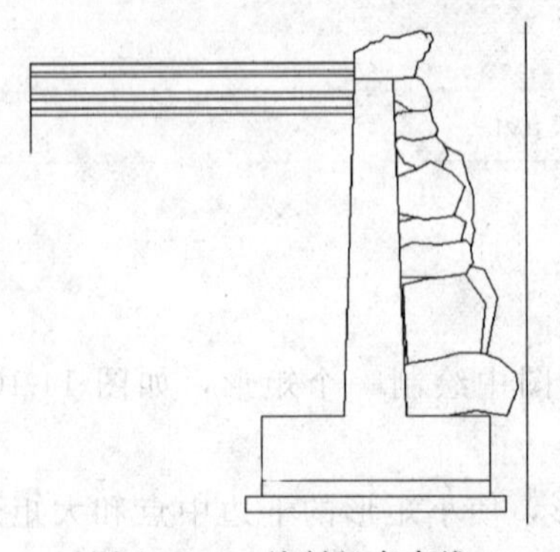

图 14-109　绘制竖直直线

9. 单击“修改”工具栏中的“修剪”按钮，修剪掉多余的直线，如图 14-111 所示。

10. 单击“绘图”工具栏中的“直线”按钮，绘制折断线，如图 14-112 所示。

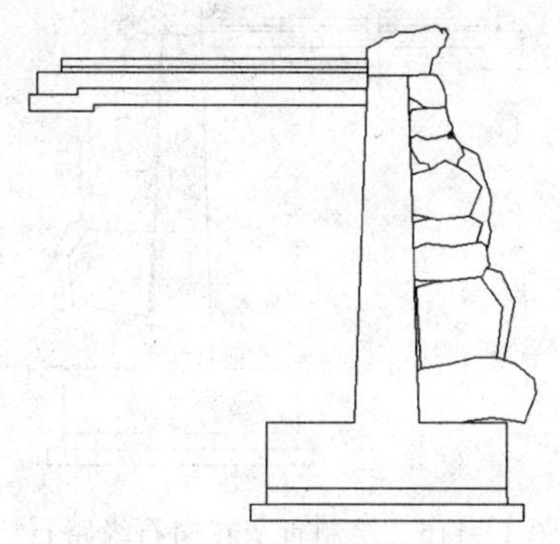
图 14-111 修剪掉多余的直线

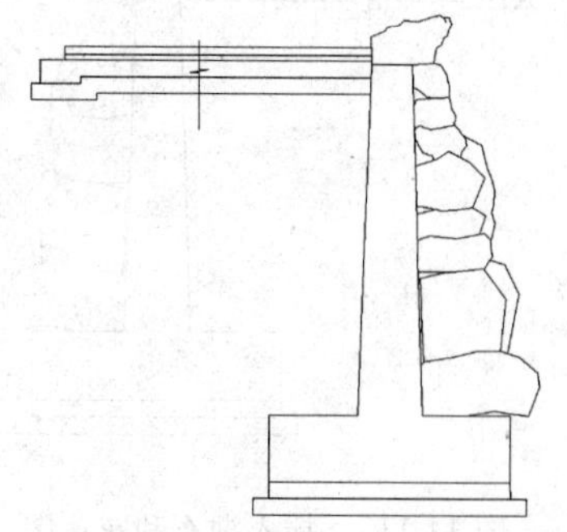
图 14-112 绘制折断线

11. 单击“修改”工具栏中的“复制”按钮，复制折断线，如图 14-113 所示。

12. 单击“修改”工具栏中的“修剪”按钮，修剪掉多余的直线，如图 14-114 所示。

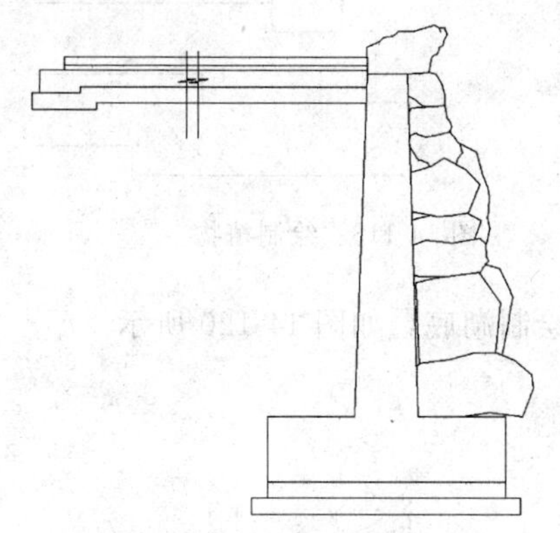
图 14-113 复制折断线图

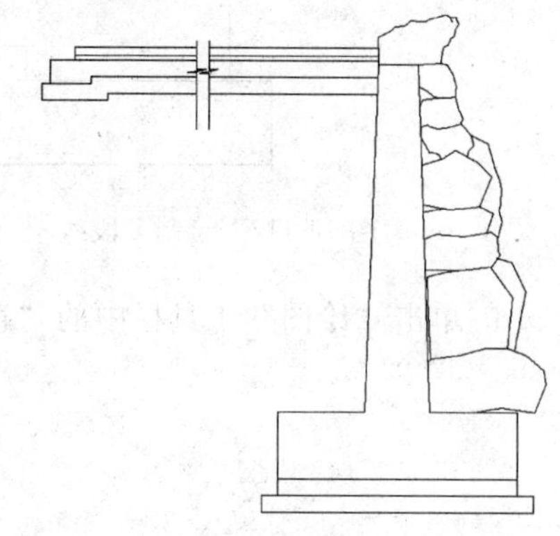
图 14-114 修剪掉多余的直线

13. 单击“绘图”工具栏中的“插入块”按钮，将湖石和花草插入到图中合适的位置处，如图 14-115 所示。

14. 单击“绘图”工具栏中的“直线”按钮和“圆弧”按钮，绘制青灰花岗石缘路石，如图 14-116 所示。

15. 单击“绘图”工具栏中的“多段线”按钮，在图中左上角绘制一条多段线，如图 14-117 所示。

16. 单击“绘图”工具栏中的“直线”按钮，在多段线处绘制植物，如图 14-118 所示。

17. 单击“绘图”工具栏中的“直线”按钮，绘制水位线，如图 14-119 所示。

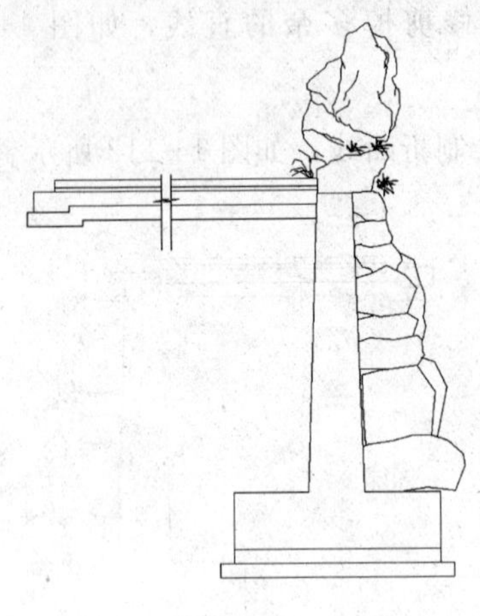

图 14-115　插入湖石和花草图

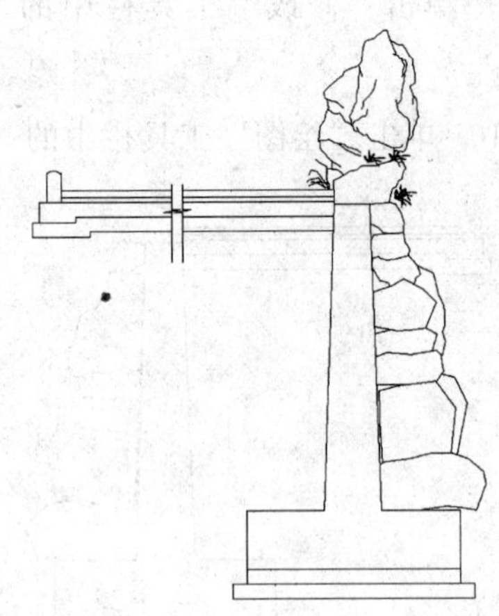

图 14-116　绘制青灰花岗石缘路石

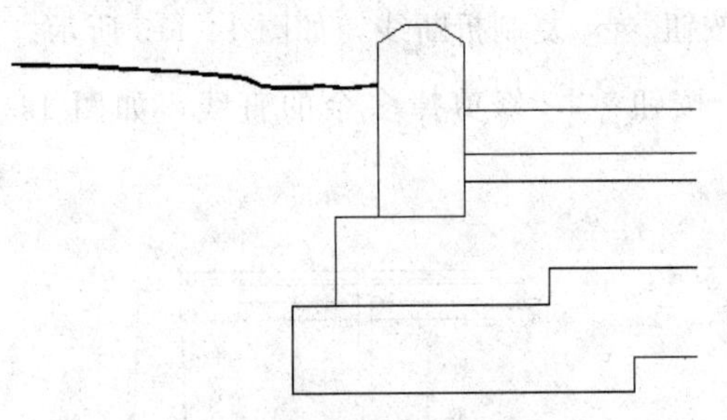

图 14-117　绘制多段线

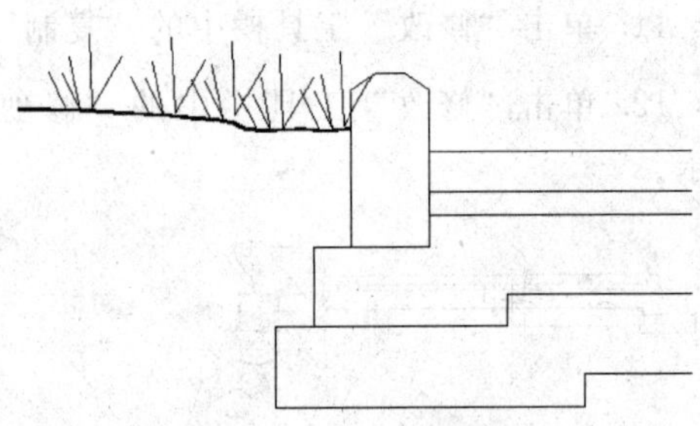

图 14-118　绘制植物

18. 单击“绘图”工具栏中的“直线”按钮，绘制湖底，如图 14-120 所示。

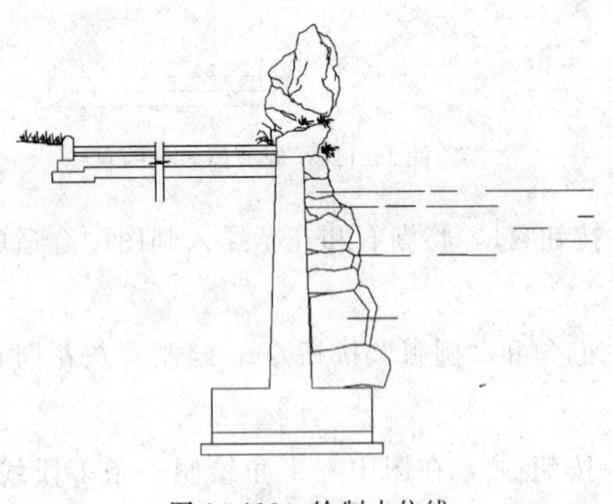

图 14-119　绘制水位线

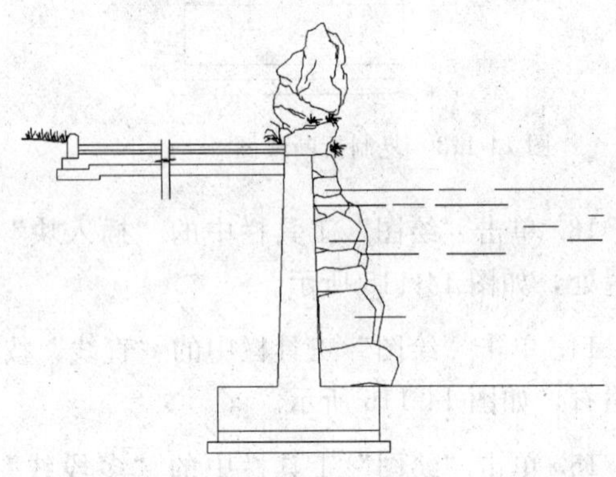

图 14-120　绘制湖底

19. 单击“绘图”工具栏中的“直线”按钮，绘制折断线，如图 14-121 所示。

20. 单击“绘图”工具栏中的“直线”按钮，在水位线处绘制一个三角形，如图 14-122 所示。

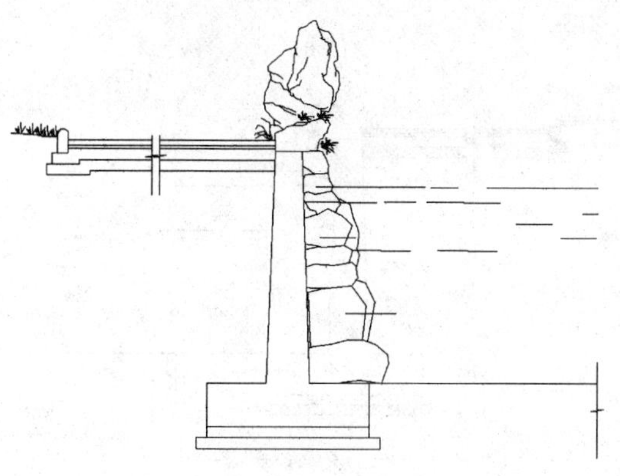

图 14-121 绘制折断线

图 14-122 绘制三角形

21. 单击“绘图”工具栏中的“图案填充”按钮，打开“图案填充和渐变色”对话框，如图 14-123 所示，单击“图案（P）:”后的按钮，打开“填充图案选项板”对话框，选择 SOLID 图案，如图 14-124 所示，填充三角形，结果如图 14-125 所示。

22. 同理，单击“绘图”工具栏中的“图案填充”按钮，分别选择 ANSI35、AR-SAND、AR-CONC 和 HEX，填充其他图形，如图 14-126 所示。

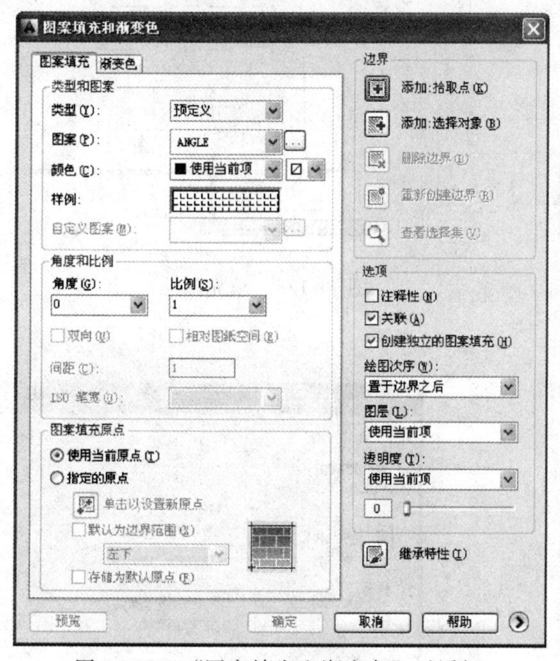

图 14-123 “图案填充和渐变色”对话框

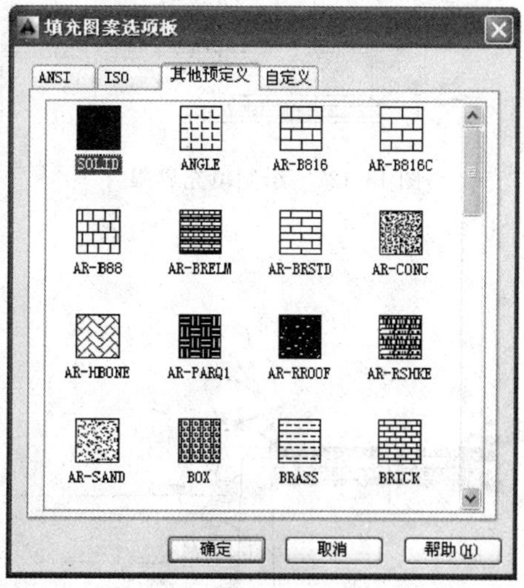

图 14-124 “填充图案选项板”对话框

23. 单击“绘图”工具栏中的“直线”按钮，绘制填充界限，如图 14-127 所示。

24. 单击“绘图”工具栏中的“图案填充”按钮，选择 EARTH 图案，设置填充角度为 45°，填充图形，如图 14-128 所示，然后删除掉多余的直线，结果如图 14-129 所示。

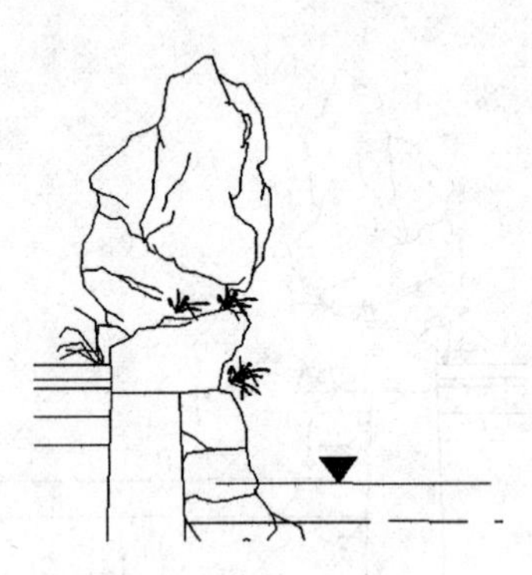
图 14-125　填充三角形

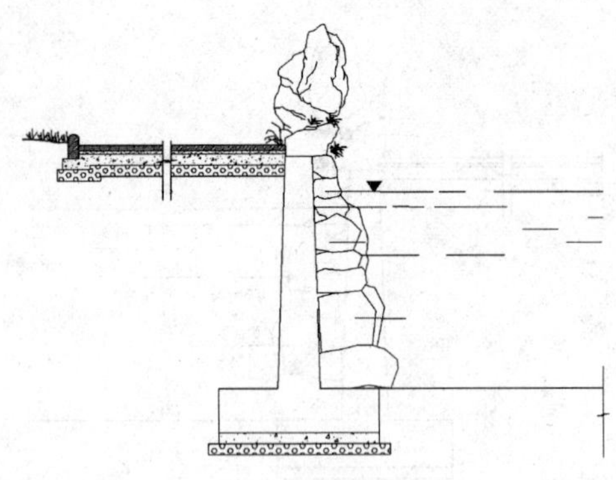
图 14-126　填充图形

25. 在命令行中输入 WBLOCK 命令，打开“写块”对话框，如图 14-130 所示，将填充的三角形创建为块，以便以后使用。

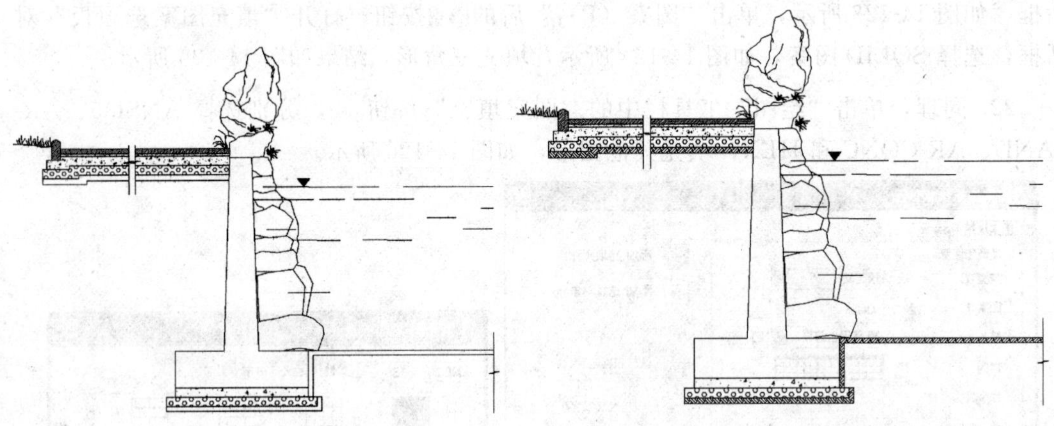
图 14-127　绘制填充界限

图 14-128　填充图形

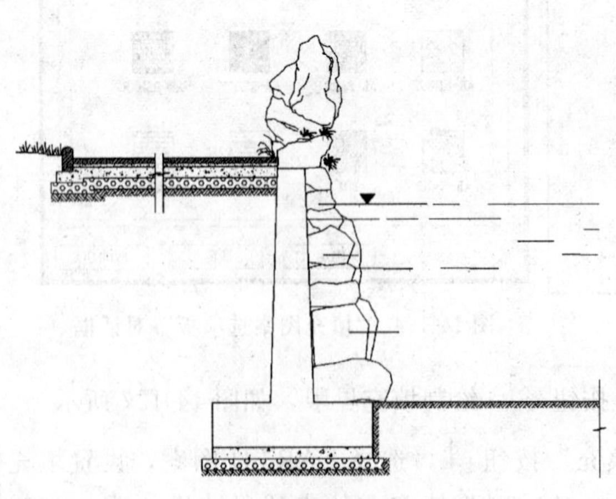
图 14-129　删除掉多余的直线

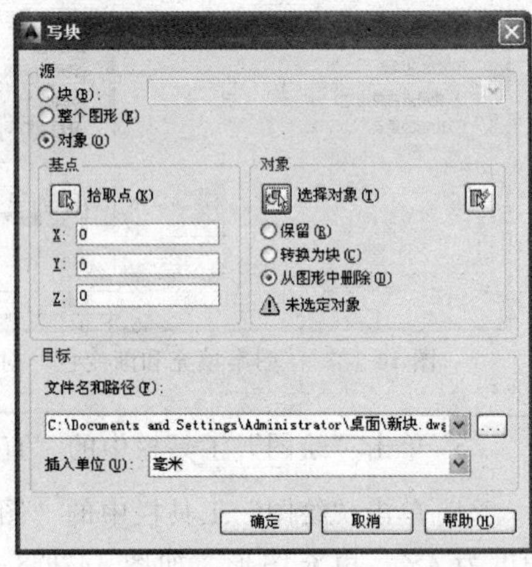

图 14-130　“写块”对话框

26. 选择菜单栏中的“格式”→“标注样式”命令，打开“标注样式管理器”对话框，如图 14-131 所示，单击“新建”按钮，打开“创建新标注样式”对话框，如图 14-132 所示，输入新建样式名，然后按“继续”按钮，来进行标注样式的设置。

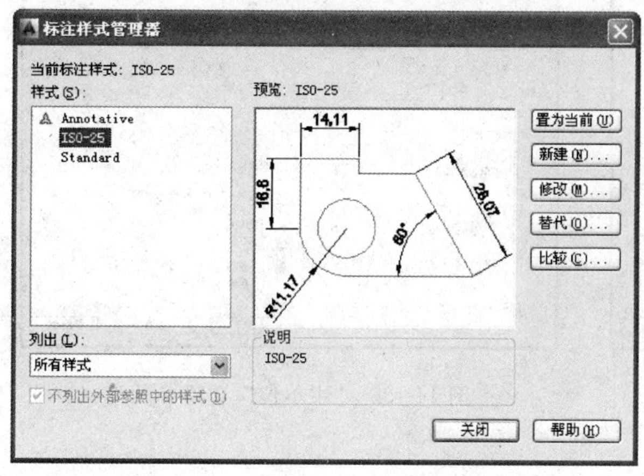

图 14-131 “标注样式管理器”对话框

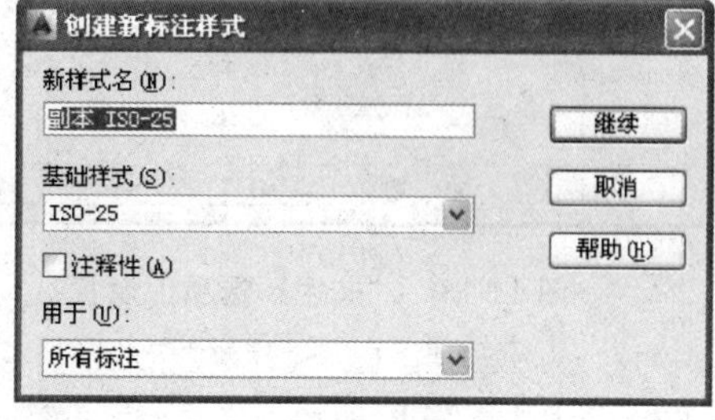

图 14-132 “创建新标注样式”对话框

27. 设置新标注样式时，根据绘图比例，对线、符号和箭头、文字、主单位选项卡进行设置，具体如下：

（1）线。超出尺寸线为 20，起点偏移量为 50，如图 14-133 所示。

（2）符号和箭头。第一个为用户箭头，选择建筑标记，箭头大小为 20，如图 14-134 所示。

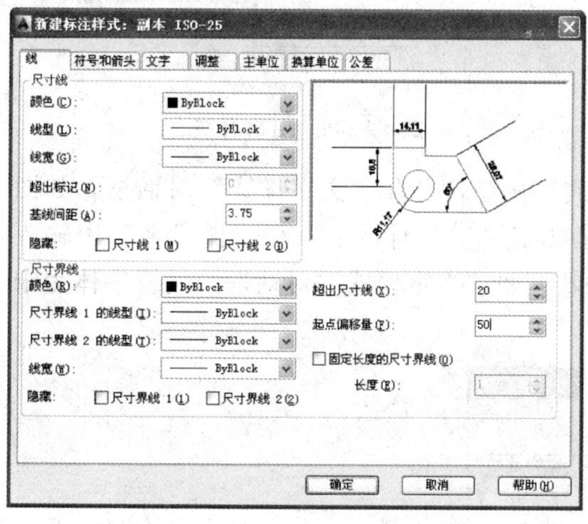

图 14-133 “线”选项卡设置

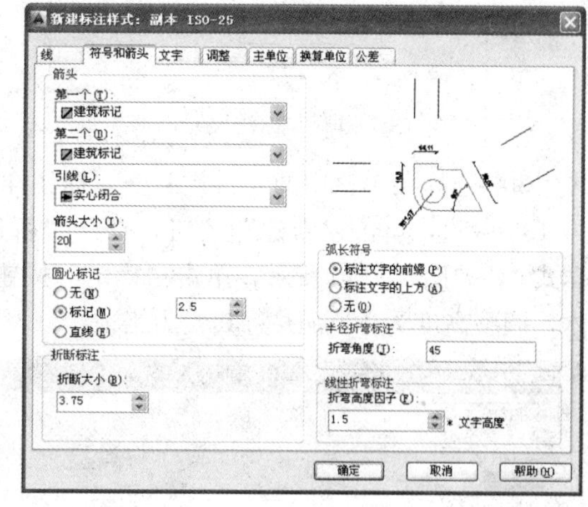

图 14-134 “符号和箭头”选项卡设置

（3）文字。文字高度为 100，文字位置为垂直上，文字对齐为与尺寸线对齐，如图 14-135 所示。

（4）主单位。精度为 0，如图 14-136 所示。

28. 单击“标注”工具栏中的“线性”按钮，为图形标注尺寸，如图 14-137 所示。

29. 单击“绘图”工具栏中的“直线”按钮，在图中引出直线，如图 14-138 所示。

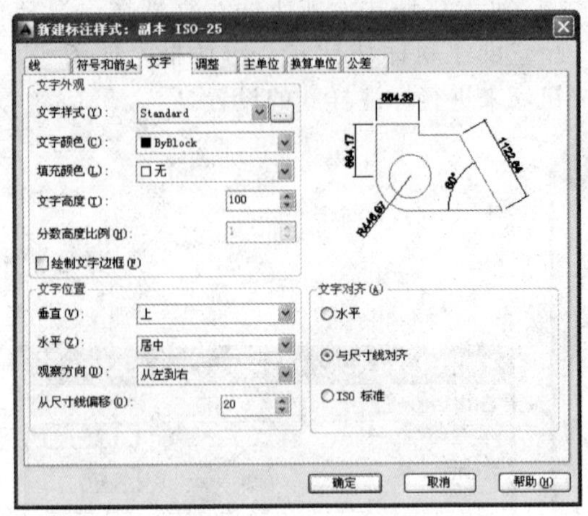

图 14-135 “文字”选项卡设置

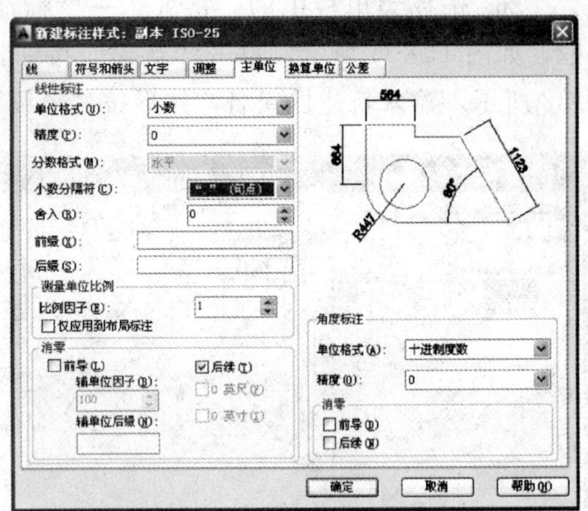

图 14-136 “主单位”选项卡设置

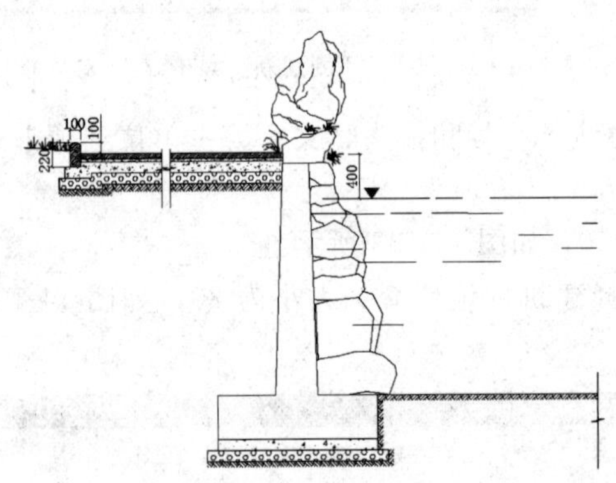

图 14-137 标注尺寸

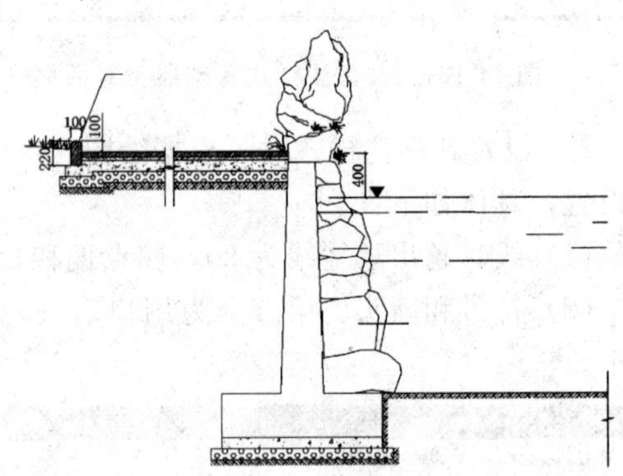

图 14-138 引出直线

30. 选择菜单栏中的“格式”→“标注样式”命令，打开“文字样式”对话框，如图 14-139 所示，单击“新建”按钮，打开“新建文字样式”对话框，在“样式名”中输入样式 1，如图 14-140 所示，单击“确定”按钮，返回“文字样式”对话框，设置字体为宋体，调整高度为 120，并将其置为当前。

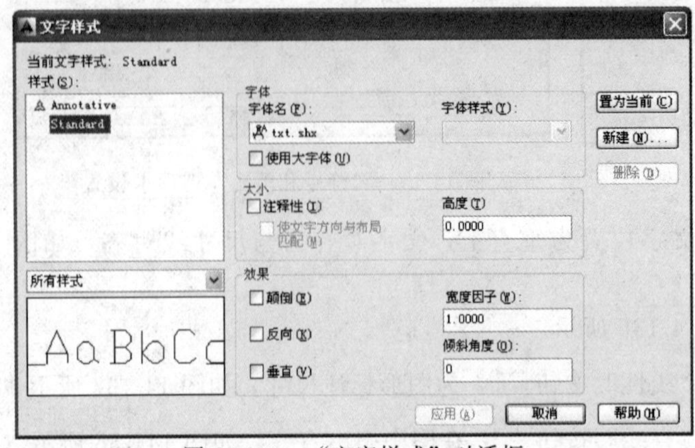

图 14-139 “文字样式”对话框

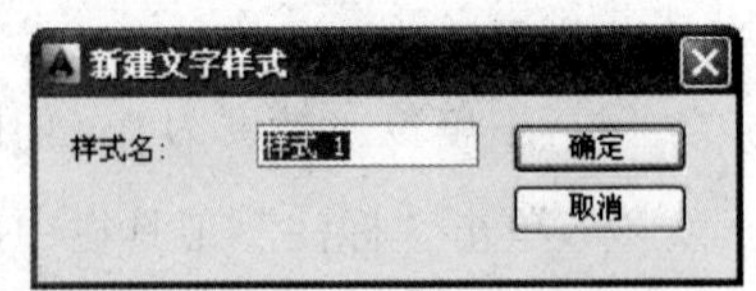

图 14-140 新建文字样式

31. 单击“绘图”工具栏中的“多行文字”按钮A，在直线右侧标注文字，如图 14-141 所示。

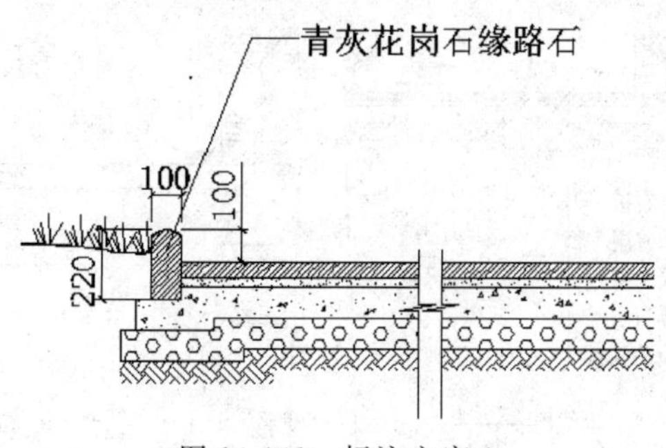

图 14-141　标注文字 1

32. 同理，单击“绘图”工具栏中的“直线”按钮和“多行文字”按钮A，标注其他位置处的文字，如图 14-142 所示。

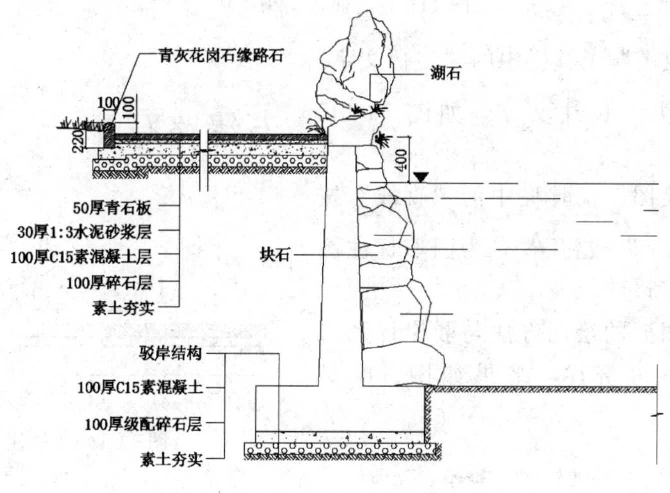

图 14-142　标注文字 2

33. 单击“绘图”工具栏中的“插入块”按钮，打开“插入”对话框，在图库中选择箭头图块，如图 14-143 所示，将箭头插入到图中，结果如图 14-144 所示。

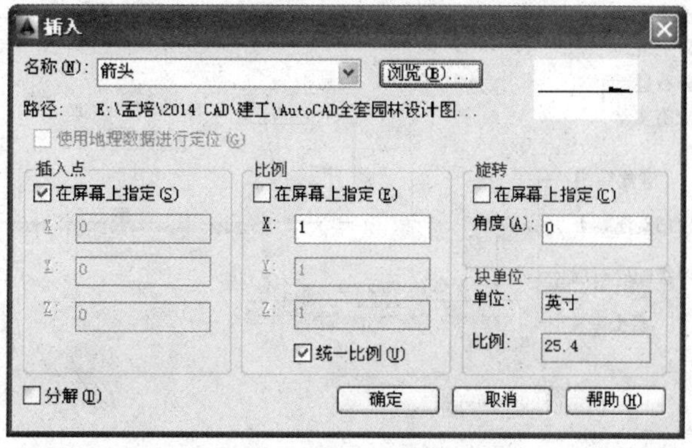

图 14-143　“插入”对话框

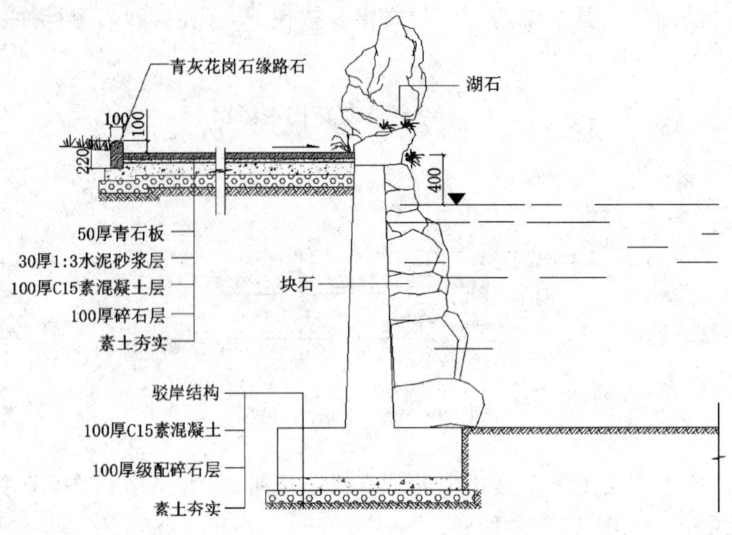

图 14-144　插入箭头图块

34. 单击“绘图”工具栏中的“多行文字”按钮，在箭头上标注文字，如图 14-145 所示。

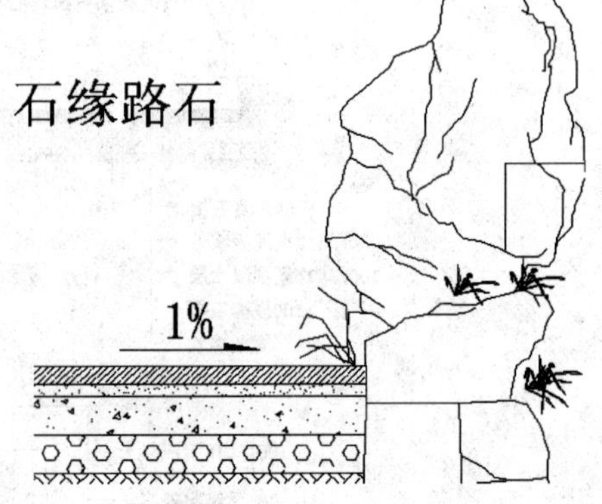

图 14-145　标注文字

35. 单击“绘图”工具栏中的“直线”按钮和“多行文字”按钮，为图形标注图名，如图 14-102 所示。

36. 驳岸详图五的绘制方法与驳岸详图二类似，这里就不再赘述，结果如图 14-146 所示。

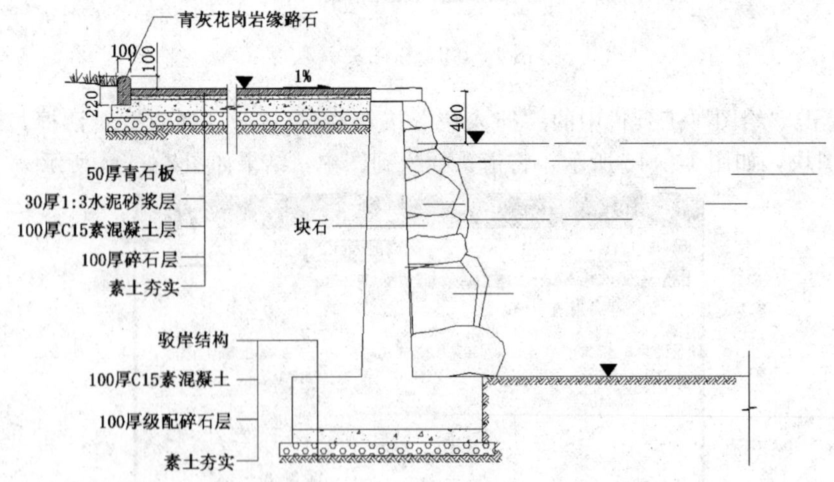

图 14-146　驳岸五详图

14.2.3 驳岸四详图

本节绘制如图 14-147 所示的驳岸四详图。

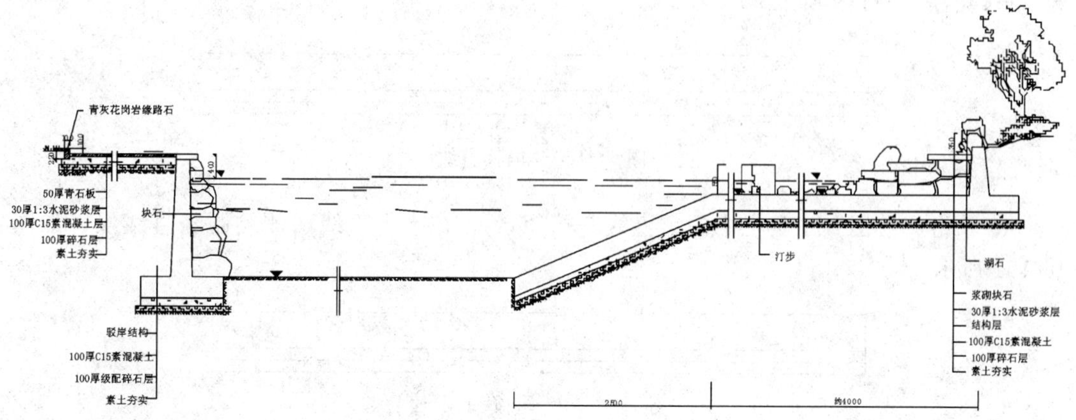

图 14-147 驳岸四详图

光盘\动画演示\第 14 章\驳岸四详图.avi

1. 打开源文件/第 14 章/驳岸五详图，删除掉图中多余的图形并进行整理，最后另存为“驳岸四详图”，结果如图 14-148 所示。

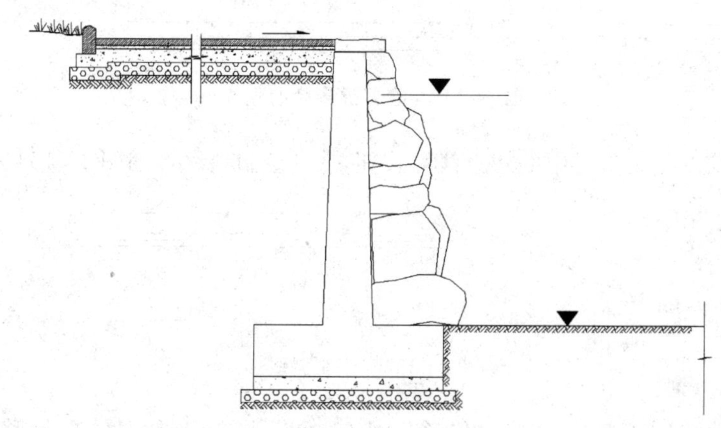

图 14-148 整理驳岸五详图

2. 单击“绘图”工具栏中的“直线”按钮，绘制一条长为 5668 的水平直线，如图 14-149 所示。

图 14-149　绘制水平直线

3. 单击“修改”工具栏中的“偏移”按钮，将水平直线依次向下偏移 300、100 和 100，如图 14-150 所示。

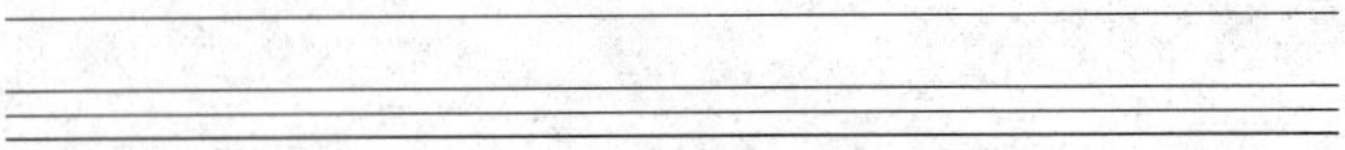

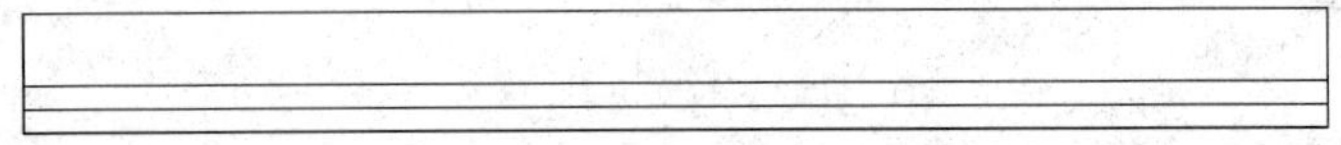

图 14-150　偏移直线

4. 单击“绘图”工具栏中的“直线”按钮，在水平直线两侧绘制竖直线段，如图 14-151 所示。

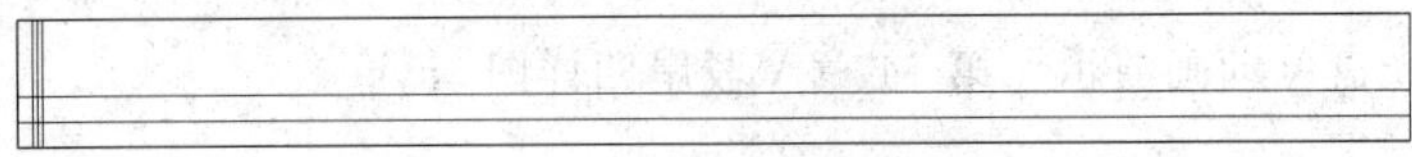

图 14-151　绘制竖直线段

5. 单击“修改”工具栏中的“偏移”按钮，将左侧竖直线段向右偏移 60、20 和 20，将右侧竖直线段向右偏移 100，如图 14-152 所示。

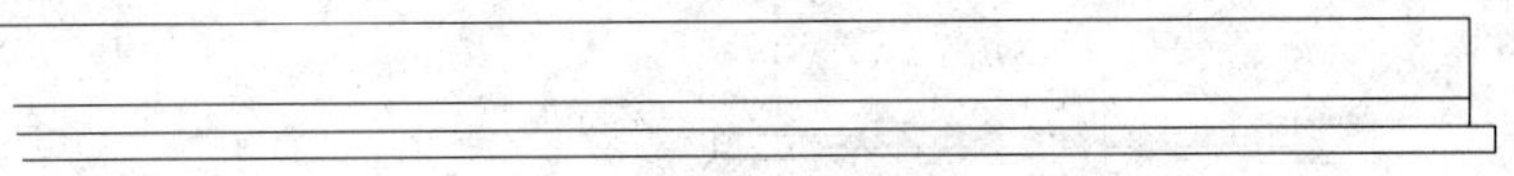

图 14-152　偏移竖直线段

6. 单击“修改”工具栏中的“修剪”按钮，修剪掉多余的直线，如图 14-153 所示。

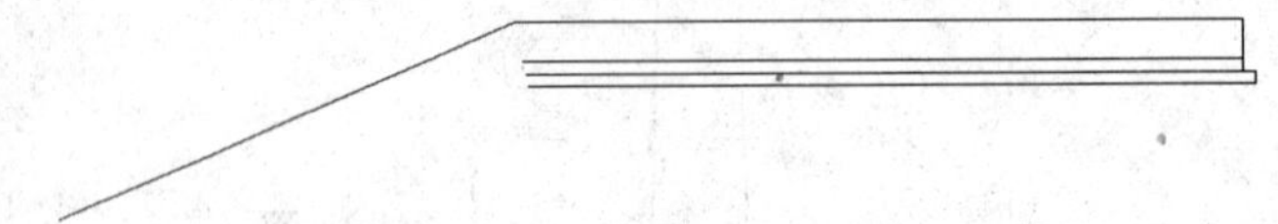

图 14-153　修剪掉多余的直线

7. 单击“绘图”工具栏中的“直线”按钮，绘制斜线，如图 14-154 所示。

图 14-154　绘制斜线

8. 单击“修改”工具栏中的“偏移”按钮，将斜线向下依次偏移 300、100 和 100，如图 14-155 所示。

9. 单击“绘图”工具栏中的“直线”按钮，绘制左侧图形，然后单击“修改”工具栏中的“修剪”按钮，修剪掉多余的直线，结果如图 14-156 所示。

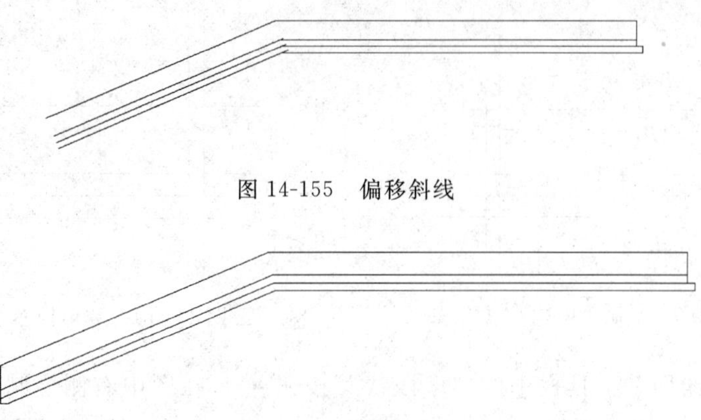

图 14-155　偏移斜线

图 14-156　绘制修剪图形

10. 单击“绘图”工具栏中的“直线”按钮，绘制右侧图形，如图 14-157 所示。

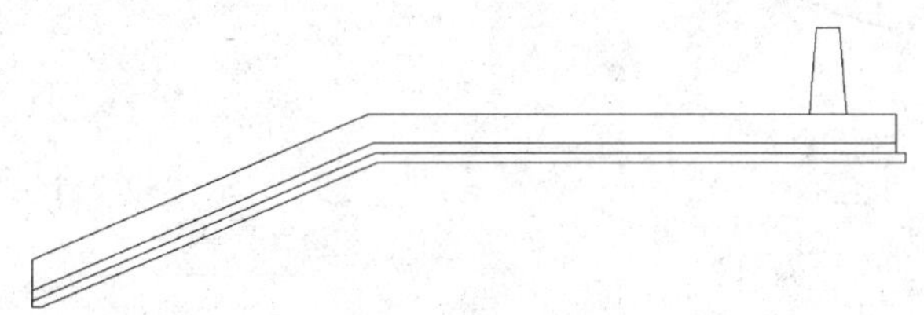

图 14-157　绘制右侧图形

11. 单击“修改”工具栏中的“修剪”按钮，修剪掉多余的直线，如图 14-158 所示。

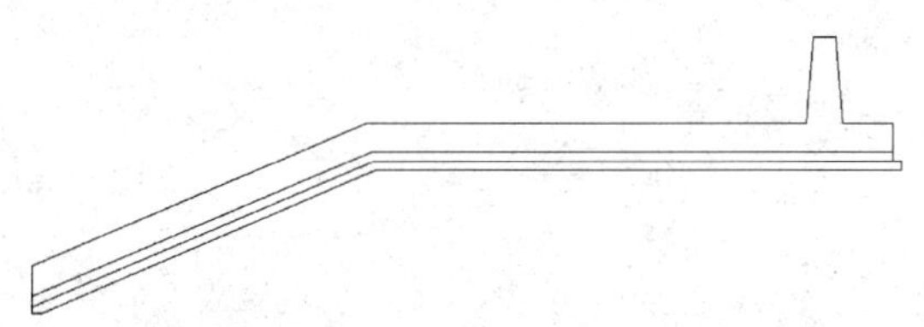

图 14-158　修剪掉多余的直线

12. 单击“绘图”工具栏中的“直线”按钮，绘制折断线，如图 14-159 所示。

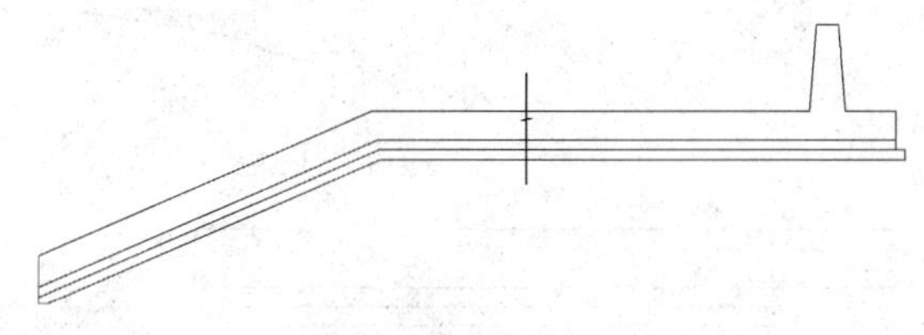

图 14-159　绘制折断线

13. 单击“修改”工具栏中的“复制”按钮，复制折断线，如图 14-160 所示。

14. 单击“修改”工具栏中的“修剪”按钮，修剪掉多余的直线，如图 14-161 所示。

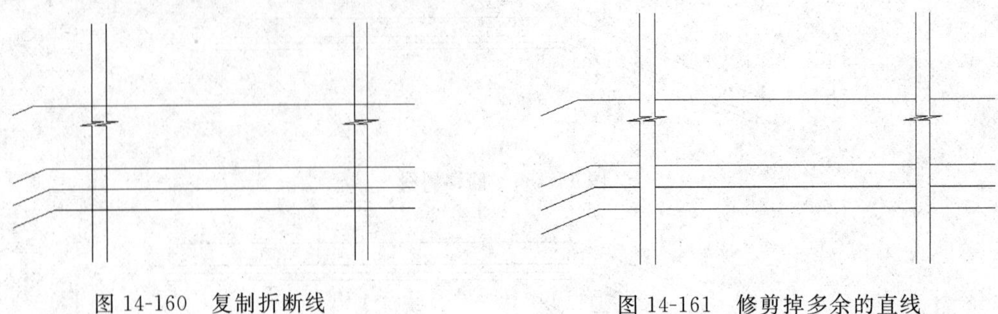

图 14-160　复制折断线　　　　图 14-161　修剪掉多余的直线

15. 单击“绘图”工具栏中的“多段线”按钮，在图中右侧绘制一条多段线，如图 14-162 所示。

16. 单击“绘图”工具栏中的“直线”按钮，绘制植物，如图 14-163 所示。

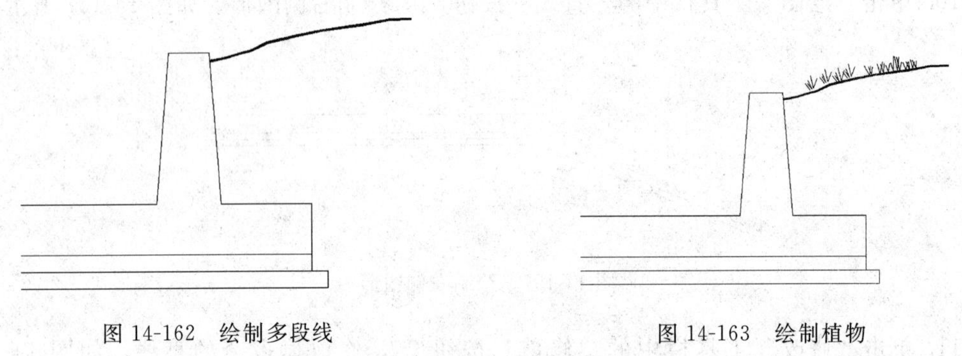

图 14-162　绘制多段线　　　　图 14-163　绘制植物

17. 单击“绘图”工具栏中的“插入块”按钮，将植物 4 插入到图中合适的位置处，如图 14-164 所示。

图 14-164　插入植物 4

18. 单击“绘图”工具栏中的“插入块”按钮，将汀步插入到图中，如图 14-165 所示。

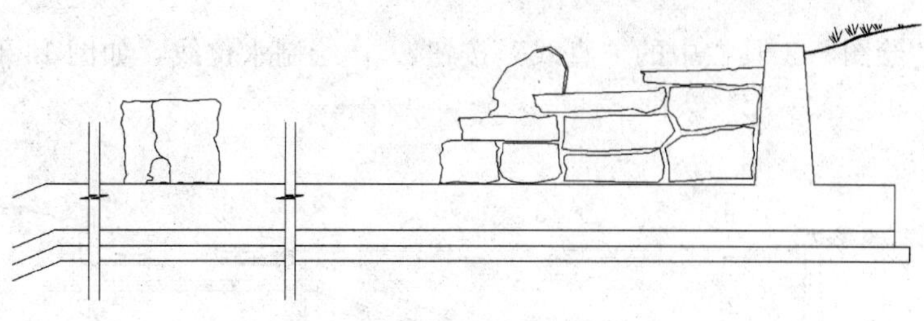

图 14-165　绘制汀步

19. 单击“绘图”工具栏中的“插入块”按钮，将湖石插入到图中，如图 14-166 所示。

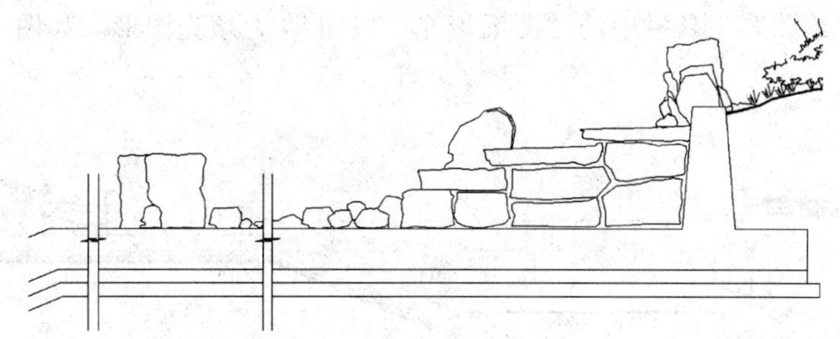

图 14-166　插入湖石

20. 单击“修改”工具栏中的“复制”按钮，将整理的驳岸五详图中的折断线向右进行复制，如图 14-167 所示。

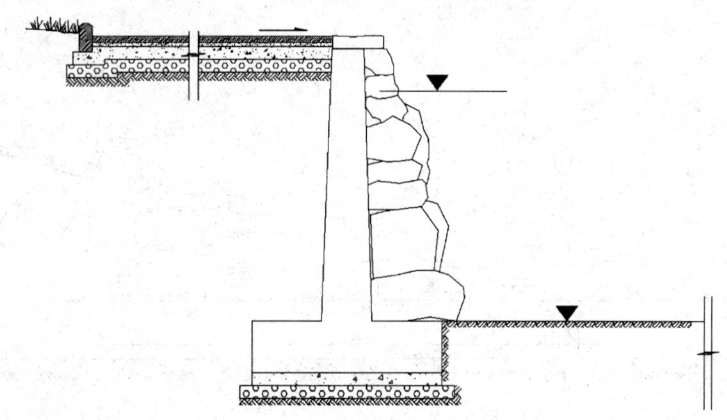

图 14-167　复制折断线

21. 单击“绘图”工具栏中的“直线”按钮，绘制水平直线，如图 14-168 所示。

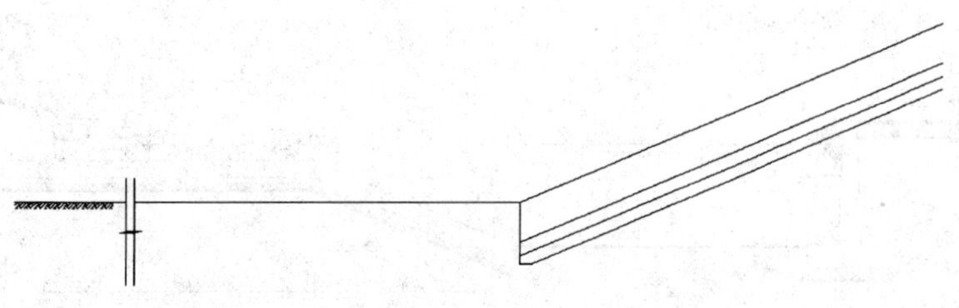

图 14-168　绘制水平直线

22. 单击“绘图”工具栏中的“直线”按钮，绘制水位线，如图 14-169 所示。

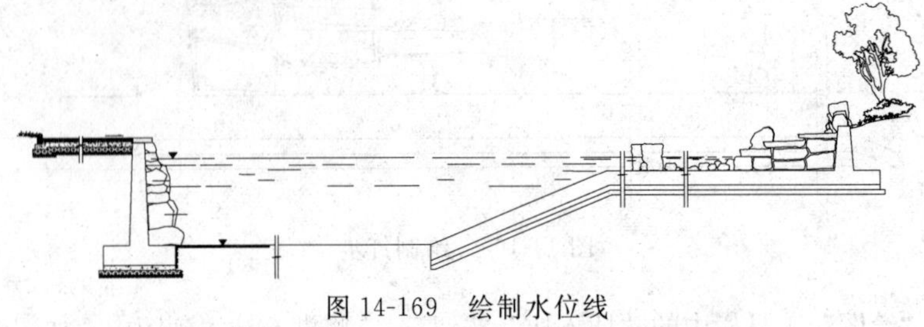

图 14-169　绘制水位线

23. 单击“绘图”工具栏中的“图案填充”按钮，填充图形，如图 14-170 所示。

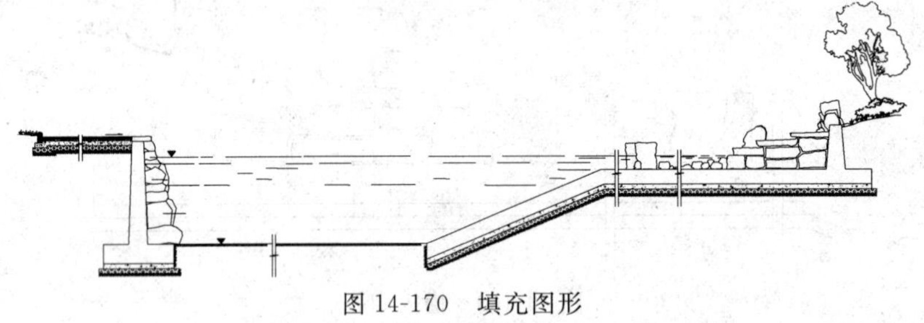

图 14-170　填充图形

24. 单击“绘图”工具栏中的“插入块”按钮，插入三角形，或者单击“修改”工具栏中的“复制”按钮，将三角形复制到图中其他位置处，如图 14-171 所示。

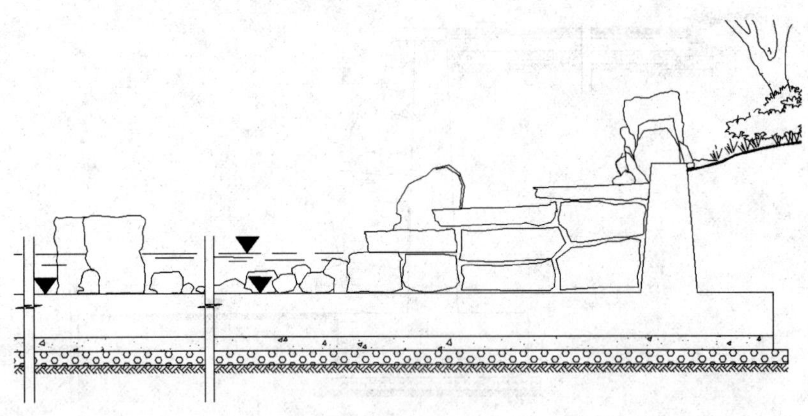

图 14-171　复制三角形

25. 单击“标注”工具栏中的“线性”按钮，为图形标注尺寸，如图 14-172 所示。

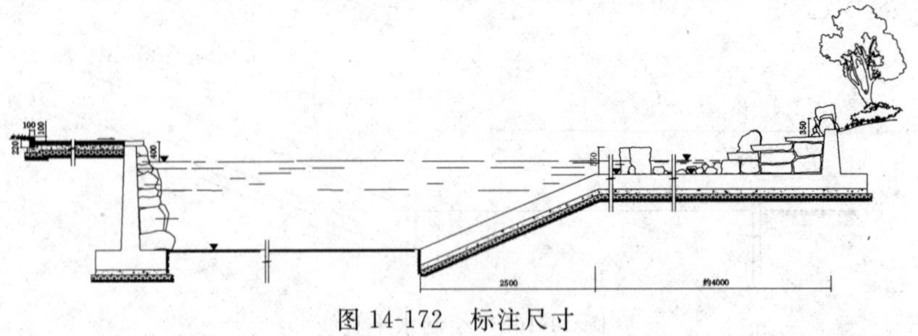

图 14-172　标注尺寸

26. 单击“绘图”工具栏中的“直线”按钮和“多行文字”按钮A，为图形标注文字，如图 14-173 所示。

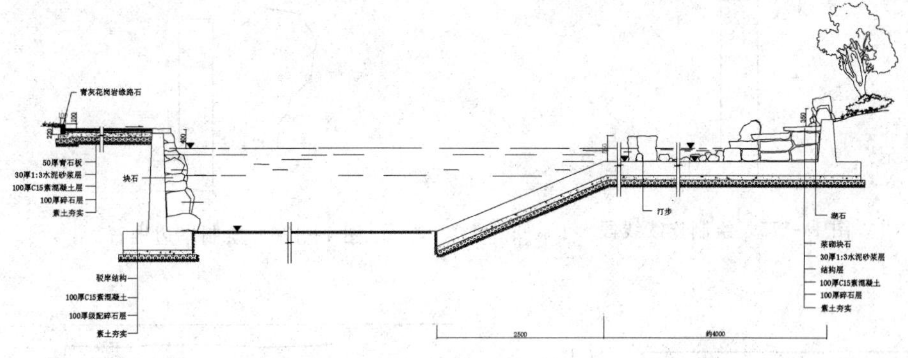

图 14-173　标注文字

27. 同理，单击“绘图”工具栏中的“直线”按钮和“多行文字”按钮A，标注图名，如图 14-147 所示。

14.2.4　驳岸六详图

本节绘制如图 14-174 所示的驳岸六详图。

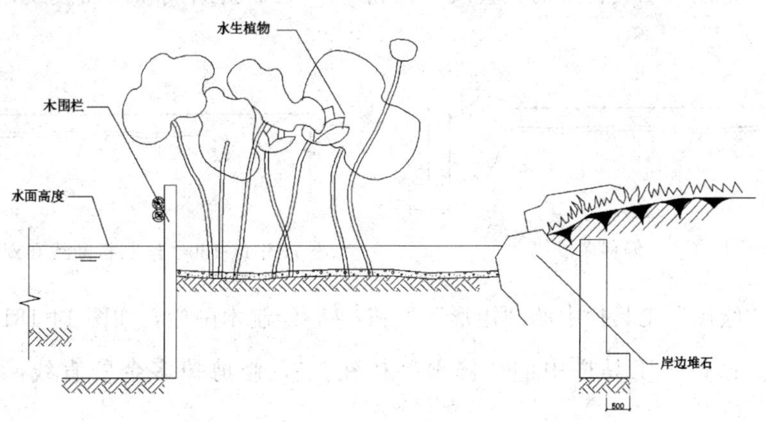

图 14-174　驳岸六详图

光盘 \ 动画演示 \ 第 14 章 \ 驳岸六详图 .avi

【操作步骤】

1. 单击“绘图”工具栏中的“直线”按钮，绘制连续线段，如图 14-175 所示。

2. 单击“绘图”工具栏中的“多段线”按钮，绘制岸边堆石，如图 14-176 所示。

3. 单击“绘图”工具栏中的“直线”按钮，绘制湖面，如图 14-177 所示。

4. 单击“绘图”工具栏中的“多段线”按钮，绘制一条多段线，如图 14-178 所示。

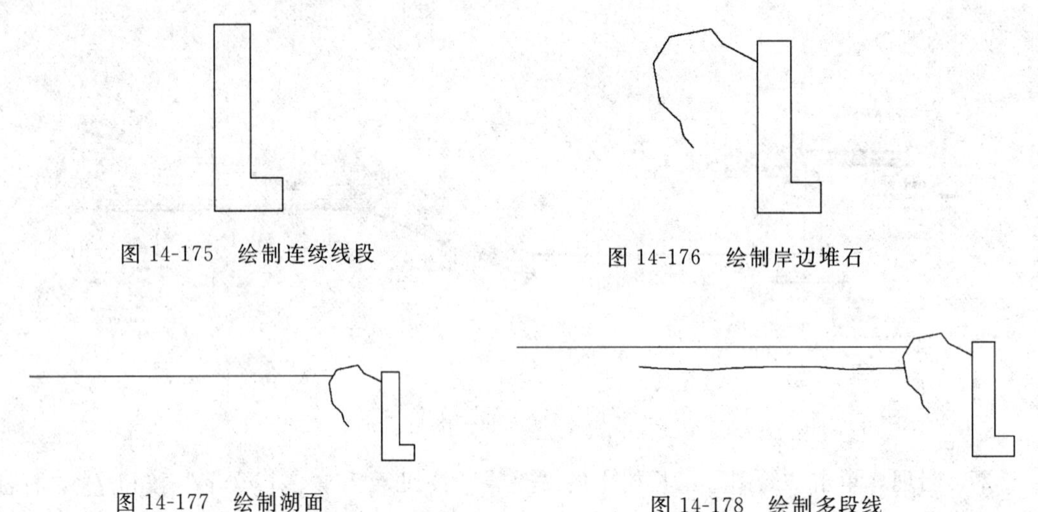

图 14-175　绘制连续线段

图 14-176　绘制岸边堆石

图 14-177　绘制湖面

图 14-178　绘制多段线

5. 单击“修改”工具栏中的“偏移”按钮，偏移多段线，完成湖底的绘制，如图 14-179 所示。

6. 单击“绘图”工具栏中的“直线”按钮，绘制折断线和湖面波纹，如图 14-180 所示。

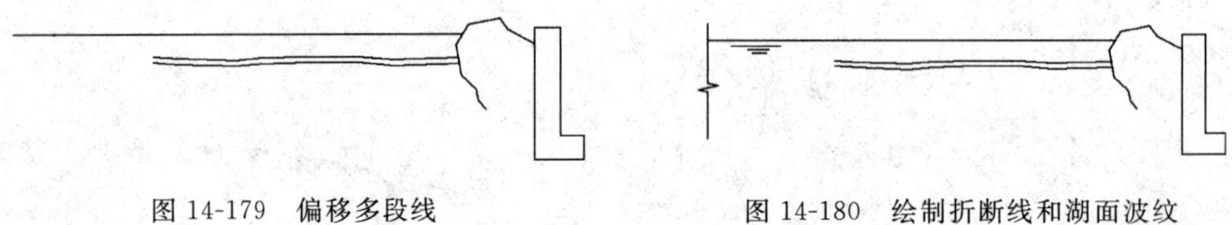

图 14-179　偏移多段线

图 14-180　绘制折断线和湖面波纹

7. 单击“绘图”工具栏中的“矩形”按钮，绘制木围栏，如图 14-181 所示。

8. 单击“修改”工具栏中的“修剪”按钮，修剪掉多余的直线，如图 14-182 所示。

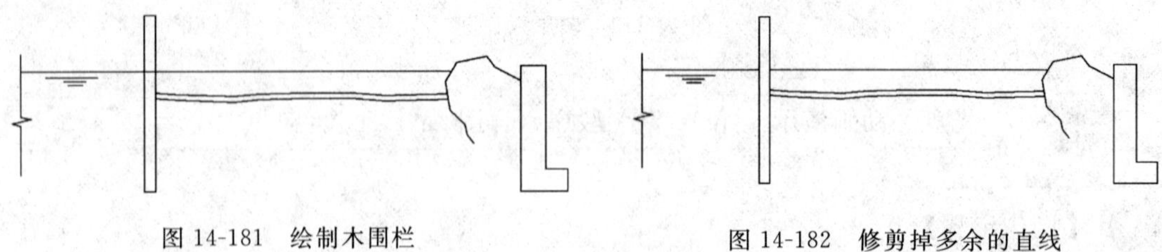

图 14-181　绘制木围栏

图 14-182　修剪掉多余的直线

9. 单击“绘图”工具栏中的“圆”按钮，绘制三个圆，如图 14-183 所示。

10. 单击“绘图”工具栏中的“直线”按钮，绘制多条短直线，如图 14-184 所示。

11. 同理，单击“绘图”工具栏中的“直线”按钮和“圆”按钮，绘制另一个木围栏装饰，如图14-185所示。

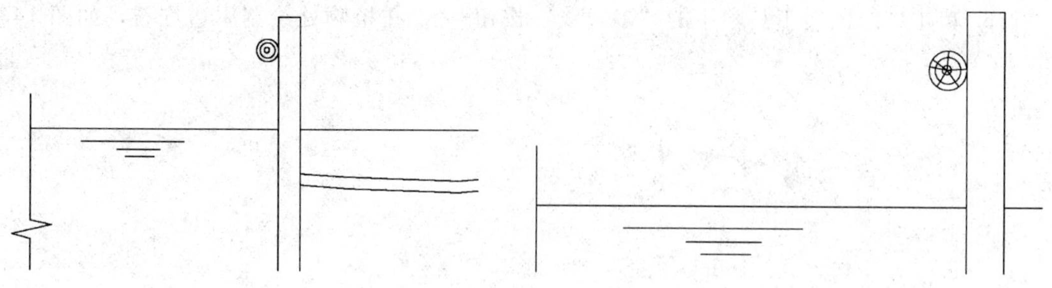

图14-183 绘制三个圆

图14-184 绘制多条短直线

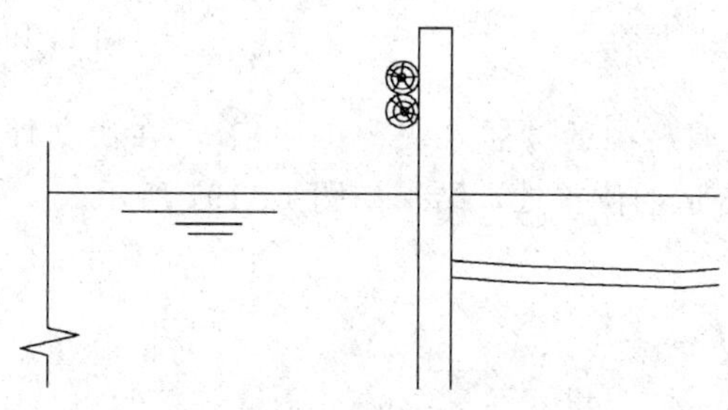

图14-185 绘制木围栏装饰

12. 单击“绘图”工具栏中的“样条曲线”按钮，绘制岸边坡度，如图14-186所示。

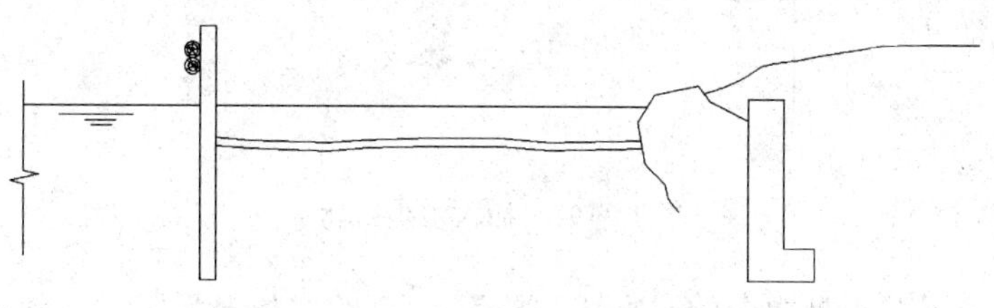

图14-186 绘制岸边坡度

13. 单击“绘图”工具栏中的“圆弧”按钮，在坡度下方绘制多条样条曲线，如图14-187所示。

14. 单击“绘图”工具栏中的“图案填充”按钮，选择SOLID图案，填充样条曲线，如图14-188所示。

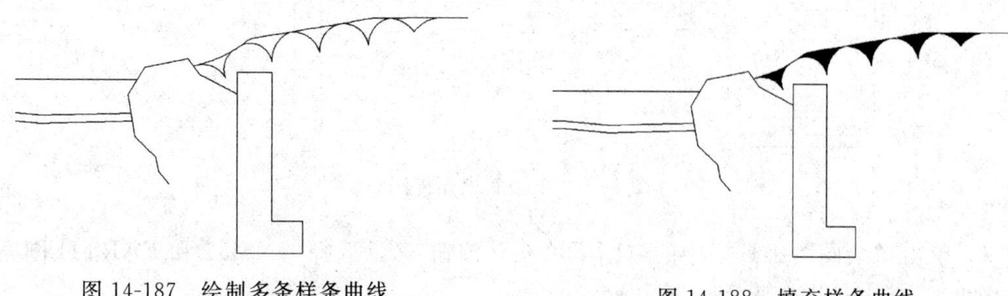

图14-187 绘制多条样条曲线

图14-188 填充样条曲线

15. 单击“绘图”工具栏中的“多段线”按钮，绘制植物，如图 14-189 所示。

16. 单击“绘图”工具栏中的“多段线”按钮，在植物处绘制岸边堆石，如图 14-190 所示。

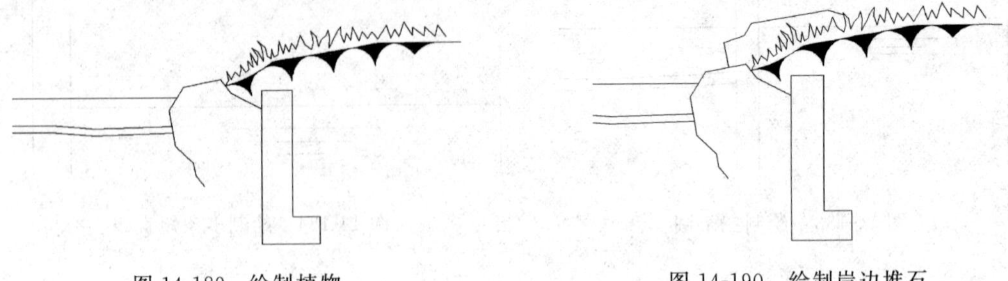

图 14-189 绘制植物　　　　图 14-190 绘制岸边堆石

17. 单击“绘图”工具栏中的“插入块”按钮，在源文件的图库中找到水生植物图块，将其插入到图中合适的位置处，结果如图 14-191 所示。

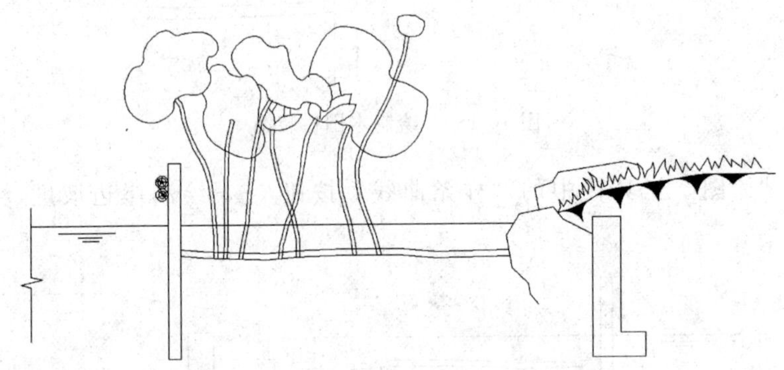

图 14-191 插入水生植物

18. 单击“绘图”工具栏中的“直线”按钮，绘制填充界限，如图 14-192 所示。

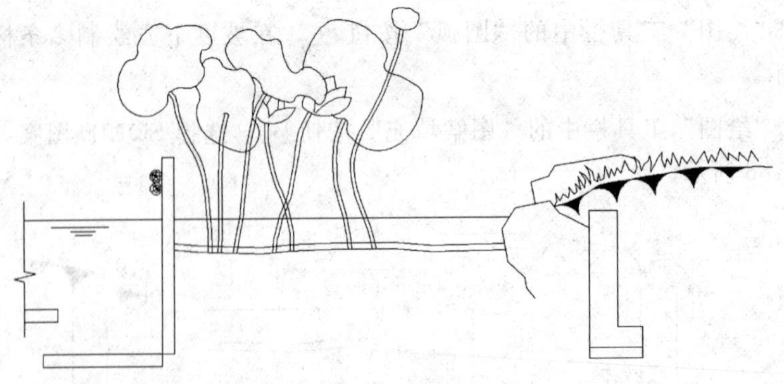

图 14-192 绘制填充界限

19. 单击“绘图”工具栏中的“图案填充”按钮，选择 ANSI31 和 EARTH 图案，填充图形，如图 14-193 所示。

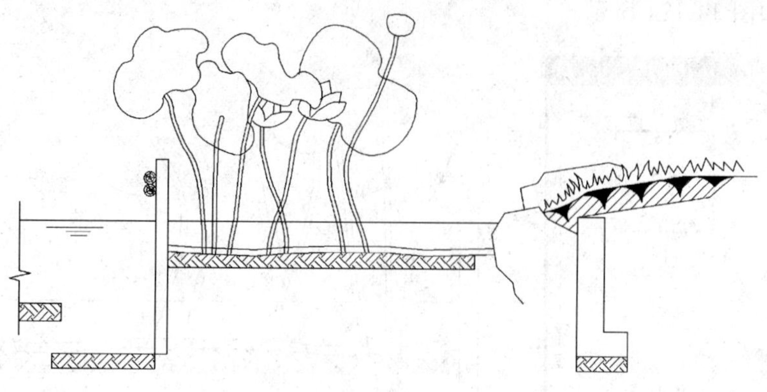

图 14-193 填充图形

20. 单击“修改”工具栏中的“删除”按钮，删除多余的填充界限线，如图 14-194 所示。

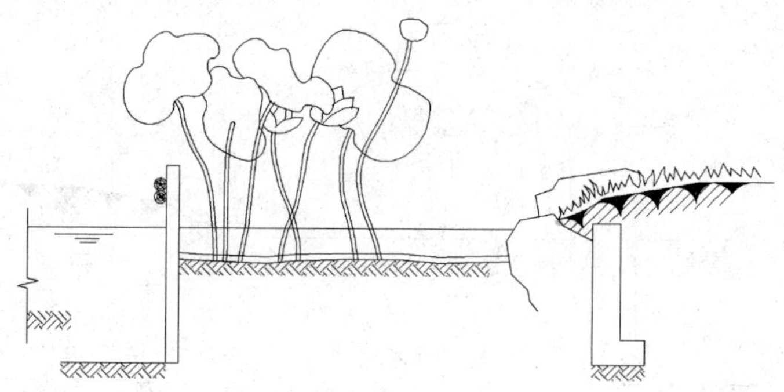

图 14-194 删除多余的填充界限线

21. 单击“绘图”工具栏中的“图案填充”按钮，打开“图案填充和渐变色”对话框，在类型一栏中选择自定义，如图 14-195 所示，单击“自定义图案(M):”后的按钮，打开“填充图案选项板”对话框，如图 14-196 所示，选择级配砂石图案，设置填充比例为 500，填充湖底，结果如图 14-197 所示。

22. 单击“标注”工具栏中的“线性”按钮，标注尺寸，如图 14-198 所示。

23. 单击“绘图”工具栏中的“直线”按钮和“多行文字”按钮，标注文字，如图 14-199 所示。

24. 同理，单击“绘图”工具栏中的“直线”按钮和“多行文字”按钮，

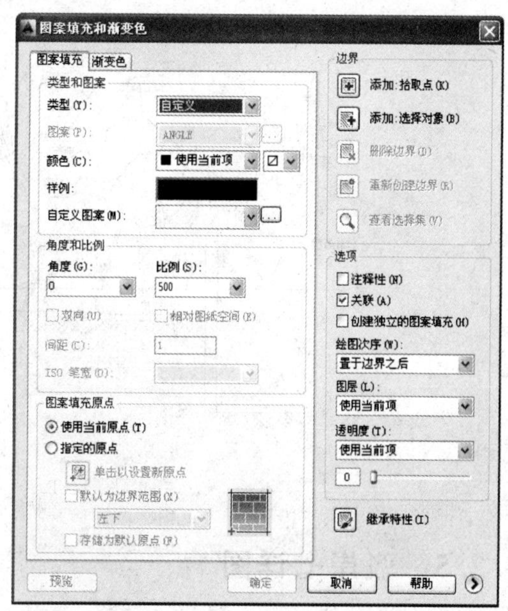

图 14-195 “图案填充和渐变色”对话框

标注图名，如图 14-174 所示。

图 14-196 “填充图案选项板”对话框

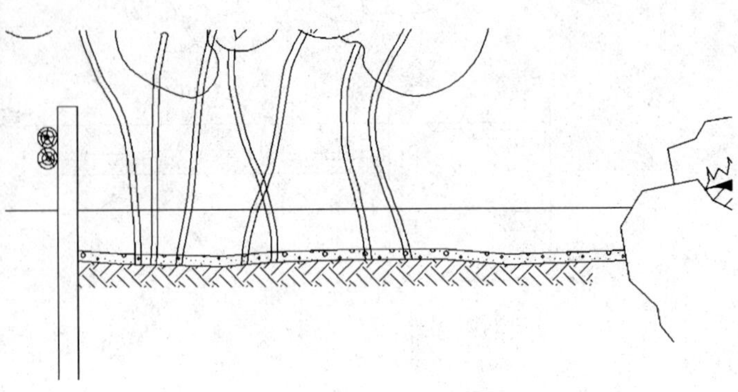

图 14-197 填充湖底

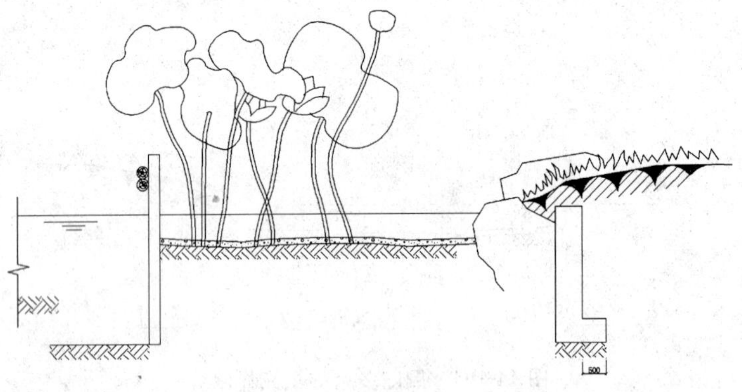

图 14-198 标注尺寸

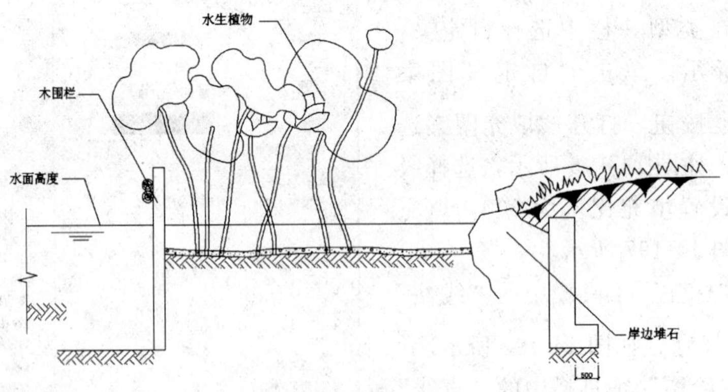

图 14-199 标注文字

14.2.5 驳岸七详图

本节绘制如图 14-200 所示的驳岸七详图。

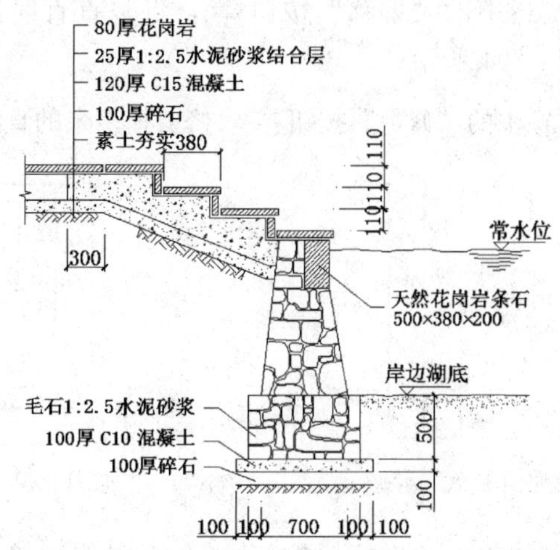

图 14-200 驳岸七详图

光盘\动画演示\第14章\驳岸七详图.avi

【操作步骤】

1. 单击“绘图”工具栏中的“直线”按钮，绘制长为1100的水平直线，如图14-201所示。

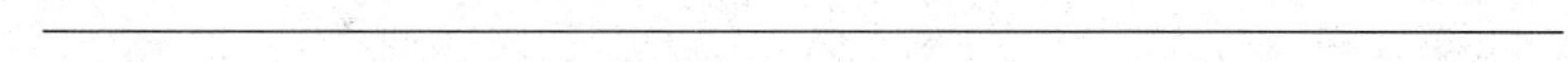

图 14-201 绘制水平直线

2. 单击“修改”工具栏中的“偏移”按钮，将水平直线依次向上偏移100、100和500，结果如图14-202所示。

3. 单击“绘图”工具栏中的“直线”按钮，在左侧绘制一条竖直直线，如图14-203所示。

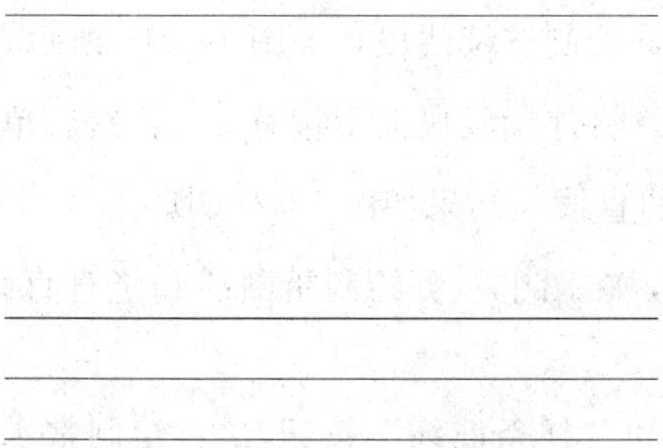

图 14-202 偏移直线

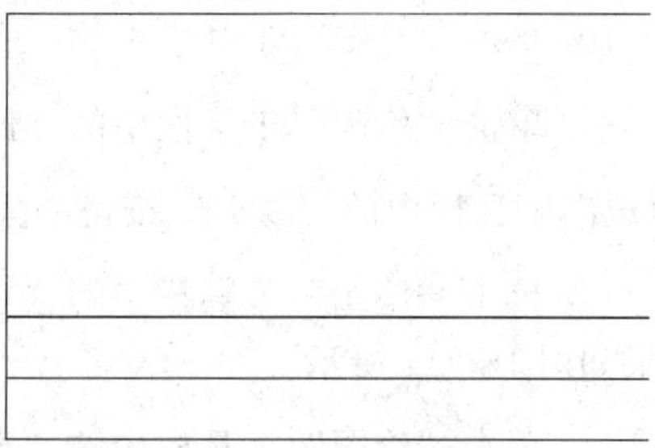

图 14-203 绘制竖直直线

4. 单击“修改”工具栏中的“偏移”按钮，将竖直直线依次向右偏移 100、100、700、100 和 100，如图 14-204 所示。

5. 单击“修改”工具栏中的“修剪”按钮，修剪掉多余的直线，如图 14-205 所示。

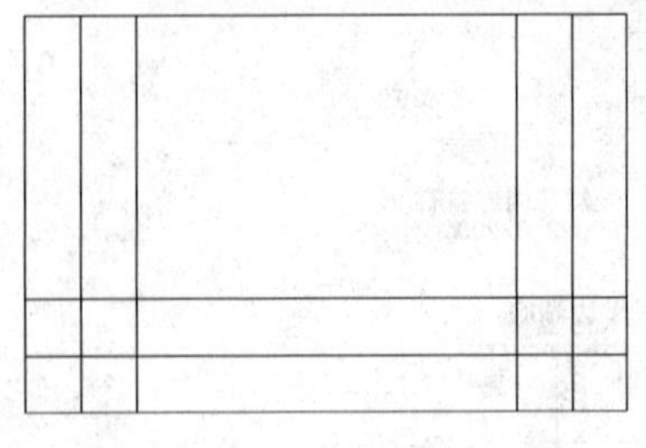
图 14-204 偏移竖直直线

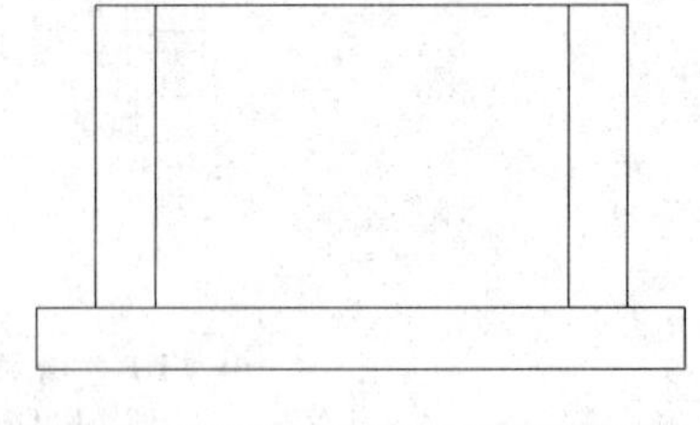
图 14-205 修剪掉多余的直线

6. 单击“绘图”工具栏中的“直线”按钮，绘制轮廓线，并删除掉多余的直线，结果如图 14-206 所示。

7. 单击“绘图”工具栏中的“矩形”按钮，绘制 500×380×200 的天然花岗岩条石，如图 14-207 所示。

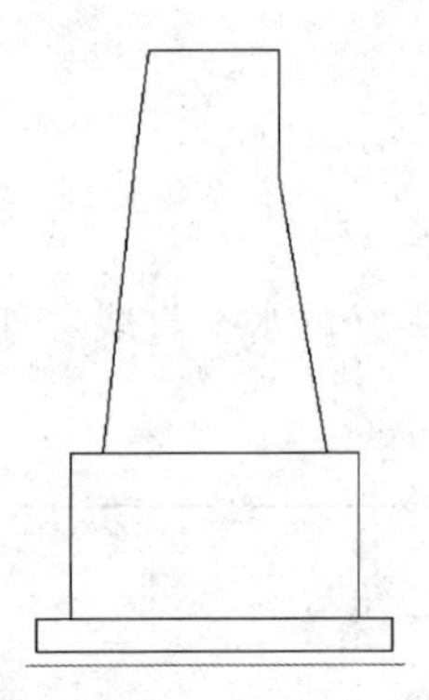
图 14-206 绘制轮廓线

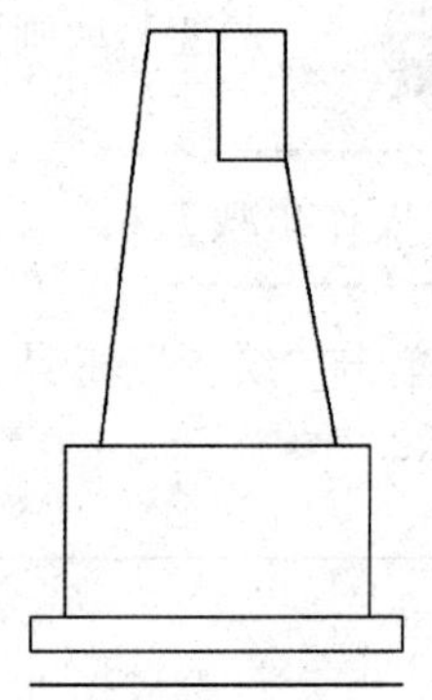
图 14-207 绘制天然花岗岩条石

8. 单击“绘图”工具栏中的“直线”按钮，绘制台阶，如图 14-208 所示。

9. 单击“绘图”工具栏中的“矩形”按钮，绘制其他位置处的天然花岗岩条石，如图 14-209 所示。

10. 单击“绘图”工具栏中的“直线”按钮，绘制连续线段，如图 14-210 所示。

11. 单击“修改”工具栏中的“偏移”按钮，将连续线段向下偏移 100，然后单击“修改”工具栏中的“修剪”按钮，修剪掉多余的直线，结果如图 14-211 所示。

12. 单击“绘图”工具栏中的“直线”按钮，在图中左侧绘制折断线和竖直直线，结果如图 14-212 所示。

13. 单击“绘图”工具栏中的“直线”按钮和“样条曲线”按钮，绘制常水位线和岸边湖底，如图 14-213 所示。

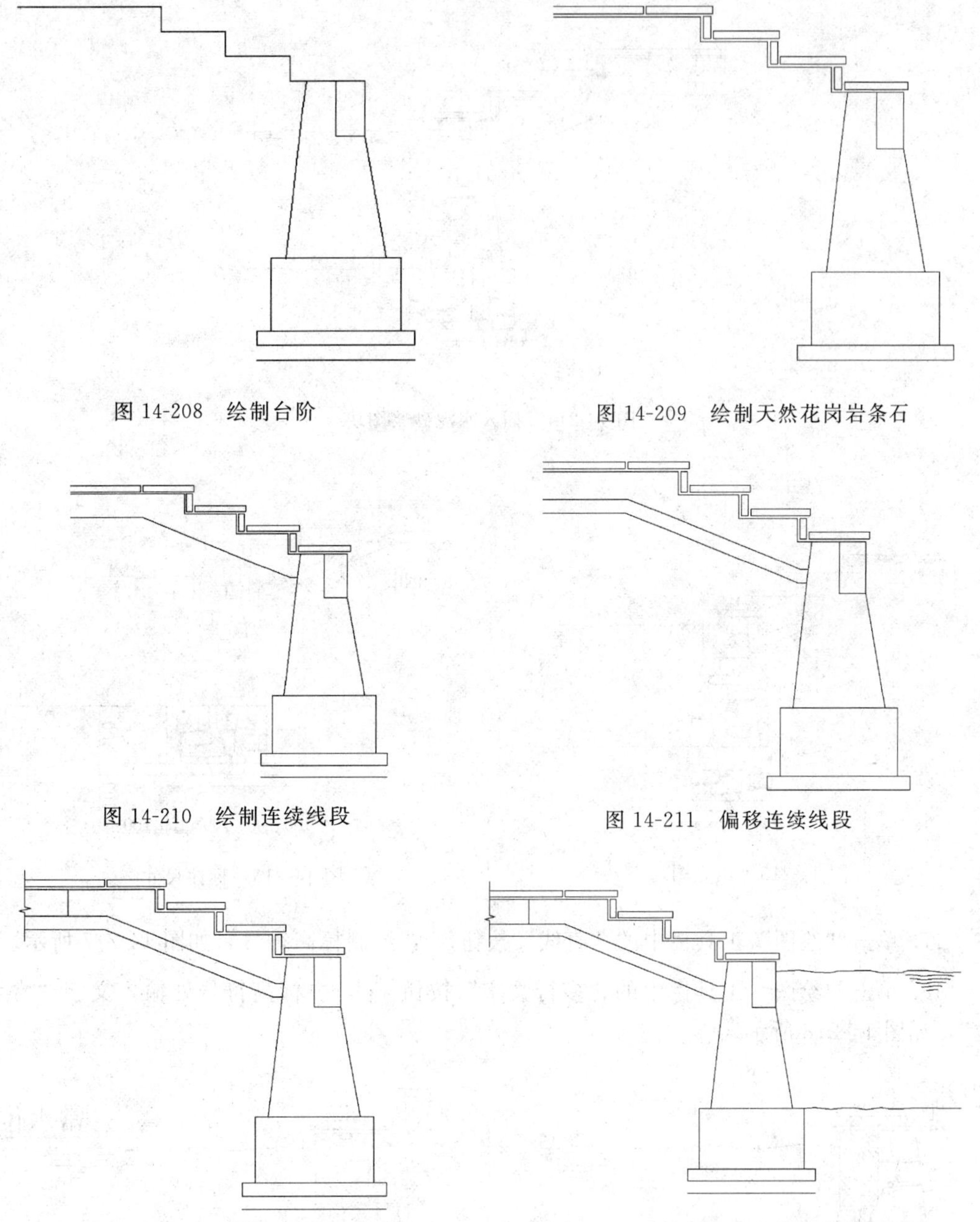

图 14-208 绘制台阶

图 14-209 绘制天然花岗岩条石

图 14-210 绘制连续线段

图 14-211 偏移连续线段

图 14-212 绘制折断线图

图 14-213 绘制常水位线和岸边湖底

14. 单击“绘图”工具栏中的“插入块”按钮，将水泥砂浆图块插入到图中合适的位置，如图 14-214 所示。

15. 单击“绘图”工具栏中的“图案填充”按钮，选择 ANSI33、AR-SAND、EARTH 和 AR-CONC 图案，填充图形，如图 14-215 所示。

16. 单击“标注”工具栏中的“线性”按钮和“连续”按钮，标注尺寸，如图 14-216 所示。

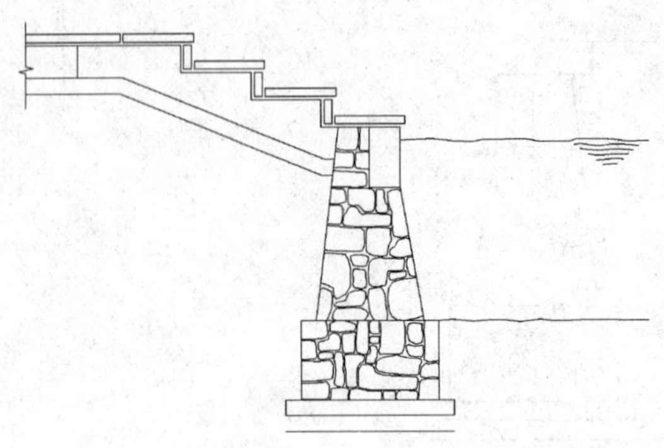

图 14-214　插入水泥砂浆图块

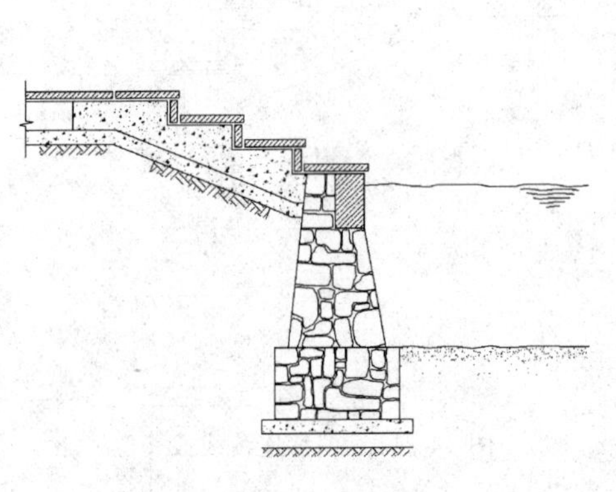

图 14-215　填充图形

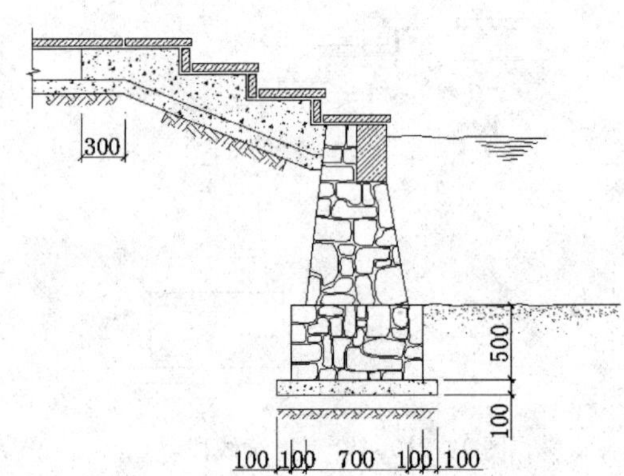

图 14-216　标注尺寸

17. 单击“绘图”工具栏中的“直线”按钮，绘制标高符号，如图 14-217 所示。

18. 单击“绘图”工具栏中的“多行文字”按钮，在标高符号处输入文字“常水位”，如图 14-218 所示。

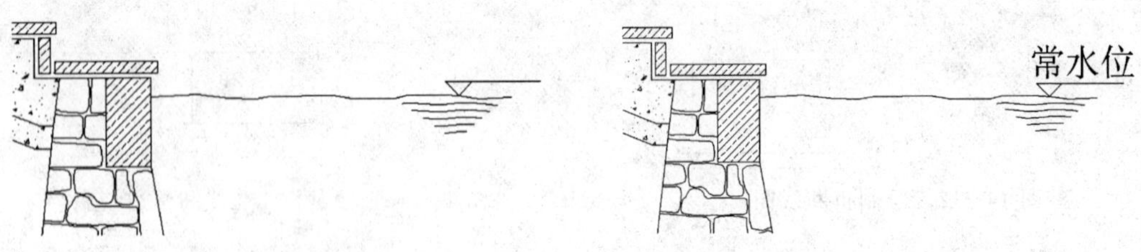

图 14-217　绘制标高符号　　　　图 14-218　输入文字

19. 单击“修改”工具栏中的“复制”按钮，复制标高符号和文字，然后双击文字修改文字内容，如图 14-219 所示。

20. 单击“绘图”工具栏中的“直线”按钮和“多行文字”按钮，标注剩余文字，如图 14-220 所示。

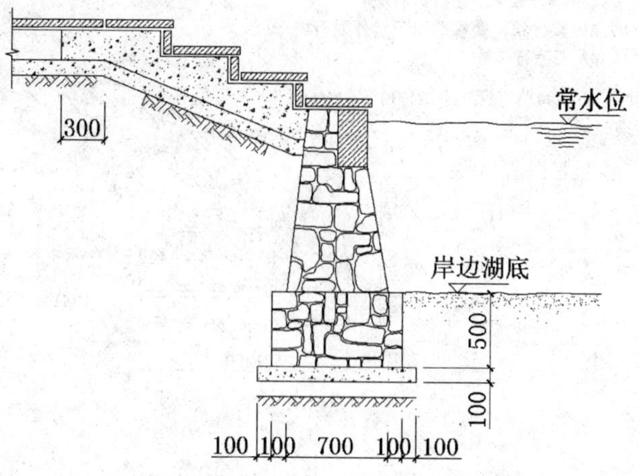

图 14-219 修改文字内容

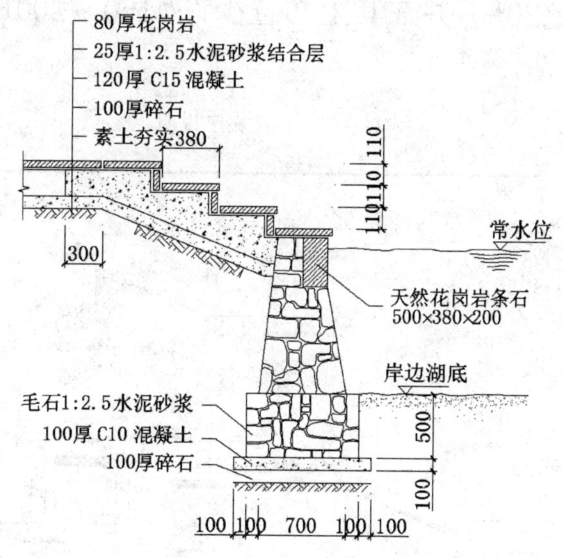

图 14-220 标注文字

21. 同理，单击“绘图”工具栏中的“直线”按钮和“多行文字”按钮，标注图名，如图 14-200 所示。

22. 浅水区驳岸详图的绘制方法与其他详图的绘制方法类似，这里不再赘述，结果如图 14-221 所示。

23. 单击“绘图”工具栏中的“多行文字”按钮，在图中空白处标注文字说明，如图 14-222 所示。

24. 单击“绘图”工具栏中的“插入块”按钮，将源文件/图库/图框插入到图中，并调整布局大小，然后输入图名名称，结果如图 14-223 所示。

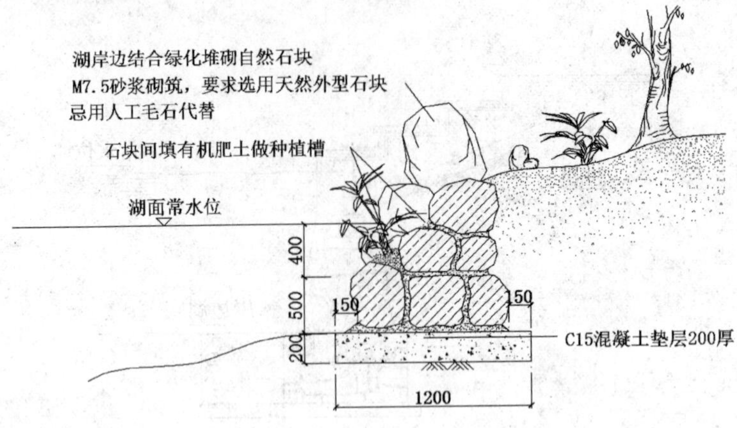

图 14-221　绘制浅水区驳岸详图

备注：卵石滩散铺150厚浅色ϕ30～60白色60%，浅黄色20%，
青灰色20%，并在其上布置少许ϕ150～200白色大卵石。

图 14-222　标注文字说明

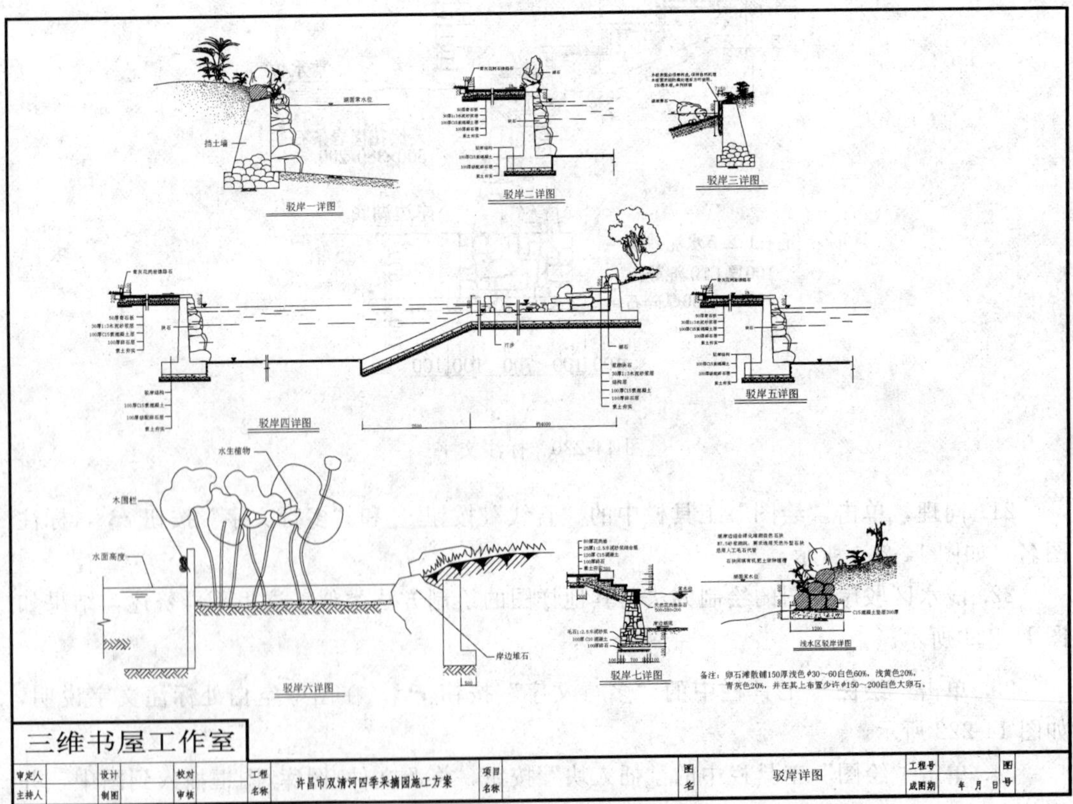

图 14-223　插入图框

14.3 六角亭详图

亭在我国园林中是运用最多的一种建筑形式。无论是在传统的古典园林中，或是在新中国成立后新建的公园及风景游览区，都可以看到有各种各样的亭子，屹立于山冈之上；或依附在建筑之旁；或漂浮在水池之畔。以玲珑美丽、丰富多样的形象与园林中的其他建筑、山水、绿化等相结合，构成一幅幅生动的图画。在造型上，要结合具体地形，自然景观和传统设计并以其特有的娇美轻巧，玲珑剔透形象与周围的建筑、绿化、水景等结合而构成园林一景。

亭的构造大致可分为亭顶，亭身，亭基三部分。体量宁小勿大，形制也较细巧，以竹、木、石、砖瓦等地方性传统材料均可修建。现在更多的是用钢筋混凝土或兼以轻钢、铝合金、玻璃钢、镜面玻璃、充气塑料等材料组建而成。

亭四面多开放，空间流动，内外交融，榭廊亦如此。解析了亭也就能举一反三于其他楼阁殿堂。亭榭等体量不大，但在园林造景中作用不小，是室内的室外；而在庭院中则是室外的室内。选择要有分寸，大小要得体，即要有恰到好处的比例与尺度，只顾重某一方面都是不允许的。任何作品只有在一定的环境下，它才是艺术、科学。生搬硬套学流行，会失去神韵和灵性，就谈不上艺术性与科学性。

园亭，是指园林绿地中精致细巧的小型建筑物。可分为两类，一是供人休憩观赏的亭，二是具有实用功能的票亭、售货亭等。

1. 园亭的位置选择

建亭的位置，要从两方面考虑，一是由内向外好看，二是由外向内也好看。园亭要建在风景好的地方，使入内歇足休息的人有景可赏，留得住人，同时更要考虑建亭后成为一处园林美景，园亭在这里往往可以起到画龙点睛的作用。

2. 园亭的设计构思

园亭虽小巧却必须深思才能出类拔萃。具体要求如下：

(1) 选择所设计的园亭，是传统或是现代？是中式或是西洋？是自然野趣或是奢华富贵？这些款式的不同是不难理解的。

(2) 同种款式中，平面、立面、装修的大小、形状、繁简也有很大的不同，须要斟酌。例如同样是植物园内的中国古典园亭，牡丹园和槭树园不同。牡丹亭必须重檐起翘，大红柱子；槭树亭白墙灰瓦足矣。这是因他们所在的环境气质不同而异。同样是欧式古典圆顶亭，高尔夫球场和私宅庭园的大小有很大不同，这是因他们所在环境的开阔郁闭不同而异。同是自然野趣，水际竹筏嬉鱼和树上杈窝观鸟不同，这是因环境的功能要求不同而异。

(3) 所有的形式、功能、建材是在演变进步之中的，常常是相互交叉的，必须着重于创造。例如，在中国古典园亭的梁架上，以卡普隆阳光板作顶代替传统的瓦，古中有今，洋为我用，可以取得很好的效果。以四片实墙，边框采用中国古典园亭的外轮廓，组成虚拟的亭，也是一种创造。用悬索、布幕、玻璃、阳光板等，层出不穷。

只有深入考虑这些关节，才能标新立异，不落俗套。

3. 园亭的平立面

园亭体量小，平面严谨。自点状伞亭起，三角、正方、长方、六角、八角以至圆形、海棠形、扇形，由简单而复杂，基本上都是规则几何形体，或再加以组合变形。根据这个道理，可构思其他形状，也可以和其他园林建筑如花架、长廊、水榭组合成一组建筑。

园亭的平面组成比较单纯，除柱子、坐凳（椅）、栏杆，有时也有一段墙体、桌、碑、井、镜、匾等。

园亭的平面布置，一种是一个出入口，终点式的；还有一种是两个出入口，穿过式的。视亭大小而采用。

4. 园亭的立面

因款式的不同有很大的差异。但有一点是共同的，就是内外空间相互渗透，立面显得开畅通透。园亭的立面，可以分成几种类型。这是决定园亭风格款式的主要因素。如：中国古典、西洋古典传统式样。这种类型都有程式可依，困难的是施工十分繁复。中国传统园亭柱子有木和石两种，用真材或混凝土仿制；但屋盖变化多，如以混凝土代木，则所费工、料均不合算，效果也不甚理想。西洋传统形式，现在市面有各种规格的玻璃钢、GRC 柱式、檐口，可在结构外套用。

平顶、斜坡、曲线各种新式样。要注意园亭平面和组成均甚简洁，观赏功能又强，因此屋面变化不妨要多一些。如做成折板、弧形、波浪形，或者用新型建材、瓦、板材；或者强调某一部分构件和装修，来丰富园亭外立面。

仿自然、野趣的式样。目前用得多的是竹、松木、棕榈等植物外形或木结构、真实石材或仿石结构，用茅草作顶也特别有表现力。

5. 设计要点

有关亭的设计归纳起来应掌握下面几个要点：

(1) 必须选择好位置，按照总的规划意图选点。

(2) 亭的体量与造型的选择，主要应看它所处的周围环境的大小、性质等，因地制宜而定。

(3) 亭子的材料及色彩，应力求就地选用地方材料，不独加工便利，又易于配合自然。

14.3.1 平台结构平面图

本节绘制如图 14-224 所示的平台结构平面图。

光盘\动画演示\第 14 章\平台结构平面图.avi

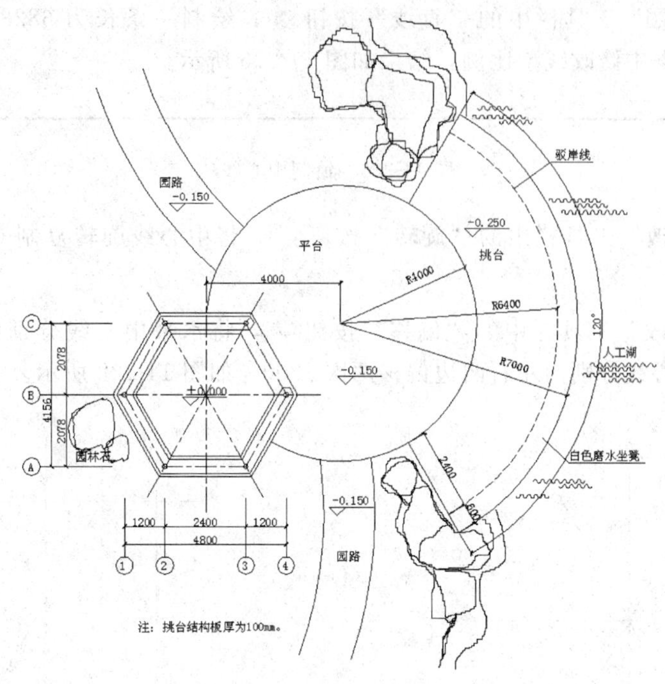

图 14-224　平台结构平面图

【操作步骤】

1. 单击“图层”工具栏中的“图层特性管理器”按钮，打开“图层特性管理器”对话框，根据需要我们设置以下几个图层：“轴线”，“亭”，“标注”，“文字”，把“轴线”设置为当前图层，设置好的各图层的属性如图。

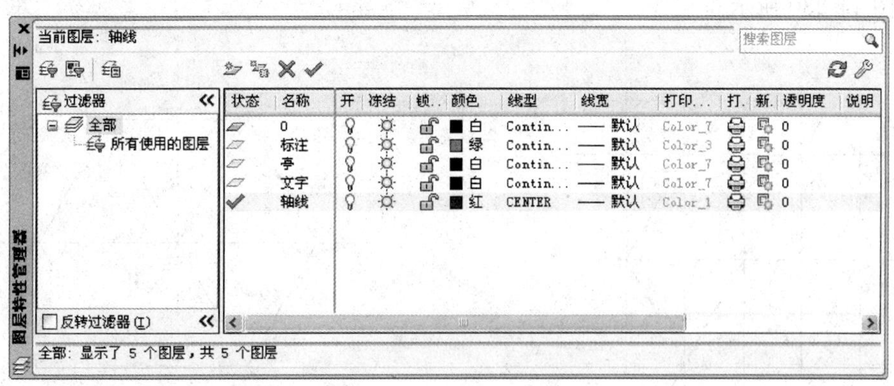

状态	名称	开	冻结	锁..	颜色	线型	线宽	打印...	打.	新.	透明度	说明
	0				白	Contin...	—— 默认	Color_7			0	
	标注				绿	Contin...	—— 默认	Color_3			0	
	亭				白	Contin...	—— 默认	Color_7			0	
	文字				白	Contin...	—— 默认	Color_7			0	
✔	轴线				红	CENTER	—— 默认	Color_1			0	

图 14-225　新建图层

2. 在状态栏，单击“正交模式”按钮，打开正交模式，在状态栏，单击“对象捕捉”按钮，打开对象捕捉模式，在状态栏，单击“对象捕捉追踪”按钮，打开对象捕捉追踪。

3. 单击“绘图”工具栏中的“直线”按钮，绘制一条长为 6828 的水平中心线，然后在特性对话框中修改线型比例，结果如图 14-226 所示。

图 14-226 绘制中心线

4. 单击“修改”工具栏中的“旋转”按钮，将中心线旋转复制 60°、90°和 120°，如图 14-227 所示。

5. 单击“修改”工具栏中的“偏移”按钮，将水平中心线分别向上下两边偏移 2078，将竖直中心线分别向左右两边偏移两次 1200，如图 14-228 所示。

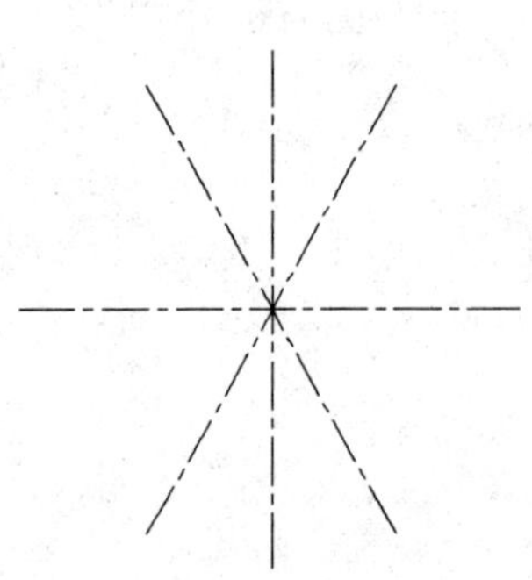

图 14-227 旋转复制中心线

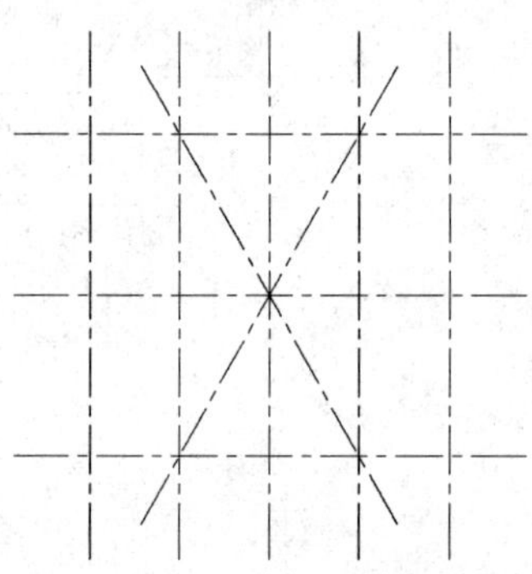

图 14-228 偏移中心线

6. 单击“绘图”工具栏中的“直线”按钮，根据偏移的中心线，继续绘制四条斜向中心线，如图 14-229 所示。

7. 单击“修改”工具栏中的“修剪”按钮，修剪掉多余的直线，形成一个六边形，如图 14-230 所示。

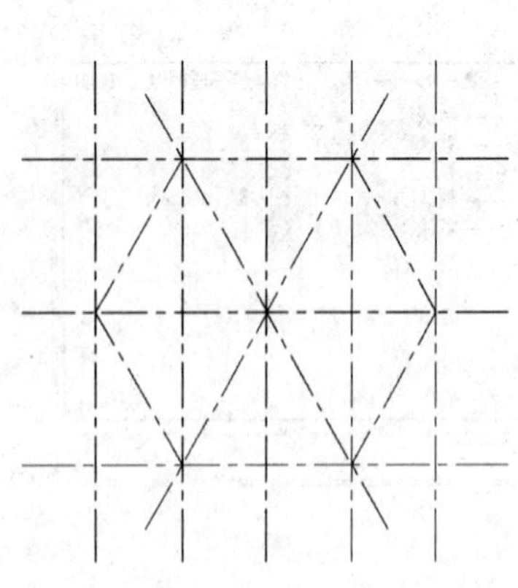

图 14-229 绘制斜向中心线

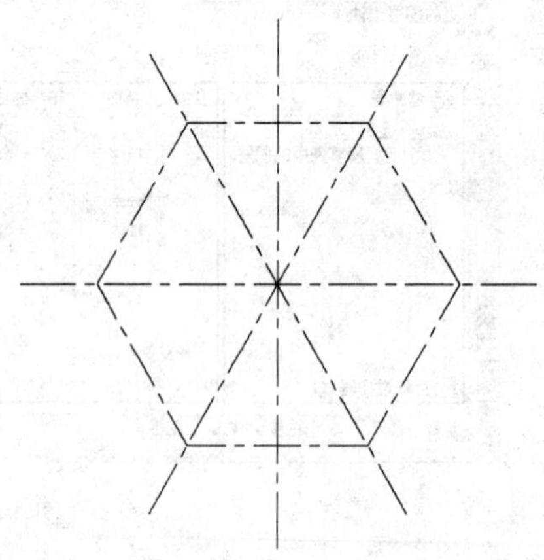

图 14-230 修剪直线

8. 单击“修改”工具栏中的“偏移”按钮，将六边形的每条边向外依次偏移 200 和 100，然后再向内依次偏移 200 和 100，结果如图 14-231 所示。

9. 单击“修改”工具栏中的“修剪”按钮，修剪掉多余的直线，如图 14-232 所示。

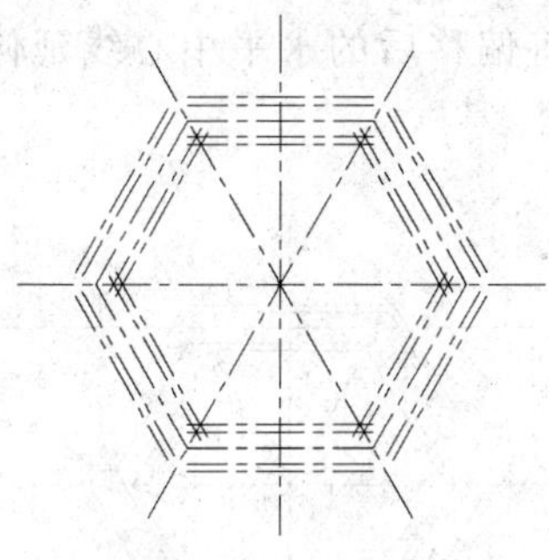

图 14-231 偏移直线

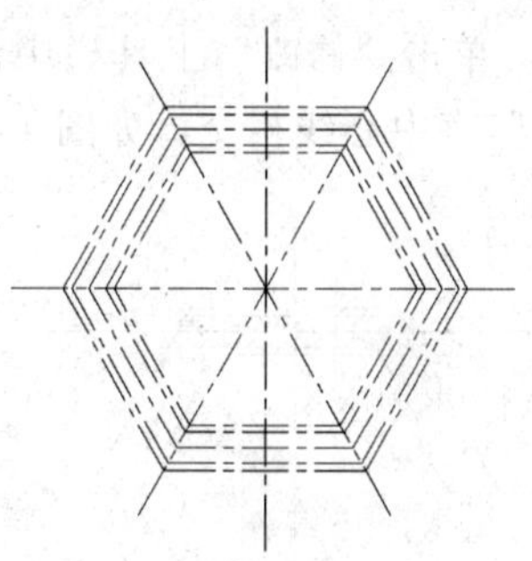

图 14-232 修剪直线

10. 单击“修改”工具栏中的“删除”按钮，删除右上侧中的两条直线，并将部分虚线修改为实线，结果如图 14-233 所示。

11. 单击“绘图”工具栏中的“直线”按钮，在删除直线的两处分别绘制图形，如图 14-234 所示。

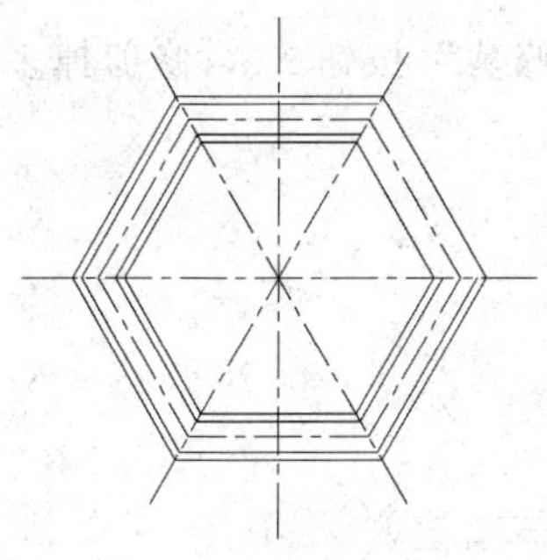

图 14-233 删除直线

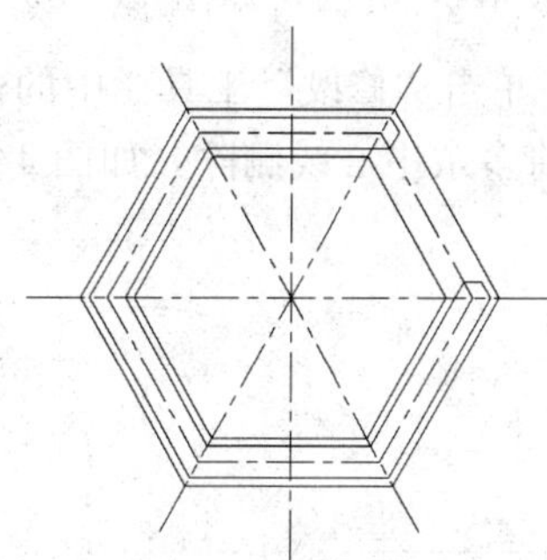

图 14-234 绘制图形

12. 单击“绘图”工具栏中的“圆”按钮，在图中合适的位置处绘制半径为 75 的圆，如图 14-235 所示。

13. 单击“修改”工具栏中的“复制”按钮，将圆复制到其他位置处，如图 14-236 所示。

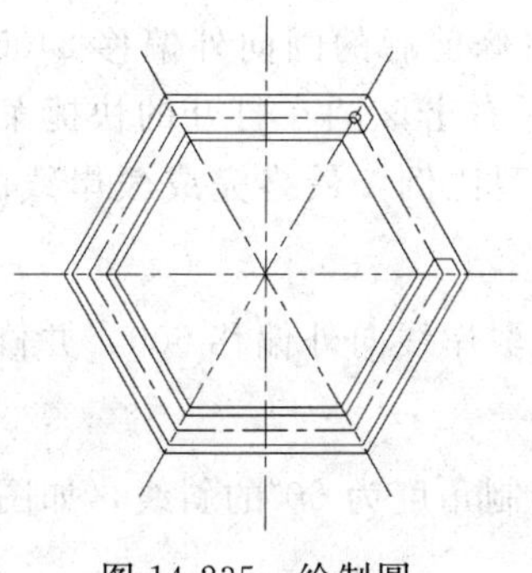

图 14-235 绘制圆

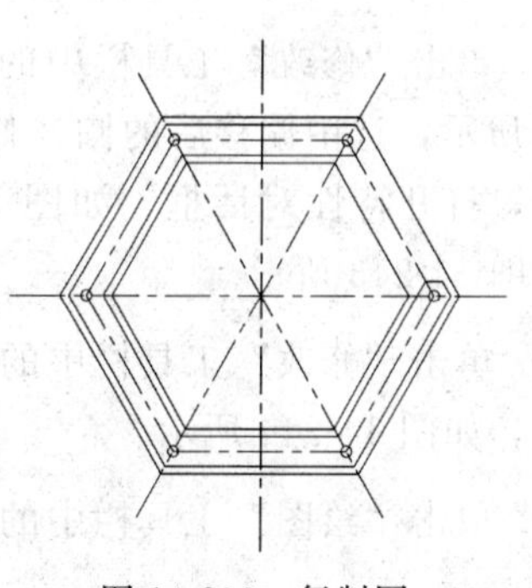

图 14-236 复制圆

14. 单击“修改”工具栏中的“偏移”按钮，将竖直中心线向右偏移 4000，水平中心线向上偏移 2078，如图 14-237 所示。

15. 单击“修改”工具栏中的“延伸”按钮，将偏移后的水平中心线延伸，与偏移后的竖直中心线相交，如图 14-238 所示。

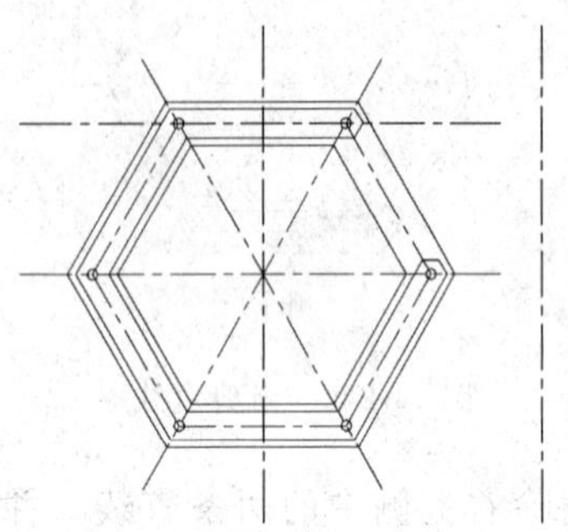
图 14-237 偏移中心线

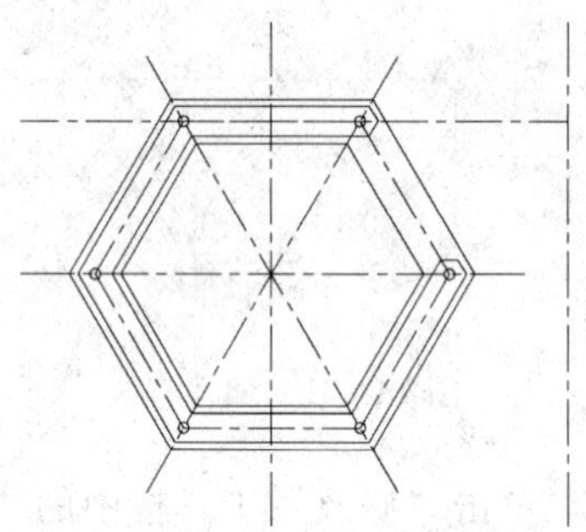
图 14-238 延伸中心线

16. 单击“绘图”工具栏中的“圆”按钮，以延伸后的中心线相交处为圆心，绘制半径为 4000 的圆，如图 14-239 所示。

17. 单击“修改”工具栏中的“删除”按钮和“修剪”按钮，修剪掉多余的直线，并将多余中心线删除，如图 14-240 所示。

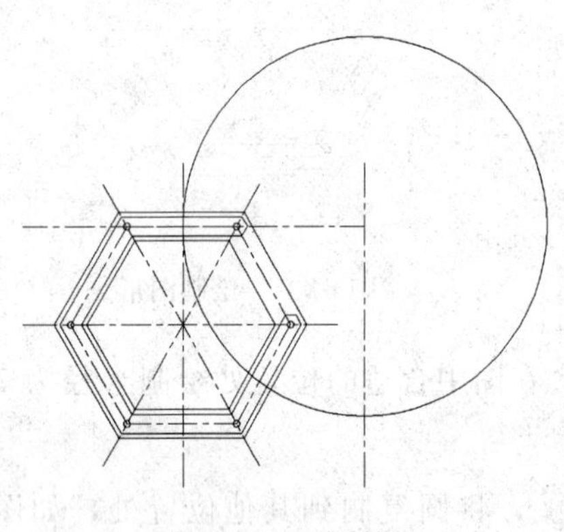
图 14-239 绘制圆

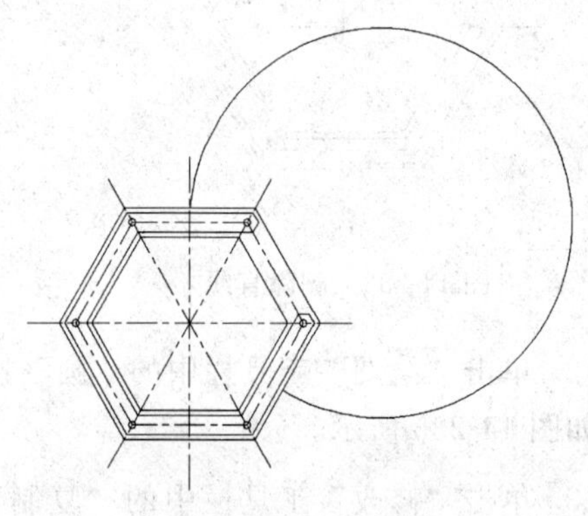
图 14-240 修剪直线

18. 单击“修改”工具栏中的“偏移”按钮，将修剪后的圆向外偏移 2400，如图 14-241 所示，选中偏移后的圆，修改线型为虚线，然后右击该圆在打开的快捷菜单中选择特性，打开特性对话框，如图 14-242 所示，设置线型比例，最终完成驳岸线的绘制，结果如图 14-243 所示。

19. 单击“修改”工具栏中的“偏移”按钮，将驳岸线向外偏移 600，并修改线型为实线，如图 14-244 所示。

20. 单击“绘图”工具栏中的“直线”按钮，绘制角度为 60°的斜线，如图 14-245 所示。

21. 单击“修改”工具栏中的“旋转”按钮，将斜线旋转复制−120°，如图14-246所示。

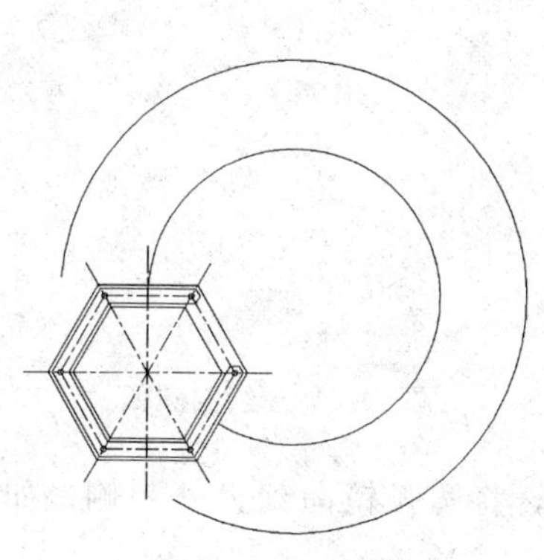

图14-241 偏移圆

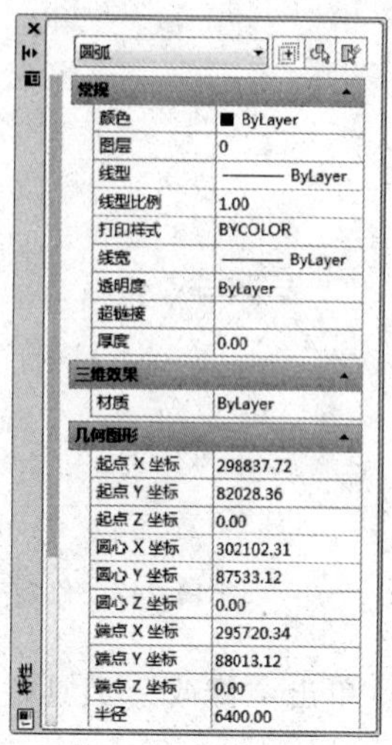

图14-242 “特性”对话框

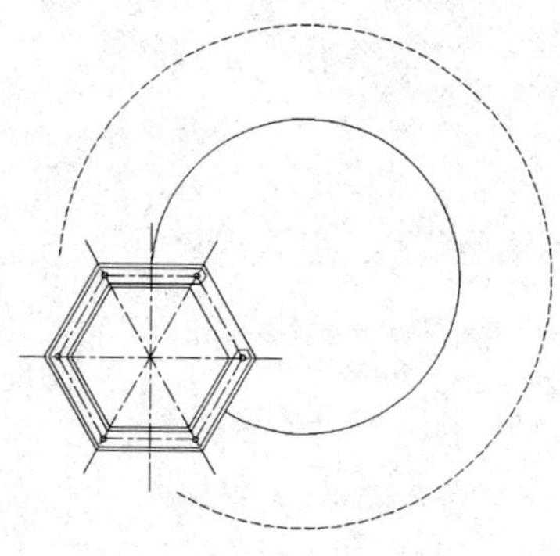

图14-243 绘制驳岸线

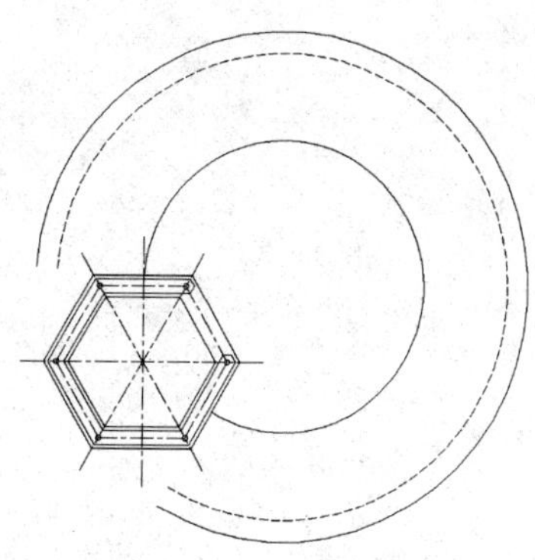

图14-244 偏移驳岸线

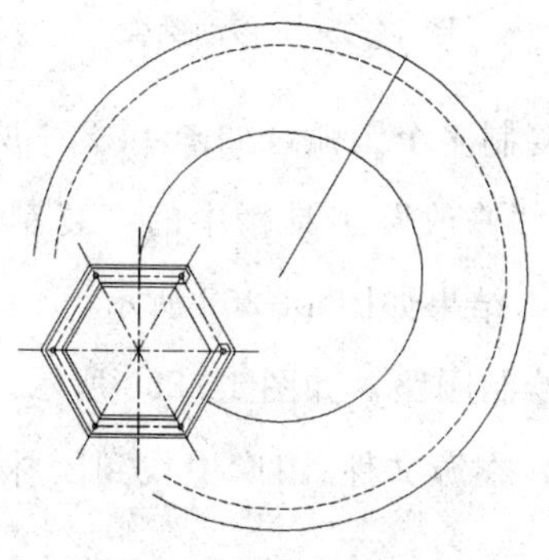

图14-245 绘制斜线

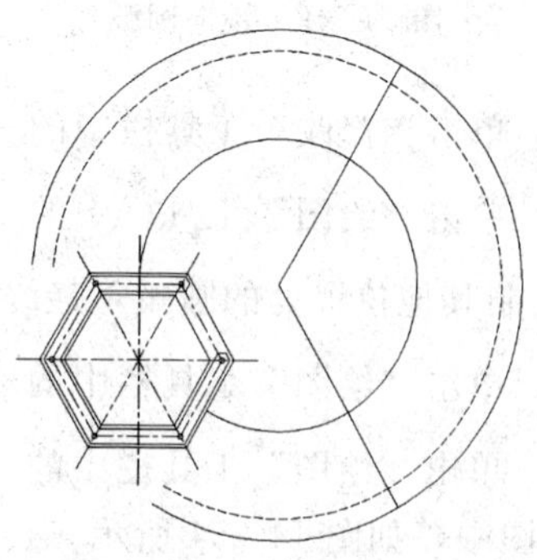

图14-246 旋转复制斜线

22. 单击“修改”工具栏中的“修剪”按钮，修剪掉多余的直线，如图14-247所示。

23. 单击“绘图”工具栏中的“圆弧”按钮，绘制半径为55的圆弧，如图14-248所示。

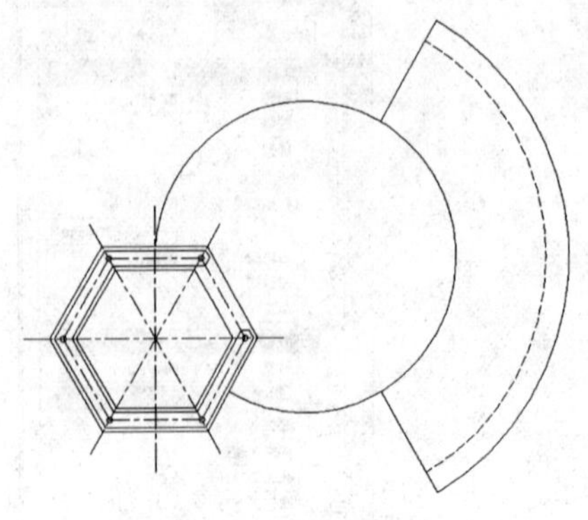

图 14-247 修剪直线

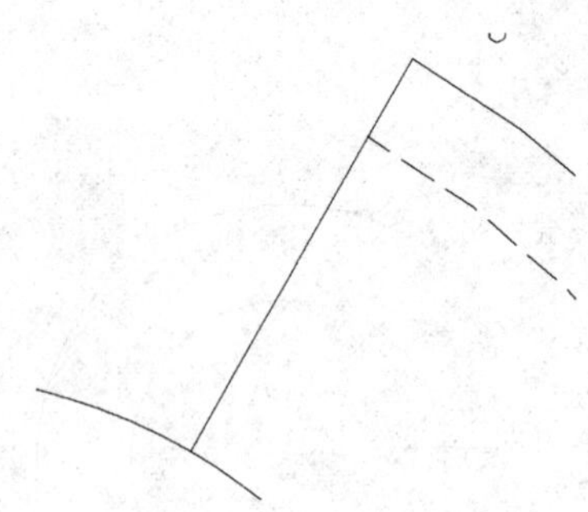

图 14-248 绘制圆弧

24. 单击“修改”工具栏中的“镜像”按钮，将圆弧镜向到另外一侧，如图14-249所示。

25. 单击“修改”工具栏中的“移动”按钮，将镜向后的圆弧向右移动，如图14-250所示。

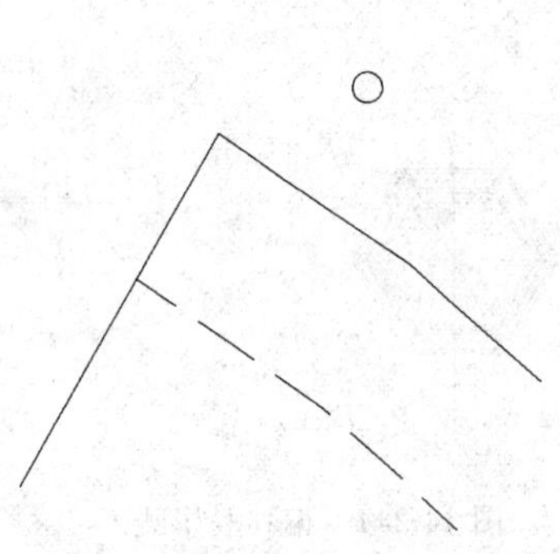

图 14-249 镜向圆弧

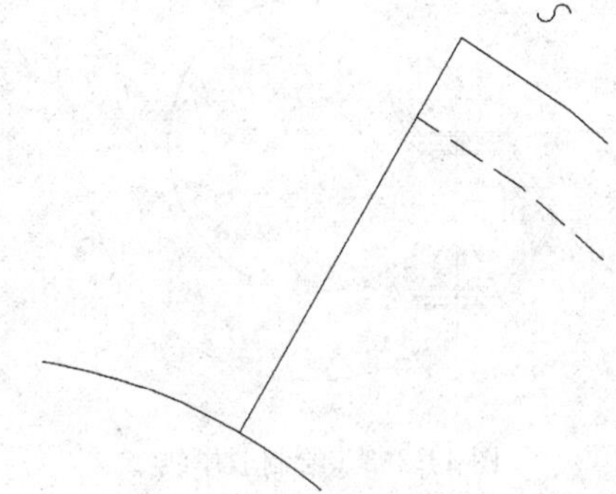

图 14-250 移动圆弧

26. 单击“修改”工具栏中的“复制”按钮，复制多个圆弧，如图14-251所示。

27. 单击“绘图”工具栏中的“圆弧”按钮和“修改”工具栏中的“复制”按钮，绘制其他位置处的圆弧，最终完成人工湖的绘制，结果如图14-252所示。

28. 单击“绘图”工具栏中的“圆弧”按钮，绘制园路，如图14-253所示。

29. 单击“绘图”工具栏中的“插入块”按钮，在源文件/图库中找到园林石将其插入到图中，如图14-254所示。

30. 单击“绘图”工具栏中的“直线”按钮，绘制直线，如图14-255所示。

31. 单击“绘图”工具栏中的“圆”按钮，在直线端点处绘制半径为250的圆，如图14-256所示。

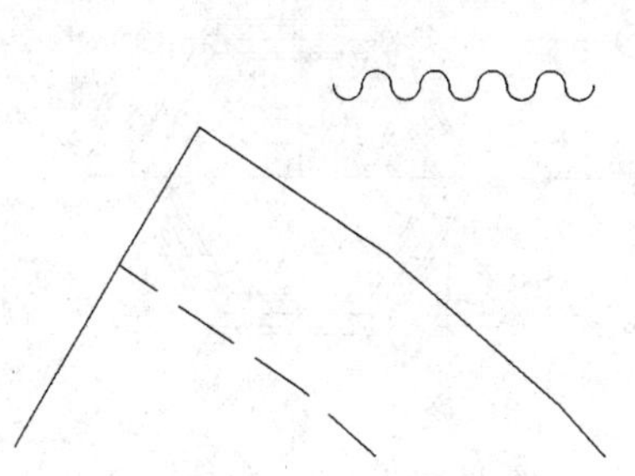

图 14-251　复制圆弧

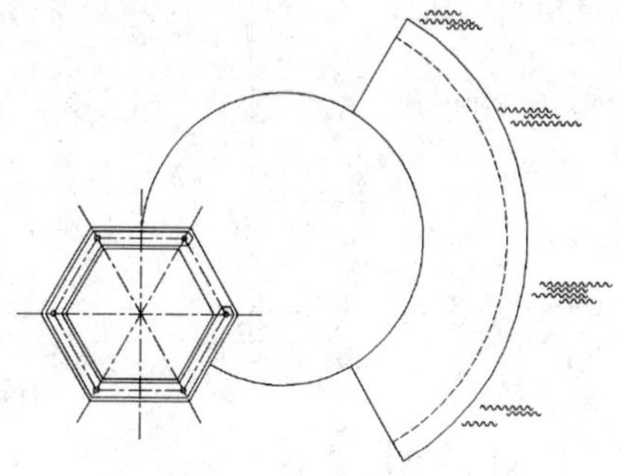

图 14-252　绘制人工湖

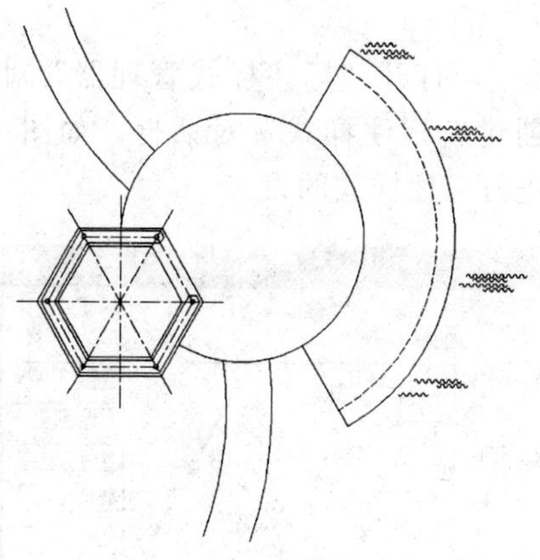

图 14-253 绘制园路

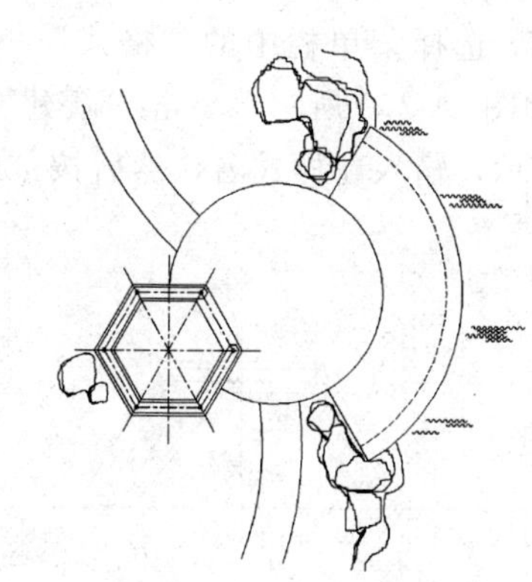

图 14-254　插入园林石

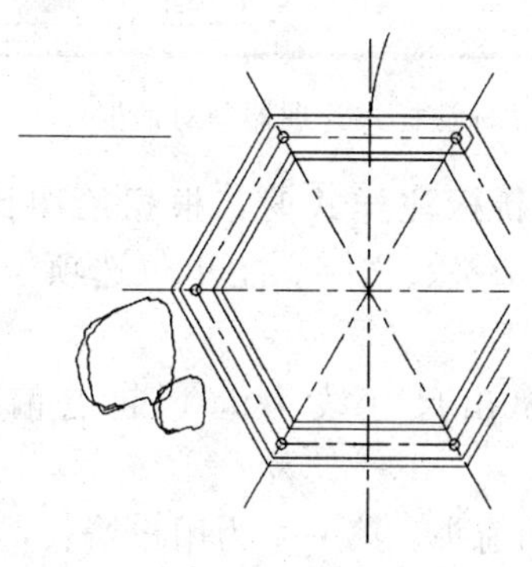

图 14-255 绘制直线

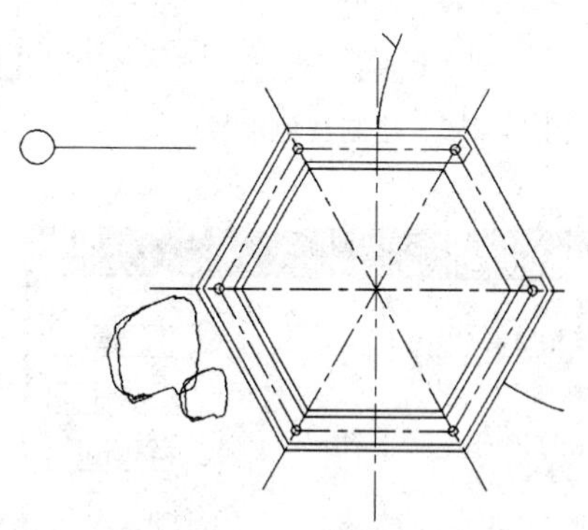

图 14-256　绘制圆

32. 单击“绘图”工具栏中的“多行文字”按钮，在圆内输入文字 C，并设置位置大小为 250，完成轴号的绘制，如图 14-257 所示。

33. 单击“修改”工具栏中的“复制”按钮，将轴号和直线依次向下复制 2078 和 2078，然后双击文字修改文字内容，结果如图 14-258 所示。

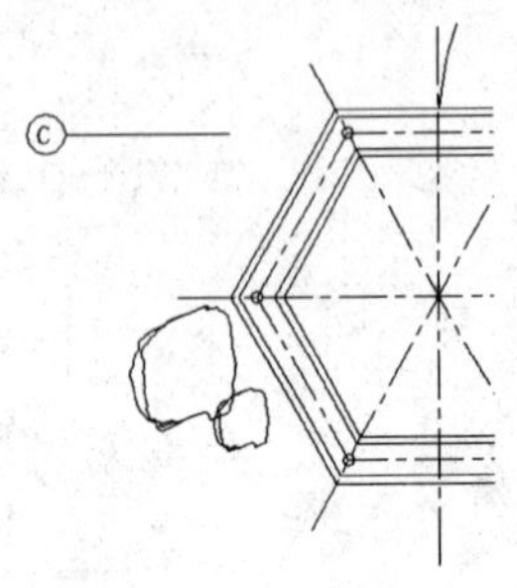

图 14-257　绘制轴号

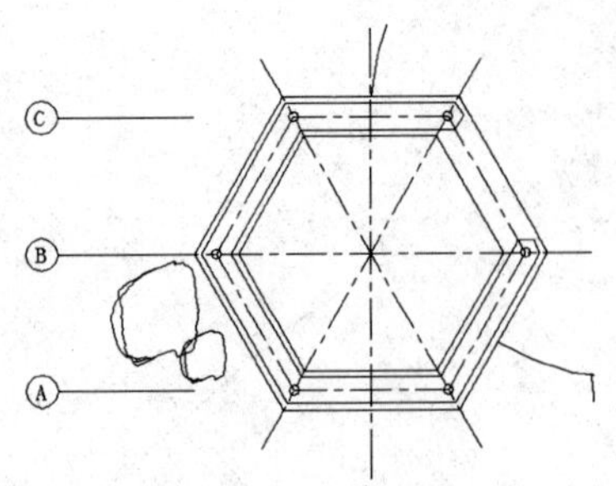

图 14-258　复制轴号

34. 单击“绘图”工具栏中的“直线”按钮、“圆”按钮和“多行文字”按钮，绘制其他轴号，如图 14-259 所示。

35. 选择菜单栏中的“格式”→“标注样式”命令，打开“标注样式管理器”对话框，如图 14-260 所示，单击“新建”按钮，打开“创建新标注样式”对话框，如图 14-261 所示，输入新样式名，然后按“继续”按钮，来进行标注样式的设置。

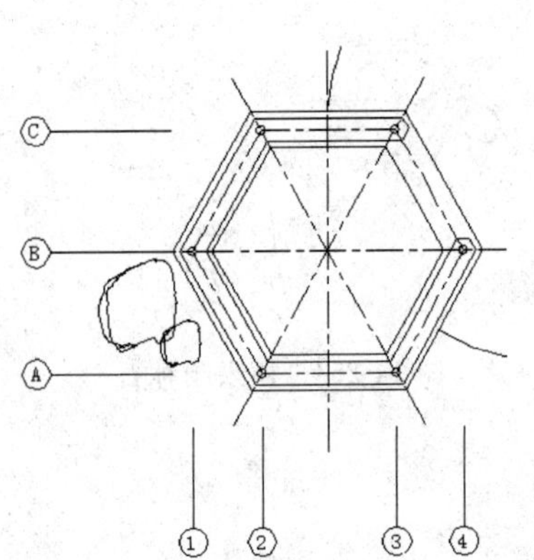

图 14-259　绘制其他轴号

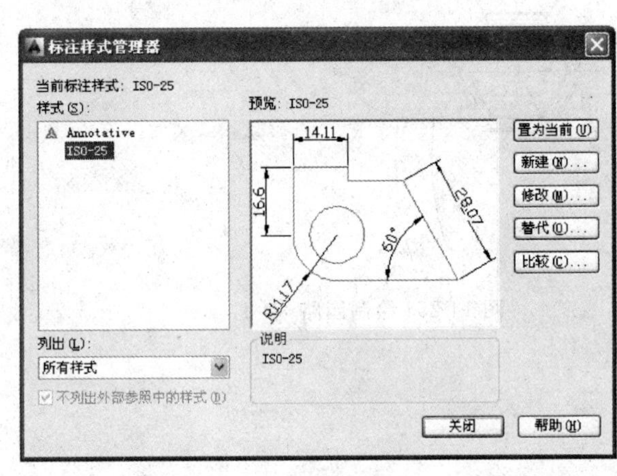

图 14-260　“标注样式管理器”对话框

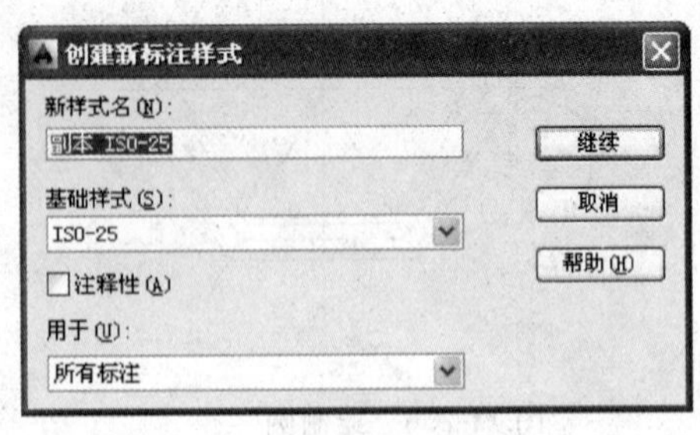

图 14-261　“创建新标注样式”对话框

36. 设置新标注样式时，根据绘图比例，对线、符号和箭头、文字、主单位选项卡进行设置，具体如下：

- 线。超出尺寸线为 50，起点偏移量为 50。
- 符号和箭头。第一个为用户箭头，选择建筑标记，箭头大小为 100。
- 文字。文字高度为 250，文字位置为垂直上，文字对齐为与尺寸线对齐。
- 主单位。精度为 0。

37. 单击“标注”工具栏中的“线性”按钮、“连续”按钮和“对齐”按钮，为图形标注第一道尺寸，如图 14-262 所示。

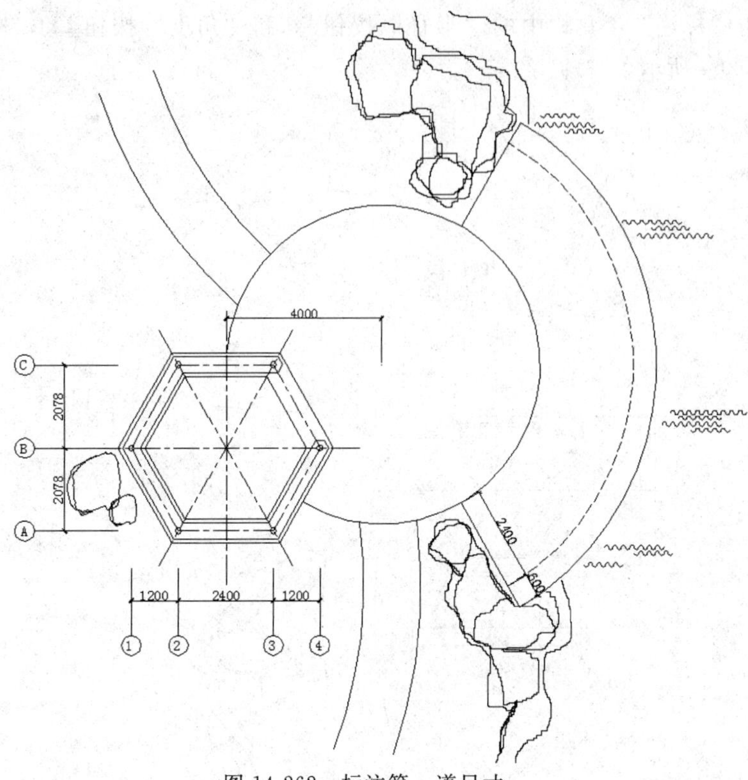

图 14-262 标注第一道尺寸

38. 单击“标注”工具栏中的“线性”按钮，标注总尺寸，如图 14-263 所示。

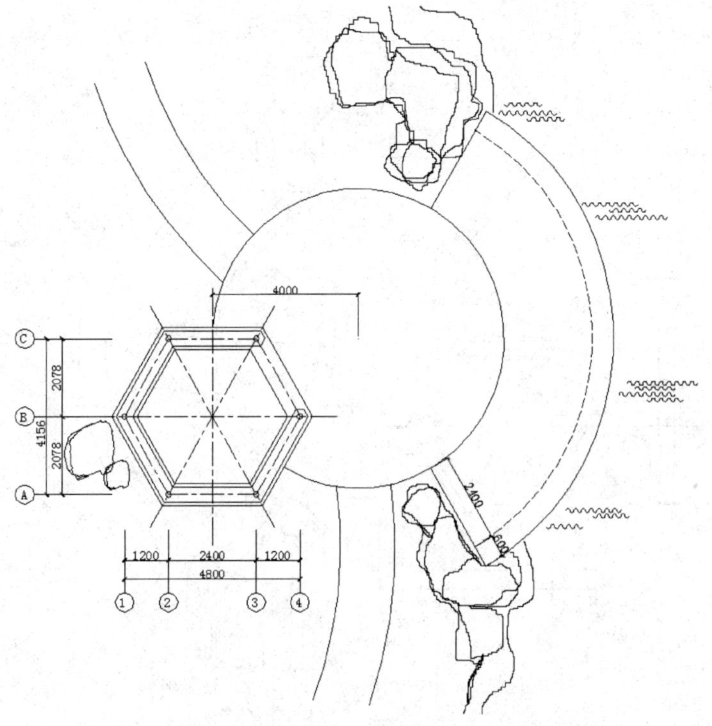

图 14-263 标注总尺寸

39. 单击“标注”工具栏中的“半径”按钮和“角度”按钮，标注剩余尺寸，结果如图 14-264 所示。

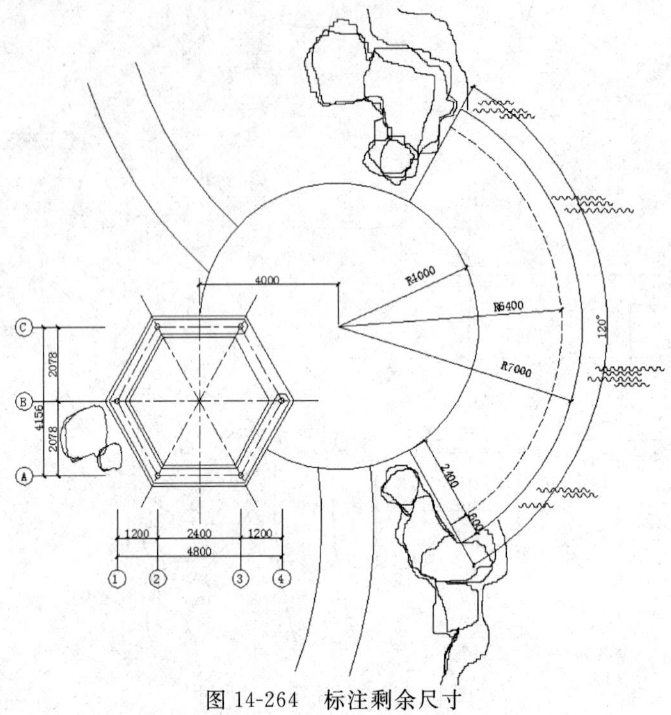

图 14-264　标注剩余尺寸

40. 单击“绘图”工具栏中的“直线”按钮，绘制标高符号，如图 14-265 所示。

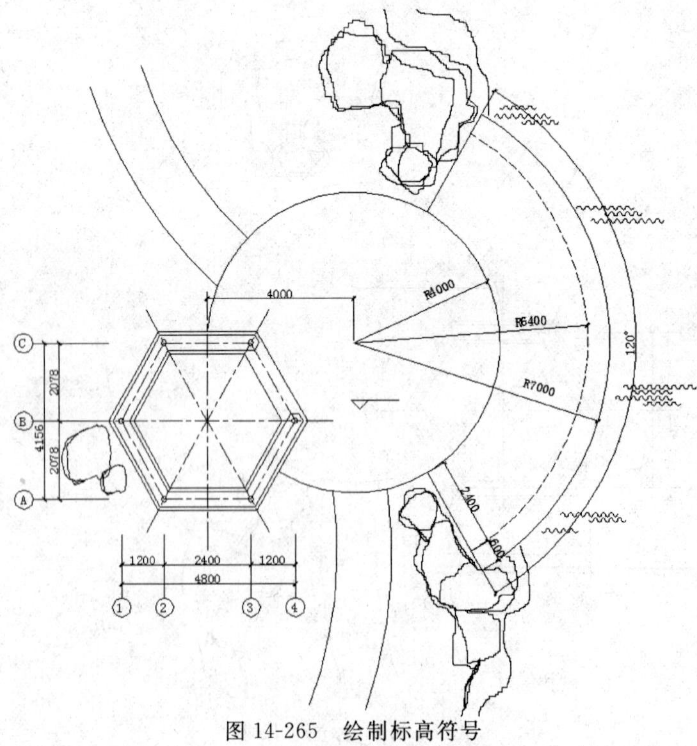

图 14-265　绘制标高符号

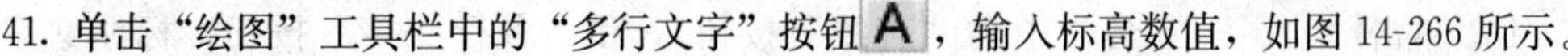

41. 单击“绘图”工具栏中的“多行文字”按钮，输入标高数值，如图14-266所示。

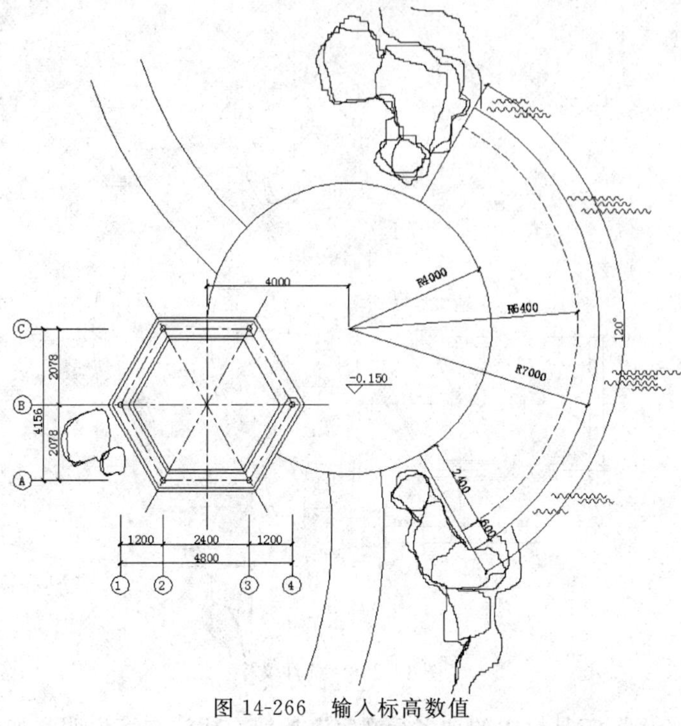

图14-266　输入标高数值

42. 单击“修改”工具栏中的“复制”按钮，将标高符号和标高数值复制到图中其他位置处，然后双击文字，修改文字内容，结果如图14-267所示。

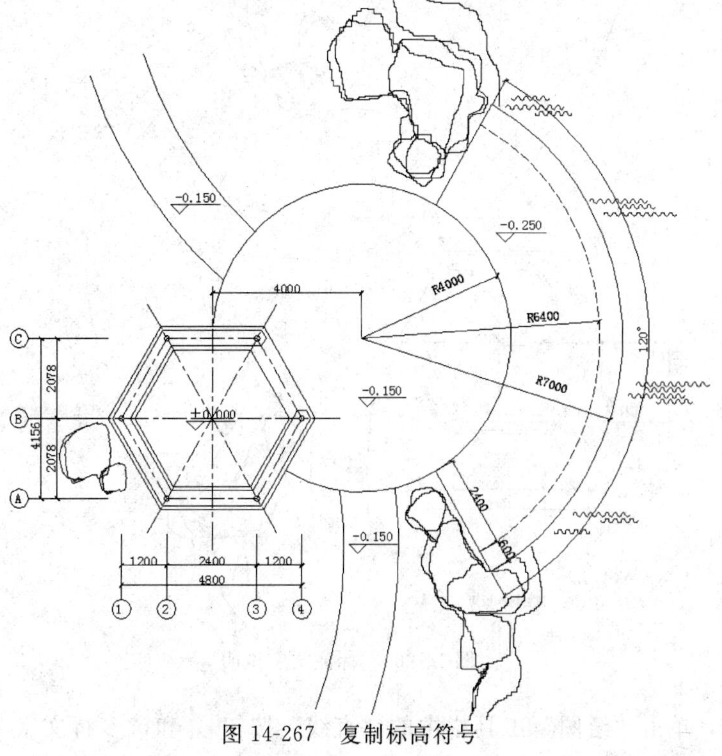

图14-267　复制标高符号

43. 单击“绘图”工具栏中的“直线”按钮和“多行文字”按钮，标注文字，如图 14-268 所示。

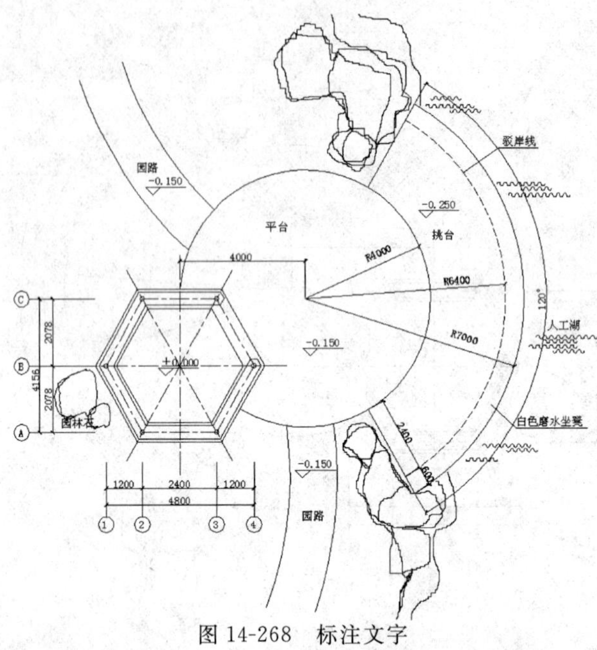

图 14-268　标注文字

44. 单击“绘图”工具栏中的“多行文字”按钮，标注文字说明，如图 14-269 所示。

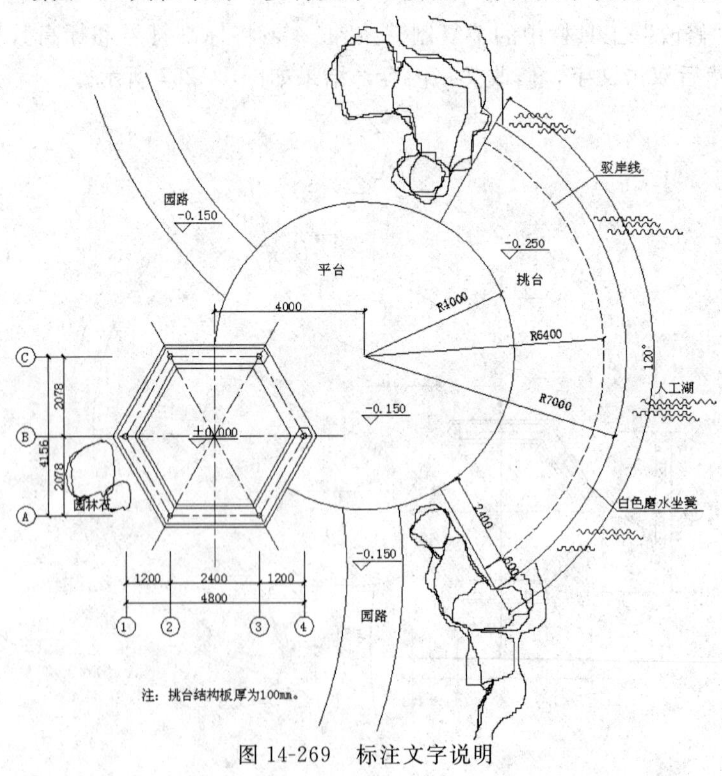

图 14-269　标注文字说明

45. 同理，单击“绘图”工具栏中的“直线”按钮和“多行文字”按钮，标注图名，如图 14-224 所示。

46. 六角亭平面图的绘制方法与平台结构平面图的绘制方法类似，这里不再赘述，结果如图 14-270 所示。

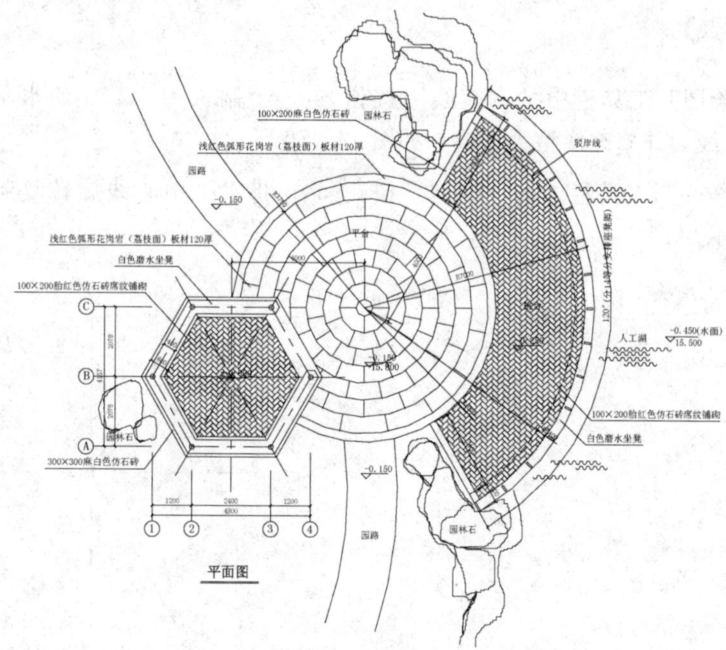

图 14-270　六角亭平面图

14.3.2　天面平面图

本节绘制如图 14-271 所示的天面平面图。

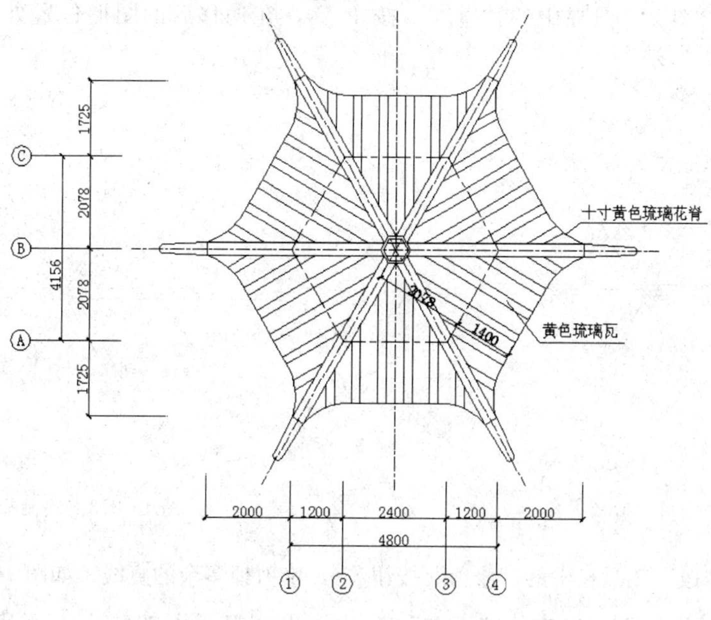

图 14-271　天面平面图

光盘\动画演示\第14章\天面平面图.avi

【操作步骤】

1. 单击“绘图”工具栏中的“直线”按钮，绘制长为12295的水平直线和长为10835的竖直直线，并修改线型为虚线，如图14-272所示。

2. 单击“修改”工具栏中的“旋转”按钮，将水平中心线旋转复制60°和120°，如图14-273所示。

图14-272 绘制中心线

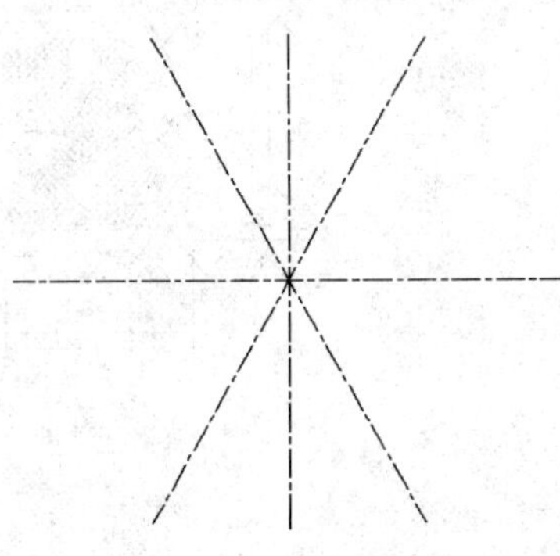

图14-273 旋转复制中心线

3. 单击“修改”工具栏中的“偏移”按钮，将水平中心线和两条斜中心线分别向两侧偏移150，并将偏移后的虚线修改为实线，结果如图14-274所示。

4. 单击“绘图”工具栏中的“直线”按钮，在偏移后的图形位置处绘制六条短直线，如图14-275所示。

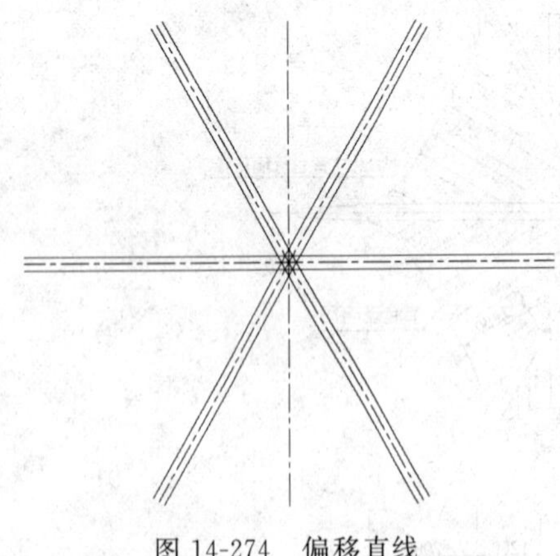

图14-274 偏移直线

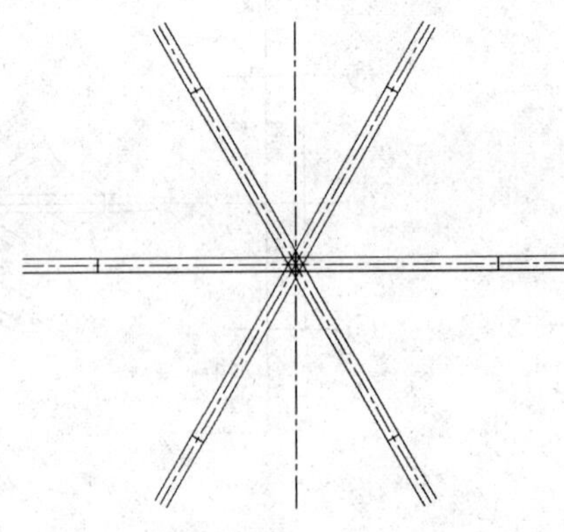

图14-275 绘制短直线

5. 单击“修改”工具栏中的“修剪”按钮，修剪掉多余的直线，如图14-276所示。

6. 单击“绘图”工具栏中的“直线”按钮和“圆弧”按钮，绘制琉璃花翘角，如图14-277所示。

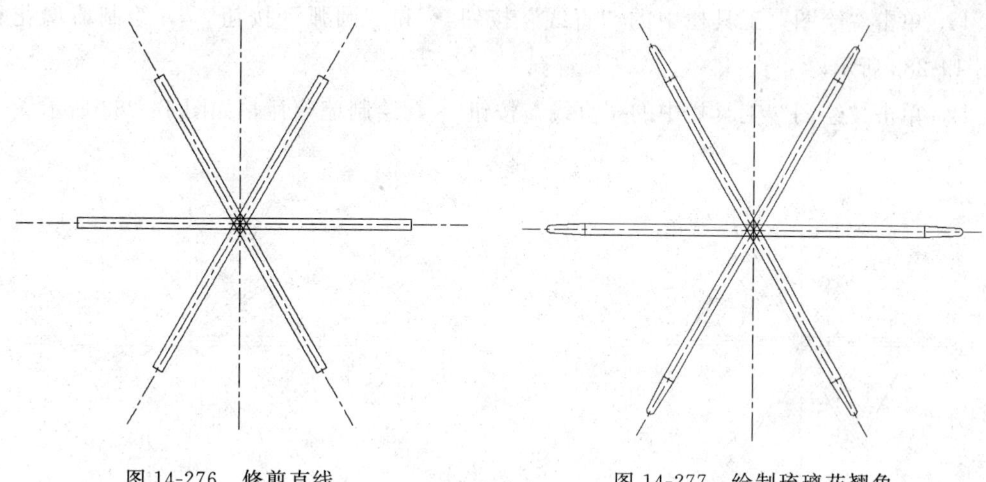
图 14-276 修剪直线　　图 14-277 绘制琉璃花翘角

7. 单击“绘图”工具栏中的“多边形”按钮，绘制六边形，如图 14-278 所示。

8. 单击“修改”工具栏中的“偏移”按钮，将六边形向外偏移 50，如图 14-279 所示。

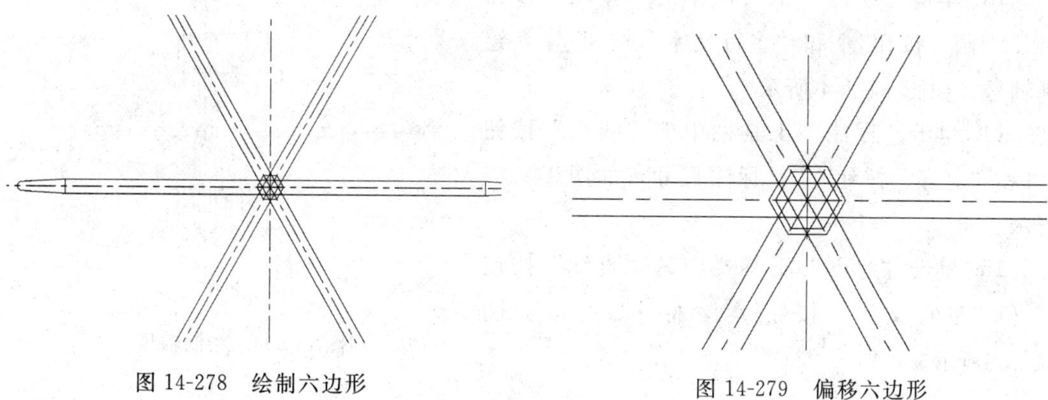
图 14-278 绘制六边形　　图 14-279 偏移六边形

9. 单击“修改”工具栏中的“修剪”按钮，修剪掉多余的直线，完成琉璃宝顶的绘制，如图 14-280 所示。

10. 单击“绘图”工具栏中的“多边形”按钮，绘制一个较大的六边形，并将线型设置为 CENTER，如图 14-281 所示。

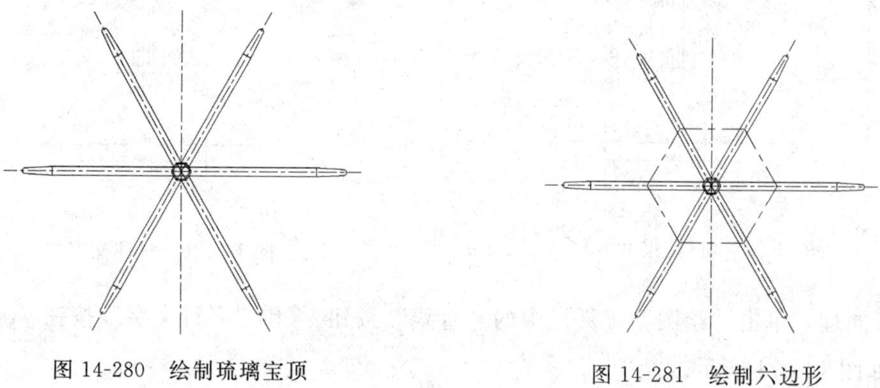
图 14-280 绘制琉璃宝顶　　图 14-281 绘制六边形

11. 单击“绘图”工具栏中的“直线”按钮和“圆弧”按钮，绘制琉璃花脊，如图 14-282 所示。

12. 单击“绘图”工具栏中的“直线”按钮，绘制琉璃瓦，如图 14-283 所示。

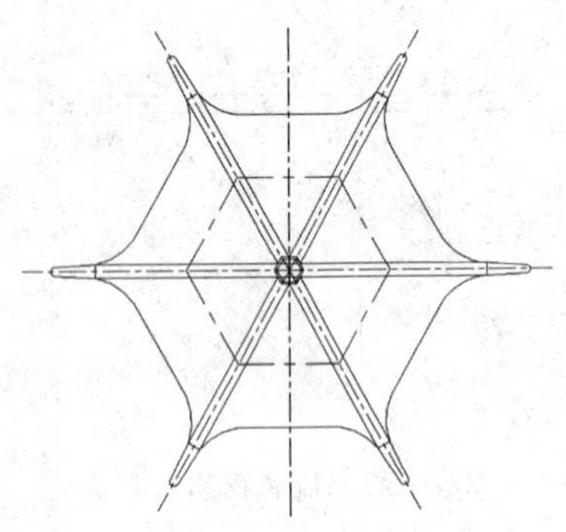

图 14-282　绘制琉璃花脊

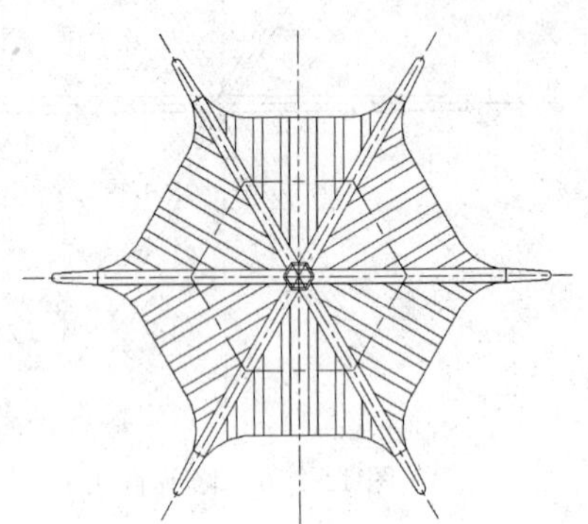

图 14-283　绘制琉璃瓦

13. 单击“绘图”工具栏中的“直线”按钮、“圆”按钮和“多行文字”按钮，绘制轴号，如图 14-284 所示。

14. 单击“标注”工具栏中的“线性”按钮和“对齐”按钮，标注尺寸，如图 14-285 所示。

15. 单击“绘图”工具栏中的“直线”按钮和“多行文字”按钮，标注文字，如图 14-286所示。

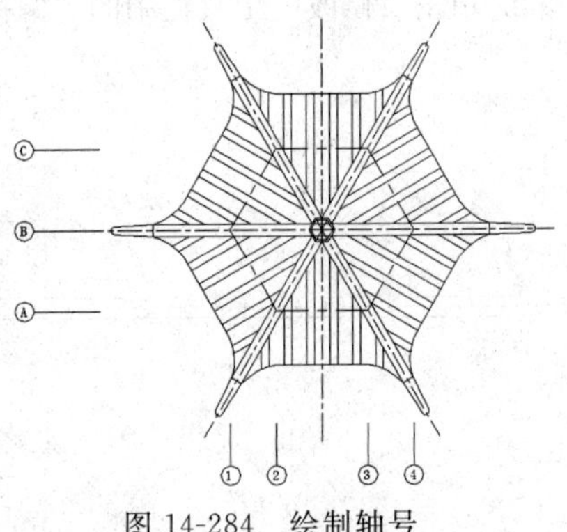

图 14-284　绘制轴号

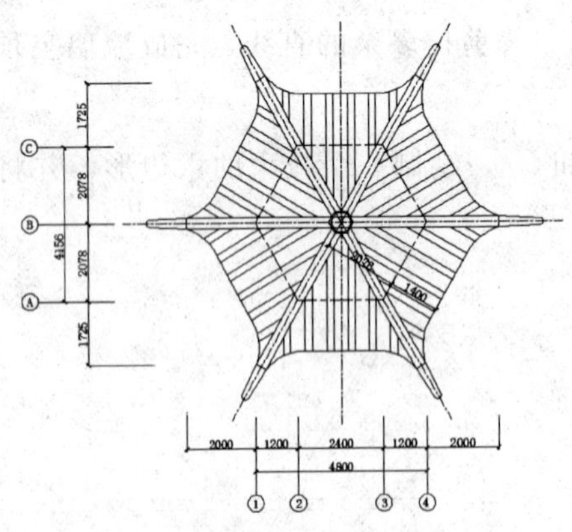

图 14-285　标注尺寸

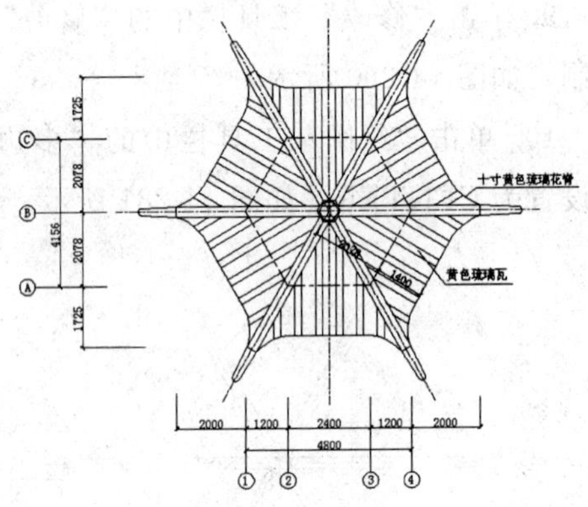

图 14-286　标注文字

16. 同理，单击“绘图”工具栏中的“直线”按钮和“多行文字”按钮，标注图名，如图 14-271 所示。

14.3.3 立面图

本节绘制如图 14-287 所示的立面图。

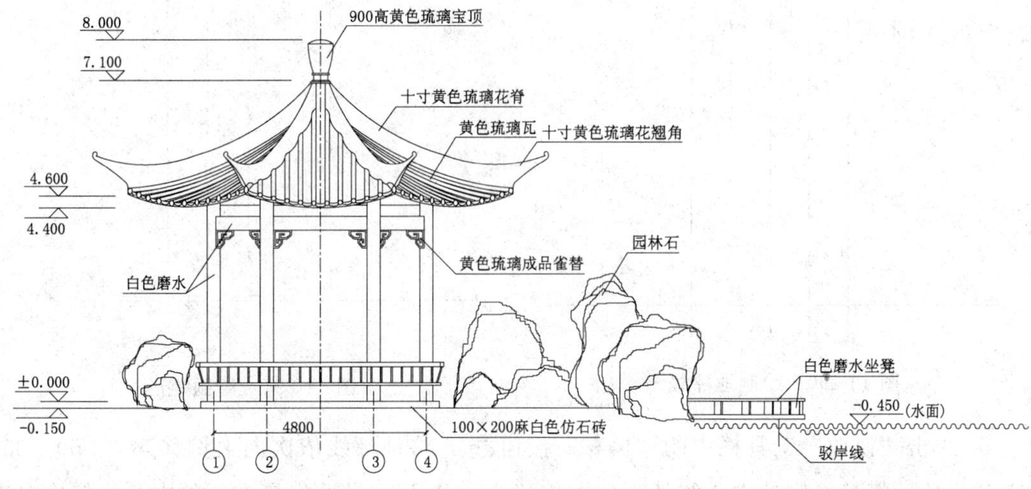

图 14-287 立面图

光盘 \ 动画演示 \ 第 14 章 \ 立面图 .avi

【操作步骤】

1. 单击“绘图”工具栏中的“直线”按钮，绘制一条长为 9761 的竖直中心线，并修改线型为虚线，如图 14-288 所示。

2. 单击“修改”工具栏中的“偏移”按钮，将中心线向右依次偏移 1200 和 1200，然后再向左偏移 1200 和 1200，结果如图 14-289 所示。

图 14-288 绘制中心线　　图 14-289 偏移中心线

3. 单击“绘图”工具栏中的“直线”按钮，绘制地坪线，如图 14-290 所示。

4. 单击“绘图”工具栏中的“矩形”按钮，绘制长 5400，宽 150 的矩形，如图 14-291 所示。

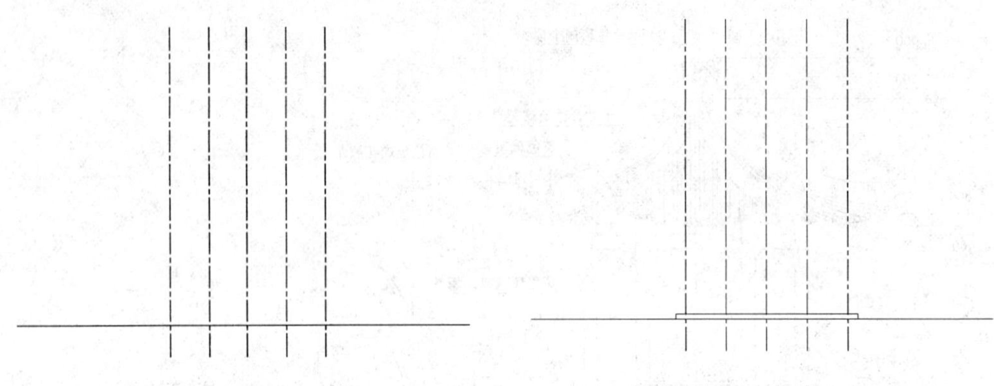

图 14-290　绘制地坪线　　图 14-291　绘制矩形

5. 单击“修改”工具栏中的“偏移”按钮，将地坪线依次向上偏移 500、60、350 和 100，然后将最左侧的中心线依次向左偏移 330 和 70，最后将最右侧的中心线依次向右偏移 330 和 70，并将偏移的虚线修改为实线，结果如图 14-292 所示。

6. 单击“修改”工具栏中的“修剪”按钮，修剪掉多余的直线，如图 14-293 所示。

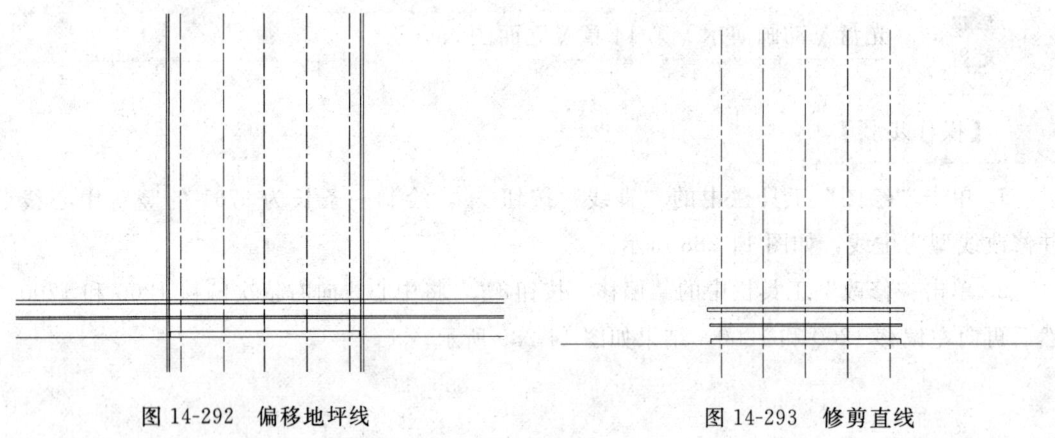

图 14-292　偏移地坪线　　图 14-293　修剪直线

7. 单击“绘图”工具栏中的“直线”按钮，在图形左侧绘制一条短直线和一条斜线，如图 14-294 所示。

8. 单击“修改”工具栏中的“偏移”按钮，将斜线向右偏移 28，然后单击“修改”工具栏中的“修剪”按钮，修剪掉多余的直线，如图 14-295 所示。

9. 单击“修改”工具栏中的“镜像”按钮，将左侧图形镜向到另外一侧，如图 14-296 所示。

10. 单击“绘图”工具栏中的“直线”按钮，绘制一条竖直直线，如图 14-297 所示。

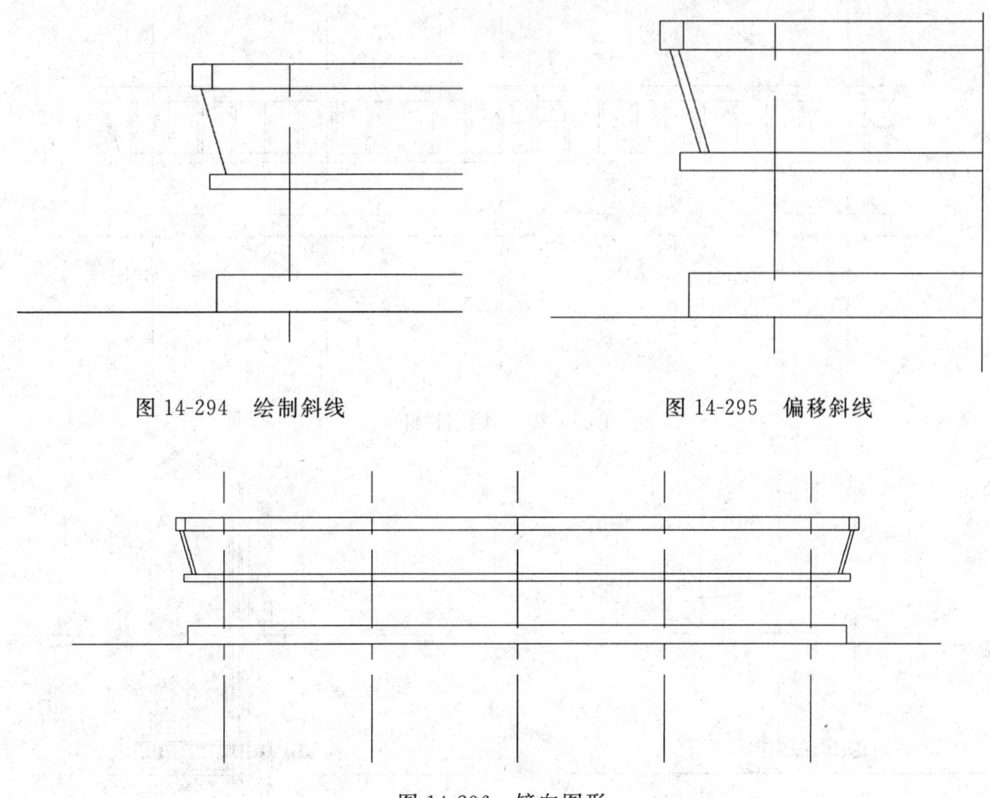

图 14-294 绘制斜线　　图 14-295 偏移斜线

图 14-296 镜向图形

11. 单击“修改”工具栏中的“偏移”按钮，将竖直直线向右偏移 30，如图 14-298 所示。

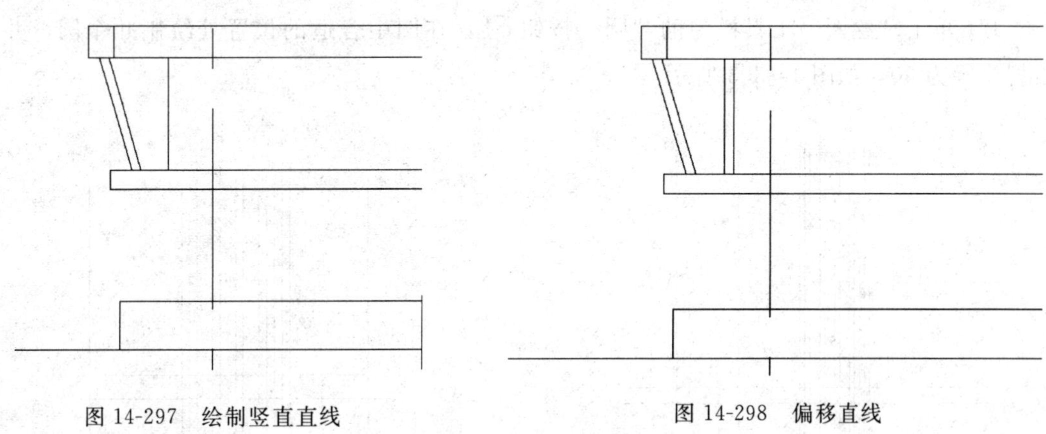

图 14-297 绘制竖直直线　　图 14-298 偏移直线

12. 单击“修改”工具栏中的“复制”按钮，将两条竖直直线依次向右进行复制，设置间距为 200，完成栏杆的绘制，如图 14-299 所示。

13. 单击“修改”工具栏中的“偏移”按钮，将地坪线向上偏移 3950 和 300，如图 14-300 所示，然后将中间的中心线向左依次偏移 100、100、200、100、200、100、200、100、200 和 100，并将偏移后的虚线修改为实线，如图 14-301 所示。

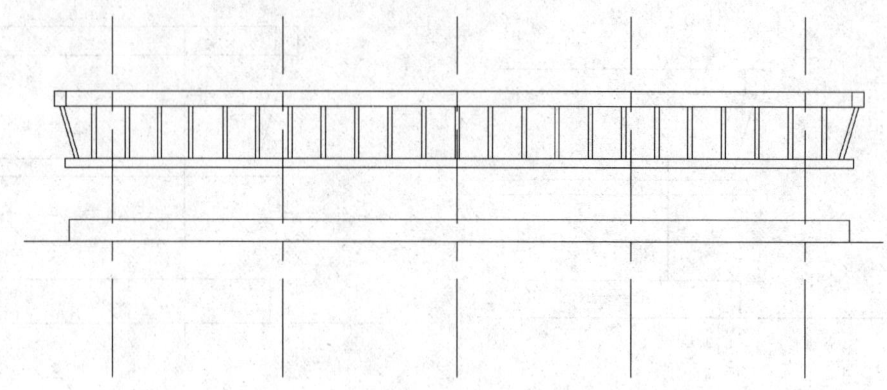

图 14-299　绘制栏杆

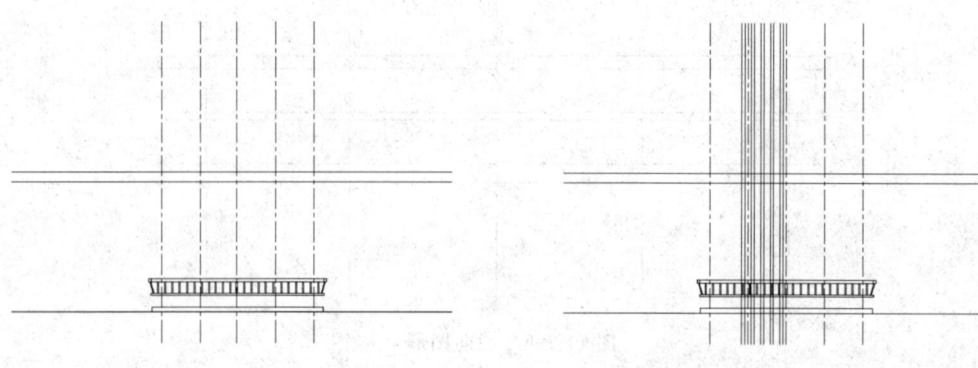

图 14-300　偏移地坪线　　　　图 14-301　偏移中心线

14. 单击“绘图”工具栏中的“圆弧”按钮，绘制几段圆弧，如图 14-302 所示。

15. 单击“绘图”工具栏中的“圆”按钮，在图中合适的位置处绘制几个圆，并设置半径为 50，如图 14-303 所示。

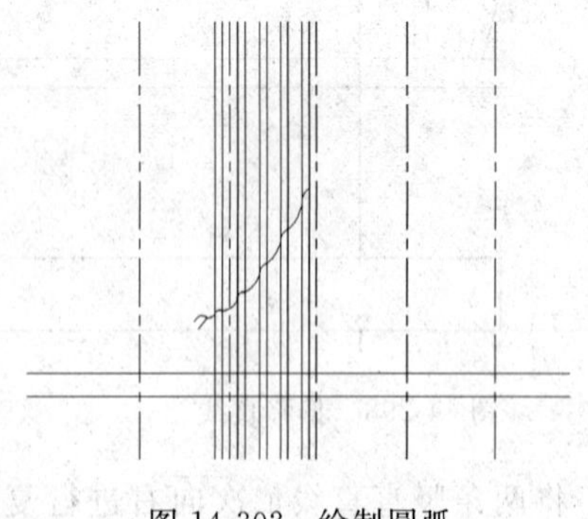

图 14-302　绘制圆弧

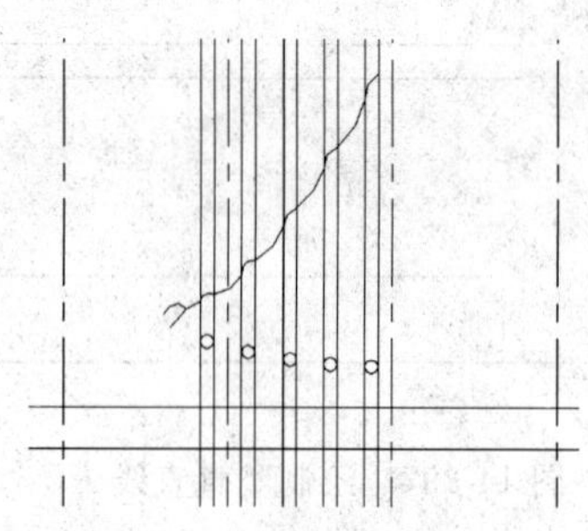

图 14-303　绘制圆

16. 单击“绘图”工具栏中的“椭圆”按钮，绘制椭圆，如图 14-304 所示。

17. 单击“绘图”工具栏中的“圆弧”按钮，在圆的连接处绘制圆弧，如图14-305 所示。

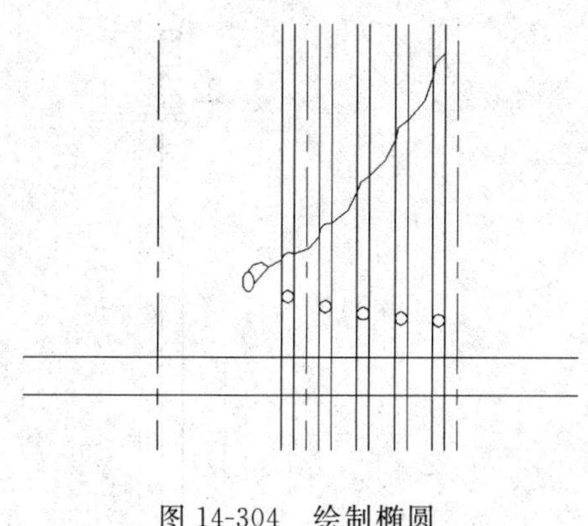

图 14-304　绘制椭圆

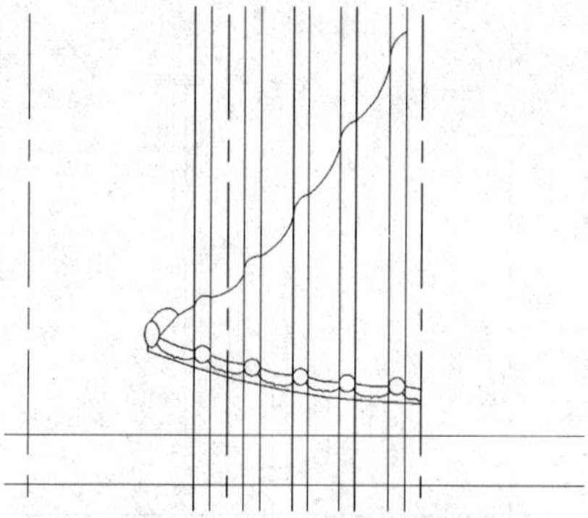

图 14-305　绘制圆弧

18. 单击“修改”工具栏中的“修剪”按钮，修剪掉多余的直线，如图 14-306 所示。

19. 单击“绘图”工具栏中的“矩形”按钮，绘制两个矩形，尺寸分别为 453×32 和 389×32，结果如图 14-307 所示。

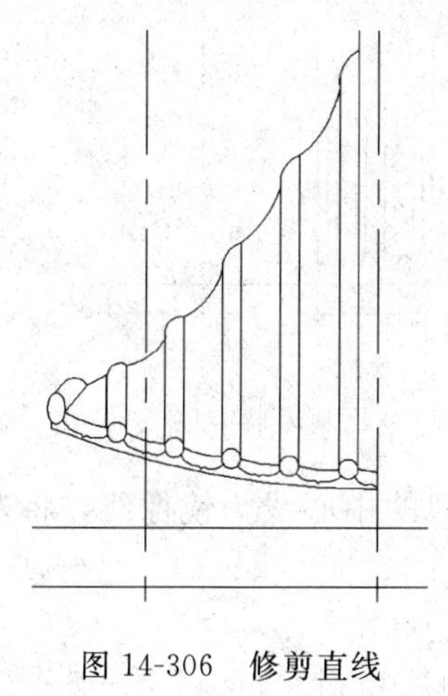

图 14-306　修剪直线

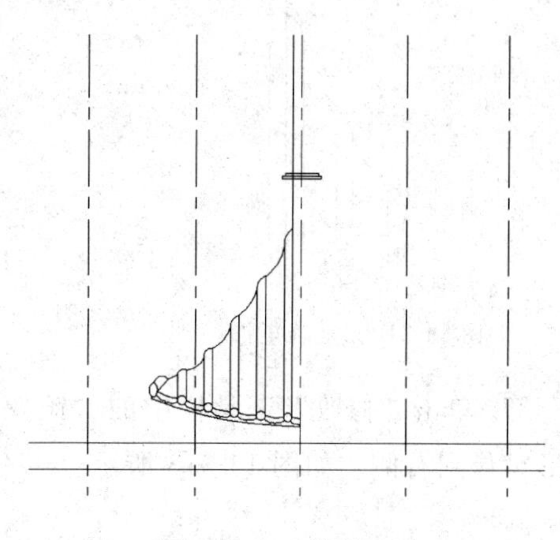

图 14-307　绘制矩形

20. 单击“修改”工具栏中的“修剪”按钮，修剪掉多余的直线，如图 14-308 所示。

21. 单击“绘图”工具栏中的“直线”按钮，在矩形的上侧绘制两条长为 120 的竖直直线，并设置该竖直直线距小矩形两边间距为 32，结果如图 14-309 所示。

22. 单击“修改”工具栏中的“复制”按钮，将较小的矩形向上进行复制，如图 14-310 所示。

23. 单击“绘图”工具栏中的“直线”按钮和“圆弧”按钮，绘制琉璃宝顶，如图 14-311 所示。

24. 单击“绘图”工具栏中的“圆弧”按钮和“样条曲线”按钮，绘制琉璃花脊和花翘角，如图 14-312 所示。

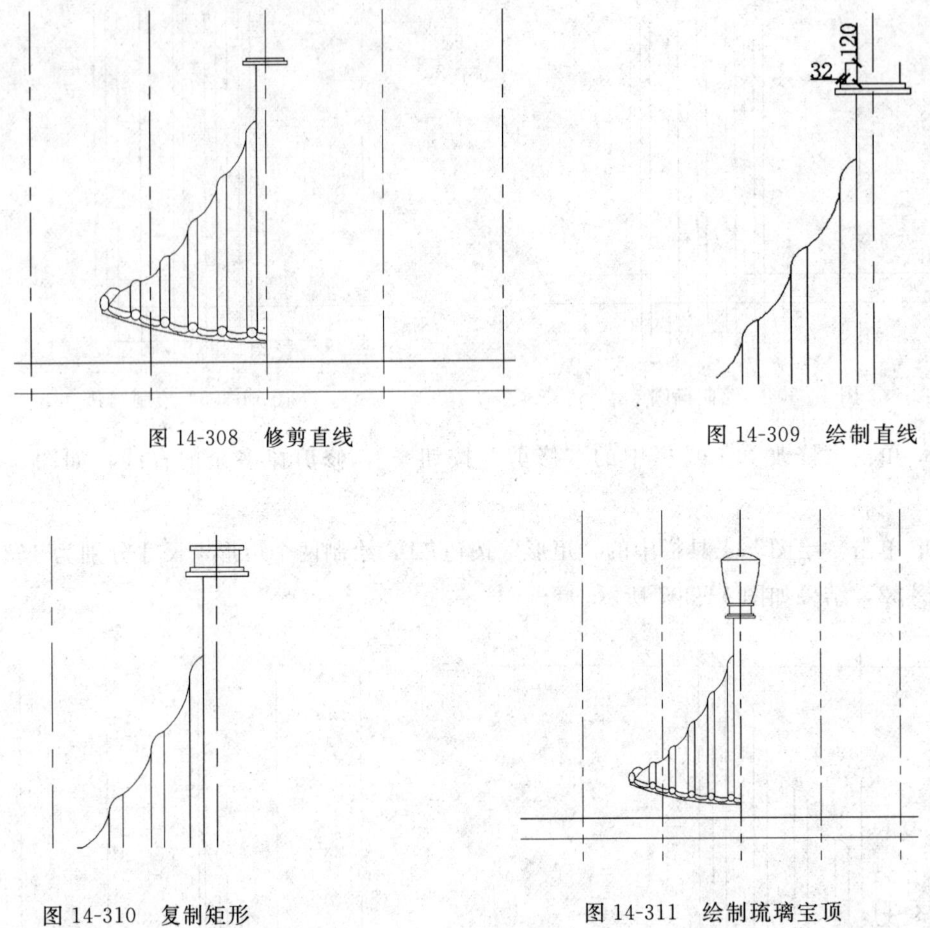

图 14-308　修剪直线

图 14-309　绘制直线

图 14-310　复制矩形

图 14-311　绘制琉璃宝顶

25. 单击“修改”工具栏中的“镜像”按钮，以中间的中心线为镜像线，将左侧图形镜像到右侧，如图 14-313 所示。

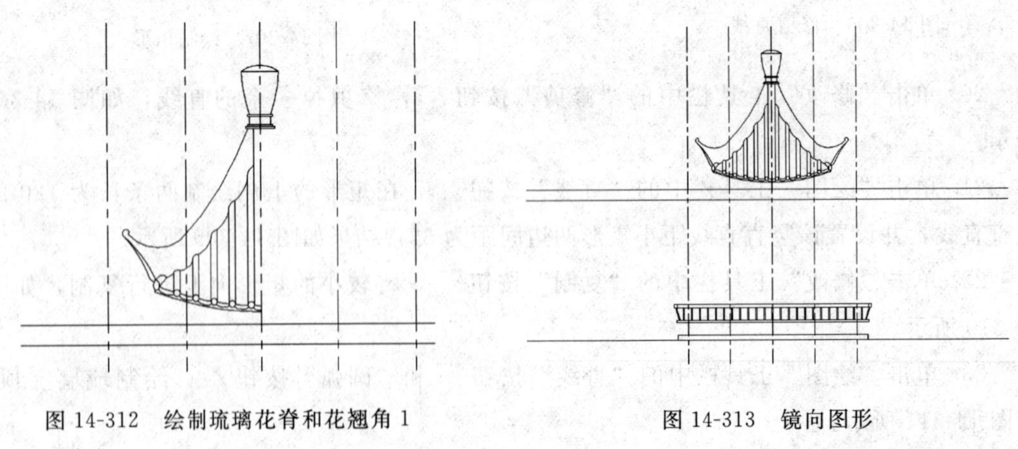

图 14-312　绘制琉璃花脊和花翘角 1

图 14-313　镜向图形

26. 单击“绘图”工具栏中的“圆弧”按钮和“样条曲线”按钮，绘制琉璃花脊和花翘角，如图 14-314 所示。

27. 单击“绘图”工具栏中的“圆弧”按钮和“修剪”按钮，绘制琉璃瓦，如图 14-315 所示。

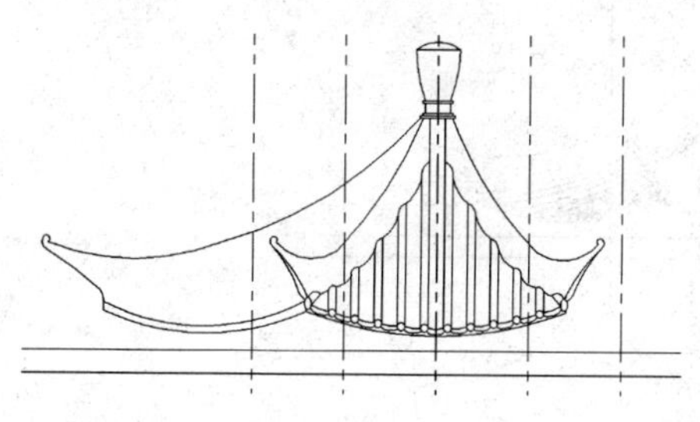

图 14-314 绘制琉璃花脊和花翘角 2

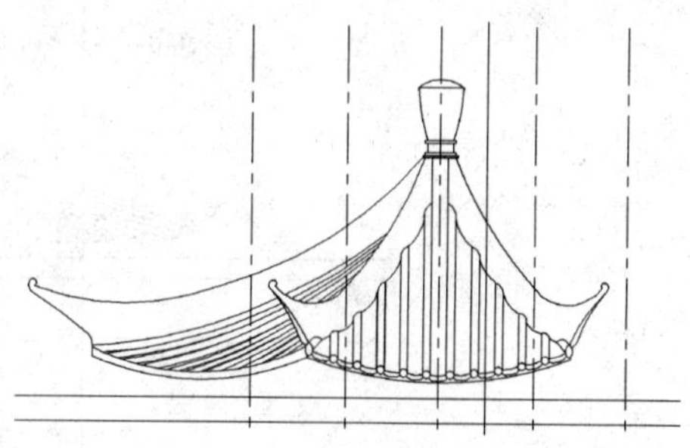

图 14-315 绘制琉璃瓦

28. 单击“绘图”工具栏中的“椭圆”按钮，绘制多个椭圆，然后单击“修改”工具栏中的“修剪”按钮，修剪掉多余的直线，如图 14-316 所示。

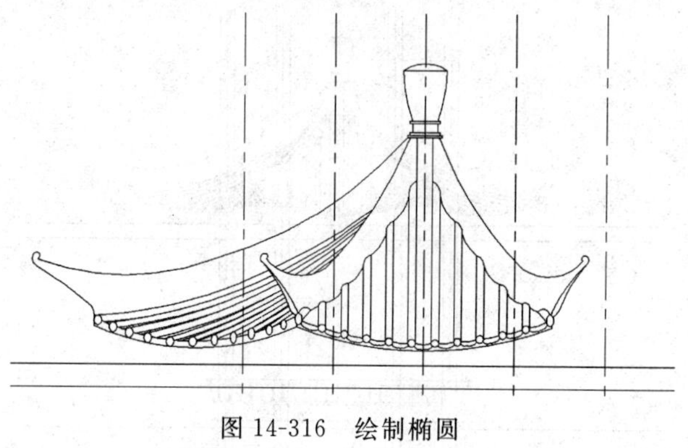

图 14-316 绘制椭圆

29. 单击“绘图”工具栏中的“圆弧”按钮，在椭圆处绘制几段圆弧，如图14-317 所示。

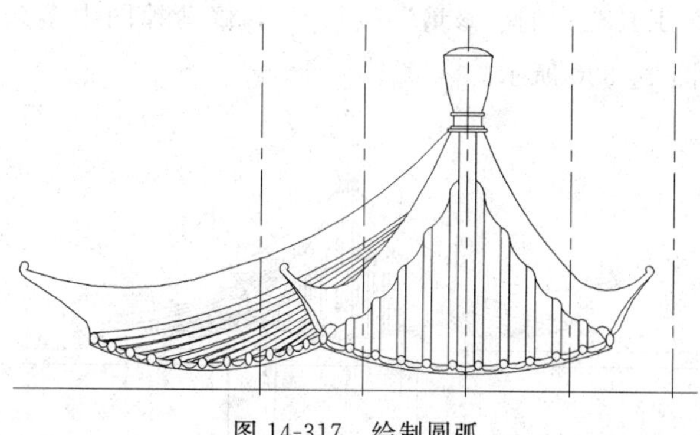

图 14-317 绘制圆弧

30. 单击“修改”工具栏中的“镜像”按钮，以中间的中心线为镜像线，将左侧图形镜像到右侧，结果如图 14-318 所示。

31. 单击“修改”工具栏中的“偏移”按钮，将最左边的中心线向左偏移 150，然后向右依次偏移 150、900、300、2100、300、900 和 300，并将偏移后的虚线修改为实线，结果如图 14-319 所示。

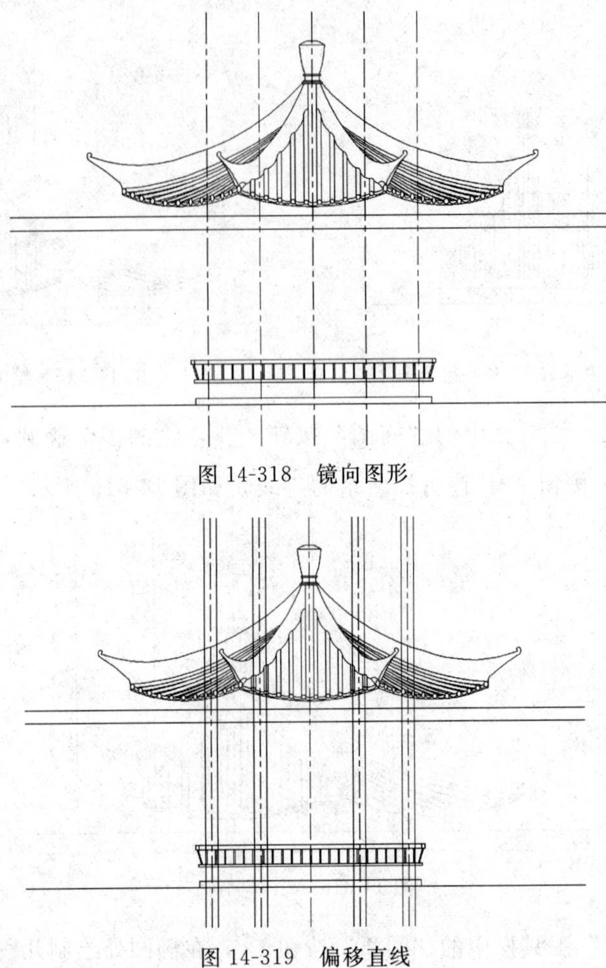

图 14-318　镜向图形

图 14-319　偏移直线

32. 单击“修改”工具栏中的“修剪”按钮，修剪掉图中多余的直线，并修改中心线的长度，结果如图 14-320 所示。

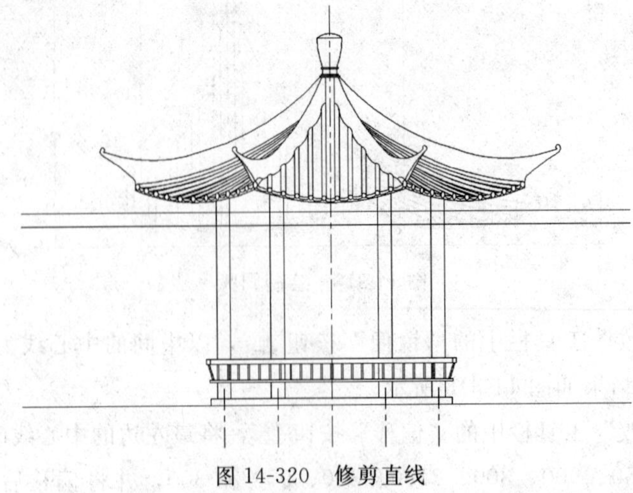

图 14-320　修剪直线

33. 单击“绘图”工具栏中的“直线”按钮 和“修剪”按钮 ，绘制亭顶处的图形，如图 14-321 所示。

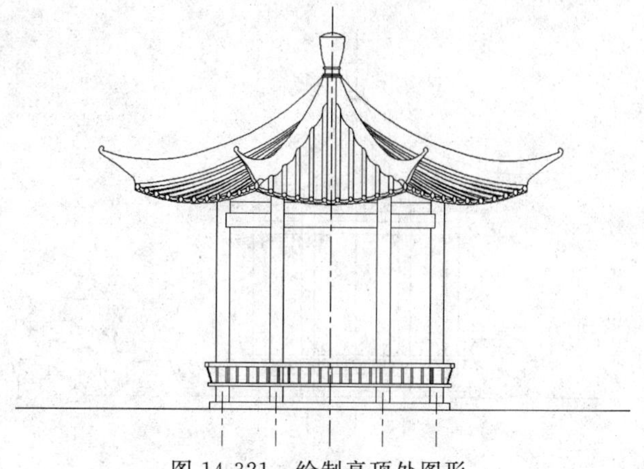

图 14-321 绘制亭顶处图形

34. 单击“绘图”工具栏中的“插入块”按钮 ，将琉璃成品雀替插入到图中，并修改整理图形，结果如图 14-322 所示。

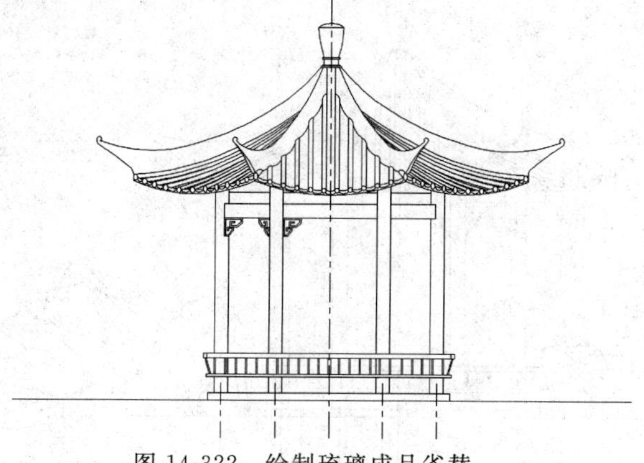

图 14-322 绘制琉璃成品雀替

35. 单击“修改”工具栏中的“镜像”按钮 ，镜像琉璃成品雀替，然后单击“修改”工具栏中的“修剪”按钮 ，修剪掉多余的直线，结果如图 14-323 所示。

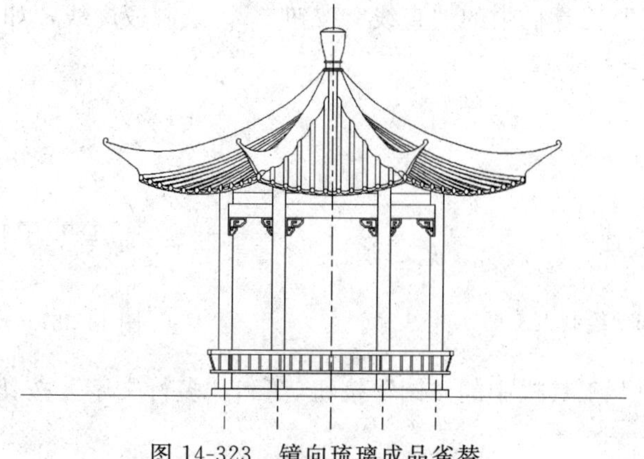

图 14-323 镜向琉璃成品雀替

36. 单击“绘图”工具栏中的“插入块”按钮，将园林石图块插入到图中合适的位置，如图 14-324 所示。

图 14-324 插入园林石

37. 单击“绘图”工具栏中的“直线”按钮，绘制坐凳，如图 14-325 所示。

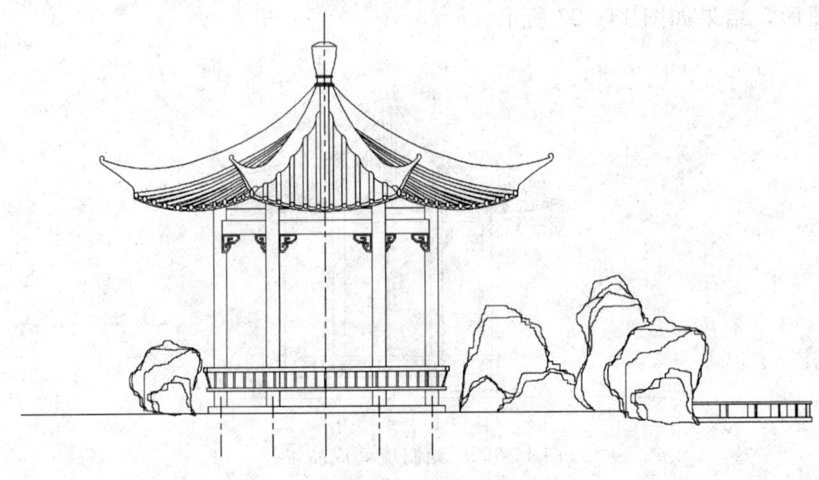

图 14-325 绘制坐凳

38. 单击“绘图”工具栏中的“圆弧”按钮，绘制人工湖，如图 14-326 所示。

39. 单击“绘图”工具栏中的“直线”按钮，绘制驳岸线，如图 14-327 所示。

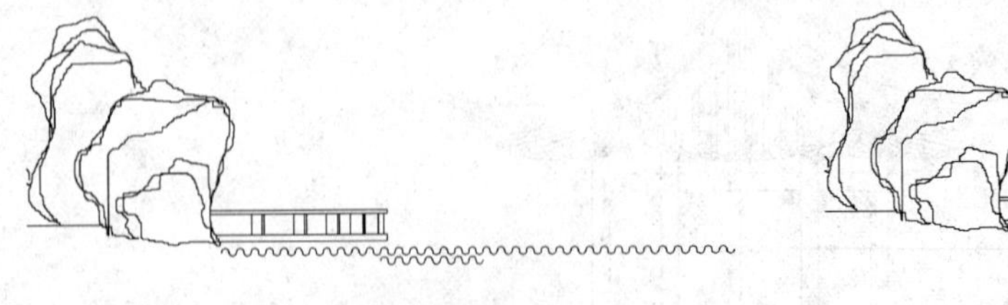

图 14-326 绘制人工湖

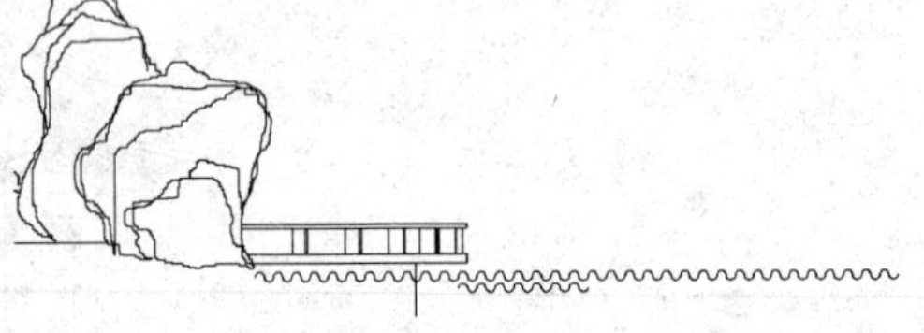

图 14-327 绘制驳岸线

40. 单击“绘图”工具栏中的“圆”按钮和“多行文字”按钮，绘制轴号，如图 14-328 所示。

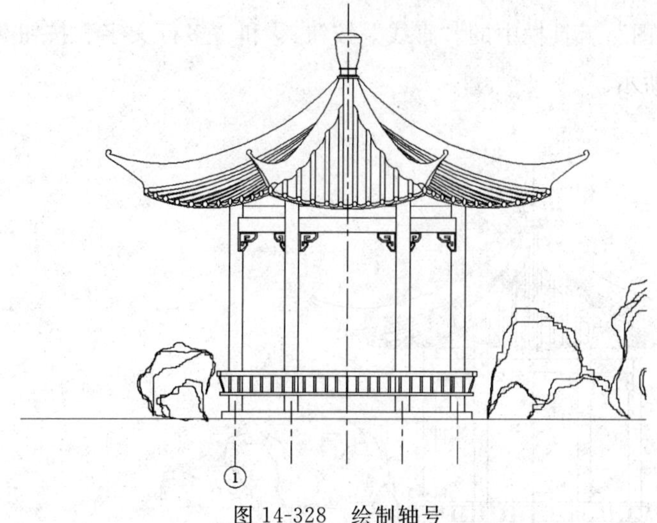

图 14-328　绘制轴号

41. 单击“修改”工具栏中的“复制”按钮，将轴号复制到其他轴线端点处，并修改文字内容，如图 14-329 所示。

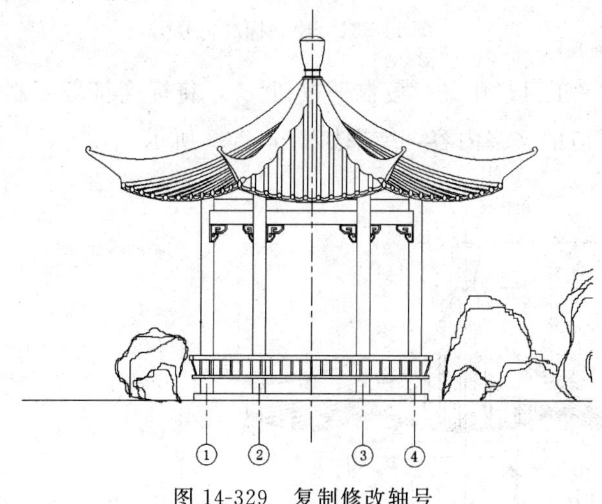

图 14-329　复制修改轴号

42. 单击“标注”工具栏中的“线性”按钮，标注尺寸，如图 14-330 所示。

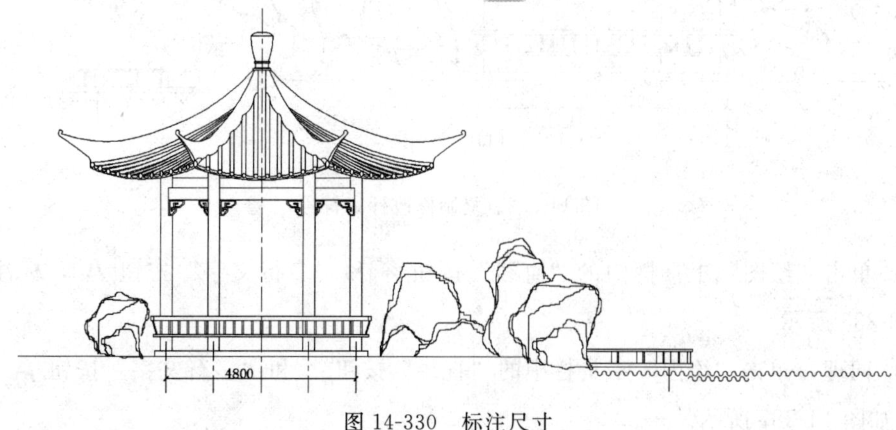

图 14-330　标注尺寸

43. 单击“绘图”工具栏中的“直线”按钮和“多行文字”按钮A，绘制标高符号，如图 14-331 所示。

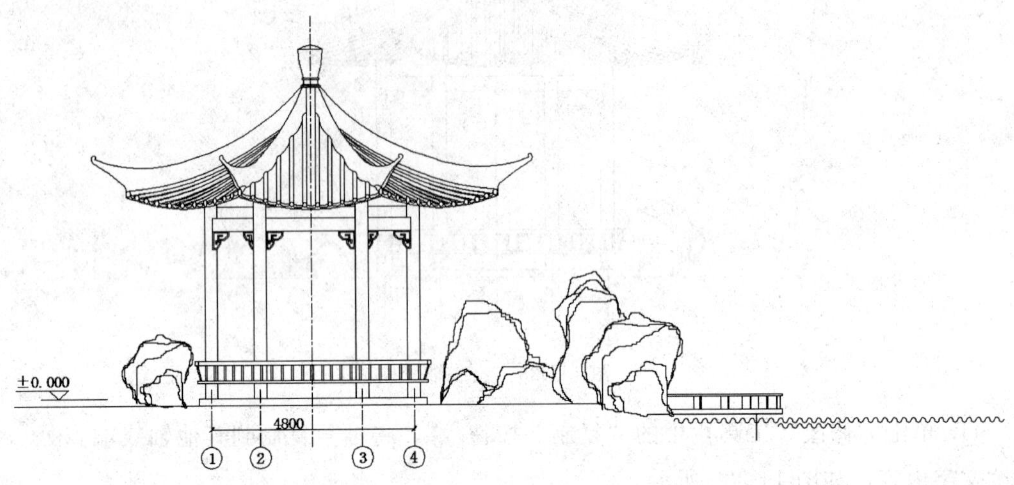

图 14-331　绘制标高符号

44. 单击“修改”工具栏中的“复制”按钮，将标高符号复制到图中其他位置处，然后双击文字修改对应的文字内容，结果如图 14-332 所示。

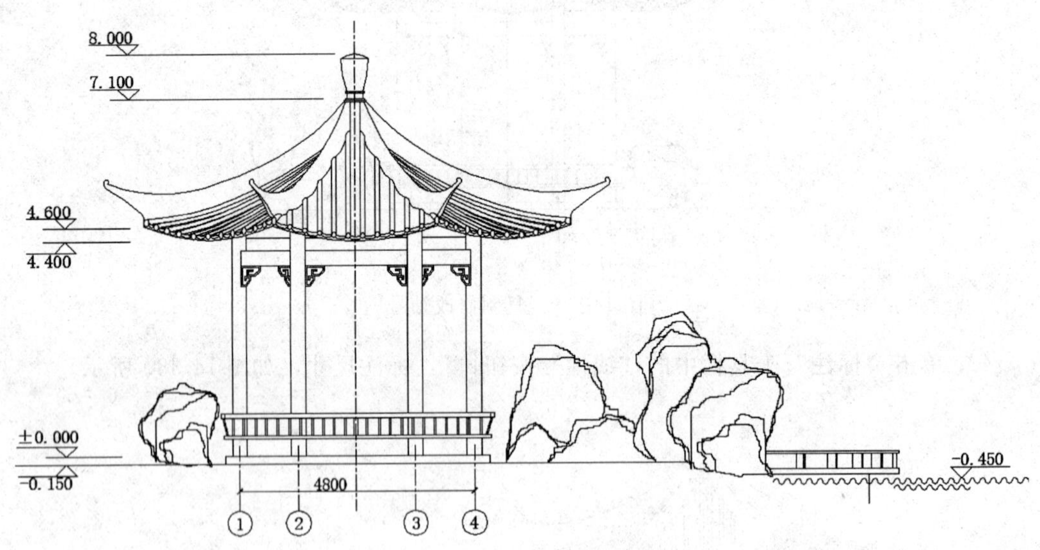

图 14-332　复制修改标高符号

45. 单击“绘图”工具栏中的“直线”按钮和“多行文字”按钮A，标注文字，如图 14-333 所示。

46. 同理，单击“绘图”工具栏中的“直线”按钮和“多行文字”按钮A，标注图名，如图 14-287 所示。

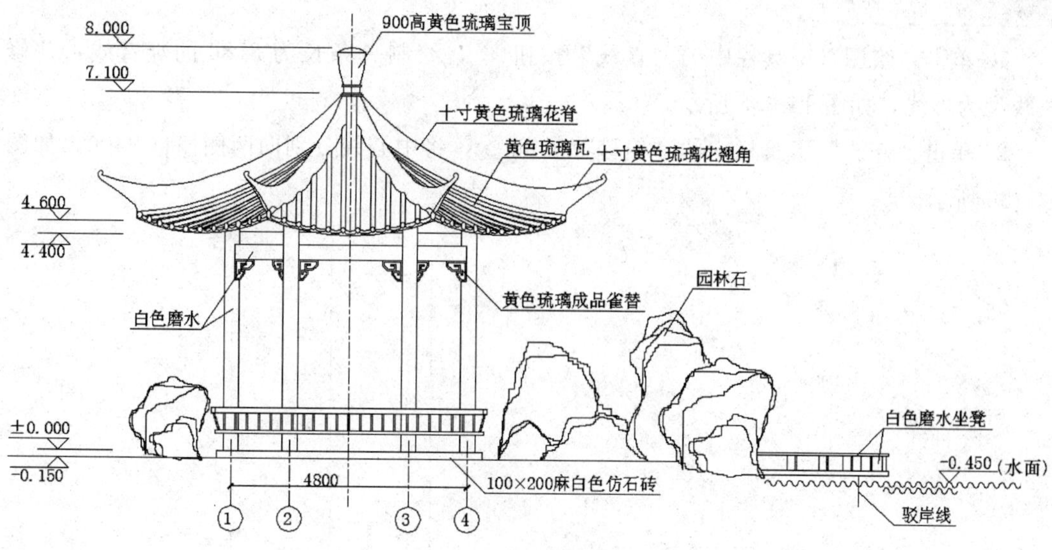

图 14-333 标注文字

14.3.4 剖面图

本节绘制如图 14-334 所示的剖面图。

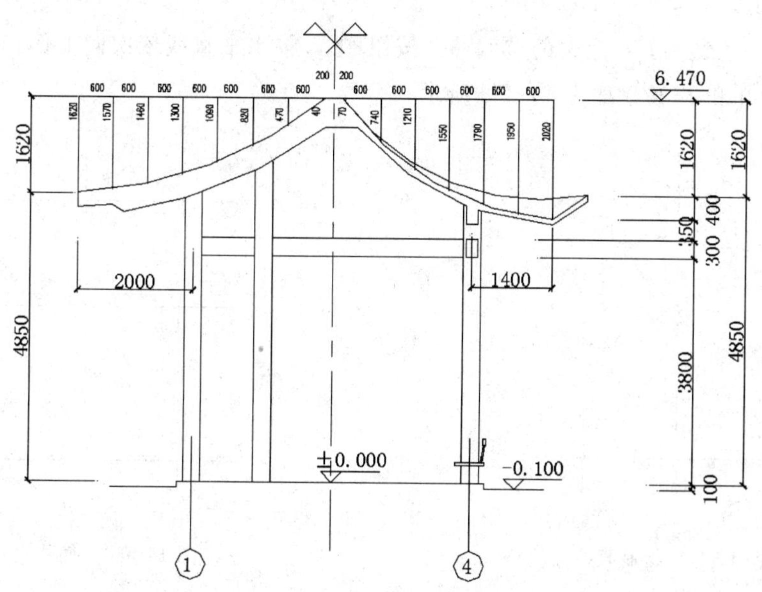

图 14-334 剖面图

光盘\动画演示\第 14 章\剖面图.avi

【操作步骤】

1. 单击“绘图”工具栏中的“直线”按钮，绘制一条长为 8786 的竖直线，并修改线型为虚线，如图 14-335 所示。

2. 单击“修改”工具栏中的“偏移”按钮，将中心线分别向两侧偏移 2400，如图 14-336 所示。

图 14-335 绘制中心线

图 14-336 偏移中心线

3. 单击“绘图”工具栏中的“直线”按钮，绘制一条长为 7500 的水平直线，如图 14-337 所示。

4. 单击“修改”工具栏中的“偏移”按钮，将水平直线依次向上偏移 100、3800、300、350、400 和 1620，如图 14-338 所示。

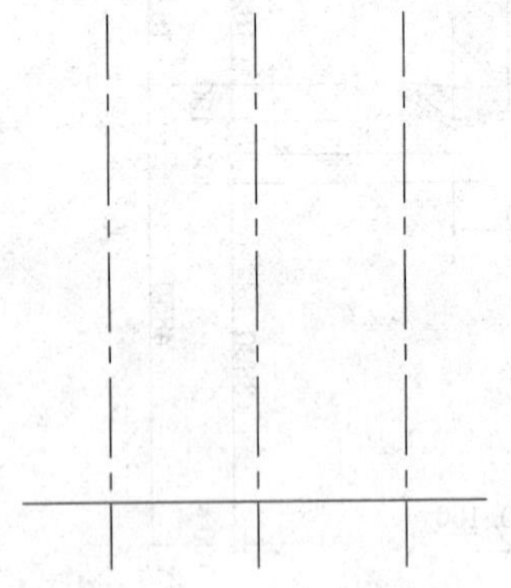

图 14-337 绘制直线

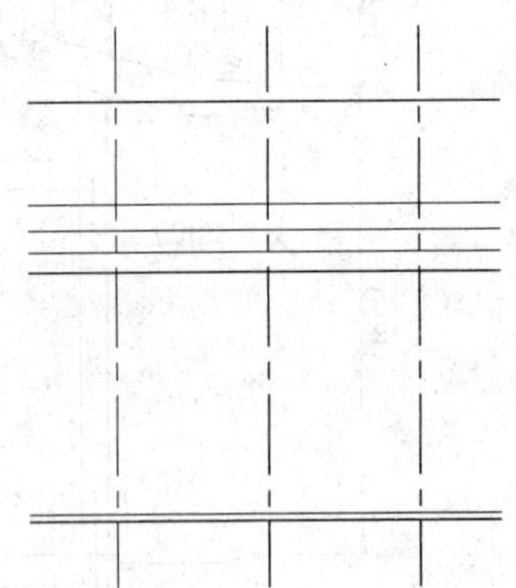

图 14-338 偏移直线

5. 单击“绘图”工具栏中的“直线”按钮和“圆弧”按钮，绘制六角亭顶部，如图 14-339 所示。

6. 单击“绘图”工具栏中的“直线”按钮和“偏移”按钮，绘制宽为 300 的柱子，如图 14-340 所示。

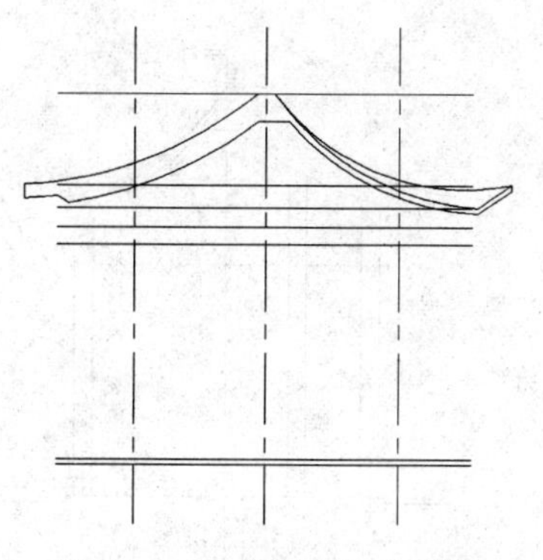
图 14-339 绘制六角亭顶部

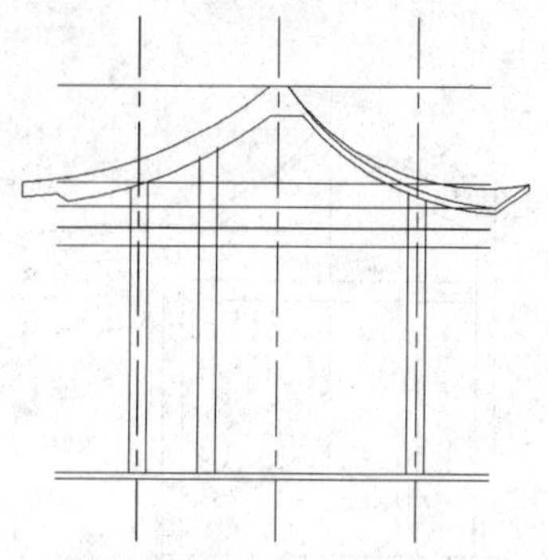
图 14-340 绘制柱子

7. 单击“绘图”工具栏中的“直线”按钮和“修剪”按钮，修剪掉多余的直线，并绘制内部图形，如图 14-341 所示。

8. 单击“绘图”工具栏中的“矩形”按钮，绘制尺寸为 500×50 和 60×100 的矩形，然后单击“绘图”工具栏中的“直线”按钮，将两个矩形进行连接，最终完成坐凳的绘制，结果如图 14-342 所示。

9. 单击“修改”工具栏中的“修剪”按钮，修剪掉多余的直线，如图 14-343 所示。

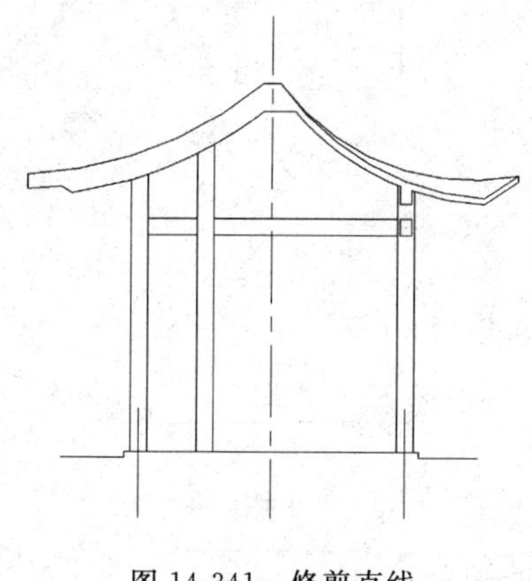
图 14-341 修剪直线

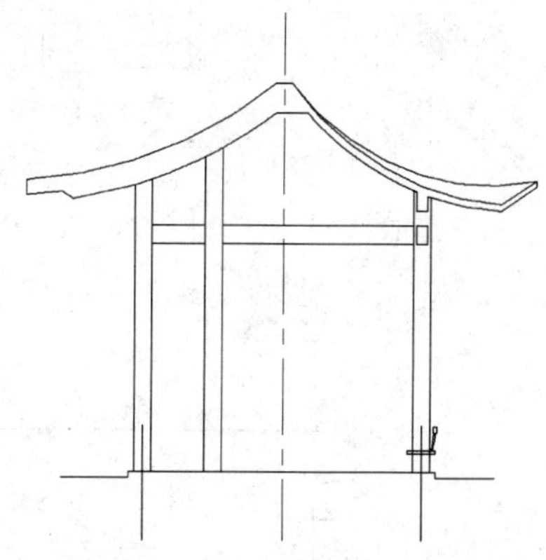
图 14-342 绘制坐凳

10. 单击“绘图”工具栏中的“圆”按钮和“多行文字”按钮，绘制轴号，如图 14-344 所示。

11. 单击“标注”工具栏中的“线性”按钮和“连续”按钮，标注尺寸，如图 14-345 所示。

12. 单击“绘图”工具栏中的“直线”按钮和“多行文字”按钮，绘制标高符号，如图 14-346 所示。

13. 单击“绘图”工具栏中的“直线”按钮和“多行文字”按钮，标注文字，如图 14-347 所示。

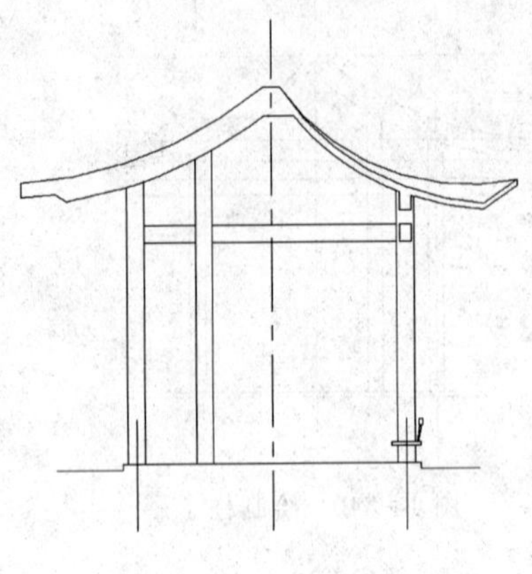

图 14-343　修剪直线

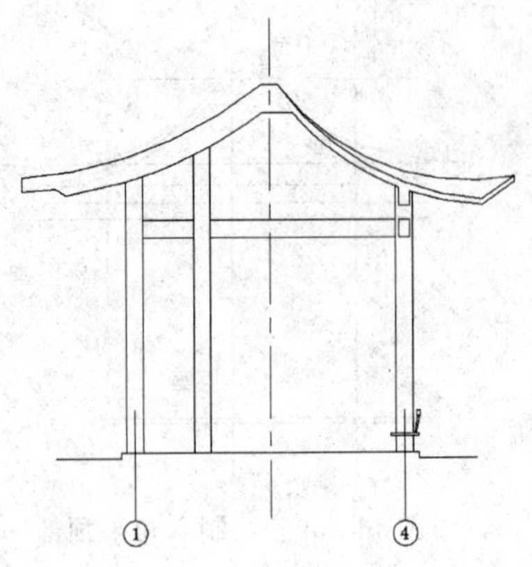

图 14-344　绘制轴号

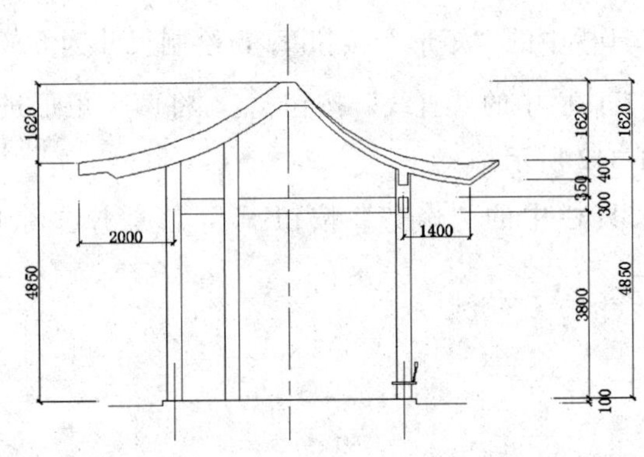

图 14-345　标注尺寸

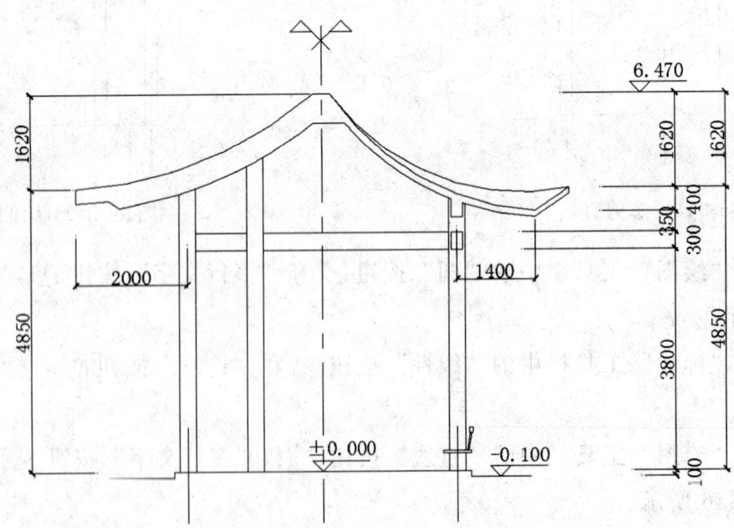

图 14-346　绘制标高符号

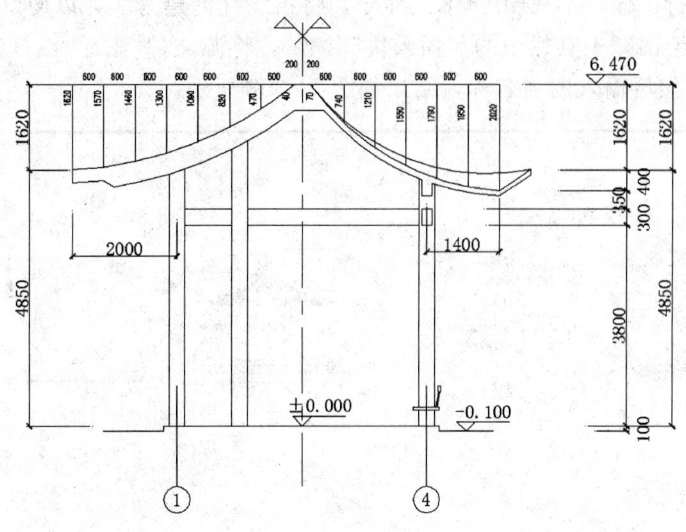

图 14-347 标注文字

14. 同理，单击“绘图”工具栏中的“直线”按钮和“多行文字”按钮，标注图名，如图 14-334 所示。

15. 单击“绘图”工具栏中的“圆”按钮，绘制一个半径为 1697 的圆，如图 14-348 所示。

16. 单击“绘图”工具栏中的“直线”按钮，在圆内绘制一条斜线，如图 14-349 所示。

17. 单击“修改”工具栏中的“镜像”按钮，将斜线镜像到另外一侧，如图 14-350 所示。

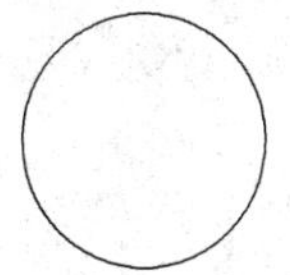

图 14-348 绘制圆

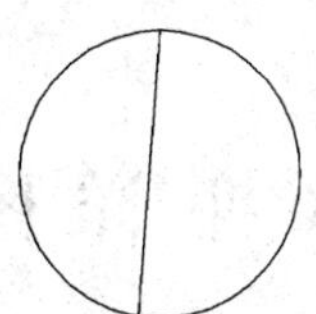

图 14-349 绘制直线

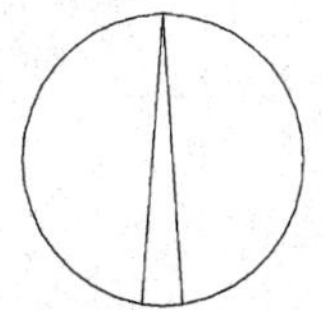

图 14-350 镜向直线

18. 单击“绘图”工具栏中的“图案填充”按钮，选择填充图案 SOLID，填充图形，如图 14-351 所示。

19. 单击“绘图”工具栏中的“多行文字”按钮，输入文字“北”，标示正北方向，如图 14-352 所示。

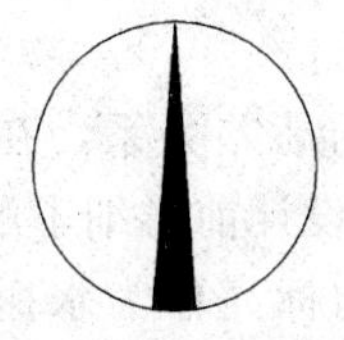

图 14-351 填充图形

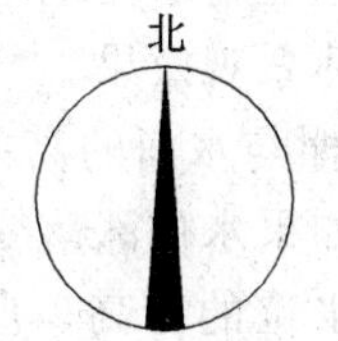

图 14-352 输入文字

20. 在命令行中输入“WBLOCK”命令，将指北针创建为块，以便以后调用。

21. 单击“绘图”工具栏中的“插入块”按钮，将源文件/图库/图框插入到图中，并调整布局大小，然后输入图名名称，结果如图 14-353 所示。

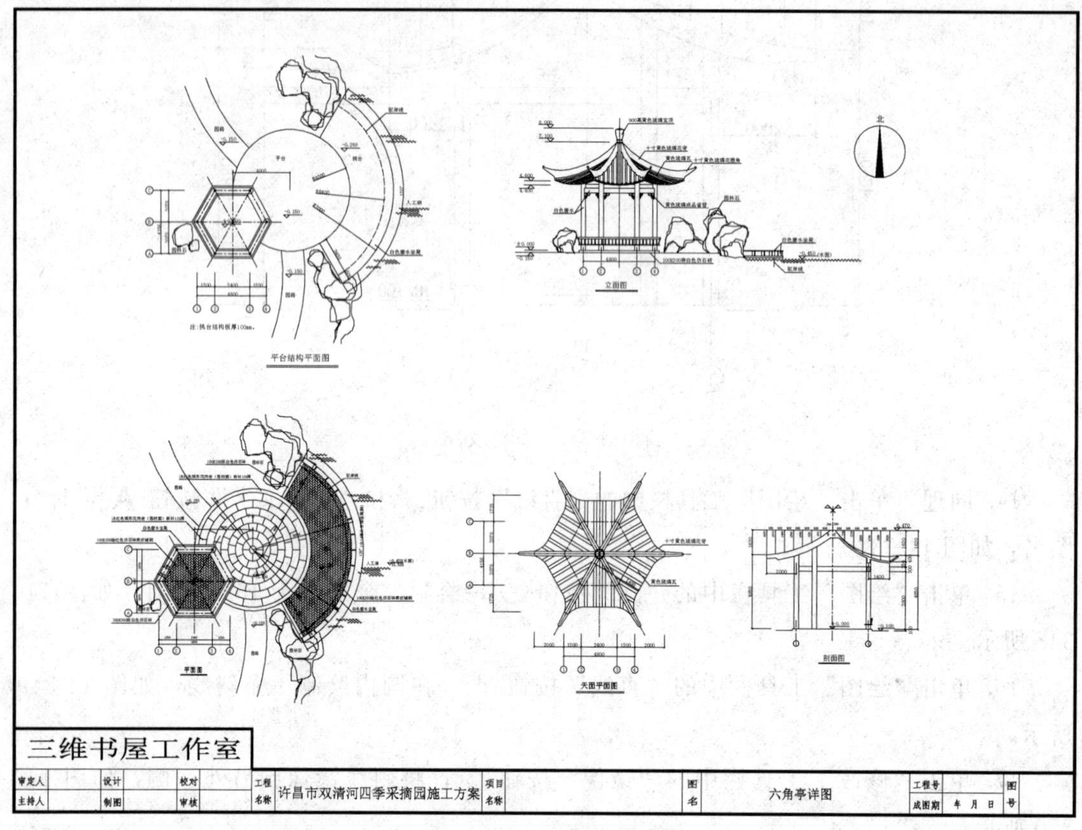

图 14-353　插入图框

14.4　水榭详图

水榭作为一种临水园林建筑在设计上除了应满足功能需要外，还要与水面、池岸自然融合，并在体量、风格、装饰等方面与所处园林环境相协调。其设计要点如下：

1. 在可能范围内，水榭应三面或四面临水。如果不宜突出于池（湖）岸，也应以平台作为建筑物与水面的过渡，以便使用者置身水面之上更好的欣赏景物。

2. 水榭应尽可能贴近水面。当池岸地平距离水面较远时，水榭地平应根据实际情况降低高度。此外，不能将水榭地平与池岸地平取齐，这样会将支撑水榭下部的混凝土骨架暴露出来，影响整体景观效果。

3. 全面考虑水榭与水面的高差关系。水榭与水面的高差关系，在水位无显著变化的情况下容易掌握；如果水位涨落变化较大，设计师应在设计前详细了解水位涨落的原因与规律，特别是最高水位的标高。应以稍高于最高水位的标高作为水榭的设计地平，以免水淹。

4. 巧妙遮挡支撑水榭下部的骨架。当水榭与水面之间高差较大，支撑体又暴露得过于明显时，不要将水榭的驳岸设计成整齐的石砌岸边，而应将支撑的柱墩尽量向后设置，在浅色平台下部形成一条深色的阴影，在光影的对比中增加平台外挑的轻快感。

5. 在造型上，水榭应与水景、池岸风格相协调，强调水平线条。有时可通过设置水廊、白墙、漏窗，形成平缓而舒朗的景观效果。若在水榭四周栽种一些树木或翠竹等植物，效果会更好。

14.4.1 水榭及临水平台平面图

本节绘制如图 14-354 所示的水榭及临水平台平面图。

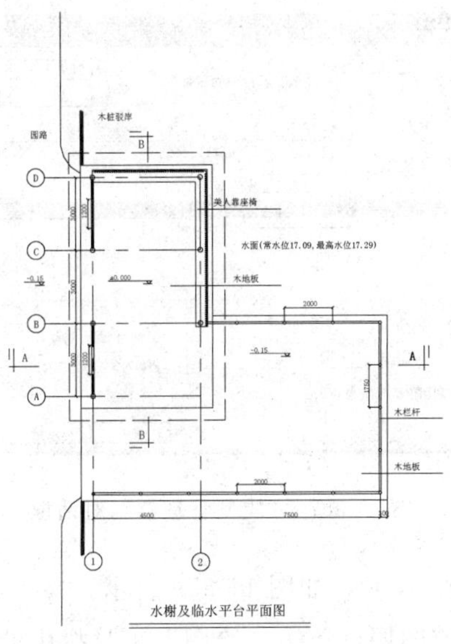

图 14-354 水榭及临水平台平面图

光盘 \ 动画演示 \ 第 14 章 \ 水榭及临水平台平面图 .avi

【操作步骤】

1. 单击“图层”工具栏中的“图层特性管理器”按钮，打开“图层特性管理器”对话框，新建几个图层，并将轴线图层设置为当前层，如图 14-355 所示。

2. 将鼠标箭头移到状态栏“正交”按钮上，按左键打开正交设置，如图 14-356 所示。选择菜单栏中的“格式”→“线型”命令，打开“线型管理器”对话框，进行设置如图 14-357 所示。

3. 单击“绘图”工具栏中的“直线”按钮，绘制两条相交的轴线，如图 14-358 所示。

4. 单击“修改”工具栏中的“偏移”按钮，将水平轴线依次向下偏移 3000、3000

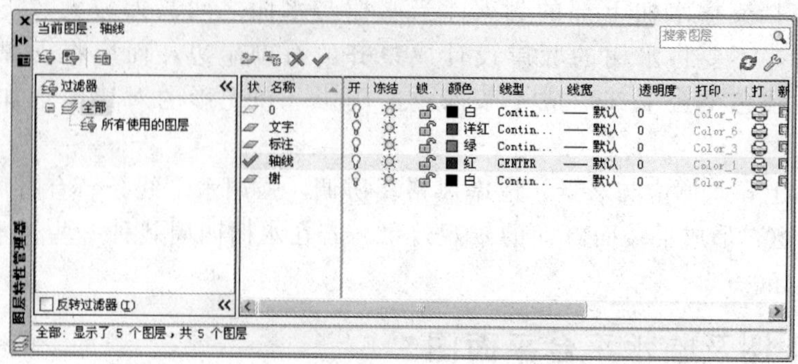

图 14-355 新建图层

图 14-356 打开正交设置

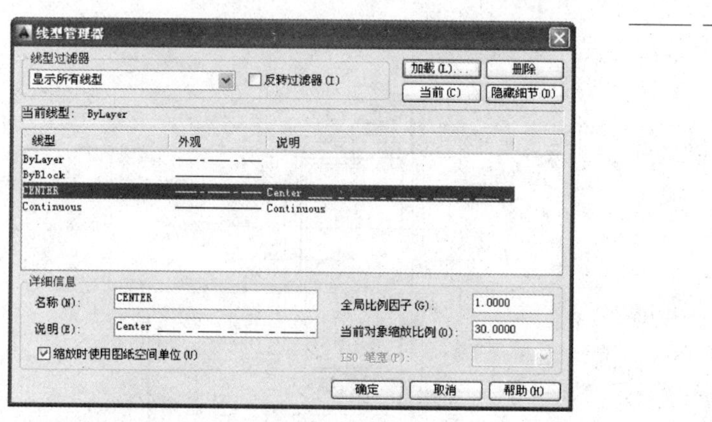

图 14-357 “线型管理器”对话框

图 14-358 绘制轴线

和 3000，将竖直轴线向左偏移 4500，如图 14-359 所示。

5. 将“树”图层置为当前图层，单击“绘图”工具栏中的“圆”按钮，绘制半径为 100 的柱子，结果如图 14-360 所示。

图 14-359 偏移轴线

图 14-360 绘制柱子

6. 单击“修改”工具栏中的“偏移”按钮，将最上边轴线向上偏移 500，向下依次偏移 5700、3800 和 3800，将最左侧的轴线向左偏移 500，向右依次偏移 5000 和 7300，将偏移后的轮廓线置于“树”图层中，结果如图 14-361 所示。

7. 单击“修改”工具栏中的“倒角”按钮和“修剪”按钮，修剪掉多余的直线，完成基础轮廓线的绘制，如图 14-362 所示。

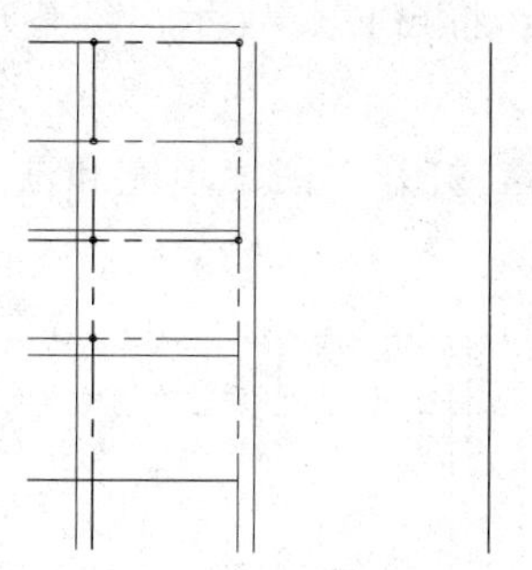

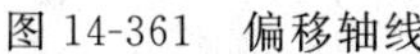

图 14-361　偏移轴线

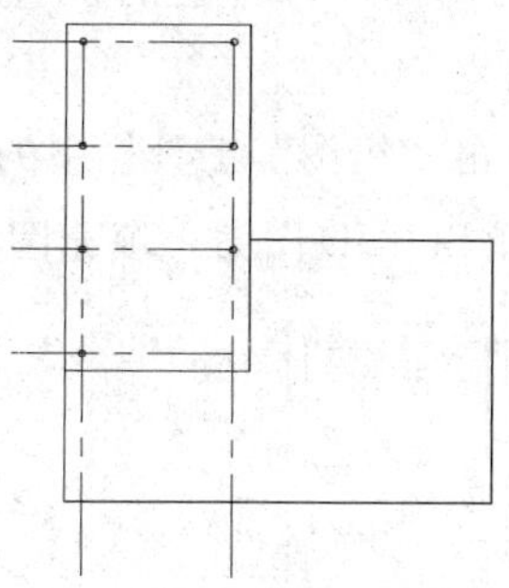

图 14-362　修剪直线

8. 选择菜单栏中的“绘图”→“多线”命令，以柱心为起点和终点，绘制窗栏，命令行提示与操作如下：

命令：MLINE↙

当前设置：对正 = 无，比例 = 100.00，样式 = STANDARD

指定起点或［对正(J)/比例(S)/样式(ST)］： j

输入对正类型［上(T)/无(Z)/下(B)］<无>： z

当前设置：对正 = 无，比例 = 100.00，样式 = STANDARD

指定起点或［对正(J)/比例(S)/样式(ST)］： s

输入多线比例 <100.00>： 100

当前设置：对正 = 无，比例 = 100.00，样式 = STANDARD

指定起点或［对正(J)/比例(S)/样式(ST)］：

指定下一点：

指定下一点或［放弃(U)］：

结果如图 14-363。

9. 单击“修改”工具栏中的“分解”按钮，将多线分解，然后单击“修改”工具栏中的“修剪”按钮，修剪掉多余的直线，如图 14-364 所示。

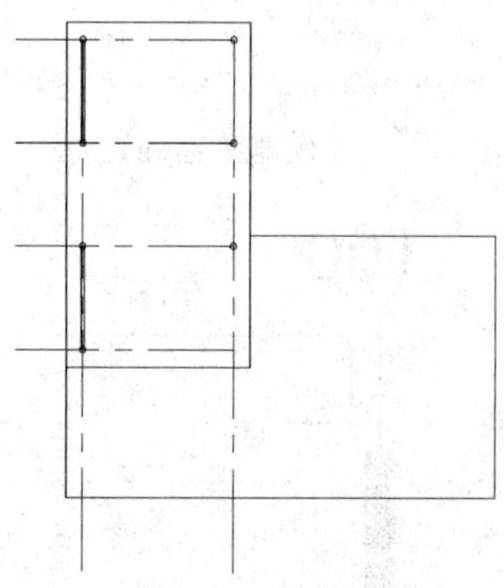

图 14-363　绘制窗栏

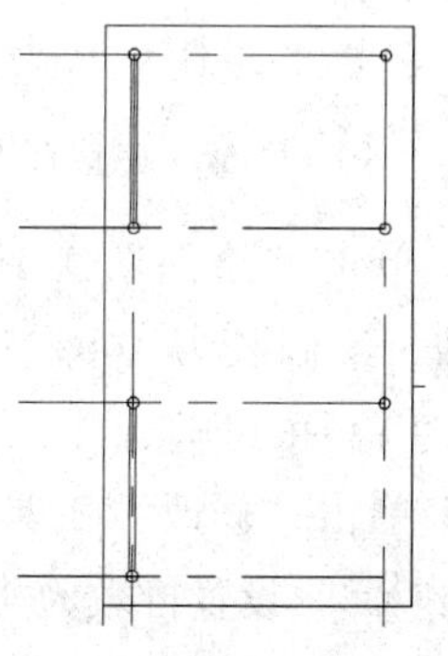

图 14-364　修剪直线

10. 单击“绘图”工具栏中的“直线”按钮，以柱心为起点，沿轴线向下绘制长度为 900 的直线，为窗栏的位置，重复“直线”命令，将窗栏位置示出，整理后如图 14-365所示。

11. 单击“绘图”工具栏中的“图案填充”按钮，打开“图案填充和渐变色”对话框，选择 SOLID 图案，填充图形，如图 14-366 所示。

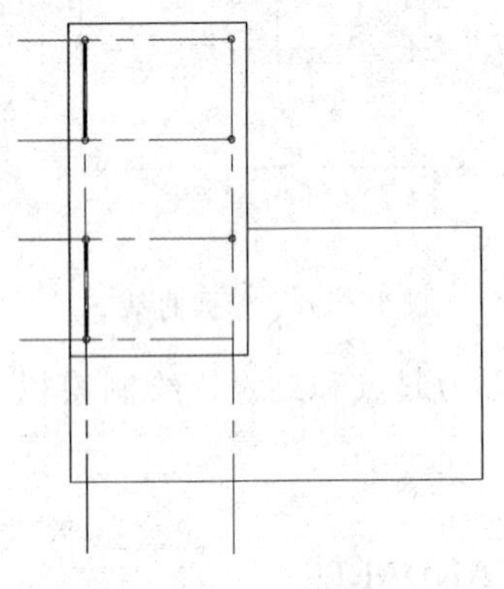
图 14-365　绘制直线

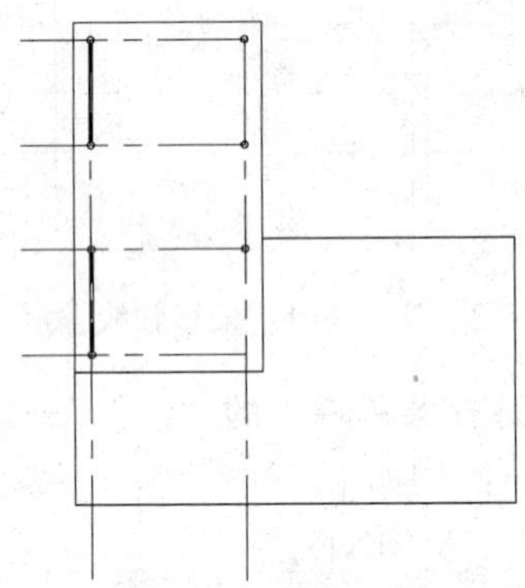
图 14-366　填充图形

12. 单击“修改”工具栏中的“偏移”按钮，将最上侧的轴线向上依次偏移 250 和 50，向下偏移 200，将最右侧的轴线向左偏移 200，向右依次偏移 250 和 50，将偏移后的直线置于“榭”图层中，结果如图 14-367 所示。

13. 单击“修改”工具栏中的“倒角”按钮和“修剪”按钮，修剪掉多余的直线，完成椅面和靠背的绘制，如图 14-368 所示。

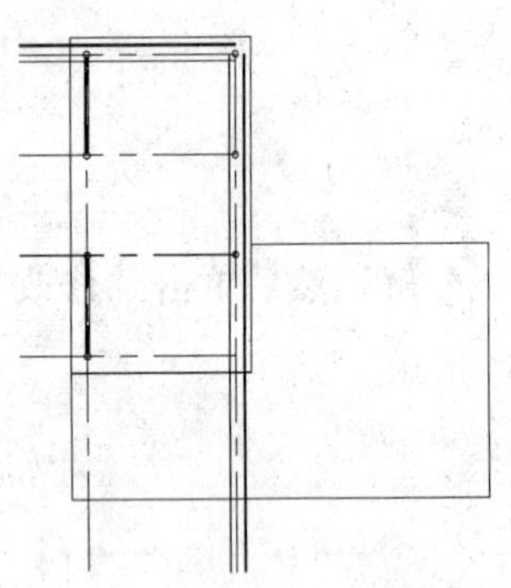
图 14-367　偏移直线

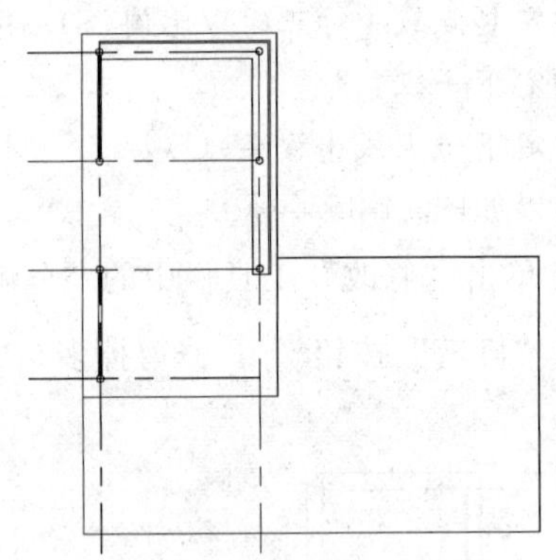
图 14-368　绘制椅面和靠背

14. 单击“绘图”工具栏中的“矩形”按钮，绘制长为 100，宽为 30 的靠背栅格，如图 14-369 所示。

15. 单击“修改”工具栏中的“矩形阵列”按钮，设置行数为 1，列数为 51，列偏移为 90，选择靠背栅格为阵列对象，阵列图形，如图 14-370 所示。

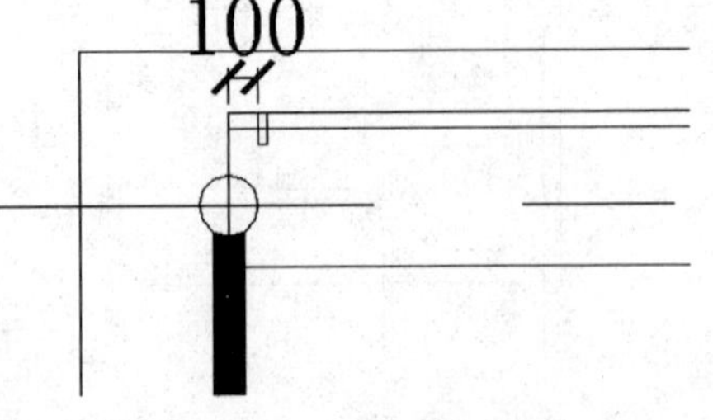

图 14-369　绘制靠背栅格

16. 单击“绘图”工具栏中的“矩形”按钮，在图中右侧绘制栅格，如图 14-371 所示。

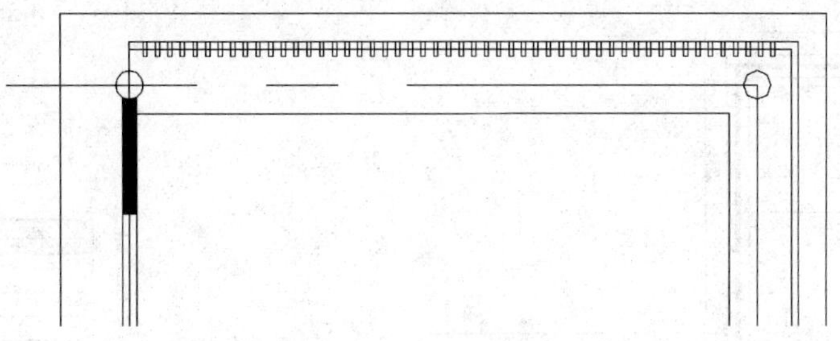

图 14-370 阵列靠背栅格

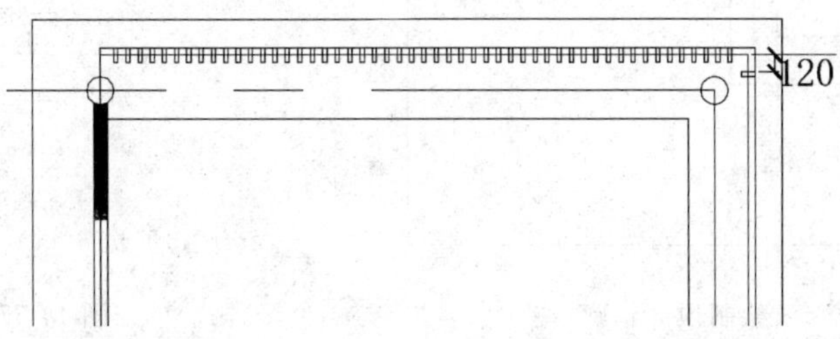

图 14-371 绘制栅格

17. 单击“修改”工具栏中的“矩形阵列”按钮，设置行数为 70，列数为 1，行偏移为－90，选择靠背栅格为阵列对象，阵列图形，如图 14-372 所示。

18. 单击“修改”工具栏中的“修剪”按钮，修剪掉多余的直线，最终完成美人靠座椅的绘制，如图 14-373 所示。

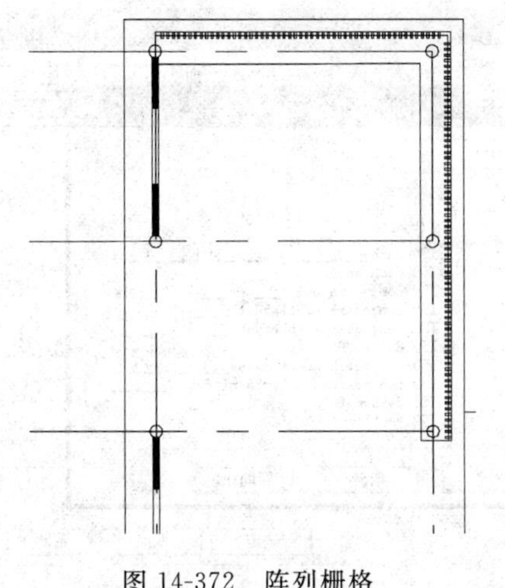

图 14-372 阵列栅格

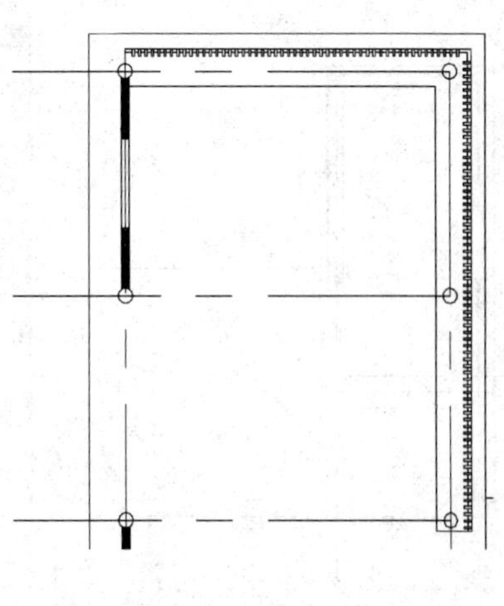

图 14-373 修剪直线

19. 单击“修改”工具栏中的“偏移”按钮，将基础轮廓线向外偏移 500，然后单击“修改”工具栏中的“修剪”按钮，修剪掉多余的直线，完成顶部轮廓的绘制，如

图 14-374 所示。

20. 修改顶部轮廓的线型，选择“ACAD_ISO02W100”线型，如图 14-375 所示，修改后如图 14-376 所示。

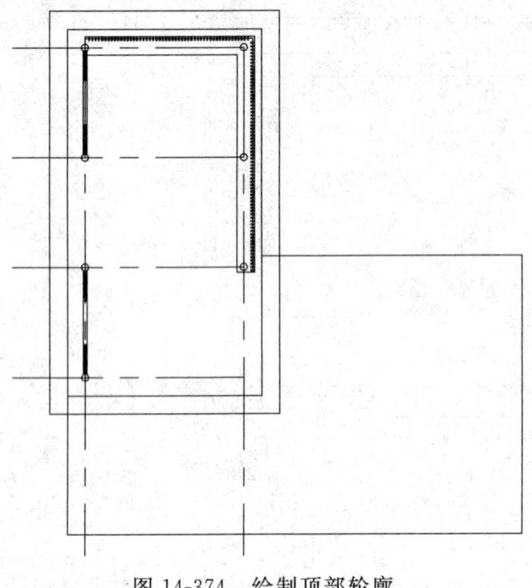

图 14-374 绘制顶部轮廓

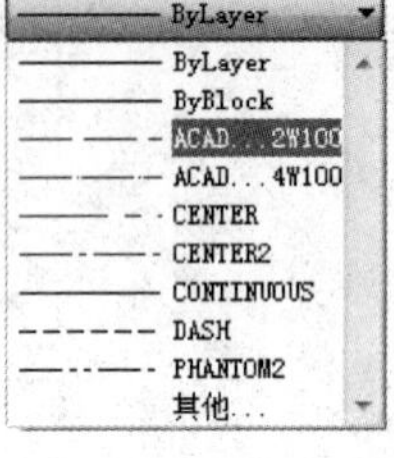

图 14-375 选择“线型”

技巧荟萃

如果下拉框中没有所需线型，单击“其他”，弹出对话框，单击“加载”按钮，选择所需的线型，单击“确定”如图 14-377 所示。这样，所需线型的式样就能在下拉框内显示。

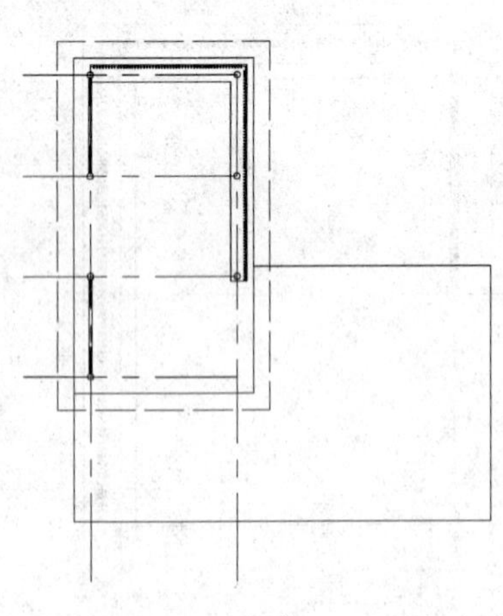

图 14-376 修改后线型

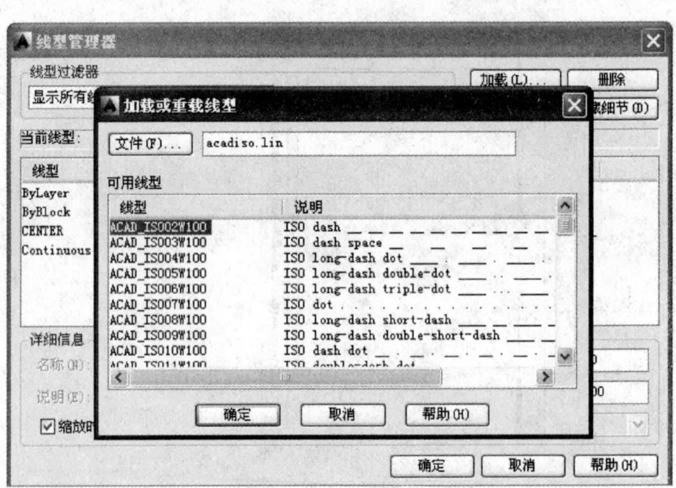

图 14-377 加载线型

21. 单击“修改”工具栏中的“偏移”按钮，将最左侧轴线依次向右偏移 2000，偏移六次，将最上侧轴线依次向下偏移 6000、1750、1750、1750 和 1750，如图 14-378 所示。

22. 单击“修改”工具栏中的“延伸”按钮，将偏移后的水平轴线延伸，将其与竖直轴线相交，如图14-379所示。

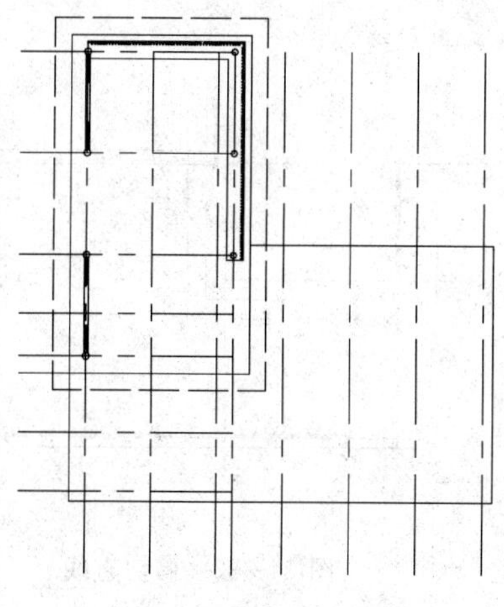

图14-378 偏移轴线

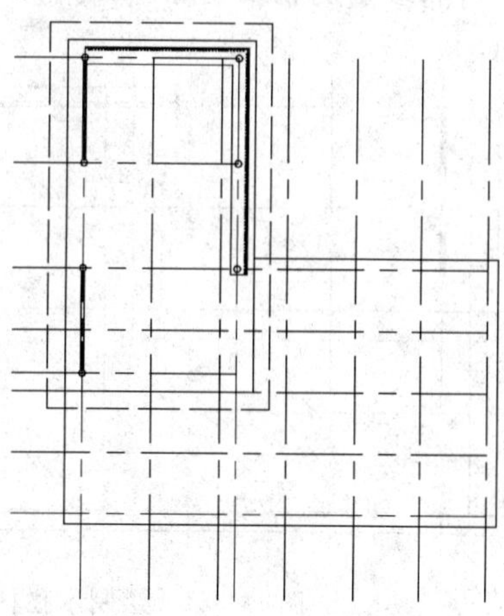

图14-379 延伸轴线

23. 单击“绘图”工具栏中的“圆”按钮，绘制半径为60的柱子，如图14-380所示。

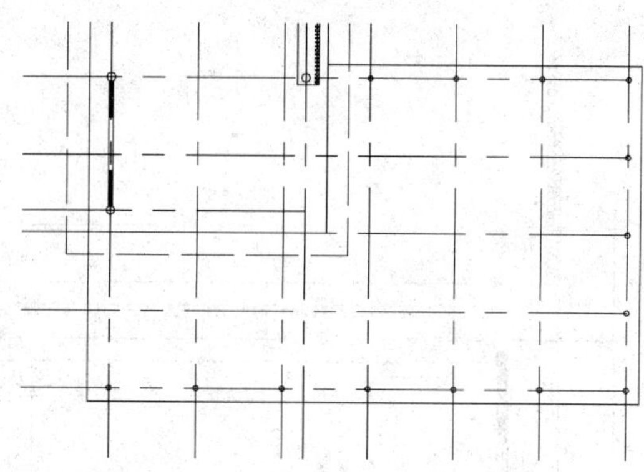

图14-380 绘制柱子

24. 选择菜单栏中的“绘图”→“多线”命令，绘制木栏杆，命令行提示与操作如下：

命令：MLINE↙

当前设置：对正 = 无，比例 = 400.00，样式 = STANDARD

指定起点或[对正(J)/比例(S)/样式(ST)]： j

输入对正类型[上(T)/无(Z)/下(B)]<无>： z

当前设置：对正 = 无，比例 = 400.00，样式 = STANDARD

指定起点或[对正(J)/比例(S)/样式(ST)]： s

输入多线比例<400.00>： 80↙

当前设置：对正 = 无，比例 = 80.00，样式 = STANDARD

指定起点或[对正(J)/比例(S)/样式(ST)]：(选择柱心)

指定下一点：(选择柱心)

结果如图 14-381 所示。

25. 单击“修改”工具栏中的“删除”按钮和“修剪”按钮，修剪掉多余的直线，并将多余的轴线删除，如图 14-382 所示。

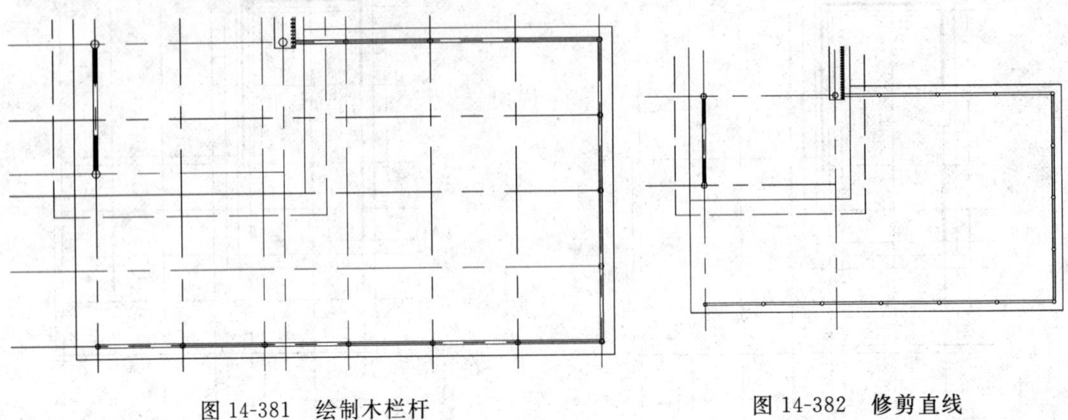

图 14-381　绘制木栏杆　　　　图 14-382　修剪直线

26. 单击“绘图”工具栏中的“圆”按钮和“修改”工具栏中的“复制”按钮，绘制木桩驳岸，如图 14-383 所示。

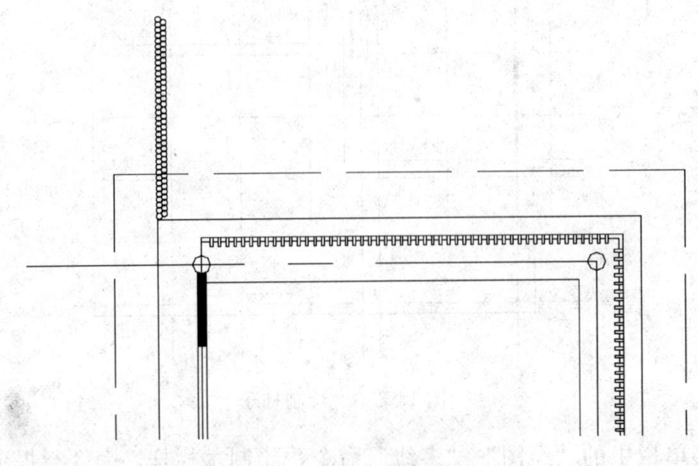

图 14-383　绘制木桩驳岸

27. 单击“修改”工具栏中的“镜像”按钮，将绘制的木桩驳岸镜向到另外一侧，如图 14-384 所示。

28. 单击“绘图”工具栏中的“直线”按钮和“圆弧”按钮，绘制园路，如图 14-385 所示。

29. 将尺寸图层设置为当前层，单击“标注”工具栏中的“标注样式”按钮，进入“标注样式管理器”对话框，在标注样式管理器对话框中单击“新建”按钮，然后进入了创建新标注样式对话框，输入新建样式名，然后按“继续”按钮，来进行标注样式的设置。

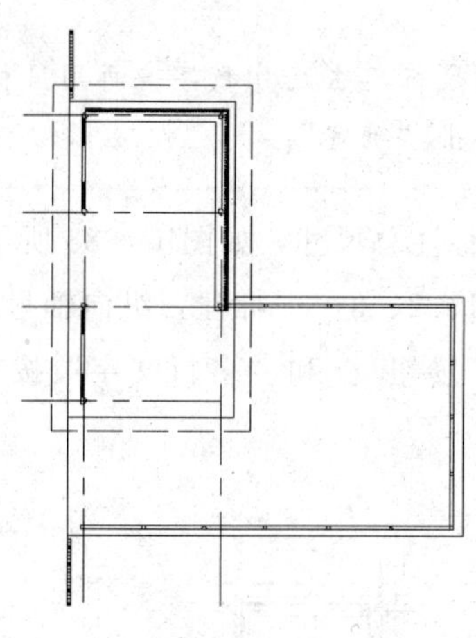

图 14-384 镜向木桩驳岸

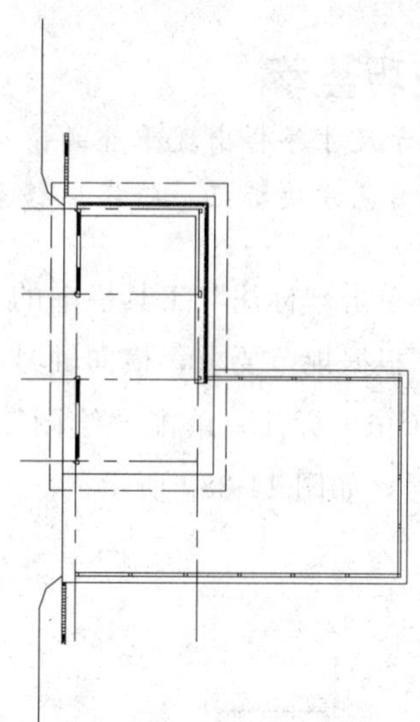

图 14-385 绘制园路

设置新标注样式时，根据绘图比例，对线、符号和箭头、文字、主单位选项卡进行设置，具体如下：

（1）线。超出尺寸线为 30，起点偏移量为 30。

（2）符号和箭头。第一个为用户箭头，选择建筑标记，箭头大小为 100。

（3）文字。文字高度为 200，文字位置为垂直上，从尺寸线偏移为 20，文字对齐为与尺寸线对齐。

（4）主单位。精度为 0，比例因子为 1。

30. 单击“标注”工具栏中的“线性”按钮，标注第一道尺寸，如图 14-386 所示。

31. 单击“标注”工具栏中的“线性”按钮和“连续”按钮，标注第二道尺寸，如图 14-387 所示。

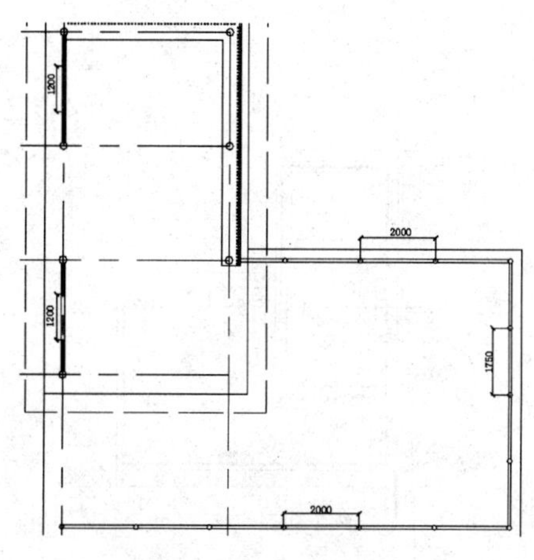

图 14-386 标注第一道尺寸

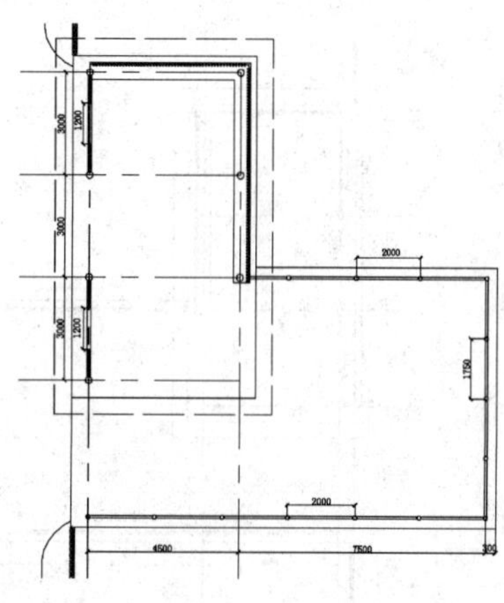

图 14-387 标注第二道尺寸

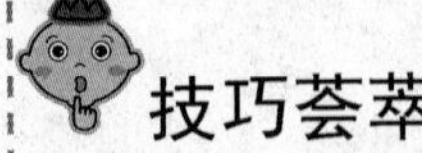

技巧荟萃

对于尺寸字样出现重叠的情况，应将它移开。用鼠标单击尺寸数字，再用鼠标点中中间的蓝色方块标记，将字样移至外侧适当位置后单击“确定”。

32. 单击“标注”工具栏中的“线性”按钮，标注总尺寸，如图 14-388 所示。

33. 根据规范要求，横向轴号一般用阿拉伯数字 1、2、3……标注，纵向轴号用字母 A、B、C……标注。单击“绘图”工具栏中的“圆”按钮和“多行文字”按钮，标注轴号，如图 14-389 所示。

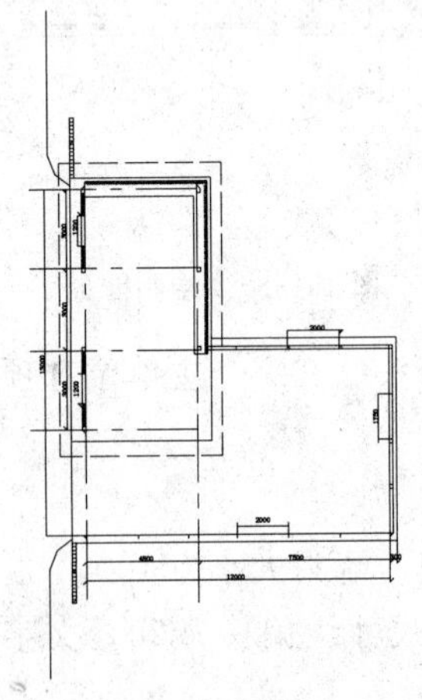

图 14-388　标注总尺寸

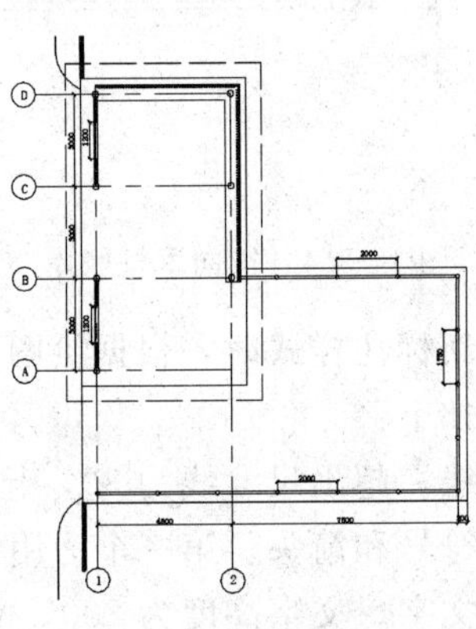

图 14-389　标注轴号

34. 单击“绘图”工具栏中的“直线”按钮和“多行文字”按钮，绘制标高符号，如图 14-390 所示。

35. 同理，单击“绘图”工具栏中的“直线”按钮和“多行文字”按钮，标注文字，如图 14-391 所示。

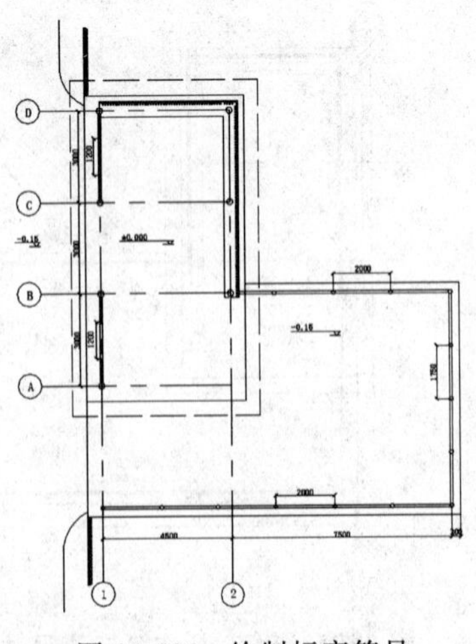

图 14-390　绘制标高符号

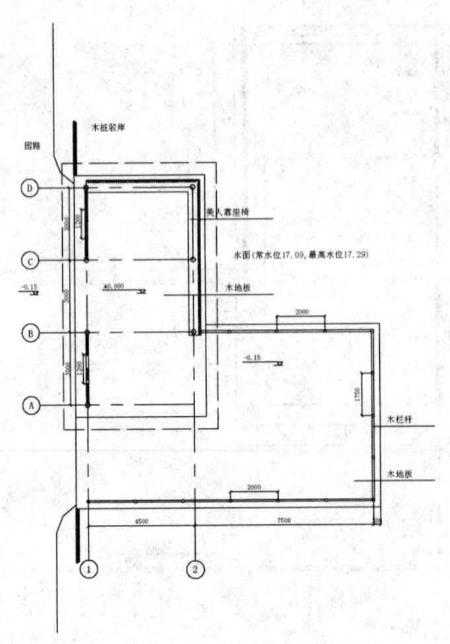

图 14-391　标注文字

36. 单击“绘图”工具栏中的“直线”按钮，绘制剖切符号，如图 14-392 所示。

37. 单击“绘图”工具栏中的“多行文字”按钮A，在剖切符号处输入字母“A”，如图 14-393 所示。

38. 使用同样的方法，绘制其他位置处的剖切符号，如图 14-394 所示。

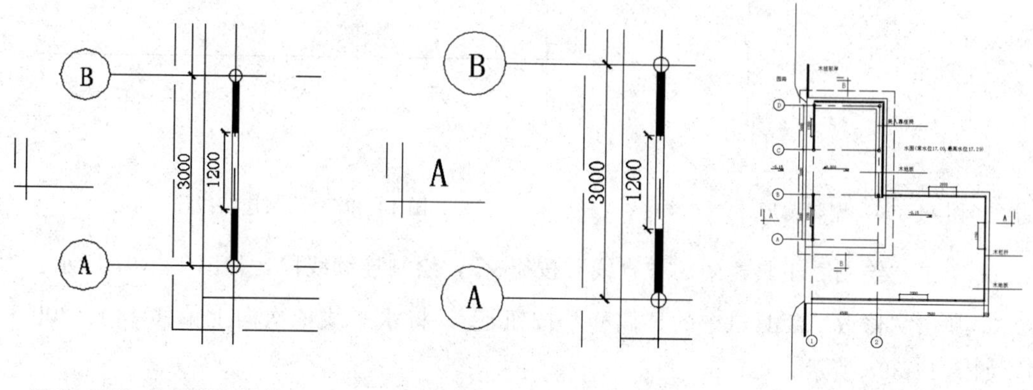

图 14-392　绘制剖切符号 1　　图 14-393　输入字母“A”　　图 14-394　绘制剖切符号 2

39. 单击“绘图”工具栏中的“直线”按钮和“多行文字”按钮A，标注图名，如图 14-354 所示。

14.4.2　1-2 立面图

本节绘制如图 14-395 所示的 1-2 立面图。

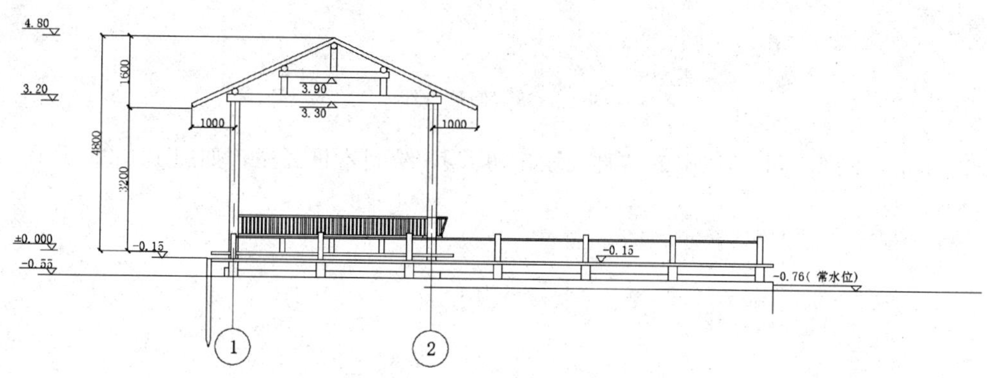

图 14-395　1-2 立面图

光盘\动画演示\第 14 章\1-2 立面图.avi

【操作步骤】

1. 打开源文件中的“水榭及临水平台平面图”文件，选择菜单栏中的“文件”→“另存为”命令，保存为“1-2 立面图”，然后删除图形，只保留轴线和轴号，并调整轴线长度，结果如图 14-396 所示。

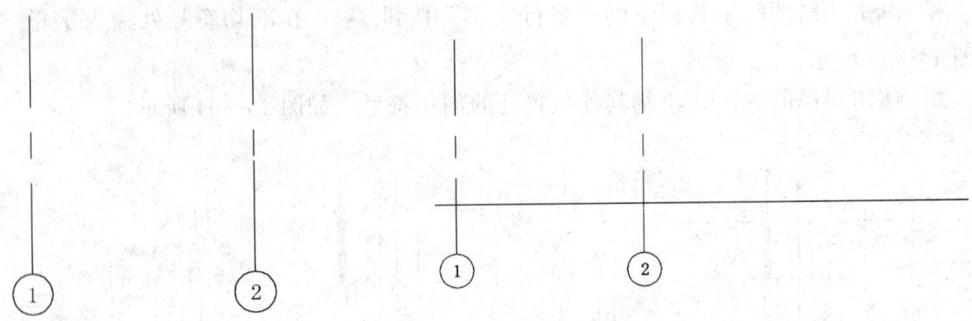

图 14-396　删除图形

图 14-397　绘制连续线段

2. 单击“绘图”工具栏中的“直线”按钮，绘制连续线段，如图 14-397 所示。

3. 单击“修改”工具栏中的“偏移”按钮，将水平线依次向上偏移 140、200 和 60，如图 14-398 所示。

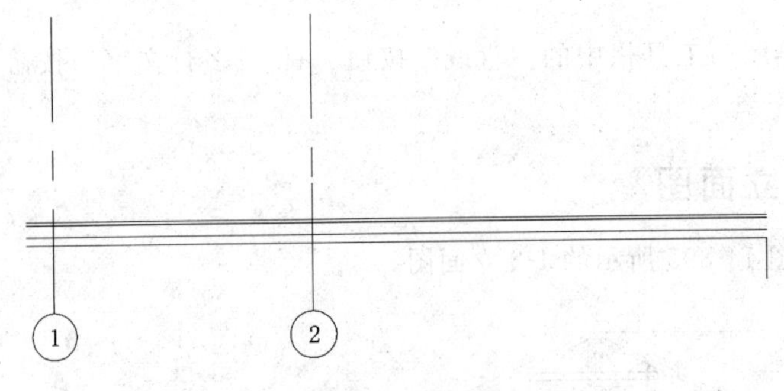

图 14-398　偏移直线

4. 单击“绘图”工具栏中的“直线”按钮，绘制木桩驳岸，如图 14-399 所示。

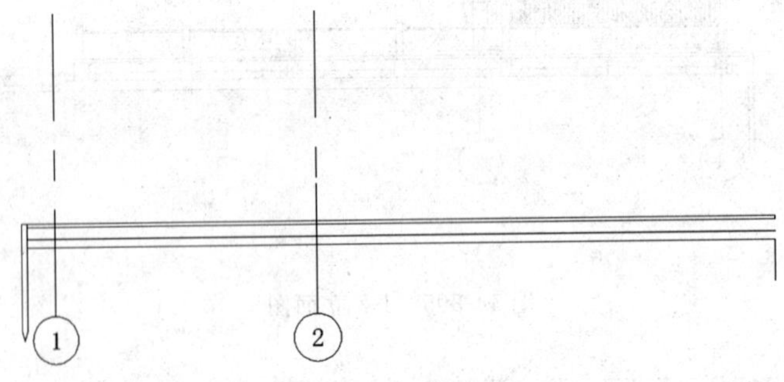

图 14-399　绘制木桩驳岸

5. 单击“绘图”工具栏中的“直线”按钮，绘制两条竖直直线，完成木桩的绘制，如图 14-400 所示。

6. 单击“修改”工具栏中的“复制”按钮，将木桩依次向右复制多个，设置间距为 1800，如图 14-401 所示。

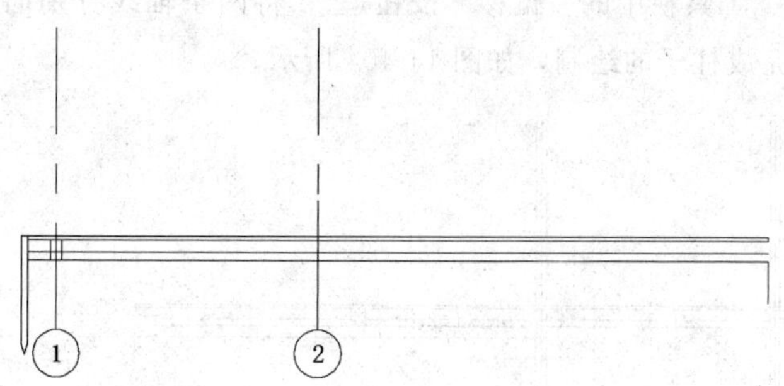

图 14-400 绘制木桩

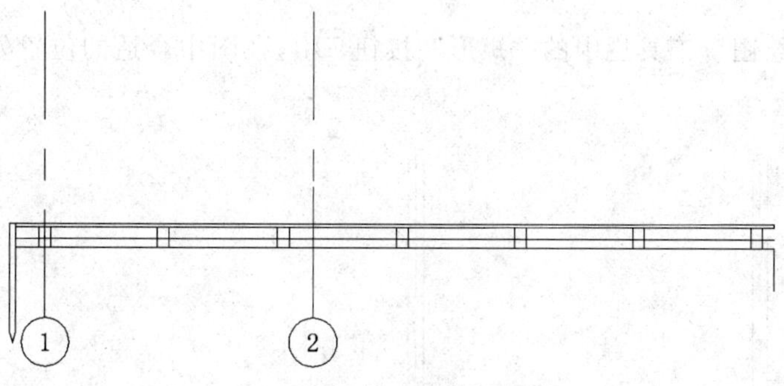

图 14-401 复制木桩

7. 单击“修改”工具栏中的“修剪”按钮，修剪掉多余的直线，如图 14-402 所示。

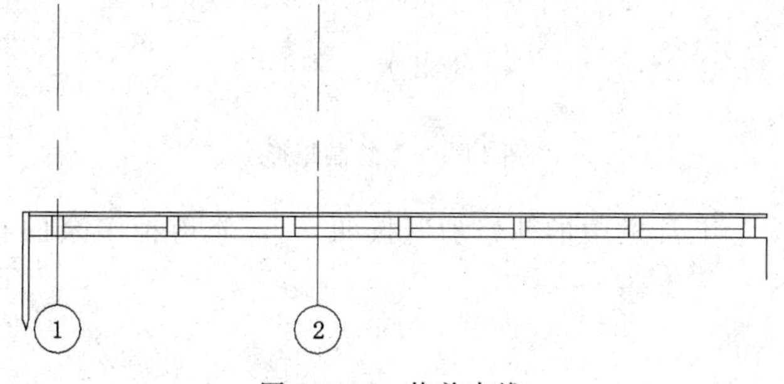

图 14-402 修剪直线

8. 单击“绘图”工具栏中的“直线”按钮，绘制水位线，并整理图形，如图 14-403所示。

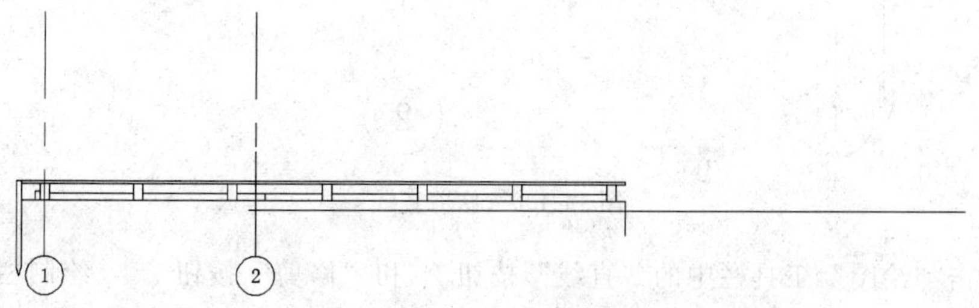

图 14-403 绘制水位线

9. 单击“修改”工具栏中的“偏移”按钮，将两条轴线分别向两侧偏移 100，并修改线型为实线，完成柱子的绘制，如图 14-404 所示。

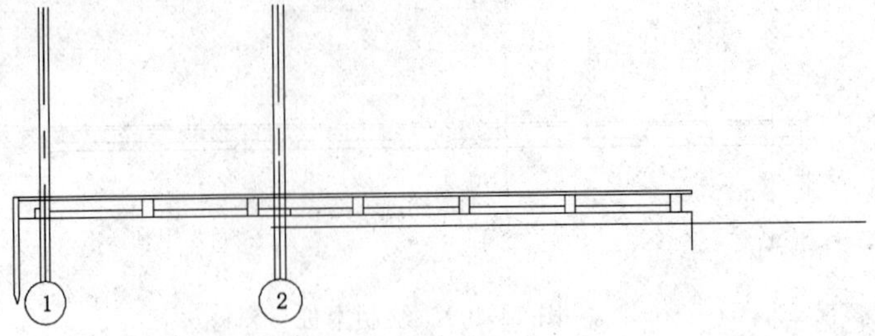

图 14-404　绘制柱子

10. 单击“绘图”工具栏中的“矩形”按钮，在图中合适的位置处绘制一个矩形，如图 14-405 所示。

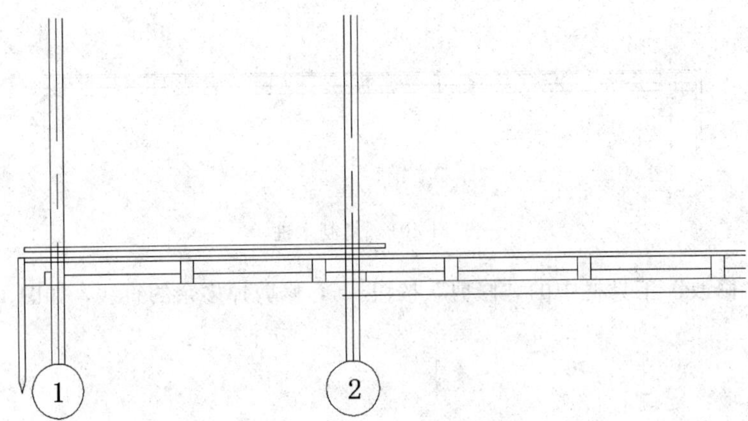

图 14-405　绘制矩形

11. 单击“绘图”工具栏中的“修剪”按钮，修剪掉多余的直线，如图 14-406 所示。

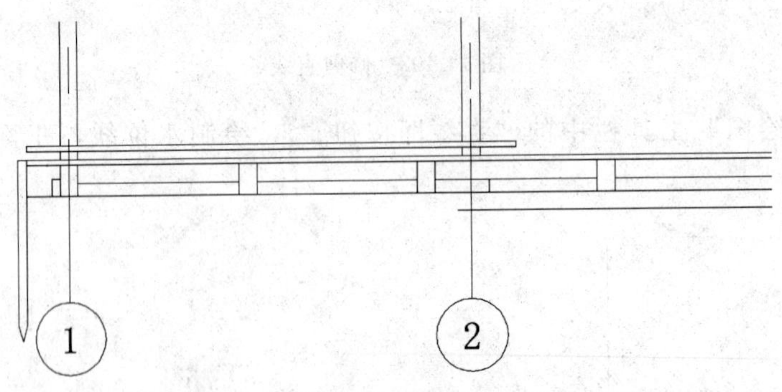

图 14-406　修剪直线

12. 单击“绘图”工具栏中的“直线”按钮和“修剪”按钮，绘制栏杆，结果如图 14-407 所示。

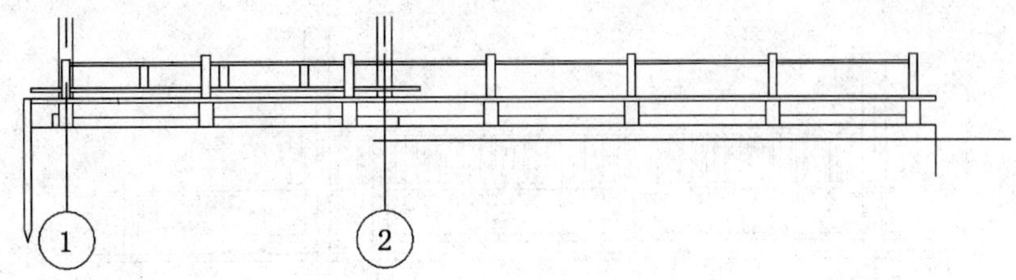

图 14-407 绘制栏杆

13. 单击“绘图”工具栏中的“直线”按钮，绘制靠座椅，如图 14-408 所示。

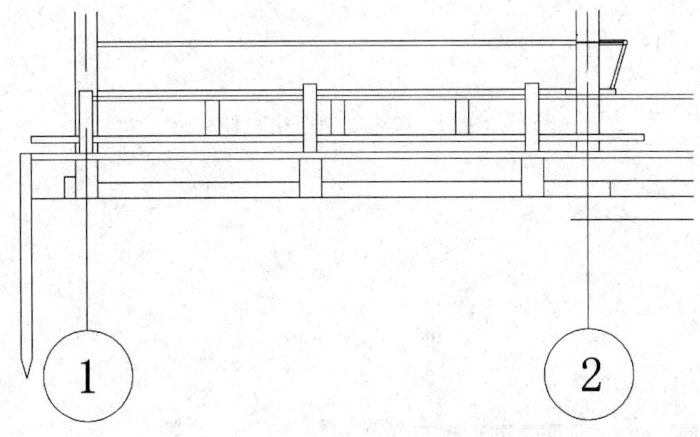

图 14-408 绘制靠座椅

14. 单击“绘图”工具栏中的“直线”按钮，绘制栅格栏杆，如图 14-409 所示。

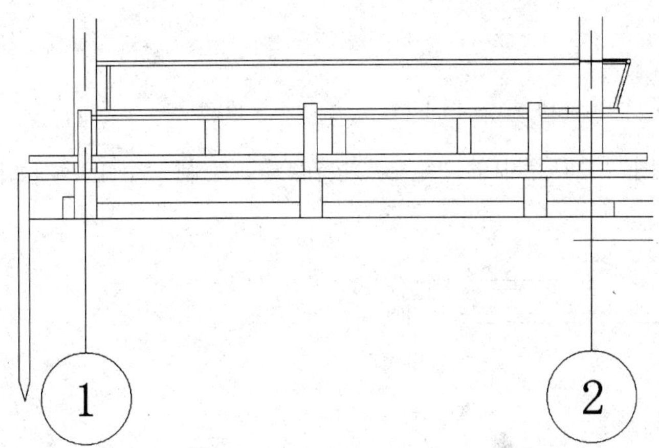

图 14-409 绘制栅格栏杆

15. 单击“修改”工具栏中的“复制”按钮，将栅格栏杆依次向右进行复制，设置间距为 60，单击“修改”工具栏中的“修剪”按钮，修剪掉多余的直线，结果如图 14-410 所示。

16. 单击“绘图”工具栏中的“直线”按钮，绘制水榭顶部，如图 14-411 所示。

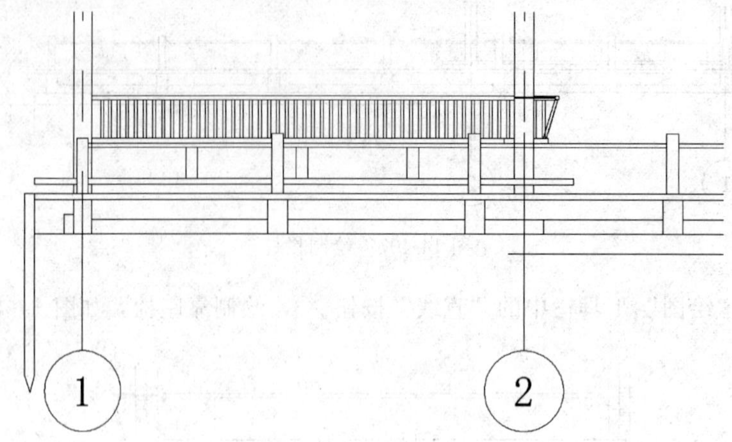

图 14-410　复制栅格栏杆

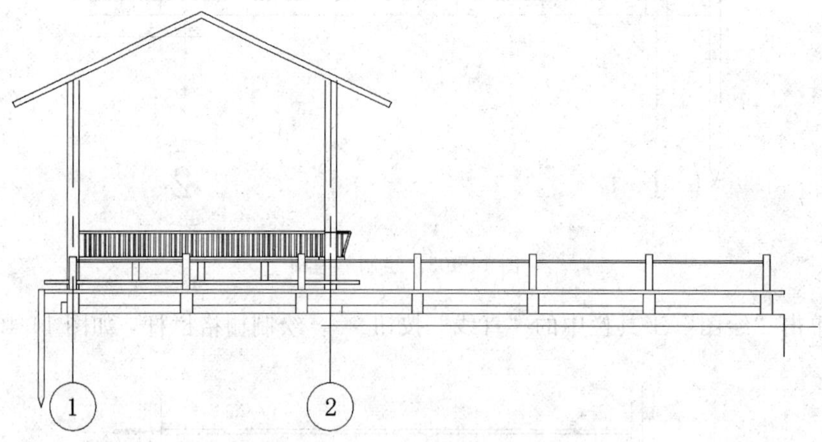

图 14-411　绘制水榭顶部

17. 单击“绘图”工具栏中的“矩形”按钮，绘制三个矩形，如图 14-412 所示。

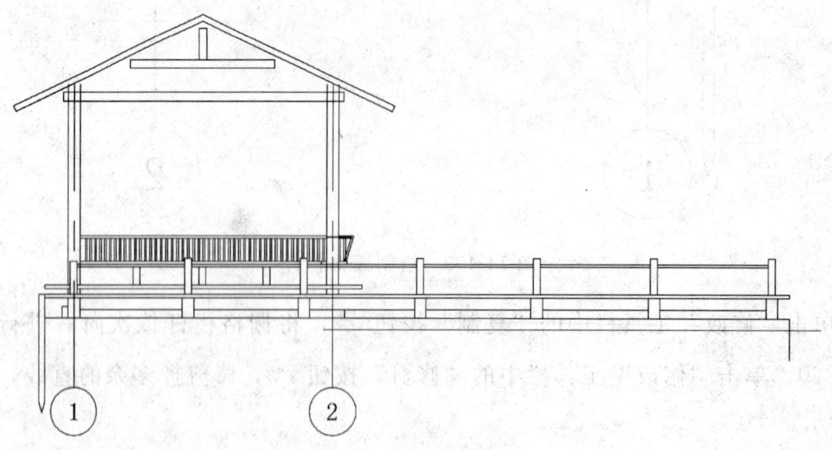

图 14-412　绘制矩形

18. 单击“绘图”工具栏中的“圆”按钮，在矩形处绘制圆，如图 14-413 所示。

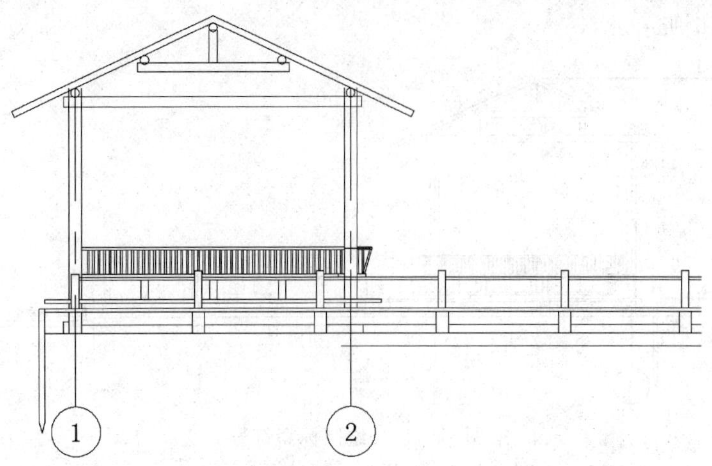

图 14-413 绘制圆

19. 单击“绘图”工具栏中的“直线”按钮，在矩形处绘制连接线，然后单击“修改”工具栏中的“修剪”按钮，修剪掉多余的直线，结果如图 14-414 所示。

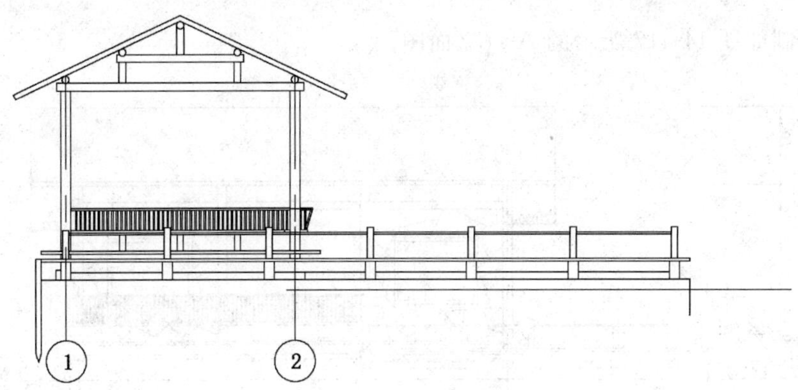

图 14-414 修剪直线

20. 单击“标注”工具栏中的“线性”按钮，标注尺寸，如图 14-415 所示。

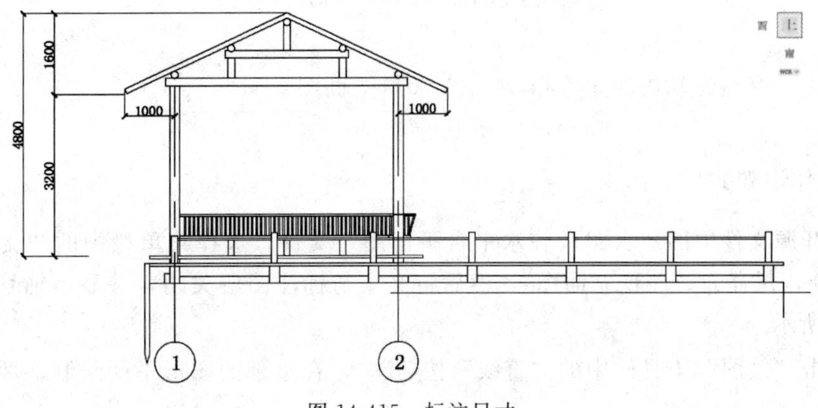

图 14-415 标注尺寸

21. 单击“绘图”工具栏中的“直线”按钮和“多行文字”按钮A，绘制标高符号，如图 14-416 所示。

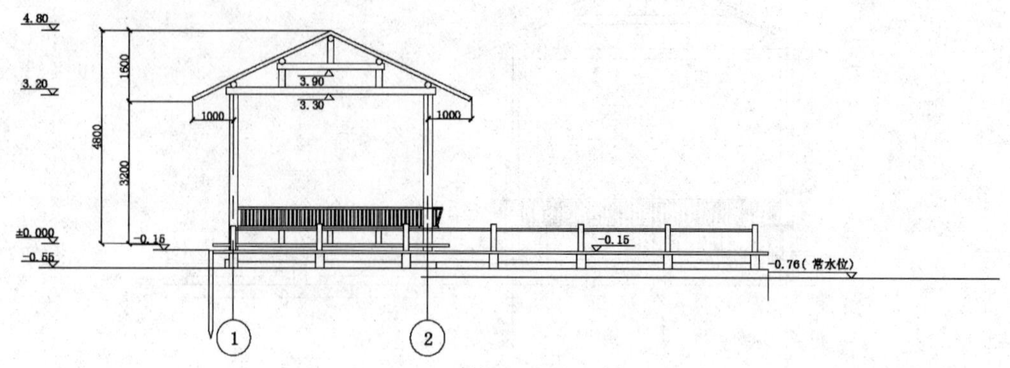

图 14-416　绘制标高符号

22. 同理，单击“绘图”工具栏中的“直线”按钮和“多行文字”按钮A，标注图名，如图 14-395 所示。

14.4.3　A-D 立面图

本节绘制如图 14-417 所示的 A-D 立面图。

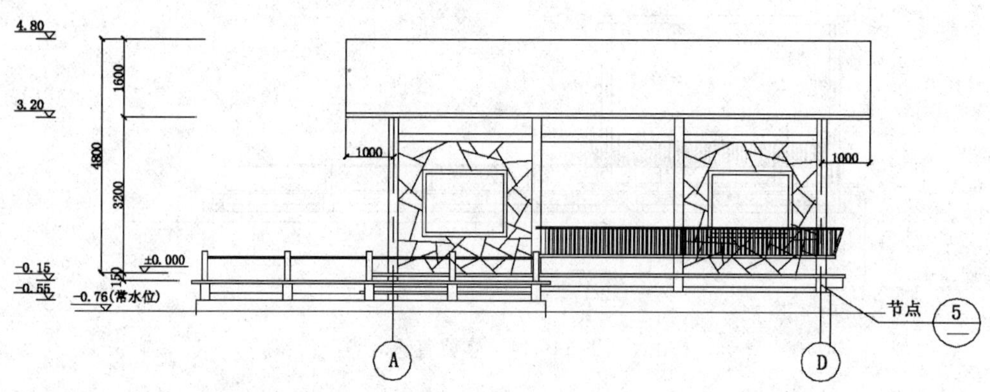

图 14-417　A-D 立面图

光盘 \ 动画演示 \ 第 14 章 \ A-D 立面图 . avi

【操作步骤】

1. 打开源文件中的“水榭及临水平台平面图”文件，选择菜单栏中的“文件”→“另存为”命令，保存为“A-D 立面图”，然后将文字与标注图层关闭，并显示轴号，结果如图 14-418 所示。

2. 单击“绘图”工具栏中的“直线”按钮，在整理的图形下侧绘制地坪线，如图 14-419 所示。

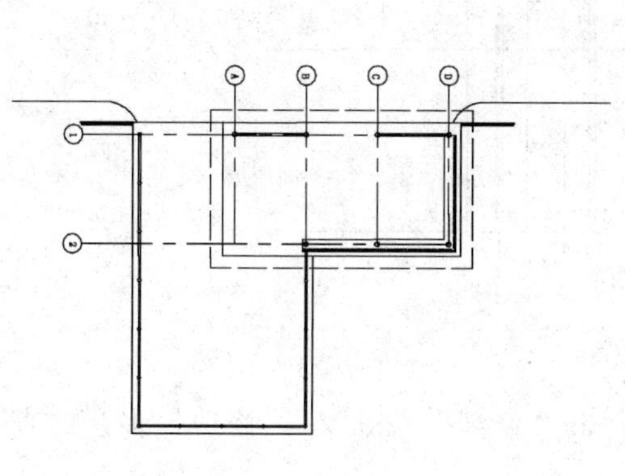

图 14-418 关闭图层

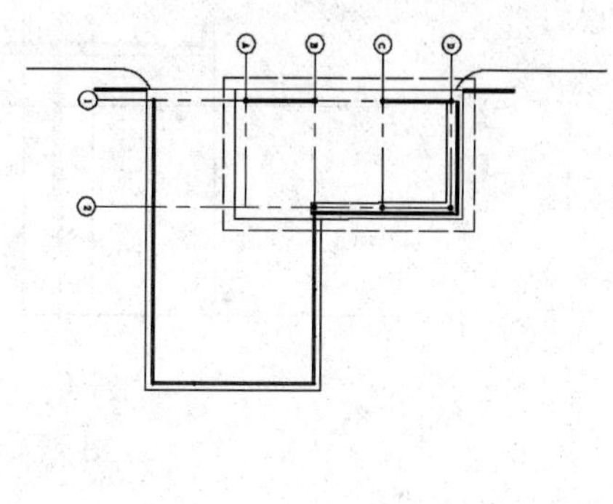

图 14-419 绘制地坪线

3. 单击“绘图”工具栏中的“直线”按钮，在水榭及临水平台平面图处引出辅助线，如图 14-420 所示。

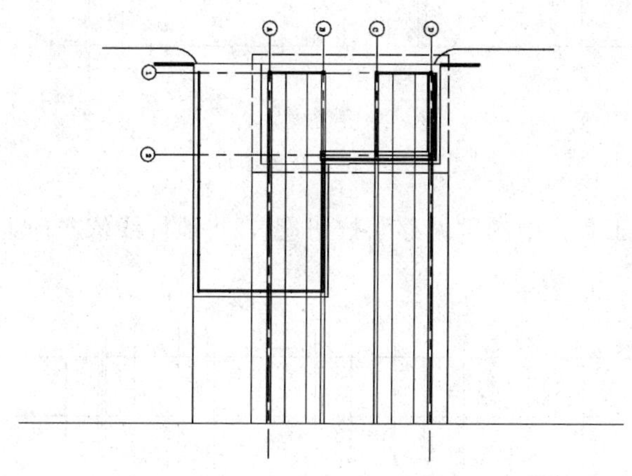

图 14-420 绘制辅助线

4. 单击“修改”工具栏中的“复制”按钮和“旋转”按钮，将 A 和 D 轴号进行复制并旋转 90°，如图 14-421 所示。

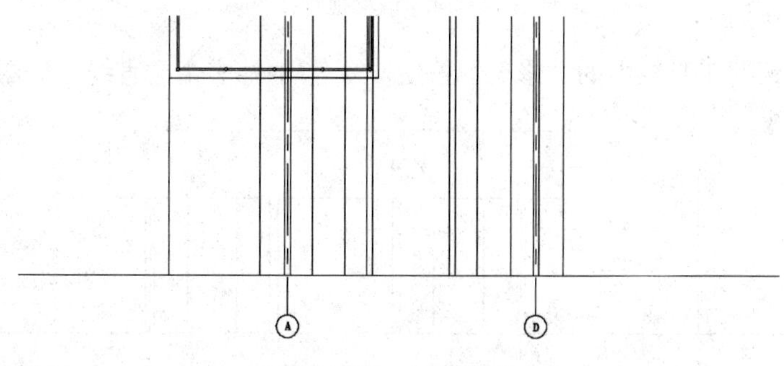

图 14-421 复制轴号

5. 单击“绘图”工具栏中的“直线”按钮，绘制水平线，如图 14-422 所示。

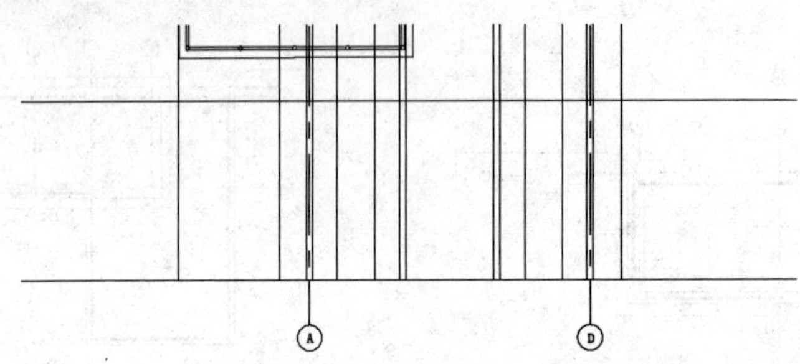

图 14-422　绘制水平线

6. 单击“修改”工具栏中的“删除”按钮 和“修剪”按钮，修剪掉多余的直线并删除多余的图形，结果如图 14-423 所示。

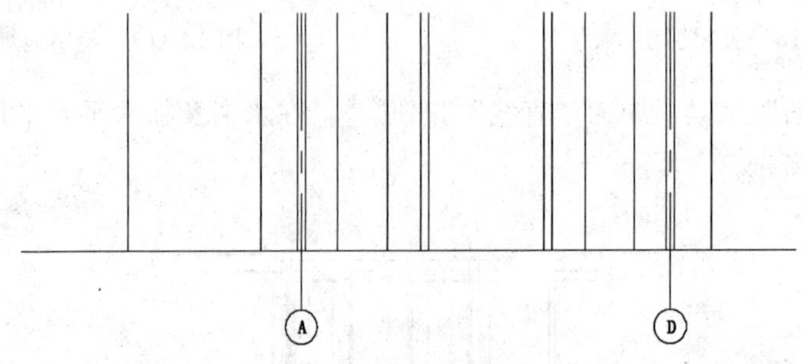

图 14-423　修剪图形

7. 单击“修改”工具栏中的“偏移”按钮，将地坪线依次向上偏移 3200 和 1600，如图 14-424 所示。

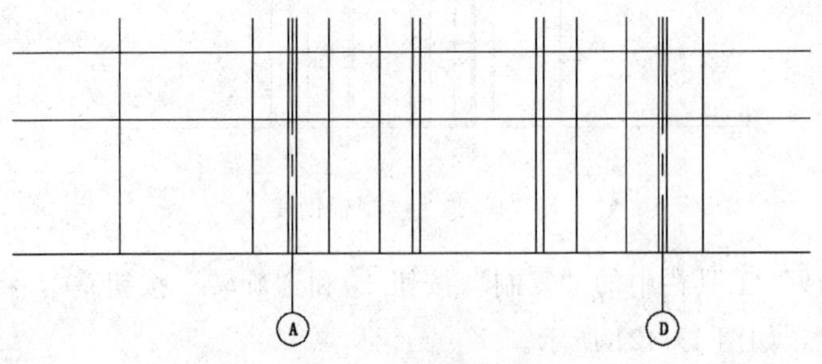

图 14-424　偏移地坪线

8. 单击“修改”工具栏中的“修剪”按钮，修剪掉多余的直线，如图 14-425 所示。

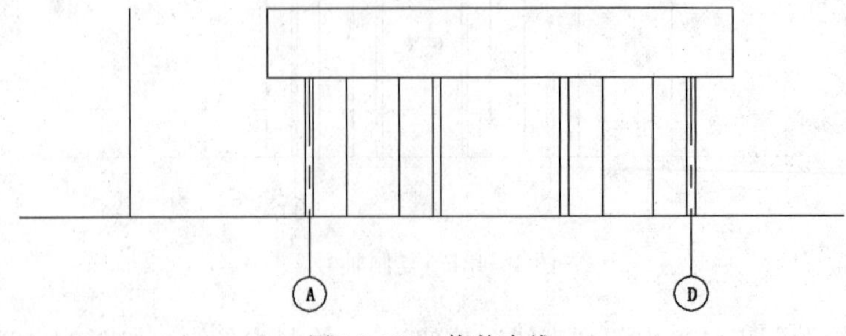

图 14-425　修剪直线

9. 单击“绘图”工具栏中的“直线”按钮，细化图形，如图 14-426 所示。

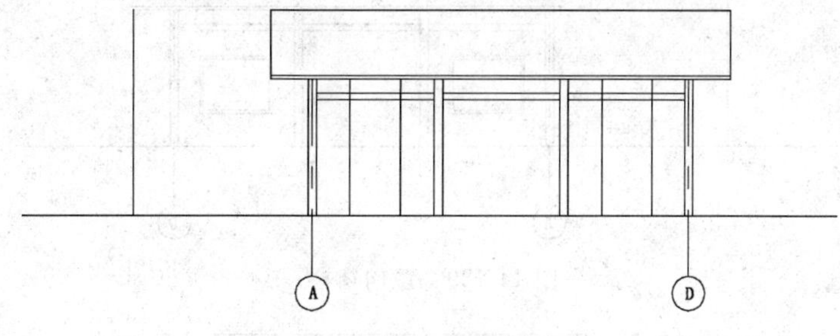

图 14-426 细化图形

10. 单击“绘图”工具栏中的“矩形”按钮，绘制窗栏，设置宽为 1200，如图 14-427 所示。

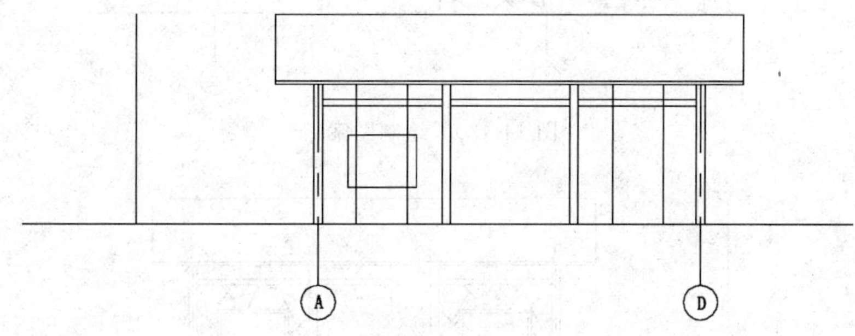

图 14-427 绘制窗栏

11. 单击“修改”工具栏中的“偏移”按钮，将矩形向外偏移 80，如图 14-428 所示。

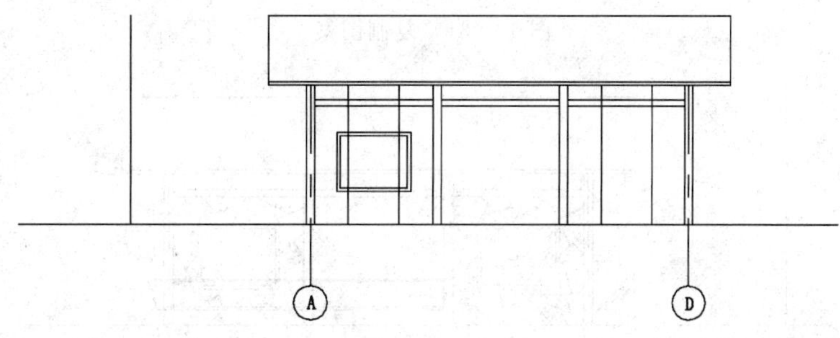

图 14-428 偏移矩形

12. 单击“修改”工具栏中的“镜像”按钮，将绘制的窗栏镜向到右侧，然后单击“修改”工具栏中的“删除”按钮，删除多余的直线，结果如图 14-429 所示。

13. 单击“绘图”工具栏中的“直线”按钮绘制窗栏处的图案，如图 14-430 所示。

14. 单击“修改”工具栏中的“复制”按钮，将左侧图案复制到右侧，如图 14-431所示。

15. 单击“绘图”工具栏中的“直线”按钮和“圆”按钮，绘制靠背椅，如图 14-432 所示。

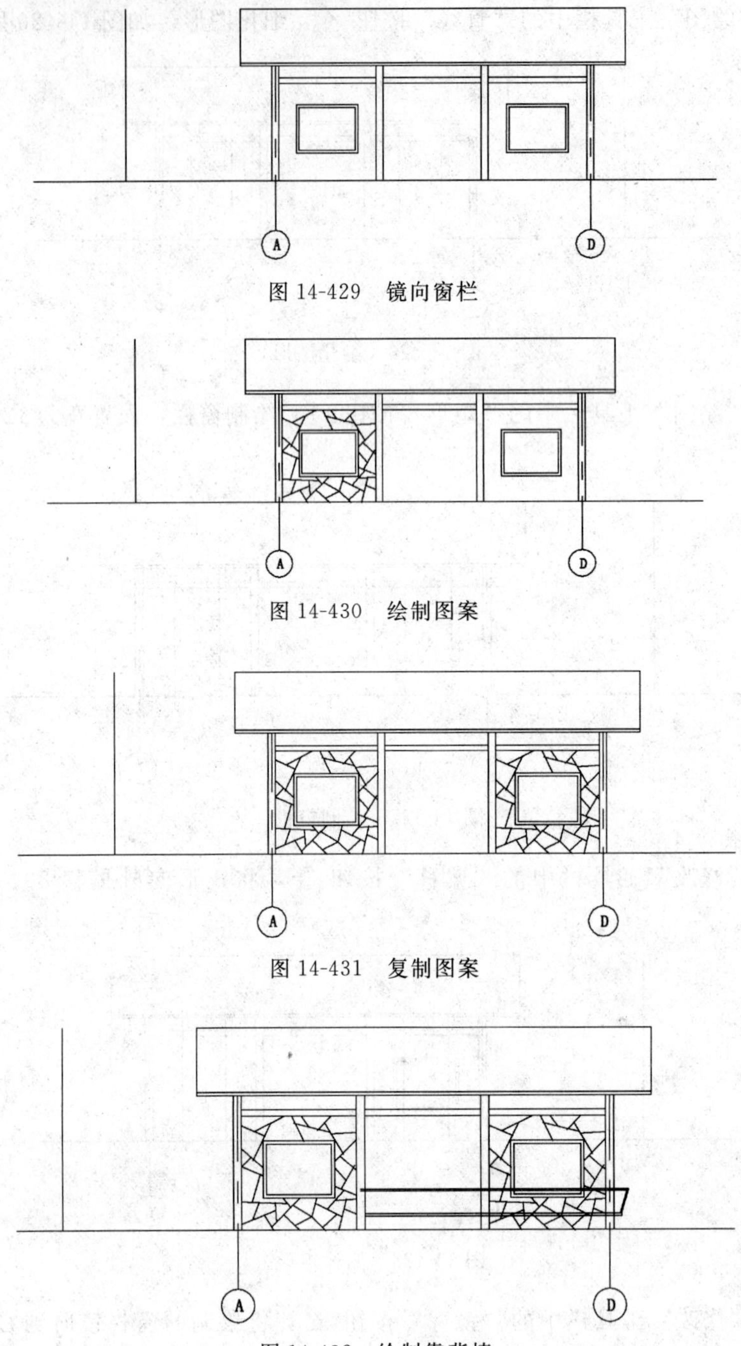

图 14-429　镜向窗栏

图 14-430　绘制图案

图 14-431　复制图案

图 14-432　绘制靠背椅

16. 单击“绘图”工具栏中的“直线”按钮，绘制椅背栅格，如图 14-433 所示。

17. 单击“修改”工具栏中的“修剪”按钮，修剪掉多余的直线，如图 14-434 所示。

18. 单击“修改”工具栏中的“偏移”按钮，将地坪线向下偏移 60、200 和 100，如图 14-435 所示。

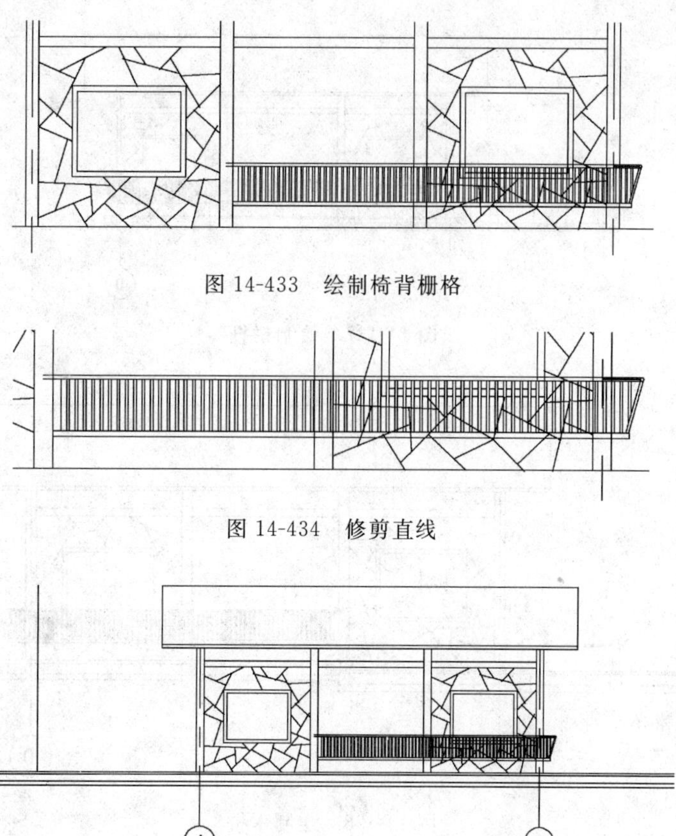

图 14-433 绘制椅背栅格

图 14-434 修剪直线

图 14-435 偏移地坪线

19. 单击“绘图”工具栏中的“矩形”按钮，绘制一个矩形，如图 14-436 所示。

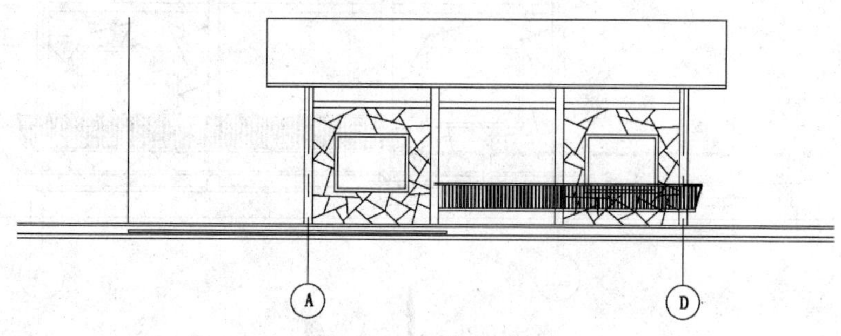

图 14-436 绘制矩形

20. 单击“绘图”工具栏中的“直线”按钮和“修改”工具栏中的“修剪”按钮，绘制栏杆，如图 14-437 所示。

21. 单击“绘图”工具栏中的“直线”按钮，绘制木桩，然后单击“修改”工具栏中的“修剪”按钮，修剪掉多余的直线，如图 14-438 所示。

22. 单击“绘图”工具栏中的“直线”按钮，绘制水位线，并细化图形，如图 14-439所示。

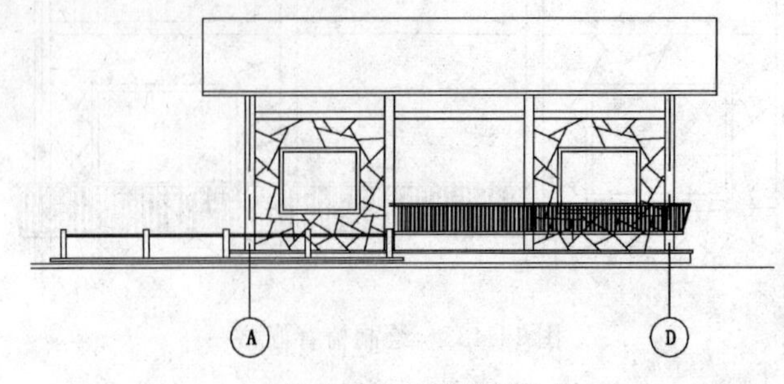

图 14-437　绘制栏杆

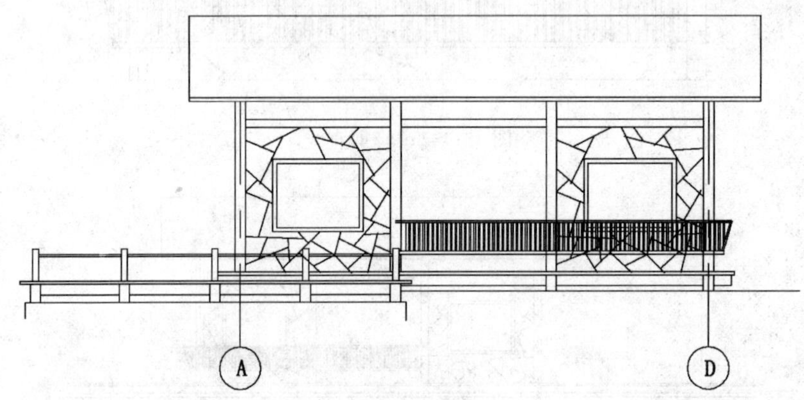

图 14-438　绘制木桩

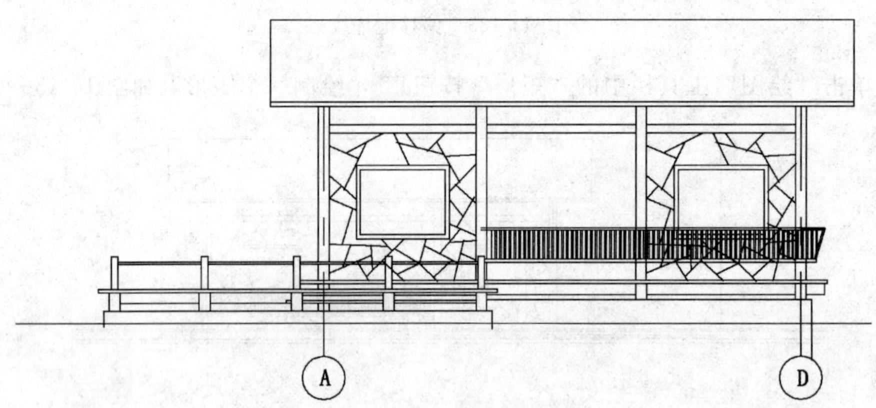

图 14-439　绘制水位线

23. 单击“标注”工具栏中的“线性”按钮，标注尺寸，如图 14-440 所示。

24. 单击“绘图”工具栏中的“直线”按钮和“多行文字”按钮，绘制标高符号，如图 14-441 所示。

25. 单击“绘图”工具栏中的“直线”按钮，在图中引出直线，如图 14-442 所示。

26. 单击“绘图”工具栏中的“圆”按钮，在直线处绘制圆，如图 14-443 所示。

27. 单击“绘图”工具栏中的“多行文字”按钮，输入文字，如图 14-444 所示。

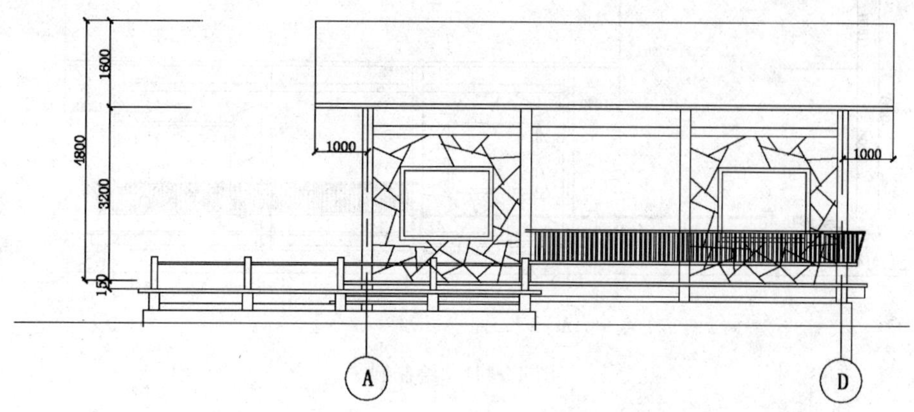

图 14-440　标注尺寸

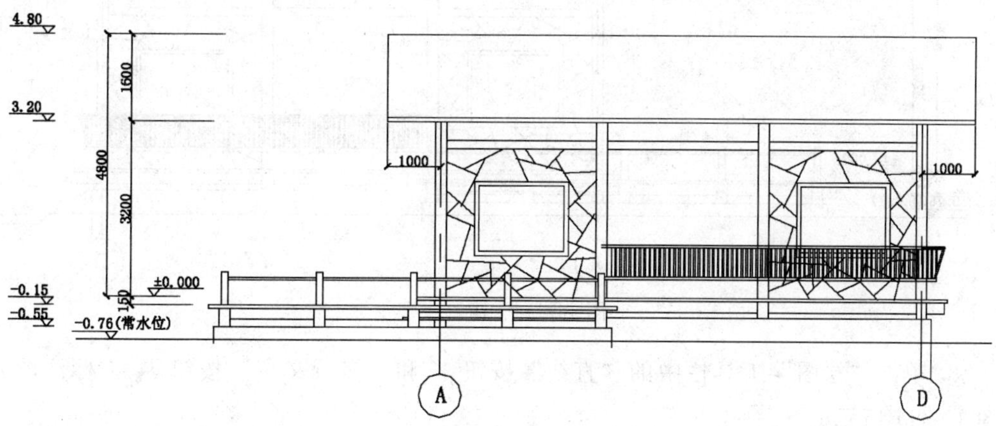

图 14-441　绘制标高符号

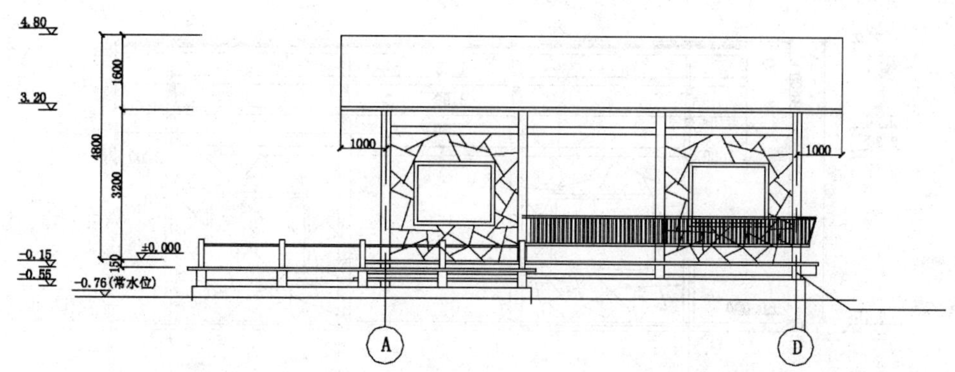

图 14-442　引出直线

图 14-443　绘制圆

图 14-444　输入文字

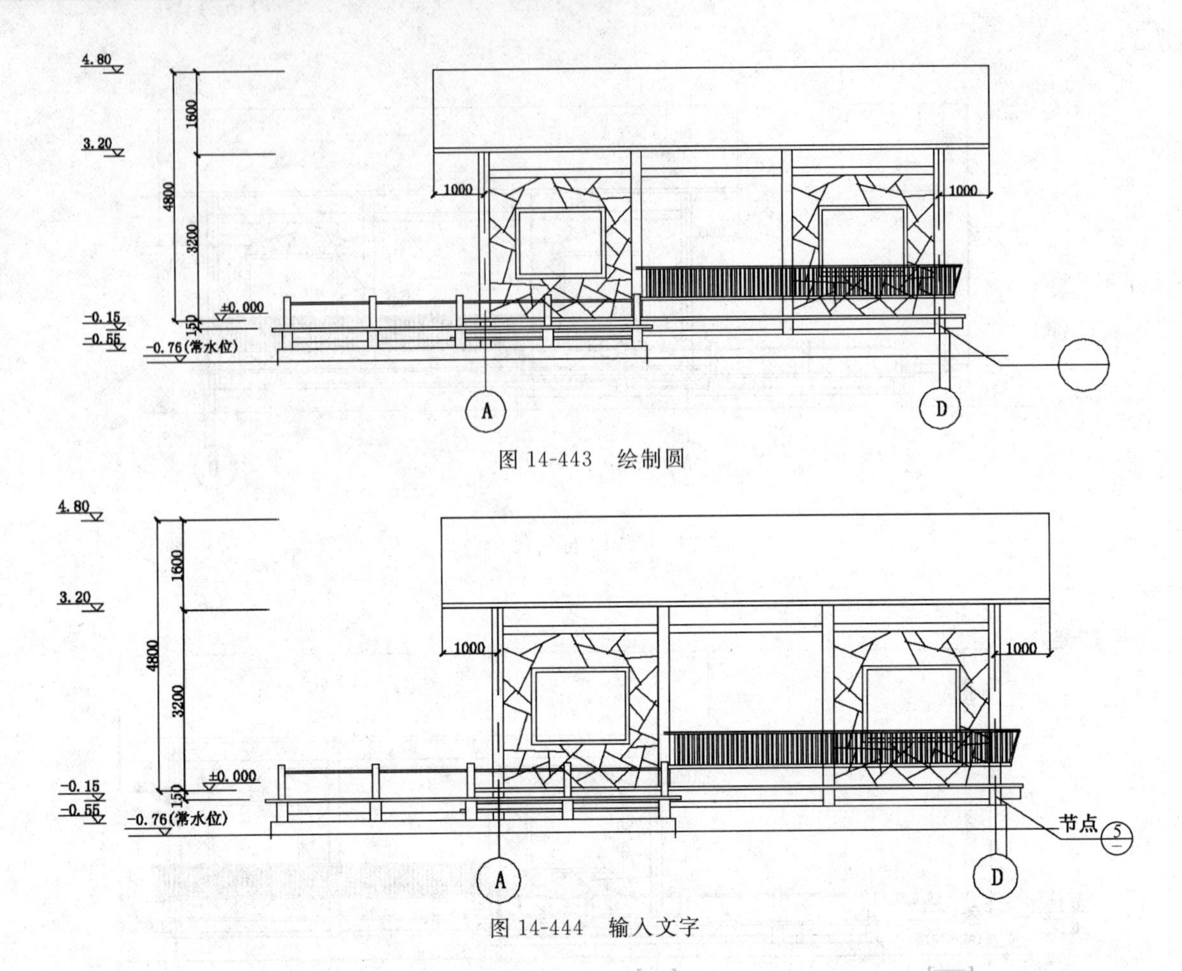

28. 单击“绘图”工具栏中的“直线”按钮 和“多行文字”按钮 ，标注图名，如图 14-417 所示。

14.4.4　B-B 剖面图

本节绘制如图 14-445 所示的 B-B 剖面图。

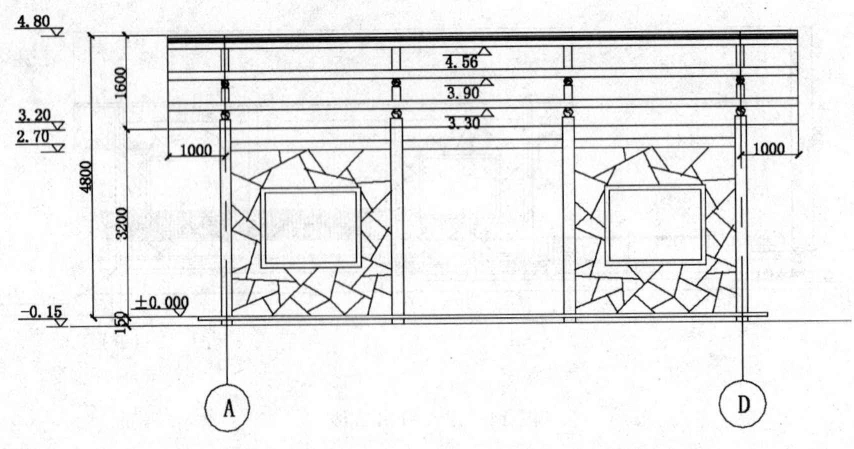

图 14-445　B-B 剖面图

光盘\动画演示\第 14 章\B-B 剖面图 .avi

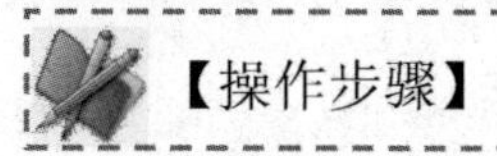

1. 打开源文件中的“A-D 立面图”文件，选择菜单栏中的“文件”→“另存为”命令，保存为“B-B 剖面图”，然后删除图形只保留轴线和轴号，结果如图 14-446 所示。

2. 单击“绘图”工具栏中的“直线”按钮，绘制一条水平线，如图 14-447 所示。

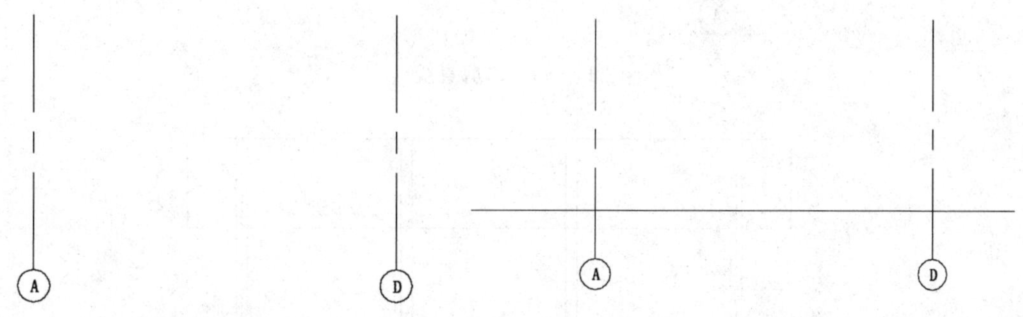

图 14-446　删除图形　　　　图 14-447　绘制水平线

3. 单击“修改”工具栏中的“偏移”按钮，将水平线依次向上偏移 150、3200 和 1600，然后将轴线 A 向左偏移 100 和 900，向右依次偏移 100、2800、200、2800、200、2800、200 和 900，并将偏移后的虚线修改为实线，结果如图 14-448 所示。

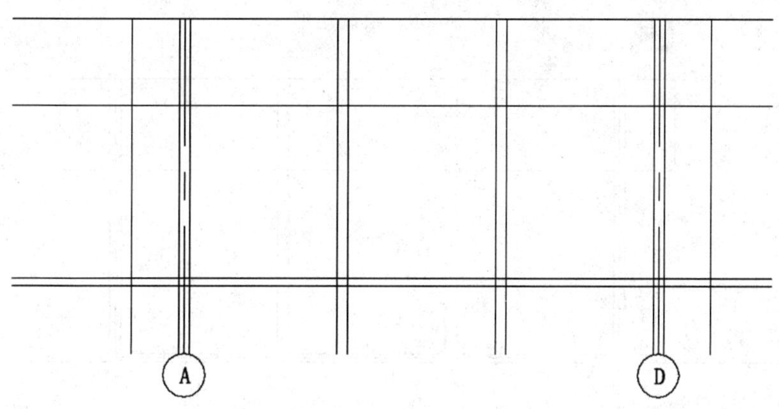

图 14-448　偏移直线

4. 单击“修改”工具栏中的“修剪”按钮，修剪掉多余的直线，如图 14-449 所示。

5. 单击“绘图”工具栏中的“矩形”按钮，绘制一个矩形，如图 14-450 所示。

6. 单击“修改”工具栏中的“修剪”按钮，修剪掉多余的直线，如图 14-451 所示。

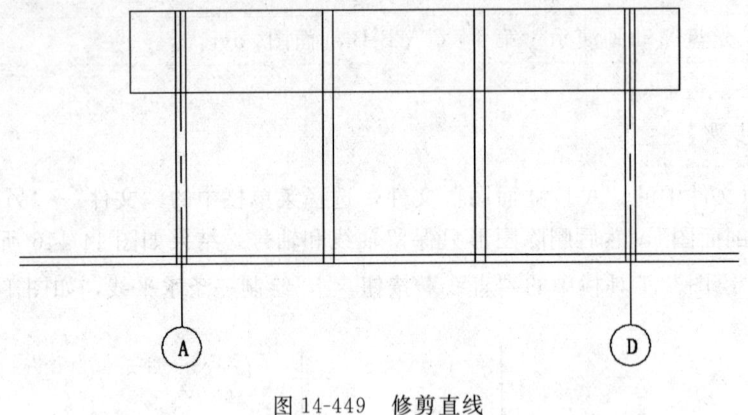

图 14-449　修剪直线

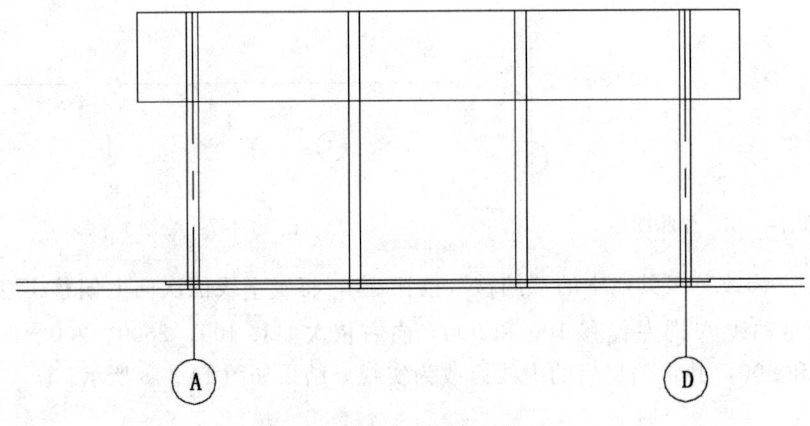

图 14-450　绘制矩形

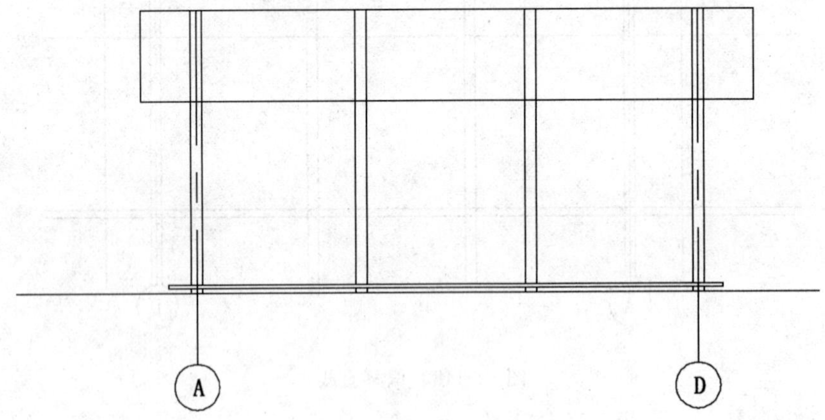

图 14-451　修剪直线

7. 单击“绘图”工具栏中的“直线”按钮，在顶部绘制一条直线，如图 14-452 所示。

8. 单击“修改”工具栏中的“修剪”按钮，修剪掉多余的直线，如图 14-453 所示。

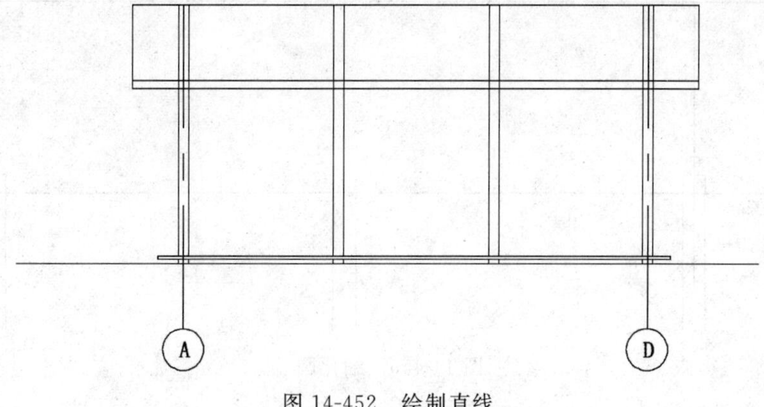

图 14-452 绘制直线

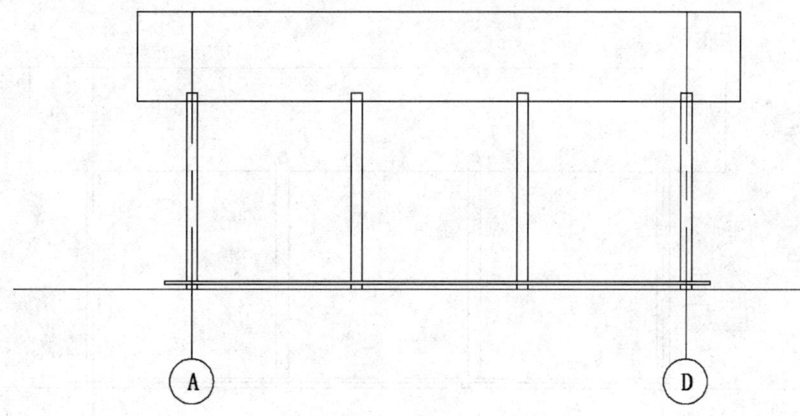

图 14-453 修剪直线

9. 单击“绘图”工具栏中的“圆”按钮，在左侧柱子顶部绘制一个圆，如图 14-454 所示。

10. 单击“绘图”工具栏中的“样条曲线”按钮，在圆内绘制样条曲线，细化圆，如图 14-455 所示。

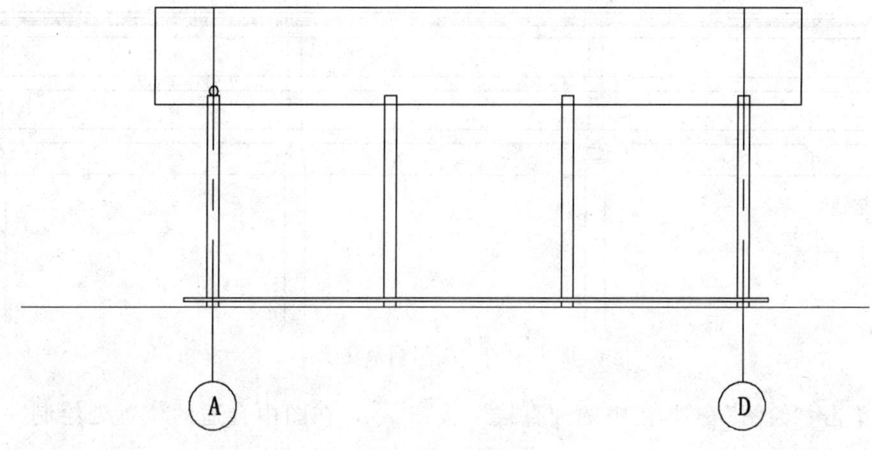

图 14-454 绘制圆

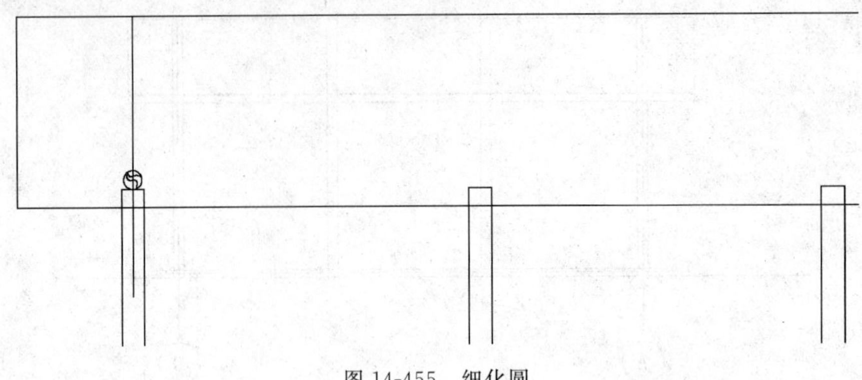

图 14-455　细化圆

11. 单击“修改”工具栏中的“复制”按钮，将圆复制到其他柱子上，如图14-456所示。

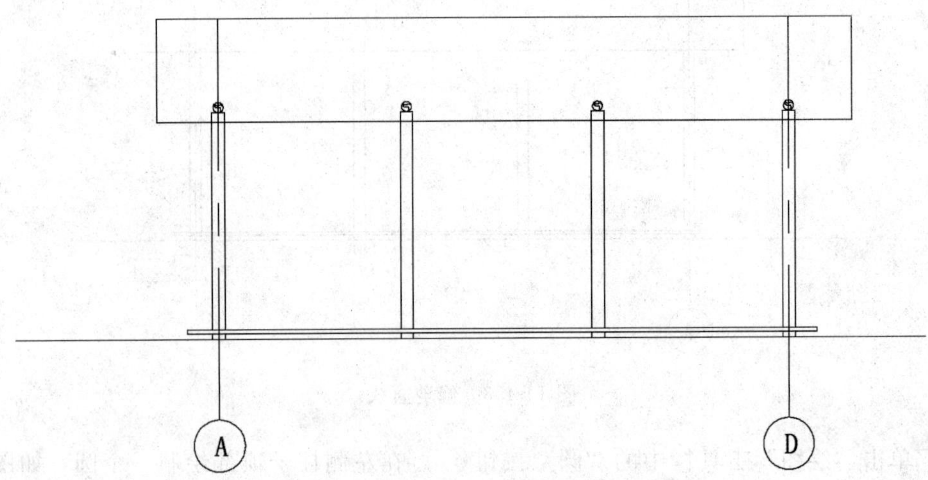

图 14-456　复制圆

12. 同理，单击“绘图”工具栏中的“直线”按钮、“样条曲线”按钮和“圆”按钮，绘制剩余柱子，如图 14-457 所示。

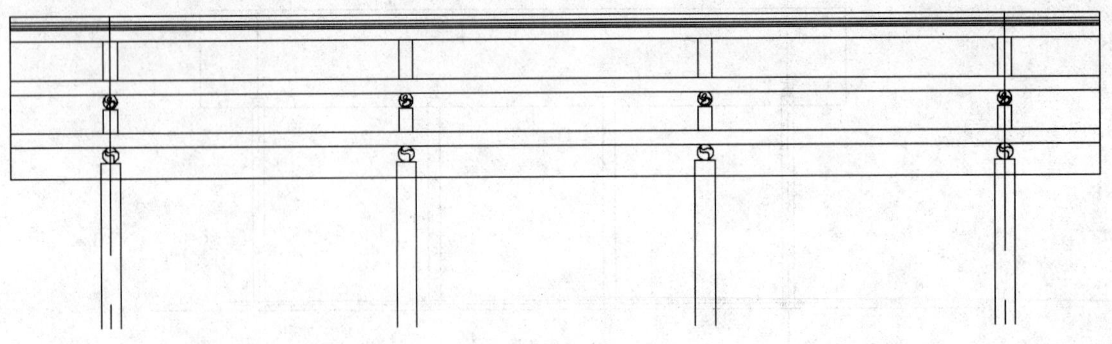

图 14-457　绘制剩余柱子

13. 单击“绘图”工具栏中的“直线”按钮，在图中合适的位置处绘制一条水平线，如图 14-458 所示。

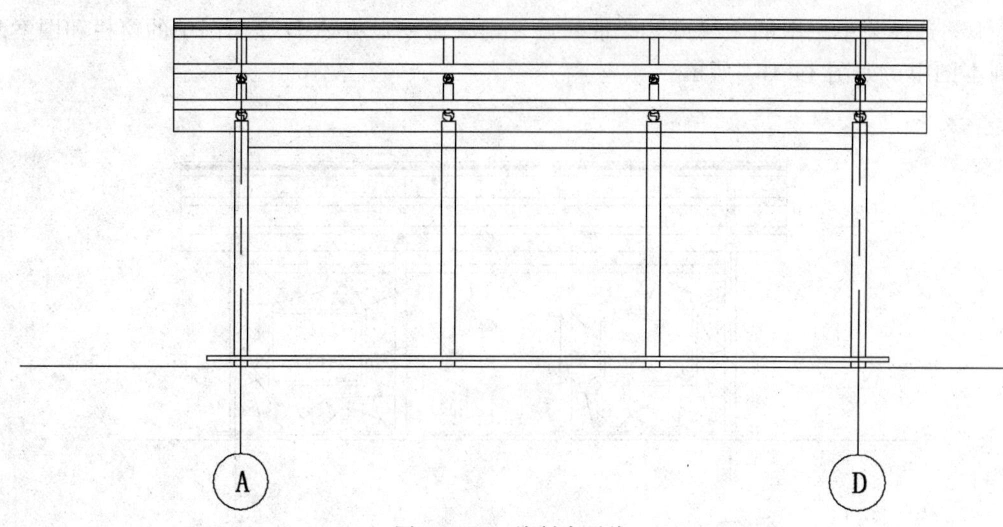

图 14-458 绘制水平线

14. 单击“修改”工具栏中的“偏移”按钮，将水平线向下偏移 150，如图 14-459 所示。

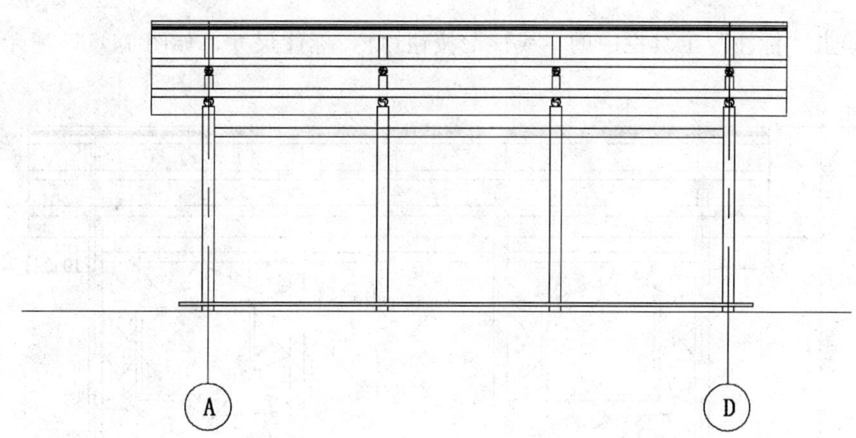

图 14-459 偏移直线

15. 单击“修改”工具栏中的“修剪”按钮，修剪掉多余的直线，如图 14-460 所示。

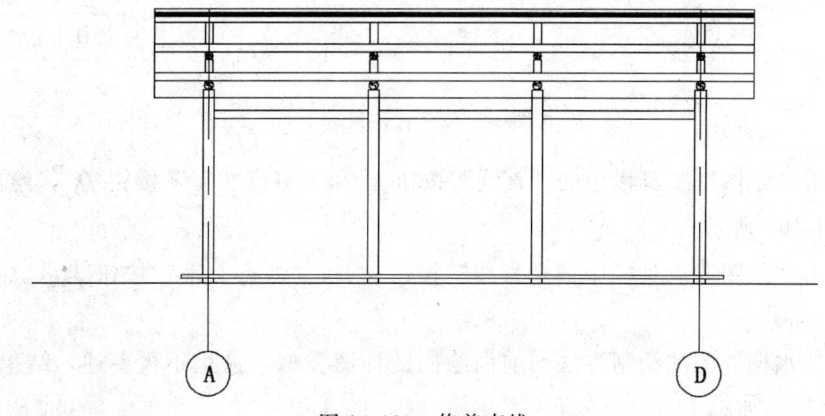

图 14-460 修剪直线

16. 选择菜单栏中的“编辑”→“带基点复制”命令，将 A-D 立面图中的窗栏和图案复制到本图中，如图 14-461 所示。

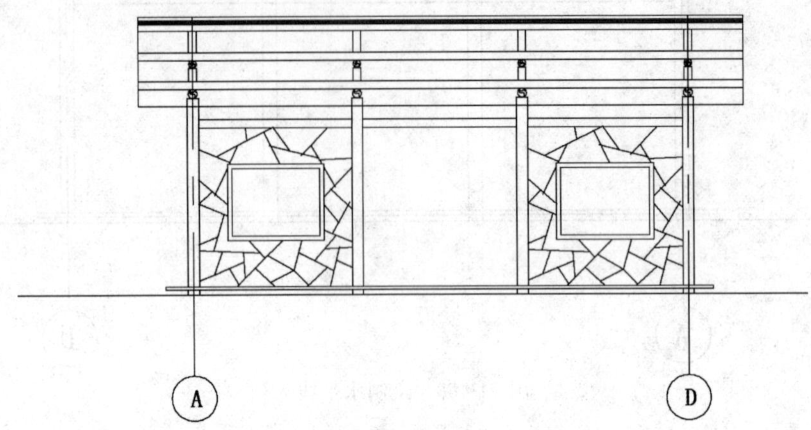

图 14-461 复制窗栏和图案

17. 单击“标注”工具栏中的“线性”按钮，标注尺寸，如图 14-462 所示。

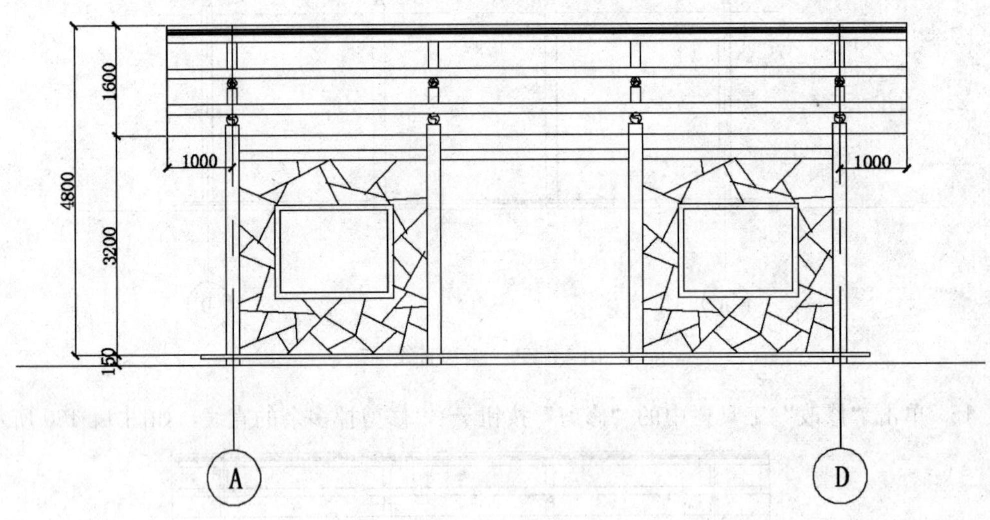

图 14-462 标注尺寸

18. 单击“绘图”工具栏中的“直线”按钮和“多行文字”按钮 A，绘制标高符号，如图 14-463 所示。

19. 单击“绘图”工具栏中的“直线”按钮和“多行文字”按钮 A，标注图名，如图 14-445 所示。

20. 其他水榭详图的绘制方法与前面绘制的详图类似，这里不再赘述，结果如图 14-464～图 14-468 所示。

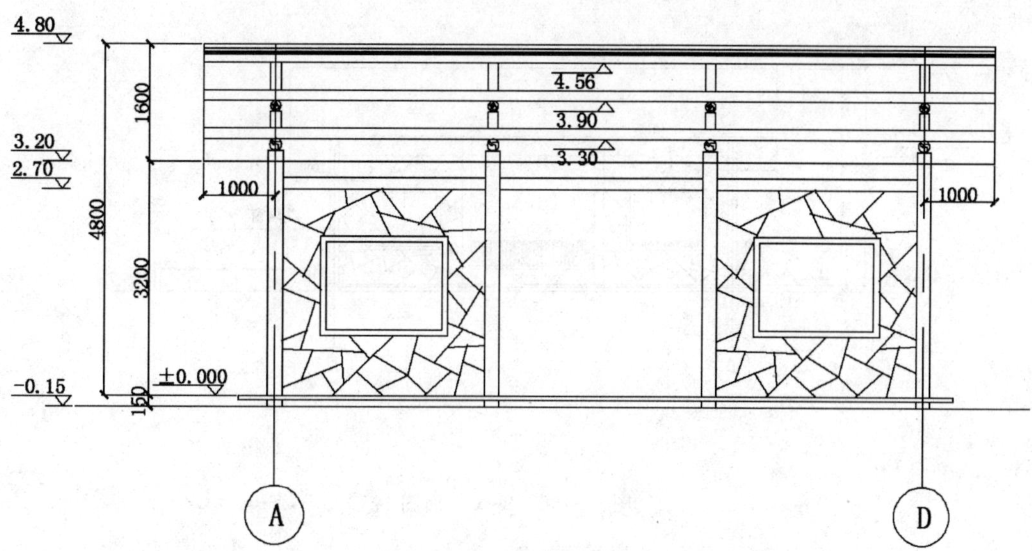

图 14-463　绘制标高符号

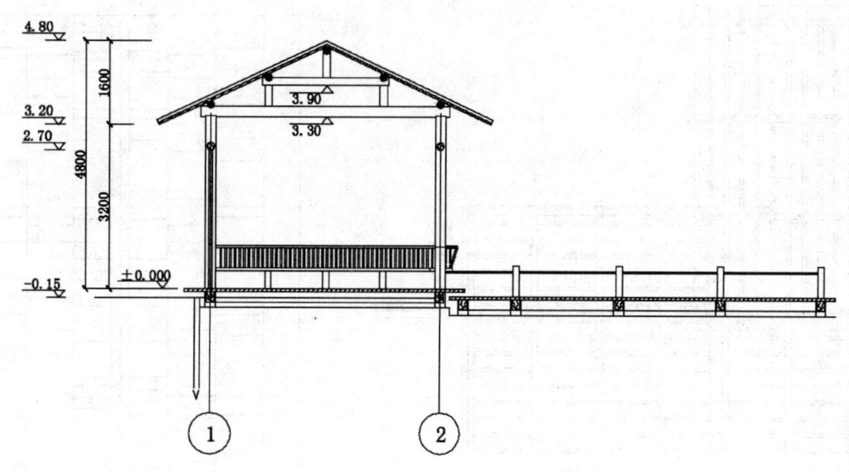

图 14-464　A-A 剖面图

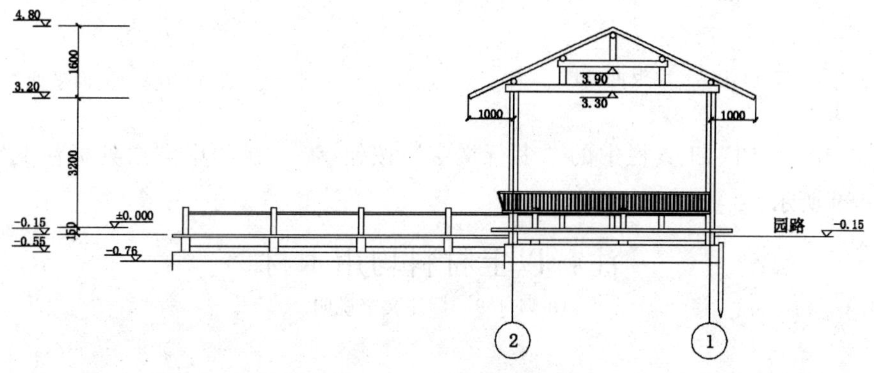

图 14-465　2-1 立面图

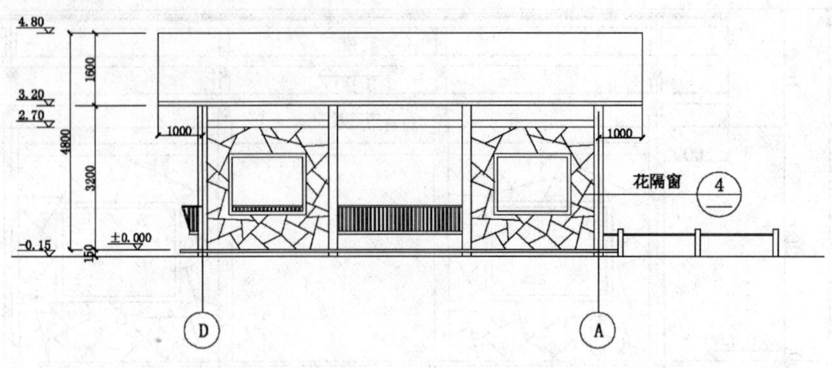

图 14-466　D-A 立面图

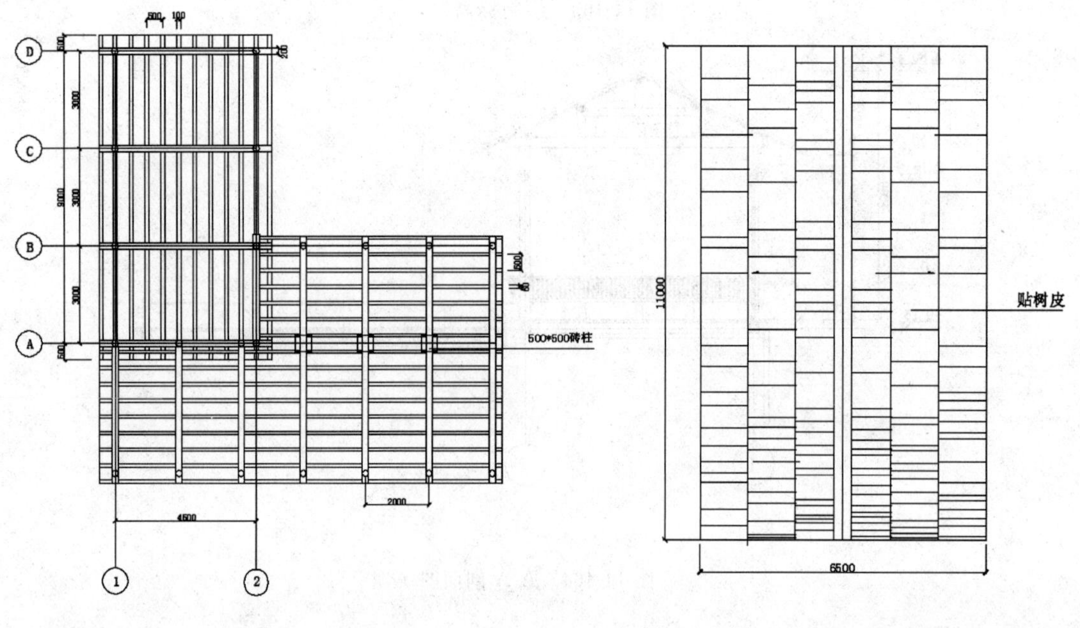

图 14-467　地板仰视图

图 14-468　屋面平面图

21. 单击“绘图”工具栏中的“多行文字”按钮 A，在图中空白处标注文字说明，如图 14-469 所示。

注：以上材料均用木材

图 14-469　标注文字说明

22. 单击“绘图”工具栏中的“插入块”按钮，将源文件/图库/图框和指北针插入到图中，并调整布局大小，然后输入图名名称，结果如图 14-470 所示。

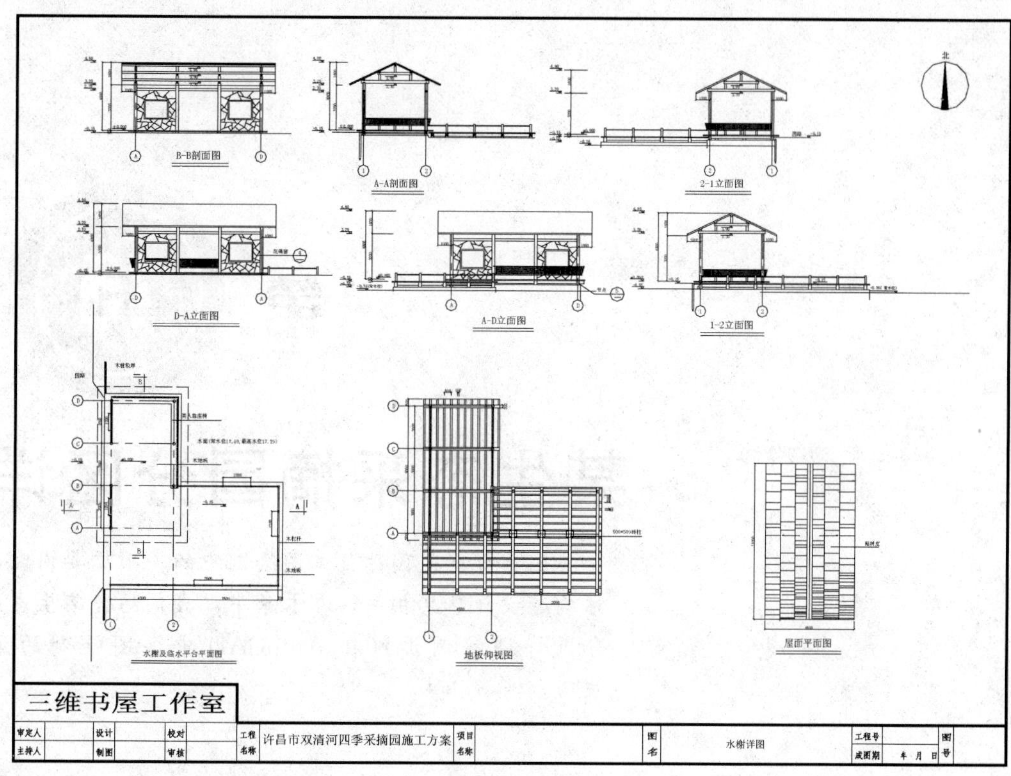

B-B剖面图
A-A剖面图
2-1立面图
D-A立面图
A-D立面图
1-2立面图
水榭及临水平台平面图
地板仰视图
屋面平面图
三维书屋工作室
审定人
设计
校对
主持人
制图
审核
工程名称
许昌市双清河四季采摘园施工方案
项目名称
图名
水榭详图
工程号
成图期
年 月 日
图号

图 14-470 插入图框

某生态采摘园分区详图

园林详图是园林施工图绘制中的一项重要内容，与园林构造设计息息相关。在本章中，我们结合某生态采摘园分区详图实例讲解在 AutoCAD 中详图绘制的方法和技巧。

点

- 分区详图一
- 分区详图二

15.1 分区详图一

本节绘制如图 15-1 所示的分区详图一。

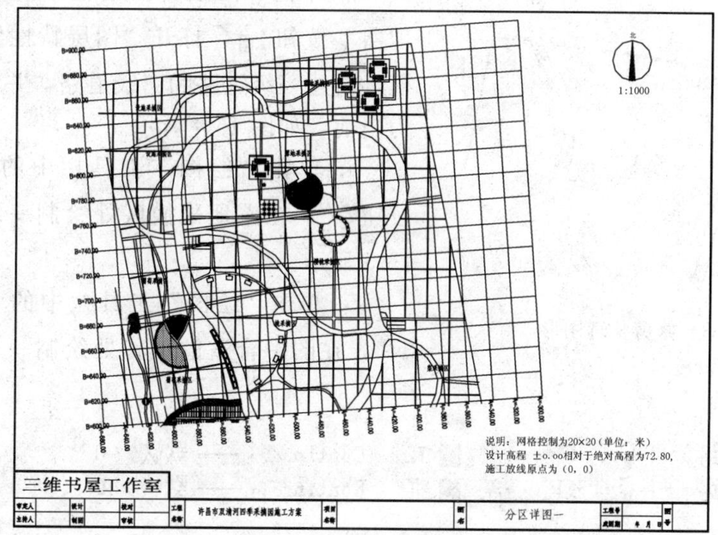

图 15-1 分区详图一

光盘\动画演示\第 15 章\分区详图一.avi

15.1.1 绘制道路

【操作步骤】

1. 单击“标准”工具栏中的“打开”按钮，打开“选择文件”对话框，如图 15-2

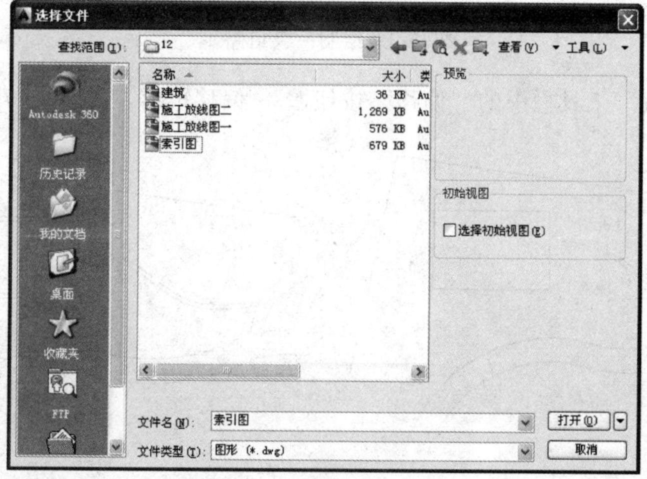

图 15-2 “选择文件”对话框

所示，将“索引图”文件打开，并将其另存为“分区详图一”。

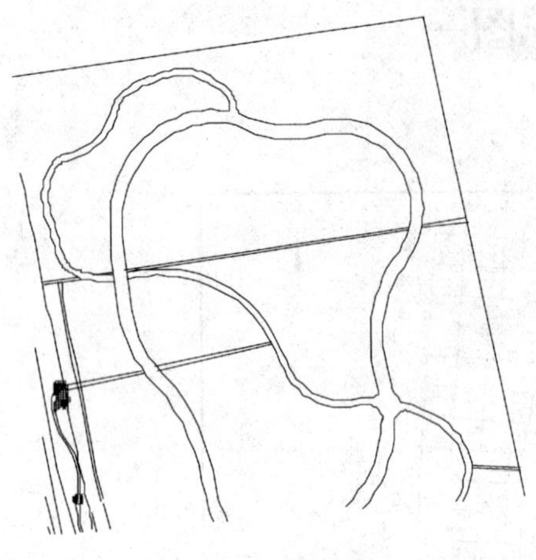

图 15-3　修剪整理图形

2. 单击“修改”工具栏中的“删除”按钮和“修剪”按钮，删除部分图形，然后修剪整理，结果如图 15-3 所示。

3. 单击“图层”工具栏中的“图层特性管理器”按钮，打开“图层特性管理器”对话框，新建一级道路和三级道路，并将一级道路置为当前，如图 15-4 所示。

4. 单击“绘图”工具栏中的“样条曲线”按钮，在露地采摘区处绘制一级道路，如图 15-5 所示。

5. 单击“绘图”工具栏中的“矩形”按钮，在图中合适的位置处绘制一个矩形，如图 15-6 所示。

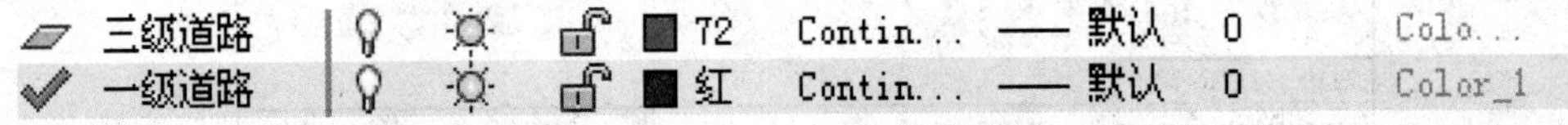

图 15-4　新建图层

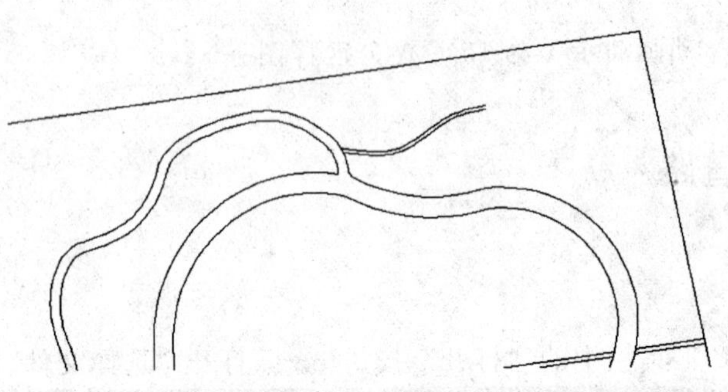

图 15-5　绘制一级道路 1

6. 单击“修改”工具栏中的“偏移”按钮，偏移矩形，如图 15-7 所示。

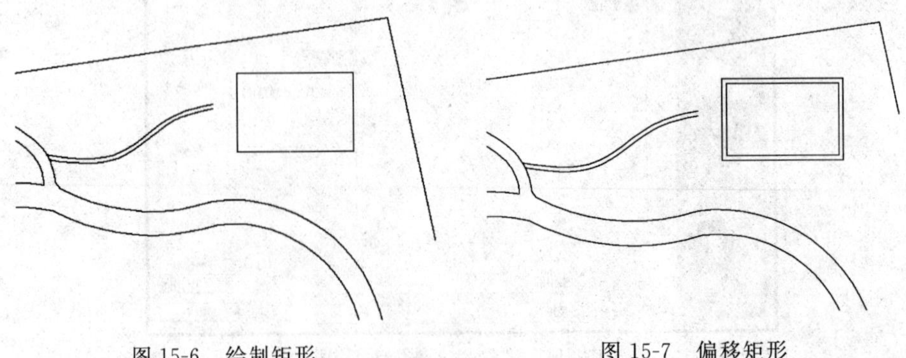

图 15-6　绘制矩形　　图 15-7　偏移矩形

7. 单击“绘图”工具栏中的“直线”按钮，绘制一级道路，如图 15-8 所示。

8. 单击“绘图”工具栏中的“样条曲线”按钮，在设施采摘区绘制一级道路，如图 15-9 所示。

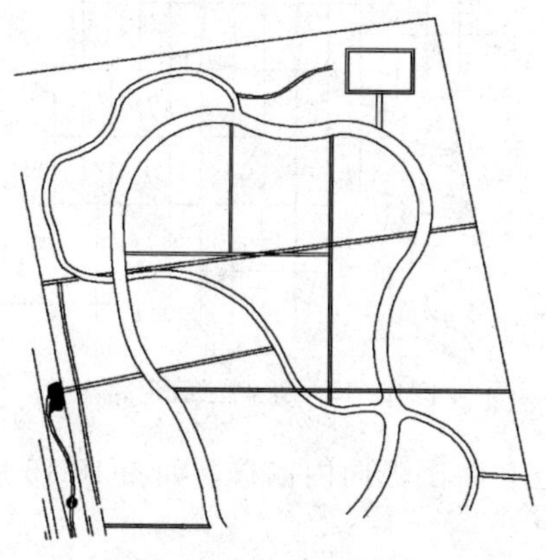

图 15-8 绘制一级道路 2

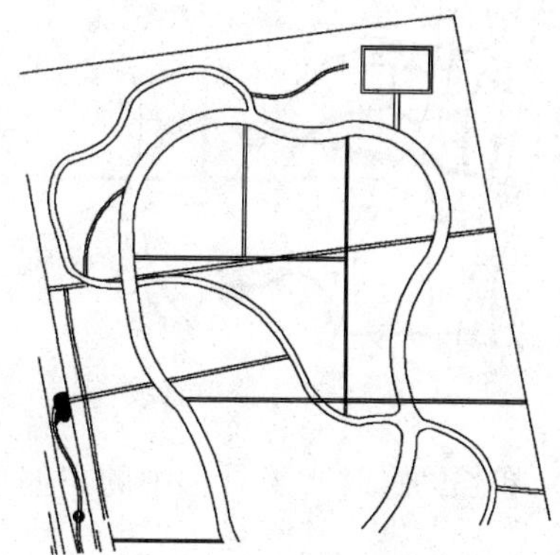

图 15-9 绘制一级道路 3

9. 单击“绘图”工具栏中的“样条曲线”按钮，在葡萄采摘区绘制一级道路，如图 15-10 所示。

10. 同理，单击“绘图”工具栏中的“直线”按钮、“圆弧”按钮和“样条曲线”按钮，绘制剩余一级道路，如图 15-11 所示。

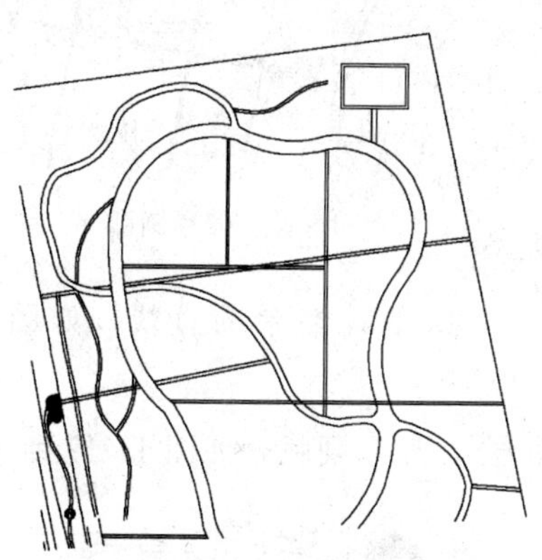

图 15-10 绘制一级道路 4

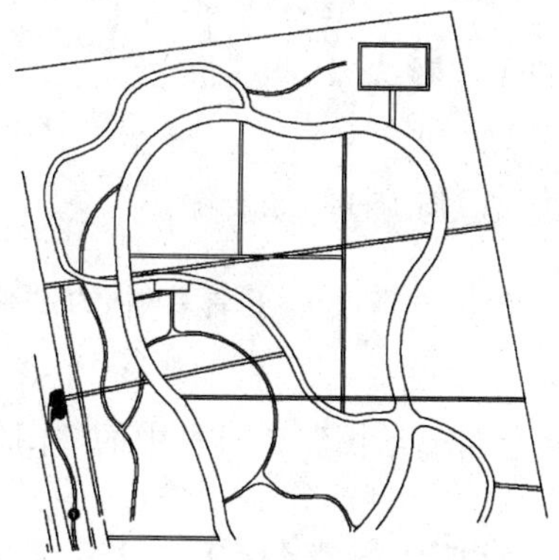

图 15-11 绘制剩余一级道路

11. 单击“修改”工具栏中的“修剪”按钮，修剪掉多余的直线，如图 15-12 所示。

12. 将三级道路图层设置为当前层，单击“绘图”工具栏中的“直线”按钮，绘制三级道路，然后单击“修改”工具栏中的“修剪”按钮，修剪掉多余的直线，结果如图 15-13 所示。

13. 单击“绘图”工具栏中的“圆弧”按钮，在图中合适的位置处绘制一段圆弧，如图 15-14 所示。

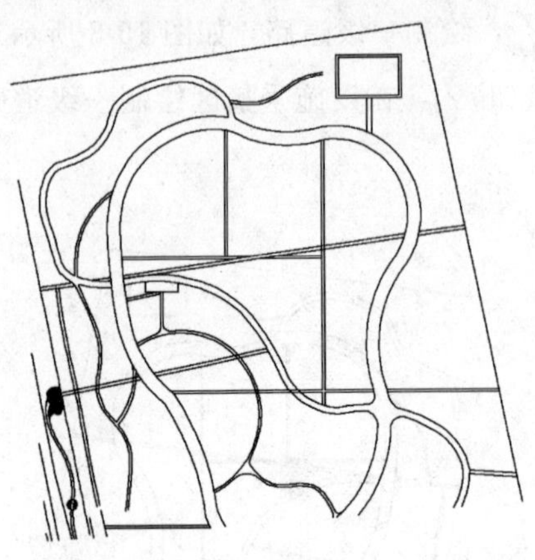
图 15-12 修剪直线

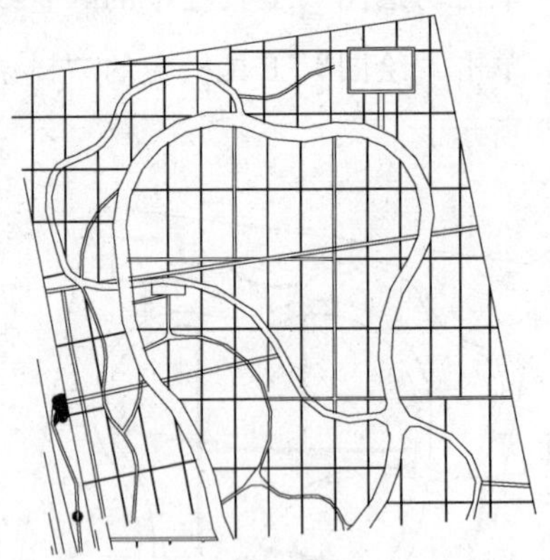
图 15-13 绘制三级道路 1

14. 单击“修改”工具栏中的“偏移”按钮，将圆弧向内偏移，如图 15-15 所示。

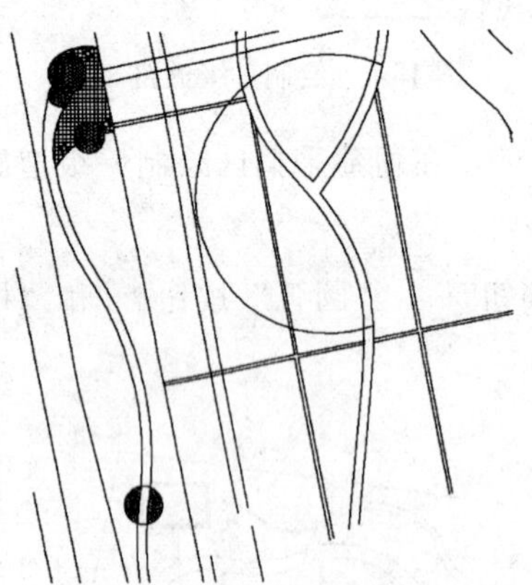
图 15-14 绘制圆弧

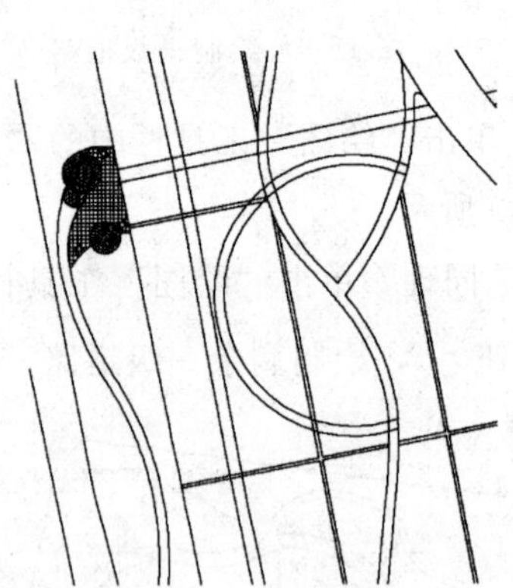
图 15-15 偏移圆弧

15. 单击“修改”工具栏中的“修剪”按钮，修剪掉多余的直线，如图 15-16 所示。

16. 单击“绘图”工具栏中的“图案填充”按钮，填充圆弧，如图 15-17 所示。

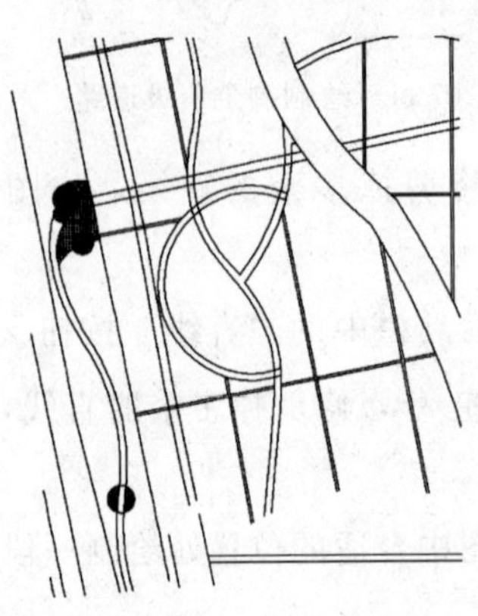
图 15-16 修剪直线

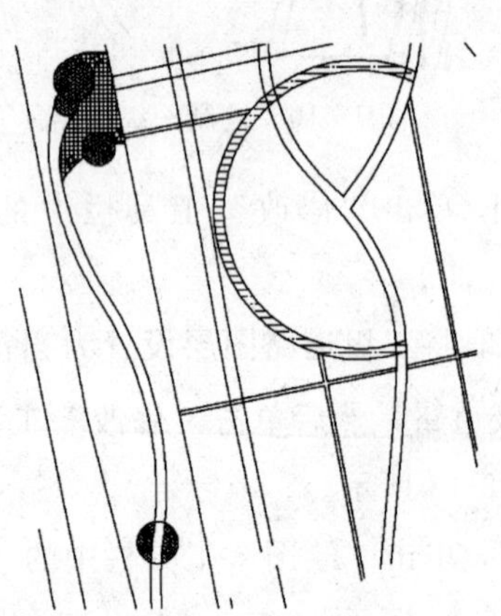
图 15-17 填充圆弧

17. 单击“绘图”工具栏中的“样条曲线”按钮，在图形下侧绘制样条曲线，如图 15-18 所示。

18. 单击“绘图”工具栏中的“直线”按钮，绘制三级道路，如图 15-19 所示。

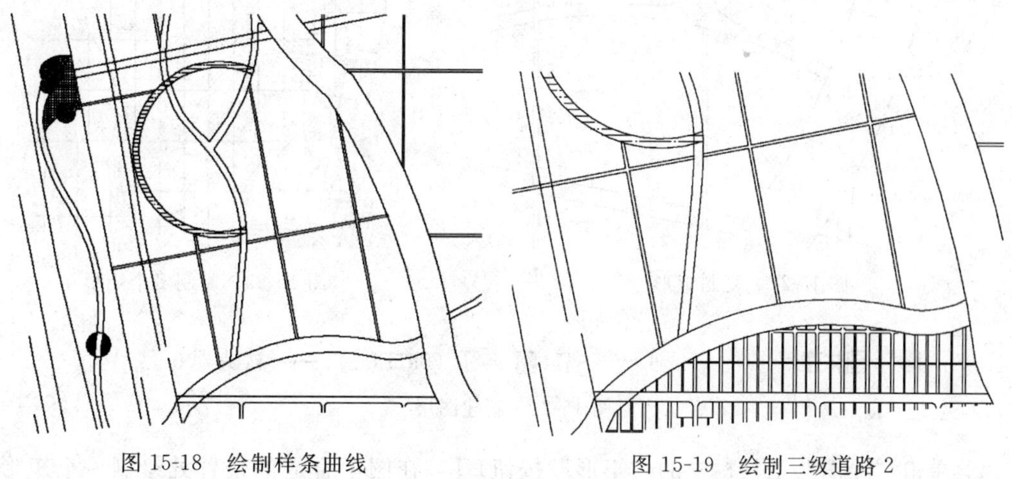

图 15-18 绘制样条曲线　　图 15-19 绘制三级道路 2

19. 单击“修改”工具栏中的“修剪”按钮，修剪掉多余的直线，如图 15-20 所示。

20. 单击“绘图”工具栏中的“矩形”按钮，在图中合适的位置处绘制一个矩形，如图 15-21 所示。

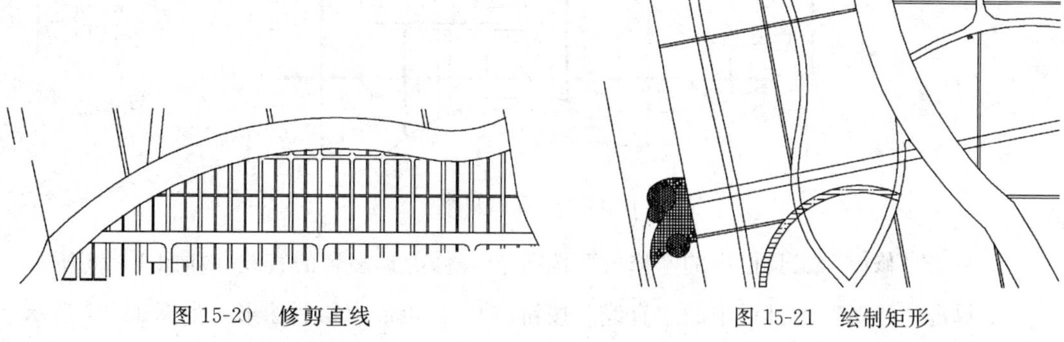

图 15-20 修剪直线　　图 15-21 绘制矩形

21. 单击“修改”工具栏中的“复制”按钮，将矩形进行复制，如图 15-22 所示。

22. 单击“修改”工具栏中的“复制”按钮，将多个矩形复制到图中其他位置处，如图 15-23 所示。

15.1.2 绘制园林建筑

【操作步骤】

1. 单击“图层”工具栏中的“图层特性管理器”按钮，新建“园林建筑”图层，如图 15-24 所示。

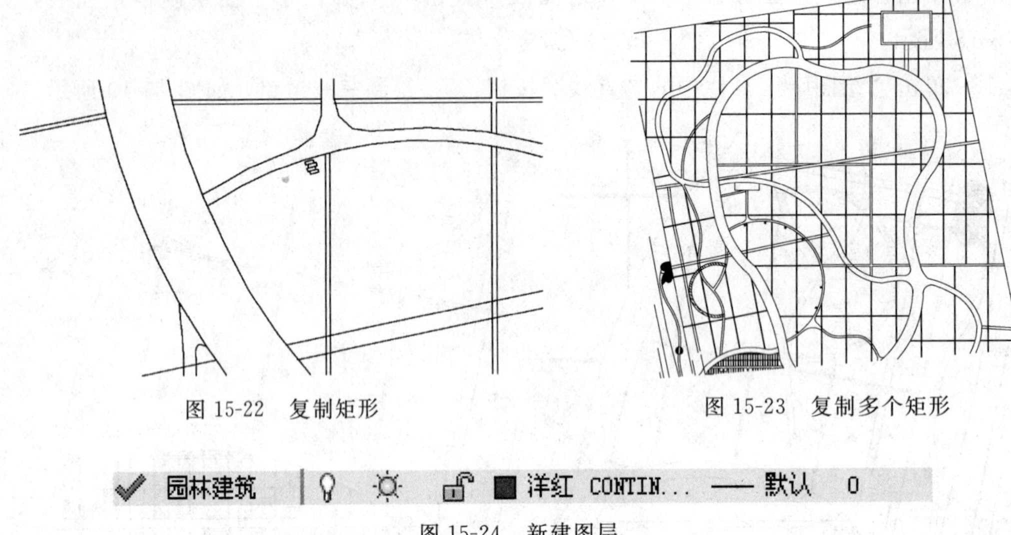

图 15-22　复制矩形

图 15-23　复制多个矩形

图 15-24　新建图层

2. 单击“绘图”工具栏中的“矩形”按钮，在图中合适的位置处绘制一个矩形，如图 15-25 所示。

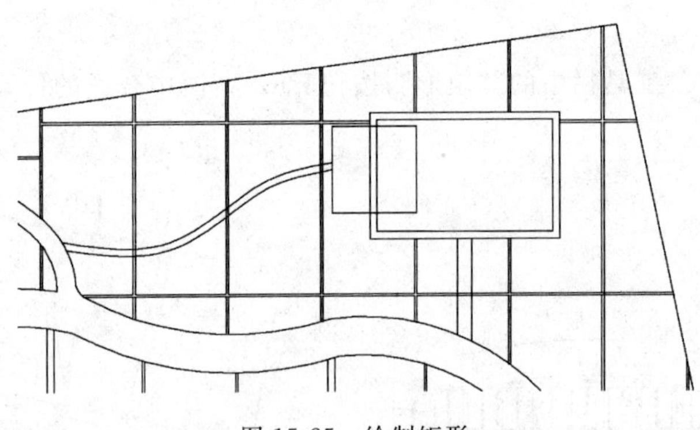

图 15-25　绘制矩形

3. 单击“修改”工具栏中的“修剪”按钮，修剪掉多余的直线，如图 15-26 所示。

4. 单击“绘图”工具栏中的“直线”按钮，在矩形内绘制图形，如图 15-27 所示。

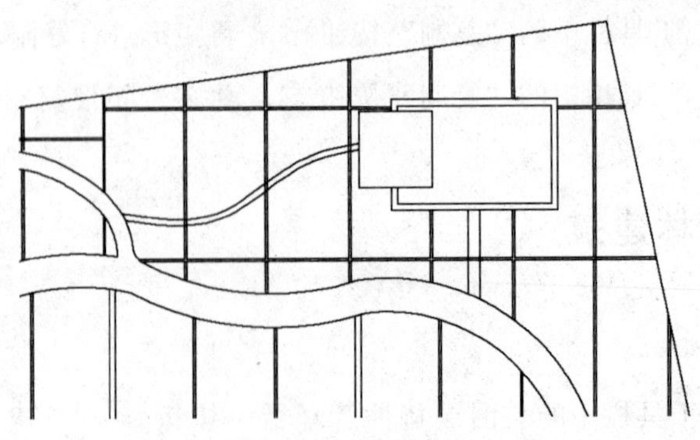

图 15-26　修剪直线

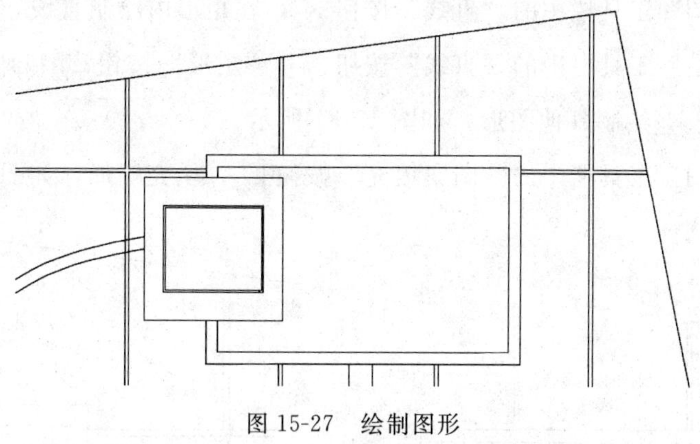

图 15-27 绘制图形

5. 单击“绘图”工具栏中的“矩形”按钮，在图中合适的位置处绘制一个矩形，如图 15-28 所示。

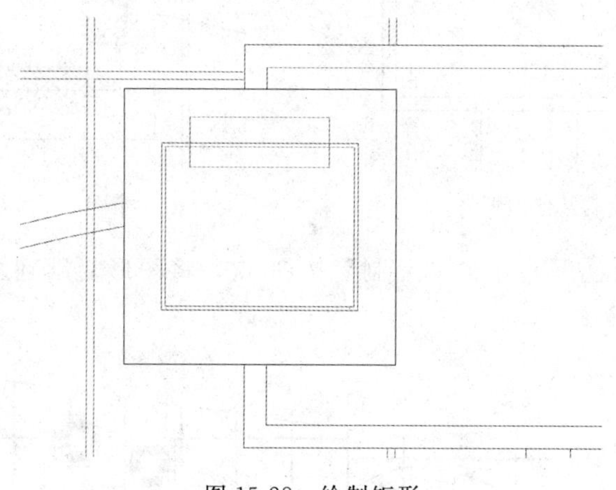

图 15-28 绘制矩形

6. 单击“修改”工具栏中的“修剪”按钮，修剪直线，如图 15-29 所示。

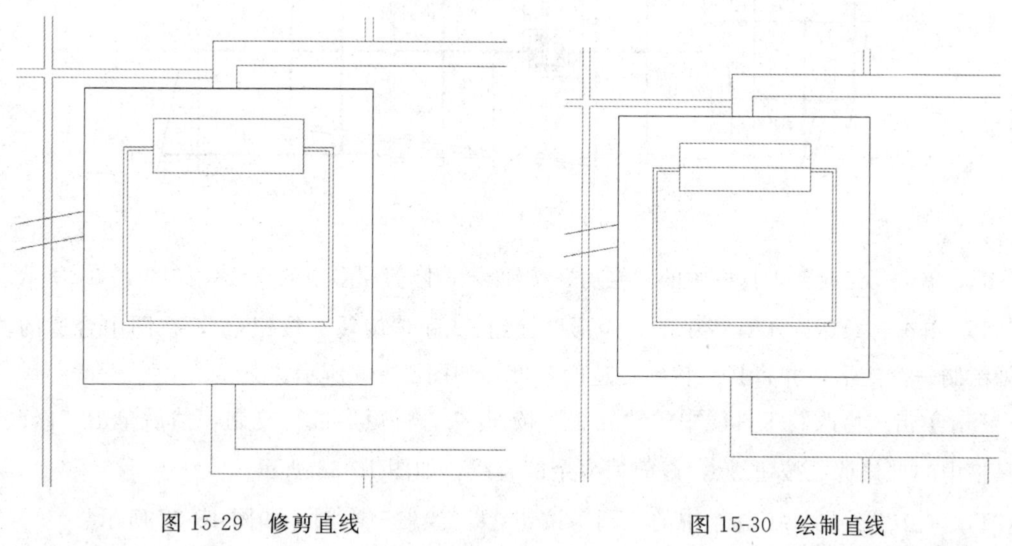

图 15-29 修剪直线

图 15-30 绘制直线

7. 单击“绘图”工具栏中的“直线”按钮，在矩形内绘制直线，如图 15-30 所示。

8. 单击“绘图”工具栏中的“直线”按钮、“矩形”按钮和“修改”工具栏中的“修剪”按钮，绘制其他图形，如图 15-31 所示。

9. 单击“绘图”工具栏中的“图案填充”按钮，填充矩形，如图 15-32 所示。

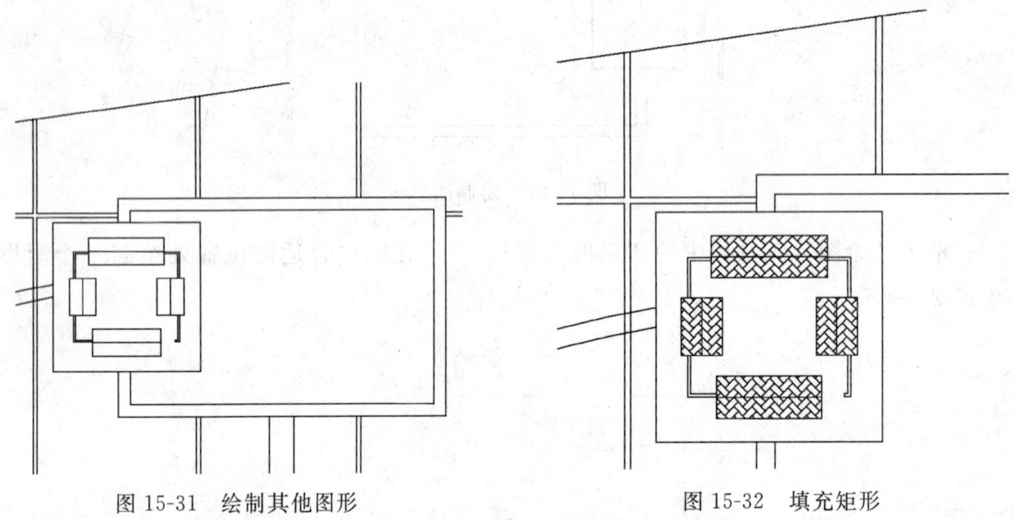

图 15-31　绘制其他图形　　　　图 15-32　填充矩形

10. 单击“修改”工具栏中的“复制”按钮，将图形复制到图中其他位置处，如图 15-33 所示。

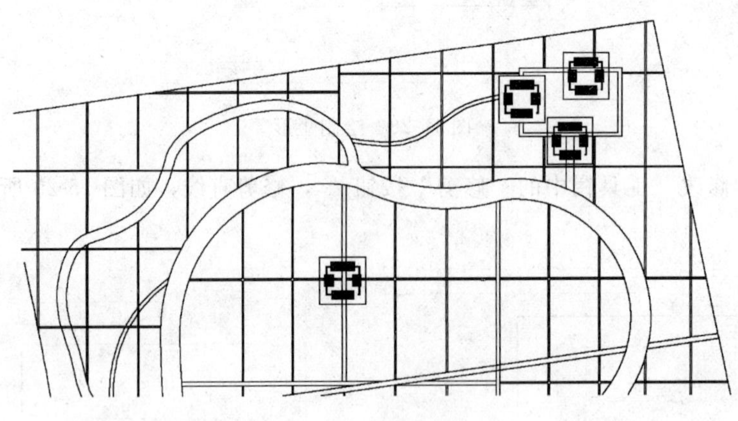

图 15-33　复制图形

11. 单击“修改”工具栏中的“修剪”按钮，修剪掉多余的直线，如图 15-34 所示。

12. 单击“绘图”工具栏中的“矩形”按钮和“旋转”按钮，在图中合适的位置处绘制一个矩形，并将其旋转到合适的角度，如图 15-35 所示。

13. 单击“修改”工具栏中的“复制”按钮，将矩形进行复制，然后单击“修改”工具栏中的“修剪”按钮，修剪掉多余的直线，如图 15-36 所示。

14. 单击“绘图”工具栏中的“圆”按钮，绘制三个圆，如图 15-37 所示。

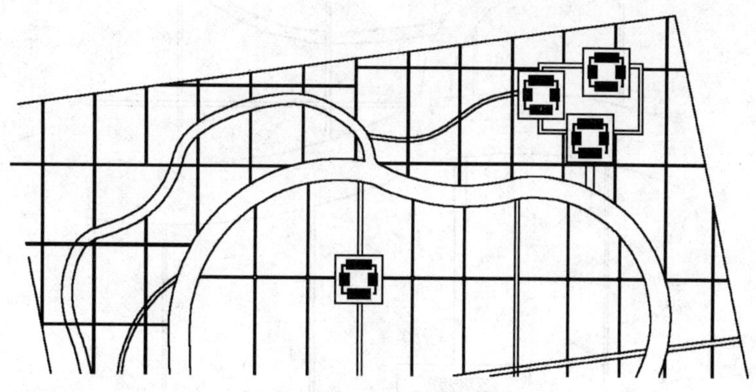

图 15-34　修剪直线

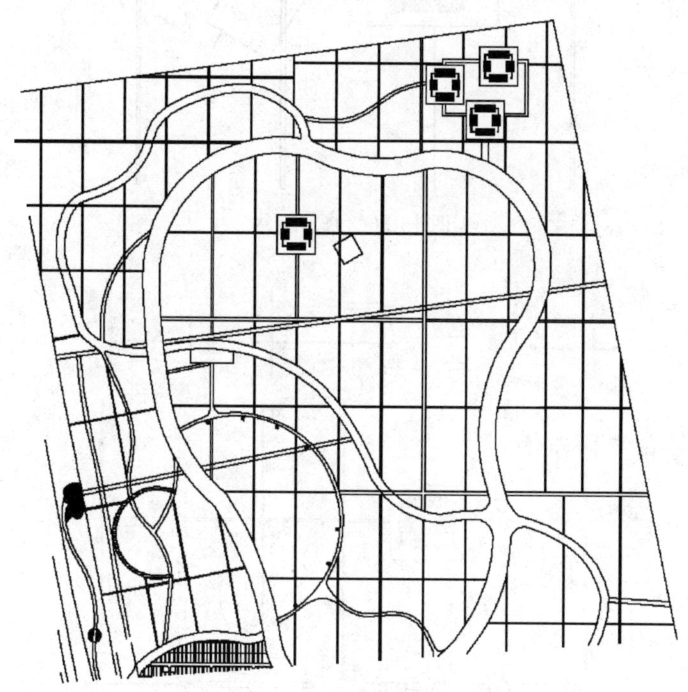

图 15-35　绘制矩形

15. 单击“修改”工具栏中的“修剪”按钮，修剪掉多余的直线，如图 15-38 所示。

16. 单击“绘图”工具栏中的“圆”按钮，以最下侧圆为圆心绘制同心圆，然后单击“修改”工具栏中的“修剪”按钮，修剪直线，如图 15-39 所示。

17. 单击“绘图”工具栏中的“直线”按钮，在两个同心圆之间绘制园林建筑，如图 15-40 所示。

18. 单击“绘图”工具栏中的“矩形”按钮，在图中合适的位置处绘制一个小正方形，如图 15-41 所示。

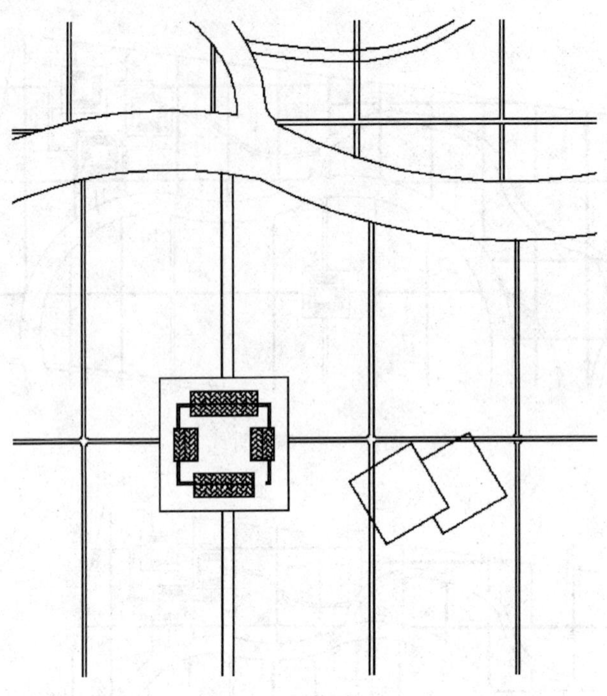

图 15-36 修剪直线

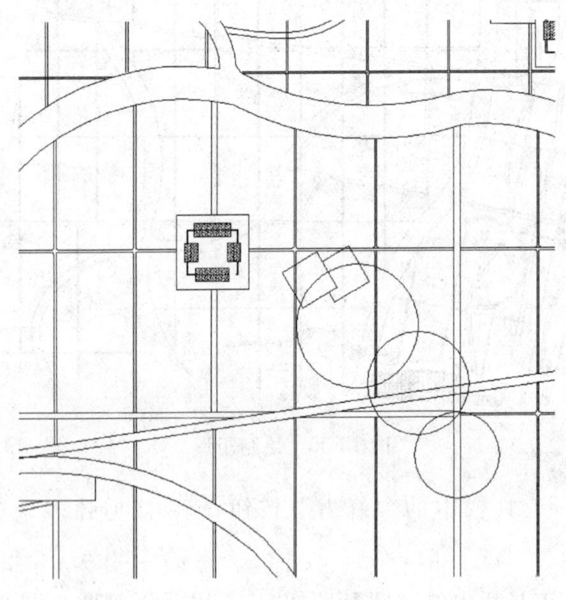

图 15-37 绘制圆

19. 单击“修改”工具栏中的“偏移”按钮，将正方形向内偏移，如图 15-42 所示。

20. 单击“修改”工具栏中的“复制”按钮，将两个正方形进行复制，如图 15-43 所示。

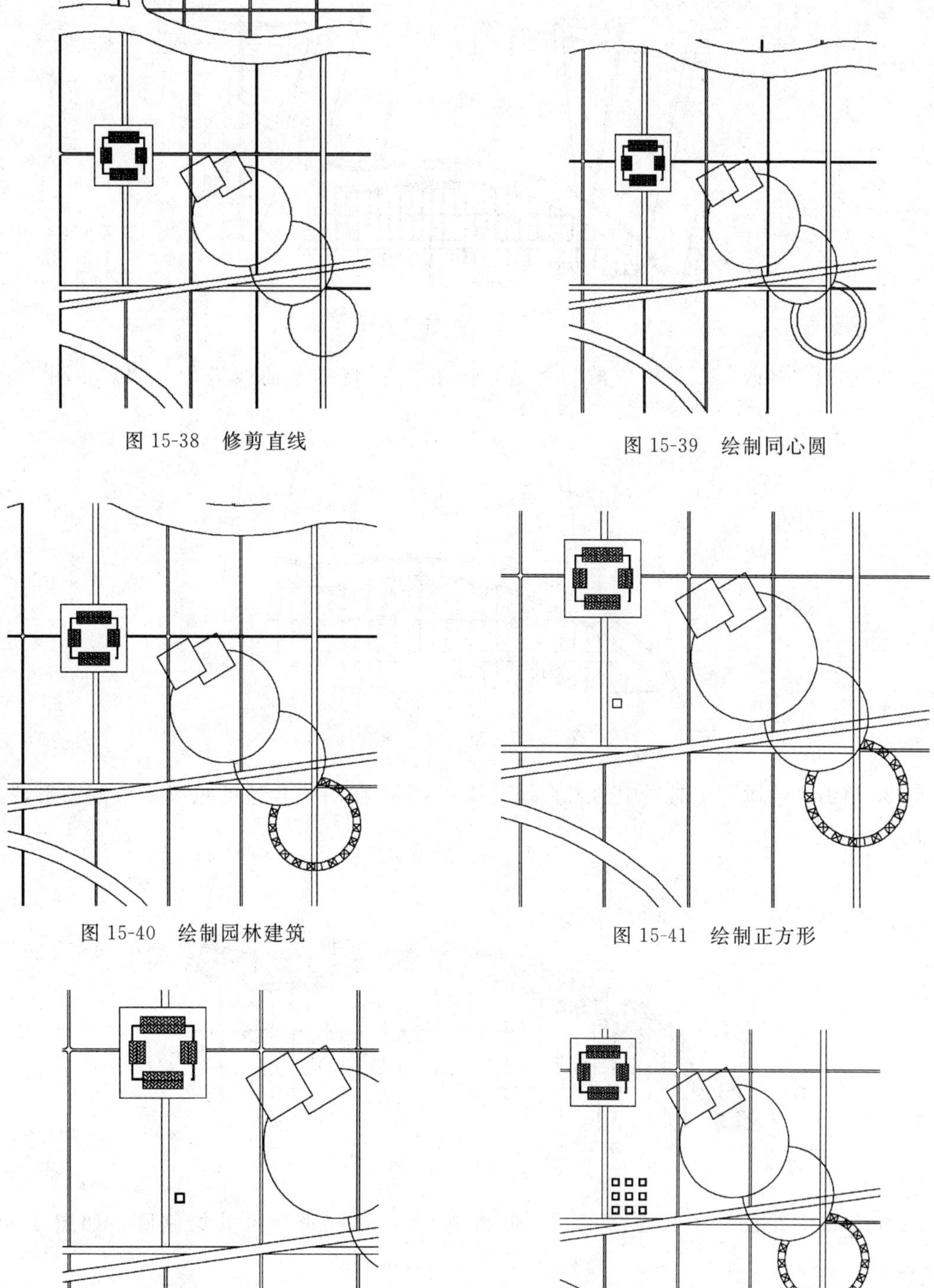

图 15-38 修剪直线

图 15-39 绘制同心圆

图 15-40 绘制园林建筑

图 15-41 绘制正方形

图 15-42 偏移正方形

图 15-43 复制正方形

21. 单击“绘图”工具栏中的“样条曲线”按钮，在左下角处绘制样条曲线，如图 15-44 所示。

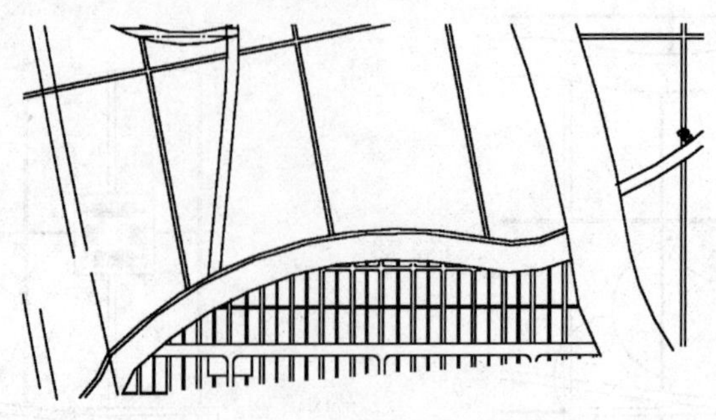

图 15-44 绘制样条曲线

22. 单击“修改”工具栏中的“复制”按钮，将样条曲线进行复制，如图 15-45 所示。

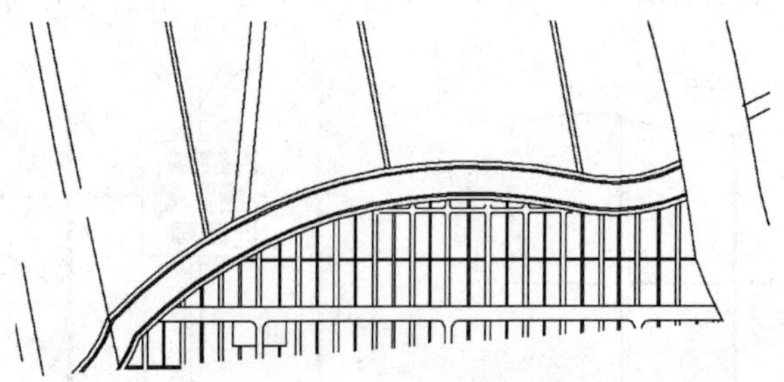

图 15-45 复制样条曲线

23. 单击“绘图”工具栏中的“直线”按钮，在图中合适的位置处绘制图形，如图 15-46 所示。

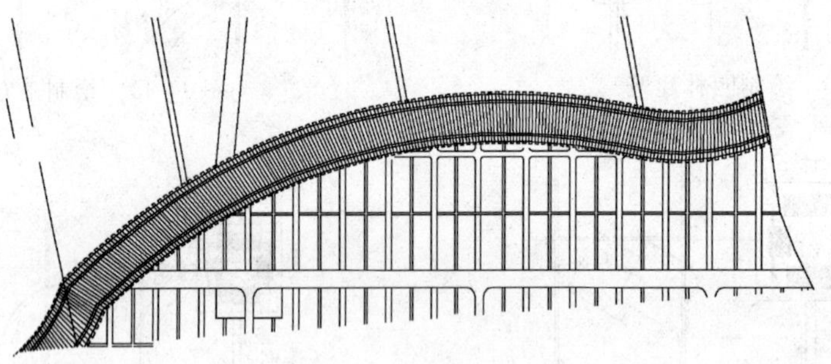

图 15-46 绘制图形

24. 单击“绘图”工具栏中的“圆”按钮，在桃采摘区处绘制圆，如图 15-47 所示。

25. 单击“绘图”工具栏中的“圆弧”按钮，在图中合适的位置处绘制一段圆弧，如图 15-48 所示。

26. 单击“修改”工具栏中的“修剪”按钮，修剪掉多余的直线，如图 15-49 所示。

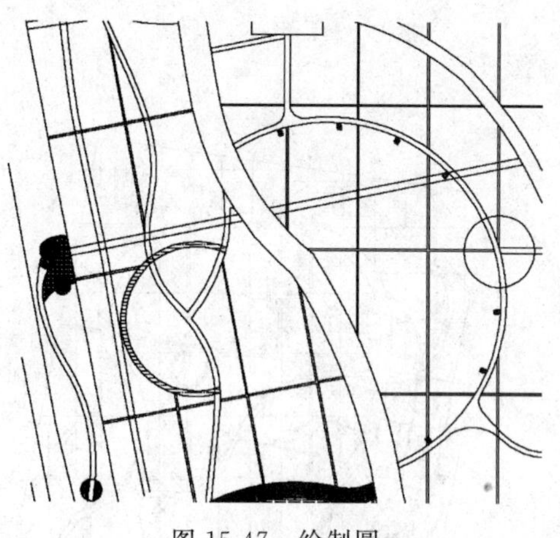

图 15-47 绘制圆

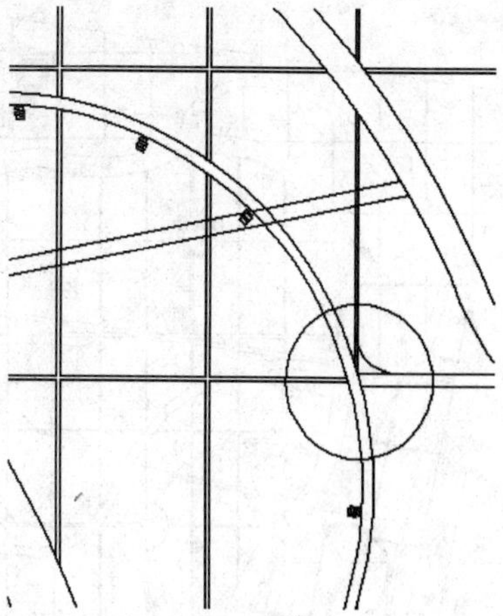

图 15-48 绘制圆弧

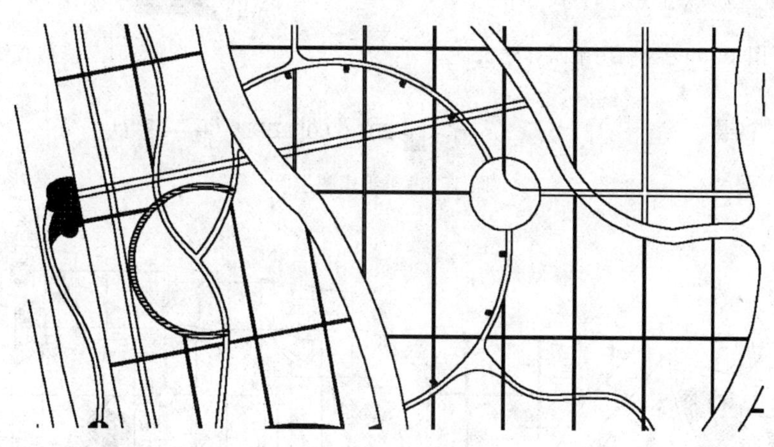

图 15-49 修剪直线

27. 同理，单击“绘图”工具栏中的“直线”按钮、“矩形”按钮和“旋转”按钮，绘制剩余园林建筑，如图 15-50 所示。

28. 单击“修改”工具栏中的“修剪”按钮，修剪掉多余的直线，如图 15-51 所示。

29. 单击“图层”工具栏中的“图层特性管理器”按钮，新建铺装图层，并将其设置为当前层，如图 15-52 所示。

30. 单击“绘图”工具栏中的“图案填充”按钮，选择 CROSS 图案和 ARHBONE 图案，在葡萄采摘区处填充图形，如图 15-53 所示。

31. 同理，单击“绘图”工具栏中的“图案填充”按钮，填充其他位置处的图形，如图 15-54 所示。

32. 单击“绘图”工具栏中的“矩形”按钮，在图中合适的位置处绘制一个矩形，如图 15-55 所示。

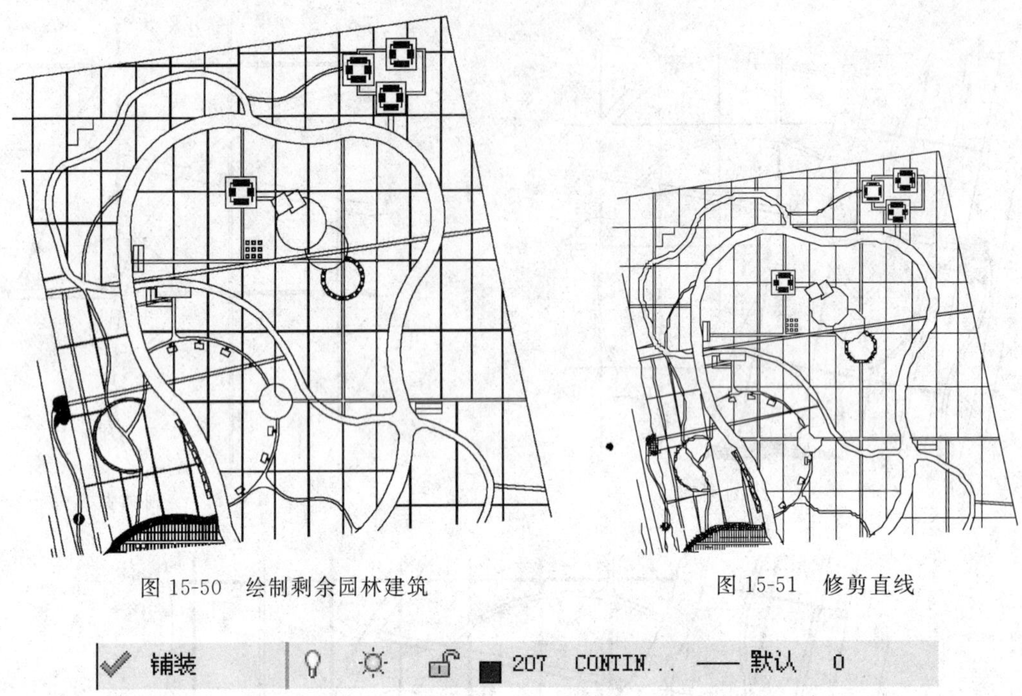

图 15-50　绘制剩余园林建筑

图 15-51　修剪直线

图 15-52　新建图层

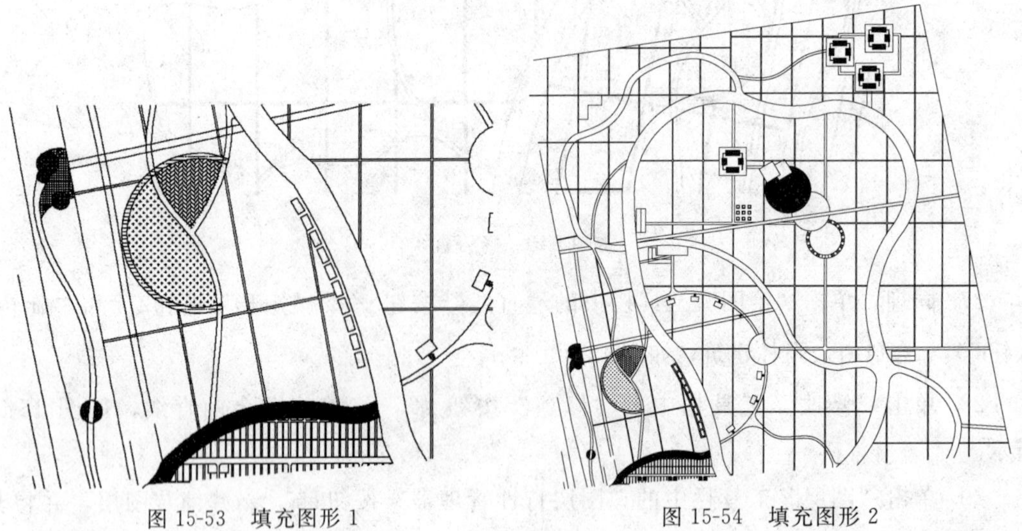

图 15-53　填充图形 1

图 15-54　填充图形 2

33. 单击“绘图”工具栏中的“直线”按钮，在矩形内绘制多条直线，如图 15-56 所示。

34. 单击“修改”工具栏中的“修剪”按钮，修剪掉多余的直线，最终完成铺装的绘制，如图 15-57 所示。

35. 单击“图层”工具栏中的“图层特性管理器”按钮，新建停车场图层，并将其设置为当前层，如图 15-58 所示。

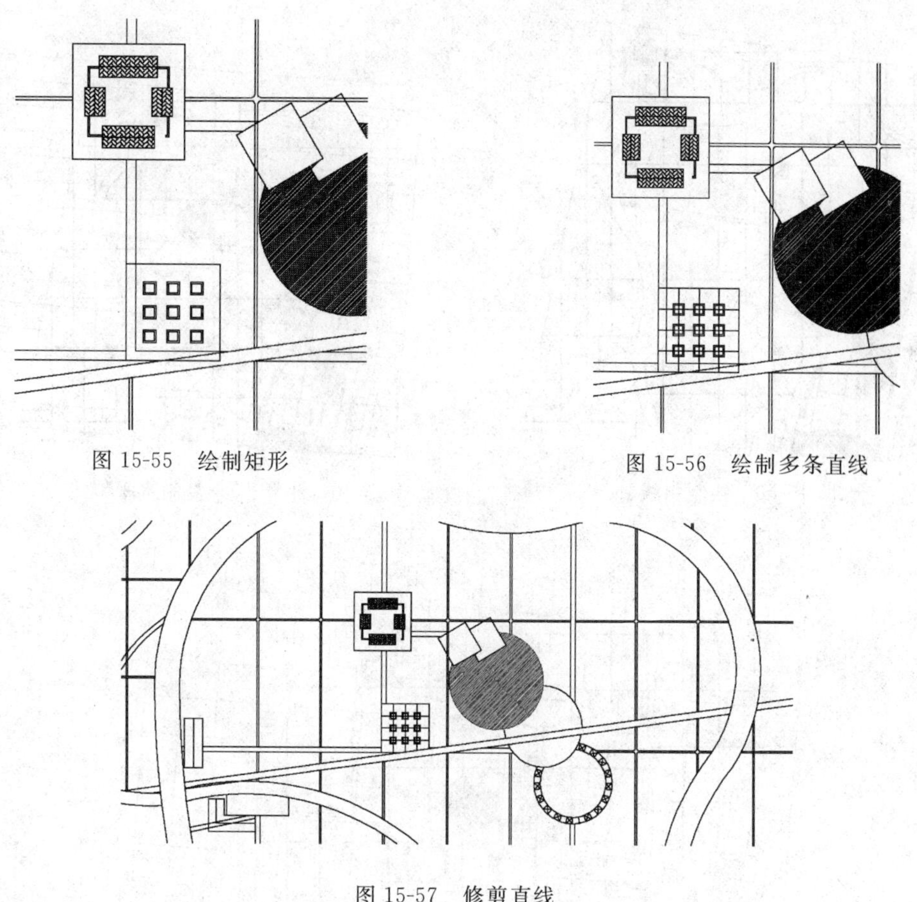

图 15-55　绘制矩形

图 15-56　绘制多条直线

图 15-57　修剪直线

图 15-58　新建图层

36. 单击“绘图”工具栏中的“直线”按钮，绘制一条水平斜线和一条竖直斜线，如图 15-59 所示。

37. 单击“修改”工具栏中的“复制”按钮，将水平斜线依次向上进行复制，如图 15-60 所示。

38. 同理，单击“修改”工具栏中的“复制”按钮，将竖直斜线依次向右进行复制，如图 15-61 所示。

15.1.3　标注文字

【操作步骤】

1. 单击“绘图”工具栏中的“多行文字”按钮 A，在网格线上标注坐标，如图 15-62所示。

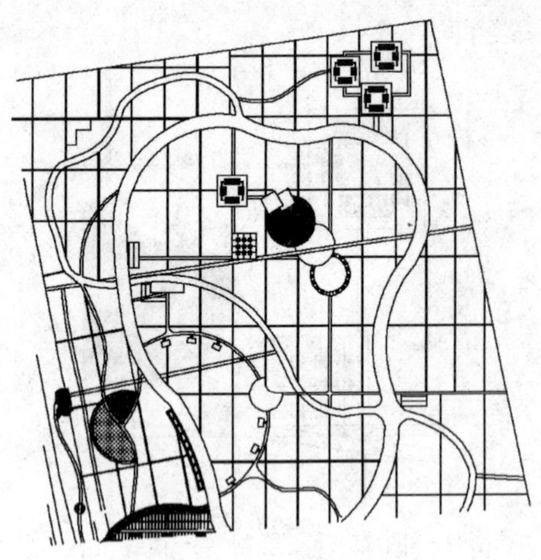

图 15-59 绘制斜线

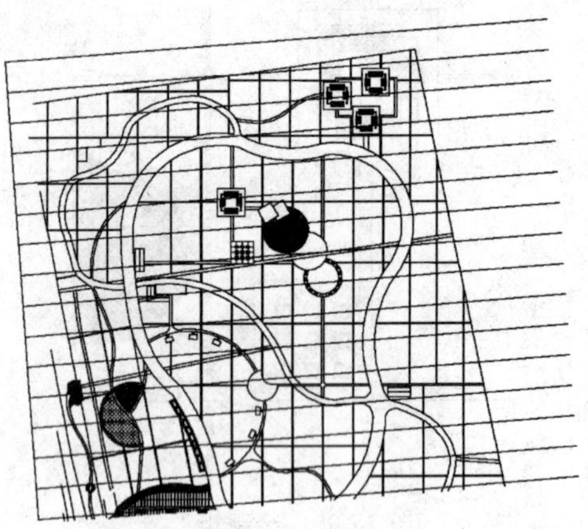

图 15-60 复制水平斜线

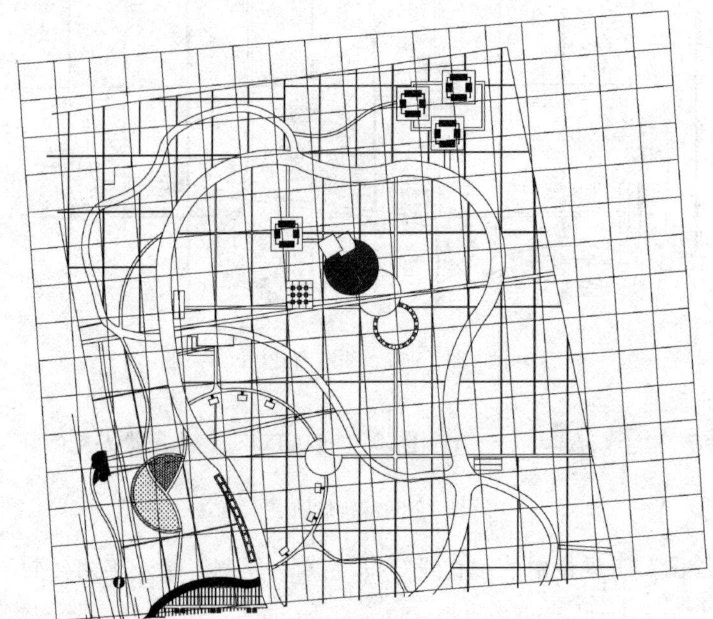

图 15-61 复制竖直斜线

2. 单击“绘图”工具栏中的“多行文字”按钮 A，为图形标注文字，如图 15-63 所示。

3. 单击“绘图”工具栏中的“多行文字”按钮 A，在图形下方标注文字说明，如图 15-64 所示。

4. 单击“绘图”工具栏中的“插入块”按钮，将源文件/图库/图框和指北针插入到图中，并调整布局大小，如图 15-65 所示。

5. 单击“绘图”工具栏中的“多行文字”按钮 A，在指北针下方输入比例 1∶1000，并在图框内输入图名名称，结果如图 15-1 所示。

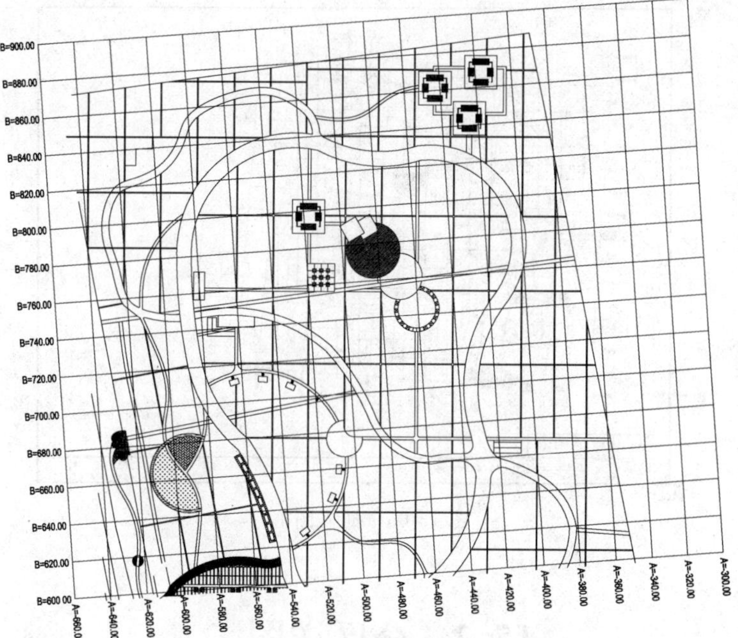

图 15-62 标注坐标

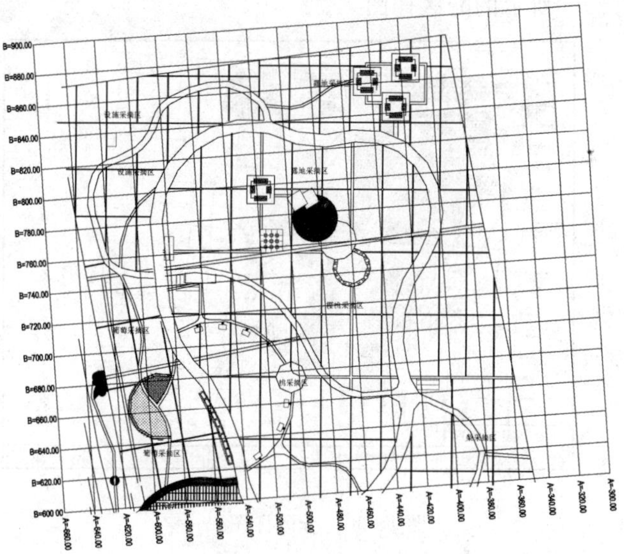

图 15-63 标注文字

说明：网格控制为20×20(单位：米)
设计高程±0.00相对于绝对高程为72.80，
施工放线原点为(0，0)

图 15-64 标注文字说明

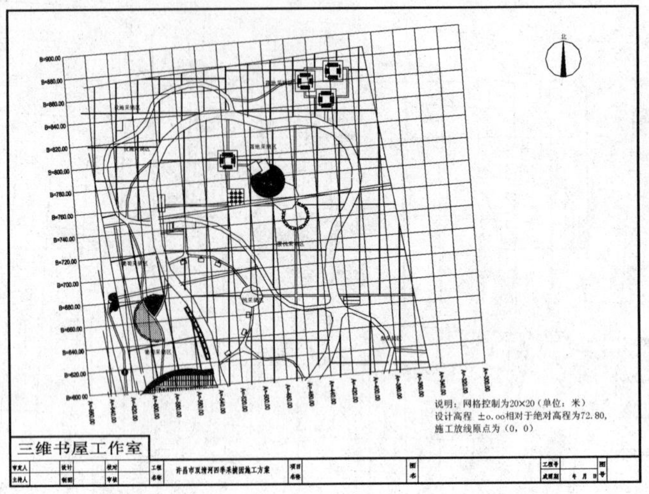

图 15-65　插入图框

15.2　分区详图二

本节绘制如图 15-66 所示的分区详图二。

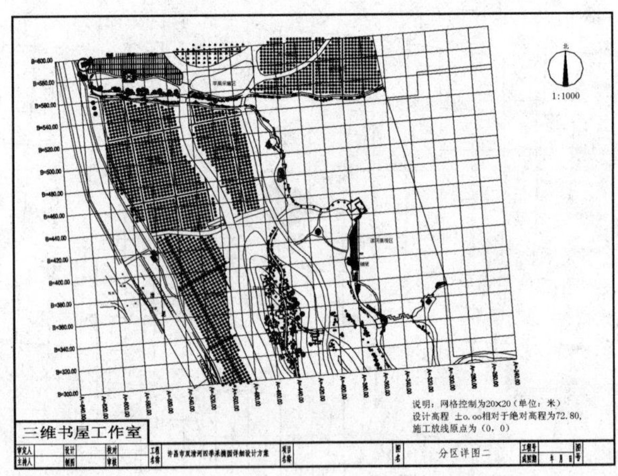

图 15-66　分区详图二

光盘 \ 动画演示 \ 第 15 章 \ 分区详图二 . avi

15.2.1　绘制道路

1. 单击“标准”工具栏中的“打开”按钮，打开“选择文件”对话框，如图

15-67所示，将“索引图”文件打开，并将其另存为“分区详图二”。

2. 单击“修改”工具栏中的“删除”按钮和“修剪”按钮，删除部分图形，然后修剪整理，结果如图 15-68 所示。

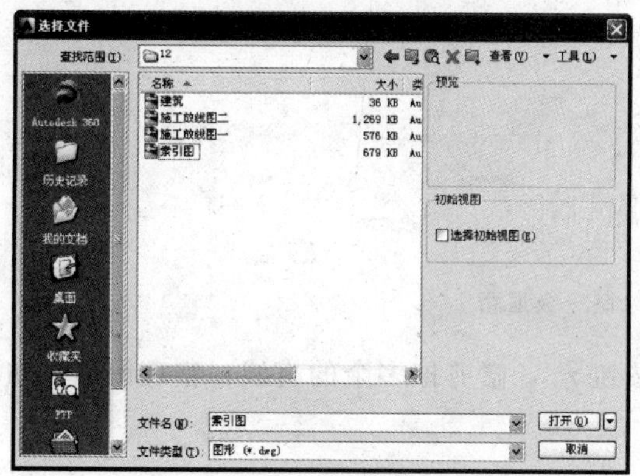

图 15-67 “选择文件”对话框

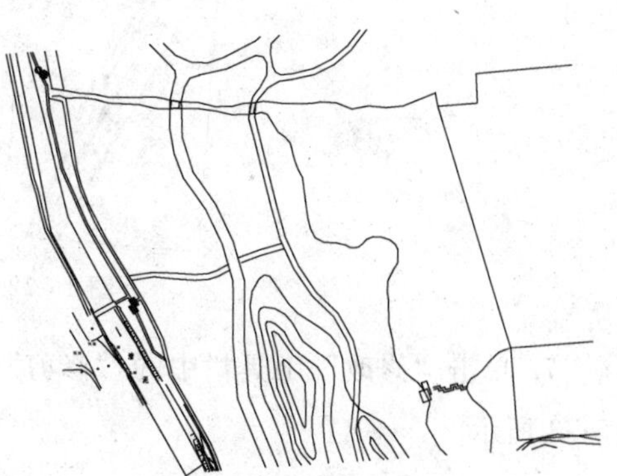

图 15-68 修剪整理图形

3. 单击“绘图”工具栏中的“直线”按钮，在图形外侧绘制轮廓，如图 15-69 所示。

4. 单击“绘图”工具栏中的“插入块”按钮，将石块插入到图中，如图 15-70 所示。

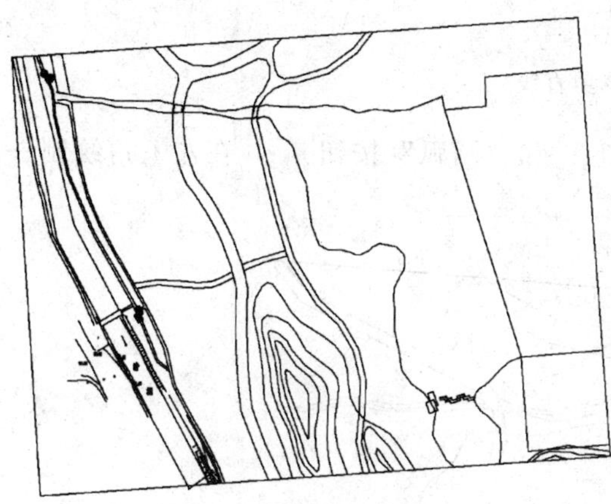

图 15-69 绘制轮廓

图 15-70 插入石块

5. 单击“图层”工具栏中的“图层特性管理器”按钮，打开“图层特性管理器”对话框，新建一级道路和三级道路，并将一级道路置为当前，如图 15-71 所示。

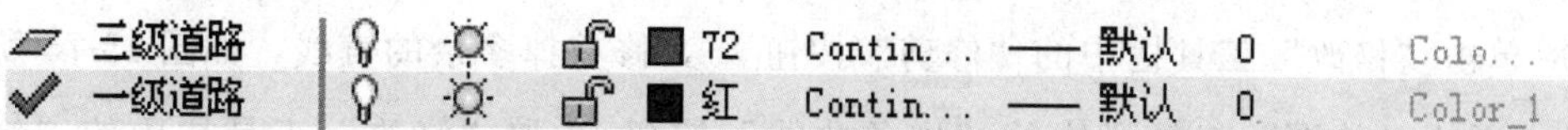

图 15-71 新建图层

6. 单击“绘图”工具栏中的“样条曲线”按钮和“圆弧”按钮，在顶侧绘制一级道路，如图 15-72 所示。

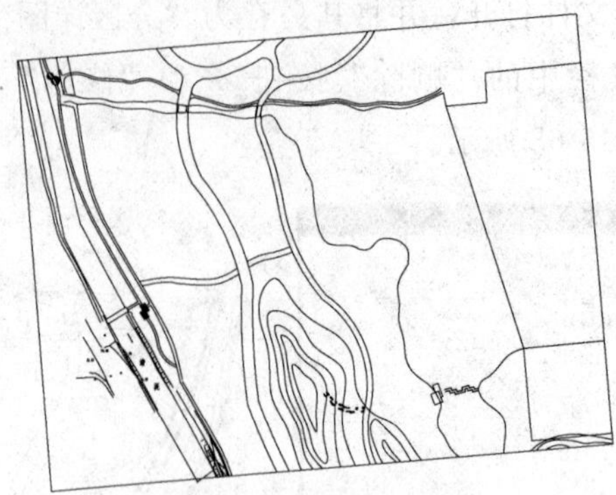

图 15-72　绘制一级道路 1

7. 单击“修改”工具栏中的“修剪”按钮，修剪掉多余的直线，整理图形，如图 15-73 所示。

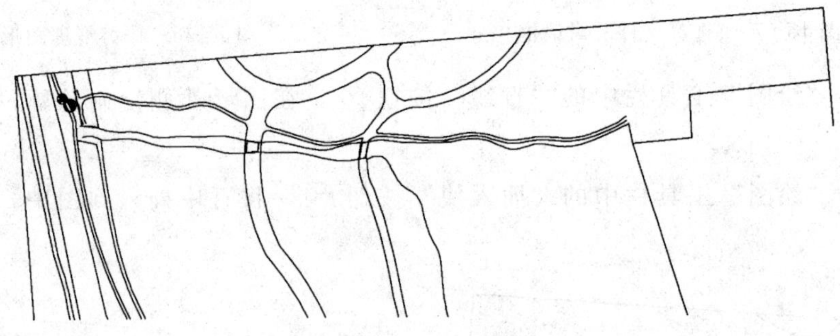

图 15-73　修剪直线

8. 单击“绘图”工具栏中的“直线”按钮和“圆弧”按钮，在左上角绘制一级道路，如图 15-74 所示。

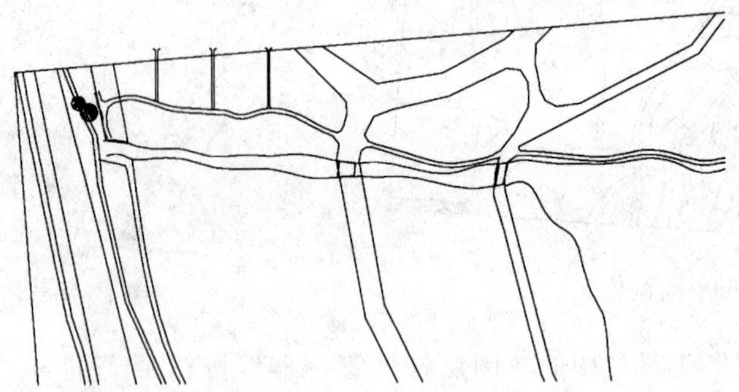

图 15-74　绘制一级道路 2

9. 单击“修改”工具栏中的“修剪”按钮，修剪掉多余的直线，如图 15-75 所示。

10. 单击“绘图”工具栏中的“样条曲线”按钮和“修改”工具栏中的“修剪”按钮，在其他位置处绘制一级道路，如图 15-76 所示。

11. 将水体图层设置为当前层，单击“绘图”工具栏中的“多段线”按钮，在水

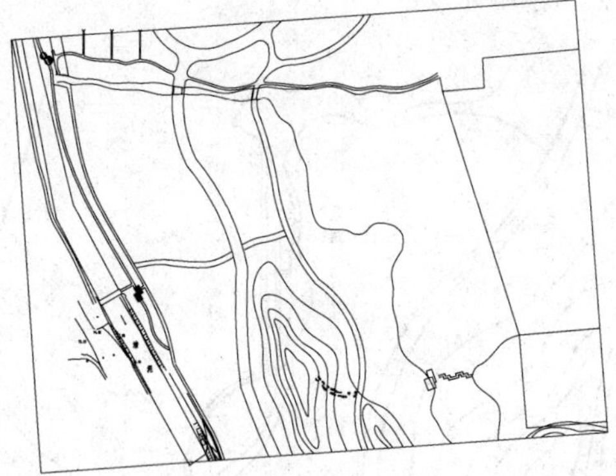
图 15-75 修剪直线

图 15-76 绘制一级道路 3

榭位置处绘制水体，如图 15-77 所示。

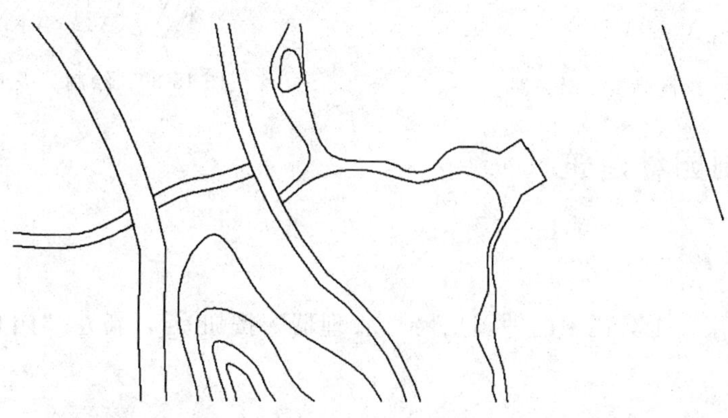
图 15-77 绘制水体

12. 将一级道路图层设置为当前层，单击“绘图”工具栏中的“直线”按钮、“圆弧”按钮、“样条曲线”按钮和“修改”工具栏中的“修剪”按钮，在滨海景观区处绘制一级道路，如图 15-78 所示。

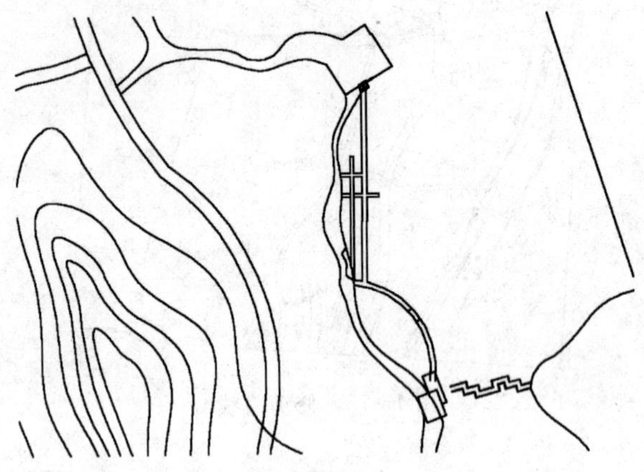

图 15-78　绘制一级道路 4

13. 同理，绘制剩余一级道路，结果如图 15-79 所示。

14. 将三级道路图层设置为当前层，单击“绘图”工具栏中的“直线”按钮和“修改”工具栏中的“修剪”按钮，绘制三级道路，如图 15-80 所示。

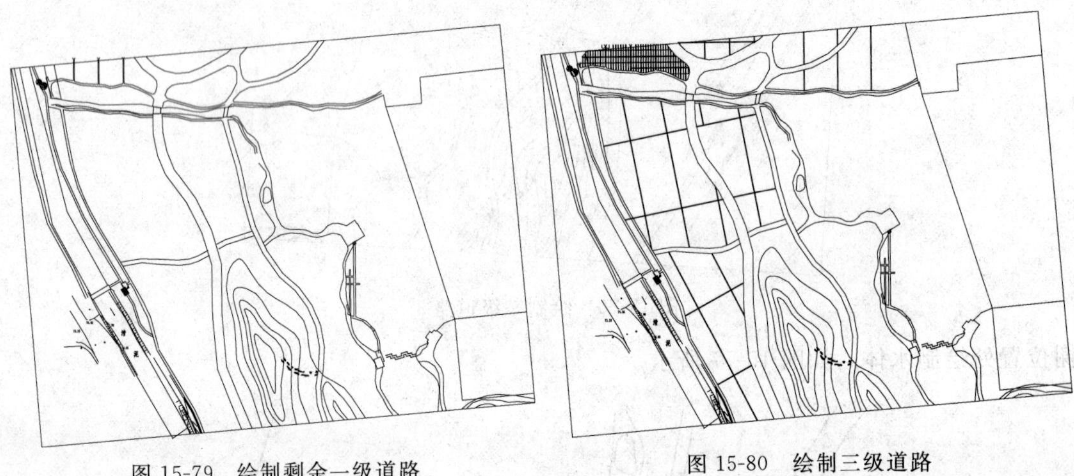

图 15-79　绘制剩余一级道路　　　图 15-80　绘制三级道路

15.2.2　绘制园林建筑

【操作步骤】

1. 单击“图层”工具栏中的“图层特性管理器”按钮，新建“园林建筑”图层，如图 15-81 所示。

园林建筑　洋红　CONTIN...　—— 默认　0

图 15-81　新建图层

2. 单击“绘图”工具栏中的“圆”按钮，在顶侧绘制同心圆，如图 15-82 所示。

3. 单击“绘图”工具栏中的“直线”按钮，在同心圆内绘制两条短直线，如图15-83所示。

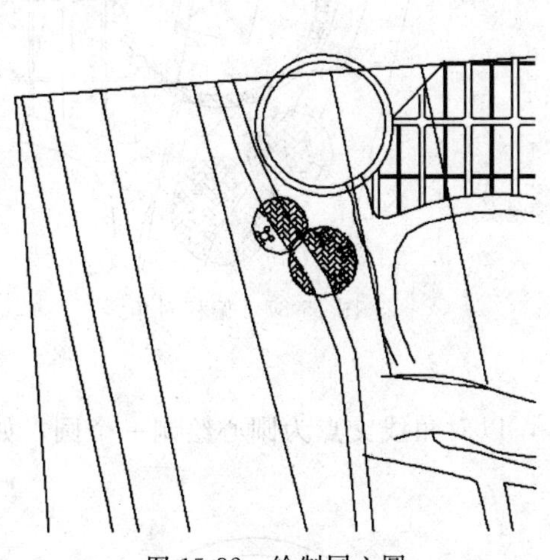

图 15-82 绘制同心圆

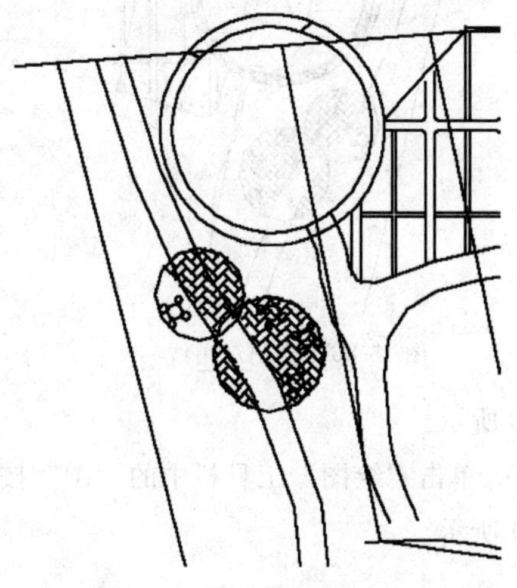

图 15-83 绘制短直线

4. 单击“绘图”工具栏中的“图案填充”按钮，填充同心圆，然后单击“修改”工具栏中的“删除”按钮，将绘制的短直线删除，结果如图15-84所示。

5. 单击“绘图”工具栏中的“矩形”按钮，在圆内绘制正方形，然后单击“修改”工具栏中的“旋转”按钮，将正方形旋转到合适的角度，结果如图15-85所示。

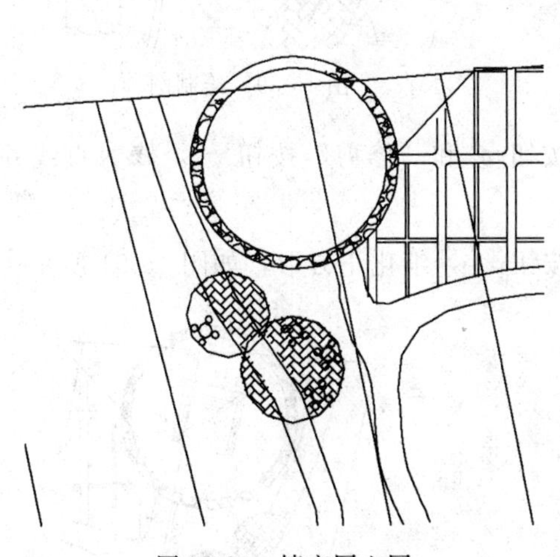

图 15-84 填充同心圆

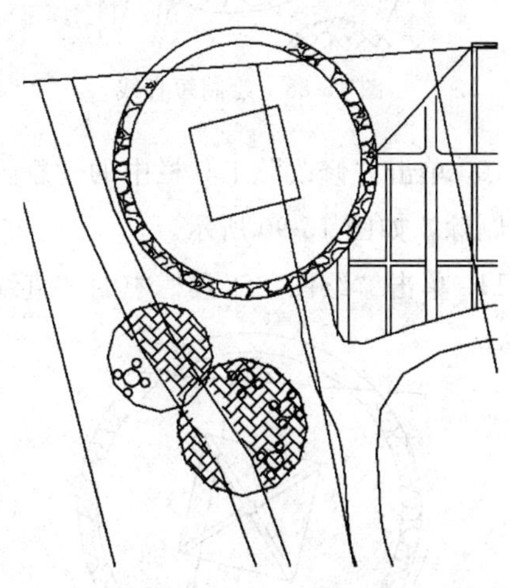

图 15-85 绘制正方形

6. 单击“绘图”工具栏中的“直线”按钮，在正方形内绘制对角线，如图15-86所示。

7. 单击“修改”工具栏中的“偏移”按钮，将对角线分别向两侧进行偏移，如图15-87所示。

8. 单击“绘图”工具栏中的“直线”按钮，在四个角点处绘制四条短直线，如图

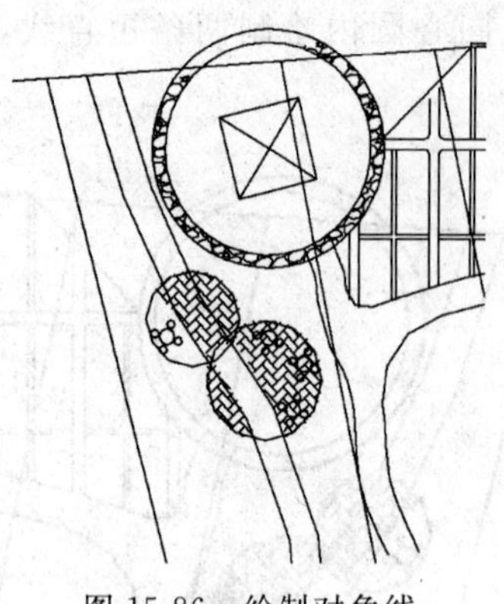
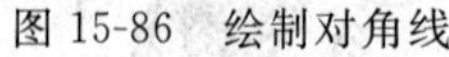
图 15-86　绘制对角线

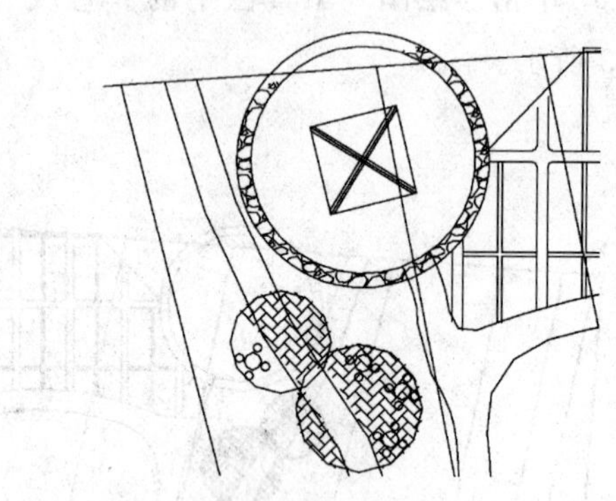
图 15-87　偏移对角线

15-88 所示。

9. 单击“绘图”工具栏中的“圆”按钮，以对角线交点为圆心绘制一个圆，如图15-89 所示。

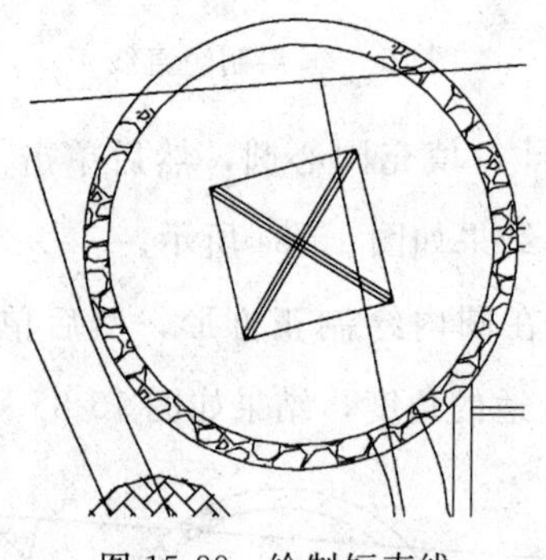
图 15-88　绘制短直线

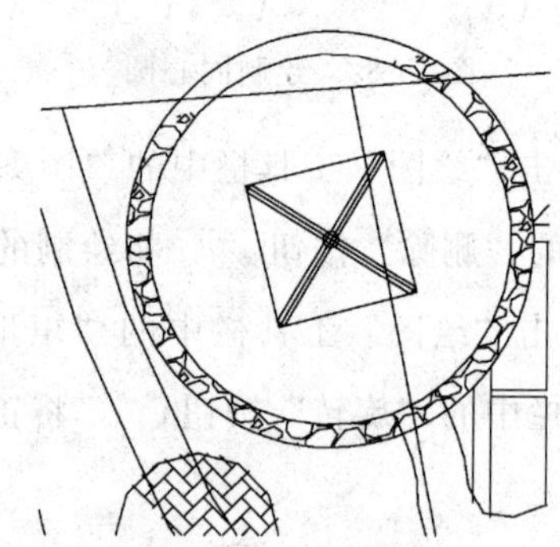
图 15-89　绘制圆

10. 单击“修改”工具栏中的“删除”按钮和“修剪”按钮，修剪直线并将对角线删除，如图 15-90 所示。

11. 单击“绘图”工具栏中的“直线”按钮，细化正方形，如图 15-91 所示。

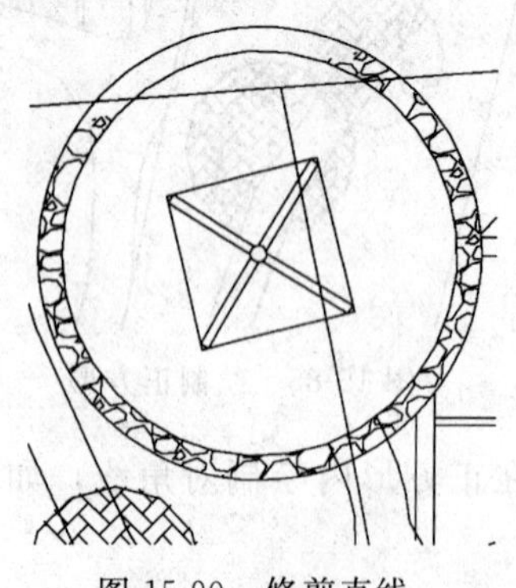
图 15-90　修剪直线

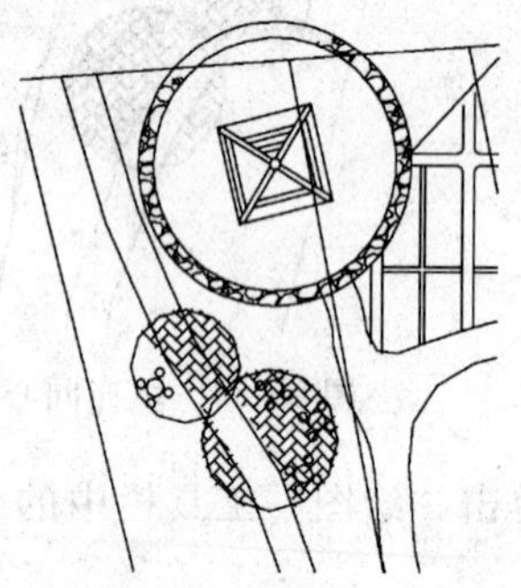
图 15-91　细化正方形

12. 单击“绘图”工具栏中的“圆弧”按钮、“直线”按钮和“修改”工具栏中的“修剪”按钮，在正方形右侧绘制图形，结果如图 15-92 所示。

图 15-92 绘制图形

13. 单击“绘图”工具栏中的“矩形”按钮，在图中合适的位置处绘制一个正方形，如图 15-93 所示。

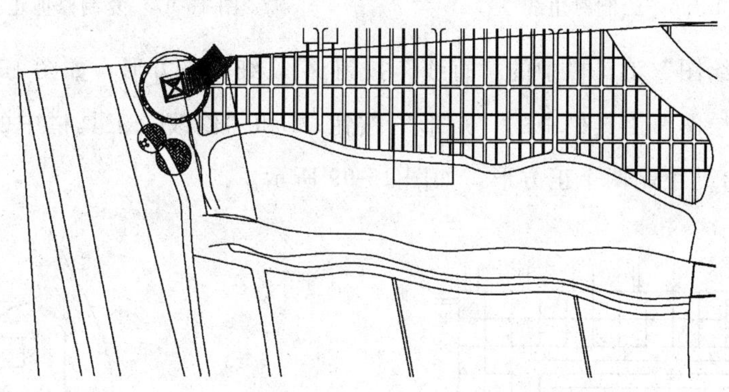

图 15-93 绘制正方形

14. 单击“修改”工具栏中的“修剪”按钮，修剪掉多余的直线，如图 15-94 所示。

15. 单击“修改”工具栏中的“偏移”按钮，将正方形依次向内进行偏移，如图 15-95 所示。

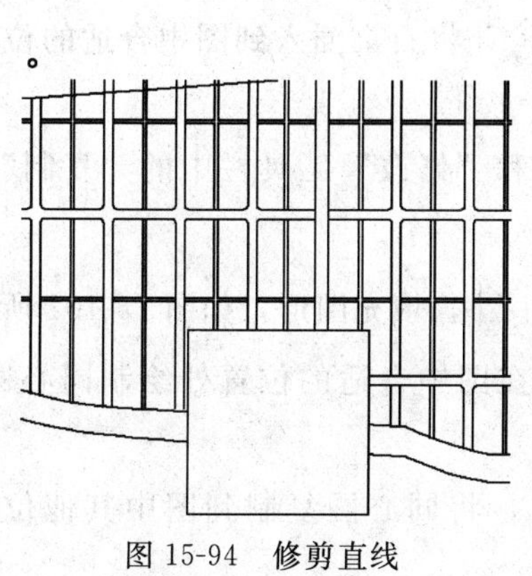

图 15-94 修剪直线

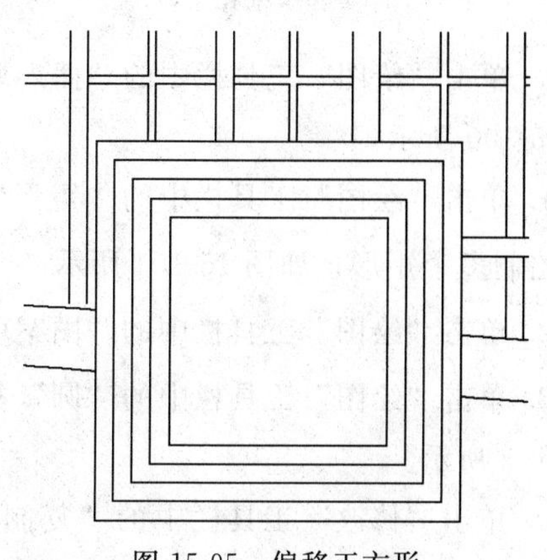

图 15-95 偏移正方形

16. 单击“绘图”工具栏中的“直线”按钮，在矩形内绘制对角线，如图 15-96 所示。

17. 单击“修改”工具栏中的“复制”按钮，将大正方形向上进行复制，然后“修改”工具栏中的“修剪”按钮，修剪多余直线，如图 15-97 所示。

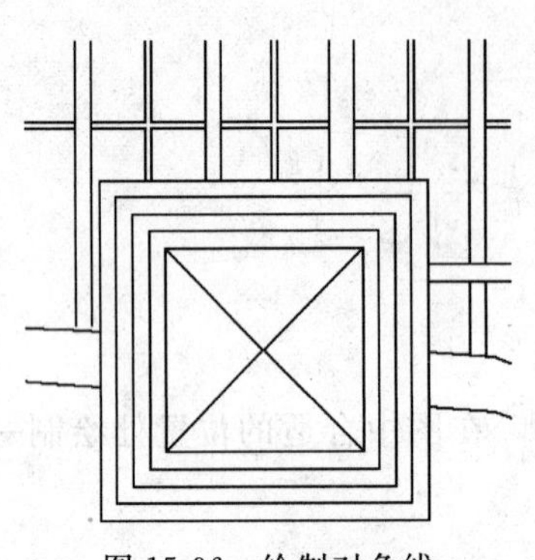

图 15-96　绘制对角线

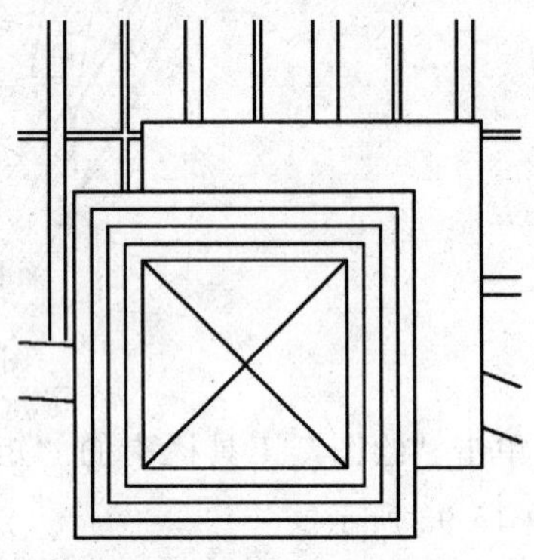

图 15-97　复制修剪正方形

18. 单击“绘图”工具栏中的“直线”按钮，细化正方形，如图 15-98 所示。

19. 单击“绘图”工具栏中的“矩形”按钮和“修改”工具栏中的“修剪”按钮，在休息平台处绘制两个正方形，如图 15-99 所示。

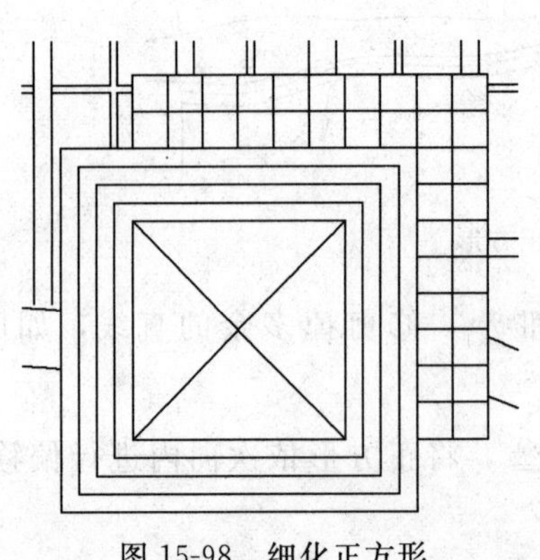

图 15-98　细化正方形

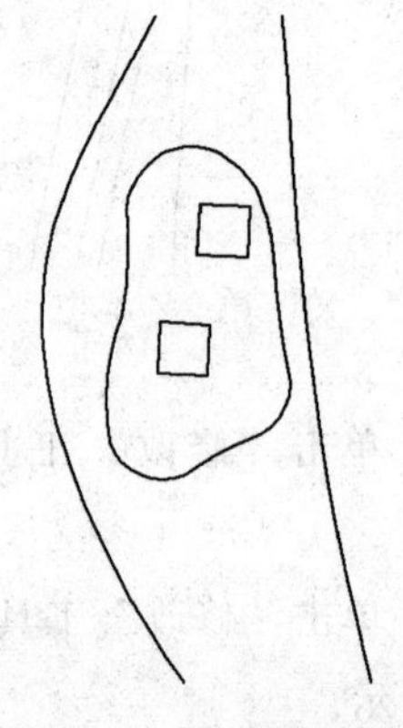

图 15-99　绘制正方形

20. 单击“绘图”工具栏中的“插入块”按钮，将石桌插入到图中合适的位置处，如图 15-100 所示。

21. 单击“绘图”工具栏中的“矩形”按钮和“修改”工具栏中的“复制”按钮，绘制多个矩形，如图 15-101 所示。

22. 单击“绘图”工具栏中的“图案填充”按钮，填充图形，如图 15-102 所示。

23. 单击“绘图”工具栏中的“圆”按钮，在图中合适的位置处绘制同心圆，如图 15-103 所示。

24. 单击“修改”工具栏中的“复制”按钮，将同心圆复制到图中其他位置处，如图 15-104 所示。

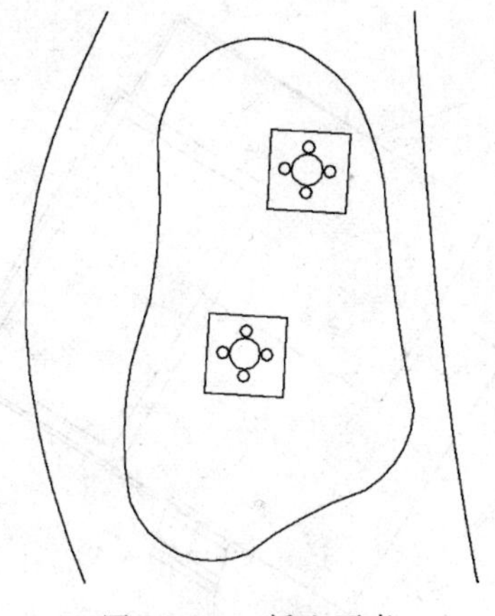

图 15-100　插入石桌

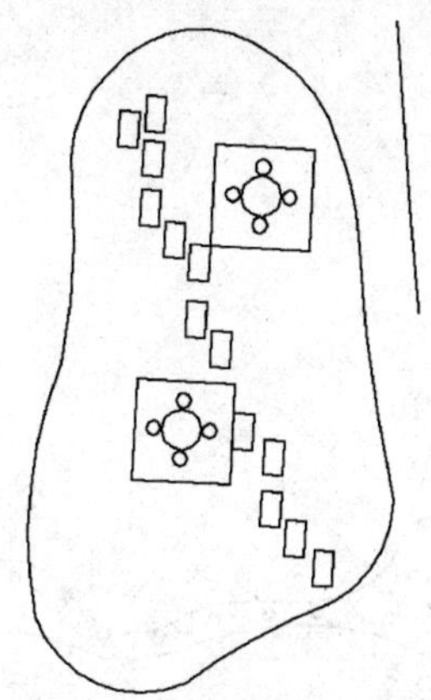

图 15-101　绘制多个矩形

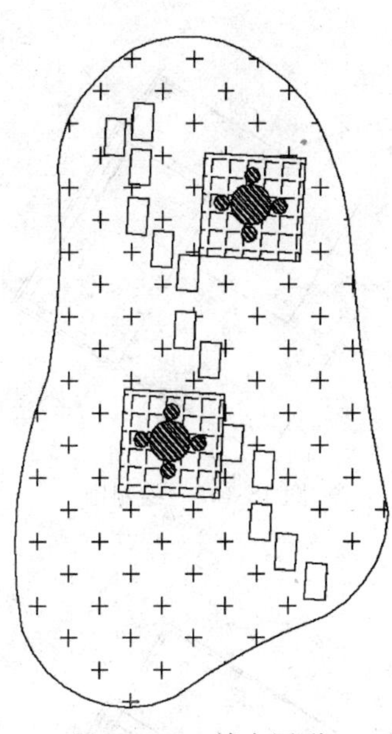

图 15-102　填充图形

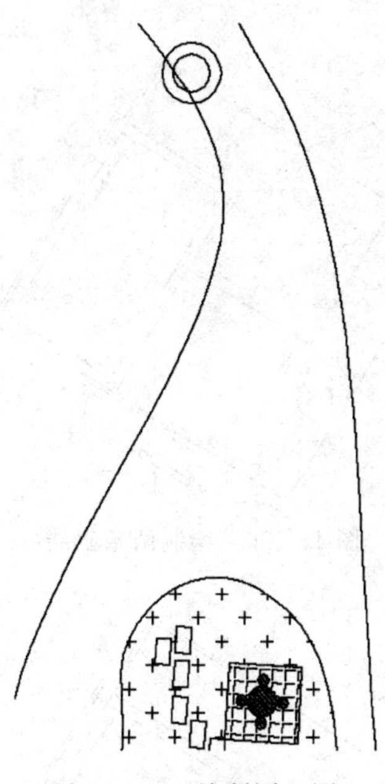

图 15-103　绘制同心圆

25. 单击“绘图”工具栏中的“直线”按钮，在水榭位置处绘制园林建筑轮廓，如图 15-105 所示。

26. 单击“绘图”工具栏中的“直线”按钮，在图中合适的位置处绘制两条斜线，如图 15-106 所示。

27. 单击“绘图”工具栏中的“圆”按钮，在两条斜线的端点处分别绘制两个圆，如图 15-107 所示。

28. 单击“绘图”工具栏中的“直线”按钮和“图案填充”按钮，绘制填充界限并填充图形，如图 15-108 所示。

29. 单击“修改”工具栏中的“复制”按钮，复制图形，如图 15-109 所示。

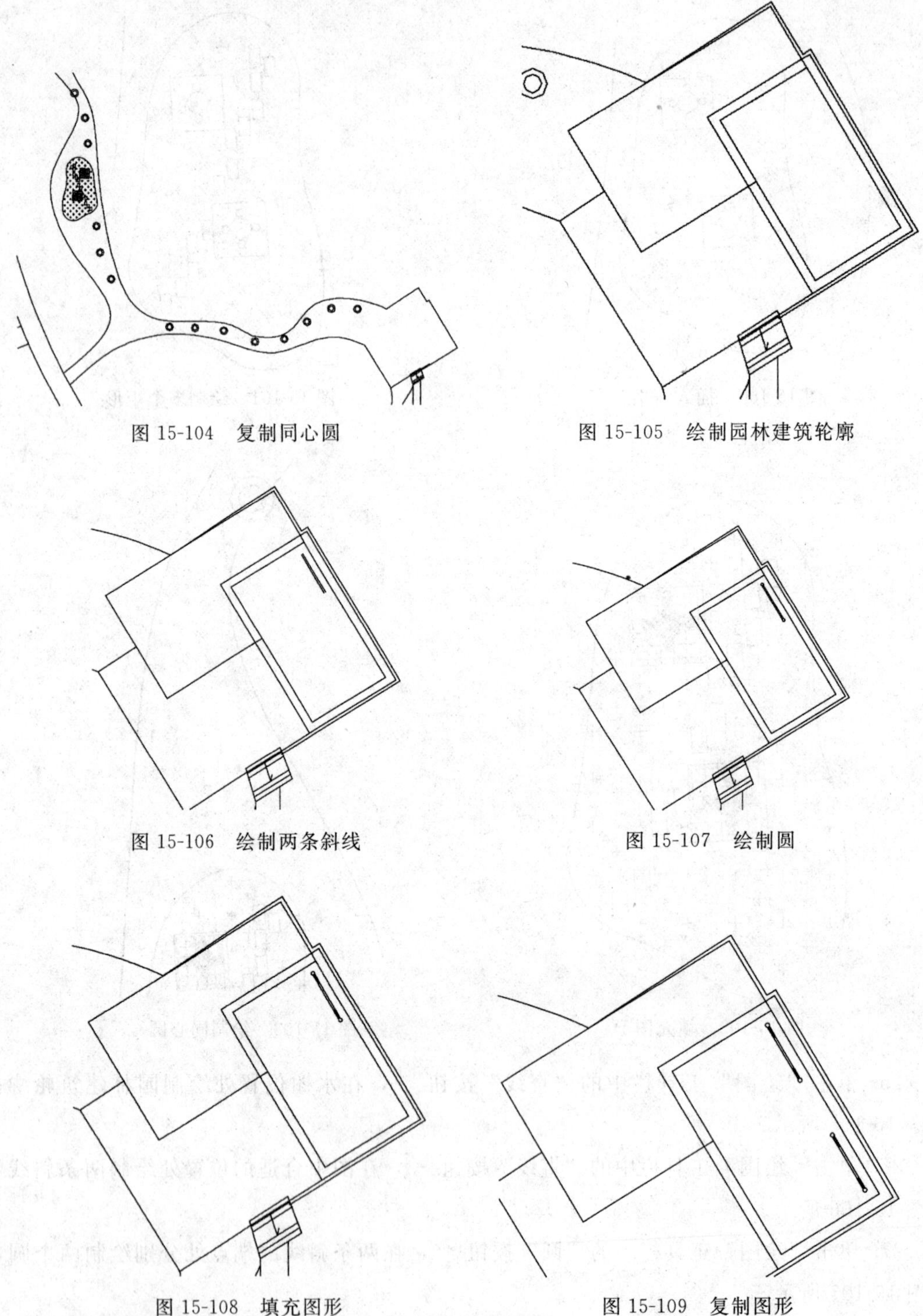

图 15-104　复制同心圆

图 15-105　绘制园林建筑轮廓

图 15-106　绘制两条斜线

图 15-107　绘制圆

图 15-108　填充图形

图 15-109　复制图形

30. 单击“绘图”工具栏中的“直线”按钮，绘制连续线段，如图 15-110 所示。

31. 单击“绘图”工具栏中的“直线”按钮和“修改”工具栏中的“修剪”按钮

，绘制栅格，如图 15-111 所示。

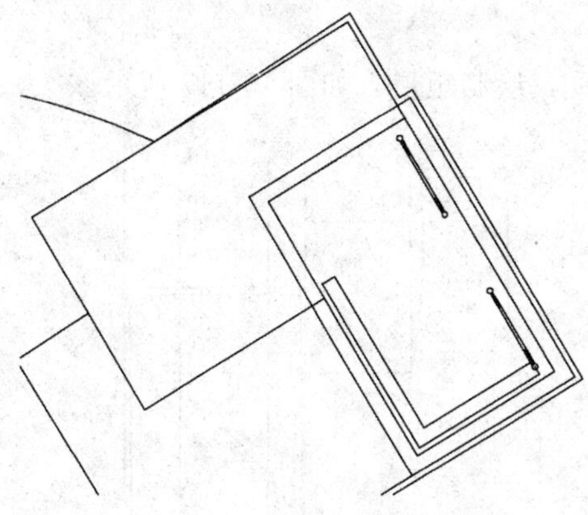

图 15-110 绘制连续线段

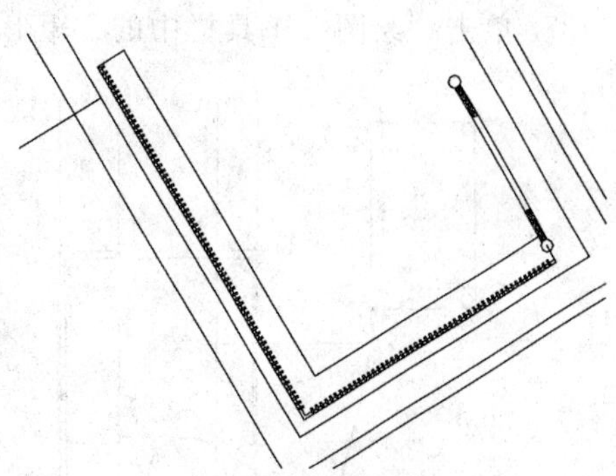

图 15-111 绘制栅格

32. 单击“修改”工具栏中的“复制”按钮，复制圆，如图 15-112 所示。

33. 单击“绘图”工具栏中的“直线”按钮和“圆”按钮，细化水榭处园林建筑，如图 15-113 所示。

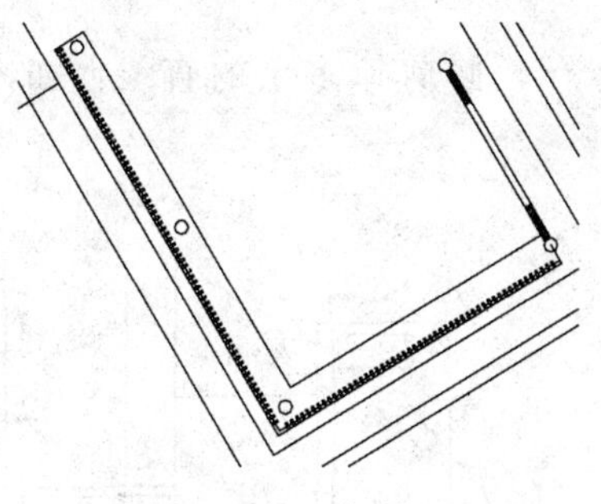

图 15-112 复制圆

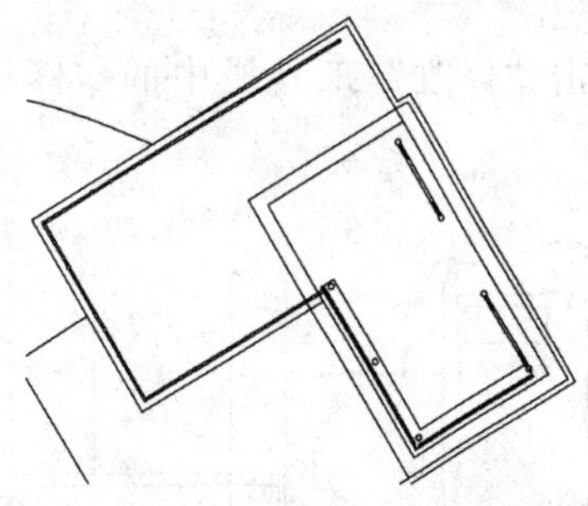

图 15-113 细化园林建筑

34. 单击“绘图”工具栏中的“直线”按钮，在滨河景观区处绘制图形，如图 15-114所示。

35. 单击“绘图”工具栏中的“圆”按钮，绘制圆，如图 15-115 所示。

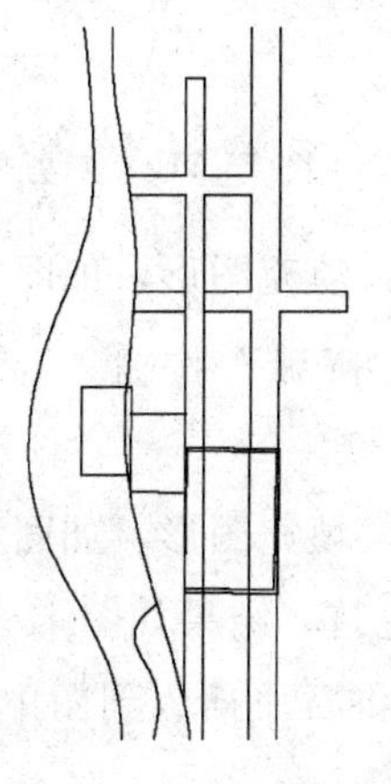

图 15-114 绘制图形

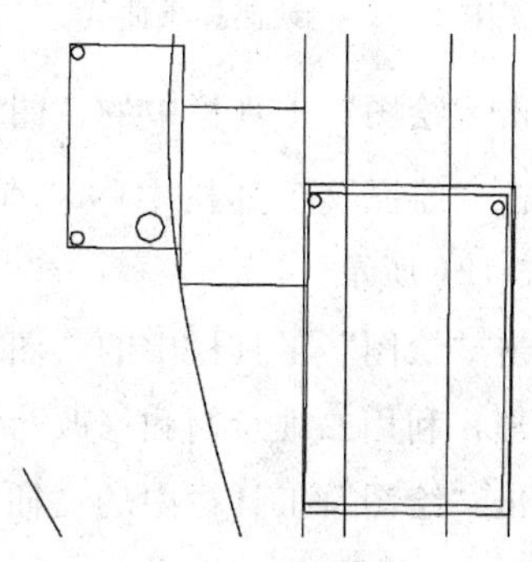

图 15-115 绘制圆

36. 单击“绘图”工具栏中的“插入块”按钮，将石桌插入到图中，如图 15-116 所示。

37. 单击“绘图”工具栏中的“矩形”按钮，绘制矩形，如图 15-117 所示。

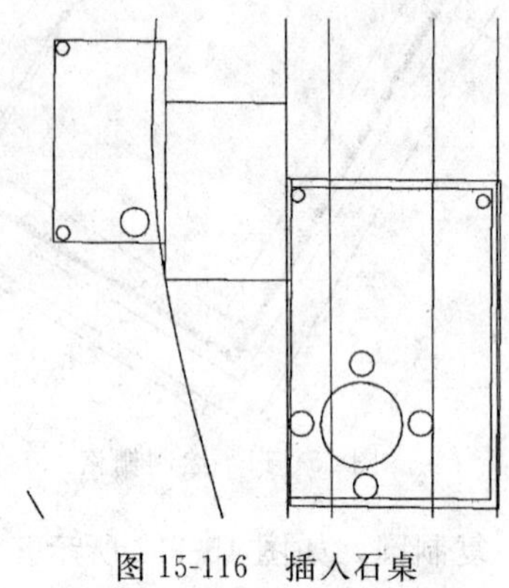

图 15-116　插入石桌

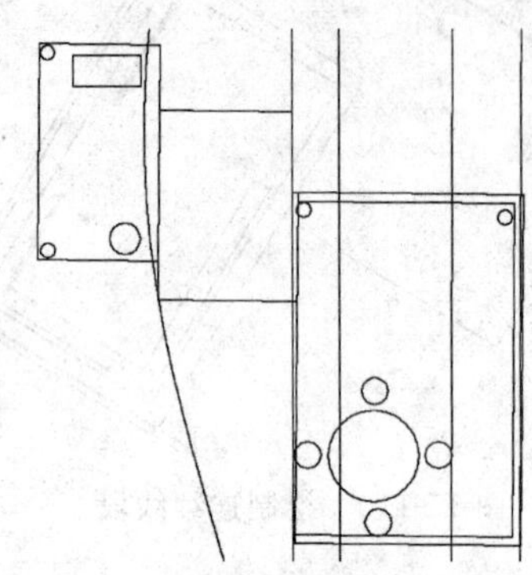

图 15-117　绘制矩形

38. 单击“绘图”工具栏中的“样条曲线”按钮，绘制样条曲线，如图 15-118 所示。

39. 单击“修改”工具栏中的“修剪”按钮，修剪掉多余的直线，如图 15-119 所示。

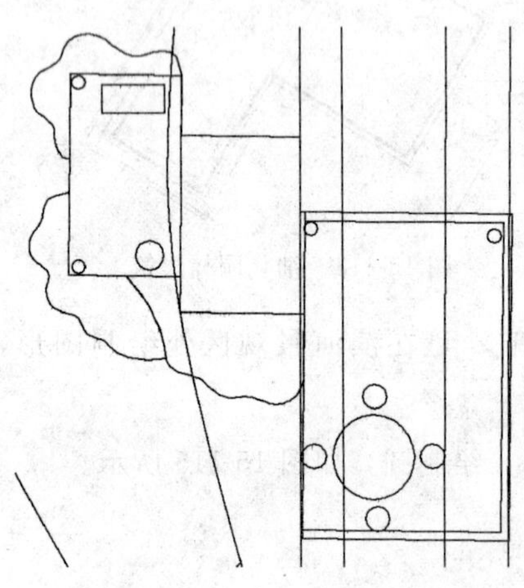

图 15-118　绘制样条曲线

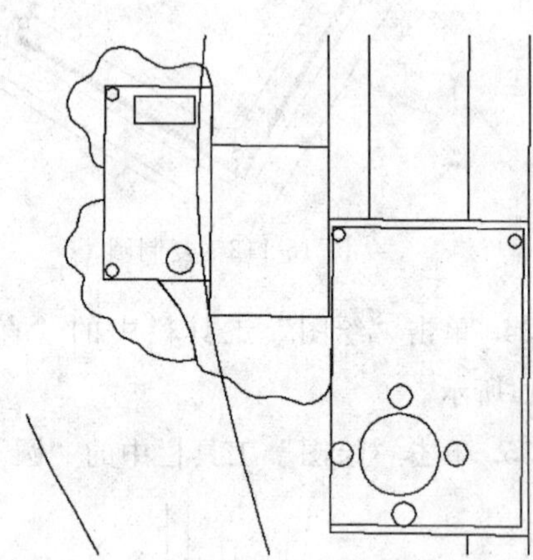

图 15-119　修剪直线

40. 单击“绘图”工具栏中的“图案填充”按钮，填充图形，如图 15-120 所示。

41. 单击“绘图”工具栏中的“直线”按钮和“圆弧”按钮，在桥处绘制图形，如图 15-121 所示。

42. 单击“绘图”工具栏中的“图案填充”按钮，填充图形，如图 15-122 所示。

43. 同理，利用二维绘制和修改命令绘制剩余园林建筑，结果如图 15-123 所示。

44. 单击“绘图”工具栏中的“插入块”按钮，将石块插入到图中，并进行整理，结果如图 15-124 所示。

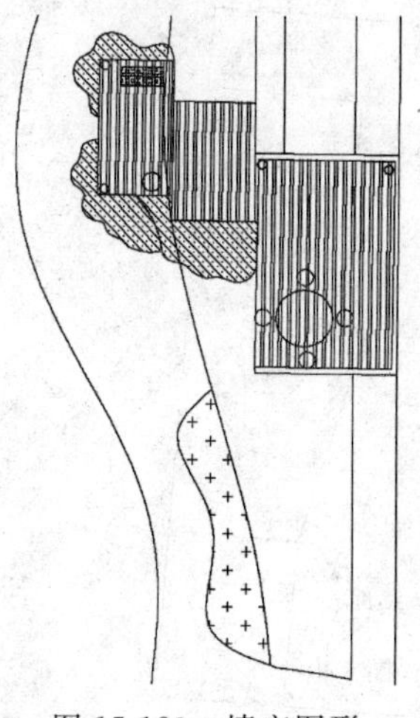

图 15-120　填充图形

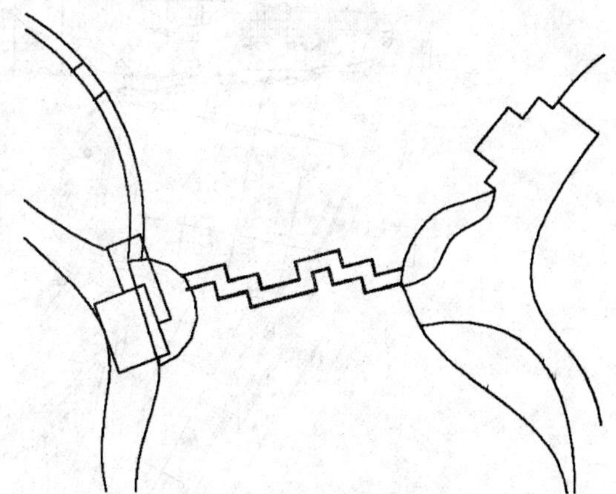

图 15-121　绘制图形

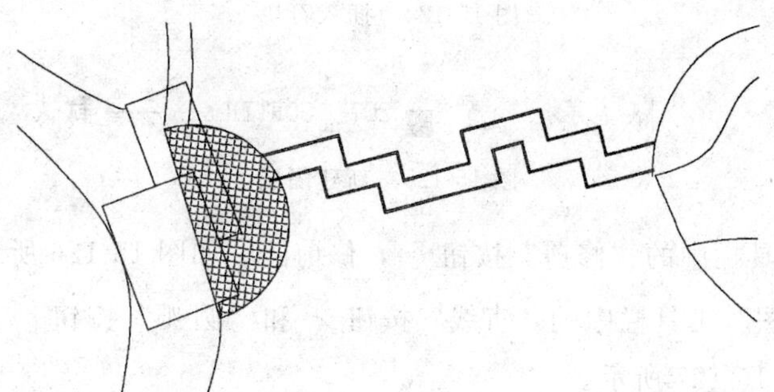

图 15-122　填充图形

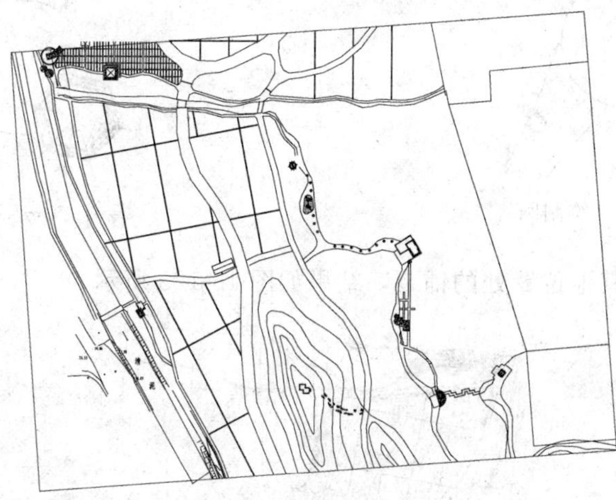

图 15-123　绘制剩余园林建筑

45. 单击“图层”工具栏中的“图层特性管理器”按钮，新建铺装图层，并将其置为当前层，如图 15-125 所示。

46. 单击“绘图”工具栏中的“圆”按钮，在图中合适的位置处绘制一个圆，然

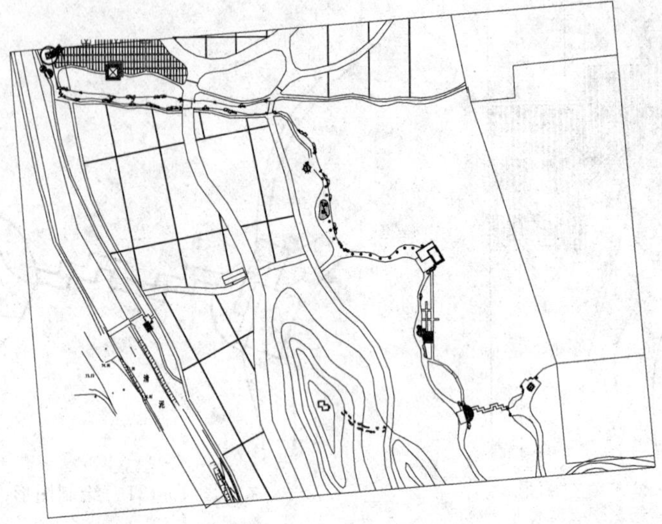
图 15-124 插入石块

铺装 207 CONTIN... —— 默认 0

图 15-125 新建图层

后单击“修改”工具栏中的“修剪”按钮，修剪圆，如图 15-126 所示。

47. 单击“绘图”工具栏中的“直线”按钮和“圆弧”按钮，细化图形，完成铺装的绘制，如图 15-127 所示。

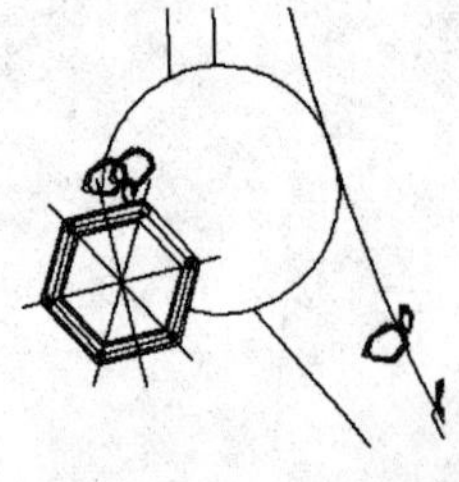
图 15-126 绘制圆

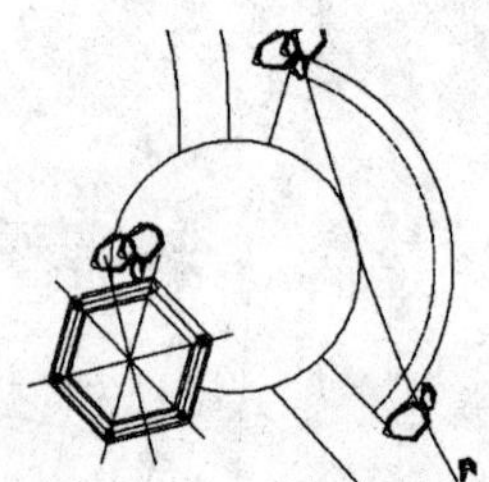
图 15-127 细化图形

48. 同理，绘制其他位置处的铺装，结果如图 15-128 所示。

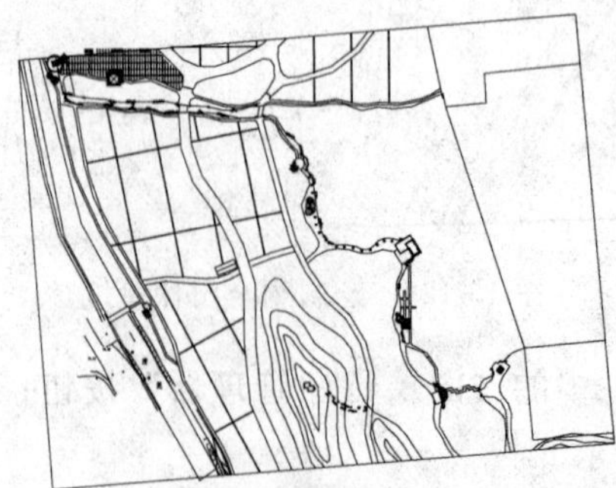
图 15-128 绘制铺装

15.2.3 植物种植设计

【操作步骤】

1. 单击“图层”工具栏中的“图层特性管理器”按钮，新建水生植物，并将其置为当前，如图 15-129 所示。

✓ 水生植物 64 CONTIN... —— 默认 0

图 15-129 新建图层

2. 单击“绘图”工具栏中的“修订云线”按钮，绘制云线，如图 15-130 所示。

3. 单击“绘图”工具栏中的“图案填充”按钮，选择 ANSI38 图案填充云线，如图 15-131 所示。

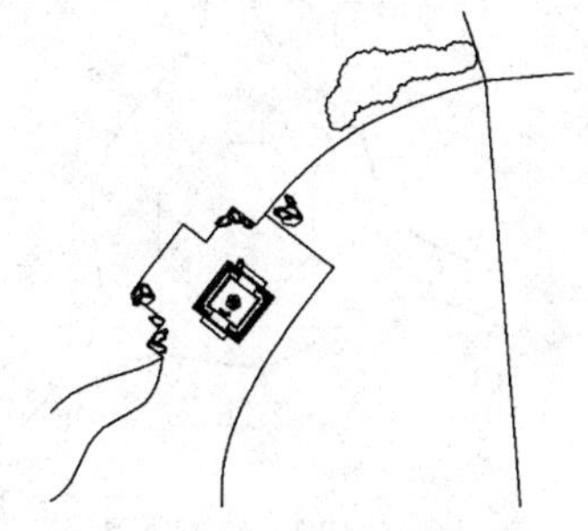

图 15-130 绘制云线

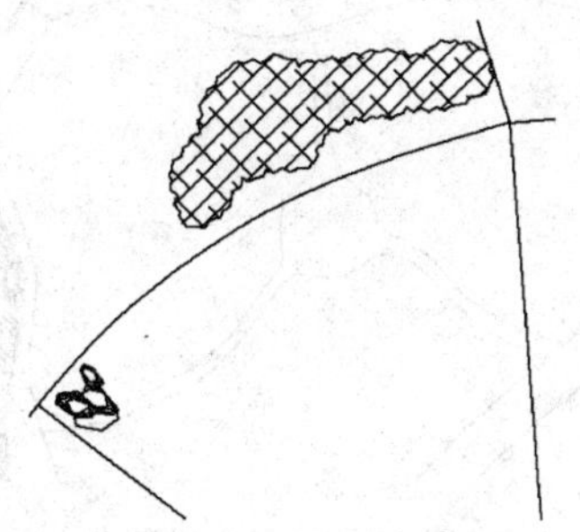

图 15-131 填充云线

4. 同理，单击“绘图”工具栏中的“修订云线”按钮和“图案填充”按钮，绘制其他位置处的水生植物，结果如图 15-132 所示。

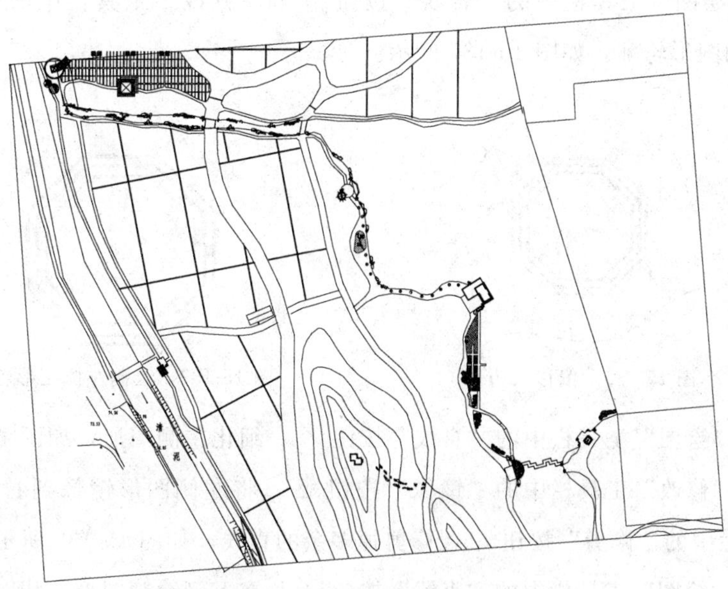

图 15-132 绘制水生植物

5. 单击“图层”工具栏中的“图层特性管理器”按钮，新建洪波和洪波植物图层，并将洪波图层设置为当前层，如图 15-133 所示。

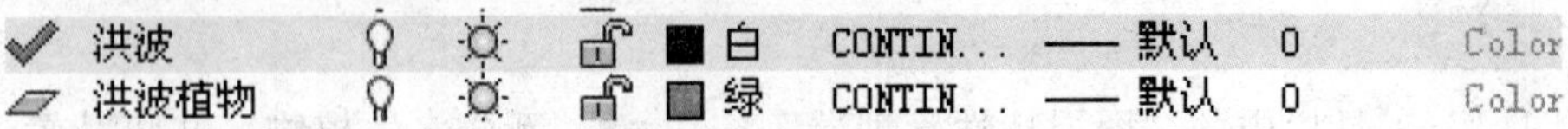

	名称				颜色	线型	线宽	透明度	打印样式
✔	洪波				白	CONTIN...	—— 默认	0	Color
	洪波植物				绿	CONTIN...	—— 默认	0	Color

图 15-1

图 15-133 新建图层

6. 单击“绘图”工具栏中的“样条曲线”按钮，在滨河景观区处绘制洪波，如图 15-134 所示。

7. 单击“绘图”工具栏中的“多边形”按钮，绘制八边形，如图 15-135 所示。

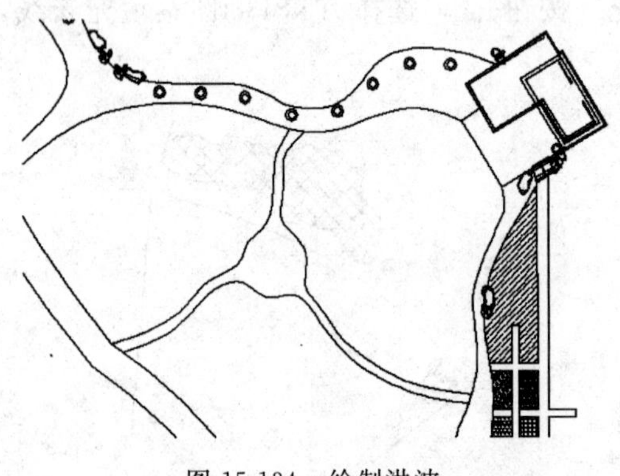

图 15-134 绘制洪波

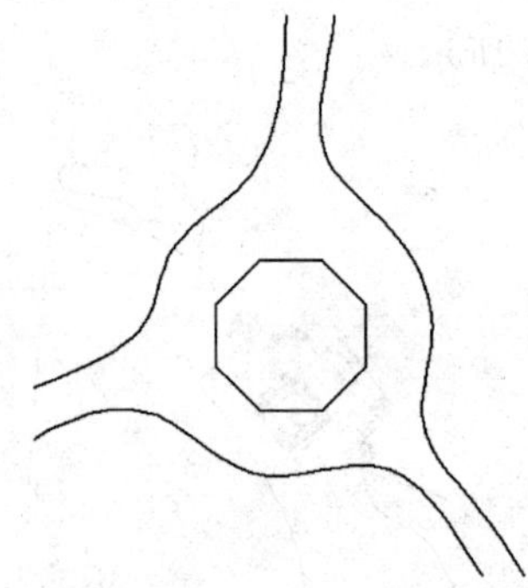

图 15-135 绘制八边形

8. 单击“修改”工具栏中的“偏移”按钮，将八边形进行偏移，如图 15-136 所示。

9. 单击“绘图”工具栏中的“直线”按钮和“修改”工具栏中的“修剪”按钮，绘制左侧图形轮廓，如图 15-137 所示。

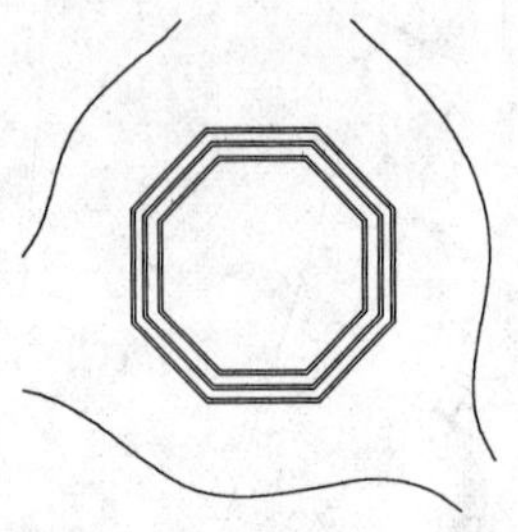

图 15-136 偏移八边形

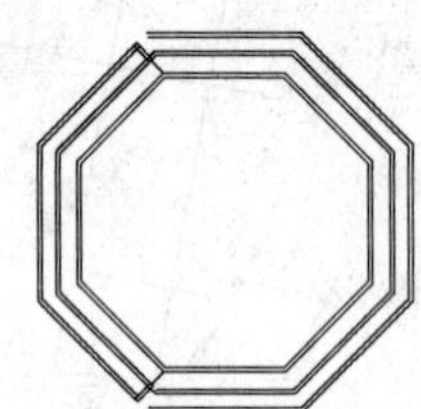

图 15-137 绘制左侧图形轮廓

10. 单击“绘图”工具栏中的“直线”按钮，细化左侧图形，如图 15-138 所示。

11. 单击“修改”工具栏中的“镜像”按钮，将左侧图形镜像到右侧，然后单击“修改”工具栏中的“修剪”按钮，修剪掉多余的直线，如图 15-139 所示。

12. 单击“绘图”工具栏中的“直线”按钮，在上侧绘制图形，如图 15-140 所示。

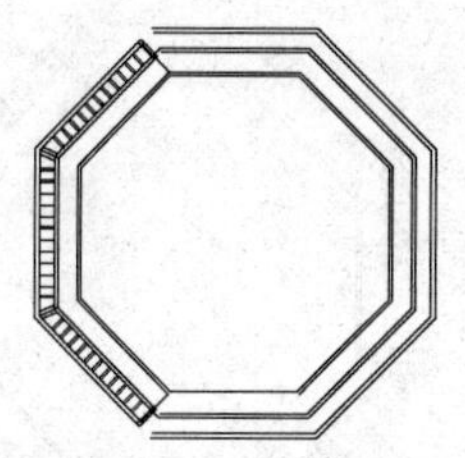
图 15-138 细化左侧图形

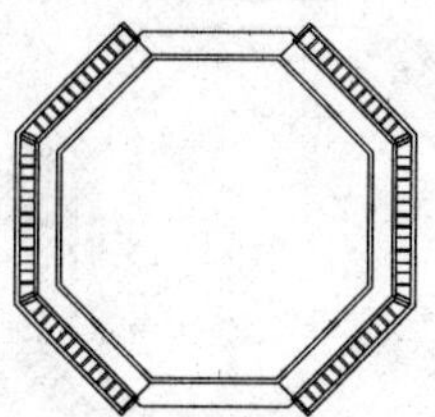
图 15-139 镜像图形

13. 单击“修改”工具栏中的“镜像”按钮，镜像上侧图形，如图 15-141 所示。

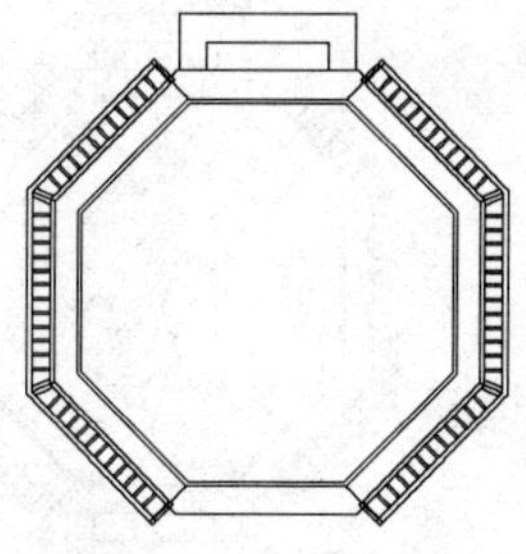
图 15-140 绘制图形

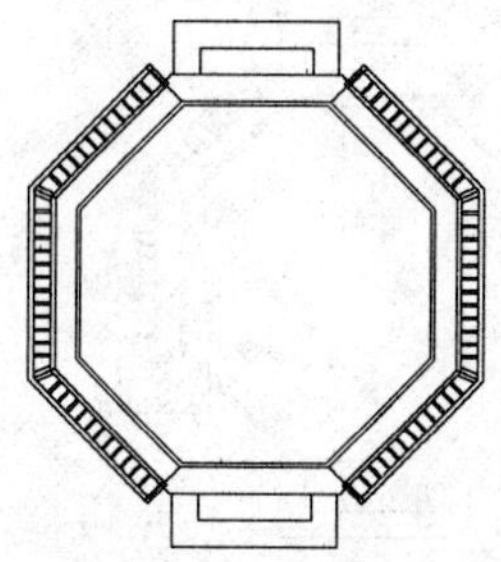
图 15-141 镜像上侧图形

14. 单击“绘图”工具栏中的“矩形”按钮，在下侧绘制一个小正方形，如图 15-142所示。

15. 单击“绘图”工具栏中的“直线”按钮，在小正方形下方引出直线，如图 15-143所示。

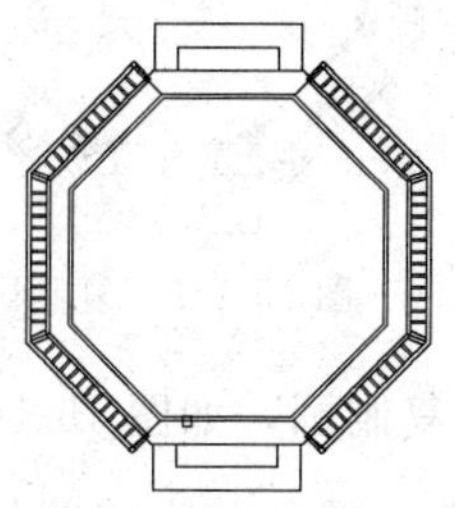
图 15-142 绘制正方形

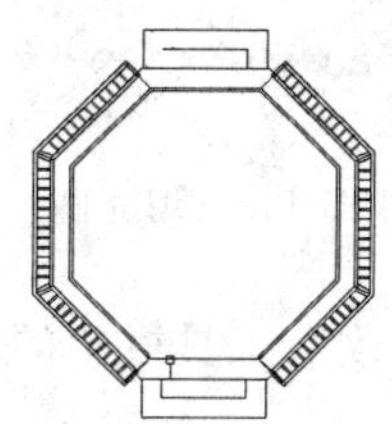
图 15-143 引出直线

16. 单击“修改”工具栏中的“复制”按钮，将图形复制到右侧，如图 15-144 所示。

17. 单击“修改”工具栏中的“镜像”按钮，将图形水平镜像到上侧，如图15-145 所示。

18. 单击“修改”工具栏中的“修剪”按钮，修剪掉多余的直线，如图 15-146 所示。

19. 单击“绘图”工具栏中的“圆”按钮，在图中合适的位置处绘制一个圆，如图 15-147 所示。

20. 单击“绘图”工具栏中的“图案填充”按钮，填充圆，如图 15-148 所示。

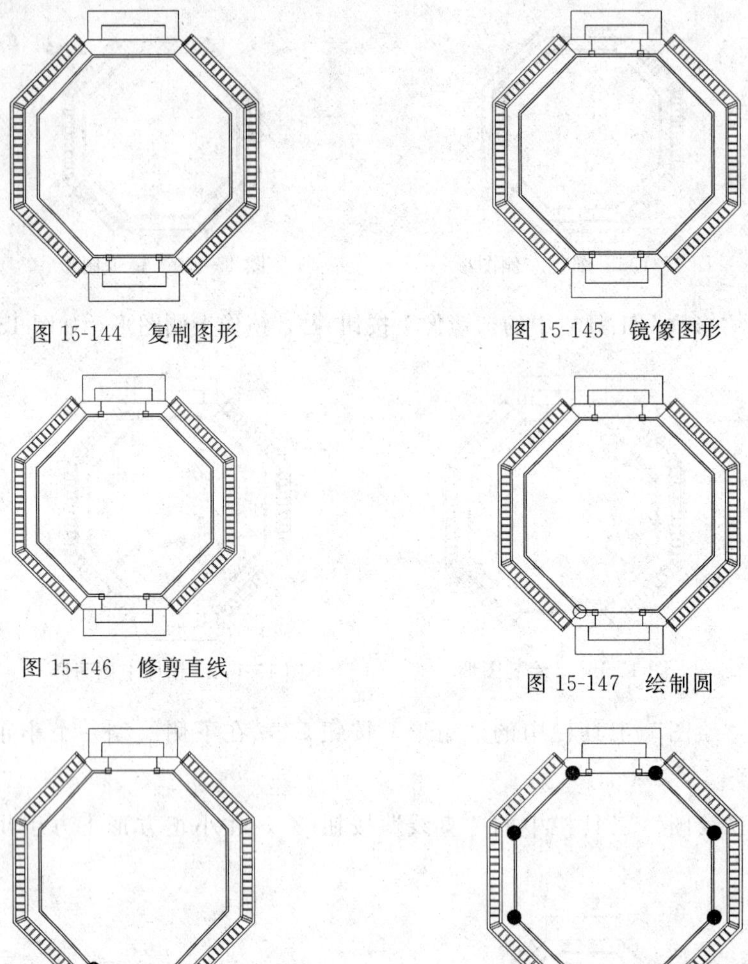

图 15-144　复制图形

图 15-145　镜像图形

图 15-146　修剪直线

图 15-147　绘制圆

图 15-148　填充圆

图 15-149　复制圆

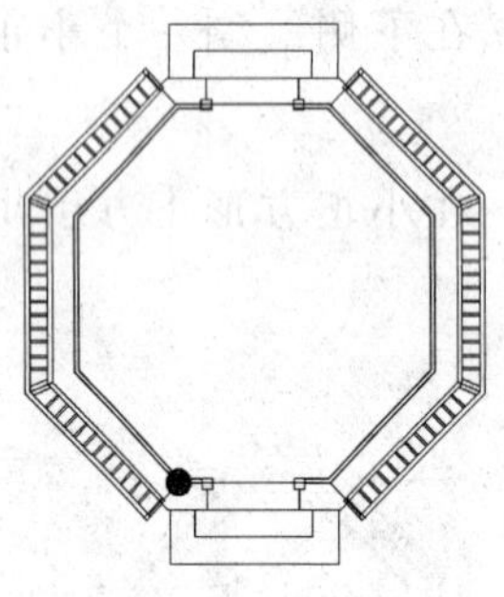

21. 单击“修改”工具栏中的“复制”按钮，复制圆，如图 15-149 所示。

22. 单击“绘图”工具栏中的“圆弧”按钮，在每个对应的圆处绘制圆弧，如图 15-150 所示。

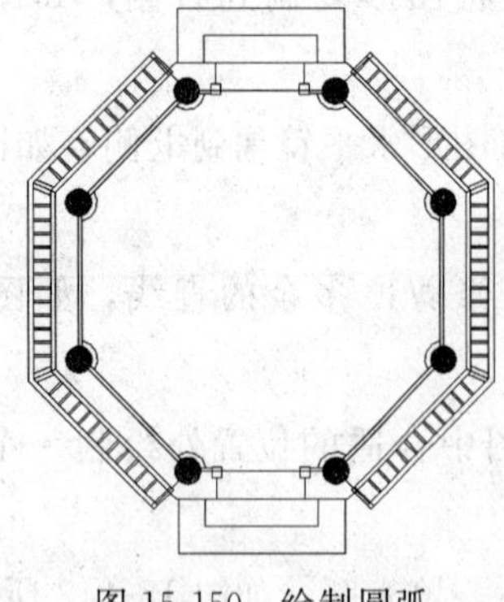

图 15-150　绘制圆弧

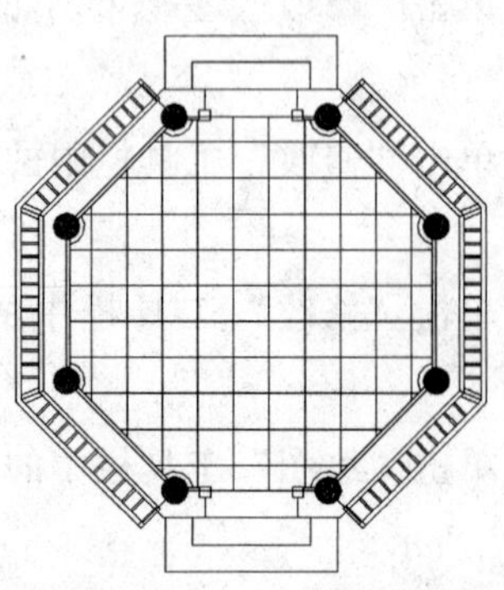

图 15-151　填充八边形

23. 单击“绘图”工具栏中的“图案填充”按钮，填充八边形，如图 15-151 所示。

24. 单击“绘图”工具栏中的“样条曲线”按钮，在森林浴处绘制洪波，如图15-152所示。

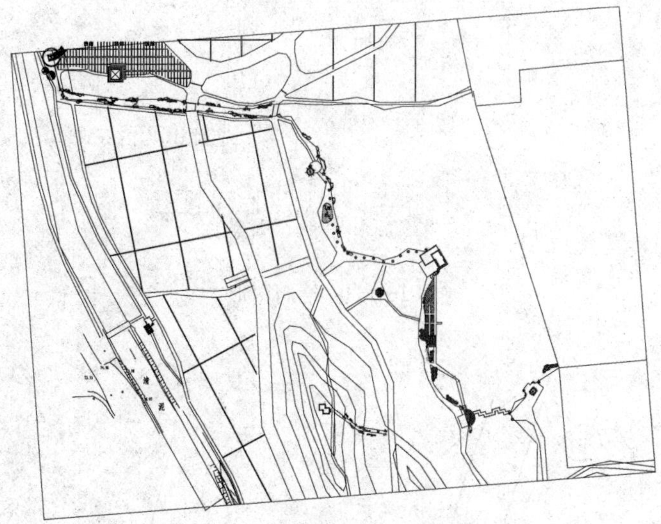

图 15-152 绘制洪波

25. 单击“绘图”工具栏中的“直线”按钮，细化洪波，如图 15-153 所示。

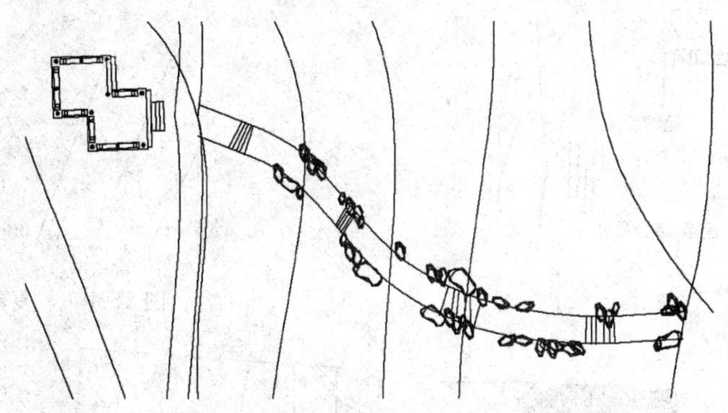

图 15-153 细化洪波

26. 单击“绘图”工具栏中的“矩形”按钮、“圆”按钮和“修改”工具栏中的“旋转”按钮，绘制下侧图形，然后单击“修改”工具栏中的“修剪”按钮，修剪掉多余的直线，如图 15-154 所示。

27. 将洪波植物图层设置为当前层，单击“绘图”工具栏中的“修订云线”按钮，绘制云线，如图 15-155 所示。

28. 单击“修改”工具栏中的“复制”按钮和“旋转”按钮，将云线复制到其他位置处并旋转到合适的角度，结果如图 15-156 所示。

29. 单击“绘图”工具栏中的“插入块”按钮，将其他洪波植物插入到图中，结果如图 15-157 所示。

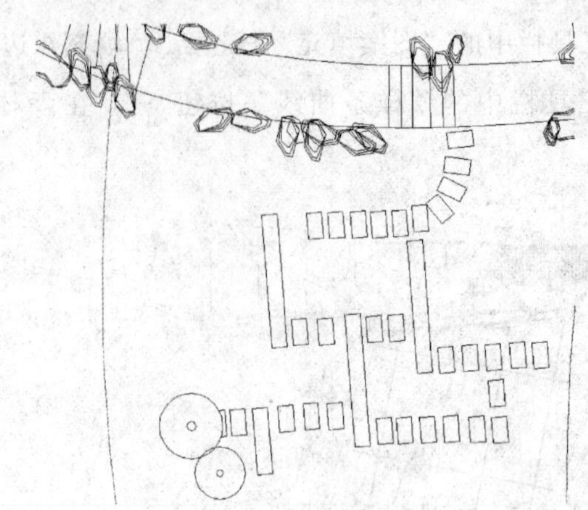

图 15-154　绘制图形

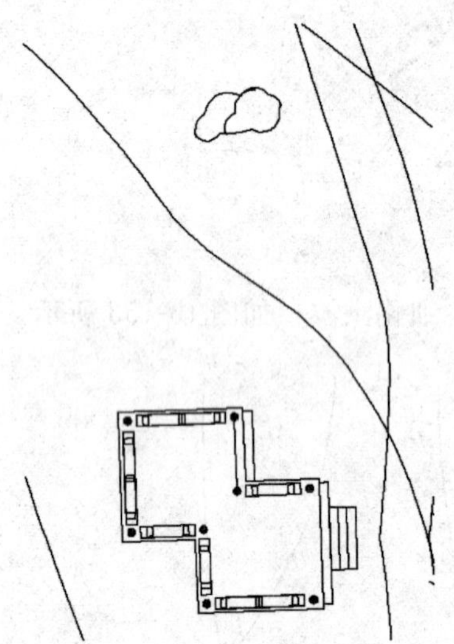

图 15-155　绘制云线

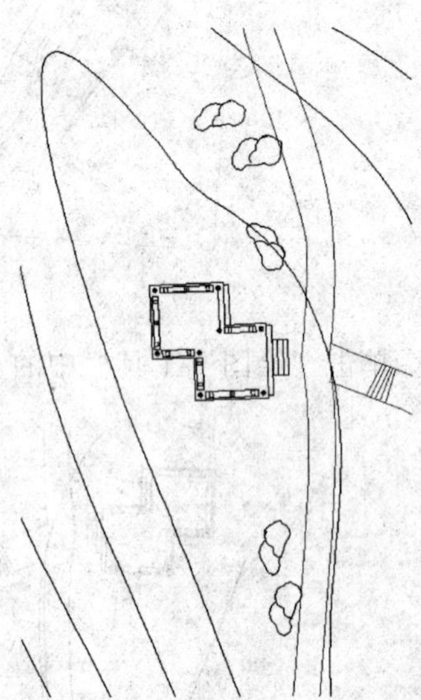

图 15-156　复制云线

图 15-157　插入洪波植物

30. 单击“图层”工具栏中的“图层特性管理器”按钮，新建植物图层，并将其置为当前层，如图 15-158 所示。

植物 CONTIN... —— 默认 0

图 15-158 新建图层

31. 单击“插入”工具栏中的“插入块”按钮，将植物图块插入到图中合适的位置处，或者打开光盘/图库中的植物，然后单击“修改”工具栏中的“复制”按钮，将植物复制到图中合适的位置处，如图 15-159 所示。

图 15-159 插入植物

32. 单击“图层”工具栏中的“图层特性管理器”按钮，新建停车场图层，并将其设置为当前层，如图 15-160 所示。

33. 单击“绘图”工具栏中的“直线”按钮，绘制停车场，如图 15-161 所示。

停车场 8 CONTIN... —— 默认 0 Co

图 15-160 新建图层

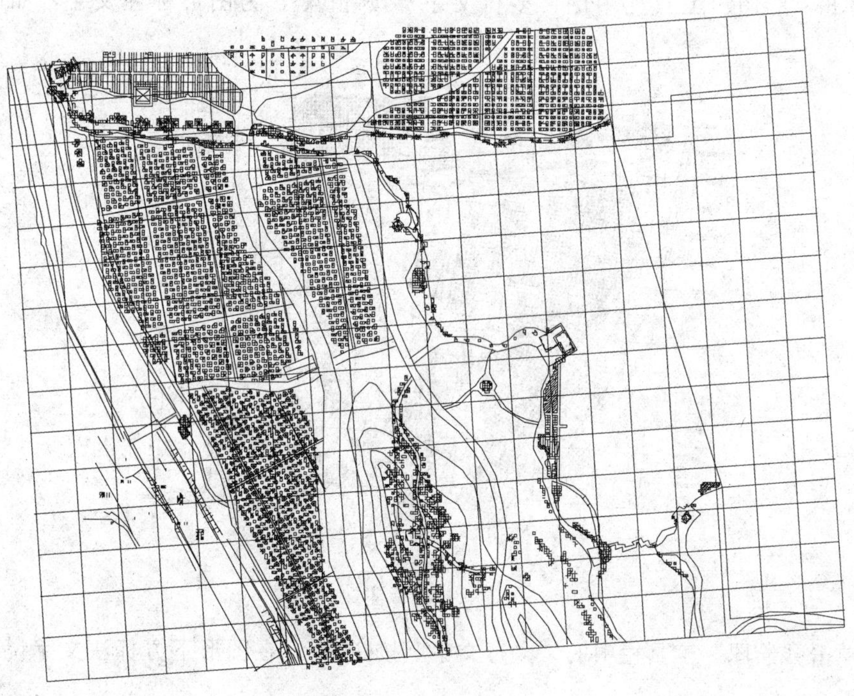

图 15-161 绘制停车场

15.2.4 标注文字

【操作步骤】

1. 单击“绘图”工具栏中的“多行文字”按钮A，在网格线上标注坐标，如图15-162所示。

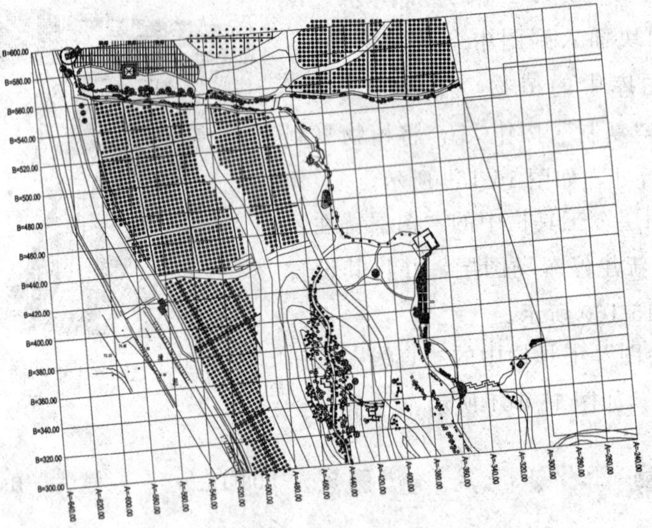

图 15-162 标注坐标

2. 单击“绘图”工具栏中的“多行文字”按钮A，为图形标注文字，如图 15-163 所示。

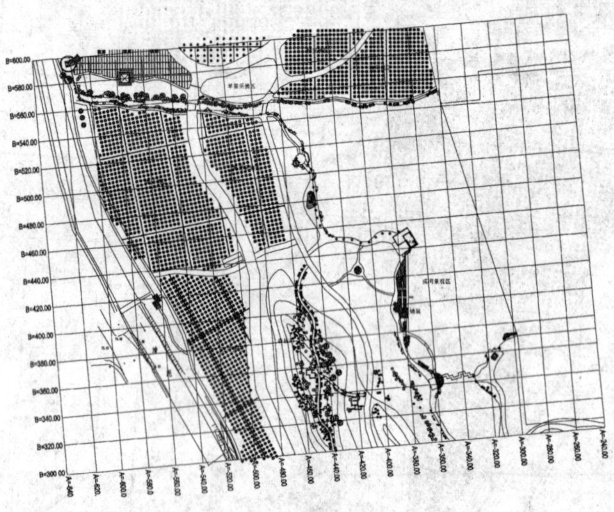

图 15-163 标注文字

3. 单击“绘图”工具栏中的“多行文字”按钮A，在图形下方标注文字说明，如图 15-164 所示。

4. 单击“绘图”工具栏中的“插入块”按钮，将源文件/图库/图框和指北针插入

说明：网格控制为20×20(单位：米)
设计高程±0.00相对于绝对高程为72.80，
施工放线原点为(0，0)

图 15-164　标注文字说明

到图中，并调整布局大小，如图 15-165 所示。

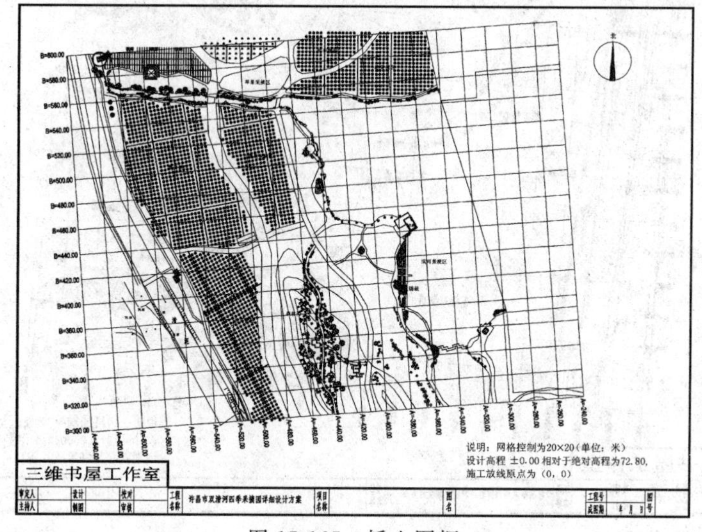

图 15-165　插入图框

5. 单击“绘图”工具栏中的“多行文字”按钮 A，在指北针下方输入比例 1∶1000，并在图框内输入图名名称，结果如图 15-166 所示。

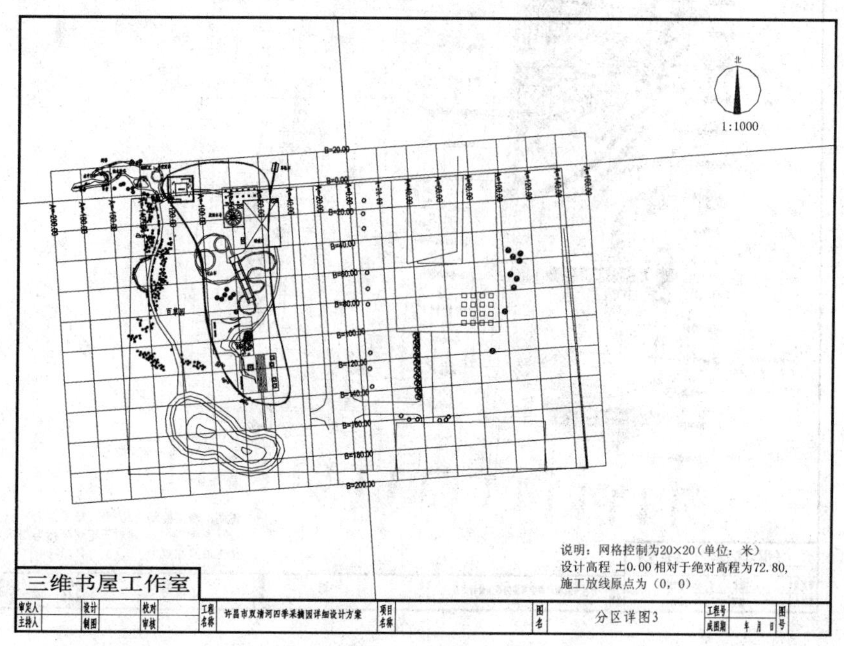

图 15-166　分区详图三

6. 同理，绘制其他分区详图，绘制方法与分区详图一、二类似，这里不再赘述，如图 15-166～图 15-168 所示。

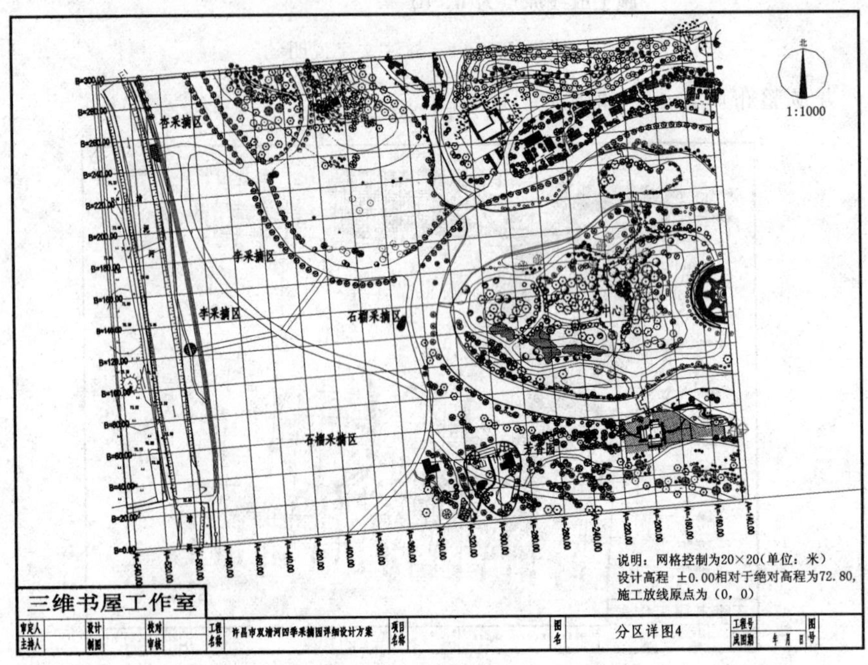

图 15-167　分区详图四

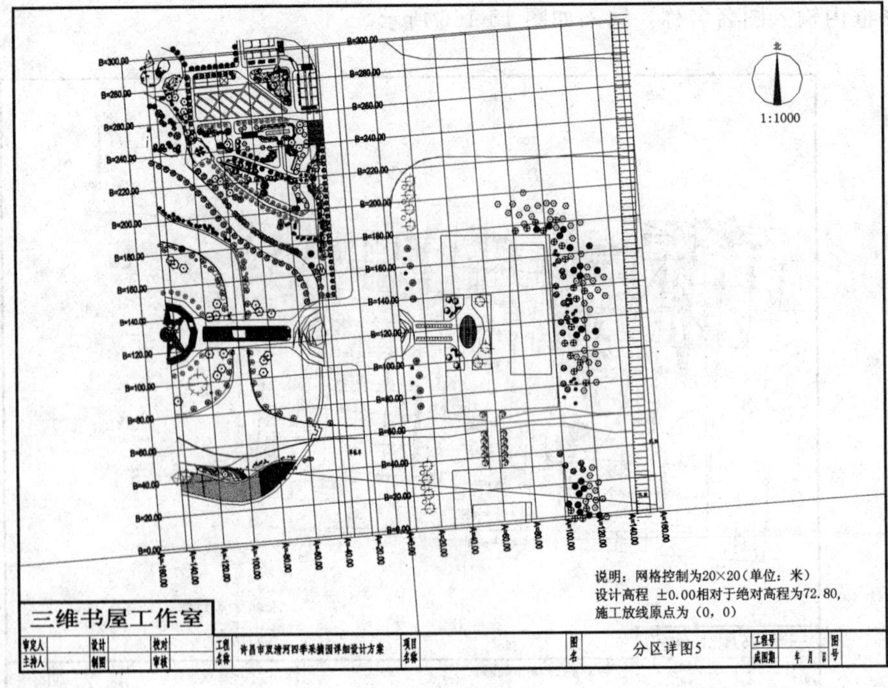

图 15-168　分区详图五